Haustiere – zoologisch gesehen

Wolf Herre • Manfred Röhrs

# Haustiere – zoologisch gesehen

2. Auflage 1990. Unveränderter Nachdruck 2013

Wolf Herre
Bad Segeberg, Deutschland

Manfred Röhrs
Hemmingen, Deutschland

ISBN 978-3-642-39393-8
ISBN 978-3-642-39394-5 (eBook)
DOI 10.1007/978-3-642-39394-5

Die Deutsche Nationalbibliothek verzeichnet diese Publikation in der Deutschen Nationalbibliografie; detaillierte bibliografische Daten sind im Internet über http://dnb.d-nb.de abrufbar.

Springer Spektrum


Gedruckt auf säurefreiem und chlorfrei gebleichtem Papier

Springer Spektrum ist eine Marke von Springer DE. Springer DE ist Teil der Fachverlagsgruppe Springer Science+Business Media.
www.springer-spektrum.de

# Vorwort zur zweiten Auflage

Seit dem ersten internationalen Symposion über Probleme der Abstammung und Frühgeschichte der Haustiere nach dem zweiten Weltkrieg, zu dem wir 1961 nach Kiel einluden, hat sich das Interesse verschiedener Bereiche der Natur- und Geisteswissenschaften an der Entstehung und Geschichte der Haustiere sowie den Folgen für Mensch und Tier in beträchtlichem Ausmaß gesteigert. Davon legt nicht nur eine Reihe weiterer Symposien, bei denen in neuerer Zeit meist Einzelgebiete im Vordergrund stehen, Zeugnis ab, sondern auch eine Fülle vielseitiger Veröffentlichungen. In diesen werden nicht nur neue Befunde dargelegt, sie führen auch zu gedanklichen Umorientierungen. Manche vertraut gewordenen Vorstellungen erweisen sich als unzulänglich, neue Gesichtpunkte werden deutlich. Daher erschien eine völlige Neubearbeitung und Erweiterung unseres 1973 verlegten Buches sinnvoll und erforderlich.

Wir haben uns um eine synthetisierende Betrachtung von Ergebnissen verschiedener Forschungsrichtungen bemüht, um einen zeitgemäßen Überblick über den Stand der zoologischen Domestikationsforschung zu vermitteln. Im Mittelpunkt steht der zoologische Vergleich der Wildarten mit ihren Haustierformen; Forschungsergebnisse anderer Bereiche wurden kritisch in die Grundlagen eingearbeitet. Einbezogen sind in der neuen Auflage ausführlichere Erörterungen über domestizierte Vögel, Fische und Insekten. Erweitert wurde die Darstellung der Haustierrassen um die in Wildarten vorhandenen Ausformungsmöglichkeiten unter dem Einfluß verschiedener Umwelten im Hausstand und die Wirkungen züchterischer Verfahren anschaulicher zu machen. Vertieft wurden auch Gedanken über die Beziehungen von Haustieren zum Naturschutz, ihre Stellung als Gefährten des Menschen und im Tierschutz.

Es war nicht leicht, das weit verstreute Schrifttum zu erhalten und hinreichend auszuwerten. Sollten wir wichtige Arbeiten übersehen haben, wären wir für Hinweise auf solche Mängel dankbar. Viele sachkundige Kollegen gaben uns bereits wertvolle Hinweise auf Literatur und förderten uns durch kritische Erörterungen in verschiedenen Sachbereichen. Wir sagen dafür auch an dieser Stelle Dank.

Für Hilfe bei Gewinnung neuen Untersuchungsmaterials durch Manfred Röhrs in Peru (wilde Meerschweinchen), in Israel (Wölfe) und in Iowa USA (wilde Truthühner und wilde Nerze) schulden wir Professor Dr. Hernando de Macedo, Lima,

Professor Dr. H. Mendelsohn, Tel-Aviv und Professor Dr. Joachim Pohlenz jetzt Hannover Dank. Dankbar sind wir den Professoren Dr. Ernst Kalm und Dr. Ekkehard Ernst, die uns Bildmaterial des Tierzuchtinstituts der Universität Kiel großzügig zugänglich und nutzbar machten.

Zu besonderem Dank verpflichteten uns unsere stets hilfsbereiten Kollegen und einsatzfreudigen Mitarbeiter in Hannover und Kiel. In Hannover gab uns Prof. Dr. Heinz Bartels wertvolle Anregungen, Privatdozent Dr. Wilfried Meyer und Dr. Peter Ebinger stellten uns ihr Wissen zur Verfügung. Vielseitig war der Einsatz von Frau Elisabeth Engelke und Frau Helga Wilkens bei der Erstellung von Zeichnungen und dem Schreiben des Manuskriptes. In Kiel brachten fachliche Erörterungen mit Professor Dr. Herwart Bohlken, Prof. Dr. Eberhard Haase, Dr. Dirk Heinrich, Dr. Wilfried Knief, Dr. Hans Reichstein und Prof. Dr. Wolfgang Tischler großen Gewinn; Hilfe bei technischen Arbeiten leisteten Dr. Ulf Beichle, Frau Renate Lücht und Frau Karla Vosgerau.

Die grundlegende Anregung zur Beschäftigung mit Fragen zoologischer Domestikationsforschung gab uns als akademischer Lehrer, als höchst kritischer Förderer und als väterlicher Freund Dr. phil. Dr. med. h. c. Dr. agr. h. c. Berthold Klatt, 4. 4. 1886–4. 1. 1958, ordentlicher Professor an den Universitäten Halle/Saale und Hamburg. – Seinem Gedenken diene auch dieses Buch.

Juli 1988 Wolf Herre, Kiel – Manfred Röhrs, Hannover

# Vorwort zur ersten Auflage

Wir sind Zoologen, weil uns die Mannigfaltigkeit der Erscheinungsformen und Lebenserscheinungen des Tierreiches begeistert; die Fragen der Entstehung sind für uns von ganz besonderem biologischem Interesse. Um ihr Verständnis bemühen wir uns durch Untersuchungen an Wirbeltieren im Laboratorium und Museum ebenso wie durch Beobachtungen in Zoologischen Gärten und Arbeiten in freier Wildbahn. Aufschlußreich erscheint uns die Bearbeitung des Problemkreises der Parallelerscheinungen, also der Tatsache, daß nicht verwandte Tiere sehr ähnliche Merkmale aufweisen können. Haustiere machen solche Sachverhalte höchst anschaulich, zudem zeigen sie tiefgreifende Umgestaltungen innerhalb von Arten. Der Mensch schuf für diese Tiere besondere Umweltbedingungen, denen sie sich anpaßten, man kann sie mit Kolonisatoren vergleichen. Darwin wies darauf hin, daß Haustiere als das Ergebnis des größten biologischen Experiments der Menschheit gelten können. Wesentliche Gesichtspunkte zur Beurteilung von Problemen der Stammesgeschichte sind aus dem Studium von Haustieren erwachsen. Daher schlossen wir Haustiere in unseren Forschungsbereich ein, obwohl sie von der modernen Zoologie oft mißachtet werden.

Wir untersuchten Haustiere in ihren Beziehungen zu Wildtieren und in ihren Verbindungen mit Menschen in Europa, Südamerika, Afrika und Asien auf vielen langen, z. T. anstrengenden Reisen, die uns wertvolle Aufschlüsse brachten. Unsere Befunde und Deutungen fanden Beachtung, auch unter Studenten. Zahlreiche Mitarbeiter aus diesem Kreis fügten sich freiwillig und einsatzfreudig unseren Planungen ein; sie vertieften vielfältige Teilgebiete. Uns verpflichteten sie dadurch nicht nur zur Aufgeschlossenheit, zur Zusammenarbeit mit vielen, oft auseinanderstrebenden Zweigen der Zoologie, zur engen Fühlungnahme mit Nachbargebieten, welche Haustiere ebenfalls beachten müssen, wie Vorgeschichte, Völkerkunde, Tierzucht und Bereichen veterinärmedizinischer und medizinischer Forschung, sondern auch zum ständigen, kritischen Überdenken theoretischer Grundlagen verschiedenster Wissenschaftsgebiete.

Eine knappe Übersicht unserer derzeitigen Einsichten legen wir vor als Rechenschaft an Persönlichkeiten und Organisationen, welche unsere Untersuchungen förderten, als Dank an unsere Mitarbeiter, deren Arbeit uns vorwärtshalf. Wir hoffen, daß diese, auch selbstkritische, Zusammenfassung, Anregungen zu weiterführender

Arbeit gibt. Für alle Hinweise und fördernde Kritik sind wir dankbar, weil uns bewußt wurde, wie schwer es ist, eine umfassende Kenntnis aller wichtigen Sachverhalte zu erlangen.

1. Januar 1973 Wolf Herre, Kiel – Manfred Röhrs, Hannover

# Inhaltsverzeichnis

## Teil B: Die Stammesartenfrage

# Teil A: Zur Einführung

# I. Warum Haustierforschung in zoologischer Sicht?

## 1 Allgemeine Bemerkungen

Aufgabe der Zoologie ist, die gewaltige Zahl wildlebender Tierarten in Form und Leistungen zu erfassen, zu ordnen und in ihren vielseitigen Beziehungen zu verstehen. Aus dem Streben nach Ordnung des Tierreiches, bei der Entwicklung einer Systematik, erwuchsen Vorstellungen über verwandtschaftliche Zusammenhänge, die zur Begründung einer Evolutionslehre beitrugen. Zur Vertiefung von Gedankengängen über stammesgeschichtliche Abläufe steuerten Studien über die innerartliche Variabilität in hohem Ausmaß bei.

Arten bestehen nach heutiger Einsicht nicht aus völlig gleichgestalteten Individuen mit übereinstimmenden Leistungen. Die Unterschiede innerhalb der Arten sind oft bemerkenswert. Viele innerartliche Besonderheiten lassen sich zu geographischen Gegebenheiten in Beziehung bringen. Dies findet in einer Aufgliederung der Arten in Unterarten Ausdruck. Auch Unterarten zeigen in sich Variabilität; über längere Zeiträume bleiben sie nicht gleich, mit der Veränderung von Umweltbedingungen können sich ihre Normen verschieben. Unterarten spielen daher bei Erörterungen über stammesgeschichtliche Entwicklungen eine wichtige Rolle, in bestimmten Fällen gelten sie als Vorstufen der Artbildung.

Haustiere sind den Menschen besonders gut bekannt und vertraut. Sie stammen von wilden Vorfahren ab. Die Zahl der Wildarten, aus denen Haustiere hervorgingen, ist gering. Trotzdem verdienen Haustiere auch in stammesgeschichtlicher Sicht nachhaltige Beachtung, weil die Vielfalt der Gestalten und Leistungen innerhalb der Haustierformen sehr viel größer als bei Wildarten ist und Veränderungen sehr viel schneller in Erscheinung treten als Wandlungen innerhalb von Wildarten; dies gilt bis in dem molekularen Bereich. Bei Haustieren treten Eigenarten auch als Rassenmerkmale auf, die von den jeweiligen Wildarten unbekannt oder bei diesen nur höchst selten zu finden sind.

Erstmalig gelang es Menschen vor rund 10000 Jahren Individuengruppen aus einigen Wildarten an sich zu binden und dann über Generationen regelmäßigen Nutzen aus ihnen zu ziehen. Die ersten Haustiere wurden gegenüber der Wildart sexuell im wesentlichen abgegrenzt und für sie besondere ökologische Bedingungen entwickelt, die ganz allgemein als ‹Hausstand› bezeichnet werden. Diese neue Umwelt unterschied sich zunehmend von jener der wilden Stammart, zumal Menschen Haustiere in Bereiche brachten, in denen die Stammart nicht vorkam. So wirkten sich auch veränderte natürliche Bedingungen auf Haustierbestände aus. Die Tiere antworteten auf diesen Umweltwandel mit Veränderungen. Sie paßten sich den neuen Lebensbedingungen nicht nur durch Modifikationen an, sondern es entstanden auch erblich bedingte neue Eigenarten, die Menschen züchterisch zu steigern vermochten. Haustiere wurden ihren Vorfahren in Formen und Leistungen immer unähnlicher. Von modernen Haustieren ausgehend bereitet daher die Festlegung der Stammarten sehr oft Schwierigkeiten.

Die zoologische Systematik fühlte sich in einer Zeit, in der Merkmalsunterschiede als entscheidendes Kriterium, nicht nur als Indiz, für Artverschiedenheit erachtet wurden, berechtigt, die Haustiere jeweils als eigene Arten zu bezeichnen. Die Herausstellung der Haustiere als eigene Arten im zoologischen System bedeutete, daß der Domestikation artbildende Wirkung zuerkannt wurde: die Domestikationen der unterschiedlichen Wildarten böten bei solcher Beurteilung ein vollständiges Modell für das stammesgeschichtlich entscheidende Ereignis einer Artbildung. Grundfragen des evolutiven Geschehens werden damit ins Blickfeld gerückt.

Der vielseitige Wandel von Stammformen zu Haustieren fesselte schon Charles Darwin. In seinem Werk: «Das Variieren von Tieren und Pflanzen im Zustande der Domestikation» legte er 1868 Ergebnisse umfassender Studien über Haustiere und Kulturpflanzen in bewußt biologischer Betrachtung vor. Er gelangte zu wichtigen Schlüssen über Ursachen, die sowohl in der Domestikation als auch in der Stammesgeschichte zu Veränderungen führen. Zur Lösung von Fragen der Artbildung, die in heutiger Sicht herausragendes Interesse beanspruchen, konnte er noch nicht beitragen.

Inzwischen haben sich in der Zoologie Grundauffassungen zur Systematik gewandelt. Aufgabe moderner zoologischer Domestikationsforschung muß es sein, sich mit neuen Grundauffassungen zoologischer Systematik auseinanderzusetzen, um zu klären, ob Haustiere eigene Arten darstellen. Der Ablauf des biologischen Wandels im Hausstand und die ursächlichen Zusammenhänge können nur verstanden werden, wenn ein Wissen über Zeiten und Orte von Domestikationen, über Nutzung und Ausbreitung der verschiedenen Haustierarten, über die Entwicklung von Zuchtverfahren und Haltungsbedingungen gewürdigt wird. Es ist ein weites Forschungsfeld, dessen Bearbeitung in verschiedener Weise reizvoll erscheint.

# 2 Haustiere in ihrer kulturgeschichtlichen Bedeutung

Die Domestikationen sind nicht nur von naturwissenschaftlichem Interesse, sondern sie gehören zu den bedeutendsten und folgenreichsten Vorgängen in der Geschichte der Menschheit. Diese Feststellung ist unabhängig von den Gründen, die zu den Domestikationen führten. Für die Menschen war die Schaffung von Haustieren und Kulturpflanzen zunächst der Übergang von der aneignenden Wirtschaftsform des Sammlers und Jägers zur Produktionswirtschaft. Durch den Besitz von Haustieren und Kulturpflanzen konnten und können Menschen nicht nur ihre Nahrung weit besser sichern als durch Sammeltätigkeit, Fischerei und Jagd. In den Hausstand wurden erstrangig Pflanzenfresser, insbesondere Wiederkäuer überführt; diese vermögen aus zellulosereichem Pflanzenwuchs, den Menschen nicht selber aufschließen können, tierliches Eiweiß aufzubauen, welches Menschen dann verwerten können. Damit wurde ein großes Potential erschlossen. Dieser primäre Wert der Haustiere brachte den Menschen Zeitgewinn und neue Freiheiten, sie konnten ihre geistigen Fähigkeiten weit besser nutzen. Es kam nicht nur zu einer Ausweitung der Anbaugebiete und zu einer Steigerung der Herdengrößen, auch die Ertragsfähigkeit der verschiedenen Formen konnte in unerwartetem Ausmaß gesteigert werden. Menschen beobachteten die Individuen ihrer Haustiere sorglicher als die Vertreter der Wildarten. Sie mühten sich, aus Besonderheiten Nutzen zu ziehen, was kulturelle Entwicklungen beschleunigte.

Von Sorgen um eine Nahrungsbeschaffung befreit, machten die Menschen Entdeckungen und Erfindungen, die in ihrer Bedeutung den technischen Umwälzungen der Neuzeit in keiner Weise nachstehen. Es sei nur an das Spinnen und Weben von Wolle erinnert, verbesserte Kleidung ermöglichte Vordringen in kältere Klimate. Ganz wichtig war das Beladen und Reiten von Tieren, die Einspannung vor Pflug, Ackerwagen und Kampfwagen. Damit konnten Menschen ihre Felder besser bearbeiten, große Strekken überwinden, schwere Lasten transportieren. Haustiere haben als Energielieferanten, als Maschinenantrieb bis in unser Jahrhundert eine große Rolle gespielt. Mit der Übernahme von Tieren und Pflanzen in den Hausstand gewannen die Menschen größere Möglichkeiten zur Beherrschung und Veränderung der Umwelt und in der Gestaltung ihres Zusammenlebens. Siedlungen vergrößerten sich, Städte und Staaten wuchsen heran, es entwickelten sich Hochkulturen und Zivilisationen. Es gab und gibt keine Hochkultur ohne Haustiere und Kulturpflanzen. Haustiere zeichnen sich in diesen durch Entwicklungen nach besonderen Zuchtzielen aus, Hochzuchten entstanden. Die Hochzuchten verfielen mit den sie tragenden Hochkulturen. Unsere heutigen Lebensformen und die starke Vermehrung der Menschen sind ohne Haustiere und Kulturpflanzen nicht denkbar. Alle Industriestaaten besitzen als Grundlage eine hochentwickelte Landwirtschaft. Die Zivilisation hat ihrerseits wieder Auswirkungen auf Haustierzuchten und die Bedeutung einzelner Haustierarten. Nicht zu übersehen ist, daß es seit Beginn der Haustierhaltung in zunehmendem Maße zu Umweltveränderungen kam.

## 3 Sind Haustiere «unnatürlich»?

Die Gewinnung und Gestaltung von Haustieren sind Ergebnis der besonderen geistigen Fähigkeiten von Menschen. Diese Tatsache führte oft zu einer allgemeinen Kennzeichnung der Haustiere als «unnatürliche», «künstliche», «degenerierte» Wesen. Eine so verallgemeinerte Einschätzung übersieht wichtige zoologische Sachverhalte. Gewiß stellt der Hausstand eine von Menschen gestaltete Umwelt dar. Aber in der Umgestaltung von Umwelten steht der Mensch nicht allein. Auch viele Tierarten bewirken durch Übervölkerung wesentliche Veränderungen alter Naturzustände. Solchen Veränderungen alter Gleichgewichte folgen im allgemeinen neue Einpendelungen. Im Tierbestand wandern Arten ab, oder sterben aus; andere Arten treten an ihre Stelle, manche passen sich den neuen Umweltbedingungen an (Herre 1976). Das gleiche gilt für den Übergang in den Hausstand. In Populationen von Wildarten, die unter Hausstandsbedingungen geraten, gehen Individuen zugrunde oder passen sich an und werden Ahnen sich vergrößernder Bestände. Dies ist auch der Fall, wenn Haustiere in Gebiete gebracht werden, welche die Stammart nicht bewohnte. Die Wandlungen bei Haustieren stellen also passende Antworten an neue Lebensverhältnisse dar.

Die Entwicklungen der Haustiere können primär der Kolonisation eines neuen Lebensraumes gleichgesetzt und so als ein natürliches Geschehen betrachtet werden. Erst später haben Menschen einige Haustierformen über die Entwicklung hochleistungsfähiger Kulturrassen hinaus zu Zerrbildern ihrer Art gemacht; hierbei wurden allerdings Wandlungsmöglichkeiten sichtbar, welche innerhalb von Arten vorhanden sind. Dies ist für Erwägungen zur Evolution nicht ohne Interesse. Diese Züchtungen stellen höchst weitgehende Manipulationen von Tierarten durch Menschen dar. Nicht selten ist die Lebensfähigkeit solcher Manipulationsergebnisse eingeschränkt. Sie fordern daher zu Erwägungen über sinnvolle Lebensbedingungen von Haustieren und die Notwendigkeit des Erhalts eines harmonischen Zusammenwirkens von Organsystemen heraus. Dazu sind weitreichende biologische Kenntnisse Voraussetzung.

## 4 Domestikationen – Biologische Experimente

Zur Klärung von Umwelteinflüssen und der Anpassungsfähigkeit von Tieren, zur Erhellung ursächlicher Verknüpfungen im evolutiven Geschehen spielen in der Zoologie Experimente eine besondere Rolle. Bei Experimenten werden Gruppen von Lebewesen veränderten, von Menschen gestalteten, neuen Bedingungen ausgesetzt und die Auswirkungen beobachtet. In diesem Sinne kann die Entwicklung von Haustieren aus Wildarten als ein biologisches Experiment betrachtet werden, welches über Wandlungsfähigkeiten von Tierarten Aufschlüsse gibt. Dies erkannte schon Darwin. Er faßte seine Meinung zusammen: «Man kann daher sagen, daß der Mensch ein Experiment im riesigen Ausmaß versucht habe, und zwar ist dies ein Experiment, welches auch die Natur selbst während des langen Verlaufes der Zeit unablässig gemacht hat. Hieraus folgt, daß die Grundsätze der Domestikation für uns bedeutungsvoll sind. Das hauptsächlichste Resultat ist, daß die so behandelten Wesen beträchtlich variiert haben und daß diese Abänderungen erblich sind.» Bei dieser Aussage von Darwin verdient der Hinweis auf den erblichen Wandel besondere Beachtung, weil Erbänderungen für stammesgeschichtliche Entwicklungen die entscheidende Grundlage bilden. Im Hausstand entstanden neue Eigenarten in einem einigermaßen übersehbaren Zeitraum; Miculicz-Radecki (1950) berechnete für Haustauben etwa 5000 Generationen im Hausstand, Ryder (1984) für Hausschafe rund 4000 Generationen. Diese Zahl der Generationen, die Menge der Individuen des Experimentes und auch die Größe der Versuchstiere machen die Domestikationen zu den bedeutendsten biologischen Experimenten; sie sind noch immer nicht abgeschlossen.

## 5 Vielseitigkeit der Quellen zur Haustierkunde

Den Experimenten der Domestikationen haften einige Mängel an, welche die Auswertungen erschwerten und zur Abwertung ihrer Bedeutung beigetragen haben. Es fehlen genaue Protokolle über Beginn und Verlauf, auch über das Ausgangsmaterial bestanden Unklarheiten, vor allem, weil lange Zeit die innerartliche Variabilität der Wildarten nicht hinreichend Beachtung fand. Heute können die Schwierigkeiten als weitgehend überwunden gelten. Die Anfänge, die Orte und die Bedingungen für Domestikationen sind durch das Zusammenwirken naturwissenschaftlicher und kulturgeschichtlicher Forschungsrichtungen soweit einsichtig geworden, daß die grundsätzlichen Fragen, welche für Zoologen wichtig sind, als hinreichend geklärt bezeichnet werden können.

Über den Verlauf der Haustierentwicklungen geben Knochenreste, die bei modernen Grabungen der Ur- und Frühgeschichtsforscher in sehr großer Zahl sorglich geborgen werden, vielseitige Auskünfte. Diese müssen durch begleitende kulturgeschichtliche Dokumente untermauert und gesichert werden, sie lassen sich durch kunstgeschichtliche Dokumente und linguistische Hinweise erweitern. Auch völkerkundliche Studien sowie moderne genetische und tierzüchterische Erfahrungen tragen zum Verständnis der Haustierentwicklungen bei. Zur Frage der Stammarten waren sich wandelnde Einsichten systematischer Zoologie über den Artbegriff von entscheidender Bedeutung, weil sie grundsätzlich klare Aussagen gestatteten.

In den letzten Jahrzehnten hat die Entwicklung der Haustierforschung einen geradezu stürmischen Verlauf genommen. Dies lehrt beispielhaft ein Vergleich der Bibliographie von Angress und Reed (1962) über das Schrifttum vergangener Jahrzehnte mit der Zahl moderner Arbeiten. Vor allem haben Symposien, nach dem Zweiten Weltkrieg in Kiel 1961 beginnend, die Zusammenarbeit verschiedener Forschergruppen entscheidend gefördert. Auch über sie liegen umfangreiche Berichte vor. Von diesen seien genannt: Kiel 1961/62, London 1963, 1969, Denver 1975, München 1965, Nizza 1976, Budapest 1971, Groningen 1975, Chicago 1977. Ihnen folgten viele andere. Von den Studien über Spezialprobleme seien aus dem kulturhistorischen Bereich die Arbeiten von Brentjes (1960–1974), Simoons (1974) und Meyer (1975) hervorgehoben. Daß bei der Ausdeutung künstlerischer Darstellungen von Haustieren und ihren Stammformen Stileigenarten der Künstler und Gepflogenheiten von Künstlerschulen eine besonders kritische Analyse erfordern, ergibt sich unter anderem aus Studien von Herre (1949), Boessneck (1953), Perkins jr. (1969). Wichtige völkerkundliche Arbeiten, die Fragen der Haustiere beleuchten, stammen von Termer (1957), Lang (1957), Urban (1961), Latocha (1982). Eine Fülle von Einsichten tierzüchterischer Forschung ist in Handbüchern kritisch zusammengefaßt; von diesen seien nur hervorgehoben Hammond, Johansson, Haring (1958–1961), Comberg (1980), Mehner und Hartfiel (1983).

Es wird deutlich, daß die moderne zoologische Domestikationsforschung als ein interdisziplinärer, Fachgrenzen überschreitender Wissenschaftszweig erfolgreich wurde. Doch bei dieser Feststellung dürfen Gefahren nicht aus dem Auge verloren werden. Jede Wissenschaft schreitet heute in ihren Spezialgebieten rasch voran und das Schrifttum ist weit gestreut. Es werden nicht nur neue Sachverhalte erarbeitet, es ändern sich auch die Betrachtungsweisen. Dies erschwert manche Bemühungen um den Einbau von Spezialergebnissen eines Bereiches in ein anderes Forschungsgebiet, weil der jeweils moderne, gesicherte Forschungsstand der Nachbarfächer nicht immer treffend zu erkennen ist. Jeder Versuch einer Zusammenschau in zoologischer Sicht mag einigen Spezialisten geisteswissenschaftlicher Bereiche dilettantisch erscheinen und umgekehrt. Trotzdem sind solche Versuche geboten. Wir stellten bei unseren Bemühungen das eigene Forschungsgebiet, die Zoologie, in den Vordergrund, um eine feste Grundlage zu bewahren. Bei der Auswertung von Ergebnissen aus Nachbarbereichen haben wir uns durch zahlreiche Erörterungen mit Fachkennern um zeitgerechte Einsichten befleißigt, aber trotzdem kritische Zurückhaltung geübt.

## 6 Gliederung des Stoffes

Bei der Gliederung unserer Darlegungen haben wir in Anlehnung an Herre, Frick, Röhrs (1962) drei Gesichtspunkte in den Vordergrund gestellt:

1. Haustiere sind Populationen von Wildarten, die sich besonderen Umweltbedingungen, dem Hausstand, anpaßten. Damit kommt zunächst der Abstammungsfrage der Haustiere eine besondere Bedeutung zu. Zu klären sind Begriffe zoologischer Systematik, die zoologische-systematische Stellung der wilden Stammarten und deren innerartliche Vielgestaltigkeit, die nicht nur in der Unterscheidung von Unterarten Ausdruck findet.

2. Haustiere treten erst von bestimmten Kulturstufen an in Erscheinung; noch heute finden Domestikationen statt. Haustiere haben für verschiedene Völker nicht die gleiche Bedeutung. Kulturen und Zonen sind durch bestimmte Haustiere oder Nutzungsformen gekennzeichnet worden (Morris 1980). Daraus ergeben sich Fragen nach Zeiten und Orten der Haustierentstehung, der Entwicklung von Nutzungsrichtungen, von Rassen und Schlägen der Haustiere als Ausdruck von Veränderungen im Bestand der Erbanlagen, natürlicher Anpassung an Umweltbedingungen sowie Bedürfnissen und züchterischen Fähigkeiten von Menschen, die sich in Zuchtlenkungen, oft als «unnatürliche», «künstliche» Auslese bezeichnet, widerspiegeln.

3. Haustiere unterscheiden sich in Gestalt und Leistungen erheblich von ihren Stammarten, aber auch die Rassen innerhalb der Haustierarten weisen oft beträchtliche Unterschiede auf. Dies führt zur Problematik des Ausmaßes, Ablaufes und der Ursachen der Wandlungen. Es stellen sich Fragen über Ordnung und Bewertung der Form- und Leistungsbesonderheiten bei Haustieren in biologischer Sicht. Im Zusammenhang damit sind die Beziehungen dieser Abwandlungen zu stammesgeschichtlichen Erscheinungen zu prüfen. Die Domestikationen sind zweifellos, wie stammesgeschichtliche Entwicklungen in freier Wildbahn, als Populationsgeschehen zu bewerten, bei denen primär neue ökologische Nischen kolonisiert werden, ehe weitere Kräfte gestaltenden Einfluß erlangen. Züchterische Manipulationen können bei Haustieren soweit gehen, daß ethische Vorstellungen vom Menschen verletzt werden. Es entstehen Tiere, die nicht mehr in die Umwelt eingepaßt erscheinen und deren Organe nicht mehr ordnungsgemäß zusammenarbeiten. Damit führt die Haustierkunde in Probleme des Tierschutzes, der das individuelle Wohl von Haustieren in den Vordergrund stellt.

# II. Über das Wesen der Domestikation und den Begriff Haustier

## 1 Allgemeine Bemerkungen

Zahlreiche Gedanken sind zum Begriff Haustier und über das Wesen der Domestikation geäußert worden. Für weitere Betrachtungen müssen diese Vorstellungen geordnet werden, um eine sichere Grundlage zu haben. Die Domestikation kennzeichnet besondere Beziehungen zwischen Menschen und Tieren. Diese Beziehungen sind sehr verschieden. Schon für frühe Stufen der Domestikation ist wahrscheinlich, daß manche Haustiere zunächst nur als Fleischlieferanten Bedeutung hatten, während andere mit religiösen Vorstellungen in Verbindung kamen. Heute gibt es Arten der Haustiere, die aus unterschiedlichen Gründen für die menschliche Wirtschaft unentbehrlich geworden sind, während andere im wesentlichen der Lebensfreude von Menschen dienen. Daher wird zwischen Nutzhaustieren und Heimtieren (Hobbyhaustieren) unterschieden. Eine befriedigende Einteilung der Haustierarten kann damit aber nicht erreicht werden, weil es innerhalb der gleichen Haustieart neben ausgesprochenen Nutzformen andere Gruppen gibt, die der Liebhaberei oder sportlichen Bedürfnissen von Menschen dienen.

Auch in den Haltungsformen der Haustiere bestehen wesentliche Unterschiede. Es gibt Bestände, welche wenig beaufsichtigt, recht «frei» in extensiver, aber effektiver Haltung leben. Andere Haustiere genießen intensive, sorgliche Pflege in Ställen und werden durch Züchtung, Haltung und Betreuung zu immer höheren Leistungen gebracht. Schönmuth (1985) hebt dazu hervor, «daß das Mitscherlich-Gesetz vom relativ abnehmenden Ertragszuwachs bei Pflanzen für die Tierproduktion auf Grund des hohen Erhaltungsfutterbedarfs nicht gilt, hinsichtlich der ökologischen Belastungen – auch ein Gegensatz zu Pflanzen – Höchstleistungen immer der Vorzug zu geben ist». Höchstleistungen sind also nicht nur geboten, weil die Versorgung einer steigenden Zahl von Menschen immer größere Anforderungen stellt, sondern auch weil der für die Haustierhaltung erforderliche Raum zu begrenzen ist. Mit Höchstleistungen steigen aber auch die Futterbedürfnisse, dies wirft in weltweiter Sicht Fragen auf, die wir später kurz erörtern werden. Manche Gruppen von Haustieren führen ein verwöhntes Leben in Häusern und Wohnungen von Menschen. Die großen Verschiedenheiten der Haustierhaltung wirken sich auf die individuellen Bindungen zwischen Menschen und Haustieren ebenso aus, wie auf Zuchtziele und Lebensansprüche der Haustiere.

Gruppen verschiedener Haustierarten können sich vom Menschen lösen, einigen gelingt es dann in isolierten Gebieten große Bestände verwilderter, nicht nur herrenloser Tiere aufzubauen. Dabei gehen entscheidende Haustiermerkmale nicht verloren (Herre und Röhrs 1971). Die verwilderten Bestände paaren sich freiwillig mit «echten» Haustieren ihrer Art sowie den Stammarten, falls sich dazu Möglichkeiten bieten. Bei Paarungen mit der Wildart gehen die verwilderten Haustierbestände in der Wildart wieder auf.

Haustiere bieten also eine vielseitige Problematik. So kann nicht verwundern, daß in Definitionen unterschiedliche Gesichtspunkte in den Vordergrund gestellt worden sind und Isaak (1970) mit Recht hervorheben kann, daß bislang keine Definition allseitige Zustimmung fand. Eine Übersicht über eine Reihe von Definitionen der Domestikation wird beitragen, allgemeine Gesichtspunkte zu klären.

## 2 Haustierdefinitionen

Knapp formulierte E. Fischer (1914): «Domestiziert nennt man solche Tiere, deren Ernährungs- und Fortpflanzungsverhältnisse der Mensch eine Reihe von Generationen beeinflußt.» Inhaltlich gab Hale (1969) eine gleiche Definition und andere Autoren legten ähnliche Gedanken bei Begriffsbestimmungen zugrunde, fügten aber Erweiterungen hinzu. So schrieb Hilzheimer (1926): «Haustiere sind Tiere, die seit Generationen an das Haus, es kann natürlich auch ein Zelt sein, gefesselt sind, deren Zucht und Vermehrung seit Generationen unter Aufsicht und Schutz der Menschen gestanden hat und noch steht und die für die menschliche Wirtschaft von Bedeutung sind; sei es, daß sie aktiv mit ihrer Körperkraft dienen, sei es, daß sie Fleisch oder Produkte ihres Körpers (Eier, Milch, Wolle, Seide) zur Ernährung des Menschen oder seiner Bekleidung liefern.» Ähnlich urteilte Clutton-Brock (1976, 1981) «A domestic animal is one that has been bred in captivity for purpose of economic profit to a human community and domestication may be defined as the exploitation of one group of social animals by another more dominant group that maintains complete mastery over its breeding, organisation of territory and food supply.»

Auch bei größerer Vielseitigkeit erweisen sich diese Umschreibungen als eng. So lassen sie die Eingliederung vieler Hobbyhaustiere nicht zu und erschweren auch die Einordnung mancher Arten, die auf nichtsoziale Ahnen zurückzuführen sind, wie die Hauskatze, bei der zudem Menschen die Fortpflanzung bei dem größten Teil der Bestände nicht beeinflußten, worauf Klatt (1927) hinwies. Auch die Haushunde, welche als Pariahunde bezeichnet werden, sind bei diesen Definitionen schwer zu fassen.

Noch stärker sind die Einschränkungen, wenn die Definition von Ducos (1978) zugrunde gelegt wird: «Domestication can be said to exist, when living animals are integrated as objects into the socioeconomic organisation of a human group, in the sense that when living, those animals are objects for ownership, inheritance, exchange, trade etc. as are other objects (or persons) with which human groups have something to do.» Damit können auch die Tiere zoologischer Gärten in den Kreis der Haustiere einbezogen werden.

Die Tatsache, daß sich Haustiere im Vergleich zu ihren wilden Stammarten veränderten, beziehen manche Forscher in Kennzeichnungen ein. So schreibt Schmitten (1980): «Haustiere sind definierbar als Tiere, die in der Obhut der Menschen gehalten und durch züchterische Einflußnahme zur Gewinnung von Nutzleistungen oder aus Liebhaberei morphologisch und physiologisch verändert werden. Die Differenzierungen gegenüber der Wildform umfassen auch das Verhaltensmuster.» In Verhaltensänderungen sah schon Spurway (1955) ein wesentliches Merkmal des Hausstandes: «Much of what we call domestication consists in changes in these inessential behavior patterns under the selection pressures produced when captivity alters the size of the breeding population, and interrupts the special social organisation. Domestication involves a continual destruction of social relations.»

Diese Definition verdient besondere Beachtung, weil sie wichtige biologische Sachverhalte einbezieht, die dem Verständnis der biologischen Seite des Domestikationsgeschehens dienen. Spurway hebt außerdem eine Eigenstellung der Domestikation hervor, da sie hinzufügt: «Civilisation is primarly a complication of social relation.»

Auch Sauer (1966) stellt zur Kennzeichnung der Domestikationen Einflüsse von Menschen in ihren biologischen Auswirkungen heraus: «Der Begriff Domestikation berührt die Vorstellung, daß ein Lebewesen einem Züchter gehört, der für es sorgt, ihm Futter beschafft, es beschützt und im wesentlichen dessen Fortpflanzung nach seinen, ihm persönlich nützlichen Gesichtspunkten dirigiert. Man kann somit auch ein Lebewesen als domestiziert charakterisieren, wenn sich der Selektionsdruck von jenen Eigenschaften, die sein Überleben und seine Fortpflanzung in der Wildnis sichern, auf solche Eigenschaften verschoben hat, die dem Eigentümer und Züchter wichtig sind.»

Die Hinweise auf Veränderungen gegenüber der wilden Stammart lassen es notwendig erscheinen, die Frage nach den Besonderheiten von Wildtieren aufzuwerfen. Hediger (1942) versteht unter Wildtieren sehr allgemein Tierformen, die ohne Zutun von Menschen entstanden sind. Leopold (1944) äußert sich bestimmter: «Wildness was defined... as the sum of the various behaviour patterns and other inherent adaptation which permit the successful existence of a free population.» Im besonderen Blick auf Truthühner stellt er fest: «Wildness is the inherited condition by which turkeys as individuals and collectively as population are adapted to live succesfully in a natural einvironment.» Unter diesem Blickpunkt stellt sich die Frage nach der Einordnung verwilderter Bestände von Haustieren.

Ein Gegenstück zu der Feststellung von Leopold ist die Definition von Martin (1973): «Domestication may be defined as adaption to captivity via population genetic mechanisms in which natural selection is largely replaced by artificial selection.» Der Hinweis auf populationsgenetische Vorgänge neben Wandel in den Selektionsbedingungen ist hervorzuheben.

Auch andere Autoren richten bei Haustierdefinitionen ihr Augenmerk auf genetische Probleme. So Reed (1977): «Domestication is used here referring not to patterns of regular utilisation but instead to the genetic effects that sometimes accompany that utilisation. The term is arbitrarily restricted to effects produced specifically by human use.» Bronson (1977) hat sich im gleichen Sinn ausgesprochen. Damit wird – wie schon von Darwin (1868) – die wichtige Tatsache herausgestellt, daß die entscheidenden Veränderungen in der Domestikation nicht als Modifikationen gewertet werden können, sondern erbliche Grundlagen haben.

Um eine sehr breite Erfassung von Sachverhalten in einer Definition bemühte sich Belayev (1974): «Domestication is the process of hereditary reorganisation of wild animals and plants into domestic and cultivated forms according to the interests of man. In its strictest sense it refers to the initial stage of man's mastery of wild animals and plants. The fundamental distinction of domesticated animals and plants is that they are created by man's labour to meet his specific requirements or whims and are adapted to the conditions he alone maintains for them. Without man's continuous care and solicitude, domesticated animals and plants could not exist.» Für moderne Haustiere trifft die Kennzeichnung im wesentlichen zu; bei der Einordnung von Frühstufen der Domestikation und bei verwilderten Beständen ergeben sich Schwierigkeiten.

Auch allgemein biologische Sachverhalte sind herangezogen worden, um Besonderheiten in der Domestikation zu klären. Wilkinson (1972) faßt seine Auffassung knapp zusammen: «Domestication means to change the seasonal subsistence cycle of the species involved to coincide with requirements of human groups.» Ohne besondere Definition betonen Herre und Röhrs (1971, 1973, 1983), daß Domestikationen, von Tierarten aus betrachtet, primär Kolonisationen neuer, von Menschen geschaffener ökologischer Nischen gleichgesetzt werden können und erst sekundär zielgerichtet gestaltende Kräfte von Menschen Oberhand gewinnen.

## 3 Ist Haustierhaltung Symbiose?

Sehr großen Einfluß auf Erörterungen über Domestikationen gewann eine zoologische Definition, welche C. Keller schon 1902 vorlegte. Er bezeichnete Domestikationen als Symbiosen zwischen Menschen und Tierarten. Klatt (1927) erachtete diese Kennzeichnung als bedeutungsvoll; Zeuner (1956, 1963), Higgs und Jarman (1969) und ihnen folgend weitere Forscher brachten interessante Erwägungen zu dieser Problematik.

Unter Symbiose versteht die moderne Zoologie (Piekarski 1965, Siewing 1980) ein Bündnis von zwei Tierarten zu gegenseitigem Nutzen. Zur Zeit von Keller war das Wissen über solche Vereinigungen noch gering; der Begriff Symbiose konnte weit gefaßt werden. Inzwischen ist erkannt worden, daß es im Tierreich eine Fülle von nutzbringenden Vergesellschaftungen gibt, auch solche, die nur einem der Beteiligten Gewinn bringen, den anderen jedoch nicht schaden. Diese werden unter Karposen vereint. Keine der für Symbiosen oder Karposen von der modernen Zoologie gegebenen Kennzeichnungen treffen den Kern der Haustierhaltungen durch Menschen.

Unbestritten ist heute, daß Haustiere aus Wildarten hervorgingen, welche Menschen zuvor meist als Jagdtiere nutzten. Bei der Schaffung von Haustieren gingen von Menschen gestaltende Einflüsse aus. Menschen grenzten entweder Teile von Wildarten zur eigenen Nutzung ab, oder sie schufen durch Tätigkeiten Bedingungen, welche Teile von Wildarten veranlaßten, menschliche Nähe aufzusuchen und sich allmählich vom freilebenden Teil ihrer Art zu isolieren, wie dies beispielhaft für Hauskatze (Todd 1978), Hausmeerschweinchen (Wing 1977, Gunda 1980) und vielleicht für den Haushund (Klatt 1948, Manwell und Baker 1984) anzunehmen ist.

Die Haltung der Haustiere brachte Menschen manche Bürde. Die Arbeit generationenlanger Obhut von Haustieren wurde geleistet, weil Haustiere verschiedenartigen realen oder ideellen Nutzen brachten und kulturelle Entwicklungen ermöglichten. Im Zusammenhang mit ihrer Kulturentwicklung steigerten Menschen die Nutzleistungen der Haustiere. Durch eine Vergrößerung der Bestände mehrten sie die Erträge oder gewannen größeres Ansehen (Hesse 1982). Solche Herdenvergrößerungen konnten Ausmaße annehmen, welche die Pflanzendecke als Futtergrundlage so weitgehend zerstörte, daß Erosionen eintraten. So entstanden durch Unvernunft von Menschen Schwierigkeiten, die durch neue Planungen, durch Entwicklung ackerbaulicher Maßnahmen ausgeglichen werden mußten.

Zur Betreuung immer größer werdender Herden, für die neue Weiden zu finden waren, wurden Teile der Bevölkerung als Hirten abgeordnet. Als Hirten waren sie zunächst Könige ihrer Herden. Die Betreuung, welche sie gewährten, war für die Einzeltiere gering, aber ebenso war der Tribut der Tiere mäßig. Für die Haustiere brachte aber die Entwicklung von Großherden anstelle der natürlichen Rudel tiefgreifende Veränderungen in den Sozialsystemen und in der Populationsstruktur, was sich nachhaltig auswirkte.

Die Suche nach ausreichenden Weidegebieten hat bei Menschen zur Entwicklung von Nomadentum geführt. Einen besonders ausgeprägten Fall zeigen die Rentierzüchter. Hausrentiere erschließen Menschen Gebiete im Norden Eurasiens, die sonst unbewohnbar wären. Die Rentiere suchen sich ihre Nahrungsgründe eigenwillig und Hausrenzüchter haben ihre Lebensführung den biologischen Eigenarten ihrer Haustiere angepaßt, indem sie sich zu Nomaden entwickelten (Herre 1955). Ähnliches gilt für die Beziehungen zwischen Menschen und manchen Populationen von Hauskamelen in semiariden Bereichen (Wilson 1984).

Mit dem Anwachsen der Menschheit und der Einengung der Weidegebiete stiegen die Anforderungen an die Einzeltiere. Um höhere Leistungen zu erlangen, wurden Zuchtverfahren entwickelt, welche zu Erfolgen führten. Aber die leistungsfähigeren Haustiere erforderten mehr Betreuung und bessere Ernährung. Haustiere und Menschen gerieten in zunehmende Abhängigkeit voneinander. Die menschlichen Betreuer wurden zu Knechten ihrer Tiere zum Wohle der Gesellschaft. Soziale Schichten innerhalb der Menschheit waren eine Folge auch von Bemühungen um quantitative und qualitative Verbesserungen von Haustierbeständen.

Symbiose ist als beidseitiger Nutzen der Partner definiert. Schon die angedeuteten Belastungen von Menschen durch Haustiere lassen Zweifel am Nutzen für den Einzelmenschen aufkommen. Doch ist auch nach dem Nutzen der Tiere im Zustande der Domestikation zu fragen. Wenn menschliche Betreuung von Haustierbeständen, so die Abwehr von Feinden oder eine gewisse Sorge für Futter und Schutz vor Witterungseinflüssen von verschiedenen Autoren als Nutzen für die Tiere herausgestellt wird, sind Benachteiligungen tierlicher Bedürfnisse entgegenzustellen. Den Haustieren wird schon auf frühen Domestikationsstufen die Bewegungsfreiheit wesentlich eingeschränkt, ihre Sozialbedürfnisse werden entscheidend beeinflußt, die Fortpflanzung ist durch Auswahl oder den Ausschluß von Partnern durch Menschen im allgemeinen beeinflußt. So geraten Haustiere in Abhängigkeit von Menschen schon in den einfachsten Lebensbedürfnissen. Dazu können Haustiere mit Lasten beladen werden, sie haben vor Pflug und dem Wagen oder als Reittiere Dienst zu tun, ihre Lebenszeit wird willkürlich beeinflußt. Es fällt schwer, all diese Veränderungen als «Nutzen» der Haustiere einzustufen. Insgesamt zeigt sich, daß Domestikationen den aus dem Tierreich bekannten Symbiosen nicht ohne weiteres gleichgesetzt werden können.

## 4 Gibt es Haustiere bei anderen Tierarten?

Im Zusammenhang mit den Erörterungen über Symbiosen stellt sich die Frage, ob von irgendwelchen anderen Tierarten Haustierhaltungen durchgeführt werden, die denen der Menschen gleichgesetzt werden können. Unter den Wirbeltieren, auch unter hochentwickelten Säugetieren, hat keine Art eine andere zu ihrem «Haustier» gemacht. Bei einer Anzahl von staatenbildenden Insekten wird aber angegeben, daß es bei ihnen «Haustiere» gäbe. Schon Keller (1902) und neuerdings vor allem Zeuner (1956, 1963) haben Parallelen zwischen der «Haustierhaltung» durch Insekten und jener durch Menschen herausgestellt. Zeuner betont, daß beim Menschen ein gewisser sozialer Status Voraussetzung für die Haustierhaltung sei und daß bei den Insekten ebenfalls soziale Arten «Haustiere» besäßen.

Gegen eine Gleichstellung von Beziehungen zwischen verschiedenen Arten unterschiedlicher Tierklassen unter dem Begriff «Haustierhaltung» lassen sich schwerwiegende Bedenken erheben. Einige Sachverhalte seien hervorgehoben, auf die Remane (1960, 1971) hingewiesen hat: «Die Sozialsysteme der Insekten beruhen auf der völligen Ausrichtung des Einzelwesens auf das Staatsinteresse. Die Insektenstaaten sind nahezu vollendete funktionelle Ordnungen. Die Tätigkeiten erfolgen nicht auf Befehle und Anordnungen hin, sie richten sich nicht nach Vorbildern oder Ideen, sondern geschehen aus einem «angeborenen Wissen» um die Staatsnotwendigkeiten und aus angeborenen Trieben zur Erfüllung der Staatspflichten. Aber es ist sehr zweifelhaft, ob es ein wirkliches Wissen um Staat und Staatserhaltung, um Pflicht, Tod und Leben bei der Biene oder der Ameise gibt und ob eine Vorstellung von der Zweckmäßigkeit des Handelns existiert. Nach dem, was wir heute wissen, erfolgt alles Handeln aus angeborenen Trieben und ebenso angeborenen Reaktionen auf bestimmte Reize und Signale. Der Insektenstaat ist also eine autonome funktionelle Ordnung, nicht eine dirigierte.»

Auch die Haltung und Nutzung anderer Tierarten bei Insekten beruht wohl vorwiegend auf angeborenen Verhaltensweisen; so gibt es bei ihnen Pflegeinstinkte, welche direkt auf die «Haustiere» gerichtet sind. Beim Menschen aber spielen Instinkte für die Haustierhaltung höchstens eine untergeordnete Rolle. Sie können vielleicht bei einigen Heimhaustieren und auch bei gelegentlichen Tierhaltungen primitiver Völker eine gewisse Bedeutung haben. Insekten isolieren aber ihre «Haustiere» nicht sexuell von einer Stammart, sie führen keine gerichtete Selektion durch, und sie verändern nicht laufend aktiv und bewußt ihre Beziehungen zu den «Haustieren».

## 5 Eigenständigkeit der Begriffe Haustier und Domestikation

Wie Röhrs (1961) herausstellte, ist es nicht gerechtfertigt, die Haustierentwicklung in menschlichen Gesellschaften der regelmäßigen Nutzung von Tieren durch einige Insektenarten gleichzusetzen. Die Begriffe Haustier und Domestikation haben eine eigene Prägung, weil ein Partner aktiv, bewußt und zielgerichtet gestaltet und hierbei immer größeren Nutzen gewinnt. Erst damit geraten sowohl Mensch als auch Haustiere in immer stärkere Abhängigkeit voneinander. Die Begriffe Haustier und Domestikation sind mit der geistigen, der kulturellen Entwicklung des Menschen zu verbinden (Hesse 1982) und auf Menschen, ihre Haustiere und Kulturpflanzen zu begrenzen. Domestikationen sind den Menschen eigene geistige Leistungen und können in diesem Sinne als ein großartiges biologisches Experiment gewertet werden (Röhrs 1961).

Immer wieder ist zu beobachten, daß Menschen Individuen wildlebender Tierarten aufziehen, zähmen und betreuen. Frauen mancher Volksstämme bieten wilden Jungtieren sogar ihre Brüste, und Wildtiere, die in enge Beziehungen zum Menschen gerieten, können sehr folgsame Begleiter werden. Verschiedentlich sind diese Fälle von Tierhaltung als Vorstufen von Domestikationen erachtet worden. Dabei wird ein wesentlicher Sachverhalt zu gering bewertet: Es handelt sich in diesen Fällen meist um Einzeltierhaltungen. Domestikationen setzen aber Ausgangsgruppen voraus, damit nicht nur Tiere erhalten, sondern Bestände aufgebaut werden können. Die Beispiele zeigen aber, wie es zu Kontakten zwischen Menschen und Wildtieren kommen kann.

Es gibt jedoch auch regelmäßige Nutzungen einiger Arten, bei denen eine größere Zahl von Tieren jeweils Wildbeständen immer wieder entnommen wird. Als ein Beispiel nennt Reed (1977) verschiedene Baumentenarten der Gattung *Dendrocygna* Svans, 1857 in Mittelamerika. Die Menschen in der Heimat dieser Vogelarten sammeln Eier und lassen sie von Haushennen ausbrüten, oder sie fangen frisch geschlüpfte Küken. Diese Tiere werden zahm und ortstreu; sie warnen, wenn Fremdlinge erscheinen. Das Fleisch und die Eier dieser sich in der Nähe der menschlichen Behausungen ansiedelnden Tiere sind als Nahrungsmittel geschätzt und haben Handelswert. Eine Zuchtlenkung fehlt, die Tiere bleiben Wildtiere.

Regelmäßiger Arbeitseinsatz ist beim indischen Elefanten *Elephas maximus* Linnaeus, 1758 seit Jahrhunderten üblich. Auch bei dieser Art werden die Nutztiere jeweils den Wildtierbeständen entnommen. Mit Methoden, wie sie bei der Jagd üblich sind, erfolgt der Fang, dem eine Zähmung mit Unterstützung bereits eingewöhnter Tiere und dann der Einsatz bei Arbeiten folgt. Manwell und Baker (1984) erachten dieses Verfahren als ein immer wiederholtes Frühstadium der Domestikation, sie halten den Reiz des Wagnisses, sich frisch gefangenen, noch immer gefährlichen Großsäugern nähern zu müssen und diese zu zähmen als eine Grundlage für Domestikationen. Warum es jedoch bis in unsere Zeit, in der die Wildbestände der indischen Elefanten recht gering wurden, kaum zur Zucht, zur echten Domestikation kam, ist ungeklärt.

Auch Vögel werden in ähnlicher Weise genutzt. Der Kormoran, *Phalacrocorax carbo* Linnaeus, 1758 ist im Osten Asiens ein jahrhundertealtes Nutztier. Diese Kormorane dienen als Helfer beim Fischfang. Die Eier von Wildvögeln werden gesammelt, durch Haushühner erbrütet und die geschlüpften Vögel gezähmt. Sie lernen vom Bootsrand aus auf Kommando zu tauchen und die Beute gegen Belohnung abzuliefern (Zeuner 1963).

## 6 Rolle der Zähmungen bei Domestikationen

Die genannten Beispiele machen deutlich, daß für den Einsatz regelmäßig genutzter Wildtiere die Zähmung eine Rolle spielt. Es kann nicht verwundern, daß Zähmung von Wildtieren als eine entscheidende Vorstufe von Domestikationen angesehen wurde. Doch die Beispiele Baumenten, Kormorane und Elefanten machen deutlich, daß Zähmungen, die individuell über viele Generationen wiederholt wurden, nicht zu Domestikationen führten. Baier (1951) sagte ganz allgemein, daß Zähmung nicht domestizierend wirkt; diese Auffassung vertritt auch Reed (1980).

Zahmheit ist nicht bei allen Haustieren ausgeprägt. Wilkinson (1972) wies darauf hin, daß viele Rinderherden des 19. Jahrhunderts in den USA, die zur Deckung des Fleischbedarfs dienten, nicht oder nur teilweise zahm waren. Wir können hinzufügen, daß dies noch heute für Rinderherden Südamerikas gilt, daß Hausschafe großer Herden individuell ebenfalls wenig zahm sind und Hausrentiere Scheuheit gegenüber Menschen zeigen. Zug-, Last- oder Reittiere sowie Milchlieferanten sind hingegen zahm. Hesse (1982) hebt hervor, daß individuelle Bande zwischen Menschen und Haustieren, die als Ausdruck von Zahmheit gelten können, mit der Verwendung der Haustiere einen Zusammenhang haben. Doch insgesamt fällt auf, daß Haustiere stärker zur Zahmheit neigen als ihre wilden Verwandten. Daher ist es geboten, die Problematik zu vertiefen.

Die Begriffe Zahmheit und Zähmung, oft als gleichwertig erachtet, haben eine sehr verschiedene Bedeutung (Herre 1978). Als Zahmheit ist die Vertrautheit eines Tieres gegenüber Menschen zu bezeichnen, ohne daß nach den Ursachen dieses Zustandes gefragt wird. Zähmung hingegen ist die bewußte Einflußnahme von Menschen auf Tiere, um eine Zahmheit zu erzeugen.

Wildtiere müssen scheu sein, um Gefahren zu meiden. Ihnen ist die Anlage zur Einhaltung einer Fluchtdistanz angeboren, deren Weite durch Erfahrungen beeinflußt wird. Erweist sich eine Gefahrenquelle als unbedeutend, wird die Fluchtdistanz verringert. An Fütterungsstellen, ebenso in Gefangenschaft, können Wildtiere «futterzahm» oder auch «handzahm» werden, sich also berühren lassen. Es handelt sich in diesen Fällen um eine erlernte Zahmheit. Wildtiere, die nie bejagt wurden, zeigen gegenüber Menschen oft nicht einmal Fluchthandlungen.

Vertrautheit gegenüber bestimmten Einzelpersonen kann auch auf Prägung beruhen, dies ist eine sehr frühzeitig im Leben zustande gekommene, dauerhafte Beeinflussung einzelner Individuen. Sowohl die auf Verringerung der Fluchtdistanz beruhende, erlernte Zahmheit, als auch die durch Prägung gewordene, betrifft Einzeltiere.

Haustiere erweisen sich nicht nur individuell als zahm, sie zeichnen sich in ihrer Gesamtheit durch eine geringere Scheu als ihre Wildahnen aus. Diese Zahmheit ist angeboren. Dies lehren beispielhaft sowohl vergleichende Beobachtungen in den Zuchten von Wolf und Haushund im Kieler Institut, als auch die Kieler Kreuzungen zwischen Wölfen und Pudeln (Herre 1981). Erbliche Grundlagen der Zahmheit lassen sich auch aus Kreuzungsexperimenten von Wild- mit Hauskaninchen ableiten, die Stolte (1950) bekanntgab. Auch Zuchtversuche von Belayev (1974) mit Silberfüchsen sicherten, daß Zahmheit auf Erbanlagen beruhen kann. In diesem Zusammenhang sind Beobachtungen an verwilderten Haustieren interessant. Auf Galapagos werden diese Tiere intensiv bejagt, Fluchthandlungen sind sehr ausgeprägt, die Fluchtdistanzen groß. Das alles erinnert an das Verhalten von Wildtieren. Eingefangene verwilderte Haustiere werden aber innerhalb weniger Tage wieder zahm und mit Menschen vertraut; verwilderte Haushunde lassen sich dann sogar zur Jagd abrichten.

Zähmung muß nach bisheriger Einsicht nicht am Beginn einer Domestikation stehen, die ersten Haustiere können Zahmheit erlent haben, unter den ersten Haustieren werden die «ruhigen», zur Zahmheit neigenden Tiere sich wohl am leichtesten vermehrt haben. Zu dieser Vermutung berechtigen moderne Erfahrungen mit gefangenen Wildtieren in Zoologischen Gärten (Kear 1986, Maitland und Evans 1986, Thomas et al. 1986). Nach Mace (1986) pflanzen sich in solchen Gefangenschaftspopulationen von Wildtieren nur 20–40% der Individuen fort. So gewinnt eine natürliche Auslese Einfluß. Außerdem werden am Beginn der Haustierzeit Menschen die ruhigen, beherrschbaren Individuen bevorzugt haben. So konnte auch eine gelenkte Auslese zur Zahmheit führen. Zahmheit bei Haustieren wird also als Folge der Domestikation gewertet, wir werden später diese Problematik nochmals aufgreifen und unsere Auffassung untermauern.

## 7 Führt Wildhege zur Domestikation?

Zahmheit, welche Wildtiere unter bestimmten Bedingungen erkennen lassen, hat in den letzten Jahren in der Öffentlichkeit zu Auseinandersetzungen über mögliche Entwicklungen von Wildtieren zu Hausformen geführt. Als Hegemaßnahme ist nämlich für verschiedene Arten von Jagdtieren, die als «Wild» bezeichnet werden, Winterfütterung üblich geworden. Diese Maßnahme hat unter Gesichtspunkten des Tierschutzes Zustimmung und Förderung gefunden, weil in der Kulturlandschaft das Nahrungsangebot oft so ungünstig ist, daß viele Wildtiere natürliche Notzeiten nicht überstehen. Auch der Waldbau begrüßt Winterfütterungen, weil damit Verbißschäden gemindert werden können. Das «Wild» lernt, daß an Fütterungsstellen keine Gefahren drohen, es verringert Fluchtdistanzen sehr bemerkenswert; das «Wild» erscheint zahm. Dies wurde als Frühstufe einer Domestikation bezeichnet. Dabei ist übersehen worden, daß sich beim Erkennen von Gefahren die Fluchtdistanz des «Wildes» wieder einstellt. Werden die Lebensbedingungen für die meisten Arten des «Wildes» kritisch überprüft, so ergibt sich, daß von der Gefahr einer «Verhaustierung» europäischen Jagdwildes nicht gesprochen werden kann (Herre 1981), da wesentliche Kennzeichen einer Domestikation fehlen.

Nur einigen Beständen des Damwildes *Dama dama* Linnaeus, 1758 drohen Gefahren einer Domestikation. Damwild ist in weite Teile Europas als Gatterwild importiert und nicht selten über Generationen auf Farbbesonderheiten gezüchtet worden. Jetzt sind Bestrebungen im Gang (Reinken 1980), Damwild in hohen Siedlungsdichten zu halten und als Nutztiere zu züchten. Dies kann der Beginn einer Haustierentwicklung sein, weil menschliche, zielgerichtete Einflüsse Oberhand erlangen werden.

## 8 Sind Haustiere pathologische Varianten der Wildarten?

Grundsätzlich ist der Mensch der gestaltende Partner in dem als Domestikation bezeichneten Mensch/Haustierverhältnis. Haustiere reagieren auf die von Menschen geschaffenen Lebensbedingungen durch erbliche Anpassungen an die neuen ökologischen Bedingungen. Es findet eine Selektion statt. Menschen fördern dann diese Entwicklung durch Zuchtwahl zum eigenen Nutzen. Der Wille und die Fähigkeit des Menschen haben Auswirkungen, die schon Darwin (1968) hervorgehoben hat und die für die Bewertung von Haustiereigenarten in zoologischer Sicht nicht vernachlässigt werden dürfen. Darwin schrieb: «... da hierbei der Wille des Menschen ins Spiel kommt, so läßt sich verstehen, woher es kommt, daß domestizierte Rassen sich seinen Bedürfnissen und Liebhabereien anpassen. Wir können ferner einsehen, woher es kommt, daß domestizierte Rassen von Tieren und Pflanzen mit den natürlichen Arten verglichen, oft einen abnormen Charakter darbieten; denn sie sind nicht zu ihrem eigenen Nutzen, sondern zu dem des Menschen modifiziert worden.» Dieser Hinweis macht deutlich, daß es nicht angängig ist, die Besonderheiten von Haustieren ganz allgemein nur unter dem Blickwinkel der natürlichen Lebensbedingungen der

Wildart zu beurteilen. Haustiere sind in ihrer Gesamtheit grundsätzlich nicht als pathologische Varianten der Wildart zu werten, sie sind vielmehr vorrangig zu ihrer besonderen, vom Menschen ständig veränderten Umwelt in Beziehung zu bringen. Die gleiche Auffassung vertritt Berry (1969). Nur in einigen Fällen haben Menschen die notwendigen Zusammenhänge nicht hinreichend beachtet, sie haben die gebotenen Grenzen, welche zwischen Haustier und Umwelt und über das harmonische Zusammenwirken von Organen beachtet werden sollten, überschritten und damit einen Schritt ins Pathologische gewagt.

## 9 Formbildung von Wildtieren in neuen ökologischen Nischen

Auch bei stammesgeschichtlichen Veränderungen spielen Reaktionen auf und Anpassungen an sich wandelnde ökologische Verhältnisse eine erhebliche Rolle. Beispielhaft seien nur die Darlegungen von Guthrie (1970) über die Stammesgeschichte der Gattung *Bison* H. Smith, 1827 angeführt. In ihrem Entstehungsgebiet Eurasien zeigte diese Gattung eine geringe Formenbildung. Ihr stand nur eine engere ökologische Nische zur Verfügung. Beim Übergang nach Nordamerika fand sie eine Fülle freier Lebensräume und keine bemerkenswerte Konkurrenz. Eine starke Formenbildung war die Folge. Auch die Tierwelt der Galapagos-Inseln und anderer Archipele bieten Beispiele solcher Formenvermannigfaltigung. Darauf hat schon Darwin (1845) hingewiesen. In neuerer Zeit haben sich besonders Thornton (1971) und Grant (1986) mit der Vielfalt der Arten auf Archipelen befaßt. Auch auf die in recht kurzer Zeit erfolgte Bildung zahlreicher Unterarten bei der Honigbiene *Apis mellifera* Linnaeus, 1758 kann verwiesen werden (Ruttner 1988).

Ein gutes Beispiel für den Beginn einer Erhöhung innerartlicher Variabilität unter neuen ökologischen Bedingungen gab Whitney (1961). Er beobachtete Veränderungen bei dem kleinen Fisch *Bairdiella icistius* Jordan und Gilbert, 1881 aus der Gruppe der Umberfische (Familie Scianidae). Sie lebt im Golf von Kalifornien. Eine kleine Population wurde im Salton-See ausgesetzt. Diese vermehrte sich im neuen Lebensraum, in dem Konkurrenten und Räuber fehlten, sehr stark und rasch. Unter den Nachkommen blieben zunächst auch anormale Individuen erhalten. Ihr Anteil betrug bis zu 23% im gleichen Jahrgang. Manche der Abweichungen von der Norm ähnelten Besonderheiten von Haustieren. In welchem Umfang solche Eigenarten erhalten bleiben und zukunftsträchtig sind, hängt von weiteren Entwicklungen im neuen Lebensraum ab. Wir werden die Problematik später eingehender erörtern.

## 10 Versuch einer Haustierdefinition

Werden alle vorgetragenen Erwägungen und Tatsachen zusammengefaßt, erscheint es uns geboten, einen Definitionsvorschlag zu machen, nach dem der Kreis der Haustiere festgelegt werden kann. Haustiere sind aus kleinen Individuengruppen von Wildarten hervorgegangene Bestände, die unter dem Einfluß von Menschen weitgehend in sexuelle Isolation von der Stammart gerieten, sich über Generationen den besonderen ökologischen Bedingungen eines Hausstandes anpaßten und zu zahlenmäßig großen Beständen entwickelten. Die veränderte natürliche Auslese und weitergehende zielgerichtete Auslese durch Menschen führte im Zusammenhang mit Umorganisation und anderen Veränderungen in den Erbanlagen zu einer sehr großen Mannigfaltigkeit in Anatomie, Physiologie und Verhalten. Haustiere wurden in verschiedener, auch wechselnder Form und in steigendem Ausmaß von Menschen wirtschaftlich genutzt oder für Liebhabereien verwendet. Dabei wurden die Haustiere ihren Stammarten immer unähnlicher.

Kurz zusammengefaßt läßt sich folgende Kennzeichnung geben: Haustiere sind Teile von

Wildarten, bei denen unter den veränderten Umweltbedingungen eines Hausstandes im Laufe von Generationen ein unerwarteter Reichtum an erblich gesteuerten Entwicklungsmöglichkeiten zur Entfaltung kommt, den Menschen in Bahnen lenken, die ihnen zunehmend vielseitigen Nutzen bringen oder besondere Freude bereiten.

# Teil B: Die Stammartenfrage

# III. Grundbegriffe zoologischer Systematik

## 1 Schwierigkeiten bei der Festlegung von Stammarten

Grundlage zoologischer Haustierforschung ist eine sichere und umfassende Kenntnis der Stammarten. Nur dann sind die Eigenarten der Haustiere zoologisch treffend zu beurteilen. Der Beginn der Domestikation verschiedener Haustiere liegt Jahrtausende zurück; über die Ausgangspopulationen gibt es keine Aufzeichnungen. Es galt, über die Stammarten auf anderen Wegen klare Aufschlüsse zu erhalten. Historische Belastungen und Unsicherheiten bei Begriffen der zoologischen Systematik erschwerten diese Arbeit.

Der Begründer der zoologischen Systematik Karl von Linné, von der Unveränderlichkeit der biologischen Arten zunächst weitgehend überzeugt, betrachtete Haustiere jeweils als eigene Arten und gab ihnen besondere Namen, die sich einbürgerten und noch erhalten blieben, als die Stammarten in späteren Zeiten entdeckt wurden. In anderen Fällen blieben Wildart und Hausform unter der gleichen zoologischen Bezeichnung vereint.

Mit dem Fortschritt kulturgeschichtlicher und zoologischer Forschung wurde eindeutig, daß alle Haustiere aus Wildarten hervorgegangen sind. Aber auch als dieser Sachverhalt allgemein anerkannt war, gingen viele Erwägungen zum zoologischen Domestikationsproblem von den Haustieren und nicht von den Wildarten aus. Zoologischen Systematikern, welche die Vielgestaltigkeit der Haustiere als Ausgangspunkt ihrer Untersuchungen wählten, erschien es oft unvorstellbar, daß deren Mannigfaltigkeit in Gestalten und Lebenserscheinungen sich innerhalb gleicher Art entwickeln kann. Es entstanden Vorstellungen, daß Haushunde, Hausschweine, Hausrinder, Hauspferde usw. jeweils aus vielen verschiedenen Wildarten hervorgegangen seien. Später verringerte sich die Zahl dieser «Stammarten» meist auf zwei. Diese Auffassungen haben sich bis zur Mitte des 20. Jahrhunderts vielfach erhalten.

Auch in der Zoologie und in der Paläontologie (Kuhn-Schnyder 1947) sind nicht selten zwei Arten taxonomisch unterschieden worden, wenn zunächst nur Extreme einer Formenreihe bekannt wurden, die Verbindungsglieder aber noch unbekannt blieben. Für die Haustierforschung wirkte sich dies bei Wildschweinen beispielhaft aus. Zunächst sind die Wildschweine Westeuropas als *Sus scrofa* Linnaeus, 1758 und jene Ostasiens als *Sus vittatus* Müller und Schlegel, 1842 unterschieden worden, bis erkannt wurde, daß im Zwischengebiet Übergangsformen vorhanden sind, die eine Zusammenfassung zur gleichen Art erforderlich machen (Kelm 1939), die nach der Prioritätsregel als *Sus scrofa* zu bezeichnen ist.

In der prähistorischen Haustierforschung lagen einem ihrer Begründer, Rütimeyer (1862) in einem zunächst geringen Material ebenfalls besondere Extreme vor, die, zeitbedingt, zur taxonomischen Unterscheidung von Arten Anlaß gaben. Unter dem Einfluß seiner Autorität haben sich diese Anschauungen lange erhalten und spätere Erörterungen belastet.

## 2 Der morphologische Artbegriff

Der Nachweis der Stammarten der so vielgestaltigen Haustiere war schwierig und beanspruchte einen langen Zeitraum, weil historisch der zoologische Artbegriff zunächst statisch geprägt war. Er ging von gestaltlicher Ähnlichkeit aus und wird heute als morphologischer oder typologischer Artbegriff gekennzeichnet.

Nur knapp sei in Erinnerung gebracht – Mayr (1984) und Willmann (1985) haben ausführliche Darstellungen gegeben –, daß besonders seit Linnaeus (1758) die These galt, daß Individuen der gleichen Art in ihren wesentlichen Merkmalen übereinstimmen sollten. In diesem Sinne galten Arten als reale «gottgeschaffene Einheiten». Die Meinung von weitgehender Übereinstimmung spiegelt sich auch im sogenannten genetischen Artbegriff wider, der durch Lotsy (1916) und verschiedene englische Genetiker in die Biologie eingeführt wurde (Grassé 1973). Lotsy gab folgende Definition der Art: «Bei Organismen mit geschlechtlicher Fortpflanzung kann die Art definiert werden als die Gesamtheit aller homozygoten Individuen, welche die gleichen Erbanlagen haben.»

Doch schon Lamarck (1802) äußerte Zweifel an solchen statischen Auffassungen. Er meinte schließlich, daß nur Individuen als reale Einheiten gelten könnten, alle anderen Gruppierungen trügen den Stempel subjektiver Gliederung. Dabei ist die Einfügung der Individuen in Fortpflanzungsgemeinschaften übersehen worden. Viele Forscher zoologischer Systematik vertraten bis in unsere Zeit einen morphologischen Artbegriff. So postulierte Cain (1959): «Eine Art ist, was der als Kenner der betreffenden Organismengruppe ausgewiesene Taxonom dafür hält.» Eindeutiger definierte Schindewolf (1962): «Die Art ist eine Serie von Individuen, die in der Gesamtheit ihrer typischen Merkmale übereinstimmen und in ihren räumlich und zeitlich aneinander anschließenden Populationen eine meist nur geringfügige Variabilität zeigen.»

Haushunde, Hausschweine, Haustauben, Haushühner usw. zeigen sowohl zwischen als auch in ihren Rassen und gegenüber den Wildarten höchst bemerkenswerte Unterschiede in vielen Merkmalen. Bei Zugrundelegung des morphologischen Artbegriffs stellte sich die Frage, inwieweit solchen Änderungen Artrang oder sogar Gattungsrang zugesprochen werden kann. Mit anderen Worten: Können die Wandlungen im Hausstand als ein vollständiges Modell für das evolutiv so bedeutsame Ereignis der Artbildung gelten?

Doch die Beantwortung dieser Frage trat zunächst in den Hintergrund, als die Evolutionslehre sich durchzusetzen begann. Die Evolutionslehre ist zwar aus Gliederungen nach Gestaltmerkmalen erwachsen, aber durch sie wurde der Artbegriff dynamisch, klare Grenzen verwischten sich. Grassé (1973) kennzeichnete die Lage: «Das morphologische Kriterium ist aber nicht immer deutlich genug und es ist allein nicht ausreichend, um die Art abzugrenzen.» Diese Auffassung unterstrich er mit dem Hinweis: «Kulturpflanzen und Haustiere zeigen innerhalb dessen, was man weiterhin als eine Art betrachtet – und wahrscheinlich zu Recht – tiefgreifende Unterschiede in der Form und auch in der Physiologie.» Die Notwendigkeit, nach einer anderen Artdefinition Ausschau zu halten, wird deutlich.

Eine leichte, aber ungewisse Einschränkung der unsicher gewordenen Beurteilungsgrundlagen kann darin gesehen werden, daß der «subjektiven Erfahrung» eines zoologischen Systematikers bei der Ähnlichkeitsbewertung nach dem morphologischen Artbegriff ein großer Spielraum zuerkannt wurde. Doch bei Haustieren ist die Variabilität in den meisten Merkmalen nicht nur zwischen Rassen, sondern bereits innerhalb dieser so groß, daß alle subjektiven Schlüsse über Herkunftsbeziehungen fragwürdig bleiben (Epstein 1971). Diese hohe Variabilität der

Haustiere erzeugte bei zoologischen Systematikern, soweit sie Gestaltmerkmalen verhaftet blieben, meist Unbehagen.

Die Auswertung des «Experimentes Domestikation» blieb für Systematik und Stammesgeschichte, trotz wiederholter Hinweise einzelner Forscher auf die grundsätzliche Bedeutung, viele Jahrzehnte gering. Bei der gängigen morphologisch ausgerichteten Artdefinition war es äußerst schwierig, für die oft so abweichend gestalteten Haustiere wilde Ausgangsarten festzulegen und den systematischen Rang dieser Unähnlichkeiten zu bewerten. Die zoologische Systematik vernachlässigte lange Zeit die innerartliche Variabilität, weil ein systematischer «Typus» zu stark in den Mittelpunkt gestellt wurde. Insbesondere blieben jene Individuen kaum beachtet, die außerhalb einer normalen Variationsbreite liegen. Remane (1922) hat diese in freier Wildbahn seltenen Erscheinungen als «Exotypen» den «Endotypen» gegenübergestellt. Die Seltenheit der Exotypen beruht wohl auf frühzeitiger Auslese unter den Bedingungen freier Wildbahn. Im Hausstand werden solche Exotypen nicht selten erhalten und auch vermehrt. Bei Analysen innerartlicher Variabilität in freier Wildbahn bildet im allgemeinen nur jener Ausschnitt der Art den Forschungsgegenstand, den die natürliche Auslese bestehen läßt. Die Wandlungsfähigkeit ist aber auch in wildlebenden Beständen der gleichen Art viel größer als die systematische Zoologie berücksichtigt. Der Anteil der geborenen Individuen, die natürlicher Auslese zum Opfer fallen, ist sehr hoch. Dies machen Erhebungen von Cabon (1958), Andrzejewski (1974), Andrzejewski und Jezierski (1978) Clutton-Brock et al. (1988) höchst anschaulich. Die zoologische Domestikationsforschung muß dieser Tatsache besonderes Augenmerk zuwenden, wenn sie Stammarten nachweisen und Vorgänge in der Domestikation klären will.

# 3 Kreuzungstheorien und Stammartenfrage

Die große Mannigfaltigkeit der Haustiere fand nach der Wiederentdeckung der Mendel-Gesetze und dem Ausbau des Mendelismus eine neue Deutung, die sich auf die Stammartenfrage auswirkte. Da durch Kreuzungen Umkombinationen von Genen erreicht werden, die sich in neuen Merkmalen auswirken, festigten sich Vorstellungen, daß jeweils zwei Stammarten für die «Arten» der Haustiere anzunehmen seien. Einflußreiche Tierzüchter wie Adametz (1926) haben sich höchst nachdrücklich für diese Theorie eingesetzt und zahlreiche Anhänger gefunden. Als Ahnen der Hausrinder galten ein primigenes und ein brachyzeres Wildrind, die Hauspferde sollten als Ahnen das Przewalskipferd und den Tarpan haben, die Hausziegen *Capra aegagrus* und *Capra prisca*, die Haushunde den Wolf und den Schakal usw.

Zoologisch würde dies bedeuten, daß aus mehreren Wildarten eine «gemeinsame» neue Art entstand. Dies wird oft mißverständlich als «polyphyletische» Entstehung bezeichnet; mißverständlich, weil Phylogenie mit Artspaltung, also sexueller Grenzbildung in einer alten Gemeinschaft, verknüpft ist. Polyphylie ist im stammesgeschichtlichen Geschehen als ein Vorgang definiert, bei dem in Arten, die aus unterschiedlichen Ausgangsgruppen entstanden, gleiche oder so ähnliche Strukturen entstanden, daß sie zur gleichen systematischen Einheit zusammengefaßt wurden. Die mit der Kreuzungshypothese zur Klärung der Stammartenfrage der Haustiere verknüpften Vorstellungen sind treffender unter Introgression einzureihen.

Auch bei Überlegungen zur natürlichen Evolution spielten Vorstellungen von Introgressionen bei Artbildung bis in neuere Zeit eine Rolle (Lotsy 1916); Mayr (1984) hat die Problematik erörtert. Mit diesen Meinungen stehen jedoch die Ergebnisse von Versuchen, wie sie bereits J. Kühn im hallischen Haustiergarten durchführte, ebenso wie moderne Studien schlecht im Einklang. Kreuzungen zwischen Arten höherer Wirbeltiere, denen die wichtigsten Haustiere zuzuordnen sind, sind wohl nur unter ungewöhnlichen Bedingungen einer Gefangenschaft zu erzielen (Gray 1971). Die Nachkommen solcher Kreuzungen sind meist disharmonische Individuen (Herre 1935), die im Sinne von R. Hesse (1935) als entharmonisch zu bezeichnen sind, weil die Organe nicht ausgeglichen abgestimmt erscheinen, oder als epharmonisch, wenn die Umwelt der Wildarten als Bezugsgrundlage gewählt wird. Außerdem haben moderne Studien über Fälle, in denen evolutiv bedeutsame Introgressionen bei Säugetieren postuliert wurden, gelehrt, daß es sich um Fehlinterpretationen handelte (Rempe 1965, 1970; Jewell und Fullagar 1965; Niethammer 1969). Danach ist die Vorstellungswelt der Kreuzung von wilden Säugetierarten zur Deutung und Beurteilung von Haustierbesonderheiten nicht mehr aufrechtzuerhalten. Dies ist für die Stammartenfrage der Haustiere eine wichtige Einsicht.

# 4 Biologischer Artbegriff

Ein entscheidender Fortschritt bei der Klärung der Abstammung der Haustiere wurde erreicht, als sich der biologische Artbegriff in der Zoologie allgemeinere Anerkennung verschaffte. Der biologische Artbegriff legt tierliches Verhalten zugrunde. Danach gehören zur gleichen Art alle Individuen, die eine erfolgreiche natürliche Fortpflanzungsgemeinschaft bei freier Gattenwahl bilden und dabei fruchtbare Nachkommen erzeugen. Diese Arten sind gegenüber anderen Arten sexuell abgegrenzt. Vom biologischen Artsein aus sind die Artkennzeichen zu ermitteln (Herre 1961). Merkmalsunterschiede können zwar eine Artbildung als wichtigsten evolutiven Schritt signalisieren, sie machen aber eine Artbildung nicht eindeutig (Herre 1974). «Das biologische Artkonzept ist nicht merkmalsbezogen. Das heißt aber nicht, daß wir in der Praxis der systematisch-taxonomischen Arbeit auf eine Analyse von Merkmalen verzichten müßten (oder könnten) oder daß diese auch nur in den Hintergrund zu rücken wären. Aber Merkmalsunterschiede und -identität sind nicht für sich zu nehmen, sie müssen biologisch ausgedeutet werden.» (Willmann 1985).

Die Entwicklung des modernen Biospezieskonzeptes hat Willmann (1985) eingehend dargelegt. Leibniz hat bereits 1735 auf die erhebliche innerartliche Variabilität, die bei Tierarten auftreten kann, hingewiesen. Als Beispiele wählte er die Rassen der Haushunde und für extreme Fälle vor allem Mißbildungen bei Menschen. Leibniz betonte, daß die unterschiedlichen Formen nicht verschiedenen Arten angehören und somit erwiesen sei, daß, wenn unsere Definitionen von Äußerlichkeiten abhängen, sie unvollkommen und vorläufig sind. Willmann macht außerdem darauf aufmerksam, daß Buffon schon 1749 die reproduktive Isolation der Arten hervorhob. Den biologischen Artbegriff klar definiert hat Cuvier 1829. Aber seinen Wert als theoretische Grundlage, auch für die Evolutionsforschung, hat man nicht hinreichend erkannt. Zu sehr standen Einzelmerkmale – und auch Einzelindividuen als «Typen» – im Vordergrund zoologisch-systematischer Betrachtungen. Die Arbeit dieser Systematiker erschöpfte sich in sorgfältigen Beschreibungen von Unterschieden, klaren Kennzeichnungen für Bestimmungen; die Herausarbeitung phylogenetischer Zusammenhänge wurde zunächst vernachlässigt.

In den letzten Jahrzehnten wurde durch Ergebnisse verschiedener Zweige biologischer Forschung immer bewußter, daß die Individuen in Populationen eingebunden sind, daß sie sich selber jeweils nur einer Fortpflanzungsgemeinschaft zugehörig empfinden. Damit gewann der biologische Artbegriff wieder Interesse. Vor allem E. Mayr (1963, 1984) hat die Berechtigung und Bedeutung der biologischen Artumgrenzung für die Zoologie überzeugend veranschaulicht und zu ihrer allgemeinen Anerkennung wesentlich beigetragen.

Auch durch die Genetik wurde der biologische Artbegriff untermauert. Arten erwiesen sich als vielfältig heterozygot. Sie lassen sich als eine Gendurchmischungseinheit kennzeichnen. In ihr beziehen die Individuen ihre Erbeinheiten aus einem arteigenem Gesamtgenbestand, dem

Genpool, sie besitzen aber nicht alle Gene dieser Einheit. Diese Gene können sich vielfältig vermischen und lösen meist ungestörte Entwicklungsabläufe aus (Dobzhansky 1939, 1957). Bei Störungen im Zusammenwirken von Genen bewirkt natürliche Auslese, daß weitgehende Einheitlichkeit, auch im Verhältnis zur jeweiligen Umwelt, aufrechterhalten bleibt (Dobzhansky, Boesinger, Sperlich 1980).

Willmann (1985) vermochte darzulegen, daß der biologische Artbegriff auch in der Paläontologie zugrunde gelegt werden kann. Er formuliert das Biospezieskonzept als eine Theorie des Wesens und der Struktur der organismischen Art in folgender Weise: «Arten sind im Sinne des biologischen Speziesbegriffes in Raum und Zeit objektiv begrenzte Einheiten. Sie sind die kleinsten eigenständigen, durch natürlichen Geneintrag unbeeinflußbaren Gruppen von Populationen. Im Zeitquerschnitt sind sie voneinander reproduktiv isolierte Gruppen von Populationen.» Damit wird deutlich gemacht, daß zwischen Arten unter natürlichen Bedingungen Diskontinuität und nicht Kontinuität die Regel ist. Die reproduktive Isolation beruht ausschließlich auf Besonderheiten, die im Organismus verankert sind. Ihr Wesen ist bislang noch weitgehend ungeklärt.

Trotz vieler beeindruckender Sachverhalte ist die Problematik des biologischen Artbegriffes bis in die neueste Zeit diskutiert worden. Daher hat sich Häuser (1987) nochmals mit ihr eingehend auseinandergesetzt. Er kommt zu der Feststellung, daß keine der in den letzten 20 Jahren veröffentlichten Alternativen dem Biospezieskonzept vorzuziehen ist und eine Umformulierung oder Verwerfung des biologischen Artkonzeptes nicht gerechtfertigt werden kann. Wir stimmen dieser Auffassung zu.

Die Art als biologische Realität wird also primär in anderer Weise abgegrenzt als die höheren, aber auch die niederen systematischen Kategorien der Zoologie (Remane 1952; Hennig 1982, 1984; Mayr, Linsley, Usinger 1953; Herre 1961; Meunier 1962 u.a.). Bei diesen spielen Strukturunterschiede eine entscheidende Rolle, zu deren Bewertung Kriterien ausgearbeitet wurden. Bei den Gliederungen innerartlicher Besonderheiten in freier Wildbahn tritt neben strukturellen Eigenarten die geographische Vikarianz in den Vordergrund.

Schon am Ende des 19. Jahrhunderts zeigte sich, daß bei der innerartlichen Variabilität von Wildarten geographische Abhängigkeiten zu erkennen sind. Zu deren Kennzeichnung schlug Bates 1861 den Ausdruck Subspecies (Unterart) vor, der vom internationen Zoologenkongreß 1898 offiziell anerkannt wurde. Danach ist eine Unterart eine geographisch begrenzte Gruppe lokaler Populationen, deren Individuen sich zu 75% von anderen Unterarten unterscheiden lassen. Unterarten sind also fließende, nach subjektiv ausgewählten Merkmalen gekennzeichnete Einheiten umschriebener geographischer Bereiche. Sie werden durch eine trinäre Nomenklatur bezeichnet. Vielfach werden sie als Vorstufen des stammesgeschichtlichen entscheidenden Ereignisses einer Artbildung gewertet. Doch die physiologischen Grundlagen solcher Ereignisse sind noch unklar, es lassen sich nur Hinweise auf Ursachen dieses Geschehens gewinnen.

# 5 Bedeutung des biologischen Artbegriffs für die Haustierkunde

Bei der Einordnung der Haustiere in das zoologische Begriffssystem zeigt sich, daß hier besondere Verhältnisse vorliegen. Selbst Forschern, die dem biologischen Artbegriff zuneigen, fällt es oft schwer, die strukturellen Unterschiede zwischen Wildarten und Haustieren geringer zu werten, als es sonst bei systematischen Betrachtungen üblich ist. So wird nach Gründen gesucht, um eine Artverschiedenheit zwischen Wildart und Hausform zu belegen. Spurway (1955) hat ökologische Gesichtspunkte ins Feld geführt, um einen Artrang für Haustiere zu rechtfertigen. Sie nimmt an, daß Wildart und Hausform nicht in ökologischer Konkurrenz stehen, sondern verschiedene Lebensräume haben. Dabei wird übersehen, daß die wilden und domestizierten Vertreter in den Nahrungsansprüchen weitgehend übereinstimmen. Dies hatte zur Folge, daß die Stammarten von Menschen aus dem Bereich der Haustiere vertrieben und oft ausgerottet wurden.

Sowohl für allgemein-zoologische Betrachtungen als auch für den Bereich der Haustiere ist die Anerkennung des biologischen Artbegriffs von entscheidender Bedeutung.

Haustiere «gleicher Art» bilden nur unter sich und mit nur einer Wildart eine freiwillige erfolgreiche Fortpflanzungsgemeinschaft. Uns ist kein Fall bekannt, in dem ernsthafte Zweifel an diesem Sachverhalt zu rechtfertigen sind. Selbst wenn sich im Laufe des Hausstandes Größenunterschiede einstellen, welche Paarungen erschweren, bleibt die sexuelle Affinität deutlich erhalten und zahlreiche Übergänge machen eindeutig, daß die Aussage über eine einheitliche Fortpflanzungsgemeinschaft grundsätzlich zu Recht besteht.

Wird der biologische Artbegriff anerkannt, können die Haustiere nicht als eigene Arten aufgefaßt werden, sondern sind trotz aller Unähnlichkeiten, den Stammarten als Untergliederungen zuzuordnen, eine Auffassung, die auch Grassé (1973) für richtig hält. In allgemein-zoologischer Sicht ist dies eine Einsicht von großer Bedeutung.

Die Erkenntnis über die biologische Zusammengehörigkeit der Haustierarten mit jeweils nur einer Wildart hat Auswirkungen auf die systematische Einordnung und die Nomenklatur der Haustiere. Bohlken (1961) zog den berechtigten Schluß, daß Haustiere nicht mit eigenen Artnamen, sondern mit dem gleichen Namen wie die Wildart zu bezeichnen sind. Diese Aussage ist grundsätzlich richtig, denn: «Taxonomische Erkenntnisse äußern sich in Systemänderungen und Namenswechsel» (Odening 1979). Das ist ein in der zoologischen Systematik viel geübter Brauch; viele gut eingebürgerte Namen von Tierarten sind außer Kraft gesetzt worden, wenn sich herausstellte, daß die Tierart von einem anderen Autor früher beschrieben worden ist. Eine Prioritätsregel hat allgemeine Anerkennung gefunden. Bei den Haustieren ergeben sich einige Schwierigkeiten. Haustieren wurden oft früher eigene Namen gegeben als der zugehörigen Stammart, weil diese später entdeckt oder erkannt wurde. Die Haustiernamen haben dann nach der Prioritätsregel Vorrang. Bohlken erschien es abwegig, die für Wildarten inzwischen gebräuchlich gewordenen Bezeichnungen zugunsten der älteren Haustierbezeichnungen in die Synonymielisten zu verweisen, da eindeutig ist, daß Haustiere relativ spät aus Wildarten unter dem Einfluß von Menschen hervorgegangen sind. Er schlug vor, den Bezeichnungen der Wildarten den Vorrang zu geben. Dies verstößt gegen internationale Regeln zoologischer Systematik und hat zu Erörterungen geführt; Odening (1979) gab darüber eine Übersicht. Trotz der formalen Bedenken, welche wir anerkennen, folgen wir vorläufig dem Vorschlag von Bohlken, weil zoologisch die Verwandtschaftsverhältnisse der Haustiere am treffendsten und einfachsten in dieser Form zum Ausdruck gebracht werden. Kratochvil (1966) und andere Forscher teilen diese Auffassung.

Corbet und Clutton-Brock (1984) stimmen einer solchen Lösung nicht zu; sie schlagen eine Gliederung der Haustiere in drei Kategorien vor. In Kategorie 1 sollen alte Haustiere vereint werden, die sich kaum noch oder überhaupt nicht mit der wilden Stammart kreuzen, sie werden als Abkömmlinge, aber nicht als Teil der Wildart betrachtet. Eine Zuordnung in diese Kategorie ist schwierig, da die Stammarten z.T. ausgestorben sind. Kategorie 2 werden jene Haustiere zugeordnet, die sich von den Stammarten deutlich unterscheiden, aber nicht immer eigene Namen erhielten. Kategorie 3 sind im wesentlichen Farmtiere zugeordnet. Die Beibehaltung der Haustierbezeichnungen, welche Priorität haben, sollen nach diesen Gesichtspunkten geregelt werden. Wir meinen, daß in zoologischer Sicht der Vorschlag von Bohlken grundsätzlich klarer ist und für unsere Betrachtungen die sicherere Grundlage bietet.

Unberührt von der Frage der Artbezeichnung ist die Problematik der innerartlichen Bewertung der Haustiere. Auch dazu sind mancherlei Lösungen vorgeschlagen worden, über die Odening ebenfalls eine Übersicht gibt. Wir wollen diese taxonomischen Erörterungen nicht ausweiten, aber einige Hinweise erscheinen angebracht.

Haustiere einer Art könnten in ihrer Gesamtheit als eine «ökologische Unterart» betrachtet werden, lautet ein Vorschlag von Berry (1969), weil sie einen weiten ökologisch zu kennzeichnenden Raum besetzen. Es ist dies die ökologische Nische des von Menschen geschaffenen Hausstandes. Aber diese ökologische Nische ist polytop, sie stellt kein einheitliches geographisches Gebiet dar. Als Unterart werden aber Populationen bestimmter geographischer Bereiche herausgestellt, wenn sie sich von Populationen anderer geographischer Bereiche in 75% der Individuen unterscheiden. Der Lebensraum der Haustiere ist von besonderer, anderer Prägung. Haustiere können daher nicht als Unterart betrachtet und durch trinäre Nomenklatur bezeichnet werden.

Nach den Beschlüssen des 15. Internationalen Zoologenkongresses 1958 ist eine scharfe Trennung zwischen subspezifischen und infrasubspezifischen Namen festgelegt; die infrasubspezifischen Namen gelten nicht als Namen im Sinne der nomenklatorischen Regeln, sie werden daher auch nicht kursiv geschrieben. Bohlken hat vorgeschlagen, Haustiere als «forma» der Wildarten zu bezeichnen und die für «Haustierarten» geprägten Namen dem Wildtiernamen zuzufügen. Fehlt ein solcher Name, wird f. domestica benutzt. Den von Bohlken gemachten Vorschlag hat Zeuner (1963) eindeutig und nachdrücklich übernommen, auch Dennler de la Tour (1968) stimmte ihm im wesentlichen zu, weil er geeignet ist, den Haustieren klare Bezeichnungen zu geben und ihren stammesgeschichtlichen Ort eindeutig zu kennzeichnen. Danach ist es auch mißdeutig, wenn von einer «Stammesgeschichte» der Haustiere gesprochen wird; es ist treffender, über die Abstammung von Haustieren zu diskutieren.

Innerhalb der Haustierarten ist die Mannigfaltigkeit der Formen und Leistungen sehr groß, eine Kennzeichnung der verschiedenen Eigenschaften ist notwendig. Man hat zunächst die gleichen Kategorien wie bei der Kennzeichnung der innerartlichen Variabilität bei Wildarten angewandt. Das ist nach den zoologischen Nomenklaturbestimmungen anfechtbar. Eine bemerkenswerte begriffliche Unsicherheit war die Folge (Meunier 1962, 1963). Meist wurde übersehen, daß die Haustiere als eine Untereinheit einer Wildart von infrasubspezifischem Rang aufzufassen sind. Daher sind andere Bezeichnungsweisen als bei Wildarten angebracht.

Um eine Begriffssicherheit zu erreichen, ist daher die Auffassung vertreten worden (Herre 1961), den erstmalig bei Gliederungen innerhalb von Haustieren definierten Begriff «Rasse» nur für Untergliederungen von Haustieren zu verwenden und ihn streng auf Haustiere zu begrenzen. Rassen sind danach Untereinheiten der Haustiere einer Art, welche sich in mehreren erblichen Merkmalen voneinander stärker unterscheiden. Sie werden nach subjektivem Ermessen abgegrenzt. Es sind Kollektiveinheiten, deren Besonderheiten oft durch statistische Methoden erfaßt werden können; ihre Heraushebung im zoologischen Nomenklatursystem ist nicht gerechtfertigt, eine Bezeichnung durch Vulgärnamen genügt. Sind die Eigenarten einer Rasse im wesentlichen als Folgen von Umwelteinflüssen zu deuten, ist von Landrassen zu sprechen, stellen sie hingegen weitgehend Ergebnisse menschlicher Auslese dar, ist die Bezeichnung Kulturrassen oder Hochkulturrassen angebracht.

Doch auch innerhalb der Rassen gibt es Einheiten, deren Herausstellung berechtigt sein kann: die Schläge, Untereinheiten von Rassen, welche sich nur in wenigen Merkmalen oder Genen voneinander unterscheiden (Herre 1958). Als noch kleinere Einheiten können die Paarungs- und in diesem Sinne realen Abstammungsgemeinschaften als Sippen unterschieden werden (Heilbronn u. Kosswig 1966).

Die bisher erörterten Formen innerartlicher Variabilität lassen sich als Tiere bestimmten räumlichen und zeitlichen Vorkommens kennzeichnen. Es gibt aber auch biologische Sachverhalte, die sich als Erscheinungsform in Körpergestalt und Leistungen innerhalb aller räumlich und zeitlich verteilten Gruppen herausheben: die Typen und die Wuchsformen. Diese biologischen

Phänomene stellen keine objektiv und eindeutig festlegbaren Besonderheiten dar, sondern rükken nur relative Unterschiede im Vergleich zu den jeweiligen Normen in den Blickpunkt der Betrachtung (Meunier 1959; Herre 1961), was bei Spekulationen mit diesen Begriffen oft nicht hinreichend im Auge behalten wird.

Die Bewertung von Merkmalsbesonderheiten in systematischer Sicht macht Zoologen häufig Schwierigkeiten, wenn es gilt, Gruppen verschiedener Größe, verschiedenen Alters oder verschiedenen Geschlechtes treffend zu beurteilen, wenn sie Formverschiedenheiten aufweisen. Bei Haustieren haben solche Eigenarten die Untersucher oft genarrt, sie bewerteten solche Differenzen als Artkennzeichen. Leithner (1927), Reitsma (1935), La Baume (1947), Nobis (1954), G. Siewing (1960) haben gezeigt, wie sich Fehleinschätzungen des Sexualdimorphismus bei der Klärung der Stammartenfrage auswirkten. Mit dieser Problematik teilweise gekoppelt ist der Größeneinfluß (Klatt 1913), der sich gemeinsam oder unabhängig von anderen Faktoren auswirken kann (Abb. 1). Dieser Fragenkreis wird später eingehend besprochen werden. Die Festlegung der «Eigenformen» (Klatt 1949) ist geboten, um den Größeneinfluß auf Gestalt und Leistungen auszuschalten. Dies ist mit Hilfe der Allometrieforschung möglich. Die Methoden der Allometrieforschung sind für die Untersuchungen an Haustieren unentbehrlich (Herre, Frick, Röhrs 1962). Um die Entwicklung der Allometriestudien im Bereich der Haustierkunde haben sich in letzter Zeit vor allem Röhrs (1959, 1961), Meunier (1959), Bohlken (1961, 1962, 1964, 1966) und Rempe (1970) u. a. bemüht. Diese Vorbetrachtungen waren erforderlich, um die Frage nach den Stammarten unserer Haustiere klären zu können.

Doch zur Beurteilung der Stammarten unserer Haustiere war es auch notwendig, die zoologische Systematik und innerartliche Variabilität bei den Verwandtschaftsgruppen der Stammarten kritischen Revisionen zu unterziehen. Nur so gewinnen zoologische Betrachtungen über die Veränderungen im Hausstand eine feste Grundlage. Unser Mitarbeiterkreis hat sich in diese Aufgabe eingeschaltet und bei seinen Analysen und Stellungnahmen Gesichtspunkte modernen zoologischen Arbeitens wie sie Remane (1922, 1952), Rensch (1934), Mayr, Linsley, Usinger (1953), Röhrs (1959, 1961) zusammenfaßten, berücksichtigt.

Bei Studien über die Stammarten der Haustiere ist auch die Verbreitungsgeschichte zu beachten. Verbreitungsgebiete und die Verteilung von Unterarten haben sich im Laufe der Zeit verändert. Für Fragen kulturgeschichtlicher Ausrichtung ist die Kenntnis der Verbreitung von Stammarten zur Zeit der jeweiligen Domestikationen wichtig.

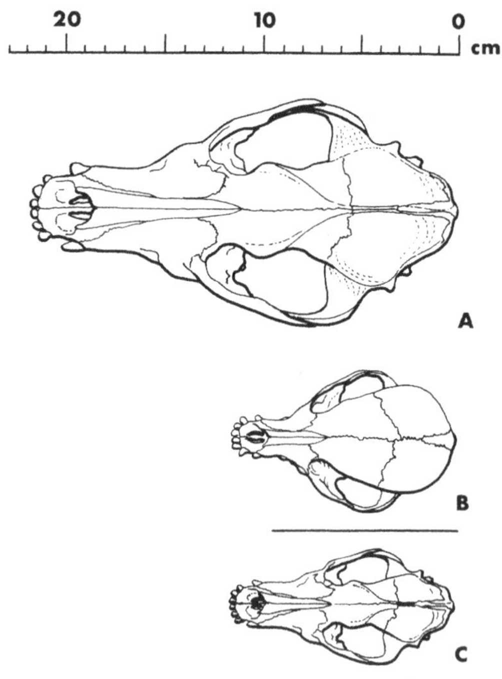


**Abb. 1:** Schädel ausgewachsener Pudel. A) Großpudel Moritz v. Orplid, DPZ Bd. 31, Nr. 21 993; Widerristhöhe 60,5 cm; B) Zwergpudel Gör v. Orplid, DPZ Bd. 29, Nr. 18 903; Widerristhöhe 27 cm; Züchter Prof. Dr. Wolf Herre. C) Schädel von Moritz auf die Größe von Gör gebracht (Zeichnung B. Neteler)

# IV. Die Stammarten alter klassischer Haussäugetiere

## 1 Allgemeine Bemerkungen

Die Haustiere, welche für die Menschheit überragende Bedeutung als Nutzhaustiere erlangten, gehören zu den Säugetieren und Vögeln (Tab. 1). Zu diesen Nutzhaustieren, die statistisch weitgehend erfaßt werden, tritt eine große Zahl von Haustieren, die als Hobbytiere in besonderen Beziehungen zu Menschen stehen. Weltweit läßt sich deren Zahl kaum abschätzen. Daher müssen Aussagen über begrenzte Gebiete genügen. Dazu gibt es ebenfalls nur Schätzwerte, die meist unterschiedliche Bezugsgrundlagen haben. In der Aprilausgabe 1986 von The Economist wird für England mitgeteilt, daß in 29% der Haushalte Haushunde, in 23% Hauskatzen, in 9% Hausfische, in 6% Wellensittiche, in 4% Hauskaninchen als Heimtiere, in 2% Hauskanarienvögel gehalten werden. Doch die Heimtierhaltung ist nicht in allen Ländern in gleichem Ausmaß üblich, wie Tabelle 2 zeigt. Eindrucksvoll und zur Beurteilung haustierkundlicher Fragen wichtig sind auch Angaben über absolute Zahlen. Herausgegriffen sei die Bundesrepublik Deutschland. In ihr leben: Haushunde 3600000, Hauskatzen 3900000, Kleinsäuger wie Hausmeerschweinchen usw. 2500000, Hobbyvögel 7300000, Aquarienfische 65000000. Scheuch (1986) hat für die Bundesrepublik Deutschland die Zahl der Haushunde auf jene der Haushalte umgerechnet. Danach dürften in diesem Land etwa 9000000 Menschen mit einem Haushund leben. In den USA wird die Zahl der Haushunde auf 60000000,

**Tab. 1:** Haustierbestände der Welt (F.A.O. Production Yearbooks)

| | 1972 | 1981 | 1985 |
|---|---|---|---|
| Hauspferde | 61600000 | 65644000 | 64631000 |
| Hausesel | 41900000 | 39661000 | 40509000 |
| Hausrinder | 1112900000 | 1226432000 | 1268934000 |
| Hausbüffel | 130900000 | 122053000 | 129283000 |
| Hauskamele | 13800000 | 17049000 | 17440000 |
| Hausschweine | 666300000 | 763813000 | 791471000 |
| Hausschafe | 1027900000 | 1157690000 | 1121993000 |
| Hausziegen | 410300000 | 472784000 | 459960000 |
| Haushühner | 6335100000 | 6578483000 | 8287000000 |
| Hausenten | 155200000 | 151245000 | 169000000 |
| Haustruthühner | 89800000 | 149463000 | 216000000 |

**Tab. 2:** 1984 entfielen auf 100 Personen (Nach The Economist, April 1986)

| | Haushunde | Hauskatzen |
|---|---|---|
| USA | 21,6 | 17,4 |
| Frankreich | 17,0 | 12,6 |
| Australien | 15,2 | 13,9 |
| Dänemark | 13,3 | 16,7 |
| Kanada | 13,0 | 14,0 |
| Belgien | 11,5 | 10,0 |
| Großbritannien | 10,0 | 9,6 |
| Schweden | 9,6 | 9,5 |
| Holland | 8,4 | 10,6 |
| Italien | 7,8 | 8,4 |
| Österreich | 7,0 | 14,7 |
| Norwegen | 6,8 | 9,9 |
| Schweiz | 6,2 | 12,5 |
| BRD | 5,5 | 5,8 |
| Japan | 3,8 | 2,0 |

die der Hauskatzen auf 32 000 000 geschätzt. In den USA leben also etwa zwanzigmal mehr Haushunde und zehnmal mehr Hauskatzen als in der Bundesrepublik Deutschland, obgleich es nur etwa viermal mehr US-Amerikaner gibt als Bundesdeutsche (Scheuch 1986). Als Zahl der Hobbyvögel in den USA werden 40 000 000 Individuen angegeben.

Von den in Tab. 1 aufgeführten Nutzhaustieren werden jährlich etwa eine Milliarde Tiere geschlachtet (Cockrill 1977). Außer Fleisch und Fett liefern Haustiere Milch und Eier. Der große Wert der Haustiere für die menschliche Ernährung wird durch die genannten Zahlen höchst deutlich. Große Bedeutung erlangten Nutzhaustiere aber auch als Rohstofflieferanten (Knochen, Sehnen, Därme, Häute, Wolle) und als Energieproduzenten (Transport, Antrieb von Maschinen); Tab. 3 veranschaulicht die Vielseitigkeit der Nutzungen. Außer Vögel und Säugetiere wurden auch einige Arten der Fische und Insekten zu Haustieren. Von den Insekten verdienen nur die Honigbiene und die Seidenraupe besondere Erwähnung.

Die Zahl der wildlebenden Arten von Säugetieren und Vögeln ist groß, sie wird aber weit übertroffen von den Fischen und Insekten. Die Zahl der Arten, von denen Populationen in den Haus-

**Tab. 3:** Nutzung der verschiedenen Haustiere

| Arten | |
|---|---|
| Hauskaninchen | Fleisch, Pelzwerk, Labor, Hobby |
| Hausmeerschweinchen | Fleisch, Labor, Hobby |
| Goldhamster | Labor, Hobby |
| Laborratte | Labor |
| Labormaus | Labor |
| Farmchinchilla | Pelzwerk |
| Farmnutria | Fleisch, Pelzwerk |
| Haushund | Transport, Fleisch, Jagdgehilfe, Wächter, Hüter, Blindenführer, Drogenspürer, Bettwärmer, Hobby |
| Silberfuchs | Pelzwerk |
| Blaufuchs | Pelzwerk |
| Farmwaschbär | Pelzwerk |
| Frettchen | Jagdgehilfe |
| Farmnerz | Pelzwerk |
| Hauskatze | Vernichter von Kleinnagern, Hobby |
| Arbeitselefant | Zugkraft, Transport, Reittier |
| Hauspferd | Zugkraft, Reittier, Transport, Fleisch, Leder, Haare, Brennstoff, Dünger |
| Hausesel | Zugkraft, Transport, Fleisch, Haare, Brennstoff, Dünger |
| Hausschwein | Fleisch, Leder, Fette, Borsten, Trüffel- und Drogenspürer, Labor |
| Lama/Alpaka | Transport, Haare, Wolle, Fleisch, Brennstoff |
| Hauskamel | Reittier, Zugkraft, Transport, Fleisch, Milch, Fett, Haare, Leder, Brennstoff, Dünger |
| Hausrentier | Zugkraft, Transport, Milch, Fleisch, Leder |
| Hauswasserbüffel | Zugkraft, Transport, Fleisch, Milch, Leder, Horn |
| taurine Hausrinder | Zugkraft, Transport, Fleisch, Milch, Fett, Leder, Textilien, Dünger, Brennstoff, Horn, Leim, Blut |
| Hausyak | Zugkraft, Transport, Fleisch, Milch, Leder, Dünger, Haare |
| Gayal | Zugkraft, Transport, Fleisch, Milch, Haare |
| Balirind | Zugkraft, Transport, Fleisch, Milch |

**Tab. 3:** Fortsetzung

| Arten | |
|---|---|
| Hausschaf | Wolle, Fleisch, Milch, Fett, Leder, Pelzwerk, Dünger, Transport |
| Hausziege | Fleisch, Milch, Haare, Pelzwerk, Leder, Dünger, Horn |
| Farmstrauß | Federn, Fleisch |
| Haushuhn | Fleisch, Eier, Hobby (Kampfhähne) |
| Hausperlhühner | Fleisch, Eier |
| Haustruthühner | Fleisch |
| Hauswachteln | Eier, Fleisch |
| Hausmoschusente | Fleisch, Federn |
| Hausgans | Fleisch, Federn |
| Höckergans | Fleisch, Federn |
| Hausente | Fleisch |
| Haustauben | Fleisch, Dünger, Hobby (Brieftauben) |
| Weitere Arten der Tauben | Hobby |
| Wellensittich und weitere Papageienarten | Hobby |
| Kanarienvogel und weitere Finkenarten | Hobby |
| Zuchtregenbogenforelle | Fleisch |
| Zuchtkarpfen | Fleisch |
| Goldfisch und weitere Arten der Cypriniformes | Hobby |
| Tilapia-Arten | Fleisch |
| weitere Arten der Perciformes | Hobby |
| Honigbiene | Honig, Wachs |
| Seidenspinner | Textilien |

stand überführt wurden, blieb jedoch sehr gering. Von den 19 Ordnungen der Säugetiere, die Morris (1965) unterscheidet, sind nur aus 6 Ordnungen Haustiere hervorgegangen; nur 3 Ordnungen der 24 Ordnungen der Vögel (Berndt-Meise 1962) gaben Ursprung von Hausgeflügel, aus Arten von 2 weiteren Ordnungen wurden Heimhaustiere erzüchtet. Das Mißverhältnis zwischen der Artenzahl wilder Säugetiere und Vögel im Vergleich zu jener der Stammarten von Haustieren veranschaulicht Tabelle 4, in der auch zwischen Nutzhaustieren, Farm-, Labor- und Heimhaustieren sowie zwischen haustierähnlich gehaltenen Wildarten unterschieden ist. Tiere, die in Zirkussen gehalten werden und Zootiere sind nicht erwähnt, auch wenn für einige dieser Arten Zuchtbücher geführt geführt werden; diese dienen aber vor allem Naturschutzaufgaben. Über Nutzhaustiere, einige Farm- und Haustiere, die aus Arten von Fischen und Insekten hervorgingen, gibt Tabelle 5 Auskunft.

Bemerkenswerte Hinweise können besonders der Tabelle 4 entnommen werden. Es fällt auf, daß die Mehrzahl der Haustiere aus Pflanzenfressern hervorging, die eine Nahrung zu nutzen vermögen, welche Menschen nicht verwerten können, weil sie zu zellulosereich ist. Haustiere erweitern die Nutzung biologisch gespeicherter Energie in viel größerem Ausmaß, als es allein durch Jagd von Wildtieren möglich wäre. Die klassischen Nutzhaustiere entstammen größeren Arten, die gute Voraussetzungen zu höheren Fleisch- oder Kraftleistungen bieten. Bei den Farm-, Labor- und Heimhaustieren stehen kleinere Arten im Vordergrund und es zeichnet sich bei den Arten aus den Ordnungen der Rodentia und Carnivora meist der Wunsch nach Pelzwerk als ein wichtiger Beweggrund zur Domestikation ab. Bei den Nutzhaustieren handelt es sich um alte «klassische» Haustiere, die anderen Gruppen sind jüngeren Ursprungs. Die Stammarten der Nutzhaustiere haben ihre Verbreitungsgebiete vorwiegend in Eurasien, Nordafrika und Südamerika, was auf Zusammenhänge mit Kulturentwicklungen hinweist. Darstellungen der Verbreitungsgebiete der Stammarten klassischer Haustiere mit Angaben über die Unterarten finden sich für Haussäugetiere bei Herre und Röhrs (1977), für Hausgeflügel bei Herre und Röhrs (1983).

Zur Beantwortung der Frage, ob die Stammarten von Haustieren physiologische, ökologische oder Verhaltensbesonderheiten besitzen, die als «Präadaptationen», als besondere Eignung für den Hausstand gewertet werden können, seien die einzelnen Stammarten genauer betrachtet, um Domestikationsveränderungen besser beurteilen zu können. Begonnen wird mit den Nutzhaustieren.

**Tab. 4:** Stammarten von

| Nutzhaustieren | Farm-, Labor-, Heimtieren | Haustierähnlich genutzten Wildarten |
|---|---|---|
| | **Mammalia 19 Ordnungen** | |
| | **Lagomorpha 2 Familien, 9 Gattungen, 66 Arten** | |
| *Oryctolagus cuniculus* Linnaeus, 1758 | | |
| | **Rodentia 32 Familien, 363 Gattungen, 1726 Arten** | |
| *Cavia aperea* Erxleben, 1777 | *Mesocricetus auratus* Waterhouse, 1839 | |
| | *Rattus norvegicus* Berkenhout, 1764 | |
| | *Mus musculus domesticus* Rutty, 1722 | |
| | *Chinchilla laniger* Molina, 1882 | |
| | *Chinchilla chinchilla boliviana* Brass, 1912 | |
| | *Myocastor coypus* Molina, 1782 | |
| | **Carnivora 7 Familien, 95 Gattungen, 252 Arten** | |
| *Canis lupus* Linnaeus, 1758 | *Vulpes vulpes* Linnaeus, 1758 | |
| *Mustela putorius* Linnaeus, 1758 | *Alopex lagopus* Linnaeus, 1758 | |
| *Felis silvestris* Schreber, 1777 | *Procyon lotor* Linnaeus, 1758 | |
| | *Mustela vison* Schreber, 1777 | |
| | **Proboscidea 1 Familie, 2 Gattungen, 2 Arten** | |
| | | *Elephas maximus* Linnaeus, 1758 |
| | **Perissodactyla 3 Familien, 5 Gattungen, 6 Arten** | |
| *Equus przewalskii* Poliakow, 1881 | | |
| *Equus asinus* Fitzinger, 1884 | | |
| | **Artiodactyla 9 Familien, 80 Gattungen, 194 Arten** | |
| *Sus scrofa* Linnaeus, 1758 | | *Lama vicugna* Molina, 1782 |
| *Lama guanacoë* Müller, 1776 | | *Alces alces* Linnaeus, 1758 |
| *Camelus bactrianus* Linnaeus, 1758 | | *Dama dama* Linnaeus, 1758 |
| *Camelus dromedarius* Linnaeus, 1758 | | *Taurotragus oryx* Pallas, 1766 |
| *Rangifer tarandus* Linnaeus, 1758 | | *Ovibos moschatus* Zimmermann, 1780 |
| *Bubalus arnée* Kerr, 1792 | | |
| *Bos primigenius* Bojanus, 1827 | | |
| *Bos (Poëphagus) mutus* Przewalski, 1888 | | |
| *Bos (Bibos) gaurus* H. Smith, 1827 | | |
| *Bos (Bibos) javanicus* d'Alton, 1823 | | |

**Tab. 4:** Fortsetzung

| Nutzhaustieren | Farm-, Labor-, Heimtieren | Haustierähnlich genutzten Wildarten |
|---|---|---|
| *Ovis ammon* Linnaeus, 1758<br>*Capra aegagrus* Erxleben, 1777 | | |
| | **Aves 24 Ordnungen**<br>**Ratidae 6 Familien, 5 Gattungen, 10 Arten** | |
| | Struthio camelus Linnaeus, 1758 | |
| | **Steganopodes 7 Familien, 7 Gattungen, 53 Arten** | |
| | | *Phalacrocorax carbo* Linnaeus, 1758 |
| | **Galliformes 5 Familien, 94 Gattungen, 262 Arten** | |
| *Gallus gallus* Linnaeus, 1758<br>*Numida meleagris* Linnaeus, 1758<br>*Meleagris gallopavo* Linnaeus, 1758<br>*Coturnix coturnix japonica* Temminck und Schlegel, 1844 | | |
| | **Anseriformes 2 Familien, 60 Gattungen, 148 Arten** | |
| *Anser anser* Linnaeus, 1758<br>*Anser cygnoides* Linnaeus, 1758<br>*Anas platyrhynchos* Linnaeus, 1758<br>*Cairina moschata* Phillips, 1922 | | *Dendrocygna*-Arten |
| | **Columbiformes 1 Familie, 39 Gattungen, 311 Arten** | |
| *Columba livia* Gmelin, 1789 | *Streptopelia roseogrisea* Sundevall, 1857<br>*Geopelia cuneata* Latham, 1801<br>und weitere Arten, Zahl zunehmend | |
| | **Psittaciformes 1 Familie, 77 Gattungen, 325 Arten** | |
| | *Melapsittacus undulatus* Shaw, 1880<br>*Nymphicus hollandicus* Kerr, 1792<br>und weitere Arten, Zahl zunehmend | |
| | **Passeriformes 59 Familien, 1324 Gattungen, 5660 Arten** | |
| | *Serinus canaria* Linnaeus, 1758<br>*Taeniopygia guttata castanotis* Gould, 1837<br>*Padda oryzivora* Linnaeus, 1758<br>und weitere Arten, Zahl zunehmend | |

**Tab. 5:** Stammarten der Fische und Insekten als

| Nutzhaustiere | Farmtiere | Heimtiere |
|---|---|---|
| | **Pisces Osteichthyes (ca. 25 000 Arten)** | |
| **Ordnung Salmoniformes** | **Unterordnung Salmonidea** | **Familie Salmonidae** |
| *Salmo gairdneri* Richardson, 1836 | *Salmo salar* Linnaeus, 1758<br>*Oncorhynchus kisutch* Walbaum, 1792<br>weitere Arten | |
| **Ordnung Cypriniformes** | **Unterordnung Cyprinoidea** | **Familie Cyprinidae** |
| *Cyprinus carpio* Linnaeus, 1758 | | *Carassius gibelio* Bloch, 1783<br>*Barbus tetrasona* Bleicker, 1855<br>*Barbus conchonius* Hamilton und Buchanan, 1822<br>*Brachydanio rerio* Hamilton und Buchanan, 1822 |
| | **Unterordnung Cyprinodontoidea** | **Familie Cyprinodontidae** |
| | | *Oryzias latipes* Jordan und Snyder, 1906<br>*Aphyosemion australe* Rachow, 1921<br>*Aphyosemion filamentosum* Meinken, 1933<br>*Cynolebias*-Arten<br>*Roloffia liberiensis* Boulenger, 1908<br>*Teranatos dolichopterus* Weitsmann und Wourms, 1907 |
| | | Familie Poeciliidae |
| | | *Poecilia reticulatus* Peters, 1859<br>*Poecilia velifera* Regan, 1914<br>*Poecilia sphenops* Valenciennes, 1846<br>*Xiphophorus helleri* Herel, 1848<br>*Xiphophorus maculatus* Günther, 1866<br>*Xiphophorus variatus* Meck, 1904 |
| **Ordnung Perciformes** | **Unterordnung Percoidea** | **Familie Cichlidae** |
| | *Tilapia mossambica* Peters, 1852<br>und andere Arten | *Astronotus occellatus* Cuvier, 1829<br>*Cichlasoma nigrofasciatum* Günther, 1869<br>*Pterophyllum scalare* Lichtenstein, 1832 |

**Tab. 5:** Fortsetzung

| Nutzhaustiere | Farmtiere | Heimtiere |
|---|---|---|
| | **Unterordnung Anabantoidea** | **Familie Anabantidae** |
| | | *Macropus operculatus* Linnaeus, 1758<br>*Trichogastor trichopterus* Pallas, 1777<br>Betta splendens Regan, 1909 |
| | | Familie Helostomatidae |
| | | *Helostoma temmincki* Cuvier und Vallenciennes, 1831 |
| **Insecta** | **Ordnung Hymenoptera** | **Familie Apidae** |
| *Apis mellifera* Linnaeus, 1758 | | |
| | **Ordnung Lepidoptera** | |
| *Bombyx mandarina* Moore, 1882 | | |

## 2 Lagomorpha: Das Wildkaninchen

Das Wildkaninchen *Oryctolagus cuniculus* Linnaeus, 1758 ist als Stammart der Hauskaninchen, die seit Jahrhunderten als Fleischtiere geschätzt werden und in neuerer Zeit als Pelztierlieferanten eine wichtige Rolle spielen, unumstritten. Einkreuzungen von Feldhausen *Lepus europaeus* Pallas, 1778, die manchmal behauptet wurden, fanden nicht statt (Nachtsheim 1928, 1949).

Das Wildkaninchen ist die einzige Art aus der Ordnung der Lagomorpha, von der Populationen in den Hausstand überführt worden sind. Im äußeren Erscheinungsbild unterscheidet sich das Wildkaninchen vom Feldhasen durch bedeutend kürzere Ohren. Wildkaninchen leben gesellig, oft in großen Kolonien, in selbst gegrabenen, verzweigten Erdbauten. Mit dem Sozialleben steht als Warnsignal ein Aufschlagen der Hinterläufe in Verbindung. Die Jungen werden in Kesseln der Erdbauten blind und nackt geboren, sie wachsen als Nesthocker heran. Feldhasen sind Nestflüchter. Zur Ökologie der Wildkaninchen finden sich Angaben bei Köpp (1965). Einen guten Überblick über moderne Forschungsergebnisse zur Biologie der Wildkaninchen sind auch den Beiträgen des «Symposium on the ecology and behaviour of lagomorphs in Europe» zu entnehmen, die in Mammal Review 16, 1986, p. 103–200 veröffentlicht wurden.

Die Nahrung besteht im allgemeinen aus Gräsern und Kräutern. Bei der Erschließung der Nahrung kommt bakterieller Verarbeitung im Blinddarm hohe Bedeutung zu; der Blinddarminhalt wird als Coecotrophe ausgeschieden und wieder aufgenommen (Harder 1950, Frank et al. 1951).

*Oryctolagus cuniculus* war, nach den bisherigen Erkenntnissen, vom Ende des Pliozän bis zum Beginn des Diluvium in Europa weit verbreitet und dehnte sein Verbreitungsgebiet bis nach Nordafrika aus. Während der Eiszeiten wurde das Wohngebiet stark eingeschränkt, Wildkaninchen starben in weiten Teilen aus. Die Art überlebte nur in Spanien und Nordafrika, wo sie um 1000 v.u.Z. von den Phöniziern entdeckt wurde und als Fleischlieferant Wertschätzung fand. Von Spanien aus breitete sich *Oryctolagus cuniculus* langsam ostwärts aus und erreichte Mitteleuropa im Mittelalter; Hauskaninchen waren in diesem Bereich bereits zuvor bekannt. Im Altertum wurden Wildkaninchen in Ländern des Mittelmeeres in Leporarien gehalten, womit die Entwicklung zum Haustier einen Anfang nahm. Wildkaninchen wurden in Mitteleuropa an verschiedenen Stellen auf Inseln ausgesetzt, um Jagdwild in großer Menge zu erhalten (Robinson 1984).

Menschen haben Wildkaninchen auch in andere Bereiche der Erde gebracht. Die Art erwies sich als außerordentlich anpassungsfähig. In Australien und Neuseeland vermehrten sich die Tiere in unerwartetem Ausmaß; ursprüngliche biologische Gefüge gerieten in Gefahr.

Nach dem Vorschlag von Bohlken (1961) ist das Hauskaninchen als *Oryctolagus cuniculus* f. domestica zu bezeichnen.

## 3 Rodentia: Meerschweinchen

Aus der Fülle der Rodentia ist nur eine sehr geringe Zahl von Haustieren hervorgegangen. Als altes Haustier ist das Meerschweinchen zu bezeichnen, welches bei der Urbevölkerung Südamerikas als Fleischlieferant Bedeutung erlangte (Herre 1961, 1968; Nachtigall 1965, Gade 1967, Wing 1977). In Europa wurde das Meerschweinchen als Heimhaustier verbreitet. Diese Hausmeerschweinchen galten als eigene Art, sie erhielten verschiedene Artnamen. Der älteste ist *Cavia porcellus* Linnaeus, 1758 (Hückinghaus 1961). Das Hausmeerschweinchen gehört eindeutig zur Unterfamilie Caviinae Murray, 1866. Diese Unterfamilie wird in 4 Gattungen gegliedert: *Galea* Meyen, 1833; *Kerodon* Cuvier, 1825; *Cavia* Pallas, 1766 und *Microcavia* Gervais und Ameghino, 1880. Die Verbreitung dieser Gattungen beschränkt sich auf Südamerika. Hückinghaus hat gezeigt, daß die Unterscheidung dieser Gattungen nach Zahn- und Schädelmerkmalen leicht möglich ist.

Bei der Gattung *Cavia* sind die Inzisiven unpigmentiert und zwischen den Prismen der Backenzähne ist Zement eingelagert. Die Hausmeerschweinchen stimmen in diesem Merkmal mit der Gattung *Cavia* überein. Das Verbreitungsgebiet der Gattung *Cavia* erstreckt sich von Kolumbien, Venezuela und Guayana im Norden, südlich bis in die argentinischen Provinzen Tucuman und Buenos Aires, mit Ausnahme der tropischen Wälder des Amazonasbekkens. Aus diesem Gebiet sind 3 Arten bekannt geworden, die sich in der Ausbildung des $M^3$ unterscheiden. Bei *Cavia aperea* Erxleben, 1777 ist die aborale Verlängerung am zweiten Prisma des $M^3$ nie durch eine Falte vom Rest des Prismas getrennt. Dies ist bei *Cavia fulgida* Wagler, 1831, der Fall. Diese Art ist im Norden von Brasilien beheimatet. Bei *Cavia stolida* Thomas, 1926, im Norden von Peru verbreitet, ist das zweite Prisma des $M^3$ stark verlängert und nach innen hakenförmig gebogen.

Das Hausmeerschweinchen stimmt in den als Kennzeichen wichtigen Merkmalen mit *Cavia aperea* überein. Diese Art hat ein weites Verbreitungsgebiet, es entspricht jenem der Gattung. 9 Unterarten sind von *Cavia aperea* beschrieben. Das Hausmeerschweinchen dürfte aus der Unterart *Cavia aperea tschudii* Fitzinger, 1867 hervorgegangen sein, die in Peru zu beiden Seiten der Anden vorkommt. Diese Unterart ist oberseits dunkelzimtgrau, rötlichgelb oder grau gefärbt, lange schwarze Deckhaare können manche Tiere schwarz erscheinen lassen. Die Bauchseite ist rötlich gelb bis weiß, die Kehle weist einen variablen helleren Fleck auf.

*Cavia aperea* lebt gesellig in Bauten, die unter Stauden und Büschen in Wassernähe gegraben werden. Der innerartlichen Verständigung dienen pfeifende Rufe, die zum Namen Cui bei den Eingeborenen geführt haben. Die Nahrung ist vielseitig, Kampgräser spielen eine wichtige Rolle. Die Jungtiere sind Nestflüchter, die sich frühzeitig selbständig ernähren können.

Das Hausmeerschweinchen ist *Cavia aperea* zuzuordnen und nach dem Vorschlag von Bohlken (1961) als *Cavia aperea* f. porcellus zu bezeichnen.

# 4 Carnivora

Frettchen, Haushunde und Hauskatzen sind alte Haustiere aus der Ordnung Carnivora.

a) **Iltisse.** Frettchen sind zunächst als eigene Art der Gattung *Mustela* betrachtet worden; sie erhielten den wissenschaftlichen Namen *Mustela furo* Linnaeus, 1758.

Inzwischen ist allgemein anerkannt, daß Frettchen domestizierte Iltisse sind. Iltisse sind zähmbar; sie haben schon frühzeitig als Jagdhelfer Verwendung gefunden, besonders geeignet erwiesen sie sich zur Kaninchenjagd (Owen 1969, 1984). Frettchen sind schon seit 400 v. u. Z. bekannt. Im Vergleich zu wildlebenden Iltissen weisen Frettchen Besonderheiten vor allem in der Färbung, aber auch in der Schädelform auf. Bei Vergleichen von Schädelformen entstanden Zweifel über die Stammart. Als solche sind der westliche Waldiltis *Mustela putorius* Linnaeus, 1758 und der östliche Steppeniltis *Mustela eversmanni* Lesson, 1827 in Erwägung gezogen worden (Owen 1984). Zoologisch-systematisch war die Abgrenzung dieser Iltisse nicht eindeutig und das Problem der Introgressionen beim Frettchen offen.

Sehr ausführlich hat sich Rempe (1970) auf der Grundlage eines sehr großen Materials in grundsätzlich bemerkenswerter Weise mit der Problematik der Artabgrenzung der wildlebenden Iltisse Europas und der Stammartenfrage des Frettchens auseinandergesetzt. Moderne statistische Verfahren und allometrische Betrachtungsweisen kamen zum Einsatz. Rempe vermochte zu sichern, daß der Waldiltis die alleinige Stammart des Frettchens ist.

Waldiltisse bewohnen Wälder und Gebüschgruppen. Die Nahrung besteht aus kleineren Säugetieren, Vögeln, Insekten und anderen Kleintieren. Die Aktivität der Waldiltisse liegt vorwiegend in den Nachtstunden; sie leben solitär.

Als wissenschaftlicher Name des Frettchens ist im Sinne von Bohlken *Mustela putorius* f. furo anzuwenden.

b) **Die Stammart der Haushunde.** Der Haushund wurde von Linnaeus, 1758 als eigene Art *Canis familiaris* betrachtet. Als ein wesentlicher Unterschied gegenüber anderen Wildcaniden wurde ein über den Rücken gekrümmter Schwanz genannt. Auch im modernen Schrifttum wird diese Eigenart noch immer als kennzeichnend erachtet (Clutton-Brock 1984). Diese Meinung beruht auf unzureichender Beobachtung. Die meisten wilden Canidenarten krümmen den Schwanz in bestimmten Situationen über den Rücken, im allgemeinen hängt er locker herunter. Viele Haushunde tragen den Schwanz in gleicher Weise wie die Wildtiere, bei manchen Haushunden allerdings ist die Krümmung über den Rücken die normale Schwanzhaltung. Die vergleichende Betrachtung anderer Haustiere ergibt, daß auch bei diesen die Stammarten einen locker herabhängenden Schwanz besitzen, wogegen bei Hausformen eine Krümmung über den Rücken, eine aufrechte Stellung oder eine Ringelung auftreten. Bei der vielen Haushunden eigenen Schwanzhaltung handelt es sich um eine Domestikationsveränderung, die zur Kennzeichnung einer besonderen Art ungeeignet ist.

In der Zeit nach Linnaeus ist die Abstammung der Haushunde sehr lebhaft und recht unterschiedlich erörtert worden. Schädeleigenarten gewannen bei diesen Auseinandersetzungen einen besonderen Rang. Auch in unserer Zeit sind die Meinungen noch nicht einheitlich, vor allem weil manche Forscher den biologischen Artbegriff nicht sachgerecht auslegen und die Ergebnisse vergleichender Domestikationsforschung nicht hinreichend berücksichtigen (Clutton-Brock 1984).

Auf der Grundlage der Schädelbesonderheiten nach prähistorischem Fundgut wurde die Fülle der Haushundformen mehreren Stammarten zugeordnet. Als solche galten für die Spitzartigen *Canis palustris*, für Jagd- und Laufhunde *Canis intermedius*, für Schäferhunde *Canis matris-optimae*, für die Doggenartigen *Canis poutiatini* und für die Windhunde *Canis leineri*. Besonders die auf der Kenntnis prähistorischer Haushunde beruhende Autorität von Studer

(1901) hat dazu beigetragen, daß diese Einteilung in Abstammungsgruppen Jahrzehnte hindurch kritiklos hingenommen wurde (Stampfli 1976). Gewiß sind die unterschiedenen Schädelformen schon unter frühen Haushunden zu finden. Aber Unsicherheiten in den Datierungen des jeweiligen «Typus» solcher Stammarten beeinträchtigen sichere Beurteilungen. Weiter ist zu beachten, daß die Einstufungen früher Haushunde als besondere Arten in einer Zeit erfolgte, in der ein typologisch starres Denken in der zoologischen Systematik die Bewertung von Gestalteigenarten bestimmte.

Die Schädel der frühen Haushundfunde waren verschieden groß. Klatt (1913) hat nachgewiesen, daß die Größe sich auch auf die Schädelgestalt auswirkt. Der Ausbau der Allometrieforschung (Röhrs 1961, 1984) hat diesen Sachverhalt nachdrücklich bestätigt. Allein ein Vergleich absoluter und relativer Werte reicht nicht aus, um Aussagen über verwandtschaftliche Beziehungen zu begründen. Die moderne zoologische Systematik, die durch O. Kleinschmidt, Rensch, Huxley, E. Mayr wesentliche Impulse erhielt, hat dazu beigetragen, daß die vielfältigen «Stammarten» des Studerschen Schemas ihren Wert verloren. Stampfli (1976) faßte zusammen: «Wir wissen heute, daß es unmöglich ist, allein nach Schädelfunden eine Rassezuteilung vorzunehmen. Die altbekannten und vertrauten Bezeichnungen der prähistorischen Hunderassen haben ihre Gültigkeit verloren.»

Aussagen über verwandtschaftliche Beziehungen von Haushunden sowohl untereinander als auch zu Wildarten aufgrund von Gestaltmerkmalen werden durch das voneinander unabhängige mehrfache Auftreten gleicher oder sehr ähnlicher Merkmale erschwert. Dies gilt nicht nur für den Größeneinfluß. Lumer (1940) zeigte, daß bei prähistorischen und frühgeschichtlichen Haushunden Bulldogen-ähnliche Schädelformen von den modernen Bulldoggen unabhängig sind. Die modernen Bulldoggen wurden aus anderen Stämmen erzüchtet. Epstein (1971) wies darauf hin, daß der «*palustris*»-Typ als eine ganz allgemeine Phase in der Entwicklung von Haushunden angesprochen werden kann und sich unabhängig in verschiedenen Teilen der Erde entwickelte. Epstein gibt auch der Meinung Ausdruck, daß Windhunde ebenso leicht aus europäischen Schäferhunden hervorgegangen sein können, wie aus anderen Rassen. Besonders eindrucksvoll sind die Erfahrungen von R. u. R. Menzel (1960), denen es gelang, aus Pariahunden unterschiedlichste Hundetypen zu erzüchten. Solche Beispiele lassen sich häufen. Sie warnen vor unbegründeten Aussagen über verwandtschaftliche Beziehungen von Haushunden und vor kulturgeschichtlichen Schlüssen auf solcher Grundlage. Vor allem aber wird deutlich, daß ein großer Teil früherer Meinungen über die Abstammung der Haushunde, von denen sich ein Teil, vor allem im populären kynologischen Schrifttum bis in unsere Zeit erhielt, in den Bereich der Spekulationen zu verweisen ist.

Haustiere sind relativ junge Erwerbungen der Menschheit (Reed 1980). Zoologische Erwägungen über ihre Abstammung sollten daher von rezenten Arten ausgehen. Dies ist auch ein vielfältig geübter Brauch; trotzdem sind recht verschiedene und kontroverse Meinungen über die Herkunft der Haushunde vorhanden. Sie lassen sich in zwei Gruppen vereinen. Eine schon frühzeitig geäußerte Auffassung, die zunächst morphologisch begründet, später durch Verhaltensbeobachtungen untermauert wurde (Schmidt 1957; Zimen 1971, 1978; Wandrey 1975) besagt, daß der Wolf *Canis lupus* Linnaeus, 1758 die alleinige Stammart aller Haushunde ist. Eine andere Forschergruppe meint, daß auch der Goldschakal *Canis aureus* Linnaeus, 1758 als Stammvater von Haushunden in Frage kommt (Antonius 1922), und in neuerer Zeit ist vermutet worden, daß auch dem nordamerikanischen Kojoten *Canis latrans* Say, 1823 ein Anteil an der Haustierwerdung zuzuerkennen sei. Es wurden noch weitere Arten spekulativ in Erwägung gezogen.

Die Auffassung von der alleinigen Stammvaterschaft des Wolfes erhielt eine entscheidende Untermauerung durch die Anerkennung des biologischen Artbegriffes. Nur mit Wölfen bilden Haushunde eine freiwillige, erfolgreiche Fortpflanzungsgemeinschaft in freier Wildbahn. Diese Tatsache erschwert Naturschutzbemühungen um die Erhaltung reiner Wolfsbestände, da Angehörige kleiner Wolfspopulationen sich oft Partner unter Haushunden suchen, so in Italien und Israel. Auch unter Gefangenschaftsbedingungen gelingen Kreuzungen von Wölfen mit Haushunden in beiden Richtungen leicht (Iljin 1941, Herre 1966, Gray 1971). Goldschakale und Haushunde kommen in weiten Gebieten gemeinsam vor, oft sind die Haushunde als Parias zu bezeichnen. Trotzdem verpaaren sich Goldschakale und Haushunde in freier Wildbahn nicht. In Gefangenschaft gelingt es zwar, fruchtbare Bastarde zwischen Goldschakalen und Haushunden zu erzeugen (Herre 1966, Gray 1971), aber es müssen besondere Vorkehrungen getroffen werden, um zum Erfolg zu kommen (Herre 1966), und die Nachkommen zeigen ein eigenartiges Verhalten (Feddersen 1978).

Auf angebliche Bastarde zwischen Kojoten und Haushunden in freier Wildbahn werden wir noch zurückkommen. In Gefangenschaft konnten zwischen verschiedenen Arten der Wildcaniden Bastarde erzeugt werden, so zwischen Wolf und Kojoten (Schmitz und Kolenowsky 1985) sowie zwischen Kojote und Goldschakal (Seitz 1965). Sie besagen in bezug auf die Forderung nach freiwilliger Paarung in freier Wildbahn für Artkriterien wenig. Nach den bisherigen biologischen Beobachtungen sind **Wölfe** als die Vorfahren der Haushunde anzunehmen, ihnen sei zunächst Aufmerksamkeit gewidmet.

*Canis lupus* bewohnt die Nordhalbkugel in der Alten und Neuen Welt von der Arktis über die gemäßigten bis in südliche trockene, teilweise auch tropische Gebiete. Er hat also eine bemerkenswerte ökologische Valenz. Im weiten Verbreitungsgebiet zeigt der Wolf eine hohe innerartliche Variabilität in Färbung, Körpergröße, Zahngröße und vielen weiteren Merkmalen. Aus der paläarktisch-indischen Region wurden 11 Unterarten (Ellermann-Morrison-Scott 1951), aus dem nordamerikanischen Gebiet 24 Subspezies beschrieben (Miller-Kellog 1955, Hall-Kelson 1959). Viele der Unterarten gehen klinhaft ineinander über; so ist die Validität verschiedener dieser 35 Unterarten in Frage gestellt worden, zumal das Material, auf dem die Beschreibung aufbaut, oft sehr gering ist (Haltenorth 1958, Jolicoeur 1959). Die Variabilität der Wölfe ist selbst in engen geographischen Gebieten groß. So hebt Mendelssohn (1982) hervor, daß in Israel, wo schon in relativ wenig voneinander entfernten Gebieten die Umweltbedingungen recht verschieden sind, sich Wölfe ähnlich wie Unterarten unterscheiden. Mendelssohn meint, daß es sich nur um verschiedene Populationen handele, die sich besonderen lokalen Bedingungen anpaßten. Bislang sind bei der Bewertung von Merkmalsunterschieden bei Wölfen allometrische Betrachtungen meist vernachlässigt worden (Röhrs 1985).

In neuerer Zeit ist die Frage der Unterartengliederung nordamerikanischer Wölfe lebhaft erörtert worden, weil sich Veränderungen bemerkbar machten. Die Landschaft weiter Teile des nordamerikanischen Kontinentes wurde durch Menschen nachhaltig verändert. Viele Tierarten, so auch der Wolf, wurden in alten Lebensräumen, in denen sich Unterarten gebildet hatten, sehr selten oder auch ausgerottet. Dafür entstanden in Bereichen, die Wölfe zuvor nicht bewohnt hatten, Lebensmöglichkeiten. Wölfe verschiedener Unterarten drangen in die neuen Lebensräume vor und veränderten sich. Die alten unterartlichen Gliederungen verloren viel von ihrem ursprünglichen Wert. Es ist noch nicht zu übersehen, ob diese Tatsache als Anpassung an die neuen Wohngebiete, als Kreuzungsfolge zwischen verschiedenen Unterarten oder durch andere Gründe bedingt ist. Deutlich wird jedenfalls die Dynamik, die Wölfen innewohnt; für die Formbildung der Haushunde bieten diese Wandlungen interessante Hinweise, besonders für Vorstellungen über die Bedeutung einzelner Unterarten des Wolfes für die Haushundentwicklung.

Verschiedentlich ist der Versuch gemacht worden, als Stammväter der Haushunde kleine Unterarten des Wolfes, sogenannte «Südwölfe», zu postulieren; *Canis lupus pallipes* Sykes, 1831 spielt in solchen Erwägungen eine besondere

Rolle. Wir erachten diese Meinungen als ungenügend begründet, entscheidende Begriffsinhalte werden mißachtet. Unterarten sind keine streng gegeneinander abgegrenzten Einheiten. Schon die 75%-Regel besagt, daß in ihnen Variabilität die Regel ist. Geographische Bedingungen wirken sich durch natürliche Selektion auf die Normwerte von Populationen einer Unterart aus. Es ist sicher, daß sich mit Veränderungen der Umweltbedingungen im gleichen geographischen Raum wesentliche Merkmale von dort lebenden Populationen einer Art verändern können. Solche Veränderungen können rasch vor sich gehen. Dies belegen Wolfsnachzuchten im Tiergarten des Kieler Instituts, deren Körpergröße bemerkenswert schwankte (Herre 1986). In freier Wildbahn ist die Körpergröße innerhalb von Populationen meist recht einheitlich (Mendelssohn 1982). In der Gefangenschaft wirkt wahrscheinlich die Auslese weniger einengend als in freier Wildbahn. In diesem Zusammenhang ist wichtig, daß zwischen Populationen erwachsener Wölfe in Israel die Körpergewichte zwischen 12 und 32 kg schwanken, nach Mendelssohn leben die kleinen Individuen in den Wüstengebieten, die größeren in fruchtbaren Bereichen.

Wölfe leben in wohlorganisierten Rudeln, große Säugetiere dienen ihnen als wichtigste Nahrung. Die Biologie der Wölfe ist vielseitig erforscht, wovon Werke von Crisler (1960), Zimen (1978), Hall und Sharp (1978), Klinghammer (1979), Harrington und Paquet (1982) Zeugnis ablegen.

Der **Goldschakal**, der als einer der Stammväter von Haushunden galt, ist rein altweltlich verbreitet. Sein Verbreitungsgebiet reicht vom südöstlichen Europa über Kleinasien, den Mittleren Osten bis nach Indien, Assam, Burma, Malaya sowie Ceylon; in Afrika lebt er nördlich und östlich der Sahara, im Osten bis Kenia. Die Verbreitungsgebiete von Goldschakal und Wölfen überschneiden sich teilweise. In diesen Bereichen paaren sich Goldschakale und Wölfe nicht; am verschiedenen Artsein kann nicht gezweifelt werden.

Goldschakale sind kleiner als Wölfe, denen sie im allgemeinen Erscheinungsbild ähneln. Sie leben aber nicht in großen, wohlorganisierten Rudeln, sondern in kleinen Familienverbänden oder paarweise, ihre Nahrung besteht vorwiegend aus Kleinsäugern.

Zur Beurteilung möglicher Beziehungen zu Haushunden ist nach Artkennzeichen zu fragen. Noch vor einem Jahrzehnt wurde behauptet, daß sich Goldschakale einerseits und Wölfe und Haushunde andererseits in der Chromosomenzahl unterscheiden. Nachprüfungen haben jedoch ergeben, daß zwischen diesen Caniden keine artkennzeichnenden Verschiedenheiten bestehen (Soldatovic, Tolksdorff und Reichstein 1970). Im Bau des Gehirns weisen Goldschakale Eigenarten auf, die sie vom Haushund und auch vom Wolf unterscheiden (Herre 1955). Goldschakale haben, unabhängig vom Körpergewicht, geringere Hirngewichte als Haushunde, die Hirngewichte von Wölfen dagegen sind größer als bei den Haushunden. Da bisher niemals eine Zunahme der Hirngröße von Wildtier zum Haustier nachgewiesen wurde, scheiden Goldschakale als Stammart der Haushunde aus. Angaben von Atkins und Dillon (1971), daß sich Goldschakale und Haushunde im Bau des Kleinhirns stärker ähneln als Wölfe und Haushunde, konnten bei einer Überprüfung durch Will (1973) auf der Grundlage eines großen Materials nicht bestätigt werden.

Studien über Schädelbesonderheiten von Stockhaus (1965), Fleischer (1967) sowie Zollitsch (1969) belegten, daß sich Wölfe und Schakale, trotz bemerkenswerter Variabilität, nach Schädelmerkmalen gegeneinander abgrenzen lassen. Auch in Zahneigenarten sind Goldschakale und Wölfe verschieden, wie bereits Schäme (1922) hervorhob. Wichtig ist, daß Wood-Jones (1923) darüber hinaus feststellte, daß Wölfe und Haushunde in diesen Merkmalen stärker übereinstimmen als Haushunde mit Goldschakalen.

Wasmund (1967) stellte im elektrophoretischen Muster fest, daß sich Wolf und Goldschakal in der Zahl der Albuminzonen unterscheiden. Bei verschiedenen Unterarten des Wolfes und bei Haushunden bestehen in den Proteinzonen jedoch weitgehende Übereinstimmungen. Grote

**Abb. 2:** Wolf *Canis lupus* aus Afghanistan (Tiergarten Institut für Haustierkunde der Universität Kiel)

(1965) stellte fest, daß die $O_2$-Affinität des Blutes von Wolf und Hund gleich ist, während deutliche Unterschiede zwischen den Dissoziationskurven von Wolf und Goldschakal bzw. Hund und Goldschakal bestehen. Auch eine Analyse der Herzgewichte ergab Übereinstimmungen zwischen Wölfen und Haushunden. All dies spricht gegen den Goldschakal als Stammart von Haushunden. Aufgrund von Verhaltensstudien äußerte Wandrey (1975) Zweifel an einer Stammvaterschaft von Goldschakalen bei Haushunden.

Wenn Wölfe und Goldschakale bei der Entstehung von Haushunden beteiligt gewesen wären, hätten Introgressionen entscheidende Bedeutung gehabt. Die Beobachtungen von Feddersen (1978) über das Verhalten von Haushunden/Goldschakalbastarden machten deutlich, daß solchen Bastarden ein disharmonisches Verhalten eigen ist.

Eaton (1969) hat die Meinung vertreten, daß die afrikanische Haushundrasse der Basenji, die ähnlich dem Dingo oder dem Hallstromhund (Schultz 1969) nicht bellt, eine selbständige Domestikation eines Caniden sei, die unabhängig von jener des Wolfes erfolgte. Scott (1968) bewertet hingegen den Basenji als einen Bastard mit dem Goldschakal. Wir hatten Gelegenheit, Basenji im Tiergarten des Kieler Institutes im Verhalten zu beobachten und anatomisch zu untersuchen. Es ergaben sich im Verhalten keine Hinweise auf Eigenarten von Schakalen und die anatomischen Studien ergaben Übereinstimmung mit anderen Haushunden.

All diese morphologischen Befunde und Verhaltensbeobachtungen bestätigen den aus dem biologischen Artkonzept abgeleiteten Schluß, daß Goldschakale als Stammväter von Haushunden ausscheiden und der Wolf als alleiniger Ahn aller Haushunde zu bezeichnen ist (Abb. 2).

Die wissenschaftliche Bezeichnung der Haushunde ist daher nach Bohlken *Canis lupus* f. familiaris.

An dieser Aussage ändert sich auch nichts, wenn Angaben herangezogen werden, die eine Einkreuzung von **Kojoten** in Haushunde vermuten.

*Canis latrans* ist in 19 Unterarten von Mittelamerika bis Alaska verbreitet, dort vorwiegend im Westen (Bekoff 1978). Die Variabilität der Schädel des *Canis latrans* ist groß; in unserem Arbeitskreis analysierte Hinske (1974) ein umfangreiches Schädelmaterial mit multivariaten Verfahren. Auch innerhalb von Unterarten ist die Vielfalt bemerkenswert. Kojoten ähneln im Erscheinungsbild Wölfen, bleiben aber meist kleiner. Sie ernähren sich von kleineren Säugern, größere Kojoten können junge Schafe erbeuten. Die Kojoten bilden nur zeitweise Rudel.

In neuerer Zeit dehnen Kojoten ihr Verbreitungsgebiet bis in die Neuenglandstaaten aus, nachdem Menschen Wölfe weitgehend ausrotteten und auch auf andere Weise das ökologische Gefüge veränderten. Die Kojoten der neubesiedelten Gebiete weisen oft besondere Körpergrößen auf und zeigen auch andere Merkmale, die sie von bisher bekannten Unterarten unterscheiden. Die Vorstellungen wurden entwikkelt, daß diese Besonderheiten auf Bastardierungen mit Wölfen oder Einkreuzung von Haushunden zurückzuführen sei.

Bastarde von Kojoten und Haushunden sind möglich (Kolenowsky 1971, Gray 1971, Mengel 1971). Einkreuzungen von Haushunden in wilde Kojotenbestände werden nicht ausgeschlossen und sind lebhaft diskutiert worden (Silver und Silver 1969, Lawrence und Bossert 1969). Wortmann (1971) ist vielen Berichten über solche Coy-Dogs nachgegangen und sie untersuchte Schädel von Tieren, die eine Haushündin als Mutter hatten, der Vater sollte eine Kojote sein. Als Ergebnis ihrer Studien stellte Wortmann heraus, daß sehr viele Angaben über derartige Einkreuzungen auf Fehlinterpretationen beruhen und insgesamt unsicher sind.

Auch Mengel (1971) hat dem Coy-Dog-Problem sorgfältige Studien gewidmet. Er erachtet es als wenig wahrscheinlich, daß Gene von Haushunden in den Genpool der Kojoten einflossen, vor allem weil die Fortpflanzungszeit gelungener Bastarde zwischen Kojote und Haushund gegenüber jener wilden Kojoten verschoben ist, und sie herabgesetzte Lebenschancen haben. Er beantwortet die Frage, ob der Coy-Dog ein zukunftsträchtiger Bastard sei, mit einem klaren Nein. Nach unseren Erfahrungen im Tiergarten des Kieler Instituts gelingen Bastardierungen zwischen Haushund und Kojote nicht ohne weiteres (Herre 1966). So sind auch wir der Meinung, daß die Einkreuzung von Haushunden in wilde Kojotenbestände zumindest höchst selten ist, daß die weite innerartliche Variabilität bei Wölfen und Kojoten Fehlinterpretationen begünstigt, zumal wenn Kojoten in neuere Wohngebiete vordringen, auch in solche, aus denen Wölfe verschwanden. Zum Verständnis von Haushundbesonderheiten kann *Canis latrans* außer acht gelassen werden.

c) **Die Stammart der Hauskatzen.** Auch der Hauskatze gab Linnaeus, 1758 einen eigenen Artnamen *Felis catus*. Inzwischen ist die Frage der Stammform der Hauskatze geklärt und als solche *Felis silvestris lybica* Forster, 1780 anerkannt (Petzsch 1968, Robinson 1984). Stammform ist also eine Unterart von *Felis silvestris* Schreber, 1777 (Abb. 3).

*Felis silvestris* ist eine weit verbreitete Art, die in Europa waldige Gebiete bevorzugt, während sie in Afrika und Asien im wesentlichen in Steppen zu finden ist. Wildkatzen leben als Einzelgänger, es sind vor allen Dingen Bodenjäger, deren Nahrung bevorzugt aus Kleinsäugern besteht. Da Wildkatzen auch zu klettern vermögen, werden gelegentlich Vögel erbeutet.

*Felis silvestris* weist eine beträchtliche innerartliche Variabilität auf, die zoologisch-systematisch nicht einheitlich bewertet wurde. Haltenorth (1953) hat diese Wildkatzen eingehend analysiert, die Berechtigung beschriebener Unterarten überprüft und bestätigt, daß alle Wildkatzen, die zur Hauskatze in Beziehung gebracht werden können, zur biologischen Art *Felis silvestris* Schreber, 1777 gehören. Petzsch (1973) wies darauf hin, daß im Laufe der Ausbreitung der Hauskatzen auch andere Unterarten in die domestizierten *lybica*-Bestände einbezogen wurden.

Die Hauskatze ist nach dem Vorschlag von Bohlken als *Felis silvestris* f. catus zu bezeichnen.

Zur Unterscheidung der Wildkatzen von Hauskatzen haben Schauenberg (1969) und Z. Kratochvil (1970) die Hirnschädelkapazität als besonders geeignet bezeichnet. Diese ist bei Hauskatzen geringer als bei Wildkatzen. Damit wer-

**Abb. 3:** Falbkatze *Felis silvestris lybica* (Institut für Zoologie, Tierärztl. Hochschule Hannover)

den ältere Angaben von Klatt (1912) und Röhrs (1955) bestätigt. Andere Merkmale erweisen sich als weniger sicher.

Die Wildkatzen galten lange als eine Art, die sich in Körperbau und Verhalten im Hausstand wenig verändert, sich hierin durch geringe Plastizität auszeichnet. Doch inzwischen haben Schwangart (1932), v. Bree (1955) u. a. belegt, daß auch Hauskatzen im Hausstand außerordentlich variabel sind und eine reiche Rassenbildung möglich ist, wenn Hauskatzen modernen Zuchtverfahren unterworfen werden. Wir werden darauf bei der Erörterung von Rassen zurückkommen. Petzsch ist aber zuzustimmen, wenn er beklagt, daß Hauskatzen haustierkundlich vernachlässigt wurden. Dazu trägt die Tatsache bei, daß Züchter von Hauskatzenrassen eingegangene Tiere selten wissenschaftlichen Betrachtungen zur Verfügung stellen.

Petzsch (1972) hat im Blick auf Merkmalsbesonderheiten bei Wildarten eine Hypothese vorgetragen, die Introgressionsvorstellungen zu nähren geeignet ist. Es gibt Hauskatzen mit Sohlenhaarpolstern; solche treten auch bei der Barschan-Wildkatze *Felis margarita thinobia* Ognew, 1926 auf. Petzsch vertritt die Ansicht, daß diese Wildkatze zumindest als Stammart der Perser-(= Angora-)Langhaarhauskatze gelten kann. Dabei übersieht er Ergebnisse vergleichender Domestikationsforschung. Sohlenhaarpolster treten auch bei anderen Haustieren auf, deren Stammarten solche Bildungen nicht besitzen; es sei an Haushunde und analoge Federbildungen bei Haushühnern und Haustauben erinnert. Wir sind der Meinung, daß *Felis margarita*-Formen an der Gestaltung von Hauskatzen keinen Anteil haben. Robinson (1984) lehnt ebenfalls Vorstellungen einer «polyphyletischen» Abstammung der Hauskatze ab.

Auch *Felis chaus* Güldenstaedt, 1776 hat kaum Gene in den Genpool der Hauskatzen beigesteuert. Robinson (1984) ist der Meinung, daß diese Art nur gelegentlich in Gefangenschaft gehalten wurde, ohne mit Hauskatzen vermischt zu werden.

## 5 Perissodactyla

a) **Stammesgeschichte.** Lebhaft erörtert werden im Rahmen stammesgeschichtlicher Betrachtungen Probleme der Perissodactyla, der Einhufer. Über die Evolution dieser Tiergruppe haben Thenius (1966), Radinsky (1969), Simpson (1977) sowie Eisenmann (1982) Erkenntnisse vorgelegt. Danach steht fest, daß sich die Perissodactyla aus phenacodontiden Condylarthren im späten Paleozän entwickelten. Die erste

Radiation erfolgte bald nach dem Auftreten der Ordnung am Beginn des Eozän in 3, vielleicht sogar 4 Familien. Bald erfolgten sekundäre Aufzweigungen: 14 Familien entstanden, deren erste Vertreter meist relativ früh in der Geschichte der Gesamtordnung nachweisbar werden. Grundsätzlich ist der Ablauf der Stammesgeschichte der Pferdeartigen gut belegt, aber Sonderentwicklungen werfen noch ungelöste Fragen über verwandtschaftliche Zusammenhänge im einzelnen auf und verschiedene Parallelentwicklungen müssen noch durch weitere paläontologische Funde geklärt werden, ehe endgültige Aussagen über die Evolution der Einhufer möglich sind.

Für die modernen Equiden ist als systematisches Merkmal Einhufigkeit von entscheidender Bedeutung. Thenius (1961) hat eindrucksvoll dargelegt, daß Einhufigkeit erstmalig bei *Pliohippus* aus erdgeschichtlichen Formationen Nordamerikas, die dem Pliozän in Europa entsprechen, nachzuweisen ist. *Pliohippus* war ein Steppenbewohner. Neben und aus *Pliohippus* entwickelten sich in Nordamerika weitere einhufige Gattungen. Von diesen ist *Plesippus* aus der ältesten Eiszeit besonders bemerkenswert, weil bei dieser Gattung die Griffelbeine so rückgebildet sind wie bei rezenten Einhufern.

Die Arten der heutigen Einhufer haben sich während der Eiszeiten entwickelt. Vor allem in Nordamerika, aber auch in Europa wurde eine Fülle von Resten dieser Tiere geborgen. Trotzdem blieben die Vorstellungen über die Evolution von Arten widersprüchlich und sind bis heute verbesserungsbedürftig. Neue Funde sind ebenso notwendig wie kritische Revisionen alter Materialien. Unterschiede im Bau von Zähnen, aber auch der Extremitätenknochen haben zur Einführung einer Fülle von Artnamen geführt, deren Berechtigung umstritten blieb, ebenso wie deren Zuweisung zu «caballinen», «asiniden», «hemioniden» und «zebrinen» Typen.

«Caballine» Pferde erscheinen im Altquartär Europas in einer bemerkenswerten Formenfülle (Eisenmann 1982, Eisenmann und Karchoud 1982), die belegt, daß in der jüngeren Steinzeit in Europa große, mittelgroße und kleinere Wildpferde lebten. Auf der Grundlage von Höhlenzeichnungen jungpaläolithischer Menschen ist der Versuch gemacht worden, die kleinen Formen dem rezenten *Equus przewalskii* gleichzustellen. Diese Deutung blieb nicht unwidersprochen.

Für Domestikationen beanspruchen die rezenten Einhufer besonderes Interesse; sie können in der Gattung *Equus* Linnaeus, 1958 zusammengefaßt und in 5 Untergattungen aufgegliedert werden. Zur Untergattung *Equus* gehören die «echten» Pferde, welche noch in historischer Zeit die Steppen Eurasiens bevölkerten, jetzt aber nur in Restpopulationen in Zoologischen Gärten erhalten sind. In Nordafrika, ursprünglich auch in Palästina und Syrien, sind die Formen der Untergattung *Asinus,* der Esel, beheimatet. Das Verbreitungsgebiet der Untergattung *Hemionus,* der Halbesel, erstreckte sich von der Mongolei bis nach Syrien; die Arten der beiden Untergattungen von Zebras *Hippotigris* und *Dolichohippus* sind auf Afrika begrenzt. Von den Arten der Zebra-Untergattungen ist keine in den Hausstand überführt worden, obgleich gelegentlich gezähmte Zebras angespannt wurden und werden.

Die knappen Hinweise machen deutlich, daß sich die Verbreitungsgebiete der wilden Einhufer seit dem Beginn des Holozän wesentlich veränderten und in Südwestasien starke Einengungen erfuhren. Klimatischen Einflüssen dürfte dabei auch eine Rolle zugefallen sein. Die Auswirkungen klimatischen Wandels auf die Arten und damit in Verbindung stehende innerartliche Variabilität, insbesondere der Körpergröße, sind noch immer sehr unvollständig. Da auch die artlichen Unterschiede in der Gestalt oft nur gering sind, ist «osteological discrimination of the various old world equids an uncertain pursuit» (Zeder 1986). Bisherige artliche Zuordnungen von Equidenresten aus Fundstellen des Alten Orient, Aussagen über Unterarten sowie über das erste Auftreten von Equiden des Hausstandes bergen daher noch viele Unsicherheiten in sich, trotz vielseitiger Untersuchungen (Meadow und Uerpmann 1986), die manche wertvolle Einzelerkenntnis erbrachten.

b) **Halbesel – keine Haustierahnen.** Für *Equus hemionus* Pallas, 1775 wird verschiedentlich die Meinung vertreten, daß aus ihr in früheren Jahrtausenden Haustiere geformt wurden, deren Zucht später erlosch. Dies wäre sehr eigenartig, weil die Überführung von Populationen einer Wildart in den Hausstand zu keiner Zeit ein leichtes Unterfangen war.

Es ist bei dieser Sachlage von Interesse, daß Herre und Röhrs (1955) sowie Ducos (1973) zeigen konnten, daß Angaben über eine Domestikation von Halbeseln aufgrund naturwissenschaftlicher Unterlagen nicht bestätigt werden können, was gelegentliche Zähmung und Nutzung nicht ausschließt. Trotzdem bezeichnet Nagel (1959) eine Domestikation von Halbeseln im Anschluß an Hančar (1955) aufgrund archäologischer und linguistischer Hinweise «als zweifelsfrei anerkannt». Narr (1959) haben die archäologischen Daten zu einer im wesentlichen zweifelnden Haltung geführt. Er sah keinen ausreichenden Grund, «auch die wenigen Knochen des Halbesels als Reste von Haustieren anzusehen». Wir schließen uns der Meinung von Narr an. Später faßte Brentjes (1971) zusammen: «Eine vergleichbare Haltung jung gefangener und gezähmter Onager scheint es in altsumerischer Zeit (3000 bis 2300 v.u.Z.) neben der Haltung von domestizierten Przewalskis in Mesopotamien gegeben zu haben. Für eine Domestikation des Onager, oder auch nur für einen Zuchtversuch, fehlen jegliche Hinweise. Vermutlich war die Haltung gezähmter Onager ein Versuch, die aus dem Westiran zu beziehenden Pferde durch den einheimischen Equiden zu ersetzen.»

Brentjes (1971) gibt an, daß sich erste Hinweise auf eine zumindest zeitweise Gefangenhaltung des Onager auf Wandmalereien des 6. Jahrtausends v.u.Z. in Chatal Hüyük finden neben Tieren wie Hirsch und Bär. Noble (1969) ist zu entnehmen, daß der Onager in Anau I (ca. 4800 v.u.Z.) und Sialk (ca. 3500 v.u.Z.) gejagt wurde. In sumerischer Zeit (ca. 2500 v.u.Z.) wurde er zwar als Zugtier benutzt, aber schon 200 Jahre später, in akkadischer Zeit (ca. 2300 v.u.Z.), ist dies nicht mehr nachweisbar. Dieser Befund macht es unwahrscheinlich, daß der Onager jemals domestiziert wurde. Noble hebt weiter hervor, daß künstlerische Darstellungen aus dieser Zeit, welche die Nutzung der Equiden zeigen, zu einer sicheren Deutung als Onager nicht ausreichen. Deshalb ist es gerechtfertigt, alle Angaben über echte Domestikationen von Halbeseln abzulehnen.

c) **Wildesel.** Hausesel sind Haustiere, die seit frühen Zeiten als Lastenträger für Menschen eine wichtige Rolle spielen; zu diesem Zweck sind sie in viele Gebiete der Erde gebracht worden. Kulturgeschichtlich ist dies ein höchst bemerkenswertes Phänomen. Die Stammart der Hausesel ist ganz eindeutig der Wildesel *Equus africanus* Fitzinger, 1857. Hausesel sind als *Equus africanus* f. asinus zu bezeichnen, wenn dem Vorschlag von Bolken gefolgt wird.

Wildesel waren einst in Nordafrika weit verbreitet (Groves 1974); nach archäologischen Daten lebten sie vor 12000–10000 Jahren auch in Palästina und Syrien (Ducos 1970), 1986 bewertete Ducos die Reste als eine neue Unterart *Equus africanus mureybeti*. Heute ist der Lebensraum der Wildesel sehr eingeengt, die Bestände sind aufgesplittert, Hausesel leben in Zwischengebieten. So ist nicht verwunderlich, daß als Unterart beschriebene Gruppen, so der lebhaft gefärbte *taeniopus* Heuglin, 1861 aus ostafrikanischen Bereichen am Roten Meer, als Kreuzung mit verwilderten Hauseseln angesprochen wird (Groves 1974), von anderen Forschern aber als Unterart anerkannt bleibt (Lang und v. Lehmann 1972). Unbestritten als Wildeselunterart ist der Somaliwildesel *somalicus* Sclater, 1900 aus dem Osten Afrikas, dem Horn und angrenzenden Gebieten. Der Somaliwildesel hat um 127 cm Schulterhöhe, kein Schulterkreuz, aber Beinstreifen. In Südostägypten und im nubischen Raum kommt die kleinere nubische Unterart *africanus* Fitzinger, 1857 mit 110–120 cm Schulterhöhe und verschieden gestaltetem, deutlichen Schulterkreuz, jedoch ohne Beinstreifen vor. Aus dem Nordosten Nordafrikas, vornehmlich Algerien, sind Wildesel bekannt, die sich durch den Besitz von Schulterkreuz und Beinstreifen auszeichnen. Sie sind schon auf alten Fresken dargestellt worden und werden nach einem pleistozänen Unterkiefer, als *atlanticus* Thomas, 1884 unterartlich gekennzeichnet.

Aus Zeichnungsbesonderheiten von Hauseseln sind verschiedentlich Rückschlüsse auf Domestikationsgebiete gezogen worden (Antonius 1922). Daß solche Meinungen keine rechte Grundlage haben, ergibt sich aus der Mitteilung von Groves (1974), nach der in allen Populationen jene Zeichnungselemente auftreten können, die als unterscheidende Merkmale von Unterarten gelten. In den Unterarten sind wohl die für das Zustandekommen von Zeichnungselementen notwendigen Erbanlagen in verschiedenen Häufigkeiten vertreten. Im Hausstand können sich diese Genfrequenzen in Populationen unterschiedlicher Herkünfte so verändern, daß gleiche Phänotypen zustande kommen.

Wildesel leben in trockenen, steinigen Gebieten, in denen Wasser knapp ist. Sie können 2–3 Tage ohne Trinken auskommen und lange Wanderungen zu Wasserstellen machen. Leichte Erhebungen im Wohngebiet werden als Beobachtungsstellen benutzt. Wildesel leben in gemischtgeschlechtlichen Trupps bis zu 10 Tieren. Alten Stuten obliegt die Führung der Trupps, alte Hengste sondern sich ab. Die Wildesel begnügen sich mit sehr magerer Vegatation.

d) **Wildpferde.** Hauspferde erfüllten im Laufe ihres Zusammenlebens mit Menschen sehr vielfältige Aufgaben, sie nahmen auch sehr unterschiedliche Gestalt an. Das Fleisch von Hauspferden wurde und wird bei vielen Völkern geschätzt, sie dienen vor Pflug und Wagen als Helfer in der Landwirtschaft, vor Kampfwagen führten sie zu Siegen und Eroberungen, in Reiterheeren trieben sie Menschen zur Flucht, als Reitpferde entwickelten sie sich auch zu Kameraden von Menschen und trugen zur Erhöhung seines Selbstbewußtseins bis heute bei.

Die Abstammungsbeziehungen der Hauspferde waren lange umstritten, auch heute sind die Meinungen darüber noch nicht einhellig, trotz der Arbeit von Nobis, der 1970 eine umfassende kritische Studie über die Reste pleistozäner Equiden vorlegte. Danach ist die Herleitung der Hauspferde vom Przewalskipferd als gesichert zu bezeichnen. Nobis ist der Auffassung, daß einige pleistozäne Pferdeformen mit dem Przewalskipferd zu einer Art zusammenzufassen sind. Dies hat die nomenklatorische Folge, daß die Stammart der Hauspferde als *Equus ferus* Bodaert, 1784 zu bezeichnen und ihr *przewalskii* Poliakow, 1881 als Unterart zuzuordnen ist. Wir fassen vorläufig die rezenten Vertreter noch als eigene Art auf und legen den für die rezenten Tiere geprägten Namen weiterhin zugrunde.

Im Unterschied zum Esel liegt das Verbreitungsgebiet jener Wildpferde, welche als Stammart der Hauspferde in Frage kommen, in Eurasien nördlich des Kaukasus. Leider sind diese Wildpferde in der heutigen Fauna ausgerottet, in Zoologischen Gärten leben noch rund 254 Vertreter des Wildpferdes *Equus przewalskii* Poliakow, 1881; die Erhaltung ihrer typischen Norm und intraspezifischen Variationsbreite erfordert gründliche Überlegungen, um Entwicklungen in Richtung Hauspferd vorzubeugen (Volf 1967, 1984; Flesness 1977; Bouman 1980, 1984; H. Heck 1980; Ryder et al. 1984). Daher müssen Aussagen über diese Stammart (oder Stammunterart, wenn die Auffassung von Nobis zugrunde gelegt wird) der Hauspferde aus vielfältigen recht unterschiedlichen Dokumenten rekonstruiert werden, was Heptner (1966) in sehr sorgfältiger Weise tat.

Es ist sicher, daß Eurasien auch im Diluvium von mehreren Equidenformen bevölkert war, welche *Equus przewalskii* nahestanden. Die meisten Arten, welche in den Verwandtschaftskreis von *Equus przewalskii* und *Equus ferus* gehörten, starben im Diluvium aus. Zur Zeit des «aufsteigenden Neolithikums», jener Epoche, in welcher die großen alten Domestikationen begannen, hat wahrscheinlich nur noch *Equus przewalskii* gelebt; zumindest kann dieser Art für diesen Zeitabschnitt nach dem bisherigen Wissen die Hauptrolle unter den lebenden Equiden zugesprochen werden. Ältere zoologische Systematiker, so Matschie (1903), Hilzheimer (1909), Antonius (1918) glaubten, bis in geschichtliche Epochen hinein mehrere Arten von Wildpferden unterscheiden zu können. Mit einigen dieser Auffassungen haben sich Herre (1939, 1961) und Meunier (1963) auseinandergesetzt. Im Hinblick auf unsere Aufgabe, die Möglichkeit der Beteiligung mehrerer Wildarten, also Introgressionen, beim Zustandekommen der Hauspferde zu prüfen, seien einige Arten genannt, die von Zoologen als berechtigt erachtet wurden: *Equus equiferus* Pallas, *Equus hagenbecki* Matschie, *Equus gmelini* Antonius.

Vor allem *Equus gmelini*, der mausgraue Tarpan, wurde und wird lebhaft diskutiert, weil diese Form als zweite Stammart der Hauspferde postuliert wurde. Heptner (1966) hat darauf hingewiesen, daß alle echten Wildpferde im Bereich der UdSSR mit dem Vulgärnamen Tarpan bezeichnet werden. Legt man den biologischen Artbegriff zugrunde, so ergibt sich, daß alle echten Wildpferde, welche in historischer Zeit von Westeuropa bis Ostasien vorkamen, also auch die Tarpane und Przewalskipferde, bei freier Gattenwahl eine einheitliche potentielle Fortpflanzungsgemeinschaft bildeten. Sie sind demnach eine biologische Art, als deren wissenschaftlicher Name, aufgestellt nach lebenden Vertretern, *Equus przewalskii* Poliakow, 1881 Gültigkeit hat. Zu dieser Fortpflanzungsgemeinschaft sind auch die Hauspferde zu stellen, da nach den Berichten älterer Forscher und Angaben aus neuerer Zeit (Heptner 1966, Bannikow 1967) sich diese Wildpferde mit Hauspferden auch unter unbeeinflußten Bedingungen freiwillig paaren und fruchtbare Nachkommen hervorbringen. Daraus ist die nomenklatorische Konsequenz zu ziehen: Für alle Hauspferde ist als die korrekte wissenschaftliche Bezeichnung *Equus przewalskii* f. caballus (oder nach den Auffassungen von Nobis *Equus ferus* f. caballus) zu fordern.

Für die enge Zusammengehörigkeit sprechen auch biochemische Befunde von Kitchen und Easly (1969). Als Artkennzeichen in diesem Bereich für *Equus przewalskii* und für alle Hauspferde kann gelten, daß in α-Ketten des Hämoglobins in der Position 20 ein Histidin und in Position 60 ein Glutamin tritt. Auch elektrophoretische Analysen von Ryder et al. (1980) bezeugen die enge Verwandtschaft von Przewalskipferden und Hauspferden, ebenso die Untersuchungen über genetische Marker im Blut dieser Tiere durch Trommershausen-Smith et al. (1980). Unterschiede in den Chromosomenzahlen, Przewalskipferd 2n = 66, Hauspferd 2n = 64, sind verschiedentlich gegen die Stammvaterschaft des Przewalskipferdes ins Feld geführt worden. Doch neuerdings ergaben Studien von Ryder et al., daß eine Robertsonsche Fusion vorliegt und sich bei Anwendung moderner Verfahren im Karyotyp vom Przewalskipferd und Hauspferd weitgehende Übereinstimmung ermitteln läßt. Auf die Problematik, aus Chromosomenzahlen Rückschlüsse auf Verwandtschaftsverhältnisse zu ziehen, werden wir später zurückkommen.

Über das Erscheinungsbild mongolischer Przewalskipferde hat vor allem H. Heck (1967, 1980) Vorstellungen normativ zusammengefaßt. Danach haben diese Wildpferde eine gedrungene Gestalt und einen langen kastenförmigen Kopf. Der Oberkörper ist leuchtend rotbraun, die Unterseite weiß gefärbt, der Schwanz ist im oberen Drittel nur kurz behaart, die unteren zwei Drittel tragen lange schwarze Haare. Die schwarzen Haare der Mähne stehen aufrecht, ein Stirnschopf fehlt. Doch die innerartliche Variabilität dieser Merkmale ist groß. Das ist schon den Angaben von Spöttel (1926) vor allem über die Färbung und von Herre (1939) besonders über Schädel zu entnehmen. Noch eindrucksvoller wird sie aber durch die Studie von Garrut, Sokolov und Salleskaya (1966) und jene von Mohr (1959, 1967) belegt (Abb. 4).

Es ist ein Verdienst von Heptner, viele Quellen über das Aussehen von Przewalskipferden vereint und eine Aufgliederung in drei Unterarten rekonstruiert zu haben. Heptner unterscheidet *Equus przewalskii gmelini* Antonius, 1912, den südrussischen Steppentarpan, vom Waldtarpan *Equus przewalskii silvaticus* Vetulani, 1928 und vom Osttarpan *Equus przewalskii przewalskii* Poliakow, 1881. Der Steppentarpan war ein relativ großes Pferd von mausgrauer Farbe, der Waldtarpan war kleiner; der Osttarpan lebte in Wüsten- und Steppengebieten, er war das größte dieser Wildpferde und hatte eine gelbe, leicht

**Abb. 4:** Wildpferd *Equus przewalskii* (Foto W. Meyer, Saupark Springe)

rötliche Färbung. Nach Kenntnis dieser Tatsachen über die innerartliche Variabilität in der Zoohaltung erscheint es wenig sinnvoll, bei den spärlichen rezenten Resten dieser Wildart über «Artreinheit» zu diskutieren. E. Mohr (1967) hat eindeutig belegt, daß die bekanntesten Tiergartenpopulationen innerhalb weniger Jahrzehnte infolge der subjektiv geprägten Auffassung ihrer Zuchtleiter nicht unbeträchtliche Wandlungen erfahren haben. Selbst wenn einige Hauspferde in früheren Generationen in die letzten Wildpferdbestände eingekreuzt sein sollten, ist eine Erörterung über «Artreinheit» biologisch wenig begründet, weil die Wildpferde mit ihren Hausformen eine biologische Art bilden und Arten keine isogenen Einheiten sind. Dies wird bei Auseinandersetzungen über die Abstammung der Hauspferde oft übersehen, weil statisch geprägte Vorstellungen zugrunde gelegt sind und der biologische Artbegriff nicht hinreichend gewürdigt wird.

Über die Lebensweise wilder Przewalskipferde beruhen gesicherte Angaben auf Beobachtungen an Restbeständen in freier Wildbahn und Erfahrungen mit Gefangenschaftstieren (Dobroruka 1961, Mazak 1961, Mackler und Dolan 1980, Klingel 1980). Die mongolischen Wildpferde bevölkerten salzhaltige Hochsteppen und wanderten auch in Wüstengebiete (Mohr 1959). Ihr Wasserbedarf ist gering, die Art insgesamt war sehr anpassungsfähig. Verschiedene Populationen drangen auch in waldige Gebiete ein. Wildpferde leben in Sozialverbänden, die aus kleinen Rudeln bestehen, welche eine erfahrene Stute anführt und ein alter Hengst schützt. Die Nahrung besteht aus kurzen Gräsern, Rinden und trockenem Gesträuch.

# 6 Artiodactyla – Eine Ordnung mit wichtigen Haustieren

Aus der Ordnung Artiodactyla, der Paarzeher, sind mehrere Arten zu Ahnen von Haustieren geworden. In dieser Ordnung unterscheidet die zoologische Systematik drei Unterordnungen: Suiformes, Schweineartige, mit 8 Arten, Tylopoda, Schwielensohler, mit 4 Arten und Ruminantia mit 128 Arten in der heutigen Fauna.

a) **Suidae: Das Wildschwein Sus scrofa.** Die Evolution und Verbreitungsgeschichte der Suiformes hat Thenius (1969, 1970) ausgezeichnet dargestellt; Kruska (1970, 1982) hat Befunde zur Evolution der Gehirne, Langer (1974, 1988) über die des Verdauungssystems dieser Gruppe vorgelegt. Hausschweine tragen heute zur Fleisch- und Fettversorgung weiter Teile der Erdbevölkerung bei; ihr Weltbestand betrug 1985 791 471 000 Individuen.

Das Hausschwein ist der Familie Suidae Gray, 1821 zuzuordnen. Nur Populationen der Art *Sus scrofa* Linnaeus, 1758 wurden domestiziert. Angaben, nach denen auch *Porcula salvanius* Hodgson, 1847 zu den Stammvätern von Hausschweinen gehört (Mohr 1960), lassen sich nicht aufrechterhalten (Herre 1962).

Der *Sus*-Stamm ist in Europa entstanden (Thenius 1970). Als Wurzelgruppe gilt die Gattung *Palaeochoerus* aus dem Mitteloligozän Europas. Die Unterordnung Suinae erscheint im jüngeren Miozän; Arten der Gattung *Sus* sind erstmalig aus dem Pliozän nachgewiesen. Von *Sus minor* aus dem Pliozän läßt sich die stammesgeschichtliche Entwicklung über *Sus strozzi* aus dem Ältest-Pleistozän zu *Sus scrofa* verfolgen. *Sus scrofa* ist erstmalig aus dem Altquartär mit *Sus scrofa priscus,* einer ausgestorbenen Unterart, beschrieben (Hünermann 1969). Zur Geschichte von *Sus scrofa* macht v. Königswald in Herre (1986) eingehendere Angaben.

*Sus scrofa* ist in Eurasien weit verbreitet. Das geschlossene Verbreitungsgebiet erstreckt sich über West-, Süd-, Mitteleuropa, Polen, die Ukraine und Gebiete nördlich des Kaspischen Meeres in der UdSSR bis etwa zum 50. Breitengrad. In England, Schweden, Dänemark, Nordrußland, Livland wurde das Wildschwein in historischer Zeit ausgerottet. Auch in anderen Teilen Europs verschwand *Sus scrofa* zeitweise, konnte aber verlorene Gebiete wiedergewinnen (Herre 1986). Wildschweine gibt es im Gebiet um das Mittelmeer und auf einigen Mittelmeerinseln (Korsika, Sardinien, Sizilien). In Afrika lebt *Sus scrofa* außer in einem schmalen Gebiet am Mittelmeer, im Sennaar und, nach unsicheren Angaben einiger Autoren, von dort durch ganz Zentralafrika, südlich der Sahara bis nach Senegal. Doch *Sus scrofa* ist wohl erst durch Menschen in die afrikanischen Gebiete südlich der Sahara gelangt, was auch für Neu-Guinea zutrifft (Thenius 1970). In Asien erstreckt sich das Verbreitungsgebiet im Norden ebenfalls bis etwa zum 50. Breitengrad, Die Südgrenze verläuft über Palästina, Syrien, Mesopotamien, Persien, Belutschistan. Auch in Vorder- und Hinterindien, auf Ceylon, den Andamanen, Sumatra, Java, in Formosa und in Japan ist *Sus scrofa* beheimatet. In diesem riesigen Areal sind zahlreiche Unterarten unterschieden und teilweise zunächst als Arten bewertet worden.

Für Erörterungen über die Herkunft der Hausschweine war es nachteilig, daß der zoologischen Systematik zuerst extreme Vertreter der Stammart bekannt wurden, nämlich das mitteleuropäische Wildschwein *Sus scrofa* Linnaeus, 1758 und das asiatische Bindenschwein *Sus vittatus* Müller und Schlegel, 1842. In einer Zeit, in der ein statischer, morphologischer Artbegriff allgemein anerkannt war, führten die Unterschiede dieser Wildschweine zur Postulierung von zwei Arten. Dadurch wurden bei Erörterungen über die Entstehung der Hausschweine Introgressionshypothesen begünstigt.

Kelm (1938, 1939) hat die rezenten eurasiatischen Wildschweine kritisch bearbeitet und gezeigt, daß im Raum zwischen *Sus scrofa* und *Sus vittatus* Übergangsformen zu finden sind. Diese unterscheiden sich zwar in Körpergröße, Schädeleigenarten und Färbungsbesonderheiten, bilden aber eine einheitliche Fortpflanzungsgemeinschaft. Es handelt sich also um die gleiche biologische Art.

Bei einem Vergleich der Unterarten von *Sus scrofa* zeigt sich, daß sich nach den Rändern des Verbreitungsgebietes sowohl im Westen und Osten als auch im Süden und auf Inseln die Körpergröße verringert. Sonst läßt sich bei den europäischen *Sus scrofa* eine Tendenz zu höheren Körpergrößen und Condylobasallängen der Schädel von Westen nach Osten erkennen, wenn die Normen von Populationen betrachtet werden. Klinhafte Übergänge erschweren aber klare Grenzziehungen zwischen den beschriebenen Unterarten. Cabon (1958) nennt die Größenvariationen innerhalb gleicher Wildschweinpopulationen «kolossal» und meint, daß «die heute geltende Systematik der Unterarten der Wildschweine in Europa sehr problematisch ist, was auch für andere Erdteile gelten dürfte.»

Studien an vor- und frühgeschichtlichen Schweinen lassen zwar die gleiche Tendenz in den Größenverhältnissen erkennen wie bei rezenten europäischen Wildschweinen, jedoch die Variabilität ist in den einzelnen Gebieten sehr groß (Teichert 1970, Herre 1949, 1986). Über unterartliche Gliederungen zur Zeit der Domestikation lassen sich noch keine sicheren Aussagen machen. Geringere Körpergrößen gegenüber rezenten Populationen lassen sich nur mit sehr vielen Vorbehalten als Hinweise auf Domestikationsanfänge deuten.

Unterschiede in der Form der Tränenbeine haben zur Beurteilung der Herkunft von Hausschweinen eine Rolle gespielt. Die «*scrofa*»-Schweine haben lange niedere Tränenbeine, die südöstlichen Vertreter, die «*vittatus*«-Schweine kurze, hohe Tränenbeine. Doch auch in diesem Merkmal gibt es viele Übergänge und die Variabilität ist nicht gering. Ganz allgemein lehrt ein Studium größerer Schädelserien, daß die Schädelgestalt schon innerhalb gleicher Populationen recht variabel ist, was sowohl Kelm (1939) als auch Cabon (1958) betonen.

Europäische und asiatische Wildschweine unterscheiden sich in der Streifung des Jugendkleides und die erwachsenen Wildschweine Ostasiens haben oft jene helle Bakenbinde, die zur Bezeichnung Bindenschwein führte. Diese fehlt allgemein den europäischen Wildschweinen, aber es gibt Andeutungen und Übergänge, welche Abgrenzungen erschweren.

Die Variabilität beschränkt sich bei den Wildschweinen nicht auf Gestaltmerkmale, sie zeigt sich auch in einem Chromosomenpolymorphismus. Die japanische Unterart *Sus scrofa leucomystax* Temminck, 1842 besitzt 2n = 38 Chromosomen, während *Sus scrofa scrofa* meist 36 Chromosomen hat (Gropp, Giers und Tettenborn 1969), in niederländischen Wildschweinpopulationen fand Bonsma (1976) 36, 37 und 38 Chromosomen. Hartl und Csaikl (1987) stellten fest, daß «sich bei der Mitteilung des Heterozygotiegrades über alle Populationen ein Wert ergibt, der zu den höchsten bisher gefundenen bei Großsäugern gehört, gleiches gilt für die Polymorphierate».

Daten über die Biologie der europäischen Wildschweine haben Heptner (1966) und Herre (1985) zusammengefaßt. Wildschweine sind ökologisch höchst anpassungsfähig, sie bevorzugen Laub- und Mischwälder mit Eichen- und Buchenbeständen. Wildschweine leben gesellig in Rotten, die Mutterverbände darstellen. Die männlichen erwachsenen Tiere suchen diese Rotten nur zur Brunstzeit auf (Abb. 5).

Da alle Wildschweine untereinander und mit den Hausschweinen eine freiwillige Fortpflanzungsgemeinschaft bilden, ist die wissenschaftliche Bezeichnung der Hausschweine nach Bohlken (1961) *Sus scrofa* f. domestica, obgleich Erxleben 1777 Hausschweine als *Sus domesticus* benannte. Doch nach Artikel 30 der internationalen Regeln für die zoologische Nomenklatur muß eine Übereinstimmung im grammatikalischen Geschlecht herbeigeführt werden.

b) **Tylopoda – Stammgruppe eigenartiger Haustiere.** Aus der Säugetierordnung Tylopoda gingen ebenfalls Haustiere hervor. Es ist bemerkenswert, daß die aus verschiedenen Arten dieser Ordnung erzüchteten Haustiere in Südamerika, Asien und Afrika vor allem als Lasttiere dienen; die Fleischnutzung ist in Südamerika gering, in afrikanischen Bereichen wird sie in neuerer Zeit immer bedeutsamer.

Die Tylopoda zeichnen sich durch eine Reihe von Besonderheiten aus (Herre 1982). Es sind Paarzeher, die keine Hufe haben, ihre letzte Zehe trägt einen Nagel. Unter den Zehen bildeten sich Polster, die zum deutschen Namen Schwielensohler führten. Die Tylopoden sind Wiederkäuer, aber die Anatomie und Physiologie ihres Verdauungsapparates unterscheidet sich wesentlich von jenen der «eigentlichen» Wiederkäuer, der Ruminantia (Bohlken 1960; Langer 1973, 1988; v. Engelhardt und Höller 1982; v. Engelhardt und Heller 1985). Der Wasserbedarf der Schwielensohler ist gering, sie haben besondere Regulationsmechanismen. Das Blut weist Eigenarten auf – besonders beim Vikunja – welche ein Leben in großen Höhen ermöglichen (Bartels 1982).

**Abb. 5:** Wildschwein *Sus scrofa* (Foto W. Meyer, Saupark Springe)

Die stammesgeschichtliche Entwicklung der Tylopoden läßt sich ab Obereozän in Nordamerika verfolgen. Dort entstanden zahlreiche Gattungen und Arten, nur einige Gruppen wanderten im Pleistozän in andere Erdteile aus. In Nordamerika sind die Tylopoden erloschen. In der rezenten Fauna ist die Artenzahl der Tylopoden gering. Zwei Gattungen werden unterschieden: *Camelus* Linnaeus, 1758 und *Lama* Cuvier, 1810. Beide Gattungen lieferten Stammarten von Haustieren, die in bedeutenden Kulturen wichtig wurden. (Herre 1952–1982, Horkheimer 1960, Brentjes 1960, Murra 1965, Sweet 1965, Nachtigall 1965, Wheeler-Peres-Ferreira et al. 1976, Köhler 1981, Hesse 1982). Die Gattung *Lama* gehört zu einem Zweig der Tylopoden, der sich in Südamerika vielfältig entwickelte (Ferreira 1982), die Gattung *Camelus* ist seit dem Pleistozän auch aus Asien bekannt und fand als Haustier bis nach Afrika Verbreitung.

Die wildlebenden Arten der Gattung *Lama* sind *Lama guanacoë* Müller, 1776 und das Vikunja *Lama vicugna* Molina, 1782. Das **Vikunja** ist heute auf Bereiche im Hochgebirge zwischen 3700–5500 m beschränkt (Röhrs 1958). Dies war nicht immer so; fossile Vikunja sind auch aus Küstenbereichen beschrieben. Eine Höhenadaptation wird daher als präadaptatives Merkmal bewertet, welches Bedeutung erlangte, als Vikunja aus ursprünglichen Verbreitungsgebieten durch andere Arten verdrängt wurden. Heute sind Vikunja in Peru, Chile, Bolivien und Nordargentinien zu finden. Der Lebensraum der Vikunja liegt oberhalb der Baumgrenze, unterhalb der Schneegrenze in kalten, trockenen Bereichen von 3700–5500 m Höhe. In diesem verzehren sie ausschließlich Gräser, sie müssen täglich trinken. Die Vikunja leben zu 75% ganzjährig in territorialen Familiengruppen unter der Herrschaft eines männlichen Leittieres, der die Gruppengröße entsprechend den Futterbedingungen bestimmt. Meist besteht sein Trupp aus 6 weiblichen Tieren und deren Nachzucht. Fremden Vikunja, auch weiblichen Tieren, wird der Eintritt in die Gruppe verwehrt, den Angehörigen des Rudels ein Verlassen nicht gestattet. Die Familientrupps der Vikunja sind geschlossene Gesellschaften. Der Truppführer verteidigt das Territorium, zu dessen Markierung Kothaufen dienen, die von allen Gruppenangehörigen benutzt werden. Die männlichen Jungtiere werden vom Rudelführer im Alter von 4–9, die weiblichen von 10–11 Monaten vertrieben. Nach diesen Vertreibungen erfolgen die Geburten des nächsten Jahrganges. Außer den territorialen Familiengruppen gibt es nichtterritoriale, locker gefügte Männergesellschaften und männliche Einzelgänger ohne Territorium (Franklin 1983). Die Validität von zwei beschriebenen Unterarten ist ungewiß.

Die Vikunja zeichnen sich durch ein besonders feines Vlies aus. Dies führte dazu, daß Rudel wildlebender Vikunja seit präkolumbischen Zeiten alle zwei Jahre zusammengetrieben, das Vlies für Inkaherrscher geschoren und die Tiere wieder freigelassen wurden. Die Eigenart dieses Vlieses hat beigetragen, das Vikunja in seinem Bestand zu gefährden. Bei spanischen Eroberern war das Vlies so begehrt, daß die Bestände sehr stark schrumpften. Bolivar, der Befreier von den spanischen Kolonisatoren, sorgte dann für Schutzbestimmungen. Jetzt versprechen nationale und internationale Bemühungen das Überleben der Art (Herre 1952–1976, Jungius 1971, Cardozo 1975, G.T.Z. 1978, Norton-Griffiths und Torres-Santibanes 1980).

Trotz dieser alten, eigenartigen, aber effektiven Nutzung ist das Vikunja kein Haustier geworden. Entgegen anderslautenden, auch modernen Angaben konnten Herre (1952, 1953), Fallet (1961), Herre und Thiede (1965) die Meinung anerkannter älterer Zoologen bestätigen, daß das Vikunja als Stammart des Haustieres Alpaka ausscheidet. In diesem Sinne sprechen auch Vergleiche der Herzgrößen und Analysen der Hämoglobine. «Die große Ähnlichkeit der Hämoglobine von Lama und Alpaka läßt vermuten, daß beide domestizierte Formen des Guanakos sind und es keine domestizierten Vikunjas gibt» (Kleinschmidt, März, Jürgens und Braunitzer 1986; Jürgens, Pietschmann, Yamaguchi, Kleinschmidt 1988). De Macedo (1982) stellte fest, daß sich das Vikunja nicht mit anderen Cameliden Südamerikas freiwillig paart, sondern eine eigene biologische Art darstellt. Da Guanako, Lama und Alpaka eine Fortpflanzungsgemeinschaft bilden, sind sie zu einer eigenen biologischen Art zusammenzufassen. Bastarde zwischen Vikunja und den Hausformen des Guanako, besonders dem kleinen Alpaka, lassen sich unter gewissen Bedingungen in Gefangenschaft erzielen. Diese Bastarde sind fruchtbar (Gray 1971), was die enge Verwandtschaft der Arten veranschaulicht. In Gebieten aber, wo Vikunja und Guanako gemeinsam vorkommen, ist über freiwillige Paarungen und die Erzeugung von Artbastarden nichts bekannt geworden.

b 1) **Das Guanako – Stammart von Lama und Alpaka.** Das Guanako ist ein sehr anpassungsfähiges Tier; es kommt von Feuerland bis Südperu vor und ist in diesem Gebiet von der Küste bis in Höhen von 4000 m zu finden. Es ist kälteunempfindlich, scheut aber auch hohe Temperaturen nicht (Röhrs 1958). Beim Guanako wurden Unterarten beschrieben, die sich vor allem in der Körpergröße unterscheiden. Im Süden Patagoniens leben die größten Guanakos, im Norden von Argentinien ist in größeren Höhen die kleinste Unterart *cacsilensis* zu finden. Die Berechtigung der Unterarten ist umstritten (Raedeke und Simonetti 1988).

Das Guanako ist eine Tierart hoher ökologischer Valenz. Franklin (1983) hebt dazu hervor, daß das Guanako nicht nur Gräser und Kräuter frißt, sondern auch die Blätter und Knospen von Büschen und Bäumen äst. Guanako sind nur periodische Trinker, sie können mehrere Tage ohne Wasser auskommen, wenn die Nahrung über einen gewissen Wassergehalt verfügt. Guanako leben in Familiengruppen nur zum Teil ortstreu in festen Territorien, es gibt auch wandernde Familiengruppen. Die Familientrupps stehen unter der Obhut eines Leithengstes, der den oft aggressiven weiblichen Tieren und deren Nachzucht ziemliche Freiheit läßt. Sie können den Trupp auch verlassen und fremde Weibchen werden in ihn aufgenommen. Die Familiengruppen der Guanako sind halboffene Verbände, deren Größe Schwankungen unterworfen ist. Die Leitmännchen verteidigen ihre Reviere und markieren die Territorien durch Kothaufen. Von den anderen Mitgliedern des Trupps werden diese Kothaufen nicht genutzt. Die führenden Männchen vertreiben aus ihren Trupps die Nachzucht erst nach der Geburt des nächsten Jahrganges; die männlichen Jungtiere als Jährlinge, die weiblichen können bis zu 15 Monaten im Trupp verharren. Außer ortstreuen und wandernden Familientrupps treten Männergesellschaften, gemischte Gruppen, Weibchengruppen mit Nachzucht und einzelne Männchen auf. Die soziologischen Strukturen der Guanako sind also vielseitig. Diese biologische Besonderheit erleichterte es indianischen Bevölkerungsgruppen, Guanako in den Hausstand zu überführen.

Aus dem Guanako wurden zwei Nutzungsrichtungen erzüchtet (Herre 1958, 1961, 1968). Das domestizierte Guanako, das Lama, wurde für eine Bevölkerung gebirgiger Umwelt, die das Rad nicht kannte, als Tragtier bedeutsam. Aus dem Lama wurde eine kleinere Form als Wollieferant erzüchtet, das Alpaka, und in hochgelegene Weidegebiete gebracht. Einzelheiten der Zuchtvorgänge sind noch unbekannt, aber es sind alle Übergänge zwischen großen, kräftigen Lamas bis zu kleinen feinwolligen Alpakas zu finden.

Nachtigall (1965) erkannte, daß in Südamerika Viehzüchter und Feldbauern wirtschaftlich und kultisch aufeinander angewiesen waren. Die Großviehzucht und das indianische Feldbauerntum entwickelten sich in eigener Weise. Die Eigenständigkeit dieser Entfaltung findet Ausdruck in der Tatsache, daß die indianischen Großviehzüchter keine Weltanschauung gestalteten, die jener altweltlicher Großviehzüchter vergleichbar ist. Daraus wird abgeleitet, daß die später ausschließlich auf Viehzucht spezialisierten Indianer sich als eigener Wirtschaftszweig in relativ junger Zeit von einer gemischt feldbaulich-viehzüchterischen Wirtschaftsform abspalteten. Über Hirten und Herden im Inkastaat berichtete Murra (1965) und für die Stammartenfrage sind Angaben von Horkheimer (1960) über Nahrungsgewohnheiten im alten Peru wichtig. Danach hat Lamafleisch für die Ernährung der Bevölkerung eine geringere Rolle gespielt. Die vorrangige Bedeutung des Lama als Transporttier wird damit unterstrichen.

Lama und Alpaka sind in Andengebieten noch heute höchst bedeutsame Haustiere. Das Lama ist noch immer wichtiges Transportmittel. Die 3 Millionen Alpaka bringen Peru wirtschaftlich einen höheren Ertrag als die 18 Millionen Schafe dieses Landes. Für Lama und Alpaka ist als wissenschaftliche Bezeichnung anzuwenden: *Lama guanacoë* f. glama. *Lama pacos* ist ein Synonym. Das Alpaka ist ein wichtiger Schlag innerhalb der lamaartigen Haustiere und durch einen Vulgärnamen zu kennzeichnen.

b 2) **Die Ahnen der Hauskamele.** Paläontologische Dokumente belegen, daß die Gattung *Camelus* nach ihrer Einwanderung aus Nordamerika in Eurasien zeitweise eine Verbreitung gewann. Kamele kamen im Pleistozän entlang der Trockenzonen der nördlichen Hemisphäre mit einem Zweig bis ins nördliche und östliche Afrika. Dies beweisen neue Funde (Wilson 1984). In den meisten Gebieten erloschen die wilden Kamele im ausklingendem Pleistozän; nur im asiatischen Raum blieben Vertreter der Gattung *Camelus* bis in unsere Zeit erhalten. Ob Restbestände im westlichen Afrika bis in prähistorische Zeit überlebten, ist höchst unsicher. Kamele haben erst als Haustier wieder eine weite Verbreitung in Asien und Afrika gefunden. Das paläontologische Material wurde durch verschiedene Artnamen gekennzeichnet; doch ob es sich dabei um echte, biologische Arten handelt, ist sehr ungewiß. Die Frage nach der Herkunft der Hauskamele ist schwer zu lösen. Es gibt zwar über 17 Millionen Hauskamele auf der Erde, aber das Wildkamel *Camelus ferus* Przewalski, 1883, welches noch in moderner Zeit in Mittelasien vorkam, muß als ausgestorben gelten (Gorgas 1966, Köhler 1981), trotz gelegentlicher Angaben über Restbestände in freier Wildbahn. In diesen Fällen dürfte es sich um verwilderte Hauskamele handeln. Von echten Wildkamelen sind in Museen nur spärliche Materialien zu finden.

Bei den Hauskamelen werden das zweihöckerige Trampeltier *Camelus bactrianus* Linnaeus, 1758 und das einhöckerige Dromedar, *Camelus dromedarius* Linnaeus, 1958 meist als Arten betrachtet. Diese Formen kommen in verschiedenen Gebieten vor. Die Trampeltiere leben im wesentlichen in zentralasiatischen Bereichen mit kühleren Wintern, Dromedare werden in Vorderasien und Afrika in Bereichen mit höheren Sommertemperaturen bevorzugt gehalten. Ungewiß bleibt, ob daraus Rückschlüsse über Ahnenformen gezogen werden können, weil von anderen Arten des Hausstandes, so von Hausrindern, Hausschafen u. a., bekannt ist, daß sich die Variationsbreite auch der ökologischen Valenz in der Domestikation beträchtlich erweitern kann. Bei Kamelen sind Nutzungsrichtungen erzüchtet worden, deren Körperformen so unterschiedlich sind, wie jene zwischen Renn- und Zugpferden (Epstein 1969, 1970, Wilson 1984).

Wilde einhöckerige Kamele sind unbekannt. Nach Felszeichnungen sollen paläolithische Jäger in Nordafrika Dromedare gejagt haben (Charnot 1953, Mikesell 1956). Daraus ist auf eine Wildart geschlossen worden.

Für eine Zugehörigkeit zweihöckeriger und einhöckeriger Kamele zur gleichen biologischen Art sprechen Befunde, auf die Heptner und Naumow (1966) hinweisen. Bei allen Kamelen legen sich embryonal zwei Höcker an, sie verschmelzen beim Dromedar zur Einheit. Trampeltier und Dromedar paaren sich freiwillig und erzeugen fruchtbare Nachkommen. Lakosa (1938) hat solche fruchtbaren Bastarde in beiden Richtungen beschrieben; andere Autoren bestätigen diese Angaben (Gray 1971, Epstein 1971). Doch es gibt auch Hinweise auf eine Unfruchtbarkeit männlicher Bastarde (Haltenorth 1963, Gray 1971). Köhler (1981) gibt zu bedenken, daß diese Fälle biologische Ursachen haben könnten, so Nichtbeachtung von Fortpflanzungszeiten und -gewohnheiten. Die Auffassung ist vertretbar, daß die beiden Hauskamelformen möglicherweise an verschiedenen Orten, aus der gleichen biologischen Art erzüchtet wurden. Dann wäre die wissenschaftliche Bezeichnung der Hauskamele *Camelus ferus* f. bactriana und *dromedarius* würde Synonym. Zur Kennzeichnung der Rassen sollten die Vulgärnamen aufrechterhalten und durch Bezeichnungen von Schlägen erweitert werden.

Doch angesichts der ungenügenden Kenntnisse über Wildkamele und deren innerartlicher Variabilität ist, auch im Blick auf kulturgeschichtliche Zusammenhänge, noch eine gewisse Zurückhaltung bei Abstammungserörterungen der Hauskamele geboten. Es gibt einige Unterschiede zwischen Trampeltier und Dromedar, so im Zeitpunkt des Deckens (Wilson 1984) und der Tragzeitlänge, die unter dem Einfluß der Domestikation zustande gekommen sein können. Dies ist jedoch noch nicht erwiesen; weitere Beobachtungen sind zu einer Klärung erforderlich.

c) **Hirsche – Jagdtiere, die selten Haustiere wurden: Das Rentier.** Unter den «echten» Wiederkäuern, den paarhufigen Ruminantia, sind die Cervidae, die Hirschartigen, durch Geweihe gekennzeichnet, die jährlich gewechselt werden. Die Cervidae gehören seit prähistorischen Zeiten zu wichtigen Jagdtieren weiter Teile der Menschheit. Es ist bemerkenswert, daß nur aus Populationen einer Art, nämlich *Rangifer tarandus* Linnaeus, 1758 echte Haustiere geformt wurden (Herre 1955). Die besondere Haltungsweise der Hausrentiere hat zu Erörterungen geführt, ob es sich um echte Haustiere handelt. Doch Hausrentiere werden ganzjährig in großen Herden gehalten und sie werden regelmäßig kastriert. Daher ist ihre Einordnung zu den Haustieren gerechtfertigt.

Der Erwerb von Hausrentieren erschloß Menschen sonst unbewohnte Gebiete eurasiatischer Tundren; erforderte aber Opfer. Die Hausrentierzüchter mußten sich den Lebensgewohnheiten ihres Haustieres anpassen; sie wurden Nomaden (Jettmar 1952, Gandert 1956, Leeds 1965, Skunke 1969, Ingold 1974).

Die Gattung *Rangifer* H. Smith, 1827, in der beide Geschlechter ein Geweih besitzen, gehört zu den telemetacarpalen, langballigen Hirschen. Ihre Formen bewohnen die Tundrazonen Eurasiens und Nordamerikas, sie dringen auch in die angrenzenden Waldgebiete vor. Rentiere sind kälteliebend und haben die Fähigkeit, in schneebedeckten Gebieten sich dank ihrer breiten Ballen gut fortbewegen zu können. Sie vermögen Nahrung unter einer Schneedecke zu finden, im Winter besteht diese überwiegend aus Flechten; im Sommer herrschen Gräser und Kräuter vor. Wohl im Zusammenhang mit der Lage von Nahrungsflächen und in Flucht vor quälenden Insekten hat sich bei Rentieren ein Trieb zu ausgedehnten Wanderungen entwickelt. Im Sommer wandern sie zu den Küsten, im Herbst landeinwärts. Diese Eigenart ist bei Haustieren erhalten geblieben. Rentierzüchter folgen ihren Herden. In der Brunst- und Wanderzeit bilden Wildrentiere gemischte Gruppen, sonst herrschen kleine Mutterverbände vor (Heptner, Nasimovic, Bannikow 1966, Herre 1985).

Rentiere sind circumpolar verbreitet, in Eiszeiten dehnte sich ihr Verbreitungsgbiet bis nach Mitteleuropa aus. Zahlreiche Arten und Unterarten wurden beschrieben (Jacobi 1931). Deren Bewertung ist nicht eindeutig. Da nach derzeitiger Einsicht alle wilden Rentiere eine freiwillige, erfolgreiche Fortpflanzungsgemeinschaft bilden, lassen sie sich als eine biologische Art bezeichnen. Aus den nordamerikanischen Rentieren, den Karibus, entstanden keine Haustiere. Nur Populationen von eurasischen *Rangifer tarandus* wurden domestiziert und um die Jahrhundertwende auch nach Nordamerika gebracht. Die Stammart der Hausrentiere ist eindeutig, Hausrentiere sind wissenschaftlich als *Rangifer tarandus* f. domestica zu benennen.

d) **Die Ahnen der Hausrinder,** 1) **Allgemeine Bemerkungen.** Die wirtschaftlich bedeutsamsten Haustiere der Menschheit gehören zu der artenreichen Gruppe paarhufiger Wiederkäuer der Hornträger, der Überfamilie Cavicornia Carus, 1875. In die Familie Bovidae Gray, 1821 sind die Arten der Hausrinder sowie die Hausschafe und Hausziegen zu stellen, wobei die Rinder der Unterfamilie Bovinae Gill, 1872, Schafe und Ziegen der Unterfamilie Caprinae Gill, 1872 zugeordnet werden.

Die Hausrinder der Welt entstammen fünf Arten aus zwei Gattungen. In der Gattung *Bos* Linnaeus, 1758 gehören zur Untergattung *Bos* die «echten», «taurinen» Rinder. Die Bezeichnung «taurin», vor allem für Hausrinder, ergibt sich aus der Tatsache, daß Linnaeus (1758) die Hausrinder als eigene Art auffaßte und als *Bos taurus* bezeichnete. Für den Yak wird die Untergattung *Poëphagus* Gray, 1843 anerkannt, für die Dschungelrinder die Untergattung *Bibos* Hodgson, 1837, um gewisse Eigenstellungen zu kennzeichnen.

Haustiere entstanden außerdem aus der Gattung *Bubalus* Frisch, 1775, den asiatischen Büffeln. Für vergleichende Betrachtungen sind auch die Gattungen *Bison* H. Smith, 1827, die Bisons und Wisente – diese Tiere werden in Amerika meist als «Büffel» bezeichnet – und die Gattung *Syncerus* Hodgson, 1827, die afrikanischen Schwarz- und Rotbüffel, von Interesse.

Alle diese Rindergattungen sind vorwiegend Grasfresser, die Blätter und Kräuter aber nicht verschmähen. Sie suchen ihre Nahrung vorwiegend im morgendlichen und abendlichen Dämmerlicht und ziehen sich tagsüber und während der Nacht wiederkäuend in Dickungen zurück. Die wilden Rinderarten leben gesellig in kleinen Trupps, können aber auch sehr große Herden bilden. Solche sind besonders von Bison- und Büffelformen bekannt. Die Gattung *Bison* paßte sich, wie Guthrie (1970) ausführte, im nördlichen Amerika stark an das Leben auf freien Steppen an, die Arten der Gattung *Bos* bevorzugen lichte Waldungen.

Die Untergattung *Bos* war im mittleren Eurasien beheimatet, sie ist heute ausgestorben und ausgerottet. Die Untergattung *Poëphagus* hat sich in Asien Höhenlagen und Kälte angepaßt. Die Untergattung *Bibos* lebt in feuchtwarmen Dschungelgebieten Südostasiens. Die Anpassungsfähigkeit der Gattung *Bos* wird anschaulich. Die Gattungen *Bubalus* und *Syncerus* ertragen höhere Temperaturen und besiedeln in Asien und Afrika ähnliche Lebensräume; Guthrie nennt sie ökologisch homolog.

d 2) **Der Auerochse – Stammvater aller taurinen Hausrinder.** *Bos primigenius* Bojanus, 1827 ist der bekannteste Vertreter der Untergattung *Bos*. Die Art dürfte während des Diluviums im indischen Raum entstanden sein, von wo aus sie in weite Gebiete Eurasiens und Nordafrikas vorstieß. Ihr Verbreitungsgebiet erstreckte sich schließlich vom Pazifik bis zum Atlantik. In diesem weiten Raum, mit sehr unterschiedlichen und im Laufe der Zeit wechselnden geographischen Bedingungen, muß es zur Bildung von Unterarten gekommen sein. Es liegen jedoch nur wenig Dokumente darüber vor. Diese sind in

Raum und Zeit weit verteilt, was oft zur Bewertung der Unterarten als verschiedene Arten geführt hat. Kritische Revisionen haben jedoch Zusammenhänge aufgehellt und auch gelehrt, daß bei wilden Auerochsen ein sehr ausgeprägter Geschlechtsdimorphismus vorhanden war. Es ergab sich, daß außerdem zwischen Auerochsen verschiedener Gebiete Größenunterschiede bestanden. So wies Muzzolini (1983) nach, daß *Bos ibericus* Pomel, 1894 aus Nordafrika ein *Bos primigenius* von kleiner Gestalt war. Degerbøl (1970) ermittelte auf der Grundlage eines recht großen Materials aus Dänemark, daß zwischen Auerochsen vom gleichen Gebiet, aber aus verschiedenen Zeiten Unterschiede bestehen und die Variabilität sehr groß war. Er legte die Schwierigkeiten dar, die sich für die Abgrenzung gegenüber Hausrindern ergeben. Auch Jarman (1969) beleuchtete die Problematik, welche sich aus den Differenzen von Populationen verschiedener geographischer Bereiche und unterschiedlicher Zeiten für Fragen der Entstehung der Hausrinder ergeben. Epstein (1984) faßte zusammen, daß die Variabilität innerhalb der Auerochsen so groß war, daß sich kaum zwei der überlieferten Individuen gleichen. Grigson (1978) erachtete die Auerochsen des indischen Subkontinents als eigene Art, *Bos namadicus;* Schädeleigenarten führten sie zu dieser Meinung. Epstein wies jedoch darauf hin, daß diese Besonderheiten Folge statischer Bedürfnisse sind.

Requate (1957) hat trotz oder wegen der großen Variationsbreite in allen Populationen der Auerochsen die Meinung begründet, daß alle Auerochsen zur gleichen Art zusammengefaßt werden können. Er unterscheidet bei den diluvialen Auerochsen eine europäische Unterart *Bos primigenius trochozeros,* eine ägyptische Unterart *Bos primigenius hahni* und in Indien die Unterart *Bos primigenius namadicus.* Diesen diluvialen Formen stellt er als jüngere Unterart *Bos primigenius primigenius* zur Seite. Braestrup (1960) erwägt, ob der rezente Kouprey *Bos sauveli* Urbain, 1937, ein seltenes Wildrind aus Kambodscha, als noch lebende Unterart der Auerochsen aufzufassen sei. Bohlken (1961, 1963) stellt dies Wildrind jedoch zur Untergattung *Bibos.*

*Bos primigenius primigenius* gilt als Stammform der «echten», «taurinen» Hausrinder, einschließlich der Buckelrinder, der Zebu (Epstein 1956). Dafür sprechen auch zeitliche Gründe, denn zur Zeit der Domestikation lebte keine andere Wildrindart, die als Ahn dieser Hausrinder in Frage kommt. Die Nachfahren der Auerochsen sind weltweit verbreitet worden; 1985 betrug der Weltbestand dieser Rinder 1268934000, die höchste Kopfzahl unter den Haussäugetieren. Die Ausrottung der Wildart in historischer Zeit ist wohl durch die ökologische Konkurrenz zum Hausrind und das Eindringen in Hausrindbestände bedingt. Requate hat verschiedene Angaben über alte und viele neue Funde von Auerochsen zusammengetragen. Alte Beschreibungen und Darstellungen über das Aussehen der Auerochsen konnten bestätigt und erweitert werden. Die Auerochsen waren mächtige Tiere braunroter Farbe mit schwarzem Rükkenstreifen und nach vorn geschwungenen lyraförmigen Hörnern. Epstein (1984) meint, daß manche Auerochsen stärker rot oder auch schwärzlich gefärbt waren (Abb. 6). Die neuerdings in Zoologischen Gärten «rückgezüchteten» «Auerochsen» sind Hausrinder, die dem Erscheinungsbild der Stammart ähneln.

Auerochsen bewohnten Auwälder und Mischwaldgebiete, drangen auch auf Steppen vor und liebten im allgemeinen ein milderes Klima. Neben dem Auerochsen hat es in alluvialer Zeit keine andere Art der Untergattung *Bos* in Mitteleuropa gegeben.

Adametz (1925) beschrieb ein angebliches Wildrind mit kurzen Hörnern als *Bos europaeus brachyceros.* Dies erwies sich als ein mittelalterliches Hausrind, welches in einem Brunnen verschüttet wurde, und so in Erdschichten geriet, die eine Fehldeutung begünstigten. Die von Amschler (1940) beschriebene Unterart *Bos brachyceros arnei* beruht auf einem Hausrindkastrat.

Der von Adametz als Wildrind gedeutete Fund hat alte Erörterungen wieder belebt, welche die

Entstehung tauriner Hausrinder mit Introgressionen in Verbindung brachten. Mehrere Stammarten der Hausrinder wurden postuliert, weil der auf dem Gebiet der Abstammung von Haustieren lange Zeit anerkannte Anatom Rütimeyer (1867) Hausrindreste zunächst typologisch bewertete. Er gliederte in *primigenius* (= Langhorn)-Rinder, in *brachyceros* (= Kurzhorn)-Rinder, in *frontosus* (= Breitstirn)-Formen. Später kamen noch *brachycephalus* (= Kurzkopf)- und *orthoceros* (= Hornlos)-Typen hinzu. Diesen Typen wird oft Artcharakter zugesprochen. Zeitbedingt neigte Rütimeyer noch zur Meinung, daß Schädelmerkmale konstant, unwandelbar seien. Nach den Erkenntnissen der modernen Zoologie kommt den alten Gliederungen nur noch historisches Interesse zu. Viele neue Beobachtungen lehrten, daß auch bei den Hausrindern in der Domestikation eine bemerkenswerte Wandlungsfähigkeit vorhanden ist. Trotzdem werden, vor allem im prähistorischen Schrifttum, über die Typen, welche Rütimeyer einst begründete, noch immer Diskussionen geführt, als ob sie die Validität von Ahnformen einzelner Rassen hätten. Doch Rassen sind dynamische Einheiten. Außerdem konnte Epstein (1971) zeigen, daß innerhalb der Hausrinder Konvergenzen und Parallelbildungen vorkommen. Diese lassen sich mit Zufall, Ausleseverfahren, Auslesevorteilen, Pleiotropie oder Koppelung in Verbindung bringen, geben aber für Abstammungsspekulationen keine geeignete Grundlage.

Die Ableitung von Hausrindern aus verschiedenen Stammarten und statisch ausgerichteten Denkweisen haben Vorstellungen über eine Verknüpfung von Volksgruppen mit bestimmten Haustierrassen begünstigt. Aus Vorkommen von Haustierrassen wurde auf Völkerwanderungen geschlossen. Epstein stand ein umfangreiches Material zur Verfügung, welches deutlich macht, daß viele Meinungen über Völkerbewegungen, die aus einer Verbreitung von Hausrindern, aber auch anderen Haustieren erschlossen wurden, auf höchst unsicheren Grundlagen aufbauen. Das gleiche bezeugen Darlegungen von Schlaginhaufen (1959). Die Abstammung der Hausrinder ist heute eindeutig geklärt. Die Auffassung alter erfahrener Haustierzoologen wie Nehring (1889) oder Klatt (1923), daß der Auerochse oder Ur *Bos primigenius* alleiniger Stammvater ist, muß nach vielen Auseinandersetzungen anerkannt werden. Zur Klärung dieses Sachverhaltes haben vor allem Arbeiten von La Baume (1947, 1950), Herre (1949), v. Len-

**Abb. 6:** Ur *Bos primigenius* (Darstellung aus der ersten Hälfte des 17. Jahrhunderts)

gerken (1953, 1955), Requate (1957), Bohlken (1962), Grigson (1978), Muzzolini (1983, 1984), u.a. beigetragen. Die taurinen Hausrinder, einschließlich der Zeburassen, sind im Sinne von Bohlken als *Bos primigenius* f. taurus zu bezeichnen.

Einige Bemerkungen über die Zebuhausrinder seien hier angeschlossen, weil Buckel diesen Tieren eine auffällige Körperform geben und sie ihre Körperkondition behalten, auch wenn die Nahrung knapp und nährstoffarm ist und Wasser nur jeden zweiten Tag zur Verfügung steht. Am eingehendsten hat sich Epstein (1971) mit dem Zebuproblem auseinandergesetzt. Er gibt eine ausgezeichnete Zusammenstellung von Zebutypen und ihrer Geschichte, vor allem in Afrika, und nennt die Zebus die Windhundtypen unter den Rindern, deren Eigenschaften wesentlich von Zucht und Umgebung abhängen. Epstein hält es für das Wahrscheinlichste, daß die verschiedenen anatomischen und physiologischen Zebumerkmale durch Selektion einer besonderen Umwelt aus buckellosen *Bos primigenius namadicus*-Nachfahren in semiariden Zonen Südasiens im östlichen Teil der großen Salzwüste des Irans, vor 6500 Jahren, entstanden sind. Auch Grigson (1978) hat einige Probleme der Zebuabstammung kritisch beleuchtet und Beziehungen zu *Bos primigenius* diskutiert.

d 3) **Der Yak, Hausrind im asiatischen Hochgebirge.** In den Hochflächen von Tibet, Kansu, Ladak und dem Pamir ist eine dem Auerochsen verwandte Wildrindart verbreitet, der Yak, *Bos (Poëphagus) mutus* Przewalski, 1883. Auch diese Art wurde domestiziert. Heute leben nur noch 3000–8000 Wildyaks in den entlegensten Hochländern von Tibet (Bonnemaire 1984). Die Wildyaks bewohnen trockene Steppen zwischen 4500–6000 m Höhe, sie ertragen Wintertemperaturen von −40 bis −50 °C. Die Tiere – von dunkelbrauner Farbe – sind stärker behaart als der Ur, so auch am Bauch; auffällig ist auch ein stark buschig behaarter Schwanz. Den Yak kennzeichnet ein erheblicher Geschlechtsdimorphismus, die Bullen erreichen eine Widerristhöhe zwischen 1,70–2,08 m und ein Körpergewicht bis zu 1000 kg, die Kühe werden nur zwischen 1,45–1,55 m hoch. Die Wildyakkühe und ihre Jungtiere leben in größeren Herden, die alten Bullen bilden kleine, meist selbständige Gruppen.

Nachdem die Tibeter im westlichen Kuen-lung oder östlichen Pamir den Wildyak als erste in Zucht genommen hatten (Hermanns 1949), hat sich der Hausyak viel weiter ausgebreitet als der Wildyak. Von Tibet aus reicht sein Verbreitungsgebiet im Süden bis zur Provinz Sikang (Khan), nach Bhutan und Nepal, im Westen bis zum Karakorum und Pamir, nach Norden bis zum südlichen sibirischen Altai, dem südsajanischen Gebirge, dem Jablonoi-Gebirge und den höheren Gebirgen der Mandschurei. Der Geschlechtsdimorphismus ist beim Hausyak zurückgegangen. Aber auch er ist als ein kälteliebendes Hochsteppentier zu kennzeichnen. Seine Abstammung ist eindeutig; der Name muß lauten *Bos (Poëphagus) mutus* f. grunniens.

d 4) **Die Dschungelrinder.** Auch in tropisch-subtropischen Bereichen vermochten sich Arten aus der Gattung *Bos* zu entwickeln. In den lichten Wäldern und im Grasdschungel von Burma, Siam, dem indonesischem Archipel, Java und Borneo ist als weitere Wildrindart der Banteng *Bos (Bibos) javanicus* d'Alton, 1823 in drei Unterarten verbreitet. Kennzeichnend für diese Dschungelrinder sind die weißen «Stiefel». Dies sind Abzeichen, die sich vom Huf bis zum Carpus und Tarsus erstrecken. Bemerkenswert ist weiter, daß diese Rinder gering entwickelte Schweißdrüsen besitzen; ihre Wärmeregulation muß auf besondere Weise vor sich gehen (Rollinson 1984). Die Kühe sind im allgemeinen von rotbrauner Farbe, die Bullen dunkel und größer als die Kühe.

Die Art ist wahrscheinlich auf Bali und Java (Meijer 1962) in den Hausstand übernommen worden und als domestizierte Form, genannt Balirind, *Bos (Bibos) javanicus* f. domestica in der indonesischen Inselwelt, auf Celebes und in weiten Gebieten von Hinterindien, Assam und Siam verbreitet. Auch beim Balirind sind die Abstammungsverhältnisse heute eindeutig

(Bohlken 1962); ältere Auffassungen von Keller (1905) u. a. können als widerlegt betrachtet werden.

Mit dem Banteng eng verwandt ist der Gaur *Bos (Bibos) gaurus* H. Smith, 1827, der in drei Unterarten in Vorderindien, Nepal, Bhutan, Assam, Burma, Tenasserim, Cochinchina und auf der malayischen Halbinsel verbreitet ist. Der Gaur lebt in bewaldeten Hügelregionen, im lichten Bambusdschungel, aber auch auf Grassteppen. Diese Form ist in den Hausstand übernommen worden, die Hausform wird als Gayal oder Mithan bezeichnet (Simoons 1968, 1984).

Über die Herkunft des Gayal waren die Meinungen lange Zeit geteilt. Aber seit Gans (1915) den Gayal als domestizierten Gaur ansprach, hat sich die Forschung dieser Auffassung angeschlossen (Bohlken 1962). Der Gayal kommt nur in einem Teil des Verbreitungsgebietes der Wildart vor. Als wissenschaftlicher Name gilt *Bos (Bibos) gaurus* f. frontalis. Zur Problematik der Domestikation dieses Rindes hat Simoons (1968, 1984) bemerkenswerte Tatsachen und Gedanken vorgetragen.

Fischer (1969) hat die Chromosomensätze vom Balirind und vom Gayal analysiert und mit den Angaben über Banteng und Gaur verglichen. Es ergibt sich jeweils eine Übereinstimmung der Haustiere mit ihren Stammarten und es bestätigt sich, daß zwischen Banteng/Balirind einerseits und Gaur/Gayal andererseits bemerkenswerte Unterschiede bestehen. Fischer meint, daß dieser Unterschied in Chromosomenzahlen dazu berechtigte, die phylogenetische Zusammengehörigkeit von Banteng und Gaur zu bezweifeln und die Unterfamilie Bibovinae aufzulösen. Die Fülle höchst bemerkenswerter morphologischer und biologischer Übereinstimmungen wird dabei völlig übersehen und beiseite geschoben. Diesem Vorgehen und solchen Folgerungen aus Befunden der Chromosomenforschung für die zoologisch-phylogenetische Systematik ist nachdrücklich zu widersprechen. Die Ergebnisse der Studien von Fischer werfen zunächst Fragen für die Chromosomenforschung, nicht aber primär für die zoologisch-phylogenetische Systematik auf. Die bisherigen systematischen Auffassungen über diese Gruppen erscheinen noch immer wohlbegründet, an ihnen haben sich Befunde über den Karyotyp zu orientieren.

d 5) **Hauswasserbüffel – Haustiere der Reisbauern.** Als letzte Wildrindart, aus der Haustiere hervorgingen, ist der asiatische Wasserbüffel *Bubalis arnee* Kerr, 1792 zu nennen. Seine Verbreitung ist heute auf Vorder- und Hinterindien, Borneo und Mindoro beschränkt. Früher dehnte sich das Verbreitungsgebiet der wilden Wasserbüffel über weite Teile Indiens, im Osten bis nach Südwestasien und Südchina, im Westen bis nach Mesopotamien aus (Cockrill 1984). Vier oder sechs Unterarten werden unterschieden. Wasserbüffel leben im Flachland, in dichtem Schilf oder im hohen Grasdschungel, immer in der Nähe von Wasser- oder Sumpfgebieten.

Zeuner (1963) hält es für wahrscheinlich, daß die Domestikation in Reisanbaugebieten von Indochina oder Südchina erfolgte, doch gibt es dafür keine archäologischen Hinweise. Epstein meint, daß das Zentrum der Domestikation des Büffels in einem der Dschungel- oder Flußgebiete von Indien zu suchen sei. Auf alle Fälle ist heute eine enge Beziehung zwischen dem Wasserbüffel oder Kerabau und dem Reisanbau festzustellen. Das Haustier ist sehr viel weiter verbreitet als die Wildart: Vorder- und Hinterindien, Indonesien, China, Japan. Der Hauswasserbüffel wurde nach Australien und Südamerika gebracht, im Westen drang er bis Ägypten, Ostafrika, Vorderasien, auf dem Balkan bis Ungarn, Albanien, Italien und bis zur Ukraine vor. Der Wasserbüffel soll vor allen Dingen in tropischen Gebieten besser gedeihen als andere Hausrinder. Seine wissenschaftliche Bezeichnung: *Bubalis arnee* f. bubalis.

Die afrikanischen Büffel, welche aufgrund verschiedener Merkmale zu der wohlbegründeten Gattung *Syncerus* gestellt und gegenüber den asiatischen Büffeln der Gattung *Bubalis* abgegrenzt werden, sind nicht in den Hausstand übernommen worden. Auch aus der in den nördlichen Bereichen Eurasiens und Nordamerikas vorkommenden Gattung *Bison* wurden keine Haustiere geformt.

d 6) **Die Ahnen von Hausschaf und Hausziege.** Hausschaf und Hausziege sind Haustiere, die für die Wirtschaft der Menschheit eine wichtige Rolle gewonnen haben. Ihre Domestikation hat aus kulturgeschichtlichen Gründen in den letzten Jahren besonderes Interesse gefunden. Über die Stammformen beider Haustiere besteht weitgehend Klarheit, aber in der zoologischen Systematik der Wildarten sind manche Fragen noch nicht völlig geklärt.

Sicher ist, daß Wildschafe und Wildziegen zur Unterfamilie *Caprinae* Gill, 1882 zu stellen sind. In dieser Unterfamilie bilden die Gattungen *Hemitragus* Hodgson, 1841, die asiatischen Tahre, *Capra* Linnaeus, 1758, die Wildziegen, *Pseudois* Hodgson, 1846, die asiatischen Blauschafe, *Ammotragus* Blyth, 1840, die nordafrikanischen Mähnenschafe, manchmal Mähnenziegen genannt, und *Ovis* Linnaeus, 1758, die echten Schafe, eine engere Verwandschaftsgruppe.

Keller (1905) meinte, daß die Gattung *Ammotragus* Blyth, 1840, zur Bildung von Hausschafen beigetragen habe. Diese Auffassung hat sich als irrig erwiesen; *Ammotragus lervia* Pallas, 1777, gehört nicht zu den Ahnen von Hausschafen.

Über den Zeitpunkt der Entstehung der Gattungen *Ovis* und *Capra* gibt es verschiedene Meinungen. Pilgrim (1947) nimmt eine Trennung in Wildschafe und Wildziegen bereits im Mitteleozän an. Payne (1968) vertritt nach einer kritischen Revision der fossilen Caprinae des Pleistozäns die Ansicht, daß die Gattungen *Capra* und *Ovis* spätpleistozäne oder noch jüngere Aufspaltungen der Caprinae seien. Thenius (1969) setzt für diese Differenzierung das ausgehende Tertiär oder das Pleistozän an. Mit bemerkenswerten biologischen Argumenten und Hinweisen auf Schädelbesonderheiten haben Schaffer und Reed (1972) Darlegungen von Pilgrim über ein höheres Alter der Gattungen größere Wahrscheinlichkeit zuerkannt.

Fossile Caprinae sind von verschiedenen Fundstellen des eurasiatischen Pleistozän bekannt (Kurten 1968). Schafe gibt es seit dem Oberpleistozän; Musil (1968) berichtete über solche Formen in Mitteleuropa. Eine Zusammenstellung der früheren Verbreitung von Wildschafen bis zum Neolithikum gab Epstein (1971).

Heute sind viele Populationen wilder Arten der Gattungen *Ovis* und *Capra* voneinander isoliert. Payne wirft die Frage auf, ob es sich dabei noch um wirklich wilde Formen handele, ob Vermischungen mit Hausschafen oder Hausziegen stattfanden oder ob es gar verwilderte Haustiere seien. Eine sichere Beurteilung solcher Fälle ist schwer, vor allem, wenn die Isolate im Bereich von Hausformen leben. Für die wiedereingeführten rezenten Mufflons des europäischen Festlandes ist unkontrollierte Vermischung mit Hausschafen wahrscheinlich, in manchen Fällen ist gezielte Einkreuzung sicher, um die Bestände zu vergrößern. Dieser Sachverhalt erschwert Studien über die natürliche innerartliche Variabilität. Angesichts der Notwendigkeit, Eigenarten von Haustieren im Vergleich zu Wildarten näher zu beurteilen, sind Vermischungen von Wildbeständen mit Haustieren bedauerlich.

Die rezenten **Wildschafe** der Gattung *Ovis* sind holarktisch verbreitet. Ihr Entwicklungszentrum liegt in Eurasien. Von dort aus haben sich Wildschafe nach Nordamerika ausgebreitet. Die Aufgliederung der Arten wird sehr unterschiedlich vorgenommen. Zunächst galt der größte Teil geographischer Formen als Arten. Revisionen in den letzten Jahrzehnten hielten Zusammenfassungen geographischer Formen für geboten, was zur Verringerung der Artenzahl und der Einstufung früherer Arten zu Unterarten führte. Drei Arten von Wildschafen in Eurasien blieben zunächst anerkannt. Im Westen *Ovis musimon* Schreber, 1782, die Mufflons, in Kleinasien *Ovis orientalis* Gmelin, 1774, die Urialschafe und in Mittelasien *Ovis ammon* Linnaeus, 1758, die Arkal- und Argalischafe. Die Zahl der Unterarten in diesen Arten ist nicht gering, was eine sehr starke innerartliche Wandlungfähigkeit bezeugt. Kesper (1954) faßte alle rezenten Wildschafe zwischen dem Mittelmeer und der östlichen Mongolei zu einer Art zusammen, die als *Ovis ammon* Linnaeus, 1758 zu bezeichnen ist. Kesper bewertete die teilweise als Arten anerkannten Unterarten als jeweils zusammengehörige Gruppen innerhalb der Art, weil ein natürlicher Fortpflanzungszusammenhang zwischen eurasiatischen Wildschafen besteht. Die nordasiatischen und nordamerikanischen Wildschafe vereinte Kesper zu *Ovis nivicola* Eschscholtz, 1829. Dieser Auffassung schlossen sich Herre und Röhrs (1955), Heptner et al. (1966), Haltenorth (1963), Pfeffer (1967) an.

Auf der Grundlage von Studien über die Chromosomenzahlen ist von Nadler et al. (1973) zur Systematik der rezenten Wildschafe erneut Stellung genommen worden. Diese Forscher unterscheiden bei den eurasischen Wildschafen verschiedene Gruppen. Gruppe I mit 2n = 54 Chromosomen umfaßt die Wildschafe vom Mittelmeer bis zum nordwestlichen und südlichen Iran, Gruppe II mit 2n = 58 Chromosomen die Wildschafe vom nordöstlichen Iran bis Afghanistan und Nordwestindien und Gruppe III mit 2n = 56 Chromosomen die Wildschafe von Pamir bis China. In Mischgebieten betragen die Chromosomenzahlen 2n = 54, 55, 56, 57, 58. Die Zahl der Chromosomen 2n = 58 wird als primitiv bewertet, die anderen Zahlen als Ergebnisse Robertsonscher Fusionen oder Fisionen betrachtet, als NF wird 2n = 60 bezeichnet. Daß die Chromosomenzahlen systematischen Gruppierungen nach Gestaltmerkmalen bei den Wildschafen weitgehend entsprechen, ist bemerkenswert. Doch die zunehmenden Befunde über Chromosomenpolymorphismus innerhalb von Säugetierarten begrenzen die Aussagekraft der von Nadler et al. begründeten systematischen Gliederung.

Zur Kennzeichnung der Arten und Unterarten der Wildschafe sind vor allem Eigenarten der Behornung, der Körpergröße, Körpergestalt, Färbung und Behaarung herangezogen worden. Die Hörner sind sichelartig gekrümmt und schneckenförmig gewunden; mit dem Alter nimmt die Krümmung zu. Im allgemeinen sind die Hörner durch relativ dicht stehende Querfurchen gekennzeichnet, sie haben an der Basis einen seitlich abgeflachten Querschnitt, der im Alter dreieckig wird. Auch innerhalb wilder Populationen ist die Variabilität der Gehörne beträchtlich, wie Röhrs (1955) bei *Ovis ammon anatolica* Valenciennes, 1899 nachwies. Die Färbung der Wildschafe liegt zwischen braunschwarz und grau-gelblich, auf dem Rücken befindet sich oftmals ein heller Sattel, besonders bei Böcken. Der Hals trägt bei vielen Wildschafen eine Mähne aus dicken Haaren. Wildschafe bevölkern in kleinen Trupps Gebirgsflächen mit Gräsern und Kräutern, unter denen eine sorgliche Auswahl getroffen wird (Abb. 7). Bei der Zusammenfassung der eurasiatischen Wild-

**Abb. 7:** Wildschafe *Ovis ammon* (Tierpark Hellabrunn)

schafe zur gleichen biologischen Art ist der Name für Hausschafe im Sinne von Bohlken: *Ovis ammon* f. aries.

Bei den **Wildziegen**, welche als Vorfahren der Hausziegen in Betracht kommen, ist die Festlegung der zoologisch-systematischen Bezeichnung schwierig, weil die stammesgeschichtlichen Beziehungen der Wildziegen noch unklar sind. Die Herkunft der Hausziegen wird allerdings dadurch wenig berührt.

Auch die wilden Ziegen wurden und werden höchst vielfältig in Gattungen, Untergattungen, Arten und Unterarten gegliedert, obgleich die freiwillige Erzeugung fruchtbarer Nachkommen zwischen Populationen mit sehr verschiedenen Merkmalen eine einheitliche biologische Art wahrscheinlich macht. Kesper (1953), der die Formenmannigfaltigkeit auch dieser Tiergruppen kritisch überprüfte, trug dem biologischen Artbegriff Rechnung und faßte auch sehr unterschiedliche geographische Formen zu einer Art zusammen. Doch die gestaltlichen Unterschiede sind dann für eine Art aus freier Wildbahn im Vergleich zu anderen Säugern ungewöhnlich groß. Außerdem wirft die geographische Verteilung von Populationen mit ähnlichen Merkmalen Probleme auf. Daher vertreten andere Autoren, so auch Heptner (1966), eine Zusammenfassung zur gleichen Art nicht, sondern gliedern taxonomisch in drei Arten. Es läßt sich die Meinung vertreten, daß die Wildziegen einen Grenzfall im Artbildungsgeschehen darstellen, bei dem wohl gestaltliche Differenzierungen, aber noch nicht die Errichtung einer Fortpflanzungsschranke eingetreten ist. Für solche Fälle wurde die Bezeichnung Superspezies vorgeschlagen.

Die drei Gruppen in der Gattung *Capra* sind: 1. Die «eigentlichen» Wildziegen *Capra aegagrus* Erxleben, 1777, 2. die Steinböcke und Ture *Capra ibex* Linnaeus, 1758 und 3. die Schraubenhornziegen *Capra falconeri* Wagner, 1839. Die geographische Verbreitung wurde von Herre und Röhrs (1977) nach der systematischen Bewertung der Unterarten durch Kesper skizziert.

Kennzeichnend für die Wildziegen sind Eigenarten der Gehörne. *Capra aegagrus* hat eine steile Hornstellung, das Horn verjüngt sich gleichmäßig und ist säbelförmig nur wenig nach hinten und außen gebogen. Der Hornquerschnitt ist rechteckig bis birnenförmig, die Verschmälerung erfolgt oralwärts. Bei Böcken sitzen dem vorn gelegenen Kiel längliche Knoten oder Wülste in Abständen auf (Abb. 8). Auch bei *Capra ibex* steht das säbelförmig rückwärts und auswärts gekrümmte Horn steil auf dem Schädel. Das Horn ist massiger als bei *Capra aegagrus*, die Wülste oft stärker, der Querschnitt gerundeter, aber im Grundplan gleich. Das Horn von *Capra falconeri* zeichnet sich durch wichtige Unterschiede aus. Die Basis des Horns ist zwar ebenfalls birnenförmig, aber die schmale Kante der Hornbasis, bei *aegagrus* und *ibex* nach oral weisend, ist bei *falconeri* nach hinten, nuchalwärts gerichtet. Das Horn ist im Vergleich zu *aegagrus* «gedreht», was sich auf den Schädelbau deutlich auswirkt. Die Hörner von *falconeri* sind um ihre Achse schraubig oder korkenzieherartig gewunden, eine säbelförmige Krümmung fehlt.

Damit ist eine nur allgemeine Kennzeichnung gegeben, in jeder Gruppe ist die Variabilität beträchtlich. Dies findet in der Beschreibung zahlreicher Unterarten Ausdruck. Die hohe Variabilität mit zahlreichen Übergängen und Parallelbildungen erschwert die Abgrenzung zwischen *aegagrus* und *ibex* und führt zu taxonomischen Meinungsverschiedenheiten über die Zuordnung.

Von diesen Gruppen kommen nur *aegagrus*-Populationen, und zwar die Bezoarziege *Capra aegagrus* als Stammform der Hausziege ernstlich in Betracht. Der manchmal geäußerten Meinung, daß auch Ziegen der *falconeri*-Gruppe Stammväter von Hausziegen seien, hat Herre (1958, 1961) entgegengehalten, daß die Horndrehung bei den Hausziegen im anderen Sinne als bei der *falconeri*-Gruppe erfolgt. Uns sind keine Hausziegen bekannt, deren Horndrehung *falconeri*-Wildziegen entspricht, bei denen also die scharfe Hornkante an der Basis nuchal gerichtet ist. Da aber eine Vermischung der *falco-*

**Abb. 8:** Bezoarziege *Capra aegagrus* (Tierpark Hellabrunn)

*neri*-Wildziegen mit Hausziegen erfolgen kann, besteht die Möglichkeit, daß im Überschneidungsgebiet von *falconeri*- und Hausziegen Bastarde entstehen, wie sie auch zwischen Steinböcken und Hausziegen aus freier Wildbahn bekannt sind. Die Bedeutung der *aegagrus*-Wildziegen als Stammgruppe wird dadurch nicht angetastet. Im übrigen ist die Variabilität der Hornform bei Hausziegen so groß, daß es schwer ist, auf dieser Grundlage allein Rückschlüsse über Abstammungsbeziehungen zu begründen (Herre 1943, Herre u. Röhrs 1955, Reed 1983).

Die Wiener Tierzüchterschule um Adametz hat als eine weitere Wildziege *Capra prisca* als wilde Stammart angegeben. Doch auch diese Angaben beruhen auf Fehldeutungen subfossilen Materials, wie Thenius, Hofer und Freisinger (1962) eindeutig nachgewiesen haben.

Nach allem ist es berechtigt, die Hausziegen als *Capra aegagrus* f. hircus zu bezeichnen, auch für Hausziegen ist die Abstammung von nur einer Wildart ohne nennenswerte Introgressionen anzunehmen, selbst wenn sich erweisen sollte, daß auch *falconeri*- oder *ibex*-Individuen in Hausstände eingegangen sein sollten. Die Auffassung, daß es sich bei Wildziegen um eine Superspezies handeln kann, ist zu berücksichtigen.

# V. Die Herkunft des Hausgeflügels

## 1 Allgemeine Bemerkungen

Alte Nutzhaustiere der Menschen sind auch aus Arten der Vögel hervorgegangen. Diese gehören zu den Ordnungen Galliformes, Hühnervögel, Anseriformes, Gänsevögel und Columbiformes, Taubenvögel (Herre und Röhrs 1983). Die Hühnervögel erlangten herausragende Bedeutung; allein der Weltbestand an Haushühnern betrug 1985 8287000000 Individuen. Die ebenfalls recht bemerkenswerte Zahl an Truthühnern im Hausstand bleibt dahinter weit zurück, sie betrug 1985 216000000 Tiere. Unter den domestizierten Gänsevögeln nehmen die Hausenten die Spitzenstellung ein, 1985: 169000000 (FAO Production Yearbook). Die Abstammungsverhältnisse des Hausgeflügels sind im Unterschied zu vielen Haussäugetieren im allgemeinen seit langer Zeit eindeutig.

## 2 Der Ahn der Haushühner

Für die Haushühner ist unbestritten, daß sie aus dem wilden Bankivahuhn *Gallus gallus* Linnaeus, 1758 hervorgingen, ihre Bezeichnung ist danach *Gallus gallus* f. domestica. Das Bankivahuhn gehört zu den Kammhühnern aus der Oberfamilie Phasianinae. Diese sind gekennzeichnet durch einen fleischigen Kamm auf dem Scheitel, fleischige Lappen am Unterschnabel und eine nackte Kehle, besonders bei den Hähnen. Die Färbung der Bankivahühner erinnert an die «rebhuhnfarbigen Italiener» unter den Haushühnern. *Gallus gallus* ist rezent von Südostasien bis Südchina beheimatet; nach Ho (1977) erstreckte sich das Verbreitungsgebiet noch in prähistorischer Zeit bis Nordchina, Sumatra, Java, Bali. Auf die Philippinen, Celebes und die kleinen Sundainseln wurde die Art wohl durch Menschen gebracht.

Als Unterarten von *Gallus gallus* werden herausgestellt: Die Populationen der Himalaya-Vorberge von Nordostpakistan bis Assam im Osten und bis zum Südufer des Godawari als *Gallus gallus murghi* Robinson und Kloss, 1920. Bei dieser Unterart haben die Hähne einen stärker gelben Halsbehang und hellorangeroten Sattelbehang, die Ohrscheiben sind klein und weiß. Die Populationen von Burma bis Südwest-Yünnan, Nord- und West-Thailand und dem nördlichen Sumatra werden als *Gallus gallus spadiceus* Bonnaterre, 1791 bezeichnet. Sie haben kürzeren Halsbehang und kleinere, meist rote Ohrlappen. *Gallus gallus jabouillei* Delacour und Kinnean, 1928 werden die Populationen von Südost-Yünnan, Kwangsi, Hainan und dem nördlichen Vietnam genannt. Als Kennzeichen gelten mahagoniroter Rücken, kurze, wenig zugespitzte Behangfedern bei den Hähnen, deren Kamm, Kehllappen und meist rote Ohrlappen klein bleiben. Die Nominatform *Gallus gallus gallus* Linnaeus, 1758 lebt im südlichen

Vietnam, Kampuchea, Laos und Ostthailand. Die Bankivahühner von Südsumatra, Java, Bali gelten als Unterart *Gallus gallus bankiva* Temminck, 1813. Der Halsbehang der Hähne dieser Unterart besteht aus breiten abgerundeten Federn.

Die wilden Bankivahühner leben in dichter Pflanzendecke von trockenen und feuchten Dschungeln und Wäldern von Küstennähe bis 1100 m Höhe in kleineren Gruppen, meist als Familien. Die Nahrung besteht aus Samen, Knospen und tierischer Kost. Die Eier sind fleckenlos, leicht rötlich, jährlich gibt es 2–3 Gelege von 6–12 Eiern.

## 3 Perlhühner aus Afrika – Stammart von Haustieren

Die Hausperlhühner sind nach Meinung einiger Forscher als Ersatz für verloren gegangene Haushühner in Afrika entstanden und zu alten Nutzhaustieren geworden. Ihre Stammart *Numida meleagris* Linnaeus, 1758, das Helmperlhuhn, hat den deutschen Namen nach der eigenartigen Zeichnung der Federn erhalten. Die Perlhühner werden von manchen Systematikern als eigene Unterfamilie bewertet. Es sind große Scharrvögel mit kurzem, abwärts getragenen Schwanz, der Kopf und der obere Teil des Halses sind unbefiedert und verschiedenfarbig. Neben den Schnabelwinkeln entspringen farbige Hautlappen. Auf dem Kopf befindet sich ein knöcherner Auswuchs.

Innerhalb des Helmperlhuhns werden 23 Unterarten unterschieden (v. Boetticher 1954), von denen die westafrikanische *Numida meleagris galeata* Pallas, 1767 die bekannteste und auch widerstandsfähigste ist. Sie gilt als Ausgangsgruppe der Hausperlhühner. Diese sollten als *Numida meleagris* f. domestica bezeichnet werden. Wilde Perlhühner leben in offenem Gelände oder in Lichtungen immergrüner Wälder in der Nähe von Wasserstellen. Viele Unterarten schweifen weit umher; *Numida meleagris galeata* ist jedoch Standvogel. Die wilden Helmperlhühner leben sozial in oft großen Verbänden, sie ernähren sich von Pflanzenteilen und tierischer Kost, hauptsächlich Heuschrecken und Termiten. Die 12–15 Eier eines Geleges sind einfarbig gelblich bis hellbraun, die Eischale ungewöhnlich hart.

## 4 Truthühner – nordamerikanische Hausvögel

Haustruthühner sind aus der Wildart *Meleagris gallopavo* Linnaeus, 1758 hervorgegangen, sie sind daher als *Meleagris gallopavo* f. domestica zu bezeichnen. Der lateinische Name weist auf die Bizarrheit der äußeren Erscheinung hin. Die Heimat der wilden Truthühner liegt im südlichen Nordamerika und in Teilen Mittelamerikas. Ihr Lebensraum erstreckt sich von subtropischen Regionen bis in Hochwälder aus Kiefern und Eichen. Die Männchen sind doppelt so schwer wie die Weibchen.

In der Wildart werden 7 Unterarten unterschieden. Herre und Röhrs (1983) haben deren Verbreitung und Eigenarten geschildert. Es zeigt sich also, daß unter dem Einfluß natürlicher Selektion aus einer genetisch bedingten Mannigfaltigkeit unterscheidbare Gruppen entstanden. Wilde Truthühner leben ehelos. Die fortpflanzungsbereiten Hähne rufen, paarungsbereite Hennen stellen sich ein. Das Gelege aus 15–18 gelbbraunen bis rotgesprenkelten Eiern wird während der 28tägigen Brutzeit von den Hennen anfangs nur für sehr kurze Zeit, am Ende überhaupt nicht verlassen.

## 5 Wachteln – Hausgeflügel in Japan

Aus Populationen der Wachtel *Coturnix coturnix* Linnaeus, 1758 ist vor einigen Jahrhunderten in Japan ein wichtiges Nutztier erzüchtet worden. Die Wachteln, recht kleine Hühnervögel, haben in der alten Welt eine weite Verbreitung. 8 Unterarten werden unterschieden. Die domestizierten Wachteln sind aus der japanischen Unterart *Corturnix coturnix japonica* Temminck und Schlegel, 1849 hervorgegangen; ihre wissenschaftliche Bezeichnung: *Coturnix coturnix* f. domestica. Wachteln bevölkern offene Landschaften, in denen sie nach Sämereien und Insekten suchen. Einige der Unterarten sind Zugvögel, die japanische Unterart zieht von Japan bis Sibirien und Sachalin. Gelege in flachen, selbst gebauten Mulden bestehen aus 7–14 Eiern.

## 6 Gänseartige – aus denen Haustiere hervorgingen

Von den Anseriformes wurden aus der Unterfamilie Anserinae der Familie Anatidae die Graugans *Anser anser* Linnaeus, 1758 und die Schwanengans *Anser cygnoides* Linnaeus, 1758, ferner aus der Unterfamilie Anatinae die Stockente *Anas platyrhynchos* Linnaeus, 1758 und aus der Unterfamilie Cairinae die Moschusente *Cairina moschata* Philipps, 1922 zu Stammarten von Nutzhaustieren.

Die **Graugans** ist in Eurasien und Nordafrika beheimatet. Bislang werden zwei Unterarten unterschieden, die östliche *Anser anser rubirostris* Swinhoe, 1871 mit rosarotem, fleischfarbenen Schnabel und *Anser anser anser* Linnaeus, 1758 in Nordwesteuropa mit orangefarbenem Schnabel. Wildgänse sind recht große Vögel hellbräunlich grauer Färbung. Sie haben kräftige Schnäbel mit einem weißen Nagel. Die meisten Graugänse sind Zugvögel, die westlichen Tiere brüten in den Niederungen des norddeutschen Flachlandes, in der böhmischen Senke und der ungarischen Tiefebene, die östliche Unterart in Flußgebieten. Die Winterquartiere von *Anser anser anser* liegen in Westeuropa und Nordafrika bis Nordmarokko, jene von *Anser anser rubirostris* in Südasien. Die Nahrung der Graugänse ist vegetabilisch. Außerhalb der Brutzeit bilden Graugänse große Scharen aus Familienverbänden. 4–9 schmutzig-weiße glanzlose Eier werden jährlich einmal gelegt. Die erste Brut

**Abb. 9:** Graugans *Anser anser* (Tiergarten Institut für Haustierkunde der Universität Kiel)

erfolgt im 4. Lebensjahr, eine Verlobung findet aber schon meist im Alter von 1,5 Jahren statt (Abb. 9). Die Schwanengänse sind eine ostasiatische Art, deren Verbreitungsgebiet sich mit jenem der Graugans im östlichen Teil überdeckt. Daß diese Art ebenfalls in den Hausstand überführt wurde, ist von kulturgeschichtlichem Interesse.

Die große bräunliche **Schwanengans** zeichnet sich durch ein schwarzes Band vom Kopf zum Rücken und durch einen langen schwarzen Schnabel gegenüber der Graugans aus, sie hat orangefarbene Füße. Das Brutgebiet der Schwanengänse liegt im zentralen und nördlichen Sibirien, den Winter verbringen sie zum großen Teil auf den japanischen Inseln, vor allem auf Honschu. Die Haustiernamen sind für die Hausgans: *Anser anser* f. domestica, für die Höckergans: *Anser cygnoides* f. domestica.

## 7 Die Stockente – Stammart aller echten Hausenten

Die Abstammung all der verschiedenfarbigen und vielgestaltigen Hausenten von der Stockente *Anas platyrhynchos* Linnaeus, 1758 ist sicher

(Kagelmann 1950). Die Stockente, deren Erpel sehr bunt gefärbt sind, während die Enten unscheinbar braungrau erscheinen, haben in Eurasien und Nordamerika eine weite Verbreitung. Einige Unterarten sind nur aus südlichen Randgebieten beschrieben. Die Stockente ist die größte und in Europa häufigste Schwimmente. Sie kommt ebenso an der Küste wie in Höhen von 2000 m vor und bevorzugt Schilfgürtel stehender Süßgewässer als Lebensraum, die ökologische Valenz ist also groß.

In allen Gebieten können in Populationen Stand,- Strich- und Zugvögel vorkommen. Die mannigfaltige Nahrung setzt sich aus zarten Grünpflanzen und tierischer Kost zusammen, die Anteile wechseln mit Jahreszeit und Lebensraum. Die Paarbildung beginnt bei Stockenten im Herbst und Kopulationen finden statt, wenn die Keimzellen noch im Ruhestadium sind. Die Tiere werden vor Vollendung des ersten Lebensjahres geschlechtsreif. Freifliegende Stockenten haben eine Brut im Jahr, das Gelege besteht aus 7–11 blau-grünlichen bis gelblichen Eiern.

In neuerer Zeit haben sich verschiedentlich Populationen von Stockenten auf Kleingewässern in Großstädten angesiedelt. Sie verloren viel von der natürlichen Scheuheit ihrer Art, wurden frühreifer und ungewöhnliche Färbungen und Zeichnungen waren bei ihnen zu beobachten (Hoerschelmann und Schulz 1984). Die wissenschaftliche Kennzeichnung für Hausenten: *Anas platyrhynchos* f. domestica.

## 8 Die Moschusente aus Zentral- und Südamerika

Die heute als Nutzhaustier wichtig gewordene Moschus- oder Flugente *Cairina moschata* Linnaeus, 1758 stammt von einer in den tropischen Wäldern Zentral- und Südamerikas beheimateten Wildart ab. Die wilden Moschusenten haben ein schwarzes, glänzendes Gefieder – was zu dem Namen muskovy-duck (Glanzente) führte, aus dem wohl die Bezeichnung Moschusente hervorging – mit einer weißen Flügelbinde. Bei den Erpeln ist die nackte schwarze Haut zwischen Schnabel und Auge mit roten kleinen Karunkeln besetzt, die Truthahn-ähnlich wirken und zum Namen Türken (= turkey)-ente beitrugen. Die Erpel sind fast doppelt so groß wie die Enten.

Wilde Moschusenten leben paarweise oder in kleinen Gruppen in Galeriewäldern, Sumpflandschaften und an Seen. Die Ruhezeit verbringen sie auf Ästen alter Bäume. Eine vorwiegend pflanzliche Nahrung wird durch tierische Kost ergänzt. Die Geschlechter sollen im allgemeinen getrennt leben und sich nur zur Fortpflanzungszeit zusammenfinden. 8–15 weiße Eier bilden das Gelege. Der wissenschaftliche Name der Hausform: *Cairina moschata* f. domestica.

## 9 Die Felsentaube – Vorfahr von Nutz- und Hobbyhaustieren

Die Haustaube ist mit der Menschheit seit langem verbunden und dient ihr als Nutz- und auch als Hobbyhaustier. Sehr ungewöhnliche Gestalten und Fähigkeiten sind bei Haustauben erzüchtet worden. Trotzdem ist die Herkunft aller Haustauben von der Felsentaube *Columba livia* Gmelin, 1789 nie angezweifelt worden. Haustauben sind als *Columba livia* f. domestica zu bezeichnen.

Das Verbreitungsgebiet der Felsentaube erstreckt sich von West- und Südeuropa bis nach dem westlichen Chinesisch-Turkistan, sie kommt vor in Indien und Ceylon, ebenso im Iran, Arabien, im Sudan und in Senegal. Die Populationen sind häufig voneinander isoliert. Die Beurteilung ihrer Eigenarten wird in unseren Tagen durch die Einkreuzung von Haustauben verschiedentlich verunsichert. Die Systematik unterscheidet 14 Unterarten (Miculicz-Radecki 1950).

Die Variation dieser Unterarten zeigt für bestimmte Merkmale geographische Gefälle. Die Flügellänge der Felsentaube nimmt von Norden nach Süden ab. In Trockengebieten sind sie fahler gefärbt als in feuchten Bereichen. Von Europa nach Nordwest-Indien nimmt die Flügellänge zu und die Farbe des Rumpfes geht von weiß zu grau über. Die allgemeine Färbung wird von West nach Ost blasser. In Afghanistan schlägt dies Gefälle um, in Indien ist der Farbton verstärkt (Vaurie 1965).

Felsentauben leben auf Vorsprüngen von Schluchten, steilen Flußufern und Gebirgen. Sie sind soziale Standvögel. Die Nahrung besteht vorwiegend aus vegetabilischer Kost. Es werden jährlich bis zu 4 Bruten durchgeführt, jedesmal werden 2 weiße Eier gelegt. Die zunächst noch blinden Nesthocker werden von beiden Eltern mit «Kropfmilch» ernährt.

# VI. Stammarten moderner Domestikationen und von «zweifelhaften Haustieren» bei Säugetieren und Vögeln

## 1 Allgemeine Bemerkungen

Bislang wurden die Stammarten alter, «klassischer» Haustiere aus dem Bereich der Säugetiere und Vögel besprochen. Da diese Arten in weiter zurückliegenden Zeiten in den Hausstand überführt wurden, waren Fragen nach den Zusammenhängen zwischen Wildart und Hausformen in vielen Fällen eingehender zu klären. Die aus den frühen Domestikationen hervorgegangenen Haustiere vermochten über Jahrhunderte den Bedürfnissen der Menschen gerecht zu werden; neue Domestikationen wurden während eines langen Zeitraumes kaum begonnen. Die «klassischen» Haustiere ließen sich auch für recht unterschiedliche Nutzungen gestalten. So bestand wenig Veranlassung, weitere wilde Säugetier- oder Vogelarten in den Hausstand zu überführen. Domestikationen sind langwierig und erstrecken sich, wie wir noch zeigen werden, über mindestens 50 Generationen. Dies erfordert besonders bei großen Tierarten ein großes Ausmaß an menschlicher Zielstrebigkeit und Geduld. Wohl aus diesen Gründen haben Menschen schon vor langer Zeit bei einigen Wildarten eigenartige Nutzungsformen entwickelt. Dazu nur einige Hinweise: In langer Tradition wurden in Andengebieten Südamerikas in bestimmten Abständen Populationen wilder Vikunjas zur Wollgewinnung eingefangen und nach einer Schur wieder freigelassen. Allgemeiner bekannt ist, daß aus Herden wildlebender indischer Elefanten Individuen gefangen, gezähmt und zu Arbeitsleistungen abgerichtet werden. Dieser Brauch ist seit rund 4000 Jahren üblich. Trotzdem werden Elefanten noch nicht wie andere Haustiere gezüchtet. Auch bei Vögeln gibt es regelmäßige Nutzung von Wildarten. In Südamerika werden von Arten der Pfeifenten aus der Gattung *Dendrocygna,* die sich in der Nähe von Dörfern ansiedeln, die Eier gesammelt und Jungtiere aufgezogen. Sie dienen zur Ernährung und als Handelsgut (Reed 1977). Wilde Kormorane werden gezähmt und zum Fischfang abgerichtet. Als mögliche Vorstufen von Domestikationen erfordern Arten, die in solcher Form benutzt werden, das Interesse von Zoologen.

Erst in letzter Zeit ist es zu einer größeren Zahl von Neudomestikationen gekommen. Sie wurden klarer Ziele wegen geplant und auf der Grundlage modernen Wissens durchgeführt. Die Stammarten sind daher bekannt.

Eine besondere Veranlassung, Neudomestikationen durchzuführen, war die wachsende Nachfrage nach Pelzwerk, welche infolge abnehmender Wildbestände nicht mehr gedeckt werden konnte. Einige Nagetier- und Raubtierarten wurden zu Farmtieren gemacht und zu Haustieren weiterentwickelt. Der Wunsch nach modischem Federschmuck führte in Südafrika zur Entwicklung von Straußenfarmen.

Der Fortschritt medizinischer Forschung erforderte größere Bestände geeigneter, kleiner Versuchstiere. Populationen kleiner Nagetiere sind zu Labortieren entwickelt worden.

Weitere Anregungen zur Neudomestikation größerer Säugetiere ergaben sich aus dem Wunsch, für Gebiete, insbesondere in Entwicklungsländern, in denen «klassische» Haustiere nicht mit hinreichendem Erfolg gezüchtet werden können, anpassungsfähige, krankheitsresistente Haustiere zur Versorgung wachsender Bevölkerung zu gewinnen. Arten verschiedener Antilopen rückten in den Blickpunkt. Auch Neudomestikationen größerer Nagetiere in Entwicklungsländern werden in Erwägung gezogen, um die Zahl geeigneter, einheimischer Haustiere zu erweitern. Diese Bestrebungen waren bislang wenig erfolgreich. Es stellt sich die Frage, ob Umzüchtungen oder Kreuzungen von Landrassen klassischer Haustiere, die sich in vielen anderen Gebieten bewährten, schnellere und bessere Nutzungen erbringen.

Das steigende Bedürfnis moderner Menschen nach Heimtieren hat zu vielen weiteren Neudomestikationen und Domestikationsversuchen vor allem von Populationen verschiedener Vogel- und Fischarten geführt. Bemühungen in diesem Bereich sind noch immer besonders lebhaft, ihre bisherigen Ergebnisse oft schwer einzuordnen.

Ehe Fragen um Beginn und Erfolge solcher modernen Domestikationen verfolgt werden, sind einige Angaben über die Arten wilder Säugetiere und Vögel erforderlich, aus denen Populationen neuer Farm- und Heimtiere hervorgingen oder von denen Gruppen in ein Übergangsfeld vom Wildtier zur Hausform gestellt werden können. Da die Stammarten eindeutig sind, genügen knappe Angaben, die nur in einigen Fällen etwas erweitert werden.

## 2 Moderne Domestikation bei Säugetieren

a) **Rodentia: Goldhamster, Wanderratte, Hausmaus, Nutria, Chinchilla.** *Mesocricetus auratus* Waterhouse, 1839 aus dem Tribus Cricetini Simpson, 1945 ist die Stammart des als Heimtier beliebt gewordenen und auch als Labortier genutzten Goldhamsters. Die Wildart hat ein recht enges Verbreitungsgebiet in der südlichen Türkei und in Syrien. Robinson (1984) erwägt, ob die Begrenztheit des Verbreitungsgebietes mit besonderen Chromosomenverhältnissen einen Zusammenhang hat.

*Rattus norvegicus* Berkenhout, 1769 aus der Unterfamilie Murinae Murray, 1866, die sehr anpassungsfähige Wanderratte, ist Stammart der Laborratte. Die ursprüngliche Heimat der Wildart liegt im paläarktischen Ostasien, in Gebieten Sibiriens und Chinas in gemäßigtem Klima (Becker 1978); heute ist sie weltweit verbreitet.

Im Mittelalter drangen Wanderratten nach Europa vor; bereits 1050 u.Z. lebten sie in Schleswig-Holstein (Heinrich 1976). Seit Beginn des 18. Jahrhunderts häufen sich Berichte über europäische Vorkommen. Es gibt freilebende und kommensale Populationen. Viele Unterarten der Wanderratte wurden beschrieben; deren Berechtigung vielfach anzuzweifeln ist. Die Variabilität in Populationen ist nämlich nicht gering. Wanderratten haben ein weites Nahrungsspektrum, bevorzugen aber kohlenhydrathaltige Kost. Sie leben in hierarchisch gegliederten Familienverbänden.

Die Stammart der Labormaus ist *Mus musculus* Linnaeus, 1758, ebenfalls aus der Unterfamilie Murinae Murray, 1866. Das ursprüngliche Areal der Wildart sind Steppen und Halbwüstengebiete von Nordwestafrika, Spanien bis nach Ostasien. Das Aufkommen des Getreidebaus seit dem Neolithikum und die spätere Zunahme des Warenverkehrs haben *Mus musculus* zu einer kosmopolitischen Art gemacht. Auch bei ihr gibt es freilebende und kommensale Populationen. Reichstein (1978) macht nach kritischen

Überprüfungen folgende Angaben über Unterarten: *Mus musculus domesticus* Rutty, 1772 Verbreitungsschwerpunkt West- und Mitteleuropa, stärker an Menschen gebunden, aber auch im Freiland; *Mus musculus musculus* Linnaeus, 1758 vorwiegend Nord- und Osteuropa, temporäre Bindung an Menschen; *Mus musculus spicilegus* Petenyi, 1882, vor allem Südosteuropa, fast ganzjährig freilebend; *Mus musculus praetextus* Brants, 1827, ostmediterrane Unterart, freilebend; *Mus musculus brevirostris* Waterhouse, 1837, Mittelmeergebiet, kommensal; *Mus musculus spectus* Lataste, 1883, westliches Mittelmeergebiet, freilebend; *Mus musculus helgolandicus* Zimmermann, 1952, auf Helgoland begrenzt. Diese Hinweise belegen eine hohe Anpassungsfähigkeit. Die Nahrung besteht primär aus Sämereien. *Mus musculus* lebt in kleinen hierarchisch geordneten Familienverbänden.

*Myocastor coypus* Molina, 1782 aus der südamerikanischen Nagetierfamilie Capromyidae Smitz, 1892 wurde zur Stammart des erfolgreich gezüchteten Pelzlieferanten Nutria. Die Wildart lebt im subtropischen und gemäßigten Südamerika (Südbrasilien, Uruguay, Argentinien und Chile) aquatisch und semiaquatisch. Sie ernährt sich vorwiegend von Wasserpflanzen. Verwilderte Bestände entstanden in Nordamerika und Europa aus entlaufenen Farmtieren (Stubbe 1982, Gosling und Skinner 1984).

Die Arten der Wollmäuse der Gattung *Chinchilla* Bennett, 1829 aus der südamerikanischen Familie Chinchillidae Bennett, 1833 sind wegen ihres feinwolligen dünnhäutigen Pelzwerkes so verfolgt worden, daß sie weitgehend vernichtet wurden. Letzte Reste des ausgerotteten Langschwanzchinchillas *Chinchilla laniger* Molina, 1882 aus küstennahen Bergregionen Chiles in Höhen zwischen 400–1500 m, wurden in Gefangenschaft zum wesentlichen Ausgangsmaterial für Farmzuchten. Von den in Höhen über 3000 m in Andenbereichen von Peru, Bolivien, Argentinien und Chile einst beheimateten Kurzschwanzchinchillas *Chinchilla chinchilla* Lichtenstein, 1830 kamen einige Individuen der Unterart *Chinchilla chinchilla boliviana* Brass, 1911 in Gefangenschaft. Aus ihnen entwickelten sich weniger bedeutsame Farmzuchten (Zimmermann 1962, Grau 1984).

b) **Carnivora: Marderhund, Rot- und Eisfuchs, Waschbär, Nerz.** Verschiedene Arten der Raubtiere sind als Farmtiere zu wichtigen Pelztieren geworden. Von den Hundeartigen ist zunächst zu nennen der Marderhund *Nyctereutes procyonoides* Gray, 1834. Diese als primitiv gewertete Wildhundart, ursprünglich in der Manschurei, Nordchina und Japan verbreitet, wurde nach dem europäischen Teil der Sowjetunion verbracht und breitete sich bis Mitteleuropa aus.

Populationen des über Europa, Nord- und Mittelasien und Nordamerika verbreiteten Rotfuchses *Vulpes vulpes* Linnaeus, 1758 wurden ebenfalls zu Farmtieren. Aus der nordamerikanischen Unterart *Vulpes vulpes fulva* Desmarest, 1820 gingen die Silberfüchse hervor. Der circumpolar verbreitete Eisfuchs *Alopex lagopus* Linnaeus, 1758 wurde zur Stammart der Blaufüchse (Belyaev 1984).

Auch vom nordamerikanischen Waschbären *Procyon lotor* Linnaeus, 1758, zu den Kleinbären der Unterfamilie Procyoninae Gill, 1872 gehörend, sind in Farmzuchten Pelztiere entwickelt worden. Als die Nachfrage nach diesem Pelzwerk zurückging, wurden Zuchten aufgegeben und es bildeten sich, auch in Europa, verwilderte Bestände (Lagoni-Hansen 1981).

Sehr bedeutsam wurden Farmnerze, die aus Populationen verschiedener Unterarten des nordamerikanischen Nerzes *Mustela vison* Schreber, 1777, Unterfamilie Mustelinae Gill, 1872, hervorgingen (Shakelford 1984). Auch aus Farmzuchten dieser Art sind Individuen entwichen und haben in verschiedenen Ländern Europas verwilderte Bestände ermöglicht.

c) **Elefant.** Die Nutzung von Elefanten ist zur Beurteilung von Fragen der Haustierwerdung von Interesse. Die Familie der Elephantidae hatte in erdgeschichtlicher Vergangenheit eine Blütezeit, in der rezenten Fauna ist sie nur noch durch zwei Gattungen mit zwei Arten vertreten, die zunehmend an Lebensraum verlieren. *Ele-*

*phas maximus* Linnaeus, 1758 ist in Sri Lanka, Indien bis Indochina, Malaysia, Sumatra und Borneo beheimatet. Umstritten ist, ob die Elefanten von Borneo durch Menschen eingeführt wurden. Die innerartliche Variabilität findet durch die Unterscheidung von drei Unterarten ersten Ausdruck: *Elephas maximus maximus* Linnaeus, 1758, *Elephas maximus indicus* Cuvier, 1797 und *Elephas maximus ceylonicus* Blainville, 1845. Seit mindestens 2000 v. u. Z. werden Individuen dieser Unterart regelmäßig gefangen und langfristig zu Arbeitsleistungen eingesetzt.

Der afrikanische Elefant, *Loxodonta africana* Blumenbach, 1797, dessen Verbreitungsgebiet sich heute auf Süd-Mauretanien und das südliche Afrika begrenzt, in Nordafrika wurde er in historischer Zeit ausgerottet, ist als regelmäßiges Arbeitsmittel nie eingesetzt worden. Von nordafrikanischen Populationen dienten nur in römischer Zeit Individuen als Kriegselefanten, wohl in Nachahmung indischer Vorbilder.

d) **Artiodactyla: Damhirsch, Elch, Antilopen, Moschusochse.** Die Hirschartigen waren immer wichtige Jagdtiere der Menschheit, echtes Haustier wurde aber nur das Rentier. In moderner Zeit sind einige Versuche gemacht worden, Populationen vier anderer Arten dieser Gruppe in den Hausstand zu überführen. Dabei ist zunächst der Damhirsch zu nennen.

*Dama dama* Linnaeus, 1785, ein echter Hirsch mit schaufelförmigem Geweih, zur Unterfamilie Cervinae Baird, 1857 gehörend, hatte einst eine weite Verbreitung in Mitteleuropa, wie fossile Reste dartun. Nach der Eiszeit war die Art auf Kleinasien begrenzt, wurde aber bereits im Altertum durch die Phönizier und Römer im Mittelmeergebiet heimisch gemacht. Die Römer brachten erste Populationen dieses anpassungsfähigen Hirsches nach Deutschland. Seit dem Mittelalter wurden Damhirsche als Parktiere beliebt. Bei diesen Parkhirschen entwickelte sich eine hohe innerartliche Variabilität; es entstanden unter menschlichen Einfluß verschieden gefärbte und gefleckte Populationen, ohne daß diese bereits als domestiziert bezeichnet werden können (Herre 1981). Im Blick auf die bemerkenswerte Vielfalt im Erscheinungsbild ist die sehr geringe biochemisch faßbare genetische Variabilität auffällig. Hartl et al. (1986) widmeten dieser Problematik Aufmerksamkeit.

Auch *Dama mesopotamica* Brooke, 1875 hatte einst ein weites Verbreitungsgebiet in Nordafrika und Vorderasien. Heute ist dieser Hirsch fast ausgerottet. Kleine Restbestände wurden in Südwestpersien gefunden. Da sich Individuen dieser Populationen in Gefangenschaft mit *Dama dama* paaren und fruchtbare Nachkommen erzielen, wurde *mesopotamica* als Unterart von *dama* gewertet. Ferguson, Porath und Paley (1985) konnten jedoch durch bronzezeitliche Funde in Israel und Arabien, die mindestens 1200 Jahre älter sind als die ersten *dama*-Importe durch Römer, sichern, daß *dama* und *mesopotamica* in Freiheit nebeneinander vorkamen. Danach sind *dama* und *mesopotamica* als eigene Arten zu werten und die fruchtbaren Kreuzungen in Gefangenschaft als Ausdruck naher Verwandtschaft zu betrachten.

Der hochbeinige, 180–235 cm große Elch *Alces alces* Linnaeus, 1758, dessen Männchen eine mit Enden versehene Schaufel auszeichnet – Stangenelche treten in wechselnden Anteilen in den Populationen auf (Rülker und Stålfelt 1986) – gehört zu den Trughirschen, Unterfamilie Odocoilinae Pocock, 1923. Die Art lebt im nördlichen Europa und Nordamerika bevorzugt in feuchten Laubwäldern. Sie nährt sich von Weichhölzern und Gräsern und erwies sich als leicht zähmbar.

Vor allem in tropischen Gebieten entstanden Schwierigkeiten, mit den sonst bewährten taurinen Hausrindern ausreichend große Herden erfolgreich aufzubauen. So wurden um die Wende zum 20. Jahrhundert Pläne entwickelt, aus Arten afrikanischer Formen der Unterfamilie Bovinae Gill, 1872 Haustiere zu erzüchten. Am ältesten sind die Vorhaben mit der Elenantilope *Taurotragus oryx* Pallas, 1766 aus dem Tribus Strepsicerotini Simpson, 1945. Diese rindergroße, bis 180 cm schulterhohe Art ist in West-, Ost- und Südafrika beheimatet (Abb. 10). Fünf Unterarten wurden beschrieben. Elenantilopen leben mehr im Buschgelände als auf Steppen.

**Abb. 10:** Elenantilopen *Taurotragus oryx* in Simbabwe, Blätter äsend (Aufnahme Herre)

Roth (1970/71) hat die besondere Auswahlfähigkeit bei der Nahrungsaufnahme hervorgehoben, die eine optimale Ernährung unter wechselnden Lebensbedingungen begünstigt. Domestizierten Wiederkäuern ist eine solche Fähigkeit weitgehend verloren gegangen; Crisp (1964) erörtert diese Problematik eingehender. Domestikationsversuche mit Elenantilopen sind mehrfach begonnen worden; Erfolge blieben gering.

In neuester Zeit fand die Frage von Neudomestikationen weiterer Antilopenarten eine bemerkenswerte Belebung (Talbot et al. 1965, Jewell 1968, Field 1984), um die Nutzung von Grenzbereichen zwischen ergiebigen und unergiebigen Böden sachgerechter zu gestalten. Die meist in engeren Verbänden weidenden, wasserbedürftigen «klassischen» Haustiere wirken oft umweltzerstörend. Als umweltschonender erscheinen bislang noch nicht domestizierte, örtlich angepaßte Arten. Sie bedürfen nur geringer Betreuung. Es genügt, ihnen ein Wildlifemanagement zuteil werden zu lassen. Durch solches Management könnten neue Domestikationen eingeleitet werden. Ob dies gleichzeitig eine sachgerechte Maßnahme zur Erhaltung bedrohter Tierarten ist, läßt sich nicht ohne weiteres sagen (Herre 1963, Erz 1966, Jewell 1986, Lange 1970). Fraglich bleibt, ob die zahlenmäßige Vermehrung der Wildbestände empfindlichen marginalen Umwelten zuträglich ist.

Der plump-wirkende Schafochse *Ovibos moschatus* Zimmermann, 1780, einzige Art der Ovibovini Simpson, 1945, aus den arktischen Gebieten Alaskas und Grönlands, trägt ein langes wolliges Fell, dessen Nutzung erstrebenswert schien. Daher sind Domestikationsversuche im Gang (Wilkinson 1971, 1972).

## 3 Säugetiere in Zoos und im Zirkus

Moderne Haltungsverfahren in Zoologischen Gärten haben viele Zuchterfolge ermöglicht, die den Neueinfang von Wildtieren für Schauzwekke überflüssig machen und die Erhaltung von aussterbenden Tierarten fördern. Folge dieser

Tatsache ist, daß sich Bestände aus kleinen, oft sehr kleinen Ausgangspopulationen entwickeln. Zuchtbücher werden bei vom Aussterben bedrohten Arten geführt. So erfreulich dieser Sachverhalt in verschiedener Hinsicht ist, die Gefahr beginnender Domestikationen liegt nahe. In deren Gefolge können unterschiedlichste Umgestaltungen die Tierarten verändern. Anschaulich gemacht werden diese Gefahren vor allem am Beispiel des Przewalskipferdes (Equus-Berlin Bd. 2, Heft 1, 1980, Heft 2, 1984).

Zirkustiere wilder Arten, die sich durch Zahmheit und Gelehrigkeit auszeichnen, werden verschiedentlich als «Haustiere» gewertet. Dies ist unberechtigt.

## 4 Neudomestikationen bei Vögeln

a) **Nutzhaustiere: Strauß, Kormoran.** Vogelarten sind in neuerer Zeit nicht nur domestizierte Heimtiere geworden, sondern auch durch Farmhaltung in den Beginn einer Domestikation geführt.

In Südafrika hat sich eine Farmhaltung von Straußen *Struthio camelus* Linnaeus, 1758 entwickelt. Diese bis zu 2 m großen, flugunfähigen Laufvögel sind in Afrika endemisch. Strauße sind sehr anpassungsfähige Weidegänger, deren Fortpflanzung mit günstigen Lebensbedingungen einen Zusammenhang hat. Strauße führen ein eigenartiges Gemeinschaftsleben. Sie sind polygam; Weibchen legen oft in mehrere Nester ihre Eier, die vom kräftigsten Weibchen erbrütet werden (Siegfried 1984). Als Unterarten werden unterschieden *Struthio camelus camelus* Linnaeus, 1758 aus Marokko, Mauretanien, Äthiopien, Sudan und Uganda, *Struthio camelus molybdophanes* Reichenow, 1883 aus Äthiopien, Somalia und Kenia, *Struthio camelus massaicus*, Neumann, 1898 aus Kenia und Tansania sowie *Struthio camelus australis* Gurney, 1868 aus Simbabwe, Botsvana, Südafrika und Namibia. Es ist zu vielen «Bastardierungen» zwischen diesen Unterarten gekommen. In Südafrika wurde die nördliche Unterart *camelus* eingeführt. Die Farmstrauße haben sich vor allem aus «Bastardbeständen» entwickelt.

Der Kormoran *Phalacrocorax carbo* Linnaeus, 1758 gehört in der Ordnung Pelicaniformes zur Gruppe der Großkormorane; er ist in der alten Welt weit verbreitet und kommt auch in Nordamerika vor. Durch Ruderfüße sind Kormorane ausgezeichnete Schwimmer, aber es sind auch hervorragende Flieger und Taucher. Sie ernähren sich vor allem von Fischen und Krebsen des Meeres und Süßwassers. Bei Störungen nach der Nahrungsaufnahme vermögen sie aufgenommene Nahrung rasch auszuwürgen, was ihrer Flucht dienlich ist. Menschen haben diese Eigenart benutzt, um Kormorane als Helfer beim Fischfang einzusetzen. Kormorane leben gesellig, sie bilden Kolonien auf Bäumen und Felsen.

b) **Heimvögel: Ziertauben, Papageien, Kanarien- und andere Finkenvögel.** Aus verschiedenen Arten der Columbidae sind Populationen von Heimvögeln entwickelt worden. Eine der ältesten dieser sogenannten Ziertauben ist die Lachtaube *Streptopelia roseogrisea* Sundevall, 1857. Sie gehört in den Verwandtschaftskreis der Turteltaube *Streptopelia turtur* Linnaeus, 1758 und der Türkentaube *Streptopelia decaocto* Frivaldsky, 1838. Die Arten der Gattung *Streptopelia* sind in Gefangenschaft leicht kreuzbar. Die Wildart der Lachtaube ist nicht sicher bekannt; in freier Wildbahn wird sie nicht mehr angetroffen. Entweder ist sie ausgestorben oder die Lachtaube ist das stabilisierte Ergebnis von Kreuzungen.

Die liebenswürdig anmutenden Balzverhalten und die klangvollen Stimmen haben dazu beigetragen, auch aus kleineren Wildtauben Heimtiere zu machen. Zu den bekanntesten gehören Arten der Gattung *Geopelia*, so das australische Diamanttäubchen *Geopelia cuneata* Latham, 1801 und das Sperbertäubchen *Geopelia striata* Linnaeus, 1758. Da die Ziertauben von Sämereien leben, sind sie einfach zu halten und ihre Artenzahl in Gefangenschaft steigt.

Einige Papageienarten sind ebenfalls zu Hobbyheimtieren geworden. Dazu gehören in Gefangenschaft kreuzbare Arten der afrikanischen Gattung *Agapornis,* der «Unzertrennlichen» und der australische Nymphensittich *Nymphicus hollandicus* Kerr, 1792. Die Wildart bewohnt einen ähnlichen Biotop wie der Wellensittich, *Melopsittacus undulatus* Shaw, 1800, die kleinste Art der Plattschweifsittiche. Der Wellensittich ist ein besonders beliebter Hausgenosse geworden und hat im Hausstand viele Abwandlungen erfahren.

Der bekannteste Heimhausvogel ist zweifellos der sangesbegabte Kanarienvogel, welcher zur Gattung der Girlitze *(Serinus)* aus der Familie Fringillidae gehört. Die Stammart ist die auf den Kanarischen Inseln (Madeira und den Azoren) beheimatete Art *Serinus canaria* Linnaeus, 1758. Der Kanarienvogel kann in Gefangenschaft mit vielen anderen Arten gekreuzt werden (Gray 1958).

Aus der Familie der Prachtfinken (Estrildidae), die in wärmeren Gebieten der alten Welt weit verbreitet ist, wurden verschiedene Arten zu Heimvögeln domestiziert. Dazu gehört die ursprünglich auf Java und Bali beheimatete, größte Art, der Reisfink, *Padda oryzivora* Linnaeus, 1758, der in viele Gebiete Südostasiens und Afrikas verschleppt wurde. Beliebt als Heimtier wurde auch der an Trockengebiete Australiens besonders angepaßte Zebrafink, *Taeniopygia guttata castanotis* Gould, 1837. Die Biologie der wildlebenden Artgenossen und auch die Domestikationen von Populationen des Zebrafinken hat Sossinka (1970) eingehend geschildert. Es ist bemerkenswert, daß in freier Wildbahn Regenfälle und Fortpflanzung einen Zusammenhang haben. Ebenfalls zu den Prachtfinken gehört *Lonchura striata swinhoi* Cabanis, 1882, die Stammart der als «japanische Mövchen» bezeichneten domestizierten Heimvögel. Aus Gattungen der Astrilden sind Populationen einiger Arten ebenfalls zu Heimtieren geworden.

Die Zahl der Vogelarten, aus denen Vertreter in Wohnungen gehalten werden, nimmt zu. Viele Wildfänge sind unter den Käfigbewohnern. Individuen mancher Arten pflanzen sich in Gefangenschaft fort, es bilden sich Populationen, die auf dem Wege zu Haustieren sind. Bei einigen dieser Arten ist der Vorgang der Domestikation vielleicht schon abgeschlossen. Nicht selten werden aber erneut Wildfänge eingekreuzt oder Kreuzungen zwischen Arten vorgenommen, die in einigen Fällen zu fruchtbaren Nachkommen führen. Diese weisen verschiedentlich ungewöhnliche Merkmale auf. Doch solche Manipulationen sind selten klar dokumentiert und sie erschweren Aussagen über Domestikationsvorgänge.

# VII. Domestikation bei Fischen und Insekten

## 1 Fische – selten Nutzhaustiere

Fische haben in der menschlichen Ernährung immer einen wichtigen Platz eingenommen (Heinrich 1981, 1987, Lepiksaar 1988). Doch über das Ausmaß der Nutzung von Fischen bei der Ernährung frühgeschichtlicher Menschen ist das Wissen noch sehr begrenzt, da erst in jüngster Zeit Fischreste bei Grabungen mit der erforderlichen Sorgfalt geborgen werden. Es gibt meht als 25 000 rezente Arten von Knochenfischen verschiedener Lebensweise und Größe. Zur Erbeutung von Fischen des Süßwassers und der Meere, aus fließenden Gewässern, Seen und Teichen sind seit Jahrhunderten unterschiedliche Verfahren von Menschen ersonnen worden (Brandt 1975). Aber die Vielfalt der Arten und die Fülle ihrer Individuen hat wohl stets zu so ausreichender Beute geführt, daß eine besondere Betreuung, die in regelmäßige Züchtung und Domestikation überging, nicht reizvoll oder geboten erschien. Bei einigen Arten sind Hälterungsverfahren schon frühzeitig üblich geworden. Aber diese dienten der Lebenderhaltung reichlicher Fänge oder sollten jederzeit Frischfisch für besondere Zwecke verfügbar halten. Solche Maßnahmen haben bis heute Bedeutung.

Die Domestikation von Nutzfischen ist bis zur Neuzeit Ausnahme geblieben. Dafür sind biologische Gründe verantwortlich zu machen, die Nellen (1983) hervorgehoben hat. Das Wasser ist ein sehr komplizierter Lebensraum. Werden Fische auf engem Raum gehalten, können sie leicht ersticken, wenn nicht ausreichend Sauerstoff zugeführt wird.

Durch die Abgabe von Exkreten des Eiweißstoffwechsels können im Wasser hohe Ammoniakkonzentrationen entstehen, welche für die Fische gefährlich werden. Außerdem ist Wasser ein sehr universelles Transportmittel; Krankheitskeime verbreiten sich in ihm leicht und infizieren durch Gefangenschaft geschwächte Fische. Daher sind Fischzuchtteiche erforderlich, in denen ein ökologisches System von Wasserpflanzen und mikrobielle Bodenzonen auch eine Rückführung der Stoffwechselendprodukte in den biologischen Kreislauf ermöglichen. Dies bedeutet, daß der Flächenbedarf für eine Fischzucht recht groß ist.

Die meisten Fischarten pflanzen sich in Gefangenschaft nicht fort; bislang ist es auch mit modernen Verfahren nur bei sehr wenigen Arten gelungen, regelmäßig Nachzucht zu erhalten. Meist müssen immer neue Bestände aus freier Wildbahn hinzugeführt werden. Arten der Cypriniformes lassen sich in Gefangenschaft am leichtesten vermehren. Ihnen genügt für den gesamten Entwicklungszyklus der ökologisch einfach strukturierte Biotop eines flachen Süßwasserteiches. In ihm wird auch größenmäßig geeignetes, lebendes Zooplankton in ausreichender Menge produziert, welches für die Entwicklung der sehr kleinen Larven notwendige Enzyme enthält. Bei dieser Sachlage ist nicht verwunderlich, daß ältestes Nutzhaustier aus der Klasse der Fische der Karpfen *Cyprinus carpio* Linnaeus, 1758 ist. Zur Entwicklung des Karpfens als Haustier trugen in Europa kirchliche Speisegebote bei. In der Fastenzeit ist der Genuß von Warmblüterfleisch verboten. Mittelalterlichen Mönchen gelang es, Karpfen zu Haustieren zu machen, um stets eine Fastenspeise verfügbar zu haben. Über Jahrhunderte blieb der Karpfen die einzige domestizierte Fischart. Auch im fernen Osten wurde der Karpfen zu einem Haustier.

Weitere Domestikationen von Populationen einiger Fischarten sind erst in der Neuzeit erwogen und begonnen worden. Überfischungen und Gewässerverschmutzungen minderten viele wirtschaftlich wichtig gewordenen Fischbestände. In Entwicklungsländern waren Probleme der Versorgung der Bevölkerung mit tierischem Eiweiß zu lösen. Daher begannen dort auch Versuche, Fischarten zu Haustieren zu entwickeln.

Von den modernen Domestikationsversuchen mit Fischen hat vor allem jener mit der Regenbogenforelle *Salmo gairdneri* Richardson, 1836 eine größere Bedeutung gewonnen. Bei der Regenbogenforelle läßt sich bereits von einer Domestikation sprechen. Populationen weiterer Arten wurden zu Farmtieren entwickelt, bei anderen Arten stehen solche Versuche noch am Anfang (Doyle 1983, Mason 1984).

Der Wunsch nach bunten Heimtieren mit bizarren Formen führte zur steigenden Nachfrage bei Aquarienfischen. Das war ein Anreiz zu erfolgreichen Domestikationen von Populationen aus wenigen Arten verschiedener Familien der Fische. Doch die meisten Aquarienfische sind noch immer Wildtiere (Lange 1984). Die Beurteilung des Domestikationsgrades bei Aquarienfischen ist nicht immer einfach. Nach Beratung mit Dr. Jürgen Lange, Aquarium Berlin, haben wir in Tabelle 5 jene Arten zusammengestellt, aus denen Populationen hervorgingen, die wohl bereits als domestiziert bezeichnet werden können. Die Stammarten sind verschiedenen Ordnungen der Knochenfische zuzuordnen.

## 2 Fische, die Nutzhaustiere wurden: Lachsartige, Karpfen, Tilapien

Zunächst seien in systematischer Folge die Stammarten der Nutzhaustiere unter den Fischen besprochen. Erst in den letzten Jahrzehnten ist die **Regenbogenforelle** *Salmo gairdneri* Richardson, 1836 zu einem domestizierten Nutzfisch geworden. Sie war in mancher Weise präadaptiert. Die Regenbogenforelle, wie alle Salmoniden mit dorsaler Fettflosse ausgestattet und räuberisch lebend, ist in Nordamerika beheimatet. In Bächen und Seen der Gebirgsketten, die sich an der pazifischen Küste von Alaska bis Kalifornien erstrecken, hat sie sich an unterschiedliche ökologische Bedingungen angepaßt. Es gibt Gruppen dieser Art, die zeitweise bis ins Meer wandern, andere Bestände bleiben ortstreu. Die Regenbogenforellen vertragen größere Temperaturschwankungen, sie sind auch gegen Abwässer wenig empfindlich. Als in Europa die Gewässerverschmutzung begann, und die europäische Bachforelle *Salmo trutta fario* Linnaeus, 1758 an Zahl bemerkenswert abnahm, wurden Regenbogenforellen eingeführt. Diese haben in vielen Gewässern die einheimische Art verdrängt. Die Regenbogenforelle ließ sich auch in Teichen erfolgreich züchten. Das war der Ausgang für ihre Entwicklung zum Haustier in den ersten Jahrzehnten des 20. Jahrhunderts, zumal Verfahren zur Beeinflussung der Fortpflanzung erfolgreich wurden.

Aus Arten weiterer Salmoniden wurden Populationen zur Farmhaltung, als Beginn einer Domestikation, herangezogen (Sedgwick 1984). Zu erwähnen sind der atlantische Lachs *Salmo salar* Linnaeus, 1758, der einst im nördlichen Einzugsgebiet des Atlantischen Ozeans zu den häufigsten Fischen gehörte. Jetzt ist er infolge der Gewässerverschmutzung in den Flüssen und durch wasserbauliche Maßnahmen sehr selten geworden. Von den pazifischen Lachsen hat besonders *Oncorhynchus kisutsch* Walbaum, 1792 Interesse für Farmhaltungen gewonnen.

Der **Wildkarpfen** *Cyprinus carpio* Linnaeus, 1758 ist seit altersher ein beliebter Nutzfisch. Sowohl von den Römern als auch in China wurden Wildkarpfen gehältert, um Frischfisch für Gastmähler bereit zu haben. *Cyprinus carpio* ist die einzige Art ihrer Gattung. Diese zeichnet sich durch zwei Barteln und drei Reihen Schlundzähne aus. Es ist ein verhältnismäßig hoher Fisch. Einzelheiten seiner äußeren Erscheinungsbilder haben u.a. Heuschmann (1957) und Steffen (1958) beschrieben. Heute ist der Karpfen als Nutzfisch weit verbreitet, aber meist nicht heimisch, sondern eingeführt; Steffen gab darüber eine gute Übersicht.

Über die Stammesgeschichte der Karpfen trugen Heuschmann (1957), Steffen (1958) und Balon (1974) interessante Daten zusammen. Danach ist der Karpfen im Miozän in Zentraleuropa entstanden. Er breitete sich bis Ostasien aus, gelangte aber nicht nach Nordamerika und in Europa nicht auf die Britischen Inseln. Im Laufe erdgeschichtlicher Ereignisse wurde das Verbreitungsgebiet des Karpfens geteilt. Er hielt sich im Donauraum und in China; Unterarten entwickelten sich in diesen Räumen. In beiden Gebieten kam es zunächst nur zur Hälterung; die Karpfen laichten nicht. Erst im Mittelalter gelang es, dem Karpfen durch Zucht in Teichen den Weg zur Entwicklung zum Haustier freizumachen.

Im Bestreben, die Menge der Nutzfische in Entwicklungsländern zu steigern, sind in den letzten Jahrzehnten Populationen von Arten der **Buntbarsche** der Gattung *Tilapia*, insbesondere *Tilapia mossambica* Peters, 1852, eine afrikanische Art, recht erfolgreich zu Farmtieren entwickelt worden. *Tilapia*-Arten sind in Afrika und Vorderasien verbreitet. Sie gehören zu den herbivoren, maulbrütenden Formen der Familie Cichlidae. *Tilapia mossambica* ist in Afrika weit verbreitet und erreicht eine Länge von 40 cm. Seit langem ist er als Speisefisch geschätzt. Boyle (1983) erwähnt außerdem, daß Domestikationsversuche mit Arten von *Puntius* – den Zierbarben, von *Clarias* – den Raubwelsen, von *Chanis* – den Milchfischen und aus anderen Gattungen eingeleitet wurden.

## 3 Fische als domestizierte Heimtiere: Goldfisch und andere Arten der Knochenfische

Goldfische sind als domestizierte Hobbyhaustiere seit einigen Jahrhunderten bekannt und weithin beliebt. Anatomische Besonderheiten machen eindeutig, daß Goldfische der Gattung *Carassius* zuzuordnen sind. Linnaeus bewertete 1758 Goldfische als eigene Art, die er als *Carassius auratus* bezeichnete. Die in Europa wildlebende Karausche benannte er *Carassius carassius*. 1783 beschrieb Bloch eine weitere ostasiatische Art der Karauschen als *Carassius gibelio*. Die Eigenständigkeit dieser Art wurde in der Mitte des vorigen Jahrhunderts bestritten; seither ist die Bewertung der östlichen Karauschen recht unterschiedlich. Pelz (1987) hat darüber eingehender berichtet. Heute wird im allgemeinen *Carassius gibelio* als eigene Art anerkannt (Heuschmann 1957, Zhong-ge 1984, Pelz 1987). Die Kennzeichen, durch welche sich westliche Karauschen vom Gibel unterscheiden lassen, hat Pelz kritisch zusammengestellt.

Die Gattung *Carassius* ist, nach dem heutigen Wissen, in Ostasien beheimatet. Vermutlich bereits vor den Eiszeiten erfolgte eine Aufspaltung in zwei Arten. *Carassius carassius* gewann ein westliches Verbreitungsgebiet: von der Lena in Sibirien bis nach Westeuropa einschließlich England. *Carassius gibelio* blieb vorwiegend ostasiatisch; das Verbreitungsgebiet erstreckte sich ursprünglich von der pazifischen Küste Sibiriens über China und Vietnam bis nach Osteuropa. Erst in neuerer Zeit drang der Gibel weiter nach Westen vor. Dabei wirkten anthropogene Einflüsse mit. In Deutschland gehört der Gibel nicht zu den autochthonen Fischarten (Pelz 1987).

Zur Ausbreitung des Gibels trug aber auch die Anpassungsfähigkeit der Arten der Gattung *Carassius* bei. Diese vermögen unter extremen Lebensbedingungen in kleinen Stillgewässern zu leben, sie besitzen eine bemerkenswerte Toleranz gegenüber hohen und niedrigen Wassertemperaturen sowie gegenüber Gewässerverschmutzungen. Sie vertragen sogar zeitweise anaerobe Verhältnisse. Während *Carassius carassius* vorwiegend auf Stillgewässer beschränkt bleibt, besiedelt *Carassius gibelio* auch fließende Gewässer. Die Arten der Gattung *Carassius* ernähren sich von Algen, Teilen höherer Pflanzen und Kleintieren. Alle biologischen Besonderheiten sind gute Voraussetzungen für eine Domestikation durch Menschen, die daran Interesse haben.

Der von Linnaeus bereits 1758 als *Carassius auratus* benannte Goldfisch ist aus der östlichen Karausche hervorgegangen, die Bloch 1783 als *Carassius gibelio* bezeichnete. Zhong-ge (1984) und Pelz (1987) übernehmen daher wie viele ältere Autoren, auch für den wildlebenden Teil der Art den älteren Namen *Carassius auratus*. Damit gewänne der einem Haustier gegebene Name allgemeine Gültigkeit als Bezeichnung der Wildart. Nach den Erwägungen von Bohlken sollte dies vermieden werden und die älteste Bezeichnung, welche der Wildart gegeben wurde, Anerkennung finden. Da die wilde Stammart erstmalig von Bloch 1783 *Carassius gibelio* benannt wurde, wäre der Goldfisch, das Haustier, als *Carassius gibelio* f. aurata zu bezeichnen.

Aus der großen Zahl der Knochenfischfamilien sind Populationen von weiteren Arten in der Aquarienhaltung – der Form eines Hausstandes – gegenüber der Norm ihrer Stammart so verschieden geworden, daß sie bereits als domestiziert gelten können. Zu nennen sind Barben (Cyprinidae), eierlegende Zahnkarpfen (Poeciliidae), Buntbarsche (Cichlidae) und Labyrinthfische (Belontidae, Helostomatidae). Einzelheiten über Heimat und Biologie der Stammarten sind dem umfangreichen Schrifttum über Zierfische zu entnehmen.

# 4 Insektenarten, aus denen Haustiere hervorgingen

Nur aus zwei Insektenarten wurden Haustiere gestaltet; der Honigbiene *Apis mellifera* Linnaeus, 1758 aus der Ordnung der Hymenoptera und dem Seidenspinner *Bombyx mandarina* Moore, 1882 aus der Ordnung Lepidoptera.

*Apis mellifera* gehört zu den Apodoidae und nimmt unter diesen eusozialen Insekten durch Schwänzeltänze innerhalb des hochentwickelten Verständigungssystems, über das v. Frisch (1965) und Lindauer (1974) überraschende Einsichten enthüllten, eine herausgehobene Stellung ein. Eine ungewöhnlich große innerartliche Variabilität hat systematische Bearbeitungen von *Apis mellifera* lange erschwert. Erst in den letzten Jahrzehnten konnten Klärungen erreicht werden, die auch das Verständnis des Domestikationsgeschehens bei dieser Art förderten. Ein Vergleich der Zusammenfassungen der systematischen Erkenntnisse durch Goetze (1939) und durch Ruttner (1987) macht die Fortschritte anschaulich.

Eine mögliche Ahnform der Apoidea wurde in Schichten der Kreide gefunden, die älteste Honigbiene im obereozänen Bernstein Ostpreußens. Angaben über weitere fossile Funde hat Dietz (1986) zusammengestellt.

Eine Übersicht über die heute lebenden Arten der Gattung *Apis* ist Ruttner (1987) zu danken. In Südostasien lebt *Apis dorsata* Fabricius, 1793. Sie zeichnet sich durch lebhafte Abwehrreaktionen und Wanderungen auf regelmäßigen Routen im Laufe des Jahres aus. Mehr als 90% des indischen Honigs werden von dieser Wildbiene durch wohlorganisierte Sammelgruppen gewonnen. Ebenfalls in Süd- und Südostasien kommt *Apis florea* Fabricius, 1787 vor. Sie ist bis in Höhen von 1500 m zu finden. Mit dieser Art wurden in neuerer Zeit Domestikationsversuche unternommen. Im Osten Asiens beheimatet ist *Apis cerana* Fabricius, 1793, lange als Unterart von *Apis mellifera* erachtet, bis erkannt wurde, daß Bastarde dieser Arten unfruchtbar sind. Das Verbreitungsgebiet dieser Art ist groß. Es reicht von West-Afghanistan bis Japan. In Japan wurde diese Wildart durch eingeführte *Apis mellifera* verdrängt. Ein ebenfalls sehr ausgedehntes Verbreitungsgebiet besitzt *Apis mellifera*. Es erstreckt sich von Süd-Skandinavien im Norden bis zum Kap der Guten Hoffnung im Süden und von Afrikas Westküste bis zum Ural und Ost-Iran. Damit wird bereits deutlich, daß *Apis mellifera* eine ungewöhnlich große ökologische Valenz innewohnt. Sie erträgt Halbwüsten und tropische Regionen ebenso wie gemäßigte und kalte Zonen. Zahlreiche Unterarten haben sich entwickelt.

Über die wahrscheinliche Evolution der *Apis*-Arten hat Cornuet (1986) auf der Grundlage der Arbeiten von Ruttner Vorstellungen entwickelt. Südostasien hält Cornuet für das Ursprungsgebiet. Von dort aus sollen sich die Arten der Gattung *Apis* über den Mittleren und Nahen Osten nach Afrika und Europa vor ungefähr 30000 Jahren ausgebreitet haben. Die Eiszeiten beeinflußten vor allem die Wohngebiete europäischer Populationen, einige wurden auf die südlichen Halbinseln abgedrängt.

Als altes Verbreitungsgebiet von *Apis mellifera* kann der Vordere Orient gelten. Bei der Ausbreitung der Art bildeten sich drei Zweige. Ein südlicher Zweig führte zur Gruppe der südafrikanischen Unterarten, eine westliche Abzweigung erfüllte den Raum Nordafrika sowie über die iberische Halbinsel West- bis Nordeuropa, ein dritter Zweig wanderte nach Südrußland sowie in das südöstliche Europa. Von den zahlreichen beschriebenen Unterarten seien nur einige erörtert; genaue Angaben über die innerartliche Variabilität von *Apis mellifera* finden sich bei Ruttner (1987).

Von den afrikanischen Unterarten ist *Apis mellifera scutellata* Lepeletier, 1836 am besten bekannt. Sie kommt vom Transvaal bis nach Äthiopien vor. Es ist eine Honigbiene des tropischen Afrika, der ein Wandertrieb und meist auch eine bemerkenswerte Angriffslust sowie die Neigung zum Schwärmen innewohnt. Bei der Auswahl von Nestplätzen ist sie wenig anspruchsvoll. An Trockengebiete angepaßt ist die in Oman und dem Yemen vorkommende *Apis mellifera yeminifera* Ruttner, 1975. Auf das Niltal begrenzt ist *Apis mellifera lamarckki* Cockerell, 1906, deren Honig seit mindestens 5000–4000 Jahren genutzt wird. Von Algerien bis zum Atlasgebirge ist *Apis mellifera saharensis* Baldensperger, 1922, von Tunesien bis zum Atlantik *Apis mellifera intermissa* Buttel-Reepen, 1906 zu finden. Die Unterarten erwiesen sich als sehr gut angepaßt; Importe europäischer Unterarten nach Nordafrika waren im allgemeinen erfolglos.

Für das westliche Mediterrangebiet einschließlich der iberischen Halbinsel ist *Apis mellifera iberica* Goetze, 1964 kennzeichnend. Wohl von der iberischen Halbinsel aus haben sich Honigbienen im Postglazial über die Pyrenäen bis zum Ural, nach Schottland und Südskandinavien ausgedehnt. In diesem Bereich bildete sich die recht einheitlich erscheinende, sehr anpassungsfähige Unterart *Apis mellifera mellifera,* die für die Entwicklung der Haustierbiene wesentliches Material beisteuerte.

Zu den Unterarten des Vorderen Orient und des Mittelmeerraumes gehört *Apis mellifera caucasica* Gorbatschow, 1916, vorwiegend im Kaukasus beheimatet. Sie zeichnet sich durch einen langen Rüssel aus, der befähigt, Blüten besonderen Baues zu nutzen, sie hat ein ruhiges, sanftes Wesen und produziert guten Honig. Daher wurde sie in die Entwicklung der Hausbiene einbezogen. Den Balkan, den Südosten der Alpen und Südeuropa bis zur Ukraine bevölkert *Apis mellifera carnica* Pollmann, 1879, eine große, anpassungsfähige, sanfte Honigbiene, die sich rasch vermehrt und ein guter Honigproduzent ist. Auch diese Unterart wurde für die Gestaltung der Hausbiene wichtig. Italien wird von *Apis mellifera ligustica* Spinola, 1806, bewohnt, einer meist goldgelben, ebenfalls sehr anpassungsfähigen Unterart, die weit über ihr Heimatgebiet hinaus durch Menschen Verbreitung fand. Auf die Entwicklung der Hausbiene übte sie in den letzten Jahrhunderten einen entscheidenden Einfluß aus.

Innerhalb der Unterarten weisen einige Ökotypen auf beginnende Sonderentwicklungen hin. Darüber hinaus sind in natürlichen Populationen und Hausbienenstämmen eine größere Anzahl sichtbarer Mutate beobachtet worden, über die Tuckner (1986) eine Übersicht zusammenstellte.

In neuerer Zeit sind Versuche unternommen worden, auch Hummeln der Gattung *Bombus* zu domestizieren, vor allem um Bestäuber der Luzerne, die sich durch lange Blütenröhren auszeichnet, zu gewinnen (Crane 1984).

Seide, ein begehrter Rohstoff zur Herstellung besonderer Kleidung wird von Raupen verschiedener Schmetterlingsarten Ostasiens erzeugt. In geringem Umfang wurden tropische Arten einiger Gattungen der Saturnidae, die nicht auf Maulbeerblätter spezialisiert sind, zur Gewinnung von Seide genutzt. Entscheidend für die Seidenerzeugung wurde jedoch eine ostasiatische Art aus der Familie Bombycidae, die zur Ernährung Maulbeerblätter benötigt. Sie ist schon frühzeitig als Haustier entwickelt und als *Bombyx mori* Linnaeus, 1758 bezeichnet worden. Als Stammart konnte inzwischen *Bombyx mandarina* Moore, 1862 erkannt werden. Die domestizierte Form *Bombyx mori* kreuzte sich freiwillig mit dieser Wildart. Außerdem besteht Übereinstimmung im Flügelgeäder und im Zeichnungsmuster. In der haploiden Chromosomenzahl bestehen jedoch Unterschiede. Sie beträgt bei *Bombyx mori* 28, bei *Bombyx mandarina* 27. So entstanden Zweifel, ob *Bombyx mandarina* die Stammart sei. Tazima (1984) legte nun dar, daß diese Zweifel ausgeräumt werden können. Bei Kreuzungen paaren sich zwei Chromosomen von *mori* mit einem der Chromosomen von *mandarina.* Diese Tatsache führt zu dem Schluß, daß im Laufe der Domestikation bei einem der *mandarina*-Chromosomen eine Fision eintrat und damit *mori* 28 Chromosomen besitzt. Später wurde erkannt, daß auch innerhalb wildlebender *mandarina* die haploide Chromosomenzahl variiert; es gibt auch wilde *mandarina*-Populationen mit haploid 28 Chromosomen. Die Domestikation könnte von einer solchen Population Ausgang genommen haben. Diese Vorstellung ist jedoch bislang nicht gesichert. Eindeutig bleibt, daß die domestizierten Seidenspinner aus *Bombyx mandarina* hervorgingen. Als Name der Hausform ist im Sinne von Bohlken *Bombyx mandarina* f. mori zu verwenden. *Bombyx mandarina* ist in China, Korea und in Japan beheimatet; die Hausform wurde über die ganze Welt verbreitet.

Damit können die Erörterungen über die Stammarten domestizierter Tiere abgeschlossen werden. Es wurde deutlich, daß sowohl die «klassischen» als auch die modernen Haustiere jeweils aus nur einer Stammart hervorgingen.

# Teil C: Gründe, Zeiten und Abläufe der Domestikationen

# VIII. Über Gründe zu Domestikationen und Aussagen über ihren Beginn

## 1 Kulturgeschichtliche Grundlagen für Protokolle der Domestikationen

Fragen nach Warum, Wann, Wo und Wie von Domestikationen sind für die Kulturgeschichte der Menschheit von großem Interesse. Auch in naturwissenschaftlicher Sicht haben die Antworten Bedeutung. So ist nicht verwunderlich, daß vielseitige Beiträge zur Klärung der Zusammenhänge von unterschiedlichen geisteswissenschaftlichen und naturgeschichtlichen Fachrichtungen vorgelegt werden. Erörterungen über gegensätzliche Meinungen sind noch immer lebhaft.

Hier kann es nicht Aufgabe sein, über alle Meinungen zum Beginn von Domestikationen und deren Ursachen einen vollständigen und kritischen Überblick zu geben. Für Zoologen, die Domestikationen als Experimente zum Verständnis stammesgeschichtlicher Vorgänge betrachten, und die hieraus Einsichten über die Ausformungsmöglichkeiten von Arten gewinnen wollen, sind kulturgeschichtliche Fragen und Ansichten nur soweit von Interesse, wie sie über Dauer und Bedingungen der Domestikation Auskunft geben und mit Veränderungen im Hausstand einen Zusammenhang haben.

Die Ergebnisse kulturgeschichtlicher Forschungen bilden für verschiedene zoologische Erörterungen wichtige Grundlagen, weil Protokolle, wie sie bei biologischen Experimenten üblich sind, für Domestikationsvorgänge nicht vorliegen. Durch sinnvolle Kombination kulturgeschichtlicher Erkenntnisse und naturwissenschaftlicher Befunde sind solche Protokolle zu rekonstruieren. Dies Vorhaben bleibt selbst bei kritischer Sorgfalt ein Wagnis, weil es notwendig ist, in Gebiete vorzudringen, die nicht eigener Forschungsgegenstand sind. Wir haben uns bei unserem Versuch, einen Einblick in das Wissen und in die Erörterungen über die Frühzeit der Haustiergeschichte zu geben, um kritische Zurückhaltung bemüht. Wir waren auch bestrebt, Grenzen der Aussagemöglichkeiten zoologischen Materials anzudeuten, um Kulturgeschichtsforschern zu helfen, sicheren Boden zu behalten.

Wir gelangten zu der Überzeugung, daß trotz aller Bemühungen die Kenntnisse über die Anfänge der Domestikationen noch sehr unvollständig sind. In viele allgemeine Vorstellungen über den Domestikationsbeginn sind Spekulationen eingebaut. Dieser Sachverhalt ergibt sich aus der Tatsache, daß die Kenntnisse über prähistorische Entwicklungen in verschiedenen Teilen der Welt sehr ungleich sind. Grabungsergebnisse in Gebieten, welche die Vorgeschichtsforschung bislang wenig erschlossen hat, lassen wichtige Neueinsichten erwarten. Auch in Bereichen, die prähistorisch schon stärker durchforscht sind, können neue Befunde zu Neuorientierungen zwingen. Wir erachten es daher bislang als wenig weiterführend, beispielsweise über «das» erste Haustier oder «den» ersten Ort von Domestikationen kontrovers zu diskutieren. Immer neue Funde haben in den letzten Jahrzehnten zu wechselnden Aussagen geführt, die sich mit zuvor anerkannten Meinungen auseinandersetzen mußten. Subjektive Deutungen haben verschiedentlich auf Irrwege geführt. Auch für die Problematik des Domestikationsbeginns sind die Darlegungen von Tobias (1985) zu Erörterungen über Frühmenschen gültig. Tobias warnt eindringlich vor der Überbewertung von begrenzten Einzelheiten und Bruchstücken bei taxonomischen Einordnungen und Hypothesenbildungen; er meint, daß das Bestreben vor allem darauf gerichtet werden muß, die Induktionsbasis durch neue Funde zu erweitern, um ausreichende Einsichten in die Gesamtorganisation, die Morphologie, die Begleitumstände und auch die Variationsbreite der Populationen am Fundort zu gewinnen. Diese Vorbemerkungen seien einem generalisierenden Überblick vorangestellt.

Gesichert ist, daß Frühmenschen, wie einige primitiv lebende Menschengruppen noch in neuerer Zeit, ihre Nahrung durch Sammeltätigkeit und Jagd gewannen. Dabei waren sie im allgemeinen Opportunisten; sie nutzten vielfältige Nahrungsquellen nach dem jeweiligen Angebot und den Jagdmöglichkeiten. Es kam örtlich zu Bevorzugungen, wenn einzelne Nahrungsmittel reichlich zur Verfügung standen (Requate 1956, Reichstein 1985). Menschengruppen werden Gebiete mit günstigen Ernährungsmöglichkeiten oder Wasserverhältnissen auch bewußt aufgesucht und an ihnen Siedlungen geschaffen haben. Prähistorische Fundstellen sind bekanntgeworden, in denen Reste größerer Landsäugetiere überwiegen, während in anderen prähistorischen Siedlungen Reste von Robben- und Seehundartigen oder auch Muschelschalen Vorrang haben. Es ist jedoch noch nicht möglich, aufgrund solcher Zeugnisse vollständige Aussagen über die Ernährungsgewohnheiten und die Vielfalt der Nahrung zu machen. Dies gilt bereits für den Bereich der Wirbeltiere (Reichstein 1987). Bei Grabungen prähistorischer Fundorte stellen seit langem die Knochen größerer Säugetiere sowie Muschelschalen besonders auffällige, «bergungswürdige» Reste dar. Knochenreste von Vögeln und Fischen sind weit hinfälliger und kleiner. Ihre Bergung bedarf meist besonderer Verfahren, die erst in den letzten Jahrzehnten vervollkommnet wurden. Dies hatte zur Folge, daß erst in neuerer Zeit bei größeren Grabungen solche Reste gebührende Aufmerksamkeit fanden und ihnen eingehende zoologische Bearbeitung zuteil wurde. Dieser Sachverhalt wird bei Erörterungen über die Ernährung von Frühmenschen oft nicht hinreichend bedacht; er engt auch den Aussagewert neuerer Spekulationen von Zvelebil (1986) bemerkenswert ein.

Der Erwerb der ersten Kulturpflanzen und Haustiere ist eine verhältnismäßig junge Errungenschaft in der Entwicklung der Menschheit. An einigen Stellen der Erde vollzog er sich bei einigen Arten in recht rascher Aufeinanderfolge. Dies wurden die «klassischen» domestizierten Formen. Diese Haustiere gelangten verhältnismäßig rasch aus dem Mittelmeerraum in den europäischen Norden und in andere Teile der Erde. Doch manche Volksgruppen beharrten auf Sammelverfahren und Jagd zur Ergänzung ihrer Nahrungsbedürfnisse bis ans Ende des vorigen Jahrhunderts. Inmitten von Gebieten, in denen Haustiere gehalten wurden, sind im mittleren und nördlichen Europa mittelalterliche Siedlungen bekanntgeworden, die ihren Fleischbedarf weitgehend durch Jagd deckten (Reichstein et al., 1980). Weitere flächendeckende Grabungen lassen noch interessante kulturgeschichtliche Besonderheiten erwarten. In vieler Sicht nützlichen Generalisierungen haften manche Unzulänglichkeiten an, deren wir uns bewußt sind. In zoologischer Sicht lassen sich jedoch ausreichend gesicherte Aussagen machen.

Reed (1977, 1980) stellte heraus, daß das Menschengeschlecht insgesamt rund 99% seiner stammesgeschichtlichen Entwicklung ohne Kulturpflanzen und Haustiere durchlebte. Auch die modernen Post-Neandertaler hatten in mindestens 30000 Jahren ihres Daseins keine Haustiere oder Kulturpflanzen, obgleich die Wildarten zur Verfügung standen, die später in den

Hausstand überführt wurden. Die Menschen müssen zunächst keine Veranlassung gesehen haben, Haustiere und Kulturpflanzen zu gestalten. Ihr Jäger- und Sammlerdasein war zwar mit manchen Unsicherheiten verbunden, bot aber ein freies, ungebundenes Leben. Von erlegten Tieren wurden Fleisch, Knochen, Häute gewonnen, weitere Dienstleistungen von Tieren kamen nicht zustande. Es ist anzunehmen, daß junge Wildtiere gelegentlich aufgezogen und gezähmt wurden. Dies ist auch bei heutigen Primitivvölkern der Fall. Engere wirtschaftliche Beziehungen zwischen Menschen und Tierarten, denen diese Jungtiere zugehörten, entwickelten sich nicht.

Am Ende der Eiszeiten, in der Periode des Übergangs vom Pleistozän zum Holozän, also vor rund 14000 Jahren, begann an einigen Stellen der Erde ein Wandel. Die ersten Kulturpflanzen und Haustiere werden allmählich nachweisbar. Veränderungen menschlicher Lebensweisen stehen damit in komplexen Zusammenhängen (Reed 1977, 1984). Kulturgeschichtlich wird vom Beginn des Neolithikums, der jüngeren Steinzeit, gesprochen. Diese Angabe entspricht aber keiner absoluten zeitlichen Datierung, die für alle Gebiete gelten könnte.

Klimaveränderungen kennzeichnen das Ende der Eiszeiten. Die Eisschmelze nahm ungefähr vor 11000 Jahren größere Ausmaße an. Recht gut erschlossen sind die klimatischen Wandlungen für den nördlichen Mittelmeerraum und Südwestasien in den Auswirkungen auf den Pflanzen- und Tierbestand (Butzer 1971, Reed 1977, Narr 1980, Braidwood et al. 1983). In dieser Periode breiteten sich Wildgräser aus, die zu Stammarten klassischer Kulturpflanzen wurden. Die Menschen mußten sich neuen Umweltbedingungen anpassen. Angesichts dieser Sachverhalte hat vor allem Childe (1958) sehr nachdrücklich die Meinung vertreten, daß in den klimatischen Bedingungen, die sich am Ende der Eiszeiten einstellten, der Schlüssel zum Verständnis der Gründe für erste Domestikationen zu suchen sei. Diese Auffassung wurde zunächst begrüßt, aber bald Zweifel an ihrer Allgemeingültigkeit angemeldet. In neuerer Zeit begründeten Harris (1977) und Wright (1977) Bedenken, aber es blieb anerkannt, daß ein wahrer Kern in den Auffassungen von Childe steckt.

Mit klimatischen Änderungen vollzogen sich auch solche im Bestand der Wildtierarten. Reed (1970) hat geschildert, daß auch Menschen damaliger Zeit zur Vernichtung von Großsäugern beitrugen und anschaulich gemacht, daß unter dem Einfluß von Menschen freiwerdende Lebensräume nicht wieder in solchem Umfang mit Tierarten erfüllt wurden, wie dies nach natürlichen Aussterbevorgängen von Arten der Fall ist. Daß ein Bestand jagdbarer Tiere sehr rasch gefährdet werden kann, hat für die moderne Zeit u.a. Klein (1972) gezeigt. Es ist vorstellbar, daß Freude an der Jagd schon in früheren Zeiten so große Lücken in die Bestände riß, daß Ausrottungen die Folge waren oder begrenztere Gebiete in der Nähe menschlicher Siedlungen frei von jagdbaren Wildarten wurden. So kann eine Verknappung der Fleischversorgung eingetreten sein, die zu Veränderungen in Strukturen menschlicher Gesellschaft und in der geistigen Einstellung zu Tieren führten.

Die Vorstellung, daß Menschen unter Zwang zu den ersten Domestikationen von Wildtierarten veranlaßt wurden, weil die Zahl der jagdbaren Tiere abnahm, gewinnt durch einige Sachverhalte an Wahrscheinlichkeit. Jene Wildarten, aus deren Populationen sich erste Haustiere entwickelten, wurden anfänglich als Fleischlieferanten genutzt. Dies gilt auch für Haushunde (Degerbøl 1962, Gejvall 1969, Coy 1971, Wing 1977, Manwell und Baker 1984) und Hauspferde. Die meisten anderen Eigenschaften, welche später den besonderen Wert verschiedener Haustierarten ausmachten (Payne 1985) fehlten bei der Überführung der Wildarten in den Hausstand. So tragen Wildschafe, Guanako oder Wildkaninchen keine Wolle; Wildrinder liefern nur geringe Milchmengen, Wildhühner legen wenige Eier; Guanako, Wildkamele, Wildesel und Wildpferde mußten erst allmählich zu Transport- oder Reittieren entwickelt werden. Zu Beginn der Domestikation wußten die Menschen noch nichts von den späteren Leistungen der Haustiere.

Bei Erörterungen über die Gründe, die zu den ersten Domestikationen führten, darf nicht übersehen werden, daß Haustiere nicht in allen Kontinenten und in jenen, die Haustieren Ursprung gaben, nicht an allen Stellen geformt wurden. Im südlichen Afrika, in Nordamerika, in den Urwäldern und Prärien Südamerikas und in Australien blieben die Menschen ohne eigene Domestikationen. Auch in diesen Gebieten gab es Tierarten, die domestikationsfähig sind. Das Verharren in überlieferten, alten Lebensformen kann nicht zufällig sein. Es ist wahrscheinlich, daß ein Reichtum natürlicher Nahrungsquellen im Verhältnis zur Bevölkerung so groß blieb, daß keine Impulse zu Domestikationen gegeben wurden. Dies hat sich auch auf andere kulturelle Entwicklungen ausgewirkt.

Bevölkerungszunahme im Verein mit Wildtierabnahme ist für einige Gebiete der Erde am Beginn des Holozän nachgewiesen worden. In dem sich daraus ergebenden Mißverhältnis wird ein möglicher Auslöser für die Schaffung von Haustieren gesehen (Bronson 1977, Redman 1977). Reed hat mögliche Bevölkerungszunahmen durch Zahlen über Palästina, einem Land in dem frühe Haustiere nachgewiesen sind, anschaulich gemacht. Er legte für die Zeit vor 13 000 Jahren eine Bevölkerung von 10 000 Menschen zugrunde, die sich jährlich nur um 1% vermehrte. Dann hätten vor 9000 Jahren dort bereits 74 000 Menschen gelebt. Solche Spekulationen über auslösende Ursachen von Domestikationen haben Kritiker gefunden. Caldwell (1977) erachtet eine Bevölkerungszunahme nicht als primäre Ursache für Domestikationen.

In Erwägungen über Domestikationsanfänge ist die geistige Haltung von Menschen einzubeziehen (Reed 1977, 1984). Der Erwerb von Haustieren erfordert eine bemerkenswerte Umstellung im menschlichen Verhalten, besonders bei Männern. Tierverfolgende, hetzende und Beute erlegende Jäger fühlen sich frei, oft selbstherrlich. Erfolgreiche Hirten haben Pflichten der Betreuung zu erfüllen. Der Übergang vom Jägerleben zu einer Produktionswirtschaft bringt mannigfache Bürden. Diese nehmen ständig zu. Schon bei extensiver Haustierhaltung müssen Menschen umsichtig Fürsorge treiben, wenn die Haltung effektiv sein soll. Herre (1955, 1958) hat solche Sachverhalte für Hausrentiere sowie für Lama/Alpaka geschildert. Szabadfalvi (1970) ist dies für Teile der Viehzucht Ungarns zu entnehmen. Anhaltspunkte über Vorgänge, die mit der geistigen Umstellung von Menschen in der Zeit der ersten Domestikationen in Zusammenhang gebracht werden können, lassen sich aus verschiedenen kulturgeschichtlichen Dokumenten erschließen.

Seßhaftigkeit ist eine Erscheinung, die in der Frühzeit der Domestikationen ausgeprägtere Formen annimmt. Umstritten ist, ob Seßhaftigkeit eine Voraussetzung für Domestikationen war oder als deren Folge betrachtet werden muß. Sicher ist jedoch, daß für die Bildung größerer Gemeinwesen eine geregelte Nahrungsversorgung hohe Bedeutung hat. Aber das Bild, welches bisherige prähistorische Forschungen zu dieser Frage ergeben, ist vielgestaltig. Nicht immer ergibt sich eine enge Verquickung zwischen Siedlungen und Domestikationen (Ducos 1969, Reed 1969, 1977, Narr 1980). In einigen Fällen wird der Beginn einer Domestikation mit Nomadentum in Verbindung gebracht. Wichtige Fragen bleiben offen; es gilt komplexe Zusammenhänge eingehender zu klären. Vieles wurde zu vereinfacht gesehen. Jarman, Bailey und Jarman (1982) ist zuzustimmen, daß die oft vorherrschende, bisherige Vorstellung einer geradlinigen Entwicklungsfolge von zufälliger Erbeutung über geplante Jagd und Verfolgen von Wildherden zu lockerer Tierhaltung, geschlossener Herdenhaltung bis zur fabrikähnlichen Stallhaltung nicht ausreicht, um sachgerechte Vorstellungen über frühe Nutzungsverfahren und ihren Ausbau zu gewinnen.

Im allgemeinen gilt, daß Menschen Bürden, die ihre Lebensformen verändern, nur auf sich nehmen, wenn sie einem Zwang unterliegen. In primitiven Kulturen gelten noch heute erfolgreiche Jäger als Helden; reiche Beute sichert ihnen hohe Achtung. Wird die Beute gering, weil die Zahl der jagdbaren Tiere in ihrem Bereich kleiner oder schwerer zugänglich wird, sinkt das Ansehen der Jäger. Zunächst legen Jäger dann größere Entfernungen zurück, um ausreichend Beute zu machen. Der Transport ist dann oft schwierig. Es besteht Veranlassung über Möglichkeiten einer Vorratsbildung für wenig ertragreiche Zeiten nachzusinnen. Erfahrungen werden lehren, daß lebende, eingefangene Tiere einen besseren Vorrat darstellen als getötete Beute. Der Wunsch nach größeren Beständen lebender Tiere zu Schlachtzwecken reift heran und die Besitzer der größten Bestände lebender Tiere erlangen schließlich das höchste Ansehen. Damit wird Eigentum erstrebt. Runge und Bromley (1979) begründen in umsichtiger Weise die Auffassung, daß der Wunsch nach Eigentum den Übergang von der Sammelwirtschaft zur Produktionswirtschaft beschleunigte. Auch Reed (1984) trug solche Gedankengänge vor.

Verknüpfungen des Domestikationsgeschehens mit einem geistigen Hintergrund versuchen auch jene Forscher zu finden, die in kultischen Vorstellungen einen entscheidenden Grund für Domestikationen sehen.

Bei jungsteinzeitlichen Tierdarstellungen sind Begattungsszenen häufig. Daraus ist erschlossen worden, daß sich jeweils die Wildbestände verringerten und ein Fruchtbarkeitszauber angestrebt wurde. Um höhere Mächte geneigt zu machen, waren Opfertiere notwendig. Daher seien Wildtiere zu Opferzwecken gefangen und schließlich zu Haustieren entwickelt worden.

Eine besondere Prägung und vielseitige Begründung erhielten diese Gedanken durch Hahn (1896). Hahn ging von der Annahme aus, daß sich Viehzucht erstmalig bei Ackerbau treibenden Völkern entwickelt habe. Im alten Orient sollten Ackerbauer im aufsteigenden Neolithikum Wildrinder eingefangen, als heilige Tiere betrachtet und bei gegebenen Anlässen Vegetationsgottheiten geopfert haben. Auf diesem Wege seien Völker, die bereits Kulturpflanzen besaßen, aus kultischen Gründen zur Domestikation von Tieren gekommen. Hahn nahm außerdem an, daß sich die Landwirtschaft von einer Stelle aus verbreitete.

Die Vorstellungswelt von Hahn ist vielfältig erörtert und auch abgewandelt worden (Forni 1962, Nachtigall 1964, Simoons und Simoons 1968, Isaak 1970), weil sie in geisteswissenschaftlicher Sicht bestechend vorgetragen war. Es hat sich inzwischen ergeben, daß die Gedankenwelt von Hahn für die Domestikation einiger Arten wilder Rinder wahrscheinlich einen richtigen Kern hat, obgleich Brentjes (1974) grundsätzliche Bedenken geltend macht. Die Nachfahren des Auerochsen und die Hausform des Gaur spielen noch heute in einigen kultisch getönten Volksbräuchen eine wichtige Rolle. Aber allgemein lassen sich nach prähistorischen Unterlagen kultische Gründe nicht als Anlaß zu Domestikationen anerkennen. So hat sich unter anderem gezeigt, daß Hausrinder nicht am Beginn der Haustierentwicklung stehen.

Hahn hat sein Gedankengebäude über Gründe, die zu Domestikationen führten, auf der Annahme aufgebaut, daß Ackerbau der Tierzucht vorausging. Diese Meinung wurde lange anerkannt. Neue Forschungen lehrten jedoch, daß Ackerbau nicht immer älter ist als Tierzucht. Das zeitliche Zueinander der Überführung von Wildpflanzen und Wildtieren in den Hausstand erwies sich als uneinheitlich (Gorman 1977, Harlan 1977, Ho 1977). Für Südamerika kann als sicher gelten, daß Pflanzenbau die Priorität zukommt (Narr 1980).

Die Zahl der von Frühmenschen gejagten Wildarten war groß, die Zahl der in den Hausstand übernommenen Arten ist klein. Es hat eine Auswahl stattgefunden, deren Grundsätze noch nicht geklärt sind. In hohem Grade ist es wahrscheinlich, daß auch biologische Besonderheiten der Tierarten von Einfluß waren. Darüber ist das Wissen noch gering.

Insgesamt ergibt sich, daß Domestikationen in zoologischer Sicht eine Eigenbedeutung zuzuerkennen ist (Röhrs 1961). Sie sind als sehr komplexe Geschehen zu bewerten. Durch Entwicklungen der Umwelt wurden Menschen und Bestände von Wildtierarten beeinflußt. Das Streben nach gesicherter Deckung des menschlichen Fleischbedarfes hat bei verschiedenen Domestikationen sicher eine wesentliche Rolle gespielt.

Warum aber unter den gejagten Wildarten eine Auswahl stattfand, bleibt zu klären.

Um weiter voranzukommen, stellt sich die Frage nach Zeiten und Orten der ersten Domestikationen. Sie wird heiß umstritten. Für Zoologen, denen Probleme der Evolutionsforschung am Herzen liegen, ist die Schärfe der Auseinandersetzungen nicht immer einsichtig, weil der Zoologe sich der vielfältigen Unsicherheiten mancher Aussagen bewußt bleibt. Die ersten Domestikationen gingen nicht von klaren Planungen aus. Sie haben sich, auch bei der gleichen Art, über längere Zeiträume hingezogen, und sie hatten sicher mehrere Populationen als Ausgang. Zumindest am Beginn von Domestikationen fanden Ergänzungen durch Einkreuzungen von Individuen der wilden Stammart statt. Domestikationen müssen schon bei der gleichen Art als zeitlich und räumlich ausgedehnte Prozesse bewertet werden. Seit den Zeiten der ersten Domestikationen haben sich Klima und Umwelt verändert. Dies hat sich auf die Verbreitung der Stammarten und die Verteilung ihrer Unterarten in einer Weise ausgewirkt, die bislang nur sehr ungenau beurteilt werden kann; Aussagen über Eigenarten der Ausgangspopulationen bleiben bislang unklar (Herre 1949, 1951; Jarman 1969; Nobis 1971; Ducos 1975; Jarman, Bailey, Jarman 1982).

Als Zeit beginnender Domestikationen gilt im allgemeinen die als Neolithikum bezeichnete Kulturperiode. Doch mit dem Begriff Neolithikum ist keine absolute Zeitangabe verbunden. Eine solche wäre für ein zoologisches Protokoll wichtig. Der Begriff Neolithikum ist kulturgeschichtlich unklar geworden. Narr (1959, 1970) hat dargelegt, daß eine Reihe von Daten zur Meinung führen, daß «das scheinbar feste Gefüge des ‹Neolithikums› sich aufzulösen» beginnt. Piggott (1969) hat den Wandel geschildert, welchen der Begriff ‹neolithisch› durchmachte und meint, daß weitere Wandlungen zu erwarten sind. Angesichts dieser Sachlage ist der Zoologe gehalten, nach anderen Verfahren Ausschau zu halten, die bessere Anhaltspunkte über die Dauer der Haustiergeschichte geben. Dabei ist zu prüfen, 1. welche Sicherheit andere Altersbestimmungen besitzen und 2. welche Eindeutigkeit Aussagen zoologischen Materials über den Beginn einer Domestikation zuzuerkennen ist.

Radiocarbondatierungen geben wesentlich bessere Hinweise auf Zeiten beginnender Domestikation als kulturgeschichtliche Einteilungen. Libby (1969), Protsch und Berger (1973) sowie Protsch (1986) haben die Grundlagen der Altersbestimmung mit der $C^{14}$-Methode geschildert. Der Einmaligkeit vieler prähistorischer Fundstücke wegen, werden nicht selten andere Materialien der gleichen Fundschicht zur Altersbestimmung früher Haustiere herangezogen. Dabei können sich Fehler oder Ungenauigkeiten einschleichen (Butzer 1971). Zur Beurteilung von $C^{14}$-Bestimmungen sind Angaben von Libby sowie von Protsch und Berger bemerkenswert. $C^{14}$-Datierungen der gleichen Fundstelle sind meist nicht einheitlich; aus mehreren Bestimmungen werden Mittelwerte errechnet, die als genaue Altersangaben ins Schrifttum eingehen.

Weitere Hinweise auf Ungenauigkeiten von $C^{14}$-Datierungen werden aus dem vergleichenden Studium der Jahresringe von Bäumen ersichtlich (Morgan 1982). Diese Datierungen stimmen nur für die letzten 2170 Jahre überein; dann sind Abweichungen zu vermerken, weil die Menge des $C^{14}$ in der Atmosphäre in der Vergangenheit nicht gleich war. Bei einem Alter von 7000 Jahren nach einer $C^{14}$-Datierung müssen annähernd 800 Jahre zugerechnet werden, um das Alter zu erreichen, welches die Baumringmethode aussagt.

Trotz dieser Einwände betrachten wir die $C^{14}$-Datierungen für zoologische Betrachtungen über die Dauer von Domestikationen als hinreichend brauchbare Näherungswerte. Wir werden uns aber mit aufgerundeten Altersangaben begnügen. Zu diesem Vorgehen fühlen wir uns berechtigt, weil es auch sehr schwierig ist, allein auf der Grundlage zoologischen Materials sichere Angaben über einen Domestikationsbeginn zu machen.

## 2 Aussagekraft zoologischer Materialien über den Beginn einer Domestikation

Schon mehrfach ist auf Schwierigkeiten hingewiesen worden, die sich der Bestimmung eines Tierrestes als frühes Haustier allein nach zoologischem Material entgegenstellen (Narr 1962, Higgs 1962, Jarman 1968, 1972, Herre 1966, Herre und Röhrs 1973, Reinke 1982). Besonders eindrucksvolle Beiträge zu dieser Problematik lieferten Reitsma (1932, 1935), Reed (1983) und Payne (1985). Zum Verständnis seien einige Tatsachen in Erinnerung gebracht.

In der Zoologie war lange Zeit eine typologische Betrachtungsweise üblich, bei der schon geringere Abweichungen vom beschriebenen systematischen Typus einer Art als wesentliche Besonderheiten galten. Erst in den letzten Jahrzehnten ist, vor allem durch die Populationsforschung, das hohe Ausmaß innerartlicher Variabilität deutlich geworden. Diese kommt durch Unterschiede in den Erbanlagen sowie durch selektive und modifikative Kräfte zustande. Im allgemeinen bleibt an einem Ort nur der jeweils anpassungsfähige Ausschnitt einer Art erhalten. Doch auch dieser ist nicht gleichförmig. Die meisten Individuen gruppieren sich mehr oder weniger um eine Norm; Remane (1922) bezeichnete diese als Endotypen. Stets gibt es aber einzelne Individuen, die aus dem Rahmen fallen; Exotypen in der Bezeichnung von Remane. Auch diskontinuierliche Varianten treten auf (Mayr 1984).

Bei den Knochenresten, die in einer ‹neolithischen› Siedlung gefunden werden, handelt es sich meist um geringes Material, nicht selten um Einzelstücke. Die Entscheidung, ob solche Reste zu frühen Haustieren gehören, ob sie noch in der Norm einer örtlichen Wildpopulation liegen, oder ob sie von aberranten Individuen einer solchen stammen, ist sehr schwer zu fällen, selbst wenn Vertreter heutiger Populationen der Art aus der Nähe des Fundortes zum Vergleich herangezogen werden. Die Frage nach den zur Zeit der Siedlung auf die jeweilige Art wirkenden Auslesekräfte und nach den modifikativen Einflüssen ist nur schwer abzuschätzen. Daher ist es kaum möglich, ohne ausreichende begleitende Kulturdokumente klare und gesicherte Aussagen über einen Domestikationsbeginn allein nach zoologischem Fundgut zu machen.

Oft gilt eine von der Norm der Wildart abweichende, geringere Körpergröße von Individuen einer Fundstelle als Hinweis auf Haustiere. Dabei wird der Umfang der Variabilität der Körpergröße innerhalb von Populationen der Wildart meist zu wenig bedacht. Auch deren allometrische Auswirkungen werden oft übersehen. Als Beispiel für die Variabilität der Körpergröße sei auf die Variabilität bei Wildschweinen (Herre 1986) verwiesen; außerdem sind in Tab. 6, einige Daten von erwachsenen, engverwandten Wölfen aus den Zuchten des Kieler Instituts zusammengestellt, um einige Anhaltspunkte zu geben.

Die natürliche Variabilität muß auch bei anderen Merkmalen unbedingt berücksichtigt werden. So fand Stockhaus (1965) in einem umfangreichen Museumsmaterial von Wildwölfen auch Kulissenstellung der Zähne, die allgemein als Haustiereigenart gewertet wird. Auch von anderen wilden Säugetierarten sind von der Norm abweichende Zahneigenarten mehrfach beschrieben worden. Über Schädel von Gefangenschaftswölfen machte bereits Wolfgram (1894) Angaben, welche eine höhere Variabilität dartun. Bei Erwägungen über erste Haushunde finden diese Daten selten Beachtung. Dies trägt zu irreführenden Spekulationen bei. Auch für Wildziegen hat Reed (1983) eine große innerartliche Variabilität in Merkmalen erkannt, denen zur Kennzeichnung erster Hausziegen zunächst entscheidende Bedeutung zugesprochen wurde, so der Hornform.

Verschiedentlich ist die Vorstellung geäußert worden, daß aus dem Verhältnis von Jungtieren zu Alttieren wesentliche Schlüsse auf den Beginn einer Domestikation von Nutzhaustieren möglich seien, weil anzunehmen sei, daß vor Zeiten knappen Futters vornehmlich Jungtiere geschlachtet würden. Auch diese Hinweise müssen mit großer Zurückhaltung aufgenommen wer-

**Tab. 6:** Daten von Nachzuchten von Wölfen des Kieler Instituts

| Herkunft | n | ♂♂ | n | ♀♀ |
|---|---|---|---|---|
| | | Bruttokörpergewicht kg | | |
| Jugoslawien | 20 | 25,2–38,8 | 14 | 18,6–31,2 |
| Afghanistan | 19 | 25,3–34,9 | 11 | 19,4–27,7 |
| | | Kopfrumpflänge cm | | |
| Jugoslawien | 20 | 108–124 | 18 | 101–119 |
| Afghanistan | 19 | 106–124 | 10 | 97–113 |
| | | Widerristhöhe cm | | |
| Jugoslawien | 20 | 58–70 | 18 | 57–68 |
| Afghanistan | 19 | 61–71 | 10 | 59–64 |
| | | Kondylobasallänge mm | | |
| Jugoslawien | 19 | 222–240 | 21 | 207–238 |
| Afghanistan | 19 | 216–238 | 10 | 210–222 |
| | | Zygomatikbreite mm | | |
| Jugoslawien | 19 | 127–143 | 21 | 120–143 |
| Afghanistan | 10 | 124–140 | 10 | 115–127 |

den (Herre 1966, 1972, Reinke 1982, Jarman, Bailey, Jarman 1982, Reed 1983). Jäger und auch Raubtiere jagen sehr häufig selektiv und erbeuten mehr Jungtiere als Alttiere.

Sichere Haustiere der meisten Arten werden im allgemeinen ohne allmähliche Übergangsformen zur Wildart nachweisbar. Diesem Sachverhalt ist zu entnehmen, daß den Nachweisen «erster Haustiere» ein längerer Zeitraum seit dem Beginn der jeweiligen Domestikation vorangegangen sein muß. Der wirkliche Beginn der ersten Domestikation bleibt also verborgen. Im Vergleich zu den heutigen Unterschieden von Kulturrassen der klassischen Haustiere gegenüber ihren Stammarten sind die der «ersten» Haustiere noch gering. Trotzdem sind Schlüsse über einen Hausstand möglich, die für viele zoologische Erwägungen hinreichende Grundlagen darstellen.

## 3 Domestikationsgebiete

Auch bei sehr kritischer Würdigung vieler Angaben zeichnen sich auf der Erde drei großräumige Bereiche ab, in denen Domestikationen vor sich gingen. Der bedeutendste davon ist das Gebiet Südwestasien mit dem angrenzenden Mittelmeerraum. Dort ist auch die Forschung am weitesten vorangetrieben worden (Braidwood et al. 1983). Hier entstanden die Nutzhaustiere Hausschaf, Hausziege, Hausschwein als älteste Haustiere, ihnen zur Seite stand der Haushund. Diese Haustiere fanden gemeinsam eine recht schnelle Verbreitung über den Balkan, Donauraum, Rhein in die Niederlande und nach Westeuropa sowie in den Norden Europas bis nach Skandinavien. (Bökönyi 1974, 1984, Harlan 1977, Nobis 1984, Clason 1984, Poullain 1984, Grigson 1984, Lepiksaar 1984, Mason 1984).

Unabhängig davon entwickelten sich Kulturpflanzen und Haustiere in Südamerika, vom Andenraum bis nach Mexiko. In diesem Gebiet gewannen Kulturpflanzen für die Ernährung der Bevölkerung größere Bedeutung als Haustiere. Im Andenraum wurden Guanako und Meerschweinchen zu Haustieren, in Mittelamerika bis nach Mexiko entstanden Haustruthuhn und Hausmoschusente (Herre 1968, Wing 1977, Hesse 1982).

Als drittes großes Domestikationssgebiet ist Ost- und Südostasien zu nennen. Die Kenntnisse über die Haustiergeschichte dieses Gebietes sind noch sehr lückenhaft (Ho 1977, Reed 1983, Clason 1984). In China nahmen Cerealien, insbesondere Reis, die Hauptstellung unter den Nahrungsmitteln ein. Als erste Haustiere erscheinen Hausschwein und Haushund, später der Hauswasserbüffel. Hausschafe und Hausrinder wurden aus Südwestasien eingeführt (Reed 1977) und schließlich kam die Hausziege nach China; über ihre Herkunft und Wanderungen bestehen noch manche Unsicherheiten (Harlan 1977, Higham 1977, Reed 1977). In Südostasien wurden der Wasserbüffel und das Wildschwein (Clason 1984) zu Haustieren. Weitere Haustiere gelangten in diesen Raum, wobei Ausstrahlungen von China wahrscheinlich sind (Abb. 11).

Die Hinweise auf Hausschwein und Haushund in Ostasien werfen die vor allem in kulturgeschichtlicher Sicht interessante Frage nach voneinander unabhängigen Domestikationen der gleichen Art in verschiedenen Bereichen ihres Verbreitungsgebietes auf. An einer mehrfachen Domestikation ist in zoologischer Betrachtung zumindest beim Hausschwein nicht zu zweifeln. Die ostasiatischen Unterarten von *Sus scrofa,* so *Sus scrofa cristatus* oder *Sus scrofa vittatus,* weisen Besonderheiten in der Gestalt des Tränenbeines auf, die sie von den westeuropäischen und südwestasiatischen Wildschweinen unterscheiden. Diese Eigenarten finden sich bei den ostasiatischen Hausschweinen.

Auch für andere Haustiere aus dem Bereich der Säugetiere, Vögel und Fische ist mehrfache Domestikation angegeben worden. Higgs und Jarman (1969) haben sich mit der Problematik anregend auseinandergesetzt. Für Hausrind und Haushund wird mehrfache Domestikation auch innerhalb des europäisch-südwestasiatischen Domestikationsgebietes angenommen (Bökönyi 1974, Nobis 1984). In diesen Fällen lassen sich die Angaben zoologisch schwer sichern, weil kaum entschieden werden kann, ob in die Bereiche zweiter Domestikation nicht kleine Bestände bereits domestizierter Tiere eingeführt worden. Bei Grabungen in prähistorischen Siedlungen lassen sich solche Einfuhren kaum sicher nachweisen. Solche kleinen Ausgangspopulationen können durch Kreuzung mit örtlichen Vertretern der Stammart vergrößert worden sein. So ergeben sich Übergangsfelder, die nicht Ausdruck des Neubeginns einer Domestikation sind. Doch angesichts des Hinweises von Schwantes (1957), daß Ideen schneller wandern als Güter, kann die Möglichkeit neuer Domestikationen der gleichen Art unter neuen Gegebenheiten nicht grundsätzlich ausgeschlossen werden; es sind jedoch die Möglichkeiten zu Fehldeutungen zu bedenken.

Dieser Hinweis erscheint geboten, weil sich gezeigt hat, daß bei der Domestikation verschiedener Unterarten einer Art keine unterschiedlichen, sondern gleiche Abwandlungen auftreten (Darwin 1868, Jöchle 1958, Herre 1962). Haustiere wurden von Menschen zudem zur Erfüllung gleicher Bedürfnisse weiterentwickelt. Gleiche Abwandlungen werden bei Haustieren, die aus zoologisch-systematisch entfernt stehenden Stammarten hervorgingen, dann zu besonderer Weiterentwicklung gebracht, wenn sie für Menschen Nutzen versprechen. Es sei nur an die Wollbildung erinnert, die bei verschiedenen Haustierarten zur wichtigen Nutzung wurde. Dies ist auch kulturgeschichtlich beachtenswert, denn die ersten Haustiere wurden primär in sehr verschiedene Wirtschaftsformen eingegliedert (Narr 1959, 1962, 1980, Nachtigall 1965, Reed 1977).

Wie sich die Auswahl von Wildarten für einen Hausstand vollzog, wie die einzelnen Schritte zum Hausstand sind, ist Gegenstand vieler Spekulationen. Die prähistorischen Dokumente sind noch so lückenhaft, daß sich kein allgemeines Bild zeichnen läßt. Nur für einige Gebiete gibt es erste Anhaltspunkte, so für Palästina.

Für Palästina ergibt sich aus Knochenresten, daß vom Palaeolithikum bis zum Ende des Mesolithikums Hirsche, Gazellen und gelegentlich Wildrinder die Jagdbeute darstellten (Brentjes 1962, 1965, Legge 1972). Allmählich nahm die Zahl der Hirsche ab und Gazellen herrschten in den Funden vom Natufium an vor, also in der

Zeit vor etwa 11000 Jahren bis zum Vollneolithikum. Danach verschwinden die Gazellen. Schafe und Ziegen werden zur Hauptfleischquelle für die Bevölkerung. Beide Arten sind wohl eingeführt worden und wurden in Einfriedigungen gehalten. Dies wird dadurch wahrscheinlich, daß in manchen Fundstellen Ziegen und Steinböcke nebeneinander gefunden wurden. Da sich beide Arten auch in freier Wildbahn miteinander verpaaren – manche Forscher rechnen sie daher zur gleichen Art – müssen sie durch Einfriedigungen voneinander getrennt gelebt haben (Reed 1983). Vita-Finzi und Higgs (1970) haben sich mit den Problemen dieser Übergangszeit auseinandergesetzt.

Genauere Angaben über eine Folge von Veränderungen in der Fleischversorgung machte Clutton-Brock (1971) für Jericho. Dort ließen sich in präkeramischen Schichten, deren Alter auf rund 10000 Jahre beziffert wird, erste Formen einer Landwirtschaft neben jagdlicher Betätigung feststellen. Es ist möglich, daß Individuen einiger Arten, die später Nutzhaustiere wurden, in dieser Zeit gehalten wurden. Aber die entscheidenden Fleischmengen lieferten Gazellen. In den nächsten nachpräkeramischen Schichten finden sich Anzeichen einer Haustierhaltung, und zwar Hausziegen. Diese wurden von Menschen mitgebracht, die aus dem Norden einwanderten; Wildziegen kamen in der Umgebung von Jericho nicht vor. In den folgenden, neolithischen Schichten ist das Material an Tierknochen so gering, daß sichere Schlüsse über ein Übergangsfeld zu weiteren Haustieren nicht möglich sind.

In der Bronzezeit herrschen dann Hausziegen und Hausschafe vor; Hausschweine und Hausrinder sind sehr gering an Zahl. Trotzdem wird angenommen, daß Hausschweine und Hausrinder aus einheimischen Wildtieren erzüchtet seien. Warum die Gazellen nicht zu Haustieren wurden, ist bislang ungeklärt. Für Spekulationen ist ein weites Feld offen und verführerisch.

# IX. Die Domestikation der einzelnen Arten

## 1 Die Entstehung der Haushunde

Angaben über die Domestikation der einzelnen Haustierarten haben inzwischen sichere Grundlagen gewonnen. Trotzdem gibt es noch zahlreiche Lücken im Wissen, neuere Erkenntnisse können ältere Vorstellungen rasch verändern. Oft fanden ungesicherte Behauptungen Verbreitung, diese sind meist schwer beiseite zu räumen.

Vielfältig sind Erörterungen über die Entstehung der Haushunde. Dazu trug bei, daß Haushunde in der westlichen Welt zu gefühlsverbundenen Kameraden vieler Menschen wurden.

Die Annahme, daß durch eine Verringerung des Wildbestandes der Fleischbedarf von Bevölkerungsgruppen nicht mehr ausreichend gedeckt werden konnte, hat zu der These geführt, daß Jägervölker die erste Domestikation eingeleitet hätten. Die einflußreiche Wiener Völkerkundeschule (Flor 1930) hat sich um die Untermauerung dieser Vorstellung bemüht. Im Rahmen solcher Erwägungen ließ sich die Meinung entwickeln, daß Jäger für alle Hilfen dankbar waren und Helfern entgegenkamen. So sei es zu kooperativer Jagd zwischen Menschen und Wölfen gekommen. Dabei sollen auch die Wölfe Vorteile erkannt und sich freiwillig jagenden Menschengruppen angeschlossen haben. Menschen und Wölfe hätten sich schließlich als Meutekumpane schätzen gelernt: Der Weg zum Haushund sei frei geworden.

Nach diesen Vorstellungen hätten sich Wölfe gewissermaßen selbst «domestiziert». Noch im modernen Schrifttum lassen sich diese Gedankengänge finden (Klatt 1927, Nachtsheim 1949, Lorenz 1950, Downs 1960). Eaton (1969) beobachtete gemeinsames Jagen von Geparden und Schakalen. Er nutzte diese Beobachtung, um die alten Gedanken vom Werden des Haushundes aufzunehmen und er versuchte durch Beispiele einer Zusammenarbeit zwischen Jägern primitiver Völker Afrikas mit Haushunden die These von der «Selbstdomestikation» der Wölfe zu untermauern.

Dabei wurde übersehen, daß bereits Hahn (1896) die Verwendung von Haushunden bei der Jagd als eine spätere Sonderentwicklung herausstellte, die bei Völkern mit höher entwikkelten Kulturen zu finden ist. Nur in Hochkulturen alter Zeiten wurden Jagdhunde eingesetzt. Brentjes (1971) erwähnt dazu ein Wandbild aus Çatal Hüyük; im alten Ägypten gab es ebenfalls Jagdhunde (Zeuner 1963).

Werth (1954) hat hervorgehoben, daß rezente Jägervölker in Afrika, Asien und Amerika Haushunde nicht als Jagdhilfen verwenden. Auch Lang (1955), Urban (1961), Jones (1970) und Latocha (1983) haben ermittelt, daß rezente Primitivvölker zwar lernen können, eingeführte Haushunde bei der Jagd einzusetzen, daß aber eine solche Verwendung nicht allgemein üblich wurde. Manwell und Baker (1984) stellten nach sehr eingehenden Untersuchungen über die Verwendung von Haushunden seit der Frühzeit ihrer Domestikation fest, daß vor 5000 Jahren nur die Vornehmen in fortgeschrittenen Kulturen Jagdhunde besaßen und diese als Statussymbol dienten. Bei den Ureinwohnern Australiens wird der vor 5000–3000 Jahren eingeführte (Meggitt 1965) verwilderte Haushund, der Dingo, kaum als Jagdhund eingesetzt, und auch in anderen Erdteilen haben Haushunde bei den heute noch lebenden Jäger-Sammler-Völkern nur geringen Wert. Daher ist die Feststellung von Degerbøl (1962) bemerkenswert, daß die ältesten Haushunde Dänemarks dem Fleischverzehr dienten. Das meinen Gejvall (1969) auch für neolithische Haushunde in Lerna und Coy (1973) für Haushunde neolithischer Schichten in der Ägäis nachgewiesen zu haben, Nobis (1986) für die frühneolithische Siedlung Ovcarovo-Gorata in Nordbulgarien. Payne (1985) machte dazu einige kritische Anmerkungen.

Da diese ältesten Fälle der Fleischnutzung von Haushunden aus küstennahen Siedlungen beschrieben wurden, warfen wir (1971) die Frage auf, ob vielleicht Menschengruppen, denen Fisch als Nahrung reichlich zur Verfügung stand, ein Bedürfnis nach Säugetierfleisch hatten und dieses durch Haushundfleisch deckten. Diese Annahme findet eine Stütze durch Befunde von Wing (1978) und durch Angaben von Bökönyi (1975). Auch von modernen Völkern der Küsten des asiatischen Nordens ist der Verzehr von Haushundfleisch bekannt. Haushunde lassen sich leicht mit Fischen und Fischabfällen ernähren. Wir beobachteten dies bei unseren Expeditionen; bei Schlittenhunden ist diese Ernährungsweise allgemeiner üblich.

Haushunde kommen auch mit rein vegetabilischer Kost aus. Darauf geht wohl die Auffassung von Werth (1954) zurück, daß Hackbauern verschiedener Erdteile Haushunde des Fleisches wegen hielten und daß Fleischbedürfnis der Grund zur Domestikation von Wölfen gewesen sei. Der Verallgemeinerung dieser Auffassung ist widersprochen worden (Curven und Hatt 1953, Lang 1955, Narr 1962), weil es viele prähistorische Fundstellen gibt, in denen Haushundreste keine Hinweise auf einen Verzehr des Fleisches bieten.

Manwell und Baker (1984) sind, im Anschluß an Simoons (1974), der Frage nach dem Verzehr von Haushundfleisch nachgegangen. Sie heben hervor, daß in einer Reihe von Kulturen Haushundfleisch seit altersher als menschliche Speise üblich ist, so in China, wo Haushund und Hausschwein die ältesten Haustiere sind. Auch von Nordost-Thailand ist bekannt, daß Haushunde seit mindestens 5500 Jahren als Schlachttiere Bedeutung haben. Der Verzehr von Haushundfleisch hat im Fernen Osten wohl von China und Südostasien seinen Ursprung genommen und sich über die Philippinen nach Melanesien und Polynesien ausgedehnt. Von südamerikanischen Indianern ist der Genuß von Haushundfleisch seit Jahrhunderten bekannt. Sie haben diese Verwendung wohl von asiatischen Einwanderern übernommen. Aus West-, Nord- und Zentralafrika gibt es ebenfalls Hinweise, daß Haushunde ursprünglich dem Verzehr dienten.

In der westlichen Welt ist der Verzehr des Fleisches von Haushunden heute verpönt, ja verboten. Dies war nicht immer so. Brentjes (1971), Räber (1971), Clason (1971), Boessneck et al. (1971), Schmid (1973) u.a. bestätigen, daß die Fleischnutzung der Haushunde in Europa eine lange Tradition hat und sich mindestens bis ins 19. Jahrhundert an verschiedenen Stellen erhielt. In anderen Bereichen Europas fanden Haushunde eine andere Wertung (Reichstein 1984).

Nach all den bisherigen Befunden kann Fleischbedarf als ein Grund für die Domestikation von Wölfen nicht ausgeschlossen werden.

Haushunde erfüllen als Wächter in Siedlungen und als Hirtenhunde seit langem wichtige Aufgaben. Wölfe könnten beigetragen haben, Bewohner von Siedlungen auf die Annäherung anderer Eindringlinge aufmerksam zu machen. Dies könnte eine Domestikation ausgelöst haben. Manwell und Baker weisen jedoch darauf hin, daß ein geregelter Einsatz, besonders die Verwendung als Hirtenhund, eine Ausbildung erfordert. Daher ist höchst zweifelhaft, daß eine

Verwendung des Haushundes als Wächter oder als Hütehund bereits in der Frühzeit der Domestikation eine Rolle spielte.

Seit vielen tausend Jahren stehen Haushunde in verschiedenen Kulturen als Schlittenhunde oder als Zugtiere vor anderen Fahrzeugen im Einsatz, vor allem in nördlichen Bereichen Eurasiens und Amerikas. Es ist nicht auszuchließen, daß der Einsatz kräftiger, gezähmter Wölfe als Transporttiere am Anfang der Haustierzeit stand. Zimen hat im Kieler Institut jung aufgezogene, gezähmte Wölfe erfolgreich einspannen können. Doch auch dazu ist Ausbildung und Erfahrung notwendig, so daß unsicher bleibt, ob von solchem Einsatz ein Impuls zur Domestikation ausging.

Kaum erörtert worden ist bislang die Nutzung von Canidenfellen zu Bekleidungszwecken. Nach unseren Ermittlungen ist ganz allgemein die Verwendung der Felle der verschiedenen Tierarten zum Schutz gegen Witterungseinflüsse wenig untersucht worden. Für Nordostasien berichtet Steller (1774), daß die Verwendung von Haushundfellen zur Fertigung von Bekleidung für den täglichen Bedarf aber auch für Festkleider «uralt» sei und eine Hauptnutzung von Haushunden darstelle. Haushundfelle zeichnen sich, ähnliches wird für Wolfsfelle angegeben, durch Haltbarkeit und gutes Wärmevermögen aus, sie sind außerdem wasserabweisend. In diesen Eigenschaften übertreffen sie die Felle vieler anderer Wildarten, die zu Bekleidungen verarbeitet werden. Es ist nicht auszuschließen, daß diese Fellbesonderheiten ein Interesse an Haushunden, zumindest in einigen Gebieten, steigerten. Auch für Polynesien berichtet Lang (1955), daß Haushundfelle und Haushundhaare genutzt werden.

Wildhunde verschiedener Arten nähern sich manchmal menschlichen Siedlungen, um Abfälle zu erbeuten. In den meisten prähistorischen Siedlungen sind Haushundreste nicht häufig. So ist der Gedanke aufgekommen, daß die ersten «Haushunde» nur am Rande von Siedlungen oder in diesen als Geduldete oder als Ausgestoßene, als Paria, lebten. In weiten Gebieten Südwestasiens kann dies noch heute beobachtet werden. Die modernen Paria-Haushunde verzehren menschliche Exkremente und Abfälle. Solche Beobachtungen gaben zu der Theorie Anlaß, daß sich Wölfe und Schakale als Abfallbeseitiger nützlich machten. Menschen erkannten die Vorteile und so entwickelten sich lockere Beziehungen, die in einer Domestikation endeten. Manwell und Baker gelangten jedoch zu der Überzeugung, daß die Rolle von primitiven Haushunden als sanitäre Hilfe überschätzt worden ist.

Gefühlsmäßige Beziehungen zwischen Menschen und Haushunden in der westlichen Welt unserer Zeit führen oft dazu, daß der Sinn für den objektiven Abstand zwischen Menschen und Tieren verlorengeht (Herre 1967). Dies ist auch bei primitiven Völkern nicht selten der Fall. So legen beispielsweise Frauen Jungtiere verschiedener Wildarten, auch Haushundwelpen, an ihre Brust, um sie zu nähren. Auch bei Thesen über den Beginn der Domestikation von Wölfen ist der Gedanke beliebt, die Aufzucht kleiner Wildwölfe mit nachfolgender Zähmung sei der Hauptanstoß zum Übergang in den Hausstand gewesen. In vielen Darlegungen wurde diese Meinung ausgebaut. Die Zähmung eines Wolfes wird meist als ein leicht zu vollziehender Vorgang geschildert; dem hat schon Owen (1838) widersprochen. Kramer (1961) hat anschaulich gemacht, daß sich junge Wölfe wohl leicht aufziehen lassen, aber mit beginnender Geschlechtsreife beginnen artgemäße Vorspiele zu Rangordnungskämpfen. In diesen ist der Mensch leicht unterlegen, weil er nicht über die entsprechenden natürlichen Kampfmittel verfügt und leicht verwundbar ist. Unsere eigenen Erfahrungen stehen damit im Einklang.

Unbestreitbar ist, daß sich zwischen Menschen und Haushunden in den Jahrtausenden ihres Zusammenlebens vielfältige, auch gefühlsmäßige Beziehungen bei beiden Partnern entwickelt haben. In manchen Gebieten mit sehr kalten Nächten werden Haushunde als eine Art Bettwärmer geschätzt. Auch wir haben bei unseren Studien über Hausrentiere die wohltuende Körperwärme von Haushunden in Zelten bei erlöschendem Feuer würdigen gelernt. Ob jedoch solche Gepflogenheiten primäre Anstöße zu einer Domestikation von Wölfen gaben, erscheint außerordentlich fraglich.

Verschiedene Denkmöglichkeiten über die Gründe, welche zur Entstehung von Haushunden geführt haben könnten, sind ausführlicher geschildert worden, weil sie auch, in etwas abgewandelten Formen, bei anderen Haustieren erwogen wurden. Die Unsicherheiten der bisherigen Meinungen treten hervor. Es ist möglich, daß der Domestikation von Wölfen unterschiedliche Auslöser zugrunde liegen. Die spätere Rassezüchtung bei Haushunden, auf die wir zurückkommen werden, lehrt, daß vielseitige Nutzungen entstanden, die klare Beurteilungen der Auslöser von Domestikationen erschweren.

Generalisierend werden Haushunde sehr oft als die ältesten Haustiere bezeichnet. Dabei werden Funde aus Nord- und Mitteleuropa, aus Südwestasien und auch aus Nordamerika zugrunde gelegt. Die Methoden, nach denen die zeitliche Einordnung der Funde erfolgte, waren nicht einheitlich. Teils wurden kulturgeschichtliche Gliederungen, teils $C^{14}$-Methoden genutzt. In jüngster Zeit treten $C^{14}$-Datierungen in den Vordergrund. Bei den meisten beschriebenen Erstnachweisen von Haushunden, – dies gilt auch für andere Arten – handelt es sich um unvollständige Einzelstücke. Angesichts der hohen innerartlichen Variabilität von Wildwölfen (Stockhaus 1965, Röhrs und Ebinger 1983) sind Fehldeutungen bei der Beurteilung als Haushund leicht möglich, was eine Eigenkritik von Reed (1983) anschaulich macht, die auch Angaben anderer Autoren einbezieht.

In den letzten Jahren überwog die Meinung, daß die ältesten Haushunde in Südwestasien lebten. Turnbull und Reed (1974) hatten einen Canidenunterkiefer aus Palegawra (Irak), dessen Alter 14000–12000 Jahre betragen soll, als den eines Haushundes bestimmt. Nach erneuter, kritischer Überprüfung hält Reed (1983) diese Deutung nicht mehr aufrecht. Als nächstältester Haushund wurde das vollständige Skelett eines jungen Caniden bezeichnet, weil es in einem 12000–10000 Jahre alten Grab bei El Mahalla (Israel) einem Menschen beigegeben war (Valla 1977). Da junge Wölfe bei primitiven Völkern nicht selten aufgezogen werden, halten wir den Schluß auf ein Haustier allein aufgrund der Begleitumstände des Fundes für gewagt, zumal schon Davis und Valla (1978) Zweifel äußerten, ob es sich um einen Haushund handelt. Reed (1983) betont, daß ein wirklicher Beweis für einen Haushund fehlt. Gegen die Deutung von 9000 Jahre alten Canidenresten aus Cayönü als Überbleibsel von Haushunden äußert Reed (1983) Zweifel, zumal in den annähernd gleichalten Siedlungen der Bus-Mordek-Phase Haushunde nicht vorkommen. Mit Zögern nur – wir haben wegen der großen Variabilität innerhalb von Wolfspopulationen dafür Verständnis – bestimmten Lawrence und Reed (1983) einen Canidenrest von Jarmo, Alter 8600 Jahre, als Haushund, obwohl Haushunde in Khuzistan (Iran) erst seit 7500 Jahren nachweisbar sind.

Zeuner (1958) meinte, daß in Jericho Haushunde schon vor 9700 Jahren gehalten worden seien. Clutton-Brock (1963) kam nach einer Überprüfung zu der Auffassung, daß kein Canidenrest dieser Zeit in Jericho als Haushund angesprochen werden könne. Später (1979) kamen ihr wieder Zweifel, nachdem für Südwestasien 12000 Jahre alte Haushunde angegeben wurden. Vielleicht, meinte sie, könnte in Jericho die Haltung von Haushunden möglich gewesen sein. Doch diese Vermutung scheint nach den Korrekturen von Reed (1983) gewagt. Falls Haushunde schon vor 12000 Jahren in Südwestasien vorhanden gewesen wären, hätten sie im Wirtschaftsgefüge dieser frühen Kulturen keine bedeutende Rolle gespielt; Canidenreste sind in den prähistorischen Funden aus dieser Zeit außerordentlich selten. Deutungen dieser Reste als Haushunde sind nur möglich, wenn sie deutlich außerhalb der entsprechenden Variationsbreite von Wölfen liegen und eindeutige Domestikationsmerkmale nachweisbar sind.

Im Balkanraum, nämlich in Argissa-Magula, Thessalien (Boessneck 1962), in Nikomedeia, Mazedonien (Higgs 1962) und in Knossos (Jarman et al. 1968) sind Haushunde seit 8500 Jahren bekannt. Aus dem Donauraum berichtet Bökönyi (1970, 1974, 1984), daß Wölfe örtlich in den Hausstand überführt worden seien. Diese Haushunde von Lepenski Vir und Vlasak haben ein Alter zwischen 7400 und 6600 Jahren.

Noch ältere Haushunde werden für Mittel- und Nordeuropa angegeben. Nobis (1984) bewertet einen jungpaläolithischen Canidenunterkiefer als von einem Haushund stammend; er gehört zu einer Sammlung von Funden, die vor einigen Jahrzehnten bei Oberkassel (Nähe Bonn) BRD, geborgen wurden, und soll ein Alter von 14000 Jahren haben. Ferner sind mutmaßliche Haushunde aus der Kniegrotte, DDR, aus Schichten, die dem Magdalénien zugeordnet werden, Alter etwa 13000 Jahre, zu nennen, die Musil (1970) beschrieb. Zur sicheren Beurteilung beider Fälle sind weitere Materialien erwünscht, die in die kulturgeschichtlichen Zusammenhänge dieser Fundstellen ein klares Licht bringen. Es kann nicht genug betont werden, daß die Erfassung der Variabilität von Wölfen und eine eindeutige kulturgeschichtliche oder zeitliche Einordnung wichtige Voraussetzung für die Bewertung von Canidenresten als Haushunde ist. Auch die zeitliche Einordnung des mesolithischen Senckenberghundes (9000 Jahre) und seine Zuordnung zu Haushunden wird als unsicher erachtet (Bökönyi 1975).

Ein Canidenrest von Star Carr, Yorkshire, ist eindeutig Haushunden zuzuordnen (Degerbøl 1962, Müller und Nagel 1968). Als $C^{14}$-Mittelwert wird ein Alter von 9500 Jahren für diesen Fund angegeben. Nach dem heute wirklich gesicherten Wissen kann er als ältester bisher bekannter Haushund bezeichnet werden. Ihm sind annähernd gleichalte Haushunde aus Dänemark zur Seite zu stellen. Der Verzehr von Haushundfleisch an diesen Fundstellen ist höchst wahrscheinlich gemacht worden (Degerbøl 1961).

Die ältesten Haushunde Chinas haben ein Alter von 6800 Jahren (Olsen und Olsen 1977). Eine selbständige Domestikation von Wölfen in China ist gut begründet (Ho 1977, Reed 1977). Auf die Bedeutung chinesischer Haushunde für die Fleischversorgung wurde hingewiesen.

Besonderer Beachtung bedarf die Angabe von Lawrence (1967) über den Rest eines Haushundes aus der Jaguarhöhle im Birch-Creek-Tal, Idaho, weil als Alter dieses Canidenfundes 10600 Jahre angegeben wird. Die Domestikation eines Haustieres stellt für Nordamerika einen Sonderfall dar. An der zeitlichen Einordnung dieses Restes haben Higgs und Jarman (1972) bemängelt, daß nur eine $C^{14}$-Datierung nach Begleitmaterial angefertigt wurde und daß die Stratigraphie der Fundstelle unsicher sei. Für die Deutung als Haushund erachtete Lawrence die Tatsache als entscheidend, daß Zähne eine gewisse Kulissenstellung aufweisen. Herre und Röhrs (1973) machten demgegenüber auf die Befunde von Stockhaus (1965) aufmerksam, nach denen ähnliche Zahnstellungen auch bei Wölfen aus freier Wildbahn vorkommen. So kann Reed zugestimmt werden, daß gegenüber der Deutung des Canidenrestes aus Idaho als Haushund Zurückhaltung geboten ist.

In neuerer Zeit haben Taylor, Payne et al. (1983) deutlich gemacht, daß Alterseinstufungen nordamerikanischer Frühmenschen wesentlicher Korrekturen bedürfen. Es ist abzuwarten, welche Auswirkungen sich daraus für kulturgeschichtliche Zusammenhänge ergeben.

Werden diese Daten zusammengefaßt, ergibt sich als derzeitiger Wissensstand, daß die ältesten, sicheren Haushunde in Europa vor 9500 Jahren gehalten wurden, in Südwestasien vor 7500 Jahren, in Ostasien vor 6800 Jahren. Wann Haushunde in Nordamerika auftraten, kann noch nicht beurteilt werden. In Südamerika erscheinen Haushunde in Hochandenkulturen vor 5000 Jahren; sie wurden als domestizierte Tiere eingeführt (Wing 1977).

Doch damit sind über den tatsächlichen Beginn und den ersten Ort der Domestikation des Wolfes noch keine Einsichten gewonnen. Merkmale, die einen Haushund kennzeichnen, stellen sich erst im Laufe von Generationen ein (Herre, Frick, Röhrs 1962). Im Übergangsfeld zwischen Wildart und Hausform machen die hohe innerartliche Variabilität freilebender Populationen und beginnender Domestikationswandel klare Aussagen sehr schwer. Für den Weg des Wolfes zum Haushund fehlen bislang ausreichende Materialien solcher Übergangsfelder. Kulturgeschichtliche Dokumente sind zu einer Untermauerung der Deutung als Haustier nach zoologischen Befunden unentbehrlich.

Bei der Verwertung bildlicher Darstellungen ist sehr kritische Zurückhaltung geboten. So wird bei frühzeitlichen Darstellungen von Caniden recht oft aus der Schwanzhaltung ein Schluß gezogen. Wölfe sollen den Schwanz locker herabhängend tragen, hingegen bei vielen Haushunden der Schwanz über den Rücken gekrümmt sein. Dabei wird übersehen, daß bei Wölfen die Schwanzhaltung als wesentliches Ausdrucksmittel genutzt wird und auch Wölfe ihren Schwanz über den Rücken einzukrümmen vermögen (Zimen 1971, Herre 1979). Noch viel Arbeit ist zu leisten, ehe über Ort und Zeit der Entstehung der Haushunde Klarheit besteht. Doch für zoologische Betrachtungen bildet das bisherige Wissen eine hinreichende Grundlage zur Aussage, daß der Haushund ein sehr altes, klassisches Haustier ist.

## 2 Die Entstehung der Haussäugetiere in der Alten und Neuen Welt

Als älteste Nutzhaustiere, meist als älteste Haustiere überhaupt, werden heute Hausschaf und Hausziege angesehen. Fundgut aus prähistorischen Siedlungen Südwestasiens liegt dieser für die Geschichte der Haustiere wichtigen Aussage zugrunde. Doch auch diese, im neueren Schrifttum immer wieder gemachte Feststellung ist weniger gesichert, als vielfach angenommen wird. Dies ergibt sich aus der kritischen Analyse der Daten und Materialien durch Reed (1983).

Wildschafe und Wildziegen haben «präadaptive» Eigenschaften für den Hausstand. Die Körpergröße erleichtert eine Beherrschbarkeit; die Arten haben eine soziale Veranlagung. Wichtig ist ihre Fähigkeit, zellulosereiche Nahrung, die Menschen nicht nutzen können, in Fleisch zu verwandeln. Die Verbreitungsgebiete von Wildschafen und Wildziegen überschneiden sich geographisch, aber ökologisch sind beide Arten im allgemeinen getrennt. Die meisten Skelettelemente der beiden Arten sind sich sehr ähnlich; eindeutige Artbestimmungen auf ihrer Grundlage sind schwer. Daher unterbleibt sehr oft die Artbestimmung und es wird zusammenfassend von Caprovinae gesprochen. Dies beeinträchtigt die Klärung der Haustiergeschichte der beiden Arten im einzelnen.

Für prähistorische Jäger waren Wildschafe und Wildziegen ihres Fleisches und ihrer Häute wegen wichtig. Diese Nutzung blieb bei manchen Haustierbeständen bis heute im Vordergrund. Neue wirtschaftliche bedeutsam gewordene Eigenarten entstanden erst im Lauf der Zeit. Da Wild- und Haustiere der Caprovinae von Menschen in gleicher Weise verwertet wurden, gewinnt die Hypothese von Reed (1977, 1983) Wahrscheinlichkeit, daß Jäger, die nicht mehr genügend Jagdbeute erzielen konnten, die Haustierhaltung einleiteten, um ihr Ansehen zu wahren.

Seßhaftigkeit wird für die Entwicklung von Hausschafen und Hausziegen als wichtige Voraussetzung erachtet und die Überzeugung zum Ausdruck gebracht, daß bereits am Anfang der Domestikation größere Herden wilder Schafe und Ziegen in Gefangenschaft kamen. Der besonders wild veranlagte Teil der eingefangenen Tiere mag wieder in die Freiheit geflüchtet sein, ein Rest ermöglichte aber die Entwicklung zu Haustieren. Frühzeitliche Fundstellen von Hausschafen führten zu der Hypothese, daß wilde Schafherden in Schluchten oder andere natürliche «Gehege» getrieben und genutzt wurden.

Der Zuordnung zu Haustieren dienen in prähistorischen Fundstellen Knochenreste. Von diesen lassen Schädel und Behornung sichere Unterscheidungen von Schafen und Ziegen zu und sie werden bei beiden Arten genutzt, um über Domestikationen Aussagen zu machen. Meist werden jedoch andere Skelettelemente geborgen, im allgemeinen in Bruchstücken. Dank der Bemühungen von Radulesco und Samson (1962), Boessneck, Müller und Teichert (1964) sowie Payne (1969), Prummel und Frisch (1986) ist es möglich geworden, in vielen Fällen zu entscheiden, ob diese Knochenreste kleiner Huftiere Schafen oder Ziegen zuzuordnen sind. Nach den Erfahrungen von Tiessen (1970) und Lernau (1988) bleibt aber ein unsicherer Rest. Der Nachweis von Domestikationsmerkmalen an Skelettelementen von Schafen und Ziegen in der frühen Haustierzeit ist immer noch schwierig und nicht eindeutig. Erst bei fortgeschrittener Domestikation unterscheiden sich Wild- und Haustiere, meist in Hornform, Hornstellung, Beinlänge, Körpergröße und anderen Merkmalen. Daher war nach anderen Hinweisen auf eine Domestikation bei Schafen und Ziegen zu suchen. In Funden von Knochen kleiner Huftiere aus prähistorischen Siedlungen ist der Anteil von Jungtierknochen oft auffällig hoch. So entwickelte sich die Meinung, daß aus dem Anteil der Knochen von Jungtieren zu solchen von Alttieren eindeutige Hinweise auf einen Übergang zum Haustier zu gewinnen seien. Dabei wurde die Vorstellung zugrunde gelegt, daß am Beginn futterarmer Zeiten eine größere Anzahl von Jungtieren geschlachtet wurde, Zuchttiere dagegen erhalten blieben (Coon 1951). Dieser Schluß erwies sich als nicht zwingend.

Schon früher haben wir darauf hingewiesen, daß in Beuteresten von Großraubtieren nicht selten Jungtiere überwiegen. Reed (1983) machte weitere biologische Bedenken geltend. Von Wildschafen ist bekannt, daß sie im Laufe des Jahres unterschiedlich zusammengesetzte Verbände bilden. Es entstehen solche von Müttern mit Jungtieren, von Jungböcken und von Altböcken. Die Zusammensetzung der Verbände, die unterschiedliche Schwierigkeit ihrer Jagdbarkeit wird sich in der Beute primitiver Jäger auswirken. Auch populationsdynamische Vorgänge in Wildpopulationen können sich in der Zusammensetzung der Jagdbeute widerspiegeln; in manchen Jahren betragen die Jährlingsverluste in Wildpopulationen kleiner Huftiere 70–99%. Solche Sachverhalte erschweren Aussagen über den Beginn einer Domestikation kleiner Huftiere nach relativen Altersanteilen; dies wird selten hinreichend beachtet (Jarman, Bailey und Jarman 1982).

Als älteste **Hausschafe** hat Perkins (1964) Funde von Schafknochen in Zawi Chemi Shanidar, Tigris, gedeutet, die ein Alter von annähernd 11000 Jahren haben sollen. Diese Deutung hat zunächst sehr viel Anerkennung gefunden, es sind aber Zweifel an ihrer Richtigkeit, auch an der artlichen Einordnung, nicht verstummt (Bökönyi 1974, Uerpmann 1979). Reed (1983) sah sich zu einer kritischen Analyse veranlaßt.

Bei der Beurteilung der Schafknochen von Zawi Chemi Shanidar spielten biologische Gesichtspunkte eine Rolle. Der dortige Lebensraum ist durch enge Schluchten und steile Berge gekennzeichnet. Ökologisch entspricht dies mehr den Bedürfnissen von Ziegen. So wurde gefolgert, daß Menschen Schafe in diesen Raum gebracht hätten und sie daher als Hausschafe gelten müßten. Weiter fiel auf, daß im Fundgut der Anteil junger Schafe sehr viel größer war als jener von Jungziegen. Wird bei Wildschafen und Wildziegen die gleiche Fortpflanzungsrate vorausgesetzt, ist dieser Sachverhalt auffällig. Er bekräftigte Perkins in der Meinung, daß die Schafe von Zawi Chemi Shanidar Hausschafe seien. Drew, Perkins und Daly (1971) haben an den Knochen dieser Fundstelle feinbauliche Untersuchungen durchgeführt und danach auf Hausschafe geschlossen. Reed hat gegen diese Deutung Einwände erhoben; wir werden später auf diese Frage zurückkommen. Bei den vielen Bedenken fällt es schwer, die Reste kleiner Huftiere aus Zami Chemi Shanidar noch als die der ältesten Hausschafe anzuerkennen.

Auffällig ist außerdem, daß in ähnlich alten und etwas jüngeren Siedlungen, die in der Nähe von Zawi Chemi Shanidar liegen, Hausschafe nicht nachgewiesen werden können (Reinke 1982). Weder in Mureybit am Euphrat, noch in Beidha, südwestliches Jordanien, in den unteren Schichten von Çayönü, Ost-Türkei, oder in Ganj Dareh, westlicher Zentral-Iran, waren Hausschafe zu finden. Alle diese Grabungsorte sind älter als 8500 Jahre, die unteren Schichten von Çayönü sind zwischen 9500 und 9000 Jahre alt.

Sichere Hausschafe, als solche einwandfrei bestimmbar, treten recht plötzlich auf. Sie stammen aus einer rund 9000 Jahre alten Fundstelle in Ali-Kosh, Deh Luran, Iranisch Khuzistan. Auch in annähernd gleichalten Schichten von Çayönü lassen sich sichere Hausschafe ermitteln.

Aus den Funden ergibt sich, daß Wildschafe vor mehr als 9000 Jahren domestiziert waren. Der tatsächliche Übergang vom Wildschaf zum Hausschaf kann sich vor 11000 Jahren vollzogen haben, wie dies Perkins annimmt.

Radulesco und Samson (1962) vertraten nach Funden in der im unteren Donauraum gelegenen Grotte «La Adam» die Meinung, daß auch in diesem Gebiet Wildschafe domestiziert worden seien. Nachprüfungen haben diese Annahme nicht bestätigt. Es handelt sich bei den Hausschafknochen von «La Adam» um solche größerer Hausschafe späterer Zeit (Bökönyi 1978).

Außer im südwestlichen Asien lassen sich bislang keine Domestikationsgebiete von Hausschafen sicher nachweisen. Von Südwestasien aus werden Hausschafe ihre weite Verbreitung gefunden haben.

Hausschafe haben sehr rasch in weiten Gebieten als ökonomischer Faktor eine große Bedeutung gewonnen. Primär dienten sie der Fleischversorgung. Nach der Entwicklung eines Wollvlieses, seit 5000 Jahren gesichert, steigerte sich ihr Wert. Hausschafe wurden sehr unterschiedlichen Lebensbedingungen unterworfen und verstanden sich anzupassen. Die hohe ökologische Valenz der Hausschafe kommt in der Tatsache zum Ausdruck, daß sie in verschiedenen Kontinenten an Meeresküsten, in Steppen, Halbwüsten, Hochgebirgsregionen und fruchtbaren Ebenen gehalten werden.

Hausschafe sind in den späteren Phasen des präkeramischen Neolithikums von Jericho, älter als 8500 Jahre, zu finden (Clutton-Brock und Uerpmann 1974). Auf dem Balkan gibt es Hausschafe seit mehr als 8000 Jahren (Higgs 1962). Sie gelangten von dort nach Südungarn und in das Karpatenbecken, wo sie vor 7000 bis 6000 Jahren erscheinen (Bökönyi 1984). Schließlich wurden sie nach Mittel-, West- und Nordeuropa gebracht. Sie leben seit 6000 Jahren in Mitteleuropa (Nobis 1984) und in den Niederlanden (Clason 1984); ebenso lange im nördlichen Frankreich, in die südlichen Teile dieses Landes sind sie wohl 1000 Jahre später gekommen (Poullain 1984). Auf die kimbrische Halbinsel kamen Hausschafe mit anderen paarhufigen Haustieren vor rund 5000 Jahren (Nobis 1984), nach Skandinavien vor mehr als 4000 Jahren (Lepiksaar 1984). England hat seit rund 5000 Jahren Hausschafe (Grigson 1984).

In Afrika, wo nie echte Wildschafe vorkamen, gibt es Hausschafe in der Cyrenaika und in Lybien mindestens seit rund 7000 Jahren, im Niltal seit ungefähr 6000 Jahren (Higgs 1962, 1967, Epstein 1971, Reinke 1982, Muzzolini 1983). Muzzolini (1984) gibt an, daß vor etwas mehr als 7000 Jahren die ersten domestizierten Caprovinae in der Sahara, die damals noch günstige klimatische Bedingungen bot, auftraten. Higgs meint, daß die damaligen geographischen und klimatischen Bedingungen es gestatteten, Herden kleiner Wiederkäuer über die Sinaihalbinsel zu treiben.

Prähistorische Quellen, die über kulturgeschichtliche Entwicklungen in Ost- und Südostasien Auskunft geben, sind noch recht lückenhaft. Sie lassen jedoch den Schluß zu, daß Hausschafe in Süd-Turkmenien vor 8000–7000 Jahren (Zalkin 1972), in Südostasien seit 6000 Jahren bekannt sind (Higham 1977, Clason 1985), im Industal seit mindestens 5000 Jahren (Isaak 1970), vielleicht schon seit 7000 Jahren (Butzer 1971). In Teile Chinas gelangten Hausschafe vor mindestens 4000 Jahren (Ho 1977).

In der Neuzeit trugen Hausschafe zur Erschließung der Kontinente Südamerika und Australien durch Europäer wesentlich bei.

**Hausziegen** werden sehr oft gemeinsam mit Hausschafen gehalten. Dies ist seit alten Zeiten so. Nach den ökologischen Gegebenheiten ist das Zahlenverhältnis dieser Haustiere zueinander verschieden. Die noch immer unsichere Zuordnung von Knochenresten dieser Tierarten erschwert bei spärlichem Material in prähistorischen Grabungen eine einwandfreie Klärung des Vorkommens, des Zahlenverhältnisses dieser Haustiere zueinander und die Probleme ihrer Domestikation.

Dazu tritt die Schwierigkeit, auch bei Ziegen eindeutige Domestikationsmerkmale festzulegen. Reed beobachtete, daß die Hornzapfen kleinasiatischer *Capra aegagrus*-Böcke im allgemeinen eine mehr rechteckige Form haben, während sie bei Böcken von Hausziegen dieser Gegend linsenförmig gestaltet und ihre Innenseiten abgeflacht sind.

Zur Deutung dieser Verschiedenheiten zog Reed biologische Sachverhalte heran. Die Böcke wilder Caprini führen untereinander harte Kämpfe um Rangordnungen durch. Dabei spielt der Einsatz der Hörner eine wichtige Rolle (Schaffer und Reed 1972). Reed (1983) gelangte zu der Meinung, daß die mehr rechteckige Form Vorteile einschließt, die ein Überwiegen dieser Gestalt in frei lebenden Beständen mit sich bringe. Im Hausstand verlieren kämpferische Auseinandersetzungen an Bedeutung und sie sind Menschen unerwünscht. So entfällt ein Selektionsvorteil und eine abgeflachtere Form kam in Vorrang. Reed (1960) faßte die Gestaltungsveränderungen im Querschnitt der Hornzapfen als Hinweis auf beginnende Domestikation auf.

Stärker abgeflachte Querschnitte der Hornzapfen konnten bei rund 10000 Jahre alten Ziegenbockresten in Jericho festgestellt werden (Zeuner 1955). Sie zeigten sich ebenfalls bei den 9000 Jahre alten Resten von Ziegenböcken aus der Bus-Mordeh-Phase, Deh Luran, (Hole, Flannery und Nelly 1969). Diese Tiere wurden als älteste Hausziegen bezeichnet.

Neuerdings stellte sich jedoch heraus, daß die Variabilität der Querschnitte von Hornzapfen der Böcke in Wildziegenbeständen größer ist, als zunächst vermutet. Leider kann nicht ausgeschlossen werden, daß bei den rezenten Wildziegen unkontrollierte Vermischungen mit Hausziegen die ursprüngliche Gestalt beeinflußten. Doch als Kennzeichen einer Domestikation ist der Querschnitt der Hornzapfen unsicher geworden und damit auch die Aussagen über die ältesten Hausziegen.

Es muß bedacht werden, daß der Beginn einer Domestikation im allgemeinen mit einer Erweiterung der Variationsbreite verknüpft ist. Die besonderen Querschnitte der Ziegenböcke von Jericho und aus der Bus-Mordeh-Phase können natürlicher Variationsbreite entsprechen, aber auch auf einen Domestikationsbeginn hinweisen. Dann ergäbe sich für die Hausziege ein Alter von mehr als 10000 Jahren. Protsch und Berger (1973) erachteten Hausziegen als die ältesten Haustiere.

Weitere Hinweise auf Hausziegen sind aus der Gestalt der Hörner gewonnen worden. Die Hornzapfen wilder Ziegenböcke haben im allgemeinen eine säbelförmige Gestalt, bei Hausziegen haben sie eine etwas lateral gedrehte Form. Ziegenreste, welche Bökönyi (1977) aus fast 10000 Jahre alten Schichten von Asiab, West-Iran, beschrieb, weisen den Beginn einer Drehung auf. Bökönyi ordnet sie daher den Hausziegen zu. Reed (1983) hält diese Deutung nicht für hinreichend gesichert. Kesper (1954) zeigte bereits, daß in manchen rezenten Beständen von *Capra aegagrus* leicht gedrehte Hornzapfen auftreten. Es ergibt sich die gleiche Problematik, wie sie für die Querschnitte der Hornzapfen geschildert wurde.

Aus ungefähr 9000 Jahre alten Schichten von Ganj Dareh hat Hesse (1977) Ziegenreste beschrieben, die von Hausziegen stammen. Diese Bestimmung wird durch die Tatsache bekräftigt, daß innerhalb der Siedlung Hufabdrücke von Ziegen nachgewiesen werden konnten, die einen Durchtrieb von Ziegenherden bezeugen.

In Beidha, Südwest-Jordanien, Alter um 9000 Jahre, fiel Perkins (1969) auf, daß bei den Ziegenresten der Jungtieranteil mehr als 50% ausmachte. Er vermutete daraufhin einen Hausziegenbestand. Hecker (1975) fand Hinweise auf menschliche Manipulationen an diesen Knochen und verstand dies als Zeichen beginnender Domestikation.

Alle Befunde über frühe Hausziegen zusammenfassend kommt Reed zu der Meinung, daß trotz aller noch vorhandenen Unsicherheiten vor 9000 Jahren oder etwas früher in einem Gebiet, das sich durch die Orte Ganj Dareh, Ali Kosh und Çayönü umreißen läßt, Hausziegen vorhanden waren. Meist gemeinsam mit Hausschafen gelangten Hausziegen nach Europa und Afrika. So kann auf die für das Hausschaf genannten Daten verwiesen werden.

Nach Indien, besonders in das Indusgebiet, sind nach den derzeitigen Kenntnissen Hausziegen später als Hausschafe gebracht worden (Isaak 1970). Vor 5000 Jahren gab es in Harappa und Mohengo Daro keine Hinweise auf Hausziegen, wohl aber auf Hausschafe. Ähnlich liegen die Dinge in Südostasien. Auch dort waren Hausschafe wohl 1000 Jahre eher als Hausziegen angelangt. Nach China kamen Hausziegen erst vor etwas mehr als 3000 Jahren, wahrscheinlich über die Seidenstraße. Auch Mason (1984) übernimmt die Auffassung, daß Hausziegen aus dem Westen nach Ostasien gelangten, und zwar über die nördliche afghanische Route nach Ostasien und über den Khyber-Paß zum indischen Subkontinent.

Als drittältestes reines Nutzhaustier gilt, nach heutigem Wissen, das **Hausschwein**. Bereits geschildert wurde, daß *Sus scrofa* mehrfach in den Hausstand überführt wurde; verschiedenen dieser Angaben haften Unsicherheiten an.

Das Wildschwein gehörte schon vor seiner Domestikation in Eurasien zu den wichtigen Jagdtieren. Mehrere Eigenschaften machten das Wildschwein für den Übergang zum Haustier besonders geeignet: Omnivorie, welche die Ernährung im Hausstand erleichtert, große Fruchtbarkeit, beträchtliche genetische Vielfalt, soziale Veranlagung und hohe ökologische Valenz (Herre 1986, Hartl 1985, Hartl und Csaikl 1987).

Mit der Anpassungsfähigkeit der Wildschweine an wechselnde Lebensbedingungen steht eine hohe innerartliche Variabilität der Körpergröße im Zusammenhang. Allein in Europa schwankt die Widerristhöhe erwachsener Wildschweine zwischen 65–115 cm, die Körpergewichte erwachsener Keiler zwischen 54 und 250 kg (Heptner 1966). Auch Populationen gleicher Gebiete können in verschiedenen Jahren starke Unterschiede in der Körpergröße aufweisen (Herre 1986). In welchem Ausmaß diese Verschiedenheiten modifikativ bedingt sind oder durch Selektion von Individuen mit den jeweils geeigneten Erbanlagen gesteuert sind, ist noch unklar. Hartl und Csaikl (1987) ermittelten, daß in Wildschweinpopulationen Österreichs 19% der untersuchten Loci genetisch polymorph sind und die durchschnittliche Heterozygotierate 0.029 beträgt. Diese Werte gehören zu den höchsten bisher bekannten Polymorphie- und Heterozygotieraten bei Großsäugern. Über modifikative Einflüsse von Umweltbedingungen auf den Hausschweinkörper geben Studien von Herre (1938) und Hammond (1947, 1960) vielfältige Auskunft. Daß natürliche Selektion in Wildbeständen von *Sus scrofa* sehr stark wirkt, ergibt sich aus Untersuchungen von Jezierski (1977) sowie Andrzejewski und Jezierski (1978). Danach überleben nur 8% der geborenen Wildschweine die ersten 3 Lebensjahre. Domestikationseinflüsse haben also gute Ansatzmöglichkeiten.

Die hohe innerartliche Variabilität der Körpergröße erschwert Erkenntnisse über den Domestikationsbeginn. Grundsätzlich kann ausgesagt werden, daß eine Minderung der Körpergröße auf einen Übergang in den Hausstand weist. Doch beim Schwein läßt sich nur schwer entscheiden, wo die Grenze zwischen natürlichen modifikativen und selektiven Umwelteinflüssen zu ersten Domestikationsfolgen liegt. Mit fortschreitender Domestikation nimmt aber bei Hausschweinen die Körpergröße bemerkenswert ab und erst in modernen Zeiten wieder zu.

Auch auf der Grundlage anderer Merkmale sind Entscheidungen über frühe Domestikationsstufen nicht leicht, da die Variabilität aller Merkmale in wilden Beständen groß ist. Dies zeigen die Befunde von Herre (1951) an Zahnbesonderheiten oder von Knief (1978) über Unterschiede im Feinbau der Knochen beispielhaft. Trotz dieser Schwierigkeiten läßt sich ein vorläufiges Bild über die ersten Hausschweine in verschiedenen Gebieten entwerfen.

Die Befunde, die zu Aussagen über den Domestikationsbeginn der Hausschweine führten, hat Wehrung (1985) in einer eingehenden Übersicht zusammengestellt, der nicht nur die Ergebnisse von Grabungen, Ausdeutungen von Darstellungen und einige Zusammenhänge mit landschaftlichen Gegebenheiten zu entnehmen sind, sondern auch die Unsicherheiten, die manche Vorstellungen über erste Hausschweine noch in sich bergen.

Lange wurde die Krim als erstes Domestikationsgebiet des Hausschweines bezeichnet. Dort waren Schweineknochen geborgen worden, die teilweise recht geringe Größen aufwiesen. Das Alter der Fundschichten wurde mit fast 10000 Jahren angegeben. Tringham (1969) überprüfte die Angaben und kam zu dem Schluß, daß es sich um Reste einer variablen Population wilder Schweine handelt. Higgs und Jarman (1972) sowie Reed (1983) haben sich diesem Urteil angeschlossen. Die Zweifel am Hausstand dieser Schweine werden durch das Fehlen kulturhistorischer Begleitdokumente bestärkt.

Schweineknochen aus ungefähr 9000 Jahre alten Schichten von Çayönü, erachtet Reed nach weiteren Funden nicht mehr so eindeutig als Hausschweine, wie er es ursprünglich tat.

Eindeutig als Hausschweinreste zu bewerten sind 8500 Jahre alte Schweineknochen aus Jarmo (Stampfli 1983). In Jarmo läßt sich ein Übergang von Wildschweinen zu Hausschweinen in sehr hohem Grade wahrscheinlich machen. Eine örtliche Domestikation kann angenommen, eine Einfuhr von Hausschweinen ausgeschlossen werden. Die ersten Hausschweine hatten in Jarmo nur eine geringe wirtschaftliche Bedeutung; ihr Anteil im Vergleich zu anderen genutzten Tieren betrug nur 5%. Erst etwa 1000 Jahre später zeigt sich an anderen Fundstellen in Südwestasien, so in Matarrah, Zentral Irak, ein Hausschweinanteil von 25%.

Bemerkenswert und auffällig ist, daß sich auch in 8500 Jahren alten Schichten von Argissa Magula, Thessalien, Hausschweine nachweisen lassen (Boessneck 1962). Bökönyi (1974) ist der Ansicht, daß es sich ebenfalls um eine örtliche Domestikation handelt. Damit wird die Meinung bekräftigt, daß die Idee, Wildtiere zu domestizieren, sich schneller ausbreitete als Hausschweine als materielles Gut.

Bökönyi hat weitere örtliche Domestikationen von Hausschweinen an verschiedenen Stellen Europas postuliert; in Mitteleuropa lassen sich Hausschweine seit rund 6000 Jahren nachweisen. Reed (1980) hält eine selbständige Domestikation von Wildschweinen in Ägypten für möglich. Von dort sind seit ungefähr 6000 Jahren Hausschweine bekannt (Muzzolini 1983).

In Europa erlangten Hausschweine rasch hohe wirtschaftliche Bedeutung, vor allem, wenn günstige ökologische Bedingungen für Waldweide gegeben waren. Dann übertrifft ihr Anteil am Haustierbestand jenen der kleinen Wiederkäuer.

Von den frühen Hausschweinen Europas ist das Torfschwein, als eine recht kleine Form der Hausschweine, sehr bekanntgeworden. Rütimeyer (1862) hatte diesem Hausschwein einen eigenen Artnamen gegeben: *Sus palustris*. Doch schon Nehring (1888) konnte nachweisen, daß es sich um einen kleinen Nachfahren von *Sus scrofa* handelt, der sich an ungünstige Lebensbedingungen eines Hausstands angepaßt hatte; Reitsma (1935) machte ebenfalls kritische Bemerkungen.

Im Hinblick auf die in Ostasien erfolgten Domestikationen von Wildschweinen, stellt sich die Frage nach deren Alter. Im nördlichen China lassen sich Hausschweine bereits vor rund 6000 Jahren nachweisen (Watson 1969, Ho 1977). In Süd-Turkmenien erscheinen Hausschweine in geringer Zahl vor 6000–5000 Jahren. Soweit die bislang noch lückenhaften prähistorischen Kenntnisse über das südostasiatische Gebiet einen Schluß zulassen, erscheinen Hausschweine in Südostasien vor 5500–5000 Jahren (Higham 1977, Clason 1984). In Indien treten die ersten Hausschweine vor etwa 4000 Jahren auf (Allchin 1969, Isaak 1970, Clutton-Brock 1981, Clason 1984). Inwieweit in Südostasien und Ostasien verschiedene selbständige Domestikationen verschiedener Unterarten vorgekommen sind und wie die Beziehungen zu den durch eine starke Betonung pflanzlicher Produktion bestimmten Sonderentwicklungen sind, vermag die Zoologie nicht zu entscheiden. Sauer (1952), Butzer (1971), Gorman (1977) u.a. haben diese Problematik vielseitig erörtert.

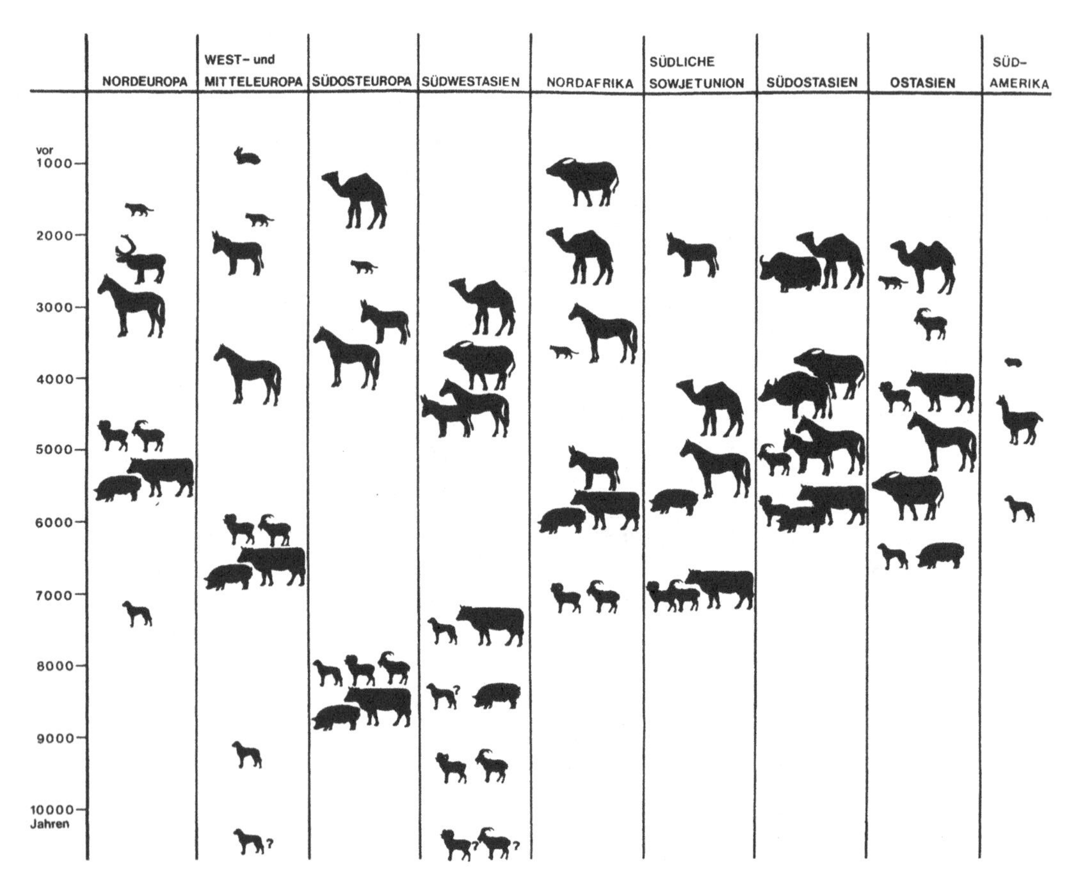


**Abb. 11:** Orte und Zeitpunkte von Domestikationen sowie Ausbreitung von Haussäugetieren, Erläuterungen im Text S. 95–115.

Mit der Domestikation des Wildschweines, die wohl vor knapp 9000 Jahren begann und in Südwestasien sowie Südosteuropa vor ungefähr 8500 Jahren abgeschlossen war, hatte die Menschheit mit Hausschaf, Hausziege und Hausschwein Haustiere gewonnen, die als Fleischlieferanten bis heute eine entscheidende Bedeutung behielten. Beim etwa gleichalten Haushund bleiben die Beziehungen zum Fleischverzehr unklarer, sie nahmen in verschiedenen Gebieten einen unterschiedlichen Verlauf. Doch insgesamt ist der Wunsch nach tierischem Eiweiß für die ersten Domestikationen als wesentlich zu bezeichnen.

Der Wandel von Wildrindarten zu verschiedenen **Hausrindern** bietet besondere Probleme. Aus einem engeren Verwandtschaftskreis der Bovidae sind an verschiedenen Stellen der Erde aus verschiedenen Arten Haustiere geformt worden, die unterschiedlichen Wert haben. Die Wildarten sind von beträchtlicher Körpergröße und Körperkraft, was eine Domestikation nicht leicht gemacht haben wird. Mit den taurinen Hausrindern sei begonnen.

Der Auerochse war eine begehrte Jagdbeute früher Jäger, weil er große Mengen Fleisch lieferte und große Häute besaß. Die Hörner fanden als Trophäen Verwendung und dienten als Helmschmuck. Die Körperkraft und Behendigkeit der Auerochsen erregten Bewunderung und müssen zu einer besonderen Einstellung zu dieser Tierart geführt haben. Prähistorische Darstellungen und Figuren zeugen von Verehrung und Beschwörung der Auerochsen. Auch in der Einmauerung von Köpfen dieser Wildrinder in Hauswände verschiedener Siedlungen Südwestasiens, die aus der Zeit vor mehr als 10000 Jahren stammen, tut sich eine besondere Einschätzung von Auerochsen kund. Noch in unserer Zeit nehmen Hausrinder in manchen Ländern Eurasiens und Afrikas eine eigenartige Stellung ein. Ihre Köpfe und Schädel werden zur Abwehr von Geistern in Feldern aufgestellt, sie werden als heilige Tiere verehrt oder spielen in Volksbräuchen, so Stierkämpfen eine Rolle, bei denen sich Menschen immer wieder durch Überlegenheit auszuzeichnen versuchen. Solche ungewöhnlichen Gebräuche veranlassen zum Nachdenken.

Schon 1896 entwickelte E. Hahn die Meinung, Wildrinder seien im Verbund mit religiösen Vorstellungen zu Hausrindern geworden. Aus kultischen Gründen sei der Wunsch entstanden, Wildrinder ständig für Opferzwecke zur Verfügung zu haben. Da Hahn von der Meinung ausging, daß Ackerbau der Viehhaltung vorausging, nahm er an, daß Opfer von Wildrindern Vegetationsgottheiten geneigt machen sollten. Er glaubte daher, daß Hausrinder die ältesten Haustiere seien, so daß er seine Gedankenwelt auch auf die übrigen Haustiere anzuwenden trachtete. Hahn hat es verstanden, weithin zu überzeugen. Erörterungen über seine Ideen waren lebhaft. In den letzten Jahrzehnten nahm vor allem Isaak (1962–1970) diese Ansichten wieder auf und brachte erneut die Meinung zur Anerkennung, daß Auerochsen aus kultischen Gründen zu Haustieren wurden. Brentjes (1974) äußerte sich dazu eher zurückhaltend. Er führte aus, daß die ersten religiösen Vorstellungen um das Rind bereits im Paläolithikum entstanden, aber die ersten Rinderopfer sich erst vor ungefähr 5000 Jahren nachweisen lassen, rund 3000 Jahre nach der Erstdomestikation. Zoologen vermögen diese Gedankengänge nicht kritisch zu würdigen.

Zoologen können beim derzeitigen Forschungsstand nur feststellen, daß Hausrinder jünger als Hausschafe sind. Die bislang ältesten Hausrinder stammen aus rund 8500 Jahre alten Schichten von Argissa Magula (Boessneck 1962). Fast gleichalt sind Hausrinder aus Nea-Nikomedeia, Mazedonien, (Jarman und Jarman 1968) und von Knossos, Kreta. Daß es sich bei den Rinderresten von Argissa Magula um solche von Hausrindern handelt, wird aus der geringen Größe der Knochen und einem hohen Jungtieranteil von mehr als 50% erschlossen.

In prähistorischen Siedlungen Südwestasiens, die älter oder gleichalt wie Argissa Magula sind, fehlen Hausrinder (Reed 1983, Stampfli 1983). Erst mehr als 1000 Jahre später treten in Südwestasien Hausrinder auf, so in Schicht VI von Çatal Hüyük, Anatolien, vor rund 7000 Jahren und in Tepe Satz, Iran, vor mehr als 6000 Jahren. Es stellt sich die Frage, ob diese Tiere als Hausrinder eingeführt wurden oder aus den damals noch zahlreich in jenen Gebieten vorkommenden Auerochsen entstanden. Röhrs und Herre (1961) haben aus Fikirtepe vom Gestade des Bosporus Rinderreste beschrieben, deren Alter rund 6000 Jahre beträgt. Boessneck und v. d. Driesch haben 1979 über weiteres Material dieser Fundstelle berichtet. Die Variationsbreite, vom Bereich der Auerochsen bis zu jenem von Hausrindern, veranlaßte Röhrs und Herre zur Annahme eines Übergangsfeldes. Stampfli (1983) ist hingegen der Meinung, daß Knochen von Hausrindern mit Knochen von erbeuteten Auerochsen vermischt wurden. Eine klare Entscheidung ist nicht möglich. Bei Zugrundelegung der Auffassung von Stampfli war eine Einfuhr bereits domestizierter Hausrinder anzunehmen.

Im Jordantal haben die ersten Hausrinder ein Alter von etwa 7000 Jahren (Ducos 1969), jene in Jericho sind knapp 6000 Jahre alt (Clutton-Brock 1979). In Nordsyrien stammen die ältesten Hausrinder aus mehr als 6000 Jahre alten Schichten (Reed 1983). In vielen prähistorischen Siedlungen des Irak, die annähernd gleichen Alters sind, fehlen Hausrinder; nur aus Banahilk, knapp 7000 Jahre alt, wurden Hausrinder nachgewiesen. Die Nutzung von Hausrindern war in Südwestasien vor 7000–6000

Jahren noch nicht allgemein üblich (Epstein und Mason 1984).

Angaben über mehr als 9000 Jahre alte Hausrinder in der nubischen Wüste Ägyptens, die damals noch geeignete klimatische Bedingungen zur Tierhaltung bot, haben sich als wenig beweiskräftig erwiesen (Reed 1983, Muzzolini 1983). Rinderzucht setzt in Ägypten vor etwa 6000 Jahren ein. Vor 5000 Jahren lebten in Siedlungen Oberägyptens langhörnige Hausrinder, vor 4500 Jahren traten auch kurzhörnige Bestände auf (Muzzolini 1983). Muzzolini (1984) beschäftigte sich mit Felsbildern in der Sahara. Er kommt zu der Aussage, daß in dem Zeitraum von vor etwa 6000 Jahren bis vor ungefähr 3000 Jahren Hausrinderzucht in diesem Gebiet bei damals noch günstigen Klimabedingungen eine wichtige Rolle spielte.

Seit rund 7000 Jahren gibt es Hausrinder in Südturkmenistan (Zalkin 1970). In Thailand kommen Hausrinder seit mehr als 5500 Jahren vor (Higham 1977); im nördlichen Chekiang und in Shensi seit mehr als 4000 Jahren (Ho 1977). Die Daten sprechen für eine allmähliche Ausbreitung der Hausrinder.

Die Hausrinder Indiens – die Buckelrinder oder **Zebus** – verdienen besonderes Interesse. Sie besitzen Anpassungen an heiße Klimate, diese trugen zu ihrer späteren Einführung nach Westafrika bei. Dort wurden sie ökonomisch sehr wichtig. Buckelrinder sind seit rund 6500 Jahren nachweisbar (Zeuner 1963, Epstein 1971), in Kulturen des Industales seit 4500 Jahren.

In weite Teile Europas gelangten Hausrinder in gleicher Weise wie Hausschafe, meist mit diesen gemeinsam. Hausschafe und Hausziegen behielten anfänglich eine Vorrangstellung (Bökönyi 1974), später wurden Hausrinder häufiger. An manchen Stellen machten Hausrinder mehr als 60% früher Haustierbestände aus (Nobis 1984). Die Häufigkeit der einzelnen Nutztierarten hatte mit den jeweiligen ökologischen Eigenarten der Siedlungen einen Zusammenhang.

Nach den bisherigen Einsichten hatten Hausrinder zunächst als Fleischlieferanten Bedeutung, sei es zu Opferzwecken oder zur Ernährung der Bevölkerung. Doch mit fortschreitender Haustierzeit kamen Gedanken zu weiteren Nutzungen auf. Brentjes (1972, 1974) hat darüber eine umfassende Darstellung gegeben. Er ermittelte, daß seit ungefähr 5000 Jahren das Hausrind vor den Pflug gespannt wurde und als Reittier Verwendung fand. Vor dem Wagen, als Lastenträger und beim Dreschen leistet das Hausrind seit mindestens 4000 Jahren Dienste. Brentjes zeigte, daß die unterschiedlichen Nutzungen in den verschiedenen Ländern nicht gleichmäßig begannen und beim Einsatz von Hausrindern unterschiedliche Geräte benutzt wurden. Das Melken von Hausrindern entwickelte sich vor etwa 5000 Jahren (Parau 1957).

Obgleich die Nachfahren der Auerochsen eine unerwartete Anpassungsfähigkeit zeigten, erwiesen sie sich nicht allerorts als geeignet oder sie gelangten als materielles Gut nicht rechtzeitig in Gebiete, in denen die Ideenwelt von Menschen Hausrinder erstrebte. So kam es zur Domestikation weiterer Wildrindarten. Über Beginn und Vorgang dieser Domestikationen sind die zoologischen Kenntnisse außerordentlich lückenhaft.

Der **Gayal**, auch Mithan genannt, ist eine Domestikation des Gaur (Bohlken 1964, Simoons 1984). Über die Gründe zu dieser Haustierentwicklung liegt ein kulturgeschichtlich höchst bemerkenswertes Werk von Simoons und Simoons (1968) vor. Ihm ist zu entnehmen, daß der Gaur wahrscheinlich aus kultischen Gründen zum Haustier geformt wurde. Auch heute noch nimmt er in der religiösen Welt mancher Völker Süd- und Südostasiens eine wichtige Rolle ein.

Es bestehen hinreichend Gründe zur Annahme, daß die Domestikation zum Gayal in Kulturen des Industales vor rund 4000 Jahren begann. Die Haustiere gelangten nach Assam, wo sie heute vornehmlich verbreitet sind. Der Gayal ist weniger anpassungsfähig als taurine Hausrinder.

Auch über die Entwicklung des **Balirindes** aus dem Banteng liegen keine archäologisch-zoologischen Daten vor. Es wird vermutet, daß sowohl auf Java als auch auf Bali Domestikationen des Banteng vor sich gingen. Kulturhistorische Quellen führen zu der Aussage, daß der Beginn dieser Domestikationen ziemlich weit zurückliegt und sich bis in geschichtliche Zeit fortsetzte (Meijer 1962). Rollinson (1984) meint, daß die Annahme, Bali- oder Bantengrinder seien bereits vor 5500 Jahren in Non Nok Tha gehalten worden, recht unwahrscheinlich ist. Er hält eine Domestikation des Banteng auf Java oder auf dem südostasiatischen Festland für möglich.

Die Haustierwerdung des **Yak** im tibetanischen Hochland ist ebenfalls noch in Dunkel gehüllt. Da der Yak in tibetanischen Mythen eine große Rolle spielt, wird eine frühe Domestikation für möglich gehalten (Zeuner 1963, Bonnemaire 1984). Epstein (1969) erwägt, ob Yaks zunächst nur genutzt wurden, um taurine Hausrinder durch Kreuzungen für Hochgebirgsbedingungen geeigneter zu machen. Kulturgeschichtliche Dokumente lassen auch die Meinung zu, daß die Domestikation des Wildyak vor 3000–2000 Jahren erfolgte (Hermanns 1949). In Tibet ist der Hausyak zu einem vielseitig genutzten Haustier geworden. Sein Einsatz als Lastenträger sei besonders hervorgehoben. Der dichte Schwanz des Yak ist zur Abwehr von Insekten seit Jahrhunderten beliebt. Domestikationsmerkmale sind bei Hausyak gut ausgeprägt (Bohlken 1964, Gorgas 1966, Bonnemaire 1984).

Der **Hauswasserbüffel** wird vor allem in Reisanbaugebieten Asiens eingesetzt (Cockrill 1984). Aussagen über den Domestikationsbeginn aufgrund archäologisch-zoologischer Daten werden durch die Tatsache behindert, daß wenig Skelettveränderungen des Wasserbüffels im Hausstand sicher bekannt sind. Ho (1977) zufolge werden Wasserbüffel seit etwa 6000 Jahren in Honan als Haustiere genutzt; Cockrill (1984) hält dies erst für 3500 Jahre gesichert. Seit 5000 Jahren sollen in Chekiang Wasserbüffel Haustiere sein (Ho 1977). Im Industal kamen Hauswasserbüffel wohl seit 4500 Jahren vor (Allchin 1969, Bökönyi 1974, Clutton-Brock 1981). In Thailand sind sie aus dieser Zeit noch nicht nachzuweisen (Higham 1977), dort treten sie erstmalig vor etwa 3500 Jahren in Erscheinung (Clason 1984).

Von Indien aus kamen Hauswasserbüffel wahrscheinlich nach Mesopotamien (Isaak 1970). Aus Darstellungen auf Siegeln wird erschlossen, daß sie dort vor 4000 Jahren bekannt waren (Cockrill 1984). Von Mesopotamien gelangten Hauswasserbüffel zu den Arabern, vor etwa 2000 Jahren, und vor 1500 Jahren nach Südrußland und auch nach Ägypten. In diesen Ländern haben Hauswasserbüffel auch als Zugtiere vor Wagen Einsatz gefunden. In Ägypten wuchs die Zahl der Hauswasserbüffel vor etwa 100 Jahren, als Rinderpest die taurinen Hausrindbestände weitgehend vernichtete. Nach Italien wurden Hauswasserbüffel erst 596 u. Z. eingeführt.

**Hauspferde** nehmen seit Jahrtausenden unter den Haustieren eine Sonderstellung ein. Diese gewannen sie erst während ihres Hausstandes. Die frühesten Zeugnisse belegen, daß Hauspferde ursprünglich als Fleischlieferanten dienten; auch die wilden Vorfahren waren eine beliebte Jagdbeute. Doch schon vor etwa 4000 Jahren gewannen Hauspferde als staatserhaltende Kräfte besondere Wertschätzung. Vor den Kampfwagen gespannt oder als Reittiere von Kriegern trugen sie zur Vernichtung oder Neugestaltung von Weltreichen bei. Außerdem wurden Hauspferde zu Helfern von Bauern vor Wagen und Pflug. Heute sind Hauspferde in der westlichen Welt als Sportkameraden besonders geschätzt.

Die ältesten Hauspferde sind aus Südosteuropa, aus dem Gebiet zwischen Dnepr und mittlerer Wolga bekanntgeworden. Diese Hauspferde wurden in Siedlungen der Srednestogowa-Kultur und in solchen der Frühstufe der Grubengrabkultur gefunden. Ihr Alter beträgt annähernd 5500 Jahre. Hauspferde sind also jünger als Hausschafe, Hausziegen, Hausschweine, Haushunde und Hausrinder. Sie haben ein eigenes Domestikationszentrum. Der Beginn der Domestikation von Wildpferden muß aber weiter zurückliegen, denn der Anteil der Hauspferdknochen in den ältesten Siedlungen mit solchen Resten beträgt 60–80% der geborgenen Tierknochen. Die Hauspferde hatten also bereits eine überragende wirtschaftliche Bedeutung (Bibikowa 1975).

Diese Tatsache weist darauf hin, daß die Hauspferde an einem anderen Ort entstanden sein können. Die Fundstellen der bislang ältesten Hauspferde liegen im äußersten Südosteuropa in den Steppen des kaspischen Gebietes. Dies ist ein Teil des riesigen Steppenbereiches, der sich von den Karpaten bis zum Hoangho erstreckt. Es ist durchaus möglich, daß die ersten Domestikationen der Hauspferde weiter östlich, vielleicht in Südsibirien, zustande kamen, zumal ein Zusammenhang mit Nomadenstämmen vermutet wird (Bogoljubski 1959). Huppertz (1962) erschließt aus kulturgeschichtlichen Dokumenten ein Pferdezuchtzentrum im Raum Turan-Altai. Ältere Angaben über die Entstehung von Hauspferden in Mitteleuropa haben sich als sehr wenig gesichert erwiesen (Hançar 1955, Hübner, Sauer und Reichstein 1988).

Hauspferde erscheinen schon bald nach der Zeit ihres Erstnachweises in anderen Ländern. Huppertz nennt Berichte, nach denen wahrscheinlich schon vor rund 5000 Jahren Hauspferde in China genutzt wurden. Zalkin (1970) beschreibt 4000 Jahre alte Hauspferde aus Südturkmenien. Nach Japan gelangten Hauspferde erst vor etwa 2500 Jahren.

Hauspferde gelangten über den Kaukasus nach Südwestasien, in Gebiete, in denen die Stammart nie vorkam. Schon vor 4000 Jahren wurde ihnen dort eine besondere Betreuung zuteil. Sie wurden vor Kampfwagen gespannt und leisteten entscheidende Kriegsdienste (Drower 1969). In Ägypten leben Hauspferde seit mehr als 3500 Jahren (Clutton-Brock 1974). Nach Muzzolini (1984) wurden Hauspferde vor ungefähr 3000 Jahren aus Mittelmeerländern in die Sahara eingeführt. Aus Kulturen des Industales sind Hauspferde seit 4500 Jahren bekannt, ihre Zahl nahm dort beachtlich zu, als vor 3500 Jahren indo-iranisch sprechende Völker einwanderten (Allchin 1969).

Auch nach Süd- und Mitteleuropa gelangten Hauspferde bereits vor 4000 Jahren (Clutton-Brock 1981), sie waren aber zunächst nicht Allgemeingut der Bevölkerung. In ähnlich alten Siedlungen von Griechenland, Bayern, der Niederlande und Irlands wurden ebenfalls Reste von Hauspferden gefunden (Wyngaarden-Bakker 1975). In Griechenland (Reichstein 1982), Rumänien und Österreich leben Hauspferde seit etwa 3000 Jahren (Bökönyi 1974, 1984).

Nach der ursprünglichen Nutzung als Fleischtier gewannen Hauspferde als Helfer viehzüchtender Nomaden Einsatz. Ihre Wertschätzung stieg erheblich mit der Erfindung des pferdebespannten Kampfwagens vor mehr als 4000 Jahren. Dieser wurde bei Babyloniern, Assyrern und Hethitern eingesetzt und ermöglichte entscheidende Kampferfolge. Diese trugen dazu bei, Schlachtungen von Hauspferden zu untersagen. Auch in Ostasien kamen pferdebespannte Kampfwagen vor 4000 Jahren zum Einsatz (Huppertz 1962). In den Karpaten wurden die ersten Hauspferdewagen vor rund 3500 Jahren genutzt (Bökönyi 1974).

Auch das Reiten hat eine mehr als 4000-jährige Geschichte (Trench 1970). Im gebirgigen Gelände Ostasiens entwickelten sich reitende Bogenschützen zu gefürchteten Heeren. Diese ermöglichten einen Aufstand der Steppe gegen alte, machtvolle Reiche im Westen. In Mittel- und Westeuropa waren Hauspferde als Reittiere geschätzt, weil durch die Unwegsamkeit weiter Gebiete der Einsatz von Wagen dort erst vor 3000 Jahren in größerem Ausmaß erfolgen konnte.

Nicht übersehen werden darf, daß Hauspferde auch friedlichen Zwecken dienten. Sie kamen anstelle von Hausrindern vor den Pflug und sie wurden vor Wagen gespannt, die ursprünglich für Hausrinder erfunden waren. Hauspferde bewährten sich beim Einbringen der Ernte und vielen anderen Transporten.

Die sehr unterschiedlichen Nutzungen wirkten sich auf Gestalt und Wesen der Hauspferde aus. Mohr (1959) berichtet, daß das Reiten und Einspannen von Wildpferden mit sehr viel Schwierigkeiten verbunden ist. Bei der Erörterung von Rassen der Haustiere werden wir auch auf die Besonderheiten der Hauspferde eingehen.

**Hausesel** sind seit Jahrtausenden geschätzte Transport- – vor allem Tragtiere. Über die Domestikation der Wildesel ist das Wissen noch gering. Sie sind wohl im nordöstlichen Afrika zu Haustieren geworden. Müller und Nagel (1968) geben als älteste Fundstelle Al Maadid mit einem Alter von 5500–5200 Jahren an. Epstein (1984) erwähnt eine Darstellung vom Wildeselfang auf einem 5500 Jahre alten ägyptischen Bild.

Zahlreiche 4500 Jahre alte ägyptische Bilder belegen, daß zu dieser Zeit in Ägypten Hausesel in großer Zahl gehalten wurden und als Lastenträger sowie Reittiere dienten (Clutton-Brock 1981). Auch bei den Hethitern war die Zahl der Hausesel vor 3500 Jahren groß (Herre und Röhrs 1958). Hausesel gelangten vor rund 5000 Jahren als Lastenträger nach Südwestasien (Reed 1983), nach Indien und China vor 4000 Jahren (Epstein 1984). In Palästina gibt es Hausesel seit 4000, in Südturkmenien seit 3000 (Zalkin 1970) und in Südrußland seit 2500 Jahren. Griechen und Römer kannten Hausesel gut, die ältesten Hausesel Griechenlands stammen aus annähernd 3000 Jahre alten Schichten (Reichstein 1982); nach Süddeutschland gelangten Hausesel vor ungefähr 2000 Jahren.

Die vermuteten Vorkommen von Wildeseln im palästinensisch/syrischen Raum in prähistorischer Zeit haben neuerdings zu Erörterungen über eine Domestikation von Wildeseln in diesem Gebiet geführt. Doch die Daten von Groves (1986), Ducos (1986), Zeder (1986) und besonders die Erörterungen von Uerpmann (1986) ergeben bei kritischem Vergleich, daß dieser Denkmöglichkeit viele Unsicherheiten anhaften. Weiteres Material ist zur Klärung der Problematik erforderlich.

**Hauskatzen** sind heute beliebte Heimtiere. Als Vertilger von Schädlingen, so Ratten und Mäusen, die in menschliche Siedlungen eindrangen, werden sie seit Jahrtausenden geschätzt. Trotzdem unterscheiden sich Hauskatzen in auffälliger Weise von anderen Haustieren. Wohl suchen sie die Nähe des Menschen, oft wenden sie sich ihm vertrauensvoll zu und suchen engen Kontakt, aber sie bleiben in wichtigen Dingen selbständig. Einen Großteil ihrer Nahrung beschaffen sie sich allein, einer Zuchtkontrolle durch Menschen entziehen sie sich im allgemeinen noch immer sehr viel stärker als andere Haustiere. Hauskatzen hatten als Fleischlieferanten des Menschen nie einen Wert. Hauskatzen stammen von einer ungeselligen Wildart ab. Diese Sachverhalte stellen besondere Fragen nach dem Warum, Wie und Wo der ersten Domestikation. Darüber ist sehr viel spekuliert worden (Robinson 1984).

Es gibt Meinungen, daß Hauskatzen schon vor 7000–6000 Jahren in Jordanien und vor mehr als 4000 Jahren im Irak gehalten wurden (Brentjes 1962, Petzsch 1971, 1973). Diese Hinweise haben jedoch an Wahrscheinlichkeit verloren.

Die sicher belegte Geschichte der Hauskatze beginnt in Ägypten, wie die kritische Übersicht von Hüster und Johansson (1987) zeigt. Dort gibt es 4000 Jahre alte Darstellungen von Katzen. Diese erwiesen sich als Wildkatzen, aber sie bezeugen, daß Menschen diesen Tieren ein besonderes Interesse entgegenbrachten. Seit 3500 Jahren lassen sich dann eindeutige Hauskatzen nachweisen. Unterschiedliche Dokumente lehren, daß sich diese Hauskatzen hoher Wertschätzung erfreuten und schließlich als heilige Tiere verehrt wurden.

Nach allen bisher greifbaren Belegen verlief der Weg von der Wildkatze zur Hauskatze recht ungewöhnlich. Er bietet zum zoologischen Verständnis des Domestikationsgeschehens wichtige Hinweise. Wildkatzen drangen wohl von sich aus in menschliche Siedlungen ein, da sie in ihnen eine freie, nahrungsreiche ökologische Nische erkannten (Todd 1978).

Die Ägypter waren damals seßhafte Ackerbauern, die ihre Ernten in großen Gefäßen aufbewahrten. Dies lockte Kleinnager in nicht unbeträchtlichen Zahlen an; die guten Lebensbedingungen ermöglichten ihnen eine rasche Vermehrung. Wildkatzen, die sich den besonderen Lebensbedingungen menschlicher Nähe anzupassen verstanden, die ihre natürliche Scheu überwinden konnten, fanden reichlich Nahrung. Die eindringenden Wildkatzen mußten Verhaltensweisen, die in freier Wildbahn vorteilhaft waren, verändern. Dazu gehört, daß sie sich mit kleineren Territorien begnügten und die Nähe von Artgenossen erduldeten. Sicher gelang nicht allen Wildkatzen eine solche Anpassung. Eine natürliche Auslese jener Tiere, die für den neuen Lebensraum geeignet waren, wird stattgefunden und eine Verschiebung der bisherigen Genfrequenzen ihren Anfang genommen haben.

Die ägyptischen Bauern erkannten wohl die Nützlichkeit dieser Katzen; sie stellten sie unter besonderen Schutz. Nun konnten auch Jungtiere überleben, die den freien Kampf ums Dasein nicht bestanden hätten. Die Populationsdichte und die Populationsdynamik der ersten Hauskatzen nahm andere Formen an als bei den wild lebenden Artgenossen. Populationsgenetische Veränderungen festigten die Eigenstellung der Hauskatzen. Vorstellungen über den Genotyp der Hauskatzen im alten Ägypten sind entwickelt worden (Blumenberg 1982).

Die Einstufung der ägyptischen Hauskatzen als heilige Tiere brachte es mit sich, daß eine Verfolgung unter Strafe gestellt und die Ausfuhr verboten wurde. Aber als Schmuggelgut gelangten Hauskatzen nach Palästina, Kreta und schließlich vor 2500 Jahren nach Griechenland. Mit dem Durchbruch des Christentums verloren Hauskatzen auch in Ägypten ihre Sonderstellung. Sie gelangten vor etwa 2000 Jahren nach Italien, wo der Einsatz als Schädlingsvertilger auf Getreidefeldern empfohlen wurde. Von Italien aus kamen Hauskatzen mit den Römern über die Alpen. Schon vor mehr als 2000 Jahren waren sie in Norddeutschland und Mittelskandinavien verbreitet (Ekman 1973), seit rund 1000 Jahren sind sie dort häufig; seit knapp 1000 Jahren sind sie auch in Nordskandinavien und auf Island vorhanden (Robinson 1984, Johansson und Hüster 1987).

Nach China kamen Hauskatzen über Indien vor 2500 Jahren. Nach Nordamerika wurden Hauskatzen durch europäische Siedler gebracht. Ihre jeweilige Herkunft läßt sich durch Ermittlung der Genfrequenzen in den Populationen verschiedener Bereiche Nordamerikas ermitteln (Todd 1977).

Das **Hausrentier** ist ebenfalls ein bemerkenswertes Haustier; es hat zur Erschließung der Tundragebiete Eurasiens beigetragen. Die Züchter von Hausrentieren wurden Nomaden (Herre 1955). Das Hausrentier liefert nicht nur Fleisch und Felle, es ist auch ein wichtiges Transporttier. Vor 100 Jahren wurden skandinavische Hausrentiere in den Norden Amerikas, den Heimatbereich der Karibou, eingeführt, um die Fleischversorgung der Eskimobevölkerung in Alaska zu verbessern. Erfolge blieben gering.

Wilde Rentiere gehören seit mehr als 20000 Jahren zu wichtigen Jagdtieren prähistorischer Jägerstämme (Rust 1958, Skjenneberg 1984). Aber Ort und Zeit der Haustierwerdung des Rentieres liegen noch weitgehend im Dunkel. Kulturhistorische Erwägungen geben darüber erste Vorstellungen.

Wicklund (1938) hat die Meinung begründet, daß Lappen seit mehr als 2700 Jahren Rentierzucht betreiben. Laufer (1971) glaubte nachweisen zu können, daß die Domestikation des Rentieres vor 1500 Jahren abgeschlossen war. Aufgrund philologischer Daten erschloß Laufer, daß es sich bei der Domestikation der Rentiere um einen Nachahmungsvorgang handele. Wanderstämme, die in Nordostasien ihre Hausrinder und Hauspferde verloren hätten, benötigten einen Ersatz. Daher sollen sie Rentiere zu Haustieren gemacht haben (Jettmar 1952).

Mehrere Forscher haben gegen diese Auffassung Bedenken erhoben und mehrfache Domestikationen des Rentieres für wahrscheinlich erachtet. Jettmar stellte die Problematik dar; viele Fragen sind noch offen. Herre (1955) hat die Unsicherheiten diskutiert; neuerdings stellten Ingold (1974) und Skjenneberg (1984) historische Probleme der Hausrentierzucht dar.

Deutliche Domestikationsmerkmale lassen sich in den Herden der Hausrentiere beobachten; sie gestatten jedoch keine Aussagen über die Dauer der Haustierzeit. Im allgemeinen wird das Hausrentier als ein junges Haustier bezeichnet mit einem Alter von vielleicht 2000 Jahren.

Indische **Elefanten** gehören zu alten Nutztieren der Menschheit. Die zu Dienstleistungen benötigten Tiere werden mittels verschiedener, alter, bei Jägern bewährten Fangmethoden Wildbeständen entnommen, gezähmt und für Arbeiten abgerichtet. In Gefangenschaft vermehren sich die indischen Elefanten nur selten.

Mit der Problematik, die diese Sachverhalte in sich bergen, haben sich Baker und Manwell (1983) auseinandergesetzt. Diese Forscher kamen zu der Überzeugung, daß beim indischen Elefanten ein Domestikationsprozeß begann, aber vor 3000–2000 Jahren unterbrochen wurde. Der Grund zu dieser Unterbrechung wird in einer Freude am Wagnis gesehen.

Elefanten sind große, kräftige Tiere, die auch sehr auffassungsfreudig sind. Sie zu fangen und sich untertan zu machen, bietet Reize. Die Genugtuung, die nach dem Gelingen eines solchen Wagnisses empfunden wird, soll zum Verlangen nach Wiederholungen geführt haben. Dadurch kam die endgültige Domestikation des indischen Elefanten nicht zum Abschluß.

Diese Idee ist zweifellos interessant und es ist zu prüfen, ob auch für den Beginn von Domestikationen anderer großer Säugetiere die Vorstellung von der Bedeutung eines Wagnisses Fortschritte im Verständnis erbringen kann.

**Hauskamele** sind in weiten Teilen der Erde unentbehrliche Transport- und Reittiere sowie wichtige Milch- und Fleischlieferanten. Ihre Genügsamkeit, ihre Fähigkeit längere Durstzeiten zu überstehen, hat zur Wertschätzung beigetragen. Doch die Entstehung der Hauskamele ist lange unklar geblieben (Walz 1951–1969, Dostal 1967, Epstein 1971, Gauthier-Pilters und Dagg 1981, Wilson 1984, Mason 1984). Schwierigkeiten erwuchsen aus dem Sachverhalt, daß es zwei Formen von Hauskamelen gibt: Das zweihöckrige Trampeltier, im wesentlichen in zentralasiatischen Gebieten mit kälteren Wintern zu finden, und die einhöckrigen Dromedare, mehr in Vorderasien und Afrika in Bereichen mit höheren Sommertemperaturen eingesetzt. Ob zwei Wildformen lebten, ist noch ungewiß. Die Kenntnisse über wilde Kamele blieben sehr lückenhaft, da diese ausgestorben sind. Die Annahme nur einer Wildart mit zwei Unterarten erscheint nicht unberechtigt (Herre 1982). Umfassend und kritisch hat Köhler (1981) Daten über Hauskamele zusammengetragen; ein erstes Bild über die Domestikation zeichnet sich ab.

Die ältesten Knochenfunde, die von Hauskamelen stammen werden, wurden in 5000–4500 Jahre alten Siedlungsschichten in Turkmenistan, Iran und Abu Dhabi gefunden. Obwohl sich nicht sichern läßt, daß diese Knochen von voll domestizierten Kamelen stammen, belegen sie mit Sicherheit engere Beziehungen zwischen Menschen und Kamelen. Zumindest der Beginn einer Domestikation kann erschlossen werden.

Aufgrund von Darstellungen und Figuren aus dieser Zeit ergibt sich, daß man in Turkmenistan und Iran offenbar nur Trampeltiere, in Abu Dhabi Dromedare besaß. Die bisherigen Befunde sprechen dafür, daß Trampeltiere und Dromedare gleichzeitig in verschiedenen ökologischen Gebieten auftraten. Dies legt die Annahme unabhängiger Domestikation von zwei verschiedenen Unterarten nahe. Für das Dromedar läßt sich die Denkmöglichkeit vertreten, daß die Domestikation in Tälern des Yemen (Südarabien) vor 6000 Jahren erfolgte (Wilson 1984).

Die Haltung von Hauskamelen blieb für etwa 1500 Jahre auf die nähere Umgebung der Domestikationszentren begrenzt. Vor etwas mehr als 5000 Jahren kam das Dromedar durch Araber nach Mesopotamien und Palästina; vor ungefähr 5500–4000 Jahren über Bab el Mandeb nach Ägypten und Tripolitanien, vor 3000 Jahren nach Spanien (Wilson 1984). Muzzolini (1984) stellte fest, daß Hauskamele vor etwa 2000 Jahren in die Sahara gebracht wurden. Doch sind diese Angaben noch unsicher. Gauthier-Pilters und Dagg (1981) haben viele Vorstellungen über die Ausbreitung von Dromedaren in Afrika und Asien kritisch gesichtet, Wilson (1984) faßte solche Meinungen in einer Skizze zusammen. Diese Autoren berichten auch über spätere Versuche, Dromedare in Teilen von Amerika und Australien sowie in Europa heimisch zu machen; die Erfolge blieben gering. Trampeltiere waren in den Gebieten von Shensi und Hopeh ebenfalls vor etwa 2500 Jahren, in weiteren Bereichen Chinas vor 2000 Jahren bekannt (Epstein 1969).

Über Hauskamele im alten Orient berichtete Brentjes (1960) recht aufschlußreich; interessante Daten zur Kamelhaltung stellte Sweet (1965) zusammen.

**Lama** und **Alpaka** wurden von südamerikanischen Indianern aus dem Guanako zu Haustieren geformt. Da das Guanako eine wichtige Jagdbeute prähistorischer Indianerstämme des Andenhochlandes war, dienten die ersten domestizierten Guanako wohl ausschließlich als Fleischlieferanten. Die Nutzungen sind jedoch bald erweitert worden; das Lama wurde als Transporttier herangezogen. Aus Lamas entwickelten sich die Alpaka zu wichtigen Wollieferanten (Herre 1958).

Die Entstehung der Haustiere Lama und Alpaka blieb lange unklar, weil archäologisch-zoologische Dokumente fehlten. Im letzten Jahrzehnt konnten Wheeler-Pires-Ferreira, Pires-Ferreira und Kaulicke (1976), Wing (1977), Hesse (1982) und auch Franklin (1982) diese Lücke schließen. Sowohl die Jagd auf Guanakos als auch die Domestikation dieser Tiere fand in Gebieten statt, die über 4000 m hoch in der Nähe des Titicacabeckens liegen.

Einen ersten Hinweis auf die Domestikation des Guanakos meint Wing in 6500–5100 Jahre alten Schichten einer Fundstelle in Ayacucho nachweisen zu können, weil die Variabilität im Fundgut groß und der Anteil der Jungtiere hoch ist. Interessante Befunde zur Domestikation des Guanako erbrachten Grabungen in der Puna von Junin. Dort zeigte sich in Schichten, deren Alter zwischen 8000 und 3000 Jahren liegt, ein allmählicher Übergang von Jagd über geordnete Nutzung zur Domestikation. Insgesamt läßt sich erschließen, daß in Junin die Domestikation des Guanako vor 5500 Jahren begann und vor 2500 Jahren in diesem Bereich abgeschlossen war. Hesse untersuchte Fundorte in den chilenischen Anden. Er konnte zeigen, daß in diesem Gebiet zunächst große und kleinere Tylopoden gejagt wurden. Der Schluß, daß es sich dabei um Guanako und Vikunja handelt, liegt nahe. Die großen Tylopoden erweisen sich seit 4500 Jahren als domestiziert, sie gehören nicht mehr zur Jagdbeute. Die kleinen Tylopoden wurden weiterhin erlegt.

Die Daten weisen darauf hin, daß sich die Domestikation des Guanako in verschiedenen Andengebieten unterschiedlich schnell entwickelte. Aus diesem Grund von mehrfacher Domestikation zu sprechen, erscheint jedoch gewagt. Domestikationen müssen als weiträumige, aber trotzdem einheitliche Geschehen betrachtet werden, die an verschiedenen Stellen nicht mit gleicher Geschwindigkeit vorankommen.

Bislang galt im allgemeinen das Titicacabecken als Ausgangsbereich der Entwicklung von Lama und Alpaka, weil heute in diesem Raum die meisten domestizierten Tylopoden leben. Diese Auffassung ist jetzt, im Blick auf die Daten von Hesse, unsicher geworden. Es muß außerdem bedacht werden, daß mit der Kolonisation des Westens von Südamerika durch die Spanier die ursprünglichen Verteilungsmuster der autochthonen Haustiere tiefgreifend verändert wurden. Auch über die erste Domestikation des Guanako können sich noch unerwartete Einsichten ergeben, wenn die prähistorische Forschung in Südamerika voranschreitet.

Das **Hausmeerschweinchen** war im Westen von Südamerika einst ein wichtiger Fleischlieferant für die Indianer. In der Inkazeit hatte das Hausmeerschweinchen auch als Opfertier bedeutenden Wert. Nach der spanischen Eroberung ging die Bedeutung dieser Haustiere zurück. Doch in Indianerhäusern leben noch immer frei laufende Hausmeerschweinchen in größerer Zahl. Sie nähren sich von Küchenabfällen und liefern wohlschmeckende Braten. In den letzten Jahren hat die Zucht von Hausmeerschweinchen wieder stark zugenommen, sie wird durch staatliche Maßnahmen gefördert. Zuchtziel ist eine Steigerung der Körpergröße.

Das archäologisch-zoologische Wissen über die Domestikation der Meerschweinchen war bis vor wenigen Jahren ebenfalls gering. Meinungen darüber wurden mit kulturgeschichtlichen und völkerkundlichen Daten untermauert. Es wurde angenommen, daß Hausmeerschweinchen vor knapp 3000 Jahren im mittleren Andengebiet, vielleicht mit dem Titicacabecken als Zentrum, entstanden seien (Gade 1967, Gunda 1980). Jetzt haben prähistorische Funde im Ayacucho-Tal, die Wing (1977) bearbeitete, zu höchst bemerkenswerten Einsichten geführt.

Es ergab sich, daß Meerschweinchen auch als Wildtiere vorwiegend in Andentälern genutzt wurden, nicht in Höhen über 4000 m. Die Fundstellen im Ayacucho-Tal geben einen Einblick in die Nutzung von Meerschweinchen während eines Zeitraums von 9000 Jahren. In 9000–6000 Jahre alten Schichten stammt 40% der gefundenen Tierknochen von wilden Meerschweinchen; die Variabilität innerhalb dieses Materials ist gering. Eine Zuordnung dieser Meerschweinchen zu *Cavia aperea tschudii* ist berechtigt. Diese Wildtiere müssen damals bereits eine beliebte Speise gewesen sein. In den Schichten mit einem Alter zwischen 6000–3000 Jahren verringert sich die Zahl der erbeuteten Meerschweinchen, sie scheinen knapp geworden zu sein. Ab 3000 Jahre alten Schichten sind die Meerschweinchen domestiziert; sie wurden im Zeitabschnitt zwischen 6000–3000 Jahren zu Haustieren. Seit 3000 Jahren sind Hausmeerschweinchen in den westlichen Tal- und Küstengebieten Südamerikas allgemein Gebrauchstiere; sie wurden vor 3000 Jahren in Mittel- und Nordperu eingeführt.

Die Begleitumstände der prähistorischen Meerschweinchen geben Hinweise auf den Weg zum Haustier. Danach haben die Meerschweinchen selbst die Entwicklung zum Haustier begünstigt. Sie scheinen Ackerbauflächen und Häuser als eine neue, geeignete ökologische Nische entdeckt zu haben, die ihnen Schutz und Nahrung bot. Wildmeerschweinchen werden von mehreren Raubtieren gejagt, in der Nahrung sind sie auf grüne Pflanzen angewiesen. Zur Trockenzeit sammeln sie sich in großer Zahl an Lagunen, wo noch grüne Pflanzen zur Verfügung stehen. Diese sind aber sicher auch in der Nähe menschlicher Siedlungen vorhanden gewesen, so daß sich ein neues Nahrungsangebot auftat. Auch im Falle der Meerschweinchen werden weniger scheu veranlagte Tiere den Übergang in die Indianerhütten gewagt und damit die Entwicklung zum Haustier eingeleitet haben. Dies führte nicht nur zu einer Änderung der Auslesebedingungen, sondern auch zu Wandlungen in Populationsdynamik und Populationsgenetik. Menschen werden die Eindringlinge in ihren Hütten geduldet und auch gefördert haben. Ein gefühlsbetontes Verhältnis zu den Hausmeerschweinchen hat sich aber bei der indianischen Bevölkerung nicht entwickelt. In der Keramik indianischer Bevölkerung im Westen Südamerikas spielen Tierfiguren eine große Rolle. Figuren von Hausmeerschweinchen von der Nordküste Perus sind nur etwa 1000 Jahre alt (Gunda 1980).

Bei den erobernden Spaniern fanden Hausmeerschweinchen, deren Stimmäußerungen als fröhliches Zwitschern empfunden wurde, bald Freunde. Hausmeerschweinchen wurden nach Europa gebracht, dienten als Spielgefährten von Kindern und wurden mehr und mehr zu beliebten Heimtieren.

Mit dem Aufblühen der experimentell biologisch-medizinischen Forschung begann vor 100 Jahren der Einsatz von Hausmeerschweinchen als Labortier. Bei genetischen Untersuchungen konnten mit ihrer Hilfe Gesetzmäßigkeiten der Vererbung von körperlichen Merkmalen entdeckt werden.

**Hauskaninchen** sind junge Haustiere, obwohl zwischen Wildkaninchen und Menschen seit alten Zeiten besondere Beziehungen bestehen. Hauskaninchen werden heute wegen ihrer Pelze, bei einigen Rassen wegen der Wolle und stets wegen des Fleisches geschätzt. Erst in den letzten Jahrzehnten wurden sie auch als «Kuscheltiere» beliebt. Der Weg vom Wild- zum Hauskaninchen ist eigenartig; Nachtsheim (1928–1977) sind darüber eingehende Untersuchungen zu danken.

Wildkaninchen lernten die Phoenizier kennen, als sie vor mehr als 3000 Jahren nach Spanien kamen. Die Römer brachten diese Tiere vor mehr als 2000 Jahren nach Italien, hielten sie dort in Gehegen, Leporarien genannt, und nutzten diese Wildkaninchen zur Jagd. Die unterhaltende Jagdform fand in West- und Mitteleuropa Nachahmung. Hier wurden Wildkaninchen bis zur Neuzeit auch auf Inseln ausgesetzt (Robinson 1984).

Die Domestikation der Wildkaninchen begann vor etwa 1500 Jahren in Klöstern Frankreichs. Dort dienten junge, noch blinde Kaninchen als Fastenspeise. Die Kaninchen wurden in Klosterhöfen gehalten, sie entwickelten sich zu Haustieren. Von diesen gelangten Individuen in Klöster anderer Länder; nach Deutschland kamen die ersten Hauskaninchen vor 1000 Jahren, eher als Wildkaninchen.

Die Zucht von Hauskaninchen fand rasch Ausweitung. Es entstanden Tiere mit Farbbesonderheiten, die zu planmäßiger Zucht reizten. Vor 400 Jahren entstanden die ersten Rassen, ihre Zahl mehrte sich. In den letzten 50 Jahren gelang es Nachtsheim, die genetischen Grundlagen der Farbvererbung zu klären. Nun führten Zuchtplanungen zu weiteren Rassen. Wir werden darüber später berichten.

In engem Zusammenhang mit der Ausbreitung der Wildkaninchen durch Menschen in Europa steht das Vordringen des Frettchens. **Frettchen** erwiesen sich als nützliche Jagdgehilfen bei der Kaninchenjagd.

Das Frettchen, der domestizierte Waldiltis, wird als Haustier erstmalig vor mehr als 2000 Jahren im griechischen Schrifttum erwähnt und seine Zucht in Lybien genannt (Owen 1984). Archäologisch-zoologische Dokumente über seine Domestikation fehlen.

Nach Deutschland und England kam das Frettchen vor etwa 800 Jahren, als das Wildkaninchen von Westen her nach Mitteleuropa vordrang und als Jagdtier Beliebtheit erlangte (Espenkötter 1982).

Soweit bekannt ist, wurden wilde Waldiltisse in unserer Zeit mehrfach in Frettchen eingekreuzt. So kann die Meinung vertreten werden, daß das Domestikationsgeschehen bei dieser Art noch nicht abgeschlossen ist. Die Zuchtvorgänge sind aber schwer zu kontrollieren.

## 3 Die Entwicklung von Labor- und Farmsäugetieren

Wird die von uns gegebene Begriffsumgrenzung der Domestikation zugrunde gelegt, sind auch in neuerer Zeit Haustiere aus verschiedenen Wildarten hervorgegangen. Dies sind Labor-, Farm- und Hobbytiere. Menschen haben in diesen Fällen kleine Populationen von Wildarten der freien Wildbahn entnommen. Mit jenen Individuen, die sich an Gefangenschaftsbedingungen anpaßten, wurde über Generationen gezüchtet und dabei Auslese nach Zielvorstellungen betrieben. Die Nachkommen der Ausgangspopulationen haben sich gegenüber der Norm ihrer Wildart vielfältig verändert. Diese modernen Haustiere können in verschiedener Weise als Modelle für alte Domestikationen herangezogen werden.

Dabei ist im Auge zu behalten, daß jene Bevölkerungsgruppen, welche die alten, klassischen Domestikationen durchführten, keine Ahnung von der Wandlungsfähigkeit wilder Tierarten in der Domestikation hatten. Bei den modernen Domestikationen gibt es nicht nur Vorbilder, sondern auch ein allgemeines Wissen über Vererbungsvorgänge, Selektionsmethoden und Zuchtverfahren. So lassen sich schon am Beginn einer Neudomestikation Zuchtziele formulieren, neu auftretende Merkmale besser nutzen und Veränderungen beschleunigen.

Die **Labormaus** ist eines der wichtigsten modernen Laboratoriumstiere. Schon vor mehr als 3000 Jahren sind Hausmäuse verschiedentlich in kultische Zusammenhänge einbezogen worden. Albinomäuse, die Wahrsagern Hilfen leisteten, hatten schon vor 3000 Jahren in China einen eigenen Namen. Im Orient wurden vor 2000 Jahren Hausmäuse in großen Zahlen gefangen, um die seltenen Albinomäuse zu erbeuten; Tanzmäuse waren zu dieser Zeit bereits bekannt (Berry 1984). Schon 1664 u. Z. dienten Hausmäuse ersten medizinischen Experimenten. Doch erst 1909 entstand der erste Inzuchtstamm von *Mus musculus*, der als Beginn einer höchst erfolgreichen Domestikation dieser Art bezeichnet werden kann. Allgemeine Bedeutung, die zu starker Vermehrung der Bestände führte, erlangten Labormäuse zwischen 1920 und 1930 u. Z. (Festing und Lovell 1981). Seither ist eine Fülle von Stämmen erzüchtet worden, die sich in vielen Merkmalen von der Norm der Stammart unterscheiden; Green (1981) hat darüber in genetischer Sicht eine Zusammenstellung gegeben.

Die ersten Versuche, Wanderratten zu Labortieren zu entwickeln, begannen vor etwa 100 Jahren. Albinotische Tiere, die in freier Wildbahn auftraten, wurden mit wildfarbenen Wanderratten gekreuzt. Seither fand ein umfangreicher Ausbau dieser Zuchten statt. Die **Laborratte** ist zum wohl häufigsten Versuchstier geworden. Etwa 100 Inzuchtstämme mit bemerkenswerten Eigenschaften sind im Einsatz (Becker 1978). Über Schädelabwandlungen von Laborratten berichteten Sorbe und Kruska (1975).

**Goldhamster** sind beliebte Heimtiere geworden. Sie finden auch in Laboratorien Verwendung. Ihr Werden zum Heimtier verdient besondere Beachtung, weil die Haustierentwicklung nicht von einer vielköpfigen Wildpopulation ausging, sondern von wenigen Tieren. Ein einzelnes Weibchen mit seiner Nachzucht wurde in der Nähe von Aleppo 1930 gefangen. Ein Männchen und 2 Weibchen, die in der Universität von Jerusalem gehalten wurden, brachten 1930 ihre erste Nachzucht. Aus diesen kleinen Beständen ging die große Zahl der Heimgoldhamster hervor. Als Folgen starker Vermehrung und sich ergebenden Inzucht traten immer mehr und auffallendere Abweichungen von der Wildart auf. Als erste Veränderung stellte sich Scheckung ein (Koch 1951). Der Vermehrung besonderer Varianten wurde besondere Aufmerksamkeit zuteil (Clutton-Brock 1981, Robinson 1984).

Auch die Entwicklung der **Farmchinchilla** ging von sehr kleinen Gruppen aus. Das Pelzwerk der Wildtiere war stets begehrt. Es ist nicht auszuschließen, daß bereits zur Inkazeit versucht wurde, Chinchillas zu züchten; Erfolge auch späterer Versuche blieben gering und eine starke Verfolgung der Wildbestände hielt an. Dies führte zur Ausrottung der Arten in freier Wildbahn.

Der Gedanke, aus Chinchillas Farmtiere zu machen, kam in neuerer Zeit wieder auf. 1855 begann eine Farmhaltung in Chile, jedoch erst 1896 stellten sich Nachzuchterfolge ein. 1918 wurde eine Farmzucht von *Chinchilla laniger* in Potrerillos angelegt, von der 3 Weibchen und 8 Männchen nach Kalifornien kamen. Aus ihnen entwickelte sich eine sehr erfolgreiche Farmzucht in aller Welt. 1955 trat die erste «Mutation» auf, der mehr als 10 weitere folgten. 1963 gab es allein in den USA mehr als 500000 Farmchinchillas.

*Chinchilla brevicaude boliviana* wurde ebenfalls mit wenigen Tieren in Farmen überführt. Dieser Neubeginn vollzog sich später als jener von *Chinchilla laniger*, aber es liegen darüber keine genauen Angaben vor. Um 1970 wurde versucht, diese Art in *Chinchilla laniger*-Zuchten einzukreuzen, um die Körpergröße zu steigern (Grau 1984). Beim Versuch beide Arten zu kreuzen, blieben Erfolge gering, weil die erste Nachzuchtgeneration unfruchtbar ist (Zimmermann 1962).

**Sumpfbiber** werden wegen ihrer Felle und ihres Fleisches seit langem verfolgt. Bis 1910 sollen jährlich 10 Millionen Pelze auf den Markt gekommen sein. 1920 stieg die Wertschätzung dieses Pelzwerks. Erste Sumpfbiberfarmen entstanden in der Nähe von Buenos Aires; in Nordamerika und in Europa folgte man diesem Beispiel. Nach dem 2. Weltkrieg weitete sich die Farmhaltung von Sumpfbibern in aller Welt, besonders aber in Polen aus. Die Felle und das schmackhafte Fleisch wurden sehr begehrt. Viele Farbvarianten stellten sich ein (Gossling und Skinner 1984); die ersten Albinos erschienen 1936. 1958 waren in Argentinien 10 weitere Farbvarianten bekannt. Diese traten unabhängig auch in Farmhaltungen anderer Länder auf.

Die Entwicklung der **Farmnerze** ist nicht einheitlich vor sich gegangen. Die Farmnerzzucht begann in den 80er Jahren des 19. Jahrhunderts, verstärkt aber ab 1913 in Kanada (Wenzel 1984). In sie wurden Wildnerze verschiedener Unterarten eingebracht, weil sich deren Pelzqualitäten unterscheiden. Solche Vorgänge haben sich in den folgenden Jahrzehnten mehrfach wiederholt. Die ersten Meldungen über genetische Veränderungen, die sich auf Fellbesonderheiten auswirken, liegen seit 1920 aus Kanada vor; 1931 begannen planmäßige Zuchten mit Farbmutanten. Bei Wildnerzen sind Farbabweichungen selten. Die erblichen Grundlagen der Farbbesonderheiten der Farmnerze konnten weitgehend geklärt werden (Wenzel 1984, Shakelford 1984). Shakelford machte auch auf Verhaltensänderungen aufmerksam. 1940 waren Farmnerze noch recht «wild», 1980 zeichneten sie sich im allgemeinen durch Zahmheit aus.

Auch aus Rotfüchsen wurden Farmtiere entwikkelt. Aus ihnen entstanden der **Silberfuchs** und der **Kreuzfuchs.** Zur Erreichung der Zuchtziele spielte Selektion eine besondere Rolle.

Die Überführung von Wildpopulationen der amerikanischen Unterart *Vulpes vulpes fulva* in Farmen begann 1887 und setzte sich bis mindestens 1940 fort, so daß die Domestikation auch in diesem Fall ein langzeitliches Geschehen mit Tieren verschiedener Herkunft ist (Wenzel 1984). Zur allgemeinen Beurteilung von Domestikationsfolgen ist bemerkenswert, daß sich Abwandlungen in den Farmen sehr schnell einstellten (Koch 1951). Belyaev (1984) hebt hervor, daß der Bevorzugung zahmer Tiere bei den Zuchten eine besondere Schlüsselfunktion für die Domestikationen zuerkannt werden muß.

Ende des 19. Jahrhunderts wurden eingefangene **Eisfüchse** auf kleinen Inseln in Alaska ausgesetzt und vermehrt. Nach 1920 entwickelten sich in verschiedenen Ländern Farmen, besonders in Skandinavien (Belyaev 1984). Dies war der Beginn der Züchtung von Blaufüchsen durch Selektion. Individuen verschiedener Wildpopulationen fanden in Farmzuchten immer wieder Eingang. Die Neufänge gewöhnten sich rasch ein, da Eisfüchse zu natürlicher Zahmheit neigen. Die Zufuhr von Wildtieren hält bis heute an (Konnerup-Madsen und Hansen 1980). Einzelheiten sind für unsere Betrachtungen zur zoologischen Domestikationsforschung zunächst ohne weiteres Interesse.

Als wenig erfolgreich erwiesen sich bislang Farmhaltungen von **Waschbär** und **Marderhund.** Die Felle wilder Waschbären waren sehr begehrt. Daher begannen in Kanada und Europa Farmhaltungen um 1920. Diese hatten keinen rechten wirtschaftlichen Erfolg. Das Interesse an den Farmhaltungen erlosch. Als Folge entliefen viele der in den Farmen gehaltenen Waschbären und bildeten Freilandpopulationen, die als Aussetzungen von Wildtieren und noch nicht als Verwilderungen bereits domestizierter Tiere zu werten sind.

Auch Felle wilder Marderhunde erfreuten sich großer Beliebtheit; 500000 solcher Felle wurden allein 1950 gehandelt. Daher begannen gelegentliche Gefangenhaltungen, aus denen sich zu Beginn des 20. Jahrhunderts zunächst im Norden Japans, ab 1928 in der UdSSR Farmen entwickelten. Diese gingen nach 1945 meist ein, da Silberfüchsen der Vorrang gegeben wurde. Heute gibt es Marderhundfarmen besonders in Finnland. Die Ausgangstiere wurden um 1970 russischer Wildbahn entnommen. 1980 bildeten 15000 weibliche Tiere die Grundlage dieser Farmhaltung, 55000 Jungtiere im Jahr wurden gezüchtet (Valtonen 1984).

Über die historisch gewachsene Parkhaltung von **Damhirschen** haben wir bereits berichtet. Seit 1970 werden Versuche gemacht, durch Farmhaltung von Damhirschen und anderen Cerviden Fleisch zu produzieren. Vor allem auf Neuseeland, in Australien und der Bundesrepublik Deutschland entstanden Damwildfarmen (Reinken 1980, Fletscher 1984, Bamberg 1985). Beim Damwild ist der Übergang zum Haustier wahrscheinlich; von einem echten Haustier sollte aber noch nicht gesprochen werden (Herre 1981).

Versuche, **Elche** haustierähnlich zu nutzen, wurden durch skythische Volksstämme schon vor mehr als 2000 Jahren unternommen. Jakuten begannen in Ostsibirien Elche als Reittiere einzusetzen, in Schweden tat man das gleiche. Außerdem wurden Elche vor Wagen gespannt. Die Erfahrungen waren wenig ermunternd (Fletscher 1984). Neuerdings sind in der UdSSR Bestrebungen im Gang, Elche zu domestizieren (Yzen und Knorre 1964, Mihailow und Djurovich 1971).

Eine Domestikation der großen **Elenantilope** ist seit Beginn des 19. Jahrhunderts mehrfach begonnen worden, um ein tropischen Verhältnissen besonders angepaßtes Haustier zu gewinnen. Die Erwartungen konnten bislang nicht erfüllt werden (Roth 1970/71, Field 1984). Auch andere Antilopenarten sind zur Entwicklung zum Haustier in Betracht gezogen worden (Jewell 1969); sie stellen nach manchen Auffassungen noch immer ein nicht hinreichend genutztes Potential zur Fleischversorgung dar. Die Meinungen über die Eignung zu Haustieren sind geteilt, wahrscheinlich ist ein Wildlifemanagement aussichtsreicher, welches auf die ökologischen Gegebenheiten mehr Rücksicht nimmt als eine Domestikation.

Vor allem zur Woll- und Fleischgewinnung haben in den letzten Jahrzehnten Domestikationsversuche mit **Moschusochsen** begonnen (Wilkinson 1971, 1972). Dabei konnte bislang die Fruchtbarkeit mehr als verdoppelt werden. Dies wird populationsdynamische und populationsgenetische Auswirkungen haben und Menschen größere Möglichkeiten zur Auslese geben. Bei den ersten Aufzuchten fielen bemerkenswerte Unterschiede im Temperament der Kälber auf. Bislang ist das Experiment mit Moschusochsen als Nutzung einer Wildart und noch nicht als Domestikation zu klassifizieren, wie uns eigene Anschauung in Alaska zeigte.

## 4 Prähistorische und kulturgeschichtliche Dokumente zur Domestikation des Hausgeflügels

Das archäologisch-zoologische Material, welches Aufschlüsse über Domestikationsbeginn und Domestikationsgebiete für die klassischen Arten des Hausgeflügels geben kann, ist weit geringer als bei den Haussäugetieren. Die wenigen Vogelreste, die in Fundstellen überliefert sind, weisen oft einen so hohen Zertrümmerungsgrad auf, daß Bestimmungen sehr erschwert sind. Dazu ist die Unterscheidung von Knochen des Hausgeflügels von denen der Stammarten mit großen Schwierigkeiten verbunden. Reichstein und Pieper (1986) gehen in einer umfassenden Studie über Vogelreste in der Wikingersiedlung Haithabu auf diese Problematik ein. Sie setzen sich auch mit Fragen der Brauchbarkeit bisher genutzter zoologischer Bestimmungsmerkmale kritisch auseinander und können bessere Möglichkeiten zur Trennung von Knochen wilder Stammarten und ihren Hausformen aufzeigen.

Die meisten Vorstellungen über die Domestikation von Vögeln beruhen auf kulturgeschichtlichen Daten. Diese sind oft sehr vieldeutig, so daß züchtungsbiologische Fragen offen bleiben. Hierüber sind sich moderne Kulturgeschichtler und Zoologen einig (Masing 1933, Gandert 1953, Boessneck 1953, 1958, 1960, 1961, Requate 1960, Zeuner 1963, Brentjes 1965). Daher wollen wir nur knappe Hinweise geben.

Das **Haushuhn** ist, kulturgeschichtlichen Deutungen zufolge, vor ungefähr 4500 Jahren im Indusgebiet domestiziert worden (Brentjes 1965, Lindner 1979, Crawford 1984). Ho (1977) meint, daß es im südlichen China noch früher Haushühner gegeben habe. Die Domestikation des Haushuhns wird oft mit religiösen Motiven in Zusammenhang gebracht. Dies läßt sich aber nach Lindner, der die Frühgeschichte des Haushuhns sorgfältig studierte, nicht mit Sicherheit belegen. Auch für eine Domestikation in Mesopotamien gibt es keine Hinweise.

In Vorderasien war das Haushuhn vor annähernd 4500 Jahren noch nicht bekannt. Es wurde dort und in Ägypten vor etwa 3500 Jahren eingeführt. Haushuhnhaltung war zur Zeit des Erstnachweises nicht allgemein verbreitet, vielleicht dienten Haushühner zunächst nur als Kampftiere. Haushuhnhaltung setzte sich im alten Orient erst vor rund 2500 Jahren allgemein durch. In Ägypten ist das Haushuhn dann allgemeiner Besitz. In Griechenland stammen die ersten verwertbaren Dokumente zur Haushuhnhaltung aus hellenistischer Zeit; sie lehren, daß die Haushuhnhaltung zu dieser Zeit schon einen Standard erreicht hatte, den man auch in der Römerzeit findet. Bei den Römern erlangte die

Haushuhnzucht einen ersten Höhepunkt. Bald danach verfiel sie wieder. In den Jahrhunderten nach der Römerzeit waren Haushühner ziemlich klein; größere Tiere sind nur gelegentlich nachzuweisen (Thesing 1977).

Nördlich der Alpen waren Haushühner in der Hallstadtkultur vor 2500 Jahren vorhanden. In der La-Téne-Zeit werden sie in Mitteleuropa häufiger, in römerzeitlichen und jüngeren Siedlungen wurden Haushühner regelmäßig gehalten. Leider wurde den Einzelfunden kaum sorgliche Bearbeitung zuteil. Allgemein kann gesagt werden, daß die Haushühner der Hallstadtzeit und der La-Téne-Zeit kleiner waren als die modernen Legerassen. Aus manchen römerzeitlichen Siedlungen nördlich der Alpen sind Nachweise für unterschiedlich große Haushühner vorhanden. Da die Variabilität sehr groß und gleitend ist, hält es Boessneck nicht für angebracht, mehrere Rassen zu unterscheiden.

Die mittelalterlichen Haushühner sind in Mitteleuropa im allgemeinen klein. Ein umfangreiches Material stammt aus der frühmittelalterlichen Siedlung Haithabu. Es hat durch Reichesstein und Pieper (1985) eine Bearbeitung gefunden. Noch umfangreicher ist das Fundgut aus der mittelalterlichen Altstadt von Schleswig, mit dem sich Pieper befaßt. Im Material von Haithabu fällt auf, daß die Zahl der Hähne und Hennen fast gleich ist, während in den meisten Fundstellen Hennen überwiegen (Huczko 1986). Dies kann damit einen Zusammenhang haben, daß aus ländlichen Siedlungen in die Stadt Haithabu eine größere Zahl von Hähnen zum Verkauf kamen. Junghühner sind selten, meist wurden Alttiere geschlachtet. Die Analyse der Knochen lehrt, daß die Haushühner von Haithabu relativ groß und schlank waren. Es läßt sich zeigen, daß im Laufe der geschichtlichen Entwicklung Wuchsformänderungen eintraten.

Carter (1971, 1977) sagt über die ursprünglichen Haushühner der Indianer Amerikas aus, daß sie asiatischen Ursprungs seien und vor Columbus Amerika erreichten. Bei den Indianern hatten Haushühner vor allem magische Bedeutung, ihre Federn waren von besonderem Wert. Durch die Spanier kamen zusätzlich Haushühner nach Amerika, den Eroberern dienten sie als Nahrung.

Über **Perlhühner** besagen kulturgeschichtliche Hinweise, daß sie bei Griechen und Römern gehalten wurden (Mongin und Plouzeau 1984). Da diese Tiere wahrscheinlich anderen Unterarten zuzuordnen sind als jene, von denen die heutigen Hausperlhühner abgeleitet werden, ist fraglich, ob es sich in dieser Zeit bereits um Hausperlhühner handelt. Das heutige Hausperlhuhn ist durch portugiesische Seefahrer 1455 u. Z. an der Guineaküste entdeckt worden (Stresemann 1960). Seine Haustierwerdung ist in Dunkel gehüllt. Ob die Vermutung, daß Völker, die das Haushuhn bei Wanderungen verloren, Perlhühner in Westafrika als Ersatz domestizierten (Werth 1954), aufrechterhalten werden kann, ist fraglich.

Das **Truthuhn** fanden die spanischen Eroberer als Haustier vor (Crawford 1984). Die Geschichte der Haustierwerdung ist unbekannt. Da sich die Verbreitungsgebiete wilder Truthühner und Moschusenten teilweise überschneiden, ist der Gedanke nicht von der Hand zu weisen, daß in dieser Region eine zur Domestikation von Vogelarten begabte Bevölkerung lebte (Herre 1961, 1968). Doch bislang fehlen darüber gesicherte Kenntnisse. Eindeutig ist, daß das Haustruthuhn erst nach der Entdeckung Amerikas durch Columbus nach Europa gelangte (Stresemann 1960). Spanier brachten Truthühner am Beginn des 16. Jahrhunderts nach Europa, um 1560 gelangten sie nach Deutschland; sie sind durch Funde in Lübeck und Osnabrück seit dem 16. Jahrhundert belegt (Huczko 1986).

Wakasugi (1984) zufolge sind **Wachteln** vor etwa 600 Jahren in Japan als Singvögel beliebt gewesen, aber es ist unsicher, ob diese Vögel in Japan domestiziert oder aus China eingeführt wurden. Tanabe (1980) meint, daß die Domestikation der Wachtel vor etwa 300 Jahren in der Edo-Ära in Japan erfolgte. Nach Wakasugi entstanden die Zuchten heutiger Nutztierwachteln um 1910 aus Singwachteln. Bereits um 1930 hatte sich eine erfolgreiche Hauswachtelhaltung entwickelt, die 1960 auf 2 Millionen Haustierwachteln angewachsen war und 1980 6 Millionen betrug. In der Zeit zwischen 1960 und 1980 stellten sich viele Veränderungen ein.

Die **Hausgans** wird von vielen Forschern als eine der ältesten Hausgeflügelarten bezeichnet (Hahn 1926). Brentjes hält es nicht für ausgeschlossen, daß Graugänse schon vor mehr als 6000 Jahren in Vorderasien zu Haustieren wurden. Doch auch im Fall der Graugänse beruhen die Aussagen auf kulturgeschichtlichen Dokumenten. Gandert (1953) nimmt aufgrund bronzezeitlicher zoologischer Funde einen Domestikationsherd nördlich der Alpen an. Boessneck (1961) hält den Besitz von Hausgänsen schon im alten Reich Ägyptens, also vor 4500 Jahren, für wahrscheinlich und für das neue Reich, vor 3500 Jahren, für sicher. Brentjes (1965) vermutet, daß Gänse als Haustiere nach Ägypten eingeführt wurden.

Naturwissenschaftliche Belege aus prähistorischen Siedlungen sind außerordentlich schwer deutbar, weil die Unterscheidung von Graugans- und Hausgansknochen sehr schwierig ist. Daher muß die Bestimmung neolithischer und vieler älterer Funde als Hausgans als fraglich erachtet werden.

Das umfangreiche Material von Gänsen, die vor 1000 Jahren in Haithabu genutzt wurden, haben Reichstein und Pieper studiert. Ihnen gelang der Nachweis, daß in Haithabu Hausgänse gehalten wurden. Diese waren größer als Graugänse und sind wohl nicht nur wegen des Fleisches und Fettes, sondern auch wegen der weicheren Federn der Hausform beliebt gewesen.

Im Altertum gehörten Gänse zu klassischen Opfertieren. Kultische Momente wirkten sich in mittelalterlichen Siedlungen auf die Hausganshaltung kaum aus.

Über die Domestikation der Schwanengans und ihre Entwicklung zur **Höckergans** gibt es wenig Unterlagen. Delacour (1954) meint, daß die Schwanengans vor mehr als 3000 Jahren Haustier geworden sei und die Domestikation in China begann. Von dort soll die Höckergans nach Indien, Afrika und schließlich in neuerer Zeit nach Europa gelangt sein.

Für die Domestikation der **Stockente** gibt es im europäischen Bereich keine sicheren Hinweise. Es ist aber bemerkenswert, daß im umfangreichen Material von Wildentenknochen aus Haithabu 17 Arten der Anatinae vorhanden waren, am häufigsten ist die Stockente vertreten. Hausenten lassen sich nicht sicher nachweisen (Krause 1974). Masing (1933), Zeuner (1963) und auch Clayton (1984) berichten, daß bereits vor 3000 Jahren in China ein altes Domestikationszentrum für Hausenten vorhanden gewesen sein soll. Es gibt aber keine archäologisch-zoologischen Befunde.

Die **Moschusente** fanden die Spanier als einzige domestizierte Vogelart an der Nordküste von Kolumbien und in Peru vor. Dort lebten große Bestände. Die Moschusente muß im südlichen Nordamerika zum Haustier gemacht worden sein (Delacour 1964). Doch die Domestikationsgeschichte und die Zeit der Domestikation sind unbekannt (Clayton 1984). Whitley (1973) hält es für möglich, daß die Domestikation der Moschusente von Mexiko ausging, weil spanische Eroberer diese Haustiere vorfanden und ihre Federn eine große Rolle als Schmuck spielten. Federgewinnung könnte ein Grund zur Überführung in den Hausstand gewesen sein.

Nach Europa gelangten domestizierte Moschusenten nicht auf direktem Wege, sondern über Afrika. Bereits in späteren präcolumbischen Zeiten sollen Araber Hausmoschusenten nach Afrika gebracht haben. Von diesen Tieren sind die ersten europäischen Bestände abzuleiten.

Ebenso schwierig ist es, über die Domestikation der Felsentaube und deren Umwandlung zu Formen der **Haustaube** naturwissenschaftlich gut begründete Aussagen zu machen. Hawes (1984) berichtet, daß aus assyrischen Reliefs erste Domestikationsversuche von Felsentauben in der Zeit vor 6500 Jahren erschlossen werden könnten. Nach Sanskritanalysen ist diese Domestikation aber erst vor 3500–2500 Jahren erfolgt. Der Beginn der Haustaubenhaltung bleibt vorläufig noch immer unklar. Mehr als 5000 Jahre alte Taubendarstellungen aus dem syrisch-nordafrikanischen Raum und aus Palästina weisen auf religiöse Zusammenhänge hin. Ob bereits eine Taubendomestikation vor sich ging, die Haustaube also wirklich die älteste Art des Hausgeflügels ist, kann noch nicht entschieden werden.

Nördlich der Alpen ist die Haustaube erstmals durch Skelettreste, die etwa 3500 Jahre alt sind, nachgewiesen (Gandert 1973). Eine ausführliche Literaturzusammenstellung über Tauben ist Möbes (1945) zu danken. Verschiedene Meinungen über die Gründe zur Domestikation der Felsentauben sowie Daten über frühe Haustauben hat Haag (1984) zusammengestellt.

Bislang ist es noch nicht gelungen, über die Zeit der Domestikationen des Hausgeflügels auch nur einigermaßen sichere Angaben zu machen. Dadurch sind Angaben über die Zeiträume, die verstreichen, ehe sich Haustiereigenarten einstellen, nicht möglich. Die Darstellungen des Hausgeflügels in weit zurückliegenden Zeiten sind nach Angaben sachkundiger Forscher meist schwer zu deuten.

Da naturwissenschaftliche Hinweise über den Beginn der Vermannigfaltigung im Hausstand fehlen, sind Erfahrungen mit modernen Hobbyvögeln von Interesse. Vor allem Untersuchungen an **Zebrafinken,** über die Sossinka (1970, 1982) eingehend berichtete, lehren, daß nach rund 50 Generationen die meisten der von diesen Arten des Hausgeflügels bekannten Domestikationserscheinungen bei dieser Finkenart Parallelen hatten.

Über die Orte der Erstdomestikationen des Hausgeflügels können vorläufig ebenfalls keine Aussagen gemacht werden, außer daß sie im Verbreitungsgebiet der Stammart gelegen haben müssen. So lassen sich auch über die Gründe, die zu Erstdomestikationen führten, nur sehr schwer begründete Vorstellungen entwickeln.

Im allgemeinen wird die Haustierwerdung von Arten des Hausgeflügels, insbesondere bei Taube, Gans und Huhn mit religiösen Gedankenwelten verknüpft. Es bleibt jedoch unklar, ob Hausgeflügelarten primär aus kultischen Gründen ein Interesse von Menschen fanden, oder ob sich solche Verbindungen erst im Laufe der Haustiergeschichte einstellten. Für die Indianer ist dies beim Haushuhn anzunehmen. Brentjes (1962) meint, daß Fleischnutzung beim Haushuhn die Ursache zur Domestikation gewesen sei. Lindner (1979) weist auf die Bedeutung der Kampfhähne hin. Doch darin einen primären Anstoß zur Haustierentwicklung zu sehen, fällt schwer. Bei Hausgänsen und Hausenten dürfte eine Fleischnutzung von Anbeginn ihrer Haustierzeit eine wichtige Rolle gespielt haben. Bei der Haustaube glaubt Brentjes, daß zunächst der Dung Verwendung fand und der Wohlgeschmack des Fleisches erst später entdeckt wurde. Doch alle diese Spekulationen lassen sich durch andere Argumente anzweifeln.

## 5 Heimvögel und regelmäßige Nutzung von Wildvögeln

Eindeutig sind die Vorgänge, welche zur Farmhaltung von Vogelarten führten. Die Zahl ist gering. Bedeutung gewannen nur Straußenfarmen. Die Federn afrikanischer **Strauße** sind als Schmuck seit dem Altertum begehrt. Als im 19. Jahrhundert Straußenfedern ein wichtiger Modeartikel wurden, begann die Einrichtung von Straußenfarmen in Afrika. 1914 brachen die meisten dieser Farmen zusammen. Doch seit 1910 besteht in Südafrika eine selektive Straußenzucht. Diese weitete sich nach dem großen Zusammenbruch aus und hat noch heute Bestand (Siegfried 1984). Diese Strauße sind auf dem Wege zu echten Haustieren.

**Kormorane** werden in China seit mehr als 2000 Jahren als Helfer beim Fischfang eingesetzt. Zhong-ge (1984) hat beschrieben, wie erwachsene Kormorane gefangen und abgerichtet werden. Die Tiere können sehr lange genutzt werden; ihre Lebensdauer beträgt 12–15 Jahre.

In der Neuzeit haben Menschen aus Populationen verschiedener Vogelarten Heimhaustiere geschaffen. Das Ziel war die Gewinnung von Hausgenossen, die durch Farbe, Formen oder die Stimme Freude bereiten.

Die Stammarten dieser Haustiere sind eindeutig und über den Beginn dieser Domestikationen gibt es gute Unterlagen. Modellhafte Vorstellungen über den Vorgang von Domestikationen können auf dieser Grundlage entwickelt werden. Unklarheiten ergeben sich nur, wenn erneute Einkreuzungen von Wildtieren von den Züchtern nicht hinreichend aufgezeichnet oder mitgeteilt werden.

Der **Kanarienvogel** gehört zu den ältesten Heimtieren der Europäer. Bereits die Spanier fanden bei der Eroberung der Kanarischen Inseln 1496 sangesfreudige Käfigvögel vor. Sie brachten solche Tiere zum Festland, wo in Klöstern die Zucht ausgeweitet und verbessert wurde. Ein lebhafter Handel mit diesen Kanarienvögeln setzte ein (Bielefeld 1983). Vor 300 Jahren bildete sich in Italien ein Zuchtzentrum für Hauskanarien und vor etwas mehr als 100 Jahren gelang Kanarienvogelzüchtern im Harz die Erzüchtung des Harzer Rollers, der ein überragendes Ansehen erlangte (Zeuner 1963). Heute erfreuen sich auch Gestaltkanarien einer großen Beliebtheit. Die Veränderungen der Hauskanarienvögel in Stimme, Farbe und Gestalt vollzogen sich in einem recht kurzen Zeitraum; sie bezeugen eine erstaunliche Wandlungsfähigkeit der Wildkanarien im Hausstand.

Die Domestikation des **Wellensittichs** begann in der Mitte des 19. Jahrhunderts. 1840 wurde das erste Paar wilder Wellensittiche nach England gebracht, 1845 kamen solche Tiere nach Frankreich, 1850 nach Belgien, 1855 nach Deutschland, um 1909 in die Vereinigten Staaten und nach Südafrika. Besonders in Belgien und in den Niederlanden stellten sich ausgezeichnete Zuchterfolge ein. Steiner (1939) und Rutgers (1979) haben die Entwicklung zum Haustier geschildert. Bereits in Schwärmen wilder Wellensittiche werden gelegentlich Farbabweichungen beobachtet. In Zuchten gefangener grüner Wellensittiche traten 1872 erstmalig gelbe, 1910 die ersten blauen Tiere auf. Sie wurden zur Grundlage von Rassen. Seither hat sich die Zahl der Farbvarianten im Hausstand stark erhöht und die Zucht der Hausform einen gewaltigen Aufschwung genommen.

Stellvertretend für die vielen anderen Heimvögel, die in den letzten Jahren erzüchtet worden sind, sei der **Zebrafink** herausgegriffen, weil Sossinka (1970, 1982) über diese Art sehr sorgfältige Studien vorlegte. Ihnen ist zu entnehmen, daß schon nach rund 50 Generationen viele Rassen erzüchtet werden konnten.

Auch die Heimvögel anderer Arten sind junge Errungenschaften. Bei ihnen stellen sich in der Domestikation weitgehend ähnliche Abweichungen von der Norm der Wildart ein, wie sie von den klassischen Arten des Hausgeflügels bekannt sind. Dies ist ein zoologisch bemerkenswerter Sachverhalt.

## 6 Domestikationen von Fischen und Insekten

Seit Jahrtausenden werden gefangene Fische gehältert, um stets Frischfleisch zu haben. Trotz dieser Tatsache ist es erst sehr spät zur Domestikation von Fischen gekommen, und die Zahl dieser Nutzhaustiere ist gering. Ein entscheidender Grund hierfür ist die Schwierigkeit, Fische zur Fortpflanzung zu bringen und die Nachzucht aufzuziehen (Nellen 1983).

Seit annähernd 4000 Jahren werden **Karpfen** in China gehältert, aber sie pflanzten sich in diesen Farmen bis in neuere Zeit schlecht fort. Auch in Europa wurde frühzeitig mit der Hälterung von Karpfen begonnen, Mönche bemühten sich um eine Vermehrung. Zwischen dem 7. und 13. Jahrhundert u. Z. glückte eine Domestikation. Das erste Haustier aus der Klasse der Pisces entstand (Balon 1974, Wohlfahrt 1984). Seit Beginn des 19. Jahrhunderts hat die Zucht von Teichkarpfen wesentliche Fortschritte gemacht.

Die **Regenbogenforelle** ist ein sehr junges Nutzhaustier; sie wird weltweit gezüchtet. Voraussetzung zur erfolgreichen Domestikation dieses beliebten Speisefisches waren Fortschritte in der Lenkung des Fortpflanzungsgeschehens (Sedgwick 1984). In Deutschland waren in der 2. Hälfte des 19. Jahrhunderts Methoden der künstlichen Besamung von Fischen entwickelt worden. Auf deren Grundlage gingen, vor allem von Dänemark, erste Impulse zur planmäßigen

Zucht von Regenbogenforellen aus. Die Zuchtverfahren wurden bis 1939 verbessert, zwischen 1940 und 1950 breitete sich die Zucht von Regenbogenforellen dann sehr schnell aus.

Bis 1960 blieb das züchterische Interesse auf die Regenbogenforelle begrenzt; danach begannen erste Versuche, weitere Salmoniden auf den Weg zu Haustieren zu bringen.

**Tilapia**-Arten galten im alten Ägypten als heilige Tiere. Sie wurden bereits vor 4000 Jahren erfolgreich gehältert. In ihrem Verbreitungsgebiet waren *Tilapia*-Arten als Speisefische seit langem geschätzt. Erste Versuche, diese Maulbrüter zu Haustieren zu machen, begannen 1924 in Kenia. Sie fanden in Afrika rasch Nachahmung. *Tilapia*-Zuchten wurden nach 1940 in den Fernen Osten und zwischen 1950–1960 nach Nord- und Südamerika gebracht. In den letzten 35 Jahren sind *Tilapia*-Arten neben Karpfen und Regenbogenforellen zu den wichtigsten Farmfischen geworden, deren Domestikation fortschreitet (Balarin 1984).

Die Domestikation des **Goldfisches** liegt weiter zurück als jene von Nutzfischen. Die Formenmannigfaltigkeit dieser Hausform beschäftigte schon Darwin (1868). In neuerer Zeit gaben vor allem Matsui (1971) und Zong-Ge (1984) anschauliche Darstellungen von der Entwicklung des Goldfisches.

Zwischen 265 und 419 u. Z. begann in China die Farmhaltung des **Gibel**. Sie ging zur Zeit der südlichen Sung-Dynastie (960–1278 u. Z.) in Domestikation über, zwischen 1127–1179 u. Z. kann sie als abgeschlossen gelten. Als erste Veränderungen stellten sich Färbungsbesonderheiten ein, es folgten Umgestaltungen der Schwanzform, des Kopfes und seiner Organe, der Wirbelsäule und weiterer Merkmale. Bei Aristokraten Chinas erfreuten sich Goldfische großer Beliebtheit. In Japan begann die Goldfischzucht erst 200 Jahre später als in China, nämlich um 1500 u. Z. Goldfische kamen 1730 nach England, 1780 nach Deutschland, Anfang des 19. Jahrhunderts in die USA. Weitere Einzelheiten können Pelz (1987) entnommen werden. Die Zahl von Liebhabern von Goldfischen steigerte sich zwischen 1821 und 1859, um 1910 weitete sich der Handel mit Goldfischen erneut aus. Die Zahl der Goldfischvarietäten steigt noch immer; 1949 gab es 70 Varietäten, 1958 betrug deren Zahl 154.

In den letzten 100 Jahren sind Fischarten verschiedener Erdteile in der westlichen Welt zunehmend als **Aquarienfische** beliebt geworden. Verschiedentlich war eine Zucht erfolgreich; in einigen Fällen ist eine Domestikation als abgeschlossen zu bewerten (Dzwillo 1959, 1962). Mannigfache Veränderungen haben sich in diesen Fällen im Farbkleid, in Gestaltbesonderheiten, in den Schwanzformen usw. eingestellt. Den Zoologen beeindruckt, daß auch bei diesen jungen Domestikationen eine Vielfalt paralleler Wandlungen bei systematisch entfernt eingeordneten Arten entsteht.

Die **Honigbiene** ist nur sehr langsam zum Haustier geworden; ihre Zucht hat erst im letzten Jahrhundert begonnen. Dieser Sachverhalt ist bemerkenswert, weil Honig wilder Bienenarten bei vielen Säugetieren beliebt ist und auch von Menschen nachweislich seit mindestens 7000 Jahren geerntet wird. Aber über lange Zeit blieb die Gewinnung von Honig auf die Ausbeutung von Nestern wilder Bienen begrenzt. Einige der Arten von Wildbienen werden bis heute genutzt (Crane 1984), doch *Apis mellifera* hat als Honiglieferant besondere Wertschätzung gefunden. Die östlichen *Apis cerana* werden zwar in ähnlicher Weise genutzt und gehalten wie *A. mellifera,* ihre Nutzung blieb jedoch auf das natürliche Verbreitungsgebiet der Art begrenzt. Da *A. mellifera* einen begehrteren Honig als *A. cerana* produziert, verdrängte sie *cerana* in Japan. Der Honig von *Apis dorsata* und *Apis florea* wird bis heute durch wohlorganisierte Honigsammler in der freien Wildbahn geerntet (Rinderer 1986).

Wilde *Apis mellifera* errichten ihre Nester im allgemeinen in Höhlen von Bäumen. Solche Bäume wurden einst zum Eigentum bestimmter Menschengruppen erklärt. Schließlich isolierte man Baumteile mit Bienennestern und vereinigte diese zu Bienenständen, um sich damit höhere Erträge am gleichen Ort zu sichern. Diese Haltung von Honigbienen hat sich in manchen Gebieten der Erde sehr lange erhalten. Doch allmählich lernten Menschen, für Honigbienen künstliche Behausungen aus Lehm, Kuhdung und Stroh zu formen. Dies ist erstmalig auf etwa 5000 Jahre alten Darstellungen in Ägypten zu erkennen. Die in von Menschen gefertigten Behausungen gehaltenen Honigbienen bezeichnet Crane (1984) als domestiziert. Solche Bienenstöcke ließen sich auch über weitere Entfernungen transportieren, wodurch die Ausbreitung der Bienenhaltung ermöglicht wurde. Dabei gelangten Honigbienen, die aus bestimmten Unterarten von *A. mellifera* hervorgegangen waren, auch in Gebiete, die ursprünglich die Heimat anderer Unterarten waren. Oft galten die eingeführten Honigbienen als leistungsfähiger als die einheimischen Stämme. Damit begannen vielfältige Vermischungen, die auch zum Verschwinden von Unterarten beitrugen (Kulinčevič 1986). Auch *A. m. mellifera* ist heute kaum noch in ursprünglichen Beständen zu finden.

Honigbienen gelangten 1621 u. Z. über den Atlantik, nach 1800 u. Z. waren sie in Süd- und Nordamerika weit verbreitet. 1810 u. Z. kamen die ersten Honigbienen nach Australien.

Die Honigbienen Südamerikas hatten sich aus Stämmen der Unterarten *mellifera, iberica, ligustica, carnica* und *caucasica* entwickelt, sie wurden als kreolische Bienen bezeichnet. Um zu Honigbienen mit besserer Eignung für tropische Gebiete zu gelangen, wurden 1957 u. Z. nach Brasilien einige Königinnen der afrikanischen *A. m. scutellata* eingeführt. Aus den damit begonnenen Zuchten entkamen 26 Schwärme. Diese erwiesen sich den kreolischen Bienenvölkern überlegen, verdrängten diese und eroberten im Laufe von 25 Jahren den südamerikanischen Kontinent (Cornuet 1986). Die Ausbreitungsgeschwindigkeit betrug mehr als 300 km pro Jahr (Ruttner 1986). Die Angriffslust und das Schwarmverhalten dieser Bienen führten zu mancherlei Problemen für die Bienenhaltung in Südamerika.

Für die Entwicklung der Bienenhaltung und die Förderung einer planmäßigen Zucht wurde die Erfindung von Bienenbehausungen mit vertikalen, beweglichen Rahmen in biologisch angemessenen Abständen durch Langstroh im Jahr 1873 von entscheidender Bedeutung. Bessere Manipulationen und größere Bienenvölker wurden ermöglicht. Durch Zufügung von Rahmen können anfänglich kleine Völker von Honigbienen bis zu 50 000 und mehr Individuen vergrößert werden. Dies führt zu hohen Honig- und Wachserträgen und wirkt einem Schwärmen entgegen. Auch Zuchtverfahren ließen sich entwickeln, die über die Vermischung verschiedener Unterarten hinausführten. Die Domestikation der Honigbiene ließ sich damit intensivieren und die Zucht gewann klarere Linien, zumal die Erforschung der biologischen Eigenarten verschiedener Stämme wesentlich Fortschritte machte (Rinderer 1986).

Erste Darstellungen über eine Nutzung von **Maulbeerseidenspinnern** befinden sich auf chinesischen Orakelknochen aus Ruinen der Yin-Zeit, denen ein Alter von 3500 Jahren zuerkannt wird. Unterschiede der Seidenraupen werden bei diesen Darstellungen erkennbar. Sie rechtfertigen die Meinung, daß in der Yin-Zeit Seidenraupen bereits domestiziert waren (Tazima 1984). Die ersten schriftlichen Berichte über die Seidenraupenzucht haben ein Alter von etwa 2000 Jahren.

Von China aus gelangten, zunächst durch Schmuggel von Eiern, die ersten Seidenspinner bereits vor mehr als 2000 Jahren in verschiedene andere Länder, so gelangten sie nach Korea und Japan schon im ersten nachchristlichen Jahrhundert, nach Konstantinopel im 6. Jahrhundert v. u. Z.

# 7 Allgemeine Schlußbemerkungen

Unsere Betrachtungen machen deutlich, daß sichere Kenntnisse über die Anfänge alter Domestikationen noch gering sind und daß Grundlagen mancher verbreiteten Auffassungen oft mehr Unsicherheiten anhaften, als meist angenommen wird. Mit Recht hat daher Groenman van Waateringe (1979) zu diesem Fragenkreis zweifelnd gefragt: Are we too loud? Trotzdem lassen sich bereits Aussagen machen, denen kulturgeschichtlicher Wert beizumessen ist und die zoologische Betrachtungen zulassen.

Es wird deutlich, daß die Menschheit nach einem langen Jägerdasein in einem recht kurzen Zeitabschnitt mehrere wichtige Nutzhaustiere schuf. Hausschaf, Hausziege, Hausschwein, Hausrind und auch Haushund lassen sich vor rund 8500 Jahren als Haustiere sicher nachweisen; Populationen der Stammarten müssen also früher in den Hausstand überführt worden sein.

Stammarten wurden nicht überall in ihren jeweiligen Verbreitungsgebieten zu Haustieren umgestaltet. Nur in sehr engen Bereichen hatte die Bevölkerung Veranlassung, Haustiere zu schaffen. Über die Ursachen läßt sich nur spekulieren. Es ist in Erinnerung zu behalten, daß es große Gebiete der Erde gibt, in denen domestikationsfähige Tierarten lebten, ohne daß es dort zu Domestikationen kam.

Haustiere sind nicht an der gleichen Stelle entstanden. Da eine Domestikation nur im Verbreitungsgebiet der Stammart vor sich gehen konnte, ist sicher, daß Hauspferde ihr Entstehungsgebiet nördlich des Kaukasus, Hausesel in Nordafrika hatten, Lama/Alpaka und Hausmeerschweinchen in Südamerika, die Höckergänse und Seidenspinner in Ostasien, Hausperlhühner in Afrika. Diese wenigen Beispiele können genügen. Da eine zeitliche Staffelung im Beginn verschiedener Domestikationen nachweisbar ist, bleibt unklar, ob es sich jeweils um eigenständige kulturelle Entwicklungen handelt, oder ob die Idee zur Domestikation von gleicher Stelle ausging.

Haustiere sind schnell verbreitet worden. Sie gelangten auch in Gebiete, in denen die Stammart nicht zu Haus war, sie kamen in Bereiche mit anderen Klimaten. Dabei zeigt sich eine höchst bemerkenswerte Anpassungsfähigkeit der domestizierten Formen. Dies ist ein zoologisch wichtiger Sachverhalt.

Im Laufe der Haustierzeit wurden bei Haustieren neue Nutzungen entwickelt, die sehr verschiedene Anforderungen an die Tiere stellen. Dies macht Tabelle 3 anschaulich. Menschen müssen geeignete Abweichungen von der Norm in ihren Beständen beobachtet und durch Auslese zu immer stärkerer Entfaltung gebracht haben. So gewannen sie unterschiedliche Vorteile aus der gleichen Art. Zoologisch bedeuten diese Entwicklungen, daß in den Arten ungeahnte Wandlungsmöglichkeiten stecken. Grundlagen für Vorstellungen über den stammesgeschichtlichen Wandel werden faßbar. Daher sei der Rasseentwicklung im Hausstand und der dieser vorausgehenden Variabilitätsausweitung Aufmerksamkeit zuteil. Solche Betrachtungen werden durch die Lücken im Wissen über Zeit und Ort von Domestikationen sowie nach den Gründen der Haustierentwicklung nicht beeinträchtigt.

# Teil D: Entstehung und Entwicklung von Haustierrassen

# X. Einflüsse von Landschaft und Mensch auf die Rassebildung

## 1 Erweiterungen des Lebensraumes der Stammarten durch Haustiere

Eine Aufgabe der Haustierkunde als zoologischer Domestikationsforschung ist es, Vorgänge und Ergebnisse der Rassebildung bei Haustieren zu betrachten, damit die Fülle der Ausformungsmöglichkeiten der Stammarten zumindest anzudeuten und mit Erscheinungen evolutiven Wandels zu vergleichen. Dabei genügt es, die Grundlinien dieses Geschehens darzustellen. Einzelheiten bietet die Tierzuchtliteratur.

Die Stammarten der Haustiere haben begrenzte Verbreitungsgebiete, die z.T. durch erdgeschichtliche Entwicklungen bedingt sind; die Arten haben sich jeweils besonderen ökologischen Bedingungen angepaßt. Die Angehörigen einer Art erscheinen relativ einheitlich, weil natürliche Selektion bewirkt, daß nur ein geringer Teil der geborenen Tiere das fortpflanzungsfähige Alter erreicht und zur Arterhaltung beiträgt (Clutton-Brock et al. 1988).

Die Haustiere wurden im Verbreitungsgebiet ihrer Stammarten domestiziert. Hier schufen Menschen für sie besondere ökologische Nischen und veränderte Selektionsbedingungen. Prähistorische Dokumente über erste Veränderungen bei klassischen Haustieren und Erfahrungen bei Neudomestikationen haben gezeigt, daß sich die Variabilität im Hausstand schnell erweitert. Dies ist ein natürlicher Vorgang; er ermöglicht Anpassungen an neue Umweltbedingungen und bietet den Menschen erste Möglichkeiten, ihnen nützlich erscheinende Eigenarten zu fördern. Außerdem stellen sich im Laufe der Zeit genetische Veränderungen ein, die weitere natürliche und künstliche Selektion ermöglichen.

Menschengruppen, die Haustiere besaßen, nahmen ihre Haustiere bei Wanderungen mit. Haustiere wurden auch von anderen Völkern übernommen. Im Gefolge von Menschen gelangten Haustiere in Gebiete, in denen die Stammarten nicht beheimatet waren. Haustiere mußten sich damit auch natürlichen ökologischen Bedingungen anpassen, die für die Arten neu waren. Die dabei in Erscheinung tretenden Anpassungsfähigkeiten sind von einem unerwarteten Ausmaß und werfen wesentliche biologische Probleme auf, denen hier aber nicht nachgegangen werden kann.

Bei der Rassebildung und -züchtung greifen die zuvor verborgenen biologischen Fähigkeiten der Stammarten, die natürliche Selektion und von Menschen betriebene künstliche Zuchtwahl vielfältig ineinander; es ist schwer, die Einzelwirkungen zu trennen, weil die Dokumente höchst unvollkommen sind. Ein beispielhafter Überblick soll die verschiedenen Einflüsse veranschaulichen.

Haushunde konnten sich arktischen Bedingungen anpassen, sie erbringen dort Dienstleistungen als Schlittenhunde. Haushunde leben aber auch in tropischem Urwald, oft mit ganz geringer menschlicher Betreuung; die Tiere wurden aber auch zu Schoßhunden, die von Menschen sehr verwöhnt werden.

Hausziegen werden in sehr verschiedenen Klimazonen gehalten, worauf vor allem Epstein (1965, 1971) hinwies. Sie gedeihen, gemeinsam mit Haushunden und Haushühnern in tropischen Regenwäldern, in die Hausschafe und Hausrinder nur gelegentlich gebracht werden können. Hausziegen vermögen aber auch Hauskamele in Halbwüsten bis in Bereiche zu begleiten, in denen Hausschafe nicht mehr bestehen können; im südlichen Afrika leben Hausziegen in sehr trockenen Gebieten, die den wasserbedürftigen Hausschafen unzugänglich bleiben. Hausziegen sind aber auch in den verschiedensten Bereichen gemäßigter Klimate in jeweils wohl angepaßten Landrassen vertreten. Eine Zwergrasse der Hausziegen kommt auch in den Tundragebieten Skandinaviens vor (Herre 1943).

Obgleich Hausschafen manche extremen Lebensgebiete verschlossen bleiben, ist ihre Verbreitung weit über jene der Stammart hinausgegangen, und es haben sich bemerkenswerte Sonderentwicklungen vollzogen, die Hammond (1961), Phillips (1961) und Epstein (1965, 1971) anschaulich dargestellt haben.

Bei der Verbreitung der Hausschafe zeigt sich, daß in den heißen, relativ trockenen Gebieten von Südindien und Äquatorial-Afrika, in den Savannen Tunesiens und Westafrikas bevorzugt dünnschwänzige Haarschafe gehalten werden. An diesen Landgürtel schließt sich nördlich eine Zone an, die von Tunesien über Ägypten, Südwestasien, Afghanistan, Nordindien bis zur Mongolei und China reicht, die durch grobwollige Fettschwanzschafe besetzt wird. An dieses Gebiet grenzt in Asien vom Norden des Schwarzen Meeres bis nach Zentralasien ein Bereich grobwolliger Fettsteißschafe. Nördlich davon werden vor allem dünnschwänzige Wollschafe gehalten. Dies Verteilungsmuster verdeutlicht in groben Zügen die Verbreitung verschieden angepaßter Hausschafrassen; im einzelnen lassen sich manche Sonderentwicklungen feststellen, die teils durch natürliche, teils durch menschliche Einflüsse zustande kamen. Bei unseren Expeditionen trafen wir wohlangepaßte Landrassen in den Tundragebieten Skandinaviens und in den Hochandengebieten.

Eindrucksvoll sind besondere Entwicklungen für Hausschafe in Großbritannien belegt. In jeder ökologischen Region der Gebirgs- und Moorlandschaften sowie der Marschen bildeten sich eigene Hausschafrassen. In den Hügel- und Gebirgsgebieten setzten sich Hausschafe durch, die harten Umweltbedingungen widerstehen. Sie ertragen Zeiten einer Nahrungsverknappung, sie können kümmerliche Grasbestände in ausgedehnten Bereichen selbständig nutzen, was nicht nur hervorragende Fortbewegungsfähigkeit, besondere physiologische Eigenarten (Weyreter und von Engelhardt 1984, von Engelhardt et al. 1985), sondern auch gute Sinnesleistungen und besonderes Orientierungsvermögen erfordert. Für die feuchte und kalte Witterung dieser Gebiete ist das grobe Wollvlies vorteilhaft, weil es den Wind von der Haut abhält und Regen abfließen läßt. Das schottische Schwarzkopfschaf, das wallisische Gebirgsschaf und das Cheviotschaf sind zu diesen Hausschafrassen zu stellen; sie sind für das Flachland wenig geeignet. Das Marschland mit besseren Futterbedingungen führt zu Hausschafrassen mit rascherem Wachstum, mit höheren Fleischleistungen und gestattet lange, feine Wollen. In den Marschgebieten Englands hat sich intensive Hausschafhaltung durchgesetzt, in der gelenkte Auslese zu hohen Erträgen führte.

In Gebieten des Mittelmeerraumes mit geringen Niederschlägen und spärlichem Pflanzenwuchs entstanden feinwollige Merinoschafe, die zunächst in Spanien besondere Förderung fanden. Später wurden sie, ihrer feinen Wolle wegen, in viele weitere Gebiete gebracht. Auch im Inneren Australiens entwickelten sich große Bestände von Merinofeinwollschafen, während in Küstengebieten vorwiegend Fleischschafrassen Einsatz fanden.

Diese Beispiele können genügen, um den Einfluß natürlicher Auslese, der «Scholle», bei der Entwicklung von Hausschafrassen deutlich zu machen. Es zeigt sich, daß in der wilden Stammart der Hausschafe viele Möglichkeiten schlummern, die in freier Wildbahn nicht zu einer Ausweitung des Verbreitungsgebietes genutzt wurden.

Auch die Hausrinder haben sich in bemerkenswerter Weise an unterschiedliche natürliche Bedingungen angepaßt. Das ist bereits im Mittelalter in einer gewissen Regionalisierung von Rassegruppen zu erkennen (Reichstein 1973). Rinderzüchter des 19. Jahrhunderts kannten einen Zusammenhang zwischen unterschiedlichen Hausrindrassen und der geologischen Gliederung eines Landes (Wilkens 1870, Kirsch 1961). An hohe Temperaturen und starke Sonneneinstrahlung sind viele Hausrinder der Zebugruppe angepaßt. Sie erlangten in Indien besondere Bedeutung und fanden von dort aus in tropischen und subtropischen Teilen Afrikas und Südamerikas Verbreitung. Diese Hausrinder begnügen sich mit kärglichem Futter, benötigen wenig Wasser und weiden auch noch in der Mittagshitze, wenn europäische Rassen Schatten suchen. Kreuzungen zwischen Zebus und europäischen Hausrindern verhalten sich in dieser Besonderheit intermediär, was erbliche Grundlagen eindeutig macht (Phillips 1961).

Unter den europäischen Hausrindrassen ist die Hitzeempfindlichkeit unterschiedlich. Hausrinder, die aus Beständen der iberischen Halbinsel hervorgingen, so die Texas-Longhornrinder oder die südamerikanischen Criollorinder, bewährten sich in tropischen und subtropischen Zonen besser als solche mitteleuropäischer Herkunft.

Besonders die schwarzbunten Hausrinder benötigen gemäßigtes Klima und gute Futterbedingungen. Die Jerseyrinder erwiesen sich für wärmere Gebiete als gut geeignet. In den USA überwiegen im südlichen Teil im Milchviehbestand die Jerseyrinder, im nördlichen Teil werden schwarzbunte Holstein-Frisianrinder gehalten (Epstein 1965).

Auch unter den Hauspferden haben sich Anpassungen an klimatische Bedingungen entwickelt. Hammond (1961) hebt hervor, daß Ponies hauptsächlich in kälteren Klimagebieten und in Gebirgen gedeihen, Kaltblutpferde infolge geringer Hitzeresistenz vor allem in kühleren Klimaten mit guter Futtergrundlage; Warmblutpferde sind auch in wärmeren Klimaten erfolgreich zu züchten. Doch auch Warmblutpferden sind Grenzen gesetzt. In warmen Gebieten Afrikas lassen sich Hauspferde schlecht halten, dafür überwiegen Hausesel, Maultiere und Maulesel.

Es zeigt sich, daß nicht nur «künstliche» Auslese die Entwicklung von Haustierrassen beeinflußt, sondern natürliche Auslese die Variabilität im Hausstand ausweitet. Zunächst bilden sich gut angepaßte Landrassen. Diese zeichnen sich meist als Nährstoff- und Wassersparer aus. Solche Haustierrassen sind aktiv in der Futtersuche, im Temperament und in der Weite ihrer «psychischen» Fähigkeiten. Diese Landrassen der Haustiere hatten einst große Bedeutung, weil in der Dreifelder-Wirtschaft Futterbau noch keinen Platz hatte. Erst im 18. Jahrhundert setzte planmäßige Futterwirtschaft ein. Damit vollzog sich ein entscheidender Schritt von einer Aneignungswirtschaft zur Kulturwirtschaft, der wichtige Voraussetzungen zur Entwicklung von Leistungsrassen bei Haustieren schuf (Blohm 1955, Krüger 1961). In einigen Gebieten Europas haben sich primitive Landrassen bis zum Beginn des 20. Jahrhunderts erhalten. In futterreichen Gebieten waren schon früher Haustierrassen mit höheren Nutzleistungen und höherem, schnellerem Umsatz entstanden. Einzelheiten darüber werden später erörtert.

Trotz der hohen Anpassungsfähigkeit bei vielen Haustieren war es nicht möglich, die alten klassischen Haustiere in allen Gebieten erfolgreich zu züchten. Daher wurden in extremen Klimagebieten Neudomestikationen vorgenommen. Diese später entstandenen Haustiere blieben im allgemeinen von begrenzter Bedeutung, sie vermochten ältere Haustiere selten zu verdrängen. Das Hausrentier hat nur in den Tundrazonen Eurasiens eine entscheidende Stellung als Haustier gewonnen. Der Hausyak ist in Bereichen des Himalaya unentbehrlich, weil taurine Hausrinder dort nicht in gleicher Weise gedeihen, aber er gewann keine allgemeine Verbreitung. Gayal und Balirind blieben ebenfalls auf enge Gebiete begrenzt und wurden nicht zu bemerkenswerten Konkurrenten der taurinen Hausrinder. Der Hauswasserbüffel ist in weiten Teilen Südost- und Ostasiens ein höchst wichtiges Haustier. Er wäre auch zu einem breiteren Einsatz in feuchtwarmen Gebieten Afrikas oder Südamerikas geeignet, hat dort aber nicht in entsprechendem Ausmaß Eingang gefunden, weil die Bedürfnisse der Bevölkerung durch andere, früher eingeführte Hausrinder gedeckt wurden. In Ägypten allerdings veränderte sich diese Einstellung, weil sich Hauswasserbüffel gegen Rinderpest als resistent erwiesen. Trampeltiere sind an die trokkenen, kalten Steppen der Mongolei besser angepaßt als die meisten anderen Haustiere. Auch sie sind nicht weit über das Ursprungsgebiet hinaus zum Einsatz gelangt. Dromedare entstammen heißen, trockenen Regionen Südwestasiens; unter ähnlichen Umweltbedingungen fanden sie weite Verbreitung in afrikanischen Bereichen.

Es kann festgestellt werden, daß dort, wo bereits ältere Haustiere Eingang gefunden hatten, neue Haustiere für gleiche Nutzungen kaum Chancen hatten (Epstein 1965). Dies sollte bei Erwägungen über Neudomestikationen nicht außer acht gelassen werden.

## 2 Anfänge von Menschen gelenkter Rassebildung

Landrassen zeichnen sich durch eine recht große Variabilität aus, so daß aus ihnen Selektion nach unterschiedlichen Zuchtzielen möglich ist. Zunächst wird der Wunsch nach Eigentumskennzeichen bei Auslesen eine Rolle gespielt haben. Dies wird schon im Alten Testament erwähnt. Später gewann Auslese nach Nutzungsrichtungen Vorrang. Bereits seit Jahrtausenden lassen sich in Hochkulturen Spuren bewußter und planmäßiger Zucht bei Haustieren finden. Im Alten Orient gab es schon vor 6000 Jahren so verschiedene Haushundtypen wie windhundartige und doggenähnliche Haushunde, Hütehunde und kleine Haushunde (Brentjes 1971). Doch ob diese Unterschiede Ausdruck züchterischer Arbeit oder die Herausstellung von Typen aus einer breiten Variabilität sind, kann nicht sicher ausgesagt werden.

Prähistorisches Fundgut besteht aus Einzelstükken. Knochenreste und Schädelteile geben wohl Anhaltspunkte über Körpergrößen und manchmal auch Wuchsformen, aber sie gestatten nur bei sehr kritischer Abwägung erste Vermutungen darüber, ob es sich um Mitglieder von Populationen handelt, die als Zuchtrassen bezeichnet werden können. Auch Einsichten über physiologische Eigenarten oder Verhaltensbesonderheiten, die für einen Einsatz vor Pflug oder Wagen, als Reittier, als Helfer bei der Beaufsichtigung von Herden oder als Heimtier entscheidend sind, lassen sich durch eine Auswertung von Knochenresten allein nicht sichern, dazu sind weitere Kulturdokumente erforderlich.

Kulturgeschichtliche Dokumente bieten zur Klärung von Fragen der Rassebildung bei Haustieren manche Hilfe. Aber Bilder und Statuetten idealisieren nach Stilrichtungen und Gewohnheiten von Künstlerschulen. Bei Bildern haben oft Gehilfen den Auftrag erhalten, eine Lücke nach einem Vorbild zu füllen; so können einheitliche Bestände, also Haustierrassen, vorgetäuscht werden (Herre 1950).

Kenntnisse über Erbgänge beschränkten sich bis ins 19. Jahrhundert auf individuelle Erfahrungen. Die Erzüchtung von Haustierrassen war das Werk «begnadeter» Persönlichkeiten. Dies darf bei allgemeinen Aussagen über frühe Rassezüchtungen bei Haustieren nicht übersehen werden.

Soweit kulturhistorische Dokumente belegen, hatten die alten Griechen und Römer eine verhältnismäßig hochstehende Haustierzucht (O. Keller 1909, Toynbee 1983). Die Werke von Aristoteles, Plinius, Tacitus u.a. legen davon Zeugnis ab. Prähistorisches Material von Skeletteilen römerzeitlicher Haustiere beweist, daß die Römer Haustiere besaßen, die größer waren als jene anderer Völker. Aber nach dem Untergang der griechisch-römischen Epoche zeigt sich in der Haustierzucht ein Rückschlag; die Variabilität weitete sich wieder aus. Die in römischen Kolonien eingeführten Haustiere blieben auf die jeweils heimischen Landrassen ohne bemerkenswerten Einfluß (Herre 1955). Nur wenn besondere Bedürfnisse erwachten, entstanden aus den jeweiligen Landbeständen besondere Formen. Die Größe solcher Populationen ist unbekannt. Dies ist der allgemeine Zustand im Mittelalter bis zum Beginn des 18. Jahrhunderts.

Eine Sonderstellung nahm bereits im Mittelalter die arabische Pferdezucht ein. Ihre Erfolge wirkten sich auf Europa aus, weil Zuchtprinzipien der Auslese und Stammbaumzüchtung für andere Haustierzuchten Vorbild wurden. Für die verschiedenen Haustierarten war das Vorbild von unterschiedlichem Einfluß. Doch das Schrifttum, welches sichere Aussagen darüber ermöglicht, blieb gering. In einigen Ländern Europas stand im 17. Jahrhundert die Hausschafzucht viel höher im Kurs als die Hauspferdezucht; die Zucht von Rassen der Hausrinder lag noch im 18. Jahrhundert weit zurück (Krüger 1961).

Die bemerkenswertesten Fortschritte der Haustierzucht entwickelten sich im 18. Jahrhundert in England. Unter dem Einfluß von R. Bakewell (1725–1795) gelang es, alte Landrassen vor allem durch Selektion und Erfahrungen in der Zucht zu höheren Leistungen zu bringen und Rassen zu gestalten, die gestiegenen Ansprüchen des Marktes gerecht wurden. In der zweiten Hälfte des 18. Jahrhunderts war die Haustierzucht in England leistungsfähiger als auf dem Kontinent, wo in der vormendelistischen Zeit meist ein Streit über ungesicherte Theorien ausgetragen wurde.

Unter den Theorien, die noch in der ersten Hälfte des 19. Jahrhunderts die Gemüter von Tierzüchtern erregten, ist an erster Stelle die Konstanzlehre zu nennen. In manchen populären Meinungen klingt sie immer noch nach. Die Konstanzlehre erachtete die Haustierrassen als von der Natur geschaffen, ihre Eigenschaften sollten sich ewig gleichen, niemals wechseln. Nur die einer Haustierrasse eigentümlichen Besonderheiten galten als vererbbar, nicht aber individuelle Eigenarten. Mit dem Alter und der «Reinheit» der Rasse, deren Erbgut als ein Ganzes betrachtet wurde, sollte die Festigkeit, die Erbsicherheit ihrer Eigenschaften zunehmen. Diese Grundauffassung hat die Entwicklung der Tierzucht nicht gefördert.

Einen wichtigen Schritt in eine zukunftsträchtige Richtung tat H. v. Nathusius. Er stellte den Gedanken einer Individualpotenz in den Vordergrund. Doch erst der Mendelismus gab dafür ein Verständnis und der Haustierzucht feste Grundlagen. Der Mendelismus sicherte, daß die erstrebten Merkmale durch einzelne, voneinander trennbare Erbträger bestimmt werden. Damit waren Planungen von Kombinationszüchtungen auch bei Haustieren möglich. Es wurde weiter erkannt, daß die Erbanlagen in Abhängigkeiten von der Umwelt zu den Merkmalen führen und daß die Erbanlagen untereinander Wechselbeziehungen haben. Nach der Aufhellung dieser Grundlagen kam es zu einer stürmischen Entwicklung der Rassezucht. Es wurde möglich, den Zuchtwert von Einzeltieren zu bestimmen. Unter Zuchtwert wird nicht nur die genetische Veranlagung für bestimmte Eigenschaften verstanden, sondern auch die erblich gegebene Befähigung von Individuen eingeschlossen, unter bestimmten Umwelt-, Markt- und betriebswirtschaftlichen Verhältnissen bestimmte Gesamtleistungen zu erbringen (Grawert 1980). Auch für die Zuchtmethoden (Inzucht, Reinzucht, Kreuzungszucht, Verdrängungszucht usw.) ließen sich Unterlagen erarbeiten, die Erfolge neuer Rassezüchtungen oder Veränderungen bestehender Haustierrassen abschätzbar machten. Darüber geben Lehrbücher der Tierzucht, so jenes von Comberg et al. (1980) Auskunft.

Das Wissen über die Entstehung von Rassen, vor allem über die Entwicklung von Haustierrassen in frühgeschichtlicher Zeit, ist höchst lückenhaft. Soweit nicht natürliche Auslese durch die «Scholle» gestaltend wirkte, wird am Beginn von Rassezüchtungen Auslese von Tieren, die durch besondere Eigenarten auffielen, die entscheidende Rolle gespielt haben, denn

Menschen sind nicht in der Lage, Variabilität bei Haustieren zu erzeugen, sie konnten auftretende vorteilhafte Besonderheiten nur nutzen, wenn sie pragmatisch Zucht betrieben. Auf diese Weise entstanden in einigen Ländern Populationen, die zu Kulturrassen entwickelt wurden. Unterschiedliche Eigenschaften solcher Rassen vermochten Tierzüchter schließlich zu kombinieren. In Haustierbeständen verschiedener Gegenden führten – auch zu unterschiedlichen Zeiten – ähnliche Zuchtziele in manchen Fällen zu gleichen Merkmalen. Diese Merkmalsübereinstimmungen sind kein sicherer Ausdruck engerer verwandtschaftlicher Zusammenhänge (Degerbøl 1967).

Die Kulturrassen der Haustiere verdanken ihre Entwicklung wirtschaftlichen Bedürfnissen oder menschlichen Launen. Zuchtziele werden in unserer Zeit nach Vereinbarungen formuliert, um Einheitlichkeit innerhalb von Rassen zu fördern. Doch diese Festlegungen bieten keine Gewähr für langzeitliche Konstanz von Haustierrassen in Erscheinungsbild und Leistungen. Individuelle Auslegungen vereinbarter Formulierungen von Zuchtzielen können Wandlungen des Rassebildes bewirken. Die biologische Plastizität bietet dazu viele Möglichkeiten. Darum verbergen sich unter gleichen Rassebezeichnungen in Raum und Zeit sehr unterschiedliche Individuen. Bei Erwägungen zur Rassegeschichte ist diesem Sachverhalt Rechnung zu tragen, vor allem, wenn aus Rassebezeichnungen oder formal festgelegten Zuchtzielen tragfähige Schlüsse über verwandtschaftliche Beziehungen gezogen werden, die kulturgeschichtliche oder naturwissenschaftliche Thesen untermauern sollen. Dies wird im Laufe der weiteren Erörterungen anschaulich werden.

# XI. Über Rassen von Haustieren

## 1 Haushunde

Die Mannigfaltigkeit bei Haushunden ist in höchstem Maße beeindruckend. Es gibt «rasselose» Haushunde in den verschiedensten Klimazonen und bei unterschiedlichsten Lebensbedingungen. Außerdem werden mindestens 120 anerkannte Kulturrassen verzeichnet. Die Zahl der Rassen nimmt noch zu, weil innerhalb nicht «rassereiner» Landhaushundbestände immer wieder Typen auftauchen, die Interesse finden und zum Ausgang größerer Populationen werden. Ihre Anerkennung als Rasse ist verschiedentlich erfolgreich. Solche Populationen können mit einer wirkungsvollen Benennung auch ohne sofortige internationale Anerkennung als Rasse einen Freundeskreis finden. Damit beginnt, was erfahrenen Hundekennern schon lange bekannt ist: «Rasselose» Hunde bilden zu allen Zeiten die Grundlage für neue Rassezüchtungen (Räber 1971).

Haushunde unterscheiden sich in Größe, Gestalt, Schwanzformen, Behaarung, Färbung, Verhalten und vielen anderen Eigenarten, die erblich sind (Stewart und Scott 1975). Rassen lassen sich damit durch viele Merkmale kennzeichnen. Auch innerhalb der Hunderassen treten in den zu Zuchtzielen erklärten Merkmalen Besonderheiten auf, deren Träger manchmal noch zur Zucht zugelassen, in anderen Fällen aber ausgeschlossen werden; Willkür ist dabei nicht auszuschließen. Innerhalb der Rassen gibt es verschiedentlich Farbschläge. Größenunterschiede lassen Gliederungen in Riesen und Zwerge zu. Die Variabilität gestattet kaum eine biologisch sinnvolle Ordnung der Rassen.

Die Rassebildung bei Haushunden hat mit den Beziehungen, die sich zwischen Menschen und Haushunden gebildet haben, beachtenswerte Zusammenhänge. Im Laufe der Zeit nutzten Menschen Haushunde in verschiedenster Weise. Bei einigen Völkern sind sie noch heute Fell- und Fleischlieferanten. In anderen Gebieten werden Haushunde in der Nähe menschlicher Siedlungen zwar geduldet, aber als Ausgestoßene, als Parias, gewertet. Dies ist bereits dem Alten Testament zu entnehmen. Manche Hunde haben Aufgaben als Wächter zu erfüllen, in diesen Fällen sind Zuchtprogramme selten; es handelt sich um Bestände mit hoher Variabilität und oft großer Jugendsterblichkeit (Menzel und Menzel 1960, Wyngaarden-Bakker und Jzereef 1977). Höhere Forderungen werden an Haushunde gestellt, die als Helfer von Schaf- und Rinderhirten, als Kampfgefährten oder zum persönlichen Schutz eingesetzt werden oder als Zughunde vor Schlitten und Karren Dienste leisten. Kraft und soziale Veranlagung sind in diesen Fällen von besonderer Bedeutung, besondere Kennzeichen als Eigentumsmarken oft erwünscht. Ansehen erlangten Haushunde, gelegentlich schon vor Jahrtausenden, in größerem Umfang in neuerer Zeit, als Helfer bei der Jagd. Dabei sind die Aufgaben nicht einheitlich, je nachdem ob Großwild oder Niederwild zu Wasser oder zu Lande zu hetzen, aufzuspüren, zu erbeuten oder herbeizuschaffen ist. Nicht zuletzt wurden Haushunde zu Gesellschaftern und Begleitern von Menschen. Bei heutigen Haushunden steht diese Verwendung stark im Vordergrund. Viele dieser Tiere haben im Vergleich zu ihren Ahnen «goldene Zeiten», vor allem in westlichen Kulturen, für die Bergler (1986) eindrucksvoll gezeigt hat, in welchem Ausmaß Wünsche unterschiedlich strukturierter Menschen die Auswahl von Haushunden beeinflussen und wie stark menschliche Bedürfnisse die Haltung von Haushunden bestimmen. Die verschiedenen Verwendungszwecke bedingen unterschiedliche Zuchtziele. Es erscheint berechtigt, trotz mancher Überschneidungen, die Rassen der Haushunde unter Gesichtspunkten der Verwendung zu ordnen.

Diese Gliederung, die zu einem wichtigen Teil in Verhaltenseigenarten ihre Grundlage hat, fand erst in den letzten Jahrzehnten Anerkennung. Zuvor bildeten Größenunterschiede von Schädeln ein wesentliches Merkmal für Zuordnungen zu Verwandtschaftsgruppen von Rassen, weil im ersten, noch spärlichen Material neolithischer Haushunde solche Verschiedenheiten auffielen.

Als Ahn kleiner Haushundrassen galt *Canis palustris,* als Torfspitz allgemeiner bekanntgeworden. Die mittelgroßen Haushunde wurden auf *Canis matris-optimae,* die großen, doggenähnlichen Rassen auf *Canis inostranzewi,* die windhundartigen auf *Canis leineri* zurückgeführt. Studer (1901) hat sich um diese erste, typologische Ordnung verdient gemacht. Seine vorsichtigen Formulierungen fanden vielseitige Anerkennung, wurden aber schließlich oft vereinfacht aufgefaßt. Wichtige kritische Einwände gegen diese Gliederungsversuche machte Klatt bereits 1913. Heute ist anerkannt, daß es unmöglich ist, allein nach Schädelmerkmalen, insbesondere der Schädelgröße, Rassezuteilungen vorzunehmen (Stampfli 1976). Goertler (1966) sowie Huber (1983) haben die Plastizität der Schädel schon innerhalb der gleichen Haushundrassen anschaulich belegt. Das gleiche trifft auch für Verhaltensbesonderheiten zu. Dazu seien Molosser als Beispiel genannt. Aus diesen einst als Kampfhunde gefürchteten Formen sind, mit Ausnahme des japanischen Tusa-Inu, friedliche, kinderfreundliche Haushundrassen gezüchtet worden (Weise et al. 1987).

Um über frühe Rassebildungen bei Haushunden Aufschluß zu erhalten, sind künstlerische Dokumente aus alten Kulturen heranzuziehen. Brentjes (1971) ermittelte, daß im Alten Orient bereits vor 6000–5000 Jahren windhundähnliche und doggenähnliche Jagdhunde, kleine, Spitzen gleichende Tiere und schlanke Zwerghaushunde lebten. Über die Haushunde der Römer sind die Darlegungen von Toynbee (1983) aufschlußreich. Die Römer besaßen als Jagdhunde für Großwild wuchtige Molossertypen und schlanke Windhunde, für Niederwild gab es kleinere Jagdhunde. Im alten Rom lebten aber auch sehr verschiedene Haus-, Hof- und Wachhunde, auch Hirtenhunde und Zughunde sind beschrieben. Schoßhunden wurden Huldigungsgedichte gewidmet. Da mit dem Niedergang des Römischen Reiches die Tierzucht verfiel, ist sehr ungewiß, ob die Haushunde der Römer als Rassen überlebten; spätere ähnliche Typen haben wahrscheinlich einen eigenen Ursprung.

Zur Klärung des Entstehens von Haushundrassen sind die Knochenfunde prähistorischer, frühgeschichtlicher und mittelalterlicher Siedlungen von Interesse. Im allgemeinen zeigt sich bei diesen eine breite, gleitende Variabilität, die in Raum und Zeit unterschiedlich sein kann. Zusammenhänge mit Siedlungsstrukturen zeichnen sich ab. In kleinen Siedlungen ist die Variationsbreite meist geringer als in Städten (Boessneck et al. 1971, Wyngaarden-Bakker und Jzereef 1977, Reichstein 1984, Spahn 1985). Unterschiedliche Häufungspunkte lassen manchmal verschiedene Haushundrassen möglich erscheinen. In anderen Fällen ist wohl eine Vielfalt von Typen nachweisbar, aber eine Bevorzugung bestimmter Gestalten zeichnet sich nicht ab. In solchen Fällen läßt sich wegen der Übergänge keine sichere Aussage über die Haltung von Rassehunden machen, selbst wenn die Extreme sehr unterschiedlich sind. Ein Mischbestand ist in diesen Fällen wahrscheinlicher (Ueck

1969, Boessneck und v. d. Driesch 1978). Bemerkenswert sind Befunde von Harcourt (1974) nach denen in der römisch-britischen Periode in England die Haushunde eine Variabilität zeigen, in der sich zwei bis drei Populationen als Häufungspunkte abzeichnen, die als Hinweise auf Rassen verstanden werden können. Ein Einfluß von Haushunden, welche die Römer einführten, ist anzunehmen. Bökönyi (1984) fand in einer römischen Stadt in Ungarn unter den Haushundschädeln verschiedene Typen, die sich als Gruppen zusammenfassen ließen. Dies weist auf verschiedene Rassen hin. Doch um solche Aussagen zu sichern, ist ein sehr großes Material notwendig. Da bei vielen Studien das prähistorische Haushundmaterial begrenzt ist, muß gegenüber einer Reihe von Aussagen über prähistorische bis mittelalterliche Haushundrassen, die von Knochenfunden ausgehen, Zurückhaltung geübt werden.

Darlegungen von Räber (1971) über die Entwicklung von Haushundrassen in der Schweiz verdienen Interesse. Die prähistorischen Haushunde dieses Landes, oft als Torfspitze zusammengefaßt, waren von recht unterschiedlicher Größe. Von der Römerzeit bis zum 16. Jahrhundert schwankte die Größe der Schweizer Haushunde von Zwergpinschern bis zum Schäferhund, ohne daß sich bestimmte Gruppierungen abzeichnen. Aus diesem Reservoir von Bauernhunden begann im Hochmittelalter die Auslese von Jagdhunden, deren Zucht der Adel auf Burgen fortführte. Mit dem Niedergang des Adels ging diese Rassehundzucht zu Ende. Erst im 19. Jahrhundert wurden Zuchtbücher für Rassehaushunde eingeführt und bis heute fortgesetzt.

In England ist die Entwicklung der Rassezucht bei Haushunden stetiger verlaufen. Dort entstanden vor allem Haushundrassen, die für verschiedene Jagdbedürfnisse geeignet waren; Meutehunde gewannen unter diesen in der Renaissance große Beliebtheit.

In der Schweiz hatten Sennenhunde als Helfer von Rinderhirten bei der Bewachung und beim Viehtrieb einst eine große Bedeutung. Doch das Interesse an geordneter Zucht ließ im Laufe der Jahrhunderte nach; die Zuchten verfielen und gingen in rasselosen Beständen von Bauernhunden unter. Am Ende des 19. Jahrhunderts erschien eine Neubelebung geboten. Räber hat diese Bemühungen geschildert. Zunächst war ein Zuchtziel zu formulieren, dann begann unter den Haushunden der Bauern eine Auslese, die diesen Vorstellungen nahekam. Mit ihnen wurde gezüchtet und von der Nachzucht nur jene Tiere zur Vermehrung zugelassen, die den Idealvorstellungen von Sennenhunden am meisten entsprachen; alle anderen getötet, geselcht und geräuchert, um Mißbrauch vorzubeugen. Durch diese scharfe, zielbewußte Auslese gelang es, in der Schweiz die alten Sennenhaushundrassen wieder erstehen zu lassen, sie fanden weltweite Anerkennung.

Daß durch Auslese in Beständen rasseloser Haushunde eine recht schnelle Erzüchtung von Haushundrassen möglich ist, belegen auch die Erfahrungen von Menzel und Menzel (1960). Bei Pariahunden in Israel konnten sie nachweisen, daß bei diesen züchterisch unbeeinflußten Haushunden verschiedene Typen vorhanden waren. Durch Auslese ähnlicher Pariahunde und deren Verpaarung untereinander lassen sich verschieden gestaltete Populationen erzüchten, die modernen Hunderassen entsprechen. Solche Erfahrungen sind für Modellvorstellungen über die Entwicklung von Haustierrassen geeignet (Abb. 12).

Für eine Gliederung der modernen Rassen der Haushunde erscheint eine Gruppierung in Arbeits- und Gebrauchshunde, in Jagdhunde und in Begleit- oder Gesellschaftshaushunde zur ersten Orientierung grundsätzlich geeignet. Es ist eine typologische, keine verwandtschaftliche Gliederung. In den letzten Jahrzehnten sind die Grenzen zwischen diesen Gruppen immer undeutlicher geworden. Viele Rassehunde werden nicht mehr entsprechend den Zuchtzielen eingesetzt, sondern stellen als Begleithunde Statussymbole dar. Damit ist meist eine Vernachlässigung jener Verhaltensbesonderheiten verknüpft, die den ursprünglichen Wert der Rassen ausmachten. Exterieurbesonderheiten gewin-

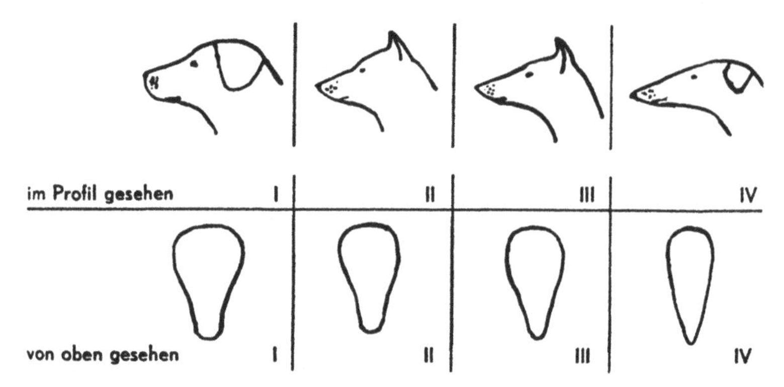


**Abb. 12:** Die vier Kopfformen des Pariahundes, schematisch (aus Menzel 1960)

nen dann oft einen besonderen Stellenwert, was züchterische Fehlentwicklungen begünstigt.

Zur Kennzeichnung der Rasseentwicklung bei Haushunden in zoologischer Sicht genügen knappe Hinweise auf einige Eigenarten ausgewählter Rassen. Eingehende Schilderungen der anerkannten Haushundrassen finden sich in vielen Werken: Von ihnen seien erwähnt das «Book of dogs» (1958) der National Geographic Society, «The complete dogbook» (1978) des American Kennel Club. «Wildhunde – Haushunde» (1978) von Senglaub, der Kosmos-Hundeführer (1981) oder «Mein Freund – der Hund» von Feddersen et al. (1984) mit den deutschen Zuchtvorstellungen.

Als aufmerksame Hofwächter seien die Spitze genannt. Ihnen ist ein starkes Revierbewußtsein eigen. Sie verteidigen vor allem ihren engeren Lebensbereich und vertreiben Eindringlinge mit anhaltendem Gebell. Das Haarkleid dieser meist mittelgroßen Haushunde ist üppig, in der Halsgegend etwas abstehend. Spitze haben Stehohren, sie sind wolfsfarben, grau oder weiß. Die Körpergröße ist variabel; es gibt Zwergspitze, die als Begleithunde beliebt wurden.

Zur Bewachung von Bauernhöfen wurden größere Haushunde eingesetzt; ihre Bedeutung ging zurück. Um solche Haushunde wieder entstehen zu lassen, begannen in Deutschland am Beginn des 20. Jahrhunderts Züchtungen mit ausgewählten Bauernhunden aus dem Harz und dem Schwarzwald. Eine als Howawart bezeichnete Haushundrasse entstand. Es sind große aufmerksame Hunde mit langen leicht gewellten Haaren und Hängeohren.

Bei Hirtenhunden ist besonders die Fähigkeit ausgeprägt, Schaf- oder Rinderherden zusammenzuhalten und zu treiben. Auch für den Herdenschutz müssen diese Haushunde geeignet sein. Daher sind Hirtenhunde im allgemeinen große, kräftige, angriffsfreudige Tiere, ihrem Herrn gut gehorchend. Gegen Witterungseinflüsse bietet ein langes, festes Haarkleid Schutz. Unter den Hirtenhunden gehören die Collie zu einem schlanken Typ. Das Deckhaar ist lang und glatt, das Unterhaar sehr dicht, eine üppige Mähne und Halskrause ausgeprägt. Die Rüden dieser meist bunten Haushunde mit Stehohren werden bis 30 kg schwer. Schwerer und noch kräftiger gebaut sind die Berner Sennenhunde, in deren schwarzem Fell rostrote Flecken aufleuchten. Die 5–7 cm langen Grannenhaare überdecken eine reiche Unterwolle. Die Tiere haben Hängeohren. Von ähnlichem Typ ist der Pyrenäenhund. Bei ihm ist das aus dichtem, rauhen Deckhaar und feiner Unterwolle bestehende Fell fast weiß. Die Rüden werden mehr als 50 kg schwer (Abb. 13).

Innerhalb der ungarischen Hirtenhunde haben interessante Entwicklungen (Mohr 1956) zu verschiedenen Rassen geführt. Der fast reinweiße Kuwasz ist dem Pyrenäenhund ähnlich, nur ist das Haarkleid leicht gewellt. Beim Puli und beim Kommodor imponiert eine mächtige

**Abb. 13:** Pyrenäenhund (Bildarchiv E. Mohr im Institut für Haustierkunde Kiel)

**Abb. 14:** Puli, beim Hochspringen wird die Eigenart des Haarkleides dieser Hunderasse deutlich (Bildarchiv E. Mohr im Institut für Haustierkunde Kiel)

Haarentwicklung, die auch den Kopf einhüllt. Der Puli ist ein mittelgroßer Haushund, Rüden bis zu 15 kg schwer, dessen langabwachsendes Fell zottelig wirkt; die Haare können lange, verfilzte Strähnen bilden. Es gibt schwarze bis weiße Puli in allen Schattierungen. Beim Kommodor erreichen die Rüden bis 60 kg Gewicht. Auch diese Haushunde, die nur weiß gezüchtet werden, haben ein gleichmäßig lang abwachsendes Haar, das sich oft zu schnurartigen Strähnen verdreht und auch den Kopf einhüllt. Sie wirken durch das Haarkleid etwas plump, sind aber höchst beweglich und angriffsbereit; gegenüber Hirten zeichnen sie sich durch Einordnungswilligkeit aus (Abb. 14, 15).

Ein echter Schäferhund war einst der Deutsche Schäferhund. Sein Haarkleid blieb in Farbe und Beschaffenheit dem Wolf recht ähnlich. Der Deutsche Schäferhund wurde für neue Aufgaben eingesetzt und dabei verändert. Er spielt heute als Schutz- und Polizeihund eine wichtige Rolle. Im Zusammenhang damit stehen vor allem Wandlungen im Verhalten, aber auch im Körperbau.

Der Körper Deutscher Schäferhunde ist im Laufe der letzten Jahrzehnte gestreckter geworden, die Hinterbeine werden stärker nach hinten gestellt, was sprungbereiter wirkt (Stephanitz 1921, Schneider-Leyer 1960). Das Deckhaar ist meist kurz und enganliegend, die Unterwolle dicht, es gibt aber auch Tiere mit längerem Haarkleid. Die für Wölfe typische Färbung und Zeichnung wird zwar züchterisch bevorzugt, es gibt aber auch, wie bei amerikanischen Wölfen, schwarze und sehr helle Deutsche Schäferhunde mit wenig ausgeprägter Zeichnung. Als Zuchtziele im Verhalten haben Angriffslust, Wachsamkeit und Gehorsam besondere Bedeutung. Da diese Eigenarten nicht durch die gleichen

**Abb. 15:** Haushunde, Rassen: Vorne Pulihündin, dahinter Tibeterrierrüde (Bildarchiv E. Mohr im Institut für Haustierkunde Kiel)

Erbanlagen gesteuert werden, ist der Wert der einzelnen Deutschen Schäferhunde als Schutz- und Polizeihund unterschiedlich; es treten Individuen auf, bei denen die im Zuchtziel erstrebten Verhaltensweisen in Einzelzügen übersteigert oder aber nur wenig entwickelt sind. Die weniger für amtliche Dienste geeigneten Tiere werden zwar von der Weiterzucht ausgeschlossen, bleiben aber am Leben. Sie können gefährlich werden, wenn ihre Angriffslust zu stark und die soziale Unterordnung gegenüber Menschen, also ihr Gehorsam, zu gering entwickelt ist. Ungeeignete Haltungsformen können die erblichen Veranlagungen beeinflussen. Bei einigen der Deutschen Schäferhunde ist das Riechvermögen ungewöhnlich gut, so daß es jenes vieler Wölfe übertreffen dürfte. Diese Tiere sind bei Fahndungen nach Rauschgiften wichtige Helfer.

Schutzhunde hat es schon im Altertum gegeben, sie waren im Mittelalter als Kampfgefährten im Einsatz. Von moderneren Schutzhunden sind die Doggen besonders zu nennen. Diese muskulösen Haushunde mit hochangesetzten Stehohren und langem Schwanz haben eine Schulterhöhe von 80 cm und ein Körpergewicht bis 80 kg. Das kurze, dicht anliegende, glänzende Haarkleid ist von verschiedener Farbe und hat unterschiedliche Zeichnungen. Der gewaltig wirkende Mastiff, in England entwickelt, ist den Kampfhunden des Altertums ähnlich geworden. Bei einer Schulterhöhe von etwa 75 cm erreichen die Rüden Körpergewichte bis 90 kg. Das Fell gleicht dem der Doggen. Der Mastiff hat Hängeohren.

Nach dem Vorbild römischer Treib- und Hütehaushunde ist in neuerer Zeit in Deutschland der Rottweiler durch Kreuzungen und Auslese erzüchtet worden. Er findet als Schutzhund verbreitet Einsatz. Rottweiler sind große, mächtige, schwarze Haushunde mit rotbraunen Abzeichen, einem rauhen Haarkleid und Hängeohren. Als Schutzhunde verwendet werden auch Riesenschnauzer, bei denen die Rüden 70 cm Schulterhöhe und 35 kg erreichen. Ihr Name hat sich aus dem Besitz eines Schnauzbartes und dichter, langer Haare über den Augen ergeben. Diese rauhhaarigen, meist schwarz oder pfeffer-und-salz-farbigen Haushunde haben Stehohren, sind angriffsfreudig, gehorsam und gesellig. Innerhalb der Schnauzer werden Zuchtmöglichkeiten anschaulich: Es gibt auch Mittelschnauzer und Zwergschnauzer. Die Zwergschnauzer, nur um 30 cm hoch und 5 kg schwer, im Erscheinungsbild und Wesen dem Riesenschnauzer gleichend, sind beliebte Gesellschaftshunde geworden.

Von Kriegs- und Schutzhunden, deren Verwendungszweck sich änderte, sei erstrangig der Bernhardiner genannt. Die Vorfahren dieses großen, muskulösen, witterungsunempfindlichen, weißrot gefärbten, hängeohrigen Haushundes kamen wohl mit römischen Kriegern ins Alpengebiet. Dort haben die Nachfahren als Rettungshunde besondere Anerkennung gefunden. Sie verstehen in Schneestürmen verirrte Menschen aufzuspüren. Als Retter und Helfer in Küstennähe hat der Neufundländer Aufmerksamkeit erlangt. Es sind kräftige, muskulöse, meist schwarz, selten braun gefärbte Hunde, die Rüden werden bis 72 kg schwer. Neufundländer sind begeisterte und gute Schwimmer. Das Haarkleid liegt dicht an und ist fettig, was den Wassereinsatz begünstigt. Die Neufundländer, zunächst eine Landrasse, wurden in ihrer Heimat mit Haushunden aus Europa verpaart und in Europa mit verschiedenen großen Haushundrassen gekreuzt. Das hat zu manchen Veränderungen geführt, über die Goerttler (1966) einen höchst anschaulichen Bericht gegeben hat (Abb. 16).

**Abb. 16:** Haushund, Rasse Neufundländer; englische Kopfformen a) um 1900, b) um 1866; c), d) moderne Zeit (aus Goerttler 1966)

Als Arbeitshunde seien noch die Schlittenhunde erwähnt, die in nordischen Gebieten einzigartige Arbeit leisten. Die Schlittenhunde sehen spitzähnlich aus, sind muskulös und haben ein dichtes Fell. Ihre Lautäußerungen bestehen vornehmlich aus Heullauten. Zu den Schlittenhunden gehören die sibirischen Husky, die alaskanischen Malamute, die Samojeden-, Grönland- und Eskimohaushunde. Die modernen nordischen Schlittenhunde hat Baumann (1984) ausführlicher geschildert. In Mitteleuropa wurden Haushunde erfolgreich vor Karren eingespannt (Räber 1971).

Jagdhunde nehmen unter den Haushunden in zoologischer Sicht eine Sonderstellung ein, weil die im Wolf vorhandenen Fähigkeiten zur Überwältigung von Beute eine höchst vielseitige Differenzierung erfuhren. Körpereigenarten und Verhaltensweisen dieser Gruppe von Haushunden stellen bemerkenswerte Anpassungen an unterschiedliche Aufgaben dar. Es gibt unter den Jagdhunden viele Spezialisten.

Der Auerochsen-, Bären-, Wildschwein- oder Wolfsjagd dienten einst große, starke, angriffsfähige Haushunde. Zum Packen und Verwunden der großen Beutetiere waren mächtige Köpfe mit kräftiger Muskulatur ein besonderer Vorteil. Mit dem Rückgang der Großwildjagd erfuhren diese ursprünglichen Jagdhunde Umzüchtungen zu eigenartigen Formen; vor allem breite Köpfe mit überstehendem Unterkiefer bestimmten das Bild. Zu diesen Rassen gehört der Deutsche Boxer, der erst 1925, nach langer Zuchtarbeit, in Deutschland als Rasse anerkannt wurde. Die heutigen Boxer sind mittelgroße, kräftig gebaute Haushunde, bis 63 cm hoch und 30 kg schwer. Auffällig ist der breite Kopf mit dem vorstehenden Unterkiefer. Das Haar ist kurz und enganliegend, die Färbung meist gelb in vielen Schattierungen, nicht selten sind Boxer dunkel gestromt. Sie tragen den Schwanz aufrecht. Auf Bären und Wölfe wurde einst die Bordeauxdogge angesetzt. Dies sind untersetzte, kräftige, kurzhaarige Hunde, die einen gewaltigen Kopf haben, dessen Schnauzenabschnitt kurz ist, der Unterkiefer springt vor. Bordeauxdoggen haben Hängeohren und Hängeschwänze. Die Rüden werden bis 65 cm groß und 50 kg schwer. Wegen des oft furchterregenden Aussehens der angriffsbereiten Tiere werden sie heute gern als Wachhunde eingesetzt.

Einen ausgezeichneten Geruchssinn hat der Blut-(= Schweiß-)Hund. Er zeichnet sich durch hervorragende Leistungen im Auffinden angeschossenen Wildes aus. Das Aussehen dieser großen, kurzhaarigen Jagdhunde, Rüden werden über 65 cm hoch und 50 kg schwer, ist eigenartig. Bluthunde haben im Gesicht und am Hals viele Hautfalten und ungewöhnlich lange Hängeohren. Menschen empfinden dies Aussehen verschiedentlich als Ausdruck von «Traurigkeit».

Flüchtendes Wild im offenen Gelände, so Gazellen, machte schon im Altertum Jagdhunde mit hoher Rennfähigkeit erforderlich; dem Geruchsvermögen kam eine geringere Bedeutung zu; gutes Erkennen flüchtenden Wildes mit dem Auge wurde gefordert. Es kam zur Entwicklung von Windhunden mit langen spitzen Köpfen, schlanken Körpern und langen Extremitäten. Die Körpergröße ist je nach der Jagdtierart verschieden, auch die Länge und Färbung des Haarkleides nicht bei allen Windhundrassen gleich. Von den großen Windhunden seien genannt: Der Barsoi, der russische Windhund, Rüden bis 88 cm hoch und 45 kg schwer, mit längerem, gewellten, glänzenden Haar; der leichtere arabische Windhund, der Saluki und der afghanische Windhund, den eine sehr lange Behaarung an Ohren, Bauch und Extremitäten auszeichnet. Diese Rassen kamen erst im 19. Jahrhundert ins westliche Europa. Es ist unsicher, ob es sich dabei um direkte Nachfahren frühgeschichtlicher Haushunde handelt oder ob aus Landhaushunden die gewünschten Typen ausgesucht und nach Zuchtzielen gestaltet wurden, wofür die Feststellungen von Menzel und Menzel (1960) sprechen.

Zu den kleineren Windhunden, die als Begleithaushunde Freunde fanden und auch bei Haushundrennen eingesetzt werden, gehören die kurzhaarigen Whippet, Rüden 45 cm hoch und 10 kg schwer, sowie die italienischen Windspiele.

Bei Gesellschaftsjagden zu Pferde entstand um 1600 u.Z. der Wunsch nach hetzenden, kleineren Meutehaushunden mit hohem Kampfvermögen und Kontaktfreude untereinander. Als ein Vertreter dieser Gruppe sei der kurzhaarige, bunte, hängeohrige Beagle genannt, der um 35 cm hoch und um 17 kg schwer wird, also kompakt gebaut ist.

Die Jagd auf kleineres Wild, auch auf Enten und Fasanen, ließ nach Haushunden Ausschau halten, die weiträumig aufstöbern konnten, dann aber vorzustehen vermochten, damit der Jäger zum Schuß kommt, also nicht als «natürliche» Reaktion zupackten. Nach dem Schuß sollten sie das erlegte Wild apportieren. Dazu sind Rassen erzüchtet worden, bei denen diese Fähigkeiten unterschiedlich ausgebildet und kombiniert sind. Die Jagdhunde dieser Gruppe sind die Pointer, Retriever, Spaniels und Setter. In diesen Gruppen werden jeweils mehrere Rassen unterschieden.

Die Pointer waren die ersten Jagdhunde, welche gut vorstehen konnten. Sie entstanden gleichzeitig an mehreren Stellen Europas. Pointer wurden bei der Erzüchtung weiterer Rassen in unterschiedlicher Weise herangezogen. Die Deutsch-Kurzhaar- und Deutsch-Drahthaar-Jagdhunde werden zur Pointergruppe gerechnet. Es sind mittelgroße bis große Haushunde. Zu den kleinen Jagdhunden gehören die vielseitigen Spanielrassen, die auf dem Lande und im Wasser Jagdhilfe leisten. Spaniels besitzen einen ausgeprägten Jagdtrieb, sie sind ausgezeichnete Stöberer und verstehen sich gut auf das Apportieren von Beute nach dem Schuß. Sie werden vor allem bei der Vogeljagd eingesetzt. Die besten Apportierhunde waren ursprünglich die Retriever; später wurden ihre Fähigkeiten zu Stöberhunden züchterisch weiterentwickelt. Vor rund 400 Jahren entstanden aus Kreuzungen zwischen Pointern und Spaniels die Rassen der Setter. Die Setter bewähren sich vielseitig bei der Jagd auf Vögel. Ihre Körper und Bewegungen zeichnen sich durch eine große Eleganz aus, so daß sie viele Freunde fanden, zumal sie sich stark auf ihre Besitzer ausrichten, also Einmannhaushunde sind.

**Abb. 17:** Haushund, Rasse Dackel

Zur Jagd auf Tiere in Erdbauten, wie Füchse oder Dachse, waren besonders gestaltete Jagdhunde geboten. Unter ihnen nehmen die kurzbeinigen Dackel eine besondere Stellung ein. Dackel haben einen starken Jagdtrieb, sehr guten Geruchssinn und Spürbegabung. Sie halten die Nase meist dicht am Boden, finden so die Höhlen kleinerer Raubtiere und verstehen, auf sich gestellt, ihre Beute zu überwältigen. Dackel werden mit unterschiedlichem Haarkleid in verschiedenen Farben und Größen gezüchtet. Viele Dackel sind Gesellschaftshunde geworden, bei denen die Fähigkeiten zum jagdlichen Einsatz gering sind (Abb. 17).

Zu den «Nase-an-Erde»-Haushunden gehören auch die Terrierformen. Terrier sind außerordentlich temperamentvolle Haushunde, die «quirlig» werden, wenn ihr hoher Bewegungsdrang nicht befriedigt wird. Sie haben einen starken Jagdtrieb und vermögen Füchse aus ihren Behausungen zu graben. Als besonders typischer Terrier kann der Foxterrier gelten, ein kleiner, meist schwarzweiß gezeichneter Haushund mit kurzem, glatten oder rauhen Haar und ziemlich langen Beinen; Rüden um 40 cm hoch und nur 9 kg schwer. Die größte Rasse der Terrier ist der Airedale, meist schwarz gefleckt lohfarben, mit dichtem, drahtigen Haar, langgestrecktem Kopf und Kippohren. Die Rüden erreichen eine Schulterhöhe von 60 cm und über 20 kg Körpergewicht.

**Abb. 18:** Haushund, Rasse Englische Bulldogge (Bildarchiv E. Mohr im Institut für Haustierkunde Kiel)

Die Bullterrier sind dem Wesen nach Terrier, ihre Gestalt ist in dieser Gruppe jedoch auffällig. Sie sind mittelgroß, recht massig, kurzhaarig und stehohrig. Der Kopf ist lang und auffallend groß, was mit ihrer Entstehung aus Kreuzungen zwischen Terriern und englischen Bulldoggen (Abb. 18) im Zusammenhang steht. Beim Bostonterrier ist der Kopf noch mächtiger, weil als Kreuzungspartner von Terriern französische Bulldoggen herangezogen wurden. Der Bedlingtonterrier hingegen entstand durch Kreuzungen von Terriern mit Whippet. Dies wirkt sich in schlanker Kopfform und leicht gebogenem Rükken aus. Unter den Terriern gibt es auch recht kurzbeinige Rassen, obgleich Kreuzungen mit Dackeln nicht bekannt sind. Dazu gehört der Scottish Terrier, 25 cm hoch und um 10 kg schwer. Sein Kopf ist im Verhältnis zum Körper lang. Die kleinste der Terrierrassen ist der Yorkshire-Terrier, bis 22 cm hoch aber nur 3 kg schwer. Diese Terrier haben ein langes, dichtes, glänzendes Haarkleid, ein sehr lebhaftes Temperament; es sind beliebte Begleithaushunde geworden.

Bei den Begleit- oder Gesellschaftshaushunden ist die Vielfalt bizarrer Formen groß, weil Launen von Menschen an eigenartigen Besonderheiten Gefallen finden. Nur einige dieser Typen können erwähnt werden.

Pudel nehmen unter den Gesellschaftshunden schon seit Jahrhunderten eine Sonderstellung ein, weil sie sich als gelehrige, sehr anhängliche und anpassungsfähige Hunde erwiesen. Sie sollen aus spanielähnlichen Wasserjagdhunden hervorgegangen sein, was jedoch umstritten ist. Großpudel (55–60 cm hoch) und Zwergpudel (35–10 cm hoch) sind durch gleitende Übergänge verbunden. Lange wurden nur schwarze und weiße Pudel als Zuchten anerkannt, jetzt sind weitere Farbschläge zugelassen und begehrt. Alle Pudel haben Hängeohren, ein langabwachsendes, gleichmäßig feines, gelocktes Haarkleid. Die Lockenformen sind unterschiedlich (Miessner 1964). Das lange, glänzende Haarkleid hat zu unterschiedlichen Schurformen verlockt, was durch modische Bewertungen züchterische Bemühungen nicht immer förderte (Scheider-Leyer 1971).

Chow-Chow fallen durch ihre blauschwarze Zunge, schwarz pigmentierte Lefzen und Gaumen besonders auf. Der spitzähnliche Körper ist in ein dichtes, abstehendes Haarkleid gehüllt, der stark behaarte Schwanz über den Körper geringelt. Der Chow-Chow wirkt recht kompakt. Untereinander zeigen Chow-Chow wenig Geselligkeit, sie schließen sich aber frühzeitig ihrem Besitzer als Einmannhaushund an. Die geringe soziale Veranlagung der Chow-Chow dürfte damit im Zusammenhang stehen, daß sie in ihrem nordasiatischen Ursprungsland als Masttiere gehalten und zur menschlichen Ernährung genutzt werden.

Die französischen Bulldoggen werden als Zwergform von Kampfhunden aufgefaßt. Es sind kräftige, untersetzte, muskulöse Haushunde mit nahezu viereckigem Kopf und sehr kurzer aufgestülpter Schnauze. Die Ohren sind lang und oben gerundet, was als Fledermausohr bezeichnet wird. Französische Bulldoggen sind als anschmiegsame, aber angriffsbereite Gesellschafter geschätzt.

Von weiteren kurzschnauzigen Zwerghunden sei der Pekinese erwähnt, der einst nur in den kaiserlichen Palästen Chinas gezüchtet wurde. Pekinesen sind kleine, aber kräftige, reichbehaarte Haushunde mit breitem, großem Kopf, sehr kurzem Nasenrücken, geringeltem, buschigen Schwanz und etwas gebogenen Beinen. Die Schulterhöhe liegt um 20 cm, das Gewicht beträgt ungefähr 5 kg (Abb. 19).

Nackthunde sind sehr eigenartige Gesellen. Das Haarkleid fehlt ihnen vollständig oder sie wei-

**Abb. 19:** Haushund, Rasse Weißer Zwergpekingese (aus: The National Book of Dogs, Washington 1958)

sen einen nur schnütteren Haarbesatz auf dem Kopf und an den Extremitäten auf (Lemmert 1971, Robinson 1985). Es sind kleine bis mittelgroße Haushunde, die unabhängig voneinander in Ostasien, Mexiko und Afrika entstanden. Sie haben eine durchschnittlich höhere Körpertemperatur als andere Haushunde und sind als anhängliche, selten bellende Bettwärmer beliebt geworden.

Als bislang kleinste Rasse der Haushunde gelten die Chihuahua. Ihre Schulterhöhe liegt zwischen 15–20 cm, das Idealgewicht beträgt 1–2 kg. Es handelt sich also um sehr zierliche Haushunde, was durch ein glattes, kurzes Haarkleid unterstrichen wird. Große Ohren und Augen bewirken ein besonderes Aussehen. Die Chihuahua sind sehr beweglich, wachsam und gesellig (Abb. 20).

**Abb. 20:** Haushund, Rasse Chihuahua (Foto Nobis)

Diese knappe Übersicht kann genügen, um die beträchtlichen Unterschiede zwischen Haushunden anzudeuten, die Fülle der Wandlungen ahnen zu lassen, die auf dem Wege vom Wolf zum Haushund vor sich gingen. Die meisten Eigenarten von Haushundrassen haben mit menschlichen, materiellen und ideellen Bedürfnissen, oft auch reinen Launen einen Zusammenhang. Die Aufspaltung der Verhaltensweisen des Wolfes im Hausstand (Feddersen 1978) bot für Rassezüchtungen viele Möglichkeiten. Menschen, die Wölfe in den Hausstand überführten, beobachteten Veränderungen und lernten aus Erfahrung, daß durch Auslese einzelne Merkmale besonders gefördert werden konnten.

Unser knapper Überblick über die Vielfalt der Unterschiede von Rassen beim Haushund macht hinreichend anschaulich, daß auch im Verhalten bemerkenswerte Verschiedenheiten zu beobachten sind. Diese haben die Wertschätzung einzelner Rassen mitbestimmt. Bei wilden Caniden bilden mehrere Verhaltenseigenarten eine Einheit, die biologisch durch ihren Zusammenhang sinnvoll erscheint. Bei Haushunden sind solche Einheiten aufgelöst; einzelne Verhaltensbesonderheiten gewinnen besondere Ausprägungen. Befunde an Kreuzungstieren zwischen Wildcaniden und Pudeln (Herre 1964, 1971, 1980), deren Verhalten Feddersen (1978) analysierte, lehrten, daß einheitlich erscheinende Verhaltenssequenzen der Wildcaniden durch das Zusammenwirken mehrerer, voneinander unabhängiger Erbanlagen gesteuert werden. Wenn sich diese Erbanlagen trennen, können sie sich in neuer Weise vereinen. Dies wird durch vergleichende Betrachtungen von Rassen des Haushundes bestätigt und veranlaßte Hart (1985), nach den Normen des Verhaltens von Haushundrassen, die in Nordamerika beobachtet wurden, eine Gliederung vorzuführen (Tab. 7). Diese Zusammenstellung gibt nützliche Hinweise; doch darf nicht übersehen werden, daß innerhalb der einzelnen Rassen auch im Verhalten die Variabilität nicht gering ist.

Insgesamt lehren Haushunde, daß Menschen, die sich Wölfe untertan machten, Besonderheiten einzelner Tiere und Veränderungen im Hausstand beobachteten. Durch Erfahrung lernten sie mit Hilfe von Auslese einzelne Merkmale zu fördern und Rassen mit besonderen Fähigkeiten oder Eigenarten zu erzüchten (Abb. 21). Später wurden durch Kombinationszüchtungen neue Rassen mit erwünschten Eigenarten gestaltet. Es entstanden dabei auch ungewöhnliche, unharmonisch wirkende Tiere, die aber Liebhaber fanden und Ausgangspunkt für Rassen wurden. Solange die Lebensfähigkeit solcher Formen unter den Bedingungen des Hausstandes nicht wesentlich gefährdet ist, lassen sich solche Züchtungen rechtfertigen (Seiferle 1983). Doch in manchen Fällen werden die Grenzen der Lebensfähigkeit, auch unter

**Tab. 7:** Verhaltensprofile von Haushundrassen. Kennzeichnung von Gruppen (nach nordamerikanischen Schlägen der Rassen) nach Hart 1985

| Gruppe 1 **Hohe** Reaktionsfähigkeit **Geringe** Lernfähigkeit **Mittlere** Aggressionsbereitschaft | Gruppe 2 **Sehr geringe** Reaktionsfähigkeit **Geringe** Lernfähigkeit **Sehr geringe** Aggressionsbereitschaft | Gruppe 3 **Geringe** Reaktionsfähigkeit **Geringe** Lernfähigkeit **Geringe** Aggressionsbereitschaft | Gruppe 4 **Hohe** Reaktionsfähigkeit **Sehr hohe** Lernfähigkeit **Mittlere** Aggressionsbereitschaft | Gruppe 5 **Geringe** Reaktionsfähigkeit **Hohe** Lernfähigkeit **Geringe** Aggressionsbereitschaft | Gruppe 6 **Sehr geringe** Reaktionsfähigkeit **Sehr hohe** Lernfähigkeit **Sehr hohe** Aggressionsbereitschaft | Gruppe 7 **Hohe** Reaktionsfähigkeit **Mittlere** Lernfähigkeit **Sehr hohe** Aggressionsbereitschaft |
|---|---|---|---|---|---|---|
| Lhasa apso<br>Spitz<br>Malteser<br>Cockerspaniel<br>Bostonterrier<br>Pekingese<br>Beagle<br>Yorkshireterrier<br>Weimaraner<br>Irish-Setter<br>Mops | Englische Bulldogge<br>Bluthund<br>Elchhund<br>Alter englischer Schäferhund<br>Basset | Samojede<br>Malamute<br>Husky<br>Bernhardiner<br>Afghane<br>Boxer<br>Dalmatiner<br>Dänische Dogge<br>Chow Chow | Pudel<br>Shih Tzu<br>Shetlandschäferhund<br>Springerspaniel<br>Welsh Corgi<br>Bichon | Neufundländer<br>Vizsla<br>Britischer Spaniel<br>Labrador<br>Deutscher Pointer<br>Australischer Schäferhund<br>Keeshond<br>Kollie<br>Golden Retriever | Deutscher Schäferhund<br>Akita<br>Dobermann<br>Rottweiler | Cairn Terrier<br>Schottischer Terrier<br>Chihuahua<br>Zwergschnauzer<br>Hochlandterrier<br>Airedale<br>Foxterrier<br>Seidenterrier<br>Dachshund |

**Abb. 21:** Haushund, Änderungen innerhalb der Rasse Bedlington. Rechts um 1900 (aus Strebel 1904), links um 1941 (Foto Rosenberg)

menschlicher Umsorgung, erreicht. Nur intensiver Einsatz tierärztlicher Kunst vermag solche Tiere am Leben zu erhalten. Dann erhebt sich die ernste Frage, ob sich derartige Züchtungen noch mit Vorstellungen von tierlicher Würde vereinen lassen. Solche Tiere sind von Menschen zu «Kuschel-» oder «Schmusetieren» versklavt.

## 2 Hausschafe und Hausziegen

Hausschafe sind genügsame und widerstandsfähige Nutztiere. Als Nahrung suchen sie sich vor allem Gräser selbst und setzen auch sehr zellulosereiche Pflanzen in Stoffe um, welche Menschen vielseitigen Nutzen bringen. Ryder (1984) hat dies in einem Schema veranschaulicht (Tabelle 8).

Nicht verwundern kann es, das Hausschafe als Lieferanten so vieler wichtiger Dinge von Menschengruppen bei Wanderungen mitgeführt wurden, um gewohnte Produkte auch in neuen Wohngebieten zu besitzen. Für Hausschafe bedeutet die damit verbundene Ausweitung des Lebensraumes, sich neuen Umwelten anzupassen. Andere Genkombinationen gewannen jeweils Vorrang, Landrassen entstanden. Landrassen zeigen auch in unserer Zeit eine bemerkenswerte Variabilität. Diese bietet Menschen Möglichkeiten zur Auslese. Eigentumskennzeichen lassen sich erzüchten und wirtschaftliche Vorteile steigern. Damit wird die Bildung von Kulturrassen eingeleitet. Es ist jedoch schwer, solche Vorgänge bei frühen Hausschafen sicher zu erkennen.

**Tab. 8:** Schema der Hausschafnutzung nach Ryder (1983)

| |
|---|
| Gräser und pflanzliche Nahrung → Hausschafe |
| Von lebenden Hausschafen kann gewonnen werden: |
| Blut als Nahrung |
| Milch → Butter, Käse, Yoghurt |
| Wolle → Webwaren (Kleidung, Zeltplanen), Wollfett |
| Kot → Düngemittel, Feuerung |
| Nach dem Schlachten fällt an: |
| Fleisch |
| Fett (auch Schwanzfett) zur Nahrung, Kerzen, Seife |
| Knochen → Geräte, Leim |
| Haut → Wollfelle, Leder, Pergament |
| Horn → Geräte |
| Därme → Seile, Behälter |

Bei frühen Hausschafen stellen sich Merkmale ein, die von der Stammart unbekannt oder weniger ausgeprägt sind. Dies sind erbliche Domestikationsmerkmale, die bei hinreichender Förderung durch natürliche oder gelenkte Zuchtwahl zu Rassekennzeichen werden können. Doch in prähistorischem Material ordnen sich bei Hausschafen Besonderheiten meist einer allgemeinen Variation ein und es ist selten möglich, Gruppen mit Sicherheit abzugrenzen.

Im Hausstand verändert sich die Körpergröße; dies spiegelt sich in Knochenmaßen wider. Außerdem wandeln sich Horngröße und Horngestalt sowie die Länge des Schwanzes. Bei der Einteilung der Hausschafrassen spielte einst die Schwanzlänge eine wichtige Rolle; doch prähistorische Dokumente geben über die Veränderung der Schwanzlänge keinen Aufschluß, da im allgemeinen Schwanzwirbel im Zusammenhang kaum erhalten blieben. Bei Hausschafen bilden sich am Schwanz auch mächtige Fettablagerungen, welche Fettschwanz- und Fettsteißhausschafe kennzeichnen.

Als besonders wichtiges Domestikationsmerkmal stellten sich bei Hausschafen Abwandlungen im Haarkleid ein. Es entstand die Wolle als ein verspinnbares Material. Die Haare werden bei den meisten Hausschafen länger als bei der Wildart, das Haar wächst kontinuierlich, der Haarwechsel entfällt schließlich. Im Hausstand der Schafe gehen die markhaltigen Deckhaare allmählich verloren, so daß das Haarkleid einheitlicher wird. Die heutigen Hausschafrassen werden nach Grobwollen, Mischwollen, Kurzwollen, Langwollen und Feinwollen unterschieden. Aussagen über den Wandel vom Haarkleid zur Wolle lassen sich durch das Studium alter Textilien gewinnen (Frölich, Spoettel, Taenzer 1929).

Im Hausstand verändern sich auch Fellfarbe, physiologische Eigenschaften und das Verhal-

**Tab. 9:** Denkschema zur Entwicklung und Verbreitung von Hausschafrassen nach Ryder (1983)

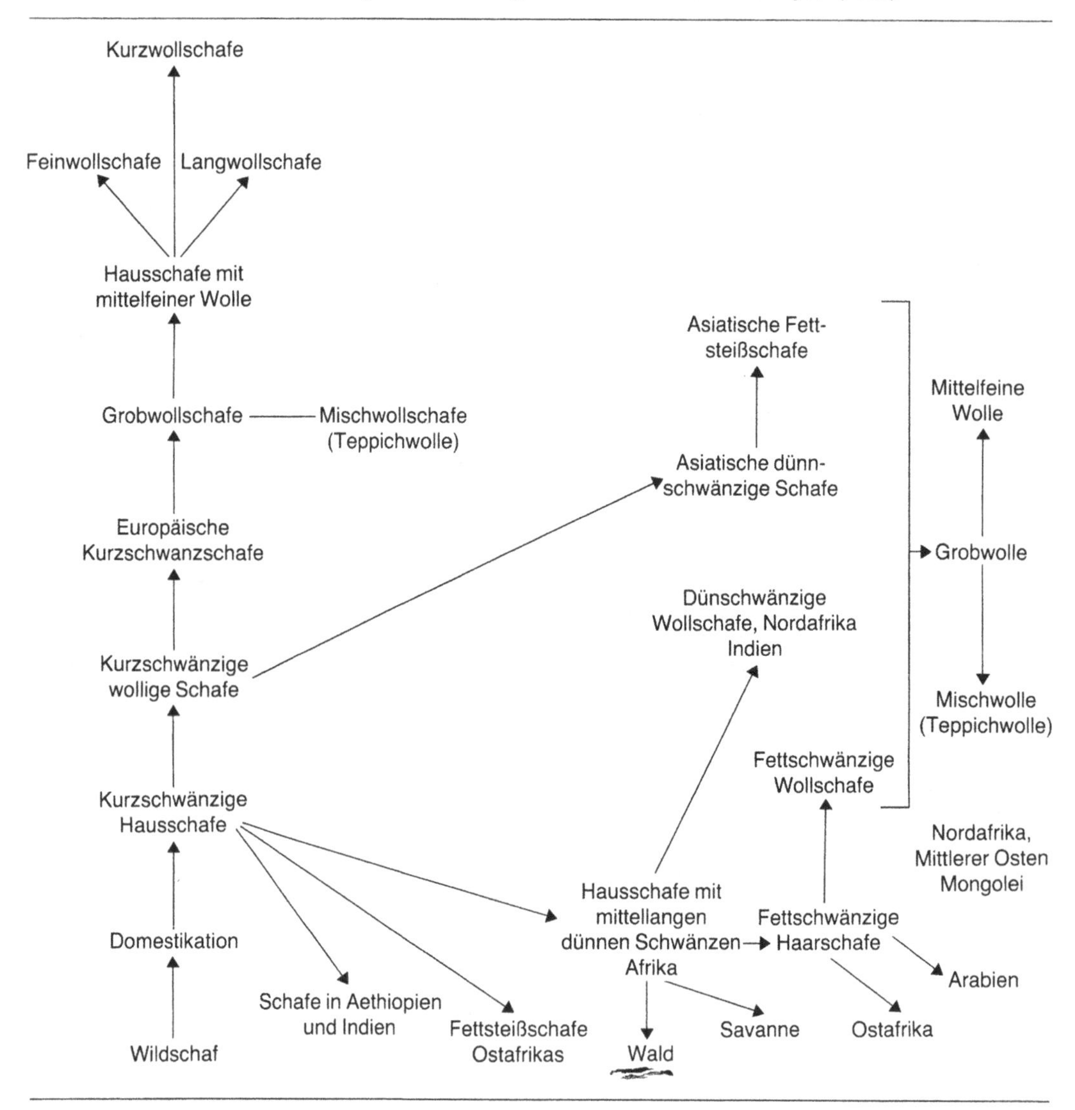


ten. Es gibt Hausschafe, die in lockeren Verbänden leben und andere, die in großen Herden weiden. Die Domestikationsveränderungen der Hausschafe treten unabhängig voneinander, manchmal mehrfach auf und sind bei Schafrassen in wechselnder Weise miteinander vereint.

Zu den unterschiedlichen Merkmalsverknüpfungen hat menschliche Auslese sicher beigetragen. In heißen Gebieten der Erde besteht wenig Interesse an Wolle. So kommen in Teilen Afrikas und Indiens vorwiegend Haarschafe vor. Im asiatischen Raum sind Fettschwanz- und Fett-

**Tab. 10:** Übersicht über die Entwicklung europäischer Schafformen nach Ryder (1983)

| Zeit | Skelet | Vliesbeschaffenheit | Fellfarbe | Beurteilungsgrundlagen |
|---|---|---|---|---|
| Neolithikum | Ähnlich Wildschafen: Kurzer Schwanz | Wie Wildschafe: Deckhaare und Unterwolle | Wohl wie Wildschafe | Skeletreste und »überlebende« Haarschafe in Afrika und Indien |
| Bronzezeit | Kürzere Gliedmaßen als bei Wildart. Kurzer Schwanz | Grobwollig und mischwollig | Wildfarbig mit hellem Bauch, einige braun oder schwarz und gelegentlich buntscheckig | Skelet- und Textilreste, »überlebende« Soay-Schafe in Großbritannien |
| Eisenzeit | Knochen schlank, Schwanz noch kurz, ♀♀ auch ohne Hörner | Mischwollig (Teppichwolle) | Bauch auch schwarz und braun. Körper schwarz, braun, weiß, grau (vorherrschend) und braungrau | Skelet- und Textilreste, »überlebende« verschiedenfarbige Schafe / so Orkney und Shetlandformen in Großbritannien |
| Römische Zeit | Beginn einer Größenzunahme. Abbildungen zeigen auch Schafe mit langen Schwänzen | Mittelfeine kurze Wolle und einige Schafe mit Feinwolle | Weiße Schafe zahlreich | Skelet- und Textilreste. Bildliche Darstellungen auf denen verschiedene Vliestypen dargestellt sind |

steißschafe verbreitet, die gröbere Wolle tragen, welche sich zur Herstellung von Zeltplanen und Teppichen eignet. Viele asiatische Schafe liefern auch beträchtliche Milchmengen. Ein Denkschema über die Entwicklung und Verbreitung der Hausschafrassen, gestaltete Ryder (1984); es gibt einen Anhalt für die Zusammenhänge. Auch für die Entwicklung der europäischen Hausschafe hat Ryder eine vereinfachte Vorstellung gegeben. Viele Einzelheiten der Rassegeschichte der Hausschafe sind noch unklar (Tabelle 9 + 10).

Reinke (1982) stellte heraus, daß durch eine erhebliche Variation in der Körpergröße und in den Gehörnformen innerhalb gleicher Populationen frühgeschichtlicher bis mittelalterlicher Hausschafe eine Stellungnahme zur Rassenfrage erschwert wird. Beim Studium der Wollbeschaffenheit in Textilresten früherer Zeiten ist Ryder (1969) ebenfalls zu der Meinung gelangt, daß die Annahme einer weiten Variabilität in gleichen Populationen berechtigter ist als die Unterscheidung mehrerer Rassen.

Auch Ausdeutungen der Darstellungen von Hausschafen aus frühen Zeiten bringen keine sicheren Erkenntnisse über die Rassebildung, weil sich Stilelemente, kultische Vorstellungen oder Schönheitsideale in einer Weise auswirken, die zu kritischer Zurückhaltung zwingt. Reinke hat dazu Beispiele aufgeführt. Aussagen läßt sich nur, daß Hausschafe mit korkenzieherartig gewundenen Hörnern, wie sie heute die Gruppe der Zackelschafe kennzeichnen, sicher seit 5000 Jahren bekannt sind. Sie wurden in Mesopotamien, Anatolien und Ägypten nachgewiesen. Vierhörnige Hausschafe sind erstmalig aus dem Neolithikum von Polen bekannt. Darstellungen aus Mesopotamien und Ägypten weisen darauf hin, daß es seit mindestens 4500 Jahren Hausschafe mit Hängeohren und langen Schwänzen gibt. Auf Grund künstlerischer Darstellungen im alten Mesopotamien ist die Annahme ge-

**Abb. 22:** Fettschwanzschaf (aus Clutton-Brock 1987)

rechtfertigt, daß Fettschwanzschafrassen vor mehr als 5000 Jahren gezüchtet wurden (Abb. 22). In Ägypten treten solche Hausschafe vor 4000 Jahren, zunächst als Haarschafe, seit 3000 Jahren als Wollschafe auf. Erste Hinweise auf eine Wollbildung sind aus einer mehr als 7000 Jahre alten Tonfigur erschlossen worden. Sicher war Wollbildung bei Hausschafen in Ägypten vor etwa 5500 Jahren und in Mesopotamien vor 5000 Jahren vorhanden. Dort wurde in dieser Zeit bereits auf Wolle Auslese betrieben. Wollschafe breiteten sich in Europa, Nordafrika und Südwestasien rasch aus; im griechischen Altertum und im römischen Reich entstanden Zuchten feinwolliger Hausschafe.

Grundsätzlich haben die bisherigen Funde von Hausschafen in Siedlungsgrabungen gezeigt, daß am Beginn der Haustierzeit Hausschafe kleiner wurden als Wildschafe und daß sich das Gehörn verkleinerte. Die Variabilität ist sehr groß. Clason (1977) hat nach Knochenresten die Bildung von Landrassen in den Niederlanden postuliert und das Alter dieser Hausschafe mit 6000 Jahren veranschlagt. Spahn (1978) ermittelte für mittelalterliche Hausschafe Europas ein Größengefälle von Norden nach Süden und brachte mit diesem Sachverhalt unterschiedliche Qualität des Nahrungsangebotes in Verbindung. Hausschafe waren in Siedlungen von Gebirgslandschaften kleiner als jene in Marschbereichen. Werden die Schwankungen in der Widerristhöhe vorgeschichtlicher Hausschafe generalisierend betrachtet (Bökönyi 1974), so ergeben sich für verschiedene Zeitabschnitte wechselnde Werte. Doch Verallgemeinerungen verschleiern klare Einblicke in die Geschichte der Rassebildung bei Hausschafen, weil diese von örtlich begrenzten Besonderheiten ausgeht. Angesichts der vielen Unsicherheiten über frühe Rassen bei Hausschafen sei nunmehr modernen Züchtungen Aufmerksamkeit zuteil, wobei die europäischen Hausschafe in den Vordergrund gestellt werden. Über die afrikanischen und asiatischen Hausschafe hat vor allem Epstein (1969, 1970) zusammenfassende Beschreibungen gegeben (Abb. 23).

Sichere Aussagen über die Entstehung moderner Landschafrassen sind noch immer schwer, weil unbekannt ist, woher jeweils die ersten Hausschafe eines Gebietes kamen, wann sie in ihr heutiges Verbreitungsgebiet gelangten und ob neue Populationen bei Völkerbewegungen und durch Handelsbeziehungen alte Bestände erweiterten und veränderten. Auch Landschaftsveränderungen, die sich im Laufe der Zeit vollzogen, sind in ihrem prägendem Einfluß schlecht abzuschätzen und gegenüber Ergebnissen gelenkter Zucht kaum abzugrenzen. Allgemein können Landschafrassen durch die Aussage von Amschler (1929) über das Hissarschaf gekenn-

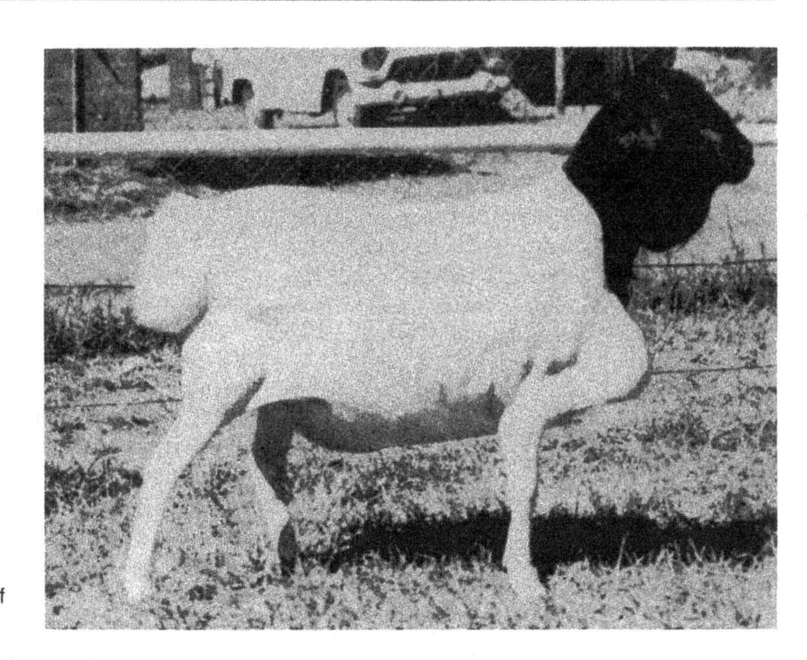

**Abb. 23:** Somalihausschaf mit Fettsteiß

zeichnet werden. Für dieses Landschaf stellte er fest, daß es «so ziemlich alle Hauptmerkmale der Schafrassen in sich vereinigt und deshalb als Ausgangsform einer großen Reihe von Spezialtypen der Schafzucht des Nahen und Fernen Ostens angesehen werden kann».

Die alten deutschen Landschafrassen werden auf das ausgestorbene mischwollige Zaupelschaf zurückgeführt. In Württemberg wurde 1539 seine Herdenhaltung wegen Räudeanfälligkeit und geringen Leistungen verboten (Doehner 1961). Als noch gezüchtete mischwollige Landschafe Europas, also Hausschafe mit feinem Unterhaar und langem, markhaltigen Deckhaar, sind zu nennen: Die englischen Hochlandschafe, die pommerschen Landschafe und die Heidschnucken (Maymone, Haring, Linnenkohl 1961). Die deutschen Landschafe sind trockener Landschaft angepaßt. Das pommersche Landschaf hat lange bewollte Schwänze, Heidschnucken zeichnen sich durch kurze Schwänze aus, was verschiedentlich als Hinweis auf Primitivität gedeutet wurde. Andere Landschafe Deutschlands sind schlichtwollig; diese Wolle ist länger und feiner. Zu den schlichtwolligen Landschafen, deren Köpfe und Beine unbewollt sind, gehören in Deutschland das hornlose, schwarzköpfige Rhönschaf, ein Hausschaf feuchterer Standorte, das weißköpfige Leineschaf und das ostfriesische Milchschaf, ein Hausschaf der Marschen, welches für Heidehaltung und kontinentale Standorte nicht geeignet ist. Ostfriesische Milchschafe eignen sich für Einzelhaltung, sie sind sehr fruchtbar, bringen im allgemeinen Zwillinge, auch Drillinge, und haben hohe Milchleistungen, bis mehr als 1000 kg jährlich bei 6% Fettgehalt.

Als Landrassen der Niederlande nennen v. Bemmel (1963) und Clason (1977) das Drentsche Heideschaf mit gehörnten Böcken, sehr langen Schwänzen, fuchsroten Köpfen und Beinen; das Veluwsche Heideschaf mit stark geramstem Profil, langem Schwanz und feinerer Wolle sowie das hornlose Kempense Heideschaf. Diese Heideschafe unterscheiden sich deutlich von der Heidschnucke; ihnen wird eine eigene, sehr alte Rassegeschichte zuerkannt.

Durch besonders harte Klauen und sichere Steig- und Trittfähigkeit zeichnen sich Kärtner-

und Bergamaskerschafe als Landrassen der Berge aus.

Die Landschafe der Schweiz, Italiens, Frankreichs und Spaniens ähneln den genannten Hausschafrassen. In Ungarn und dem Südosten Europas herrschen Schläge (Ökotypen) der Zigaya- und Zackelschafe vor, die sich durch schraubenförmig gedrehte Gehörne mehr oder minder weiter Ausladung kennzeichnen lassen (Adametz 1939, Belevska und Petrov 1972) (Abb. 24).

In England wurden erstmalig Fleischschafrassen erzüchtet. Mit dieser Zuchtarbeit begann in der Mitte des 18. Jahrhunderts der Pionier der Tierzucht R. Bakewell bei Leicesterschafen. Im 19. und 20. Jahrhundert weitete sich die Fleischschafzucht aus. In England entstanden Langwollfleischschafe, Kurzwollfleischschafe und Hochlandfleischschafrassen (Levy, Charlet, Linnenkohl 1961). Die Langwollfleischschafe, zu denen Leicester-, Cotswold- und Southdownschafe gehören, sind von hohem Wuchs, fruchtbar und widerstandsfähig, haben gute Milchleistungen, sind aber anspruchsvoll. Die Kurzwollfleischschafe, wie Hampshire oder Dorset, werden bevorzugt auf gut durchfeuchteten Kalkböden gezüchtet; sie sind nicht ganz so leistungsfähig wie die Langwollfleischschafe. Zu den Hochlandfleischschafen gehören Cheviot- und Blackfaceschafe.

In Frankreich haben vor allem Leicesterschafe und Merinoschläge Verbreitung als Fleischlieferanten gefunden. In Deutschland begann die Züchtung von Fleischschafen um 1870, als sinkende Wollpreise Fleischerzeugung auch bei Wollschafen geboten. Englische Hampshire, Oxford- und Suffolkschafe wurden in deutsche Landrassen eingekreuzt. Vor allem in Hessen, Westfalen und dem Weserbergland wurde das frohwüchsige Deutsche schwarzköpfige Fleischschaf erzüchtet. Landrassen des feuchteren, maritimen Klimas wurden in Deutschland mit englischen Leicester- und vor allem Cotswoldschafen vermischt; das Deutsche weißköpfige Fleischschaf entstand. Dieses bewährte sich in Friesland, Oldenburg und Schleswig-Holstein. Es trägt eine langabwachsende grobe Wolle.

Hohe Bedeutung erlangten Feinwollschafe, die heute unter dem Namen Merinoschafe zusammengefaßt werden (Abb. 25). Ryder (1984) schreibt, daß Feinwollschafe in Griechenland und in Rom vor 2500 Jahren gezüchtet wurden und von dort in viele andere Länder gelangten. Wo Feinwollschafe ihren Ursprung haben, ist noch ungeklärt. Vielfach wird angenommen, daß ihre Heimat in Mittel- oder Südwestasien liegt. Carter und Charlet (1961) halten es hingegen für möglich, daß in verschiedenen Gebieten des Mittelmeerraumes zu unterschiedlichen Zeiten Feinwollschafe entstanden, wenn jeweils die Zivilisation einen Stand des Textilgewerbes erreicht hatte, der die Herstellung feiner Gewebe von geringem Gewicht ermöglichte. Als Überreste römischer und phönizischer Kolonisation blieben Feinwollschafe vor allem in Spanien erhalten. Die Mauren ließen diesen Feinwollschafen besondere Förderung zuteil werden; die Halbinsel wurde für die Erhaltung und Mehrung dieser Kulturrasse wichtig. Mit Beginn der industriellen Revolution in der Mitte des 18. Jahrhunderts entstand eine große Nachfrage nach feinen Wollen und Tuchen. In Spanien bemühte man sich zunächst um ein Monopol für die dort erhaltenen und gezüchteten Feinwollschafe. Es gelang nicht, ein solches zu bewahren. Merinoschafe fanden in allen Kontinenten eine gewaltige Verbreitung.

Die Haupteigenschaft der Merinoschafe ist ein einheitlich feines, dichtes, kontinuierlich abwachsendes Wollkleid mit gut gekräuselten Einzelhaaren. Die Haut hat eine reichliche Wollfettsekretion und neigt zur Faltenbildung, vor allem am Hals. Merinoschafe sind sehr fruchtbar, die weiblichen Tiere haben einen offenen Sexualrhythmus, die Böcke sind während des ganzen Jahres fortpflanzungsfähig (Carter und Charlet 1961). Merinoschafe gedeihen vor allem in trockenen Gebieten. Sie sind in der Lage, sich mit rohfaserhaltiger Nahrung von geringem Nährwert zu begnügen (Weyreter und v. Engelhardt 1984). Feuchte Klimate mit gehaltvolleren Gräsern sind ihnen weniger zuträglich (Golf 1929), sie können sich jedoch vielen Umweltbedingungen anpassen.

**Abb. 24:** Zackelschaf

**Abb. 25:** Merino-Landschaf

Am Beginn der Neuzeit waren die Zuchtbetriebe für Merinoschafe des Grafen Negretti und des Escorial besonders berühmt. Es wurde versucht, diese wertvolle Zucht auf Spanien zu begrenzen. Doch bereits im 15. Jahrhundert gelangten 100 Merinoschafe nach Deutschland und weitere Herden im 16. und 17. Jahrhundert nach Portugal und Amerika. 1723 kam ein bedeutsamer Export nach Schweden zustande, auch nach Frankreich gelangten Merinoschafe aus Spanien. Dort konnte 1783 in Rambouillet eine Zucht begründet werden, die Weltruf erlangte. Diese Rambouilletschafe waren Feinwollschafe mit guten Fleischkörpern. Man paarte sie mit französischen Landschafrassen und bezeichnete die Kreuzungen als Metits-merino (Langlet 1937). Da unterschiedliche Landrassen herangezogen wurden und die Zuchtziele nicht einheitlich waren, entstanden in Frankreich recht unterschiedliche Metits-merino, teils langsam wachsende Schläge mit brettartigem Wollkleid, teils frohwüchsige Formen mit loser Wolle. Um noch ertragreichere Hausschafe zu bekommen, kreuzte man englische Fleischschafrassen ein. Die Nachfahren waren frühreifer, man faßte sie unter dem Namen Merino-praecox zusammen. Tiere aus solchen Herden gelangten nach Deutschland, wo man sie ebenfalls als Rambouilletschafe bezeichnete.

Als wertvolle Geschenke an gekrönte Häupter gelangten Merinoschafe in andere Länder: 1765 aus Spanien nach Sachsen; 1768 erhielt Friedrich der Große spanische Merinoschafe. In Preußen entwickelte sich die Zucht der Merinoschafe nach erneuter Einfuhr von Merinoschafen spanischer Herkunft, aber auch aus französischen Herden bemerkenswert weiter. Doch als Folge der unterschiedlichen Herkunft und verschiedener Zuchtverfahren boten die Merinoschafe in Deutschland bald ein recht uneinheitliches Bild. Daher berief der einflußreiche Landwirt A. Thaer 1823 einen Wollkonvent. Dort wurde ein Zuchtziel festgelegt, welches ausschließlich auf Wolle gerichtet war. Feinwollschafe, die diesem Ziel genügten, wurden zu Ehren der sächsischen Kurfürsten Elektoralschafe genannt. Diese Tiere hatten sanfte, elastische Wollen, bei der Schur ungefähr 6 cm lang. Die Zucht blühte auf, sie brachte hohe Gewinne. Man sprach vom Zeitalter des Goldenen Vlieses. Doch als Folge der einseitigen Auslese wurden die Elektoralschafe krankheitsanfällig; viele Bestände gingen ein.

In Pommern und Mecklenburg legten die Hausschafzüchter mehr Wert auf Wollmasse als auf Wollfeinheit. Daher züchtete man Tiere mit reicher Hautfaltenbildung. Diese Zuchtergebnisse erhielten den Namen Negrettischafe, obwohl sie einen ähnlichen Ursprung wie die anderen deutschen Merinoschafe hatten. Die Körper der faltenreichen Tiere blieben klein, die Wolle wurde infolge der Hautfalten unausgeglichen und das Fleisch durch talgigen Geschmack fast unbrauchbar. So war auch diesen Negrettischafen kein Dauererfolg beschieden.

Die Industrie hatte inzwischen gelernt, aus weniger feinen Wollen gute Tuche herzustellen. Die Mode wechselte schneller und so wurden Stoffe aus billigeren Wollen benötigt. Die Einnahmen einseitiger Feinwollschafzüchter verminderten sich. Um die Gewinne zu steigern, erstrebte man nun Hausschafrassen mit einer Doppelleistung von Fleisch und Wolle. Weitblickende Züchter in Deutschland paarten Negrettimütter mit Merinoschafen spanischer Herkunft und erzüchteten Tiere mit mittelfeiner Wolle und fleischreichen Körpern; die Rasse der Deutschen Kammwollschafe entstand. In diese wurden sodann Merino-praecox-Schläge und englische Fleischschafrassen einbezogen. Als Kombinationszüchtung konnte 1903 das Merinofleischschaf als Rasse anerkannt werden.

In Süddeutschland entwickelte sich durch Kreuzungen von Merinoschafen mit Landschafen das Merinolandschaf, dessen Fleischleistungen nach dem Ersten Weltkrieg wesentlich gesteigert wurden, so daß es in das Merinofleischschaf überging. Dies stellt heute in Deutschland einen weitgehend einheitlichen Typ dar. Es ist jedoch nicht zu zweifeln, daß es bei neuen wirtschaftlichen Bedürfnissen zu weiteren Umwandlungen fähig ist.

Merinoschafe sind auch in andere Erdteile gebracht worden. Dort wurden sie zu großen Beständen vermehrt. Dies ist vor allem in Südamerika und Australien der Fall. Besondere Umweltverhältnisse und wirtschaftliche Erwägungen führten zu besonderen Erscheinungsbildern, zu Schlägen und Rassen. Doch die Erörterung dieser Rassegestaltungen führt nicht zu zoologisch neuen Einsichten.

Eine Gruppe von Hausschafen verdient noch hervorgehoben zu werden: Die Pelzschafrassen. Über diese hat Langlet (1961) eine ausführliche Darstellung gegeben. Als Pelzschafe werden vor allem Rassen der asiatischen Fettschwanz- und Fettsteißschafe genutzt, aber auch unter den südosteuropäischen Zackelschafen und einigen nordeuropäischen Heideschafen finden sich Pelzlieferanten.

Zu Pelzwerk werden vor allem die Felle von jungen Lämmern verarbeitet, bei denen erblich gesteuerte Änderungen im Haarstrich auftreten, die zu einer Moirézeichnung oder zu Lockenbildungen führen. Die bedeutendste Pelzschafrasse

**Abb. 26:** Karakulschaf

ist das Karakulschaf (Abb. 26). Karakulschafe sind in der sowjetischen Provinz Usbekistan ursprünglich beheimatet (Frölich und Hornitschek 1942). Sie wurden in viele Länder verschiedener Erdteile eingeführt und dort erfolgreich gezüchtet.

Erwachsene Karakulschafe sind hagere, große Fettschwanzschafe mit langen dünnen Hängeohren und einer Mischwolle. Die Felle der eintägigen Lämmer, die in verschiedenen Farben gezüchtet werden, haben Locken verschiedener Form und Anordnung (Hornitschek 1938). Von der Festigkeit der Locken, dem Glanz und der Elastizität der Haare wird der Wert des Pelzes entscheidend beeinflußt. Die Lockenbildung hat mit Form und Anordnung der Haarfollikel Zusammenhänge, auf die wir später eingehen werden.

Karakulschafe werden zur Erzeugung von Pelzwerk mit anderen Hausschafrassen gekreuzt. In Südafrika ist als Kreuzungspartner unter den Haarschafen das Somalischaf, ein weißes Fettsteißschaf mit schwarzem Kopf und Hals, wichtig geworden (Adametz 1939).

Insgesamt ergibt sich aus der Betrachtung der Rassebildung und Rassegeschichte von einigen Hausschafen, daß Schafe im Hausstand eine höchst bemerkenswerte Plastizität zeigen und daß Menschen in der Lage sind, durch gelenkte Auslese und geplante Kreuzungen die Vielfalt beträchtlich zu steigern und Rassen zu schaffen, die veränderten Umweltbedingungen und wirtschaftlichen Erfordernissen in steigendem Ausmaß gerecht werden.

**Ziegen** gewannen schon bald nach dem Übergang in den Hausstand eine wichtige Stellung für die Wirtschaft. Ihr Fleisch wurde begehrt, die Häute lieferten wertvolle Leder und Schläuche für den Transport von Flüssigkeiten. Seit mindestens 4500 Jahren werden Hausziegen auch gemolken (Bökönyi 1974). Veränderungen im Haarkleid von Hausziegen führten zu Wollen unterschiedlicher Qualität. Seit mindestens 4000 Jahren werden Ziegenwollen verarbeitet. Die gröberen Wollen von Hausziegen, wie jene der Angoraziegen, eignen sich besonders zur Fertigung von Zeltplanen und Teppichen. Bei anderen asiatischen Hausziegen spielt eine sehr dichte, feine Unterwolle, die von stärkerem Oberhaar überragt wird, eine wichtige Rolle. Ausgekämmt finden die feinen Haare als Kaschmir- oder Tibetwolle Verwendung zur Herstellung edler Gewebe. Im Laufe des Hausstandes ist der Wert der Hausziegen gestiegen als Folge vielseitiger Produkte. Dies hat zu ihrer Verbreitung beigetragen.

Hausziegen waren ursprünglich in gebirgigen Gegenden besonders zahlreich. Dort überstieg ihre Zahl jene der Hausschafe, die vor allem in Ebenen gehalten wurden. Im Laufe der Zeit paßten sich Hausziegen sehr unterschiedlichen Lebensbedingungen an. Sie können in Flachländern, in Urwäldern, in Halbwüsten ebenso wie in Gebirgen gehalten werden. Ihr Einsatzgebiet wurde größer als das der Hausschafe. Trotzdem blieb die Zahl der Hausziegen hinter jener der Hausschafe zurück (Epstein 1969). Die Hausziege wurde vor allem die «Kuh des kleinen Mannes», da Hausziegen im Vergleich zur Stammart wesentlich mehr Milch liefern. Payne (1985) wies darauf hin, daß im heutigen Griechenland der Hauptwert der Ziegen für die Ernährung der Bevölkerung in der Milchleistung liegt; die Milch enthält das dreifache an Protein und das sechsfache an Kalorien von Fleisch.

Weite Verbreitung gewannen Hausziegen in Afrika. Da Wildformen der *Capra aegagrus* dort fehlen, sind alle Hausziegen in Afrika eingeführt worden. Schon etwa 1000 Jahre nach ihrer Domestikation in Südwestasien lassen sich Hausziegen in frühneolithischen Siedlungen Ägyptens nachweisen. Ihr Weg zum Nildelta ging wohl über Palästina. Vom Nildelta aus gelangten sie nicht nur in die Cyrenaica, sondern auch über Mittel- und Oberägypten in den Sudan und weitere Teile Afrikas. Zu unterschiedlichen weiteren Zeiten wurden an verschiedenen Stellen Afrikas Hausziegen eingeführt, so daß sich vielfältige Mischungen einstellten (Epstein 1971). Auch in Asien wurden Hausziegen verbreitet. Sie kamen zunächst in den Nordwesten des indischen Subkontinents und später, vor etwa 4000–3000 Jahren (Reed 1977) in den Fernen Osten, von dort aus nach Turkmenien (Zalkin 1964). In den Südwesten der Sowjetunion wurden Hausziegen nur zögernd eingeführt. In Waldgebieten fehlten sie lange Zeit, am Schwarzen Meer kamen sie häufiger vor (Zalkin 1964). In das nordwestliche und nördliche Europa gelangten Hausziegen ziemlich schnell, schon vor knapp 5000 Jahren wurden sie in Schweden genutzt (Lepiksaar 1973). Die übrigen Erdteile wurden durch Europäer mit Hausziegen versorgt.

Die Bezoarziegen besitzen eine graue bis rotbraune Grundfärbung, schwarze Zeichnungselemente im Gesicht, an den Ohren und Füßen sowie einen Aalstrich und ein Schulterkreuz. Nur wenige Hausziegen haben diese Kennzeichen noch. Die Grundfärbung der Hausziegen ist schwarz, weiß oder zeigt auch andere Farbtöne. Mannigfache Scheckungen und Fleckungen wurden in vielen Herden vorherrschend. E. v. Lehmann (1984) hat solche Abwandlungen analysiert, sie sind bereits auf neolithischen Darstellungen in Ägypten wiedergegeben.

Gegenüber der Stammart haben sich bei Hausziegen auch Körpergröße und Körperproportionierung verändert. Es gibt große, schlanke, langgliedrige und kleine, plumpe Hausziegen. Bei Zwergen können normal proportionierte Formen von kurzbeinigen, gedrungenen Populationen unterschieden werden (Epstein 1971). Sachverhalte weisen darauf hin, daß ähnliche Gestaltveränderungen unabhängig voneinander entstanden, so sind Zwergziegen in Afrika, Nepal, Indien und Lappland (Herre 1943) zu finden.

Die Hörner der Bezoarziegen sind säbelförmig geschwungen, ihr Kiel ist nach vorn gerichtet. Schon im mittleren Neolithikum Europas treten Hausziegen auf, deren Hörner in verschiedener Weise spiralig gewunden sind (Bökönyi 1974, Clutton-Brock 1981). Trotz großer Vielfalt der Hornwindungen und Hornstellungen bleibt die Hornkante im wesentlichen nach vorn gerichtet oder sie ist nach innen gedreht. Die Annahme, Hornveränderungen bei Hausziegen auf Einkreuzungen von *Capra falconeri* zurückzuführen, hat keine Berechtigung (Amschler 1930, Adametz 1932). Hornlose Hausziegen sind erstmalig vor 4500 Jahren auf ägyptischen Bildern dargestellt. Hornlose Hausziegen gelangten nach Italien und mit den Römern über die Alpen.

In Ohrlänge, Ohrstellung und in der Schädelform stellten sich bei Hausziegen viele Eigenar-

**Abb. 27:** Afrikanische Hängeohrziege (Abb. 23–27 Fotoarchiv Tierzuchtinstitut der Universität Kiel)

ten ein, die bislang von der wilden Stammart nicht bekannt sind.

Auf der Grundlage vielseitiger, voneinander unabhängiger Wandlungen im Hausstand der Ziegen ist es durch natürliche Selektion und durch zielgerichtete Auslese zu einer bemerkenswerten Rassevielfalt gekommen. Viele Landrassen tragen Namen von Volksstämmen. Es ist in unserem Rahmen nicht möglich, die Rassebildungen in ihren Einzelheiten darzustellen, es genügt, Gruppen von Landrassen zu kennzeichnen.

Die afrikanischen und die asiatischen Ziegenrassen hat Epstein (1969, 1971) eindrucksvoll geschildert. Im äquatorialen Afrika überwiegen Zwergziegen. Diese Tiere sind in der Lage, Bäume zu erklettern und sich auf diesen, oft in beträchtlichen Höhen, Nahrung zu suchen. Afrikanische Savannen werden vor allem von langbeinigen Hausziegen, «Wüstentypen», bevölkert. Ihren langen Ohren wird eine Rolle bei der Temperaturregulation zuerkannt (Abb. 27). Die Savannenrassen der Hausziegen unterscheiden sich in Färbung, Haarlänge und Hornform, sie sind seit prähistorischer Zeit in sich ziemlich uneinheitlich. Als leistungsfähige Milchziegen erweisen sich ostafrikanische Ziegenrassen, so die nubische Hausziege. Auch diese Hausziegen haben lange Hängeohren, außerdem fallen sie durch einen dreieckig wirkenden Kopf auf. Der Gesichtsteil ihres Schädels ist meist kürzer als der Unterkiefer, die Nasalia meist deutlich nach oben aufgewölbt. Bei diesen Hausziegen kann von einer «Mopskopfbildung» gesprochen werden.

Die Hausziegen der Türkei werden vorwiegend von Kleinbauern in Herden gehalten. Börger (1961) betont, daß die türkischen Hausziegen regional recht unterschiedlich, aber alle gehörnt sind. In Meeres- und Waldnähe werden meist schwarze Haarziegen gehalten, in den trockenen Gebieten der Zentraltürkei lebt besonders die Angoraziege. Dies ist eine kleine, hängeohrige Hausziege, meist weiß gefärbt und mit einem langen, groben Haarkleid versehen. Diese Grobwolle wird als Mohair bezeichnet und ist in der Teppichindustrie begehrt. Angoraziegenböcke können bis 6 kg Mohair liefern.

Indien hat den größten Hausziegenbestand. Das Hauptverbreitungsgebiet liegt im nordwestlichen Landesteil. Die Zahl lokaler Rassen ist groß. Von ihnen verdienen, der wertvollen Unterwolle wegen, die Kaschmirziegen Erwähnung. Sie werden über Indien hinaus bis zum Ural gehalten. Auch diese Hausziegen sind klein und hängeohrig. Ein Tier liefert etwa 0,5 kg Kaschmirwolle. Bei anderen langhaarigen Hausziegenrassen des ostasiatischen Raumes ist die Wolle gröber, sie findet bei der Herstellung von Teppichen Verwendung (Börger 1961, Epstein 1969).

In der Sowjetunion sind leistungsfähige Hausziegenrassen unterschiedlicher Nutzrichtungen aus Landrassen erzüchtet worden. Milchziegenrassen entstanden sowohl in Meeresnähe als auch in Hochgebirgen. Im Südosten des europäischen Teiles der Sowjetunion, so im Gebiet um Volgograd, sind Feinwollhausziegen verbreitet, die bis zu 2 kg Wolle liefern. Im transkaukasischen Bereich, aber auch in Mittelasien, sind Hausziegen mit gröberen Langwollen zu finden, die Landrassen noch nahestehen.

In Mitteleuropa hat die Haltung von Hausziegen eine lange Geschichte; die Zahl lokaler Rassen war groß. Vor allem Bergbauern erkannten, daß ausgedehnte Weidegebiete der Vor- und Hochalpen durch Hausziegen ertragreich genutzt werden konnten. Es entwickelten sich verschiedene Formen der Haltung von Hausziegen, die unterschiedliche Anpassungen der Tiere zur Folge hatten (Börger 1961). Hirteziegen wurden täglich vom Stall zur Bergweide und zurückgetrieben; dies war oft mit mehrstündigem Marsch verbunden. Alpziegen verblieben in den Sommermonaten auf den Alpweiden, Heimziegen ganzjährig im Stall. In der Schweiz sind die meisten Hausziegen Hirte- und Alpziegen. Unter ihnen zeichnet sich als Kulturrasse die weiße, hornlose Saanenziege durch hohe Fruchtbarkeit, Marschtüchtigkeit und lange Lebensdauer aus. Die hell- bis dunkelbraunen, ebenfalls hornlosen Toggenburgerziegen, deren pigmentierte Haut zum Schutz gegen Sonneneinstrahlungen beiträgt, haben weiße Zeichnungen an Kopf und Schwanz. Sie haben eine geringere Verbreitung. Es sind widerstandsfähige, knochenstarke, gedrungene Bergziegen. Lang behaart war früher die Appenzeller Ziege. Diese gehörnten oder ungehörnten gemsfarbigen Hausziegen haben sich als robust und bergtüchtig erwiesen.

In Deutschland ist die hohe Zahl von Landrassen der Hausziegen in den letzten Jahrzehnten drastisch begrenzt worden. Im Flachland ist die weiße, hornlose Deutsche Edelziege erzüchtet worden, die in Hessen ein bedeutendes Zuchtgebiet hat. Die Deutschen Edelziegen sind futterdankbar, sie haben hohe Milchleistungen mit hohem Fettanteil. Für Gebirgslagen wurde durch gelenkte Zuchtauslese aus bodenständigen Landrassen die kurzhaarige, hornlose bunte Edelziege geformt.

Es zeigt sich, daß ein fortschreitender Wille zu Ertragssteigerungen auch bei Hausziegen eine zunächst vorhandene Mannigfaltigkeit, die durch Umweltbedingungen oder Eigenwilligkeiten von Züchtern Förderung fand, stark einengen kann. Auch dies ist ein Sachverhalt, den die zoologische Domestikationsforschung nicht übersehen darf.

## 3 Hausschweine

Hausschweine sind immer Fleischlieferanten für Menschen gewesen; diese Bedeutung ist in der Neuzeit noch größer geworden. Nach ihrer Domestikation in Südwestasien und Ostasien haben Hausschweine in viele Teile der Welt Eingang gefunden. Unterschiedliche geographische Bedingungen bewirkten erste Landrassen, diese Vorgänge sind im einzelnen schwer zu klären.

In Ägypten waren Hausschweine schon vor 6000 Jahren bekannt; vor 3500 Jahren, im Neuen Reich, waren sie zahlreich, später verringerten sich die Bestände, weil ihre Nutzung durch religiöse Gebote begrenzt wurde. Hausschweine fehlen bei den hamitischen und semitischen Völkern Nord- und Ostafrikas.

In Mittel- und Südafrika blieb die Zucht von Hausschweinen erhalten; die Herkunft der Populationen primitiver Hausschweine in diesem Bereich ist noch unklar. Es wird vermutet, daß einige von ihnen asiatischen Ursprungs sind. Seit dem 19. Jahrhundert sind nach Südafrika mehrfach Importe aus Europa durchgeführt worden (Joubert und Bonsma 1961).

In Europa sind Hausschweine seit dem frühen Neolithikum bekannt. Sie treten bereits in Ar-

**Abb. 28:** Primitives Landschwein (Foto Südamerikaexpedition Herre/Röhrs 1956/1957)

gissa-Magula auf; über weitere Funde in Griechenland berichtet Noodle (1981). Über das Karpatenbecken und Ungarn erreichten Hausschweine die Schweiz. Die ältesten dieser Populationen wurden als «Torfschweine» bezeichnet; sie waren meist von geringer Körpergröße. Nach Deutschland und in die nordeuropäischen Länder gelangten Hausschweine bereits vor mehr als 5000 Jahren; es waren ebenfalls vorwiegend kleine Tiere. Aus dem Südosten der Sowjetunion sind Hausschweine frühzeitig bekannt (Bökönyi 1974), ebenso aus Südost- und Ostasien (Reed 1977) und Turkmenien (Zalkin 1970).

Nach dem Übergang in den Hausstand haben Hausschweine allerorts ihre Körpergröße im Vergleich zur Stammart gemindert (Teichert 1970). Erwachsene Wildschweine haben eine Widerristhöhe von 80–115 cm (Herre 1985), bei neolithischen Hausschweinen treten Tiere mit einer Widerristhöhe von nur 60 cm auf, manche der frühen Hausschweine erreichen aber 90 cm, der Durchschnitt liegt bei 75 cm. Die Variationsbreite ist also groß (Reitsma 1935) und es lassen sich Populationen verschiedener Körpergröße unterscheiden (Lepiksaar 1973).

Hausschweine wurden ursprünglich in Herden gehalten, die in ausgedehnten Wäldern ihre Nahrung suchten. Bucheckern und Eicheln trugen im Herbst zum Fettansatz bei. Verringerungen des Waldbestandes wirkten sich in der Hausschweinhaltung aus. Die Widerristhöhe der Hausschweine verminderte sich in der Eisenzeit auf einen Durchschnitt von 72 cm, in der Römerzeit folgte ein Anstieg auf 74 cm. Doch allgemein läßt sich aussagen, daß die Körpergröße der Hausschweine vom Neolithikum über das Mittelalter bis zum Beginn der Neuzeit gering blieb.

In der Körperform glichen die neolithischen Hausschweine weitgehend ihrer Stammart. Abwandlungen lassen sich in späteren Zeitperioden ermitteln. Bei manchen Hausschweinformen blieben Eigenarten der Wildart, so Stehohren und Hängeschwänze bis heute erhalten. In anderen Populationen kam es zur Ausbildung von «Karpfenrücken», Ringelschwänzen und Farbbesonderheiten, diese Merkmale traten wohl schon vor 5000 Jahren ein (Wehrung 1985). Noch zu Beginn der Neuzeit waren Hausschweine hochbeinig und flachrippig, hatten einen langen, keilförmigen Kopf und einen mehr oder weniger ausgeprägten Borstenkamm (Abb. 28). Diese Aussage gilt weitgehend auch für ostasiatische Schweine, bei denen viele Senkrücken zu beobachten waren.

Historische Quellen lassen nur unsichere Schlüsse über die Entstehung von Lokalrassen zu (Wehrung 1985). Genauere Kenntnisse über

**Abb. 29:** „Hängebauchschwein" aus Vietnam (Tierpark Berlin). Beachte Senkrücken

die Hausschweine und deren Haltung gibt es für die Römer (Noodle 1981). Über die Hausschweine des Mittelalters sind die Quellen spärlich. Die meisten Daten liefern Skelettreste von Ausgrabungen. Sehr viel Material stand Becker (1980) aus Haithabu zur Verfügung. Dort hatten Hausschweine eine Widerristhöhe um 70 cm. Für das Erscheinungsbild mittelalterlicher Hausschweine gilt etwa, daß sie in Nordeuropa schlappohrig waren, in Südost- und Osteuropa dagegen stehohrig (Haring 1961). Doch es gibt Abweichungen von dieser Regel. So beschreibt Pedersen (1961) jütländische Schweine als stehohrig. Die traditionelle Haltung von Hausschweinen auf Waldweiden wurde in Europa durch den Rückgang der Waldbestände und Veränderungen in deren Nutzung, besonders seit dem Ende des Mittelalters stark eingeengt; es entstand ein Zwang zur Stallhaltung und -fütterung. Die meisten der an Waldweide angepaßten Hausschweine Europas vertrugen den Wandel schlecht, Verluste waren hoch. Abhilfe mußte geschaffen werden, zumal mit der beginnenden Industrialisierung die Nachfrage nach Hausschweinfleisch stieg. Mit neuen wirtschaftlichen Entwicklungen fielen neue Futtermittel an, die in der Hausschweinhaltung Verwendung finden konnten. Doch den alten europäischen Hausschweinen fehlte die Fähigkeit, die neue Nahrung zufriedenstellend zu nutzen.

In Ostasien hatte die hohe Bevölkerungsdichte zu besonderen Formen der Landwirtschaft geführt. Viel eher als in Europa mußten Hausschweine an Stallhaltungen oder an das Leben in Wohngebieten von Menschen angepaßt werden. Es entstanden sehr frühreife und fruchtbare Hausschweine, und es kam zu vielseitigen Rassebildungen, von denen Herre (1962) einige Beispiele zusammenstellte (Abb. 29).

Epstein (1969) berichtet, daß heute allein in China etwa 100 Hausschweinrassen unterschieden werden, von denen 40 besondere wirtschaftliche Bedeutung zukommt. Diese Rassen lassen sich in 5 geographische Gruppen gliedern. Meist sind diese Hausschweine kurzköpfig, besitzen aufgebogene Schnauzen unterschiedlicher Länge und Breite, haben Steh- oder Hängeohren, sind gefleckt oder einfarbig, sie können eine faltenreiche Haut besitzen. Vertreter ostasiatischer Rassen wurden über verschiedene Wege und zu wechselnden Zeiten in Länder Europas eingeführt und in die europäischen Landrassen eingekreuzt; Kulturrassen entstanden, die Ansprüchen der europäischen Bevölkerungen gerecht wurden.

Die Gliederung moderner Rassen von Hausschweinen ist schwierig. Werden physiologische Gesichtspunkte in den Vordergrund gestellt, lassen sich Fettschweine und Fleischschweine un-

**Abb. 30:** Middlewhite-Hausschwein (Haustiergarten des Tierzuchtinstituts der Universität Halle/Saale)

**Abb. 31:** Veredeltes Landschwein (Fotoarchiv Tierzuchtinstitut der Universität Kiel)

terscheiden (Haring 1961). Doch die Marktansprüche wechseln, zu manchen Zeiten oder von manchen Bevölkerungsgruppen werden bald Fettschweine, bald Fleischschweine verlangt. Unterschiedliche Zuchtverfahren verändern dann innerhalb der gleichen Rasse deren Eigenarten tiefgreifend. Einer Gliederung nach anderen Merkmalen ist daher der Vorzug zu geben. Farbunterschiede sowie Ohrformen können zu anderen typologischen Ordnungen herangezogen werden.

In Europa gibt es reinweiße Hausschweinrassen mit Stehohren oder Hängeohren. Stehohren besitzen das englische Large White und Middle White (Abb. 30) sowie das Deutsche Edelschwein. Schlappohren sind bei der dänischen Landrasse und dem deutschen veredelten Landschwein zu finden (Abb. 31). Schwarzweiß gegürtelte Hausschweine haben Stehohren, so das Hannover-Braunschweigische Weideschwein, oder Schlappohren wie das Angler Sattelschwein und das Schwäbisch-Hällische Hausschwein. Durch Einkreuzungen chinesischer Maskenschweine sind schwarze Hausschweinrassen in Europa entstanden. Die reinschwarze Farbe trägt zu einem Schutz vor Sonnenstrahlen bei, was bei Hausschweinhaltungen in größeren

Höhen nützlich sein kann. Eine Hausschweinrasse mit tiefschwarzer Haut, die auch nach dem Brühen schwarz bleibt, ist das Cornwallschwein. Ein anderes, vorwiegend schwarzes Hausschwein, bei dem die Enden der Beine, die Rüsselspitze und der Schwanz durch Weißzeichnungen auffallen, ist das Berkshireschwein. Seine Haut wird beim Brühen weiß; Käufer bevorzugen weiße Haut. Als Landrasse Englands, die bei Kreuzungen zur Verbesserung anderer Landrassen eingesetzt wurde, ist das rote Tamworthschwein zu nennen. Auch bunte, getigerte, gefleckte Hausschweinrassen wurden erzüchtet. Unter diesen ist das belgische Piétrainschwein zu Ansehen gekommen. Von weiteren Rassen der Hausschweine in Europa sei nur noch das Mangalitzaschwein genannt. Es fällt durch ein langes Haarkleid und Lockenbildung sowie starken Fettansatz auf. In den Maisanbaugebieten Osteuropas ist es weit verbreitet.

Zu diesen äußeren Kennzeichen treten physiologische Besonderheiten. Die weißen Hausschweinrassen erfreuen sich heute als Lieferanten großer Fleisch- und Fettmengen bei gleichmäßig weißer Haut großer Beliebtheit. Unterschiedliche Selektionen haben zu örtlichen Besonderheiten in der Ausbildung einzelner Körperteile geführt. Das Angler Sattelschwein fand Aufmerksamkeit, weil es sich als sehr umwelttolerant erwies und auch in engen Ställen sehr gut gedeiht. Die Rasse ist fruchtbar und hat infolge des Milchreichtums gute Aufzuchterfolge. Das Schwäbisch-Hällische Schwein ist als frühreifes Fleischschwein bei guter Fruchtbarkeit und besonderem Aufzuchtvermögen anerkannt. Das Hannover-Braunschweigische Schwein, jetzt deutsches Weideschwein genannt, ist fleischwüchsig und kann dank guter Marschfähigkeit zur Feldweide eingesetzt werden. Das Piétrainschwein hat viele Züchter gefunden, es ist stark bemuskelt, zeichnet sich durch eine helle, fettarme Muskulatur und ein gutes Futterverwertungsvermögen aus. In den letzten Jahren ist jedoch auch bei dieser Rasse von Verbrauchern eine zu helle Fleischfarbe (pale), eine zu weiche Fleischbeschaffenheit (soft) und ein zu geringes Safthaltevermögen (exudativ) beklagt worden, weil solches PSE-Fleisch beim Braten zu stark schrumpft (Faber 1985).

Nach Amerika wurden schon frühzeitig primitive Landschweine, vorwiegend aus Spanien, gebracht. Heute ist die Zucht von Hausschweinen, besonders in Maisanbaugebieten Nordamerikas, verbreitet. Moderne Kulturrassen, welche örtlichen Gegebenheiten und Marktansprüchen am besten entsprechen, sind durch Kreuzungen und Auslese erzüchtet worden.

Der Überblick zeigt, daß in zunehmendem Maße Bedürfnisse und Ansprüche von Menschen und ihre Fähigkeiten zu Umweltgestaltungen frühere einflußreiche ökologische Einflüsse verdrängten. Sowohl Gestaltbesonderheiten als auch physiologische Eigenschaften wandelten sich auch innerhalb von Hausschweinrassen. Die Bezeichnungen der Rassen blieben aber gleich. Dies ist für zoologische Betrachtungen zu beachten. Es wird deutlich, daß zwischen Haustierrassen und Unterarten wichtige Unterschiede bestehen. Haustierrassen sind viel unbeständiger. Dazu einige Beispiele: In der englischen Landschaft Berkshire wurde am Ende des 18. Jahrhunderts eine große, urwüchsige, starkknochige Landschweinrasse gehalten, die der Stammart *Sus scrofa scrofa* weitgehend ähnelte, aber lange Hängeohren besaß. Sie hatte eine geringe Wachstumsgeschwindigkeit und Fruchtbarkeit. Um diese Landrasse frohwüchsiger, frühreifer und fruchtbarer zu machen, wurde sie mit chinesischen Hausschweinen, die auf die *Sus scrofa vittatus*-Gruppe zurückzuführen sind, verkreuzt und danach Auslese auf die gewünschten Eigenschaften betrieben. Doch im Laufe der Zeit bekamen diese Berkshireschweine eine zu feine Gestalt; ihre Knochen wurden zu dünn, die Gliedmaßen zu schwach für die Last des Körpers. Zum Ausgleich dieser Schwächen wurde mit wilden *Sus scrofa*-Keilern gekreuzt und in der Zucht auch neapolitanische Hausschweine, bereits durch chinesische Hausschweine beeinflußt, sowie Essex-Suffolkschweine eingesetzt. Erneute zielbewußte Auslese ließ nun ein Hausschwein entstehen, dessen Erbanlagen zu einem ziemlich dunklen Hausschwein mit hellen Abzeichen an Beinen und

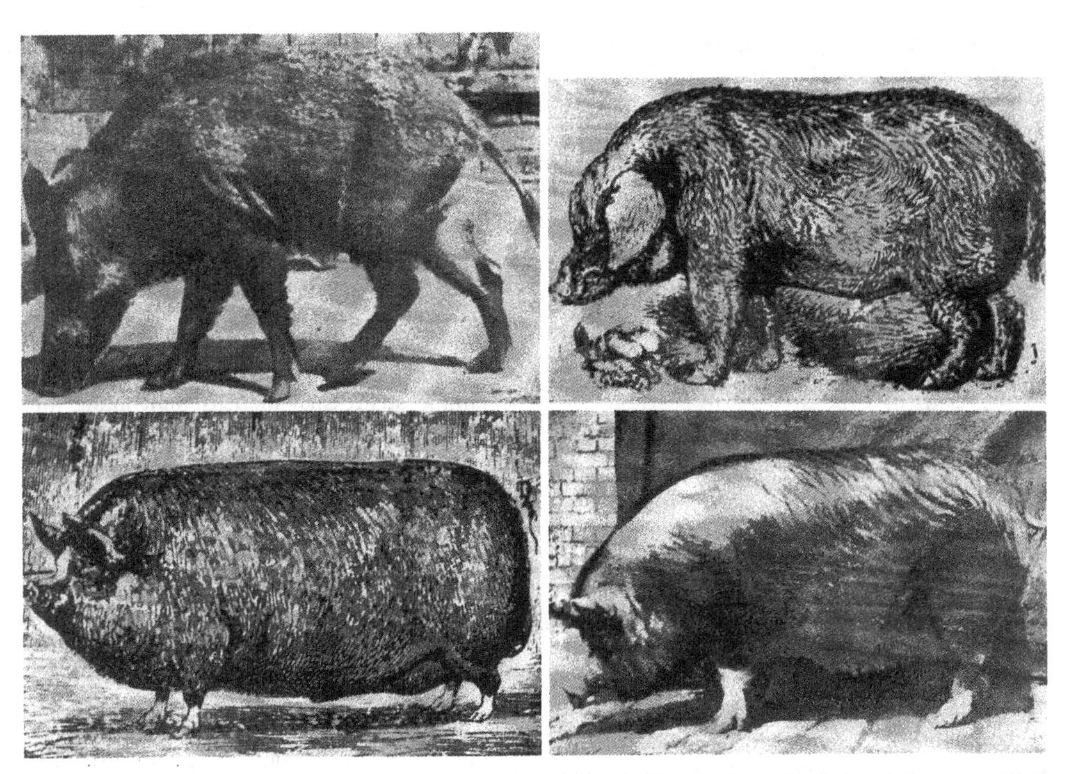

**Abb. 32:** Veränderungen beim Berkshire-Schwein. o. l. Wildschwein *Suc scrofa*, o. r. Berkshire-Schwein um 1780, u. l. um 1888, u. r. um 1940

Schnauze führten und dessen Hängeohren weniger lang waren. Damit war die allgemeine Form der modernen Berkshireschweine erreicht. Weitere Auslese innerhalb der Rasse führte zu weiteren bemerkenswerten Umgestaltungen. Um 1870 hatten die Berkshireschweine eine gute Körperlänge, kräftige Gliedmaßen und einen langen Kopf. Der Markt forderte dann ein Hausschwein mit starker Fettbildung. Um 1880 war das Berkshireschwein fettwüchsig geworden, die Gliedmaßen wieder sehr fein und der Kopf kurz. Die übermäßige Fettbildung ließ bald Nachteile erkennen, vor allem hatte sich eine Fruchtbarkeitsminderung eingestellt. Daher wurde das Zuchtziel erneut geändert und schon 1900 hatte das Berkshireschwein weniger mastige Formen, die Fleisch- und Schinkenbildung waren günstiger geworden (Abb. 32). Seither haben sich weitere Veränderungen vollzogen, die sich auch in der Schädelgestalt auswirkten (Herre 1938).

Starke Wandlungen innerhalb gleicher Hausschweinrassen sind kein Einzelfall. Für die dänische Hausschweinzucht hat Clausen (1970) die Entwicklung eindrucksvoll dargestellt. Im Mittelalter mußten auch in Dänemark Hausschweine ihre Nahrung hauptsächlich in Wäldern suchen. Von der Menge der dort zur Verfügung stehenden Nahrung wurde ihre Entwicklung und Körpergröße beeinflußt. Die mittelalterlichen Hausschweine Dänemarks wuchsen langsam und waren erst in einem Alter von 3 Jahren schlachtreif. Im 16. bis 18. Jahrhundert gerieten die Wälder in Verfall, Waldweiden verschwanden, das Hausschwein verlor seine Bedeutung als Nahrungslieferant. Am Ende des 18. Jahrhunderts führten landwirtschaftliche Reformen zu einer zahlenmäßigen Erhöhung des Hausschweinbestandes in Dänemark. Um qualitative Verbesserungen zu erreichen, führte man in der ersten Hälfte des 19. Jahrhunderts Hausschweine aus England, Mecklenburg, Holstein, aber auch aus Portugal, Spanien, Westindien und China ein. Vielfältige Kreuzungen, die zu einer hohen Mannigfaltigkeit führten, bestimmten das Bild der dänischen Hausschweinzucht.

Ab 1850 wurden die Einfuhr von Zuchttieren und auch die Zuchtverfahren in Dänemark systematisiert. Wünsche der Verbraucher bestimmten die Zuchtziele und die Auslese. Das bedeutendste Absatzgebiet von dänischem Hausschweinfleisch war damals Deutschland. Dort forderte man junge, fette Hausschweine. Deshalb wurden Zuchttiere der frühreifen Middle White- und Berkshireschweine aus England eingeführt und in der Landeszucht eingesetzt. In der Zeit von 1880 bis zum Ersten Weltkrieg stieg nicht nur der Fleischbedarf einer wachsenden Bevölkerung, die wohlhabender wurde, in Deutschland gewaltig, auch der Fettbedarf nahm zu. Daher wurde das Zuchtziel dänischer Landschweine auf die Erzeugung schwerer, feinknochiger Speckschweine gerichtet. Doch Deutschland sperrte dann die Einfuhr von Hausschweinen aus Dänemark; eine Umstellung auf die Käuferwünsche anderer Länder mußte erfolgen.

Der britische Markt bot Absatzmöglichkeiten. Dort verlangte man «Bacon», also Schlachthälften eines fleischreichen Hausschweines, aus denen ein Teil der Knochen entfernt ist, die leicht angepökelt, manchmal auch geräuchert sind. Um Baconschweine züchten zu können, mußten große, fleischreiche Yorkshireschweine (Large White) nach Dänemark eingeführt werden. In der Zucht waren wieder Aufspaltungen die Folge. Daher wurden seit 1896 keine Einfuhren von Zuchtschweinen ausländischer Hausschweinrassen nach Dänemark mehr vorgenommen und die Verbesserung der Schlachtqualitäten nur noch durch Auslese innerhalb der dänischen Landrasse erzielt. Die Fortschritte waren überraschend und sind auch in zoologischer Sicht interessant. Zur Veranschaulichung sei nur der Zeitabschnitt seit 1927 herausgegriffen. Von 1927 bis 1969 ist die durchschnittliche Körperlänge der dänischen Landschweine von 88,9 cm auf 96,4 cm, also um 7,5 cm, gestiegen. Dabei erhöhte sich die Zahl der Rippen. *Sus scrofa scrofa* hat auf jeder Körperseite 13–14 Rippen, das moderne dänische Landschwein 16–18 Rippen. Damit können jederseits 6–8 Koteletts mehr gewonnen werden. In der gleichen Zeit ist die Dicke des Rückenspecks von 4,05 cm auf 2,34 cm durchschnittlich, also um 42%, verringert worden. Eine physiologisch interessante Erscheinung stellte sich im Zusammenhang mit dieser Abnahme ein: Die Hausschweine zeigten eine Verlagerung im Fettansatz; eine Zunahme der Seitenspeckdicke stellte sich ein, was ihre Qualität als Baconschweine beeinträchtigte. Im Laufe von 13 Jahren gelang es durch Auslese, auch den Seitenspeck von 2,75 cm auf durchschnittlich 1,73 cm zu reduzieren, das sind 37%. Auch die Fleischmenge ließ sich steigern. Als Ausdruck dafür läßt sich das Gewicht des Lendenbratens (Musculus psoas major et minor) gleichgroßer Tiere aufführen. Es stieg von 553 g auf 699 g, also um 26%, Die Anschnittfläche des wichtigen Kotelettsmuskels, des Musculus longissimus dorsi, vergrößerte sich in der Zeit von 1960–1969 um 9,8%. In der Fleischqualität und der Futterausnutzung stellten sich ebenfalls Verbesserungen ein. Nicht zu zweifeln ist, daß sich weitere Wandlungen bei dieser Hausschweinrasse vollziehen werden.

Für den Zoologen wirft diese Plastizität innerhalb von Haustierrassen, die voneinander unabhängige Wandelbarkeit einzelner Merkmale, eine Fülle wichtiger Fragen über Beziehungen innerhalb des Körperganzen auf.

# 4 Die Hausrinder der verschiedenen Arten

a) **Taurine Hausrinder.** Die Gliederung tauriner Hausrinder in Rassen hat einen Zusammenhang mit Veränderungen ihrer Stammart *Bos primigenius* im Hausstand, mit ökologischen

Bedingungen, welche die Entwicklung mancher Abwandlungen begünstigten und mit Zuchtverfahren, die Menschen einsetzten, um Hausrinder bestimmter Nutzungsrichtungen zu erlangen: Hohe Fleisch-, Milch-, Arbeitsleistung, Zahlungsmittel, Dunglieferant.

Taurine Hausrinder mußten sich sehr verschiedenen Umweltbedingungen anpassen; sie sind weit über das Verbreitungsgebiet der Wildart hinaus bei Wanderungen von Völkern mitgeführt oder als Handelsgut gebraucht worden. Verschiedentlich wurde die Meinung vertreten, daß aus der Verbreitung von Rassen des Hausrindes Rückschlüsse auf Völkerbewegungen möglich seien (Adametz 1934). Schlaginhaufen (1959) konnte jedoch nachweisen, daß im Laufe der Zeit Hausrindrassen und anthropologisch nachweisbare Menschentypen sehr ungleiche Verbreitungen aufweisen. Damit ist vielen Spekulationen über enge Beziehungen zwischen Rassen des Hausrindes und Menschengruppen der Boden entzogen, was schon Lang (1957) hervorhob.

Archäozoologische Studien lehren, daß sich bei Hausrindern nach dem Beginn ihrer Domestikation die Körpergröße rasch verringerte. Sowohl Angaben von Degerbøl (1963), von Matolcsi (1970), den kritischen Zusammenfassungen von Bökönyi (1973, 1974) und den Ausführungen von Nobis (1984) ist zu entnehmen, daß in Europa allerorts die Hausrinder vom Neolithikum bis zur Bronzezeit eine Größenabnahme zeigen. Auch dort, wo in der Eisenzeit Klimaverbesserungen eintraten, nahm die Körpergröße der Hausrinder nicht zu. Im Mittelalter waren die Hausrinder in Mitteleuropa oft noch kleiner als in der Eisenzeit. Erst in der Neuzeit stieg die Körpergröße bei Hausrindern wieder an. In Südosteuropa verminderte sich die Körpergröße der Hausrinder bis zur Römerzeit. Unter dem Einfluß von Hausrindern, welche die Römer importierten, stieg die Körpergröße zunächst an, sie verminderte sich aber wieder bis zum 14. Jahrhundert. Danach begann eine sehr langsame Größenzunahme. Auch in der Nähe römischer Kastelle in Mitteleuropa hielt der Einfluß importierter Römerhausrinder nicht an (Herre 1950). Die Widerristhöhe mitteleuropäischer Hausrinder verringerte sich stellenweise bis auf 90 cm; es gab aber regionale Unterschiede (Reichstein 1973).

Schon bei neolithischen Hausrindern zeichnen sich Wandlungen in Schädeleigenarten und in der Behornung ab. Im Vergleich zum Auerochsen werden die Hörner kleiner und verändern ihre Formen. In verschiedenen Populationen läßt sich Hornlosigkeit feststellen. Unterschiede in der Schädelgestalt und in der Behornung sind zur Unterscheidung von Rassen herangezogen worden. Diese Gliederung wurde trotz mancher Einwände ausgebaut (Adametz 1926), weil die Unterschiede oft recht auffällig sind. Doch sowohl die Körpergröße als auch die Mächtigkeit der Behornung stehen in Zusammenhang mit Formbesonderheiten der Rinderschädel (Klatt 1913, Bohlken 1962), was zunächst nicht hinreichend bedacht worden ist. Heute steht fest, daß typologische, allein nach Schädelmerkmalen von Hausrindern begründete Rassegliederungen als Grundlage für verwandtschaftliche Zusammenhänge nur noch historische Bedeutung haben.

Für eine Gliederung der mannigfaltigen Hausrindformen sind andere Merkmale zu benutzen, dabei sind aber auch sehr kritische Beurteilungen erforderlich.

Eine eindrucksvolle Eigenart bei Zebuhausrindern ist der Rückenbuckel, er steht in Zusammenhant mit der Spaltung oberer Enden der Dornfortsätze von Brustwirbeln (Klatt 1927). Eine solche Spaltung von Dornfortsätzen ist bei manchen Auerochsen angedeutet (Requate 1957). Die Buckel, welche die Hausrindgruppe der Zebus kennzeichnen, entstehen durch eine Umbildung des Musculus trapezius und des Musculus rhomboideus im Verein mit Fetteinlagerungen (Slijper 1951). Die Buckel können entweder vom Vorderrumpf auf die Halsregion übergreifen (Halsbuckelzebus) oder sich nur über Brustwirbeln ausdehnen (Brustbuckelzebus). Danach lassen sich Rassegruppen unterscheiden.

Auch Färbung und Zeichnung der Auerochsen haben sich im Hausstand in unterschiedlicher Weise verändert. Es gibt einfarbige Rinder verschiedener Farbe ebenso wie unterschiedliche Fleckungen, Scheckungen und Stromungen. Viele Hausrinder sind zweifarbig, es gibt aber auch dreifarbige Tiere (Mohr 1935). Zur Kennzeichnung von Hausrindrassen werden sehr oft Färbungsbesonderheiten herangezogen. Ihr Wert zur Beurteilung verwandtschaftlicher Zusammenhänge ist gering.

Veränderungen in Merkmalen physiologischer Natur und des Verhaltens im Laufe der Domestikation haben für die Menschheit besondere Bedeutung erlangt.

Primär waren Hausrinder Fleischlieferanten; sie dienten der Ernährung und Opferzwecken. Vor allem in der Neuzeit, als züchterische Erfahrungen gewonnen und die Futterversorgung geregelt waren, konnte die Fleischleistung durch Auslese von Tieren mit mächtiger Muskulatur gesteigert werden. Es entstanden Fleischrassen der Hausrinder. Es ließen sich auch Rassen züchten, welche die aufgenommene Nahrung in beträchtlichem Umfang in eingelagertes Fett umbauten: Mastrindrassen.

Arbeitsleistungen von Hausrindern spielten in menschlichen Kulturen schon frühzeitig eine Rolle. Tiere mit raumgreifendem Schritt waren erwünscht. Arbeitsleistungen haben mit Eigenarten des Skeletts und der Muskulatur Zusammenhänge (Döhrmann 1929); Auslese trug auch zur Steigerung von Arbeitsleistungen bei.

Hausrinder, die zur Arbeit eingesetzt werden, müssen lenkbar sein. Verhaltenseigenarten der Wildart mußten sich im Hausstand verändern, ehe eine Einspannung vor Pflug und Wagen erfolgreich war. Tiere mit erblichen Anlagen zur Zahmheit wurden vermehrt.

Erblich zahme Tiere waren auch eine wichtige Voraussetzung für eine geordnete Milchgewinnung. Diese gewann zunehmend an Wert. In der Neuzeit ist die Milchleistung sowohl in Quantität als auch in Qualität in unerwarteter Weise gesteigert worden. Milchrindrassen wurden erzüchtet. Die bisherige Spitzenleistung in der Milchmenge einer Hausrindkuh beträgt im Jahr 16000 kg. Hausrinder mit mehr als 10000 kg Milchleistung pro Jahr sind nicht selten (Wilke 1984). Bemerkenswert ist, daß die Milchleistungen auch noch in der folgenden Trächtigkeit erbracht werden. Dies bedeutet, daß Stoffwechselleistungen in der Domestikation tiefgreifend verändert werden.

Die Inhaltstoffe der Milch unterscheiden sich bei verschiedenen Hausrindern, dies ist erblich bedingt. Daher ist es möglich, «Butterkühe», «Käsekühe» oder auch «Zuckerkühe» zu züchten (Haring 1955). Solche Entwicklungen haben sich unabhängig in verschiedenen Populationen angebahnt. Dänische Hausrindzüchter versuchen z.B., den Proteingehalt der Milch zu erhöhen (Neimann-Sørensen et al. 1987).

Es zeigt sich, daß in sehr vielen Fällen erblich unterschiedliche Stoffwechseltypen bei Hausrindern nach Körperbesonderheiten erkannt werden können. Stoffansatztypen sind meist breitwüchsig und kräftig bemuskelt, Stoffumsatztypen oft schmalwüchsig und muskelarm. Diese Eigenarten lassen sich durch die Art der Aufzucht und Ernährung nicht umstimmen (Witt 1961). Anhaltspunkte für die Zuchtauslese lassen sich aus solchen Besonderheiten des Körperbaues gewinnen. Die Zuverlässigkeit solcher Schätzung ist beim Zuchtziel Fleischleistung größer als beim Zuchtziel Milchleistung.

Wirtschaftliche Gesichtspunkte haben immer mehr dazu geführt, einseitige Nutzleistungen von Rassen zu meiden und Mehrnutzungsrassen zu bevorzugen. Solche Vorhaben werden durch die Tatsache erleichtert, daß auch bei Hausrindern innerhalb der Rassen wesentliche Veränderungen möglich sind. Für zoologische Betrachtungen ist auch bei Hausrindern zu beachten, daß Rassen mit gleichen Namen aus Tieren sehr unterschiedlicher Besonderheiten bestehen können.

Im Eintritt der Geschlechtsreife und anderen fortpflanzungsbiologischen Besonderheiten haben sich Hausrinder gegenüber der Stammart ebenfalls verändert. Doch darüber wird später berichtet.

Eine Gliederung der Rassen tauriner Hausrinder auf der Basis verwandtschaftlicher Beziehungen ist kaum möglich, da viele Parallelbildungen vorhanden sind und Kreuzungen das Bild unklar machen. So müssen gröbere, typologische Zuordnungen genügen.

Auszugehen ist von dem Sachverhalt, daß der Auerochse die Stammart aller taurinen Hausrinder ist. Aus ihm gingen zunächst die vorwiegend europäisch-südwestasiatischen Hausrinder hervor. Diese ähnelten ursprünglich in ihren Lebensansprüchen den Auerochsen. Später, vor annähernd 6500 Jahren, entwickelten sich im östlichen Teil der Halbsteppen der Großen Salzwüste die Buckelhausrinder (Zeuner 1963, Epstein 1971). Diese Gruppe tauriner Hausrinder zeichnet sich durch Anpassungen an heißere, trocknere Gebiete aus. Beim taurinen Hausrind bildeten sich damit zwei große Rassegruppen: 1. Buckellose Hausrinder, die von Südeuropa und Südwestasien aus – besonders über das Karpatenbecken – nach West- und Osteuropa bis in den Norden und auch nach Nordafrika erfolgreich eingeführt wurden und 2. die Buckelhausrinder, die über Nordbaluchistan und das Industal in Indien weite Verbreitung fanden. Von Indien aus gelangten sie in verschiedenen Importwellen nach Ostafrika und dann in weitere afrikanische Gebiete. In der Neuzeit wurden sie auch in heiße Gebiete anderer Kontinente gebracht.

Um innerhalb dieser Großgruppen eine formale Ordnung der zahlreichen Rassen zu ermöglichen, wird innerhalb der buckellosen Hausrinder unterschieden zwischen 1. langhörnigen oder «primigenen» Hausrindern und kurzhörnigen oder «brachyceren» Hausrindern.

Die langhörnigen Hausrinder Europas ähneln in Horn- und Schädelformen noch weitgehend der Stammart. Die ältesten Hausrinder sind dieser Gruppe zuzuordnen, einige Langhornhausrinder haben sich bis in die Neuzeit erhalten. Dazu gehören die ungarischen Steppenrinder, die sich durch ihre silbergraue Farbe als Haustiere ausweisen. Die Langhornrinder haben im allgemeinen beträchtliche Körpergrößen und einen sehr ausgeprägten Sexualdimorphismus. Sie kommen in Flachländern mit guten Weiden vor.

Die ältesten brachyceren Hausrinder zeichnen sich bereits durch geringe Körpergrößen aus. Im Hausstand erscheinen sie später als Langhornhausrinder. Es wird angenommen, daß die brachyceren Hausrinder durch natürliche oder menschliche Auslese aus Langhornrindern hervorgingen. Kurzhornhausrinder sind primär recht genügsam, sie werden seit frühen Zeiten bevorzugt in Gebirgsgegenden gehalten; Zwergformen haben sich entwickelt. Vielerorts verdrängten Kurzhornrinder die Langhornrinder. Hornlose buckellose Hausrinder (Aceratos) sind an verschiedenen Stellen aufgetreten. Angesichts der mehrfachen unabhängigen Entstehung ist es nicht gerechtfertigt, diese Hausrinder zu einer eigenen Verwandtschaftsgruppe zusammenzufassen, was früher getan wurde; sie können nur typologisch als Rassegruppe bezeichnet werden.

Die ersten Buckelhausrinder waren Halsbuckelzebus. Aus ihnen entstanden, nach heutigem Wissen, rund 1000 Jahre später Brustbuckelzebus. Zoologisch ist von Interesse, daß auch bei den Zebus langhörnige, kurzhörnige und hornlose Rassen unterschieden werden können, was parallele Entwicklungen innerhalb der taurinen Hausrinder deutlich macht. Bei einigen Zeburassen, vor allem in Afrika, zeichnen sich die Hörner durch gewaltige Größe aus, weil ein von Menschen geprägtes Zuchtziel auf deren Entwicklung gerichtet war.

In unterschiedlichen Gebieten der Erde hatten Menschen die Fähigkeit, Hausrinder zu gleichen Nutzungen zu formen. Aus verschiedenen Ausgangsbeständen entstanden daher Hausrindrassen ähnlicher Leistungsrichtung.

Kenntnisse über Entwicklungen von Hausrindrassen ergeben sich in groben Zügen aus verschiedenen Quellen. Knochenreste, die bei Grabungen der Ur- und Frühgeschichtsforscher geborgen werden, lassen über Erscheinungsbild und einige Leistungen erste Aussagen zu (Reichstein 1973). Künstlerische Dokumente geben weitere Aufschlüsse, doch diese erfordern eine sehr kritische Auswertung (Herre 1950). Bessere Auskünfte erlauben schriftliche Urkunden.

Die ältesten Hausrinder sind in den Ländern des östlichen Mittelmeerraumes nachgewiesen. Über Südwestasien gelangten sie nach Nordafrika. Dort kamen die ersten Hausrinder vor mehr als 6000 Jahren vor (Nobis 1984). Im einzelnen zeigt sich: In Ägypten wurden vor rund 5000 Jahren Langhornrinder gehalten (Epstein 1971, Muzzolini 1983), deren Herkunft aus Südwestasien aus dem gemeinsamen Auftreten mit Hausschafen und Hausziegen zu erschließen ist. Knapp 1000 Jahre später traten weitere Langhornrinder auf, deren besondere Hornformen auf Neuimporte weisen. Die Langhornrinder sind nach Westen und Süden vorgedrungen. In moderner Zeit werden sie nur noch in 3 kleineren Gebieten im Westen Afrikas gehalten. Die Rasse in Nordkamerun ist zur Zwergform geworden (Epstein 1971). Die langhörnigen Hausrinder werden vor allem als Schlachttiere geschätzt.

Kurzhörnige Hausrinder wurden erstmalig vor rund 4500 Jahren in Ägypten aus Südwestasien eingeführt. Im Neuen Reich (vor 3500–3000 Jahren) gewannen sie die Überzahl und verdrängten die langhörnigen Hausrinder (Muzzolini 1983). Kurzhörnige Hausrinder gelangten über Nordafrika, Lybien, Algerien, Marokko an die Westküste Kameruns und darüber hinaus. Sie wurden die wichtigsten buckellosen Hausrinder Afrikas. Im Zusammenhang mit ökologischen Besonderheiten bildeten sich zahlreiche Lokalrassen, im tropischen Regenwald Zwergformen. Die Kurzhornrinder Afrikas sind im allgemeinen gefleckte bunte, kleinere Hausrinder, die auch als Arbeitstiere Einsatz finden. Epstein (1971) gab über ihre Formenvielfalt ein höchst anschauliches Bild. Er schließt nicht aus, daß nach Westafrika später europäische Kurzhornrinder zusätzlich eingeführt wurden.

Nach Ägypten kamen zu Zeiten des Neuen Reiches vor rund 3500 Jahren Halsbuckelzebus. Sie erreichten Ägypten über Südarabien und Somalia und wurden schon früh die wichtigsten Hausrinder in Ost- und Zentralafrika; mannigfache Lokalrassen entstanden, deren Lebendgewichte je nach Umwelt zwischen 150 und 450 kg liegen (Epstein 1971).

In Ost- und Südafrika fanden verschiedene Mischungen zwischen Zebus und buckellosen Hausrindern statt. Diese Formen werden allgemein als Sangarinder bezeichnet. Sie bildeten vor der Einfuhr europäischer Hausrinder die Hausrindbestände südlich des Sambesi. Besonders aus solchen Beständen wurden groß-, ja riesenhörnige Hausrinder erzüchtet.

Aus Südwestasien, später aus Südasien, kamen auch Brustbuckelzebus nach Ostafrika. Schon auf 2500 Jahre alten Darstellungen in Äthiopien und am Horn von Afrika sind Brustbuckelzebus zu erkennen. In größeren Zahlen gelangten solche Hausrinder erst mit der arabischen Invasion, nach 669 u. Z., nach Ostafrika. Sie wurden bis nach Westafrika verteilt und lassen die Unterscheidung von Lokalrassen zu, die das bunte Bild afrikanischer Hausrinder erweitern (Abb. 33).

Im Indischen Subkontinent haben die Buckelhausrinder ihre entscheidende Entfaltung erfahren (Abb. 34). Die Hitzetoleranz, die durch eine lose faltenreiche Haut, eine mächtige Wamme und große Ohren gefördert wird, sowie ihre Genügsamkeit trugen zur Bevorzugung dieser Hausrinder in Indien bei (Smalcelj 1961). Zu Zebus mit großen lyraförmigen Hörnern gehören die recht großen, grauen Kaukrey- oder Guzeratzebus aus dem Raum Bombay. Es sind tüchtige Arbeitstiere, sie haben aber auch gute Milch- und Milchfettleistungen. Große lyraförmige Hörner besitzt auch die kleine Malvirasse aus Nordindien, die sich durch Schnelligkeit bei der Zugarbeit auszeichnet. Lyraförmige, in sich gedrehte Hörner und sehr lange herabhängende Ohren haben die meist gescheckten, westindischen Girzebus, die als Fleisch-, Arbeits- und Milchhausrinder genutzt werden. Ähnlich behornt sind die roten Sindzebus, die in trockenen, unfruchtbaren Gebieten Nordwestpakistans gehalten werden. Diese kleineren Zebus mit einer Widerristhöhe von etwa 132 cm erbringen so hohe Milchleistungen, daß sie als indische Jerseyhausrinder bezeichnet werden. Auch die Sa-

**Abb. 33:** Zebu, Rasse Tazrouk im Hoggar

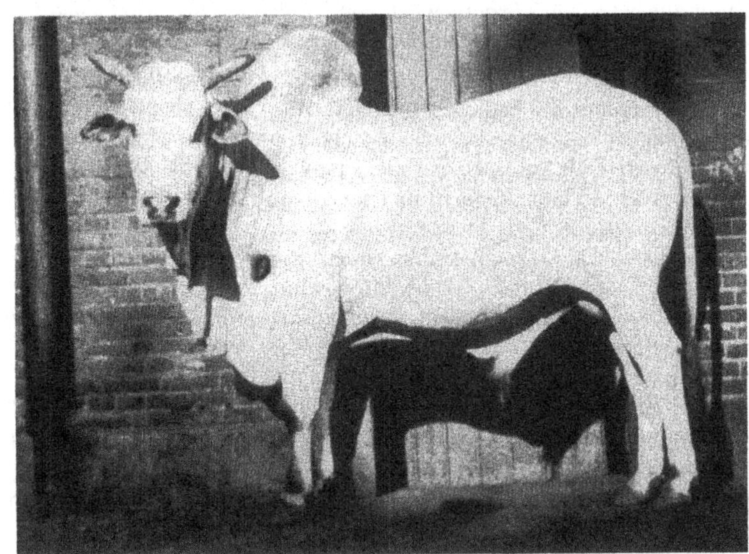

**Abb. 34:** Brahmanenzebu

hivalzebus, im westlichen Punjab gezüchtet, sind als hervorragende Milchrasse zu bezeichnen. Zur Arbeit ist diese Rasse ungeeignet; ihre Bewegungen sind zu langsam und schwerfällig.

Die kurzhörnigen Zebus haben im allgemeinen ein leicht konvexes Kopfprofil, sie sind meist weiß oder grau gefärbt und vorwiegend Zweinutzungsrassen. Von ihnen seien hervorgehoben: Die Bhangarizebu, in Westpakistan, die Harianazebu von Pakistan bis Madras. Die Ongolozebu, mit durchschnittlich 127 cm Widerristhöhe, gehören zu den kleinsten Kurzhornzebus.

Es gibt weitere Zeburassen in Indien, die sich durch besondere Körperformen oder Behornungen auszeichnen. So haben die stahlgrauen oder schwarzen Mysorezebus umgekehrt sichelförmige Hörner. Zwerge kommen ebenfalls vor.

In Ostasien sind buckellose Hausrinder heute weit verbreitet, am dichtesten ist der Bestand im Innern der Mongolei und im Nordosten von China. In China hat die Haltung von Hausrindern eine rund 5000jährige Geschichte. Die Variabilität innerhalb der Bestände und die Zahl der Lokalrassen ist groß (Epstein 1969). Viele dieser Rassen sind sehr genügsam und widerstandsfähig. Selbst in trockenen Teilen der Gobi ist daher Hausrindhaltung möglich. In Gebirgsgegenden sind Zwergrassen der Hausrinder nicht selten, aber es gibt in der Mongolei auch Hausrindrassen, die den europäischen Simmentalern ähneln. In China werden Hausrinder meist vielseitig genutzt. Zugochsen sind bekannt, die bei einem Körpergewicht von 300 kg täglich eine Last von 1000 kg 30 km weit zu ziehen vermögen.

Aus den Ländern des östlichen Mittelmeerraumes gelangten buckellose Hausrinder sehr frühzeitig in weite Teile Europas. Vor allem dank der Arbeit vieler Archäozoologen und haustiergeschichtlich ausgerichteter Forscher anderer Wissenschaftsbereiche steht ein reiches Material zur Verfügung, das Einblicke in die Entwicklung europäischer Hausrinder gewährt. Von zusammenfassenden Darstellungen darüber vom Neolithikum bis zum Mittelalter sind vor allem jene von Bökönyi (1974) für Zentral- und Osteuropa, und die von Nobis (1984) für das europäische Neolithikum hervorzuheben.

In Europa wurden vor mehr als 6000 Jahren zunächst primigene Hausrinder gehalten. Bei manchen der überlieferten neolithischen Hausrindschädel sind erste Besonderheiten brachycerer Rassen angedeutet. Nur wenig später als langhörnige treten kurzhörnige Hausrinder und auch hornlose auf. Die Zahl der brachyceren Hausrinder überwiegt in manchen Bereichen Europas bald, in anderen Gebieten kommen primigene und brachycere Hausrinder nebeneinander vor. Eine frühe Haltung verschiedener Hausrindrassen zeichnet sich damit ab. In anderen Gebieten läßt sich jedoch nur eine sehr breite Variabilität nachweisen, in der sich Vertreter mehrerer Rassen verbergen können. Es entsteht der Eindruck, daß im Norden am Beginn der Hausrindhaltung langhörnige, in Gebirgsgegenden kurzhörnige Hausrinder vorherrschten.

Sehr schwer können im europäischen Raum, abgesehen vom alten Rom, Rassebildungen im einzelnen nachgewiesen werden. Wichtig ist daher, daß Nobis (1954) inmitten weiter Gebiete, in denen recht kleine Hausrinder gehalten wurden, auch größere Hausrindpopulationen bemerkte. Andere Forscher haben solche Feststellungen erweitert. Noch bemerkenswerter sind Erhebungen von Reichstein (1973), der Unterschiede zwischen frühzeitlichen Populationen verschiedener Bereiche nachweisen konnte. Hausrinder der norddeuschen Siedlung Feddersen-Wierde (1.–4. Jht. u.Z.) und der süddeutschen, keltenzeitlichen (um die Zeitenwende) Siedlung Manching (Schneider 1958), hatten übereinstimmende Widerristhöhen, jene der holsteinischen Marschensiedlung Elisenhof (8.–12. Jht. u.Z.) waren größer. In der Körpergröße stimmten die Hausrinder von Manching und die von Haithabu (9.–11. Jht. u.Z.) zwar überein, aber die Hausrinder von Haithabu hatten deutlich schlankere Extremitäten (Johansson 1982). Wuchsformunterschiede sind nachweisbar. Inwieweit weitere Lokalrassen im frühgeschichtlichen und mittelalterlichen Europa vorkamen, müssen zukünftige ausreichend umfangreiche Funde ergeben.

Bemerkenswert ist, daß Wilkens (1870) in einer Übersicht über die Rassen der Hausrinder in der zweiten Hälfte des 19. Jahrhunderts hervorhebt, daß damals in Abhängigkeit von Umweltbedingungen zahlreiche Lokalrassen in Europa vorkamen. Lydtin und Werner (1899) sagten aus, daß, je reicher die geologische Gliederung eines Landes sei, desto mehr voneinander abweichende Formen und Größen wären bei Hausrindern zu unterscheiden. Im letzten Jahrhundert ist die Zahl der Lokalrassen in Europa stark zurückgegangen. Weiträumig gehaltene Kulturrassen sind an ihre Stelle getreten (Schmid 1942, Winnigstedt, Messerschmidt, Haring, Sieblitz 1961, Frahm 1982). Ein knapper Überblick über einige der modernen europäischen Hausrindrassen soll unterschiedliche Entwicklungsmöglichkeiten und Zuchtergebnisse anschaulich machen.

In Deutschland wurden im Laufe des 19. Jahrhunderts vielfältige Kreuzungen bei Hausrindern durchgeführt, um die Leistungen zu steigern. Dann setzten sich klare, einheitliche Zuchtziele und Zuchtmethoden durch.

Im norddeutschen Raum, mit den durch maritimes Klima begünstigten Weidegebieten, haben schwarzbunte Hausrinder ein altes Verbreitungsgebiet. Es sind großflächig schwarz-weiß gescheckte Tiere, deren Kopf weiße Stirnzeichen und halbkreisförmig nach innen gebogene Hörner trägt. Die Schwarzbunten waren einst feingliedrig und schlank, sie haben an Körpergröße und Körpergewicht im Laufe der Zeit zugenommen (Abb. 35, 36). Das Körpergewicht erwachsener Kühe dieser Rasse liegt zwischen 600–700 kg bei einer durchschnittlichen Widerristhöhe von 140 cm, bei Bullen zwischen 1000–1200 kg und 160 cm Höhe. Schwarzbunte Kühe zeichnen sich durch ein großes Euter mit einer Speicherkapazität für 20–25 kg Milch aus, im Laufe einer Laktation liefern sie 5000–10000 kg Milch mit 4% Fett und 3,5% Eiweiß, höhere Leistungen kommen vor. Milchleistungen, gute Fleischbildung und Anpassungsfähigkeit haben dazu beigetragen, daß 42% der Hausrinder der Bundesrepublik Deutschland zu den Schwarzbunten gehören. Schleswig-Holstein, Niedersachsen, Nordrhein-Westfalen und Hessen sind alte Zuchtgebiete, neuerdings nimmt die Zahl der Schwarzbunten auch in Rheinland-Pfalz, Baden-Württemberg und Bayern zu.

Ebenfalls im Norden, in den Elbmarschen, sind die rotbunten Hausrinder beheimatet. Sie waren früher stärker verbreitet als heute. Jetzt beträgt der Anteil der Rotbunten am Gesamtbestand der Hausrinder der Bundesrepublik Deutschland etwa 13%. Kennzeichen der Rotbunten ist die großflächig dunkelrot-weiße Plattenscheckung. Sonst sind sie den Schwarzbunten ähnlich, zeichnen sich aber durch betontere Fleischbildung aus. Das Fleisch ist gering verfettet, seine Qualität wird gelobt. Die Rotbunten eignen sich auch gut für Weidemast. Einige Lokalschläge können innerhalb dieser Rasse unterschieden werden.

Auch einfarbig rote Hausrinder haben in Mitteleuropa eine lange Geschichte. Rotvieh ist genügsam und daher auf ärmere Standorte zurückgedrängt worden. In der Bundesrepublik haben das Anglerrind und besonders in der DDR das Mitteldeutsche Rotvieh, welches aus 8 einfarbig roten Landrassen hervorgegangen ist, Bedeutung behalten. Rotvieh besitzt eine einheitliche rotbraune Färbung und eine dunkelpigmentierte Haut, die vor der Wirkung von Sonnenstrahlen schützt. Die Tiere sind klein bis mittelgroß, sie haben lange, schlanke Köpfe mit kurzen Hörnern. Das Anglerrind hat ein geschlossenes Zuchtgebiet an der Ostküste Schleswig-Holsteins. Anglerrinder sind feingliedrig. Die Kühe haben eine Widerristhöhe von 122–139 cm und wiegen durchschnittlich 560 kg. Jahrhunderte hindurch war das Anglerrind durch seine im Verhältnis zur Körpergröße hohe Milchleistung von 6000 kg und 5% Fett sowie 4% Eiweiß als «Butterkuh» berühmt. Anglerkühe mit 12000 kg Milchleistung pro Jahr und solche mit 7,4% Fett wurden bekannt (Angler Rinderzucht 1985). Im Laufe der letzten Jahre erfolgte eine Züchtung auf höhere Fleischleistungen. Beim mitteldeutschen Rotvieh ist das Zuchtziel: Hohe Arbeitstüchtigkeit, gute Mastfähigkeit, mittelhohe Milch und hohe Fettleisung bei hohem Verwertungsvermögen von bodenständigem Futter. In den letzten Jahrzehnen verlor der Arbeitseinsatz an Bedeutung, Milch- und Fleischleistung erfuhren im Zuchtziel stärkere Betonung.

Dem Deutschen Fleckvieh kommt mit 34% im Gesamtbestand der Hausrinder der Bundesrepublik eine große wirtschaftliche Bedeutung zu. Es hat zum Höhenfleckvieh der Alpenländer enge Beziehungen. Kennzeichen aller Fleckviehschläge ist die vom dunklen Rotbraun bis zum hellen Gelb wechselnde Scheckung auf weißem Grund. Kopf, Unterbauch und Beine sind weiß. Das Deutsche Fleckvieh ist mittelgroß bis groß,

**Abb. 35:** Hausrindrasse Schwarzbunt-Breitenburger Kuh um 1847

**Abb. 36:** Hausrindrasse Schwarzbunt heute

hat eine bemerkenswerte Brusttiefe und eine sehr starke Bemuskelung; es ist zur schwersten deutschen Hausrindrasse geworden, Kühe wiegen 670–830 kg bei 139 cm Widerristhöhe, Bullen 1100–1300 kg bei 153 cm Höhe (Abb. 37). Entscheidend beeinflußt wurde das aus einheimischen Lokalrassen Süddeutschlands hervorgegangene Deutsche Fleckvieh durch Simmentaler Höhenfleckvieh. Dies war vor allem im Kanton Bern zu einer Kulturrasse für gute Futterverhältnisse gezüchtet worden. Dies Höhenfleckvieh hat sein Aussehen verschiedentlich geändert. Zeiten, in denen schwere, große, knochenstarke Tiere vorherrschten, wechselten mit solchen, in denen Tiere mittlerer Größe bevorzugt wurden. Höhenfleckvieh ge-

**Abb. 37:** Hausrindrasse Fleckvieh

hörte aber stets zu vorzüglichen Futterverwertern; es konnte auch bei der Bergarbeit eingesetzt werden. Mit Hilfe von Bullen des Simmentaler Höhenfleckviehs gelang es, das Deutsche Fleckvieh zu einem kräftigen Hausrind zu gestalten, das «bedeutende Arbeitsleistung mit großer Milchergiebigkeit verbindet und bei Mästung ein feines, mit Fett durchwachsenes Fleisch liefert». Das Fleckvieh ist zu einem deutschen Verhältnissen angepaßten Wirtschaftstyp geworden, der hauptsächlich in Bayern und Baden-Württemberg gehalten wird.

Äußerlich dem Deutschen Fleckvieh ähnlich, aber kleiner und anspruchsloser, ist das im Schwarzwald verbreitete Wäldervieh. Das Hinterwälder ist mit 115–120 cm Widerristhöhe und 400 kg Gewicht bei Kühen und 130 cm Höhe und 750 kg Gewicht bei Bullen die kleinste deutsche Hausrindrasse. Die Vorderwälder werden etwas größer und schwerer. Das Vorderwälder ist aus rückenscheckigen Landrindern hervorgegangen, in die Simmentaler eingekreuzt wurden. Die Hinterwälder sind im wesentlichen als eine alte, in Reinzucht erhaltene Landrasse zu werten, die dürftigen Lebensbedingungen hervorragend angepaßt ist. Diese Tiere erfüllen auch bei der Landschaftspflege wichtige Aufgaben.

Braunvieh ist in Baden-Württemberg, dem bayrischen Allgäu sowie der Schweiz verbreitet. Es hat ein mausgraues bis dunkelgraues Haarkleid und einen weißen Ring um das dunkelpigmentierte Flotzmaul. Das Braunvieh wird oft als direkter Nachfahre der als «Torfrinder» bezeichneten kurzhörnigen Hausrinder des Schweizer Neolithikum aufgefaßt. Eine mehr als 600jährige Zuchtarbeit (Engeler 1961) hat zu den heute mittelgroßen Tieren geführt. Das Braunvieh ist im Vordringen, weil es als die beste Milchrasse unter dem Höhenvieh gilt und auch gut bemuskelt ist.

Von den in Deutschland gehaltenen Hausrindern sei nur noch das Gelbvieh genannt. Es ist aus verschiedenen einfarbig gelben Lokalrassen hervorgegangen und wird in Franken, Hessen und Thüringen gehalten. Das Hauptzuchtgebiet liegt jetzt im Raum Würzburg, Bamberg, Nürnberg. Ein kräftiger Knochenbau und hervorragende Bemuskelung von Keulen, Rücken und Schultern, eine Folge des früheren Einsatzes als Zugtier, stellen das Gelbvieh zu den herausragenden Fleischrindern. Genaue Angaben über

**Abb. 38:** Hausrindrasse Shorthorn-Fleischrind (Abb. 33–38 (Fotoarchiv Tierzuchtinstitut der Universität Kiel)

die Leistungen der in der BRD gehaltenen Rassen des Hausrindes sind in den jährlich erscheinenden Bänden «Rinderproduktion» der Arbeitsgemeinschaft Deutscher Rinderzüchter, Bonn 1, Adenauerallee, zu finden.

In den Alpenländern wird viel Höhenfleckvieh und Braunvieh gehalten. Neben diesen Rassen kommt vorwiegend in den Tälern Tirols das genügsame, kleine Grauvieh vor, dessen Kühe 117–120 cm hoch und 350–550 kg schwer werden. Im Gebiet um Salzburg ist das mittelgroße Pinzgauer Hausrind verbreitet, welches durch Einkreuzung von Simmentalern in ein kurzhorniges, rotes Landrind entstanden sein soll. Die Pinzgauer zeichnen sich durch Buntheit aus. Das kastanienbraune Fell wird durch eine keilförmige Rückenblesse belebt, die vom Widerrist bis zum Schwanzansatz reicht und in eine Bauchblesse übergeht. An den Gliedmaßen befinden sich weiße Zeichnungen. Die Pinzgauer sind eine Zweinutzungsrasse für Milch und Fleisch.

Großbritanien besitzt 28 Rassen der Hausrinder; einige dieser Rassen sind nur durch sehr kleine Populationen vertreten. Sie trugen aber zur Umzüchtung von Landrassen in anderen Ländern und Erdteilen bei.

Besondere Beachtung verdient eine auf der Kanalinsel Jersey entstandene kleine Rasse, Kühe 115–120 cm hoch und 350–425 kg schwer, die in der Milchleistung eine Sonderstellung einnimmt. Im Verhältnis zum Körpergewicht erbringen die Jerseyrinder die höchste Fettmenge aller Hausrindrassen. Jerseyrinder haben einen fein geschnittenen Kopf mit breiter Stirn und konkaver Nasenlinie, der Körper ist feingliedrig und schmal, das Haarkleid meist rehfarben, häufig mit einem Aalstrich.

Zu Beginn der industriellen Periode wuchs in der Bevölkerung Europas der Wunsch nach fettem Fleisch. In England kam es zur Erzüchtung hervorragender Fleischshorthorn (Abb. 38), die den Gebrüdern Colling und dem Tierzüchter Bakewell, der dabei angewandten Zuchtverfahren wegen, hohes Ansehen eintrugen. Diese Fleischshorthorn, kurzbeinige, breite, vollbemuskelte Hausrinder, erlangten weltweite Verbreitung, weil sie sich bei Extensivhaltung in überseeischen Gebieten bewährten. Zum Gedeihen benötigen Shorthorns üppige Weiden. Als später ein sehr starker Ansatz subkutanen Fettes bei manchen Shorthorns den Milchertrag beeinträchtigte und die Nachfrage nach fettem Rindfleisch zurückging, erfolgte eine Umzüchtung auf Milchshorthorns. Der Wert der Shorthornhausrinder verlagerte sich, aber der Fleischertrag blieb beachtlich. Die Einkreuzung von Shorthorn hat bei vielen Rassen der Hausrinder zur Erhöhung der Fleischmenge beigetragen.

Als Fleischrasse wurde in Westengland das mittelgroße Herefordrind erzüchtet. Herefords haben mittellanges, teilweise gelocktes Haar, es sind Rückenschecken mit viel Weiß. Ein weißer Kopf gilt als Kennzeichen. Durch hervorragende Anpassungsfähigkeit an extreme Klimabedingungen haben Herefords in fast 50 Ländern als Fleischrasse Eingang gefunden.

Die in Ostschottland entstandenen schwarzen, hornlosen Aberdeen-Angus-Rinder haben als Fleischrasse bei extensiver Ranchhaltung andere Hausrinder übertroffen. Aberdeen-Angus sind kleinrahmig mit schwerem Rumpf und kurzen, feingliedrigen Gliedmaßen. In Seitenansicht wirken sie rechteckig, das Brustbein tritt zwischen den Vorderbeinen deutlich hervor. Die Milch reicht meist nur für das eigene Kalb.

Die kleinste Hausrindrasse Großbritanniens ist das Dexterrind. Dies zeichnet sich durch besondere Kurzbeinigkeit aus. Die Kühe, 100–110 cm hoch, wiegen durchschnittlich 290 kg. Bei der Dexterrasse werden 25% der Kälber als «Bulldogkälber» geboren, diese sind nicht lebensfähig.

Zunehmender Beliebtheit erfreut sich als anspruchsloses Parkrind das Schottische Hochlandrind, das von den Hebriden stammen soll. Die schottischen Hochlandrinder haben ein zottiges, leicht gewelltes, langes Haarkleid von meist dunkelbrauner, aber auch hellerer bis gelber oder dunklerer bis schwarzer Farbe. Der breite Kopf trägt zur Seite und nach hinten gebogene «primigene» Hörner. Die Widerristhöhe beträgt 106 cm, weil die Beine recht kurz sind. Die Variabilität innerhalb dieser Hausrindrasse ist groß.

Von den Hausrindrassen des übrigen Europa sollen nur noch zwei aus dem Südosten genannt werden, weil sie Vorstellungen über primitive Hausrinder am besten entsprechen. Das primigene Steppenvieh ist ein langhörniges, sehr großwüchsiges, langbeiniges Rind der Steppen Ungarns. Es erreicht eine Widerristhöhe von 150 cm, Bullen können bis 1200 kg wiegen, Kühe erreichen bis 550 kg. Diese Steppenrinder sind im allgemeinen grau gefärbt, es sind leistungsfähige Arbeitstiere. Steppenrinder sind sehr spätreif, so wachsen die Bestände langsam. Die Kühe werden nicht gemolken. Damit sind die Erträge gering. Die Bestände dieser Rasse sind so klein geworden, daß Bestrebungen in Gang kamen, das Überleben dieser Rasse aus kulturgeschichtlichen Gründen zu sichern.

Unter dem Namen Buscharinder werden eine Reihe kurzhörniger, kleinwüchsiger Lokalrassen von Hausrindern zusammengefaßt, die vom Südosten Europas über die russischen Ebenen und Sibirien bis nach Ostasien verbreitet sind (Smalcelj 1961). Die Widerristhöhe liegt um 113 cm, bei Zwergformen unter 100 cm. Die Buscharinder sind spätreif, sehr genügsam und können auch in wasserarmen Gegenden gehalten werden.

Insgesamt zeigen diese knappen Schilderungen, daß den gewaltigen Auerochsen die Fähigkeit innewohnte, sich nicht nur den ungünstigen Bedingungen des frühen Hausstandes durch Verringerung der Körpergröße anzupassen, sondern auch eine Fülle weiterer gestaltlicher und physiologischer Besonderheiten hervorzubringen. Zoologisch bemerkenswert ist, daß sich unter dem Einfluß natürlicher Bedingungen und menschlicher Zuchtlenkung an verschiedenen Stellen des sich ausweitenden Verbreitungsgebietes der Hausrinder unabhängig voneinander sehr ähnliche, ja gleiche Veränderungen einstellten und daß nach Verbesserungen der Umweltbedingungen manche Hausrinder die Größe der Wildart wieder erreichten, dabei jedoch die anderen Errungenschaften des Hausstandes, aus welchen Menschen Nutzen ziehen, bewahrten.

Von den anderen Arten der Bovinae, von denen Populationen in den Hausstand überführt wurden, seien nur Hausyak und Hauswasserbüffel kurz beschrieben.

b) **Hausyak.** Er ist deutlich kleiner als die Stammart; Lokalrassen unterscheiden sich

**Abb. 39:** Hauswasserbüffel als Zugtier (Foto Herre/Röhrs Anatolien 1953)

ebenfalls in der Körpergröße (Smalcelj 1961). Die Hörner des Hausyak sind dünner und kleiner als bei den Wildtieren; es gibt auch hornlose Hausyaks. Die Färbung der Hausyaks ist sehr verschieden; einfarbige und unterschiedlich gescheckte Tiere treten in schwarz, grau, in Rot- und Brauntönen sowie in weiß auf. Echte Albinos sind selten (Epstein 1971). Der Hausyak ist Arbeits-, vor allem Tragtier. Er wird auch gemolken; die Milchmenge beträgt nur 250–400 kg pro Laktation, der Fettgehalt beträgt 7–9%. Bei der Schur des langen Haarkleides lassen sich 2,5–3,5 kg verspinnbaren Materials gewinnen, welches zu groben Geweben verarbeitet wird. Begehrt sind die buschigen Schwänze zur Insektenabwehr.

c) Beim **Hauswasserbüffel** ist es zu ausgeprägterer Rassebildung gekommen als beim Hausyak. Dies wird mit seiner ausgedehnteren Nutzung und seinem größeren Verbreitungsgebiet einen Zusammenhang haben (Abb. 39).

Hauswasserbüffel werden vor allem in Indien, Indonesien und China genutzt, sie fanden auch in Ägypten und Südeuropa Eingang (Zeuner 1963, Epstein 1969, 1971). Die Körpergröße der Wasserbüffel verringerte sich im Hausstand. Die Grundfärbung der Wildart hellt sich im Hausstand auf, große weiße Flecken stellen sich ein. Es gibt Hauswasserbüffel mit blauen Augen und albinotische Tiere mit roten Augen, diese sind jedoch selten. Auffällig sind verschiedene Behornungen bei Lokalrassen. Bei der Murrahrasse sind die Hörner kurz und gekrümmt, bei der Nagpurirasse lang und säbelförmig. Manche Hauswasserbüffel sind hornlos. Die Hornbildung wirkt sich auf Schädeleigenarten aus (Bohlken 1962).

Hausbüffelrassen unterscheiden sich auch in ihren Leistungen. In Reisanbaugebieten dienen Wasserbüffel im allgemeinen als Arbeitstier vor Pflug und Wagen. Sie vermögen in der Stunde 900–1300 kg Last 3 km weit zu ziehen. In Kwantung, wo Hauswasserbüffel nur als Zugtiere eingesetzt werden, sind es schwere, kompakte, niedrig gestellte Tiere mit durchschnittlich 122 cm Widerristhöhe. In der Provinz Hupeh gibt es zwei verschieden große Rassen von Wasserbüffeln, die zu verschiedener Arbeit herangezogen werden.

Es gibt auch Milchrassen der Hauswasserbüffel. Diese zeichnen sich durch schlankere Körperformen aus. Im Durchschnitt liefern diese Milchrassen 600–800 kg Milch mit 10–15% Fett in einer Laktation. Bei der Murrahrasse ist die Milchleistung höher, durchschnittlich 1300–2300 kg, es gibt aber Hauswasserbüffelkühe, die das Doppelte liefern, so daß Zuchtarbeit zu weiteren Erfolgen führen wird.

Diese Hinweise genügen, um den Wildarten innewohnende Potenzen, die in freier Wildbahn nicht beobachtet wurden, anzudeuten und zu veranschaulichen, daß sie mit Hausstandsveränderungen anderer Arten grundsätzlich übereinstimmen.

# 5 Rassen des Hauspferdes und Hausesels, Maultier und Maulesel

Die Klärung der Rassegeschichte des Hauspferdes wird durch einige geschichtlich bedingte Sachverhalte erschwert. Hauspferde, ursprünglich Fleischlieferanten, haben schon frühzeitig durch den Einsatz vor Kampfwagen und in Reiterheeren nicht nur eine Bedeutung als staatserhaltende Kraft, sondern auch besondere persönliche Beziehungen zu Menschen gewonnen (Meyer 1975, Hüster 1986). Beim kriegerischen Einsatz von Mensch und Hauspferd hängt von der Übereinstimmung zwischen Befehlen und ihrer Befolgung, von der Beherrschung und Hingabe oft das Leben beider Partner ab. Bei Menschen ist eine genaue Kenntnis der Eigenarten des tierlichen Gefährten erforderlich, das Hauspferd muß sich in seinen Verhaltensweisen den Menschen fügen. Schon frühzeitig bemühten sich die Menschen, ihre Kenntnisse über Hauspferde und deren Behandlung zu erweitern, um kriegerische Erfolge zu steigern. Dies belegt die nahezu 4000 Jahre alte, als Kikkuli-Text bezeichnete Trainingsanweisung für Kampfwagenpferde der Hethiter.

Bei friedlichem Einsatz empfinden Menschen die Zusammenarbeit mit Hauspferden meist als beglückend. Die Beherrschung von Hauspferden im sportlichen Einsatz trägt viel stärker als andere Haustiere zu persönlichem Ansehen bei. Dies hat dazu geführt, daß Hauspferde und ihre Herkunft vielfach in einer Weise populär gedeutet werden, die naturwissenschaftliche Argumentation erschwert.

Hauspferde sind wichtige Arbeitstiere. Die persönlichen Bindungen zwischen Mensch und Pferd nehmen bei derartigem Einsatz andere Formen an als bei denen des Kriegskameraden und Sportgefährten. Die Unterschiede des Einsatzes der Pferde wirken sich auf Körpergestalt und Leistung in vielfältiger Weise aus.

Bei der Stammart der Hauspferde *Equus przewalskii* ist die innerartliche Variabilität nicht gering (Spöttel 1926, Herre 1939, Mohr 1967). Im Hausstand erweiterte sich diese Mannigfaltigkeit. Werden Einzeltypen aus der Fülle beim Wildtier oder der Hausform herausgegriffen und deren Einfügungen in Populationen mißachtet, lassen sich Unterschiede bei der Wildart als Unterarten oder Arten, bei Hausformen als Rassen beschreiben. Solche Verfahren haben viele Fehlmeinungen über die Herkunft der Hauspferde und ihre Rassen zur Folge gehabt (Nobis 1962, Herre 1967).

Hauspferde mußten sich den durch Einengen geprägten Bedingungen des Hausstandes anpassen, sie wurden zunächst kleiner als die Norm der Stammart. Es entstanden genügsame Formen, welche heute als Ponies bezeichnet werden (Abb. 40). Unterschiedliche Umweltbedingungen führten zu verschiedenen Landrassen solcher Hauspferde. Bis heute spielen ponyartige Landrassen infolge ihrer Genügsamkeit und Ausdauer eine große Rolle (Löwe und Sänger 1961, Epstein 1971).

Durch Zuchtwahl in solchen Beständen ließen sich zu verschiedenen Zeiten für neue Bedürfnisse geeignete Kulturrassen gestalten. So gewannen in der Völkerwanderungszeit größere Pferde an Bedeutung (Nobis 1955, 1957, Bökönyi 1973), auch bei den Römern wurden größere Reitpferde gezüchtet, die besonders Feldherren zu dienen hatten. Große Hauspferde gelangten auch in die von Rom eroberten Gebiete, hatten aber auf die jeweiligen Landrassen keinen nachhaltigen Einfluß (Boessneck 1964, Nobis 1973). In Europa kam es im Mittelalter, als die Rüstungen der Ritter immer schwerer wurden, zur Er-

**Abb. 40:** Islandponies

züchtung schwerer Pferde (Nobis 1957), neben denen die Landrassen der Hauspferde für den Arbeitseinsatz ihre Bedeutung behielten. Über Zuchtziele für schwere Hauspferde in der Neuzeit wird später berichtet.

Der mannigfache Größenwandel im Hausstand der Pferde weist bereits auf Parallelbildungen hin. Solche zeigen sich auch in Kopfformen. Die Ramsköpfigkeit bei Pferden ist in manchen Erörterungen als Hinweis auf Abstammungszusammenhänge erachtet worden. Doch Epstein (1972) zeigte, daß die Züchtung von Ramsköpfen schon frühzeitig als Folge modischer Zuchtanforderungen an verschiedenen Stellen der Erde vor sich ging.

Bei Hauspferden treten unterschiedliche Färbungen von schwarz über braun, gelb bis weiß, ebenso wie viele Formen von Fleckungen und Scheckungen auf (Searle 1968, v. Lehmann 1981). Diese Besonderheiten können als Eigentumsmarken gedient haben. In der Neuzeit sind Vereinheitlichungen in den Färbungen von Pferderassen erreicht worden; gefleckte und gescheckte Hauspferde wurden selten, Farbbesonderheiten geben keine Hinweise auf die Abstammung von Hauspferdrassen.

Über Domestikationserscheinungen sei noch erwähnt, daß sich die Härte der Hufe im Hausstand minderte (Kaspareck 1958), so daß Hufbeschlag bei modernen Hauspferdrassen erforderlich ist. Bei den ponyartigen Hauspferden früher Reiterheere waren solche Maßnahmen noch nicht notwendig, aus verschiedenen Gegenden sind jedoch schon frühzeitig unterschiedliche Maßnahmen zum Schutze von Hufen der Hauspferde bekannt geworden (Meyer 1975).

In der modernen Hauspferdzucht hat sich eine Einteilung durchgesetzt, die eine rasche formale Ordnung ermöglicht, aber nicht Ausdruck von Abstammungsverhältnissen ist. Es werden unterschieden: 1. Ponies: Kleine Pferde zwischen 90–147 cm Widerristhöhe (Löwe und Sänger 1961); ergänzend dazu Mini- oder Zwergpferde um 70 cm Widerristhöhe. 2. Traberpferde: Leichte Pferde, die besondere Eignung zum Traben haben (Ensminger und Uppenborn 1961). 3. Warmblutpferde: Als Reit- und Wirtschafts-

**Abb. 41:** Hauspferdrasse Fjordpferd

pferde geeignet (Uppenborn 1961). 4. Kaltblutpferde: Große, massige Acker- und Zugpferde (Löwe 1961). 5. Vollblutpferde: Als Rennpferde besonders bewährt (Miller und Uppenborn 1961). Über die Rassen, die zu diesen Großgruppen gerechnet werden, gibt es ein umfangreiches Schrifttum, in welchem die jeweiligen Zuchtziele und Vorzüge eindringlich geschildert werden. Hier müssen Hinweise genügen, welche eine erste Orientierung in dieser Vielfalt geben.

Ponies gelten als die heutigen Vertreter der alten Landrassen. Ihnen zuzusprechen sind die verschiedenen Rassen der Panjepferde, der Koniks, Huzulenpferde und ähnliche Formen. Sie kennzeichnet Anspruchslosigkeit, Härte und Ausdauer.

Für China hat Epstein (1969) eine Reihe von Ponyrassen aus verschiedenen Landschaften beschrieben. Die Mongolenponies zeigen eine hohe Variabilität in den Kopfformen und der Färbung. Sie vermögen 800–1000 kg Last täglich 40–60 km zu ziehen. Die Stuten werden zusätzlich zur Aufzucht ihrer Fohlen gemolken. Auch in Afrika ist die Zahl der Ponyrassen groß (Epstein 1971). Bei der weiten Verbreitung dieser Kleinpferde erstaunt nicht, daß einige dieser Rassen zu mächtigeren «Kaltblutformen», andere zu schlankeren «Vollblutformen» neigen; dabei handelt es sich nicht um Ausdruck verwandtschaftlicher Zusammenhänge.

Von den europäischen Hauspferdrassen, die als Ponies bezeichnet werden, sind das in Kleinbetrieben beliebte Norwegische Fjordpferd (Abb. 41) zu nennen sowie die Haflinger als alte Landrasse des Alpengebietes. Haflinger erreichen in der Widerristhöhe die Obergrenze der Ponies. Unter sehr harten Umweltbedingungen, bei sehr ärmlichen Futterverhältnissen, ist das Shetlandpony entstanden, dessen Widerristhöhe 105 cm nicht übersteigen soll, sowie das leistungsstarke Islandpony.

Schon seit Jahrhunderten werden zum Reiten und Fahren leichte, größere Hauspferde bevorzugt. Auswahl schneller Hauspferde für leichte Wagen führte zur Erzüchtung von Traberpferden in Rußland, als Orlowtraber bezeichnet, sowie in England und Frankreich. Diese drei Pferderassen ähnlicher Bauart und ähnlicher Eigenschaften sind unabhängig voneinander durch unterschiedliche Kreuzungen und Auslese im Laufe des 18. Jahrhunderts gezüchtet worden. Traberpferde haben eine Widerristhöhe von 152–163 cm.

Auf der Grundlage von Landrassen, die mit arabischen und englischen Hauspferden gekreuzt wurden, entstanden im Laufe des 19. Jahrhunderts Warmblutrassen als Wirtschafts, Reit- und Turnierpferde, die hohes Ansehen erlangten. In Deutschland entstanden die zunächst in Ostpreußen gezüchteten Trakehner als Reit- und Sportpferde. Die Hannoveraner (Abb. 42) werden als Wirtschafts- und Reitpferd geschätzt. In Abhängigkeit von Umweltbedingungen sind sie von recht variabler Erscheinung (Schlie 1975). Aus Landpferden der Marsch sind die Holsteiner hervorgegangen; große, kräftige Warmblutpferde mit Ramskopf, die als Reit- und Turnierpferde besonders beliebt sind. Aus friesischen Landpferden entstanden unter Verwendung andalusischer und orientalischer Hengste die Oldenburger. Vor allem das Gestüt Marbach ist die Heimat der als Wirtschaftspferde geschätzten Württemberger. In England gehören verschiedene Pferderassen, unter ihnen die etwas kurzbeinigen Hackney, zu den Warmblutpferden, in Österreich sind die Lippizaner als hervorragende Turnierpferde dieser Gruppe weithin bekannt geworden.

Es wurde bereits erwähnt, daß schwere, massige, große Hauspferde im Mittelalter als Ritterpferde eingesetzt wurden. Sie haben später wenig Verwendung gefunden. Doch mit der Intensivierung der Landwirtschaft, der Ausdehnung des Hackfruchtbaues im 19. Jahrhundert, wurden tiefe Ackerfurchen notwendig, was sehr kräftige Zugpferde erforderlich machte. Außerdem entstand ein Bedarf an sehr kräftigen Zugpferden für schwerbeladene Wagen. Pferderassen von beträchtlicher Körpergröße mit üppiger Muskulatur und guter Lenkbarkeit gewannen Bedeutung; sie werden als Kaltblutpferde bezeichnet. In Belgien gehören zu ihnen die Ardennerpferde mit einem Gewicht von 600–700 kg bei 148–158 cm Widerristhöhe, sowie der Brabanter, als belgische Zugpferde in anderen Ländern bekannt. Das Körpergewicht der Brabanter beträgt 1000–1100 kg, ihre Widerristhöhe 158–170 cm. Mit Hilfe belgischer Kaltblutpferde ist zunächst im Rheinland das Deutsche Kaltblutpferd gezüchtet worden, welches vor allem in Norddeutschland Einsatz fand. In Süddeutschland und Österreich gewannen als Kaltblutpferde die Noriker Verbreitung, 156 bis 160 cm hohe, 600 bis 700 kg schwere, wendige Hauspferde. Aus jütländischen Landpferden entstanden die ebenfalls mittelschweren wendigen Schleswiger Kaltblutpferde (Abb. 43). In Frankreich wurden Ardennerpferde und die oft noch größeren Percherons (158–178 cm hoch) gezüchtet. Als bedeutendste Kaltblutpferderasse in Großbritannien sind die Shirepferde zu nennen, die nicht nur durch Körpergewicht der Hengste von 1000–1100 kg und eine Widerristhöhe von 162–172 cm beeindrucken, sondern sich auch durch einen dichten Kötenbehang auszeichnen.

Um die Entstehung der Vollblutpferde haben sich viele Legenden gerankt. Vollblutpferde erfreuen sich besonderer Wertschätzung, weil sie sehr hohe Rennleistungen vollbringen können. Sichere Kenntnisse über die Anfänge der Vollblutzucht sind noch immer gering. Fest steht nur, daß die moderne Vollblutzucht durch drei orientalische Hengste maßgeblich beeinflußt wurde, die 1793 in den ersten Band des englischen Stutbuches eingetragen sind (Abb. 44). Sie werden oft generalisierend als Araberhengste bezeichnet. Über das erste Auftreten des arabischen Vollblutes ist nichts bekannt. Oft wird angegeben, daß Mohammed der Begründer dieser Pferderasse war. Dies trifft nicht zu; Mohammed war nur ein Förderer einer schon lange zuvor bestehenden, leistungsstarken Pferderasse, welche Beduinen zu Ausdauer, Widerstandsfähigkeit und schnellem Regenerationsvermögen nach großen Anstrengungen entwickelt hatten. Araberpferde waren zudem gelehrig und leicht zu reiten. In seiner Heimat verlor der Vollblutaraber seine beherrschende Stellung, als im Laufe kriegerischer Auseinandersetzungen die wichtigsten Zuchtherden in andere Länder, so nach Ägypten, abgegeben werden mußten.

Heute werden Vollblutpferde in England und den USA auf hohe Schnelligkeit gezüchtet, wobei Inzucht vielfältig Anwendung findet. In Norddeutschland wurde seit dem Beginn des 19. Jahrhunderts das Gestüt Graditz eine erfolg-

**Abb. 42:** Hauspferdrasse Hannoveraner

**Abb. 43:** Hauspferdrasse Schleswiger Kaltblut

reiche Zuchtstätte für Vollblutpferde. Es wurden englische Vollblüter eingeführt, und mit deren Hilfe gelang es, bodenständige Familien mit sehr guten Leistungen zu züchten.

Die historische Betrachtung der meisten Pferderassen ergibt, daß sich auch bei ihnen beträchtliche Änderungen in der Gestalt, der Leistungsfähigkeit und im Verhalten nachweisen lassen. Die Tierzucht bezeichnet solche Wandlungen allgemein als «Verbesserungen», weil sie dazu beitrugen, wechselnden wirtschaftlichen Anforderungen oder modischen Wünschen gerecht zu werden (Abb. 45). Der Zoologe erachtet solche Veränderungen als Ausdruck der großen Plastizität von Tierarten.

Der **Hausesel**, in Nordostafrika domestiziert (Brentjes 1971), ist für die Bevölkerung großer Teile Afrikas und Asiens als Transporttier von

**Abb. 44:** Vollbluthauspferd, Arabian Turk (Abb. 41–44 Fotoarchiv Tierzuchtinstitut der Universität Kiel)

**Abb. 45:** Gauchopferd im Einsatz (Foto Herre/Röhrs Südamerikaexpedition 1956/57, Estancia Don Roberto)

**Abb. 46:** Hausesel (Bildarchiv E. Mohr im Institut für Haustierkunde Kiel)

enormer Bedeutung. Das gilt besonders für die Bereiche mit hamitischer und semitischer Besiedlung, weniger bei den Negerstämmen in West- und Zentralafrika. In Südafrika gab es zunächst keine Hausesel (Epstein 1971). Über Vorderasien, wo Hausesel schon vor fast 5000 Jahren als Tragtiere dienten, gelangten Hausesel bereits vor ungefähr 4000 Jahren nach China (Epstein 1969). Auch nach Europa wurden Hausesel eingeführt; später trugen die Römer zu ihrer Verbreitung bei. Schon vor über 2000 Jahren waren Hausesel in großen Teilen Europas häufig, in Südeuropa wurden sie wichtige Tragtiere (Bökönyi 1973).

Hausesel weisen eine größere Variabilität auf als die Stammart. Ihre Widerristhöhe schwankt zwischen 85 und 160 cm. Die Färbung ist verschieden; es gibt schwarze, dunkelbraune, graubraune, silbergraue und weiße Hausesel, einfarbige und solche mit unterschiedlichen Zeichnungen, Scheckungen und Fleckungen. Das Haarkleid ist meist kurz und glatt, aber verschiedentlich auch lang und wellig bis gelockt (Abb. 46, 47). Es gibt schlanke, feingliedrige und derbe, grobknochige Hausesel, solche mit schmalen und andere mit breiten, derben Köpfen. Grundlagen für Kulturrassen sind also gegeben, aber das Interesse an solchen Züchtungen ist recht gering geblieben. Umwelteinflüsse hatten bei der Entwicklung von Landrassen einen größeren Einfluß.

An vielen Orten werden Eselrassen nach der Körpergröße unterschieden. Da die Übergänge aber oft fließend sind, kann eine solche Einteilung nur als typologische Grobgliederung gewertet werden (Epstein 1971). In trockenen, futterarmen Landstrichen herrschen Kleinrassen vor, die sich durch Genügsamkeit und Widerstandskraft besonders auszeichnen. Unter günstigeren Umweltbedingungen werden größere Hauseselrassen gehalten; diese sind leistungsfähiger. Die kleineren Hausesel haben vor allem als Tragtiere Bedeutung, größere Formen werden auch als Zugtiere vor Karren eingesetzt, nur in seltenen Fällen sind Esel Reittiere. In den Küstenbereichen Afrikas sind kleine und große, im Landesinneren fast nur kleine Hausesel anzutreffen. In Westafrika werden nach Farbe und Gestalt 6 Rassen unterschieden. In China herrschen im Norden und Nordosten kleine Esel vor, im Süden des Landes große und kräftige Formen. In Europa bestimmen in Italien kleine Esel das Bild, spanische Hausesel oder die französischen Poitouesel sind große, kräftige Tiere

**Abb. 47:** Langhaaresel in Bolivien (Foto Herre/Röhrs Südamerikaexpedition 1956/1957)

mit viel Temperament und langer, oft struppiger Behaarung. Die großen katalanischen Esel zeichnen sich durch langgestreckte, schmale Körper aus (Aparicio 1961).

Hausesel haben trotz ähnlicher Voraussetzungen in biologischer Sicht nicht jene besonderen Beziehungen zu Menschen gewonnen, die das Verhältnis Mensch–Hauspferd kennzeichnen. Dies ist ein kulturgeschichtlich bemerkenswerter Sachverhalt.

**Maultier und Maulesel.** Verschiedene Arten der Equiden lassen sich unter Gefangenschaftsbedingungen verpaaren. Es entstehen lebensfähige Bastarde, deren Fruchtbarkeit im allgemeinen begrenzt ist (Gray 1971). Seit der Frühzeit der Domestikation von Equiden sind die Hausformen wohl gelegentlich mit Individuen anderer Arten von Wildequiden gekreuzt worden. Wirtschaftlich wertvolle, begehrte Nutztiere ergaben sich aber nur aus Kreuzungen von Hauspferden und Hauseseln. Diese Bastarde zeichnen sich durch einen hohen Grad an Heterosis aus, sie vermögen sich unwirtlichen Umwelten anzupassen, vertragen Hitze, sind sehr widerstandsfähig gegen Krankheiten, haben einen sicheren Schritt und ein langes Leben. Die Ergebnisse von Kreuzungen männlicher Hausesel mit weiblichen Hauspferden werden Maultiere, die der reziproken Kreuzung, also Hauspferdhengst mit Hauseselstute, Maulesel benannt.

Maultiere sind häufiger als Maulesel, weil Hauspferdhengste zum Decken von Hauseselstuten weniger bereit sind als Hauseselhengste bei Hauspferdstuten. Außerdem soll die Konzeptionsrate bei Hauseselstuten geringer sein. Zur Zucht von Maultieren und Mauleseln müssen die Hengste einer Art gemeinsam mit den Stuten der anderen Art aufgezogen werden. Hat ein Hengst, der mit dem Decken einer artfremden Stute vertraut geworden ist, sich einmal mit einer artgleichen Stute vereint, verweigert er danach im allgemeinen die Paarung mit einer artfremden Stute. Die Erzeugung von Maultieren und Mauleseln erfordert also züchterische Erfahrung.

Trotzdem ist der Maultier- und Mauleselzucht ein hohes Alter zuzusprechen. Zeder (1986) meint, einen 3800 Jahre alten Equidenrest aus dem südlichen Iran einem Maultier zuordnen zu können. Epstein (1984) berichtet, daß vor rund 2500 Jahren in Olympia Maultiere gehalten wurden. Im 18. Jahrhundert u. Z. stand die Maultierzucht vor allem in Italien, Spanien und Frankreich in hoher Blüte; allein im Bezirk Poitou (Frankreich) wurden jährlich 50000 Maultiere gezüchtet.

Bei der weiten Ausdehnung des Zuchtgebietes von Maultieren und Mauleseln nimmt nicht wunder, daß zur Zucht Individuen unterschiedlicher Rassen dienten. Da sich individuelle Eigenarten von Elterntieren im Erscheinungsbild der Nachfahren auswirken können, boten sowohl Maultiere als auch Maulesel oft verschiedene Erscheinungsbilder, zumal meist größere Hauseselhengste mit Hauspferdstuten und Ponyhaushengste mit Hauseselstuten gepaart wurden. Die häufigen Gestaltunterschiede zwischen Maultieren und Mauleseln führten zu Vorstellungen von einem vorherrschenden mütterlichen Einfluß im Vererbungsgeschehen. Doch bereits die reziproken Kreuzungen, welche Julius Kühn im Haustiergarten der Universität Halle/S. mit Ausgangseltern gleicher Rasse durchführte, lehrten, daß dann Maultiere und Maulesel von gleichem, intermediären Aussehen sind (Herre 1937). Antonius (1922) hat Bilder solch reziproker Kreuzungstiere veröffentlicht.

Maultier und Maulesel gelten im allgemeinen als unfruchtbar. Doch schon Plinius und Varro haben von Ausnahmen berichtet (Antonius 1922, Zeuner 1963). Bislang sind fruchtbare Kreuzungshengste nicht bekannt, sie zeigen aber eine normale Libido (Gray 1971). Fruchtbare Kreuzungsstuten kommen jedoch vor. Beispielsweise berichtet Epstein (1969), daß in China 50% der Paarungen bei Mauleseln erfolgreich seien, bei Maultieren 60–70%, Doch Aufspaltungen sind dem Wert der Nachzuchttiere abträglich.

Angaben von Bogart (1975) verdienen Interesse. Danach unterscheiden sich Hauspferd und Hausesel in der Mobilisierung des Gens für Glukose-6-phosphatdehydrogenase, das im x-Chromosom gelagert ist. Bei reziproken Kreuzungen zeigen die männlichen Nachkommen das elektrophoretische Muster der jeweiligen Mutter, bei der weiblichen Nachzucht werden die Pferde- und Eselenzyme gleichermaßen synthetisiert. Bei Hauspferd/Hauseselkreuzungen zeigt sich, daß das x-Chromosom inaktiviert werden kann, jenes der Hausesel häufiger als das der Hauspferde.

# 6 Rasseentwicklung bei Hauskatzen

Trotz der frühen Bindung an menschliche Siedlungen haben sich Hauskatzen eine ungebundene Lebensweise bewahrt. Bei Menschen erwachte Jahrtausende hindurch kaum züchterisches Interesse an dieser Haustierart. Eine Zuchtbeeinflussung bestand im wesentlichen darin, daß Menschen aus Würfen, die ihnen zugängig waren, nur jene Jungtiere am Leben ließen, die subjektiven Maßstäben gerecht wurden. Nur in Ausnahmefällen kam es zu ersten Rassezüchtungen.

Individuen der Hauskatzen bieten daher ein buntes Bild. Neben der Wildfärbung gibt es eine Fülle verschiedener Färbungen und Zeichnungsmuster (Weigel 1961, Robinson 1975, Wolff 1978). Auch die Beschaffenheit des Haarkleides hat sich im Hausstand verändert, Kurzhaar- und Langhaarhauskatzen werden unterschieden. Die Bildung der Leithaare sowie der Haarwechsel können entfallen, so daß feine Wollvliese entstehen, und es gibt gelockte Hauskatzen. Die Verkürzung des Haarkleides kann bis zur Haarlosigkeit fortschreiten. Die Schwanzlänge und die Ohrformen der Hauskatzen sind nicht einheitlich; Hängeohrigkeit tritt auf. Trotz der zahlreichen erblichen Verschiedenheiten bei Hauskatzen setzte eine planmäßige Rassezucht erst in der 2. Hälfte des 19. Jahrhunderts ein (Schwangart 1932, Petzsch 1971). 1878 wurde in England eine erste vorläufige Rasseeinteilung erarbeitet, in Deutschland etwa 40 Jahre später.

Zur Ordnung der Zuchtziele wurde zunächst die Beschaffenheit des Haarkleides als Merkmal bestimmt. Noch heute werden die Zuchtrassen in Langhaar- und Kurzhaarkatzen unterteilt. Zusätzlich gewannen dann in diesen Gruppen Gestaltbesonderheiten und Färbungseigentümlichkeiten an Bedeutung.

**Abb. 48:** Siamkatze

Langhaarhauskatzen sind bereits in früheren Jahrhunderten in Palästen östlicher Länder gezüchtet worden; als «Angorakatzen» kamen sie schon 1521 nach Italien. Sie werden jetzt als Perserkatzen bezeichnet. Langhaarkatzen sind an verschiedenen Stellen unabhängig voneinander aufgetreten (Wolff 1978). Das Schönheitsideal, welches jetzt die Zucht von Perserkatzen bestimmt, ist auf einen massigen Körper gerichtet. Der Kopf soll groß und rund sein, sehr kleine, weit auseinanderstehende Ohren sowie eine kurze, fast platt gedrückte Nase besitzen. Ein weiches, seidiges, dichtes, langes Fell wird gefordert, welches das Gesicht als Halskrause umrahmt. Der Schwanz soll kurz und buschig behaart sein. Diese Hauskatzen werden als ruhige Hausgenossen gerühmt und in verschiedenen Farben gezüchtet (Schwangart 1932, Wolff 1978). Als weitere Langhaarhauskatzen seien die Khmer und Birma genannt, bei denen es sich, trotz ihrer exotischen Namen, um europäische Neuzüchtungen handelt, die mehrfach zustande kamen.

22 Kurzhaarrassen der Hauskatzen werden jetzt unterschieden (Wolff 1978). Ihre Gestalten sind verschieden. Zu Schlankformen rechnen die Siam-, Abessinier-, Burma- und Havannakatzen. Die Siamhauskatze (Abb. 48) fällt durch «Spitzenfärbung» auf: Gegenüber heller, getönter Körperfarbe heben sich eine meist schwarze Gesichtsmaske, schwarze Ohren, Pfoten und Schwanz kontrastreich ab. Die Tiere werden schneeweiß geboren, die Spitzenfärbung stellt sich erst später ein. Die Gestalt der Siamkatzen ist das Ergebnis intensiver Zuchtarbeit der letzten Jahrzehnte. Siamkatzen sind jetzt schlanke, gestreckte, elegant wirkende Erscheinungen mit schmalen, keilförmigen Köpfen, langen, schlanken Gliedmaßen und langen, dünnen Schwänzen. Sie zeichnet ein lebhaftes Wesen aus.

Die Perserrasse der Hauskatzen und die Siamrasse sind als gegensätzliche Wuchsformen unter den Hauskatzen zu kennzeichnen.

Kurzhaarhauskatzen mit kräftigem, muskulösen Körperbau und ausladender Brust werden als schwere Rassen zusammengefaßt. Als «pathologische» Hauskatze ist die schwanzlose Mankatze bekannt geworden, gegen deren Züchtung tierschützerische Gesichtspunkte sprechen (Schwangart und Grau 1931, Tacke 1936). Auch die angeborene Haarlosigkeit, welche zur Rassebildung bei Hauskatzen beitrug, erfordert eine besondere Umwelt und sorgliche Betreuung. Als chinesischer Herkunft werden verschiedentlich Hängeohrkatzen bezeichnet. Nach Petzsch (1971) ist diese Besonderheit jedoch auch in anderen Ländern mehrfach aufgetreten. Die Rexhauskatzen zeichnen sich durch ein besonders kurzes, gewelltes oder lockiges Fell aus, auch die Schnurrhaare sind gekräuselt. Rexhauskatzen sind Anfang der 50er Jahre in England, Deutschland und den USA aufgetreten.

# 7 Rentiere und die Tylopoden des Hausstandes

Bei **Hausrentieren** gibt es eine Fülle von Varianten in der Färbung und Zeichnung, in der Beschaffenheit des Haarkleides und der Körpergestalt (Herre 1955). Zu einer Zucht von Rassen auf der Grundlage solcher Besonderheiten aber ist es bislang nicht gekommen; Landrassen deuten sich an (Abb. 49).

Zur Rassebildung bei **Hauskamelen** nur einige Bemerkungen. Auch hier zeigen sich ähnliche Besonderheiten wie bei anderen Haustieren. Rassebildung bei Kamelen hat Zusammenhänge mit Umweltgegebenheiten und Verwendungszweck. Wilson (1984) beschreibt Unterschiede in Gestalt und Verhalten bei Reit- und Lastkamelen, außerdem Besonderheiten der Kamele in Abhängigkeit von der geographischen Verbreitung. Epstein (1971) bemerkt, daß kleinere, kompakte Bergkamele von langbeinigen, schlanken Kamelen der Ebenen unterschieden werden können. Die Kamele in Flußniederungen sind recht groß und kräftig, Reitkamele der Wüstengebiete dagegen leichter. Epstein hebt hervor, daß Reit- und Lastkamele sich ähnlich unterscheiden wie Renn- und Zugpferde.

Als Beispiel seien die Dromedare im Sudan genannt. Als kräftige Lastenträger gelten die Arab, kurzhaarige Tiere mit weißer, brauner oder schwarzer Färbung, bei denen Fleckungen und Scheckungen nicht selten sind. Die Kamele der Tuareg sind gescheckt und taubengrau (Joger 1982). Die Rashadi sind schnellere, leichtere, kurzbeinige Lastdromedare von meist hellroter Färbung, die Arafi langbeinige, schlanke Reitkamele von bleicher Farbe, die Bishari sandfarbig, grau oder weiß, recht dünnhäutig mit kurzen, feineren Haaren. In Somalia spielen Dromedare auch als Milch- und Fleischlieferanten eine Rolle. Diese Tiere sollen sich durch langsame Bewegungen auszeichnen. Im Maghreb fallen Dromedare durch Schmalköpfigkeit, in der Sahara durch kurze, breite Köpfe auf.

**Abb. 49:** Hausrentierherde in Lappland, weidend (Aufnahme Herre Lapplandfahrt 1941/42)

**Abb. 50:** Lamaherde in Bolivien beim Lastentransport (Foto Herre/Röhrs Südamerikaexpedition 1956/57)

**Abb. 51:** Variabilität in primitiver Haustierzucht. Alpakaherde in Peru (Foto Herre/Röhrs Südamerikaexpedition 1956/57)

Bei Trampeltieren zeigt sich eine ähnliche Variation; bei ihnen sind Unterschiede in der Länge, Feinheit und Dichte des Haarkleides bemerkenswert (Epstein 1969).

Über die Entwicklung von Rassen beim domestizierten Guanako hat Herre (1958, 1961, 1968) einige Sachverhalte zusammengestellt. Die als **Lama** bezeichneten Abkömmlinge des Guanako haben vor allem als Tragtiere für die Bewohner des Andengebietes Bedeutung. Sie sind in Färbung, Behaarung und Körpergröße uneinheitlich. Über die Scheckungen hat v. Lehmann (1983) genauere Angaben gemacht. Die Lama können insgesamt als eine Landrasse bezeichnet werden (Abb. 50). Aus ihnen sind **Alpa-**

**Abb. 52:** Alpaka-Suri mit langer, feiner, weißer Wolle in Peru (Foto Herre/Röhrs Südamerikaexpedition 1956/57)

**ka** als Wollieferanten hervorgegangen. Als eine Landrasse der Alpaka sind die Huacaya zu bezeichnen, die in Farbe, Scheckung und Fleckung recht verschieden sind; ihr Wollvlies ist uneinheitlich (Abb. 51). Aus diesen Beständen sind durch Auslese die Alpaka suri (Abb. 52) erzüchtet worden, eine Kulturrasse, die eine lange, feine, seidige Wolle einheitlich weißer Farbe besitzen (Herre 1958, Macedo 1982).

## 8 Rassebildung bei kleinen Haussäugetieren

Das **Hausmeerschweinchen** ist ein Fleischtier südamerikanischer Bevölkerungsgruppen; in der übrigen Welt ist es als Heimtier beliebt geworden und wird als Labortier genutzt. Zur Wertschätzung als Heimtier hat beigetragen, daß sich bei ihm eine große Farbvielfalt einstellte und im Haarkleid interessante Veränderungen auftraten.

Die breite Farbpalette der Hausmeerschweinchen reicht von weiß über gelbe, braune, rote, graue bis zu schwarzen Tönungen. Durch Fleckungen und Scheckungen wird die Buntheit erweitert. Der Haarwechsel kann bei der Hausform der Meerschweinchen unterdrückt sein; es kommt dann durch ein gleichmäßig abwachsendes Haar zu sogenannten Angorameerschweinchen. Bemerkenswert sind auch Störungen im Haarstrich, die zu Rosett- und Wirbelhaarmeerschweinchenrassen führen. Planmäßige Rassezüchtung wird nur von einigen Liebhabern betrieben.

Da im westlichen Südamerika Hausmeerschweinchen noch immer als Fleischtiere wertvoll sind, gelangen in Peru erfolgreiche Bestrebungen, Rassen mit großem Körpergewicht zu züchten.

**Hauskaninchen** sind jüngere Haustiere, bei denen sich eine Fülle erblicher Besonderheiten entwickelt hat. Diese führten nicht nur dazu, seine wirtschaftliche Bedeutung, sondern auch seine Beliebtheit als Heimtier zu steigern. Als Fleischtiere werden Hauskaninchen seit Beginn ihrer Domestikation geschätzt. Ihr Fell wird immer häufiger zu Imitationen von Fellen anderer Tierarten verarbeitet. Aber bereits die Unterschiede der Färbung und Zeichnung sowie Verschiedenheiten in der Länge und Dichte des Haarkleides

**Tab. 11:** Genotypen (Erbformeln) für die Fellfarbe (aus Rudolph und Kalinowski 1982)

| Farbe bzw. Zeichnung | Gensymbole | | | | | | | | | | | |
|---|---|---|---|---|---|---|---|---|---|---|---|---|
| | nach Nachtsheim | | | | | | nach Fox (1974) | | | | | |
| schwarzwildfarbig | A | B | C | D | G | | C | E | B | D | A | |
| (hasengrau, wildgrau, dunkelgrau) | | | | | | | | | | | | |
| eisengrau | A | Be | C | D | G | | C | $E^D$ | B | D | A | |
| gelbwildfarbig | A | b | C | D | G | | C | e | B | D | A | |
| blauwildfarbig | A | B | C | d | G | | C | E | B | d | A | |
| schwarz | A | B | C | D | g | | C | E | B | D | a | |
| blau | A | B | C | d | g | | C | E | B | d | a | |
| madagaskarfarbig | A | b | C | D | g | | C | e | B | D | a | |
| havannafarbig | A | B | c | D | g | | C | E | b | D | a | |
| rot | A | b | C | D | G | y | C | e | B | D | A | |
| weiß (albino) | a | B | C | D | G | | c | E | B | D | A | |
| chinchillafarbig | $a^{chi}$ | B | C | D | G | | $c^{ch2}$ | E | B | D | A | |
| dunkelmarderfarbig | $a^d$ | B | C | D | G | | $c^{ch3}$ | E | B | D | A | |
| marderfarbig | $a^m$ | B | C | D | G | | $c^{ch1}$ | E | B | D | A | |
| russenfarbig | $a^n$ | B | C | D | G | | $c^H$ | E | B | D | A | |
| lohfarben | A | B | C | D | $g^o$ | y | C | E | B | D | $a^t$ | |
| weiß (blauäugig) | A | B | C | D | G | x | C | E | B | D | A | v |
| helle Silberung | A | B | C | D | g | $P_3$ | C | E | B | D | a | si |
| Grausilber | A | B | C | D | G | P... | C | E | B | D | A | si |
| Schwarzsilber | A | B | C | D | g | P... | C | E | B | D | a | si |
| Gelbsilber | A | b | C | D | G | P... | C | e | B | D | a | si |
| Blausilber | A | B | C | d | g | P... | C | E | B | d | a | si |
| Havannasilber | A | B | c | D | g | P... | C | E | b | D | a | si |
| Punktscheckung: | | | | | | | | | | | | |
| schwarz-weiß | A | B | C | D | g | K | C | E | B | D | a | En |
| blau-weiß | A | B | C | d | g | K | C | E | B | d | a | En |
| 3-Farben-Scheckung | A | $b_j$ | C | D | g | K | C | $e^J$ | B | D | a | En |
| havannafarbig-weiß | A | B | c | D | g | K | C | E | b | D | a | En |
| gelb-weiß | A | b | C | D | G | K | C | e | B | D | A | En |
| madagaskarfarbig-weiß | A | b | C | D | g | K | C | e | B | D | a | En |
| wildgrau-weiß | A | B | C | D | G | K | C | E | B | D | A | En |
| Weißgrannen, schwarz | $a^{chi}$ | B | C | D | $g^o$ | | $c^{ch2}$ | E | B | D | $a^t$ | |
| Weißgrannen, blau | $a^{chi}$ | B | C | d | $g^o$ | | $c^{ch2}$ | E | B | d | $a^t$ | |
| Gürtelscheckung: | | | | | | | | | | | | |
| schwarz-weiß | A | B | C | D | g | s | C | E | B | D | $du^d$ | $du^w$ |
| blau-weiß | A | B | C | d | g | s | C | E | B | d | a | $du^d du^w$ |
| grau-weiß | A | B | C | D | G | s | C | E | B | D | A | $du^d du^w$ |
| madagaskarfarbig-weiß | A | b | C | D | g | s | C | e | B | D | a | $du^d du^w$ |
| gelb-weiß | A | b | C | D | G | s | C | e | B | D | A | $du^d du^w$ |
| havannabraun-weiß | A | B | c | D | g | s | C | E | b | D | a | $du^d du^w$ |
| japanerfarbig-weiß | A | $b_j$ | C | D | g | s | C | $e^J$ | B | D | a | $du^d du^w$ |
| fehfarbig-weiß | A | B | c | d | g | s | C | E | b | d | a | $du^d du^w$ |
| chinchillafarbig-weiß | $a^{chi}$ | B | C | D | G | s | $c^{ch2}$ | E | B | D | A | $du^d du^w$ |
| Castor-rex | A | B | C | D | G | y rex | C | E | B | D | A | $r^1$ |
| Albino-Langhaar | a | B | C | D | G | v | c | E | B | D | A | l |

lebender Hauskaninchen übten und üben auf Liebhaber einen eigenen Reiz aus, verlockten zu Züchtungen neuer Besonderheiten und zu deren Kombinationen mit Domestikationsbesonderheiten anderer Körperteile. So entstanden zahlreiche Rassen. Einige dieser Rassen sind seit dem

**Tab. 12:** Genmutationen und Fellfarbe (aus Rudolph und Kalinowski 1982)

| Locus | Allele | Fellfarbe |
|---|---|---|
| A | A | wildgrau |
| | $a^t$ | lohfarbig |
| | a | nichtwildfarbig (einfarbig) |
| B | B | schwarz |
| | b | braun |
| C | C | volle Pigmentierung |
| | $c^{ch3}$ | Dunkelchinchillafärbung |
| | $c^{ch2}$ | Chinchillafärbung |
| | $c^{ch1}$ | Marderfärbung |
| | $c^H$ | Russenfärbung (Akromelanismus) |
| | c | Albino (Pigment fehlt) |
| D | D | schwarz |
| | d | blau |
| E | $E^D$ | dunkeleisengrau |
| | $E^S$ | eisengrau |
| | E | schwarz |
| | $e^J$ | Japanerfärbung |
| | e | gelb |
| En | En | Punktscheckung |
| | en | nichtgescheckt |
| Du | Du | nichtgescheckt |
| | $du^d$ | hoher Anteil Schwarz, Gürtelscheckung |
| | $du^w$ | hoher Anteil Weiß, Gürtelscheckung |
| Si | Si | keine Silberung |
| | si | Silberung (+ modifizierende Gene) |
| V | V | Pigmentierung |
| | v | weiß (Leuzismus) |
| W | W | »normales Band« |
| | w | weites Band |
| Re | Re | Pigmentierung |
| | re | Aufhellung, rote Augen |

16. Jahrhundert bekannt; die Blütezeit der Rassezüchtung bei Hauskaninchen begann aber erst am Ende des 19. Jahrhunderts. Die Zuchtziele wurden bestimmt durch das Streben nach höheren Fleischleistungen, durch den Wunsch nach besonderen Fellfärbungen, nach hohen Wolleistungen und durch die Neigung, Besonderheiten zu fördern.

Bei Wildkaninchen liegt das Körpergewicht zwischen 1,2–3 kg; bei Hauskaninchen zwischen 1 kg und um 10 kg. Die Körperlänge des Wildkaninchen beträgt 40–45 cm, unter den Hauskaninchen gibt es Rassen, die bis zu 75 cm lang werden. Wildkaninchen haben 7–8 cm lange, ziemlich schmale Ohren; unabhängig von der

**Tab. 12a:** Genmutationen und Haarbildung (aus Rudolph und Kalinowski 1982)

| Locus | Allele | Haarbildung |
|---|---|---|
| L | L | Normalhaar |
| | l | Langhaar (Angora) |
| F | F | Normalhaar |
| | f | Haarlosigkeit |
| N | N | Normalhaar |
| | n | Nacktheit |
| Ps-1 | Ps-1 | Normalhaar |
| | ps-1 | Haarlosigkeit |
| Ps-2 | Ps-2 | Normalhaar |
| | ps-2 | Unterwolle nicht ausgebildet |
| $R^1$ | $R^1$ | Normalhaar |
| | $r^1$ | Kurzhaar (Castor-Rex) |
| $R^2$ | $R^2$ | Normalhaar |
| | $r^2$ | Deutsch-Kurzhaar |
| $R^3$ | $R^3$ | Normalhaar |
| | $r^3$ | Normannen-Kurzhaar |
| Sa | Sa | Normalhaar |
| | sa | Seidenhaar (Satin) |
| Wa | Wa | Normalhaar |
| | wa | gewelltes Haar (nur bei Rexkaninchen) |
| Wh | Wh | Borstenbildung (reduzierte Unterwolle) |
| | wh | Normalhaar |
| Wu | Wu | Normalhaar |
| | wu | wirres Haar |

Körpergröße sind die Ohren bei Hauskaninchen 5,5–65 cm lang und erreichen eine Breite bis zu 16 cm, aus Stehohren werden auch Hängeohren (Darwin 1869, Nachtsheim und Stengel 1977, Rudolph und Kalinowski 1982).

Hinsichtlich der Färbungs- und Zeichnungsbesonderheiten und der Fellbeschaffenheit hat sich ergeben, daß nur wenige Gene steuern (Kosswig 1926). Nachtsheim (1928) erkannte, daß 5 Gene die Färbung der Wildkaninchen bestimmen. Deren Mutationen mit der Bildung von Allelenserien und Rekombinationen führten zur Buntheit der Hauskaninchen, Nachtsheim und Stengel haben die Vorgänge ausführlicher erörtert; eine Zusammenstellung von Rudolph und Kalinowski ermöglicht einen schnellen Überblick. Auch die Erbfaktoren, die bei Kaninchen zu Langhaar oder zur Haarlosigkeit mit vielen Zwischenstufen führten, sind bekannt (Tab. 11, 12). Durch diese Kenntnisse wurde die Züchtung von Rassen bei Hauskaninchen wesentlich gefördert. Über biochemische Besonderheiten von Hauskaninchen 8 verschiedener Stämme berichteten Hartl und Höger (1986). Die genetische Variation ist zwar bemerkenswert, aber die Indices liegen im Rahmen der bei anderen Säugetierarten ermittelten Werte. Erkenntnisse über genetische Grundlagen verschiedener Merkmale hat Fox (1975) zusammengestellt.

Aus der großen Zahl der Hauskaninchenrassen seien in Anlehnung an Rudolph und Kalinowski (1982) nur einige hervorgehoben, welche die unterschiedlichen Wandlungs- und Kombinationsmöglichkeiten anschaulich machen. Die Rassen der Hauskaninchen werden formal nach der Körpergröße in große, mittelgroße und kleine sowie in Kurzhaar- und Langhaarrassen gruppiert. Zu den großen Rassen zählen: Die Riesenkaninchen, die um 1890 aus Flandern nach Deutschland importiert, 4,5 kg wogen; heute beträgt ihr Durchschnittsgewicht um 9 kg bei fast 75 cm Körperlänge. Riesenkaninchen haben walzenförmige Körper und eine Halswamme; sie werden in verschiedenen Farbschlägen gezüchtet. Ähnlich gebaut sind die Riesenschecken, die aus Landkaninchen erzüchtet sind. Ihr Fell ist von weißer Grundfarbe und hat schwarze oder blaue Zeichnung um die Schnauze, als Augenringe und Backenpunkte, pigmentierte Ohren, einen Aalstrich und Seitenflecken. Als Breitwuchstyp zu beurteilen sind die Widderkaninchen, die sich durch gedrungenen Körper, breiten Kopf mit Ramsnase sowie Hängeohren auszeichnen und in 20 Farbschlägen gezüchtet werden.

Zu den mittelgroßen Hauskaninchen, die Körpergewichte dieser Rassen liegen im Durchschnitt zwischen 3,5 und 5,5 kg, gehören die Englischen Widderkaninchen, die um 1800 entstanden und um 1880 nach Deutschland gelangten. Als wichtigstes Zuchtziel gilt eine große Länge der Hängeohren. Zu dieser Größenklasse gehören auch die hellen Großsilberkaninchen, seit 1700 aus Frankreich bekannt; sie sind durch eine bläulichsilberne Felltönung gekennzeichnet. Die in Deutschland erzüchteten Großsilber haben eine dunklere Schattierung. Um 1890 entstanden in Österreich die Blauen Wienerkaninchen; die Deckhaare sind einheitlich dunkelblau, die Unterhaare nur wenig heller. Weiße Wiener zeichnen sich durch blaue Augenfarbe aus. In Kalifornien wurden 1910 die fuchsroten Neuseeländer und auch die albinotischen Neuseeländer als Fleischkaninchen mit blockigen, breiten, kurzen Körpern erzüchtet. Die Japanerkaninchen, seit 1890 bekannt, haben eine eigenartige, unregelmäßige Verteilung schwarzer, weißer und gelber Färbungen, ihre Bauchfärbung soll jetzt schwarz-gelb und nicht mehr, wie früher, schwarz-weiß sein. Als Schlankwuchstyp unter den Hauskaninchen sind die Hasenkaninchen bemerkenswert. Ihr Name geht nicht auf eine Kreuzung mit Feldhasen zurück, sondern hat mit der eigenartigen Körperform dieser Tiere einen Zusammenhang; der Körper ist extrem langgestreckt, die Köpfe sind lang und zierlich, die Gliedmaßen lang. Ihre Länge wird durch die Körperhaltung noch unterstrichen. Das Fell ist fuchsrot.

Von den kleinen Rassen der Hauskaninchen, Körpergewicht 1,2–3,5 kg, seien das ungefähr um 1916 erzüchtete Marburger Fehkaninchen mit leicht gedrungenem Körper und kürzeren Beinen, das nach 1920 entstandene feingliedrige Marderkaninchen, das Holländer- und das Russenkaninchen erwähnt. Das Holländerkaninchen besitzt eine Gürtelscheckung, solche Hauskaninchen sind bereits auf Gemälden des 16. Jahrhunderts dargestellt. Das Russenkaninchen zeichnet sich durch Akromelanismus aus; diese Schwarzfärbung von Schnauze, Ohren, Gliedmaßen und Schwanz kommt bei Hauskaninchen unter Kälteeinwirkung zustande. Das Hermelinkaninchen ist als Zwergkaninchen zu bezeichnen, der Körper ist walzenförmig, sein Haarkleid kurz und weich.

Um 1919 fielen in Frankreich Hauskaninchen mit sehr kurzen Haaren auf; die Deckhaare waren zurückgebildet, die Unterwolle sehr dicht. Sie sind unter dem Namen Castor-Rexkaninchen bekannt geworden. Inzwischen traten weitere Rexkaninchen und auch haarlose Kaninchen auf. Das Gegenstück, nämlich Hauskaninchen mit lang abwachsenden Haaren, als Angorakaninchen bezeichnet, ist viel länger bekannt und als Rasse gezüchtet. Über sie wurde erstmalig 1723 aus Frankreich berichtet, 1777 kamen sie als Import nach Deutschland. Im 18. Jahrhundert lieferten Angorakaninchen im Jahr 200–250 g uneinheitliche Wolle, jetzt ist der Ertrag mehr als doppelt so hoch und die Wolle hat eine gleichmäßige Beschaffenheit.

Unter den Labortieren und Farmtieren, welche zu Haustieren wurden oder auf dem Wege zum Haustier sind, ist die Zahl der Domestikationsbesonderheiten besonders groß bei **Labormäusen** und **Laborratten.** Zahlreiche, oft sehr unterschiedliche Stämme dieser Labortiere sind erzüchtet worden – wir zögern noch, diese als Rassen zu bezeichnen. Genetisch bedingte Eigenarten der Labormaus hat Green (1975) tabellarisch geordnet und Vorstellungen über Chromosomenkarten wiedergegeben; Palm (1975) machte Angaben über Erbfaktoren von Besonderheiten bei Laborratten, Robinson (1984) über genetisch bedingte Veränderungen bei domestizierten **Goldhamstern.** Über rassebildende Mutationen beim **Nutria** haben besonders Gosling und Skinner (1984) erstes Material zusammengetragen und gezeigt, daß bereits Farbrassen gezüchtet werden. Über Wandlungen beim **Farmchinchilla** berichten Robinson (1975) und Grau (1984). Grundsätzlich bringen Befunde über diese Rassebildungen zoologisch kaum weiterführende Einsichten. Sie machen aber deutlich, daß die Rassebesonderheiten dieser Arten mit denen anderer Säugetiere im Hausstand übereinstimmen.

Etwas eingehender seien einige Farmpelztiere besprochen, die aus Raubtieren hervorgingen. Die erste Pelztierfarm entstand 1879 in Kanada (Lund 1961). Einem Farmer war es gelungen, Exemplare von *Vulpes vulpes fulva* in Gefangenschaft zur Fortpflanzung zu bringen. *Vulpes vulpes fulva* ist am Rücken deutlich dunkler als die europäischen Unterarten des **Rotfuchses.** In der Gefangenschaftszucht traten bald schwarze Mutanten auf, die vereinzelt weiße «Silber»-haare besaßen. Weitere dominante Mutationen bedingten eine Zunahme der Silberung; der *Silberfuchs* war als Rasse entstanden. Erst Anfang des 20. Jahrhunderts wurde er stärker vermehrt. 1919 kamen die ersten Silberfüchse nach Norwegen, in den 20er Jahren nach Deutschland. Bei den Farmfüchsen stellten sich weitere Besonderheiten ein, so Silberfüchse mit weißer Zeichnung an Kopf und Hals. Sie wurden Weißköpfe genannt. Als weitere Rasse dieser domestizierten Rotfüchse stellten sich Kreuzfüchse ein, zu kennzeichnen durch schwarze Zeichnung über Rücken und Schulter. Durch Herausspalten rezessiver Mutanten mehrte sich die Zahl der Farbabweichungen und Rassen. Es entstanden Platinfüchse in unterschiedlichen Schattierungen, bräunliche Burgunderfüchse, sandfarbene Pastellfüchse, Schneefüchse, die ein weißgeschecktes Gesicht, schwarze Ohren und dunkle Rückenlinie besitzen (Wenzel 1984). 1925 traten erstmalig Albinos auf. Seit 1934 sind Silberfüchse mit verkürzten bulldogähnlichen Köpfen und veränderten Körperhabitus bekannt (Koch 1951, Oboussier 1951), die nicht zu Rassen weiterentwickelt wurden. Robinson (1975) stellte viele genetisch bedingte Veränderungen bei Farmfüchsen zusammen und wies auf geographische Verschiedenheiten bei der Wildart hin, die für populationsgenetische Betrachtungen von Bedeutung sind. Auch die Entwicklung der Zahmheit bei Farmfüchsen ist von ihm erörtert worden. Belyaev (1980, 1984) selektierte Silberfüchse auf Zahmheit und erreichte in diesen Stämmen Verhaltensmerkmale, die von anderen Silberfüchsen unbekannt waren. Außerdem waren diese Stämme frühreif.

Es zeigt sich also, daß auch in Rotfüchsen eine Fülle von Potenzen schlummert, die entfaltet werden können und die Gestaltung von Rassen und Schlägen zulassen.

Seit Beginn des 20. Jahrhunderts bot auch die Farmzucht von **Eisfüchsen,** *Alopex lagopus,* Anreize. In freier Wildbahn treten im gleichen Wurf verschieden gefärbte Tiere auf. Eisfüchse zeigen außerdem einen jahreszeitlichen Farbwechsel. In der Wintertracht sind sie meistens einfarbig weiß mit wenig schwarzen Haaren an der Schwanzspitze, im Sommer werden sie fast schwarz, stahlblau oder kastanienfarbig. So zeichneten sich Zuchtmöglichkeiten ab, bei der die Blauphase in den Vordergrund treten sollte.

Diesen Versuchen war Erfolg beschieden. Außerdem stellten sich platinfarbene, graue und andere Tönungen ein, die sich als Rassen gestalten ließen (Lund 1961, Wenzel 1984, Belyaev 1984).

Die Farmzucht von **Nerzen** begann um 1880 in Kanada; aber bis 1930 blieb die Zahl der Nerzfarmen gering (Lund 1961). 1962 kamen die ersten Farmnerze nach Europa. Nach 1960 setzte überall eine starke Zunahme der Farmen ein. Heute beträgt die Weltproduktion mehr als 25 Millionen Farmnerzfelle. Damit wird ein ungewöhnlich weiter Einblick in die innerartliche Variabilität von Nerzen möglich (Wenzel 1984, Shakelford 1984).

Die ersten Farmnerzzuchten begannen mit Populationen aus alaskanischen und kanadischen Unterarten von *Mustela vison*. Diese Tiere wurden in wechselnder Weise miteinander verpaart und durch Neuzugänge, auch aus anderen Unterarten, ergänzt. Einzelheiten lassen sich nicht mehr klären. Bei der Uneinheitlichkeit der Ausgangszuchten nimmt nicht wunder, daß die Ergebnisse der Farmzuchten zunächst uneinheitlich waren. Das erschwerte den Absatz der Felle. Daher begann eine langjährige Selektionsarbeit, die zum Standardnerz führte, der als Rasse gewertet werden kann. Diese Standardnerze haben ein dunkles Oberhaar und hellere Unterwolle. Doch die Farbe und auch die Pelzqualität ließen zunächst noch zu wünschen übrig. Weitere Auslese förderte Standardnerze und als erste Mutante Schwarz. Nach 1930 entwickelten sich platinfarbene, graublaue, braune, weiße, zweifarbene, Silber- und Kreuznerze in verschiedenen Schattierungen, die zu Rassezüchtungen führten. Wenzel (1984) hat Einzelheiten zusammengestellt. Bereits Robinson (1975) gab einen Überblick über die Vielzahl genetisch gesteuerter Besonderheiten sowohl in der äußeren Erscheinungsform als auch im Immunsystem, elektrophoretischen Varianten und bei der Fortpflanzung; Shakelford (1984) berichtete ebenfalls von genetischen Befunden. Die zunächst breite Variabilität in den Haareigenarten konnte durch Zuchtarbeit eingeengt werden, aber es traten neue Besonderheiten auf, so ein angoraartiges Fell (Belyaev 1969). Die Körper- und Organproportionierung der Farmnerze verschob sich im Vergleich zu den Wildtieren (Bährens 1960, Drescher 1975). Es traten auch «Pummelnerze» auf, Tiere mit Verkürzungen des Rumpfskelettes. Es stellte sich heraus, daß Albinonerze blind und ohne Geruchsvermögen sind. Interessant ist auch, daß sich bei Farmnerzen in den letzten 40 Jahren ein sehr ruhiges Verhalten ausprägte (Robinson 1975, Shakelford 1984).

Beim **Frettchen** ist es trotz verschiedener Veränderungen im Hausstand nicht zur Züchtung von Rassen gekommen. Die trifft auch für **Marderhund** und **Waschbär** zu.

# 9 Rassebildung beim Nutzgeflügel

Die Rasseunterschiede bei den **Haustauben** sind besonders auffällig, sie lieferten Darwin wichtige Argumente für seine Vorstellungen zur Stammesgeschichte. Haustauben gehören seit Jahrtausenden zu besonderen Lieblingen von Menschen, wohl weil biologische Eigenarten, die mit der Monogamie und Jungenaufzucht einen Zusammenhang haben, menschliche Gefühle ansprechen. Ein großer Teil der Haustauben wird seit langem aus Liebhaberei gehalten. Formen, Farben und Flugleistungen bestimmen die meisten züchterischen Bemühungen entscheidender als wirtschaftliche Interessen. Einige Rassen der Haustauben sind schon seit dem Altertum bekannt, aber die größte Zahl der Haustaubenrassen entstand erst im 19. Jahrhundert. Heute gibt es mehr als 350 Rassen, in ihnen lassen sich jeweils mehrere Schläge unterscheiden, die von Züchtern nicht selten als eigene Rassen gewertet werden. In unserem Rahmen ist es nicht möglich, alle diese Formen zu erwähnen; dazu sei auf die Werke von Schachtzabel (1928), Engelmann (1973), Scholtyssek und Doll (1978) oder Vogel (1980) verwiesen.

Die heutigen Rassen der Haustauben werden formal in Sporttauben, Formen- und Farbentauben, die hauptsächlich Schauzwecken dienen

**Abb. 53:** Veränderungen und züchterische „Verbesserungen" im Hausstand: Felsentaube (oben), Kröpfertaube (linke Reihe), Perückentaube (mittlere Reihe), Pfautaube (rechte Reihe) (Zeichnung Roswitha Löhmer-Eigener)

**Abb. 54:** Felsentaube (oben) und verschiedene Haustaubenrassen: Pfautaube, Bagdette, Tümmler (linke Reihe), Kröpfertaube, Römertaube (mittlere Reihe), Huhntaube, Indianertaube, Mövchentaube (rechte Reihe) (Zeichnung Roswitha Löhmer-Eigener)

und Wirtschafts- oder Mastrassen gegliedert. Die Zahl der Wirtschafts- oder Mastrassen tritt gegenüber jener der anderen Gruppen stark zurück (Abb. 53, 54).

Von den Sportrassen der Haustauben sind vor allem die Brieftauben bekannt geworden. Schon im Altertum wurden Botentauben benutzt. Brieftauben werden ausschließlich auf Orientierungsvermögen, Schnelligkeit und Ausdauer gezüchtet. Dies führte zu dem Ergebnis, daß Brieftauben an einem Tag durchschnittlich 600–700 km zurücklegen können; maximale Heimfindeleistungen liegen zwischen 1500–2000 km, hierzu werden mehrere Tage benötigt. Brieftauben treten in verschiedenen Farben auf. Eine andere Gruppe von sportlich begeisternden Haustauben sind die Hochflugtauben, die einzeln oder in Gruppen sehr hoch aufsteigen und auf erlernte Zeichen zur Erde zurückkehren. Bei ihren Rassen spielen Flugverhalten, Flugziele und Flugdauer eine Rolle; die längste Flugdauer betrug 21 Stunden. Die Rassen der Kunstflughaustauben führen einzeln oder in Gruppen Überschläge vorwärts, rückwärts oder um die Längsachse aus. Dies Taumeln, Tümmeln, Purzeln oder Rollen gilt als Ausdruck besonderer Leistungsfähigkeit und Gesundheit. Nach Überschlägen in größeren Höhen lassen sich diese Haustauben fallen und gehen dann zum normalen Flug über, oder sie kehren in spiraligen Bahnen zu ihrem Schlag zurück. Einige dieser Rassen aus Indien sind flugunfähig, sie führen aber die gleichen Bewegungen als Bodenpurzler aus. Noch andere dieser Sporttaubenrassen rütteln in der Luft wie Falken.

Die vornehmlich zu Schauzwecken gezüchteten Rassen der Haustauben lassen eine Gliederung in Formentauben und Farbentauben zu, wobei es Überschneidungen gibt. Über die Mannigfaltigkeit in Färbung und Zeichnung von Haustauben im Vergleich zu wilden Taubenarten hat Miculicz-Radecki (1950) eingehend berichtet. Hier seien Formentauben in den Vordergrund gestellt. Die größten Vertreter sind die Römertauben mit 1 kg Körpergewicht und 1 m Flügelspannweite, Mit 96 cm Flügelspannweite stehen ihnen Maltesertauben nur wenig nach. Zu schwergewichtigen Haustauben gehören mit 800–950 g auch die Strassertauben und die Coburger Lerchen, die als Wirtschaftsrassen gehalten werden. Beide Wirtschaftsrassen rechnen aber auch zu Farbentauben, da bei den Strassertauben exakte Farbfelderung und bei den Coburger Lerchen verdünnte Grundfärbung und auf dem Flügelschild dunkelschieferfarbige Hämmerung in Gestalt gleichmäßiger Dreiecke gefordert wird.

Kopf- und Schnabelformen sind bei einigen Brieftaubenverwandten wichtige Zuchtziele, so bei den Homer-Schautauben, die sich durch lange, flachgestreckte Köpfe auszeichnen und deren Kopf und Schnabel eine gleichmäßige Rundung bilden muß. Mächtig entwickelte sogenannte Nasenwarzen und stark ausgeprägte nackte Hautringe um die Augen kennzeichnen die Warzentauben, die als Botentauben im alten Vorderasien und Nordafrika entstanden. Die Carriertauben haben lange Schnäbel, sind langhalsig und langbeinig. Bei den Bagdetten, von denen die Nürnberger Bagdette besonders bekannt wurde, sind die Nasenwarzen länger, der lange, halbkreisförmig gebogene Schnabel setzt die runde Kopflinie fort, die Körper sind hochgestellt und schlank. Wenig flugfähig sind die Huhntauben, sie laufen vorwiegend am Boden. Ihre Körper sind kurz und breit, aber Hälse und Beine lang. Die Zahl der Rückenwirbel ist bei ihnen verringert.

Unter den Kropftauben, denen die Fähigkeit eigen ist, den Kropf aufzublasen, gibt es Riesen und Zwerge; ihre Körperformen, Farben sowie eine Befiederung an den Beinen sind verschieden. Die Kröpfe werden im allgemeinen nach oben aufgeblasen, nur bei den wohl in Spanien erzüchteten Diebskröpfern nach unten als Hängekropf. Die Formen des aufgeblasenen Kropfes sind verschieden; bei Ballonkröpfern gleichmäßig rund, bei anderen Rassen birnenförmig oder nach der Seite wie bei den Amsterdamer Kröpfern. Da diese Rasse klein ist und den Kopf zurückgebogen trägt, macht sie mit aufgeblasenem Kropf einen recht kugeligen Eindruck. Die meisten Kröpferrassen haben eine hoch aufgerichtete Körperhaltung und lange Beine. Manche der Rassen sind mit befiederten Beinen, Latschen genannt, ausgestattet; andere tragen Federhauben. Beim Diebskröpfer ist der Paarungstrieb so stark, daß oft Gelege verlassen werden, um einem neuen Partner zu folgen.

Eine merkwürdige Stimmbegabung zeichnet Trommeltauben aus. Anstelle des üblichen Gurrens geben sie langanhaltende, im gleichen Rhythmus vorgetragene Laute von sich. Diese erinnern an Trommelschläge.

Eigenartige Federbildungen machen die Lokkentauben auffällig. Die Federenden sind an verschiedenen Körperstellen, besonders auf dem Flügelschild, nach oben gebogen oder spiralig gedreht. Bei den Perückentauben hüllen verlängerte, abweichend gestellte Federn Hals und Kopf ein. Federwirbel an Schenkel, Brust und Hals führen bei Chinesentauben zu Kissen-, Kragen- und Höschenbildungen. Eine der ältesten Taubenrassen, aus Indien stammend, ist die Pfautaube, deren sehr breite Schwanzfedern einen großen Fächer bilden. Die Zahl der Schwanzfedern ist bis zu 22 vermehrt; im allgemeinen haben Haustauben 11 Schwanzfedern wie die Wildarten. Der Schwanz der Pfautauben kippt meist nach vorn über, der Hals wird zurückgebogen getragen und zeigt oft ein Zittern.

Mövchentauben haben am Hals eine eigenartige Halskrause, als Jabot bezeichnet. Noch auffälliger ist der ungewöhnlich kurze Schnabel, der es ihnen nicht erlaubt, die eigenen Jungen zu füttern. Der kurze, breite Schnabel am runden Kopf wirkt maulartig. Bei den Nackthalstauben fehlen die Federn am Hals, bei den Strupptauben werden nur einige Federkiele ausgebildet. Die Täuber der Spielflugtauben umfliegen ihre am Boden bleibenden Täubinnen und klatschen dabei kräftig mit den Handschwingen.

Insgesamt wird wohl anschaulich, wie mannigfaltig erbliche Besonderheiten bei Haustauben sind. Züchter nutzten Anfänge der Vielfalt, steigerten durch Auslese den Ausprägungsgrad (Goessler 1938) und schufen Neukombinationen, die als Rassen Anerkennung fanden.

Die Rassezüchtung bei **Haushühnern** wurde zunächst in hohem Ausmaß durch Freude an besonderen Farben, Gestalten und Verhaltensweisen bestimmt. Erst im 20. Jahrhundert traten wirtschaftliche Gesichtspunkte bei der Haushuhnzucht in den Vordergrund. «Zierrassen» der Haushühner haben aber noch immer viele Liebhaber. Eine Ordnung der Rassen der Haushühner nach der Abstammung wird vielfach angestrebt, ist jedoch kaum auf sichere Grundlagen zu stellen. Viele Merkmale traten mehrfach auf, viele undurchsichtige Kreuzungen verwirren außerdem das Bild. Die gebräuchlichen Gliederungen geben jedoch auch zoologisch wichtige Hinweise auf die große Mannigfaltigkeit der Haushühner im Vergleich zur Stammart und ihrem Verwandtschaftskreis. Eine eingehende, bebilderte Darstellung der Rassen der Haushühner, Haustruthühner, Hausperlhühner, Hausgänsen und Hausenten findet sich im Rassestandard des Bundes Deutscher Rassegeflügelzüchter 1984.

Die Rassen der Haushühner können in Ausstellungsrassen und Wirtschaftsrassen formal eingeteilt werden (Hammond, Johansson, Haring 1961). Bei der Ordnung der Ausstellungsrassen mühte sich Trossen (1961) auch Hinweise auf Ursprungsländer einzubeziehen. Daß dies nur teilweise gelang, zeigt die Einteilung in Mittelmeerrassen, Rassen mit Hauben, Rassen im Kampfhuhntypus, Rassen mit massiger Würfelform, auch asiatische Rassen genannt, moderne Rassen mit asiatischem Blut und Zwergrassen. Interessant ist auch der Hinweis, daß die weiße Färbung verschiedener Haushuhnrassen durch unterschiedliche genetische Steuerungen zustande kommt (Abb. 55, 56).

**Abb. 55:** Bankivahuhn (oben) und Haushuhnrassen: Phoenixhahn (links), Kämpferhahn, Chabohahn (Mitte), Cochinhahn, Kaulhahn (rechts) (Zeichnung Roswitha Löhmer-Eigener)

Die Färbung der Haushühner kann der Wildart entsprechen oder rot, gelb, blau, schwarz oder weiß sein. Es gibt Sperberzeichnung, weiße Körper mit schwarzem Vorderteil und schwarzem Schwanz. Bei anderen Rassen können einzelne Federn farblich besonders gesäumt sein oder schwarze Tupfen an ihren Enden tragen, was als Lackung bezeichnet wird. Dies sind nur einige

**Abb. 56:** Haushuhnrassen, von links nach rechts: Spanisches Huhn, Hamburger Huhn, Polnisches Huhn (aus Darwin 1869)

der Besonderheiten, die den Wert von Ausstellungshühnern ausmachen.

Bei den Wirtschaftsrassen unterscheidet Havermann (1961) Rassen mit hohen Legeleistungen, Rassen mit der Doppelleistung Eier und Fleisch sowie Mastrassen; physiologische Eigenarten treten damit in den Vordergrund, sie können mit Farb- oder Formbesonderheiten vereint werden.

Die Problematik abstammungsgerechter Gliederung und die Weite der Variabilität bei Haushühnern zeigt sich auch bei der von Scholtyssek und Doll (1978) gewählten Einteilung. Zu großen Haushühnern werden dabei gestellt: Die Kampfhühner, Rassen im asiatischen Typ, solche eines Zwischentyps, Rassen des Mittelmeerraumes, Rassen mit Hauben und westeuropäische Rassen. Zwerghühner werden aufgeteilt in Urzwerghühner und Zwerge der Großrassen.

Als älteste Zeugnisse einer Rassezucht bei Haushühnern gelten die Kampfhuhnrassen, besonders der imposante, weizenfarbige Malaientyp. Das Zuchtziel dieser Rassen erstrebt Kampffähigkeit und Kampfeslust. Die indische Asilrasse zeichnet sich durch eine breite Brust und kräftige, weit auseinandergestellte Beine aus; ihr fehlen die Kehllappen, der Krähruf ist kurz. Die japanischen Shamo-Kampfhühner besitzen meist eine sehr starke Kiefermuskulatur, welche die Tiere zu gefährlichen Beißern macht. Kampfhuhnrassen sind in Europa nachgezüchtet und verändert worden. Zu den Kampfhühnern gehören auch die Yokohamahühner, eine mehr als 400 Jahre alte Haushuhnrasse, die sich durch sehr lange Schwanzfedern auszeichnet und durch lange Zuchtarbeit eine besondere Federfülle erhielt.

Die Rassen im asiatischen Typ sind Schwergewichtler und Riesen unter den Haushühnern. In Deutschland begann ihre Haltung um 1890. Als mächtigste und massigste Rasse sind die Cochinhühner herauszuheben. Der Eindruck hoher Körpergröße wird durch eine sehr üppige Befiederung noch gesteigert. Die Rasse kommt in unterschiedlichen Färbungen vor; sie ist viel zu Kreuzungen genutzt worden. Als Kreuzungen zwischen Cochin und Malaien werden die Brahmahühner gedeutet, die eine volle, riesenhafte Gestalt haben. Die Hähne der Brahmahühner zeichnen sich durch eine besonders lange, harte Beinbefiederung aus. Aus Kreuzungen asiatischer Haushühner gingen 1880 die Orpingtonhühner und 1926 die Rasse der Australorps hervor, die als Lege- und Fleischhühner geschätzt sind. In Amerika entstanden die gesperberten Plymouth-Rocks und die Wyandotten, die als leistungsfähige Rassen in Ländern

Europas rasch Verbreitung fanden. Die Wyandotten zeichnen sich durch einen gerundeten Kopf mit flachem Rosenkamm aus. Aus Kreuzungen von Haushühnern asiatischen Typs mit östlichen Landhühnern sind weitere Rassen erzüchtet worden, die sich durch Farben, Federeigenarten wie «Bärte» an der Kehle, auszeichnen.

Als Zwischentyp bezeichnen Scholtyssek und Doll mittelschwere Haushuhnrassen, die zum asiatischen Typ neigen. Unter ihnen sind einige merkwürdige Rassen hervorzuheben. Araucaner sind eine alte Haushuhnrasse Südamerikas, die diesen Kontinent vor Kolumbus wohl über Südseeinseln erreichte. Ihre Besonderheit sind hellblaue bis türkisfarbene Eischalen. Sie haben weidengrüne Beine, «Federbummeln» am Kopf und meist fehlen ihnen Schwanzwirbel. Angeblich seit 1000 Jahren werden in England Dorkinghühner gehalten. Dies sind tiefgestellte Haushühner mit breiten, kastenförmigen Körpern und einer 5. Zehe. Als ältestes Haushuhn Nordamerikas werden die Dominikanerhühner bezeichnet, die durch einen langen, walzenförmigen Körper auffallen. Umstritten ist die Herkunft der Nackthalshühner, die wohl an mehreren Stellen entstanden sind.

Die Haushühner des Mittelmeerraumes zeichnen sich durch Schlankheit und Lebhaftigkeit aus. Die Kastilianer tragen ihre Schwänze steil aufgerichtet, ihre schwarzen Federn haben einen käfergrünen Glanz. Die schwarzen Minorka haben sehr große, weiße Ohrscheiben. Die rebhuhnfarbigen Italiener sind eine weitverbreitete Leistungsrasse geworden, sie sind frühreif, ihr Schwanz weist eine größere Zahl an Sichelfedern auf als andere Rassen.

Zur Gruppe der Rassen mit Hauben werden leichte Landhühner vereint, die Federhauben besitzen, welche durch Schädelauftreibungen oft zu besonderer Wirkung kommen. Die Bizarrheit ihres Aussehens kann durch Eigenarten der Kammbildung noch gesteigert sein, auch Kinn- und Backenbärte treten oft hinzu. Die bekanntesten Haubenhühner sind die Paduaner und die Holländer Weißhauben. Bei den Houdanhühnern ist der Kamm schmetterlingsähnlich, bei den mindestens 400 Jahre alten französischen Creve-Coeur hörnerartig geformt, bei den seit 1650 bekannten La Fléche besteht er aus zwei kräftigen, walzenförmigen Hörnern (Abb. 56).

Die nordwesteuropäischen Rassen der Haushühner sind bewegliche, leistungsfähige Landhühner, bei denen durch Zuchtauslese einige Besonderheiten gefördert wurden. Das sperberfarbige Rheinländerhuhn zeichnet sich durch einen langen, wohlklingenden Krähruf aus. Wettbewerbe dienen der Förderung dieser Stimmbesonderheit. Herabhängende Kämme der Hennen sind das Zuchtziel bei Bergischen Schlotterkämmen. Ein alter norddeutscher Landschlag hat sehr kurze Beine, er wird als Krüperhuhn bezeichnet. Alltagsleger sind die Westfälischen Totleger. Im Nordseeküstenbereich findet seit Jahrhunderten ein gesprenkeltes Landhuhn Förderung, das ostfriesische Mövchenhuhn. Die Lakenfelder haben eine schwarze Färbung an Kopf, Hals und Schwanz, der Rumpf ist weiß. Im Thüringer Wald erfreuten sich Barthühner großer Beliebtheit.

Zwerghühner sind keine einheitliche Gruppe. Manche ihrer Rassen ähneln in Färbung und Körpergröße der Stammart; sie werden daher als Urzwerge herausgestellt. Zu ihnen gehören die Deutschen Zwerge. Seit mindestens 1600 u. Z. sind kleine Haushühner mit «struppigen» Federn bekannt. Das Gefieder schmiegt sich ihrem Körper nicht an, sondern die Federn sind nach außen gekrümmt oder spiralig gedreht. Diese Haushühner werden als Strupp- oder Lokkenhühner bezeichnet. Seit 700 Jahren ist ein kleines Haushuhn aus Ostasien bekannt, dessen weißes Gefieder von seidiger, fast haarähnlicher Beschaffenheit ist. Diese Hühner haben außerdem eine pigmentierte Haut und eine 5. Zehe. Sie werden als Seidenhühner bezeichnet. Besonders kämpferisch veranlagte Zwerghühner sind die bunten Sebright. Auch von den Großrassen gibt es Zwergrassen. Diese haben oft ein recht bizarres Aussehen. Freude an Farben, Zeichnungen und Verhaltensbesonderheiten haben Menschen zur Gestaltung solcher Zwergrassen veranlaßt (Herre 1969). Zoologen bieten solche Züchtungen interessante Materialien.

Wirtschaftliche Gesichtspunkte begrenzen die Mannigfaltigkeit innerhalb der anderen Arten des Hausgeflügels. Die Rassen der **Haustruthühner** unterscheiden sich vor allem im Gewicht: Bei schweren Rassen erreichen erwachsene Hähne 15–18 kg, erwachsene Hennen 6–8 kg Körpergewicht. Haustruthühner, deren Hähne erwachsen 10–12 kg und deren Hennen 6–8 kg erreichen, gelten als mittelschwere, solche mit 7–8 kg schweren Hähnen und 4–5 kg schweren Hennen als leichte Rassen. Bei allen diesen Rassen wird auf Breitbrüstigkeit Wert gelegt.

Viele Haustruthühner ähneln in der Gefiederfärbung der Wildart. Dies sind die Bronzeputer, welche zahlenmäßig mehr als die Hälfte der Haustruthühner bilden. Doch Mutationen führten zur Züchtung von Farbrassen und Farbschlägen. Die am längsten bekannte Abwandlung der Gefiederfarbe ist schwarz (Asmundson 1961). Später traten weiße, schieferfarbene, blaue, rote, kupferfarbene und gelbe Haustruthühner hinzu. Auch Schecken und solche mit besonderen Zeichnungen stellten sich ein. Die Cröllwitzer Pute hat weiße Federn, die einen schwarzen Saum mit einer schmalen weißen Umrandung aufweisen. Bei den Nebraskaputen sind die weißen Federn mit schwarzen Flecken an den Enden ausgestattet. Die Bourbonputen sind kupferfarbig, ihre Schwingen und Hauptschwanzfedern weiß mit einem schmalen schwarzen Streifen nahe dem Federende, die Brustfedern besitzen eine schwarze Säumung. Es gibt auch Rotflügel- und Schwarzflügelschläge. Die Beltsvillehaustruthühner sind klein, aber vollrumpfig und von weißer Farbe des Gefieders. Auch mittelgroße weiße Rassen der Haustruthühner sind erzüchtet worden.

Obgleich das **Perlhuhn** schon frühzeitig im afrikanischen Raum zum Haustier wurde und als solches in andere Erdteile gelangte, hat bei ihm erst im 20. Jahrhundert Rassezucht begonnen. Zur Wildfärbung, die auch bei der Hausform vorherrscht, kamen Populationen, deren Gefieder violett, lila, braungelb, schwarz oder weiß ist, mit oder ohne Perlung. Solche Farbrassen haben in verschiedenen Ländern unterschiedlich Verbreitung gefunden (Mongin und Plouzeau 1984). Auch wirtschaftliche Gesichtspunkte gewannen bei Rassezuchten Einfluß. In Frankreich steht die Erzeugung von Fleisch, in der Sowjetunion von Eiern im Vordergrund der Hausperlhuhnzucht.

Domestizierte **Wachteln** sind rund 20% schwerer als die Stammart, sie sind frühreifer geworden und legen eine wesentlich größere Zahl an Eiern. Es gibt Farbschläge.

Beim **Jagdfasan** hat sich Volierenzucht eingebürgert. Die gezüchteten Tiere werden im flugfähigen Alter in freier Wildbahn ausgesetzt. Bei den künstlich erbrüteten und in Volieren aufgezogenen Jagdfasanen sind dunkelfarbige, isabellfarbene und weiße Tiere häufiger zu beobachten. Es treten auch andere Domestikationsmerkmale auf, welche zu Zweifeln veranlaßten, ob solche Tiere noch als Wildtiere gewertet werden können (Werner 1975).

Für **Hausgänse** heben sowohl Mehner (1961) als auch Scholtyssek und Doll (1978) eine nur geringe Rassebildung hervor. Mehner meint sogar, daß die Unterschiede bei Hausgänsen eher als Schläge, denn als Rassen zu bezeichnen seien. Scholtyssek und Doll gliedern nach der Größe. Zu den schweren Rassen stellen sie als eine alte Züchtung die Emdener Gans. Als Zuchtziel steht Körpergröße im Vordergrund. Heute ist diese Rasse durch breite, massige Körper mit einer doppelten, hinten geschlossenen Bauchwamme zu kennzeichnen. Die Emdener Gänse tragen den Schwanz angehoben; sie waren einst wildfarben, heute sind sie reinweiß. Die Ganter werden 11–12 kg, die Gänse 10–11 kg schwer. Auch die Pommersche Gans wird auf hohes Körpergewicht ausgelesen. Sie weist eine bedeutende Brusttiefe, starke Schenkel und eine einfache Bauchwamme auf. Ihr Gefieder ist von grauer oder weißer Farbe, die weißen Tiere haben blaue Augen. Manche der Pommerschen Gänse tragen eine Federhaube. Die Gewichte liegen zwischen 7–9 kg. Bei der Toulouser Gans können Körpergewichte über 15 kg erreicht werden. Diese graugefärbten Gänse haben eine tiefe, kastenförmige Figur, eine doppelte Bauchwamme, eine einfache Kehlwamme sowie dicke, kurze Hälse. Toulouser Gänse zeichnen sich durch ruhige, langsame Bewegungen aus (Abb. 57).

Von den leichten Rassen der Hausgänse verdient vor allem die Diepholzer Gans als veredelte Landgans Erwähnung. Es ist eine weiße, schlanke, frühreife Weidehausgans von guter Beweglichkeit mit dunkelblauen Augen, ohne Wammen. Sie zeichnet sich durch gute Jungtieraufzucht aus. Ihr Gewicht liegt zwischen 5,5 und 7 kg. Eine leichte Gans mit eigenartigem Gefieder ist die Lockengans. Sie hat ein langabwachsendes, lockeres, leicht gelocktes Federkleid. Eine Hausgans mit besonderem Verhalten ist die Kampfgans, bei der Einkreuzungen von Höckergänsen nicht ausgeschlossen sind. Sie hat einen dicken runden Kopf mit sehr kurzem, an der Wurzel breitem, sich nach vorn verjüngendem Schnabel, einen muskulösen Hals und quadratischen Körper. Sie wurde zu Kämpfen genutzt; diese sind inzwischen verboten. Bei den domestizierten **Höckergänsen** ist Rassezüchtung wenig ausgeprägt, Farbschläge treten jedoch auf (Abb. 58).

Die Landschläge der **Hausenten** sind der Stammart in der Körperform ähnlich, aber in der Gefiederfärbung zeigt sich ein uneinheitliches Bild (Kagelmann 1950). Aus Landschlägen sind Rassen erzüchtet worden, deren Einteilung Mehner (1961) Leistungsrichtungen zugrunde legt, während Scholtyssek und Doll das Körpergewicht heranziehen. Die Gruppierung wird dadurch nur unwesentlich beeinflußt.

Zu schweren Rassen (= Mastrassen) ist die Rouenente zu stellen, eine fast wildfarbene Fleischente mit waagerechter Körperhaltung. Eine Hautfalte über dem Brustbeinkiel verstärkt den massigen Eindruck. Das Gewicht liegt zwischen 4–5,5 kg, sie legt 60–90 Eier im Jahr. In England wurde vor rund 150 Jahren die reinweiße Aylesburyente als Mastrasse gezüchtet. Sie zeichnet sich durch schnelles Wachstum aus und erreicht 4–5 kg Gewicht. Sie hat ebenfalls eine waagerechte Körperhaltung. Gegenüber diesen Hausenten fällt die Pekingente durch eine steile, pinguinähnliche Körperhaltung auf. Diese aus China importierte weiße Hausente mit großem, massigen Körper und kräftigen, kurzen Beinen ist wetterhart und hat ein schnelles Wachstum, das zu 4–4,5 kg führt. Außerdem legen Pekingenten bis zu 200 Eier jährlich. Diese Eigenschaften trugen zu einer weiten Verbreitung bei.

**Abb. 57:** Graugans (oben) und Hausgansrassen: Emdener Gans, Zwerggans (links), Lockengans (Mitte), Haubengans, Römische Gans, Toulouser Gans (rechts) (Zeichnung Roswitha Löhmer-Eigener)

**Abb. 58:** Schwanengans (oben), Haushöckerganter (unten) (Zeichnung Roswitha Löhmer-Eigner)

**Abb. 59:** Stockente (oben) und Hausentenrassenpaare: Khaki-Campbellente (Mitte); (von oben rechts im Uhrzeigersinn): Machtanente, Aylesburgenten, Haubenenten, Laufenten, Duclairenten (Zeichnung Roswitha Löhmer-Eigener) Abb. 53–55, 57–59 aus Herre/Röhrs 1983)

Mittelschwer werden die Cayugaenten, die durch ihr schwarzes Gefieder mit Grünglanz auffallen, die ledergelben Orpingtonenten und die Pommernenten, welche in einem lichtblauen und in einem tiefschwarzen, grünglänzenden Schlag gezüchtet werden.

Auch bei den leichten (= Lege-)Entenrassen gibt es höchst auffällige Gestalten. Bei der schlanken, zwischen 1,7–2 kg schweren Laufente ist die Körperhaltung sehr steil aufgerichtet, die Beine sind lang, der Hals gestreckt. Laufenten sind sehr beweglich und aufmerksam, sie werden in verschiedenen Farbschlägen gezüchtet. Auch sie legen im Jahr mehr als 200 Eier. Von gedrungenem Körper und khakifarben sind die Khaki-Campbellenten, deren Legeleistung bis 300 Eier jährlich beträgt. Durch eine große Federhaube fallen die Haubenenten auf (Requate 1959). Eine deutsche Züchtung sind die Hochbrutflugenten, die wildtierähnlich gehalten und gejagt werden. Zwergenten sind wohl in den Niederlanden erzüchtet worden. Sie sind sehr stimmfreudig und werden von Jägern als Lockvögel für durchziehende Wildenten genutzt (Abb. 59).

Bei der **Hausmoschusente** traten viele Farbabweichungen auf. Von diesen hat die weiße Gefiederfarbe Bedeutung für eine Rassezucht erhalten.

## 10 Rassen bei Heimhaustieren aus der Vogelwelt

Die Zucht der Kanarienvögel als Heimtiere hat eine mehr als 400 Jahre lange Geschichte. Dabei sind Kanarienvögel zu Haustieren geworden. Rassezüchter mit recht verschiedenen Zuchtzielen waren erfolgreich.

Schon frühzeitig gelangten Kanarienvögel nach England. Dort wurde besonderer Wert auf das äußere Erscheinungsbild gelegt, Gestaltkanarien entstanden, bei deren Züchtung die Fähigkeit zum Gesang vernachlässigt wurde. In Mitteleuropa dagegen stand die Verbesserung des Gesangs im Vordergrund, Rassen von Gesangskanarien wurden gezüchtet. Bereits Ende des 17. Jahrhunderts spielte auch die Züchtung von Farbkanarienrassen eine Rolle. Dabei wurden auch verwandte Finkenarten eingekreuzt. Als heutige Zuchtrichtungen sind somit zu unterscheiden: Gesangskanarien, Gestaltkanarien, Farbkanarien (Bielefeld 1983).

Der unterschiedliche Gesang der Kanarien wird erblich gesteuert, er kann aber durch das Erlernen von Vorbildern beeinflußt werden. Durch jahrhundertelange Auslese ist es gelungen, den lauten, etwas schrillen, wenig abwechslungsreichen Gesang der Wildart in volltönende, abwechslungsreiche Gesänge zu verwandeln. Beim Harzer Roller sind Haupttouren entstanden, die als Hohlrolle, Knorre, Pfeife und Hohlklingel bezeichnet werden. Zu ihnen treten Beitouren. Lernvorgänge führen zu vollendeter Beherrschung dieser Strophen. Der Belgische Wasserschläger, seit mehr als 150 Jahren gezüchtet und etwas größer als die Harzer Roller, hat Gesangsstrophen mit einem etwas schluchzendem Klang. Der etwa 13 cm große Spanische Timbrado, seit 1962 als Rasse anerkannt, zeichnet sich durch ein helles Glockenklingeln aus. In den USA erfreuen sich American Singers der Beliebtheit, bei denen Gesangsqualitäten mit Gestalt- und Farbeigenarten vereint sind.

Die ersten Farbkanarien beruhen auf Mutationen. In Italien traten gelbe und schwarz-gescheckte Kanarien auf, später an anderer Stelle weiße und Farbschecken sowie unterschiedliche Farbaufhellungen. Durch Einkreuzung verwandter Arten, die in manchen Fällen erfolgreich sein kann, ließ sich die Farbfülle steigern. Heute gibt es weiße, grüne, schwarze, rote, braune, isabellfarbene Kanarienvögel in einheitlicher Färbung oder mit verschiedenen Zeichnungen. Die Besonderheiten beruhen auf dem Verlust von Lipochrom- und Melaninsorten. Farbkanarien sind selten homozygot, Polymerie ist häufig. Es entstehen daher bei den Zuchten Aufspaltungen; Bielefeld (1983) gibt darüber eingehend Auskunft.

Sehr wechselnd ist das Bild, welches die Gestaltkanarien bieten; wenige Beispiele müssen genügen, um die Vielfalt anzudeuten. Als eine alte Mutation ist die Ausbildung eines schwarzen, tropfenförmigen Fleckes auf den Federn bekannt geworden, der von einer hellen Säumung eingefaßt wird. So entsteht der Eindruck einer Schuppung bei den Lizard-Kanarienvögeln, die außerdem eine gelbe Kopfkappe tragen. Seit mehr als 100 Jahren sind in Großbritannien die Border Fancy-Kanarien verbreitet. Dies sind zierliche, zutrauliche Vögel mit einer halb aufrechten Körperhaltung. Die Crested-Kanarienvögel haben eine große kreisrunde Haube, deren Mittelpunkt auf dem Oberkopf liegt; mit dieser Eigenschaft ist ein Lethalfaktor verbunden. Dies ist auch bei den Deutschen Haubenkanarien der Fall, die eine halb aufrechte Körperhaltung zeigen. Eine sehr aufrechte Körperhaltung, bei der die Oberseite des Körpers von Kopf bis zur Schwanzspitze eine gerade Linie bilden soll, zeichnet die Yorkshire-Kanarien aus. Es sind große, schlanke Vögel mit recht langen Beinen. Noch schlanker und aufrechter in der Haltung wirken die Berner Gestaltkanarien, bei denen die Schultern deutlich vorstehen, so daß der Körper kegelförmig wirkt.

Seit mehr als 200 Jahren sind von Kanarien auch Abweichungen des Federkleides bekannt. Veränderte Federstellungen in einem lockeren, leicht gelockten Gefieder geben diesen Vögeln ein eigenes Bild, das durch aufrechte Körperhaltung noch unterstrichen wird. Zu solchen Rassen gehört der Bossu Belge und der Frisé parisien. Dieser größte Kanarienvogel, 19–24 cm lang, hat eine bemerkenswerte Lockenfülle. Es wird vermutet, daß die Züchtung dieser Rasse mit dem Geschmack des Barock und Rokoko einen Zusammenhang hat. Bei den Nordholländer-Kanarien, 17–18 cm lang, hüllen lange gelockte Federn den Rücken mantelartig ein, auf der Brust wirken sie wie ein Jabot.

Der **Wellensittich** verdrängte die Kanarienvögel aus ihrer bevorzugten Heimtierstellung. Bereits Gould, der 1840 die ersten Wellensittiche nach London brachte, hatte in Schwärmen wilder Wellensittiche blassere und dunklere Varianten beobachtet. In Gefangenschaft traten erste gelbe Wellensittiche 1875 auf; sie erwiesen sich als eine rezessive Mutante. 1879 stellten sich buttergelbe Lutinos ein, die ausstarben, aber 1920 erneut gezüchtet wurden. Blaue Wellensittiche entstanden 1920 (Rutgers 1979). Nun begannen Genetiker mit dem Studium der erblichen Grundlagen der Färbung und Zeichnung bei Wellensittichen und deren Wandel in der Domestikation. Steiner (1939, 1950) hat die Ergebnisse zusammengestellt, damit gewann die Zucht eine solide Grundlage. Heute zeigen domestizierte Wellensittiche eine viel größere Variabilität als die Wildart. Es gibt hellgrüne, dunkelgrüne, olivgrüne, graugrüne Schläge. Andere Bestände zeichnen sich durch Gelbtöne oder durch himmelblaue bis kobaltene Farbe aus. Aber auch graue, weiße und albinotische Wellensittiche sind vorhanden. In manchen Zuchten weicht die Flügelfarbe von der übrigen Färbung ab; die Fleckung der Wildart kann in unterschiedlicher Weise schwinden, Scheckungen treten auf. Auch Kappenbildungen wurden bei Heimwellensittichen gefunden. Insgesamt hat sich in den etwa 100 Jahren Wellensittichzucht unter den Auslesebedingungen des Hausstandes eine unerwartete Mannigfaltigkeit eingestellt. Ob die verschiedenen Zuchtgruppen, über deren Genetik Rutgers (1979) viele Angaben macht, als Schläge oder bereits als Rassen zu bezeichnen sind, ist schwer eindeutig zu entscheiden.

Bei einigen Populationen anderer Arten, die Heimvögel lieferten, stellten sich in moderner Zeit Domestikationsmerkmale ein. Diese entsprechen grundsätzlich den bei anderen Vogelarten des Hausstandes auftretenden Besonderheiten. Auch in diesen Fällen ist meist unklar, ob es sich bereits um Rassen handelt. Zoologisch bieten diese Fälle wenig neue Einsichten. Daher wollen wir auf eine eingehendere Besprechung verzichten.

# 11 Rassebildung bei domestizierten Fischen und Insekten

Die Rassebildung beim domestizierten **Karpfen** ist durch wirtschaftliche Gesichtspunkte vorangetrieben worden. Rasche Gewinnung möglichst hoher Fleischerträge durch widerstandsfähige Tiere stand im Vordergrund der Zuchtziele in Europa und Oastasien. Da die Betreuung der domestizierten Karpfen in Europa intensiver war, konnten die Zuchtziele schneller erreicht werden. Ostasiatische Hauskarpfen blieben der Wildart ähnlicher, sie sind widerstandsfähiger und scheuer. In der Jugend zeigen die ostasiatischen Karpfen ein rasches Wachstum, doch schon bald entwickeln sie sich langsamer als die europäischen Formen (Wohlfarth 1984).

Die domestizierten europäischen Karpfen unterscheiden sich von den Wildkarpfen in der Entwicklungsgeschwindigkeit, in Körperproportionen, in der Beschuppung und Färbung (Heuschmann 1957, Steffen 1958, Wohlfarth 1984). Diese Karpfen erreichen auch höhere Körpergewichte als die Wildart, sie sind zahmer, lassen sich also leichter fangen.

Als wichtige Besonderheiten der Rassen des domestizierten Karpfen sind Unterschiede in der Beschuppung auffällig. Es gibt 1. Schuppenkarpfen mit vollständigem Schuppenkleid, 2. Spiegelkarpfen, bei denen unter der Rückenflosse meist eine Reihe von Schuppen ausgebildet ist, sonst bleibt der Körper nackt. 3. Zeilenkarpfen, bei denen über der Körperseite eine Reihe gleichmäßig großer Schuppen vorhanden ist und 4. Nackt- oder Lederkarpfen. Die Unterschiede sind genetisch verankert.

Im Laufe der Zeit haben die Rassen des Hauskarpfen manche Veränderung erfahren. Die Zahl der Rassen hat sich im Zusammenhang damit verringert. Noch vor einigen Jahren hatten in Europa Lausitzer Schuppenkarpfen, Galizische Spiegelkarpfen mit rötlicher Bauchseite, Fränkische Lederkarpfen mit bläulichem Rükken und grüngelbem Bauch, hochrückige Aischgründer Spiegelkarpfen und böhmische, braune Lederkarpfen allgemeine Bedeutung als Rassen. Die heute wichtigen Rassen der Hauskarpfen sind: der deutsche Spiegelkarpfen, ein sehr lebhafter Fisch mit meist gelbem Bauch, dessen Weibchen im 5. Jahr laichreif sind und der Aischgründer Spiegelkarpfen, der sich durch hochrückige Tellerform auszeichnet. Mit dieser Körperform geht eine Verkürzung und Aufbiegung der Wirbelsäule einher, die zu pathologischen Formen führen kann. Diese Hauskarpfen sind träge, aber frühreif. Die Weibchen sind bereits im 4. Jahr laichreif. Änderungen innerhalb der Rassen und die Bildung von Schlägen lassen sich beobachten.

Von ostasiatischen domestizierten Karpfen sei nur der langsamwüchsige Kumparikarpfen genannt, weil er sich durch schleierhartig vergrößerte Flossen auszeichnet (Steffen 1958).

Bei Wildkarpfen lassen sich Farbspiele beobachten, die bei einigen der geschilderten Nutzfischrassen besondere Ausprägungen finden. Gelegentlich treten auch rotgoldfarbene Karpfen in verschiedenen Farbtönungen auf. Diese wurden in Europa beliebt und in verschiedenen Stämmen gezüchtet. In Japan fanden Farbbesonderheiten bei Karpfen schon frühzeitig Aufmerksamkeit; seit annähernd 2500 Jahren werden dort Rassen von Zierkarpfen gezüchtet (Pénzes und Tölg 1983). Solche Zierkarpfen fanden auch in Nordamerika und seit wenigen Jahrzehnten in Europa Freunde. Die Vielfalt der Zierkarpfen, bei denen Farbunterschiede verschiedentlich mit anderen körperlichen Merkmalen vereint werden, ist groß; Pénzes und Tölg nennen 17 einfarbige, 6 zweifarbige und 2 mehrfarbige Rassen der Zierkarpfen. In diesen Zahlen spiegeln sich intensive Zuchtbemühungen und eine besondere Richtung der Domestikation wider.

Bei der **Regenbogenforelle** lassen sich nach den wenigen Jahren ihres Hausstandes noch keine Rassen sicher unterscheiden. Aber die Gefangenschafts- und Haustierpopulationen dieser Art haben sich in einigen Merkmalen gegenüber der Norm der Wildart verändert. Sie sind weitgehend streßfrei und haben ein schnelleres Wachstum.

Goldfarbene Individuen treten in Populationen verschiedener wilder Fischarten auf und können zum Ausgang von Zuchtstämmen werden. Beim Gibel sind in freier Wildbahn Rottönungen nicht selten. Dies mag das Interesse an dieser Art geweckt und die Entwicklung zum **Goldfisch** begünstigt haben. Nach dem Übergang zum Heimtier stellten sich bei Goldfischen weitere Abwandlungen ein, die züchterisches Interesse fanden. Aus Freude an bunten Farben und bizarren Gestalten ist bei diesem ältesten domestizierten Heimfisch eine ungewöhnliche Fülle an Rassen entstanden, über die vor allem Matsui (1971), Pénzes und Tölg (1983) und Zhong-Ge (1984), aber auch andere Forscher Schilderungen gaben. Matsui gab besondere Einblicke in die Hauptlinien, die bei den Veränderungen des Gibels zum Goldfisch zu beobachten sind.

Die ersten Veränderungen der Stammart waren Wandlungen im Farbkleid. Zuerst traten beim Gibel schwarze Mutanten auf. Dann erhielten diese «Goldfische» gelbe Flecken am Schwanz; das Gelb dehnte sich allmählich über den ganzen Körper aus, wurde zu orange und schließlich zu scharlachrot intensiviert. Andere Mutate waren weiß und unterschiedlich gefleckt.

Weitere, für Rassezüchtungen wichtige Wandlungen veränderten die Flossen. Die Schwanzflosse vergrößerte sich, tiefe Einschnitte zwischen dorsalem und ventralem Abschnitt wurden auffällig; die Ränder der Schwanzflosse fransten aus. Die Schwanzflosse veränderte auch ihren Winkel zum Körper, richtete sich kranialwärts und nahm fächerförmige Formen an. Schleierschwänze waren entstanden. Andere Mutationen führten zu einem Verlust der Dorsalflosse.

Weitere Mutationen führten zu Goldfischen mit kleinen, verkürzten und verbreiterten Köpfen sowie verkürztem und dorsal aufgebogenen Rücken. Gedrungene, eierförmig gestaltete Rassen ließen sich züchten.

Die Haut mancher Goldfische verdickte sich an einigen Körperstellen. Es entstanden wulstige Wucherungen auf dem Kopf, an den Seiten und auf den Kiemendeckeln. Mit Hilfe solcher Erscheinungen ließen sich Rassen mit verlängerten Nasenöffnungen, «Büffel«-, «Löwen»- und «Frosch»-Köpfe gestalten. Andere Hautveränderungen zeichneten sich in unregelmäßiger Schuppenanordnung ab, diese wurde mosaikartig oder wirbelförmig.

Ungewöhnlich sind erbliche Veränderungen in der Gestaltung der Augen. Teleskopaugen, Augen, deren Augäpfel in einer gelblichen Masse schwimmen und solche, deren Retina rückgebildet ist, steigerten die bizarren Formen der Goldfischrassen.

Alle Eigenarten lassen sich bei Rassezüchtungen kombinieren, da sie auf voneinander unabhängigen Erbanlagen beruhen. Einige der Goldfischrassen seien besprochen.

Der gewöhnliche Goldfisch entspricht in Gestalt und Färbung orangefarbenen Varietäten des Gibel. Er war schon im alten China als Heimtier beliebt und ist auch heute noch weltweit verbreitet. Züchtung hat in manchen Stämmen zur Intensivierung der Farbe und zu gedrungeneren Körpern geführt. Bei der Rasse Kometenschweif ist die Schwanzflosse stark verlängert, sie wird in verschiedenen einfarbigen und gefleckten Schlägen gehalten. Bei der Rasse Schleierschwanz ist die zweigeteilte Schwanzflosse schleierartig verlängert, mindestens zu 3/4 des Fischkörpers, sie hängt herab. Auch die übrigen Flossen sollen schleierartig sein.

Weitere Rassen haben gedrungene, eiförmige Körper, ihnen fehlt die Rückenflosse und die anderen Flossen sind kurz. Aus solchen Tieren wurde die Rasse Löwenkopf erzüchtet. Sie hat auf dem Kopf und an den Kopfseiten grellrote Geschwülste, einer Löwenmähne ähnlich. Die Schuppen dieser Rasse sind recht groß. Der Rücken soll harmonisch gekrümmt sein, die Körperfarbe, auch die der Flossen dunkelorange. Beim Osaka-Löwenkopf ist die kurze Schwanzflosse fächerartig gespreizt. Die Körper sind weiß und rot gefleckt.

Beim gefleckten Drachenauge treten gewaltige Augen ungefähr 1 cm teleskopartig hervor, die geteilte Schwanzflosse ist schleierartig, der Körper bunt gefärbt. Es gibt auch einen roten und einen schwarzen Schlag. Der Himmelsgucker hat Augen, die im Winkel von 90° vom Körper abstehen. Der dunkelrote, walzenförmige Körper trägt keine Rückenflosse, die Schwanzflosse ist kurz und geteilt. Die Goldfischrasse der Blasenaugen besitzt an den Kopfseiten, direkt unter den Augen, je eine weinbeerenförmige, mit transparenter Flüssigkeit gefüllte Blase.

Zu den Goldfischrassen mit Rückenflosse zählen die Perlschupper, dicke, gedrungene Fische, bei denen die Mitte der Schuppe perlförmig vorragt. Beim Pfauenhahnschwanz steht die geteilte Schwanzflosse fast waagerecht zur Rückenlinie. Flossen, Kiemendeckel und Maulspitze sind grellrot, Kopf und Körper weiß mit rosarotem Schimmer. Dieser Goldfisch bewegt sich tänzelnd. Die vollentwickelte Schwanzflosse des Tosakin-Goldfisches steht nicht senkrecht, sondern ihre Seiten sind wellenartig gedreht, der Kopf ist sehr spitz. Der Pfeilschwanzgoldfisch zeichnet sich durch einen gestreckten Körper und einen großen, sich am Ende pfeilspitzartig verjüngenden Schwanz aus.

Pénzes und Tölg betonen, daß Goldfische auch für eng bemessene Lebensräume, für eine Haltung in Schüsseln ohne Pflanzen erzüchtet wurden. Solche Lebensbedingungen bedeuten für Goldfische keine Qual. Die Autoren heben ferner hervor, daß chinesische und japanische Züchter in unserer Zeit die Goldfische «modernisierten»; anstelle zerbrechlich wirkender, seidiger Erscheinungen traten kräftige Form- und Farbvarianten.

Diese Hinweise können genügen, um die Wandlungsfähigkeit des Gibel im Hausstand und die sich daraus entwickelten Zuchtmöglichkeiten anzudeuten.

Seit Beginn des 20. Jahrhunderts sind Populationen von Fischarten aus Familien verschiedener Ordnungen in Aquarien gezüchtet worden; einige von ihnen können als domestiziert bezeichnet werden. Bei ihnen treten ähnliche Abweichungen auf, wie sie für den Goldfisch beschrieben wurden (Dzwillo 1962, Lange 1984), so daß Rassen gestaltet werden konnten.

Bei der Sumatrabarbe *Barbus terazona* Bleeker, 1855 stellten sich xanthoristische, marmorierte und grüne Formen ein, bei der Prachtbarbe *Barbus conchonicus* Hamilton-Buchanan, 1822 und dem Zebrabärbling *Brachydanio rerio*, Hamilton-Buchanan, 1822 Schleierschwanzrassen. Bei den eierlegenden Zahnkarpfen *Oryzias latipes* Jordan und Snyder, 1906, den Prachtkärpflingen *Aphysemion australe* Rachow, 1921, *Aphysemion liberiensis* Boulenger, 1908 entstanden unterschiedliche Farbrassen, beim Flügelflossler *Terranatos dolichopterus* Weitsmann und Wourms, 1967 Schleierformen. Schleier- und Farbrassen wurden auch bei den domestizierten Populationen der lebendgebärenden Zahnkarpfen erzüchtet, so beim Guppy *Poecilia reticulatus* Peters, 1859, dem Segelkärpfling *Poecilia velifera* Regan, 1914, dem Spitzmaulkärpfling *Poecilia sphenops* Cuvier und Valenciennes, 1874, zu dem auch der Blackmolly als Hausform gehört, dem Schwertträger *Xiphophorus helleri* Heckel, 1848 und den Platyarten *Xiphophorus maculatus* Günther, 1866 sowie *Xiphoporus variatus* Meek, 1904. Bei den Cichliden unter den Percoidea treten beim Pfauenaugenbuntbarsch *Astronotus ocellatum* Cuvier, 1829 rote Rassen, beim Zebrabuntbarsch *Cichlasoma nigrofasciatum* Günther, 1869 albinistische und xanthoristische Rassen auf, bei *Pterophyllum scalare* Lichtenstein, 1832 Schleierformen. Farbabweichungen kennzeichnen auch domestizierte Populationen des Labyrinthfisches *Macropus operculatus* Linnaeus, 1758, des Fadenfisches *Trichogastor trichopterus* Pallas, 1777, des Kampffisches *Betta splendens* Regan, 1909, der küssenden Gurami *Helostoma temminckii* Cuvier und Valenciennes, 1831.

Nach vergleichender Betrachtung von Domestikationsveränderungen bei Fischen faßt Dzwillo (1962) zusammen, daß von der Stammart abweichende Körperpigmentierungen zuerst auftreten. Wenn das schwarze Pigment ausfällt, erscheinen gelbliche bis leuchtend rote Formen, blonde und goldene Fische. Fehlen nur die Macromelanophoren, kommt es zu cremefarbigen Heimfischen. Beim Ausfall des Guanins zeigen sich Bläulinge. Auch das gelbe Pigment kann fehlen. Die Hypertrophien der Schwanzflossen der domestizierten Fische kommen durch Veränderungen der Weichstrahlen zustande. Beim Guppy bildet sich der Fächerschwanz so stark aus, daß Begattungen nicht vollzogen werden können, wenn Menschen diese Bildungen nicht beschneiden.

Domestizierte Heimfische sind im allgemeinen kleiner als die Norm der Wildarten. Viele Zuchtrassen erreichen nur die Hälfte der normalen Körpergröße der Stammarten. Die domestizierten Fische sind meist frühreifer als die Wildart.

Über die genetischen Faktoren, welche Domestikationsveränderungen von Fischen bewirken, liegen viele Erkenntnisse vor. In Deutschland haben Kosswig und seine Mitarbeiter zur Einsicht in viele Zusammenhänge beigetragen.

Manche der in domestizierten Populationen von Fischen häufig werdenden Merkmale sind als seltene Erscheinungen oder in geringer Ausprägung in freier Wilbahn zu beobachten. Dzwillo kommt zu der Überzeugung, daß dieser Sachverhalt auf unterschiedlicher Auslese beruht. So ist es bei den lebendgebärenden Zahnkarpfen üblich geworden, nach der Geburt von Jungtieren die Eltern zu entfernen, um Kannibalismus herabzusetzen. Auch bei eierlegenden Arten der Fische wird der Nachzucht in der Gefangenschaft eine sehr sorgliche Betreuung zuteil; in freier Wildbahn sind die Verluste groß.

Rassezucht bei **Honigbienen** ist erst in neuerer Zeit möglich geworden. Rinderer (1986) weist darauf hin, daß es bei der Honigbiene keine anerkannten Rassen mit einheitlichen Zuchtzielen wie bei anderen Haustieren gibt, sondern daß die ökologischen Unterarten der Honigbiene Zuchten im Sinne moderner landwirtschaftlicher Tierzucht weitgehend ersetzen. Die Meinung wurde vorherrschend, daß die für ein Gebiet «besten» Honigbienen jene seien, die sich in diesem Bereich unter dem Einfluß natürlicher Kräfte entwickelten. Menschlich gelenkte Zuchtwahl schien nicht erforderlich. Zu dieser Auffassung mag beigetragen haben, daß sich *A. m. ibericus*-Populationen in tropischen Gebieten als ungeeignet erwiesen, und die Einbürgerung europäischer Unterarten schon in Nordafrika meist fehlschlug (Ruttner 1986).

Trotzdem wurde immer wieder versucht Populationen der Honigbiene in andere Bereiche zu verpflanzen. Diesem Bemühen lagen wirtschaftliche Erwägungen zugrunde. Der Wert von Bienenvölkern wird durch den Honigertrag bestimmt. Dieser hängt auch von der Zahl der Bienenvölker ab. Daher wurde vor der Erfindung der Rähmchen in Bienenstöcken durch Langstroh in Amerika nach schwarmfreudigen Unterarten Ausschau gehalten, weil damit neue Völker entstanden (Crane 1984). Nach der Einführung der vertikalen Rahmen, die größere Völker ermöglichten, waren Völker geringer Schwarmlust erwünscht. Weitere Zuchtziele waren sanftes Wesen, also geringe Stechfreudigkeit und gute Fähigkeit, Pflanzen mit langen Kelchen zu befruchten, damit Honigbienen mit langen Rüsseln. Durch die Einführung von Bienenvölkern verschiedener Herkunft ließen sich diese Zuchtziele fördern. Weiter zeigte sich, daß die Widerstandsfähigkeit der Unterarten gegen Krankheiten unterschiedlich war. Auch diese Verschiedenheiten ließen sich züchterisch nutzen.

Aber nur in wenigen Fällen führte langzeitliche Auslese durch kommerzielle Bienenzüchter zu so einheitlichen Stämmen, daß unter den Gesichtspunkten der Züchter großer Haustiere von Rassen gesprochen werden kann. Meist kam es nur zu Kombinationen von Merkmalen verschiedener Unterarten. Die Erhaltung der Qualität solcher Völker stand im allgemeinen gegenüber weiterführenden Züchtungen im Vordergrund (Rinderer 1986).

Doch vertiefte Studien einzelner Züchter haben in neuerer Zeit deutlich gemacht, daß in Honigbienen eine Fülle sichtbarer Mutate, meist monogener Steuerung, zu finden sind. Auch über die Vererbung quantitativer Merkmale und solchen des Verhaltens ist inzwischen das Wissen angewachsen. Dazu gelang es, Methoden der künstlichen Besamung zu entwickeln. In dem von Rinderer (1986) herausgegebenen Werk ist das Wissen zusammengefaßt. Der Züchtung von Bienenrassen stehen jetzt viele Möglichkeiten offen (Kulinčevič 1986).

**Seidenspinner** sind wegen des Gespinstes ihrer Raupen, dem Kokon, in den Hausstand überführt worden. Daher fanden die Raupen der Seidenspinner züchterische Aufmerksamkeit. Im Laufe von mehr als 1000 Haustiergenerationen haben sich in der Farbe der Raupen, in der Farbe ihrer Hämolymphe, die sich auf die Farbe des Seidenfadens auswirkt, in der Entwicklungsgeschwindigkeit, in der Kokonform und -farbe Unterschiede herausgebildet, die eine Unterscheidung von Rassen zulassen (Mell 1951). Tazima (1984) stellte die heute wichtigsten Rassen und ihrer Besonderheiten zusammen.

Die Raupen der domestizierten chinesischen Seidenspinner haben einen rundlichen Körper, ein kurzes Raupendasein und sie vertragen höhere Temperaturen. Ihre Kokons sind oval, von weißer oder goldgelber Farbe. Die Seidenfäden sind dünn und lang, sie weisen eine gute Verspinnbarkeit auf. Die Seidenspinner, die in Europa gezüchtet werden, haben große Eier und Raupen mit langer Raupenzeit. Sie sind krankheitsanfällig. Die Kokons sind länglich oval, von weißer oder fleischiger Farbe. Die Fäden sind dick, haben einen hohen Seringehalt und lassen sich gut verarbeiten. Die Zuchten der Seidenspinner in Japan zeichnen sich durch Raupen aus, die auf dem Rücken eine Zeichnung aus schwarzem Pigment haben. Die Raupen entwickeln sich langsam und vertragen auch niedere Temperaturen. Die Kokons sind erdnußförmig gestaltet, meist weiß. Die Fäden sind dick. In tropischen Ländern haben sich Rassen des domestizierten Seidenspinners entwickelt, deren Raupen schlank und klein sind, sie vertragen hohe Temperaturen. Die Kokons sind spindelförmig und weich von weißer, gelber oder grüner Farbe. Die Farbe der Kokons der in Europa gezüchteten Seidenspinner wird vor allem durch karotinoide, in Süd- und Ostasien durch flavonoide Pigmente bestimmt. Bei den in China gezüchteten Seidenspinnern ist die Variationsbreite der Karotinoide sehr groß.

Im Hausstand ist auch die Länge des Seidenfadens wesentlich erhöht worden. Die Wildart *Bombyx mandarina* spinnt für den Kokon einen ungefähr 200 m langen Faden, bei ihrer Hausform *mori* beträgt die Fadenlänge 3500 m.

Die moderne Zuchtarbeit beim Seidenspinner richtet sich auf eine Erhöhung der Krankheitsresistenz der Raupen und auf Versuche, Stämme zu züchten, die nicht auf Maulbeerblätter angewiesen sind und künstliches Futter vertragen.

Der allgemeine Überblick über die Grundlagen der Rassebildung und die Entwicklung von Rassen bei verschiedenen Haustierarten sei damit abgeschlossen. Er hat deutlich gemacht, daß alle in einen Hausstand überführten Arten über eine Fülle von Umbildungsmöglichkeiten verfügen. Welche dieser Potenzen zur stärkeren Entfaltung kommen, wird durch Bedürfnisse und Wünsche von Menschen, durch kulturelle Entwicklungen beeinflußt. Ähnlichkeiten der Domestikationsveränderungen fallen auf, und fordern eine vergleichende Betrachtung.

# Teil E: Vergleichende Betrachtung der Veränderungen im Hausstand

# XII. Anatomische Einzelveränderungen und Körperganzes

## 1 Ausmaß von Veränderungen

Vergleichenden Untersuchungen und sich daraus ergebenden Bewertungen kommt auch zur Klärung der Domestikationsprobleme entscheidende Bedeutung zu. Nur dadurch ist ein sachgerechtes Verständnis für die Besonderheiten der einzelnen Haustierformen möglich. Die Mißachtung dieses Grundsatzes hat viele Spekulationen begünstigt, die biologisch nicht haltbar sind.

In der Domestikation ändern sich Körpergröße, Gestalt, die Organe, die physiologischen Leistungen und das Verhalten. Die Abwandlungen erstrecken sich bis in den Feinbau und den molekularen Bereich. Auch das Zusammenwirken der einzelnen Organsysteme und ihre Beziehungen zur Umwelt werden beeinflußt. Die Besonderheiten der Haustiere gegenüber ihren Stammarten und zwischen ihren Rassen lassen sich mit verschiedenen Methoden objektiv erfassen; das Ausmaß quantitativer Unterschiede läßt sich mit statistischen Verfahren bestimmen.

Verschiedenheiten von Haustieren gegenüber ihren Stammarten sind nicht selten auffälliger als Unterschiede zwischen den Stammarten und ihren nahe verwandten Spezies und sogar Gattungen. Es gibt bei Haustieren auch Erscheinungen, die bei ihren jeweiligen Stammarten – auch als seltene Einzelfälle – bislang unbekannt sind und daher als «neu» für die Art bezeichnet werden können. Dies führt zu Fragen zoologisch-systematischer Bewertung und zu dem Problem der Beziehungen zwischen Artsein (natürliche Fortpflanzungsgemeinschaft) und Artkennzeichen (spezifische, gemeinsame Merkmale der Individuen einer Fortpflanzungsgemeinschaft). Die methodischen Grundfragen der zoologischen Systematik und Evolutionsforschung treten damit in das Blickfeld. Bei Erörterungen über Phylogenese spielt der Merkmalswandel eine wichtige Rolle. Bei Haustieren zeigt sich eine Fülle von Merkmalsänderungen gegenüber den Stammarten, außerdem sind innerhalb der einzelnen Haustierarten enorme Merkmalsunterschiede ausgeprägt; dies wurde bereits bei der Beschreibung der Haustierrassen deutlich. Solche Tatsachen zwingen zur Nachdenklichkeit über die Grundlagen vieler Gedankengebäude zur Stammesgeschichte.

Der hohe Grad von Merkmalsverschiedenheiten innerhalb gleicher Haustierarten bewegte schon Darwin (1869). Er verwies auf sein vertrautes Studienobjekt die Felsentaube sowie die von ihr abstammenden Haustauben und stellte fest, daß «einige der domestizierten Rassen der Felsentaube soweit voneinander differieren, wie die distinkten Genera». In neuerer Zeit meinte Mertens (1947), daß ein nach Gestaltmerkmalen gliedernder zoologischer Systematiker die Unterschiede zwischen Rassen von Hausschweinen oder Haushunden Gattungsunterschieden gleichsetzen würde.

Darwin fuhr jedoch fort: «Ich behaupte nicht einen Augenblick, daß die domestizierten Rassen in ihrer ganzen Organisation so sehr differieren wie die distinkten Genera; ich beziehe mich nur auf äußere Charaktere, auf welche indessen, wie man zugeben muß, die meisten Vogelgattungen gegründet sind. Daran kann kein Zweifel sein, hätte man wohlcharakterisierte Formen der verschiedenen Rassen wieder gefunden, wären sie alle als Spezies aufgeführt und mehrere von ihnen in besondere Genera gebracht worden.» Nach dem jetzigen Wissen ist zu vermerken, daß Haustiere auch in «inneren Charakteren» der Anatomie, in physiologischen Besonderheiten, im molekularen Bereich und in Verhaltensweisen verschiedener sein können als Wildarten und daß sie meist andere ökologische Ansprüche stellen als ihre Stammarten.

Diese besondere Problematik sehr starker Merkmalsveränderungen ohne Artbildung, die bei Haustieren ganz besonders deutlich wird, ist in der zoologischen Forschung selten hervorgehoben worden. Darwin fesselten Vorstellungen fortschreitenden Merkmalswandels als Ausdruck evolutiven Geschehens so stark, daß er das Artproblem offen ließ. Darauf hat Mayr (1984) besonders hingewiesen. Erst nach der Anerkennung des biologischen Artbegriffes, nach dem Durchbruch evolutionsbiologischen Denkens gewinnen Fragen der Artabgrenzung für die Evolutionsforschung wesentliche Bedeutung. Damit verdient auch die Analyse der Abwandlungen im Hausstand besondere Aufmerksamkeit.

Darwin hat den Auslesegedanken in den Vordergrund gerückt. Die Tatsache, daß bei Haustieren viele Eigenarten häufig sind, die bei den Stammarten unbekannt blieben oder nur als Seltenheiten auftreten, brachte er mit veränderter Auslese in einen wesentlichen Zusammenhang. Ihm ist zuzustimmen, daß viele Besonderheiten von Haustieren unter den Lebensbedingungen der Stammart benachteiligen, unter Hausstandbedingungen bedeuten sie jedoch oft einen Vorteil und erleichterten die Überführung von Haustieren in neue Lebensbereiche. Verschiedene Landrassen sind sicher durch natürliche Auslese geeigneter Varianten zustande gekommen und durch diese weitgehend stabilisiert worden. Darüber hinaus hat menschliche Zuchtwahl zum Erhalt und verstärkter Ausprägung von Besonderheiten beigetragen, wenn diese Interesse erregten oder Vorteile versprachen. Schon Darwin erkannte, daß insgesamt Haustiere «nicht zum eigenen Nutzen, sondern zu dem des Menschen vermehrt werden». Dies gilt bis heute und findet in der Erzüchtung von Kulturrassen besonderen Ausdruck.

Zu den Ursachen jener Variabilität, welche den Ausgang von Auslesevorgängen darstellt, sagte Darwin aus: «Der Mensch erzeugt keine Variation.» Mit dem Aufblühen der Vererbungslehre ließen sich zur Klärung dieser Problematik neue Vorstellungen begründen, weil viele Merkmale mit Einzelwandlungen im Erbgefüge einen Zusammenhang erkennen ließen.

Eine Fülle von Einzelabwandlungen haben sich beim Wandel von der Wildart zum Haustier eingestellt. Einzelveränderungen stehen auch bei Erörterungen über Evolutionsvorgänge im Vordergrund und spielen in der Systematik eine bedeutsame Rolle. Verwandte Arten werden nach Einzelmerkmalen unterschieden und systematisch geordnet. Doch tierliche Körper sind in sich abgestimmte Gefüge. Einzelabwandlungen können Eigenwert haben, oder Folgen übergeordneter Veränderungen sein; in diesem Fall sind sie als Einzelerscheinungen von geringerer Bedeutung. Zur Beurteilung der Änderungen in der Domestikation ist daher auch nach der «Ganzheitlichkeit» der Wandlungen zu fragen. Nur so kann die Abgestimmtheit des Körperganzen von Haustieren, der Einfluß von Einzelveränderungen auf das Zusammenwirken der Organe und auf die Beziehungen zur Umwelt abgeschätzt werden.

Sehr oft werden Haustiere verallgemeinernd als unharmonische, degenerierte Lebewesen bewertet. Diese Einschätzung ist oberflächlich; wohl fallen in freier Wildbahn Individuen mit abgewandelten Eigenarten der natürlichen Selektion zum Opfer, aber nach dem Übergang in andere Umweltbedingungen, so in den Hausstand, können Abweichungen von der Norm der Wildart positiven Selektionswert haben. Bei Haustieren haben sehr viele solcher Veränderungen für Menschen einen wirtschaftlichen Wert, sie gewinnen oft eine derart starke Ausprägung, daß besondere Umweltgestaltungen erforderlich werden. Tierhaltung wird dadurch zur besonderen Ökologie für verschiedene Haustierrassen. Zuchtverfahren stehen hiermit in Zusammenhang, weil unbiologische, einseitige künstliche Selektion ohne ausgleichende Umweltgestaltung «innere Störungen» zur Folge haben kann (Dobberstein 1954).

Bei Vergleich der Haustierrassen verschiedener Arten fällt auf, daß recht ähnliche Veränderungen auftreten. Es gilt daher zu prüfen, ob sich «gemeinsame» Haustiermerkmale ermitteln lassen, welche auf Regelhaftigkeiten weisen, die auch für das Evolutionsgeschehen Interesse beanspruchen.

## 2 Körpergröße und das Allometrieproblem

Als erstes sei der Frage nachgegangen, ob es «ganzheitlich» wirkende Faktoren gibt, die bei Veränderungen von Körpergrößen und auch Körpergestalten Auswirkungen haben, die sich eindeutig erfassen lassen.

In manchen systematischen Einheiten erreichten einige Arten im Vergleich zu ihren Verwandten «riesige» Körpergrößen, so einige Tintenfische. Bei ausgestorbenen landlebenden Reptilien gab es Vertreter mit bis zu 50 t Körpergewicht, bei ausgestorbenen landbewohnenden Säugern solche von 18 t Gewicht. In manchen phylogenetischen Reihen ist eine Zunahme der Körpergröße durch Fossilfunde dokumentiert, so in der Pferdereihe und der Elefantenreihe.

Auch bei rezenten, nahe verwandten Arten gibt es beträchtliche Unterschiede in der Körpergröße; innerhalb der Canidae z.B. vom Fenek (~ 1 kg) bis zum Wolf (~ 40 kg). Entsprechendes ist bei anderen Familien zu beobachten. Offensichtlich werden bei etwa gleicher Körpergrundkonstruktion lediglich durch unterschiedliche Körpergrößen recht verschiedene Nischen erschlossen.

Innerhalb von Wildarten ist die Körpergröße adulter Individuen nicht einheitlich. Unterschiede können eine geographische Regelhaftigkeit zeigen, wie sie in der Bergmannschen Regel zum Ausdruck gebracht wird (Röhrs 1968). So gibt es in südlichen Teilen des Verbreitungsgebietes von Wölfen Individuen um 15 kg Gewicht, in nördlichen solche von 60 kg und mehr; Andenfüchse *Dusicyon culpaeus* in 500–1000 m Höhe wiegen um 5 kg, in 4000–5000 m Höhe bis zu 10 kg. Sogar in enger umgrenzten geographischen Gebieten kann der Schwankungsbereich der Körpergröße bei Wildarten beträchtlich sein. Bei Wölfen Palästinas liegen die Körpergewichte zwischen 15 und 32 kg (Mendelssohn 1982). Populationsdichte und damit in Zusammenhang stehende Ernährungsverhältnisse wirken sich auf die Körpergröße aus. Klein und Strandgaard (1972) haben für das Reh *Capreolus capreolus* Linnaeus, 1758 solche Zusammenhänge analysiert. Die bisherigen Beobachtungen an Wildtieren ergeben, daß sowohl genetische Faktoren als auch modifikative Einflüsse die Körpergröße bestimmen.

Zu erwähnen bleibt noch, daß in der Ontogenese eine Zunahme der Körpergröße stattfindet, die bei großen Arten außerordentlich stark ist.

In all den genannten Größenreihen sind zwischen den unterschiedlich großen Individuen Proportionsunterschiede bzw. Proportionsänderungen in der Zusammensetzung des Körpers zu beobachten; diese weisen Regelmäßigkeiten auf, sie werden als Allometrien bezeichnet. Solche Allometrien lassen sich in sehr vielen Fällen mit der Allometrieformel $y = b \cdot x^a$ erfassen. y ist eine Teilgröße (z.B. Organgewicht), x die Bezugsgröße (z.B. Körpergewicht), a beschreibt den größenbedingten Einfluß von y durch x, und in b drücken sich die anderen Faktoren aus, welche die Teilgröße y bestimmen. Logarithmiert ergibt die Allometrieformel die Gleichung einer Geraden = Allometriegerade. Ist a kleiner als 1, dann nimmt die Teilgröße geringer zu als die Bezugsgröße: Negative Allometrie. Ist a = 1, dann nimmt die Teilgröße zu wie die Bezugsgröße, d. h. der relative Anteil von y an x ändert sich nicht. Ist a größer als 1, dann nimmt die Teilgröße stärker zu als die Bezugsgröße: Positive Allometrie.

Die Allometriegleichung ist eine Näherungsgleichung, die sich in der Praxis außerordentlich bewährt hat. Röhrs hat die allgemeine Bedeutung dieser Problematik in Tatbeständen und Methodik eingehend behandelt; unsere Arbeitskreise haben sich vielfältig um den Ausbau der Allometrieforschung in der Zoologie bemüht. Auch Frick (1969) durchleuchtet den Wert solch quantitativer Untersuchungsmethoden. Die Vernachlässigung des Einflusses der Körpergröße bei quantitativen Untersuchungen hat häufig zu unrichtigen Aussagen geführt, auch bei der Beurteilung von Domestikationsbesonderheiten. Quantitative Änderungen in der Evolution können erst dann treffend beurteilt werden, wenn zunächst der Einfluß der Körpergröße geklärt ist.

Unterschiede in der Körpergröße sind in unterschiedlichster Sicht von weittragendem Einfluß. Aus physiologischen Gründen wirkt sich die Körpergröße auf die Körperproportionierung, auf die relativen Anteile von Körperabschnitten am Körperganzen aus. Schon Galilei (1564–1642) hat auf den Sachverhalt aufmerksam gemacht, daß bei einer Änderung der Größe eines Tieres oder eines anderen Objektes die Oberfläche proportional dem Quadrat der linearen Dimensionen anwächst oder sich vermindert, während sich das Volumen proportional dem Kubus der linearen Dimensionen wandelt. Dieses Prinzip ist für die Zoologie von grundsätzlicher Bedeutung; Oberfläche/Volumenbeziehungen spielen bei einer Vielzahl von Struktur- und Funktionsbeziehungen eine entscheidende Rolle. Darauf hat schon A. v. Haller und in neuerer Zeit vor allem Klatt (1913–1952) nachdrücklich hingewiesen.

Nicht nur Organgrößen werden von der Körpergröße beeinflußt, sondern auch das Ausmaß physiologischer Leistungen. Vor etwa 100 Jahren ist von Rubner (1883) und Richet (1889) der experimentelle Beweis erbracht worden, daß kleine Tiere einen höheren gewichtsspezifischen Energiestoffwechsel haben als größere. Es wurde angenommen, daß die Größe des Stoffwechsels proportional der Körperoberfläche sein müsse ($a = 0.66$). Viele Daten sprechen dafür, daß in diesem Fall die Abhängigkeit nach $a = 0.75$ verläuft. Über diese Frage wird bis in die Jetztzeit diskutiert. In sehr anschaulicher Weise hat Bartels (1980) die Zusammenhänge zwischen allometrischen Beziehungen von Organgrößen, Organoberflächen und physiologischen Leistungen dargestellt.

Eine theoretische Interpretation allometrischer Zusammenhänge ist auf mathematisch-physikalischen Überlegungen begründet. Dabei handelt es sich um die Übertragung der mechanischen Similaritätstheorie in die Biologie, wie sie in der Dimensionsanalyse durch Günther (1971, 1982) dargestellt wurde. Nachdem lange Zeit die Allometrieforschung vernachlässigt wurde, ist sie in den letzten Jahren wieder in den Vordergrund des Interesses gerückt (McMahon und Bonner 1983, Calder 1984).

In manchen Fällen konnte nachgewiesen werden, daß Allometrien Ausdruck funktioneller Adaptationen an unterschiedliche Körpergrößen sind. Bei der Beurteilung von Allometrien ist es aber auch zu starken Vereinfachungen gekommen; v. Bertalanffy (1957) glaubte, daß nahezu alle Änderungen in der Pferdereihe als Folgen der Körpergrößenzunahme interpretiert werden könnten. Bei der Bestimmung von Allometrien wurde und wird noch heute häufig sehr heterogenes Material herangezogen, so daß in die Bestimmung der a-Werte noch viele andere Faktoren eingehen als die Körpergröße. Die Bestimmung von Allometrien und die anschließenden funktionellen Interpretationen erfordern zunächst eine kritische Auswahl der Größenreihen von Tieren. Dazu einige Beispiele.

In der Ontogenese nimmt die Körpergröße zu, dabei treten beträchtliche Proportionsänderungen auf. Hierbei ist zu berücksichtigen, daß Wachstum funktionsgerecht sein muß. Die Biologie junger Tiere ist aber von der erwachsener Tiere sehr verschieden, so daß unterschiedliche Körpergröße wachsender Individuen etwas ganz anderes bedeuten kann als unterschiedliche Größe adulter Individuen. Weiterhin ist bei Größenzunahme in der Ontogenese zu berücksichtigen, daß es Vorbereitungswachstum gibt, d.h. Größenzunahme von Organen, welche für das wachsende Individuum noch gar keine Bedeutung hat, sondern erst für das adulte. Vorbereitungswachstum und funktionsgerechtes Wachstum können bei den einzelnen Arten in sehr verschiedenem Verhältnis zueinander stehen, es sei hier nur auf Nesthocker und Nestflüchter hingewiesen.

Man sollte annehmen, daß innerhalb von Arten und zwischen nahe verwandten Arten die größenbedingten Proportionsunterschiede übereinstimmen müßten, da übereinstimmende körpergrößenbedingte funktionelle Anpassungen notwendig sind. Tatsächlich stimmen die intra- und interspezifischen Allometrien häufig überein (gleiche a- und b-Werte), aber das ist nicht immer der Fall. So gilt für die Beziehung

Gaumenlänge$-\sqrt[3]{\text{Körpergewicht}}$

intraspezifisch bei Wölfen ein a von 0.80, interspezifisch bei Caniden ein a von 0.90 (Röhrs 1986). Für die Beziehung Hirngewicht–Körpergewicht gilt intraspezifisch bei Vögeln und Säugetieren ein a von 0.25. Es fällt schwer, in diesem Wert einen Ausdruck idealer Anpassung an zunehmende Körpergröße zu sehen. Offensichtlich ist die Hirngröße intraspezifisch genetisch so stark fixiert, daß Hirngrößenunterschiede nur in einem sehr geringen Ausmaß möglich sind. Interspezifisch ist ein Wert von 0.56 zutreffend, das dürfte weit mehr einer körpergrößenbedingten funktionellen Anpassung entsprechen.

Die b-Werte der intraspezifischen Allometriegeraden nehmen von kleinen zu großen Arten zu, die Geraden sind parallel versetzt (Abb. 60). Meunier (1959) hat die allometrischen Beziehungen Flügelfläche–Körpergewicht bei verschiedenen Vögeln untersucht. Für die intraspezifische Beziehung

$\sqrt[2]{\text{Flügelfläche}}-\sqrt[3]{\text{Körpergewicht}}$

erhielt er bei Raubvögeln a-Werte von 0.45–0.66, das bedeutet eine starke Zunahme der Flügelflächenbelastung von kleinen zu großen Individuen. Auch hier sind die intraspezifischen Allometriegeraden von kleinen zu großen Arten jeweils nach oben versetzt. Das bedeutet, das Flugvermögen wird bei den größeren Arten (im Verein mit anderen Umkonstruktionen) durch eine vom Körpergewicht unabhängige

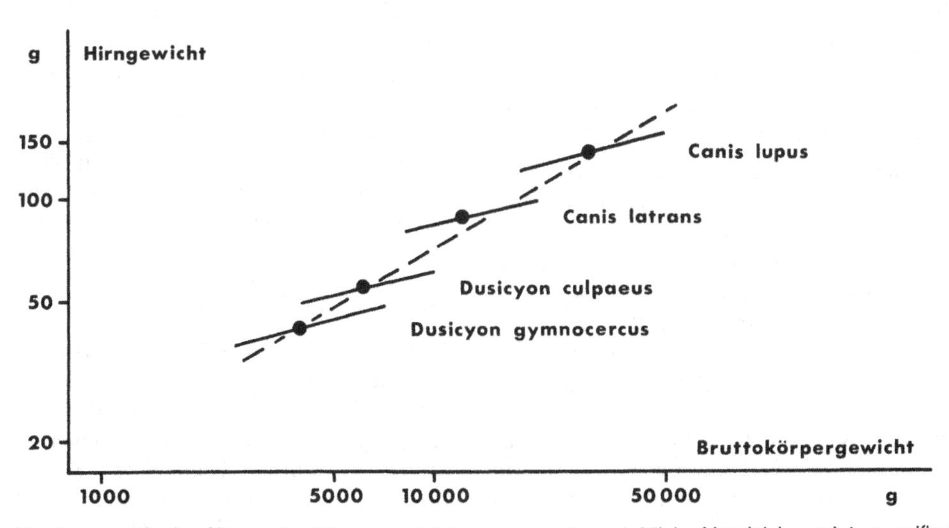


**Abb. 60:** Intraspezifische Allometrien Hirngewicht-Körpergewicht (a ~ 0.25) im Vergleich zur interspezifischen Allometrie (a = 0.571) (aus Röhrs 1986)

Flächenvergrößerung erreicht. Aus den Mittelwerten der Arten läßt sich eine interspezifische Allometrie ermitteln, sie ist gekennzeichnet durch ein a von 0.80, also immer noch negativ allometrisch. Das bedeutet, auch mit der interspezifischen Allometrie ist eine Gewichtszunahme nur bis zu einer bestimmten Größe möglich: Das maximale Körpergewicht für flugfähige Vögel beträgt 15 kg.

Bei der Bestimmung interspezifischer Allometrien sind nahe verwandte Arten zu benutzen, die sich außer in der Körpergröße in möglichst wenig Eigenschaften unterscheiden. Diese Forderung wird häufig nicht erfüllt. So gibt Martin (1982) für die Beziehung Hirngewicht–Körpergewicht im interspezifischen Bereich bei Säugetieren ein a von 0.755 an. Für die Bestimmung dieses Wertes benutzte Martin alle zur Verfügung stehenden Daten von Säugetieren. Gerade bei Säugetieren aber hat bei sehr vielen Arten eine Vergrößerung des Gehirns unabhängig von der Körpergröße stattgefunden. Hohe Cephalisationswerte sind vor allem bei größeren Säugetierarten vorhanden, weniger bei kleineren. Eine Bestimmung des a-Wertes für alle Säugetierarten muß daher zu einem zu hohen a-Wert führen, außerdem «verwischt» eine solche Bestimmung die spezifischen Unterschiede zwischen Arten verschiedener Cephalisationshöhe.

Bartels (1980) hat gezeigt, daß die Benutzung aller Säugetierarten zur Bestimmung interspezifischer Allometrien zu Irrtümern führen kann. Für die Beziehung Sauerstoffverbrauch–Körpergewicht ermittelte er für alle untersuchten Säugetiere ein a von 0.66, dieser Wert könnte Erörterungen über Oberflächenproportionalität fördern. Für Säugetiere von 260 g Körpergewicht bis zu 3,6 t beträgt der a-Wert aber 0.76 und für Arten von 2,4–260 g nur 0.42. Aufs Gewicht bezogen, ist der $O_2$-Verbrauch bei kleinen Säugern enorm gesteigert. Für die Beziehung Herzgewicht–Körpergewicht wird allgemein ein a-Wert von 1 genannt. Bartels hat gezeigt, daß dieser Wert nur für Säugetiere von 260 g–1,3 t Körpergewicht zutrifft. Für Arten von 2,4–260 g Körpergewicht ist ein a von 0.86 gültig. Dieser bei kleinen Säugern zunehmende Herzgewichtsanteil erlaubt mit einer Herzfrequenzzunahme eine relative Steigerung des Herzzeitvolumens und damit in bezug auf das Gewicht den Transport einer größeren $O_2$-Menge im Kreislauf. Zu erwähnen ist noch, daß bei einzelnen Arten in der Beziehung Herzgewicht–Körpergewicht Abweichungen von der jeweiligen interspezifischen Allometriegeraden vorkommen können. Vikunjas haben um 40% schwerere Herzen als gleichgroße andere Säugetiere, dies ist eine Anpassung an die großen Höhen, in der diese Art lebt.

Auch in phylogenetischen Größenreihen lassen sich körpergrößenkorrelierte Proportionsänderungen nachweisen, die mit der Allometrieformel beschrieben werden können. Solche einfachen Allometrien sind aber Ausnahmen, denn die kennzeichnenden und entscheidenden Veränderungen sind von der Körpergröße unabhängige Neukonstruktionen. Sind diese aber einmal entstanden, dann unterliegen sie bei folgenden Änderungen der Körpergröße wiederum den allometrischen Regeln.

Nach diesen Ausführungen muß streng unterschieden werden, für welche Größenreihen von Tieren Allometrien bestimmt werden: Form- und Proportionsänderungen während des individuellen Wachstums oder bei verschieden alten Individuen der gleichen Art werden ontogenetische Allometrien genannt. Proportionsunterschiede verschieden großer adulter Individuen der gleichen Art als intraspezifische Allometrien, Proportionsunterschiede zwischen erwachsenen, unterschiedlich großen Vertretern nahe verwandter Arten als interspezifische Allometrien und Proportionsunterschiede zwischen großen Vertretern einer echten Abstammungsreihe als evolutive Allometrien bezeichnet (Röhrs, 1958, 1959, 1961).

Änderungen der Körpergröße gehören zu den auffälligsten Erscheinungen in der Domestikation. In der Frühzeit der Haustierhaltung werden Säugetiere im allgemeinen kleiner als ihre wilden Vorfahren (Higham 1968, Teichert 1969, 1970). Dies trifft auch für die in moderner Zeit domestizierten Heimfische zu (Dzwillo 1962). Für diese Körpergrößenabnahmen wurden oft die neuen Bedingungen des Hausstandes verantwortlich gemacht und modifikativen Kräften eine entscheidende Bedeutung beigemessen. Dabei wurde im allgemeinen nicht bedacht, daß kleinere Vertreter einer Art unter schlechteren Ernährungsbedingungen einen Auslesewert haben, da sie in Notzeiten besser überleben können. So darf der genetisch gesteuerte Anteil bei dieser Entwicklung nicht übersehen werden. Außerdem haben wohl zu Beginn von Domestikationen die Menschen kleinere Vertreter von Wildarten bevorzugt, da diese leichter beherrschbar waren als die größeren Artgenossen. Kleinere Individuen können nach dem Schlachten auch schneller verbraucht werden, was bei mangelhaften Konservierungsmethoden wichtig ist. Noch heute werden in Südostasien und Südamerika oft recht kleine Hausschweine gehalten.

Erst nach der Entwicklung von Konservierungsverfahren bei steigenden Bedürfnissen, verbesserten Zuchtmethoden und ausreichender Futtervorsorge entstanden bei Haustieren, die aus großen Stammarten hervorgingen, Populationen, welche die Stammart an Größe übertreffen. Bei kleinen Stammarten hingegen überflügeln die Hausformen die Norm der Wildart im allgemeinen rasch an Körpergröße und Körpergewicht. Aber auch bei kleinen Stammarten werden aus Liebhaberei Hausformen mit sehr geringen Körpergrößen gezüchtet. Innerhalb der verschiedenen Arten der Haustiere bilden sich so Riesen und Zwerge.

Die Begriffe Riesen und Zwerge lassen eine grundsätzliche Bemerkung angebracht erscheinen. Für alle Erörterungen ist die Bezugsgrundlage von Bedeutung. Bei haustierkundlichen Betrachtungen ist nicht von der absoluten Körpergröße auszugehen, sondern von der Norm der Wildart. Darauf ist die Größenskala der Hausformen zu beziehen, wenn Domestikationseinflüsse erkannt werden sollen. Dann bestätigt sich, daß bei Haushunden, Hauspferden, Hausrindern oder Alpakas, um nur einige Arten zu nennen, im Vergleich zur Wildart eine große Zahl von Zwergformen unterschiedlichen Ausmaßes in Vorrang kamen. Hauskaninchen,

**Abb. 61:** Körpergrößenunterschiede innerhalb gleicher Rasse bei Haushunden. Erwachsener Königspudel Ali von Orplid und erwachsener Zwergpudel Vroni von Orplid; Züchter Prof. Dr. W. Herre

Haushühner, wiederum nur beispielhaft, erfahren im Vergleich zu den Stammarten vor allem Abwandlungen zu Riesen. Die Relativität der Begriffe und die Wichtigkeit klarer Bezugsgrundlagen zur Beurteilung von Domestikationsveränderungen wird anschaulich. Befunde von Hückinghaus (1965) zeigten, daß die «Zwerge» der Hauskaninchen in ihrer Größe der Stammart nahestehen und im Schädelbau nur wenig abgewandelt sind, während die Schädel der «Riesen» starke Unterschiede gegenüber den Wildkaninchen aufweisen. Bei Haushunden liegen die Verhältnisse im Vergleich zum Wolf umgekehrt. In beiden Fällen sind die Veränderungen durch allometrische Beziehungen weitgehend zu erklären.

Die Größenunterschiede innerhalb von Haustierarten seien durch einige Zahlen belegt; weitere Hinweise finden sich bei den Erörterungen der Haustierrassen. Der kleinste Zwergpudel unserer Zucht (Zwinger von Orplid DPZ) wog 2,5 kg, der bislang größte Königspudel 33 kg (Abb. 61). Der schwerste Rottweiler, den wir

**Abb. 62:** Schema des Atmungstyps beim Hausrind und des Verdauungstyps. (Von oben nach unten jeweils lateral und dorsal, aus Duerst 1931)

untersuchten, erreichte 58 kg, Mastiffs sollen bis zu 90 kg schwer werden. Bei Hauskaninchen schwankt das Körpergewicht zwischen 1–10 kg, bei Haushühnern zwischen 1–5 kg.

Unterschiede in der Körpergröße wirken sich auf die Paarungsmöglichkeiten zwischen Riesen und Zwergen aus; Paarungen zwischen den Extremen in der Körpergröße innerhalb einer Haustierart können manchmal nur sehr schwer oder überhaupt nicht mehr vollzogen werden. Daraus darf aber auf keinen Fall auf Artbildung geschlossen werden, denn die sexuelle Affinität bleibt erhalten, wie wir zwischen Zwerg- und Königspudeln unserer Zucht beobachteten. Außerdem besteht ein gleitender Übergang von Riesen zu Zwergen, der Zweifel an der Zusammengehörigkeit der Formen zur gleichen Art nicht aufkommen läßt.

Unter den Umwelteinflüssen, welche die Körpergröße und Körperproportionierung beeinflussen können, ist vor allem der Ernährung ein wichtiger Einfluß zuzusprechen. Mangelhafte Ernährung kann zu einer geringen Körpergröße führen, während optimale Ernährung eine volle Entfaltung genetischer Anlagen ermöglicht. Durch unterschiedliche Ernährung kann es zu Wachstumsverzögerungen oder Wachstumsbeschleunigungen der einzelnen Körperteile kommen. Damit werden Körperproportionierungen verschiedentlich beeinflußt, Rassekennzeichen aber kaum endgültig verändert, wie Hammond (1932, 1947) durch Untersuchungen an Hausschweinen und Hausschafen ermittelte.

Besondere Aufmerksamkeit haben lange Zeit Aufzuchtexperimente mit Hausschweinen unter extremen Fütterungsbedingungen gefunden, welche S. v. Nathusius (1912) im Haustiergarten der Universität Halle/S. begann. Henseler (1913) hat diese fortgeführt und ausgewertet. Es entstand die Meinung, daß durch schlechte Ernährung die Entwicklung junger Berkshirehausschweine so beeinflußt werden könnte, daß sich bei ihnen wildschweinähnliche Eigenarten einstellten. Herre (1938) hat diese Angaben überprüft. Die Analyse des Schädelmaterials der hallischen Versuchstiere zeigte, daß bei den Hungertieren Wachstumsverzögerungen aufgetreten waren, während die Entwicklung der Masttiere beschleunigt ablief. Im Vergleich mit den Untersuchungen von Kelm (1938) über die Ontogenese der Schädel von Berkshirehausschweinen zeigte sich keine Beeinflussung der Rassekennzeichen.

Haustiere sind kleiner und größer geworden als ihre wilden Stammarten. Zur Beurteilung von Domestikationsänderungen ist zu prüfen: Stim-

**Abb. 63:** Wuchsformunterschiede bei Haushunden (aus: The National Geographic Book of Dogs, Washington 1958)

men die intraspezifischen größenbedingten Proportionsunterschiede bei Wildarten und jeweiligen Haustieren überein? Wenn ja, gibt es größenunabhängige quantitative Änderungen in der Domestikation? Weiterhin ist zu fragen, ob bei Haustieren andere größenkorrelierte Proportionsunterschiede auftreten als bei den zugehörigen Wildarten?

Beim innerartlichen Vergleich von Haustiere fällt besonders auf, daß schlanke, langschädlige und breite kurzköpfige Individuen unterschieden werden können. In der Tierzucht wird von verschiedenen «Konstitutionstypen» gesprochen. Die schlanken Typen gelten als Tiere mit lebhafterem Umsatz, die breiteren Typen vorwiegend als Ansatztiere (Abb. 62). Auch in der Humanbiologie sind Erörterungen über solche Konstitutionstypen, deren Eigenarten und genetische Grundlagen lebhaft geführt worden. Klatt (1950) hat jedoch hervorgehoben, daß es höchst zweifelhaft ist, ob Gestaltunterschiede, die beispielhaft durch Windhund und Bulldogge gekennzeichnet sind, mit solchen Konstitutionstypen gleichgesetzt werden können, diese Problematik wird später noch erörtert.

Um gesicherte Grundlagen für solche Betrachtungen zu erhalten, hat Klatt (1913, 1949) für das äußere Erscheinungsbild unterschiedlich gestalteter Haustiere den Ausdruck «Wuchsform» geprägt. Er definierte: «Unter Wuchsform verstehe ich die Ausprägung des Körpers in einer langen, schlanken Form einerseits, einer mehr kurzen, breiten andererseits. Zwischen diesem leptosomen und eurysomen Typ kann der Normaltyp der Wildtiere stehen» (Abb. 63). Meunier (1959) hat sich mit diesen Vorstellungen kritisch auseinandergesetzt. Er konnte zeigen, daß auch innerhalb von Wildarten Schlankwuchs und Breitwuchs, wenngleich in geringerer Abweichung von der Norm als bei Haustieren, vorkommt. Ähnliche Feststellungen hatte schon Kesper (1954) gemacht. Wichtig ist ein weiterer Befund von Meunier: Die Ausprägung der Wuchsform ist auch größenabhängig. Für eine klare Festlegung dieser innerartlichen Besonderheiten ist die Angabe der Bezugsnorm und des Grades der Abweichung davon notwendig, da sich Einflüsse von Größe und Wuchsform überlagern können.

Wuchsform ist verschiedentlich als eine ganzheitliche Erscheinung verstanden worden. Es kam zu der Meinung, daß in einem gedrungenem Tier alle Organe gedrungen, in einem schlanken Tier alle Organe schlank seien. Züchtungsversuche, aber auch metrische Untersuchungen, haben jedoch die Annahme eines einheitlich bestimmenden Erbfaktors nicht bestätigt (Klatt 1941–1944, Herre 1950, 1980, Wiarda 1954), Klatt benannte die Befunde treffend, als er von einer Buntheit der Bastarde sprach, um unterschiedliche Mosaikbildungen zu kennzeichnen.

Auch Vorstellungen von Koppelungen zwischen Wuchsformunterschieden mit physiologischen Besonderheiten bedürfen höchst kritischer Bewertung (Herre 1950). Erwägungen über Konstitutionstypen, die enge Korrelationen zwischen Körperbau und Leistungen zugrunde legen, beruhen zum großen Teil auf Verallgemeinerungen von Einzelfällen innerhalb einer breiten Variabilität. Die überwiegende Zahl der Individuen einer Population stellt Mischungen unterschiedlichen Grades dar.

Moderne tierzüchterische Erfolge sind ein höchst eindringliches Zeugnis dafür, daß Vorstellungen einer zwangsläufigen Korrelation zwischen Wuchsformen und Leistungsbesonderheiten sich kaum bestätigen lassen. Kritische Analysen ergeben im allgemeinen, daß die vermuteten Koppelungen von Eigenschaften, für die sogar eine statistische Sicherung gemeinsamen Vorkommens möglich ist, Folge züchterischen Mühens auf eine Vereinigung mehrerer Merkmale sind. Solche Daten sind sowohl zur Bewertung von Meinungen von Kretschmer (1944) über menschliche Konstitutionstypen, als auch für evolutive Prozesse wichtig.

Darwin schätzte die Bedeutung korrelativer Variabilität bei Haustieren hoch ein. Er stellte die zweifelnde Frage: «Was für ein Monstrum würde ein Windspiel mit dem Kopf eines Kettenhundes sein?» Züchtungen mit Haushunden, wie jene von Klatt (1941), Stockard (1941), Herre (1980) lehren jedoch, daß solche «Monstren», daß eigenartigste Mosaike zu entstehen vermögen. Klatt fand beispielsweise, daß Köpfe im Vergleich zum Körper zu klein sein, daß windhundähnliche Bastarde mit schlanken Köpfen das große, breite Gehirn einer Bulldogge besitzen können. Auch in Landestierzuchten treten äußerlich ungewöhnliche Kombinationen auf. Sie sind zur Klärung züchtungsbiologischer Fragen von allgemeinerem Interesse.

## 3 Retention jugendlicher Merkmale

Mit dem Alter verändern sich Körpergröße und Körperproportionen. Bei allen Haustierarten gibt es Rassen, deren erwachsene Individuen, zumindest in manchen Körperabschnitten, Proportionen aufweisen, die an jene jugendlicher Tiere erinnern. Als erster hat Rütimeyer (1867) darauf hingewiesen, daß Formunterschiede der Schädel von Zwergen und Riesen der Hausrinder an Besonderheiten jugendlicher und erwachsener Hausrindschädel erinnern. Er machte den Versuch, Eigentümlichkeiten von Hausrindrassen mit dem Stehenbleiben auf einer jugendlichen Entwicklungsstufe in Verbindung zu bringen. Dieser Deutungsversuch ist in weiteren Bereichen der Haustierforschung, aber auch der Humanbiologie, ausgebaut worden. Erörterungen über die «Retention jugendlicher Merkmale» als allgemeines Prinzip zum Verständnis von Haustiermerkmalen gewannen einen weiten Raum in mannigfachen Erörterungen.

Besonderheiten von Schädeln kurzköpfiger Rassen des Haushundes erklärte Studer (1901) als konstant gewordene Jugendmerkmale normalwüchsiger Formen. Hilzheimer (1911, 1926) erhob die Vorstellung von einer Verjugendlichung im Hausstand zu einem allgemeinen Gesetz der Formbildung bei Haustieren. Diese Gedankenwelt fand weitergreifende Erörterungen, weil sie sich Theorien zur allgemeinen Deutung von Evolutionsvorgängen näherte (Severtzoff 1899, 1931; Veit 1911). Sie stimmt auch mit den Hypothesen von Bolk (1926) überein, der dem Fetalisationsprinzip eine wichtige Rolle in der Stammesgeschichte des Menschen zuerkannte. Starck (1962) ist in einer kritischen Studie auf diese Zusammenhänge eingegangen. Er hat deutlich gemacht, daß auf solcher Grundlage auch die Theorie der Paedomorphose von Garstang (1929) oder de Beer (1958) sowie ihr Ausbau zu den Vorstellungen über Proterogenese von Schindewolf (1928, 1936, 1950) beruht.

Gegen die Deutung von Haustierbesonderheiten als Retention jugendlicher Merkmale hat Klatt bereits 1913 überzeugende Einwände dargelegt. Doch diese Kritik fand nicht die gebührende Anerkennung. Es wurde weiter mit Vorstellungen über Retardationsprozsse nicht nur bei Haustieren, sondern auch bei allgemeinen Erörterungen zur Stammesgeschichte spekuliert. Daher analysierte Starck (1962) die Problematik in sehr umfassender Weise. Er kam zu dem Schluß: «Bei der Menschwerdung läßt sich im Vergleich zu Tierprimaten ein buntes Mosaik von Accelerationen, Retardationen und Deviationen nachweisen. Für die Gestaltwandelprozesse bei der Haustierwerdung läßt sich das gleiche nachweisen. So konnte gezeigt werden, daß die Formbesonderheiten juveniler Haushundschädel nicht mit denen von Zwerghundschädeln vergleichbar sind. Kurzköpfigkeit (Mopsköpfe, Brachygnathie) ist nicht die Folge von Verzwergung.» «Auch in der Domestikationskunde kann keine Rede davon sein, daß ein allgemeines Fetalisationsprinzip im Sinne eines Formbildungsgesetzes wirksam ist. Selbst das Prinzip der ‹Retention jugendlicher Merkmale› in der Domestikation läßt sich nicht aufrechterhalten.»

Es ergibt sich damit, daß zum Verständnis von Domestikationsmerkmalen eine vielseitige, kritische Bewertung von Einzelwandlungen zu erfolgen hat, und daß sodann das Problem der Harmonisierung, der Synorganisation, im Körper und mit der Umwelt geprüft werden muß. Bei solchen Studien sind entwicklungsphysiologische Untersuchungen und allometrische Analysen wichtige Hilfsmittel.

In entwicklungsphysiologischer Sicht spielen Wachstumsdauer und Wachstumsintensität der einzelnen Körperabschnitte eine wichtige Rolle. Sie stimmen bei den Rassen der gleichen Haustierart nicht überein und die Hauptwachstumszeiten sind nicht korreliert. Weise (1966) ermittelte für einige Haushundrassen, daß das Wachstum verschiedener Körperabschnitte zwar einen ähnlichen Verlauf hat, jedoch bemerkenswerte Intensitätsunterschiede nachzuweisen sind. Dadurch ergeben sich im Verlauf des Wachstums deutliche Proportionsunterschiede zwischen den Rassen. Die Körperteile der verschiedenen Rassen haben eigene Wachstumsrhythmen. Solche Studien, die zum Verständnis von Domestikationsbesonderheiten beitragen, stehen noch am Anfang. Es kann aber auf Untersuchungen von Sommer (1931) am Haushundskelett, von Kelm (1938) über die Entwicklung des Schädels bei Wild- und Berkshirehausschwein, von Piltz (1951) über die Entwicklung von Schädeln von Haushundrassen oder von Frahm (1973) über Organe des Goldhamsters und verwandter Arten bereits hingewiesen werden. Grundsätzliche Ausführungen zu dieser Problematik in stammesgeschichtlicher Sicht sind Thompson (1936) und zahlreichen Arbeiten von Bertalanffy sowie von Rensch zu danken.

Nach diesen allgemeinen Hinweisen seien Domestikationsveränderungen einzelner Strukturen und Gefügesysteme erörtert.

# XIII. Anatomische Veränderungen von Einzelmerkmalen und Gefügesystemen im Hausstand

## 1 Skelett von Haussäugetieren und Hausgeflügel

Die Wildarten der Wirbeltiere unterscheiden sich in wichtigen Besonderheiten des Skeletts. Merkmale vieler Skelettelemente können bei systematischen Gliederungen als Artkennzeichen dienen, sie sind Ausdruck funktioneller Unterschiede.

Als häufigste Dokumente von Wild- und Haustieren in prähistorischen bis mittelalterlichen Siedlungen liegen Skelettreste vor. Meist ermöglichen sie die Zuordnung zu Arten; es lassen sich auch Aussagen über die Zugehörigkeit zu Haustieren machen, da in der Domestikation mannigfache Einzelveränderungen gegenüber den Stammarten auftreten. Am Beginn von Domestikationen ist jedoch eine Entscheidung, ob ein Skelettrest von einem wilden oder einem domestizierten Vertreter der Art stammt, nicht leicht. Auch in wilden Populationen ist die Variabilität der Skelettelemente nicht gering; im Hausstand verschiebt sich die Norm nur allmählich. Fortschreitend stellen sich letztlich beträchtliche Unterschiede zwischen Wildart und Hausform ein.

Im allgemeinen wirken Haustierknochen mächtiger als jene der Wildart, es entsteht der Eindruck eines nicht so festgefügten Feinbaues. Daher wurde nach Unterschieden im Feinbau der Knochen von Wildarten und ihren Hausformen gefahndet. Zur Erfassung der Besonderheiten von Haustieren war eine Erweiterung allgemeiner Einsichten über den Knochenaufbau geboten (Kummer 1985). Zur Frage größenabhängiger Einflüsse ermittelte Ertelt (1955), daß bei Wildtieren größere Individuen dickere Knochen haben, bei Haustieren sind diese Konstruktionszusammenhänge gestört. Weiter wurde deutlich, daß sich Längenmaße in der Domestikation stärker verringern als Breiten- und Dickenmaße (Bohlken 1964, Stockhaus 1965, Degerbøl 1970, Bückner 1971). Bökönyi et al. (1965) stellten mit Hilfe von Röntgenstrahlen fest, daß die Knochen von Wildrindern kräftiger und fester als jene von Hausrindern sind, Wildrinder zeigen eine dichtere Knochenbeschaffenheit.

Bereits 1930 hatte sich v. Haussen mit Fragen des Feinbaues von Knochen bei Primitivrassen und Kulturrassen von Hausschafen und Hauspferden befaßt. Er erkannte, daß Unterschiede in der Anordnung der Fibrillen im Knochen bestehen; bei Primitivrassen überwiegt eine steile Faserung gegenüber einer zirkulären, bei Kulturrassen ist es fast umgekehrt; flachansteigende Faserung überwiegt. Dies bedeutet funktionell, daß die Knochen der Primitivrassen elastisch widerstandsfähiger sind.

Den Osteonen in den Röhrenknochen von Wild- und Hausschweinen wandten Knese und Titschak (1962) besonderes Interesse zu. Zimmermann (1959) bemühte sich um eine Objektivierung von Unterschieden im Aufbau von Knochen wilder und domestizierter Schweine. Paaver (1973), Drew, Perkins und Daly (1971) sowie Lasota-Moskalewska und Moskalewski (1982) legten weitere Ergebnisse feinbaulicher Untersuchungen an Knochen von Haustieren und ihren Stammarten vor.

Gegen manche Deutungen der von diesen Forschern ermittelten Besonderheiten lassen sich Einwände erheben, weil vergleichende Betrachtungen über die allgemeinen Grundlagen im Hintergrund blieben und die Bedeutung methodischer Dinge nicht hinreichend in Erwägung gezogen wurde. Unabhängig von den genannten Arbeiten hat Knief (1978) Studien über den Feinbau der Röhrenknochen von Wild- und Hausschweinen durchgeführt. Er gab uns folgende Zusammenfassung der derzeitigen Kenntnisse über den Einfluß der Domestikation auf den Aufbau des Röhrenknochen: «Bei der Erfassung größenabhängiger Einflüsse auf Knochenbesonderheiten ermittelte Ertelt (1955) nicht nur, daß ganz allgemein größere Wildtiere relativ dickere Röhrenknochen haben, sondern auch, daß die Querschnittsform der Langknochen unabhängig von der Körpergröße durch die Art der Beanspruchung bestimmt wird. Die Röhrenknochen unterliegen im wesentlichen einer Biegebeanspruchung, die infolge eines mehr oder weniger gleichbleibenden Biegungssinnes zu einer Hauptbelastungsrichtung führt (Kummer 1959). Dieser Hauptbelastungsrichtung wird durch die Querschnittsform das höchste Widerstandsmoment entgegengesetzt. Dies wird durch den größten Durchmesser des Knochenrohres gekennzeichnet. Oft sind in dieser Richtung zusätzliche Knochenleisten ausgebildet (z. B. Crista femoris).

Hinsichtlich des Feinbaues konnte Ertelt feststellen, daß die Röhrenknochen kleinerer Wildtiere die primitiveren Strukturen aufweisen (primärer Faserknochen), während bei größeren Wildarten differenziertere Elemente vorherrschen (sekundärer Lamellenknochen mit Osteonen und Generallamellen). Ihr Auftreten ist in den verschiedenen Skeletteilen, aber auch innerhalb eines Skelettelementes unterschiedlich. In der Diaphysenmitte liegen im allgemeinen die komplizierteren, nach den Gelenkenden hin die einfacheren Strukturen vor. In der Verteilung über den Querschnitt finden sich die differenzierteren Elemente in der Hauptbelastungsrichtung. Sowohl die makroskopische Gestalt als auch eine entsprechende Differenzierung im Feinbau des Knochens ist Ausdruck einer funktionellen Anpassung an die Beanspruchung.

Bei Haustieren zeichnen sich die Knochen im Vergleich zu ihren Stammarten zunächst dadurch aus, daß sie relativ massiger sind. Andererseits zeigen sie einen undifferenzierten Feinbau. Bei Hausschweinen setzt der innerossäre Umbau vom primären Knochengewebe in mechanisch leistungsfähigere Lamellenknochen, vermutlich infolge des rascher zunehmenden Körpergewichts, zwar ontogenetisch früher ein, adulte Tiere zeigen jedoch einen weniger stark differenzierten Feinbau. Während Osteone, die als ‹Antistraine gegen Druck- bzw. Biegebeanspruchung des Knochens von größter Bedeutung sind› (Catel 1970), bei Wildschweinen in Richtung des größten Widerstandsmomentes hohe Dichten erreichen, in der Richtung des geringsten Widerstandsmomentes (senkrecht dazu) jedoch weitgehend zurücktreten, zeigen sie bei Hausschweinen eine recht gleichmäßige Verteilung (bei mittleren Dichten) über den gesamten Querschnitt. Unter den Bedingungen des Hausstandes wird eine optimale ‹funktionelle Anpassung› hinsichtlich des Feinbaues nicht (mehr) verwirklicht. Statt dessen wird ein offenbar massigeres Skelett entwickelt, das durch seine Mächtigkeit den mechanischen Anforderungen bei Haustieren genügt.

Unterschiede zwischen Hausschweinen und Wildschweinen bezüglich des Anstieges der Lamellen sowie der Ausrichtung der anorganischen Kristallite, die durch orientierte Verwachsung (Epistasie) mit den kollagenen Fasern gleichgerichtet sind, konnten zum Teil als methodische Artefakte erkannt werden (Knief 1978).»

Über Veränderungen in der Gesamtlänge der Wirbelsäule sind allgemeine Aussagen kaum möglich. Für Goldfische wurde eine Verkürzung beschrieben (Matsui 1976). Bei Säugetieren und

Vögeln ist eine einwandfreie Bezugsgrundlage schwer zu gewinnen (Lüps und Huber 1969).

Die Länge der Wirbelsäule verändert sich mit der Gesamtgröße der Tiere, außerdem wird sie von der Zahl der Wirbel etwas beeinflußt. Die Zahl der Halswirbel bleibt bei domestizierten Säugetieren unverändert; als eine sehr seltene Ausnahme wurde bei Hausmeerschweinchen eine Abwandlung bekannt (Brückner und Osche 1969). Die Zahl der Brust- und Lendenwirbel ist auch bei wilden Säugetierarten variabel. So schwankt beim Wildschwein die Zahl der Brustwirbel zwischen 13 und 15, der Lendenwirbel zwischen 5 und 6. Beim Przewalskiwildpferd werden 18–19 Brustwirbel und 5 oder 6 Lendenwirbel gezählt (Lengerken 1957). Im Hausstand ist die Variabilität erhöht (Hammond 1947, Wiarda 1954). Beim Hausschwein gibt es 13–18 Brustwirbel, 5–7 und mehr Lendenwirbel; diese Zahlen sind auch bei Geschwistern des gleichen Wurfes unterschiedlich. Züchterische Maßnahmen haben Hausschweine mit hohen Lendenwirbelzahlen begünstigt, um den Fleischgewinn in der Kotelettgegend zu steigern (Clausen 1970). Lengerken (1957) vermutet für die Unbeständigkeit der Wirbelzahlen multiple Erbfaktoren. Beim Hauspferd liegt die Zahl der Brustwirbel zwischen 17 und 19, der Lendenwirbel zwischen 5 und 7. Entgegen älteren Annahmen lassen sich aber Hauspferdrassen durch die Zahl der Lendenwirbel nicht kennzeichnen. Für Haushunde werden 12–14 Brustwirbel und 6–7 Lendenwirbel angegeben. Mit der entwicklungsphysiologischen Problematik unterschiedlicher Wirbelzahlen bei Säugetieren, besonders in der Lendenregion, hat sich Fischer (1952) auseinandergesetzt.

Veränderungen in der Zahl der Schwanzwirbel sind von Haushund, Hauskatze, Hausschaf, Haushuhn und Hausente bekannt. Im Hausstand verringert sich die Zahl der Schwanzwirbel bis zur Schwanzlosigkeit, die vor allem von Hauskatze und Haushuhn beschrieben ist. Eine Vermehrung der Schwanzwirbelzahl kommt bei Haustieren ebenfalls vor, sie ist besonders bei Hausschafen bekannt.

Mit Veränderungen in der Zahl der Schwanzwirbel bei Haustieren sind mannigfache weitere Wandlungen verknüpft (Bogoljubskij 1940). Bei vielen Haussäugetieren verändert sich die für die Stammart normale Schwanzhaltung. Die Schwänze können entweder ständig aufgerichtet oder stark eingezogen getragen werden; sie verlieren damit einen Teil ihrer Bedeutung als Mittel innerartlicher Kommunikation. Es treten auch Einkrümmungen über dem Rücken auf, die sich bis zur Ringelung steigern. Dies ist vor allem von Hausschweinen und Haushunden bekannt, tritt aber auch bei Hauskatzen auf (Klatt 1927, 1939; Pflugfelder 1952, eigene Beobachtungen in japanischen Populationen). Linnaeus hatte einst als Unterschied zwischen Haushund und Wolf «cauda recurvata» und «cauda inrecurvata» angegeben; in manchen Schriften wird diese Kennzeichnung noch heute beibehalten. Die Mannigfaltigkeit der Schwanzhaltungen bei den Rassen der Haushunde erweist jedoch, daß es sich um eine Domestikationserscheinung handelt, die sich als Grundlage systematischer Gliederung nicht eignet.

Bei Hausschafen sind Knickungen in der Schwanzwirbelsäule bemerkenswert. Angaben von Spöttel (1928) für Hausschafe sowie von Tacke (1936) für Hauskatzen ist zu entnehmen, daß mit solchen Veränderungen Verkümmerungen des Rückenmarks im Bereich der Schwanzwirbelsäule in Zusammenhang stehen. Mit Eigenarten der Schwanzwirbelsäule sind bei Hausschafen mächtige Fetteinlagerungen im Schwanzbereich verbunden, die zur Gliederung in Fettsteiß- und Fettschwanzschafe führte. Epstein (1970, 1971) hat darüber ausführlich berichtet. Steiniger (1939) hat sich mit der Genetik von Schwanzveränderungen befaßt. Landauer (1947) sowie Pflugfelder (1952) studierten entwicklungsphysiologische Zusammenhänge.

Auch beim Hausgeflügel ist die Schwanzhaltung gegenüber der Stammart vielfältig abgewandelt. Am auffälligsten ist eine kranial gerichtete Dauerhaltung, bei Krüperhaushühnern und Pfauhaustauben besonders ausgeprägt, aber auch bei Emdener Hausgänsen zu beobachten. Von einigen domestizierten Vogelarten ist ein Verlust der Schwanzwirbel bekannt, so beim Araukanerhaushuhn und dem Kaulhaushuhn.

Sehr bemerkenswert sind Abwandlungen in der Schwanzflosse domestizierter Fischarten. Wir haben diese bei den Rassen des Goldfisches ausführlicher beschrieben.

Der Brustkorb spiegelt bei vielen Haustierrassen die Wuchsform anschaulich wider. Es gibt eine tonnige, tiefe Gestaltung mit fast senkrecht gestellten, sehr gewölbten Rippen und eine schmale Form mit wenig gewölbten Rippen, die schräg ventrokaudal gerichtet sind. In der Tierzucht werden die Tiere mit breiten Brustkörben als «Typus digestivus», die mit schmalen Brustkörben als «Typus respiratorius» bezeichnet (Duerst 1931, Comberg 1980). Bei den Wildarten überwiegt die schmalere Bauform der Brustkörbe. Wiarda (1954) stellte bei der Bearbeitung der Skelettbesonderheiten von Hausschweinen fest, daß die Rippenform beim gleichen Individuum verschieden sein kann; vorn war der tonnige, «digestive» Typ, hinten der schmale, «respiratorische» Typ realisiert. Solche Beobachtungen sprechen gegen die Annahme eines einheitlichen Gestaltungsprinzips oder eines entwicklungsphysiologischen Gefälles, das mit Stoffwechselbesonderheiten in einem engen Zusammenhang steht.

Auch die Extremitäten und ihr Skelett zeigen bei Haustieren gegenüber ihren Stammarten viele Abwandlungen. Wohl bei allen Arten der Haussäugetiere und des Hausgeflügels sind langbeinige und kurzbeinige «dackelbeinige» Rassen aufgetreten; von Haushund, Hauskatze, Hausschwein, Hausschaf, Hausziege, Alpaka, Hausrind, Hauspferd, Haushuhn und auch Mensch sind solche Fälle in verschiedenen Formen beschrieben worden (z.B. Landauer 1940–1950). Die Veränderungen der Extremitätenlängen erfolgen unabhängig von der Rumpflänge. Kurzbeinige Haustiere sind daher nicht als Zwerge, sondern als niedrig gestellte Tiere und langbeinige Formen nicht als Riesen zu bezeichnen.

Meist sind die Extremitätenknochen der Haustiere mächtiger als bei den Stammarten; es gibt aber auch einige Rassen mit schlankeren Extremitätenknochen. Höchst auffällig sind auch Unterschiede in der Gestalt der Schulterblätter von Stammart und Hausform. «Aus der langen, schlanken Scapula der Wildtiere wurde beim Hausschwein ein Schulterblatt plumpen, gedrungenen Baues» (Müller 1967). Der kaudale Rand des Schulterblattes steigt beim Hausschwein nicht geradlinig auf wie beim Wildtier, sondern kann sich verschieden stark ausbuchten. Der Knochen ist viel massiger, was sich besonders in der Breite des Schulterblattes kundtut. Die Spina scapulae erfährt die deutlichsten Wandlungen; sie ist höher, durch rauhe Muskelansatzflächen länger und breiter. Beim Wildschwein beginnt die Spina scapulae als schmaler Grat des Schulterblattes und verstreicht zum dorsalen Rand. Beim Hausschwein ist auch der dorsale Teil stark entwickelt. Bei Landrassen der Hausschweine ist das Schulterblatt dem von Wildschweinen noch ähnlich, Kulturrassen besitzen die relativ breitesten Scapulae (Wiarda 1954). Ob diese Veränderungen eine funktionsbiologische Bedeutung haben (Müller 1967), ist noch unbekannt.

Auch bei Haushunden deuten sich in der Form der Schulterblätter Rasseunterschiede an (Herre 1964, Bückner 1971). Die Schulterblätter von Deutschen Schäferhunden und Hallstromhunden ähneln denen von Wölfen. Dackel haben kürzere, aber in der Breite wolfsähnliche Scapulae. Chow-Chow fallen durch einen sehr breiten Hals ihrer Schulterblätter auf. Bei einigen Dingos sind die Scapulae auffällig schmal. Die mächtigsten Scapulae sind bei Boxern zu finden (Abb. 64). Die Schulterblätter der Hauskatzen zeichnen sich gegenüber jenen der Wildart ebenfalls durch Mächtigkeit aus (Kratochvil 1977).

Bei den übrigen Extremitätenknochen sind die Veränderungen uneinheitlich (Carstens 1934). Ein distal verlaufendes Wachstumsgefälle zeichnet sich nicht ab. Die einzelnen Knochen verändern sich nicht synchron mit der Zunahme der Körpergröße und auch nicht im Verhältnis untereinander (Wiarda 1954, Schultz 1969). Die eingehendsten Studien über die Proportionierung der Extremitätenknochen bei Wildart und Haustieren hat Bückner (1971) vorgelegt. Bei

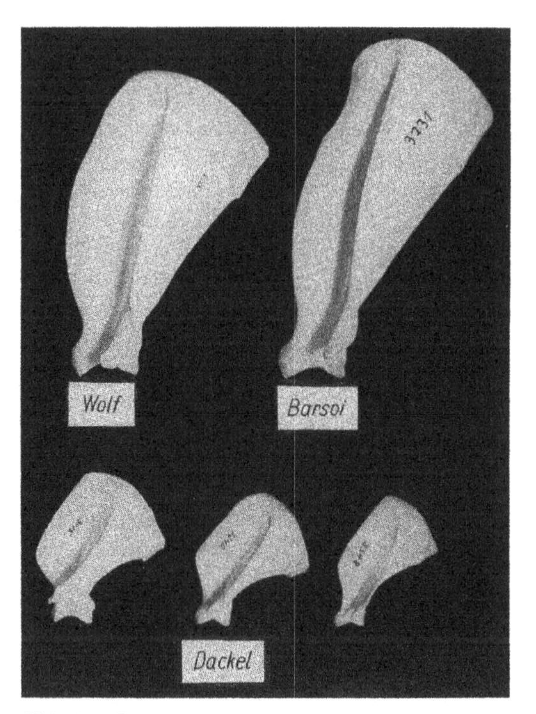


**Abb. 64:** Schulterblätter von Wolf und Haushundrassen (Sammlung Institut für Haustierkunde Kiel)

wilden Canidenarten sind die Unterschiede meist größenabhängig, innerhalb der Haushunde überwiegen größenunabhängige Veränderungen. Bei Haushunden entstanden nach Wegfall der natürlichen Auslese recht verschiedene Proportionierungen. Humerus und Radius/Ulna bleiben im Verhältnis zueinander wolfsähnlich; das Metapodium wird bei allen Haushunden verhältnismäßig kürzer. Die absolut kürzesten Extremitätenknochen haben die Dackel; sie unterscheiden sich von allen Wildarten der Caniden, weil ihre relativen Knochenbreiten in der Wolfsnorm bleiben, die Längen sind hingegen stark reduziert. Funktionsbiologisch lassen sich bei Haushunden nach der Proportionierung der Extremitätenknochen gute und schlechte Läufer unterscheiden. Bei Hauspferden zeichnen sich die Traber durch besonders lange Metapodien aus (Döhrmann 1929). Diese Sachverhalte sind bei generalisierenden Bewertungen von Berechnungen der Körpergröße praehistorischer und mittelalterlicher Haustiere nach Maßen von Extremitätenknochen zu berücksichtigen.

Bei vielen Haustierarten treten als abnorme Bildungen an den Extremitäten überzählige Zehen auf. Diese werden meist als Atavismen gewertet. Als Beispiele seien Haushunde, Hauspferde, Hausschweine, Hausrinder, Lama, Haushühner genannt (Seiferle 1938, Neef 1937, Steiner 1945, Pflugfelder 1954, Frechkop 1961, Taibel und Grilletto 1966/67). Das große Interesse, welches diese «Atavismen» fanden, beruht auf der Vorstellung, daß die überzähligen Zehen als Rückschläge auf weit zurückliegende stammesgeschichtliche Vorläufer der Stammarten verstanden und als Hinweise auf evolutive Entwicklungen gedeutet werden können.

Bei Wildarten sind überzählige Zehen selten (Leisewitz 1925), sie kommen aber vor. Lönnberg (1916) beschrieb sie beim Rotfuchs, Frechkop (1961) vom Wildschwein, Dathe (1970) vom Rotwolf, um nur einige Fälle zu nennen. Bei Haushunden gewann Seiferle (1938) nach dem Studium hyperdaktyler Bildungen an den Hinterbeinen von Haushunden den Eindruck, daß diese bei Rassen, die Kreuzungen ihre Entstehung verdanken, besonders häufig seien. So lag der Gedanke nahe, daß bestimmte Konstellationen von Erbanlagen, über die genauere Vorstellungen nicht begründet werden konnten, zur Realisierung alter, schlummernder Potenzen beitrügen und zu Gestaltungen führten, die für entfernte Vorfahren kennzeichnend waren. Dieser Auffassung haben sich Fischer (1952) und Pflugfelder (1954) nicht angeschlossen. Moderne Kreuzungen zwischen sehr extremen Rassen des Haushundes (Stockard 1932, 1941; Klatt 1941–1944) oder zwischen Wolf und Pudel und Schakal und Pudel (Herre 1966, 1980), geben der Theorie von Seiferle ebenfalls keine Nahrung. So sind die überzähligen Zehen vorläufig als eigene Bildungen aufzufassen.

Die Vorderextremitäten des Hausgeflügels beanspruchen besonderes Interesse, weil viele Formen des Hausgeflügels die den Stammarten eigene Flugfähigkeit verloren. Schon Darwin beobachtete, daß die großen Cochinhaushühner «wegen ihrer kurzen Flügel und schweren Körper kaum auf eine niedere Stange fliegen» können. Erstaunt stellte er fest, daß Cochinesen und Bankivahühner die gleiche relative Flügellänge besitzen. Weitere Einzelheiten über Körpergrößen und Teilgrößen waren Darwin aber noch nicht bekannt.

Meunier (1959) hat sich eingehend mit den Beziehungen Flügelfläche und Körpergewicht bei Vögeln befaßt. Zu nennen sind auch die Arbeiten von Hoerschelmann (1966) und Storck (1968). Meunier konnte nachweisen, daß für das Verhältnis

$$\sqrt[2]{\text{Tragfläche}} - \sqrt[3]{\text{Körpergewicht}}$$

bei Stammarten von Hausvögeln negative Allometrie vorliegt: Bankivahuhn a = 0.59, Stockente a = 0.53, Graugans a = 0.57. Im intraspezifischen Bereich nimmt die Tragflächenbelastung mit steigendem Körpergewicht stark zu. Bei Hausvögeln verändern sich die a- und b-Werte gegenüber ihren Stammformen nicht. Viele Hausvögel werden aber schwerer als ihre Stammarten. Bei Bankivahühnern haben die Weibchen Körpergewichte um 500 g, Männchen um 750 g. Haushühner, welche im Körpergewicht im Bereich der Stammart bleiben, können noch gut fliegen. Mit steigendem Körpergewicht aber verschlechtert sich die Flugfähigkeit und geht schließlich verloren. Dies trifft für alle Hausvögel zu. Die allometrische Beziehung Flugfläche-Körpergewicht im intraspezifischen Bereich ist somit nicht als ideale Anpassung an die Erhaltung der Flugfähigkeit bei zunehmender Körpergröße anzusehen. Dieser Befund ist für Beurteilungen stammesgeschichtlicher Vorgänge von großem Interesse (Herre und Röhrs 1970). Bei einigen schweren Haushuhnrassen deuten sich Tragflächenvergrößerungen unabhängig von der Körpergröße an, sie entsprechen aber noch nicht den Umkonstruktionen bei Wildarten im interspezifischen Bereich.

Dem Becken kommt biomechanisch eine große Bedeutung zu (Kummer 1959). Auch in seiner Gestaltung lassen sich Unterschiede zwischen Wildart und Hausform ermitteln. Für Kulturrassen der Hausrinder belegte Duerst (1931) Verkürzungen des Sitzbeines im Verhältnis zum Darmbein sowie Wandlungen in der Stellung dieser Knochen zueinander. Für Hausschweine hebt Wiarda (1954) hervor, daß die flächenhafte Ausdehnung des Beckens mit dem Wildschwein übereinstimmt, die Proportionierung der Beckenknochen und ihre Winkelung zueinander jedoch beträchtliche Unterschiede zwischen Wildart und Hausform aufweisen. Sowohl bei Hausrindern als auch bei Hausschweinen wirken sich die jeweiligen Besonderheiten auf die Zusammenfügung des Skeletts und seine Leistungsfähigkeit aus (Duerst 1931, Kummer 1959). Für den Haushund finden sich Angaben über Eigenarten des Beckens bei Carstens (1934). Lüps und Huber (1969) meinen, daß die Beckenlänge der Haushunde ein geeignetes Bezugsmaß zur Beurteilung der Körpergröße sei.

## 2 Schädel der Haussäugetiere

Die Schädel der Haustiere sind gegenüber denen ihrer Stammarten vielfältig und oft sehr auffällig verändert. Die Ursachen dieser Änderungen sind nur schwer zu erkennen, weil meist mehrere Faktoren zusammenwirken. Zudem führt die erhebliche Variabilität der Körpergröße zu größenbedingten Proportionsunterschieden der Schädel, wie dies für Zwerg- und Großpudel veranschaulicht wurde (Abb. 1). Weiterhin stellen sich bei Haustierschädeln größenunabhängige Wandlungen ein, z.B. Einflüsse von Geschlecht und Alter. Zur klaren Beurteilung der verschiedenen Einflüsse sind sorgfältige anatomische Analysen unter Verwendung von Methoden der Allometrieforschung Voraussetzung. Entwicklungsgeschichtliche Ergebnisse sind ebenfalls heranzuziehen. Mannigfache Erörterungen über diese Probleme wurden geführt (Klatt 1913, 1941; Starck 1953, 1963; Röhrs 1959, 1985; Bohlken 1962, 1964; Huber und Lüps 1968; Lüps und Huber 1969; Rempe 1970; Huber 1974; Lüps 1974; Nussbaumer 1978, 1985); sie sind noch nicht abgeschlossen. Grundsätzlich hat sich gezeigt, daß sich die meisten Einzelteile auch unabhängig voneinander verändern können.

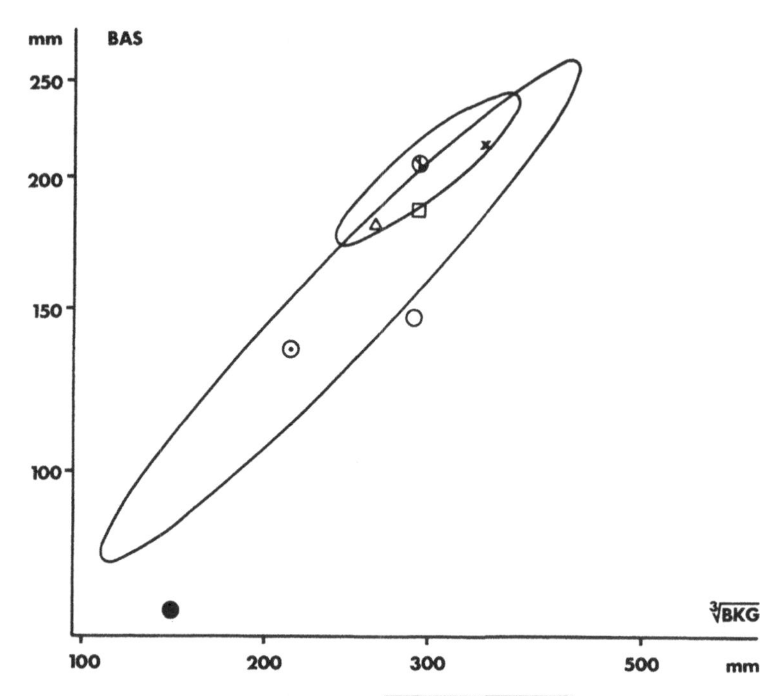


**Abb. 65:** Intraspezifische Beziehungen Basilarlänge-$\sqrt[3]{\text{Bruttokörpergewicht}}$ bei *Canis lupus* (a EHA = 0.79) und Pudeln (untere 95 % Toleranzellipse a EHA = 1.04). a EHA = Anstiegswinkel der Ellipsenhauptachse. BKG = Bruttokörpergewicht, BAS = Basilarlänge. Mittelwert von Hunderassen: × Deutsche Dogge, ⊗ Barsoi, □ Schäferhund, △ Dingo, ⊙ Dackel, ○ Boxer, ● Pekingese

Eine grobe innerartliche Allgemeingliederung von Haustierschädeln ist möglich, wenn von kurz-, normal- und langschnauzigen Rassen gesprochen wird. Doch es zeigt sich bald, daß innerhalb der Rassen solcher Gruppierung einige Individuen Sonderstellungen einnehmen. Dies gilt für alle Haustierarten. Trotzdem veranschaulicht diese Typisierung, daß vor allem in der Ausformung der Gesichtsschädel Unterschiede bestehen. Im Vergleich zur Wildart wird im Hausstand der Gesichtsschädel verkürzt und verbreitert oder verlängert und verschmälert. Die Ausprägung der Kurz- oder Langschnäuzigkeit ist sehr unterschiedlich.

Schon bei normalwüchsigen Haustieren ist gegenüber den Wildformen in bezug auf das Körpergewicht eine Verkürzung der Schädellänge zu beobachten, wobei der Gesichtsschädel eine stärkere Abnahme zeigt als der Gesamtschädel.

In der Regel aber bleiben die körpergrößenabhängigen Proportionsunterschiede bei Wild- und Haustieren in etwa gleich. Eine Ausnahme bilden Haushunde. Die Beziehung

$$\text{Basilarlänge} - \sqrt[3]{\text{Körpergewicht}}$$

ist bei Wölfen gekennzeichnet durch ein a von 0.79, bei normalwüchsigen Haushunden (Pudel) durch ein a von 1.04 (Abb. 65). Möglicherweise ist diese Isometrie bei Haushunden anzusehen als Anpassung an sehr geringe Körpergrößen. Eine Verkleinerung mit dem a-Wert von 0.79 der Wölfe zu Zwerghunden würde zu wahren Monstren führen. In Abb. 65 sind noch dargestellt die Basilarlängen für einzelne Rassen. Es ist deutlich, daß bei Boxern, und ganz besonders bei Pekinesen, enorme Verkürzungen der Schädellängen stattgefunden haben, Barsois dagegen liegen noch im Bereich der Wölfe. Entsprechende Ergebnisse zeigen sich bei zwei weiteren Ma-

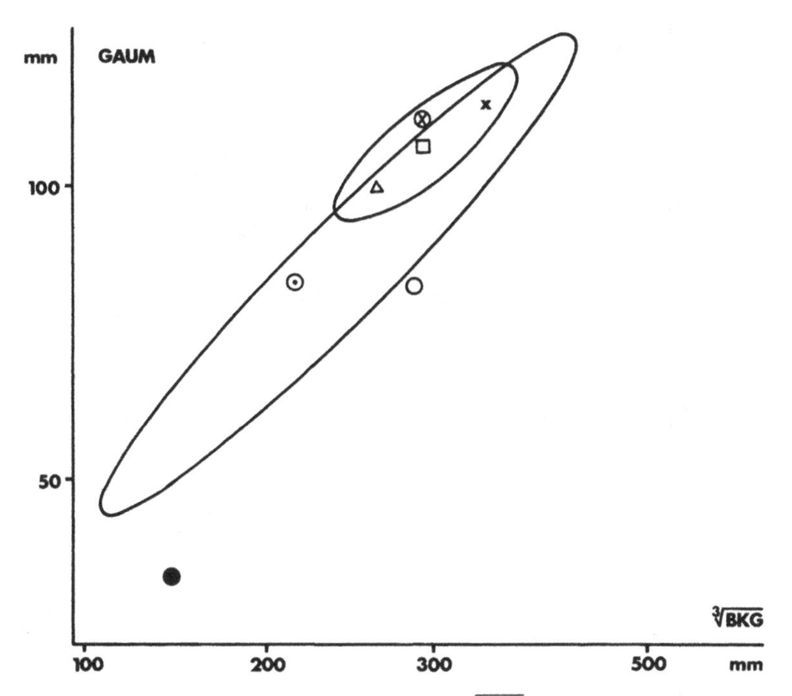


**Abb. 66:** Intraspezifische Beziehungen Gaumenlänge (Gaum)-$\sqrt[3]{\text{BKG}}$ bei *Canis lupus* (obere 95 % Toleranzellipse, a EHA = 0.81) und Pudeln (untere 95 % Toleranzellipse, a EHA = 0.98). Mittelwerte von Hunderassen, Symbole wie in Abb. 65

ßen. Der intraspezifische a-Wert für die Beziehung

Gaumenlänge$-\sqrt[3]{\text{Körpergewicht}}$

beträgt bei Wölfen 0.81, bei normalwüchsigen Haushunden 0.98 (Abb. 66). Für die Beziehung

Backenzahnreihe$-\sqrt[3]{\text{Körpergewicht}}$

lauten die a-Werte: Wölfe 0.68, normalwüchsige Hunde 1.01 (Abb. 67). Es sind also hier bei Haushunden gegenüber Wölfen Änderungen der intraspezifischen größenbedingten Proportionsunterschiede eingetreten (Röhrs 1985).

Der mögliche Umfang der Formabwandlungen der Schädel von Haustieren kann durch die grob kennzeichnenden Begriffe Mops- und Windhundschädel angedeutet werden. Solche Bildungen sind von Haushund, Silberfuchs, Hauskatze, Frettchen, Farmnerz, Hausschwein, Hausrind, Hauspferd, Hausschaf, Hausziege, Lama, Alpaka, Hauskamel, Hauskaninchen, Haustaube, Hausgans, Höckergans, Haushuhn und auch vom Goldfisch bekannt. Besonders ausgeprägt sind sie aber bei Haushunden und Hausschweinen. Innerhalb von Haustierarten bildeten sich derartige Eigenarten mehrfach unabhängig voneinander; schon Darwin hat beschrieben, daß bei Hausrindern Individuen mit verkürzten Schädeln, sogenannte Niatarinder, mehrfach entstanden (Abb. 68).

In früheren Jahrzehnten wurde die Meinung vertreten, daß Umwelteinflüsse, so veränderte Ernährung und das Fehlen von Wühlmöglichkeiten bei Hausschweinen zur Verkürzung des Gesichtsschädels beitrügen. Inzwischen ist aber sicher, daß diese genetisch bedingt sind. Schon bei Embryonen und neugeborenen Hausschweinen zeichnen sich diese Besonderheiten ab (Kim 1933, Kelm 1938). Das gleiche zeigte Piltz (1951) für Haushunde. Hausschweine und Haushunde mit extremen Abwandlungen des

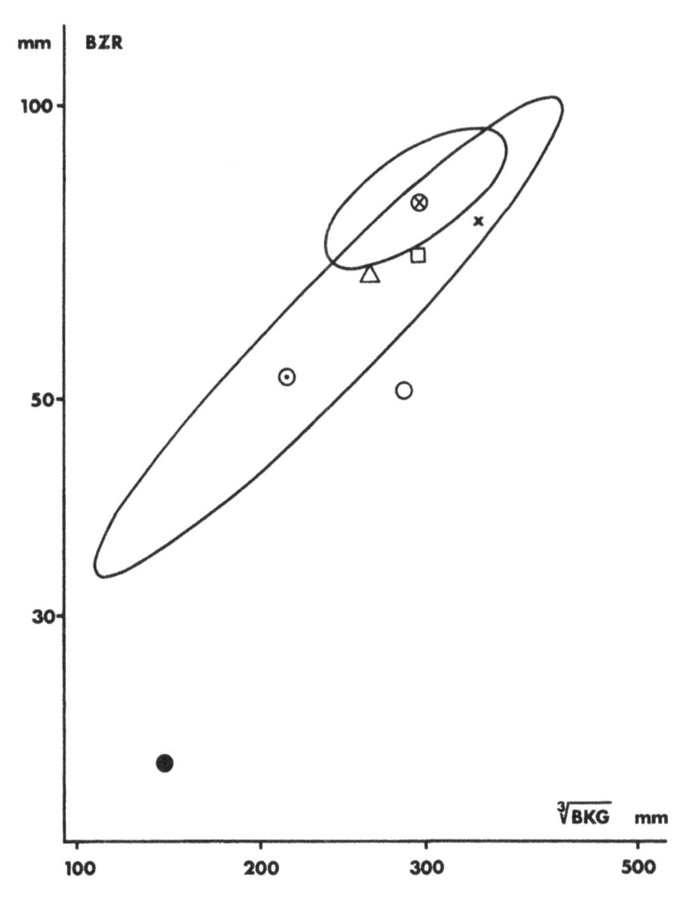


**Abb. 67:** Intraspezifische Beziehungen Backzahnreihenlänge (BZR)-$\sqrt[3]{\text{BKG}}$ bei *Canis lupus* (obere 95 % Toleranzellipse, a EHA = 0.68) und Pudeln (untere 95 % Toleranzellipse, a EHA = 1.01). Mittelwerte von Hunderassen, Symbole wie in Abb. 65

Gesichtsschädels und Gebisses können sich im Hausstand erhalten, da Nahrungssuche, Beutefang und die Form der Nahrung so stark verändert wurden.

Klatt (1913) hat wesentlich dazu beigetragen, den Einfluß der Schädelgröße auf die Proportionierung des Schädelbildes zu klären. In neuerer Zeit standen Fragen nach den Veränderungen von Einzelmaßen im Blickfeld. Die Rassenvielfalt der Haushunde bot zu solchen Studien besondere Anreize (Stockhaus 1965, Huber und Lüps 1968, Nussbaumer 1985, Röhrs 1985). Bei diesen Analysen konnten durch den Einsatz verbesserter biometrischer Verfahren eine Fülle neuer Einsichten gewonnen werden. Die Hirnstammbasis erwies sich als ein recht stabiles Element, sie wurde für viele Untersuchungen als Bezugsmaß herangezogen (Lüps 1974).

Bei Verwendung der Hirnstammbasis als Bezugssystem konnte gezeigt werden, daß der Bereich des Palatinums der kurz- und auch der normalschnäuzigen Rassen des Haushundes gegenüber dem Palatinum des Wolfes am stärksten verkürzt wird. Bei Haushundrassen mit relativ langen Schnauzen ist die Verlängerung des Palatinums geringer als die des Maxillarberei-

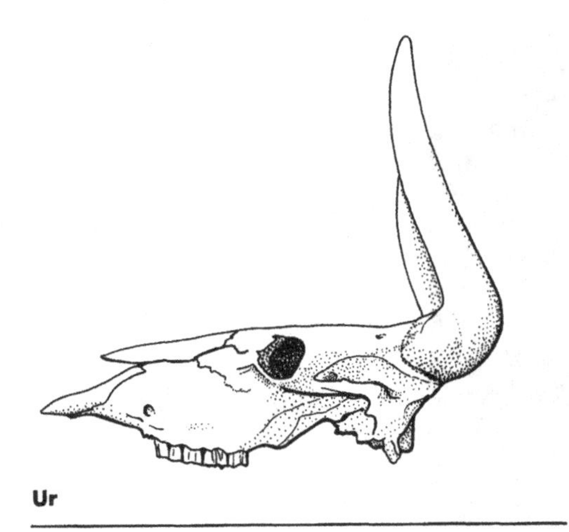


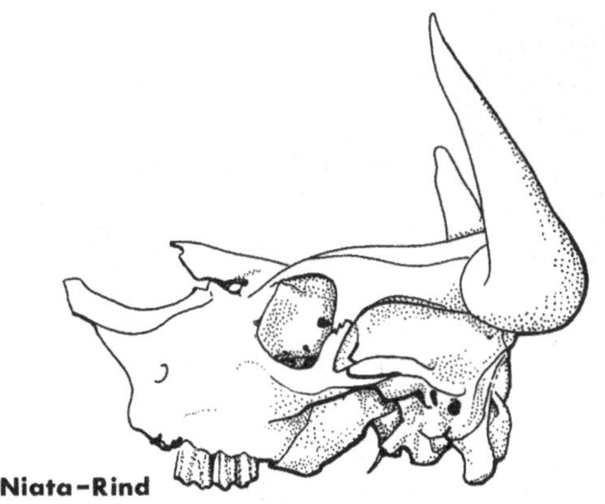


**Abb. 68:** Veränderungen des Auerochsenschädels im Hausstand. Oben: *Bos primigenius,* unten: Hausrind, Rasse Niata; auf gleiche Größe gebracht (Sammlung Institut für Haustierkunde Kiel)

ches. Bei Zwerghunden vermindern sich aber Palatinum und Maxillare in gleicher Weise. Bei Boxern ist die Verkürzung des Palatinums viel weniger stark als bei Bulldoggen. Damit zeigt sich, daß die Veränderungen der Gesichtsschädel im Hausstand des Wolfes entwicklungsphysiologisch nicht in gleicher Weise zustande kommen.

Da die Hirnschädelbasis der Haushunde und der knöcherne Gaumen in zwei verschiedenen Ebenen liegen, kommt es zu einer Verschiebung des Schnauzenteiles der Schädel unter die Hirnschädelbasis. Bei der damit verbundenen Schädelverkürzung tritt im allgemeinen eine Schädelverbreiterung ein. Doch es gibt auch Haushundrassen, so den Chow-Chow, bei denen eine Schädelverbreiterung ohne Schädelverkürzung eingetreten ist. Beim Barsoi ist dagegen die Schmalheit des Schädels nicht immer Folge einer Schädelverlängerung. Diese Verschiedenheiten erweisen, daß Vereinheitlichungen, die mit Begriffsübertragungen Zusammenhänge haben, so die Verwendung des Begriffs ‹Retention jugendlicher Merkmale› kaum berechtigt sind, zumal sich auch der Gehirnschädel im Vergleich zum Wolf verkleinert.

Die Vielfalt der Wandlungen bei Rassen der Haushunde sei durch einige weitere Beispiele deutlich gemacht. Die Reduktionserscheinungen in der Schädellänge sind bei Boxern und Pekinesen unterschiedlich: Der Boxer ist in der Schnauzenregion stärker verkürzt als im Bereich des Neurokraniums, der Pekinesenschädel zeigt auch im Hirnschädelbereich Längenreduktionen und der Gesichtsschädel ist bei Berücksichtigung der allometrischen Beziehungen noch stärker verkürzt als beim Boxer. Der Boxerschädel ist relativ breiter als jener von Primitivhunden, die Pekinesen zeigen im Vergleich zu diesen keine Zunahme der Schädelbreite. Barsoischädel werden relativ länger und auch schmaler als es Schädel primitiver Haushunde gleicher Körpergröße wären; es gibt aber russische Windhunde, deren Schnauze sogar relativ kürzer ist als jene Deutscher Schäferhunde. Durch eine sehr geringe Schnauzenbreite wird bei den russischen Windhunden der Eindruck größerer Schnauzenlänge hervorgerufen. Die Variabilität der Gesichtsschädel ist innerhalb verschiedener Haushundrassen, so dem Deutschen Schäferhund und auch dem Pudel als Folge unterschiedlicher, wechselnder Zuchtziele recht groß. Nach Befunden von Stockhaus stimmen aber Schäferhunde und Dackel in der Norm ihrer Schädel mit primitiven Haushunden am meisten überein.

Auch die Schädelknickung ist bei Haushunden im Vergleich zur Wildart recht verschieden. Starck (1953) stellte klar, daß die Wildcaniden und normalwüchsige Haushunde einen klino-

**Abb. 69:** Schädelveränderungen vom Wolf (oben) zum Haushund, Rasse Boxer (unten) (Sammlung Institut für Haustierkunde Kiel)

rhynchen Schädel haben. Bei der Gesichtsschädelverkürzung und der Verzwergung kommt es zu einer Abnahme des Deklinationswinkels: Bulldoggen sind orthocranial, bei einigen Pekinesen kann echte Airorhynchie auftreten.

Am Unterkiefer von Haushunden sind sehr viele und weitgehende Verschiedenheiten festzustellen; bei Kulturrassen werden sie besonders anschaulich. Beim Wolf entsprechen sich im allgemeinen Oberkiefer und Unterkiefer in der Länge. Es kommen aber Abweichungen vor, es gibt etwas zu lange, ‹vorbeißende› Unterkiefer und etwas zu kurze, ‹unterbissige› Unterkiefer (Stockhaus 1965). Bei Verkürzungen der Gesichtsschädel folgt der Unterkiefer zunächst dem Oberkiefer, aber bei starken Längenreduktionen bleibt der Unterkiefer länger (Abb. 69). Es entsteht nicht nur ein ‹Vorbiß›, sondern das orale Ende des Unterkiefers richtet sich auf. Auch an den Gelenkflächen des Unterkiefers stellen sich Wandlungen ein (Georgi 1938), die statischen Differenzen der Unterkiefer entsprechen; bei Groß- und Kleinformen der gleichen Rasse stimmen sie überein. Dies weist auf erbliche Zusammenhänge hin.

Erbliche Einflüsse wurden bei einer Analyse der Unterkiefer der Kieler Pudel/Wolfkreuzungen mit modernen rechnerischen Verfahren durch Gudrun Rempe (Dipl.-Arbeit Kiel) noch deutlicher. In der zweiten Nachzuchtgeneration ergaben sich Hinweise auf eine gegenseitige Beeinflussung von Kaumuskelgewichten und ihren Ansatzflächen am Unterkiefer. Aber Unterkieferlänge, Unterkieferbreite, Zahngrößen sowie Längen und Breiten der Molaren erwiesen sich als voneinander unabhängig. Wolfsmerkmale und Pudeleigenheiten konnten im gleichen Unterkiefer vereint sein. Entwicklungsphysiologisch wirkende Einflüsse der Gesamtgröße ließen sich nicht ermitteln. Es wird wiederum deutlich, daß bei den Wandlungen der Haustiere Einzelveränderungen eine wichtige Rolle spielen können und sich diese zu biologisch abgestimmten Gesamtkomplexen zusammenordnen müssen, um lebensfähige Individuen zu ergeben.

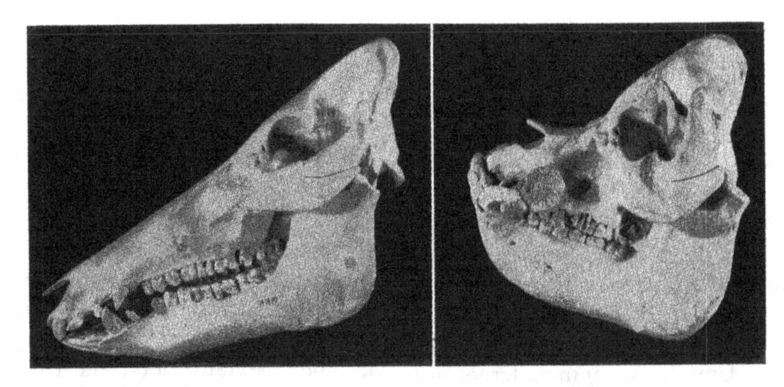

**Abb. 70:** Schädel von Wildschwein ♂ links (Nr. K 1980, Sammlung Institut für Haustierkunde Kiel) und Middlewhite ♂ rechts (Sammlung Kühn-Museum Halle). Die Schädel unterscheiden sich in der Knochenmasse: Wildschwein 1 173 g, Middlewhite 2500 g. Der Middlewhiteschädel ist im Gesichtsteil kürzer und aufgebogen (vor allem Nasalia und Gaumen); der Gesichtsschädel ist hirnschädelwärts verschoben (Aufnahme R. Lücht, Kiel)

Der Schädel des Wildschweins *Sus scrofa* erfährt in der Domestikation ähnliche mosaikartige Umgestaltungen wie der Schädel des Wolfes. Nach Untersuchungen von Cabon (1958) ist die Variabilität der Schädelmerkmale bei jüngeren Individuen von Wildschweinen größer als bei erwachsenen, natürliche Selektion engt die Variabilität mit zunehmendem Alter ein.

Zahlreiche Untersuchungen an prähistorischen und mittelalterlichen Hausschweinen sichern, daß sich im Hausstand zunächst eine bemerkenswerte Verringerung der Körpergröße einstellte. Kleine Hausschweine bestimmten über Jahrhunderte das Bild der Hausschweinbestände. Deren Schädel waren jenen der Wildschweine noch recht ähnlich. Mit der Erzüchtung von Kulturrassen wurden Abwandlungen im Schädelbild ausgeprägter. Die Hausschweinschädel erfahren Verkürzungen und Aufbiegungen im Gesichtsschädelteil und die Occipitalschuppe wird nach rostral geneigt (Abb. 70, 71). Außerdem werden die Hausschweinschädel sehr viel breiter und höher als jene von Wildschweinen, die Knochen sehr viel dicker (Kelm 1938, Herre 1938, Lambertin 1939). Die Variabilität aller dieser Merkmale ist sehr bemerkenswert und auch in Einzelheiten durch erbliche Faktoren bestimmt; polygene Steuerungen spielen dabei eine wichtige Rolle. Im Verfolg von Zuchtzielen und deren wechselnder Auslegung kann sich die Schädelgestalt einer Rasse innerhalb weniger Generationen sehr stark ändern. So können die Schädel von Individuen, die der gleichen Rasse zugeordnet werden, aber aus verschiedenen Zuchten und Zeitabschnitten stammen, sich bemerkenswerter unterscheiden als solche verschiedener Rassen. Dies darf bei biologischen

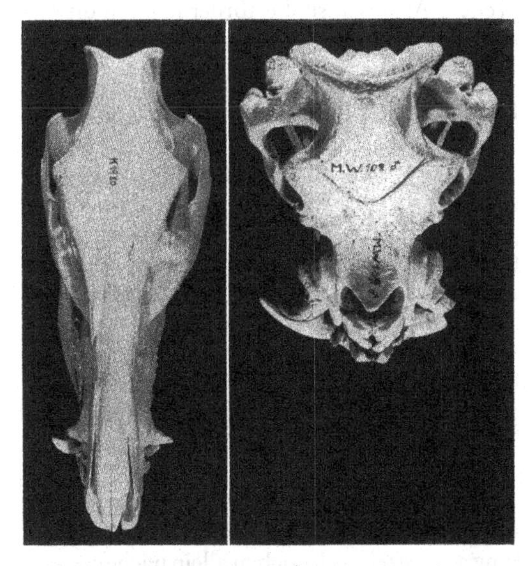

**Abb. 71:** Schädel in Abb. 70 von dorsal, zu beachten ist die Verbreitung des Middlewhiteschädels (besonders vordere Gaumenbreite und Jochbogenbreite)

Bewertungen nicht übersehen werden (Herre 1938, Lambertin 1939).

Eine sehr bemerkenswerte Deutung von zunächst sehr unnatürlich erscheinenden Besonderheiten von Hausschweinschädeln mit Eigenarten, die als Degenerationserscheinungen galten, ist Thenius (1970) zu danken. Es gibt Hausschweinrassen, so die Middlewhite, bei denen der Gesichtsschädel sehr stark verkürzt und aufgebogen ist; sie sind deutlich airorhynch. Diese Schädel zeigen auch Eigenarten im Bereich des Gebisses, so der Unterkiefercaninen, ferner der Kieferäste und der Gelenke. Dadurch werden seitliche Kieferbewegungen möglich. Thenius verglich solche airorhynchen Hausschweinschädel mit airorhynchen Schädeln von Wildarten und ermittelte, daß die Eigenarten all dieser Schädel, gleichgültig, ob sie von Wildtieren oder Hausformen stammen, eine bessere Ausnutzung des Nahrungsangebotes ermöglichen als dies bei «normalschädligen» Verwandten angenommen werden kann. Die stark veränderten Hausschweinschädel haben vielleicht Selektionsvorteile bei dem stark veränderten Nahrungsangebot im Hausstand. Bei Verwilderung setzen sich Hausschweine mit «normalen» Schädeln durch. Weitere Analysen sind erforderlich, um die Ursachen extremer Schädelveränderungen in der Domestikation zu erkennen.

Die Schädel der Hausrinder hat Bohlken (1962, 1964) eingehend untersucht. Dabei war besonders zu beachten, daß der Sexualdimorphismus bei den Arten der Wildrinder meist stark ausgeprägt ist und Wildrinder oft mächtige Hörner tragen, denen ein Einfluß auf die Schädelgestalt zugesprochen wird. So galt es zunächst ein Bezugsmaß zu finden, welches Schädelvergleiche von Wildrindern mit ihren Hausformen auf eine feste Grundlage stellt. Sodann wurde die Ontogenese mit Hilfe allometrischer Verfahren analysiert und dabei ermittelt, daß jeder Schädelteil eigenen Wachstumsgradienten folgt. Wichtig wurde weiter die Einsicht, daß Rinderschädel weder als Ganzes noch in der Zusammensetzung aus einzelnen Knochen allein nach funktionellen Gesichtspunkten verstanden werden können. Größe und Wuchsform wirken sich auf die Schädel erwachsener Hausrinder aus. Behornungen rufen keine Umkonstruktionen arteigener Schädelformen hervor; große Hörner bewirken meist eine relativ geringe Verbreiterung der Rinderschädel.

Schon Klatt (1913) hatte gezeigt, daß die als kennzeichnend erachteten Eigenarten brachycerer Hausrinder weitgehend als Folge geringer Körpergröße zu verstehen sind. Bohlken (1962) konnte diese Auffassung untermauern und erweitern. Die Schädel der longifrons- und brachycephalus-Hausrinder, für die einst eigene Stammarten postuliert wurden, lassen sich als Wuchsformen einordnen. Daß auch bei Hausrindern Kurzköpfigkeit die Schädelgestalt stark beeinflußt, belegt das Niatahausrind, bei dem der Gesichtsschädel aufwärts gerichtet ist, der Unterkiefer folgt dieser Entwicklung. Es kann keinem Zweifel unterliegen, daß weitere Studien mit Hilfe biometrischer Verfahren im einzelnen bei Hausrindern ähnliche Veränderungen erkennen lassen wie bei Haushunden, wenn auch nicht in so extremer Ausprägung.

Insgesamt zeigt sich, daß die Größe der Rinderschädel im Hausstand verringert wird, daß sich der Sexualdimorphismus mindert und daß sich die Variabilität erhöht. Die Hausrindschädel werden kürzer und relativ breiter als jene der Wildarten. Besonders in der Wangenhöckerbreite und der Hinterhauptlänge zeigen sich Veränderungen. Die Länge der Hirnkapsel nimmt entsprechend der Schädelverkürzung ab, die Beziehung zwischen Hirnkapsel und Basallänge verändert sich in der Domestikation nicht.

Bei allen Rinderarten verändern sich in der Domestikation Stärke und Länge der Hörner. Selten nimmt die Horngröße zu, meist werden die Hörner kleiner, dies geht bis zur Hornlosigkeit. Die Gestalt der Hörner und ihre Stellung zum Schädel wird bei allen Rinderarten im Hausstand sehr variabel. Die Wandlungen der Schädel und ihrer Behornung stimmen bei allen Wildrindern, die in den Hausstand überführt wurden, überein. Diese Parallelität sei hervorgehoben, da sie sich auf die kleinen Hauswiederkäuer übertragen läßt.

Die Aussage über die Parallelität der Umgestaltung von Schädeln wilder Säugetiere im Hausstand gilt nur für die allgemeine Schädelgestalt; die einzelnen Schädelknochen können, je nach Arteigentümlichkeiten, sehr verschiedenen Wandel zeigen. Daher ist eine sichere Festlegung der Einzelveränderungen im Rahmen des Gesamtgefüges sehr schwer vorauszusagen.

Auch in der Stammesgeschichte vollziehen sich arteigene Einzelwandlungen; es sei nur auf die sehr unterschiedliche Entwicklung des Gesichtsschädels bei Caniden und Feliden hingewiesen. Solche Eigenarten wirken sich auf die Beziehungen der Teile untereinander aus. Die Bedeutung der Wahl geeigneter Bezugsmaße bei vergleichenden Betrachtungen wird damit anschaulich. Kritische Analysen der Schädelveränderungen im Hausstand haben für die übrigen großen Haustiere Hausschaf, Hausziege, Hauspferd, Lama/Alpaka, Hauskamel ergeben, daß grundsätzlich die gleichen Wandlungen eintreten wie sie für Haushund, Hausschwein und Hausrinder geschildert wurden. So erübrigt sich für diese Arten eine eingehendere Betrachtung.

Veränderungen der Schädel von Wildkaninchen im Hausstand haben Schnecke (1941) und Hückinghaus (1965) beschrieben. Die größten Hauskaninchen übertreffen in der Condylobasallänge das Maximum der Wildform beinahe um das Doppelte. Die Zwerge unter den Hauskaninchen, die Hermelinkaninchen, ähneln in der Schädellänge den kleinen südeuropäischen Wildkaninchen. Gegenüber der Wildart sind die Schädel aller Hauskaninchen auffallend flach, weil die Hirngröße im Hausstand abgenommen hat und sich die präbasiale Kyphose veränderte. Der Gesichtsschädel der Hauskaninchen ist gegen den Hirnschädel nicht so stark abgeknickt wie bei der Wildart. Die Hirnschädel der Hauskaninchen sind außerdem kürzer und schmaler. Die Nasalia der Wildkaninchen sind länger, die Frontalia kürzer als bei der Hausform, die interorbitale Verengung bei den wilden Tieren weniger eingezogen (Abb. 72).

Die Hausmeerschweinchen unterscheiden sich in ähnlicher Weise von der Stammart wie die Hauskaninchen vom Wildkaninchen (Hückinghaus 1961). Die Hirnschädelkapazität ist geringer, der Schädel schmaler mit flacherem Hinterhaupt, Nasalia und Parietalia kürzer, die Frontalia etwas länger, die interorbitale Verengung stärker eingezogen. Außerdem ist bei den Hausmeerschweinchen die Diastemalänge kürzer als bei der Stammart. Insgesamt wird damit deutlich, daß beim Meerschweinchen in der Domestikation Verkürzungen des Gesichtsschädels und Wandlungen am Hirnschädel für die Schädelgestalt der Hausform bestimmend werden. Darüber hinaus fallen, wie bei anderen Haustieren, kleinere Bullae bei Hausmeerschweinchen auf, eine Eigenart, die sich metrisch schwer erfassen läßt.

Schädel von Laborratten wurden von Sorbe und Kruska (1975) mit denen von Wanderratten verglichen. Die Schädel der Laborratten sind kürzer als jene von Wanderratten, sie sind rostral spitzer, ihre Jochbögen weisen eine ventrale Abknickung auf, ebenso die Frontalia. Daraus wird eine Längenreduktion der Schädelbasis erschlossen.

Die Schädelbesonderheiten des Frettchens hat U. Rempe (1970) untersucht, mit Schädeln der Stammart, dem Waldiltis, verglichen und den Steppeniltis in die Vergleiche einbezogen. Auch beim Frettchen ist gegenüber dem Waldiltis eine Verkürzung des Gesichtsschädels und eine Verkleinerung des Hirnschädels eingetreten. Damit verlagert sich die interorbitale Einschnürung caudalwärts und der Schädel erhält Proportionierungen, die an den Steppeniltis erinnern. Das hat Fehlmeinungen über die Abstammung begünstigt (Abb. 73).

Die Schädel von Farmnerzen verglich Bährens (1960) mit Schädeln zahlreicher Unterarten der Wildart; Pohle (1969, 1970) erweiterte diese Untersuchungen. Da bis in jüngste Zeit Wildnerze in nicht mehr nachprüfbarer Weise in Farmbestände eingekreuzt wurden (Lund 1961, Wenzel 1984), sind Schädelbesonderheiten von Farmnerzen noch nicht eindeutig zu bewerten. Hervorzuheben ist nur, daß Schädel seltener ‹Pummelnerze› durch Verkürzung im Gesichtsschädel auffallen.

Für Wild- und Hauskatze hat vor allem Kratochvil (1973) Kriterien zur Unterscheidung der

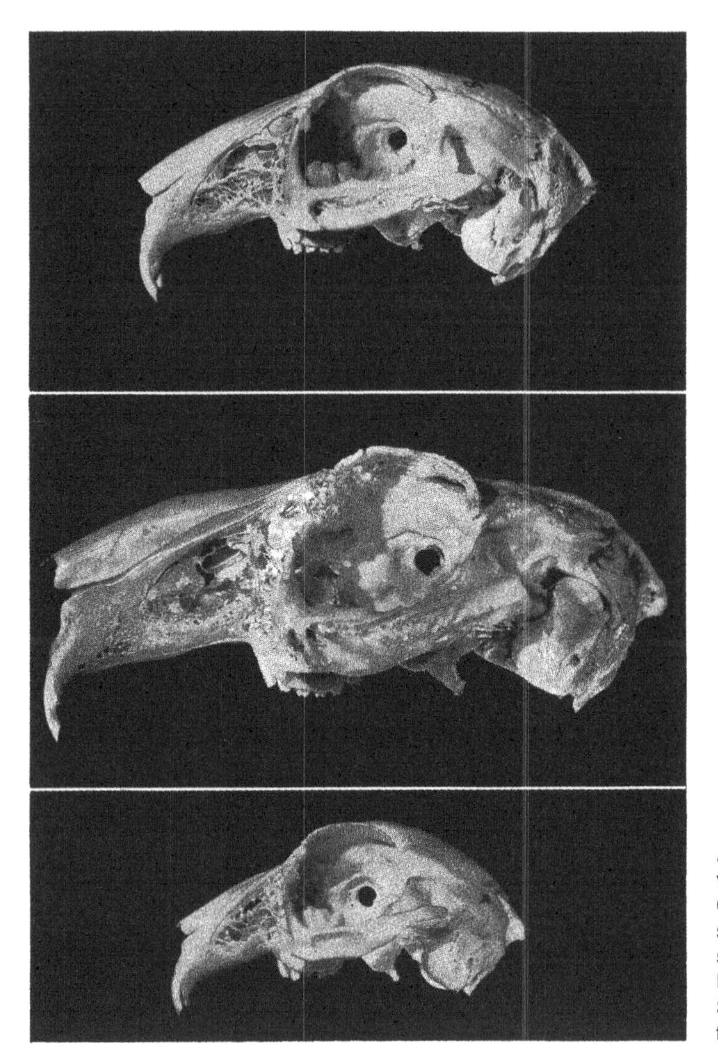

**Abb. 72:** Schädelveränderungen vom Wild- zum Hauskaninchen. Oben: Wildkaninchen, Condylobasallänge (CBL): 72 mm; Mitte: Englischer Widder CBL: 100 mm; unten: Hermelin CBL: 54 mm (Nachtsheim-Sammlung im Institut für Haustierkunde Kiel)

Schädel beschrieben. Wichtige Unterschiede werden durch eine Minderung der Hirnschädelkapazität bedingt. Sonst fallen Hauskatzenschädel durch eine stärkere Variabilität auf. Es gibt Hauskatzen mit schmalen Schädeln und relativ hoher Gesichtsschädellänge, deren Werte über der Norm der Wildkatzen liegen. Dazu gehören die Siamkatzen. Die Perserhauskatzen fallen durch recht stark verkürzte Gesichtsschädel auf, die etwas aufgebogen sind (Abb. 74). Insgesamt wirkt ihr Schädel gerundet, breit und gedrungen; v. Bree (1955) ist der Meinung, daß die Zahl solcher Katzen in Zukunft steigen wird.

Änderungen der Schädelgestalt bei Haustieren stehen in Zusammenhang mit Änderungen von Kopforganen. Auf den Zusammenhang zwischen Hirngrößenabnahmen und Hirnschädelveränderungen sowie Augenveränderungen und Orbitaabwandlungen sei hingewiesen. Wichtig sind ebenso Behornung und Bezahnung.

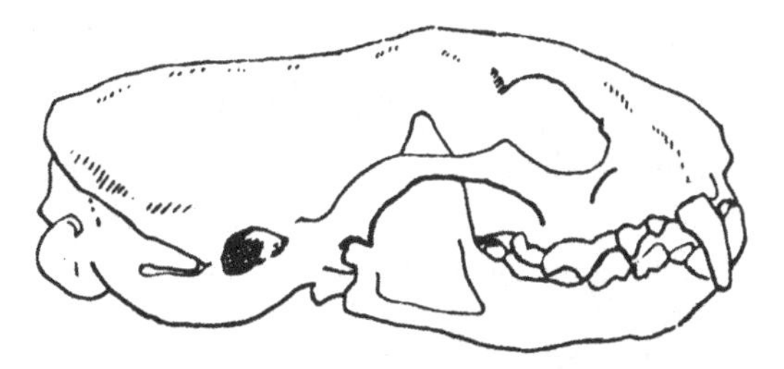
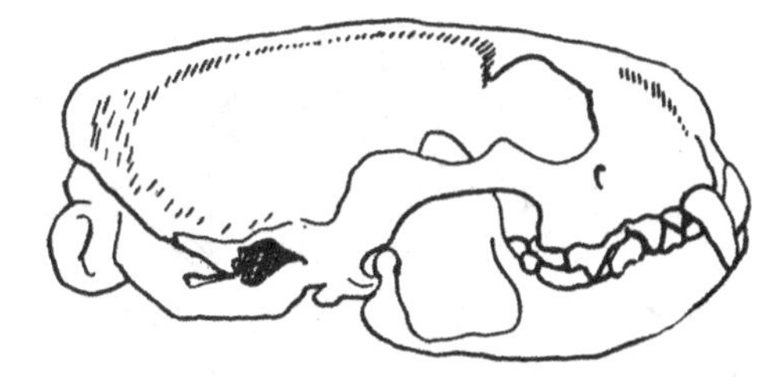

**Abb. 73:** Veränderungen des Iltisschädels (links) im Hausstand, Frettchen (rechts) (Zeichnung U. Rempe)

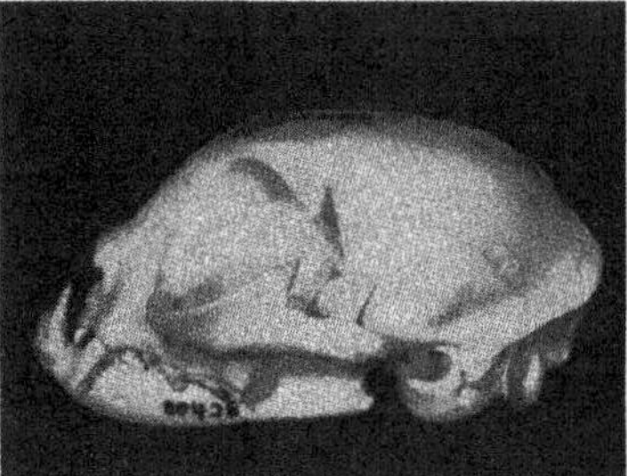
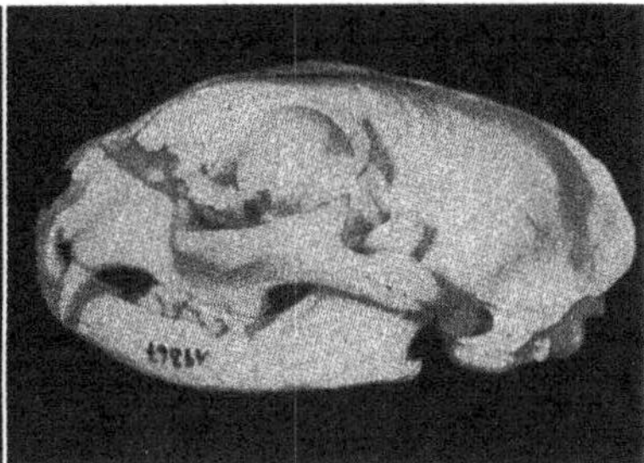

**Abb. 74:** Schädelunterschiede innerhalb von Hauskatzen; Rasse Siam (rechts), Rasse Perser (links mit Oberkieferverkürzung) (Sammlung Institut für Haustierkunde Kiel) (Aufnahmen Dr. Beichle, Kiel)

# 3 Veränderungen der Bezahnung und Behornung bei Haussäugetieren

Zahnzahl und Zahneigenarten gelten in der Systematik der Säugetiere als besonders kennzeichnende Merkmale. Auch zur Unterscheidung von Wildart und Hausform sind Zahnmerkmale herangezogen worden. Die Variabilität von Zahnbesonderheiten ist bei Haustieren gegenüber ihren Wildarten ohne Zweifel erhöht. Aber auch für Wildarten sind in den letzten Jahrzehnten Besonderheiten beschrieben worden, die von der Norm abweichen (Boessneck 1955, Heyden 1963, Fleischer 1967, Zollitsch 1969, Rempe 1970, Viga und Machordom 1987 u.a.).

Überzählige Zähne beim Luchs *Lynx lynx lynx* Linnaeus, 1758 hat Kvam (1985) als Rudimente einer bei Ahnen größeren Zahnzahl, also als Atavismen, gedeutet. Erbfaktoren, die zu größeren Zahnzahlen führen, sollen in niederen Genfrequenzen erhalten geblieben sein. Zufällig seien diese Gene zu höheren Frequenzen gekommen, eine Manifestation der früheren Zahnzahlen sei so ermöglicht worden. Dies ist eine interessante Spekulation.

Unregelmäßigkeiten in der Zahnzahl bei Wild- und Hauskatzen hat Kratochvil (1971, 1975) in großer Zahl nachgewiesen. Er fand bei Wildkatzen Zahnverluste, vorwiegend des oberen zweiten Prämolaren und auch überzählige Zähne, besonders beim oberen ersten Prämolar. Bei Hauskatzen sind Zahnverluste häufiger, so im Oberkiefer bei Schneidezähnen und Prämolaren, im Unterkiefer bei Schneidezähnen, Eckzähnen und den ersten Molaren. Lüps (1977) konnte an einem recht großen Material überzählige Zähne bei Hauskatzen ermitteln. Bei einigen Hauskatzen waren überzählige Zähne besonders am Vorderende der Backzahnreihe zu beobachten. Insgesamt aber zeigte sich eine Reduktionstendenz dieser Zähne in Hauskatzenpopulationen von Norden nach Süden. Über Anomalien der Bezahnung mittelalterlicher Hauskatzen berichten Reichstein (1986) sowie Johansson und Hüster (1987).

Bei wilden Füchsen der Schweiz fanden Lüps u.a. (1972, 1974), Graf u.a. (1976) ebenfalls Zahnreduktionen, vor allem beim dritten Backzahn. Bei anderen Füchsen dieses Gebietes zeig-

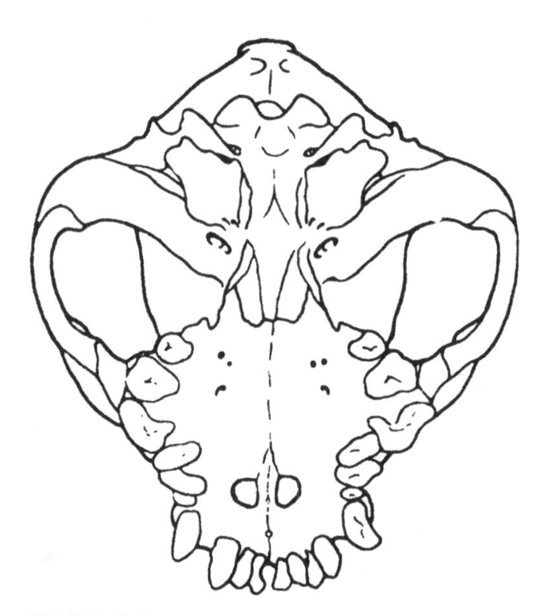

**Abb. 75:** Kulissenstellung der Zähne bei einer Bulldogge (aus Klatt 1958)

ten sich überzählige Zähne, Lage- und Stellungsanomalien und überzählige Wurzeln. Der obere zweite Prämolar zeichnete sich durch bemerkenswerte Größenvariabilität aus.

Auch Wölfe und Haushunde zeigen nach den Untersuchungen von Boessneck (1955) und Stockhaus (1962) bemerkenswerte Unterschiede im Zahnbestand. In der Norm sind die Zähne der Haushunde wesentlich kleiner als die der Wölfe; in der Zahnreihe rücken sie näher aneinander, bei starker Verkürzung des Gesichtsschädels ist Kulissenstellung die Folge (Abb. 75). Kulissenstellung gibt es aber auch bei einigen Wölfen, so daß hiernach eine Unterscheidung von Wolf und Hund nicht einwandfrei möglich ist. Die Einzelzähne erlangen beim Haushund ein anderes Verhältnis zur Zahnreihenlänge und diese ein anderes zu weiteren Schädelmaßen. Stockhaus hat auch eine unerwartete Vielfalt in der Gestalt von Einzelzähnen beschrieben. Ungewöhnliche Zahneigenarten fanden sich auch bei Wölfen, die in Gefangenschaft aufgewachsen waren. Da viele Hinweise dafür sprechen, daß die Eigenarten in Gestalt, Größe und Stellung der Zähne durch Erbanlagen entscheidend gesteuert werden, liegt die Annahme nahe, daß die höhere Einheitlichkeit innerhalb von Wildbeständen durch natürliche Selektion bedingt ist.

Bei Wildschweinen und ihrer Hausform hat Herre (1951) Größe und Gestalt der Zähne untersucht. Schon bei Wildschweinen ist die Schwankungsbreite groß, der kleinste $M_3$ 33% kleiner als der größte. Bei Hausschweinen lassen sich bemerkenswerte Abwandlungen gegenüber der Norm der Wildschweine ermitteln. So kommt Herre zu dem Schluß, daß aus Zahngrößen keine Rückschlüsse auf die Körpergröße möglich sind.

Hauspferde zeichnen sich gegenüber ihrer Stammart im Schmelzmuster der Zähne durch eine hohe Variabilität aus, wie Schneider (1966) und Nobis (1962) erneut darlegten. In früheren Jahrzehnten war die Meinung verbreitet, daß aus Unterschieden im Schmelzmuster Schlüsse auf die Abstammung der Hauspferde von verschiedenen Wildarten erlaubt seien. Dies erwies sich als nicht gerechtfertigt.

Beim Hauskaninchen erörterte Nachtsheim (1936) Fälle anomaler erblicher Zahnbildungen. Hochstrasser (1969) nahm einen überzähligen Prämolaren zum Anlaß, das Problem der Polydontie bei Lagomorphen eingehender zu erörtern.

Grundsätzlich belegen auch diese Befunde über die Erhöhung der Variabilität von Zahnmerkmalen und die gelegentlichen Abweichungen von der Norm bei Wildarten, daß es nur schwer möglich ist, aus Zahneigenarten sichere Schlüsse über die Abstammung von Haustieren zu gewinnen. Die Wirkung der unterschiedlichen Selektion in freier Wildbahn und im Hausstand kann noch nicht eindeutig abgeschätzt werden.

Die Wildarten der Haussäugetiere aus der Familie Bovidae tragen Hörner. Bei allen domestizierten Arten dieser Familie verändert sich im Hausstand die Behornung in Stärke, Länge und Gestalt. Meist verkleinern sich die Hörner in der Domestikation; Vergrößerungen der Hörner sind seltener. Doch sowohl bei taurinen Haus-

**Abb. 76:** Hausziege mit gedrehtem Gehörn (Foto Herre/Röhrs Anatolien 1953)

rindern als auch beim domestizierten Wasserbüffel gibt es Rassen mit gewaltigen, ausladenden Hörnern. Es läßt sich die Meinung begründen, daß Imponierbedürfnisse von Menschen zu Ausleseverfahren führten, die gewaltige Hornentwicklungen zur Folge hatten.

Bei den taurinen Hausrindern gibt es Gruppen, deren Hörner der Stammart ähnlich blieben, meist jedoch dünner sind und kurzhörnige Gruppen, deren kleine Hörner unterschiedlichste Formen und Stellungen aufweisen. Die Horneigenarten trugen dazu bei, verschiedene Stammarten von Hausrindern – so *Bos brachyceros* – zu postulieren, was sich als nicht berechtigt erwies. Wie unsicher Horneigenarten als Grundlage für den Nachweis von Abstammungen der Haustiere sind, wird auch bei einer Betrachtung der Hornformen kleiner Hauswiederkäuer anschaulich. Bei diesen ist die Vielfalt der Hornformen ungewöhnlich groß. Dies veranlaßte Herre und Röhrs (1955) und Schwerk (1957) zu vergleichenden Studien.

Die Gehörnkennzeichen der wilden Schaf- und Ziegenartigen sind stammesgeschichtlich sehr früh festgelegt worden (Herre 1958). Hörner der rezenten Unterarten von *Ovis ammon* und *Ovis nivicola* sind sehr verschieden mächtig. In der *Capra aegagrus*-Gruppe variiert die Hornform wenig. Stärkere Abweichungen gegenüber *aegagrus* sind in der *Capra falconeri*-Gruppe und in der *ibex*-Gruppe vorhanden. Im Hausstand bietet sich ein höchst wechselvolles Bild.

Bei Hausziegen gibt es Individuen, deren Gehörne an Wildschafe erinnern oder Anklänge an Arten anderer Tribus (im Sinne von Simpson 1945) zeigen (Abb. 76). Bei Hausschafen treten Gehörne auf, die den korkzieherartigen und schraubenförmigen Gehörnen wilder Ziegen der *falconeri*-Gruppe ähneln, aber eine andere Drehungsrichtung haben. Zwischen Hausschafen und Hausziegen zeigen sich viele Parallelbildungen, die anschaulich machen, daß in Wildarten eine Fülle von Potenzen verborgen sind, die erst durch die Domestikation zu Auswirkungen führen.

## 4 Schädelbesonderheiten des Hausgeflügels

Vergleichende Untersuchungen an Schädeln von Wild- und Hausvögeln sind besonders bei Schwanengans und ihrer Hausform, der Hök-

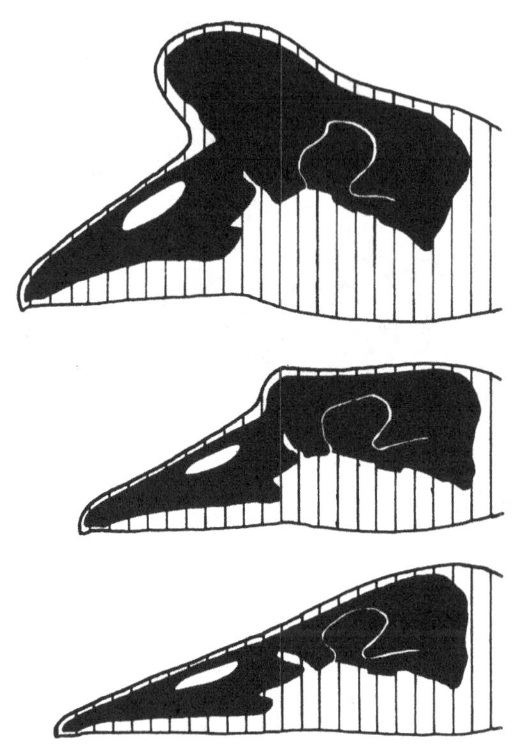

**Abb. 77:** Kopf- und Schädelprofile der Höckergans (oben adult, Mitte subadult) und ihrer Stammart der Schwanengans (unten) (aus Möller 1969)

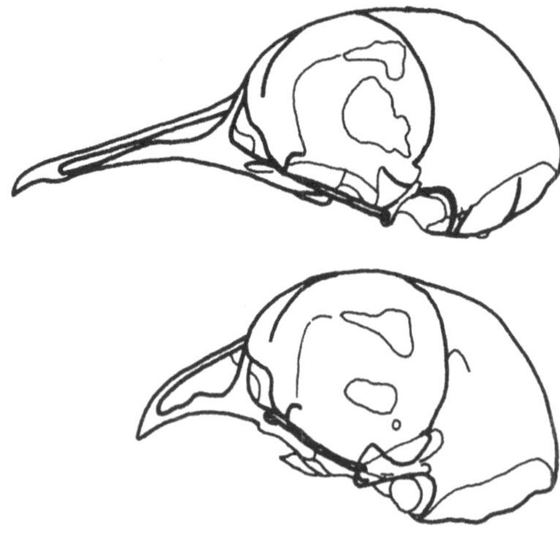

**Abb. 78:** Schädelveränderungen von der Felsentaube (oben) zur Haustaube, Rasse Mövchen (unten) (Sammlung Institut für Haustierkunde, Zeichnung H. Samtleben)

kergans von W. Möller (1968) durchgeführt worden. Der Höckergansschädel ist größer und höher, aber kürzer als jener der Stammart; der Hirnschädelabschnitt ist relativ größer. Das occipitale Segment des Schädels der Höckergans ist länger als bei der Schwanengans, der Oberschnabel kürzer, die Schädelbasis breiter. Die Schädel der Schwanengänse erscheinen in allen Altersstufen gestreckt. Die Schädel adulter Männchen der Höckergänse zeichnen sich durch eine Knickung des maxillaren Segmentes gegen das occipitale Segment aus. Dies steht mit der die Hausform kennzeichnenden Höckerbildung im Zusammenhang. Zur Höckerbildung verlängert sich das Dach des occipitalen Segmentes, die Schädelknochen verdicken sich. In der Beugungszone des Schädels bildet sich, abweichend von anderen Anatiden, eine gelenkige Verbindung zwischen den Lacrimalia und der Schädelbasis. Bei der Schwanengans ist eine solche Eigenart nur schwach angedeutet. Auf dem Dach des Occipitale bilden sich bei der Hausform aus Knochenleisten die Höcker. Nach der Auffassung von W. Möller haben sie mechanische Funktionen zu erfüllen. Die Größe des zunächst geringer entwickelten Höckers ist durch menschliche Zuchtwahl gesteigert worden (Abb. 77).

Haustaubenschädel sind von sehr unterschiedlicher Gestalt; dies beobachtete schon Darwin. Manche Haustauben haben lange, gestreckte Schnäbel, andere lange aber gekrümmte und manche Haustauben fallen durch sehr stark verkürzte Schnäbel auf (Abb. 78). W. Möller (in litt.) hat Schädel von Haustauben untersucht. Als Ergebnis teilte er uns mit: «Die Schädel verschiedener Arten von Wildtauben sind sehr einheitlich proportioniert, die Haustaubenschädel hingegen sehr vielfältig gebaut. Intraspezifisch zeichnen sich bei den Schädeln Größeneinflüsse ab. Die Schädel kleiner Haustaubenrassen besitzen ein relativ kurzes maxillares Segment, Hirnschädel und Orbitae sind relativ groß. Das Schädelprofil ist stark gerundet. Bei großen Haustaubenrassen ist der maxillare Schädelabschnitt bis zu den Orbitae relativ stark verlängert, die Hirnschädel und Orbitae sind relativ kleiner. Das Schädelprofil ist gestreckt. Zu diesen größenabhängigen Formbesonderheiten können größenunabhängige Unterschiede treten. Von diesen seien genannt: Aufrichtung des maxillaren Schädelabschnittes oder Abknikkung dieses Anteiles gegen den occipitalen Schädelbereich. Dies kennzeichnet die Bagdetten. Dazu kann noch eine Krümmung des maxillaren Segmentes kommen, die bis zu den Palatina und den hinteren Teil der Nasalia übergreift. Die Schädelbreite bleibt bis zum hinteren Orbitalbereich unverändert, so bleibt auch der Ansatzwinkel der Jochbögen gleich. Bei einer Verkürzung und Abknickung des vorderen Schädelsegmentes stellen sich Verwindungen im Jochbogen ein. Folge solcher Veränderungen kann bei Haustauben ein äußerlich stark gerundeter Kopf sein.» Die domestikationsbedingten Änderungen bei Haustauben und die große Variabilität der Schädel erstrecken sich fast ausschließlich auf den Bereich von Schnabel und Gesichtsschädel, wogegen der Hirnschädelbereich in seinen Ausmaßen weitgehend konstant bleibt (W. Schulze-Grotthoff 1984).

Die Schädel von Hausgans, Hausente und Haushuhn unterscheiden sich von den Stammarten in ähnlicher Weise (G. Schulze-Grotthoff 1984).

Bei domestizierten Fischen lassen sich ebenfalls ähnlich veränderte Schädelformen feststellen; es sei auf eine Mitteilung von Dobkowitz (1962) über den Goldfisch im Vergleich zur Karausche und Berichte über die Hauskarpfen (Wohlfarth 1984) verwiesen.

# 5 Die Körperdecke der Haustiere

## a) **Haut, Haare und Federn**

Im Vergleich zu den Stammarten fallen bei Haustieren vielfältige Veränderungen der Haut und der sich aus ihr entwickelnden Bildungen auf. Die meisten dieser Wandlungen sind äußerlich leicht erkennbar und beeinflussen das Erscheinungsbild.

Die Haut der wilden Säugetierarten macht schon bei tastender Untersuchung in ihrer Gesamtheit einen festgefügten Eindruck, während sie bei vielen Haussäugetieren unabhängig vom Ernährungszustand locker, fast schwammig wirkt. Dies gilt ebenso für das Geflügel. Außerdem verändert sich die Hautdicke, d.h. die Dermis der Säuger wird häufig weniger mächtig, während die Epidermisdicke in Relation zur Dichte der Behaarung variiert. Solche Unterschiede zeichnen sich auch zwischen und innerhalb von Rassen ab (Herre und Langlet 1936, Brunsch 1956, Meyer 1986). Mikroskopische Betrachtung lehrt, daß bei Haustieren zudem das Gefüge der Dermis durch züchterische Einflüsse die oft relativ grobe Strukturierung der Wildtiere verliert und eine feinere, kompakte Lederhaut entsteht, die ein vergleichsweise einheitliches Anordnungsmuster der Faserzüge zeigt (Herre und Rabes 1937, Meyer 1986, Meyer und Neurand 1987). Dabei haben sich gerade beim Schwein als Folge der reduzierten Haardichte deutliche strukturelle und funktionelle Veränderungen in den Hautschichten ergeben. Bei bestimmten Hausschweinrassen sind so Parallelen zur Hautstruktur und -funktion des Menschen entstanden, so daß Hausschweine heute eine gewisse Bedeutung als Versuchstier in der Dermatologie besitzen (Meyer et al. 1978, Meyer 1986).

Weiterhin zeigt sich allgemein, daß die Haut dem Körper weniger fest anliegt. Durch eine Flächenzunahme der Haut kommt es zu Faltenbildungen, die sich entweder auf dem gesamten Körper bemerkbar machen, so bei manchen Rassen der Hausschafe und Hausschweine, oder auf bestimmte Körperbereiche begrenzt sind, so am Kopf; dies ist besonders auffällig bei manchen Haushunden und Hausschweinen; als Wammen treten Zunahmen am Hals von Kaninchen und am Bauch von Hausgänsen auf. Bei Hausrindern, insbesondere bei Zeburassen, zeigt sich eine Hautflächenzunahme vor allem als Triel besonders an der Unterseite des Halses und am Bauch. Einigen Formen der Hautoberflächenvermehrung wird eine physiologische Bedeutung bei der Wärmeregulation zugesprochen. Bei mehreren Arten der Haustiere, so

**Abb. 79:** Hängeohren bei einem Haushund, Rasse Basset

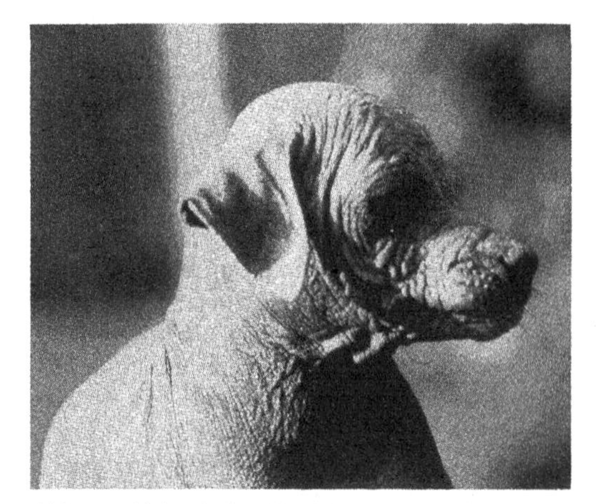

**Abb. 80:** Kubanischer Nackthundrüde (Zucht Institut für Haustierkunde Kiel)

Hausschafen, Hausrindern, Hausschweinen, Alpakas, Hauskaninchen, Haushunden, Hausgänsen, Hausenten und Haushühnern werden Hautfalten aus unterschiedlichen Gründen züchterisch gefördert, was die Erblichkeit dieser Eigenart anschaulich macht (Lühmann 1948).

Hängeohren, oft sehr beträchtlicher Länge, sind von den meisten Haussäugetieren beschrieben, auch von Hauspferd, Hauskatze (Petzsch 1971) und Silberfuchs (Belyaev 1978). Auch sie haben mit einer Vermehrung der Hautfläche eine Verbindung. Bei einigen Rassen verschiedener Haussäugerarten gelten lange Hängeohren als Mittel zur Wärmeregulation, so bei Hausziegen und Zebus. In anderen Fällen wird die Ausbildung von Hängeohren durch Zuchtziele bestimmt (Abb. 79, 113). Hängeohren beeinflussen die Stellung der knöchernen Gehörgänge am Schädel (Darwin 1868, Vau 1938, Herre 1953).

Für Säugetiere sind Haare, für Vögel Federn, für Fische Schuppen kennzeichnend. Im Hausstand erfahren alle diese Anhangsgebilde der Haut Veränderungen; im Extremfall kommt es durch Wachstumshemmungen zur Nacktheit (Abb. 80). Diese ist von Hausschaf, Hausziege, Hausrind, Hauspferd, Hausschwein, Hauskaninchen, Labormaus, Haushund und Hauskatze ebenso beschrieben wie von Haushuhn, Haustaube, Kanarienvogel und Wellensittich. Bei domestizierten Fischen, so dem Karpfen, zeigt sich Schuppenverlust (Dzwillo 1962, Wohlfarth 1984). In freier Wildbahn ist Haarlosigkeit selten (Rompaey und Verhagen 1986). Bei Haustieren kommt es aber auch zu Wachstumssteigerungen des Haarkleides, was als Angorimus bezeichnet wird (Abb. 81), ein Phänomen, das sich bereits foetal im Rahmen der Differenzierung und des Wachstums der ersten Haarfollikel bemerkbar macht, wie dies z.B. aus der vergleichenden Betrachtung der Hautentwicklung von kurz- und langhaarigen Hausziegenrassen hervorgeht (Meyer et al. 1987). Entsprechende Erscheinungen sind von den Federn des Hausgeflügels bekannt; bei Schuppen von Goldfischen deuten sie sich an. Eine eingehendere Analyse all dieser Erscheinungen ist geboten, denn Veränderungen in der Dichte der Hautanhangsorgane

**Abb. 81:** Pulihaushund mit langer Wolle (Foto E. Mohr)

ziehen zweifellos auch tiefgreifende Eingriffe in die Funktion anderer Hautanteile, wie z.B. der Epidermis nach sich. Dies läßt sich sehr deutlich im Vergleich von Wildschwein und dünn behaarten Hausschweinen zeigen. Die letzteren weisen in bezug zum Verlust des schützenden Wollhaarkleides im epidermalen Verhornungsgeschehen klare hyper- bzw. parakeratotische Erscheinungen auf. Darüber hinaus sind bei diesen Hausschweinrassen im ultrastrukturellen Bau der epidermalen Barriere, d.h. für den Verdunstungsschutz andersartige Mechanismen wirksam geworden als sie beim Wildschwein vorliegen (Meyer 1986).

Das Haarkleid der Säugetiere ist aus unterschiedlich gestalteten Haaren aufgebaut. Diese können nach strukturellen, funktionellen oder entwicklungsgeschichtlichen Gesichtspunkten gegliedert werden. Strukturell lassen sich feine und grobe Haare unterscheiden, funktionell bilden die groben Haare Deckhaare, die feinen ein wolliges Unterhaarkleid, wobei sich sowohl beim Deckhaar als auch im Unterhaar nach der Haardicke verschiedene Haarsorten unterscheiden lassen. Dies gilt auch für die Stammarten von Haustieren; für Schafe liegen eingehende Untersuchungen vor (Frölich, Spoettel, Taenzer 1929, 1933). Brunsch (1956) bestätigte die Sachverhalte für Caniden, Meyer et al. (1982) für Feliden, Meyer (1986) für das Wildschwein, Fallet (1961) für Tylopoden und Militzer (1982) für Rodentier und Lagomorpha. Entwicklungsgeschichtlich zeigt sich, daß die Deckhaare im allgemeinen als Stammhaare die Entwicklung des Haarkleides einleiten und in tieferliegenden, dickeren Primärfollikeln gebildet werden. Die Unterhaare entstehen aus feineren, weniger tief eingepflanzten Sekundärfollikeln in Gruppen um die Stammhaare. Dies Haarkleid unterliegt einem jährlichen Haarwechsel.

Bei Haussäugetieren zeigt sich oft ein anderer Aufbau des Haarkleides. Besonderes Interesse beanspruchen jene Veränderungen, die zu einem verspinnbaren Material, zur Wolle, führen. Dabei ist zunächst eine Längenzunahme von Bedeutung, die das gesamte Haarkleid auszeichnet. Die Haare wachsen länger und stärker und ein jahreszeitlich bedingter Haarwechsel findet nicht mehr statt. Das gesamte Haarwechselgeschehen wird unauffälliger; ein regionaler, synchronisierter Ablauf verschwindet zugunsten eines oft mehr diffusen, ganzjährigen Haarausfalls und einer mosaikartigen Neubildung von Haaren. Letztlich kommt es wie bei Merinoschafen oder Angoraziegen zu einem mehrjährigen Haarwachstum im Bereich der allgemeinen

Körperdecke (Meyer et al. 1980a, b; Neurand et al. 1980). So entstehen Grob- und Mischwollen, in denen noch alle Haarsorten der Wildart vorhanden sind. Schließlich mindert sich die Zahl der groben Haare, sie entfallen letztlich, während sich die Zahl der feinen Haare vermehrt. In der Haut zeigt sich, daß die Dickenunterschiede zwischen den Haarsorten und den Primär- und Sekundärfollikeln schwinden, daß sich die Einpflanzungstiefen der Follikel angleichen und die Zahl der Sekundärfollikel größer wird. Diese Vorgänge stimmen bei den verschiedenen Arten der Haussäugetiere grundsätzlich überein, wie sich aus einem Vergleich der Befunde von Spöttel und Taenzer (1923), Carter und Charlet (1961), Ryder (1962, 1969, 1984) für Hausschafe, Brunsch (1956) für Haushunde, Holm (1964) für Hauskatzen, Fallet (1961) für die südamerikanischen Haustylopoden, Koetter (1963) für das Hauskaninchen und weitere Haussäugetiere sowie Meyer (1986) für das Hausschwein ergibt. Die Wandlungen sind mit Veränderungen in polygenen Erbsystemen verbunden; Möglichkeiten für züchterische Entwicklungen sind gegeben. Zahlreiche Untersuchungen, vor allem über die Wollen von Hausschafen aber auch von Hauskaninchen, haben deutlich gemacht, daß in der Beschaffenheit der Haare wichtige Unterschiede bestehen. So kann der Glanz der Haare bei Haustierrassen gleicher Art wesentliche Unterschiede aufweisen, was auf Besonderheiten in Struktur und Zusammenfügung der Kutikularzellen der Haare beruhen dürfte. Auch die Festigkeit und Dehnbarkeit der Haare ist bei Stammart und Hausformen sowie zwischen und innerhalb von Rassen nicht gleich. Dies weist auf Eigenarten der Rindenzellen in den Haaren hin. In feinen Wollen haben die Haare keine Markzellen. Für die Verarbeitung von Wollen sind diese Eigenschaften wichtig. Darüber berichten Werke über Wollkunde (z.B. Frölich, Spöttel, Taenzer 1929, Carter 1959 u.a.).

Für das Hausschwein erwiesen elektronenoptische Studien, daß selbst im Feinbau der Haare Unterschiede gegenüber dem Wildschwein bestehen (Hess et al. 1985, Meyer 1986).

Die Stammarten der Haussäugetiere zeigen einen vorwiegend ventral gerichteten, primären Haarstrich, besonders ausgeprägt am Rumpf. Dieser Haarstrich hat für die Ableitung von Regenwasser funktionelle Bedeutung. Er ergibt sich aus der Einpflanzungsrichtung der Haarfollikel. Bei Haussäugetieren können im primären Haarstrich viele Unregelmäßigkeiten auftreten und es kann sich auch ein sekundärer Haarstrich bilden. Die Ausprägung von Wirbeln, Wellen und anderen Figuren steht mit Störungen in der Einpflanzungsrichtung der Haarfollikel in einem Zusammenhang, diese werden durch ungleichmäßiges Flächenwachstum der Haut verursacht. Dabei werden Haarfollikel in unterschiedlicher Weise gekrümmt. Follikelkrümmungen und Veränderungen im Bulbusbereich (Fraser 1964) wirken sich auf die Haargestalt aus. So sind die aus der Haut hervorsprießenden Haare aus gekrümmten Follikeln unterschiedlich gebogen, Locken entstehen. Diese sind von Hausschafen, Hausziegen, Hausrindern, Hausschweinen, Hauskaninchen, Hausmeerschweinchen, Labormäusen und auch vom Menschen bekanntgeworden.

Als Locke haben Herre und Wigger (1939) eine Zusammenordnung unterschiedlich geformter Haare über einem bestimmten Hautbezirk zu einem strukturell einheitlichen Gebilde definiert (Abb. 82). Hornitschek (1938) hat, auf Untersuchungen von Taenzer (1928) aufbauend, entwicklungsphysiologische Zusammenhänge, die zur Lockenbildung führen, beim Lamm des Karakulschafes, im Pelzhandel als Persianervlies bezeichnet, klären können (Frölich und Hornitschek 1942).

Beim Karakullamm werden auf der Flächeneinheit zunächst verhältnismäßig viele Stamm- (= Leit-)haare ausgebildet; die Gruppenhaare verharren hingegen recht lange in der Haut. Der Entwicklungsrhythmus der beiden Haarformen zueinander ist verschoben. Die bei der Geburt vorherrschenden, relativ starken Leithaare bewirken ein kräftiges, elastisches und gleichmäßiges Lammvlies. Primär sind die Haarkeime gerade, etwas schräg zur Hautoberfläche eingepflanzt. Mit zunehmender Differenzierung von

**Abb. 82:** Hausschwein mit Locken (Fotoarchiv Tierzuchtinstitut der Universität Kiel)

Hautschichten in der Dermis werden die Follikel säbelförmig und dann spiralig gekrümmt. Entsprechend ist die Krümmung der Haare kreisförmig bis spiralig. Solche Formveränderungen der Follikel sind von der Stammart unbekannt, sie weisen auf ein besonderes Wachstum der Hautschichten zueinander hin (Herre und Rabes 1937). Dies drückt sich in Veränderungen des Haarstriches noch deutlicher aus; so entsteht ein sekundärer Haarstrich. Die ursprünglich in geraden Reihen angeordneten, in Richtung vom Rücken zum Bauch weisenden Follikel gewinnen einen wellenförmigen oder gefelderten Verlauf. Es entstehen konvergierende und divergierende Wirbel. Jede dieser Follikelanordnungen entspricht einer bestimmten Lokkenform, bei der innere Haare der Stützung der äußeren Haarlagen dienen. Die verschiedenen Follikelanordnungen und damit Locken fügen sich im Gesamtfell zu Mustern zusammen, deren Zustandekommen im einzelnen noch zu klären ist (Mergler 1941). Mit zunehmendem Alter bildet sich beim Karakulschaf ein Haarstrich, welcher dem primären wieder entspricht.

Unter den Haushunden zeichnet sich der Pudel durch besonders gute Lockenbildung aus. Bei der Geburt haben Pudel noch einen primären Haarstrich. Dieser wandelt sich allmählich zu einem sekundären Haarstrich, der viele Jahre erhalten bleibt. So ist die Möglichkeit gegeben, einen genaueren Einblick in Bildungsvorgänge der Lockenformen zu gewinnen. Miessner (1964) hat Grundlagen der Lockenbildung bei Pudeln analysiert und ermittelt, daß die Follikelanordnungen und Lockenbildungen jenen beim Karakulschaf gleichen; die entwicklungsphysiologischen Vorgänge stimmen bei beiden Arten überein. Für die Lockenbildung des Mangalitzaschweines gleichen nach ersten Untersuchungen die Vorgänge denen bei anderen Haustierarten. Angefügt sei ein Hinweis auf ähnliche Wachstumsvorgänge in der Haut domestizierter Fische. Penzes und Tölg (1983) weisen darauf hin, daß bei manchen Goldfischformen in der Anordnung der Schuppen Wellenlinien, Wirbelbildungen und andere Figuren beobachtet werden können.

Bei wilden Säugetieren läßt sich bei der überwiegenden Zahl der Arten ein Wachstumsgefälle im Haarkleid vom Rücken zum Bauch feststellen; am Bauch sind im allgemeinen die Haare am kürzesten. Auch nach den Enden der Extremitäten hin nimmt die Haarlänge ab. Bei Haustieren kann dies Wachstumsgefälle geändert sein. Als Beispiel seien von den Haushundrassen Setter oder Spaniel genannt, bei denen Bauch und Extremitäten oft besonders lange Haare aufweisen. Beim Chow-Chow und anderen Spitzartigen ist das Haarwachstum an Hals und Vorderrumpf besonders intensiv, so daß eine löwenähnliche Mähne entsteht. Ähnliche Eigenarten lassen sich bei Rassen der Hauskatze feststellen. Bei verschiedenen Landrassen der Hausschafe fallen starke Haarbildungen auf der Unterseite des Halses auf.

Daß normale entwicklungsphysiologische Zusammenhänge bei Haustieren gestört sein können, zeigt sich auch bei manchen Pferden. Ihr Fell ist einem rhythmischen Haarwechsel unterworfen, die Mähne kann ununterbrochenes Wachstum zeigen, so daß ungewöhnlich lange Mähnen entstehen, was auch bei Hauseseln vorkommen kann.

Bemerkenswert sind auch ungewöhnliche Haarentwicklungen an begrenzten Körperstellen. Dies erregt Interesse im Hinblick auf menschliche Eigentümlichkeiten. So sind bei Hauspferden echte Schnurbärte beobachtet worden (Herre 1935, Habermehl 1950). Diese entstehen, wie beim Menschen, durch ein starkes Wachstum von Fellhaaren, nicht Tasthaaren, auf einem begrenzten Raum der Oberlippe. Bei Nacktheit ist der Haarverlust nicht an allen Stellen des Körpers festzustellen, in einigen Bezirken kann der Haarwuchs erhalten bleiben. In Zuchten kubanischer Nackthunde im Kieler Institut zeigte sich Haarwuchs besonders auf dem Kopf, was auch andere Nackthundschläge, so Crested Chinese, kennzeichnet (Lemmert 1971). Trotz dieser Vielfalt in den Veränderungen des Haarkleides bei Hausformen zeigen sich Begrenzungen. Tendenzen zur Steigerung der Haardicke in Richtung Borstenbildung zeichnen sich nicht ab. Darauf hat schon E. Fischer (1914) hingewiesen.

Das Federkleid des Hausgeflügels weist im Vergleich zu den Stammarten bemerkenswerte Eigenarten auf. Für den Interessierten sei dabei auch auf die Darstellung von Lucas und Settenheim (1972) verwiesen, in der eine ausgezeichnete, detaillierte Beschreibung des Federkleids wichtiger Hausgeflügelarten gegeben wird. Bei den Wildarten liegt das Federkleid dem Körper dicht an, die Federn sind von relativ fester Beschaffenheit. Das Hausgeflügel neigt zu lockerem Gefieder (Lühmann 1948); Radii und Rami sind bei vielen Rassen der Hausgänse, Hausenten, Haustauben und Haushühnern reduziert (Mikulicz-Radecki 1950, Kagelmann 1950). Lühmann (1983) hebt starke Veränderungen der Puderdunen mancher Taubenrassen besonders hervor.

Von den Stammarten des Hausgeflügels ist bekannt, daß die Zahl der Schwung- und Schwanzfedern nur in geringen Grenzen variiert. Beim Hausgeflügel treten solche Abweichungen sehr viel häufiger und im größeren Ausmaß auf (Mikulicz-Radecki 1950). So hat schon Darwin (1868) auf die ungewöhnlich hohe Zahl der Schwanzfedern bei Pfautauben hingewiesen, welche die für die Gattung *Columba* kennzeichnende Zahl deutlich übersteigt.

Wachstumssteigerungen einzelner Federn und bestimmter Federbereiche können bei Hausgeflügel zu einem ungewöhnlichen Aussehen führen. Bei Hausgänsen werden Tiere mit langen, aufgeschlissenen Federn, besonders im Flügelbereich, als Lockengänse bezeichnet. Stark verlängerte Federn im Schwanzbereich zeigt die Gruppe der Phoenixhaushühner. Örtlich begrenzte Wachstumssteigerungen von Federn können auch zu Hals- und Kopfumhüllungen – Halsbäffchen u. ä. – führen. Bei den Ausführungen über Rassen des Nutzgeflügels und der Heimvögel wurde hierauf schon hingewiesen.

Stark verkleinert sind bei manchen Rassen der Haushühner die Schwanzfedern (Lühmann 1983). Weitgehende Wachstumshemmungen der Federn in Teilbereichen des Körpers führen zu Nackthalshühnern. Bei den beschriebenen Nackthühnern und Nackttauben fehlen die Federn am Rumpf; es sind nur Federkiele der Schwungfedern und einiger Schwanzfedern vorhanden.

Auch in der Anordnung der Federfluren gibt es beim Hausgeflügel Besonderheiten (Goessler 1938, Mikulicz-Radecki 1950, Bielfeld 1983). Im Federkleid äußern sich solche Abweichungen als Wirbelbildungen unterschiedlicher Form. Es entstehen Kappen und Wirbel auf dem Kopf, Krausen im Halsgebiet und weitere Eigenarten. Diese werden durch Zuchtziele beim Hausgeflügel und bei Heimvögeln gefördert. Von den Stammarten sind solche Erscheinungen bislang nicht bekannt. Vor allem bei Haustauben und Hauskanarien hat eine Fülle besonderer Federstellungen zu kurios anmutenden Gestalten geführt. Beim Hausgeflügel treten auch gekrümmte und spiralig gewundene Federn auf, die ebenfalls als Locken bezeichnet werden; Lockenhühner und Lockentauben sind besonders bekanntgeworden. Von den Locken der Haussäugetiere unterscheiden sich die Lockenbildungen in wesentlichen Punkten. Bereits Goessler (1938) hat gezeigt, daß die Wachstumsintensität sowie Verhornungsvorgänge auf der Dorsal- und Ventralseite der Lockenfedern verschieden sind. Dadurch kommen die Federkrümmungen zustande. Diese in ihrer Form veränderten Federn ordnen sich nicht zu einheitlichen Strukturen zusammen. Die Locken der domestizierten Vögel haben also eine eigene Prägung.

Federhauben sind von Haushühnern, Hausgänsen, Hausenten, Hauskanarien und Hauswellensittichen bekannt. Solche Federhauben stellen entweder kleine Bildungen auf dem Hinterkopf dar oder sie sind als mächtige Vollhauben entwickelt (Lühmann 1983). Entwicklungsphysiologisches Interesse fanden die Federhauben, weil sie oft mit Veränderungen am Schädel und auch dem Gehirn verknüpft sind (Klatt 1910, 1911). Requate (1959) hat Aufbau, Bildung und Erbgang von Federhauben eingehend untersucht. Die Haubenfedern sind bei allen von ihm studierten Arten harmonisch vergrößerte Kopffedern und -dunen. Bei homozygot gesteuerten Haubenbildungen der Haushühner fehlen den Deckfedern die sonst zugeordneten Fadenfedern. Bei Haushühnern, die in den Erbanlagen für die Haubenbildung heterozygot sind, treten die Fadenfedern in normaler Anordnung auf und sind wie die Deckfedern vergrößert. Die Färbung der Haube bei Haushühnern kann durch ein besonderes Gen gegen das übrige Kopfgefieder abgesetzt sein. Bei Hausenten und Hausgänsen kommt es meist nur zu geringen Farbabweichungen im Haubenbezirk; diese dürften durch wachstumsphysiologische Vorgänge bedingt sein. Eine Form der Haubenbildung bei Hauskanarien ist jener der Haushühner, Hausenten und Hausgänse gleichzusetzen. Der Wechsel der Haubenfedern unterliegt bei allen Arten dem gleichen zeitlichen Rhythmus wie das übrige Gefieder.

Die Vergrößerung der Haubenfedern beruht auf einer gesteigerten Wachstumsintensität in der Haubenhaut, die zugleich zu einer Verdickung und einer unregelmäßigen Stellung der Federfollikel führt. Die Steigerung der Wachstumsintensität wird mit der ersten embryonalen Bildung der Federfollikel erkennbar. Sonst zeigen sich keine Besonderheiten in der Federbildung.

Die entwicklungsphysiologischen Vorgänge, die zur Haubenbildung führen, sind bei Haubenhühnern, Haubenenten und Haubengänsen identisch. Die Beobachtungen führen zu dem Schluß, daß der Haubenfaktor im mesodermalen Hautanteil seine Primärwirkung entfaltet, im Corium und in der Subcutis zeigen sich die tiefgreifendsten Änderungen. Die Durchbrechungen des Schädeldaches, Aufwölbungen der Hirnschädelkapsel und Hirnumgestaltungen, die bei vielen Haubenhausformen des Geflügels beobachtet werden, sind als sekundäre Erscheinungen zu werten. Die starke Entwicklung der Federhaube erfordert eine starke Nährstoffversorgung; zu dieser werden Gefäße aus dem Inneren der Hirnkapsel herangezogen.

Die Haubenbildungen der Haushühner, Hausenten, Hausgänse und Hauskanarien lassen sich als Parallelbildungen betrachten. Zu ihrem Verständnis ist darauf hinzuweisen, daß in den verschiedensten Gruppen wilder Vögel Federbesonderheiten am Kopf auftreten. Das Integument auf dem Kopf scheint eine gewisse «Bereitschaft» zu solchen Bildungen zu haben. Unter dem Einfluß von Bedingungen des Hausstandes werden solche Veranlagungen wohl in erhöhtem Maße realisiert.

Die Haubenbildung bei domestizierten Wellensittichen kann nach Befunden von Ziswiler (1963) mit den erörterten Haubenbildungen nicht gleichgesetzt werden.

### b) Färbung, Zeichnung und Musterung

Bei Wildtieren wird der Gesamteindruck wesentlich durch die Färbung und Musterung bestimmt. Diese verleiht im allgemeinen Sichtschutz. Im Dienste der Fortpflanzungsbiologie gewinnen Besonderheiten von Musterungen, besonders bei Vögeln, oft Bedeutung. Haustiere unterscheiden sich in diesen Eigenarten von ihren Stammarten. Die Färbung der meisten Haustiere bietet selten Sichtschutz, sie trägt vielmehr dazu bei, die Tiere leichter auffindbar zu machen. Die im Hausstand häufigen Musterungen haben kaum einen biologischen Wert. Es haben sich in der Domestikation tiefgreifende Veränderungen im allgemeinen Erscheinungsbild vollzogen.

In freier Wildbahn kommen Abweichungen von der Norm der Wildart in Färbung und Zeichnung zwar vor, sie sind aber selten. Im Hausstand überwiegen sie. Dabei ist auffällig, daß Haustiere, die aus Wildarten sehr unterschiedlicher systematischer Stellung hervorgingen, weitgehend übereinstimmende Färbungen und Musterungen haben. Diese Parallelität hat zu vielseitigen Erörterungen Anlaß gegeben. Sowohl evolutionsgenetische Probleme als auch entwicklungsphysiologische Fragen fanden durch solche Studien wichtige Förderung.

Grundlage weiterführender Betrachtungen muß auch in diesem Fall eine Ordnung der Erscheinungsbilder sein. Dazu hat Mikulicz-Radecki (1950) eine Gliederung vorgeschlagen, die sich als sehr nützlich erwies. Als übergeordneten Begriff hat sie Färbung herausgestellt und ihm nachgeordnet den Begriff Zeichnung als Aufgliederung von Einzelhaaren oder Einzelfedern; der Begriff Musterung erfaßt das Nebeneinander gleichgezeichneter Einzelelemente zu Feldern und deren Zusammenordnung am Körper.
Die Färbung der Haare der Säugetiere wird durch schwarze, braune und gelbe Haarpigmente bedingt, die zu den Melaninen gehören und in Gestalt kleiner Körper in den Mark- und Rindenzellen liegen (Kosswig 1927). Lubnow (1963) ermittelte, daß die gelben und schwarzen Pigmente Melanoproteine sind, die sich nicht in der Farbkomponente, sondern in den Eiweißanteilen unterscheiden; Erbfaktoren steuern den Einbau des Melanins in die Proteinkomponente.

Verschieden gefärbte Melanine werden in den Haaren als Binden verschiedener Breite, durchmischt mit pigmentfreien Binden, eingelagert. So entstehen Haarzeichnungen, die durch verschiedene Bindenbreiten und Farbintensitäten den Eindruck der Gesamtfärbung bestimmen. Dieser Zeichnungstyp wird als «Agouti»-färbung bezeichnet; er tritt grundsätzlich bei allen Stammarten von Haussäugetieren auf. Über den recht komplizierten Aufbau jener genetischen Region, welche die Agoutifärbung bei der Hausmaus bewirkt, haben Siracusa et al. (1987) berichtet.

Im Hausstand wird die Haarzeichnung und Haarfärbung verändert (Opladen 1937, Rendel 1959). Bei Haustieren verschiedener Arten kann die Pigmentverteilung gleichmäßig werden, die Binden verschwinden weitgehend. Bei starker Zunahme schwarzer Pigmente entstehen Schwärzlinge. Bei verdünnter Pigmenteinlagerung werden die Tiere einheitlich blau oder grau. Wenn andere Pigmentsorten Vorrang gewinnen, entstehen Tiere brauner, roter, gelber Farbe in den verschiedensten Abstufungen. Für das Kaninchen hat Bieber (1968) die Bedeutung der Pigmente und ihrer Verteilung im Haar dargelegt. Die Pigmentbildung kann auch unterdrückt werden, es entstehen dann weiße Tiere, die entweder leucistisch sind, wenn ihre Augen gefärbt bleiben oder albinotisch, wenn infolge Pigmentmangels die Augen rot erscheinen. Albinismus ist, wie Searle (1968) hervorhebt, bei Ungulaten recht selten, für Hausschwein und Hausschaf gibt es bislang noch keine sicheren Hinweise auf albinotische Vertreter.

Eine besondere Eigenart, von fast allen Haussäugetieren bekanntgeworden, ist die Silberung. Bei Silberung stehen gefärbte und weiße Haare durcheinander; die Farbe der Haare kann verschieden sein. Silberung ist bei Hauskaninchen und Haushunden besonders auffällig.

Musterungen unterschiedlicher Form kennzeichnen Wildarten. Allgemein verbreitet ist bei Säugetieren eine abgesetzte weiße Unterseite.

Dazu treten artkennzeichnende Muster an den Extremitäten, auf dem Rücken, am Kopf und um den After, dort als Spiegel bezeichnet, auf. Bei Haustieren können sich diese Mustergebiete, manchmal in anderer Farbgebung, erhalten. Es treten auch neue Musterungen auf. Am verbreitesten ist die Lohfärbung, black and tan im englisch-sprachigen Schrifttum. Die lohfarbenen Vertreter von Haussäugetieren haben einen schwarzen Rücken, der Bauch, die Beine und Stellen des Kopfes sind gelb. Bei Kopfmustern und solchen der Spiegelregion können sich die Farben wandeln, indem ursprünglich weiße Gebiete schwarz werden und schwarze Bereiche weiß. So entsteht ein Dachsmuster. Beispielhaft für andere Haustiere sei auch die Stromung bei Rindern und die Musterung der Japanerkaninchen genannt. Bei der Stromung handelt es sich um eine feine, bei der Japanerfärbung um eine grobe Querstreifung, wobei in einigen Fellbereichen schwarze, in anderen gelbe oder auch weiße Haare überwiegen.

Die auffälligsten und vielfältigsten Musterungen der Haussäugetiere sind Scheckungen und Fleckungen. Sie treten bei allen Haussäugern sehr frühzeitig im Hausstand auf. Dies belegen neolithische Darstellungen. Bei Scheckungen sind größere Gebiete einheitlich gefärbter Haare auf einem andersfarbigen Untergrund kennzeichnend. Fleckungen bestehen aus kleineren Flächen, die unregelmäßig verteilt sind. Zu Plattenmustern, die bei allen Haustieren vorkommen, sind schwarze Bäuche anstelle weißer zu rechnen, weiterhin Halbfärbung, bei der die vordere oder hintere Körperpartie einheitlich gefärbt gegen die andere Körperhälfte farblich abgesetzt ist. Bei der Gürtelfärbung kann entweder eine weiße Binde die dunklere Färbung des übrigen Körpers aufteilen oder eine dunkle Binde die helle Färbung der Vorderhälfte von jener der Hinterhälfte trennen (Abb. 111, 112). Bei den Haustieren aller Arten gibt es weiterhin Weißköpfe und Schwarzköpfe, Formen mit hellen oder dunklen Beinen oder gemusterten Extremitäten.

Die Variabilität der Scheckungsmuster ist sehr groß. So fallen bei Hauskaninchen (Mikulicz-Radecki 1950), Hausrindern (Krieg 1948, Danneel 1968, 1969), Hauspferden (Krieg 1948) und auch anderen Haussäugerarten innerhalb der gleichen Rasse Individuen mit weit ausgedehnten und solche mit nur geringer Ausdehnung der Scheckungsfläche auf. Danneel hat diese Problematik aufgegriffen und für schwarzbunte Niederungsrinder gezeigt, daß es sich bei diesen Populationen um genetische Mischkollektive handelt. In ihnen entstehen Allelenkombinationen, die zu einem gleitenden Übergang von starker zu schwacher Scheckung führen.

Auch die Fleckenmuster sind außerordentlich vielfältig. Bei Haustieren aller Arten treten Flekken an Augen, Schnauze, Ohren, Nacken, Rükken (aufgelöster Aalstrich), Schwanz und den Körperseiten in verschiedenen Farben auf. Die Flecken sind von unterschiedlicher Größe und Form und verschieden miteinander verknüpft. Schimmelung, Tigerung, Spritzmuster sind bei wohl allen Haustieren zu finden. Eine eingehende Darstellung würde zu weit führen; es muß auf Zusammenfassungen wie jene von Searle (1968) oder die Studien von v. Lehmann (1951, 1981, 1983, 1984) verwiesen werden.

Eine besondere Form der Musterung sei jedoch hervorgehoben, weil die Ausprägung umweltbedingt ist. Es handelt sich um die Himalaya- oder Russenfärbung, bei der die Körperenden des sonst weißen Körpers, also Ohren, Schnauze, Schwanz und Extremitäten schwarz gefärbt sind. Diese Besonderheit ist nicht nur vom Hauskaninchen bekannt, sondern auch von Hausmeerschweinchen, der Hauskatze und anderen Arten. Die Tiere werden weiß geboren, die Schwarzfärbungen durch niedere Temperaturen ausgelöst (Abb. 48). Besonders Danneel (1953, 1959) und Mitarbeiter haben an der Aufklärung dieses Phänomens beim Hauskaninchen gearbeitet.

Schon Haecker (1918) hat die Übereinstimmung der Abwandlungen in Färbung, Zeichnung und Musterung bei unterschiedlichen Arten in der Domestikation herausgestellt. Die Parallelität hat viele Forscher zu weiterführenden Untersuchungen veranlaßt. Die Frage nach den genetischen Grundlagen der bei systematisch oft weit voneinander entfernten Arten übereinstimmenden Erscheinungsbilder (Opladen 1937) löste besonderes Interesse aus.

Einsichten in diese Problematik wurden durch den Sachverhalt erleichtert, daß Haustiere gleicher Art aber sehr unterschiedlichen Aussehens sowohl untereinander als auch mit ihrer Stammart leicht kreuzbar sind und in hinreichend großen Zahlen erzüchtet werden können. Durch solche Kreuzungen gelang es, Grundfaktoren und Allelreihen zu ermitteln, welche den Färbungen zugrunde liegen (Tab. 11). Vergleichende Betrachtungen führten sodann zu dem Schluß, daß sich die an einer Art gewonnenen Erkenntnisse über steuernde Faktoren und ihre Wirkweise auf andere Arten oft übertragen lassen (Kosswig 1925). Dies führte zur Annahme homologer Gene, wobei die Homologie aus der Produktion identischer chemischer Stoffe erschlossen wurde (Searle 1968). Einzelheiten dieser Vorstellungen können hier nicht dargelegt werden; es muß auf Studien und Werke zur vergleichenden Genetik der Färbung von Kosswig (1925), Nachtsheim (1949), Rendel (1959), Searle (1968), Nachtsheim und Stengel (1977), Silvers (1979), Wassmuth (1980) verwiesen werden. Ihnen sind die Grundsätze und Einzelheiten zu entnehmen. Dort sind auch die Fälle genannt, in denen phänotypisch sehr ähnliche Erscheinungen unterschiedliche genetische Grundlagen haben. Grundsätzlich bleibt trotzdem die Aussage, daß es sich bei den meisten Veränderungen in Färbung, Zeichnung und Musterung der verschiedenen Haustiere um Parallelbildungen handelt.

Im einzelnen waren bei der Erforschung der Erbanlagen, welche die Färbungen steuern, manche Schwierigkeiten zu überwinden. So hat Berge (1974) hervorgehoben, daß die Färbung der Säugetiere selten monogen ist, sondern von einem Komplex von Genen abhängt. Bei Haussäugetieren kann Selektion auf eine Färbung, die durch das Zusammenwirken mehrerer Gene zustande kommt, zur Homozygotie aller dieser Gene führen. Bei späteren Kreuzungen entsteht dann der Eindruck, als ob diese Färbung durch ein Gen bestimmt würde. Dadurch wurden Betrachtungen zur vergleichenden Genetik manchmal erschwert. So war die vergleichende Beurteilung der Farbvererbung bei Caniden lange problematisch. Pape (1983) gelang es dann, die bereits bekannten Farbfaktoren in ein trialleles Schema zu bringen und die Übereinstimmung mit anderen Säugetieren zu veranschaulichen. Auch für theoretische Erwägungen über das Zustandekommen der Färbungsmannigfaltigkeit im Hausstand sind solche Einsichten von hoher Bedeutung, wie wir später zeigen werden.

Searle (1968) hat darauf aufmerksam gemacht, daß die Klärung von Fragen nach Farbgenen erschwert werden kann, weil lange andauernde Zuchtauslese bei Haustierrassen auch die Wirkweise von Farbgenen zu beeinflussen vermag. In manchen Fällen können neue Eigenschaften auftreten, weil zusätzliche Faktoren in Entwicklungsprozesse eingreifen, die vorher nicht vorhanden waren oder ohne Wirkung blieben.

Im Zusammenhang mit allgemeinen Betrachtungen zum Wandel der Wechselwirkungen von Genen beim Zustandekommen von Färbungen im Hausstand sind Angaben von Belyaev (1969) über Farmnerze und Silberfüchse beachtenswert. Auf dem Wege zum Haustier hat sich beim Farmnerz nach 30–50 Generationen eine Fülle von Färbungsbesonderheiten eingestellt, die von der Wildart zuvor nicht beschrieben wurden. Die genetische Analyse ergab, daß die meisten dieser Änderungen auf rezessiven Mutationen beruhen. Diese rezessiven Gene sind in der Wildart bereits vorhanden, kommen aber nicht zur Wirkung, weil in freier Wildbahn fast alle Individuen heterozygot sind. In den kleinen Populationen, die Menschen in den Hausstand überführten und durch die Begrenzung der freien Paarung in diesen Populationen, der Häufung von Verwandtschaftszucht und des Einsatzes eines nur geringen Teiles der männlichen Tiere als Folgen schon frühzeitig üblich gewordener Kastrationen, mehren sich die Fälle, in denen rezessive Gene homozygot werden und damit das Erscheinungsbild bestimmen. Ein Gendrift macht sich meist bemerkbar.

Beim Silberfuchs beruht die kennzeichnende Silberausfärbung auf einem dominanten Gen. Dies kommt auch bei der Stammart, dem amerikanischen Rotfuchs *Vulpes vulpes fulva* vor, hat aber bei dieser nur eine geringe Penetranz. Es bewirkt lediglich eine gewisse Weißfärbung an den Extremitätenenden und an der Schwanzspitze. Bei den Farmtieren wurde das genotypische Milieu verändert und so eine andere Manifestation des gleichen Gens in einem anderen polygenetischen System ermöglicht (Belyaev 1979). Durch solche Befunde werden manche bislang schwer deutbaren Besonderheiten der Färbung bei Haussäugern verständlicher.

Hinsichtlich der Musterungen ergab sich bei den Kreuzungen von Haushunden der Pudelrasse mit Wölfen, daß sich die einzelnen Musterelemente des Wolfes voneinander trennen können (Herre 1980), also auf verschiedenen Erbanlagen beruhen.

Neben der Erforschung von Erbfaktoren, die vorwiegend ein formales Verständnis fördern, ließen sich bemerkenswerte Einsichten in entwicklungsphysiologische Zusammenhänge beim Zustandekommen von Färbungen durch Erforschung biochemischer Grundlagen und von Wachstumsvorgängen gewinnen. Befunde wie sie Cleffmann (1953), Lubnow (1963), Danneel (1968) u. a. vorlegten, sind von Searle (1968), Silver (1973) oder speziell für Haustiere von Wassmuth (1980) in kritische Zusammenfassungen eingebaut worden. Hervorgehoben seien Feststellungen von Wendt-Wagener (1961) an Haubenratten. Es zeigte sich, daß bei diesen die Wanderungsgeschwindigkeit der Melanoblasten im Körper verlangsamt ist. Sie erreichen die Haubengrenze erst, wenn ein Eindringen in die Haubenhaut nicht mehr möglich ist. So fällt die Haube später als weißgescheckt auf.

Das Hausgeflügel erfordert eine gesonderte Besprechung, weil durch Federstrukturen, besonders in den Radien, Blautöne entstehen, die neben den verschiedenen Pigmenten und der Dichte ihrer Einlagerung auf die Färbung Einfluß nehmen.

Veränderungen von Färbung, Zeichnung und Musterung von Vogelarten im Hausstand haben beispielhaft Mikulicz-Radecki (1950) für Haustauben und Kagelmann (1950) für Hausenten untersucht. Beide Autoren haben sich nicht auf einen Vergleich der Hausformen mit den Stammarten begrenzt, sondern einen weiten Verwandtschaftskreis der Stammart einbezogen.

Im Hausstand entstehen durch Verstärkung der Einlagerung von Melaninen in die Federn dunkelbraune bis schwarze Tiere. Wird schwarzes Pigment sehr dicht eingelagert, bildet sich ein Schillerglanz. Fehlt die Blaustruktur, sind Haustaubenfedern rein braun oder schwarz, entfallen die Melanine, erscheinen Blaufärbungen in unterschiedlichen Abstufungen bis zu silberfahlen Tönungen. Die Variabilität der Braunfärbungen ist groß. Es gibt ein dunkles und ein helleres Rotbraun, weitere Aufhellungen führen zu lerchenfarbig, isabell, sandfarbig, erbsgelb, gelb, goldgelb, schwefelgelb. Treten zur Blaustruktur einige rotbraune Melanine, kommt es zu hellviolettblauen, mohnblauen oder purpurblauen Tönungen. Beim Ausfall von Blaustruktur und Melaninen entstehen weiße Federn. Bei Haustauben kann das gesamte Federkleid aus einheitlich gefärbten Federn bestehen. Bei weißen Haustauben fällt auf, daß die Augen eine schwarze oder weiße Iris haben. Haustauben mit roten Augen, also reine Albinos, sind noch nicht beobachtet worden.

Bei der Federzeichnung ließen sich Querzeichnungen und Längszeichnungen ermitteln, die getrennt oder gleichzeitig auftreten und sich durchmischen können. Bei Haustauben verändert sich oft die Rhythmik der Querstreifung. Untere Querstreifen haben dann eine andere Lage. Das Federzentrum, die Federspitzen oder Federbasen können aufgehellt sein. Durch Trennung von Wildfarbenkomponenten entstehen Sprenkelungen.

In der Musterung der Haustauben zeigt sich, daß die bei Wildtauben vorhandenen Gesetzmäßigkeiten durch Scheckungen, Tigerungen und Sprenkelungen aufgehoben werden. Unter Scheckung sind einheitlich weiße Farbfelder innerhalb farbiger Umgebung zu verstehen; sie zeigt sich in verschiedener Ausprägung. Bei der

Tigerung stehen weiße und gefärbte Federn durcheinander, Farbfelder werden so aufgelöst. Manchmal stehen einige Federn gleicher Eigenart nebeneinander, so wird ein Übergang zur Scheckung gebildet. Bei der Sprenkelung spielen unregelmäßige Zeichnungsveränderungen eine Rolle, wodurch die Einheitlichkeit von Musterung gestört wird. Bei Haustauben gewinnen unharmonische Musterungen Verbreitung; sie weisen auf unregelmäßige Entwicklungsvorgänge hin. Bei vielen Haustaubenrassen legen dann wieder Zuchtziele gleichmäßige Musterungen fest. Sie lassen sich züchterisch erreichen, sind aber als sekundäre Erscheinungen zu werten.

Die Befunde an Hausenten, welche Kagelmann (1950) erarbeitete, stimmen grundsätzlich mit den bei Haustauben gewonnenen Einsichten überein. So ist es nicht erforderlich, sie eingehender zu erörtern.

Auch für Haushühner liegt eine Fülle von Arbeiten über die Vererbung von Farben, Zeichnungen und Musterungen vor. Darüber berichten zusammenfassende Darstellungen von Hutt (1949) oder von Rendel (1959). Eine vergleichende Genetik ist jedoch noch nicht mit jener Vollständigkeit gelungen, wie dies für Haussäugetiere der Fall ist. Es gibt aber hinreichend Hinweise, daß ähnliche Übereinstimmungen von Genen und Genwirkungen vorhanden sind, wie sie für Haussäugetiere bekannt wurden.

Für eine Parallelität vieler Besonderheiten in der Färbung von Arten des Hausgeflügels lassen sich auch entwicklungsphysiologische Daten anführen. Die Rasse der Lakenfelderhaushühner zeichnet sich durch eine Gürtelscheckung aus, die in ähnlicher Form bei Haussäugetieren vorkommt. Der vordere und hintere Körperabschnitt sind schwarz gefärbt, dazwischen befindet sich eine breite weiße Rumpffläche. Danneel und Schumann (1963) stellten fest, daß das Muster konstant bleibt, aus dem gleichen Follikel entstehende Federn sind stets gleicher Farbe. Die eigenartige Farbverteilung kommt dadurch zustande, daß Melanoblasten zum Kopf und zum Hinterende wandern und nur dort Entstehungszentren von Melanocyten liegen. Die Zahl der entstehenden Melanocyten ist geringer als bei normal gefärbten Haushühnern und diese Melanocyten wandern langsamer. Nur an den Körperstellen, die in unmittelbarer Nähe der Bildungszentren der Melanocyten liegen, erhalten die Federanlagen so viele Pigmentzellen, daß schwarze Musterfelder entstehen können. Diesem Befund kommt modellartige Bedeutung zu.

Das weiße japanische Seidenhaushuhn ist im Innern des Körpers schwarz gefärbt. Diese Pigmentierung geht von 2 Entstehungszentren der Melanocyten aus, eines liegt in der Kopfregion, das andere im Sacralbereich. Beim Seidenhuhn bleibt die Pigmentierung auf das Bindegewebe des Körperinnern begrenzt, was ein dominanter Erbfaktor bewirkt. Das cranial gelegene Zentrum versorgt den Kopfbereich, das caudale den übrigen Körper (Lubnow 1957).

Über Veränderungen der Haut, von Hautgebilden und der Färbung bei domestizierten Fischen und solchen, die auf dem Wege zum Haustier sind, wurde bei der Erörterung über Rassebildungen berichtet. So genügen zur vergleichenden Betrachtung einige Hinweise.

Beim Karpfen ist der Verlust der Schuppen im Hausstand auffällig. Für den Goldfisch heben Penzes und Tölg (1983) hervor, daß Schuppen transparent werden oder eine netzförmige, mosaikartige oder andere Anordnung haben können.

Von Heimfischen sind eine Fülle von Farbabweichungen gegenüber der Stammart bekannt. Albinofische, Schwärzlinge und rote Varietäten sowie Scheckungen und Fleckungen in unterschiedlichen Farben und Anordnungen sind bei allen Arten in ähnlicher Weise aufgetreten.

# 6 Muskulatur bei Haustieren

Bei den wilden Stammarten der Haustiere wirken die Bewegungen fließend und «elegant», jene der Haustiere im allgemeinen steifer, eckiger, oft wie eine Karikatur der Stammart. Bilz (1971) hat darauf hingewiesen, daß sich manche der Bewegungsabläufe der Haustiere durch die Bezeichnung «Schweinsgalopp» gut kennzeichnen lassen. Die Beobachtungen an lebenden Tieren legen die Vermutung nahe, daß in der Muskulatur, ihrem Bau oder ihrer Innervierung Veränderungen eingetreten sind. Bislang sind Einzelabwandlungen der Muskulatur von Haustieren einer funktionsmorphologischen Untersuchung kaum unterzogen worden, obwohl züchterische Erfolge in der Vergrößerung einzelner wirtschaftlich wertvoller Muskeln bekannt sind. Unterschiede in der Leistungsfähigkeit der Gesamtmuskulatur bezeugen insbesondere die Erfolge von Rennpferden.

Rubli (1958) analysierte die Muskulatur von Wildschweinen, aber ein Vergleich mit Hausschweinen fehlt. Bantje (1958) legte eine Studie über den aktiven Bewegungsapparat des Hauskaninchens im Vergleich zu seinen wilden Verwandten vor, er bemühte sich um funktionelle Interpretationen der Unterschiede. Im Vergleich zur Stammart verändern sich einige Muskeln. Diese Änderungen jedoch ergeben biologisch keinen Sinn, da sich einige Konstruktionselemente gewissermaßen in entgegengesetzten Richtungen abwandeln; es entstehen Disharmonien.

Diese Tatsache gibt Veranlassung, einen Gesichtspunkt hervorzuheben, der sich beim Studium von Domestikationsänderungen immer wieder aufdrängt. Es kommt häufig vor, daß sich im Hausstand Einzelelemente «selbständig» verändern, es vollziehen sich nicht selten Abwandlungen, die ganzheitliche Zusammenhänge sprengen. Da der Körper aber ein Ganzes ist, stehen die Einzelteile in gegenseitiger Abhängigkeit. Entziehen sich Einzelteile dem Abgestimmtsein, sind Störungen die Folge, wenn nicht ein anderweitiger Ausgleich gefunden wird. Zur Beurteilung dieser Phänomene bilden Darlegungen von R. Hesse (1935) über Entharmonie, womit das Abgestimmtsein im Körper gemeint ist, und Epharmonie, die rechte Einpassung in die Umwelt, eine wesentliche Grundlage.

Stengel (1962) hat, in Anlehnung an Meinungen von Nachtsheim (1949), gegen Vorstellungen des Auftretens von Disharmonien bei Haustieren polemisiert. Er ging davon aus, daß das genotypische Milieu immer einen regulierenden Einfluß ausüben könne. Dabei sind eine Reihe von Tatsachen übersehen worden. Ein eingehendes Studium von Domestikationsveränderungen lehrt, daß sich Einzelteile verändern, ohne sich in das alte, bei der Wildart normale Körpergefüge einzugliedern. Dies zeigt sich bei anatomischen Strukturen ebenso wie bei entwicklungsgeschichtlichen Vorgängen. Auch in freier Wildbahn treten solche Mosaike auf. Sie fallen meist der natürlichen Auslese zum Opfer. Unter den Bedingungen des Hausstandes können sie nicht nur erhalten bleiben, sondern sogar besondere Förderung finden, wenn die unharmonisch abgewandelten Merkmale Menschen Nutzen bringen oder Freude bereiten. In solchen Fällen können biologisch nachteilige Einzelmerkmale durch züchterische Maßnahmen einen hohen Ausprägungsgrad finden, der die Grenzen der Lebensfähigkeit erreicht. Es sei an die Schleierschwänze mancher Heimfische, an die Teleskopaugen der Goldfische, an Exzessivbildungen bei Haussäugetieren und Heimvögeln erinnert, die bei Tierschützern mit Recht Anstoß erregen. Es entstehen «Überzüchtungen», die einer besonders intensiven Betreuung durch den Menschen bedürfen.

Überzüchtungen sind keine primäre Domestikationsfolge, sondern Ergebnisse unbiologischer und unausgewogener Züchtungs- und Haltungsverfahren (Dobberstein 1954). Es ist durchaus möglich, bei ausreichenden Kenntnissen langlebige und gesunde Hochleistungsrassen zu züchten; die Existenz solcher Tiere beweist das; ihnen ist manchmal nur der Seltenheitswert zu nehmen (Herre 1950). Diese Überlegungen werfen die wichtige Frage auf, ob es biologische Grenzen der Domestikationsveränderungen, der Anpassungsfähigkeit von Haustieren gibt, ob Domestikation zu «Degenerationen» führen muß.

Grenzen im Domestikationswandel und in der Leistungsfähigkeit von Haustieren können bislang nicht vorausgesagt werden. Dies belegt die bisherige Entwicklung der Haustiere. Den domestizierenden Menschen werden Gestalt und Leistungen römerzeitlicher Rinder unvorstellbar gewesen sein. Die römischen Tierzüchter hätten wohl die Eigenarten heutiger Haustierrassen als unerreichbar erachtet. Die heutigen Kulturrassen der Haustiere unterscheiden sich in Gestalten und Leistungen sehr stark von ihren Ausgangspopulationen. Trotzdem sind sie als gesund und für ihre Umwelt als normal zu bezeichnen. Es kommt also bei Züchtungen darauf an, eine Abgestimmtheit innerhalb der Haustierindividuen und mit der Umwelt zu erhalten. Tierzucht und Tierhaltung müssen einander sinnvoll ergänzen. Züchtungsbiologische Überlegungen sollten zoologische Analysen berücksichtigen, um fundierte Grundlagen für Planungen zu erhalten.

Die Betrachtung der äußeren Körperform von Haustieren gleicher Stammart weist bereits darauf hin, daß in der Ausbildung einzelner Muskelgebiete Unterschiede bestehen. Die Beurteilungslehre von Haustieren zieht die verschiedene Ausprägung einzelner Muskelbereiche in züchterische und wirtschaftliche Bewertungen ein. Bei Schweinen zeichnen sich schon bei äußerer Betrachtung Besonderheiten in der Schinkenbildung ab (Haring 1959). Bei Schlachtkörpern werden Unterschiede in der Ausbildung einzelner Muskeln in verschiedenen Sippen auffällig. Durch die Auswertung solcher Beobachtungen ist es gelungen, die Mächtigkeit des Musculus longissimus dorsi, der als Kotelettmuskel und daher als «Schaumuskel» bei Käufern eine Rolle spielt, bemerkenswert zu vergrößern (Hammond 1947, 1958; Clausen 1970).

In der Domestikation wandeln sich auch physiologische Eigenarten der Muskulatur; die Ursachen dieser Veränderungen sind noch nicht völlig geklärt. Die Muskulatur ist bei den Stammarten vorwiegend dunkelrot und von festerer Beschaffenheit. Bei Haustieren ist sie im allgemeinen blasser, manchmal nur hellrosa gefärbt; der Myoglobingehalt ist geringer. In der Konsistenz ist die Muskulatur der Haustiere vielfach weicher als jene der Stammarten, und in der Verteilung gebundenen und ungebundenen Wassers in der Muskulatur, dem ‹Safthaltevermögen› (Haring 1959), bestehen nicht nur gegenüber der Stammart, sondern auch zwischen Rassen Unterschiede. Im allgemeinen ist die Einlagerung von intramuskulärem Fett bei Haustieren stärker als bei den Stammarten, es gibt aber auch Rassen, insbesondere beim Hausschwein, die sich durch Fettarmut in der Muskulatur auszeichnen.

In den letzten Jahrzehnten haben Verbraucher helles, weicheres, fettarmes Fleisch vielfach bevorzugt. Es machten sich jedoch allmählich Minderungen in der Fleischqualität bemerkbar. PSE-Fleisch (= pale, soft, exudative) schrumpft beim Braten recht stark. Besonders bei fleischreichen Hausschweinen (Handelsklasse E) wird in neuerer Zeit bei mehr als der Hälfte das Auftreten von PSE-Fleisch bemängelt. Faber und Mitarbeiter (1983, 1985) haben sich mit diesem Problem beschäftigt und ermittelt, daß nach dem Schlachten dieser Tiere der Glykogenabbau bis zur Milchsäure außerordentlich schnell erfolgt, was eine Denaturierung des Fleisches bewirkt. Bei der Geschwindigkeit des Glykogenabbaus spielen Hormone eine Rolle, z.B. Adrenalin und Noradrenalin. Diese Hormone werden bei Streß verstärkt ausgeschüttet. Aber auch bei Vermeidung von Streß tritt bei manchen Rassen – so beim Piétrainschwein – PSE-Fleisch auf. Es wurde festgestellt, daß die Hormonmengen im Blut bei Tieren mit PSE-Fleisch und solchen mit normalem Fleisch übereinstimmen. Nun konnte gezeigt werden, daß in den Zellmembranen von Hausschweinen mit PSE-Fleisch 31–38% mehr beta-adrenerge Rezeptoren vorhanden sind als bei normalen Hausschweinen. Die höhere Zahl dieser Rezeptoren erhöht die Empfindlichkeit gegenüber gleichen Hormonmengen, wodurch die Glykolyse und Lipolyse beschleunigt wird (Böckler et al. 1986). Es handelt sich um einen erblich bedingten Unterschied, so daß vor allem züchterische Verfahren eingesetzt werden müssen, um PSE-Fleisch entgegenzuarbeiten.

In der Beschaffenheit des Körperfettes, den bevorzugten Orten und in der Mächtigkeit von Fettablagerungen im Körper bestehen erbliche Unterschiede zwischen den Hausformen und ihren Stammarten sowie zwischen Rassen und Populationen gleicher Haustierart (Hammond

1958). Die Beschaffenheit dieses Fettes, seine Festigkeit, läßt sich durch die Jodzahl kennzeichnen, die von den prozentualen Anteilen der Fette und Öle an Glyceriden der ungestättigten Fettsäuren und deren Natur abhängig ist. Je höher die Jodzahl, desto weicher das Fett. Innerhalb von Tieren ist die Jodzahl nicht einheitlich; Depotfett, so das Nierenfett, hat geringere Jodzahlen. Dieses Fett ist fester und weniger reaktionsbereit. Außen gelagerte Fette weisen höhere Jodzahlen auf. Vauk (1951) fand in den Jodzahlen des Schwanzfettes von Hausschafen keine Unterschiede, beim Nierenfett ließen sich solche sichern. Kliesch (1932) ermittelte Rassenunterschiede in der Jodzahl der Fette bei Hausschweinen.

Über die Möglichkeiten, die Mächtigkeit der Fettablagerungen züchterisch zu beeinflussen, wurde bei der Erörterung über die Entwicklung der dänischen Hausschweine aufmerksam gemacht. Dabei konnte auf eine Veränderung der Stellen mächtigster Fetteinlagerung berichtet werden, die nicht von der Ernährung und dem Alter beeinflußt wird; genetische Faktoren sind von entscheidender Bedeutung.

Von besonderem Interesse sind die Fettablagerungen am Schwanz von Hausschafen, über die Epstein (1970) umfassende Materialien zusammengetragen hat. Keine der Unterarten des Wildschafes hat einen Fettschwanz oder Fettsteiß; es lassen sich höchstens kleine Ansätze einer Fetteinlagerung an der Schwanzwurzel erkennen. Die Entwicklung von Fettreserven am oder im Schwanz ist ein Domestikationsmerkmal. Das Schwanzfett wird in der Trockenperiode im allgemeinen verbraucht. Die Verbreitung der Fettschwanz- und Fettsteißschafe führte zu dem Schluß, daß diese Eigenarten in Steppengebieten Asiens entstanden, und daß sie einen Vorteil in semiariden Gebieten darstellen. Die spätere weite Verbreitung solcher Schafrassen weist darauf hin, daß menschliche Zuchtwahl bei der Herausbildung dieser Eigenarten eine wichtige Rolle spielte. Hirtenvölker, die keine anderen fettspeichernden Haustiere, z.B. Hausschweine besaßen, scheinen Hausschafe mit einem Fettpolster am Schwanz bevorzugt zu haben. Damit werden Vorstellungen über den vorwiegend biologischen Nutzen unsicher.

Versuche von Epstein (1961) haben zu der Auffassung geführt, daß der Fettschwanz keine zusätzliche Speicherung von Körperfett darstellt, sondern nur eine Verlagerung des Fettes aus dem Körperinneren in den Schwanzbereich. Epstein kupierte den Schwanz von Fettsteißschafen und beobachtete, daß dann das Fett im ganzen Körper «normal» verteilt wird. Die Hausschafe sind also fähig, das Fett, das sonst im Schwanz abgelagert wird, an anderen Körperstellen zu speichern. Die Anhäufung von Fett am Schwanz kann unter gewissen Umständen für den Züchter einen wirtschaftlichen Vorteil gegenüber einer intermuskulären und subkutanen Verteilung darstellen, weil das gesamte Körperfett vereint und das Fleisch, frei davon, schmackhafter ist. Biologisch werden durch diese Sachverhalte interessante Fragen aufgeworfen, da sich auch eine Reihe von Wildarten aus verschiedenen Säugetierordnungen durch Fettspeicher am Schwanz auszeichnet. Über die Verlagerung des Fettdepots im Körper von Hausschweinen haben wir bei der Schilderung von Hausschweinrassen berichtet.

# XIV. Stoffwechsel und Stoffwechseleinrichtungen

## 1 Wachstumskapazität und -intensität, Futterverwertung, Stoffwechselleistungen

Auch Stoffwechselleistungen verändern sich im Hausstand. Die Wachstumskapazität, die erblich bestimmte Begrenzung des Größenwuchses, die unabhängig vom zeitlichen Ablauf des Wachstums erreicht wird (Haring 1959), zeigt einen größeren Spielraum. Weiterhin gibt es bei Haustieren Abwandlungen in der Wachstumsintensität, also der erblich bedingten Geschwindigkeit des Wachstums. Die Wachstumsintensität kann durch Bestimmung der Gewichtszunahme oder andere Methoden sehr gut erfaßt werden. Von den Fischen bis zu den Säugetieren weisen Haustiere ein sehr viel schnelleres Wachstum auf als ihre Wildarten; ihre Wachstumskapazität erreichen sie rascher, sie sind frühreifer. Unterschiede der Frühreife lassen sich innerhalb von Haustierarten feststellen. Kulturrassen von Hausschafen und Hausschweinen durchlaufen ihre Entwicklung schneller als Landrassen; dieser Unterschied kann durch Ernährung kaum beeinflußt werden (Hammond 1959).

Besonderheiten im Stoffwechsel der Haustiere fallen auch bei der Futterverwertung auf. Wölfe haben einen doppelt so großen Futterbedarf als Haushunde (Zimen 1970). Dieser Unterschied macht sich schon bei Saugwelpen bemerkbar. Hiermit in Zusammenhang steht, daß Pudel langsamer fressen, länger kauen und weniger schlingen als Wölfe. Beim Vergleich von Wölfen mit Pudeln im Kieler Institut fiel auf, daß Wölfe sehr aktiv sind, Pudel und andere Haushunde haben ein weit ausgeprägteres Ruhebedürfnis.

Die Futterverwertung hat erbliche Grundlagen (Frölich 1938, Haring 1959). Zorn (1958) hat Zahlen von Kreuzungen zwischen Wildschweinen und dänischen Hausschweinen zusammengestellt. Danach benötigten Tiere mit 75% Wildschweinanteil 5,79 Futtereinheiten für 1 kg Körpergewichtszunahme, solche mit 75% dänischem Landschweinanteil 3,74 Futtereinheiten für die gleiche Leistung. In der Hühnerzucht gilt jetzt, daß mit 2 kg Futter 1 kg Körpergewichtszunahme erzielt werden kann, eine im Vergleich zu Wildhühnern unerwartete Leistung. Da die Futterverwertung von sehr hoher wirtschaftlicher Bedeutung ist, werden unter genormten Bedingungen eingehende Vergleiche innerhalb von Haustierstämmen durchgeführt (Haring 1959). Von solchen Ergebnissen sei genannt: Zur Erreichung eines bestimmten Körpergewichtes benötigte bei Hausschweinen eine «gute Gruppe» 336 kg Futter, sie hatte eine tägliche Gewichtszunahme von 855 g; eine «schlechte Gruppe» dagegen benötigte 414 kg Futter bei einer täglichen Körpergewichtszunahme von 592 g. Durch die Auswertung solcher Daten für die Zucht war es bei Hausschweinen möglich, in 50 Jahren die tägliche Gewichtszunahme um 20% zu steigern.

Verhaltensunterschiede zwischen Wölfen und Haushunden weisen auf eine Besonderheit hin, die bei Wildarten unauffällig bleibt, bei Haustieren aber deutlich in Erscheinung tritt: Die Ausprägung von lebhaften Umsatz- und ruhigeren Ansatztieren. Bei allen Haustieren gibt es Rassen, die sich durch hohen Umsatz auszeichnen; sie liefern viel Milch, große Mengen an Eiern, oder sie eignen sich zu raschen, ausdauernden Bewegungen bei Rennen und anderen Leistungen. Bei anderen Rassen hingegen überwiegt der Ansatz großer Fleischmengen oder beträchtlicher Fettdepots. Diese Rassen unterscheiden sich allgemein auch in den Körperformen; die Umsatzrassen sind schlanker, die Ansatzrassen tonniger. Tierzüchter wurden in der Meinung bestärkt, daß es sich um Koppelungen zwischen Körperformen und Leistungen handele; die beiden genannten Typen wurden daher je nach Zuchtziel bevorzugt. Dadurch stellten sich starke Korrelationen ein; es ist aber nicht sicher, ob diese Korrelationen zwangsläufig sind. Es gibt Befunde, die gegen eine solche Annahme sprechen, darauf haben wir bereits hingewiesen.

Das besondere Ausmaß von Stoffwechselleistungen spiegelt sich bei Haustieren in Höchstleistungen wider. Dies ist das Ergebnis sehr vieler Prozesse im Organismus von der Nahrungsaufnahme bis zur Exkretion. Meistens wird nur die wirtschaftlich besonders wertvolle Einzelleistung zur Kenntnis genommen. Zur Veranschaulichung reichen einige Beispiele aus.

Die Milchleistung der Kuh des Auerochsen kann nicht mehr ermittelt werden, da die Art ausgestorben ist. So müssen Leistungen verwandter Wildarten als Hinweis herangezogen werden. Dazu kann der Yak dienen. Eine Yakkuh gibt in einer kurzen Laktationszeit täglich 5 l Milch mit 8% Fettgehalt. Von einer Hausrindkuh ist eine Tagesleistung von 64 l bekannt. Die schwarzbunte Kuh Lanze hatte eine Jahresleistung von 16630 l, dies bedeutet als Durchschnittsleistung 45 l täglich. Auch die jährlichen Durchschnittsleistungen von Hausrindern verschiedener Länder sind bemerkenswert. Sie beträgt in den Niederlanden jährlich 5130 l pro Kuh, in Dänemark 4900 l, in der Bundesrepublik Deutschland 4320 l; weitere Beispiele haben wir bei der Beschreibung von Hausrindrassen genannt.

Die Milchfettleistungen liegen bei Hausrindern im allgemeinen niedriger als bei Wildrindern. Es sind jedoch Hausrinder mit sehr hohen Milchfettanteilen bekannt. Frölich (1930) wies nach, daß Milchmenge und Milchfettleistung unabhängig voneinander vererbt werden. Beide Eigenschaften sind kombinierbar und als Höchstleistungen im gleichen Individuum realisierbar.

Ähnlich hohe Stoffwechselleistungen werden von Haushühnern erbracht. Wildhühner haben im allgemeinen 1–2 Gelege im Jahr mit ca. 10 Eiern. Bei Haushuhnhennen liegt in der Bundesrepublik Deutschland der Durchschnitt der Jahresleistung um 250 Eier, es sind aber Hennen mit rund 400 Eiern jährlich bekanntgeworden. Die Lebensleistung einer Henne der Stammart dürfte um 150 Eier liegen, bei den Hennen der Hausform kann sie bis über 1500 Eier ansteigen.

Diese Beispiele genügen, um Unterschiede in den Stoffwechselleistungen bei Wildarten und ihren Hausformen anzudeuten. Sie führen zu der Frage, ob sich Verschiedenheiten an Organen ermitteln lassen, welche der Nahrungsaufnahme und Nährstoffverarbeitung in besonderem Maße dienen.

## 2 Stoffwechseleinrichtungen

a) **Verdauungstrakt:** Die Frage nach Besonderheiten von Organen der Nährstoffgewinnung bei Haustieren im Vergleich zu den Stammarten hat viele Forscher schon lange bewegt. Die Aufmerksamkeit richtete sich vor allem auf Mittel- und Enddarm; der Vorderdarm fand weniger Beachtung. Durch generalisierende Betrachtungen wurden oft die Unterschiede zwischen den verschiedenen Verdauungstypen vernachlässigt. Der Unterschied zwischen Arten, bei denen im vorderen Teil des Verdauungskanals besonders gestaltete Mägen den Nahrungsaufschluß weitgehend übernehmen und solchen, bei denen dem oft vielseitig ausgestalteten Mitteldarm die wichtigste Aufgabe zufällt, ist jedoch sehr groß. Zu den Tierarten mit kompliziert gestalteten Mägen gehören die systematisch verschiedenen Ordnungen zuzuordnenden Wiederkäuer, aus denen wichtige Haustiere hervorgingen. Es ist seit langem bekannt, daß in den Vormägen der Wiederkäuer enzymatische Vorgänge von großer Bedeutung für den Nährstoffgewinn ablaufen. Doch erst in den letzten Jahren ist deutlicher geworden, daß bemerkenswerte artliche und rassische Unterschiede vorhanden sind. Über solche Besonderheiten anatomischer Art geben besonders die Arbeiten und zusammenfassenden, kritischen Betrachtungen von Langer (1973 bis 1988) Aufschluß. Wichtige neue Einsichten in physiologische Abläufe in den Vormägen vermochten vor allem von Engelhardt und seine Mitarbeiter zu gewinnen (von Engelhardt 1981, Weyreter und von Engelhardt 1984, von Engelhardt et al. 1985, Heller et al. 1985). Die physiologischen Studien ergaben unter anderem, daß zwischen der Größe der Vormägen, der Verweildauer der Nahrung in diesen, der in den Vormägen vorhandenen Flüssigkeitsmenge und der Verwertbarkeit zellulosereicher Nahrung minderer Qualität Zusammenhänge bestehen. Dabei wurden vor allem für Hausschafe und Hausziegen Besonderheiten gegenüber den Stammarten und Rasseunterschiede nachgewiesen. Höchst bemerkenswert ist, daß unter den Rassen der Hausschafe Heidschnucken und Merinoschafe die Fähigkeit haben, bei nährstoffarmer Nahrung ihre Vormägen zu vergrößern, Schwarzkopfschafe besitzen diese Anpassungsfähigkeit nicht. Diese Tatsache weist auf genetisch bedingte Unterschiede hin.

Vor dem Hintergrund dieser neuen physiologischen Erkenntnisse ist eine Neubewertung mancher älteren Angaben über Unterschiede im Verdauungstrakt zwischen Wild- und Haustieren nicht auszuschließen. Trotzdem behalten die erarbeiteten Sachverhalte als Grundlage weiterer Untersuchungen ihren Wert. Es fiel auf, daß der Darm bei Haustieren oft länger ist als bei ihren Stammarten (Bethke 1919, Klatt und Vorsteher 1923, Harder 1951, Wohlfarth 1984). Es kommen aber auch Verkürzungen bei Hausformen vor. So stellte Drescher (1975) bei den neu domestizierten Farmnerzen eine körpergrößenunabhängige Verringerung der Darmlänge um 12,9% fest. Da bekannt ist, daß die Därme von Fleischfressern meist kürzer sind als solche von Pflanzenfressern und dieser Unterschied mit der leichteren Verdaulichkeit von Fleisch in Zusammenhang gebracht wird, lag die Deutung nahe, daß die größere Darmlänge bei Haustieren im Vergleich zu den Stammarten durch eine Veränderung der Nahrung, durch einen höheren Anteil an Ballaststoffen im Hausstand ausgelöst werden. Die Verlängerung der Därme bei Haustieren wurde als Modifikation gedeutet. Gegen diese Bewertung lassen sich heute wichtige Einwände erheben. Experimentelle Untersuchungen haben ergeben, daß der Darm der Wirbeltiere wenig umweltmodifikabel ist (Schröder 1928, Mangold 1933, Holmgren 1944, Ueck 1967). Wichtig wurden die Feststellungen von Harder (1951); er fand, daß die Därme von Hausschafen und Hauskaninchen wohl länger sind als die ihrer Wildarten, aber diese Verlängerungen sind bei einzelnen Rassen unterschiedlich; Einzelabschnitte zeigen jeweils kennzeichnende Werte. Dies spricht für genetische Steuerungen. Bestätigt wird das durch vergleichende Untersuchungen der Darmsysteme bei verschiedenen Arten der Nagetiere (Gorgas 1967), der Beuteltiere (Schultz 1976) und der Musteliden (Drescher 1973). Außerdem ergaben diese Studien, daß entgegen einer verbreiteten Lehrbuchmeinung keine allgemein gültige Aussage über eine Beziehung der bevorzugten Nahrung mit der Darmlänge gemacht werden kann (Gorgas 1967). Die Ursachen für die Verlängerung von Därmen bei Haustieren sind noch nicht geklärt.

Vergleichende Betrachtungen über den Verdauungstrakt des Hausgeflügels liegen für Hausgans und Graugans von Schudnagis (1975) und für europäische Entenvögel einschließlich der Hausente von Borkenhagen (1976) vor. Bei diesen Untersuchungen ist auch das Schrifttum kritisch verarbeitet und der Größeneinfluß berücksichtigt worden. Es ergibt sich, daß im Drüsenmagen der Hausformen und ihrer Stammarten keine Unterschiede bestehen; bei Haustieren fallen in diesem Bereich nur größere Zellen und Zellkerne auf. Auch der Muskelmagen ist durch den Hausstand nicht beeinflußt. Intensivhaltung allerdings führt zu quantitativen Veränderungen, bei Hühnern in der Intensivhaltung ist der Drüsenmagen 11% leichter, der Muskelmagen um über 30% als bei Auslaufhühnern (Gaudlitz 1971). Die Darmlänge ist bei Enten und Gänsen sehr variabel, zwischen Stammarten und Hausformen lassen sich keine klaren Unterschiede sichern. Die prozentualen Blinddarm- und Enddarmlängen sind bei den Hausformen geringfügig länger.

Eine wichtige Rolle bei Verdauungsvorgängen spielt der sekretorische Teil des Pankreas. Munk (1965) hat dieses Organ bei Wild- und Hausschwein eingehend untersucht und bei weiteren Arten der Haussäugetiere Stichproben betrachtet, die ihn veranlaßten, die Allgemeingültigkeit seiner Befunde am Schwein zu postulieren.

Wildschweine haben eine dunkler gefärbte Bauchspeicheldrüse, die im Verhältnis zum Körpergewicht leichter als die der Hausschweine ist. Zellstudien ergaben, daß Wildschweine im sekretorischen Teil kleinere Zellen und Zellkerne besitzen, also mehr Zellen in der Volumeneinheit Gewebe als Hausschweine haben. Der kleinere Kern der Wildschweinzellen enthält ein anders verteiltes Chromatin als jener der Hausschweine. Die histochemische Analyse zeigt, daß sich die elektrostatischen Eigenschaften der Zellsubstanzen bei Wild- und Hausschwein unterscheiden; das Hausschwein hat mehr basische Substanzen im Verhältnis zu den sauren Bestandteilen. Die Wildschweinzellen färben sich stärker an, was durch einen höheren Gehalt an ribonukleinsäurehaltigen Strukturen bedingt ist. Diese sind ein Maß für die Proteinsynthese in der Zelle. Hausschweine zeichnen sich durch einen höheren Esterasegehalt in den Zymogenhöfen der Zellen aus.

Das Studium des Enzymgehaltes bestätigt die Aussage, daß die Wildschweinzellen stoffwechselaktiver sind. Die Wildschweine weisen eine sehr viel größere Konzentration an Succinodehydrogenase und Cytochromoxydase in den Pankreaszellen auf. Diese erhöhte Konzentration läuft parallel mit einem elektronenmikroskopisch nachweisbaren stärker ausgeprägten Mitochondriensystem. Nach elektronenoptischen Befunden zu urteilen, besitzen Wildschweine weniger Wasser pro Volumeneinheit Pankreasgewebe. Die chemische Analyse ergab aber, daß im Gesamtpankreasgewebe der Wassergehalt bei Wildschweinen höher ist. Dies besagt, daß zwischen Wild- und Hausschweinen Unterschiede in der Verteilung des Wassers bestehen.

Als weiterer interessanter Befund ist hervorzuheben, daß Wildschweine ein dichteres Nervennetz in der Volumeneinheit Pankreasgewebe haben als Hausschweine.

Werden alle Tatsachen dieses ersten vergleichenden Studiums zusammengefaßt, so lassen sie folgende Aussage zu: Die Pankreaszellen der Wildschweine enthalten im Vergleich zu denen der Hausschweine weniger Syntheseprodukte, weniger Zymogengranulae. Eiweißprodukte scheinen kaum gespeichert, was bei Hausschweinen der Fall sein wird. Es ist denkbar, daß die geringe Speicherkapazität der Pankreaszellen und das zeitlich quantitativ und qualitativ unterschiedliche Nahrungsangebot eine ständige, spontane Produktionsbereitschaft und somit auch eine erhöhte Stoffwechselkapazität erfordern, die in der Konzentration der Atmungsenzyme, der Größe und Zahl der Mitochondrien sowie der stärkeren Innervierung Ausdruck findet. Die Hausschweine bringen wahrscheinlich insgesamt mehr Verdauungsenzyme hervor, aber wohl kontinuierlicher, langsamer, mit weniger Energieaufwand und stärkerer Speicherung von Produkten der Eiweißsynthese und fertigen Enzymen, als die Wildschweine.

Die Gelegenheit bestand, auch Bastarde zwischen Wild- und Hausschweinen zu untersuchen, die unter gleichen Bedingungen wie die Wildschweine aufgewachsen waren; Munk konnte aussagen, daß die Unterschiede wohl Ausdruck erblicher Steuerung und nicht Folgen umweltbedingter Modifikationen sind. Eine Vertiefung der Untersuchungen erscheint wünschenswert. Dies trifft auch für die Leber zu.

Bei der Beurteilung der Lebergewichte von Haustieren ist zu beachten, daß diese durch Blut- und Fetteinlagerungen beeinträchtigt sein können und daß bei manchen Arten Geschlechtsunterschiede beachtet werden müssen. Die Veränderungen von Lebergewichten in der Domestikation sind sehr unterschiedlich, folgende prozentuale Abweichungen von der Wildart wurden bisher nachgewiesen: Labormaus ±0 (Nord 1963), Laborratte −24,3 (Ebinger 1972), Meerschweinchen +10, Kaninchen −23 (Fischer 1973), Frettchen −13,4 (Espenkötter 1982), Hunde +20 (Klatt und Vorsteher 1923), Hausschweine ±0 (Schürmann 1984), Lama und Alpaka −10. Eine auffällige Vergrößerung der Leber um über 100% hat Drescher (1975) für Farmnerze nachgewiesen, er weist aber auf die ungewöhnlich starke Fetteinlagerung hin. Wahrscheinlich sind Änderungen der Lebergrößen bei Haustieren Ausdruck von Stoffwechseländerungen, eine Interpretation für die sehr unterschiedlichen Änderungen bei den einzelnen Haustieren ist aber z. Z. nicht möglich.

Den Feinbau der Lebern von Wild- und Hausschweinen untersuchte Schleifenbaum (1972). Er faßte als statistisch gesicherte Befunde zusammen: Die Wildschweine besitzen kleinere Lobuli und kleinere Leberzellkerne als Hausschweine. Das Gesamtkernvolumen bei Wildschweinen in der Leber ist höher als bei Hausschweinen. In den Leberepithelzellen enthalten Wildschweine quantitativ mehr DNS und RNS als Hausschweine. Die Leberzellen der Hausschweine lassen sich nur schwächer färben, ihre Struktur erscheint lockerer als beim Wildschwein. Die stärkere Färbbarkeit beim Wildschwein wird vor allem durch einen höheren Gehalt an RNS und Eiweißen verursacht sein. Die Wildschweine weisen quantitativ in den Leberzellen einen höheren Gehalt an Glykogen auf. Bei Wildschweinen ist auch die Konzentration der histochemisch nachweisbaren Atmungsenzyme Cytochromoxydase und Succinodehydrogenase höher. Viel höher ist in den Leberzellen von Wildschweinen auch der Gehalt an Glucose auf- und abbauenden Enzymen. Dieser Sachverhalt weist in Verbindung mit dem höheren Gehalt an Atmungsenzymen auf eine höhere Stoffwechselintensität bei Wildschweinen hin. Die Leberzellen der Wildschweine enthalten quantitativ weniger Fettstoffe als Hausschweine. Der Gehalt an histochemisch darstellbarem Eisen ist bei Wildschweinen viel höher als bei Hausschweinen.

Nach diesen Befunden lassen sich die Wildschweine gegenüber den Hausschweinen als stoffwechselaktiver und für spontane Reaktionen auf Umweltveränderungen geeigneter kennzeichnen. Der Aufbau und die Mobilisierung von Reservestoffen ist nach diesen Befunden bei der Stammart besser möglich.

b) **Herz und Kreislauf:** Von den Organen des Kreislaufs beansprucht das Herz besondere Aufmerksamkeit. Allgemein haben die Herzgewichte bei Haustieren abgenommen, allerdings in unterschiedlichem Ausmaß. Die folgenden Zahlen geben die Abweichungen der Herzgewichte der Haustierformen gegenüber ihren Stammarten an: Labormaus −17 (Frick 1960, Nord 1963), Laborratten bei 200 g Körpergewicht −20, bei 400 g Körpergewicht −39, hier sind die Anstiegswinkel der Allometriegeraden Herzgewicht–Bruttokörpergewicht bei Wild- und Laborratte verschieden (Ebinger 1972), Kaninchen −29,5 (Fischer 1973), Frettchen −25,7 (Espenkötter 1982), Haushunde −10, bei Haushunden ist die Variabilität der Herzgröße außerordentlich hoch, es gibt Rassen, die bei den Herzgewichten noch im Bereich der Wölfe liegen (Klatt und Vorsteher 1923), Hausschweine −42 (Schürmann 1984). Bei Schweinen sind die Hauptkammern um 52% reduziert, also noch stärker als das Herzgesamtgewicht (Abb. 83). Bei Meerschweinchen ist das Gewicht der beiden Hauptkammern um 31,7% verringert, dabei ist das Volumen der rechten Kammer um 53,2%, das der linken um 37,8% vermindert. Über eine bemerkenswerte Verringerung der Herzgewichte von Lama und Alpaka gegenüber dem Guanako berichten Jürgens, Pietschmann, Yamaguchi und Kleinschmidt (1988).

Alle Daten sprechen für eine geringere Leistungsfähigkeit des Herzens bei den Haustieren,

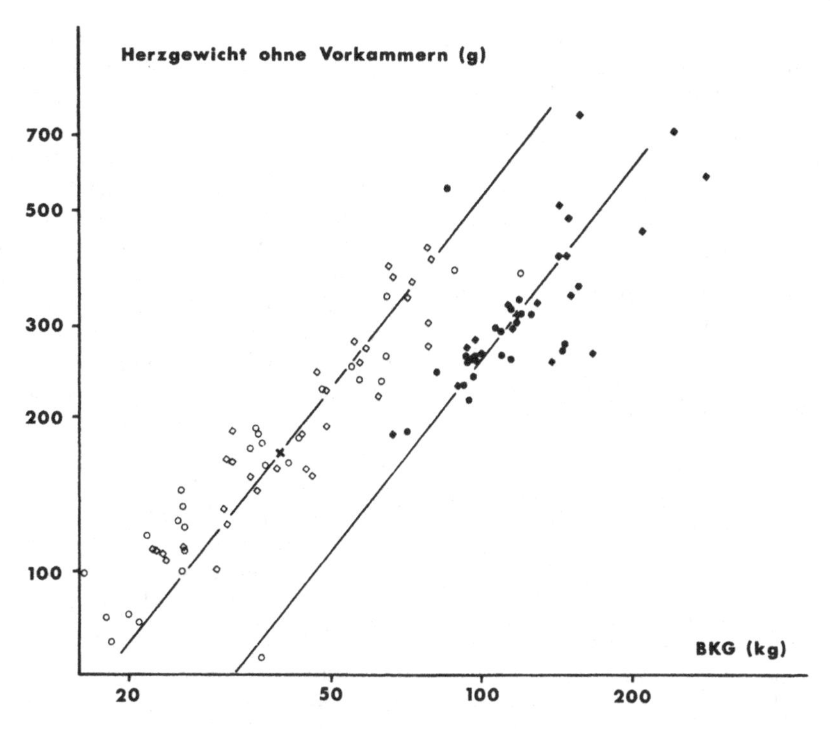


**Abb. 83:** Abnahme des Herzgewichts vom Wild- zum Hausschwein. Wildschwein ○ ♂♂, □ ♀♀ obere Allometriegerade; Hausschwein ● ♂♂, ■ ♀♀ untere Allometriegerade (aus Schürmann 1984)

allerdings in sehr unterschiedlichem Ausmaß. Bei Hunden, besonders bei bestimmten Rassen, ist durch die Beanspruchung des Fortbewegungsapparates die Reduktion der Herzgröße nur gering oder gar nicht vorhanden. Köhler und Dirksen (1954) haben über Zellveränderungen in den Herzganglien von Hausschweinen im Vergleich zu Wildschweinen berichtet. Solche Beobachtungen verdienen Aufmerksamkeit, weil Hausschweine von allen Haustierarten Streßsituationen am wenigsten zu widerstehen vermögen. Heine et al. (1973) meinen, daß damit die Tatsache einen Zusammenhang hat, daß das Coronarsystem der Schweine dem Rechtstyp zuzuordnen ist. Doch solche Zusammenhänge lassen sich schwer sichern, da auch exogene Faktoren auf die Herzgewichte einwirken.

Für Milzgewichte konnten bei Haustieren folgende prozentuale Änderungen gegenüber den Wildformen nachgewiesen werden: Laborratte −47,6 (Ebinger 1973), Kaninchen −10,8 (Fischer 1973), Frettchen ±0 (Espenkötter 1982), Haushunde ±0, Hausschweine −50,4. Die Milzgewichte der Farmnerze zeigen signifikant höhere Werte als Wildnerze; wie bei anderen Raubtieren ist aber die Variabilität der Milzgewichte hoch (Drescher 1975).

Beim Vergleich der Veränderungen von Milzgewichten im Hausstand ist zu bedenken, daß Nagetiere, Hasenartige und Schweine eine Stoffwechselmilz besitzen. Die deutlichen Reduktionen der Größe von Stoffwechselmilzen im Hausstand zeigen, daß sich unterschiedliche Stoffwechselleistungen bei Wildart und Hausformen auf die Milz auswirken. Die Milz der Carnivora ist hingegen eine Speichermilz, die zu kurzfristigen Veränderungen ihres Volumens und Gewichtes fähig ist. Damit steht wohl auch die hohe Variabilität bei den untersuchten Carnivoren im Zusammenhang (Drescher 1975).

Vergleichende Untersuchungen über Organe der Sauerstoffaufnahme, den Lungen, liegen für Wildarten und ihre Hausformen kaum vor. Nord (1962) ermittelte für Labormäuse eine Abnahme der Lungengewichte.

Blutstudien an Haustieren sind zahlreich und vielseitig, solche über Domestikationsveränderungen selten. Einige erste Angaben machten Jaeschke und Vauk (1951). Umfassender untersuchte Grote (1965) die Sauerstoffaffinität des Hämoglobins und das Säurebasengleichgewicht des Blutes von Wölfen und Haushunden. Er ermittelte, daß zwischen den Sauerstoffbindungskurven verschiedener, nahe verwandter Wildarten von Caniden teilweise sehr deutliche Unterschiede bestehen; die $O_2$-Affinität des Blutes von Wölfen und Haushunden ist jedoch gleich. Zwischen Goldschakal und Haushunden sind Unterschiede eindeutig. Auch im Säurebasenhaushalt des Blutes besteht zwischen Wolf und Haushund kein Unterschied.

c) **Exkretionsorgane:** Probleme innerartlicher und zwischenartlicher Körpergewichtsabhängigkeit der Nieren hat Drescher (1977) zusammenfassend erörtert. Auch die Nieren haben in der Domestikation Größenänderungen erfahren. Die bisherigen Angaben über das Ausmaß dieser Änderungen sind aber unterschiedlich. Die Labormaus hat leichtere Nieren als die Hausmaus (Nord 1963), bei Laborratten ist gegenüber Wanderratten eine Abnahme des Nierengewichts um 16,1% eingetreten. Die Nierengrößen von Wild- und Hausmeerschweinchen unterscheiden sich nur geringfügig. Müller (1919) und Schilling (1951) haben bei Hauskaninchen kleinere Nieren als beim Wildkaninchen ermittelt; Fischer (1973) dagegen wies für sein Untersuchungsmaterial an Hauskaninchen eine leichte Gewichtszunahme der Nieren nach, er bringt das mit zunehmender Eiweißfütterung in Zusammenhang. Frettchen haben im Mittel um 29% leichtere Nieren als Iltisse (Espenkötter 1982); Farmnerze haben schwerere Nieren als Wildnerze (Drescher 1974). Klatt und Vorsteher (1923) sagten aus, daß Haushunde schwerere Nieren haben als Wölfe. Nach neueren Daten aber ist das Nierengewicht bei Haushunden im Durchschnitt um 10% geringer als bei Wölfen. Nach Thiessen (1976) sind Nieren von Wild- und Hausschweinen etwa gleich groß. Schürmann (1984) hat hierzu umfangreiches Datenmaterial zusammengetragen, er konnte nachweisen, daß bei Wildschweinen ein Geschlechtsunterschied in der Nierengröße besteht, Keiler haben schwerere Nieren als Bachen. Im Hausstand ist dieser Geschlechtsunterschied verschwunden. Hausschweineber haben um über 30% leichtere Nieren als Wildschweinkeiler. Zwischen weiblichen Wild- und Hausschweinen besteht kein Unterschied im Nierengewicht. Lama und Alpaka haben um über 20% leichtere Nieren als Guanakos. Bei der Beurteilung all der genannten Angaben sind die oft große Variabilität der Nierengröße und unterschiedliche Fetteinlagerungen zu berücksichtigen.

Im Aufbau der Nieren lassen sich schon grobanatomisch Abweichungen von Haustieren gegenüber den Stammarten feststellen: Hauskaninchen, Kulturrassen der Hausschafe und Hausschweine haben einen höheren Rindenanteil (Schilling 1951, Thiessen 1976).

Histochemische Studien ermöglichten Thiessen weiterführende Einsichten. Bei Wildschweinen ist im Nierenmark die Konzentration von Aminosäuren höher als bei Hausschweinen. Bei Wildschweinen konnten mit quantitativen Methoden höhere Aktivitäten der Succinodehydrogenase (SDH), der Lactatdehydrogenase (LDH) und der Nicotinamid-adenin-dinucleotidphosphatase (NADP) abhängigen Isocitrathydrogenase (ICDH) gesichert werden. Die höheren Aktivitätswerte der LDH und ICDH deutet Thiessen als Zeichen vermehrter Milchsäure- und $\alpha$-Ketoglutarsäureproduktion für die Energiegewinnung zur Na-Resorption. Er nimmt an, daß bei Hausschweinen dazu mehr freie Fettsäuren verwendet werden und vermutet, daß in den Nieren der Hausschweine eine verminderte Harnkonzentration stattfindet. Die alkalische Phosphatase ist wohl an der Fettresorption in der Niere beteiligt, könnte aber auch mit dem bei Hausschweinen veränderten Sexualrhythmus zusammenhängen. Der Grundumsatz der bei Wildschweinen kleineren Nierenzellen ist, gemessen an der Aktivität der SDH und der Cytochromoxydase höher als in den größeren Nierenzellen der Hausschweine.

Die veränderte Zellgröße und Zellstruktur, die von Thiessen in den Nieren, von Munk im Pankreas, von Schleifenbaum in der Leber und bereits 1951 von Stephan für das Gehirn ermittelt wurden, weisen auf bemerkenswerte Besonderheiten zellphysiologischer Art hin, die noch der Klärung harren.

# XV. Die Fortpflanzung bei Haustieren

## 1 Unfruchtbarkeit beim Übergang zum Haustier

Der Hausstand hat sich in mehrfacher Weise auf die Fortpflanzungsverhältnisse der Tiere ausgewirkt. Bei der Betrachtung dieser Veränderungen finden besonders die positiven Veränderungen Aufmerksamkeit. Für das Verständnis des Domestikationsgeschehens und die Kausalität des Wandels bei Haustieren darf jedoch nicht übersehen werden, daß zu Beginn der Haustierhaltung nicht nur große Verluste durch Streß oder Verweigerung der Nahrungsaufnahme stehen, sondern daß auch die Fortpflanzung nachhaltig gestört sein kann. Haase (1980), Maitland und Evans (1986), Thomas et al. (1986) haben hervorgehoben, daß sich wilde Individuen verschiedener Arten meist schwer in Gefangenschaft zur Fortpflanzung bringen lassen; Mace (1986) gibt an, daß sich in Populationen von Wildfängen in Zoologischen Gärten nur 20–40% der Individuen vermehren. Manchmal verbessert eine Imitation der natürlichen Umwelt die Fortpflanzungsbereitschaft. Das Fehlen bestimmter auslösender Reize kann für mangelhafte Fortpflanzungsleistungen in der Gefangenschaft mitverantwortlich gemacht werden. Es kommen aber weitere Faktoren hinzu, die besonders bei Vögeln erforscht worden sind (Phillips und van Tienhoven 1960, Haase und Farner 1972). Auffällig ist eine unterschiedliche Beeinflussung der Geschlechter. Bei den gefangenen Männchen ist zur entsprechenden Jahreszeit eine volle Hodenentwicklung und Keimzellreifung zu erkennen, bei gefangenen Weibchen bleiben Wachstum des Ovar und Reifung der Follikel weit hinter den freilebenden Artgenossen zurück. Wegen ihrer natürlichen Scheu legen Stockenten in Gefangenschaft meistens nicht.

Haase zog aus den bisher vorliegenden Ergebnissen den Schluß, daß Haltung und Zucht von Wildtieren – die Voraussetzung für Domestikationen – bereits mit einer Selektion auf das Fortpflanzungsvermögen verbunden ist. Die in Gefangenschaft fortpflanzungsfähigen Individuen stellen nur einen Ausschnitt aus dem genetischen Spektrum der Ausgangspopulationen dar. Kommt es über die Fortpflanzung von Wildtieren in Gefangenschaft zur Domestikation, dann folgt eine natürliche Selektion auf Individuen, welche die beste Fortpflanzungsfähigkeit haben und die sich den neuen Umweltbedingungen des Hausstandes am besten anpassen können. Auf dieser Grundlage baut die Entstehung von Landrassen und die von Menschen nach Zuchtzielen gelenkte Auslese auf.

## 2 Fruchtbarkeitssteigerungen bei Haustieren

Fruchtbarkeitssteigerungen bei Haustieren, von den Fischen bis zu den Säugetieren, haben mehrere Ursachen. Unter diesen ist der frühere Eintritt der Geschlechtsreife zu nennen. Vor allem bei Kulturrassen der großen Haussäugetiere fällt auf, daß die Fortpflanzungsfähigkeit meist schon im ersten Lebensjahr beginnt (Sadleir 1969); unter natürlichen Bedingungen ist dies bei den Stammarten erst im zweiten oder dritten Lebensjahr der Fall. Ähnliches läßt sich bei Hausgeflügel und Nutzfischen beobachten. So hat Leopold (1944) beobachtet, daß wilde Truthühner im ersten Lebensjahr kaum Sexualverhalten zeigen, bei Haustruthühnern ist dies dagegen der Fall. Entsprechendes gilt für Hausgänse und Graugänse. Da auch bei Menschen unseres Jahrhunderts ein früherer Eintritt der Pubertät als im vergangenen Jahrhundert vorhanden ist, lag die Vermutung nahe, daß es sich um umweltbedingte Modifikationen handelt. Dies mag in einigen Fällen zutreffen, hat jedoch keine Allgemeingültigkeit (Weller 1964). Bei Haustieren ist sicher, daß genetische Faktoren hinzutreten, da auf Frühreife gezüchtet werden kann. Außerdem beobachteten wir bei Wildwölfen und Graugänsen, die im Tiergarten des Kieler Institutes gehalten wurden, daß die Geschlechtsreife, wie in freier Wildbahn, im allgemeinen erst im 2. Lebensjahr einsetzte. Dies bestätigt ältere Angaben (Weller 1964).

Bei Haustieren kommt es nicht selten zu einer Diskrepanz zwischen Wachstumsabschluß und dem Beginn der Geschlechtsreife, also zur Acceleration. Sehr auffällig ist Acceleration bei einigen Rassen des Hausschweines, so beim vietnamesischen Hängebauchschwein. Diese Hausschweine werden schon nach wenigen Monaten brünstig und können erfolgreich begattet werden. Die Geburten verlaufen normal. Die Körpergröße ist dann noch gering, die Tiere wachsen nach den ersten Geburten noch beträchtlich. Ähnliches beobachteten wir bei verwilderten Hausziegen auf Inseln des Galapagosarchipels. Am eindringlichsten dokumentiert sich die Fruchtbarkeitssteigerung bei Haustieren bei einem Vergleich der Wurfgrößen der Stammarten mit denen ihrer Hausformen bei mehrfrüchtigen Tieren. Beim Wolf beträgt die durchschnittliche Jungenzahl pro Wurf 5,83, als Höchstzahl gilt 8 (Schneider 1950). Bei Haushunden ist die Variationsbreite beträchtlich, nämlich 1–22 Jungtiere pro Wurf.

Die Körpergröße wirkt sich bei Haushunden auf die Anzahl der Jungtiere pro Wurf aus, wie die Untersuchungen von Sierts-Roth (1953) und Kaiser (1971) belegt haben. Doggen mit einem durchschnittlichen Körpergewicht von 62 kg bei Rüden und 53 kg bei Hündinnen haben eine durchschnittliche Wurfgröße von 10,24 (2–19), Großpudel von etwa 20 kg Körpergewicht von 6,6 (1–13); Zwergspitze, deren Hündinnen nur um 3 kg wiegen, bringen im Schnitt 3,27 Jungtiere (1–8) pro Wurf zur Welt. Es gibt jedoch Haushundrassen, bei denen keine Abhängigkeit der Jungtierzahl vom Körpergewicht vorhanden ist, so beim Chow-Chow. Diese Rasse bringt bei rund 20 kg Körpergewicht nur 4,26 Jungtiere pro Wurf (1–9). Es gibt also auch in der Norm dieser Eigenschaft größenunabhängige Veränderungen bei Haushunden. Wenn die Widerristhöhe als Bezugsgrundlage gewählt wird, ergeben sich grundsätzlich gleiche Ergebnisse (Kaiser 1971).

Auch bei anderen Haustieren ist die Jungenzahl pro Wurf gegenüber den Wildarten erhöht. Wildkaninchen haben durchschnittlich 4,5 Junge im Wurf, bei Riesenkaninchen beträgt die durchschnittliche Zahl 10,1. Beim Wildschwein liegt die Wurfstärke zwischen 4 und 6, bei Hausschweinen kann sie bis über 20 steigen. Wildschafe und Wildziegen bringen jährlich meist 1 Jungtier zur Welt. Es gibt bei Hausschafen und Hausziegen Rassen, die sich durch regelmäßige Zwillings- und auch Drillingsgeburten auszeichnen. Die Anlagen dazu sind erblich.

Die Steigerungen der Legeleistungen bei Arten des Hausgeflügels wurden bereits erwähnt. Hier sei nur wiederholt, daß Wildhühner jährlich meist um 20 Eier legen, Haushühner mit einer Legeleistung bis über 400 Eier bekannt sind. Bei Hausenten sind Legeleistungen von mehr als 200 Eiern im Jahr nicht selten, während das Gelege der Wildart aus 10–12 Eiern besteht. Clayton (1972) nennt als maximale Eizahl pro Jahr bei Wildenten 146, bei Hausenten 418; für Wildhühner 63 und für Haushühner 361 Stück. Die in Japan als Haustier wichtige Wachtel *Co-*

*turnix coturnix japonica* hat ihre Legeleistung auf 200–300 und mehr Eier gesteigert (Nozawa mündl.). Sogar der domestizierte Wellensittich bringt es auf eine Legeleistung von 300 Eiern im Jahr, wenn die Eier immer wieder entfernt werden.

Bei den Legeleistungen der Arten des Hausgeflügels wirken sich sicher günstige Umweltbedingungen aus, ebenso die Tatsache, daß durch Entfernung der Eier immer wieder Anreize zur Eiproduktion gegeben werden. Trotzdem ist eine erblich gesteuerte Erhöhung der Eizahl sicher. Dies zeigt sich beispielhaft darin, daß auf erhöhte Eizahlen gezüchtet werden kann. Außerdem ist die Legezeit viel länger als bei den Stammarten (Haase und Donham 1980). Im Hausstand ist die Wahrscheinlichkeit für das Zustandekommen besonderer genetischer Rekombinationen zu Steigerung der Legeleistungen erhöht.

Die Größenveränderungen der Hoden bei Haustieren gegenüber Wildtieren sind unterschiedlich. Bei Labormäusen (Rohn 1971) und Hausmeerschweinchen sind sie verkleinert, bei Lama und Alpaka kaum verändert. Oft aber besitzen männliche Haustiere größere Hoden als die Stammart, so bei Laborratten (Ebinger 1972) und bei Frettchen (Espenkötter 1982). Ganz auffällige Größenzunahmen der Hoden treten bei Hausschweinen auf. Bei Wildschweinen wurde ein maximales Hodengewicht von 418 g festgestellt, bei Hausschweinen betrug es 1111 g. Schürmann (1984) hat gezeigt, daß diese Gewichtsunterschiede auch zur Brunstzeit ausgeprägt sind. In den Hausschweinhoden sind alle Anteile gleichermaßen vergrößert und die Bildung von Spermatozoen ist das ganze Jahr so lebhaft wie bei Wildschweinkeilern während der Hochbrunst (Metzdorff 1940). Auch bei den Arten des Hausgeflügels sind die Hoden während der Fortpflanzungsperiode größer als bei den Stammarten (Haase und Donham 1980).

Am Ovar ließen sich Unterschiede zwischen Wildart und Hausform nachweisen. Voss (1950, 1952) hat bei vergleichenden Studien an Wild- und Hausschafen festgestellt, daß bei den untersuchten Hausschafrassen das Ovar größer ist und in ihm durch intensivere Entwicklungsvorgänge mehr Eier hervorgebracht werden als bei der Wildart. Auch bei Hausschweinen ist die Zahl der vom Ovar abgestoßenen Eier größer als bei der Wildart. Boje (1956) fand, daß sich Wildschwein und Hausschwein in der Zahl der Corpora lutea graviditatis, aus der auf die Zahl vom Ovar abgestoßenen Eier geschlossen werden kann, wie 1:2,39 verhalten. Lüdicke-Spannenkrebs (1955) ermittelte entsprechend, daß im Ovar von Wildkaninchen die Entwicklungsvorgänge langsamer und sehr viel gleichmäßiger ablaufen als beim Hauskaninchen. Wildkaninchen haben die geringste Menge Primärfollikel. Bei Hauskaninchen nimmt im allgemeinen mit der Körpergröße die Zahl der Primärfollikel ab. Dies bestätigt die Befunde von Voss an Hausschafen und wird durch Untersuchungen von Kaiser an Haushunden bekräftigt.

Bei Hauskaninchen fallen einige größenunabhängige Entwicklungen auf, die auf erbliche Steuerungen weisen. Es gibt Fälle von Disharmonien innerhalb der Ovare von Hauskaninchen. Doch allgemein kann ausgesagt werden, daß die durchschnittliche Zahl der Tertiärfollikel, die in einer Fortpflanzungsperiode heranreifen, mit der durchschnittlichen Wurfgröße der Rassen beim Hauskaninchen übereinstimmt.

Kaiser (1971) hat Maße und Gewichte von Ovaren verschiedener Rassen des Haushundes bestimmt. Er fand Unterschiede zwischen Rassen, die deutliche Beziehungen zur Körpergröße aufwiesen. Wildcaniden haben leichtere Eierstöcke als Haushunde. Kaiser hebt hervor, daß ein Zusammenhang zwischen der Vergrößerung der weiblichen Keimdrüse des Haushundes und seiner Fruchtbarkeitssteigerung in der Domestikation angenommen werden kann.

Kaiser (1971, 1977) hat auf weitere höchst bemerkenswerte Zusammenhänge hingewiesen. Bei Haushunden ist das Geburtsgewicht der einzelnen Jungtiere in % des mütterlichen Körpergewichtes recht unterschiedlich: 1,03% bei Doggen, 6,2% beim Zwergpinscher. Die kleineren Rassen des Haushundes zeigen höhere Werte für die einzelnen Trächtigkeitsprodukte als die großen Rassen. Bei den kleinen Rassen sind andere bioenergetische Potenzen, intensivere Stoffwechselraten anzunehmen. Kaiser konnte gesicherte Korrelationen zwischen der plazentaren Oberfläche und den relativen Geburtsgewichten der Neugeborenen ermitteln.

Noch wichtiger aber ist, daß im Gewicht des Gesamtwurfes in % des Körpergewichtes der Mutter, also die mütterliche Leistung, bei den meisten Rassen gleiche Werte zeigt und diese mit denen der Stammart übereinstimmen. Der Wert beträgt bei Wolf und Haushund durchschnittlich 11% (10–15%), unabhängig von der Körpergröße. Die allgemeinen Regulationsmechanismen, welche hierbei bestimmend wirken, sind noch unbekannt.

Unterschiede in der vorgeburtlichen Sterblichkeit können zum Verständnis von Domestikationsveränderungen beitragen. Studien über fötale Atrophien haben Brambel (1948), Schilling (1952), Michaelis (1966) u.a. vorgelegt. Hier zunächst einige Daten über Schweine. Boje (1956) fand, daß die Zahl der Eier, welche vor der Implantation verlorengehen, bei Hausschweinen höher ist als bei Wildschweinen. Die Verlustrate beträgt beim Hausschwein 32,2% beim Wildschwein nur 10,8%. Dies bedeutet eine scharfe natürliche Auslese schon auf frühen Entwicklungsstadien, was bei theoretischen Erwägungen nicht übersehen werden darf.

Um solche Probleme klarer beurteilen zu können, schien ein Wissen über die Besonderheiten der Uteri bei Stammart und Hausform erforderlich. Boje (1956) und Schürmann (1984) wiesen nach, daß die Uteri der Hausschweine wesentlich größer sind als die der Wildschweine. Auch die Anzahl der zuführenden Blutgefäße ist bei der Hausform größer. Da sich aber die Länge der Uterushörner und das Uterusgewicht in stärkerem Umfang vermehren als die zuführenden Gefäße, können beim Hausschwein für einzelne Föten die Entwicklungsbedingungen schlechter sein und so zu einer höheren Zahl fötaler Atrophien führen. Dem Uterus wäre damit eine fruchtbarkeitsbegrenzende Bedeutung zuzusprechen.

Die Hinweise auf größenunabhängige Veränderungen führen zur Problematik der Beziehungen zwischen Frucht und Mutter. In solchem Zusammenhang sind Ermittlungen von Naaktgeboren et al. (1971) über das Texelhausschaf von beispielhaftem Interesse. Aus den Übersichten von Hammond (1947, 1958), Naaktgeboren und Slijper (1970) ist bekannt, daß im allgemeinen von der trächtigen Mutter aus das Körperwachstum der Embryonen so geregelt wird, daß eine glatte Geburt vor sich gehen kann. Bei Texelhausschafen sind jedoch Schwergeburten häufig. Die Lämmer sind bei der Geburt bereits so groß, daß sie die Geburtswege nur mit Schwierigkeit passieren können. Das Wachstum der Lämmer und die Ausmaße der Becken haben nicht mehr die richtige funktionsgerechte Korrelation.

Für die Steigerung der Fruchtbarkeit im Hausstand ist ein weiteres Phänomen wichtig: Bei Haustieren folgen Geburten viel rascher aufeinander als bei den Stammarten. Bei Wildarten haben die weiblichen Tiere eine auf eine bestimmte Jahreszeit begrenzte Brunst, die so abgestimmt ist, daß die Jungtiere in einer für ihr Wachstum günstigen Jahreszeit zur Welt kommen. So liegt die Paarungszeit der Wölfe zwischen Januar und März, die Jungen werden im April oder Mai geboren. Die Jahresperiodik der Fortpflanzungsphysiologie ist nicht auf das weibliche Geschlecht beschränkt. Die im Kieler Institut gehaltenen Wolfsrüden zeigten im Geschlechtsverhalten ebenfalls jahreszeitliche Abhängigkeit. Haase ermittelte, daß die Maximalwerte ihrer Hodengewichte in der Paarungszeit am höchsten sind. Nur in der Brunstzeit der Weibchen werden Spermatozoen erzeugt. Eine ähnliche Periodik fand Haase bei Stockentenerpeln. Die Maximalgewichte ihrer Hoden von 20–25 g werden im April und Mai erreicht. Die Wilderpel sind zwischen März und Juni fortpflanzungsfähig. Im Juni verkleinern sich die Hoden auf weniger als 1 g, bis zum nächsten Frühjahr bleibt das niedere Hodengewicht erhalten (Abb. 84).

Bei Haustieren hat sich die Fortpflanzungsrhythmik verändert. Die weiblichen Tiere werden nicht nur häufiger im Jahr, sondern auch unabhängig von der Jahreszeit brünstig. Als Bei-

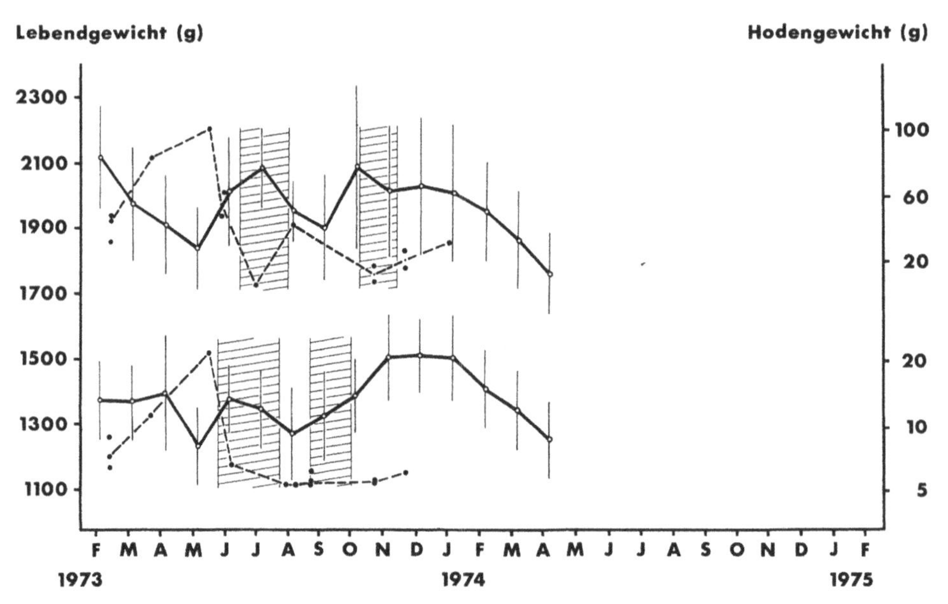


**Abb. 84:** Körpergewichte (○——○), Hodengewicht (●- - - -●) und Mauserzeit (schraffiert von in Kiel in Außenvolieren gehaltenen Khaki-Campbell- (oben) und Stockentenerpeln (unten) (nach Paulcke 1975)

spiel: Wölfinnen sind monoestrisch, Haushündinnen werden im allgemeinen mehrfach im Jahr heiß. Bei Pudelhündinnen sind die Wurftermine über das ganze Jahr verteilt (Herre 1973). Lesbouryies (1949) ist zu entnehmen, daß manche Haushündinnen häufiger als zweimal im Jahr brünstig werden, wenn sie nicht befruchtet sind. Bei anderen Haustierarten zeigen sich im weiblichen Geschlecht die gleichen Besonderheiten. Hammond (1947) hat dies für Hausrinder beschrieben und hervorgehoben, daß auch bei Frauen die Rhythmik der Geschlechtsvorgänge unabhängig von der Jahreszeit ist. Die Rhythmik der Sexualvorgänge wird von Erbfaktoren gesteuert, wie die Beobachtungen an Wolf-Haushundbastarden von Iljin (1941) und im Tiergarten des Kieler Instituts lehrten (Herre 1980).

Auch männliche Haustiere haben sich im Vergleich zur Wildart im Fortpflanzungsverhalten gewandelt. Ihre Hoden erreichen sehr früh die endgültige Größe, sie sind dauerbrünstig und während des ganzen Jahres befruchtungsfähig. Die Hoden von Haushundrüden und Hausschweinebern haben keine jahreszeitlichen Gewichtsschwankungen (Metzdorf 1940, Haase 1980). Von Arten des Hausgeflügels liegen genauere Daten für Hausentenerpel der Khaki-Campbell-Rasse vor. Bei ihnen beginnt das Hodenwachstum früher als bei Stockentenerpeln und verläuft rascher. Es werden höhere Hodengewichte erreicht. Die Regression beginnt später, die Refraktärphase ist von kurzer Dauer. Bereits im August hat sich erneut ein Maximum in den Hodengewichten eingestellt, später im Jahr vollzieht sich wieder eine Minderung. Neben Erpeln mit einem solchen biphasischem Jahreszyklus gibt es auch Erpel der Hausenten, bei denen es nicht zu einem Absinken der Hodengewichte im Sommer kommt. Solche monophasischen Hausentenerpel sind vom zeitigen Frühjahr bis in den Herbst begattungsbereit und fortpflanzungsfähig.

Es läßt sich also aussagen, daß Haustiere in beiden Geschlechtern nicht nur fruchtbarer als ihre Stammarten sind, sondern bei ihnen auch jene Steuerungen ihre Wirksamkeit verlieren, die bei Wildarten in gemäßigten Klimaten zu einer Einpassung in Umweltgegebenheiten führen. Bei diesem Wandel sind genetische Faktoren mitbestimmend.

Physiologisch ist bei Wildtieren in beiden Geschlechtern der jahreszeitliche Geschlechtsrhythmus mit dem Lichtrhythmus in Verbindung zu bringen. Über Hypophysentätigkeiten wirkt sich der Lichtrhythmus auf Geschlechtsfunktionen aus. Diese Beziehungen scheinen bei den Stammarten der Haustiere fest verkoppelt, im Hausstand lösen sich diese Koppelungen allmählich auf, bei Kulturrassen ausgesprochener als bei Landrassen.

## 3 Aufzuchtleistungen und Eifärbung

Die höheren Nachkommenzahlen machen bei Haustieren höhere Milchleistungen erforderlich, um Aufzuchterfolge zu gewährleisten. Solche Steigerungen sind eingetreten. Bei verschiedenen Arten der Haussäugetiere ist zudem die Zitzenzahl durchschnittlich höher als bei den Stammarten. Zwischen Individuen zeigen sich erbliche Unterschiede. Vor allem beim Hausschwein wird der Aufzuchtleistung züchterische Aufmerksamkeit zuteil; diese hat Erfolge vorzuweisen. Dazu hat Neuhaus (1961) Unterschiede im Trockensubstanzgehalt sowie im Eiweiß- und Fettgehalt der Milch von Hausschweinen zusammengestellt; leider fehlen bislang Angaben über die Zusammensetzung der Milch bei Wildschweinen. Die stärksten Steigerungen in den Leistungen der Milchdrüsen sind vom Hausrind bekannt, bei dem auch die Laktationsdauer viel länger ist als bei Wildrindern. Die Milchleistungen der Hausrinder gehen weit über den Bedarf der Nachkommen hinaus. Die bereits genannten Milchmengen sind daher für die Ernährung von Menschen bedeutungsvoll geworden. Über die Erblichkeitsverhältnisse sowohl der Milchmenge als auch ihrer Komponenten liegen für das Hausrind die breitesten Kenntnisse vor (Jennes und Patton 1970). Auch für andere Haussäugetierarten gibt es darüber ein gutes Wissen (Bleyer 1930). Ganz allgemein zeigt sich, daß die zahlreichen biochemischen Prozesse, welche zur Milchbildung führen (Bargmann und Knoop 1959) im Hausstand einen eigenen Verlauf gewonnen haben. Verschiedenheiten wie sie zwischen Wildarten bestehen bahnen sich an.

Die Eier der meisten Haushühner haben eine weiße oder gelbbraune Farbe; das Gelbbraun kommt in unterschiedlichsten Tönungen vor. Diese Schalenfarben ähneln jenen der Wildhühner. Alle wilden Kammhühner, in deren Verwandtschaftskreis die Stammart des Haushuhnes gehört, legen Eier mit weißer oder schwach gelblich getönter Grundfärbung der Schale. Einige verwandte Arten, so aus der Gattung *Phasianus, Perdix, Coturnix* u. a., haben Eier mit blauen, blaugrünen oder olivgrünen Schalen. Es ist höchst bemerkenswert, daß es eine alte Haushuhnrasse gibt, die blauschalige Eier legt. Dies sind die Araukanerhaushühner, eine Landrasse, die sich in Südamerika entwickelte (Ottow 1949, Menghin 1962). Ottow hat diese Eigenart als eine «konstruktive» Mutation gewertet, weil sie innerhalb der Art *Gallus bankiva* so ungewöhnlich ist.

Bei dieser Sachlage erschien es reizvoll, die Blauschaligkeit von Vogeleiern näher zu untersuchen. Dieser Aufgabe unterzog sich Reuter (1966). Die genetische Analyse ergab, daß die Bildung blauschaliger Eier beim Araukanerhaushuhn auf einem einzigen, nicht geschlechtsgebundenem Erbfaktor beruht. In der Eischale ist der blaue Farbstoff gleichmäßig verteilt. Sein Hauptbestandteil ist Biliverdin, es wird von geringen Mengen Bilirubin begleitet. Der Farbstoff entsteht beim Zerfall von Hämoglobin, das aus Erythrozyten frei wird, die durch Transsudation in den Eileiter gelangen. Die Frage nach den physiologischen Ursachen des Blutaustrittes kann vorläufig nicht beantwortet werden. Die verwickelten entwicklungsphysiologischen Prozesse, die zur Bildung einer blauen Eischale führen, weisen darauf hin, daß die Feststellung eines monofaktoriellen Erbganges und die Deutung als Mutation zum phänogenetischen Verständnis der Erscheinung nur wenig beiträgt.

# XVI. Humorale Regulation

## 1 Historisches

Die Fortpflanzung wird durch Hormone entscheidend beeinflußt. Die Hormonforschung gewann seit ungefähr 1920 einen weitreichenden Einfluß, sie wurde in der Humanmedizin und der Haustierforschung zur Erklärung körperlicher Besonderheiten vielfältig herangezogen. Die Vorstellungen über Hormonwirkungen waren dabei zunächst noch recht grob und nicht genügend fundiert, die daraus erwachsenden Spekulationen aber sehr weitreichend.

Bei Erörterungen über die Stammesgeschichte des Menschen fanden Vorstellungen von Bolk (1926) großen Anklang, weil sie damalige Meinungen der Hormonforschung in die Deutung körperlicher menschlicher Besonderheiten einbezogen. Der angesehene Zoologe Versluys (1939) setzte sich nachdrücklich für den Ausbau dieser Gedankengänge ein.

Stockard (1932) meinte nach vergleichenden Betrachtungen über den menschlichen Körperbau und den von Haustieren, daß Hormonwirkungen eine ursächliche Rolle beim Zustandekommen körperlicher Unterschiede zuzusprechen sei. Später (1941) mußte er diese Vorstellungen revidieren, nachdem er umfangreiche Kreuzungsversuche mit Rassen des Haushundes durchgeführt und deren innersekretorischen Apparat untersucht hatte.

In der Haustierforschung bemühte sich vor allem Adametz (1926, 1931, 1932) um eine einheitliche Deutung von Domestikationsmerkmalen als Folge hormonaler Veränderungen. Er legte Befunde von Crew (1923) zugrunde, die an Dexterrindern gewonnen waren und auf Hypophysenveränderungen hinwiesen. Adametz meinte, daß vor allem Wandlungen in der Größe der Hypophyse für einen Komplex von Domestikationsmerkmalen verantwortlich zu machen seien. Aber er verglich nicht die Hypophysen von Haustieren und ihren Stammarten, sondern erschloß deren Größe aus Eigenarten des knöchernen Türkensattels an der Schädelbasis. Dies Vorgehen erwies sich als unzulässig (Herre 1938). Um einen sicheren Boden zu gewinnen, mußten zunächst die innersekretorischen Drüsen anatomisch betrachtet und in ihrem Feinbau studiert werden. Erst nach solchen Kenntnissen lassen sich Vorstellungen über die Hormone und ihre Wechselbeziehungen zu Strukturen bei Haustieren und ihren Stammarten sicherer begründen und für Experimente eine feste Grundlage gewinnen.

# 2 Die innersekretorischen Drüsen von Haustieren und ihren Stammarten

Die Hypophyse nimmt unter den Hormonalorganen eine wichtige Stellung ein. In der Größe und in Formen unterscheiden sich die Hirnanhangdrüsen von Wildarten und ihren Hausformen oft recht stark (Herre und Behrendt 1940, Oboussier 1940, 1943, 1948; Herre 1943). Beim Hausschwein sind bei alten Rassen die Größen und Formen der Hypophyse meist gleichförmiger als bei neu erzüchteten Rassen. Doch auch gleichgeschlechtliche Geschwistertiere sehr ähnlichen Aussehens, die in gleicher Umwelt aufwuchsen, können sehr unterschiedlich große und formverschiedene Hypophysen haben. Für Wildschweine und ihre Hausformen lassen sich ebenso wie für Rassen der Haushunde keine Beziehungen zwischen Größe und Form der Hirnanhangdrüsen zu Gestaltbesonderheiten sichern.

Um weitere Grundlagen zur Klärung von Zusammenhängen zwischen Hypophysenhormonen und Körpereigenarten zu gewinnen, untersuchte Haase (1967) eine Serie von Hypophysen der südamerikanischen Canidenart *Dusicyon griseus* Gray, 1736 und verglich diese mit anderen Arten der Caniden. Er dehnte die Untersuchungen bis in den histochemischen Bereich aus. Anhaltspunkte dafür, daß Hypophysenbesonderheiten wilder Caniden zu gestaltlichen Besonderheiten oder zu ökologischen Bedingungen des Lebensraumes Beziehung haben, gewann er nicht. Im Aufbau der Hypophysen ließen sich bei Caniden keine artlichen Unterschiede nachweisen.

Bei Hypophysen von Cavioidea und Chinchilloidea konnte Elhakem (1971) jedoch artliche Besonderheiten aufzeigen. Beziehungen zu Merkmalen der Körpergestalt oder zu Umweltgegebenheiten ließen sich nicht finden. Insgesamt kann bislang nur ausgesagt werden, daß in der Domestikation die Variabilität der Hirnanhangdrüsen in Form und Größe erhöht ist, daß aber aus Studien über diese Merkmale und auch über die quantitative Zusammensetzung keine sicheren Grundlagen für weitreichende Spekulationen über das Zustandekommen von Domestikationsmerkmalen zu gewinnen sind.

Hormone der Schilddrüse greifen vielfältig in Stoffwechselvorgänge der Wirbeltiere ein. Bei vergleichender Betrachtung von Schilddrüsen der Haussäugetiere und ihrer Stammarten ergab sich, daß im Hausstand die Größenvariabilität erhöht ist und in einigen Fällen Unterschiede zwischen Wildart und Hausform gesichert werden können. Ebinger (1972) ermittelte, daß Laborratten größenunabhängig kleinere Schilddrüsen haben als die Stammarten. Unser Material an Wölfen und Pudeln verschiedener Schläge lehrt ebenfalls, daß die Hausform größenunabhängig kleinere Schilddrüsen besitzt. Die Schilddrüsen von Wölfen und Pudeln sind schwerer als die von Goldschakalen, was auf zwischenartliche Unterschiede hinweist.

Der Vergleich des Guanako mit seinen Hausformen zeigt jedoch, daß nur die Lama größenunabhängig kleinere Schilddrüsen aufweisen, die Alpaka hingegen fast doppelt so schwere. Dies steht mit Untersuchungen von Stohl (1973) über den Jodgehalt der Schilddrüsen dieser Tiere im Einklang. Hauskaninchen besitzen etwa 8% leichtere Schilddrüsen als Wildkaninchen; vom Iltis zum Frettchen hat eine Reduktion um 31,5% stattgefunden. Zwischen Wild- und Hausschweinen konnten dagegen keine Gewichtsunterschiede festgestellt werden (Fischer 1973, Espenkötter 1982, Schürmann 1984).

Entscheidender als Gewichtsangaben sind histologische Analysen von Schilddrüsen, weil diese Anhaltspunkte über den Funktionszustand geben. Die Angaben älterer Forscher über Unterschiede im Feinbau der Schilddrüsen zwischen Haustierrassen und zwischen Haustieren und den Stammarten sind nicht einheitlich (Spöttel 1929, Frey 1933, Stockard 1941 u.a.). Mosier und Richter (1967) analysierten ein großes Material wilder *Rattus norvegicus* und von Laborratten. Sie stellten fest, daß bei den Laborratten die Follikelgröße einheitlich war. Gegenüber den Wildratten zeichneten sie sich durch höhere Größe, kleinere Epithelzellen und weniger Vakuolen im Kolloid aus. Die Unterschiede zwischen Wild- und Laborratten bildeten sich erst nach der Geburt aus, sie hingen nicht von der Umwelt ab, sondern waren genetisch beeinflußt. Dies sicherten Kreuzungsexperimente. Aussagen über Beziehungen zu Körpermerkmalen ließen sich nicht untermauern. Stockard postulierte zunächst Beziehungen zwischen Rassemerkmalen und Schilddrüseneigenarten. Nach dem Studium der Schilddrüsen von Tieren aus langjährigen und sehr umfangreichen Kreuzungsexperimenten mit Rassen von Haushunden konnte er diese Meinung nicht aufrechterhalten. Eine Deutung von Haustiereigenarten als Folge von Veränderungen der Schilddrüse ist bislang nicht möglich.

Ein Vergleich der Nebennieren von Haustieren und ihren Stammarten ist von besonderem Interesse. Haustiere leben in viel dichteren Verbänden als die Wildarten, oft auf sehr engem Raum. In den letzten Jahren wurde der Einfluß hoher Populationsdichten bei verschiedenen Arten der Säugetiere untersucht und Streßwirkungen ermittelt, die in den meisten Fällen mit erhöhten Adrenalinausschüttungen in Zusammenhang gebracht wurden. Doch es ist fraglich, ob diese Meinung extrapoliert werden kann, wenn Haustiere bedacht werden. Bubenik und Bubenik (1967) haben zwar angegeben, daß sich Unterschiede in den Nebennieren von Rehen, *Capreolus capreolus* Linnaeus, 1758, die in verschiedenen Populationsdichten lebten, nachweisen lassen; Klein und Strandgaard (1972) machten jedoch darauf aufmerksam, daß diese Angaben nicht gesichert sind.

Ältere Befunde über Veränderungen der Nebennieren in der Domestikation hat Bachmann (1954) zusammengestellt. Diesen Angaben ist zu entnehmen, daß sich im allgemeinen die Nebennieren der Haustiere gegenüber den Stammarten verkleinern. Nach Mosier und Richter (1967) sind die Nebennieren frisch gefangener Wanderratten zwei- bis dreimal schwerer als die von Laborratten. Ebinger (1972) konnte eine Gewichtsreduktion der Nebennieren bei Laborratten gegenüber Wanderratten von 34,8% nachweisen. Dabei nimmt die Rinde um 37,7% ab, das Mark hingegen um 29,4% zu (Holtkamp-Endemann 1974). Die Frage nach Modifikation oder genetisch bedingten Unterschieden ließ sich klären, weil Wildratten unter Laborrattenbedingungen gezüchtet werden konnten. Es zeigten sich zwar nach einigen Generationen geringe Minderungen der Nebennierengewichte, jedoch nie so niedere Werte wie bei Laborratten. Daß erblichen Einflüssen eine große Bedeutung zuzuerkennen ist, ergab sich auch aus der Tatsache, daß bei Kreuzungen zwischen Wildratten und der Laborform die Nebennierengewichte der Labortiere im wesentlichen dominant sind. Laborratten leben allgemein in größeren Populationsdichten auf engerem Lebensraum. Dies kann Streßwirkungen haben. Bei kleineren und veränderten Nebennieren könnten solche Effekte gemildert sein. Auslese auf Individuen mit kleineren Nebennieren kann im Hausstand stattgefunden haben.

K. Gorgas (1966, 1968) bearbeitete ein großes Material von Arten der südamerikanischen Caviomorpha, um auch über Folgen der Domestikation fundierte Aussagen machen zu können. Sie fand, daß Hausmeerschweinchen zu relativ kleineren Nebennieren neigen als die Stammart, wenngleich die Unterschiede nicht so auffällig sind wie bei Laborratten zu Wanderratten. Die Studien über den Feinbau der Nebennieren vom Meerschweinchen bilden eine Bestätigung der Angaben von Mosier (1957) für Ratten. Beim wilden Meerschweinchen zeigt die Glomerulosa eine intensivere Lipoidbeladung und einen einheitlichen Aufbau, die Fascikel des Retikulum haben eine deutlichere radiäre Ausrichtung als bei der Hausform, Kolloidtropfen sind in der Reticularis häufiger. Die Spongiosa ist beim wilden Meerschweinchen breiter als beim Haustier. K. Gorgas interpretiert diese Eigenarten der wilden Meerschweinchen im Sinne höherer sekretorischer Leistungen der Nebennieren.

Beim Hauskaninchen lassen die Daten von Fischer (1973) ebenfalls auf eine Reduktion der Nebennierengewichte durch die Domestikation und eine erhebliche Zunahme der Variabilität schließen. Vom Iltis zum Frettchen hat das Gewicht der Nebennieren um 32,2% abgenommen

(Espenkötter 1982). Für Wolf und Haushund konnte Heinrich (1972) weder quantitative noch makroskopische und histologische Unterschiede finden. Dies weist auf artliche Besonderheiten hin. Aber auch bei Haushunden ist die Variabilität der Nebennieren gegenüber Wölfen erhöht. Bei Silberfüchsen wurden im Vergleich zur Stammart deutliche Verkleinerungen der Nebennieren ermittelt (Keeler et al. 1968).

Hausschweine besitzen kleinere Nebennieren als Wildschweine (Schürmann 1984). Wir fanden bei unserem Südamerikamaterial, daß auch das Lama im Vergleich zum Guanako größenunabhängig zu geringeren Nebennierengewichten neigt, vielleicht ist aber auch nur die Variationsbreite beim Haustier erweitert. Beim Alpaka lassen sich keine Unterschiede zum Guanako feststellen, auch bei ihm ist die Streuung der Werte groß.

Zwischen Wildenten und ihrer Hausform bestehen Unterschiede, die auf eine geringere Entwicklung der Nebennieren bei Hausenten weisen (Haase und Donham 1980).

Ganz allgemein kann angenommen werden, daß sich Besonderheiten innersekretorischer Organe während des Lebens ändern. Daher wurde ein «Lebensbild» der Nebennieren bei Hauspferden entworfen (Nehls 1958). Es ließen sich zwischen Alters- und Geschlechtsgruppen Unterschiede im Aufbau der Nebennieren ermitteln. Mit Domestikationsveränderungen bei anderen Haustieren sind diese Wandlungen im Individualzyklus von Hauspferden kaum in Einklang zu bringen. Über Domestikationsveränderungen der Nebennieren beim Pferd können wir keine Aussagen machen, da Vergleichsmaterial von Wildpferden nicht zur Verfügung stand.

Als einen Versuch zur «Wiederholung der Domestikation« hat Berry (1969) eine Gefangenschaftshaltung wilder Ratten bezeichnet. Am Ende dieses Versuches stellte er eine Vergrößerung der Hypophyse, eine Verkleinerung der Schilddrüse und eine Minderung der Nebennieren auf ein Viertel des Gewichtes wildlebender Wanderratten fest. Doch diese Befunde können mit weiteren Veränderungen des Körpers nicht in Beziehung gebracht werden und es bleibt unklar, ob es sich um Modifikationen oder um Folge von Auslese handelt.

Insgesamt ergibt sich aus dem Vergleich der Gewichte, der Anatomie und des Feinbaues der klassischen innersekretorischen Drüsen von Wildarten und ihren Hausformen, daß zwischen beiden Gruppen verschiedene Unterschiede ermittelt sind, bei denen genetische Steuerungen mitwirken. Doch Aussagen über Veränderungen der Hormonleistungen im Körper lassen sich nach diesen vergleichenden Betrachtungen nicht sichern. Auch Auswirkungen auf die Körpergestalt, wie sie in den ersten Jahrzehnten des 20. Jahrhunderts angenommen wurden, sind höchst unwahrscheinlich. Die innersekretorischen Organe haben untereinander mannigfache Wechselbeziehungen, die sich nur mit physiologischen und biochemischen Methoden erfassen lassen. Diese Verfahren sind in den letzten Jahren erheblich ausgebaut worden und haben zu mannigfachen Erfolgen bei der Nutzung von Haustieren geführt, die hier nicht erläutert zu werden brauchen. In unserem Zusammenhang ist jedoch von Interesse, daß durch solche Studien Sachverhalte auf eine festere Grundlage gestellt werden konnten, die seit längerem Aufmerksamkeit erregten.

Bereits Büngeler (1950) hat darauf hingewiesen, daß Veränderungen verschiedener Organe im Körper neue Anforderungen an die Hormonproduktion stellen können, daß veränderte Gewebe andere Hormonspiegel erfordern könnten, um zu reagieren. Dies bezeugen nun beispielhaft Befunde von Lahage und Cordiez (1961). Landhaushühner sprechen bei Prolactingaben mit einem Erwachen des Bruttriebes an. Bei Haushuhnrassen mit hohen Legeleistungen reichen die gleichen Gaben zur Stimulation des Bruttriebes nicht aus. Ähnliche Angaben über Adrenocorticoide finden sich bei Haase und Donham (1980).

Eindrucksvoll für Betrachtungen über Hormonwirkungen sind auch Angaben von Benoff, Siegel und van Krey (1978). Allgemein gesichert ist, daß androgene Hormone das sexuelle Verhalten beeinflussen. Bei Stämmen, die auf hohe sexuelle Bereitschaft ausgelesen und solchen, die auf niedere Geschlechtsbereitschaft gezüchtet sind, ist die Menge der im Blut kreisenden Testosterone unterschiedlich. Werden jedoch Hausmeerschweinchen oder Laborratten zusätzlich Testosteronpräparate zugeführt, beeinflußt dies die erzüchtete Eigenart ihrer Geschlechtsbereitschaft nicht. Auch bei Linien von Haushühnern und Wachteln, die auf hohe oder geringe Aktivität ausgelesen wurden, zeigen kastrierte Individuen nach Testosterongaben nur die jeweils erzüchtete geschlechtliche Aktivität ihrer Population. Solche Befunde lehren, daß die Menge des im Blut kreisenden Testosterons nicht die einzige Ursache unterschiedlicher Geschlechtsaktivität ist; sie bestätigen vielmehr Vorstellungen, nach denen die Bereitschaft der Gewebe eine Rolle mitspielt. Bemerkenswert für diese Vorstellungen sind Untersuchungen von Faber (1986) und Böckler et al. (1986) an Hausschweinen. Erbliche Unterschiede in der Anzahl der beta-adrenergen Rezeptoren der Zellmembran ließen sich sichern. Dadurch ist die Empfindlichkeit auf gleiche Hormonmengen unterschiedlich.

Erneut zeigt sich, daß zur Klärung von Domestikationsbesonderheiten in der Körpergestalt Gedanken über unterschiedliche Hormonwirkungen als entscheidende Ursachen berechtigte Deutungen nicht zulassen. Fest steht nur, daß sich im Hausstand auch der innersekretorische Apparat in anatomischen Besonderheiten sowie in manchen Umweltabhängigkeiten wandelt und sich die Empfindlichkeit von Geweben bei Haustieren auf unveränderte Hormonproduktion ebenfalls ändern kann. Diese Hinweise könnten den Eindruck erwecken, Hormone vermögen auf Strukturen des Körpers nur wenig Einfluß auszuüben. Doch experimentelle Studien führten zu Ergebnissen, die nicht übersehen werden dürfen. So gelang es durch Implantation von Hypophysen in Larven von Urodelen latente Potenzen zu aktivieren, also «schlafende Gene» zu wecken. Nach der Zuführung arteigener Hypophysen entwickelten sich bei *Triturus palmatus* und *Triturus marmoratus* Zeichnungselemente, die normalerweise nicht auftreten, aber für die verwandten Arten *Triturus vulgaris* und *Triturus cristatus* kennzeichnend sind. Es stellten sich außerdem nach solchen Hypophysenimplantationen Veränderungen in den Kopfformen ein, die an Vermopsungserscheinungen erinnern und es gelang, sekundäre Geschlechtsmerkmale zur Entwicklung zu bringen, obgleich die Geschlechtsorgane selbst keine entsprechende Ausbildung erfuhren (Herre 1935, 1951; Herre und Rawiel 1939, Nobis 1949, Dzwillo 1968). Eine Vertiefung solcher Studien kann zu einem besseren Verständnis entwicklungsphysiologischer Vorgänge und ihrer genetischen Grundlagen auch bei Umgestaltungen im Hausstand beitragen. Bückmann (1970) hat diesen Fragenkreis der Hormonwirkungen in allgemeiner Form beleuchtet.

Es stellt sich die Frage, ob in der biochemischen Zusammensetzung von Hormonen Unterschiede zwischen Wildart und Hausformen eingetreten sind. Die Kenntnis darüber ist gering. Von Interesse sind daher Angaben von Ferguson und Heller (1965) sowie von Heller (1966) über die Aminosäuren von Hormonen des Hypophysenhinterlappens. Bei Arten wilder Suidae kommt neben dem bei fast allen Säugetieren vorhandenen Arginin-Vasopressin auch Lysin-Vasopressin vor. Bei Hausschweinen fehlt das Arginin-Vasopressin, es ist nur Lysin-Vasopressin vorhanden. Es wird vermutet, daß das Gen, welches die Bildung von Arginin-Vasopressin bewirkt, im Laufe der Domestikation verlorengegangen ist. Auch bei Stämmen von Hausmäusen kommen Veränderungen in den Bestandteilen dieser Hormone vor (Stewart 1968).

## 3 Einfluß des Hausstandes auf Rhythmen

Im Laufe der bisherigen Erörterungen wurde schon deutlich, daß rhythmische Vorgänge bei Haustieren gegenüber den Wildtieren verändert sind. Die Bearbeitung dieser Problematik steht noch in den Anfängen, einige Hinweise müssen zunächst genügen.

Zimen (1970) ermittelte bei Wölfen einen polyphasischen Aktivitätsrhythmus mit Aktivitätsmaxima am frühen Morgen und am Abend in der Dämmerung. Bei Jungwölfen wechseln die Phasen schneller. Dadurch heben sich die morgendlichen und abendlichen Aktivitätsmaxima nicht deutlich heraus. Bei erwachsenen Pudeln ist der circadiane Aktivitätsrhythmus sehr viel weniger ausgeprägt, sie ähneln Jungwölfen. Infolge der schwächeren circadianen Aktivitätsrhythmik sind Pudel sehr viel leichter zu aktivieren als Wölfe. Hörnicke (1970) verglich tagesperiodische Schwankungen im Energieumsatz und in der körperlichen Aktivität bei mitteleuropäischen Wildschweinen und Hausschweinen. Die Wildschweine hatten eine ausgeprägtes Aktivitätsmaximum am Abend und ein Nebenmaximum in der Morgendämmerung. Bei Hausschweinen ist das Abendmaximum weniger ausgeprägt, außerdem ist bei ihnen die individuelle Variabilität der tagesperiodischen Schwankungen recht groß. Nach neueren Befunden, welche Herre (1986) zusammengestellt hat, ist fraglich geworden, ob diese Befunde Allgemeingültigkeit haben. Es zeigte sich nämlich, daß Wildschweine in vielen Ländern und in Gattern tagaktiv sind und nur im Sommer Aktivitätsmaxima aufweisen. Nach den Befunden von Munk (1965) am Pankreas ist jedoch eine verschiedene circadiane Rhythmik beim Wildschwein und seiner Hausform wahrscheinlich.

Noch auffälliger ist aber die Tatsache, daß jahreszeitliche Einflüsse, wie Länge der Tageszeit, Temperaturschwankungen u.ä. bei Haustieren sehr viel geringere Bedeutung haben als bei Wildarten oder daß ein solcher Einfluß völlig entfällt. Wildarten gemäßigter Breiten, zu denen die Stammarten der meisten Haustiere gehören, zeigen einen jahreszeitlichen Haarwechsel. Bei einigen Rassen der Haussäugetiere ist ein ununterbrochener Haarwechsel zu beobachten. Bei anderen Rassen fehlt ein Haarwechsel, sie zeigen ein gleichmäßiges Haarwachstum. Wildvogelarten haben eine jahreszeitlich gebundene Mauser, die im allgemeinen mit dem Fortpflanzungsgeschehen in einem Zusammenhang steht. Bei vielen Rassen des Hausgeflügels lösen sich diese Zusammenhänge auf; bei vielen Haushühnern können Federerneuerung und Eiproduktion gleichzeitig vor sich gehen. Bei den Stammarten des Hausgeflügels steht mit der Mauser ein Wandel in der Ausfärbung in vielfältiger Verbindung; bei Wildenten und Wildhühnern wird zwischen Prachtkleid und Ruhekleid unterschieden. Im Hausstand kann das Prachtkleid zum Dauerzustand werden und das Ruhekleid entfallen.

Sehr bemerkenswert sind Störungen im Zusammenhang zwischen Jahreszeit und Fortpflanzungsrhythmik, auf die bereits hingewiesen wurde. Bei den Stammarten der Haustiere ist die Fortpflanzung auf bestimmte Zeiten des Jahres begrenzt. Abhängigkeiten vom Lichtrhythmus und anderen jahreszeitlichen Faktoren wurden nachgewiesen (Hammond 1947, Sadleir 1969). In neuerer Zeit hat Boyd (1986) erkannt, daß auch bei männlichen Wildkaninchen der Fortpflanzungszyklus durch die Tageslänge wesentlich beeinflußt wird. Haustiere werden von solchen Einflüssen weniger abhängig und schließlich von ihnen frei, obgleich sexuelle Rhythmen erhalten bleiben können. Dies wirft die Frage auf, ob innere Uhren der Wildarten nur umgestellt oder umkonstruiert wurden.

Auch beim Hausgeflügel gibt es Rassen, die unabhängig von Jahreszeit und Lichtrhythmus Eier legen und beim Hausgeflügel werden die Männchen ebenfalls dauerbrünstig, während sie im Wildzustand eine zeitlich begrenzte Fortpflanzungszeit haben. Bei Wildvögeln schließt sich an die Legetätigkeit der Bruttrieb an. Durch verlängerte Legetätigkeit wird nicht nur der Rhythmus zwischen Eiablage und Brutzeit gestört, der Bruttrieb kann völlig entfallen. Die stark verlängerten Laktationszeiten bei vielen Haussäugetieren weisen grundsätzlich auf ähnliche Störungen ursprünglicher Zusammenhänge hin.

In stammesgeschichtlicher Sicht sind solche Beobachtungen über eine Korrelation der Fortpflanzung mit Jahreszeiten und die Auflösung dieser Zusammenhänge von Interesse, weil viele tropische Tierarten keine solche Bindung zeigen. Es ist auch bekannt, daß die endogene

Rhythmik, die Abhängigkeit von den Jahreszeiten bei Tieren verschiedener Breiten unterschiedlich ist. Die Beobachtungen an Haustieren legen die Annahme nahe, daß endogene Rhythmen primär unabhängig von der Umwelt sind und daß die oft so auffälligen Zusammenhänge zwischen endogener Rhythmik und Umwelt Folgen von Auslesevorgängen sind. Vorstellungen von der Bedeutung von Präadaptationen drängen sich auf.

Interessant sind auch Befunde von Lofts und Murton (1968). Viele wilde Taubenarten haben eine ausgedehnte Fortpflanzungsperiode, ihnen fehlt eine Refraktärzeit. Dadurch erscheinen sie für eine Domestikation und eine Auslese auf ganzjährige Zuchtzeit geeignet. Eine wildlebende «Felsentauben»-population in Flamborough, Yorkshire, welche wohl mit Haustauben vermischt war oder aus verwilderten Haustauben bestand, da sie nur zu 70% aus wildfarbenen Tieren aufgebaut war, ähnelte in der Fortpflanzungsperiode den wilden Ringeltauben und Hohltauben Englands. In verwilderten Stadttaubenpopulationen von Leeds und Liverpool, bei denen 70% melanistisch waren oder andere in der Domestikation auftretende Färbungen besaßen, brütete ein großer Teil auch im Winter. Dabei war auffällig, daß mehr melanistische als wildfarbene Individuen brüteten. Als Stammart der Lachtaube, die heute als Labortier in großem Umfang eingesetzt wird, kann die afrikanische Wildtaube *Streptopelia roseogrisea* gelten, welche mit der Türkentaube *Streptopelia decaocto* nahe verwandt ist. In Europa pflanzt sich die Türkentaube von Februar bis Oktober fort, ihr fehlt wahrscheinlich wie der Lachtaube die Refraktärperiode. Im Unterschied dazu wird die Turteltaube *Streptopelia turtur* refraktär. Sie ist nie Haustier geworden, obwohl sie schon im Altertum als Volierenvogel geschätzt war.

Von der Stammart des Haushuhns weiß man nicht, ob sie über eine Refraktärperiode verfügt. Fest steht, daß die stammesgeschichtlich nahestehenden Wachteln eine solche nicht haben. Es ist auffällig, daß *Coturnix coturnix japonica* eine rasche starke Verbreitung als junges Haustier gefunden hat.

Diese Tatsachen verdienen Aufmerksamkeit, weil sie deutlich machen, daß Befunde, die an einer Art oder auch nur an einer Population erarbeitet wurden, keine Allgemeingültigkeit haben müssen. Bei Extrapolationen ist Vorsicht und Umsicht geboten.

# 4 Zur Physiologie von Hormonwirkungen im Hausstand

Für viele der zuletzt besprochenen Erscheinungen sind enge Beziehungen zu Vorgängen im innersekretorischen Bereich anzunehmen. Obgleich deutlich geworden ist, daß die ersten Vorstellungen über Ursachen von Domestikationsveränderungen durch Wandel der endokrinen Regulationen zu grob und spekulativ waren, ließ sich sichern, daß im Hausstand im innersekretorischen Apparat Veränderungen eintraten. Über die Folgen dieser Wandlungen sind noch viele Fragen offen und ein weites Arbeitsfeld liegt noch brach. Eine erfolgreiche Bearbeitung hängt von vielen methodischen Voraussetzungen ab. Um die Vielfalt von Problemen wenigstens anzudeuten, sei auf Zusammenhänge zwischen Fortpflanzung und Hormonen noch einmal eingegangen. Mit den Ergebnissen eines Ausleseexperimentes sei begonnen.

Belyaev und Trut (1975) sowie Belyaev (1978) hatten das Ziel, Silberfüchse mit haustierähnlichem Verhalten zu erzüchten. Ihnen stand ein großes Material zur Verfügung. Bei den Zuchtversuchen gelang es, die Fortpflanzungsfähigkeit der Silberfüchse zu steigern und ihre Angriffslust zu mindern. Zwischen den selektierten und nicht selektierten Stämmen zeigten sich deutliche Unterschiede im Östradiol- und Progesteronspiegel des Blutes, in der Menge des im peripheren Blut vorhandenen 11-Oxycorticosteroids und dem Gehalt an Serotonin. Die Werte waren bei den selektierten Tieren geringer, was besonders für das Serotonin interessant ist, da diesem ein Einfluß auf die Aggressivität zugesprochen wird.

Neue physiologische Studien haben sichergestellt, daß das Fortpflanzungsgeschehen ganz allgemein durch einen Regelkreis Zwischenhirn–Hypophyse–Keimdrüse kontrolliert wird. Wenn sich in der Domestikation die Fortpflanzungsleistungen ändern, wandelt sich auch dieser Regelkreis. Darüber liegen für Wild- und Hausente besondere Ergebnisse vor (Haase 1980, Haase und Donham 1980, Schmedemann und Haase 1984). Im einzelnen ergab sich:

Im ventralen Teil des Zwischenhirns wird ein Neurohormon produziert, das Luteinisierungs-Releasinghormon (LHRH). Dies gelangt durch besondere Gefäße zur Hypophyse und führt dort zur Ausschüttung der beiden gonadotropen Hormone, dem Follikel stimulierenden Hormon (FSH) und dem Luteinisierungshormon (LH). Diese Hormone gelangen auf dem Blutweg zu den Gonaden und bewirken die Reifung der Keimzellen und die Sekretion der Sexualhormone. Die Sexualhormone können auf das Zwischenhirn-Hypophysensystem zurückwirken. Dies führt bei männlichen Tieren zu Hemmungen. Auch Umwelteinflüsse, so die Photoperiode oder Streßeinflüsse vermögen sich fördernd oder hemmend bemerkbar zu machen.

Um Unterschieden zwischen Wildenten und ihrer Hausform auf die Spur zu kommen, wurden die jahreszeitlichen Veränderungen in der Konzentration des Luteinisierungshormons (LH) sowie der beiden männlichen Geschlechtshormone Testosteron und Dihydrotestosteron gemessen (Haase, Sharp und Paulke 1975, Paulke und Haase 1978). Bei Stockentenerpeln gleicht der Verlauf der LH-Konzentrationskurve bis in den Sommer hinein dem Anstieg der Hodengewichtskurve mit einem starken Abfall im Juni. Im Herbst steigt die LH-Kurve erneut, ohne daß ein Hodenwachstum zu beobachten ist. Bei Erpeln der Khaki-Campbell-Hausenten fällt eine sehr starke individuelle Variabilität in den LH-Konzentrationen auf. Grundsätzlich lassen sich bei dieser Rasse im Frühjahr und Herbst zwei Typen unterscheiden: einer mit monophasischem und einer mit biphasischem Zyklus. Die Maximalwerte im LH-Spiegel liegen bei Stockenten und der Hausente ungefähr auf gleicher Höhe.

Beim Testosteron zeigt sich, daß die Erpel der Hausente wesentlich höhere mittlere sowie Maximalkonzentrationen erreichen als Stockentenerpel. Beim Dihydrotestosteron bestehen keine Unterschiede. Weiter wird deutlich, daß in der Domestikation die jahreszeitlichen Oscillationen bei allen gemessenen Hormonen abgeflacht sind.

Hausentenerpel reagieren auf eine Erhöhung der LH-Konzentrationen mit einem steileren Anstieg der Testosteronproduktion als Stockentenerpel. Danach läßt sich der Schluß rechtfertigen, daß die Empfindlichkeit der Hypothalamus – Hypophysenachse in der Domestikation erniedrigt wurde.

Es ist jedoch auch eine andere Erklärung möglich. Die Rückkoppelung könnte nicht über das Testosteron erfolgen, sondern über das Dihydrotestosteron. Die Maximalwerte dieses Hormons liegen, ebenso wie die des LH, bei der Wildart und Hausform auf dem gleichen Niveau. Für den Regelkreis würde dies bedeuten, daß sich in der Domestikation lediglich gewisse quantitative Verschiebungen im Spektrum der sezernierten Sexualhormone einstellten (Horst und Paulke 1977). Testosteron wird durch das Enzym 5-Reduktase in Dihydrotestosteron umgewandelt. Relativ geringe Änderungen in den Regulatoren könnten die Aktivität dieses Enzyms herabsetzen und damit die Erhöhung des Quotienten Testosteron zu Dihydrotestosteron bei Hauserpeln verursachen (Haase 1980).

Schon dieses Beispiel weist auf die Komplexität hormonphysiologischer Wechselbeziehungen und auf die Schwierigkeiten hin, zu eindeutigen Klärungen zu gelangen. Die weitere Aufklärung von Zusammenhängen durch vergleichende Betrachtungen von Wildarten und ihren Hausformen wird auch zu Einsichten von allgemeinerer Bedeutung führen, zu Ergebnissen, die auch für die Humanmedizin neue Vorstellungen ermöglichen (Haase und Farner 1969).

# 5 Domestikationsänderungen im molekularen Bereich

Bei der Vielfältigkeit und bei dem Ausmaß von Wandlungen im Hausstand ist es nicht erstaunlich, daß auch Änderungen im molekularen Bereich auftreten. Fitch und Atchley (1987) fanden bei Inzuchtstämmen von Mäusen (über 100 Generationen) mit drei verschiedenen Methoden gleiche molekulare Unterschiede, diese entsprachen den genetischen Abständen. Scherer und Sontag (1986), die sich auch mit methodischen Schwierigkeiten bei Untersuchungen über molekulare Besonderheiten auseinandersetzten, haben Probleme molekularer Taxonomie der Anatidae erörtert. In unserem Zusammenhang sind vor allem Angaben über wilde und domestizierte Stockenten bemerkenswert. Scherer und Sontag stellen über die Aminosäurezusammensetzung fest: «Die beiden Anserarten (*Anser anser* und *Anser cygnoides*) stehen erwartungsgemäß eng beisammen, interessanterweise enger als die Wild- und Zuchtform von *Anas!* Auch an *Gallus* wird deutlich, daß domestizierte Formen eine von den Wildvögeln unterschiedliche Aminosäurezusammensetzung homologer Proteine zeigen können.» «In den untersuchten Hausentenrassen (*Anas platyrhynchos* f. dom.) hat man 3 (Pekingente) bzw. 2 (Kakiente) elektrophoretisch verschiedene Lysoenzyme nachgewiesen, die auch in ihren Sequenzen deutlich verschieden sind. Das Lysoenzym I der Pekingente (PE I) entspricht mit nur einem Sequenzunterschied wohl dem Lysoenzym I der Kakiente (KE I), während KE II keine Entsprechung in den Pekingentenlysoenzymen findet. Die drei sehr ähnlichen Lysoenzyme der Pekingente sind höchstwahrscheinlich durch Genduplikationen entstanden. Ob dies vor oder während der Domestikation geschah, läßt sich ohne Sequenzanalyse der Wildform nicht abklären. Möglicherweise hat die Pekingente das für KE II codierende Gen verloren oder reprimiert. Es ist weniger wahrscheinlich (aber durchaus nicht ausgeschlossen), daß sich im Zuge der Domestikation der Kakiente ein Lysoenzymgen an 6–8 Aminosäurepositionen verändert hat.»

Über Hämoglobine führen Scherer und Sontag aus: «Die sehr auffallende Stellung von *Anas platyrhynchos* f. domestica verdient noch besondere Bedeutung. Nach den α-Hämoglobinen ist die Hausente erwartungsgemäß nächstverwandt mit der Wildform, sie fällt jedoch nach den β-Hämoglobinen überhaupt nicht mehr in die Familie der Anatidae! Dieser Befund illustriert überzeugend, wie schnell multiple Aminosäureunterschiede in isolierten, kleinen Populationen fixiert werden können.» «Während der Domestikation veränderte sich das β-Hämoglobin der Hausente gegenüber der Wildform an 5 (!) Positionen, so daß die Hausente danach zu urteilen, gar nicht mehr zu den Anatidae gehört. Dagegen verändert sich das α-Hämoglobin während des gleichen Zeitraums nur an 2 Positionen. Das Hämoglobin der Hausgans zeigt gegenüber der Graugans nur einen Unterschied.» «Solche Befunde zeigen deutlich, daß massive mikroevolutive Änderungen von Proteinen unter geeigneten Bedingungen außerordentlich rasch ablaufen können. Der Systematiker steht vor der Frage, ob er die Sequenzunterschiede, die morphologischen, die paläontologischen oder die fortpflanzungsbiologischen Befunde stärker gewichten soll.» «Wenn wir annehmen, daß die Separation von Stock- und Hausente vor 3000 Jahren (?) begann, so würde das β-Hämoglobin eine Austauschrate von rund 1 Aminosäure pro 600 Jahre zeigen. Gewöhnlich rechnet man aber bei Hämoglobin mit einem Aminosäureaustausch von 6–10 Millionen Jahren (Zukkermann und Pauling 1962; vgl. Oberthür et al. 1986), mithin hätte sich während der Domestikation die Evolutionsgeschwindigkeit des β-Hämoglobins um den Faktor 10 000 gesteigert. Damit ist offenbar, daß die phylogenetische Interpretation von Aminosäuresequenzen per se unsinnig ist – morphologische, anatomische und vor allem paläontologische Daten müssen immer zugrunde gelegt werden.»

Auch die Ergebnisse von Forschungen im molekularen Bereich weisen auf grundsätzlich wichtige Einsichten hin, zu denen Studien über Domestikationsänderungen führen. Sie geben Anlaß, weiteren Gebieten Aufmerksamkeit zuzuwenden, die bei Erörterungen über stammesgeschichtliche Vorgänge immer wieder in den Mittelpunkt von Erörterungen rücken. Zu ähnlichen Folgerungen führen Befunde über genetisch bedingte Molekülverschiedenheiten in Isoenzymsystemen von anderen Wildarten und ihren Hausformen. Hartl (1987) verglich eine größere Zahl dieser Enzyme von europäischen Hasen (*Lepus europaeus* Pallas, 1778) und Wildkaninchen (*Oryctolagus cuniculus* Linnaeus, 1758) sowie von Wildkaninchen und Hauskaninchen. Auf dieser Grundlage wurde eine durchschnittliche genetische Distanz D dieser Gruppen und mit deren Hilfe die Divergenzzeit t der Formen errechnet. Dazu eignet sich nach anerkannten Auffassungen (Manwell und Baker 1977) eine von Nei entwickelte Formel.

Es ergab sich als Divergenzzeit für den europäischen Hasen und das Wildkaninchen etwa 2433000 Jahre. Dieser Zeitraum entspricht ungefähr Vorstellungen, die auf paläontologischen Daten beruhen. Wird mit dem Nei-Verfahren die Divergenzzeit für Hauskaninchen zu Wildkaninchen berechnet, ergibt sich als Zeitraum 142500 Jahre. Dieser Wert ist viel zu hoch; das Kaninchen ist erst seit etwa 2000 Jahren Haustier. Ein Verfahren, welches sich bei Wildarten zur Ermittlung der Zeit stammesgeschichtlicher Aufspaltung oft bewährt hat, versagt bei der Anwendung auf Haustiere. Hartl erschließt aus diesem Sachverhalt, daß sich im Laufe der Haustierentwicklung molekulare Veränderungen beschleunigten.

Der gleiche Befund ergab sich für das Wildschwein (*Sus scrofa* Linnaeus, 1758) und das Hausschwein. Hartl und Csaikl (1987) gründeten ihre Aussagen auf das Studium von 52 Enzymloci von 4 isolierten Populationen des Wildschweines, die unter hohem Jagddruck standen. Zwischen den 4 Populationen lassen sich verhältnismäßig große Unterschiede ermitteln, die sich als Verlust genetischer Variabilität, als Folge von Gründereffekten und jagdlichen Eingriffen verständlich machen lassen. Doch auffällig bleibt, daß Beziehungen zwischen der durchschnittlichen genetischen Distanz und der geographischen Entfernung deutlich werden, die einen Kline der Allelfrequenzen in den natürlichen Populationen möglich erscheinen lassen. Bei der Einbeziehung von Hausschweinen in die Betrachtungen zeigt sich, daß der genetische Abstand zwischen Wild- und Hausschweinen auf jeden Fall größer ist als zwischen den verschiedenen Populationen des Wildschweines. Die mittlere genetische Distanz zwischen Wildschwein und Hausschwein läßt die Berechnung einer Divergenzzeit zu, die etwa jener zwischen Wild- und Hauskaninchen entspricht. (Hartl 1987 in Lit.)

Zwischen Wildschweinpopulationen, bei denen sich bemerkenswerte genetische Verschiedenheiten in den D-Werten widerspiegeln, lassen sich keine wesentlichen morphologischen Unterschiede erkennen (Hartl und Csaikl 1987). Auch bei Hauskaninchenrassen weist gestaltliche Ausgeglichenheit nicht auf Einheitlichkeit in biochemischen Marker-Systemen hin (Hartl und Höger 1986).

Die Schwierigkeiten bei der Anwendung der Nei-Formeln im Bereich der Haustiere haben bereits Manwell und Baker (1977) eingehend erörtert. Für australische Merinohausschafe, vorwiegend Wollieferanten, und Poll Dorset-Hausschafe, für die Zucht von Fleischtieren wichtig, ermittelten sie auf der Grundlage von Erhebungen an 30 Loci für Blutproteine mit Nei-Formeln die durchschnittliche genetische Distanz und errechneten dann eine Divergenzzeit zwischen den Rassen von 69700 Jahren. Auch wenn einzelne Unterschiede, die statistisch nicht zu sichern waren, ausgeschieden wurden, änderte sich dieser viel zu hohe Wert nicht.

Manwell und Baker haben eine Reihe von Gründen anerkannt, die einen Einsatz des Nei-Modells zwischen Populationen gleicher Art und zwischen verschiedenen höheren systematischen Kategorien im allgemeinen rechtfertigen. Zur Klärung seines Versagens bei Haustieren gingen sie Fragen nach der Genauigkeit des Koeffizienten $\alpha$ für Codon-Veränderungen, nach dem Einfluß der Populationsgröße und Populationsstruktur, der Ausleseverfahren, möglicher Einkreuzungen verwandter Arten, also einer möglichen «polyphyletischen» Herkunft der

Hausschafe, sorgfältig nach. Die Bemühungen führten nur zu geringen Erfolgen. Wenn sie jedoch eine willkürliche Trennung vornahmen zwischen Werten, die eine hohe Variation der Genfrequenzen zum Ausdruck bringen und solchen, die eine geringe Variation dieser Frequenzen bezeugen, deutete sich eine Möglichkeit zum Verständnis an. Aus 24 Loci niederer Variation in der Genfrequenz ließ sich eine hypothetische genetische Distanz ermitteln, mit deren Hilfe eine Divergenzzeit von 1470 Jahren zu errechnen war. Dies ist eine Zahl, welche der tatsächlichen Entwicklungszeit etwa nahekommen kann. Patterson (1987) hat dazu unter Hinweis auf die neuen Erkenntnisse über Pseudogene interessante Gedanken vorgetragen. Es bleiben aber ungeklärte Fragen, deren Erörterung den Rahmen unseres Vorhabens überschreiten würde. Zur Vertiefung sei auf das von Ohta und Aoki (1985) zusammengestellte Werk verwiesen.

Insgesamt ergibt sich, daß sich auch im molekularen Bereich bei Haustieren gegenüber ihren Wildarten eine Vielfalt von Besonderheiten einstellt, deren Bedeutung eine sehr kritische Betrachtung erfordert.

# XVII. Veränderungen des Nervensystems in der Domestikation

## 1 Änderungen der Gesamthirngrößen bei Haussäugetieren

Von allen Organsystemen zeigt das Zentralnervensystem in der Evolution die auffälligsten und tiefgreifendsten Veränderungen. Bei Wirbellosen und besonders bei Wirbeltieren haben verschiedene Vertreter Höhepunkte der Entfaltung und Differenzierung des Gehirns erreicht: Tintenfische, Insekten, Vögel, Säugetiere. Besonders innerhalb der Säugetiere gibt es noch einmal sehr unterschiedliche Stufen der Hirnausbildung. Kennzeichnend für die Höherentwicklung der Gehirne ist die Zunahme der Hirngröße unabhängig von der Körpergröße. Diese Zunahme ist vor allem bedingt durch Vergrößerung und Differenzierung übergeordneter Zentren, die den somatosensorisch-somatomotorischen Systemen angehören. Es ist daher von besonderem Interesse zu prüfen, ob auch in der Domestikation Änderungen des Nervensystems nachzuweisen sind. Als erstes seien die Haussäugetiere besprochen.

Bereits Darwin (1868) fand bei Hauskaninchen geringere Hirnschädelkapazitäten als beim Wildkaninchen. Klatt (1912) führte in größerem Umfang vergleichende Bestimmungen der Hirnschädelkapazitäten von Wild- und Haustieren durch. Für Hauskaninchen, Hausschweine, Hausschafe, Hausziegen, Frettchen, Haushunde und Hauskatzen ermittelte er geringere Hirnschädelkapazitäten als für deren Stammarten. Derartige Untersuchungen wurden später für weitere Haustiere fortgeführt: Alpaka, Lama (Herre 1951); Hauskamele, Hauspferde, Hausyaks (Gorgas 1966); Nerze (Bährens 1960, Pohle 1970); Hausmeerschweinchen (Hückinghaus 1962). In allen Fällen zeigte sich, daß die Hirnschädelkapazitäten der Haustiere erheblich geringer sind als die ihrer wilden Vorfahren. Daraus ist auf eine Abnahme der Hirngröße in der Domestikation zu schließen.

Aussagen auf der Basis des Vergleichs von Hirnschädelkapazitäten sind aber problematisch. Die Hirnschädelkapazität ist meist größer als das Hirnvolumen und der Unterschied Hirnschädelkapazität – Hirnvolumen ist bei großen Schädeln stärker als bei kleinen. Dies gilt schon innerhalb von Arten (Röhrs und Ebinger 1978, 1983). Zudem sind Schädelmaße als Bezugsystem für den Vergleich von Hirnschädelkapazitäten nur bedingt geeignet. Liegt kein anderes Material vor, dann können Hirnschädelkapazitäten Hinweise auf Hirngrößen geben, wenn die möglichen Fehlerquellen sorgfältig berücksichtigt werden (Röhrs und Ebinger 1978).

Vergleiche von Hirngewichten geben genauere Informationen über Hirngrößenunterschiede. Da das Hirngewicht auch vom Körpergewicht abhängt, muß bei Vergleichen von Hirngewichten zunächst der Einfluß des Körpergewichtes

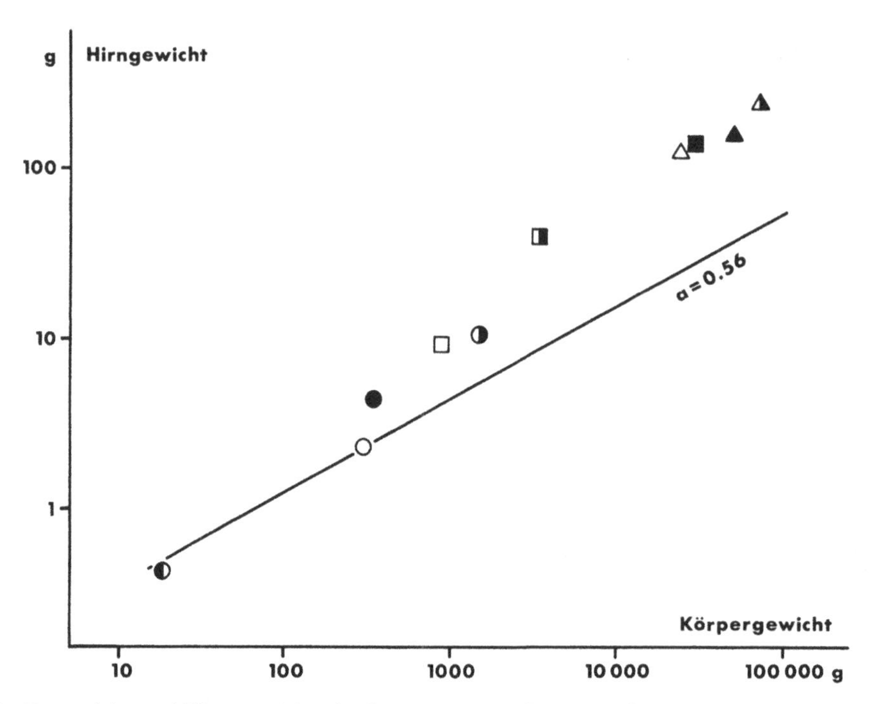


**Abb. 85:** Hirngewichte und Körpergewichte der Stammarten von Haustieren. Die interspezifische Allometriegerade der Muridae (a = 0.56) dient als Bezugsbasis = 100 %. ◐ Wildmaus, ○ Wanderratte, ● Wildmeerschweinchen, ◑ Wildkaninchen, □ Iltis, ◨ Wildkatze, ■ Wolf, △ Wildschaf, ▲ Wildschwein, ⟁ Guanako. Abweichungen von der Bezugsbasis (Cephalisationswerte siehe Tab. 13)

analysiert werden. Das gilt besonders für die Haustiere, da sie beträchtlich kleiner und größer werden können als die Angehörigen der Stammart. Die Beziehung Hirngewicht – Körpergewicht kann erfaßt werden mit der Allometrieformel:

$$HG = b \cdot KG^a$$

$$\text{Logarithmiert: log. } HG = \text{log. } b + a \cdot \text{log. } KG$$

a kennzeichnet die Abhängigkeit des Hirngewichts vom Körpergewicht, b enthält die Faktoren, welche außer dem Körpergewicht das Hirngewicht bestimmen, z.B. Evolutionshöhe, Spezialisation.

Bei interspezifischen Vergleichen der Hirngewichte, d.h. bei Vergleichen von Arten unterschiedlicher Körpergröße aber gleicher Evolutionshöhe und Spezialisation hat sich bei den Säugetieren, zu denen die Stammarten der Haustiere gehören, gezeigt, daß a etwa einen Wert von 0.56 hat (Abb. 60). Abweichungen von der interspezifischen Allometriegeraden sind Ausdruck von Hirngrößenunterschieden, die durch unterschiedliche Evolutionshöhe oder Spezialisation bedingt sind (Cephalisationsunterschiede).

Die Stammarten der Haussäugetiere gehören zu systematischen Einheiten mit sehr verschiedener Organisationshöhe. Zur Beurteilung der Cephalisationshöhen wurde als Bezugsgerade die interspezifische Allometriegerade HG – KG für Muridae gewählt, d.h. die Wanderratte erhält den Bezugswert 100 (Abb. 85). Die Cephalisationswerte der Stammarten reichen von 87.4 bei der Wildmaus bis zu 496 beim Guanako. Diese Unterschiede sind für die Beurteilung der Hirn-

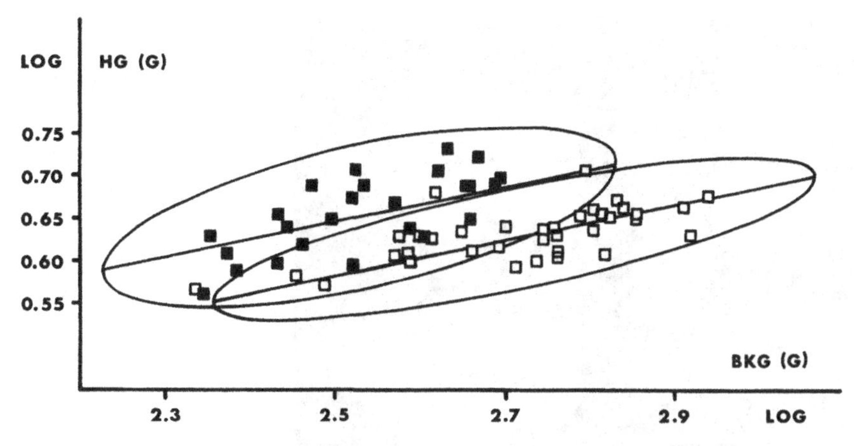


**Abb. 86:** Beziehungen zwischen log. Hirngewicht (HG) und log. Bruttokörpergewicht (BKG) bei Wild- (■) und Hausmeerschweinchen (□). Gemeinsames intraspezifisches a = 0.207. Hirngewichtsabnahme durch die Domestikation 13,43 % (aus P. Ebinger, H. de Macedo und M. Röhrs 1984)

gewichtsänderungen in der Domestikation von Bedeutung.

Zur Feststellung von Hirngewichtsunterschieden zwischen Wild- und Haustieren ist die interspezifische Allometriegerade HG – KG mit a = 0.56 nicht geeignet. Klatt (1921) hat festgestellt, daß für die Beziehung HG – KG bei adulten Haushunden ein a von 0.25 gültig ist. Bei unterschiedlich schweren Haushunden unterscheiden sich die Hirngewichte nur entsprechend der $\sqrt[4]{\text{Körpergewicht}}$; Zwergpudel mit 2,5 kg Körpergewicht besitzen ein Hirngewicht von etwa 70 g, Königspudel von 30 kg Körpergewicht ein Hirngewicht um 95 g. Es konnte nachgewiesen werden, daß intraspezifisch auch bei adulten Wölfen ein a von ~0.25 gültig ist (Röhrs 1958, Ebinger 1980). Übereinstimmungen der a-Werte von etwa 0.25 bei Wild- und Haustier konnten in allen bisher untersuchten Fällen bestätigt werden: Hausmaus – Labormaus (Frick und Nord 1963), Wanderratte – Laborratte (Ebinger 1972), Wildmeerschweinchen – Hausmeerschweinchen (Ebinger, de Macedo und Röhrs 1984), Wildkaninchen – Hauskaninchen (Fischer 1973), Iltis – Frettchen, Wildnerz – Farmnerz (Röhrs 1986). Wildkatze – Hauskatze (Röhrs und Ebinger 1978), Wildschwein – Hausschwein (Kruska 1970, Schürmann 1984), Guanako – Lama und Alpaka (Kruska 1980). Die Abhängigkeit des Hirngewichtes von unterschiedlichen Körpergewichten ist also bei Wild- und Haustier gleich. Unabhängig vom Körpergewicht aber haben die Haustiere leichtere Gehirne als die zugehörigen Wildtiere, ihre Allometriegeraden liegen unterhalb derjenigen der Wildtiere (Abb. 86). Die Abstände zwischen den Allometriegeraden geben das mittlere Ausmaß der Hirngewichtsunterschiede zwischen Wild- und Haustieren an (Abb. 86, 87).

Die Hirngewichtsabnahmen gegenüber den Wildarten sind bei den einzelnen Haussäugetieren außerordentlich verschieden, sie reichen von 0% bei der Labormaus bis zu 33,6% beim Hausschwein (Tab. 13). Das Ausmaß der Hirngewichtsabnahme zeigt eine gewisse Beziehung zur Cephalisationshöhe der Wildarten. Die relativ gering cephalisierten Arten Hausmaus, Wanderratte, Meerschweinchen und Wildkaninchen vermindern ihr Hirngewicht im Hausstand weniger als die höher cephalisierten Arten (Tab. 13). Die Korrelation ist allerdings nicht sehr eng.

Dazu einige Anmerkungen zu den einzelnen Arten. Die Tatsache, daß bei der Labormaus keine Hirngewichtsabnahme stattgefunden hat, läßt

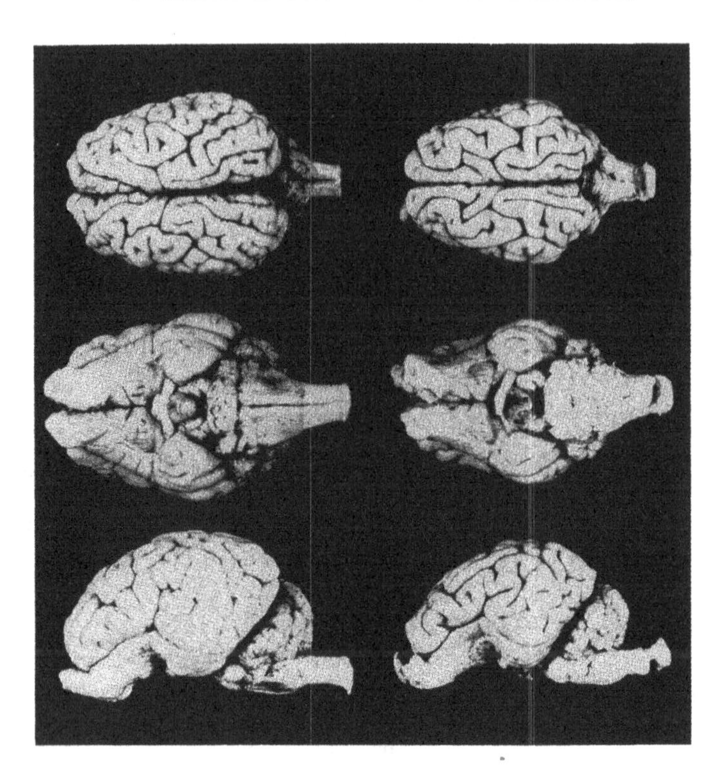

**Abb. 87:** Gehirne eines Wildschweins (links) und eines Hausschweins (rechts) von gleichem Körpergewicht (aus Kruska 1970)

sich zum Teil mit der niederen Cephalisationshöhe erklären; auf der anderen Seite ist die Stammform eine kommensale Form; leichte Hirngewichtsreduktionen durch das Leben in einer Art «Hausstand» sind bei ihr nicht auszuschließen. Der Reduktionswert von 24% bei Hauskatzen erscheint im Vergleich zu Frettchen und Haushunden etwas gering. Dieser Wert wurde ermittelt für «Dorfkatzen», bei denen keine künstliche Selektion durchgeführt wurde. Bronson (1979) hat Hirngewichtsdaten für Siamkatzen veröffentlicht, bei dieser Rasse findet künstliche Selektion statt, bei ihnen ist das Gehirn um ~30% leichter als bei Wildkatzen.

Bei Hausschafen ermittelte Ebinger (1974) «nur» um 23,9% leichtere Gehirne als bei mitteleuropäischen Mufflons. Nun ist bekannt, daß bei Mufflons mehr oder weniger häufig Hausschafe eingekreuzt wurden. Solche Einwirkungen führen zu Verminderungen der Hirngröße. So liegen die Hirngewichte von Kreuzungstieren zwischen Wölfen und Pudeln zwischen den Elterntieren (Weidemann 1970). Kreuzungen zwischen Wildart und Hausform in freier Wildbahn sind immer auch zu erwarten, wenn die Wildpopulationen zahlenmäßig sehr gering werden. Dies konnte für Wölfe in Italien (Zimen mündlich) und in Israel (Mendelssohn 1982) erwiesen werden. Nach Hirnschädelkapazitäten haben Hausziegen bei vorsichtiger Beurteilung etwa 30% kleinere Gehirne als Bezoarziegen. Vertreter einer kleinen Bezoarziegenpopulation auf der Insel Theodorou vor Kreta haben nur 5% schwerere Gehirne als Hausziegen, hier sind massive Einkreuzungen von Hausziegen zu vermuten. In Zoos gehaltene Przewalskipferde haben ~9% schwerere Gehirne als Hauspferde (Röhrs unveröffentlicht). Schon zwischen den Restbeständen der Wildpferde und Hauspferden können Kreuzungen vorgekommen sein. Kreuzungen von Hauspferden mit Wildpferden in Gefangenschaft sind bekannt. Möglicherweise gerieten Wildpferde mit geringer Hirngröße

**Tab. 13:** Cephalisationshöhen und Neocorticalisationshöhen der Wildarten von Haussäugetieren (Wanderratte jeweils 100%). Abnahme von Hirngewicht und Neocortexvolumen im Hausstand (in %)

| | Cephalisation Wildart | Abnahme Hirngewicht | Neocorticalisation Wildart | Abnahme Neocortexvolumen |
|---|---|---|---|---|
| Maus | 87 | 0.0 | – | – |
| Ratte | 100 | – 8.1 | 100 | – 12.3 |
| Meerschweinchen | 177 | – 13.4 | 195 | |
| Kaninchen | 184 | – 13.0 | 168 | |
| Schwein | 394 | – 33.6 | 365 | – 37.0 |
| Schaf | 435 | – 23.9 | 449 | – 26.2 |
| Lama/Alpaka | 496 | – 17.6 | 478 | – 22.9 |
| Frettchen | 208 | – 28.6 | 270 | – 31.6 |
| Katze | 420 | – 24.0 | 513 | |
| Hund | 451 | – 28.8 | 528 | – 30.7 |

in Gefangenschaft und pflanzten sich in Zoos bevorzugt fort. Untersuchungen von Klatt an Gefangenschaftsfüchsen sprechen für eine solche Denkmöglichkeit (S. 317).

Die domestikationsbedingte Hirngewichtsabnahme von 17,6% bei Lama und Alpaka erscheint sehr gering. Mögliche Gründe hierfür können sein: Sehr extensive Haltungsform, wenig künstliche Selektion; vielleicht haben bei dieser Haltung noch lange nach Domestikationsbeginn Vermischungen mit Guanakos stattgefunden. Solche Vermischungen sind aber heute kaum noch möglich, da Guanakos nur noch in wenigen Exemplaren im Verbreitungsgebiet ihrer Hausformen vorkommen.

In welchen Zeiträumen die Hirnänderungen bei den klassischen Haustieren eingetreten sind, läßt sich schwer beurteilen. Neudomestikationen können hierfür als Modell dienen. Nerze werden seit gut 100 Jahren als Farmtiere gehalten. Die Farmnerze besitzen 5–6% leichtere Gehirne als Wildnerze (Röhrs 1986). Iltisse besitzen die gleiche Cephalisationshöhe wie Wildnerze, bei Frettchen aber beträgt die Hirngewichtsabnahme 28,6%. Bei linearer Extrapolation würde es demnach noch etwa 500 Jahre dauern, bis Farmnerze das volle Ausmaß domestikationsbedingter Hirnänderungen erreichen würden. Im Vergleich zur Hirngrößenzunahme in der Stammesgeschichte wäre das ein außerordentlich schneller Prozeß.

Einen weiteren Hinweis für die recht frühe Abnahme der Hirngröße in der Domestikation liefert eine Untersuchung von Reichstein (1985). Er konnte nachweisen, daß die Hirnschädelkapazitäten der 4000–5000 Jahre alten Torfspitze aus der Schweiz mit denen moderner Haushunde weitgehend übereinstimmen, ja sogar noch etwas geringer sind. Auch die Schädelkapazitäten frühgeschichtlicher Haushunde (1.–14. Jahrhundert) unterscheiden sich nicht von denen moderner Haushunde.

## 2 Änderungen von Teilstrukturen des Gehirns bei Haussäugetieren

Die Veränderungen des Hirngewichtes bei Haustieren führen zu der Frage, ob alle Hirnteile bzw. Funktionssysteme des Gehirns gleichmäßig betroffen sind. Hierzu wurden Hirnteilvolumina bestimmt. Bezugsgrundlage für die Vergleiche zwischen Wild- und Haustieren muß sein die jeweilige intraspezifische Beziehung Hirnteilvolumen – Körpergewicht. Nach bisherigen Untersuchungen entsprechen die intraspe-

**Tab. 14:** Hirngewicht und Neocortexgröße von Wild- und Haustier bei gleicher Körpergröße

| | Körpergewicht g | Hirngewicht g | | Neocortexgröße $cm^3$ | |
|---|---|---|---|---|---|
| | | Wildart | Hausform | Wildart | Hausform |
| *Rattus norvegicus* | 300 | 2.36 | 2.17 | 0.67 | 0.5876 |
| *Sus scrofa* | 57760 | 161.3 | 107.1 | 85.5 | 53.865 |
| *Ovis ammon* | 28600 | 132 | 100.45 | 73 | 53.874 |
| *Lama guanacoë* | 82460 | 263 | 216.71 | 149 | 111.4879 |
| *Mustela putorius* | 917 | 9.2 | 6.57 | 4.25 | 2.907 |
| *Canis lupus* | 30340 | 142 | 101.1 | 91 | 63.063 |

zifischen allometrischen Beziehungen (die a-Werte) Hirnteilvolumina – Körpergewicht den intraspezifischen allometrischen Beziehungen Hirngewicht – Körpergewicht (a ~ 0.25). Das bedeutet, innerhalb von Arten haben unterschiedlich große Gehirne die gleiche relative quantitative Zusammensetzung. Zwischen Hirnteilvolumina und Hirnvolumen besteht intraspezifisch Isometrie (Röhrs 1958, Volkmer 1956, Neteler 1963). Somit können die Veränderungen der einzelnen Hirnteile von Wild- zu Haustieren nach Rempe (1970) recht einfach errechnet werden. Grundlage hierfür sind bei der folgenden Darstellung immer die Nettovolumina. Die Daten wurden ermittelt von Schumacher (1963), Kruska (1970, 1972, 1975, 1980), Ebinger (1974, 1975) und Schleifenbaum (1973).

Es war herausgestellt worden, daß das Ausmaß der Hirngewichtsabnahmen in der Domestikation einen gewissen Zusammenhang hat mit der Cephalisationshöhe der Stammarten. Die Cephalisationshöhe bei Säugern wird weitgehend bestimmt durch den Entfaltungsgrad des Neocortex. Der **Neocortex** ist bei Säugern der am höchsten differenzierte Hirnteil, seine Größe ist ein weit besserer Ausdruck für die Evolutionshöhe eines Säugetiergehirns als das Hirngewicht. Daher wurden die Neocorticalisationshöhen für die Stammarten der Haustiere bestimmt. Die Beziehung Neocortexgröße – Körpergröße ist im interspezifischen Bereich durch ein a von 0.70 gekennzeichnet. Als Bezugssystem für die Neocorticalisation wurde die Allometriegerade der Muridae gewählt, d.h. Wanderratte = 100% (Tab. 13). Ein Vergleich der Cephalisations- und Neocorticalisationswerte zeigt, daß beide in ihrem Ausmaß nicht übereinstimmen müssen. Besonders hoch liegen in bezug zur Cephalisationshöhe die Neocorticalisationswerte der Raubtiere Iltis, Wildkatze und Wolf. In Tab. 13 sind die Abnahmen der Neocortexgröße bei Haustieren aufgeführt, die Reduktion des Neocortex ist in allen Fällen stärker als die Abnahme der Hirngröße. Berücksichtigt man die schon diskutierten Faktoren (Ausmaß der künstlichen Selektion, Zeitdauer der Domestikation, Haltung usw.), dann erkennt man eine recht gute Korrelation zwischen Neocorticalisationshöhe der Stammarten und der Hirngewichtsabnahme sowie der Neocortexreduktion bei den Haustieren. Groß ist die Differenz zwischen Gesamthirnabnahme und Neocortexreduktion bei Lama und Alpaka, vielleicht ein Hinweis, daß der Neocortex in der Domestikation zuerst von Veränderungen betroffen wird.

Die geschilderten Veränderungen sind in Tab. 14 noch einmal durch absolute Zahlen veranschaulicht. Dargestellt sind die mittleren Körpergewichte, Hirngewichte und Neocortexgrößen der Wildarten und die Hirngewichte und Neocortexgrößen, welche Haustiere von gleichem Körpergewicht haben würden.

Die Änderungen des Neocortex bei Haustieren stimmen überein mit den Unterschieden im interspezifischen Bereich. Die Beziehung Neocortexgröße – Hirngröße ist dort positiv allometrisch etwa nach a ~ 1.1 (Frahm et al. 1982, Röhrs 1986). Das bedeutet, im interspezifischen Bereich ist der prozentuale Anteil des Neocortex bei kleineren Gehirnen kleiner als bei größeren. Die kleineren Gehirne der Haustiere haben

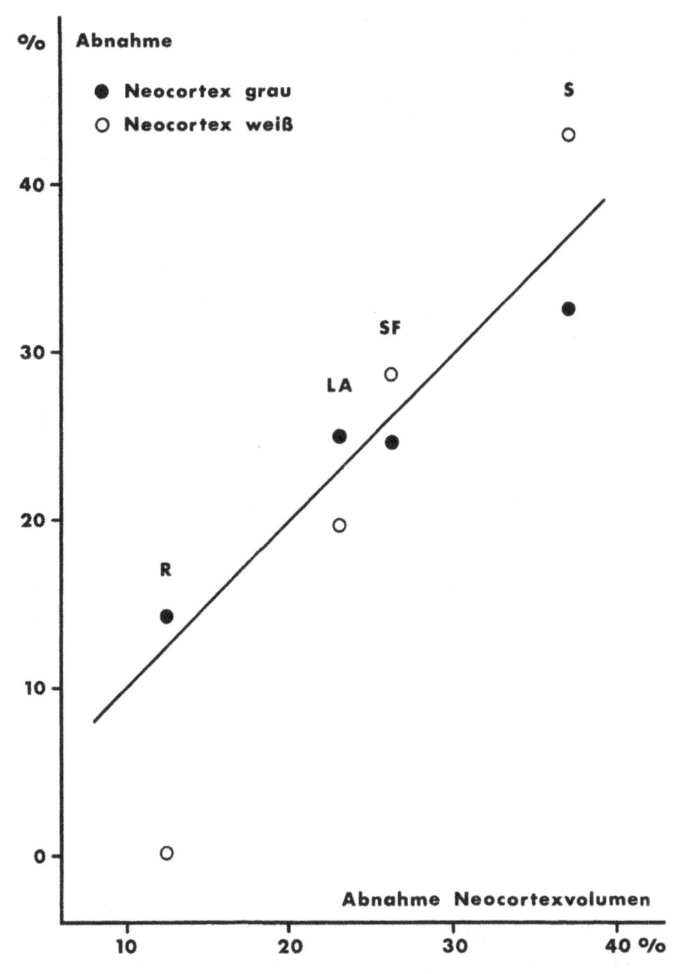


**Abb. 88:** Abnahme der Volumina graue und weiße Substanz vom Wild- zum Haustier in Beziehung zur Gesamtabnahme des Neocortexvolumens (jeweils in %). R Laborratte, LA Lama/Alpaka, SF Hausschaf, S Hausschwein Isometriegeraden (Abb. 88–92) zum Vergleich Abnahme Teilstruktur – Abnahme Bezugssystem

ebenfalls relativ geringere Neocortexanteile als die größeren der zugehörigen Wildarten.

Im interspezifischen Bereich ist bei größeren Gehirnen der Anteil weißer Substanz größer als der grauer Substanz (Stephan 1977). Vergleicht man die Abnahmen von weißer und grauer Substanz des Neocortex bei Haustieren, so kommt man zu folgendem Ergebnis: Je stärker die Neocortexabnahme, um so größer die Abnahme der weißen Substanz (Abb. 88). Also auch hier Unterschiede zwischen Wild- und Haustier wie im interspezifischen Bereich.

Die bisherigen Erkenntnisse lassen sich folgendermaßen zusammenfassen: Das Ausmaß der Reduktion von Hirngröße und Neocortexvolumen bei domestizierten Säugetieren ist abhängig von der Cephalisations- und Neocorticalisationshöhe der wilden Stammarten. In Abhängigkeit von diesen Faktoren ist jeweils ein bestimmtes Maximum an Reduktion möglich. Bis dieses

**Tab. 15:** Abnahmen der Hirngewichte von Wild- zu Haustieren in %, Wildart = 100%. Abnahmen der Hirnstrukturen (Volumen) von Wild- zu Haustieren, Wildart = 100%; berechnet auf der Basis der Nettovolumina

| | Ratte | Schwein | Schaf | Lama/Alpaka | Frettchen | Hund |
|---|---|---|---|---|---|---|
| Hirngewicht | 8.1 | 33.6 | 23.9 | 17.6 | 28.6 | 28.8 |
| Prosencephalon | 9.6 | 35.6 | 25.8 | 19.6 | 30.9 | 29.9 |
| Telencephalon | 10.4 | 35.9 | 26.3 | 20.5 | 31.0 | 30.2 |
| Diencephalon | 4.7 | 32.5 | 21.2 | 7.9 | 30.3 | 23.8 |
| Telencephalon | 10.4 | 35.9 | 26.3 | 20.5 | 31.0 | 30.2 |
| Neocortex | 12.3 | 37.0 | 26.2 | 22.9 | 31.6 | 30.7 |
| Allocortex | 7.5 | 33.8 | 29.3 | 4.3 | } 29.4 | 27.7 |
| Corpus striatum | 10.7 | 27.2 | 20.8 | 8.0 | | 21.1 |
| Allocortex | 7.5 | 33.8 | 29.3 | 4.3 | | 27.7 |
| Olfaktorischer Allocortex | 5.7 | 29.5 | 21.7 | 2.9 | | 25.4 |
| Limbische Strukturen | 9.4 | 39.3 | 35.2 | 5.1 | | 31.8 |
| Septum | 5.1 | 25.5 | 17.4 | + 5.2 | | 25.1 |
| Hippocampus | 11.4 | 42.1 | 41.0 | 2.0 | | 34.9 |
| Schizocortex | 6.6 | 39.1 | 25.0 | 18.3 | | 20.4 |
| Tegmentum | 1.6 | 26.9 | 17.4 | 10.8 | 18.0 | 13.7 |
| Cerebellum | 10.1 | 25.6 | 15.8 | 11.3 | 17.0 | 29.7 |
| Optische Strukturen | 4.1 | 39.6 | 25.9 | | | |
| Tractus opticus | + 23.8 | 47.1 | 20.6 | | | |
| Corpus geniculatum laterale | 15.4 | 37.2 | 25.4 | | | |
| Colliculi superiores | 2.5 | 30.2 | 12.2 | | | |
| Area striata | 11.3 | 39.9 | 30.2 | | | |

Maximum erreicht ist, spielen mehrere Faktoren für das Ausmaß der Änderungen eine Rolle: Künstliche Selektion, Dauer der Einkreuzungen von Wildtieren, Haltung, Zeitdauer der Domestikation. Insgesamt kann man die Domestikationsänderungen am Gehirn als regressive Evolution bezeichnen.

Die Beschreibung der Änderungen des Neocortex wurde vorangestellt, da dies der Hirnteil ist, welcher in der Stammesgeschichte der Säugetiere die tiefgreifendsten Änderungen erfahren hat. Der Neocortex kann aber nicht isoliert betrachtet werden, denn von hier aus ziehen Bahnen abwärts in die älteren Teile des ZNS und beeinflussen diese, ebenso ziehen von den alten Teilen Bahnen aufwärts. Dies ist bei der Beurteilung der Änderung von weiteren Hirnstrukturen zu berücksichtigen.

Nun zu weiteren Änderungen von Hirnstrukturen. Das Wirbeltiergehirn ist in zwei große Abschnitte zu unterteilen: **Prosencephalon** und **Rhombencephalon.** Das Prosencephalon steht primär mit den großen rostralen Sinnesorganen Nase und Auge in Verbindung. Es gliedert sich in das Telencephalon (ursprünglich Riechhirn) und das Diencephalon (ursprünglich Sehhirn). Die enorme Entfaltung und Differenzierung des Neocortex führte bei Säugetieren insgesamt zu einer Größenzunahme des Prosencephalon, besonders aber des Telencephalon.

Das Prosencephalon wird bei Haustieren immer stärker reduziert als das Gesamthirn, das Telencephalon stärker als das Prosencephalon; das Diencephalon nimmt weniger ab als das Prosencephalon und – mit Ausnahme des Frettchen – auch geringer als das Gesamthirn. Bei der Re-

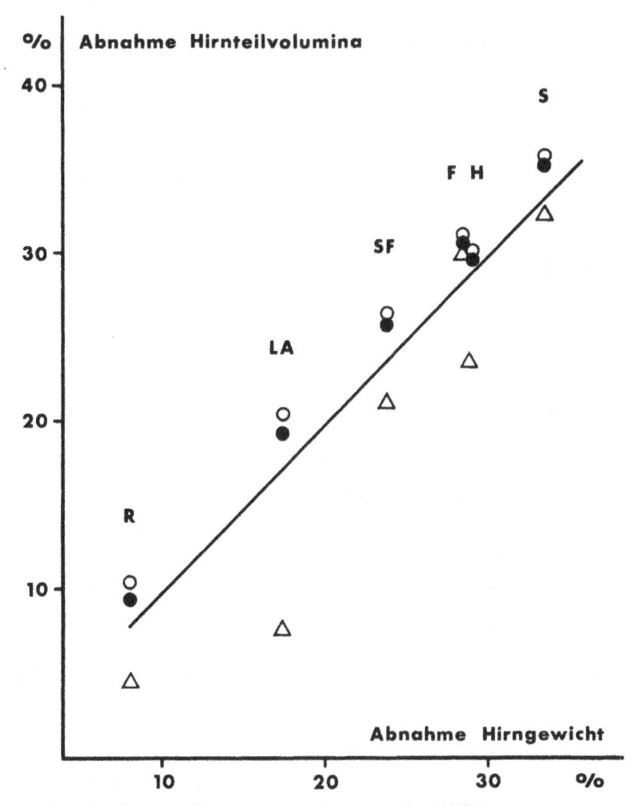


**Abb. 89:** Abnahme der Volumina von Prosencephalon ●, Telencephalon ○ und Diencephalon △ vom Wild- zum Haustier in Beziehung zur Abnahme des Hirngewichts (in %). R Laborratte, LA Lame/Alpaka, SF Hausschaf, F Frettchen, H Haushund, S Hausschwein

duktion des Diencephalon sind die auf- und absteigenden Bahnen von und zum Neocortex zu berücksichtigen und die dort vorhandenen optischen Strukturen (Tab. 15, Abb. 89).

Neben dem Neocortex gehören zum Telencephalon noch die älteren Anteile Allocortex und Corpus striatum.

Der Allocortex nimmt bei Ratte, Schwein und Hund etwa ab wie das Gesamthirn. Beim Schaf ist die Allocortexabnahme stärker als die Gesamthirn- und die Neocortexabnahme, was durch die Einkreuzungen von Hausschafen bei Mufflons erklärbar sein dürfte. Mit 4,3% ist die Reduktion des Allocortex bei Lama/Alpaka ungewöhnlich gering, dies könnte mit der extensiven Haltung dieser Haustiere zusammenhängen (Tab. 15, Abb. 90). Mit Ausnahme der Ratte (niedrige Cephalisation und Neocorticalisation) bleibt die Abnahme des Corpus striatum immer unterhalb der Gesamthirnabnahme. Auf das Corpus striatum wird noch einmal in Zusammenhang mit dem Cerebellum eingegangen.

Der olfaktorische Allocortex ist immer geringer reduziert als der Allocortex insgesamt (Tab. 15, Abb. 91), als das Gesamthirn und als der Neocortex. Mit dem Bulbus olfactorius enthält der olfaktorische Allocortex die Endstation der Riechbahnen. Die weiteren sekundären Riechzentren des olfaktorischen Allocortex empfangen neben anderen zentralnervösen Erregungen in erster Linie olfaktorische Afferenzen. Diese Zentren sind ausschließlich Bestandteile des

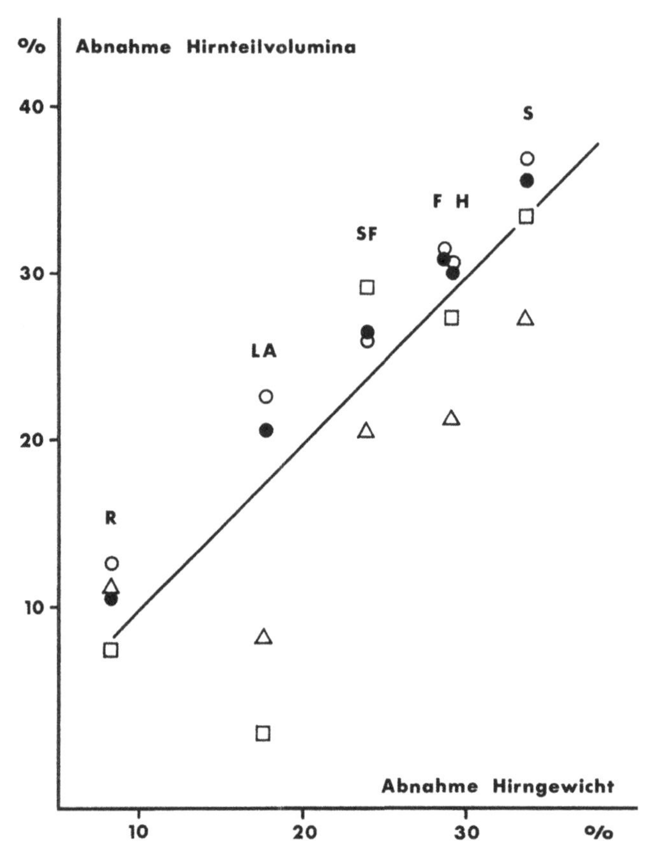


**Abb. 90:** Abnahme der Volumina von Telencephalon ●, Neocortex ○, Allocortex □ und Corpus striatum △ vom Wild- zum Haustier in Beziehung zur Abnahme des Hirngewichts (in %). Artbezeichnung wie in Abb. 89

phylogenetisch alten Palaeocortex nach Stephan (1975).

Güntherschulze (1979) hat vergleichende Untersuchungen am Riechepithel von Wild- und Hausschweinen durchgeführt. Am Riechepithel und Riechsaum konnten histologisch und elektronenmikroskopisch keine Unterschiede nachgewiesen werden. Hausschweine aber besitzen ein um 34% kleineres Riechfeld als Wildschweine. Da Wildschweine und Hausschweine in der Riechzellzahl $cm^2$ sich kaum unterscheiden, ist bei Hausschweinen die Zahl der Riechzellen um 34% zurückgegangen.

Die geschilderten Befunde am olfaktorischen System lassen auf einen Rückgang der Riechleistungen bei Haustieren schließen. Es gibt Hinweise dafür, daß hiervon besonders die Fernorientierung betroffen ist, weniger die Nahrungskontrolle und weniger die Riechfunktionen, die mit der Geschlechterfindung zu tun haben. Es muß hervorgehoben werden, daß das phylogenetisch alte olfaktorische System in der Domestikation weniger beeinträchtigt wurde, als andere Funktionssysteme, z.B. das optische System.

Im limbischen System wirken mehrere Regionen des Endhirns mit bestimmten Stammhirnkernen zusammen. Die wesentlichen Zentren des Systems werden von Teilen des Allocortex gebildet: Palaeocorticales Septum, Hippocampus-

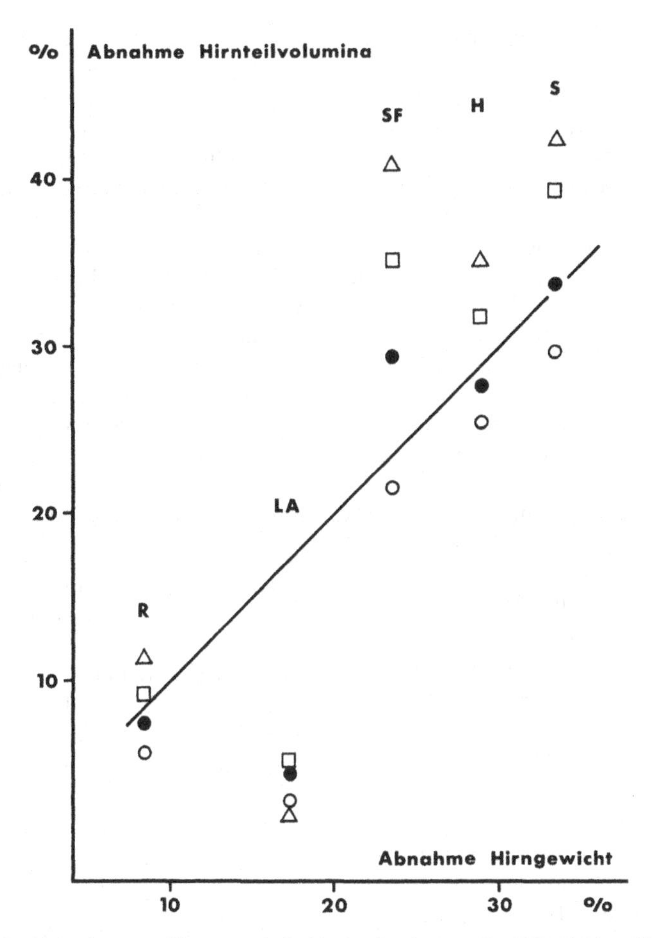


**Abb. 91:** Abnahme der Volumina von Allocortex ●, limbische Strukturen □, olfaktorischer Allocortex ○, △ Hippocampus vom Wild- zum Haustier in Beziehung zur Abnahme des Hirngewichts. Artbezeichnungen wie in Abb. 89

Formation (Archicortex), periarchicorticaler Schizocortex (Stephan 1975).

Bei Laborratte, Hausschwein, Hausschaf und Haushund sind die limbischen Strukturen stärker reduziert als das Gesamthirn, die stärksten Reduktionen zeigt bei allen 4 Arten die Hippocampus-Formation. Eine Ausnahme stellen Lama und Alpaka dar, die limbischen Strukturen insgesamt sind nur um 5,1% reduziert, nur der Schizocortex hat um 18,3% abgenommen (Tab. 15, Abb. 91). Diese von anderen Haustieren abweichenden Verhältnisse können mit der extensiven Haltung von Lama und Alpaka in Zusammenhang gebracht werden. Die möglichen Hirnänderungen in der Domestikation sind bei diesen Haustieren noch nicht voll erreicht.

Erörterungen über die funktionelle Bedeutung der limbischen Strukturen sind noch nicht abgeschlossen. Nach Hassler (1964) und Stephan (1964, 1975) wirken die limbischen Regionen in einem weitgehend sinnesunabhängigen Funktionssystem zusammen. Der Hippocampus ist das telencephale Zentrum dieses Systems, er scheint besonders endogen wirksam zu sein. Die Bedeutung von Septum und Schizocortex liegt dagegen mehr in der Zuführung von Erregungen verschiedener Sinnessysteme zur limbischen Hauptregion. Stephan (1975) nennt mögliche Funktionskomplexe und engere Beziehungen des limbischen Systems zu folgenden zentralnervösen Leistungen: Emotionales Verhalten, Aggressivität, Integration emotionaler Prozesse mit somatischen und autonomen Funktionen, affektive Leistungen, Antriebs- und Aktivierungsfunktionen, Kurz- und Langzeitgedächtnis, Merkfähigkeit, zeitliche Einordnung und Markierung von Erlebnissen, Bedeutung bei Lernprozessen. Detaillierte Zusammenhänge zwischen den quantitativen Änderungen der limbischen Strukturen und den entsprechenden Änderungen von Funktionen in der Domestikation sind noch nicht aufgeklärt. Auf alle Fälle läßt sich aber sagen, daß bei Haustieren die Produktion zentralnervöser Energie zurückgegangen ist (Lorenz 1959) und daß Aufmerksamkeit, Wachsamkeit, Grundaktivität, Antrieb und Aktivierungen herabgesetzt sind. Die geringe Änderung des limbischen Systems bei Lama/Alpaka ist nach unseren Beobachtungen in Südamerika mit dem Verhalten dieser Haustiere in Einklang zu bringen.

Der zweite große Anteil des Gehirns ist das **Rhombencephalon.** Es besteht aus dem «älteren» Tegmentum (ursprünglich zuständig für die Kiemendarmregion), Tectum opticum und Cerebellum. Das Tegmentum hat immer beträchtlich weniger abgenommen als das Gesamthirn (Tab. 15). Das bedeutet, daß die Funktionssysteme des Tegmentum geringer durch die Domestikation beeinflußt wurden als andere. Auf das Tectum opticum wird bei Erörterungen des optischen Systems eingegangen.

Die Änderungen des Cerebellum sollen mit den Änderungen des Corpus striatum besprochen werden. Für die Koordination, Regulation und Lagehaltung der Tiere im Raum sind besonders das Cerebellum und Corpus striatum zuständig. Nach Kornhuber (1973, 1974a, b) stellen Stammganglien und Kleinhirn Funktionsgeneratoren für Willkürbewegungen dar. Kleinhirnrinde und Kleinhirnkerne regeln insbesondere willkürliche Sprungbewegungen, Stammganglien koordinieren den glatten Bewegungsablauf beliebiger Geschwindigkeit. Außer bei der Laborratte liegen die Abnahmewerte von Corpus striatum und Cerebellum insgesamt unter denen der Gesamthirnabnahme. Die relativ hohen Abnahmen von Corpus striatum und Cerebellum bei der Ratte hängen wohl mit dem niederen Neocorticalisationsgrad zusammen. Ebinger (1975b) hat beim Hausschaf gegenüber dem Wildschaf eine Reduktion der Area gigantopyramidalis von 29,9% nachgewiesen; die spezielle Aufgabe dieser Region liegt in einer feineren somatosensorischen Justierung von Körperbewegungen. Es muß hervorgehoben werden, daß dieser phylogenetisch jüngere Teil im Neocortex weit stärker verändert worden ist als Corpus striatum und Cerebellum.

Im Säugetiergehirn führt die wichtigste optische Bahn vom Chiasma opticum über den Tractus opticus zum Corpus geniculatum laterale im Diencephalon. Als Rest des phylogenetisch älteren Tectum opticum sind die Colliculi superiores noch ein wichtiger Terminalort retinaler Fasern. Die Mehrzahl der Fasern aber führt vom C. g. laterale zum occipitalen Neocortex, zur Area striata, welche das übergeordnete Projektionszentrum für optische Eindrücke darstellt.

Die Gesamtheit der optischen Strukturen hat von der Wanderratte zur Laborratte nur um 4,1% abgenommen. Diese geringe Abnahme hängt mit der Tatsache zusammen, daß bei Laborratten der Tractus opticus um 23,8% vergrößert worden ist (Tab. 15). Als Untersuchungsobjekte für Laborratten wurden Albinoratten verwendet, bei diesen sind gegenüber der Wildform auch die Augen vergrößert (Ebinger 1972). Vergrößerungen der Augen und des Tractus opticus sind wohl durch den Albinismus zu erklären. Bei Laborratte, Hausschwein und Hausschaf sind Corpus geniculatum laterale und Area striata immer stärker reduziert als das Gesamthirn. Bei den niedercephalisierten Ratten mit der geringen Neocortexausbildung ist dabei die Area striata etwas geringer verändert als das Corpus geniculatum laterale. Bei Schwein und Schaf dagegen hat die Area striata die stärksten Veränderungen erfahren. Auch

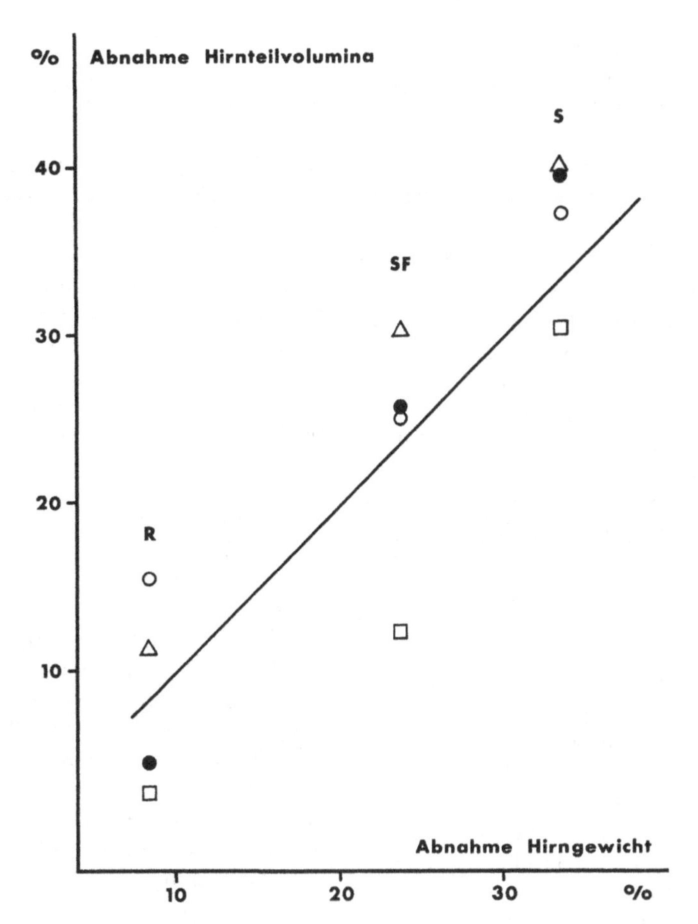


**Abb. 92:** Abnahme der Volumina von: Optische Strukturen insgesamt ●, Corpus geniculatum laterale ○, Colliculi superiores □, Area striata △ vom Wild- zum Haustier in Beziehung zur Abnahme des Hirngewichts (in %). Artbezeichnungen wie in Abb. 89

hier wieder der Zusammenhang zwischen Evolutionshöhe (Cephalisation, Neocorticalisation) und dem Ausmaß der Veränderung in der Domestikation. Die optischen Zentren sind stärker reduziert als die olfaktorischen, was auf besonders starke Wandlungen des Sehvermögens in der Domestikation schließen läßt (Abb. 92).

Nicht nur die optischen Zentren haben in der Domestikation Veränderungen erfahren sondern auch die Augen. Die Augengewichte haben in der Domestikation folgende Reduktionen erfahren (in %): Labormaus 7,85, Hausmeerschweinchen 7, Hauskaninchen 19,9, Hausschwein 35,2, Lama/Alpaka 15, Haushund 20. Diese Gewichtsunterschiede, die in etwa mit den Hirngewichtsunterschieden übereinstimmen, lassen auf eine Verringerung der Retinafläche schließen.

Schleifenbaum (unveröffentlicht) hat vergleichend licht- und elektronenmikroskopische Untersuchungen an den Augen von Wölfen und Pudeln durchgeführt. Insgesamt fand er für alle Strukturen der Retina deutliche Reduktionen. Pudel haben weniger und kleinere Stäbchen und Zapfen, die Dichte der Stäbchen und Zapfen ist deutlich geringer als bei Wölfen. Bei Pudeln sind weiterhin weniger multipolare und bipolare Ganglienzellen vorhanden, die Opticusnervenfasern sind an Zahl geringer und auch kleiner; entsprechend sind die ableitenden Fasern im Tractus opticus größer. Wigger (1939) hat gezeigt, daß bei Wild- und Hausschweinen die Zahl der Zapfen pro Flächeneinheit gleich ist, die Zahl der Stäbchen beim Hausschwein aber um 36,6% geringer.

Diese Änderungen an den Augen lassen die Aussage zu, daß das Zentralnervensystem der Haustiere viel weniger optische Informationen erhält als das der Wildtiere. Bei Hausschweinen ist besonders das Dämmerungssehen beeinflußt. Die Funktion des optischen Systems ist bei Säugern in zwei Hauptaufgaben zu gliedern. Die phylogenetisch älteren Colliculi superiores sind in erster Linie verantwortlich für einfache Lokalisation von Objekten, und sie spielen bei der Orientierung im Raum eine elementare Rolle bei der Kontrolle von Kopfbewegungen und der Korrektur der Körperhaltung während der Lokomotion. Diese Funktionen sind bei Haustieren nicht ganz so stark beeinträchtigt wie Funktionen der Area striata. Die phylogenetisch junge Area striata ist zusammen mit neocorticalen Nachbarregionen zuständig für «höhere» optische Funktionen, hauptsächlich für Musterunterscheidung. Leistungen, die mit einer Erkennung, Beurteilung und Identifikation von Objekten in Zusammenhang stehen, sind bei Haustieren gegenüber Wildtieren besonders stark reduziert worden.

Vergleichende Untersuchungen der akustischen Zentren von Wild- und Haustieren konnten bislang noch nicht durchgeführt werden. Aber einige Untersuchungen am Ohr lassen auch bei diesem Sinnessystem auf beträchtliche Funktionsänderungen in der Domestikation schließen. Darwin hat die Abhängigkeit des äußeren Gehörganges von der Ausgestaltung der Ohrmuschel beim Kaninchen eingehend beschrieben. Vau (1936, 1938) stellte bei einer Reihe von Haussäugetieren fest, daß eine Verformung der Ohrmuschel im Hausstand mit Veränderungen am knöchernen Gehörgang und an der Bulla ossea in Zusammenhang steht. Herre (1953) verglich die Bullae tympanicae von Guanakos mit denen von Lamas und Alpakas sowie jene von Wild- und Hausschafen; bei den Haustieren sind an der Paukenblase im mesotympanalen Bereich erhebliche Veränderungen eingetreten, die eine veränderte Leistungsfähigkeit vermuten lassen. Fleischer (1970) stellte vergleichende Untersuchungen des Gehörorgans vieler Säugetiere an. Von ihm wurden auch analysiert Wölfe und Hunde, außerdem Guanako und Lama/Alpaka. Bei den Haustieren ist das Trommelfell kleiner als bei den Wildarten. Starke Deformationen, wie sie Herre bei einigen Hausschafen beobachtete wurden nicht festgestellt; nur bei einem Alpaka war eine leichte Verbiegung des Trommelfellringes vorhanden. Die Fläche der Basis stapedis ist bei Hunden wesentlich kleiner als bei Wölfen, zwischen Guanako und Lama/Alpaka ließ sich hier kein Unterschied ermitteln. Die Flächenrelation von Trommelfell und Steigbügelplatte variiert stark, besonders beim Lama. Bei Haushunden und Lama/Alpaka ist der Quotient deutlich kleiner als bei den Wildarten. Auch der Durchmesser der Basalwindung der Cochlea ist bei den Haustieren geringer als bei ihren Wildformen. Haustiere haben jedoch eine größere Basilarbreite als Wildtiere, besonders die Haushunde. Da sich in der Domestikation die Basalwindung verkleinert, die Basilarbreite dagegen vergrößert, ergeben sich bei den Haustieren für die «relative Basilarbreite» wesentlich geringere Werte. Die Gehörknöchelchen verkleinern sich bei den Haustieren im gleichen Ausmaß wie das Trommelfell. Ein Vergleich von Wolfsschädeln mit Hundeschädeln ergibt, daß die Bulla auditiva bei Haushunden wesentlich weniger voluminös ist, besonders bei kleinen Haushunden ist die Bulla stark abgeflacht und verengt. Insgesamt kann auf Grund dieser Befunde auf eine allgemein verringerte Leistungsfähigkeit des Hörorgans bei Haustieren geschlossen werden. Zu erwarten sind auch entsprechende Änderungen akustischer Gebiete im Zentralnervensystem.

# 3 Hirnform, Hirnfurchen, Hirnoberflächen

Zur Ergänzung der vergleichend-quantitativen Studien bei Wild- und Haustieren einige Anmerkungen über Hirnform, Hirnfurchen und Hirnoberflächen. Gehirne der Haustiere zeigen gegenüber denen ihrer Wildarten eine Reihe von Formenunterschieden (Klatt 1921, Herre 1936, 1956; Rawiel 1939, Starck 1954, Herre und Thiede 1965). Da Haustiere oft erheblich kleiner und größer werden als ihre Wildarten und dabei sich entsprechend den intraspezifischen Beziehungen auch die Hirngrößen unterscheiden, sind eine Reihe von Formbesonderheiten bei Haustieren lediglich auf die Hirngröße zurückzuführen. Zwergpudel von 2,5 kg Körpergewicht haben ein durchschnittliches Hirngewicht von 71 g, Königspudel von 30 kg Körpergewicht von 90–100 g. Ähnliche Beispiele ließen sich für andere Haustiere anführen. Die Gehirne der kleineren Tiere sind rundlicher, relativ breiter und höher als die der großen (Klatt 1921, Rawiel 1939, Starck 1954, Herre und Stephan 1955, Volkmer 1956). Bei den großen Gehirnen ragt der Stirnpol mehr zapfenartig nach vorn, bei kleinen liegt das rostrale Ende des Frontallappens mehr keilförmig zwischen den Riechlappen. Derartig größenabhängige Formenverschiedenheiten lassen sich aber auch für Wildtiere nachweisen, sie sind kein besonderer Domestikationseffekt. Auffälliger sind bei Haustieren Formunterschiede der Gehirne bei verschiedenen Wuchsformen. Beispiele hierfür sind gleich große Gehirne von französischen Bulldoggen und Whippets (Klatt 1942) oder von Boxern und Barsois (Herre 1956).

Wirken sich unterschiedliche Hirngröße und unterschiedliche Wuchsform innerhalb der einzelnen Haustierarten auf die quantitative Zusammensetzung aus? Volkmer (1956) hat die Gehirne von Zwergpudeln und Königspudeln untersucht und keine Verschiedenheiten in der Zusammensetzung der Teile nachweisen können. Ein ähnliches Ergebnis erhielten Herre und Thiede (1965) für südamerikanische Cameliden. Aber auch Gehirne von Boxer und Barsoi, die in ihrer Gestalt so sehr verschieden sind, zeigen in ihrer quantitativen Zusammensetzung keine Unterschiede (Herre 1956). Nach den bisherigen Ergebnissen läßt sich also sagen, daß intraspezifisch bei Haustieren, trotz erheblicher Formunterschiede, die quantitative Zusammensetzung der Gehirne gleich ist.

Neben größen- und wuchsformbedingten Formunterschieden innerhalb der verschiedenen Haustiere gibt es allgemein Formunterschiede der Gehirne von Wild- und Haustieren besonders im occipitalen Bereich; hier wirken Haustiergehirne «gestaucht», flacher und schmaler; die occipitalen Anteile erscheinen bei äußerer Betrachtung stark reduziert; dies dürfte mit den starken Abnahmen der Area striata in Zusammenhang stehen (Röhrs 1955, Herre 1956).

Noch auffälliger als manche Formunterschiede sind Verschiedenheiten im Furchenbild zwischen Wild- und Haustieren. In einem nahen Verwandtschaftskreis bei Säugetieren gilt, daß die großen Gehirne stärker gefurcht sind als die kleinen. Auf diese Weise wird ein konstantes Verhältnis zwischen Oberfläche und Volumen erreicht. Hochentwickelte Gehirne bei Säugetieren sind ebenfalls sehr stark gefurcht. Das hängt z.T. mit der Tatsache zusammen, daß hochentwickelte Gehirne in Beziehung zur Körpergröße der Tiere recht groß sind. Bei Analysen von Furchenbildern müssen also die Faktoren Hirngröße und phylogenetische Ranghöhe getrennt berücksichtigt werden (Starck 1954, Pohlenz-Kleffner 1969, Weidemann 1970). Haustiere fallen durch ein viel lebhafteres Furchenbild auf als die Wildformen. Das gilt für alle untersuchten Arten (Klatt 1921, Herre 1936, 1965; Rawiel 1939, Stephan 1951), darf allerdings nicht auf alle Individuen bei den Haustieren ausgedehnt werden; das Furchenbild der Haustiere zeigt intraspezifisch eine erhebliche Variabilität. Frettchen haben ein etwas einfacheres Furchenmuster als der Iltis (Schuhmacher 1963). Es gibt unter den Hausschweinen und unter den Haushunden Individuen mit einem sehr einfachen und klaren Furchenmuster (Herre 1936, Rawiel 1939, Starck 1954). Das «lebhaftere» Furchenbild der Haussäugetiere könnte zu der Annahme führen, daß bei den Haustieren die Cortexoberflächen vergrößert seien. Aber Messungen der Furchenlängen und -tiefen ergeben, daß bei den Haustieren insgesamt die Furchen verkürzt und weniger tief sind. Bei den Haustieren ist die eingesenkte Cortexoberfläche geringer als bei Wildtieren (Stephan 1951, Schuhmacher 1963, Herre und Thiede 1965).

Mit der Hirngewichtsabnahme findet in der Domestikation eine Reduktion der Cortexflächen statt. Stephan (1951) bestimmte Cortexflächen von Wild- und Hausschweinen. Bei einer Hirngewichtsabnahme von 34% nimmt die Gesamtoberfläche um etwa 33% ab. Dabei verringert sich die Neocortexoberfläche um etwa 37 bis 40%, die Allocortexoberfläche um 25%, die Oberfläche der Aria striata gegen 45%. Diese Oberflächenänderungen entsprechen damit weitgehend den Volumenänderungen der Schweinegehirne in der Domestikation.

Vergleichende Untersuchungen über den Feinbau des Cortex von Wild- und Haustieren wurden bisher nur von Stephan (1951) für Wild- und Hausschweine begonnen. Hinsichtlich der Rindenbreite ergaben sich keine eindeutigen Unterschiede, aber die äußere Kardinalschicht (II–III) ist bei den Hausschweinen geringer entwickelt als bei den Wildtieren. Diese äußere Kardinalschicht soll vor allen Dingen sensorische und assoziative Funktionen haben. Die stärkste Abnahme zeigt die Schicht IV; nach Rose (1935) eine Assoziationsschicht für kurze, intercorticale Strecken. Diese Schicht IV ist normalerweise besonders ausgebildet in der occipitalen und retrosplenialen Hauptregion, das sind die Regionen, welche in der Domestikation die stärksten Oberflächenabnahmen erfahren haben. Für das Hausschwein konnte Stephan (1951) für bestimmte Felder und Schichten eine Größenzunahme der Nervenzellen wahrscheinlich machen. Die Zahl der Nervenzellen hingegen hat in diesen Schichten abgenommen. Vor endgültigen Aussagen sind weitere vergleichende Untersuchungen über den histologischen Aufbau der Gehirne und den Feinbau der Hirnzellen von Wild- und Haustieren erforderlich.

## 4 Änderungen der Gehirne beim Hausgeflügel

Das Vogelgehirn besitzt den Grundaufbau des Wirbeltiergehirns, unterscheidet sich aber in vielen Einzelheiten vom Säugetiergehirn. Es stellt sich die Frage, welche Domestikationsänderungen bei den Gehirnen der Hausvögel eingetreten sind. Die interspezifischen ($a \sim 0.56$) und intraspezifischen ($a \sim 0.25$) allometrischen Beziehungen Hirngewicht–Körpergewicht stimmen mit denen der Säugetiere überein; ebenso haben sich die intraspezifischen Beziehungen bei den Hausvögeln gegenüber ihren Stammarten nicht geändert (Ebinger und Löhmer 1987).

Bei der Beurteilung der Hirnänderungen von Hausvögeln haben sich einige Schwierigkeiten ergeben, die am Beispiel Stockenten/Hausenten veranschaulicht werden sollen. Fritz (1976) verglich Hirngewichte von Stockenten und Hausenten und konnte fast keine Unterschiede der Hirngrößen nachweisen. Als Vertreter von Stockenten hatte Fritz «kulturfolgende» Stockenten gewählt, wie sie auf nahezu allen Gewässern innerhalb von Dörfern und Städten zu finden sind. Ebinger und Löhmer (1985) haben die Frage erneut behandelt. Sie sammelten Stockenten, bei denen sicher anzunehmen war, daß es sich um echte wilde Individuen handelte. Sie stellten fest: «Kulturfolgende» Stockenten besitzen lediglich 5,82% größere Gehirne als Hausenten. Bei wilden Stockenten haben die weiblichen Tiere 4,03% kleinere Gehirne als die Erpel. Dieser Geschlechtsdimorphismus ist bei «kulturfolgenden» Stockenten und bei Hausenten nicht mehr vorhanden. Hausentenerpel haben um 20,4% leichtere Gehirne als Wildentenerpel, die Hausenten ♀♀ 17,1% leichtere Gehirne als Wildenten ♀♀.

Für die geringen Hirngewichte der «kulturfolgenden» Stockenten diskutieren Ebinger und Löhmer (1985) folgende möglichen Ursachen: Ausbringen von Hochflugbrutenten, die sich als Haustiere mit ihrer Stammart vermischen; zunehmende Besiedelung urbaner Lebensräume durch geeignete Individuen aus Wildpopulatio-

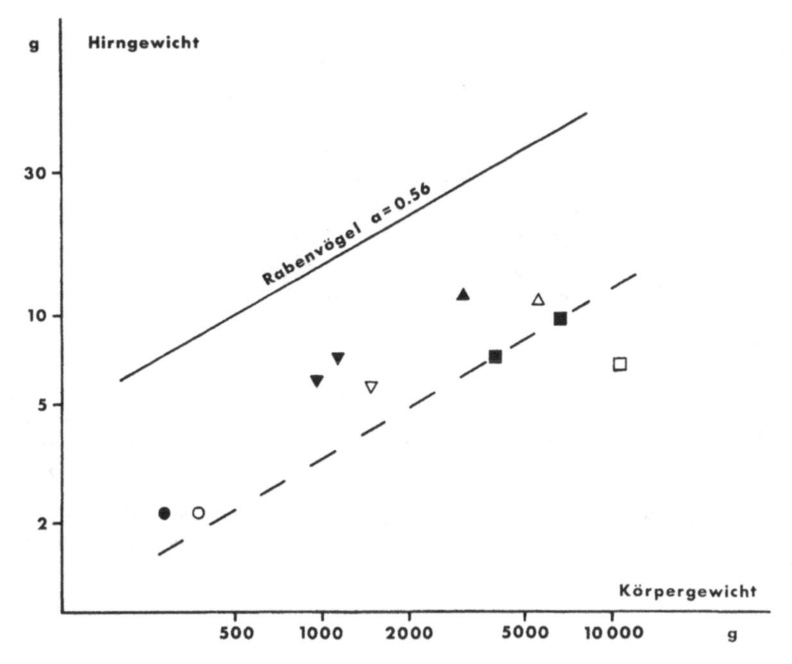


**Abb. 93:** Interspezifische allometrische Beziehung für Vogelarten a = 0.56. Hirngewicht und Körpergewicht für Wildvogelarten und der Hausformen: ● Felsentaube, ○ Haustaube; ▼ Stockente ♂ und ♀, ▽ Hausente; ▲ Wildgans, △ Hausgans; ■ Wildtruthühner ♂ und ♀, □ Haustruthühner

nen; freiwilliger Anschluß von Stockenten an Haus- und Parkvögel mit nachfolgender Vermischung. Diese Faktoren könnten auch bei anderen Arten mehr oder weniger eine Rolle spielen.

Für vier Arten liegen bisher Vergleiche der Hirngewichte von Wild- und Hausvögeln vor. Die Stammarten haben unterschiedliche Cephalisationshöhen in der Reihenfolge 1. Truthühner, 2. Felsentauben, 3. Wildgänse, Wildenten (Abb. 93). Die Hirngewichtsabnahme bei Haustauben beträgt 6,8%, bei Hausgänsen 16,13%, bei Hausenten ♀♀ 17,1% und bei Hausenten ♂♂ 20,4%. Ähnlich wie bei Säugetieren könnte man hier einen Zusammenhang zwischen Cephalisationshöhe und dem Ausmaß der Hirngewichtsabnahme in der Domestikation sehen. Die Befunde bei Truthühnern aber widersprechen einer solchen Annahme. Wilde Truthennen haben um 16,13% leichtere Gehirne als die Hähne. Die Ursachen dieses Unterschieds zwischen den Geschlechtern sind nicht bekannt, vielleicht spielt der Geschlechtsunterschied in der Körpergröße (2:1) eine Rolle, vielleicht auch die unterschiedliche Biologie von ♂♂ und ♀♀. Bei Haustruthähnen ist das Hirngewicht um 35,66% reduziert, bei den weiblichen Haustieren nur um 23,29% (Abb. 94), am Geschlechtsunterschied in der Körpergröße aber hat sich in der Domestikation nichts geändert, der Sexualdimorphismus der Hirngröße dagegen ist verschwunden. Dies ist ein höchst bemerkenswerter Befund.

Vergleichend quantitativ-cytoarchitektonische Analysen wurden von Ebinger und Löhmer (1984, 1987) an Gehirnen von Wild- und Haustauben sowie von Wild- und Hausgänsen durchgeführt. Felsentaube und Graugans haben unterschiedliche Cephalisationshöhen (Abb. 93), dies kommt auch in der Größe des Telencephalon zum Ausdruck: Felsentaube 50%, Graugans 68%; dies ist bei der Beurteilung der Domestikationsänderungen zu berücksichtigen. Bei der

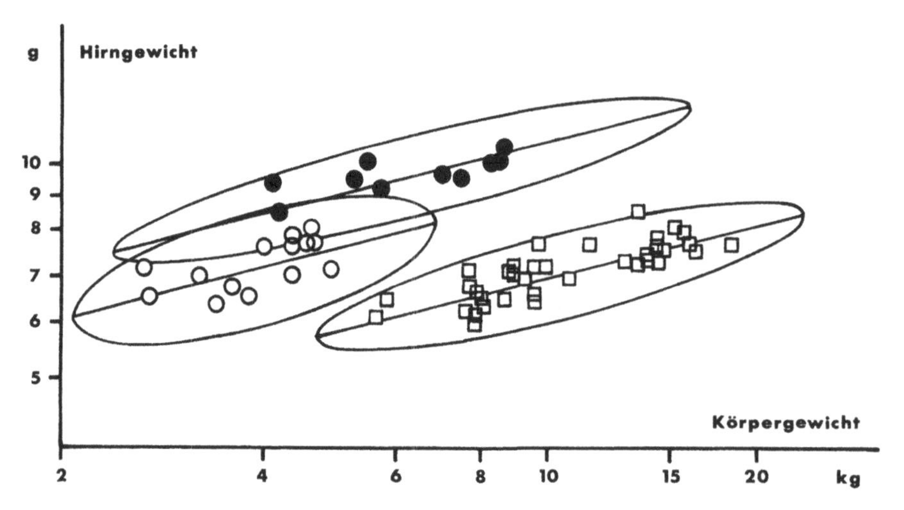


**Abb. 94:** Intraspezifische Beziehungen Hirngewicht-Körpergewicht bei Wildtruthähnen ●, Wildtruthühnern ○ und deren Hausform □. Der Geschlechtsdimorphismus der Hirngröße der Wildart ist bei den Haustieren verschwunden (aus Röhrs 1988)

Haustaube sind die prosencephalen Anteile um 7,5% reduziert, bei der Hausgans um 18,8%, die Abnahmen der rhombencephalen Teile betragen 6% und 9%. Wie bei Säugetieren erfährt auch bei Vögeln das Prosencephalon die stärkeren Reduktionen als das Rhombencephalon. Die weiteren Ergebnisse über Änderungen von Hirnstrukturen sind in Tab. 16 zusammengefaßt. Die Telencephalonabnahme übersteigt bei beiden Arten leicht die Gesamthirnabnahme. Die verschiedenen Strukturen des Telencephalon sind aber sehr unterschiedlich in der Domestikation verändert worden. Ausgesprochen geringe Reduktionen zeigen in beiden Fällen die olfaktorischen Zentren. Sehr stark abgenommen haben dagegen – besonders bei den Gänsen – die limbischen Strukturen. Dies entspricht den Ergebnissen bei den Haussäugetieren.

Den größten Teil des Vorderhirns der Vögel nimmt das Neostriatum ein, der nächsthöhere Anteil wird vom Hyperstriatum ventrale gebildet. Das Hyperstriatum ventrale ist bei beiden Haustierformen stärker reduziert als das Gesamthirn. Bei Gänsen zeigt das Neostriatum die gleiche prozentuale Abnahme wie das Gesamthirn, bei Tauben liegt die Abnahme höher. Das Neostriatum kann angesehen werden als Integrations- und Assoziationsgebiet mit direkten Verbindungen zu primären Projektionszentren. Das Hyperstriatum ventrale ist bis zu einem gewissen Grade primäres Projektionszentrum, darüber hinaus ist es aber auch übergeordnetes Projektionszentrum. Vögel, welche ein großes Verhaltensinventar haben und eine große assoziative Kapazität, besitzen auch ein gut entfaltetes Neostriatum und Hyperstriatum ventrale. Es kann somit gesagt werden, daß auch bei Vögeln – wie bei Säugetieren – hochentwickelte Systeme des Telencephalon besonders starke Abnahmen erfahren. Auf die Veränderungen weiterer Strukturen des Telencephalon sei hier nicht eingegangen, vor weitergehenden Aussagen sind zusätzliche vergleichende Studien an anderen Wild- und Hausvögeln erforderlich.

Das Diencephalon (ohne Tractus opticus) hat bei Hausgänsen etwas weniger, bei Haustauben etwas stärker abgenommen als das Gesamthirn (unterschiedliche Cephalisationshöhe?). Mesencephalon (ohne Tectum opticum), Cerebellum und Medulla oblongata sind bei beiden Arten immer geringer reduziert als das Gesamthirn.

**Tab. 16:** Abnahme von Hirnteilvolumina (in %) in der Domestikation bei Tauben und Gänsen

| | Haustaube | Hausgans |
|---|---|---|
| Hirnvolumen total | 6.86 | 16.13 |
| Telencephalon | 7.05 | 18.74 |
| Diencephalon ohne Tractus opticus | 10.38 | 14.81 |
| Mesencephalon ohne Tectum opticum | 6.23 | 8.09 |
| Cerebellum | 3.76 | 4.50 |
| Medulla oblongata | 1.94 | 11.47 |
| Tractus opticus | 7.27 | 37.31 |
| Tectum opticum | 12.05 | 21.84 |
| Wulst | 7.90 | 14.99 |
| Corticoide Region | – | 23.59 |
| Hyperstriatum ventrale | 12.21 | 26.13 |
| Ektostriatum | 10.62 | 7.23 |
| Neostriatum | 8.49 | 16.13 |
| Nucleus basalis | 0.32 | 6.81 |
| Archistriatum | 3.23 | 22.43 |
| Palaeostriatum | 12.78 | 18.44 |
| Olfaktorische Strukturen | 0.59 | 7.01 |
| Limbische Strukturen | 8.15 | 27.43 |

Bei Haustauben und Hausgänsen übersteigt die Abnahme des Tectum opticum die Gesamthirnreduktion beträchtlich; auch der Tractus opticus hat in beiden Fällen stark abgenommen. Dies läßt eindeutig auf starke Minderungen des Sehvermögens bei Hausvögeln schließen. Hierfür spricht auch die Verringerung der Augengröße von Wild- zu Haustruthühnern um 27%. Auch hier liegt eine Parallele zu den Haussäugetieren vor.

Die Gehirne der Haustiere haben durch die Domestikation in relativ kurzen Zeiträumen tiefgreifende Veränderungen erfahren. Die einzelnen Hirnteile und Funktionssysteme wurden dabei recht unterschiedlich verändert. Besonders starke quantitative Abnahmen erfahren übergeordnete Systeme, die limbischen Strukturen und die optischen Zentren. Entgegen unserer früheren Auffassung zeigen Proportionsunterschiede der Gehirne von Wild- und Haustieren doch gewisse Übereinstimmungen mit Proportionsunterschieden der Gehirne von nahe verwandten, unterschiedlich großen Arten. Die Abnahme der Hirngröße, die besonders starken Reduktionen übergeordneter, vor allen Dingen phylogenetisch jüngerer Systeme des Zentralnervensystems kann man durchaus als regressive Evolution ansehen. Die domestikationsbedingten Hirnänderungen stehen in Zusammenhang mit Funktionswandlungen des Nervensystems und des Verhaltens. Diese Wandlungen sind nicht als Degenerationen zu bewerten, sondern als erblich gesteuerte Anpassungen an die ökologischen Bedingungen des Hausstands.

# XVIII. Verhaltensänderungen im Hausstand

Haustiere verhalten sich anders als ihre wilden Vorfahren. Bei oberflächlicher Betrachtung scheinen die Verhaltensunterschiede zwischen Wild- und Haustier ungewöhnlich groß zu sein; der Eindruck entsteht, wenn man z.B. einen Wolf mit einem Mops in dieser Beziehung vergleicht. Die Kenntnisse über Verhaltensänderungen vom Wild- zum Haustier sind zum Teil noch lückenhaft. Das hat verschiedene Gründe: Die meisten Haustiere sind hochentwickelte Wirbeltiere, und bei ihnen – besonders bei den Säugetieren – stoßen exakte Verhaltensanalysen auf mancherlei Schwierigkeiten. Bei einigen Haustieren – Rind, Kamel, Pferd, Esel – sind die Stammformen ausgestorben oder in freier Wildbahn nur noch in geringen Individuenzahlen vorhanden; ein Vergleich der Verhaltensweisen zwischen Wild- und Haustieren ist in diesen Fällen nicht möglich. Auch das Verhaltensinventar der freilebenden Vertreter noch lebender Stammarten ist noch nicht in allen Einzelheiten bekannt, oft liegen Gefangenschaftsbeobachtungen vor, die neben Vorteilen auch Nachteile bringen. Das Verhalten der Haustiere hat in letzter Zeit große Aufmerksamkeit gefunden. Zusammenstellungen von Verhaltensweisen der verschiedenen Haustiere lieferten Hafez (1962), Porzig (1969) und Sambraus (1978). Als Mangel bleibt aber noch die vergleichende Analyse von Wild- und Haustier.

Am Beispiel von Wölfen und Hunden sollen zunächst Verhaltensänderungen vom Wild- zum Haustier veranschaulicht werden, und zwar durch den Vergleich der Verhaltensweisen von Wolf und Königspudel. Die Ergebnisse hierzu wurden erarbeitet von Zimen (1971), Herre (1981) und Feddersen-Petersen (1986). Wölfe zeichnen sich durch kraftvolle, wohlkontrollierte Bewegungen aus, die Aktionen ihres Fortbewegungsapparates sind ausgezeichnet koordiniert, Wölfe sind beweglicher als Haushunde; die Pudel haben – besonders bei Trab und Galopp, aber auch bei anderen Fortbewegungsweisen – die gut abgestimmten Bewegungen der Wölfe verloren. Bei Pudeln fehlt der Beobachtungssprung, welcher große körperliche Beherrschung erfordert, sie zeigen auch die sehr angespannte Orientierungshaltung der Wölfe nicht mehr.

Die sozial lebenden Wölfe besitzen hoch differenzierte Kommunikationssysteme, sie setzen Gebärden und Lautäußerungen ein. Änderungen im Gesichtsausdruck, so an Maul, Augen und Ohren, sowie Unterschiede in Körper- und Schwanzhaltung, im Sträuben des Haarkleides haben Informationswerte. Für menschliche Beobachter ist es schwer, die unterschiedlichen Mitteilungswerte sicher zu erfassen, da Sender und Empfänger von Informationen gleichzeitig beobachtet werden müssen. Bei Wölfen hängt der Schwanz normalerweise locker herab, leicht S-förmig gekrümmt. Wird er gerade oder leicht nach oben gebogen gehalten, steht dies mit einer Drohung in Zusammenhang. Pendelt der untere

Teil in dieser Haltung locker herab und wird dabei lebhaft hin und her bewegt, bedeutet dies freundliche Kontaktbereitschaft. Der Schwanz kann auch einen einfachen Bogen nach oben zeigen. Diese Haltungen sind in vielen Übergängen, vom Spielen bis zum wütenden Angriff, festzustellen, sie werden von den Artgenossen in allen Einzelheiten richtig verstanden, besonders weil sie mit Gebärden anderer Körperteile koordiniert sind (Abb. 95, 96).

Im Pudelrudel ist eine Minderung in Einsatz und Ausprägung der Gebärden gegenüber Wölfen nachzuweisen (Abb. 97). Ganz allgemein ist bei Haushunden eine große Zahl von Haltungen und Bewegungen, welche bei Wölfen der Verständigung dienen, nur in abgeschwächter Form oder gar nicht mehr zu beobachten. Die Ausdrucksgesten im Kopfbereich, die Ausdrucksbewegungen des Schwanzes wirken undifferenziert und unklar. Damit verlieren bei Haushunden die Gebärden ihre Klarheit. Haushunde haben einander nicht mehr so viel mitzuteilen. Damit stimmt überein, daß bei Haushunden die differenzierten sozialen Verhaltensweisen der Wölfe nur in intensitätsschwachen Formen oder gar nicht mehr auftreten.

In einigen Ausdrucksformen der Haushunde zeigen sich auch Übersteigerungen. So ist das Hochspringen mit den Vorderbeinen, welches der Wolf in freundlichen Stimmungen ausführt, bei Haushunden als Demutsbekundung besonders gegenüber Menschen hypertrophiert. Auch ist das Schwanzwedeln außerordentlich lebhaft, im Vergleich zu Wölfen aber undifferenziert und grob. Pudel trampeln mit den Vorderfüßen, um zu Spiel und freundlicher Kontaktaufnahme zu gelangen, Wölfe tun dies nicht.

Wölfe setzen zur innerartlichen Verständigung eine Fülle von Lauten ein. Sie können gegliedert werden in Winseln, Wimmern, Knurren, Fauchen, Bellen und Heulen, dazu kommen Mischlaute. Manche Lautfolgen zeigen starke Schwankungen in der Lautlänge; diesen wird hoher Informationswert, Lautfolgen mit gleichbleibenden Abständen dagegen geringer Informationswert zugemessen. Beim Winseln sind die Tonhöhen wechselnd, es ist von allen Altersstufen zu hören in Verbindung mit freundlicher Haltung und bei Begrüßungen. Meist wird es dann zwiegesprächartig fortgeführt, dabei wird durch Gesichtsausdruck und Körperhaltung die Friedfertigkeit unterstrichen. Winseln ist wohl eine Form des «Miteinandersprechens», es werden verschiedene Informationen übermittelt. Bei Wolfswelpen geht Winseln in Wimmern oder Quärren über, dies löst bei Alttieren Pflegehandlungen aus. Knurren ist ein Drohlaut, den vor allem hochrangige Tiere von sich geben. Die Abstände zwischen Wölfen werden dann vergrößert, vor allem wenn Fauchtöne hinzukommen. Als Warnlaut über kurze Distanz äußern Wölfe ein Wuffen. Über größere Entfernungen warnen Wölfe durch Bellen, aber dies geschieht nie in der Nähe des Baues. Manche Tönungen des Bellens werden als Drohlaut oder Herausforderung verstanden, manche Bellstrophen spiegeln nur Erregungen wider. Beim Erjagen von Beute wird Bellen nie als Verständigungsmittel eingesetzt.

Auffälligste Lautäußerung bei Wölfen ist das Heulen, ein Langton, der über weite Strecken zu hören ist. Die Langtonfolgen können sehr verschieden sein: Jodelndes Heulen, mit Bellstrophen durchmischtes Heulen, kreischendes Heulen als Alarmruf, gurgelndes Heulen bei Jungtieren und mehr. Durch Heulstrophen verständigen sich Rudel über Revierabgrenzungen. Es ist wahrscheinlich, daß sich Wölfe in freier Wildbahn über große Distanzen verständigen, die Einzelheiten sind aber noch nicht bekannt.

Für Haushunde ist das Lautsystem Bellen von Bedeutung geworden. Bioakustische Analysen sind allerdings noch nicht hinreichend durchgeführt. Unterschieden werden kann Bellen in verschiedener Ausprägung, oft vermischt mit Knurren und Fauchen. Bei einfachen Situationen wird einsilbig gebellt, bei intensitätsstärkeren mehrsilbig. Gebellt wird bei territorialer Verteidigung, im Kampf, beim Drohen, bei der Jagd und bei defensiven Situationen. Das mag verschiedene Informationswerte haben, die aber noch nicht alle bekannt sind.

Zunächst macht das Bellen der Haushunde einen differenzierteren Eindruck als das der Wöl-

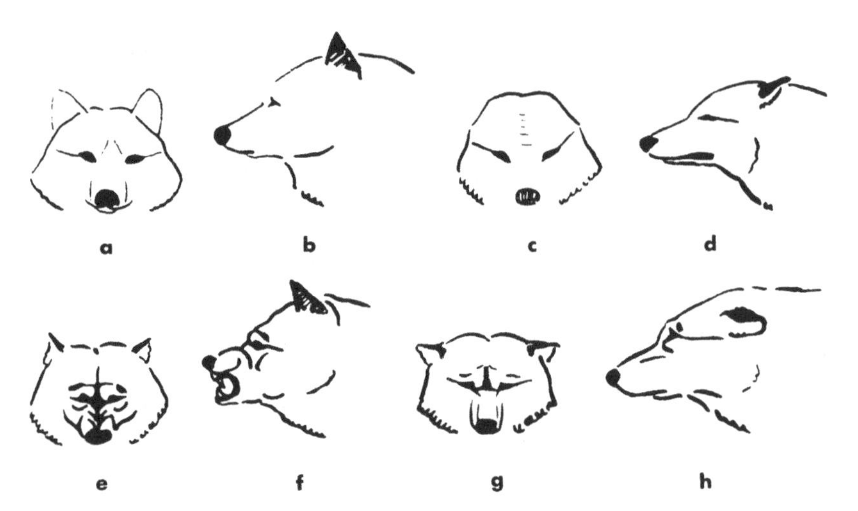


**Abb. 95:** Einige Möglichkeiten des Gesichtsausdrucks bei Wölfen: a) und b) Normalgesicht eines Ranghohen; c) und d) Ängstlichkeit; e) und f) Drohung; g) und h) Argwohn (aus Schenkel 1947)

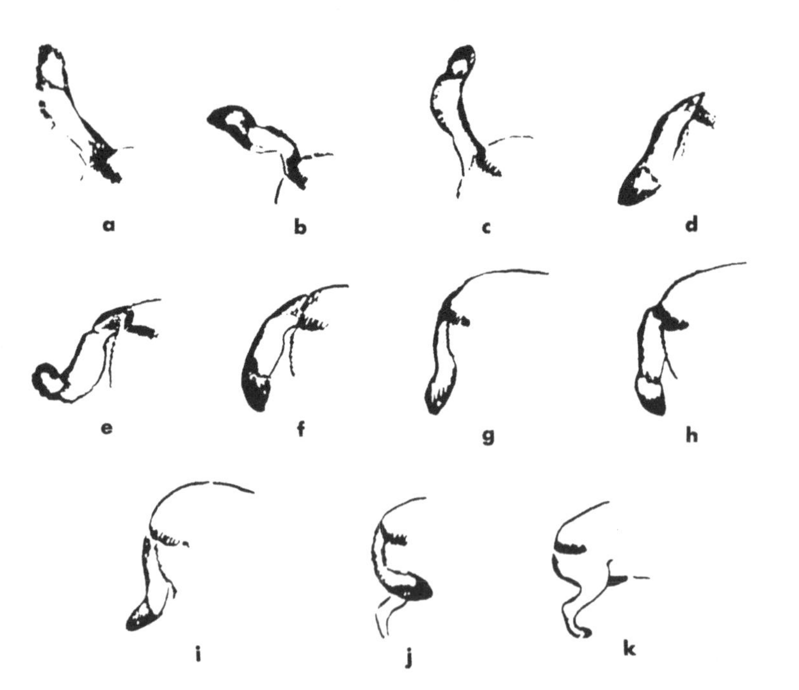


**Abb. 96:** Ausdruckformen des Schwanzes bei Wölfen: a) Selbstsicherheit; b) sichere Drohung; c) (mit seitlichem Wedeln) Imponierhaltung; d) Normalhaltung; e) nicht ganz sichere Drohung; f) Normalhaltung besonders häufig beim Fressen und Beobachten; g) gedrückte Stimmung; h) zwischen Drohung und Abwehr; i) (mit seitlichem Wedeln) aktive Unterwerfung; k) und l) starke Hemmung (aus Schenkel 1947)

a

b

**Abb. 97:** Zwergpudel, offensive Aggression a) sozial neutral, umweltsicher; b) selbstsicheres Drohen starker Intensität, Angriffsbereitschaft (Zeichnung D. Feddersen)

fe. Nach neueren Erkenntnissen über die Vielfalt der Laute bei Wölfen – auch beim Bellen – ist diese Meinung nicht aufrechtzuhalten. Auf jeden Fall ist Bellen bei Haushunden hypertroph, macht aber einen weniger geordneten Eindruck als bei Wölfen. Bei Haushunden wird nur ein Teil des akustischen Verständigungssystems der Wölfe bevorzugt; Bellen wird bei Haushunden auch im Nahverkehr eingesetzt. Die Verarmung im Lautgebrauch zeigt sich besonders eindringlich beim Heulen, Haushunde können zwar heulen, aber sie tun dies außerordentlich selten. Differenzierungsmöglichkeiten des Heulens, Einsatz leiser Töne beim sozialen Kontakt sind wohl bei Haushunden wenig ausgeprägt. Insgesamt läßt sich sagen, daß das Lautsystem der Hunde vereinfacht und vergröbert wurde.

Die bei Wölfen ausdrucksintensiven Initial- und Rennspiele sind bei Pudeln nur noch zum geringen Teil vorhanden. Im Spiel reifen beim Wolf die Triebkomponenten des Jagdverhaltens getrennt voneinander, später werden diese Verhaltensweisen koordiniert. Die Auslösemechanismen einiger dieser Verhaltensweisen reifen sehr früh. Bei Pudeln sind die Anfänge der meisten Verhaltensweisen aus dem Funktionskreis des Jagens ebenso früh zu beobachten wie bei Wölfen. Doch anders als bei den Wölfen erfahren viele dieser zunächst isoliert auftretenden Verhaltensweisen keine weitere Differenzierung. Erwachsene Pudel verhalten sich wie junge Wölfe. Auch die Kraft und Intensität von Angriffen ist, nach Beobachtungen von Zimen, bei Wölfen sehr viel größer als bei Pudeln. Pudel griffen fremde Hunde nur im eigenen Territorium an. Die Aversion gegen Rudelfremde war bei Wölfen sehr viel größer, besonders zur Ranzzeit. Eine Zunahme aggressiven Verhaltens in bestimmten Jahreszeiten oder während der Hitze von Hündinnen war bei Pudeln nicht festzustellen; ihr Verhalten gleicht auch in dieser Sicht jenem junger, noch nicht geschlechtsreifer Wölfe.

Eine erhöhte Aggressivität zeigten Pudel beim Futter. Eine Futterrangordnung entspricht bei Pudeln im allgemeinen der sozialen Rangordnung. Wölfe sind am Futterplatz ausgesprochen sozial. Jungtiere und säugenden Müttern mit hohem Futterbedarf wird am Futterplatz der Vortritt gelassen. Wolfsrüden beteiligen sich durch Fütterung an der Welpenaufzucht. Pudelrüden tun dies nicht. Wenn Jungtiere in einer Gruppe sind, zeigen Wölfe ein vorsorgliches Sicherungsverhalten, bei Pudeln ist in solchen Zeiten keine Zunahme orientierender Verhaltensweisen festzustellen. In jedem Wolfsrudel bestehen soziale Rangordnungen, die aber immer wieder in Frage gestellt, die umkämpft werden, die sich immer wieder verändern. Im Pudelrudel ist die Rangordnung bemerkenswert stabil. Zimen kennzeichnet die Rangordnung der Wölfe als Einordnung, jene der Pudel als Unterordnung. Erwachsene Wölfe legen immer Wert auf einen gewissen Individualabstand; beim Schlafen oder beim Laufen im Rudel wird dies sichtbar. Erwachsene Pudel haben beim Schlafen keinen oder einen sehr geringen Individualabstand, beim Laufen in der Gruppe bleiben sie eng beieinander. Erwachsene Pudel verhalten sich auch in dieser Beziehung wie junge Wölfe.

Lorenz (1959) hat die bisher bekannten Änderungen angeborenen Verhaltens von Wildtieren zu Haustieren schematisch gegliedert. Nach Lorenz sind in der Domestikation quantitative Änderungen der zentralnervösen Energien für Instinktbewegungen eingetreten, allerdings in unterschiedlichem Ausmaß. Nach unseren Ergebnissen über Domestikationsänderungen am Zentralnervensystem ist bei Haustieren insgesamt die Produktion zentralnervöser Energie herabgesetzt. Bei Erörterungen über Verhaltensänderungen in der Domestikation muß auch die Rolle der Hormone, die Verhalten mit verursachen, berücksichtigt werden, denn auch Inkretorgane sind in der Domestikation erheblichen Wandlungen unterworfen, wie wir gezeigt haben. Weiter ist zu beachten, daß sich im Hausstand die speziell somatosensorischen Sinnesorgane verändert haben, Haustiere nehmen weniger Informationen aus der Umwelt auf als Wildtiere.

Zunächst einige Beispiele für Verhaltensweisen, die bei Haustieren weniger intensiv, weniger häufig durchgeführt werden oder auch ganz verschwunden sind. Im Hungerversuch konnte Richter (1954) feststellen, daß die Spontanaktivität bei Wanderratten viermal stärker ist als bei Laborratten. Beträchtliche Reduktionen gibt es beim Warnverhalten, bei Flucht- und Verteidigungshandlungen. Wanderratten stoßen bei Gefahr einen charakteristischen Schrei aus, dieser ist bei Laborratten verlorengegangen (Richter 1954). Guanakohengste warnen in freier Wildbahn ihren Familienverband durch ein helles Wiehern vor Gefahren, der Verband ergreift daraufhin die Flucht, der Hengst flüchtet viel später und versucht dabei häufig, Gegner in eine andere Richtung zu verleiten. Bei den recht extensiv gehaltenen Lamas und Alpakas konnten wir in Südamerika ein darartiges Verhalten nie beobachten. Ganz allgemein kann gesagt werden, daß bei den meisten Haustieren die Fluchtdistanzen beträchtlich verringert sind und die Fluchthandlungen stark abgenommen haben. Bei manchen Haustieren sind Fluchtreaktionen durch künstliche Selektion fast völlig ausgemerzt. Wilde Truthähne sind im Entdecken und Vermeiden von Gefahren und bei Reaktionen auf diese der Hausform weit überlegen (Leopold 1944).

Auch Angriffshandlungen werden von vielen Haustieren in weit geringerem Ausmaß durchgeführt als von Wildtieren, der «Aggressionstrieb» kann stark gedämpft sein. Gekäfigte Wanderratten töten hinzugesetzte Mäuse fast regelmäßig, bei Laborratten ist das eine Ausnahme. Sperrt man zwei Wildratten in einen Käfig und versetzt ihnen einen Elektroschock, so bekämpfen sich die Tiere sehr heftig, Laborratten dagegen versuchen unter gleichen Bedingungen zu fliehen (Richter 1954).

Unter Gehegebedingungen sind Wildmeerschweinchen aufmerksamer und auch störbarer gegenüber Ereignissen in der Umgebung des Geheges und auch gegenüber ungewohntem Geschehen im Gehege als Hausmeerschweinchen. Sie äußern «Chirpen», welches bei Störungen benutzt wird, viel häufiger und vielfältiger. Bei Wildmeerschweinchen tritt selbst in lange zusammenlebenden Gruppen mehr und härtere Agonistik auf als bei Haustieren. «Freundliche» soziale Beziehungen sind seltener, das gemeinsame Halten einander fremder Individuen ist nur schwer möglich (Stahnke 1987).

Hauskatzen sind in der Schnelligkeit, im Bewegungsablauf und in der Ausgeprägtheit der Bewegungen Falbkatzen unterlegen. Dies ist besonders zu beobachten bei der Futtererwartung und bei Auseinandersetzungen um die Nahrung. Wildkatzenkater markieren ihr Revier regelmäßig, Hauskatzenkater tun dies im wesentlichen nur zur Paarungszeit. Interessant ist, daß sich Hauskatzen leichter in größeren Gruppen halten lassen als Wildkatzen (Maehle 1988).

Verhaltensweisen, die mit dem Nahrungserwerb zusammenhängen, können bei Haustieren abgeschwächt sein und z.T. auch verschwinden. Bei den Hausraubtieren Frettchen, Haushund und Hauskatze gibt es Abnahmen in der Intensität und Häufigkeit des Beutefangs. Dies ist nicht nur darauf zurückzuführen, daß der Mensch diesen Tieren die Nahrung anbietet. Wildkatzenmütter zeigen ihren Jungen das Beutemachen, sie lähmen Mäuse und legen sie vor die Jungtiere; später werden dann lebende Mäuse angeboten, die Mutter jagt sie und legt sie dann wieder vor den Kleinen ab. Selbst wenn man Wildkatzenjunge von der Beute fernhält und damit die Beutelernphase überschreitet, dann können sie auch später Beute jagen, fangen und fressen. Viele Hauskatzen führen den Beutefang auch dann nicht durch, wenn sie bei einer Mutter aufgewachsen sind, die die Beutefanghaltung noch beherrscht (Maehle 1988).

Die Variabilität der Änderungen im Bereich des Beutefangs ist bei Hausraubtieren beträchtlich. Manche Haushunde und Hauskatzen fangen, töten und fressen überhaupt keine Beutetiere mehr, selbst wenn sie ihnen angeboten werden. Bei anderen fallen nur Teile der Beutefanghandlung aus: Es gibt Hauskatzen, die noch Beutetiere fangen und töten, aber nicht fressen – andere fangen und töten nicht, fressen aber tote Beutetiere usw. (Leyhausen 1962). Für manche Gebrauchshunde ist zu erwähnen, daß bei ihnen die letzten Teilhandlungen des Beutefangs ausgefallen sind, die Handlungskette bleibt buchstäblich beim «Vorstehen» stehen (Vauk 1952). Von Jagdhundzüchtern wird diese Ausfallerscheinung durch künstliche Selektion gefördert.

Bei Pflanzenfressern der Haustiere sind derartige Ausfallerscheinungen beim Nahrungserwerb natürlich nicht so eindeutig ausgeprägt. Es entfällt bei ihnen aber oft die teilweise komplizierte Suche nach Futterplätzen und besonderen Futterpflanzen und die Verteidigung solcher Weideplätze.

Obwohl das Fortpflanzungsverhalten in der Domestikation insgesamt Steigerungen erfahren hat, gibt es aber auch in diesem Bereich bestimmte Reduktionen. Wildkatzenmütter verbringen mehr Zeit bei ihren Jungtieren als Hauskatzen. Hausschweine bauen keine komplizierten Nester mehr wie Wildschweine (Buss 1972). Wildtruthühner haben im Winter eine starke Tendenz zur Geschlechtertrennung, bei Haustieren fehlt sie. Stockenten zeigen Paarbildungen, bei Hausenten herrscht Promiskuität vor (Haase und Donham 1980). Bei Haushöckergantern ist ein Rückgang der Balz ausgeprägt, ohne weitere Vorspiele wird die Kopulation durchgeführt. Immelmann (1962) hat ermittelt, daß bei domestizierten australischen Prachtfinken der Bruttrieb sinkt. Viele Haushühner brüten überhaupt nicht mehr, führen entsprechend auch keine Betreuung der Jungtiere mehr durch; diese Ausfälle werden bei der Intensivhaltung ausgenutzt und durch künstliche Selektion gefördert. Von Ausnahmen abgesehen, ist auch die Verteidigung der Jungtiere bei den meisten Haustieren weit schwächer ausgeprägt als bei Wildtieren. Duha (1970) berichtet über Veränderungen der Fortpflanzungsbiologie bei Graugänsen in der Domestikation; schon frühzeitig erfolgt im Hausstand der Übergang von der Monogamie zur Polygamie, die Tiere sind zahm und verlieren ihre Angriffslust.

Hähne der Stammart Bankivahuhn und Haushähne zeigen quantitative Unterschiede im Verhalten. Das Verhalten der Haushähne erscheint vergröbert und vereinfacht. In der Balz vor dem Treten imponiert der Bankivahahn kurz vor der Henne und läuft dann zu ihr mit schnellen Trippelschritten, hoch aufgerichtetem Körper und breit gesträubter Halskrause. Beim Haushahn fehlt allgemein das Imponieren, sein Angehen wirkt «gleichgültig», der Körper ist weniger aufgerichtet und die Halskrause bleibt in normaler Stellung. Der Bankivahahn führt nach dem Treten eine sehr ausgeprägte Balzschleife in schnellen Trippelschritten aus, wobei er in rascher Folge vor der Henne mehrfach hin und her balzt. Bei Haushähnen ist diese Balzschleife unvollständig und wird mit langsamen Schritten ausgeführt, sie ist oft auf einen «Kratzfuß» reduziert. Die zum Tretakt gehörigen Handlungen sind beim Haushahn im Vergleich zur Wildart unterentwickelt.

Wilde Bankivahähne kämpfen viel und erbittert, sie verteidigen ihr Revier auch gegen Artfremde. Das Kampfverhalten der Haushähne zeigt eine große Variabilität, es ist individuell und rassisch recht unterschiedlich. Bei einigen Haushähnen ist der Kampftrieb zurückgebildet, diese Tiere meiden Auseinandersetzungen oder brechen sie schnell ab. Für die Haustierhaltung bieten diese Hähne den Menschen zweifellos Vorteile. Es gibt aber auch Haushähne, deren Kampftrieb dem der Wildhähne in Häufigkeit und Intensität durchaus entspricht. Bei den auf «Kämpfen» gezüchteten ostasiatischen Haushähnen geht die Kampfeslust nicht über die der Wildart hinaus, wird aber für andere Zwecke eingesetzt. Die künstliche Selektion auf kämpferische Eigenschaften ist hier wohl ein Gegengewicht zu der bei Haushähnen allgemein nachlassenden «Aggression» (Stadie 1969).

Im Hausstand können auch Steigerungen von Verhaltensweisen der Wildart auftreten. Bei Wildkatzen ist das Schnurren vor allem ein kindliches Verhaltenselement, welches in der Beziehung zur Mutter eine Rolle spielt. Bei Hauskatzen erhält es sich bei Erwachsenen und erhält im Umgang mit Menschen Bedeutung (Denis 1969). α-Männchen der Hausmeerschweinchen setzen die Lautäußerung «Purren» viel häufiger ein als wilde Männchen. Dieses Verhalten wirkt sozial stabilisierend und ist ein Anzeichen für die größere soziale Verträglichkeit der Hausmeerschweinchen. Größere soziale Verträglichkeit ist offensichtlich eine Eigenschaft der meisten Haustiere, sie ist Voraussetzung für die Bildung von größeren Sozialverbänden ohne dauernde harte Auseinandersetzungen um die Rangordnung.

Im Bereich des Nahrungserwerbes kann der Trieb zur Nahrungsaufnahme verstärkt sein. Einzelne Teile der Beutefanghandlung können bei Hausraubtieren übersteigert sein. Manche Hauskatzen fangen ein und dieselbe Maus oftmals nacheinander, ohne sie zu töten. Andere Hauskatzen tragen immer wieder getötete Beutetiere ins Nest oder zum Haus (Leyhausen 1962). Auch bestimmte Hunde können ausgeprägte «Rattenbeißer» sein, die sogar «Strecke legen». Der Angriffstrieb ist bei manchen Hunden überdurchschnittlich ausgeprägt, so bei manchen Deutschen Schäferhunden, sie greifen sogar Tiere an, die ein Wolf nie attackieren würde. Haushähne locken häufiger, lauter und auffälliger als Bankivahähne; auch das Imponierverhalten der Haushähne ist hypertroph; Bankivahähne verhalten sich unauffälliger und imponieren nur bei besonderen Anlässen.

Besonders im Bereich des Fortpflanzungsverhaltens gibt es bei Haustieren Hypertrophien. So werden Haustiere in aller Regel früher geschlechtsreif als ihre Stammformen, die Zahl der Nachkommen ist gesteigert. Stockentenerpel dominieren nur zur Fortpflanzungszeit über die Enten, im Hausstand ist diese Dominanz das ganze Jahr über ausgeprägt. Bei den australischen domestizierten Prachtfinken zeigt der Sexualtrieb die stärkste Hypertrophie (Immelmann 1962). Der Nestbautrieb kann bei domestizierten Zebrafinken erheblich zunehmen; so wird häufig ein Gelege nach dem anderen überbaut, ohne daß die einzelnen Gelege erbrütet werden. Bei der Felsentaube klatscht der Täuber beim Imponierflug mit den Flügeln, die er über dem Rücken zusammenschlägt. Diese Verhaltensweise ist in der Domestikation weiterentwickelt und durch künstliche Selektion verstärkt worden. Bei mehreren Kröpferrassen ist dieses Klatschen viel kräftiger und ausgedehnter als bei der Felsentaube, die Handschwingen verschleißen vom Frühjahr beginnend immer stärker; auch die Stellung der Flügel bei dem anschließenden Gleitflug ist hypertrophiert. Bei der Felsentaube sind die Flügel nur leicht über die Horizontale erhoben, bei manchen Haustaubenrassen berühren sich die Schwingenspitzen oben, die Tiere verlieren sehr schnell an Höhe. Bei den Rollertaubenrassen ist aus diesem Gleitflug sogar ein mehrmaliges Überschlagen nach rückwärts geworden; einzelne Individuen führen so schnelle Überschläge aus, daß sie aus mehreren 100 Metern wirbelnd herabstürzen und sich erst kurz über dem Boden wieder fangen (Nicolai nach Eibl-Eibesfeld 1966). Weitere Beispiele solcher Hypertrophien, wie Trommeln, Kropfaufblasen, Dauerfliegen sind von

Vogel und Engelmann (1980) ausführlich beschrieben; die Ableitung von Verhaltensweisen der Felsentauben wird eingehend erörtert.

Es zeigt sich, daß bei Hobbyzüchtungen die mögliche Vielfalt von Verhaltensänderungen weit deutlicher zum Ausdruck kommt als bei Nutztieren. Bestimmte Körperhaltungen bei Haustieren machen den Eindruck von Hypertrophien. Der Wolf stellt seinen normalerweise herabhängend getragenen Schwanz beim Imponieren leicht geringelt über den Rücken; bei manchen Hunden – so bei Chow-Chows – ist diese Imponierstellung des Schwanzes zu einer Dauerhaltung geworden. Ein stark gehemmter Wolf trägt seinen Schwanz «eingekniffen», auch das ist bei manchen Hunden Dauerhaltung. Bei Haushöckergantern ist die Imponierhaltung ebenfalls nahezu Dauerhaltung geworden, das gilt auch für Chabohaushühner. Solche Dauerhaltungen können aber bei den Haustieren wohl nicht mehr als Ausdruck für ein dauerndes Imponieren oder dauerndes Gehemmtsein gewertet werden.

Immelmann (1962) faßt für seine Studien an domestizierten australischen Prachtfinken zusammen: Störungen im arteigenen Verhalten betreffen in erster Linie die endogene Energieproduktion verschiedener Triebhandlungen; diejenigen Triebe, welche bereits in Freiheit stark ausgebildet sind, neigen in der Domestikation zur Hypertrophie und umgekehrt. Die stärkste Hypertrophie zeigt bei den domestizierten Prachtfinken der Sexualtrieb, während der Bruttrieb allgemein sinkt. Die Aussage von Immelmann kann sicher nicht auf alle Haustiere ausgedehnt werden, denn innerhalb der gleichen Haustierart kann einmal eine bestimmte Verhaltensweise hypertrophieren, zum anderen aber auch stark abnehmen, wie z.B. Teile des Beutefangs innerhalb der Hauskatzen oder der Haushunde.

Lorenz (1959) hat weiterhin angeführt, daß in der Domestikation ursprünglich zusammengehörige Verhaltensweisen auseinanderfallen (dissoziieren) können. Das ergibt sich z.T. schon aus den Ausführungen über den Ausfall bestimmter Teilhandlungen. Wenn bei den Haushöckergantern die Kopulation ohne Balz durchgeführt wird, und von Haushunden die Beutefanghandlung beim Vorstehen abgebrochen wird, dann ist das schon ein Zerfall zusammengehöriger Verhaltensweisen. Nach Lorenz (1959) dissoziieren bei der Hausgans die Instinkthandlungen des «Sich-Verliebens», die zur Paarbildung und zum monogamen Zusammenleben führen, von der Begattung; Hausgänse sind keineswegs monogam, sie verpaaren sich wahllos. Bei den australischen Prachtfinken zerfallen am häufigsten Ehe und Begattung sowie Ehe und soziale Gefiederpflege (Immelmann 1962). Die von Wölfen beschriebenen Vorgänge der Paarbildung und des monogamen Zusammenlebens (Crisler 1960) sind bei Haushunden nicht mehr zu beobachten. Wenn Haushunde Schwanzhaltungen zeigen, die der tatsächlichen Stimmung nicht entsprechen, ist das ein Zerfall.

Als dritte Gruppe der Änderungen des Verhaltens bei Haustieren nennt Lorenz Abwandlungen im Bereich der AAM. So gibt es bei den Haustieren Schwellenerhöhungen und Schwellenerniedrigungen der auf die angeborenen Auslösemechanismen (AAM) wirkenden Schlüsselreize. Barnett (1975) hat gezeigt, daß bei Laborratten in Konfliktsituationen die Schwellenwerte für Angriffshandlungen im Vergleich zu Wildratten sehr hoch sind, weiterhin sind Laborratten gegenüber neuen Dingen, z.B. unbekannter Nahrung, weit weniger vorsichtig. Es können Störungen der spezifischen Selektivität der AAM eintreten. So sprechen Bankivahühner in ihren Brutpflegereaktionen nur auf Küken an, die ein bestimmtes Zeichnungsmuster auf dem Oberkopf und Rücken aufweisen, abweichend gezeichnete Küken werden getötet. Die Mehrzahl der Haushühner akzeptiert dagegen Küken jeglicher Färbung und vielen Haushühnern kann man artfremde Küken, sogar junge Säugetiere anbieten (Enten, Gänse, Truthühner), die ohne Schwierigkeiten aufgezogen werden. Domestizierte Zebrafinken füttern auch Nestlinge, die nicht arttypische Rachenzeichnung aufweisen. Weiterhin balzen sie sehr einfache Attrappen an. Domestizierte Prachtfinken haben eine wesentlich geringere Selektivität in der Reaktion auf optische und akustische Auslöser als die Wildformen.

Bei den Haustieren können bestimmte Handlungen auch durch Ersatzreize ausgelöst werden; d. h. viele Haustiere führen Handlungen an völlig falschen Objekten durch. So können Beutefanghandlungen von Hunden an allen möglichen Ersatzobjekten durchgeführt werden. Bestimmte Putenstämme wurden auf enorme Größe der Brustmuskulatur gezüchtet. Hähne dieser Stämme zeigten Sexualverhalten gegenüber irgendwelchen Dreckhaufen, nur selten führten sie Kopulationen mit Hennen durch. Diese abnorme Verhaltensweise wurde durch künstliche Besamung erhalten, ja sogar noch verstärkt.

Es muß noch einmal betont werden, daß innerhalb der Haustierarten eine große Variabilität der angeborenen Verhaltensweisen herrscht, worauf besonders Schulze-Scholz (1963) für Haushühner hingewiesen hat. Nahezu jede Hühnerrasse hat in der Norm des Gesamtverhaltens ein eigenes Bild. Es gibt Rassen mit hoher Erregbarkeit und starker Ansprechbarkeit auf Bewegungsreize, sie haben recht große Fluchtdistanzen. Bei anderen Rassen ist die Erregbarkeit ebenfalls hoch, die Empfindlichkeit gegenüber Bewegungsreizen dagegen schwach. Bei weiteren Rassen ist die Erregbarkeit gering, die Empfindlichkeit gegenüber Bewegungsreizen schwach und die Neigung zur Flucht gering, es handelt sich um ruhige Tiere.

Die eingangs geschilderten Unterschiede des Verhaltens zwischen Wölfen und Hunden basieren im wesentlichen bei den Haushunden auf Studien an Pudeln. Die Zahl der Hunderassen ist groß und es besteht das Bemühen, bei den verschiedenen Rassegruppen und Rassen bestimmte Verhaltensweisen besonders herauszuzüchten (Tab. 7). Vergleichende eingehende Verhaltensstudien für die verschiedenen Rassen stehen aber noch aus. Im Einsatz des Bellens sind aber Rasseunterschiede und auch individuelle Unterschiede bekannt. Es gibt «Kläffer» und schweigsame Hunde in allen Rassen und Populationen. Bellfähigkeit ist bei manchen Rassen verlorengegangen, so bei den Basenji und den Hallstromhunden; es sind aber auch reinrassige Individuen anderer Rassen bekannt, welche nicht bellen können, zum Beispiel manche Terrier und Jagdhunde. Der Einsatz des Bellens ist unter dem Einfluß des Menschen bei den Hunderassen verschieden geworden. Spitzartige Hunde setzen Bellen intensiv zur Revierverteidigung ein. Viele Terrier benutzen Bellen als Aufforderung zum Spiel; Meutehunde bellen bei der Jagd, Schutzhunde beim Angriff. Trotz der bekannten Variabilität bei Haushunden ist aber festzuhalten: Nach den bisher bekannten Tatsachen erreicht beim Verhalten keine Hunderasse die Vielseitigkeit der Wölfe.

Die Variabilität der Verhaltensweisen bei Haustieren erlaubt es, auf bestimmte Verhaltensmerkmale zu selektionieren. Dies ist aus der Tierzucht gut bekannt. Vor allem bei Haushunden, Hauspferden und Haustauben wurde in dieser Beziehung erfolgreiche Auslese betrieben. Scott (1954) hat durch Kreuzungsexperimente bei Haushunden nachgewiesen, daß Verhaltensunterschiede zwischen Rassen erblich bedingt sein können. Aber auch innerhalb der Wildarten verhalten sich nicht alle Individuen gleich. Fox (1971) zeigte, daß innerhalb von Geschwisterschaften des Wolfes bemerkenswerte, erblich bedingte Temperamentsunterschiede bestehen können, und er diskutierte deren Bedeutung für den Aufbau sozialer Ordnungen. Diese Tatsache ist in bezug auf den Domestikationsbeginn von Interesse; sicher hat damals schon eine unbewußte Auswahl mit bestimmten Verhaltensmerkmalen stattgefunden. Es ist allgemein bekannt, daß sich in Gefangenschaft die ruhigen Individuen von Wildarten weit besser fortpflanzen als die aggressiven. Richter (1954) und Berry (1969) haben gezeigt, daß sich besonders zahme und ruhige Laborratten besonders gut vermehren, wildere und aggressivere Vertreter haben nur geringe Zuchterfolge.

Im Zusammenhang mit den Verhaltensänderungen in der Domestikation muß noch eine Tatsache erwähnt werden: Bei vielen Haustieren hat sich der Körperbau so stark verändert, daß diese Tiere gar nicht mehr in der Lage sind, die Verhaltensweisen der Wildtiere in der ent-

**Abb. 98:** Indische Laufenten, Veränderung der Körperhaltung im Hausstand (Tiergarten Institut für Haustierkunde der Universität Kiel)

sprechenden Weise durchzuführen. Schon die manchmal sehr starken Änderungen der Körpergröße können hierbei eine Rolle spielen. Hausrinder, Hausziegen und Hausschafe mit ihren erheblich abgewandelten (manchmal verschwundenen) Hörnern können Rivalenkämpfe und Rangordnungsauseinandersetzungen nicht mehr so durchführen wie ihre wilden Vorfahren. Extrem kurzschnäuzige Hunde und Schweine können den Beutefang und Nahrungserwerb sicher nicht mehr so betreiben wie Wölfe und Wildschweine. Hunde mit Hängeohren zeigen zwar Ansatz zum Aufrichten der Ohren, aber sind dazu nicht in der Lage. Bei manchen Taubenrassen ist der Schnabel so kurz, daß die Jungtiere die Eischale nicht mehr selbständig zu öffnen vermögen. Indischen Laufenten ist es wohl schwer möglich, sich so zu verhalten wie Stockenten (Abb. 98).

Die Änderungen der angeborenen Verhaltensweisen sind im wesentlichen quantitativ: Abnahme der Intensität und Häufigkeit, Steigerungen, Zerfall, Schwellenwertsveränderungen für Schlüsselreize, Vergröberung der spezifischen Selektivität der Auslösemechanismen. Neue angeborene Verhaltensweisen sind in der Domestikation nicht entstanden. Die domestikationsbedingten Verhaltensänderungen sind Anpassungen an die ökologischen Bedingungen des Hausstands. Die Variabilität der Änderungen, welche erblich sind, erlaubt eine Selektion auf bestimmte erwünschte Verhaltensweisen.

Es war schon des öfteren betont worden, daß Änderungen angeborener Verhaltensweisen in der Domestikation erblich werden können. Hierfür sprechen auch Ergebnisse an Individuen der ersten Nachzuchtgeneration zwischen Wölfen und Pudeln (Puwos $N_1$). Puwos sind scheuer als Hunde, aber leichter zähmbar als Wölfe; sie sind wildtierähnlich aufmerksam und Fremden gegenüber vorsichtig. Puwos verzichten bei der Kommunikation meist auf das Bellen. Sehr wolfähnlich verständigen sie sich über optische Signale sowie über feindifferenziertere, leisere Töne. Viele Einzelsignale aber führen Puwos weniger intensiv als Wölfe aus, so das Zähneblecken und verschiedene Mundwinkelbewegungen. Insgesamt stehen die meisten Ausdruckselemente in ihrer Ausprägung zwischen denen von Wolf und Pudel, sind also intermediär. Die Puwos $N_1$ züchten überwiegend nur einmal im Jahr wie Wölfe, allerdings zeitlich verschoben. Die soziale Organisation ist wolfs/hundetypisch. Eine relativ frühe Stabilisierung der Rangordnung erinnert mehr an Pudelgruppen (Feddersen-Petersen 1986). Zu betonen ist, daß die Verhaltensbeobachtungen an Wölfen, Pudeln und Puwos alle unter gleichen Gefangenschaftsbedingungen gemacht wurden.

Bei Haustieren sind viele Verhaltensweisen der Wildart nicht mehr zu erkennen, andere wiederum sind von der Wildart nicht bekannt. Dabei muß es sich nicht in allen Fällen um erbliche Unterschiede zwischen Wild- und Haustier handeln. Oft erlaubt es die Umwelt der Haustiere gar nicht mehr, bestimmte Verhaltensweisen durchzuführen. Auf der anderen Seite haben Haustiere durch die Bedingungen des Hausstands gegenüber Wildtieren neue Freiheiten erworben. Der Mensch übernimmt für die Haustiere die Sorge um die Nahrung, die Verteidigung gegen natürliche Feinde, gesundheitliche Betreuung. Die fast dauernd gespannte Aufmerksamkeit der Wildtiere ist bei Haustieren nicht mehr erforderlich. Haustiere leben im «entspannten Feld» (Lorenz 1959). Dies läßt eine große Variabilität von Verhaltensweisen zu, auch der angeborenen. Bei Haustieren – und das gilt besonders für die Säugetiere – spielt im Gesamtverhalten das Lernvermögen eine sehr große Rolle. Haustiere lernen, sich an die Bedingungen des Hausstandes und an den Menschen anzupassen. Sie sind in ungewöhnlichem Maße dressierbar, was bei Dienstleistungen besonders deutlich wird. Solche erlernten Verhaltensweisen bei Haustieren beeindrucken den naiven Beobachter besonders stark, sie stellen aber gegenüber Wildarten keine echten Neuerwerbungen dar.

Wir sind der Auffassung, daß Verhaltensänderungen bei Haustieren insgesamt mit den geschilderten Hirnveränderungen (auch mit Abwandlungen des Hormonhaushalts) in Zusammenhang stehen. Bei Verhaltensweisen, die mit dem olfaktorischen, dem optischen und limbischen System Beziehung haben, konnten wir solche Zusammenhänge aufzeigen. Über weitere Beziehungen zwischen Verhaltensänderungen in der Domestikation und einzelnen funktionellen Systemen des Zentralnervensystems sind detaillierte Aussagen noch nicht möglich. Hierzu möchten wir Hess (1962) zitieren: «Auch der Inhalt des subjektiven Erlebnisses ist an den Bau des Gehirnes und seiner strukturellen Elemente gebunden. An dieser Korrelation ändert unsere Unfähigkeit, den Übergang von neuralen in psychische Prozesse kausal zu verstehen, nichts.»

# XIX. Grenzprobleme

## 1 Unterschiede in den Chromosomenzahlen bei Wildarten und Hausformen

Chromosomen sind Träger der genetischen Information. Feststellungen über unterschiedliche Chromosomenzahlen bei Wildarten und ihren Hausformen haben bis in die neuere Zeit verschiedentlich zu Zweifeln an Grundlagen der Domestikationsforschung geführt, nämlich an der Stammartenfrage. Diese Erörterungen gingen in typologischer Betrachtungsweise von der Vorstellung aus, daß die Zahl der Chromosomen als Artkriterium herangezogen werden könne; unterschiedliche Chromosomenzahlen galten als Hinweis für Artverschiedenheiten.

Viele stammesgeschichtliche Vorgänge sind mit Veränderungen in Chromosomenzahlen und Chromosomenaufbau verknüpft. Doch dies ist nicht immer der Fall, zumindest morphologisch nicht faßbar. Beispielhaft seien Arten der Tylopoden, das zweihöckerige Kamel und das Guanako mit seiner Hausform Lama angeführt. Die Chromosomen dieser Tiere haben Bunsch, Foot und Macilius (1985) eingehend analysiert. Die Arten haben 74 Chromosomen, und zwar 3 Paar submetazentrische, 33 Paar acrozentrische, 1 großes submetazentrisches X-Chromosom und ein sehr kleines acrozentrisches Y-Chromosom. Auch mit Hilfe der G-banding und der C-banding Methode ließen sich zwischen den Arten keine Unterschiede ermitteln. Das identische Muster in der linearen Anordnung innerhalb der Chromosomen von Kamel und Guanako/Lama lehrt, daß trotz bemerkenswerter evolutiver Differenzierung innerhalb der Tylopoden der Karyotyp über Jahrmillionen, soweit die derzeitigen Forschungsmethoden diese Aussage zulassen, konstant blieb.

Andererseits sind Fälle bekannt, welche sogar innerhalb von Arten eine Variabilität der Chromosomen belegen. Inversionen, Translokationen, Fusionen und Fisionen können die Chromosomenzahlen verändern, ohne daß das genetische Material beeinträchtigt wird. Daher hebt Grassé (1973) hervor, daß innerhalb ein und derselben Art die Chromosomenzahl variieren kann, ohne daß dadurch nennenswerte morphologische Wandlungen hervorgerufen werden. In der Haustierforschung führten trotzdem Erörterungen über unterschiedliche Chromosomenzahlen zu Verunsicherungen; Fälle verschiedener Chromosomenzahlen bei Wildarten und Hausformen seien daher ausführlicher besprochen.

Benirschke et al. (1965, 1967) sowie Koulischer und Frechkop (1966) fanden bei *Equus przewalski* 2n = 66 Chromosomen, beim Hauspferd 2n = 64 Chromosomen. Sie stellten auf Grund dieser Tatsache die beiden Gruppen zu verschiedenen Arten und zogen die Abstammung der Hauspferde vom Przewalskipferd in Zeifel. Diese Folgerungen veranlaßten Herre (1967) zu einer kritischen Überprüfung; auch Epstein (1971) trug zu der Diskussion bei. Es konnte herausgestellt werden, daß viele Angaben über Chromosomenzahlen, schon methodischer Schwierigkeiten wegen, sehr zurückhaltend bewertet werden müssen, und daß eine Reihe von Sachverhalten zunächst cytologische Probleme aufwerfen. Die Bedeutung verschiedener Chromosomenzahlen für stammesgeschichtliche Betrachtungen ist nicht immer leicht abzuschätzen. Epstein faßte zusammen: «Solcher Polymorphismus scheint bei Wildarten und Haustieren ziemlich häufig zu sein. Daher sind wir der Meinung, daß Przewalskipferde und Hauspferde, obgleich sie im Karyotyp differieren, zur gleichen Art gehören.»

Durch neuere Studien von Ryder et al. (1980) ergab sich, daß eine Robertson'sche Fusion zu einer Reduktion der diploiden Chromosomenzahl beim Hauspferd führte, ohne daß der genetische Inhalt der Chromosomen wesentlich betroffen wurde. Elektrophoretische Studien der gleichen Forscher führten zu der Einsicht, daß zwischen Hauspferden und Przewalskipferden eine außerordentliche Übereinstimmung besteht.

Unumstritten sind die Abstammungsverhältnisse beim Hausschwein. Allgemein anerkannt ist, daß aus einigen der vielen Unterarten von *Sus scrofa* sowohl in Europa als auch in Asien Populationen in den Hausstand überführt wurden. Die Nachfahren der an unterschiedlichen Stellen domestizierten Schweine wurden vielfältig vermischt und vor allem in Europa gingen aus Kreuzungen Hausschweinrassen recht verschiedener Eigenarten hervor. Studien über Chromosomenzahlen ergaben, daß innerhalb der Wildschweine ein Chromosomenpolymorphismus besteht.

Für Nachkommen europäischer Wildschweine, die in Nordamerika eingebürgert wurden, ermittelten McFee et al. (1966) 2n = 36 oder 37 Chromosomen, für Hausschweine hingegen 2n = 38. Gropp et al. (1969) bestätigten für wilde *Sus scrofa* in Europa 2n = 36 Chromosomen, für Hausschweine 2n = 38. Es ist nun bemerkenswert, daß für die japanische Unterart *Sus scrofa leucomystax* ebenfalls 2n = 38 Chromosomen ermittelt wurden (Hsu und Benirschke 1967) und auch bei jugoslawischen Populationen von *Sus scrofa* 2n = 38 Chromosomen vorhanden sind (Zivkovic et al. 1971). Es ist anzunehmen, daß die Veränderungen der Chromosomenzahlen bei den japanischen Wildschweinen und der jugoslawischen Population unabhängig voneinander erfolgten.

Sowohl Hsu und Benirschke als auch Gropp et al. deuten die von weiteren Untersuchern bestätigten Unterschiede in den Chromosomenzahlen bei Schweinen als einen intraspezifischen Chromosomenpolymorphismus, der durch Fusion oder Fision zustande kam; Schlüsse über Abstammungsverhältnisse von Hausschweinen können daraus nicht abgeleitet werden.

Diese Auffassung wird durch Studien von Bonsma (1978) bestätigt. Er analysierte Individuen einer niederländischen Population von Wildschweinen und nutzte auch die G-banding Technik. Die Mehrzahl der niederländischen *Sus scrofa scrofa* besaß 2n = 36 Chromosomen, einige hatten 2n = 37 und als Ausnahme wurden 2n = 38 Chromosomen ermittelt. Bonsma konnte feststellen, daß die Arme eines submetazentrischen Chromosoms der Wildschweine 2 telozentrischen Chromosomen der Hausschweine entsprechen. Er folgert, daß es in der Domestikation von *Sus scrofa* durch zentrische Fision eines Paares submetazentrischer Chromosomen und damit zu einer Erhöhung der Chromosomenzahl kam. Nicht ausgeschlossen werden kann aber auch die Möglichkeit, daß die ursprüngliche Chromosomenzahl der Wildschweine 2n = 38 betrug und durch zentrische Fusion von zwei Paaren telozentrischer Chromosomen ein Paar submetazentrischer zustande kam. Die jugoslawische *Sus scrofa*-Population und die japanischen Wildschweine würden dann dem Ausgangszustand entsprechen.

Für das Hausschwein haben Rønne et al. (1987) Ergebnisse von Untersuchungen mit der R-banding-Methode bekanntgegeben. Dies Verfahren soll in besonderer Weise Einblicke gewähren. Danach beträgt die Totalzahl der Banden des haploiden Chromosomensatzes, einschließlich des x- und y-Chromosoms, 403. Über den standardisierten Karyotyp von Hausschweinen berichtet Gustavsson (1988). Mit gleichen Methoden durchgeführte Studien an europäischen und japanischen Wildschweinen wären wünschenswert.

Unterschiedliche Chromosomenzahlen sind auch von anderen Haustieren und ihren Stammarten bekannt. Nach Ulbrich und Fischer (1967, 1968) beträgt bei wilden Wasserbüffeln die Chromosomenzahl $2n = 48$, bei anatolischen, bulgarischen und indischen Murrhahausbüffeln $2n = 50$. Von der Norm abweichende Chromosomenzahlen und Chromosomenstrukturen sind auch von Hausrindern und Hausziegen bekannt (Gustavsson 1966, 1980; Saller et al. 1966, Stranzinger und Elmiger 1986). Stranzinger und Elmiger konnten nach Untersuchung eines großen Materials von Bullen verschiedener Rassen der Hausrinder in Australien bestätigen, daß das Y-Chromosom bei Taurus-Rassen metazentrisch, bei Zebu-Rassen telozentrisch ist. Über den Erbgang dieser Besonderheit vermochten sie interessante Befunde vorzulegen.

Verschiedentlich werden abweichende Chromosomenzahlen bei Haustieren und Menschen (Herre 1967) mit körperlichen Anomalitäten in Zusammenhang gebracht. Gustavsson (1980) prüfte, ob bei Haustieren Chromosomenaberrationen einen Einfluß auf die Fortpflanzungstauglichkeit haben, was oft behauptet wurde. Er kam zu der Überzeugung, daß es schwer ist, darüber eindeutige Aussagen zu machen. Veränderungen an den Geschlechtschromosomen bei Hausrindern und Farmnerzen sollen Syed, Nes und Rønnigen (1986) zufolge mit Mißbildungen der Geschlechtsorgane und Fortpflanzungsstörungen einen Zusammenhang haben.

Auffällig ist auch ein Chromosomenpolymorphismus bei einigen Farmtieren. Für den Silberfuchs geben Mäkinen und Gustavsson (1982) 34–42 Chromosomen an, für den Blaufuchs 48–50. Die Chromosomenbesonderheiten der Blaufüchse haben Christensen und Pedersen (1982) eingehender untersucht. Bei den Blaufüchsen mit 50 Chromosomen sind 4 acrozentrisch, jene mit 49 Chromosomen haben 2 acrozentrische und bei den mit 48 Chromosomen fehlen acrozentrische. Die 3 Chromosomentypen zeigen Mendelspaltung. Die Tiere mit 48 und 50 Chromosomen entsprechen 2 Typen von Homozygoten, die mit 49 Chromosomen sind als heterozygot zu bezeichnen. Bei den Heterozygoten ist die Wurfgröße geringer als bei den Homozygoten, aber die Überlebensrate größer (Mäkinen und Lohi 1987).

Für die Laborratte haben Gropp et al. (1970) Ergebnisse sehr eingehender Studien vorgelegt. Diese Art zeichnet sich durch einen bemerkenswerten Chromosomenpolymorphismus komplexer Natur aus. Neben Robertson'schen Karyotypvariationen tritt struktureller Polymorphismus durch perizentrische Inversionen einzelner Autosomen auf.

Auch beim Seidenspinner unterscheiden sich Wildart und Hausform in den Chromosomenzahlen. Tazima (1984) hat die Ergebnisse bisheriger Studien zu dieser Frage zusammengestellt. Danach hat *Bombyx mandarina* haploid 27 Chromosomen, die Hausform 28. Bei Kreuzungen ergab sich in $F_1$, daß sich zwei Chromosomen der Hausform *mori* mit einem Chromosom von *mandarina* paarten. Dies zeigt, daß sich ein Chromosom von *mandarina* im Hausstand geteilt haben wird. Doch später zeigte sich bei der Untersuchung verschiedener Populationen von *mandarina,* daß auch in freier Wildbahn die Chromosomenzahlen uneinheitlich sind. Es gibt Wildpopulationen mit haploid 27 und solche mit 28 Chromosomen. Damit ist auch die Vermutung zulässig, daß die Hausformen des Seidenspinners aus Populationen von *Bombyx mandarina* mit 28 Chromosomen hervorgegangen sind, sich damit die Veränderung der Chromosomenzahl bereits bei Wildtieren vollzog.

Auch bei Menschen treten Fälle überzähliger Chromosomen auf. Sachsse (1981) hat dieser Sachverhalt zu Spekulationen veranlaßt. Er meinte, daß auf dem Wege über von der Norm abweichende Chromosomenzahlen beim Menschen eine neue Art entstehen könne. Nach den bisherigen Einsichten lassen sich solche Annahmen wenig rechtfertigen.

Auch innerhalb vieler wildlebender Säugetierarten können die Chromosomenzahlen recht unterschiedlich sein, ohne daß es zu Artbildungen gekommen ist (Matthey 1964, Soldatovic et al. 1967, Wahrmann et al. 1968, 1969; Gustavsson und Lundt 1969, Nadler et al. 1973, White 1973 u.a.).

Für Spekulationen über die Bedeutung von Chromosomenzahlen verdienen auch die Beobachtungen von Förster und Stranzinger (1975) über zwischenartliche Unterschiede bei Bovidae Aufmerksamkeit. Die Karyotypen einer größeren Zahl von Arten dieser Familie wurden untersucht. Die Bandmuster der Chromosomen weisen auf sehr enge verwandtschaftliche Beziehungen hin. Die Zahlen der Chromosomen sind bei den verschiedenen Arten recht unterschiedlich, sie sind aber allein durch Zentromerfusionen deutbar. Der Ablauf der Stammesgeschichte läßt sich auf diesem Wege aber nicht sichern.

Nach ihren Chromosomenstudien haben Gropp und auch White hervorgehoben, daß noch viele Fragen offen sind. Bislang läßt sich aussagen, daß aus Chromosomenzahlen noch keine sicheren Schlüsse für Systematik und Stammesgeschichte zu gewinnen sind. Die entwicklungsphysiologischen Zusammenhänge zwischen den in den Chromosomen lagernden Genen und den äußerlich kennzeichnenden Merkmalen bedürfen noch der Aufklärung (Nagl 1980). Dazu treten weitere neuere Erkenntnisse. So erkannte Traut (1984), daß durch Heterochromatisierung von Chromosomenabschnitten die Transcriptionsfähigkeit beeinflußt wird. Für die Transcriptionsfähigkeit wird auch dem Cytoplasma eine wichtige Rolle bei der Steuerung oder Vermittlung zuerkannt. Dieser Hinweis mag genügen, um deutlich zu machen, daß Chromosomenzahlen allein über das tätige genetische Material nur sehr rohe Anhaltspunkte ermöglichen. Nachweise über die Haustieren zuzuordnenden Stammarten lassen sich ebenfalls nicht gewinnen.

## 2 Gefangenschaft

Gefangen gehaltene, genutzte Wildtiere, gezähmte Wildtiere im Zirkus oder auch Wildtiere in Zoologischen Gärten, die sich in Gefangenschaft fortpflanzen, sind nach unseren Erörterungen über den Begriff der Domestikation noch nicht als echte Haustiere zu bezeichnen. Doch da es über die Haltung eingefangener erwachsener oder jung aufgezogener Wildtiere in weitgehend zahm gewordenen Gruppen zur Domestikation gekommen ist, kann das Studium von Gefangenschaftstieren einige Hinweise zur Beurteilung von Domestikationserscheinungen geben.

Die Bewertung von Besonderheiten, die bei Gefangenschaftstieren und deren Nachkommen gegenüber der Norm freilebender Vertreter ihrer Art auffallen, erfordert eine außerordentlich kritische Haltung. In Gefangenschaft können modifikatorische Änderungen, aber auch genetische Wandlungen auftreten, die sich auf die Strukturbildung auswirken. Darauf hat schon Spurway (1955) hingewiesen; die Unterscheidung wird aber bei modernen Beurteilungen nicht immer hinreichend bedacht.

Folgen genetischer Veränderungen nach wenigen Gefangenschaftsgenerationen in Zoologischen Gärten sind in letzter Zeit deutlich geworden, insbesondere bei Przewalskipferden, wo man sich bemüht, diese bedrohte Tierart durch Zuchtgruppen zu erhalten (Flesness 1977). Die bei solchen Zuchtgruppen auftretenden Abwandlungen haben zu sorgfältigen Beobachtungen und eingehenden Diskussionen geführt. Oft wird die Zucht von Wildtiergruppen durch eine geringe Fortpflanzungsbereitschaft erschwert (Kear 1986). Besonders die unruhig und aggressiv veranlagten Tiere bleiben unfruchtbar (Maitland und Evans 1986, Thomas et al. 1986). Mace (1986) gibt an, daß nur 20–40% der in Gefangenschaft überführten Wildtiere zur Fortführung der Bestände beitragen. Dieser Sachverhalt bewirkt populationsgenetisch eine Einengung des Genbestandes der Art. Dazu wirkt sich aus, daß in Gefangenschaft die Zahl der männlichen Tiere begrenzt ist, und im allgemeinen ruhig veranlagten Tieren der Vorzug gegeben wird. Sozialsysteme und Rangordnungsverhältnisse werden beeinflußt. Auf den Genbestand wirkt sich auch die Abnahme des natürlichen Selektionsdrucks aus (Ryder 1986). Während in freier Wildbahn natürliche Auslese die Zahl der Überlebenden wesentlich begrenzt, wird in Zoologischen Gärten die Erhaltung aller geborenen Individuen erstrebt. So kommt ein anderer Anteil der Art in Vorrang als in freier Wildbahn, ähnlich dem frühen Hausstand.

Bei der weiteren Vermehrung dieser Ausgangsbestände kommen individuelle Genkombinationen zustande, die in freier Wildbahn fehlen oder sehr selten sind. Diese bewirken Eigenarten, die durch natürliche Auslese ausgemerzt würden, in Gefangenschaftsbeständen aber erhalten bleiben und auch zur Weiterzucht beitragen können, vor allem, wenn es sich um weibliche Tiere handelt. Mit dem Zuchtziel, Individuen zu erlangen, die den Vertretern in freier Wildbahn entsprechen, stehen solche Ergebnisse nicht im Einklang. Daher sind mehrere Zuchtprogramme vorgeschlagen worden, die Fehlentwicklungen der Wildart in Gefangenschaft entgegenwirken sollen. Doch bislang ist es noch schwer, deren Erfolge abzuschätzen, da die einzelnen Zusammenhänge kaum zu beurteilen sind, und die genetisch ausgelösten Veränderungen meist mit modifikatorischen Wandlungen einhergehen.

Insgesamt läßt sich aussagen, daß bei gefangen gehaltenen und in Gefangenschaft gezüchteten Wildtieren nicht nur die Entfaltungs- und Entwicklungsmöglichkeiten, sondern auch die populationsgenetischen und die individuellen genetischen Grundlagen sowohl eingeengt als auch erweitert sein können. Nach diesem Hinweis auf die Schwierigkeiten bei der Einschätzung von Gefangenschaftsveränderungen seien einige Sachverhalte geschildert.

Wildtieren in Gefangenschaft, insbesondere ihrem Verhalten, hat Hediger (1942) eingehende Betrachtungen gewidmet. Er hob die großen Unterschiede in der Art der Beziehungen, in der Qualität der Umwelt, bei frei und in Gefangenschaft lebenden Wildtieren hervor. In neuerer Zeit hat Bamberg (1985) diese Hinweise für Damwild, welches in Schleswig-Holstein in Gehegen und in freier Wildbahn lebt, untermauert. In manchen Gehegen hat das Damwild wenig Bewegungsmöglichkeiten. Natürliche Verhaltensweisen können sich dann nicht entfalten. Es zeigen sich bei solchen Gehegetieren Einflüsse auf die Fettablagerung und auf das Fortpflanzungsgeschehen; geringe Geburtsgewichte, welche die Lebensfähigkeit beeinträchtigen, können die Folge sein. Diese Veränderungen sind als Modifikationen zu werten. Bei ihren Auswirkungen über Generationen besteht die Möglichkeit, daß sie in die Auslese einwirken, also Waddingtoneffekte einleiten.

Exakt geplante Untersuchungen über den Einfluß der Gefangenschaft auf Wildtiere sind bislang sehr selten geblieben; Studien über die Auswirkungen veränderter Umweltbedingungen auf Haustiere sind zahlreich. Unter ihnen verdienen die Arbeiten von Hammond und Mitarbeitern (1947, 1958), auf die wir bereits hinwiesen, besondere Beachtung. Doch am bekanntesten geworden sind die Versuche, welche S. v. Nathusius mit Berkshirehausschweinen im Haustiergarten des Tierzuchtinstitutes der Universität Halle durchführte. Durch sehr reichliche und sehr kärgliche Fütterung meinte Nathusius Unterschiede in der Körpergestaltung erzielt zu haben, die jenen zwischen einer Kulturrasse der Hausschweine und dem Wildschwein nahekommen. Doch Herre (1938) wies darauf hin, daß es sich bei diesem Material im wesentlichen um Entwicklungsbeschleunigungen und Entwicklungsverzögerungen handelt, welche die Rassemerkmale kaum beeinträchtigen. Auch Hammond hat die Ergebnisse seiner zahlreichen Fütterungsversuche in der Aussage zusammengefaßt, daß sich Einflüsse verschiedener Ernährung im Laufe der Entwicklung weitgehend ausgleichen. Gegenüber anders lautenden Angaben ist daher kritische Zurückhaltung geboten.

Wolfgram (1894) und Stockhaus (1962) meinen, daß in Gefangenschaft aufgezogene Wölfe kleiner bleiben als freilebende Wölfe. Doch das Material, welches diesen Aussagen zugrunde liegt, ist gering und verliert an Bedeutung, wenn der Umfang natürlicher Variabilität und der Einfluß natürlicher Auslese bedacht wird. Im Kieler Institut wurden im Laufe der letzten Jahrzehnte unter gleichen Bedingungen zahlreiche Wölfe jugoslawischer Herkunft aufgezogen (Herre 1986). Das Körpergewicht der erwachsenen Männchen dieser Zuchtgruppe lag zwischen 25,2 kg und 38,8 kg. Die Widerristhöhe schwankte zwischen 59–70 cm, die Kopfrumpflänge zwischen 108–124 cm. Bei den erwachsenen Weibchen lag das Körpergewicht zwischen 18,6–29,2 kg, die Widerristhöhe zwischen 58–69 cm, die Kopfrumpflänge zwischen 107–119 cm. Diese große Variationsbreite innerhalb einer Gruppe sehr eng verwandter Tiere zwingt zur Vorsicht gegenüber manchen Angaben über Gefangenschaftsveränderungen.

Eine Zunahme der Körpergröße bei in modernen Zoologischen Gärten nachgezüchteten Vögeln und Säugetieren hat Dathe (1984) beschrieben. Ein im Berliner Tierpark geborener und aufgezogener Bisonstier überragte erwachsen seinen Vater in der Schulterhöhe um 15 cm und war etwas länger als dieser sowie von höherem Gewicht. Bei anderen Hornträgern war die Stärke der Hörner nachgezogener Bullen im allgemeinen mächtiger als bei den eingeführten Elterntieren. Auch in Zoologischen Gärten aufgewachsene Okapis (*Okapia johnstoni* Sclater, 1901) werden größer und körperlich massiger als die eingeführten Eltern. Dathe sieht in diesen Erscheinungen Phänomene der Akzeleration und hebt hervor, daß solche Zunahmen nicht ortsgebunden oder ortsbedingt sind. Er führt sie auf die durch neuere Kenntnisse verbesserten Lebensbedingungen in Zoologischen Gärten zurück.

Über die Veränderungen von Wolfsschädeln durch Gefangenschaftsbedingungen haben Wolfgram (1894), Iljin (1941) und Stockhaus (1965) Angaben gemacht. Stockhaus meint, daß die Schädel von Gefangenschaftswölfen etwas kleiner seien als jene von Wildwölfen und sich einzelne Schädelmaße unabhängig voneinander beeinflußt zeigen. Die Abwandlungen erreichen aber nie ein Ausmaß wie es zwischen Wölfen und Haushunden erreicht wird. Stockhaus läßt die Frage offen, ob es sich bei den Schädeln der Gefangenschaftswölfe um Modifikationen handelt oder ob in freier Wildbahn im allgemeinen die größeren Wölfe überleben. Bereits Iljin ist zu der Meinung gelangt, daß unter dem Einfluß lamarckistischer Vorstellungen der Einfluß äußerer Faktoren auf die Schädelgestaltung lange Zeit von Haustierforschern überschätzt wurde, weil der Umfang innerartlicher Variabilität der Schädel, besonders von Tieren gleicher Herkunftsgebiete, viel zu wenig beachtet wurde.

Klatt (1932) hat einige Änderungen bei Schädeln von Gefangenschaftsfüchsen beschrieben. Als Beispiel für sehr starke Abwandlungen bildete er den Schädel eines weiblichen Gefangenschaftsfuchses ab. Dieser Schädel stammt aber von einem extrem kleinen Tier (2630 g Körpergewicht), mit einer Basilarlänge von 124 mm gehört der Schädel zu den kleinsten überhaupt vorkommenden Schädel erwachsener Rotfüchse. Seine Formenbesonderheiten sind fast alle durch die geringe Größe bedingt und wohl kaum durch Gefangenschaftseinflüsse.

Hollister (1917) hat von in Zoologischen Gärten aufgewachsenen Löwen Schädelbesonderheiten im Vergleich zu Tieren aus freier Wildbahn beschrieben. Sie lassen sich im Hinblick auf Unsicherheiten über die Aufzuchtbedingungen recht schwer beurteilen. Bei in Zoologischen Gärten aufgewachsenen und gezüchteten Waldiltissen fand Rempe (1970) Besonderheiten in der Schädelbreite, der Bullagröße, der Höhe der Gesichtsschädel, in der Länge und Breite des postorbitalen Schädelgebietes, im postdentalen Gaumenteil, in der Höhe des zahntragenden Unterkieferastes und in der Größe oberer Molaren im Vergleich mit Tieren aus freier Wildbahn. Er deutete diese Abweichungen als Modifikationen, die Annäherungen an Frettchen darstellten. Außerdem fand er bei Zooiltissen ein Absinken der Hirnschädelkapazität um rund 5%, die ebenfalls als Modifikation eingeschätzt wurde.

Frick und seine Mitarbeiter haben Experimente durchgeführt, um den Einfluß der Gefangenschaft auf Tiere zu erfassen. Als Versuchstier wählten sie Rötelmäuse *Clethrionomys glareo-*

*lus* Schreber, 1780. Festgestellt wurde eine Abnahme des relativen Hirngewichtes und Herzgewichtes, eine Verringerung des Lungengewichtes wurde wahrscheinlich, Lebergewicht und Nierengewicht zeigten Abnahmen. Von diesen Daten erfordert die Abnahme des Hirngewichtes besonderes Interesse.

Über eine Abnahme der Hirnschädelkapazität bei Gefangenschaftswölfen berichtete Klatt (1912), bei Zoolöwen Hollister (1917). Stockhaus stellte an einem sehr großen Material von Wildwölfen und Gefangenschaftswölfen fest, daß die durchschnittlichen Unterschiede in den Hirnschädelkapazitäten nicht sehr groß sind; Gefangenschaftswölfe haben maximal 10% weniger Hirnschädelkapazität als gleichgroße Wildwölfe. Seit rund 40 Jahren werden im Tiergarten des Kieler Instituts Wölfe gezüchtet. Eine Abnahme des Hirngewichts bei diesen Wölfen im Vergleich zu Wölfen aus freier Wildbahn konnte nicht festgestellt werden.

Für eine große Modifikationsfähigkeit des Gehirns, für eine schnelle Abnahme der Hirngröße in der Gefangenschaft sprachen Befunde, die Klatt (1932) bei Rotfüchsen ermittelte. Diese Tiere waren im Zoologischen Garten Halle gezüchtet und aufgewachsen: Ein Elternpaar lag mit dem Hirngewicht 14% unter der Norm der wilden Rotfüchse, die Nachkommen dieser Eltern bereits um 25%. Dadurch wurde angenommen, daß schon wenige Generationen Gefangenschaft ausreichen, um das Ausmaß der Hirnreduktion zu erreichen, wie es von Wild- zu Haustieren auftritt.

Die Befunde von Klatt müssen aber als interessanter Sonderfall gesehen werden. Das Muttertier war ein in Gefangenschaft aufgewachsener Wildfang, das Hirngewicht war sehr gering, 16% unter der Norm der Wildfüchse. Das Vatertier war ein Sohn dieser Mutter mit einem Hirngewicht von 10% unter der Norm. Es ist höchstwahrscheinlich, daß bei diesem Elternpaar eine genetische Anlage für niederes Hirngewicht vorhanden war, die bei den Nachkommen verstärkt zur Auswirkung kam. Stephan (1954) untersuchte den Allocortex von Rotfüchsen aus freier Wildbahn und den der Gefangenschaftsfüchse aus Halle und kam zu der Überzeugung, daß sich bei den Elterntieren aus Halle genetische Anlagen für ein niederes Hirngewicht auswirkten, verstärkt dann bei den Nachkommen.

In Kiel und Hannover haben wir daraufhin Rotfüchse in Gefangenschaft gehalten und gezüchtet. Die Hirngewichte aller Tiere aus der ersten und zweiten Gefangenschaftsgeneration lagen im Bereich der wilden Rotfüchse (Abb. 99). Nur zwei Gefangenschaftsfüchse aus dem Zoo Ankara hatten ähnlich niedere Hirngewichte wie das Elternpaar aus Halle. Solche Tiere können offensichtlich in der Gefangenschaft überleben, in freier Wildbahn fallen sie der natürlichen Selektion zum Opfer. Ob Individuen mit niederen Hirngewichten besonders für die Domestikation geeignet sind, läßt sich schwer beurteilen. Dagegen sprechen Befunde an Nerzen. Nach ungefähr 100 Jahren ist bei Farmnerzen erst eine Abnahme des Hirngewichts um 5% eingetreten (Röhrs 1986). Für die Hirngewichtsänderungen in der Domestikation kann ausgesagt werden, daß es sich nicht um Modifikationen handelt; sie sind erblich. Dies belegen die Kreuzungen zwischen Wölfen und Königspudeln (Herre 1961), über die wir schon eingehend berichteten.

Inwieweit das Verhalten gefangen gehaltener Tiere Aufschlüsse über die Ursachen der Verhaltensänderungen bei Haustieren liefern kann, ist noch nicht sicher zu entscheiden. Es fehlt ganz einfach an aussagekräftigen Vergleichen der Verhaltensweisen von Gefangenschaftstieren und Wildtieren gleicher Art. Derartige Vergleiche sind vor allem bei Säugetieren außerordentlich schwierig. Trotzdem dürfte eindeutig sein, daß bei Gefangenschaftstieren quantitative Veränderungen von Verhaltensweisen gegenüber den Stammarten auftreten. Immelmann (1962) hat Gefangenschaftsveränderungen bei Zebrafinken vom Wildfang bis zur vierten Generation beschrieben und dabei festgestellt, daß die Verhaltensänderungen mit der Dauer der Gefangenhaltung zunehmen und in Richtung von Domestikationsveränderungen gehen. Röhrs (1957) berichtet, daß Verhaltensunterschiede im Warn- und Fluchtverhalten zwischen wilden

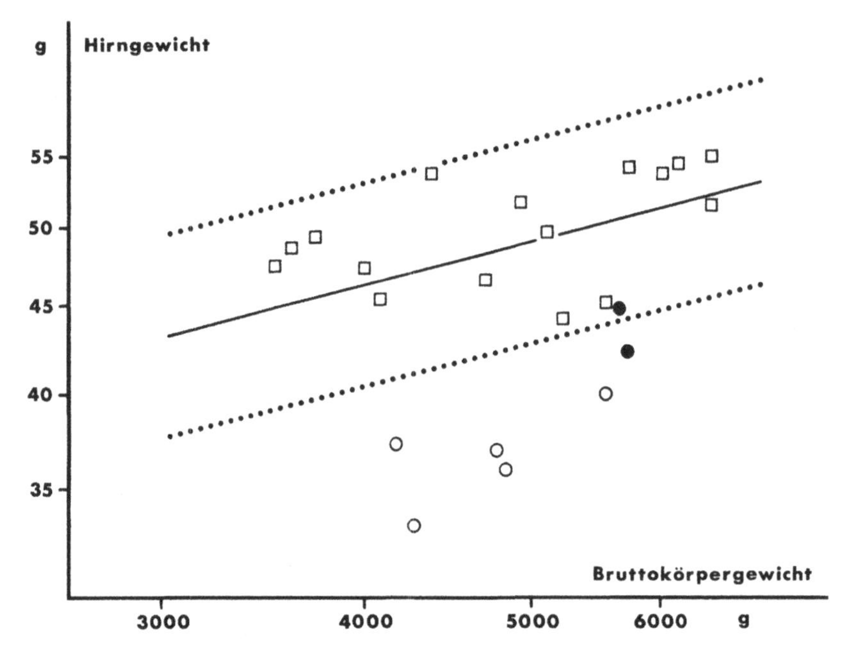


**Abb. 99:** Beziehung Hirngewicht-Körpergewicht bei Wild- und Gefangenschaftsfüchsen. ● Elternpaar der Klattschen Gefangenschaftsfüchse und deren Nachkommen ○. □ Gefangenschaftsfüchse der 1. und 2. Generation aus Hannover und Kiel. — Allometriegerade Wildfüchse

und gefangen gehaltenen Guanakos den Unterschieden zwischen Wildguanakos und Lamas/Alpakas ähneln. Zu berücksichtigen ist hierbei allerdings, daß die gefangen gehaltenen Individuen die typischen Sozialverbände der Wildart nicht mehr aufbauen können. Auch Leyhausen (1962) beschreibt für gefangen gehaltene Wildkatzen «haustieranaloges» Verhalten. Auch zwischen Gefangenschaftswölfen (Schenkel 1947) und Wildwölfen (Murie 1944) lassen sich Unterschiede feststellen. Auf Einzelheiten sei hier nicht erneut eingegangen.

Gefangenschaftserscheinungen im Verhalten dürften weitgehend Modifikationen sein, bedingt durch die veränderte Umwelt: räumliche Begrenzung, Fütterung durch Menschen, aufgezwungene Sozialverhältnisse. Die Problematik von Verhaltensbeobachtungen an gefangenen Tieren hat Eibl-Eibesfeldt (1966) erörtert. Die Vielfalt der Einflüsse, welche Einsichten erschweren können, hat auch Herre (1978) bei Erörterung von Fragen der Zahmheit angedeutet. Bei Haustieren kann sie auf Prägung beruhen oder durch Lernen zustande kommen und sie kann einen Grad erreichen, durch den die Tiere für Menschen gefährlich werden; Hediger (1965) hat dies «Angleichung» genannt.

Es ist schon bemerkenswert, daß Gefangenschaftstiere, vielleicht situationsbedingt, manche Verhaltensweisen zeigen, die mit denen der Haustiere übereinstimmen. Solches «haustieranaloge» Verhalten könnte sich mit zunehmender Generationenzahl in Gefangenschaft verstärken. Es ist nicht auszuschließen, daß dies mit den besonderen Selektionsbedingungen im Hausstand einen Zusammenhang hat, da Tiere mit genetischen Kombinationen, die für die Gefangenschaft geeigneter machen, besser überleben werden (Waddington-Effekt).

Über Gefangenschaftseinflüsse auf Populationen von Vogelarten, die zu Stammarten von Hausgeflügel wurden, hat Haase (1987) einige

Angaben zusammengestellt. Bei Stockenten zeigten sich Auswirkungen auf die Bioryhthmik. In einem Versuch war bereits in der ersten Gefangenschaftsgeneration die Fortpflanzungsphase verlängert. Im Laufe der folgenden Zuchtgenerationen wurden, ohne Zuchtbeeinflussung durch Menschen bei gleichbleibenden Umweltbedingungen, die Auswirkungen immer deutlicher. Ein Vergleich wilder Stockenten mit Wildfarm-Stockenten, bei denen auf die Erhaltung des äußeren Erscheinungsbildes der Stockente bewußt Wert gelegt wurde, ergab, daß sich nach 20 Generationen die Dauer der Legephase verdoppelt hatte und der Prozentsatz legender Enten und die Höhe der Eiproduktion um den Faktor 5 gesteigert war. Bei einem in Japan durchgeführten Versuch mit der dortigen Unterart der Wachtel trat, ohne gezielte Selektion, nach 10 Generationen in Gefangenschaft die Geschlechtsreife um 50 Tage eher ein als bei den Tieren zu Versuchsbeginn. Damit glichen sich die Gefangenschafts-Wachteln ihrer Hausform an.

Im hormonalen Bereich ergaben sich bei gefangen gehaltenen Stockenten ebenfalls Veränderungen in Richtung Hausenten. Bei Wildfarm-Stockenten sanken die Spiegel der LH- und Testosteronkonzentrationen in der Inkubationszeit nicht ab. Die Testosteronkonzentrationen waren sehr viel höher als bei Erpeln wilder Stockenten und es zeigte sich außerdem, daß die Hormonspiegel der Geschlechter nicht mehr synchronisiert waren. Daher ist bereits bei Wildfarm-Stockenten die Paarbildung abgeschwächt; Hausenten sind promiskuitiv. Bei Wildfarm-Stockenten, die in Kanada untersucht wurden, veränderten sich auch das Wachstum und die Körpergröße im Vergleich zu wildlebenden Stockenten.

Über Gefangenschaftseinflüsse auf Populationen von Stammarten weiterer Haustiere liegen bislang kaum aussagekräftige Untersuchungen vor. Weitere Forschungen sind geboten, da ein vertieftes Wissen nicht nur zur Festigung der Kenntnisse über die Wege zu Haustieren nützlich ist, sondern auch zur Beurteilung von Vorhaben in Gefangenschaft gezüchtete Wildtiere im Rahmen von Naturschutzprojekten wieder auszusetzen. Darauf hat Haase (1985, 1987) nachdrücklich hingewiesen.

## 3 Verwilderung – ein Gegenexperiment

Verwilderung stellt ein Gegenexperiment zur Domestikation dar. Nachtsheim (1949) hat die Meinung vertreten, daß die Natur aus dem Haustier wieder ein Wildtier machen könne, daß in extremen Fällen der Vorgang der Domestikation umkehrbar sei. Zu dieser Frage hat schon Darwin bemerkt: «Verschiedene Autoren haben in der positivsten Weise behauptet, daß verwilderte Tiere und Pflanzen unabänderlich zu ihren spezifischen Typus zurückkehren. Es ist merkwürdig, auf was für geringem Zeugnis diese Aussage beruht.» Dies trifft zum Teil bis heute zu. Noch immer sind biologische Kenntnisse über verwilderte Haustiere recht gering (Herre und Röhrs 1971, Baker und Manwell 1981). Klatt (1927, 1934) hat auf die Bedeutung von Verwilderungsversuchen hingewiesen und Nachtsheim schrieb: «Das Problem der Verwilderung ist von der neuzeitlichen Vererbungsforschung noch kaum in Angriff genommen worden. Dabei können Beobachtungen über die Verwilderung von Haustieren zu einem wichtigen Prüfstein für unsere Anschauungen über die Rassen- und Artbildung in freier Wildbahn werden.»

In verschiedenen Teilen der Erde haben sich Haustiere aus der Obhut des Menschen gelöst. Sie sind von sich aus in die freie Wildbahn zurückgekehrt oder von Menschen ausgesetzt worden. Dies kam auch in Gebieten vor, in denen die Wildart nicht beheimatet ist. Von Verwilderung kann erst dann gesprochen werden, wenn Haustiere sich über eine Reihe von Generationen in freier Wildbahn durchgesetzt und größere Bestände aufgebaut haben.

Die meisten Haustiere, welche in die freie Wildbahn gelangen, gehen ein; ihre Haustierbesonderheiten machen sie für ein Leben in freier

**Abb. 100:** Juan Fernandez Ziege (Foto E. Mohr, Hagenbeck)

Wildbahn ungeeignet. Hierüber wird nur selten berichtet. Haustiere, welche in den Verbreitungsgebieten ihrer Stammart verwildern, vermischen sich mit wilden Individuen und gehen in der Wildart auf. Haustiere, die sich in Gebieten selbst überlassen sind, in denen Vertreter der Stammart nicht vorkommen, müssen sich mit Umweltbedingungen auseinandersetzen, die für die Art neu sind. Das ist verschiedenen verwilderten Beständen gelungen. Daher steht für Untersuchungen über die Folgen der Verwilderung umfangreiches Material zur Verfügung, weil Verwilderungen in verschiedenen Erdteilen mit sehr unterschiedlichen klimatischen Bedingungen vorgekommen sind. Für den Erfolg von Verwilderungen ist auch die Größe der Ausgangspopulationen von Bedeutung.

Bekannt geworden sind verwilderte Bestände von Hauspferden, Hauseseln, Hausschweinen, taurinen Hausrindern einschließlich der Zebus, Bantengs, Wasserbüffeln, Hausschafen, Hausziegen (Abb. 100), Hauskamelen, Hauskatzen, Haushunden, Frettchen, Farmnerzen, Hauskaninchen, Farmnutrias, Haustauben, Haushühnern, Haustruthühnern, Hausgänsen und Hausenten (Herre und Röhrs 1971, Baker und Manwell 1981, Lever 1985). Obgleich Lever eine recht eingehende Übersicht über die allgemeine Herkunft der in verschiedenen Teilen der Erde verwilderten Haustiere gibt und deren historische Entwicklung sowie ihren Einfluß auf die autochthone Tierwelt schildert, bleiben in nahezu allen Fällen die Herkunft der verwilderten Populationen und ihre genetischen Eigenarten sowie das Ausmaß späterer Einfuhren weitgehend unklar. Dies erschwert biologische Beurteilungen, weil Eigenarten von Haustieren, die sich vor Jahrhunderten oder auch nur Jahrzehnten aus der menschlichen Betreuung lösten, sehr wenig bekannt sind. Es ist meist ungewiß, ob Vertreter von Landrassen mit bestimmten Merkmalen oder solche von Kulturrassen den Ausgang verwilderter Populationen bildeten. Sicher ist nur, daß die Begründer dieser verwilderten Bestände Haustiere waren, die schon eine lange Entwicklung im Hausstand hinter sich hatten. Die genetischen Besonderheiten wichen also von der Stammart in unterschiedlicher Weise ab.

Auch in Fällen, in denen die Herkunft des Ausgangsmaterials und der erste Zeitpunkt einer Verwilderung bekannt sind, stellen sich einem Studium von Folgen der Verwilderung verschiedentlich Schwierigkeiten entgegen. Baber und Coblentz (1986) untersuchten verwilderte Hausschweine in Kalifornien. Diese gehen auf spanische Hausschweine zurück, die nach 1500 u. Z. eingeführt wurden. Aber um 1925 kamen Vermischungen mit europäischen Wildschweinen zustande, die aus Wildreservaten entwichen waren. Verwilderungsfolgen lassen sich daher nicht mehr klären. Heute kommen in weiten Teilen Kaliforniens freilebende Schweine vor, doch ihre einwandfreie Zuordnungen zu verwilderten Hausschweinen, Wildschweinen oder Mischlingen ist nicht mehr möglich.

Verwilderte Hausschweine unsicherer Herkunft sind auf die Santa-Catarina-Inseln gebracht worden. Ihre Populationsdichte, Home-ranges und Sterblichkeit haben Baber und Coblentz analysiert. Der Embryonenverlust beträgt durchschnittlich 25%; ähnliche Werte sind von Hausschweinen bekannt. Die Sterblichkeit in der Altersklasse von 7–19 Wochen liegt bei 58%. Diese hohen Verlustraten stimmen mit jenen für Wildschweine überein.

Um ein eigenes Urteil über die Folgen von Verwilderungen zu gewinnen, untersuchten wir auf unseren Forschungsreisen, besonders 1971 auf den Galapagos verwilderte Haustiere, die dort zum Teil seit mehreren Jahrhunderten in Freiheit leben. Manchen der dort ausgesetzten Populationen gelang die Verwilderung nicht (Duffy 1981).

Interesse an biologischen Vorgängen nach Verwilderung weckte E. Haeckel, als er 1870 das Kaninchen der Insel Porto Santo, dessen Vorfahren ausgesetzte Hauskaninchen sind (Nachtsheim 1939, 1941), als neue Art *Lepus huxleyi* beschrieb.

Das Porto-Santo-Kaninchen ist recht klein, nach Nachtsheim kaum schwerer als 500 g, also etwas kleiner als *Oryctolagus cuniculus*. Das Porto-Santo-Kaninchen zeichnet sich außerdem durch eine bemerkenswerte Scheuheit aus. Diese Besonderheiten wurden für die Aufstellung als eigene Art als ausreichend erachtet. Doch das Porto-Santo-Kaninchen pflanzt sich freiwillig mit *Oryctolagus cuniculus* und seinen Hausformen fort. Es kann also nicht als eigene Art gelten (Herre und Röhrs 1971).

Sehr häufig wird noch immer die Auffassung vertreten, daß verwilderte Haustiere zur Färbung der Stammart «zurückschlagen». Hierzu bemerkte Darwin: «In keinem Falle ist bekannt, welche Varietät zuerst freigelassen worden ist; in manchen Fällen sind wahrscheinlich mehrere Variationen verwildert und schon allein deren Kreuzung würde dahin wirken, ihren eigentümlichen Charakter zu verschieben.»

Von verwilderten Kaninchen ist berichtet worden, daß sie die Färbung der Wildart aufwiesen, obgleich die Ausgangstiere anderer Färbung waren. Die Ausgangstiere der verwilderten Bestände werden nicht reinerbig gewesen sein. Bei mischerbigen Ausgangstieren treten nach dem Wissen über die Gene, welche die Färbung steuern (Nachtsheim und Stengel 1977, Rudolph und Kalinowski 1982), Rekombinationen auf, welche zur Wildfärbung führen. Hat Wildfärbung Auslesewert, was für die meisten Fälle anzunehmen ist, wird Wildfärbung in verwilderten Haustierpopulationen bald vorherrschen. Für den Selektionswert von Färbungen sind Beobachtungen an Wildkaninchen von Interesse, die in Australien und Neuseeland eingeführt wurden und verschiedene Gebiete kolonisierten. Howard (1965) berichtet, daß sich in den Beständen Farbvarianten in unterschiedlicher Häufigkeit feststellen lassen; in höheren Lagen sind vor allem schwarze Wildkaninchen zu finden, während in wüstenähnlichen Landschaften gelbliche Wildkaninchen vorherrschen. Klinhafte Verteilung läßt sich erkennen.

In Australien ist der als Dingo bezeichnete Haushund seit 5000–3000 Jahren verwildert (Meggitt 1965); andere Spekulationen über die Verwilderungszeit, auch jene von Macintosh (1975), entbehren hinreichender Grundlagen. Seit diesem Zeitraum ist dieser Haushund einer Auslese in freier Wildbahn weitgehend ausgesetzt. Trotzdem sind Zeichnung und Färbung des Wolfes nicht bekannt geworden. Bereits die ersten europäischen Kolonisten haben aber gelblich getönte, vielfältig gescheckte und auch schwarze Dingos beschrieben (Wood-Jones 1923). Da sich bei Bastarden zwischen einem Wolfsrüden und einer Dingohündin, die van

Bemmel im Zoologischen Garten Rotterdam erzüchtete, die Dingofärbung im wesentlichen als dominant erwies, hätten in Dingobestände Erbfaktoren, die zur Wolfsfärbung führen, rezessiv vorhanden sein können. Da sie in der langen Zeit der Verwilderung des Dingo nicht in Erscheinung traten, können sie in der Ausgangspopulation nicht vorhanden gewesen sein. Anlagen für weiße Zeichnung der Extremitätenenden und der Schwanzspitze, die heute Dingos oft kennzeichnet, waren vorhanden. Die gleiche Eigentümlichkeit weisen die dingoähnlichen Hallstromhunde auf, die Troughton (1957) als eigene Art beschrieb. W. Schultz (1969) hat jedoch gezeigt, daß es sich um einen Haushund handelt. Auch bei den im Kieler Institut gezüchteten Hallstromhunden traten keine wolfsfarbenen, aber sehr bald schwarze und gescheckte Tiere auf. Auf den Galapagosinseln war bei den verwilderten Haushunden eine sehr große Verschiedenheit in den Färbungen und Zeichnungen zu beobachten, wolfsfarbene Tiere aber fehlten.

Bei Hauskatzen, die auf den Galapagosinseln verwildert waren, sahen wir alle von Hauskatzen bekannten Farbspiele: wildfarbene, Abwandlungen wildfarbener Musterungen, weiße, schwarze, gescheckte und auch dreifarbige weibliche Individuen.

Hauspferde und Hausesel, die in verschiedenen Erdteilen verwilderten, sind entsprechend uneinheitlicher Ausgangspopulationen unterschiedlich. Auf Inseln des Galapagos-Archipels und in Peru beobachteten wir einheitlich grau gefärbte Populationen verwilderter Hausesel, in Patagonien dagegen fast schwarz gefärbte Bestände. Über die in Nordamerika verwilderten Hauspferde, die Mustangs, liegt eine Beschreibung von Ryden (1971) vor. Ihr ist zu entnehmen, daß die Zeichnung und Färbung dieser Bestände recht variabel ist. Bei den in Japan seit rund 250 Jahren verwilderten Misaki-Hauspferden, über die Shimizu (1971) einen anschaulichen Bericht gab, beobachteten wir verschiedene von Hauspferden bekannte Färbungen. Verwilderte Hauspferde im südlichen Teil der Namibwüste/Afrika (Sycholt 1986) leben in einer sehr kärglichen Umwelt, die zu langen Märschen zwingt. Dunkelbraune, starkknochige Tiere herrschen in diesem verwilderten Bestand vor; es gibt aber auch leichtere, zartgliedrigere Vollbluttypen.

Bei verwilderten Hausschweinen bleibt die primitive Hausschweine kennzeichnende Buntheit erhalten. Auf den Galapagosinseln fanden wir wildfarbene, schwarz-weiß-rot gefleckte, schwarze und rotbraune Individuen. Entsprechend verschiedener Ausgangspopulationen können verwilderte Hausschweine aber Unterschiede in den vorherrschenden Färbungen aufweisen.

Jewell (1962) hat die seit Jahrhunderten sich selbst überlassenen Kildar-Hausschafe untersucht. Auch in diesen verwilderten Beständen ist die Variationsbreite der Färbung groß. Das gleiche gilt für die auf Inseln des Galapagos-Archipels verwilderten Hausziegen und Hausrinder. Bei verwilderten Beständen von Hausrindern tauchen gelegentlich Individuen urähnlichen Aussehens auf. Doch solche Tiere finden sich auch in Beständen primitiver Landhausrinder, wie wir in der Türkei feststellten.

Bei verwilderten Haustauben ist eine Fülle von Färbungen und Zeichnungen zu beobachten; von einem allgemeinen Rückschlag auf die Färbung der Felsentaube kann nicht gesprochen werden.

Die verwilderten Hausschafe von Kildar zeigen einen Haarwechsel wie Wildschafe (Jewell 1962). Sehr schwer zu beurteilen sind die Körpergrößen verwilderter Haustiere, weil sichere Aussagen über die Ausgangspopulationen fehlen. Wohl zeichnet sich das Porto-Santo-Kaninchen durch sehr geringe Körpergröße aus, bei anderen verwilderten Populationen von Hauskaninchen unterscheidet sich aber die Körpergröße von der Norm der Hauskaninchen nicht.

Darwin meinte, daß verwilderte Hauskatzen größer seien als normale Hauskatzenpopulationen; für diese Ansicht sprach auch das Gewicht von über 6 kg bei einem in Schleswig-Holstein in die Freiheit entwichenen Hauskater (Röhrs 1955). Doch die Gewichte verwilderter Hauskatzen auf den Galapagosinseln lagen im Bereich der europäischen Hauskatzen. Lüps (1980) hat ein umfangreiches Material von Körpergewichten freilaufender Hauskatzen der Schweiz mit solchen von in Haushalten lebenden Hauskatzen und auf den Kerguelen verwilderten verglichen. Dabei zeigte sich, daß die Variabilität so groß ist, daß über Verwilderungsfolgen keine gesicherten Befunde erhoben werden können.

Auch für andere Haustierarten lassen sich Einflüsse der Verwilderung auf die Körpergröße nicht sichern; es fällt auf, daß sich ausgesprochene Zwerge oder Riesen nicht in verwilderten Beständen befanden. Schultz (1969) gibt für Dingos 15–20 kg Körpergewicht an, für Hallstromhunde 8–12 kg. Die verwilderten Haushunde der Galapagos wogen um 20 kg. Verwilderte Hausesel, die wir auf den Galapagos und in Südamerika erbeuteten, hatten Gewichte zwischen 100 bis 150 kg; Hausesel der gleichen Gegend waren teils größer, teils kleiner. Die auf den Galapagos verwilderten Hausschweine wogen zwischen 40–60 kg, lagen damit im Bereich kleinerer Landhausschweine, aber auch kleinerer Wildschweine. Bei verwilderten Hausziegen der Galapagos betrugen die Gewichte der Weibchen 30–40 kg, der Böcke 40–50 kg. Diese Werte liegen über den im Schrifttum angegebenen Werten der Bezoarziegen.

Die wenigen Daten lassen die Aussage zu, daß Verwilderung keine einheitliche Folge auf Körpergrößen ausübt. Für einen auslesenden Einfluß der jeweiligen Umwelt spricht die Tatsache, daß die Körpergrößen in den einzelnen verwilderten Populationen oft recht einheitlich sind.

Über die Körperformen verwilderter Haustiere läßt sich nach unseren Feststellungen und den Angaben im Schrifttum aussagen, daß sich vom Wildtyp stärker abweichende Erscheinungen für Verwilderungen nicht eignen. Extreme Wuchsformen, Dackelbeinigkeit, Mopsköpfigkeit, starker Fettansatz ließen sich nicht finden.

Rassetypische Besonderheiten können sich bei verwilderten Tieren erhalten. So zeichnen sich in Nordamerika verwilderte Hauspferde, deren Herkunft von spanischen Hauspferden geschichtlich belegt ist, noch immer durch Ramsköpfigkeit aus (Ryden 1971).

Über Besonderheiten der Schädel liegen eingehende Angaben von Hückinghaus (1965) für die auf den Kerguelen verwilderten Hauskaninchen vor. Der Zeitpunkt des Beginns der Verwilderung dieser Tiere ist bekannt und es ist sicher, daß Wildkaninchen später nicht eingekreuzt wurden. Anatomische Angaben über die auf den Kerguelen eingeführten Tiere gibt es nicht. Die Schädel dieser Kaninchen zeigen in einzelnen Abmessungen typische Hauskaninchenmerkmale, in anderen Wildtiereigenarten. In vielen Fällen lagen die Werte intermediär. Insgesamt sind die Befunde nicht eindeutig als «Rückschläge» zur Stammart zu sichern. Dies gilt auch für die Schädel verwilderter Hausschweine und Hausziegen der Galapagosinseln. Wohl sind die Schädel dieser verwilderten Hausschweine noch langschnäuzig, doch ist dies eine Eigenart, die sie mit Landrassen vergangener Jahrhunderte teilen (Abb. 101).

Besonderes Interesse fanden Angaben, die Einflüsse einer Verwilderung auf das Gehirn von Haussäugetieren möglich erscheinen ließen. So zeigt Klatt (1912), daß die Hirnschädelkapazität verwilderter Hauskatzen um maximal 10% höher lag als bei der Norm der Hauskatzen. Klatt schloß aber bei seinem Material Einkreuzungen von Wildkatzen nicht aus. Derenne (1972) ermittelte bei verwilderten Hauskatzen des Kerguelen-Archipels eine etwas geringere Hirnschädelkapazität als bei normalen Hauskatzen. Bei den auf den Kerguelen verwilderten Hauskaninchen waren die Hirnschädelkapazitäten höher als bei dem Vergleichsmaterial anderer Hauskaninchen (Hückinghaus 1973). Für verwilderte Frettchen konnte Rempe (1970) eine um 6% größere Hirnschädelkapazität ermitteln. Aus den Zunahmen der Hirnschädelkapazitäten wurde auf größere Gehirne geschlossen, die möglicherweise auf eine Selektion von Tieren mit größeren Gehirnen zurückzuführen sei. Die Beurteilung der Hirngröße nach der Hirnschädelkapazität ist aber problematisch.

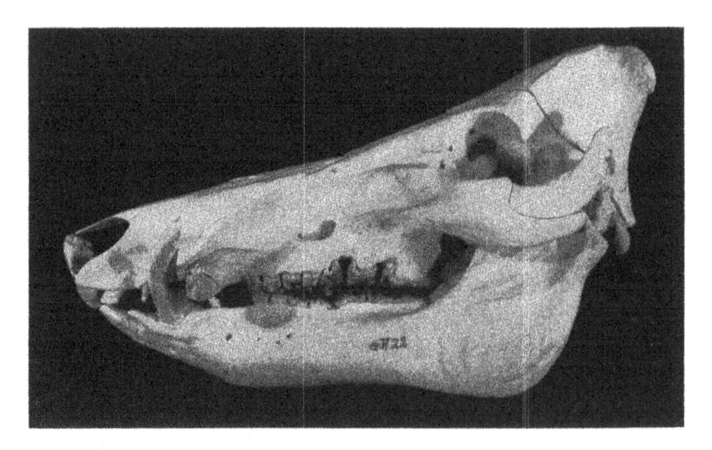

**Abb. 101:** Schädel eines verwilderten Hausschweines von den Galapagos (Foto E. Engelke Institut für Zoologie, Tierärztl. Hochschule Hannover)

Zu den am längsten verwilderten Haustieren gehören sicher Dingos und Hallstromhunde. Gehirne aus Zuchten dieser Tiere im Kieler Haustiergarten wiegen durchschnittlich 24% weniger als Wolfsgehirne (Schultz 1968, Ebinger 1980). Damit liegen die Hirngewichte verwilderter Hunde eindeutig im Haushundbereich. Allerdings besitzen moderne Haushunde im Durchschnitt um 28% leichtere Gehirne als Wölfe. Diese 4% Unterschied können aber nicht als Beweis einer geringen Wiederzunahme der Hirngröße bei verwilderten Hunden angesehen werden. Zum Zeitpunkt der Verwilderung hatten die Tiere wahrscheinlich noch nicht das volle Ausmaß der Hirnreduktion durch Domestikationseinflüsse erreicht. Bei Hauskatzen, deren Fortpflanzungsverhältnisse kaum beeinflußt wurden, ist das Hirngewicht ebenfalls nur um 24% geringer als bei Wildkatzen; die Hirngröße verwilderter Hauskatzen unterscheidet sich nicht von der solcher Hauskatzen.

Erste Daten von Hirngewichten verwilderter Esel in Südamerika ließen uns vermuten, daß diese größere Hirngewichte besaßen als Hausesel. Wir konnten inzwischen das Material ergänzen und feststellen, daß zwischen Hauseseln und verwilderten Eseln keine Unterschiede im Hirngewicht bestehen. Auch zwischen den Hirngewichten von Hausziegen und verwilderten Ziegen sowie Hausschweinen und verwilderten Schweinen bestehen keine Unterschiede (Abb. 102).

Die Gehirne von verwilderten Hausschweinen, die wir auf den Galapagos sammelten, wurden in ihrer quantitativen Zusammensetzung untersucht (Kruska und Röhrs 1974). Es zeigte sich, daß sie sich in der quantitativen Zusammensetzung von Hausschweingehirnen etwas unterscheiden: Bei ihnen ist die Medulla oblongata um 10,5% größer, das Cerebellum um 11% kleiner; der Allocortex um 11%, der Bulbus olfactorius um 18% und der Hippocampus um 25% größer. Insgesamt weisen diese Daten darauf hin, daß das Riechvermögen der verwilderten Hausschweine etwas besser ist, da die primären Riechzentren größer sind, doch die sekundären Zentren unterscheiden sich von anderen Hausschweinen nicht. Weiter weisen die Untersuchungen darauf hin, daß verwilderte Hausschweine eine größere Aktivität und eine bessere Reaktionsfähigkeit besitzen. Ob diese Besonderheiten erst unter den Bedingungen des freien Daseins in Vorrang kamen oder von noch primitiven Ausgangspopulationen übernommen wurden, kann nicht geklärt werden.

Die mehrfachen Hinweise auf die Bedeutung von Verwildungsversuchen sind weitgehend unbeachtet geblieben. Frick und Mitarbeiter haben einen solchen Versuch mit Labormäusen durchgeführt und die verwilderten Populationen mit der Stammart, der westlichen Hausmaus verglichen. Die in Freigehegen lebenden Labormäuse erreichten wieder die Herzgewichte der Stammart. Herzgewichte von Labormäusen konnten

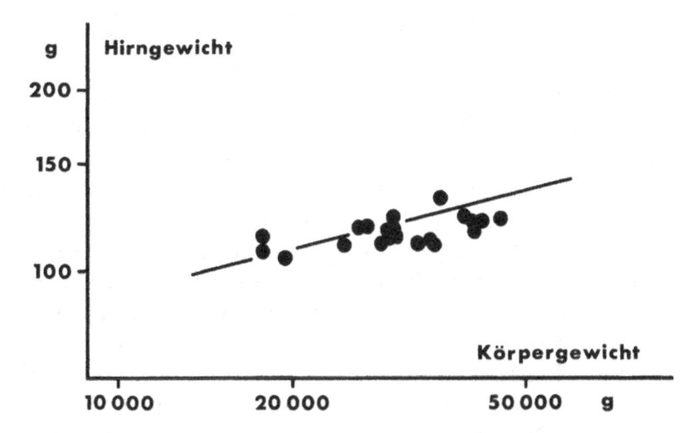


**Abb. 102:** Beziehung Hirngewicht-Körpergewicht bei Hausziegen —— und verwilderten Ziegen ● von den Galapagos

auch durch Training beeinflußt werden. Bei verwilderten Labormäusen vergrößerten sich auch die Nieren (Class 1961, Seeliger 1961, Zehner 1967). Hausschweine haben 52% leichtere Herzen (ohne Vorkammern) als Wildschweine. Verwilderte Schweine haben nur um 25% leichtere Herzen als Wildschweine. Genauso liegen die Verhältnisse beim Milzgewicht. Hausschweineber besitzen 33% leichtere Nieren als Wildschweinkeiler. Zwischen den Ebern verwilderter Hausschweine und Wildschweinkeilern besteht kein Unterschied in den Nierengewichten.

Die Biologie und wesentliche Eigenarten im Verhalten der australischen Dingo hat Meggitt (1965) eindrucksvoll beschrieben. Es ergibt sich, daß der Dingo wesentliche Züge eines Haushundverhaltens aufweist.

Verwilderte Haushunde beobachtete Nesbitt (1975) in einem Wildtierreservat. Dort bildeten die verwilderten Haushunde geschlossene Rudel, in die keine fremden Haushunde aufgenommen wurden, nur die eigenen Nachkommen. Es bildeten sich in diesen Rudeln aber keine klaren Rangordnungen. Für Hirsche und andere Tiere des Wildreservates stellten diese verwilderten Haushunde keine Gefahr dar, sie dienten vielmehr als eine Art Gesundheitspolizei.

Als Vorstufen echter Verwilderung können die in Großstädten streunenden, herrenlosen Haushunde gelten. In Alabama, Mexico-City und Madras (Scott 1967, 1968; Fox 1978) ernährten sich solche Haushunde von Abfällen und Kleinsäugern. Sie flüchteten vor Menschen, wohl wegen schlechter Erfahrungen. Ihre Aktivitäten entfalteten sie in den frühen Morgenstunden; während des Großteils des Tages hielten sie sich versteckt. Im allgemeinen lebten die Tiere allein oder in kleinen Gruppen ohne Rangordnung. Untereinander waren sie um Kontakt bemüht. Es ist unwahrscheinlich, daß solche streunenden Haushunde aus eigener Kraft verwilderte Populationen aufbauen.

Einen besonderen Fall von Verwilderung stellen die Stadttauben dar. Haag (1984) hat ihre Ökologie eingehend untersucht. Bereits aus dem Mittelalter liegen Berichte über seltene Stadttaubenkolonien vor. Doch bis in die ersten Jahrzehnte des 20. Jahrhunderts blieben die Bestände klein. Erst nach 1950 trat in wohl allen Städten des Westens eine sehr starke Zunahme der Stadttauben ein. Heute wird ihr Weltbestand auf 500 Millionen geschätzt.

Die Stadttauben sind sicher verwilderte Nachfahren von Haustauben. Ihr Verhalten weicht deutlich von dem der Felsentaube ab. So ist bei Felsentauben am Brutplatz territoriale Aggressivität ausgeprägt, bei Stadttauben fehlt eine solche weitgehend. Stadttauben sind noch anpassungsfähiger als viele Haustauben. Im Fortpflanzungsverhalten erweisen sich die Stadttauben ebenfalls als Nachfahren von Haustauben; sie sind ganzjährig fortpflanzungsbereit, sie können bis zu 8 Bruten im Jahr aufziehen. Stadttauben leben vor allem in den Stadtzentren. Dort erhalten sie sehr reichlich Nahrung von Taubenfreunden. Zur Peripherie von Städten, wo mehr Eigenleistung für die Lebenserhaltung erforderlich ist, nimmt die Siedlungsdichte der Stadttauben kontinuierlich ab. Der Überfluß an Nahrung in der Stadtmitte führt zu so hohen Siedlungsdichten, daß Haag von «slumartigen» Lebensbedingungen spricht. Diese haben vielfältige Auswirkungen auf das Verhalten, so bei der Jungenaufzucht, was sich auf die Überlebensrate auswirkt. Trotzdem ist die Vielfalt der Stadttauben sehr groß.

In der Hirngröße unterscheiden sich Stadt- und Haustauben nicht; aber Herzgewicht, Milzgewicht, Nierengewicht, Lebergewicht und Gewicht des Drüsenmagens sind bei den Stadttauben deutlich höher als bei den Haustauben (Ebinger und Löhmer 1979).

Bei einem Vergleich der Beobachtungen von Krieg (1924) an verwilderten Haustieren in Südamerika, in Neuseeland von Wozkicki (1950), in Australien von Ratcliffe (1959), von Moore (1982) auf der Galapagosinsel Isabella, von Jewell (1962) an den Kildarschafen, von Ryden (1971) an den Mustangs, von Shimizu (1971) sowie von Feist und McCullough (1976) an weiteren verwilderten Hauspferden mit unseren eigenen Erfahrungen auf den Galapagos, in Südamerika, Kleinasien und Japan wird eindeutig, daß viele Verhaltensweisen verwilderter Haustiere sich dem Verhalten ihrer Stammarten annähern.

Allgemein sind die Fluchtdistanzen verwilderter Haustiere recht groß und ihre Lautäußerungen differenzierter als bei den Tieren im Hausstand. Die meisten verwilderten Haushunde jagen in Meuten (Moore 1982) und zeigen Beutefanghandlungen wie Wölfe. So können die verwilderten Haushunde in freier Wildbahn bestehen. Auch verwilderte Hauskatzen entwickeln das Beutefangverhalten ihrer Stammart. Verwilderte Hausschweine führen eine differenzierte Nahrungssuche durch; sie fressen Fleisch und Aas, sie bauen Nester wie die Wildschweine und der ursprüngliche circadiane Rhythmus ist ausgeprägt. Hausschweine zeigen in der Verwilderung aber keine jahreszeitliche Bindung in der Fortpflanzung. Verwilderte Hausziegen und Hausrinder leben in Gruppen wie die Stammarten, bei ihnen bilden sich die typischen Jungmännerverbände, denen sich gelegentlich alte Männchen beimischen. Trächtige Weibchen sondern sich vor der Geburt von ihrem Sozialverband ab und führen nach der Geburt mit ihren Jungtieren kürzere Zeit ein isoliertes Leben. Bei den verwilderten Misaki-Pferden zeigten sich, ähnlich der Stammart, Haremgruppen, die überzähligen Hengste vereinten sich zu lokkeren Verbänden. Dies steht mit den meisten Beobachtungen von Hoffmann (1983) an verwilderten Hauspferdpopulationen in Nordamerika und Australien im Einklang. Die verwilderten Hauspferdpopulationen sind nicht territorial, sie haben sich überlappende Home-ranges. Der Bestand von 270 Pferden, gleichviele Hengste und Stuten, in der afrikanischen Namibwüste gliedert sich in 41 Herden, 31 davon bestehen aus 3–5 Tieren (Sycholt 1986).

Bei einigen in Australien verwilderten Hauspferden fielen Besonderheiten auf. Hoffmann beobachtete Gruppen von Stuten mit Nachzucht und 2 Hengsten gleicher Rangordnung, andere bestanden nur aus Stuten mit ihren Fohlen, manche Pferde lebten einzeln. Außerdem gab es Gruppen von Junghengsten, die wechselnde Zusammensetzung hatten. Keine der Gruppen war territorial, keine erhob einen Anspruch auf ein bevorzugtes Gebiet im Bereich einer Wasserstelle. Hoffmann kommt zu dem Schluß, daß verwilderte Hauspferde in der sozialen Organisation und in ihren Gebietsansprüchen sehr flexibel sind. Dies ergibt sich auch aus den Feststellungen von Feist und McCullough. Einen bemerkenswerten Bericht über die Biologie verwilderter Hauspferde in Great Basin hat auch Berger (1986) gegeben.

Insgesamt ergibt sich, daß nicht alle verwilderten Haustiere in ihrem Verhalten den Stammarten gleichen. Auf den Galapagosinseln fiel uns auf, daß verwilderte Haushunde und Hausschweine an der Beute ausgesprochen «unaufmerksam» sind. Dies entspricht Angaben von Meggitt (1965) über das Verhalten der Dingos. Weiter bemerkten wir, daß die Verteidigungsbereitschaft bei Vorhandensein von Jungtieren nicht so ausgeprägt ist wie bei den Stammarten und daß Jungtiere verwilderter Haushunde, Hauskatzen und Hausziegen ungewöhnlich schnell zahm sind, während sich die verwilderten Eltern durch große Scheuheit auszeichnen. Doch gerade die Zahmheit mahnt, sehr sorgliche Einzelanalysen vor bestimmten Aussagen durchzuführen. Wildtiere sind im allgemeinen scheu, sie zeigen große Fluchtdistanzen und können lernen, diese zu verringern. Haustiere sind im wesentlich erblich zahm, sie lernen, daß in manchen Fällen große Fluchtdistanzen Vorteile bringen. Zahmheit kommt also auf sehr unterschiedliche Weise zustande (Herre 1978).

Welche Schlüsse läßt das bisherige Wissen über verwilderte Haustiere zu? Die Frage, ob sich verwilderte Haustiere wieder zu Wildtieren im Sinne ihrer Stammart zurückentwickeln, muß eindeutig verneint werden. In Merkmalen der Körperform, der Körpergröße, der Organgrößen und zum Teil im Verhalten erscheinen manche verwilderten Haustiere ihrer Stammart zwar ähnlich, aber diese Tatsache läßt sich leicht interpretieren. Die verwilderten Bestände gehen meist auf primitivere Haustierpopulationen zurück, in denen die Variabilität groß und die Ähnlichkeit mit der Wildart noch ausgeprägter war. Es ist vorstellbar, daß in der wiedergewonnenen Freiheit vor allem jene Tiere überleben, die der Stammart noch nahestehen und sich neuen Umweltbedingungen anzupassen vermögen. Diese Meinung vertritt auch Bilz (1971). Doch die Macht der Selektion bleibt begrenzt, wenn genetische Grundlagen der verwilderten Bestände schon vorher im alten Hausstand gegenüber der Stammart entscheidend verändert worden sind. Dies trifft in vielen Fällen für Färbungen und die Hornform zu, besonders aber für das Gehirn. Durch Umweltbedingungen, unter denen verwilderte Haustiere leben müssen, kann es zu Modifikationen kommen. Aber es gibt bisher keinen Hinweis, daß bei verwilderten Haustieren neue genetische Kombinationen Vorrang gewinnen oder sich Mutationen einstellten, die eine echte Rückentwicklung zu den Stammarten oder zu neuen Wildarten bewirkten. In diesem Sinne ist das Gegenexperiment Verwilderung ohne «Erfolg» geblieben.

## 4 «Selbstdomestikation» des Menschen

Von mehreren Forschern (Fischer 1914; Nachtsheim 1940; Lorenz 1959, 1968; Saller 1957, 1959) wird die Auffassung vertreten, daß auch der Mensch in gewissem Sinne ein Haustier sei. Daher setzte sich der Begriff «Selbstdomestikation» durch. Haustiere und Menschen haben in vielen Merkmalen eine größere Variabilität als dies bei Wildarten allgemein der Fall ist. Für Erörterungen über Evolutionsprobleme, welche Menschen und Haustiere in Gedankengänge einbeziehen, ist dies ein interessanter Sachverhalt. Es ist jedoch zu prüfen, ob die Gründe, die zu diesem Phänomen führten, in den entscheidenden Punkten die gleichen sind, ob es berechtigt ist, zu sagen, der Mensch habe sich selbst domestiziert.

Fischer (1914, 1936) erachtete Domestikation und «Selbstdomestikation» als fast völlig gleiche Begriffe, wenn er sagt: «Ich fasse den Menschen von der Zeit an, da er Feuer besitzt und durch den Gebrauch echter Werkzeuge verrät, daß er wohl auch soziale Einrichtungen und Sitte und Brauch hat, auf als in einem biologischen Zustand lebend, der dem des domestizierten Tieres völlig gleicht. Vor allem sei das steigende Ausgeschaltetsein der natürlichen Auslese betont! Man kann für die Menschenrassen leicht zeigen, daß sämtliche Rassenunterschiede auf Genen beruhen, die ihre vollkommene Parallele in den Mutationen der Haustiere haben.» Lorenz (1943, 1959, 1968) hält die «Selbstdomestikation» sogar für eine entscheidende Voraussetzung für die Menschwerdung. Wir sind der Auffassung, daß die Fragen zur «Selbstdomestikation» des Menschen noch nicht ausreichend geklärt sind, auch weil im Bereich der phylogenetischen Parallelbildungen noch viele Probleme ungelöst blieben.

Stellen wir zunächst die überspitzte Frage, ob die Art *Homo sapiens* durch «Selbstdomestikation» entstanden sein könnte? Vorfahren von Menschen müßten dann durch «Selbstdomestikation» den Menschen erschaffen haben. Die Australopithecinae waren zur bipeden Lebensweise, zur aufrechten Körperhaltung übergegangen. Dies ist keine Folge von Selbstdomestikation gewesen, sondern Anpassung an ein Leben in offener Landschaft. In ihrer Hirnentfaltung kamen die Australopithecinae über das Niveau von heute lebenden Menschenaffen nicht hinaus (500 g Hirngröße). Bei den Homininae fand in den letzten zwei Millionen Jahren eine ungewöhnliche Zunahme der Hirngröße statt: *Homo habilis* ~ 700 g, *Homo erectus* 1000 g, *Homo sapiens* 1400–1700 g. Diese Hirngrößenzunahme ist gekoppelt mit einer entsprechenden Zunahme der Differenzierung und des Leistungsvermögens. Als Folge von «Selbstdomestikation» ist dieser einmalige Vorgang in keiner Weise zu interpretieren, in der Domestikation nimmt die Hirngröße ab. Weiterhin können wir von *Homo erectus* zu *Homo sapiens* keine Merkmalsveränderungen erkennen, die als Domestikationsmerkmale zu deuten wären.

Zu den Argumenten, welche bei der Begründung der Vorstellungen von einer «Selbstdomestikation» des Menschen eine wesentliche Rolle gespielt haben, gehört die Bolksche Fetalisationshypothese. Diese besagt, daß die menschliche Form als Ganzes – damit die Bildung der Art *Homo sapiens* – ihr typisches Gepräge als Folge einer allgemeinen Entwicklungshemmung erhalten habe.

Durch Entwicklungsverlangsamung, einer Retardation, sei der Zustand einer Fetalisation gegenüber Ahnformen zustande gekommen. Die Ursache soll in der Gesamtsituation des innersekretorischen Apparates liegen. Die kennzeichnenden Merkmale des Menschen sind nach der Auffassung von Bolk primär und spezifisch oder sekundär. Zu primären Merkmalen werden gerechnet: Orthognathie, Haarmangel, Pigmentverlust, Form der Ohrmuschel, Mongolenfalte, Lage des Foramen magnum, lange Persistenz der Schädelnähte, Bau der Hand und des Fußes sowie Beckenstellung. Alle diese Merkmale kommen auch bei Affenembryonen vor. Auch der große Hirnschädel des Menschen wurde als das Ergebnis der Fetalisation gewertet.

Die Bolksche Hypothese wurde als Erklärungsprinzip von Formeneigenarten der Haustiere herangezogen. Dies war ein Trugschluß, wie wir bereits früher angedeutet haben. Besonders Merkmale von Zwergformen galten als beweiskräftige Zeugnisse für die Bolksche Hypothese, so das Zurücktreten des Gesichtsschädels gegenüber dem Hirnschädel, die relativ kurzen Extremitäten, ferner das Beibehalten jugendlicher Verhaltensmerkmale. Die Fetalisation wurde als domestikationsbedingt erklärt, und damit sollte auch die Fetalisation des Menschen domestikationsbedingt sein: Der Mensch erwirbt seine charakteristischen Eigenschaften durch «Selbstdomestikation».

Starck (1962) zeigte, daß die Bolksche Fetalisationshypothese nicht überschaubare Auswirkungen hatte. Er hat daher diese Hypothese einer gründlichen kritischen Analyse unterzogen. Wir wiederholen an dieser Stelle seine zusammenfassende Aussage: «Es gibt keine Fetalisation ganzer Organismen (Spezies), sondern allenfalls Fetalisationen einzelner Merkmale. Die Hypothese ist nicht in der Lage, das Wesen der Menschwerdung zu deuten ... Bei der Menschwerdung läßt sich im Vergleich zum Tierprimaten ein buntes Mosaik von Accelerationen, Retardationen und Deviationen nachweisen ... Für die Gestaltprozesse bei der Haustierwerdung läßt sich das Gleiche nachweisen. So konnte gezeigt werden, daß die Formbesonderheiten jugendlicher Haushundschädel nicht mit denen von Zwerghundschädeln vergleichbar sind ... Auch in der Domestikationskunde kann keine Rede davon sein, daß ein allgemeines Fetalisationsprinzip im Sinne eines Formbildungsgesetzes wirksam ist.»

Nachdrücklich muß weiter betont werden, daß es sich bei den Domestikationsveränderungen vom Wildtier zur Hausform um intraspezifische Vorgänge handelt (Darwin 1869, Herre 1958, Röhrs 1961). Bei der Entwicklung der typischen Merkmale des Menschen aber handelt es sich um einen Artbildungsprozeß, der nichts mit den intraspezifischen Abwandlungen von der Stammart zur Hausform zu tun hat. Die Fetalisationshypothese erklärt weder die Menschwerdung noch die Herausbildung der Formbesonderheiten der Haustiere wie Hilzheimer (1913), Adametz (1921) oder Dechambre (1949) meinten.

In Anlehnung an die Bolksche Fetalisationshypothese hat Lorenz (1954) wichtige Verhaltensbesondersheiten als domestikationsbedingt bezeichnet: «Der Mensch verdankt seiner partiellen Neotenie und damit mittelbar seiner Selbstdomestikation zwei konstitutive Eigenschaften: Erstens das Erhaltenbleiben der weltoffenen Neugier über nahezu sein ganzes Leben, zweitens aber die Entspezialisation, die ihn schon rein körperlich zum unspezialisierten Neugierwesen stempelt.» Betont wird auch, daß die «Selbstdomestikation» durch den Abbau instinktiver Verhaltensweisen Bahn für Lernen und Erziehung schuf. Lorenz setzt bestimmte domestikationsbedingte Verhaltensweisen von Haustieren mit Verhaltensweisen von Menschen gleich: Die Treue eines Haushundes zu seinem Herrn entspringe ebenso einem domestikationsbedingten Beibehalten jugendlicher Verhaltensmerkmale wie die konstitutive Weltoffenheit des Menschen.

Wir können uns dieser Argumentation von Lorenz nicht anschließen. Die Art *Homo sapiens* ist seit Beginn ihrer Existenz mit dem einmalig großen Gehirn ausgestattet. Dieses Gehirn mit dem enorm entfalteten Neocortex in Zusammenhang mit leistungsfähigen Sinnesorganen, dem aufrechten Gang und der Greifhand ist Ursache für die Besonderheiten des menschlichen Verhaltens und der menschlichen Leistung: Zunahme des Lernvermögens, der einsichtigen Handlungen, Entwicklung von Bewußtsein und lebenslanger Neugier, Herausbildung eines hochdifferenzierten Komunikationssystems durch artikulierte Sprache; Übermittlung einmal erworbener Kenntnisse an nachfolgende Generationen. Mit diesen Fähigkeiten, durch Erfindung und laufende Verbesserung von Werkzeugen und Jagdwaffen vermochten Menschen nach und nach nahezu die ganze Erde zu besiedeln. Bei Haustieren gibt es keine Parallele zu derartigen Leistungen.

Zunehmende Bevölkerungszahl, Abnahme jagdbarer Tiere in bestimmten Regionen und steigende Ansprüche veranlaßten Menschen, Pflanzen und Tiere zu domestizieren und vielfältig zu nutzen. So gewann der Mensch ganz erhebliche Freiheiten, die es ihm erlaubten, seine Fähigkeiten weit intensiver zu nutzen als vorher. Menschen veränderten ihre Umwelt aktiv in ungeheurem Ausmaß, sie entwickelten Hochkulturen und Zivilisationen.

Mit diesem durch Menschen aktiv gestalteten Wandel änderten sich auch die Selektionsbedingungen, die Formen des Nahrungserwerbs, Sozialstrukturen und die Populationsdynamik. Hier erst ist zu fragen, ob diese Bedingungen Domestikationsbedingungen entsprechen und ob sich dadurch Domestikationsmerkmale bei Menschen einstellten.

Ein wesentlicher Unterschied zwischen Domestikation und «Selbstdomestikation» wird schon durch die beiden Begriffe klar ausgedrückt. Bei der Domestikation greifen Gruppen von Menschen aktiv in das Leben von Populationen anderer Tierarten ein; das ist auch so, wenn sich Populationen von Tierarten, wie z.B. Wildkatzen, zunächst freiwillig dem Menschen anschließen. Bei der «Selbstdomestikation» wäre der Mensch als Art gleichzeitig Domestizierender und Domestizierter. Eine wichtige Frage ist die nach der «wilden Stammart» des Menschen. Bei Haustieren sind Stammart und Hausform immer eindeutig zu erkennen, bei Menschen ist das nicht der Fall. Eine Selbstdomestikation müßte daher alle Menschen betreffen und es müßte ein allmählicher Übergang aller Angehörigen der Art *Homo sapiens* von wilden Vertretern zu selbstdomestizierten stattgefunden haben. Im Tierreich gibt es hierfür kein Beispiel.

Vergleichen wir nun Bedingungen der Domestikation und «Selbstdomestikation». Bei der Domestikation werden Individuengruppen von der Stammart isoliert und stark vermehrt; das ist bei der «Selbstdomestikation» nicht der Fall. Bei Haustieren werden die Fortpflanzungsverhältnisse durch den Menschen aktiv beeinflußt, es erfolgt künstliche Auslese und generationenlange Zucht auf Nutzen. Aktive Beeinflussung der Fortpflanzungsverhältnisse, künstliche Selektion und Zucht auf Nutzen hat der Mensch bei sich nicht durchgeführt. Bei Haustieren sorgen Menschen für Nahrung, Schutz und Unterkunft. Diese Aufgaben muß der Mensch für sich allein erfüllen, er hat hier aber die Fähigkeit, Arbeitsteilung zu gestalten. Eine ganze Reihe von Domestikationsbedingungen treffen für Menschen nicht zu.

Die natürliche Selektion entfällt bei Haustieren weitgehend. Bei frühen Menschen spielte sicher die Selektion auf körperliche Leistungen, auf gutes Orientierungsvermögen in freier Wildbahn, auf Freisein von körperlichen und psychischen Defekten eine größere Rolle als beim modernen Menschen. Durch verschiedene Faktoren ist aber im Laufe der Menschheitsgeschichte ein Selektionswandel eingetreten, auch Änderungen der Panmixie. Damit konnten auch bei Menschen genetische Kombinationen entstehen und erhalten bleiben, die in freier Wildbahn verschwinden würden. Dazu trägt auch die Entwicklung der Humanmedizin mit all ihren Möglichkeiten bei. Aus dieser Sicht gibt es gewisse Übereinstimmungen mit Domestikationsbedingungen.

Es treten bei Menschen einige Merkmale auf, welche an Domestikationserscheinungen erinnern: Pigmentverlust, blaue Augen, blonde Haare, Lockenbildung, Haarlosigkeit, Zunahme der Körpergröße. Mit diesen Merkmalen aber sind die Parallelbildungen zu Domestikationserscheinungen schon aufgezählt. Wohl gibt es weitere Merkmale, die als Parallelen zwischen Menschen und Haustieren beschrieben sind. Aber in verschiedenen Fällen hat sich die Gleichsetzung wesentlicher Strukturen menschlicher Eigenschaften mit Haustiermerkmalen als trügerisch erwiesen. So lassen sich am Schädel keine tiefgreifenden Übereinstimmungen zwischen Menschen und Haustieren ermitteln, äußere Ähnlichkeiten, die zunächst herangezogen wurden, erwiesen sich als sehr unterschiedlich bedingt.

Auffälligste Domestikationserscheinung ist die Änderung des Zentralnervensystems bei Haustieren. Von einer Reduktion der Hirngröße beim zivilisierten Menschen gegenüber unseren als Jäger und Sammler lebenden Vorfahren kann überhaupt keine Rede sein. Ebensowenig gibt es Hinweise auf eine Abnahme der Sinnesleistungen. Es hat zwar im Laufe der Zeit bei Menschen ein Selektionswandel stattgefunden, aber die Bedingungen, denen sich der Mensch auch in der Zivilisation aussetzt, die Beanspruchungen, die er an sich selbst stellt, gestatten keine Minderbeanspruchung von Sinnesleistungen und zentralnervösen Tätigkeiten. Die Zivilisation kann aber wohl zu bestimmten Verhaltensänderungen führen, Lorenz (1943, 1954, 1968) hat solche durch Zivilisation bedingten Verhaltensänderungen zusammengestellt.

Menschen, die aus Wildtieren Haustiere gemacht haben, dürften sich von den heutigen Menschen nicht wesentlich unterschieden haben. Reed (1959) spricht klar aus: «The people who first turned the trick, who first grew grains and domesticated animals, were on the basis of skeletal evidence, modern type man of the Mediterranean race. Doubtlessly they would pass unnoticed, if suddenly resurrected, among the people of today in the hill country, where they lived.»

Es gibt auch die Auffassung, daß sich die Leistungsfähigkeit des menschlichen Gehirnes im Laufe der Zeit gesteigert habe. Soweit wir heute wissen, gibt es keine Daten, die eine Zunahme der Hirngröße und Hirndifferenzierung innerhalb der Art *Homo sapiens* belegen. Dazu sei Starck zitiert: «Was wir als Fortschritt oder Weiterentwicklung der Menschheit zu bezeichnen geneigt sind, läßt sich nicht in einer materiellen Ausgestaltung des morphologischen Substrates, also des Gehirns verankern. Die Fähigkeit zur Ansammlung und Weitergabe von Erfahrungen, die Ausweitung des Gedächtnisses durch Speicherung von Gedachtem in schriftlichen Urkunden, und damit die Möglichkeit, auf den Erkenntnissen von Generationen weiterzubauen, hat den Menschen Entfaltungsmöglichkeiten zugänglich gemacht, die dem großartigen biologischen Evolutionsablauf an die Seite gestellt werden können.»

«Selbstdomestikation» ist auf keinen Fall eine Voraussetzung für die Menschwerdung. Domestikation und «Selbstdomestikation des Menschen» können nicht gleichgestellt werden, die Bedingungen und Auswirkungen in beiden Fällen sind zu verschieden. Es dürfte aber eine lohnende Aufgabe sein, das Problem «Selbstdomestikation» intensiver zu studieren.

# XX. Zur zoologischen Bewertung von Domestikationserscheinungen

## 1 Domestikation und Evolution

Unsere Darlegungen haben gezeigt, daß sich nach dem Übergang von Populationen einer Wildart in den Hausstand mannigfache und tiefgreifende Veränderungen einstellten. Wandlungen von Merkmalen sind auch bei stammesgeschichtlichen Vorgängen zu beobachten; sie bilden entscheidende Grundlagen für Erörterungen über deren Ablauf und die Triebkräfte in diesem Geschehen. Kriterien zur Beurteilung verschieden gewordener Merkmale wurden erarbeitet und werden lebhaft diskutiert. Auch bei innerartlichen Gliederungen werden Merkmalsunterschiede zugrunde gelegt.

In freier Wildbahn sind die Unterschiede in Merkmalen verwandter Tierarten im allgemeinen weniger auffällig als zwischen Populationen von Haustieren sowie Haustierformen und den wild verbliebenenen Teilen der Art. So stellen sich Fragen nach dem Verhältnis von Veränderungen in der Domestikation zu jenen, die bei stammesgeschichtlichen Vorgängen als bedeutsam erachtet werden.

Zum Merkmalswandel in der Domestikation stellte Darwin (1869) fest, daß «kultivierte Rassen ein und derselben Spezies in gleicher Weise voneinander abweichen, wie andere Arten derselben Gattung im Naturzustande.» Obgleich Darwin mehrfach die Wandlungen im Hausstand als einen innerartlichen Vorgang bezeichnete, hat seine Feststellung verschiedene Forscher zu der Meinung ermuntert, daß die Domestikationen als vollständige Modelle der Evolution zu bewerten seien.

Gegen diese verallgemeinernde Auffassung sind Stimmen der Kritik nie verstummt (Klatt 1927). Die weitgehende Anerkennung des biologischen Artbegriffes in der modernen Zoologie hat die Meinung der Kritiker unterstützt, denn Artbildungen als Unterbrechung alter Fortpflanzungsgemeinschaften fanden im Hausstand bisher nicht statt. Trotz weitgehender sexueller Isolation der Haustierbestände gegenüber den wild verbleibenden Teilen der jeweiligen Arten blieb das tierliche Empfinden einer Zusammengehörigkeit zwischen Hausformen und den Stammarten erhalten. Da in evolutiven Entwicklungen Artbildung als Abgrenzungsereignis ein entscheidender Wert zuzuerkennen ist, liefern Domestikationen keine vollständigen Modelle für das stammesgeschichtliche Geschehen.

Trotzdem beanspruchen Domestikationsstudien auch für Betrachtungen zur Stammesgeschichte sehr nachhaltige Aufmerksamkeit. Merkmalswandel und Artbildung sind als zwei voneinander unabhängige Erscheinungen zu betrachten. Artgrenzen können sich auch ohne Umgestaltungen äußerer Merkmale einstellen. Dies belegen die Zwillingsarten, Merkmalsunterschiede können anderseits so bemerkenswert innerhalb biologischer Fortpflanzungsgemeinschaften werden, daß systematisch erfahrene Zoologen manchmal zögern, alle Populationen oder Populationsgruppen, die eine potentielle biologische Fortpflanzungsgemeinschaft bilden, zur gleichen Art zusammenzufassen. Der Begriff Superspezies ist zur Kennzeichnung solcher Fälle eingeführt worden. Auf Steinböcke, Ture, Makhor und Wildziegen haben wir als Beispiel verwiesen.

Über Erscheinungen evolutiv bedeutsamen Merkmalswandels, seine Ursachen und die Bewertungen ist eine in sich gefestigte Vorstellungswelt entwickelt worden. Ihr fügen sich die Domestikationsveränderungen weitgehend ein. Deren Erforschung hat zur allgemeinen Kenntnis über Merkmalsbesonderheiten und ihr Zustandekommen wesentlich beigetragen. Zur Problematik des Merkmalswandels bietet die Haustierkunde als zoologische Domestikationsforschung einen reich sprudelnden Quell fortschreitender Erkenntnis. Im Hausstand stellen sich im Vergleich zu den wildlebenden Artgenossen auch neue Merkmale ein. Solchen Vorgängen ist zum Verständnis evolutiver Besonderheiten modellhafter Wert beizumessen. Wir werden diese Problematik vertiefen, um unsere Aussage zu untermauern.

Das Wissen über Ereignisse, die zu Artbildungen führen, ist in der Zoologie noch höchst unsicher. Viele Möglichkeiten scheinen denkbar; sie werden lebhaft erörtert. Die meisten Hinweise auf Artbildungen lassen sich aus tiergeographischen Untersuchungsergebnissen ableiten, meist sind sie mit längeren Zeiträumen in Verbindung gebracht worden, als sie in Domestikationen zur Verfügung standen. Zur Erweiterung der Kenntnisse über Artbildungen oder zur Sicherung von Vorstellungswelten über solche Ereignisse, vermag die Domestikationsforschung noch keine Befunde vorzulegen.

Verschiedentlich sind Paarungshemmnisse zwischen Individuen gleicher Haustierart als Hinweis auf den Beginn einer Artbildung angesehen worden. So lassen Größenunterschiede, die sich innerhalb von Arten im Hausstand entwickeln, in manchen Fällen Paarungen zwischen extremen Vertretern nicht zu. Doch fließende Übergänge und deutliche Hinweise auf sexuelle Zuneigung bezeugen dann hinreichend die biologische Einheit der Art.

Bei gleichgroßen Vertretern verschiedenen Geschlechts gleicher Art fallen bei Haustieren einzelne Individuen durch einen Mangel an sexueller Zuneigung zu anderen Angehörigen ihrer Population auf, sie verweigern auch im hochbrünstigen Zustand die Paarung mit einem zugeführten Partner. Diese vereinzelt auftretende Verhaltensbesonderheit läßt sich nicht ohne weiteres als Zeichen einer Artbildung auslegen. In freier Wildbahn spielen bei Paarbildungen individuelle Neigungen eine nicht zu unterschätzende Rolle; genaue Einsichten in diese Beziehungen sind schwierig, weil sie sehr genaue Beobachtungen von Individuen in freier Wildbahn erfordern. In Haustierpopulationen herrscht grundsätzlich eine allgemeine Bereitschaft zu Paarungen untereinander ohne vorherige Verlobungen. Die sich gegenüber Einzeltieren verweigernden Individuen nehmen andere Partner der gleichen Population bereitwillig an. Die Einheit der Art wird dadurch deutlich.

Im phylogenetischen Geschehen sind Änderungen im Erbgut und die Auslese gestaltende Faktoren. Das gleiche gilt für die Veränderungen von Wildarten zu Haustieren. Über die Auslese schrieb Darwin: «Das Prinzip der natürlichen Auslese kann man als eine bloße Hypothese betrachten, doch wird sie einigermaßen wahrscheinlich gemacht durch das, was wir von der Variabilität organischer Wesen im Naturzustande, von dem Kampf ums Dasein und der davon abhängigen unvermeidlichen Erhaltung vorteilhafter Variationen positiv wissen und durch die analoge Bildung domestizierter Rassen... Es blieb aber lange ein unerklärliches Problem, wie der notwendige Modifikationsgrad erreicht werden konnte, und es wäre lange so geblieben, hätte ich nicht die Erzeugnisse der Domestikation studiert und mir auf diese Weise eine wichtige Vorstellung von der Wirkung der Zuchtwahl verschafft.»

Die Darlegungen von Darwin machen anschaulich, daß eine Begrenzung zoologischer Studien auf wildlebende Arten, zumal bei Anwendung eines typologischen Artbegriffes, wichtige Einblicke in biologische Zusammenhänge erschweren kann. Die Arten innewohnende Dynamik wird bei Haustieren viel anschaulicher als bei Wildarten. Die Grundlagen für die Wirkung der Auslese treten deutlicher in Erscheinung. Das von Darwin in seiner Bedeutung so klar herausgestellte Prinzip natürlicher Auslese hat in der Biologie allgemeine Anerkennung gefunden. Über das Zustandekommen der Variabilität organischer Wesen schrieb er: «Nur irrtümlich kann man sagen, der Mensch spiele mit der Natur und erzeuge Variabilität. Wenn das organische Wesen nicht eine inhärente Neigung zu variieren besessen hätte, so würde der Mensch nichts haben ausrichten können.»

Darwin wußte, daß die Eigenschaften der Haustiere erbliche Grundlagen haben, aber Kenntnisse über Vererbungsvorgänge waren ihm verschlossen. Er bemühte sich um ein eigenes Verständnis. Seine Vorstellungen fanden in der Pangenesishypothese Ausdruck, der aber zeitbedingte Mängel innewohnen (Mayr 1984).

Erst im 20. Jahrhundert wurde ein gesichertes Wissen über das Vererbungsgeschehen Allgemeingut. Nach der Wiederentdeckung der Mendel-Gesetze trug die Tierzucht wesentlich zu einem vielseitigen Ausbau des aufblühenden Forschungsgebietes der Genetik bei; Studien über Vererbungsvorgänge an domestizierten Tieren ermöglichten wesentliche Fortschritte der allgemeinen Zoologie.

## 2 Über Auslese und Variabilität

Innerhalb der Haustierarten ist große Mannigfaltigkeit vorhanden, innerhalb der Wildarten sind die Individuen viel einheitlicher. Dies ist weitgehend als Folge unterschiedlicher Selektion zu verstehen. Die jeweiligen Umweltbedingungen bei einer Wildart in einem gegebenen Gebiet vereinheitlichen und stabilisieren das Erscheinungsbild. Verschiedenheiten der Selektionsbedingungen im gesamten Verbreitungsgebiet einer Art führen zur Bildung von Individuengruppen, die sich als Unterarten kennzeichnen lassen. Sie vermitteln ein gewisses Bild über innerartliche Wandlungsmöglichkeiten in der freien Wildbahn. Bei einigen Unterarten der Stammarten von Haustieren lassen sich Eigenschaften feststellen, die für manche ihrer Hausformen kennzeichnend sind. Dazu einige Beispiele.

Bei Wölfen unterscheiden sich Unterarten unter anderem in der Körpergröße; Wölfe in nördlichen Gebieten sind im allgemeinen groß, in südlichen Gebieten klein. An diese verschiedenen Körpergrößen sind eine Reihe von Proportionsunterschieden gekoppelt. Auch innerhalb der gleichen Wildpopulation ist die Variabilität der Körpergröße beträchtlich, und im gleichen Verbreitungsgebiet kann sich die Körpergröße im Laufe der Zeit wandeln, wenn sich die Umweltbedingungen ändern. Daher lassen sich allein aus Körpergrößen keine Aussagen über örtliche Domestikationen begründen. Besonders bei Haushunden erweitert sich die Körpergrößenvariabilität besonders zu Individuen mit sehr geringen Körpergewichten, die von Wölfen nicht bekannt sind. Die eurasiatischen Unterarten von *Canis lupus* sind grau-wildfarben, die Intensität dieser Färbung variiert. In Nordamerika gibt es Unterarten des Wolfes, in denen schwarze Färbung vorherrscht, aber auch fast weiße Individuen vorkommen. Bei Haushunden gibt es wildfarbene, schwarze und weiße Populationen, zu denen noch weitere Besonderheiten treten. Es wäre abwegig, aus solchen Übereinstimmungen der Färbung auf Zusammenhänge zwischen einzelnen Wildpopulationen und Haustierformen zu schließen. Dies trifft auch für andere Merkmale zu, welche zu Abstammungsspekulationen verführten.

Das Wildkaninchen *Oryctolagus cuniculus* hat in seinem europäischen Verbreitungsgebiet ein wildfarbenes Fell; Abweichungen sind kaum bekannt. Populationen europäischer Wildkaninchen wurden in Tasmanien und Australien eingeführt und eroberten dort weite Gebiete. Farbabweichungen traten auf, die aus europäischer Wildbahn unbekannt sind. In Tasmanien stellte sich bei diesen eine geographische Verteilung

**Abb. 103:** Weißer Rehbock (Alpenzoo Innsbruck)

ein, die an Unterarten erinnert. Birch (1965) berichtet, daß in hochgelegenen Gebieten Tasmaniens in den Wildkaninchenpopulationen schwarze Tiere überwiegen, zur Küste hin verringert sich deren Anteil zugunsten wildfarbener Individuen. Im Laufe von 50 Jahren hat sich ein deutliches Gefälle, ein Kline, herausgebildet. Auch in Hochländern Australiens setzten sich schwarze Mutanten von Wildkaninchen durch, während in Wüstengebieten gelbe Wildkaninchen in Vorrang kamen, so daß sich auch dort im Laufe von 40 bis 60 Generationen eindeutig Klines einstellten. In Australien bewirkte natürliche Auslese auch eine unterschiedliche Krankheitsanfälligkeit bei Wildkaninchen; Wildkaninchen trockener Gebiete sind gegen Parasiten weniger resistent als die Populationen feuchterer Bereiche.

Schon diese wenigen Beispiele belegen, daß bei Wildpopulationen und im Hausstand gleiche Varianten auftreten und Besonderheiten, die Haustierrassen kennzeichnen, in manchen Wildbeständen Norm sein können. In freier Wildbahn entwickeln sich dann geographische Abhängigkeiten, im Hausstand entfallen solche Bindungen weitgehend, da die Auslese von Menschen gelenkt wird; bei der Entstehung von Landrassen wirken sich auch Umweltbedingungen aus.

Oft wurde die Frage gestellt, ob die Vermannigfaltigung im Hausstand allein darauf zurückzuführen sei, daß in ihm die Zwangsjacke natürlicher Auslese entfällt, oder ob die besonderen Bedingungen des Hausstandes zu einer Steigerung der Mutationsrate führten. Die Vielfalt bei Haustieren verlockte zu Spekulationen. Um Anhaltspunkte für eine Antwort zu finden, erschien es notwendig, individuelle Varianten aus freier Wildbahn zu berücksichtigen.

Viele Zoologen haben Daten über individuelle Varianten in freier Wildbahn zusammengetragen. Vor allem Farbvarianten wie Albinismen, Melanismen, Scheckungen und Fleckungen (Abb. 103, 104), aber auch Besonderheiten von Schädeln und Zähnen sind von vielen Wirbeltieren beschrieben worden: Hauchecorne (1927), Jones (1928), Petzsch (1933–1950), Steiniger (1949), Kohts (1947), Mertens (1954), Wibbe (1976), Lüps (1972, 1977), Kratochvil (1971, 1975) u.a. seien als Autoren genannt, weil sie Beziehungen zu Domestikationserscheinungen aufzeigten. Ähnlich wie Steiner (1939) nach Erfahrungen mit Wellensittichen oder Dzwillo

**Abb. 104:** Geflecktes Jungreh (Foto Pflugfelder)

(1962) nach Studien an Fischen äußerten die meisten Beschreiber von Aberrationen bei wilden Säugetierarten die Meinung, daß bei Wildarten und Haustieren die gleichen Abweichungen in gleicher Häufigkeit auftreten. In Freiheit fallen jedoch die meisten von ihnen natürlicher Auslese zum Opfer, im Hausstand bleiben sie erhalten und finden oft Liebhaber, die sie zu großen Beständen vermehren.

Im Sinne der Vorstellungen von Ausweitung der Formenvielfalt unter neuen Umweltbedingungen und deren Begrenzung durch natürliche Auslese sprechen Befunde an dem kleinen, etwa 15–17 cm langen und 50–80 g schweren Fisch *Bairdiella icistius* Jordan und Gilbert, 1881 aus dem Verwandtschaftskreis der Umberfische, Familie Scianidae, über die Whitney (1961) eingehend berichtete.

*Bairdiella icistius* ist im Golf von Kalifornien beheimatet. Eine kleine Population von 57 Individuen wurde im Salton-See 1950 ausgesetzt, 1951 kamen weitere 10 Tiere hinzu. In dem großen Wasserkörper des neuen Lebensraumes paßte sich die eingeführte Population gut an. Sie fand reichlich Nahrung, Konkurrenten und Räuber fehlten. Als Folge dieser Bedingungen, vermehrte sich die kleine Ausgangspopulation sehr stark; die durchschnittliche Eizahl eines ♀ wird auf 43 000 geschätzt.

In zahlenmäßig ausreichend großen Fängen zeigte sich 1953, daß bis zu 23% der *Bairdiella icistius*-Jährlinge des Salton-Sees anormale Bildungen aufwiesen. 6–15% ließen äußere Merkmale von Blindheit erkennen, die von Linsenverlust, Augenverschluß, Augenverkleinerungen bis zu vollständigem Fehlen von Augen reichten. Bei solchen Augenmißbildungen waren auch Knochen der Orbitalregion in Mitleidenschaft gezogen. Andere *Bairdiella icistius* hatten Mißbildungen am Maul. Unterkieferknochen waren unterentwickelt, in sich gedreht oder die Unterkiefer überragten die Oberkiefer. Oberkieferknochen fehlten einseitig, beidseitig oder waren rudimentär. Manche Tiere konnten das Maul nicht schließen. Es traten auch deutliche «Mopsköpfe» auf. Sehr auffällig waren Veränderungen der Wirbelsäule, Verkrümmungen unterschiedlichen Ausmaßes hatten sich in verschiedenen Körperregionen eingestellt. In den Afterflossen variierte die Zahl der Hartstrahlen in ungewöhnlicher Weise. *Bairdiella icistius* läßt sich durch 2 Hartstrahlen in der Afterflosse kennzeichnen. Bei der Population des Salton-Sees schwankte deren Zahl zwischen 1 und 5. Auch ungewöhnliche Formen der Hartstrahlen zeigten sich, so Verdickungen an der Wurzel oder knopfartige Bildungen am Ende; in einem Fall war auf der linken Seite des 2. Hartstrahles ein flacher, dünner Fortsatz ausgebildet.

Whitney, der die Abweichungen sorgfältig beschrieben hat, gelangte zu der Auffassung, daß es sich nicht um umweltinduzierte Abwandlungen bei den ungewöhnlichen Gestaltungen handelt, sondern daß ihnen erbliche Steuerungen zugrunde liegen.

Die eigenartigen Erscheinungen bei den *Bairdiella icistius* des Salton-Sees beanspruchen ein besonderes Interesse der zoologischen Domestikationsforschung. Einige Veränderungen stimmen teilweise mit Eigenarten domestizierter Fische überein. So sind beim Goldfisch solche Merkmale zur Rassebildung benutzt worden. Auch bei anderen Heimfischen lassen sich ähnliche Varianten finden.

Doch die Beobachtungen an der im Salton-See ausgesetzten Population von *Bairdiella icistius* führte zu einem weiteren bemerkenswerten Befund. Im Zusammenhang mit der starken Bestandsvermehrung verminderte sich nach 1953 die Zahl anormaler *Bairdiella icistius* in den Fängen. Whitney meint, daß sich innerartliche Konkurrenz stark steigerte und einen Streß bewirkte, dem anormale Individuen zum Opfer fielen, der normale Individuen begünstigte. Unter diesen ließ ein Schwund jüngerer und kleinerer Tiere den Schluß zu, daß sich bevorzugt die größeren und kräftigeren als erfolgreiche Nahrungskonkurrenten durchsetzten. Natürliche Auslese führte nun zu einem weitgehend einheitlichem Bestand.

Studien, wie sie bei *Bairdiella icistius* möglich waren, sind gering an Zahl. Beurteilungen des Ausmaßes innerartlicher Variation in Populationen müssen sich meist auf allgemeinere Beobachtungen in Beständen von Tierarten in freier Wildbahn begrenzen. Deren Aussagekraft hängt in hohem Grad von der Zeitdauer und der Sorgfalt der Untersuchungen ab. Ein besonders eindrucksvoller und sehr gut dokumentierter Bericht solcher Ausrichtung ist A. und J. v. Bayern (1977) zu danken. Die Autoren berichten über Rehe, *Capreolus capreolus* Linnaeus, 1758 in einem steirischen Gebirgsrevier, in der sich Individuen nach mehreren Merkmalen unterscheiden lassen. Verschieden ist nicht nur die Färbung und Behaarung, sondern auch die Kopfform und die Körpergestalt. Viele der sorgfältig belegten individuellen Unterschiede erinnern an Eigenarten von Haussäugetieren, bei denen die Merkmale nur ausgeprägter in Erscheinung treten. Die untersuchte Rehpopulation macht anschaulich, daß sich in einer zunächst einheitlich erscheinenden Tierart in freier Wildbahn viele Entwicklungsmöglichkeiten erkennen lassen, die unter anderen Umweltbedingungen durch natürliche populationsgenetische Verschiebungen oder bei künstlicher Selektion durch Menschen vorherrschend werden und die Norm des Erscheinungsbildes wesentlich verändern können.

Besonders kritisch und umfassend haben sich Robson und Richards (1935) mit Erscheinungen innerartlicher Variabilität in freier Wildbahn und deren Zusammenhang mit Domestikationsbesonderheiten befaßt. Sie gelangten zu der Auffassung, daß die Unterschiede im Auffinden von Besonderheiten bei Wildarten und ihren Hausformen vor allem in den relativen Häufigkeiten liegen. Die verschiedenen Häufigkeiten sind auch nach ihrer Meinung auf verschiedene Auslese zurückzuführen. Robson und Richards weisen jedoch darauf hin, daß sich diese Meinung nicht völlig sichern läßt, weil es an eindeutigen Angaben über die Wirkung der Auslese fehle. Beschreibungen allein von Überlebenden erachten sie als unzureichend, sie fordern genaue Angaben über die Todesraten.

Aussagekräftige Daten über natürliche Todesraten für einzelne Wildtierarten sind spärlich. Beobachtungen über Abgänge nach der Geburt bieten nur erste Anhaltspunkte; Ergebnisse von Studien über die vorgeburtliche Sterblichkeit sind für besser gesicherte Aussagen notwendig. Doch auch begrenzte Grundlagen können bereits nützliche Hinweise geben.

Der stark einengende Einfluß natürlicher Auslese wird durch neue Erkenntnisse über die Populationsdynamik des Wildschweines *Sus scrofa scrofa* eindrucksvoll belegt. Jezierski (1977) untersuchte die Bestände des Wildschweines im Urwald von Bialowies, die unter weitgehend natürlichen Bedingungen leben. Nur 8% der lebend geborenen Wildschweine werden älter als 3 Jahre und tragen zur Arterhaltung bei. Weibliche Wildschweine nehmen unter natürlichen Bedingungen erst ab 2. Lebensjahr an der Fortpflanzung teil, männliche Wildschweine ab 4.–5. Lebensjahr (Herre 1986). In den ersten 3 Lebensmonaten beträgt bei Wildschweinen der Verlust 20%, nach 7 Monaten um 55%, nach 9 Monaten 60% und nach 2 Jahren 84%.

In diesem Zusammenhang gewinnen die Feststellungen von Cabon (1958) Interesse. Sie ermittelte, daß die Variabilität in Beständen junger Wildschweine in Körperform und Färbung wesentlich größer ist als bei alten Wildschweinen; die natürliche Auslese vereinheitlicht das Erscheinungsbild der Wildschweinbestände bemerkenswert.

Natürliche Auslese wird durch biologische Besonderheiten weiter verschärft. Weibliche Wildschweine bilden Rotten, die erwachsenen männlichen Tiere leben vorwiegend solitär, nur in der Brunstzeit gesellen sie sich zu den Sauen. Deckerfolge haben dann nur wenige männliche Wildschweine, was sich in der Populationsgenetik auswirken wird.

Bei Wölfen liegt die Mortalitätsrate der Jungtiere um 40%. Zur Abschätzung der Wirkung natürlicher Auslese ist darüber hinaus im Auge zu behalten, daß durch die Sozialordnung der Wolfsrudel nur ein kleiner Teil der Überlebenden zur Fortpflanzung kommt.

Bei Fischen ist die Zahl der Eier sehr groß. Unter natürlichen Bedingungen steigen die Bestände einer Art selten wesentlich an. Die natürliche Auslese muß auch bei Fischen einen hohen Anteil an «Opfern» bewirken. Diese Angaben bestätigen allgemeine Hinweise auf die hohen Verlustraten in freier Wildbahn. Für unsere Überlegungen sind Erkenntnisse über Auslesebedingungen von besonderem Interesse. Leider sind sichere Daten über Fortpflanzungserfolge während der Lebenszeit bei Tieren gleicher Population, die sich in freier Wildbahn über populationsdynamische Vorgänge populationsgenetisch auswirken, noch immer gering. Zu einer gewissen Ausweitung der Kenntnisse in diesem Bereich haben in neuer Zeit Tatsachen und kritische Anmerkungen beigetragen, die Clutton-Brock et al. (1988) vorlegten. Es gelang den Autoren durch Langzeitbeobachtungen an Individuen verschiedener Tierarten nachzuweisen, daß die individuellen Fortpflanzungserfolge in freier Wildbahn unterschiedlich sind. Die Zahl der männlichen Tiere, welche unter natürlichen Bedingungen zur Fortpflanzung kommen, ist gering. Körpergröße, kämpferische Fähigkeiten u. ä. gehören zu wichtigen Voraussetzungen für erfolgreiche Befruchtungen. Für die weiblichen Tiere ist die Anzahl der Jungtiere und deren Überleben von Bedeutung. Qualität des Lebensraums, soziales Umfeld und die Stellung hierin wirken sich über das Muttertier auf Geburtsgewicht und Geburtsdatum aus; schon dadurch werden die Überlebenschancen der Nachkommen beeinflußt.

Solche Beispiele lassen sich vertiefen. Allen kann entnommen werden, daß schon unter Bedingungen primitiven Hausstandes mit seinen Veränderungen natürlicher Sozialordnung und den Verringerungen von Feindbedrohungen eine wesentlich andere Auslese wirksam wird. Dazu tritt die höhere Nachkommenzahl und schnellere Generationsfolge bei Haustieren. Ein anderer und breiterer Ausschnitt der Art wird damit begünstigt und die Populationsgenetik beeinflußt. Zur Überprüfung dieser Aussagen sei primitiven Haustieren Aufmerksamkeit gewidmet.

Über die Variabilität früher Haustierbestände hat die Archäozoologie viele Tatsachen erarbeitet. Schon bald nach Beginn einer Haustierhaltung stellt sich eine sehr viel größere Vielfalt ein, als von der Wildart bekannt ist, und die Normen erscheinen verschoben. Vor allem steigt unter frühen Haustieren die Zahl kleiner Individuen. Ungünstigere Lebensbedingungen dürften diesen Sachverhalt bewirken. Auch in Schädelformen, Behornungen, Bezahnungen und anderen Körpermerkmalen ist bei frühen Haustieren die Mannigfaltigkeit gegenüber den Stammarten erhöht. Die bisherigen Funde prähistorischer Haustiere lassen den Schluß zu, daß auf eine erste Phase rascheren Formenwandels eine Periode gewisser Stabilität folgt. Die Auffassung von Kuhn-Schnyder (1947), daß das Variieren der Haustiere mit dem jüngeren Neolithikum zunehme und sich in der Metallzeit in erhöhtem Maße fortsetze, läßt sich nach Zunahme des Materials nicht allgemein bestätigen. Die alte Meinung von Duerst (1904) von einer langzeitlichen Konstanz der Variationsbreite primitiver Haustiere trifft die grundsätzlichen Sachverhalte besser.

Erst wenn besondere Bedürfnisse entstehen und neue Interessen an Haustierleistungen erwachen, beginnen Erzüchtungen von Rassen. Damit setzt eine neue Stufe in der Haustierentwicklung ein, weil menschliche Zuchtwahl an Einfluß gewinnt. Dazu folgende Sachverhalte: Bei statistischer Ordnung prähistorischer Materialien von Haustieren lassen sich in den Frühstufen kaum Häufungen sichern, die auf Rassezüchtungen weisen. Bei Funden in späteren Zeiten unterscheiden sich verschiedentlich die Variationsbreiten der Haustiere verschiedener Gebiete. Die Bildung von Landrassen als Anpassung an besondere Umweltbedingungen zeichnet sich ab (Abel 1961/62, Reichstein 1973). Rassezucht, die sich statistisch durch verschiedene Häufungspunkte in Beständen gleicher Gebiete kennzeichnen läßt, stellt sich im allgemeinen erst mit dem Beginn besonderer Kulturentwicklungen ein. Verfallen solche Kulturen, stellt sich erneut eine breite Variation ein. Wir haben bereits Einzelfälle solcher Entwicklungen beschrieben.

Befunde an Tierarten, die in moderner Zeit domestiziert wurden, bestätigen die aus prähistorischen Funden abgeleiteten Schlüsse. Nach den Daten von Shakelford (1947, 1984) über den Nerz, von Koch (1951) über Silberfuchs und Sumpfbiber, von Sossinka (1970) über Zebrafinken, um nur einige Arten zu nennen, stellt sich schon bald nach Domestikationsbeginn eine «explosionsartige» Vermannigfaltigung ein, wobei Besonderheiten auftreten, die zuvor von der Stammart nicht bekannt waren. Koch meint, daß die Veränderungen im Hausstand nach ungefähr 50 Generationen besonders auffällig werden. Es ist bemerkenswert, daß Nigon-Lueken (1976) und Powell (1978) nach theoretischen populationsgenetischen Erwägungen zum gleichen Schluß kommen.

Prähistorische Sachverhalte und zoologische Materialien lassen die Aussage zu, daß in einigen Fällen aus verschiedenen Unterarten der gleichen Art Tiere in den Hausstand überführt wurden. Die aus verschiedenen Unterarten hervorgegangenen Haustiere zeigen im wesentlichen gleiche Veränderungen im Hausstand. Der Schluß ist berechtigt, daß sich damit Gemeinsamkeiten im Erbbestand der Art auswirken, die bei der Entstehung von Unterarten nicht verlorengingen. Dieser Sachverhalt ist bei Spekulationen über den Ort erster Domestikationen auf der Grundlage von Ähnlichkeiten zwischen einzelnen Unterarten und Haustieren oft übersehen worden. Auf diese Problematik haben wir mit anderen Tatsachen bereits aufmerksam gemacht.

Um die Problematik des Einflusses veränderter Auslese im Hausstand und der Möglichkeiten mutationssteigernder Wirkung von Domestikationsbedingungen zu vertiefen, erschien es sinnvoll, Haustiere zu betrachten, die seit Beginn ihrer Haustierzeit unter primitiven Bedingungen leben, also extensiv, aber trotzdem effektiv gehalten werden. Formen weltweit verbreiteter Haustiere sind für solche Studien wenig geeignet, da nicht ausgeschlossen werden kann, daß sie irgendwann in vergangenen Zeiten intensiveren Haltungsbedingungen unterworfen waren oder auf Durchmischungen von Populationen zurückgehen, die von verschiedenen Volksgruppen auf Wanderungen mitgeführt wurden. Bei der Ausschau nach Haustieren, deren Untersuchung zur Lösung unserer Fragestellungen nach Ursachen von Domestikationsfolgen beitragen könnte, fiel der Blick auf das Hausrentier im hohen Norden Eurasiens und auf die südamerikanischen Haustylopoden Lama und Alpaka.

Die Stammarten dieser Haustiere sind noch erreichbar; über sie liegt eine Fülle moderner Arbeiten vor.

Das Rentier, *Rangifer tarandus,* ist die einzige Art der Cervidae, von welchen Menschen Populationen abgrenzten und aus diesen seit Jahrhunderten in einem geordneten Abhängigkeitsverhältnis Nutzen ziehen. Hausrentiere erschlossen Menschen die sonst unwirtlichen Gebiete nördlicher Tundren. In dieser eigenartigen Umwelt entwickelten sich besondere Haltungsformen und züchterische Eingriffe (Herre 1943, 1955; Ingold 1974).

Hausrentiere kommen nie in einen Stall, für sie wird kein Futter geborgen, sie suchen frei wandernd zu allen Jahreszeiten ihre Nahrung, im Winter unter einer dicken Schneedecke. Menschen paßten ihre Lebensgewohnheiten diesen Haustieren an, sie folgen ihren ausgedehnten Wanderungen als Nomaden. Daher wurde die Meinung vertreten, daß Hausrentiere die Menschen stärker beeinflußt hätten als diese ihre Haustiere (Laufer 1917) und daß sich Hausrentiere «in nichts, aber auch nichts» von der Stammart unterschieden (Hilzheimer 1926). Uns zeigte sich ein ganz anderes Bild.

Wilde Rentiere leben in kleinen Verbänden, wenn die Brunstzeit naht. Ein starker Hirsch rudelt eine Anzahl weiblicher Rentiere um sich (Herre 1985). Um den Besitz weiblicher Tiere entstehen unter den Hirschen oft erhebliche Kämpfe. Solche Auseinandersetzungen sind Hausrentierzüchtern höchst unwillkommen, weil dadurch die Bildung großer Herden, die zur Nahrungssicherung von Familien und Sippen angestrebt werden müssen, gestört wird. Um große Herden ohne solche Störungen aufbauen zu können, griffen die Rentierzüchter zu einem einfachen Verfahren. Sie kastrierten alle Junghirsche kurz nach Erreichen der Geschlechtsreife. Die Fortpflanzung bleibt im männlichen Anteil auf einen engen Lebensabschnitt begrenzt. So werden Kämpfe vermindert und Großherden lassen sich aufbauen.

Großherden gewähren einen besseren individuellen Schutz. In ihnen entwickeln sich andere Sozialordnungen als in kleinen Rudeln. Da Junghirsche sexuell noch nicht so leistungsfähig sind wie Althirsche, nimmt ein viel größerer Anteil der Renhirsche an der Fortpflanzung teil als in freier Wildbahn. Die natürliche Auslese wird durch diese Eingriffe nachhaltig beeinflußt und die populationsgenetischen Folgen sind höchst bemerkenswert. Beim Hausrentier treten wohl alle Besonderheiten auf, die von «klassischen» Haustieren bekannt sind. Manche Merkmale, die bei den Hausrentieren häufig sind, werden bei der Wildart als seltene Abweichungen von der Norm beobachtet, einige sind nicht bekannt.

Unsere Befunde sagen aus: Beim Hausrentier werden die Domestikationsmerkmale nicht durch physiologisch mögliche Einflüsse auf das Mutationsgeschehen bewirkt, sondern die Bedingungen des sehr primitiven Hausstands lassen die Erhaltung und Zunahme von Erscheinungen zu, die bei der Wildart selten bleiben. Primär begünstigt der Selektionswandel das Auftreten von Domestikationsmerkmalen. Fragen nach Veränderungen der genetischen Information durch Mutation oder Verschiebungen der Genfrequenzen bleiben aber offen.

Um die Aussagen über den Einfluß veränderter Selektion zu vertiefen, untersuchten wir während mehrerer längerer Aufenthalte in Südamerika das Guanako *Lama guanacoë* und seine Hausformen Lama und Alpaka.

Das Guanako lebt in halboffenen kleineren Familienverbänden, die von einem älteren, kräftigen Leithengst betreut werden. Junghengste bilden im allgemeinen lockere Verbände in der Nähe von Familiengruppen (Röhrs 1958). Haltung und Zucht der Rassen von Lama und Alpaka zeigen viele Parallelen zum Hausrentier (Herre 1958). Sie werden in großen Herden in unwirtlichen, futterarmen Gebieten der Anden, in denen Wasser knapp ist, recht frei gehalten. Sie kommen nie in einen Stall und suchen ihr Futter selbst.

Im Unterschied zu Hausrentieren werden Lama und Alpaka nicht in gleichem Ausmaß kastriert wie die Hausrentiere. Aber bereits Berichten über die vorkolumbischen Betreuungsmethoden ist zu entnehmen, daß die Geschlechter meist getrennt gehalten und angriffslustigen Männchen die Teilnahme an der Fortpflanzung verwehrt wurde. Diese Maßnahmen veränderten die natürliche Panmixie und die Sozialstruktur der Wildart.

Lama und Alpaka bieten ein sehr buntes Bild. Auffällig sind zunächst Färbungsunterschiede in den Herden domestizierter Guanako. Es gibt weiße, schwarze, braune, graue, gescheckte, gefleckte Tiere sowohl beim Lama als auch beim Alpaka. Das Haarkleid variiert beim Lama sehr stark; manche Tiere stimmen mit dem Guanako noch weitgehend überein, bei anderen ist das Vlies von einer grobwolligen Beschaffenheit. Das Alpaka besitzt ein Wollvlies sehr verschiedener Farbe und Feinheit. Auch die Körpergröße des Guanako hat in der Domestikation Veränderungen erfahren. Manche Lama überragen das Guanako, viele Alpaka sind nur halb so groß.

Es zeichnet sich ab, daß sich im Hausstand des Guanako, trotz der primitiven Haltungsformen, eine sehr breite Variabilität einstellte. Außerdem haben Zuchtziele eine Rassebildung gefördert. Körpergröße und Beschaffenheit des Vlieses haben mit Nutzungsunterschieden einen Zusammenhang. Das domestizierte Guanako gewann schon frühzeitig als Lastenträger Bedeutung, da in den alten Indianerkulturen des Andenraumes das Rad nicht erfunden wurde. In der Domestikation erweiterte sich die Variabilität. Nur die großen, kräftigen Tiere blieben als Lama Lastenträger. Die kleinen, für Lasten weniger geeigneten Vertreter, wurden in hochgelegene Gebirgsregionen, in den Lebensraum der Vikunja, gebracht und dort auf Wollertrag ausgelesen. Die Alpaka entstanden, deren Wollqualität durch gerichtete Zuchtwahl noch heute wesentlich verbessert wird (Abb. 52).

Auch bei anderen Haustierarten kann die Ausprägung von Merkmalen «verbessert» werden. Solche Sachverhalte berühren die Problematik gerichteter Entwicklungen, die in der Evolutionsforschung als Orthogenese bezeichnet werden. Dazu nur wenige Beispiele.

Unter den Haustauben fällt die Perückentaube durch eine kennzeichnende Federstellung am Kopf auf. Goessler (1938) hat beschrieben, daß zunächst der Kopf frei blieb, nach wenigen Jahrzehnten bewußter Zuchtarbeit verhüllten Federn den Kopf fast vollständig (Abb. 53). Herre (1938) schilderte, daß sich bei Berkshirehausschweinen im Laufe weniger Generationen der Schädel immer mehr verkürzte und verbreiterte. Nachtsheim (1949) belegte, daß sich beim Angorakaninchen das Haarkleid zunehmend veränderte, bis eine lange, feine Wolle den Körper bedeckte. Er konnte beispielhaft sichern, daß dabei Gene eine Rolle spielen, die sich in ihrer Wirkung ergänzen und durch Selektion immer höhere Merkmalsausprägung bewirkten. Weitere Beispiele solch gerichteter Züchtung finden sich in zusammenfassenden Werken der Tierzucht, von denen nur Kronacher (1917–1922), Adametz (1926), Frölich (1938), Schmidt–Patow–Kliesch (1946), Hammond (1947), Hammond–Johansson–Haring (1958–1961), Comberg (1980) genannt seien.

Darwin wurde durch die Ergebnisse zielgerichteter Auslese, durch das hohe Ausmaß des jeweils erreichten Veränderungsgrades nachhaltig beeindruckt. Er sah durch solche Erfolge seine Vorstellungen über die allgemeine Bedeutung der Auslese, über ihre Wirkungsmöglichkeiten in der Evolution bestätigt und gefestigt.

## 3 Gibt es besondere Domestikationsmerkmale?

Gegen die Allgemeingültigkeit der Aussage, daß die Variabilität der Stammart und ihrer Hausform die gleiche sei und Auslese als entscheidende Kraft für die Erhaltung von Varianten gelten kann, sind Zweifel erhoben worden. Schon in der älteren Literatur ist auf eine Fülle von Besonderheiten bei Haustieren hingewiesen und betont worden, daß manche Eigenarten von Haustieren als «neu» zu bezeichnen seien. Es wurden auch Fälle hervorgehoben, welche geeignet schienen, Zweifel an der Wirkung der Selektion zu begründen.

Hauchecorne (1927) hat beispielsweise nach seinen Studien an Maulwürfen, *Talpa europaea* Linnaeus, 1758, hervorgehoben, daß das Farbkleid dieser Art natürlicher Selektion weitgehend entzogen sei, trotzdem aber bleibe die Variabilität in sehr engen Grenzen. Beim Hausrentier kommen rein weiße und weißgescheckte Tiere vor, die bei der Wildart kaum gefunden werden. Da der Lebensraum der wilden Rentiere lange Zeit des Jahres eine Schneelandschaft ist, in der winterweiße Arten vorkommen, denen ein besonderer Sichtschutz zuerkannt wird, könnten weiße Rentiere in freier Wildbahn einen positiven Auslesewert haben. Die Potenz zu weißer Färbung ist in der Art vorhanden, wie die Haustiere belegen. Warum ein weißes Winterfell in freier Wildbahn fehlt, kann nicht geklärt werden.

Die Hausschafrassen mit Fettschwanz oder Fettsteiß haben über das Verbreitungsgebiet der Wildart hinaus in den angrenzenden Steppen eine weite Verbreitung gefunden. Das Nahrungsangebot wechselt in Steppengebieten, der Besitz der eigenartigen Fettanhäufung an der Schwanzgegend konnte daher als eine nützliche Voraussetzung zum Durchhalten in Zeiten ungünstiger Nahrungsbedingungen bezeichnet werden. Die Fettpolster wurden als zusätzliches Fettdepot mit natürlichem Selektionswert erachtet. So ließ sich die Frage stellen, warum sich bei Wildschafen, die einen kleinen Fettvorrat an der Schwanzwurzel besitzen, keine Weiterentwicklung vollzogen habe, die eine Ausweitung des Verbreitungsgebietes ermöglicht hätte.

Zu dieser Frage konnte Epstein (1970) interessante Befunde vorlegen, welche Auffassungen über einen natürlichen Selektionswert in ein neues Licht rücken. Er wies nach, daß bei Fettschwanzschafen das sonst im Innern liegende Fettreservoir nach außen in den Schwanz verlagert wird. Fettschwanzschafe besitzen insgesamt nicht mehr Fett als andere Hausschafe. Für Menschengruppen, die einen hohen Fettbedarf haben, ist die besondere Lagerung des gesamten Körperfettes an einer leicht zugänglichen Stelle vorteilhaft. Es ist anzunehmen, daß bei der Entwicklung von Fettschwänzen und Fettsteißen bei Hausschafen zielgerichtete Auslese durch Menschen von entscheidendem Einfluß war. Eine bei Wildschafen vorhandene Anlage wurde im Laufe von Generationen im Hausstand «verbessert». Für ein Leben in freier Wildbahn ist diese Form der Fettspeicherung bei Schafen wohl biologisch und physiologisch nachteilig.

Die Gehörneigenarten von Hausschafen oder Hausrindern zeigen eine weite Variabilität (Herre und Röhrs 1955). Gehörnbesonderheiten bei Wiederkäuern wurde kein Selektionswert zuerkannt (v. Boetticher 1953, Rensch 1954). Warum bleiben dann die Horngestaltungen bei den Wildarten so einheitlich? lautete eine Frage, bei deren Beantwortung der Gedanke über «neue» Eigenarten im Hausstand in Erwägung gezogen wurde. Doch inzwischen ist fraglich geworden, ob Horngestalten wirklich ohne Selektionswert sind, seit Guthrie und Petocz (1970) über Beobachtungen berichteten und Gedanken vortrugen, die Erklärungsmöglichkeiten für die innerartlich einheitliche Ausprägung der Gehörne in freier Wildbahn bieten.

Zweifel an der Kraft der Auslese verlieren also an Wert. Trotzdem bleiben einige noch ungelöste Fälle. Zu deren Kennzeichnung genügen einige Beispiele.

Die Dackelrassen der Haushunde sind höchst vitale, tüchtige Jäger in unterirdischen Bauten. Ihr eigenwilliges, «selbständiges» Wesen steht damit in zweckvollem Einklang. Warum hat sich im engeren Verwandtschaftskreis von *Canis lupus* keine kurzbeinige Art entwickelt? Die «Löwenmähne» der Chow-Chow-Rasse der Haushunde erwies sich bei Rangstreitigkeiten in den Zwingern des Kieler Institutes als Vorteil. Im natürlichen Geschehen ist ein solches Merkmal bei Unterarten des Wolfes nicht entstanden. Doch solche Einwände vermögen die grundsätzlichen Einsichten nicht zu erschüttern; auch für solche Sachverhalte werden sich noch Erklärungen finden. Doch einige weitere Fälle veranlassen zu weiteren Überlegungen.

Die Felsentaubenschädel sind im Hausstand vielseitig abgewandelt worden. Kurze, breite, gerade Schnabelformen und lange, schlanke, gebogene Gesichtsschädel treten neben vielen Zwischenformen bei Haustauben auf. Aber innerhalb des engeren Verwandtschaftskreises der Felsentaube ist es nicht zur Bildung von Arten mit solchen Eigenarten gekommen. Aus der Stammesgeschichte anderer Vogelgruppen ist bekannt, daß solche Schnabelgestaltungen adaptiven Wert erlangten und zur Erschließung neuer Lebensräume beitrugen; es sei an die Galapagosfinken erinnert (Thornton 1971, Grant 1986). Herre und Röhrs (1970) haben die Tatsache, daß in einer Art vorhandene Potenzen nur im Hausstand in Erscheinung treten, eingehender erörtert.

Bei *Oryctolagus cuniculus* hat v. Mikulicz-Radecki (1959) festgestellt, daß bei der Hausform Japanerfärbung auftritt; die genetischen Grundlagen dieser Rasse sind bekannt. Nachtsheim (1943) stellt diese Eigenart biologisch auf eine Stufe mit der Färbung des Hamsters, *Cricetus cricetus* Linnaeus, 1758. Beim Hamster hat diese Färbung keinen negativen Selektionswert. Hamster und Wildkaninchen bewohnen weithin das gleiche Gebiet. Unter den wilden Verwandten von *Oryctolagus cuniculus* weist das Sumatra-Kaninchen *Nesolagus netscheri* Schlegel, 1880 «Japanerfärbung» auf. Trotz vorhandener Potenz zur Ausbildung eines solchen Farbkleides ist es bei *Oryctolagus cuniculus*, eine Art, die in den letzten Jahrhunderten das Verbreitungsgebiet stark ausweitete, nicht zu einer entsprechenden Unterart- oder Artbildung gekommen. Daß bei Hauskaninchen häufige Farbvarianten bei solchen Wildkaninchen auftreten, welche in andere Erdteile eingeführt wurden und dann in bestimmten geographischen Gebieten vorherrschend werden können, belegen die Berichte von Birch (1965), auf die bereits hingewiesen wurde.

Zur Klärung der Frage, ob es besondere Domestikationsmerkmale gibt, wies Klatt (1927) einen Weg, den einige unserer Mitarbeiter ausbauten. Von ähnlichen Gedankengängen ausgehend, hat Vavilov (1922, 1949/50) ein «Gesetz» formuliert, welches allgemeine Anerkennung fand. Danach wird als ein guter Maßstab für die einer Art innewohnenden, erblich gesteuerten Möglichkeiten zu Veränderungen die Mannigfaltigkeit ihres Verwandtschaftskreises erachtet. Je enger die Verwandtschaftsbeziehungen von Arten sind, um so eher sollen Besonderheiten, die bei einer Art häufig sind, bei anderen Arten des Verwandtschaftskreises gelegentlich auftreten. Ein gemeinsamer Erbanlagenbestand in einer Gruppe verwandter Arten wird für diese Erscheinung verantwortlich gemacht. Die natürliche Vielfalt einer in sich verwandten Artengruppe ist also zu untersuchen, um über nicht realisierte Abwandlungsmöglichkeiten bei einer ihrer Arten Auskunft zu erhalten. In der Pflanzenzucht ist diese Vorstellung mit Erfolg genutzt worden.

Klatt verglich so große Wirbeltiergruppen wie die wildlebenden Säugetiere mit Haussäugetieren. Er ermittelte, daß trotz der Vielfalt der Haussäugetiere die Formenfülle der wildlebenden Säugetierarten größer und vielseitiger ist und in einem anderen Bereich liegt. Nach den Feststellungen von Klatt bewegen sich die Veränderungen bei Haustieren in einem engeren Rahmen, obwohl Darwin zuzustimmen ist, daß im Hausstand wohl jede auftretende Neuigkeit Liebhaber und damit Vermehrung findet. Doch Klatt nahm seiner Aussage durch die Weite des Vergleichs viel Überzeugungskraft. Hauck (1940) leugnete nach Anwendung einer ähnlichen Methode die Existenz «echter» Domestikationsveränderungen.

Um zu klareren Aussagen zu gelangen, hielten v. Mikulicz-Radecki (1950) und Kagelmann (1950) den Rahmen des Vergleichs enger. Sie betrachteten Musterung und Färbung in enger verwandten Gruppen. Arten der Columbidae im Vergleich zu Haustauben standen bei v. Mikulicz-Radecki, Arten der Anatidae und Hausenten bei Kagelmann im Mittelpunkt der Untersuchungen, denen ein sehr reichhaltiges Material zugrunde lag.

Übereinstimmende Musterungen und Färbungen kommen bei Arten wilder Columbidae und innerhalb wilder Anatidae vor, sie kennzeichnen jeweils einzelne Gruppen. Auffällig ist, daß gleiche Merkmale verschiedentlich in systematisch entfernten Artengruppen auftreten, bei näher verwandten Zwischenformen aber fehlen. Dies trifft sowohl für die Columbidae als auch für die Anatidae zu. ein gemeinsamer Erbanlagenbestand könnte angenommen werden, wenn eine Begrenzung jeweils auf die Artengruppe erfolgt, das Fehlen der Merkmale bei den Zwischengruppen wirft jedoch Probleme auf. Besonders bei den Arten der Columbidae kann der Verlust von Erbanlagen bei den Zwischengruppen in Erwägung gezogen werden, weil die ähnlichen Merkmale entfernt verwandter Arten bei Formen auftreten, die in ähnlicher Umgebung leben. So lassen sich Einflüsse der Umweltauslese für Übereinstimmungen verantwortlich machen, die bei Zwischenformen zu anderen Ergebnissen führten.

Weder bei Haustauben noch bei Hausenten treten Merkmale auf, die verwandte Wildarten kennzeichnen. Bei den Hausformen werden Eigenarten häufig, die den Wildarten fehlen. Die für Wildarten typischen Farbfelder, die Zeichnungsmuster der Feder, lösen sich im allgemeinen auf. Einfarbigkeit, Fleckungen und Scheckungen beherrschen das Bild der Hausformen. Grundsätzlich bestätigt sich durch diese Studien die Meinung von Klatt, daß die Domestikationsänderungen in einen anderen Bereich führen, daß mit Artbesonderheiten nur wenig Gemeinsamkeit besteht. Nur wenige Fälle sprechen eine andere Sprache; an die bereits erwähnten Darlegungen von Thenius über Besonderheiten des Schweineschädels sei erinnert.

Doch alle Domestikationsmerkmale werden von Erbanlagen gesteuert, wie die Zuchterfolge belegen. Es handelt sich bei ihnen nicht um umweltgebundene Modifikationen. Damit stellen sich Fragen nach den erblichen Grundlagen.

## 4 Erbprobleme

Darwin stellte bereits heraus: «Wenn das organische Wesen nicht eine inhärente Neigung zu variieren besessen hätte, so würde der Mensch nichts haben ausrichten können.» Damit ist ein wichtiger Hinweis auf Erbgrundlagen gegeben. Der umfangreiche Ausbau der Vererbungsforschung nach der Wiederentdeckung der Mendelschen Gesetze hat entscheidende Fortschritte in der Deutung von Domestikationserscheinungen ermöglicht. Die Tierzucht hat ihrerseits dazu beigetragen, die allgemeinen Kenntnisse über Vererbungsvorgänge zu vertiefen; der Klassiker der Vererbungsforschung Morgan bezeichnete Haustiere als das Dorado der Genetik.

Die Entwicklung der Genetik trug in verschiedenen Erkenntnisabschnitten zur Aufklärung von Ursachen der Vielfalt bei Haustieren bei; mit dem Fortschreiten der Forschungsergebnisse stellen sich verschiedentlich neue Klärungsmöglichkeiten in den Vordergrund. Doch manche einmal erarbeiteten Teillösungen lebten noch in der Diskussion fort, als bereits weiterführende Einsichten erzielt waren. Es wäre reizvoll, solchen Problemen nachzugehen; doch dies würde den Rahmen unseres Vorhabens sprengen. Wir verweisen daher auf Werke, die in die Erblehre und ihre Fortschritte einführen, so Bresch und Hausmann (1972), Timofeef-Ressovsky, Vorončov, Jablokov (1975), Nigon-Lueken (1976), Dobzhansky, Boesiger, Sperlich (1980), Hageman (1984), Kühn-Hess (1984), Otha und Aoki (1985), Patterson (1987), Sperlich (1988).

Der Mendelismus beruht auf der Kreuzungsmethode. Auf diesem Wege wurde erkannt, daß Merkmale durch ein Genpaar gesteuert werden, dessen Partner von je einem Elternteil kommen. Bei der Entwicklung der Merkmale wirken nicht nur die Gene, die als Allele bezeichnet werden, zusammen, auch die Umwelt hat einen mitgestaltenden Einfluß. Das Zusammenspiel ist nicht immer leicht zu durchschauen.

Erste Einsichten zum Verständnis der Vielfalt bot bereits das Wissen um monogene, intermediäre Erbgänge. Die Haushuhnrasse der blauen Andalusier wurde dafür ein bekanntes Beispiel. Sie ist nicht reinerbig, sondern aus der Kreuzung von weißen und schwarzen Andalusierhaushühnern hervorgegangen. Das Zusammenwirken verschiedener Erbanlagen kann also zu «neuen» Eigenarten führen.

Wichtig war weiter die Erkenntnis, daß einheitlich erscheinende Merkmale durch mehrere Erbanlagen bedingt sein können und das solche Merkmalskomplexe auflösbar sind, da die bestimmenden Erbanlagen sich trennen lassen. Als Beispiel können die Farbrassen der Hauskaninchen dienen (Kosswig 1927, Nachtsheim 1928, 1949, 1977). Die Stammart hat ein «wildfarbenes» Fell, dessen Einzelhaare schwarze, weiße und gelbe Farbzonen aufweisen. Es gelang, die Erbfaktoren, welche diese Haarzeichnung bedingen, zu trennen und die Erbgrundlagen der Wildfärbung sowie jene von Hauskaninchen überschaubar zu machen. Durch geplante Neukombinationen ließ sich eine Anzahl neuer Farbrassen der Hauskaninchen züchten und die Vielfalt dieser Haustiere steigern.

Auch bei der Kreuzung von Wolf und der Pudelrasse der Haushunde sowie von Pudel und Schakal im Tiergarten des Kieler Instituts wurde die Auflösung von Merkmalskomplexen, welche die Wildart kennzeichnen, erreicht (Herre 1966, 1971, 1980; Schleifenbaum 1976). Wir bezeichneten die Pudel/Wolfsbastarde als Puwo, jene zwischen Pudel und Schakal als Puscha. Iljin (1941) hat ebenfalls Haushund/Wolfbastarde erzüchtet.

Wölfe haben eine wildfarbene Grundfärbung, die Einzelhaare gleichen denen der Wildkaninchen. Dazu tritt bei Wölfen eine kennzeichnende Musterung, in der die Einzelhaare meist einheitlich gefärbt sind. Wölfe haben gelbe Flecken über den Augen. An der Wange befindet sich eine helle Zeichnung, der Bereich um die Schnauze erscheint ebenfalls aufgehellt. Die Innenflächen der Ohren sind heller als die Außenseiten. Die Brust fällt durch eine leuchtend gelbe Zeichnung auf, die distalen Abschnitte der Beine haben unterschiedlich ausgedehnte gelbe Tönungen. Der Rücken trägt eine schwarzweiße Sattelzeichnung. Der Bauch ist von heller Farbe. Die Behaarung der Wölfe wird als stockhaarig bezeichnet: Längere Deckhaare überlagern das feinere Unterhaar (Abb. 105). Das Haarkleid unterliegt einem jährlichen Wechsel. Für die Wölfe ist eine vielfältige Heterozygotie in Eigenarten des Haarkleides anzunehmen.

**Abb. 105:** Wolf *Canis lupus*, beachte Zeichnungsmuster

Königspudel, die als Partner dienten, sind einheitlich schwarz. Sie tragen ein gleichmäßig feines, lockiges Haarkleid, welches lang abwächst und keinem regelmäßigen Haarwechsel unterliegt (Brunsch 1956). In diesen Eigenarten waren die Pudel reinerbig.

In unserer ersten Puwogeneration erwies sich die schwarze Haarfarbe als dominant; erst im zunehmenden Alter zeichnete sich ein Rückensattel durch hellere Haare ab. Das Haarkleid war intermediär und zeigte Haarwechsel (Abb. 106).

Unsere zweite Nachzuchtgeneration war von unerwarteter Buntheit. In ihr kamen wolfsähnliche und pudelähnliche Individuen vor, andere Tiere hatten silbergraue oder gelbliche Grundfärbungen in verschiedenen Intensitäten. Pape (1983) hat die dafür verantwortlichen Erbfaktoren analysiert. Doch am bemerkenswertesten in unserer zweiten Puwogeneration war, daß die

**Abb. 106:** Kreuzung Großpudel x Wolf (PuWo), 1. Generation

Einzelelemente der Musterung voneinander getrennt auftreten konnten. Neben wolfsähnlichen gab es schwarze Tiere, die nur gelbe Überaugenflecken besaßen, solche, die nur einen gelben Brustlatz hatten, bei anderen schwarzen Individuen zeigte sich nur eine helle Gesichtsmaske oder allein gelbe Beinzeichnung. Manchmal waren einige dieser Elemente vereint. Es gab auch vorwiegend schwarze Tiere, die nur außen oder innen gelbgefärbte Ohren aufwiesen, bei anderen waren diese beidseitig schwarz. Schwarze Tiere mit leuchtend gelbem Bauch sowie anders gefärbte Individuen mit schwarzen oder hellen Bäuchen sowie völlig schwarze Tiere waren unter der zweiten Puwonachzuchtgeneration. Sattelzeichnungen waren vorhanden oder fehlten. Auch in anderen Merkmalen, so im Haarkleid, in den Ohrstellungen, in der Augenfarbe oder im Fortpflanzungsrhythmus und in den Lautäußerungen (Herre 1979) war die Vielfalt groß, was Angaben von Iljin (1941) bestätigt (Abb. 107–110).

In der zweiten Puwogeneration erinnerten manche Individuen vor allem in Färbung, Musterung und Behaarung an moderne Rassen des Haushundes. Modellhaft läßt sich die Vorstellung entwickeln, daß bei der Entwicklung von Haushundrassen Umkombinationen von Erbanlagen des Wolfes eine sehr wesentliche Rolle spielten.

Neukombinationen traten auch bei manchen inneren Organen nach Kreuzungen von Haushundrassen auf (Stockard 1941). Klatt (1941–1944) kreuzte Windhund mit Bulli. In einer ungewöhnlichen «Buntheit» der Bastarde fand Klatt Individuen, die in einem Bulli-haften Kopf ein Windhund-ähnliches Gehirn besaßen. Solche Befunde machen deutlich, daß im Gefolge einer Eigenständigkeit von Erbanlagen «unharmonische» Individuen entstehen können, daß aufeinander abgestimmte Gensysteme sich aufzulösen vermögen. Im allgemeinen ist jedoch ein genotypisches Milieu vorhanden, welches eine Zusammenordnung verschiedener Entwicklungsläufe im Körper bewirkt.

Schon in der Frühzeit des Mendelismus wurde erkannt, daß im allgemeinen zur Gestaltung eines Merkmals mehrere Gene beitragen und das solche polygenen Systeme zur Sicherung der Merkmalsentwicklung führen. Zusammenwirkende Gene liegen meist an verschiedenen Stellen des Genoms. Dies erleichtert eine Trennbarkeit. Die epistatischen Wirkungen der einzelnen Gene sind nicht gleich. Dadurch werden Faktorenanalysen erschwert, zumal auch Umweltbedingungen bei der Merkmalsentwicklung Einfluß nehmen. Daher sind die genetischen Grundlagen einer Fülle von Haustierbesonderheiten noch nicht zu durchschauen.

Im Zusammenhang mit der Polygenie wird auch verständlich, daß ein Gen nicht nur für die Bildung eines Merkmals zuständig ist, sondern vielseitig, pleiotrop, wirkt. Merkmalsbildung wird damit als ein kompliziertes entwicklungsphysiologisches Geschehen charakterisiert. In diesem Zusammenspiel von Genwirkungen auf dem Wege zu den Merkmalen lassen sich die einzelnen Anteile kaum gegeneinander vollständig abgrenzen Timofeef-Ressovsky et al. 1975, Dobzhansky et al. 1980).

Abb. 107 Abb. 108

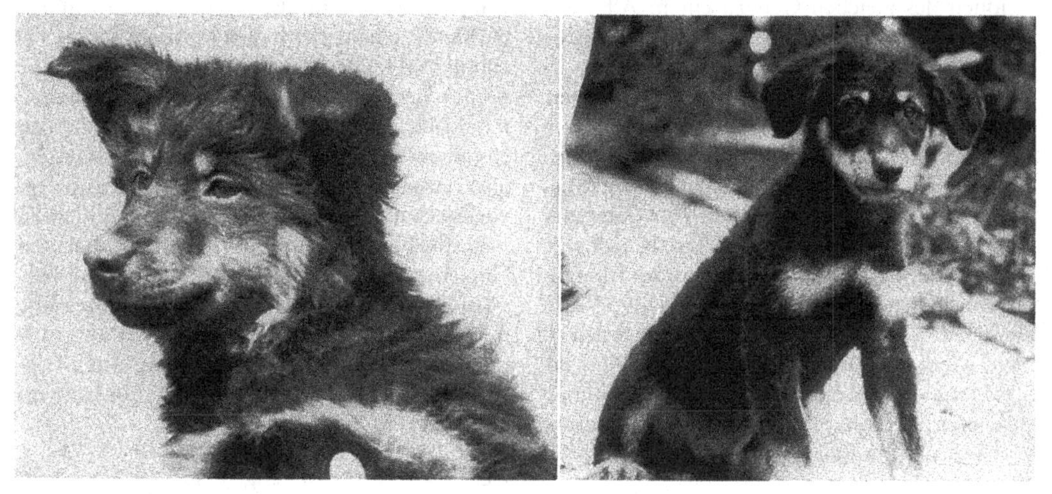

Abb. 109 Abb. 110

**Abb. 107–110:** PuWo 2. Generation. Vielfältige Aufspaltungen in Körpermerkmalen und Verhalten. Einzelne Zeichnungsmerkmale des Wolfes spalten selbstständig und erscheinen auf dem Schwarz der Pudel, ein Beispiel für Mosaikvererbung (Abb. 110)

Vor allem für tierzüchterische Vorhaben sind aber Anhaltspunkte über den Anteil genetischer Faktoren an der Variabilität von großen Interesse. Verfahren konnten entwickelt werden, welche Auskünfte ermöglichen. Diese wurden unter dem Begriff «Heritabilität» vereint, der Bedeutung erlangte. Er umfaßte die Rekombination von Allelen verschiedener Genorte mit additiven Wirkungen, läßt aber physiologische Wechselwirkungen zwischen Genen, wie Dominanz und Epistasie, unberücksichtigt (Nigon-Lueken 1976). Da physiologische Wechselwirkungen zwischen Genen auch deren Expressivität und den Einfluß der Umwelt beeinflussen können (Wilkens 1980), führen Ermittlungen von Heritabilitäten bei Fragen über Domestikationserscheinungen wenig voran.

Zunächst wurde in der Haustierkunde das Vorhandensein erblicher Variationen als gegeben hingenommen. Von entscheidender Bedeutung für die Erforschung der Ursachen von Domestikationsveränderungen war die Erkenntnis der Vererbungsforschung, daß Mutationen eine treibende Kraft bei der Entstehung der erblichen Mannigfaltigkeit sind. Bei einer Mutation ändert sich jeweils nur ein Gen. Wenn Mutationen zu Genen mit rezessiver Beschaffenheit führen, bleibt der Vorgang einer Mutation lange verborgen und es bildet sich ein, im Einzelfall schwer abschätzbarer, kryptomerer Erbanlagenbestand, zumal ein Gen mehrfach mutieren kann. Durch verschiedene Mutationen gleicher Gene entstehen Allelreihen. Treffen verschiedene Mutationen des gleichen Gen zu einem Allelpaar zusammen, können sie sehr unterschiedliche Wirkungen zueinander haben und durch die Verschiedenheit der Mutationen sind viele Kombinationen von Allelen möglich, die sich in neuen Merkmalsbildungen äußern. Um auf den Unterschied zwischen Mutationen als Veränderung in der Struktur eines einzelnen Gens und dem Auftreten eines neuen Merkmals als Folge von Umkombinationen im Genbestand hinzuweisen, haben Heilbronn und Kosswig (1966) zwischen Mutation und Mutat differenziert. Neue Merkmale brauchen also nicht das Ergebnis einer aktuellen Mutation zu sein, sie können sich auch als Folge einer neuen Kombination vorhandener Erbanlagen einstellen.

Mutationen ereignen sich ständig, ungerichtet und spontan. Im Laufe der Mutationsforschung zeigte sich, daß verschiedene Umwelteinflüsse die Häufigkeit von Mutationen, die Mutationsrate, zu erhöhen vermögen. Bereits Dobzhansky (1957) faßte die Ergebnisse der Forschungen über Mutationsauslösungen zusammen und stellte heraus, daß es eine törichte Behauptung sei, die Vererbungsforschung leugne die Bedeutung der Umwelt für das Erbgeschehen, sie behauptet nur, daß Mutationen kein direkter Anpassungsvorgang sind, daß dem Organismus die vorausschauende Fähigkeit fehlt, auf Anforderungen der Umwelt durch sinnvolle, adaptive Genveränderungen zu antworten.

Die ungewöhnliche Fülle von Besonderheiten bei Haustieren ist im allgemeinen ohne adaptiven Wert. Verschiedene Haustierforscher meinten daher, daß den von freier Wildbahn deutlich abweichenden Bedingungen des Hausstandes ein mutationsauslösender Einfluß zuzuerkennen sei. Vor allem der als Erbforscher seiner Zeit anerkannte E. Fischer (1914, 1936) betonte, daß es, bei Anerkennung der Möglichkeiten von Ausleseeinflüssen, die bereits auf embryonalen oder jugendlichen Stadien wirken, keinem Zweifel unterliegen könne, daß Tiere in der Domestikation stärker mutieren als freilebende Arten. Auch Klatt vertrat wiederholt diese Meinung. Als indirektes Zeugnis führte er die Seltenheit von Abweichungen in der gewaltigen Zahl von Fellen an, die jährlich durch Kürschnerhände gehen. Doch dies Material ist das Ergebnis von Jagden auf ältere Tiere, bei denen die natürliche Auslese bereits ihren Tribut erhalten hat. Koch (1951) betrachtete die große Zahl von Jungfüchsen, die jährlich ausgegraben werden, also natürlichen Feinden noch weitgehend entzogen seien. Er fand, daß bei diesen Jungfüchsen Farbspiele selten sind. Andererseits machten Shakelford (1948), Koch (1951) u.a. auf «explosionsartige» Zunahmen der Formenfülle nach einem Übergang in den Hausstand aufmerksam. Dieser Sachverhalt scheint mit Vorstellungen über eine erhöhte Mutationsrate im Hausstand im Einklang zu stehen.

Gegen solche Vorstellungen lassen sich gewichtige Einwände erheben. Beobachtungen von Herre (1942) belegten, daß bei Hausrentieren physiologisch wirkungsmöglichen Umweltkräften des Hausstandes kein Einfluß auf die Mutationsrate zuzuerkennen ist; wir haben darüber bereits berichtet. Unsere Erfahrungen beim Lama und Alpaka erhärten die am Hausrentier gewonnenen Einsichten. Die Annahme einer Erhöhung der Mutationsrate im Hausstand lehnen auch Steiner (1950) und Frank und Zimmermann (1957) ab. Bei Überlegungen zur Merkmalsvielfalt bei Haustieren wurde zunächst der in Arten vorhandene kryptomere Genanteil und die Möglichkeit besonderer Genkombinationen nicht hinreichend berücksichtigt. Darüber hinaus hat der Ausbau der Populationsgenetik zu neuen Auffassungen geführt.

In den ersten Jahrzehnten nach der Wiederentdeckung der Mendel-Gesetze standen statistische Studien über Merkmale und sie steuernde Gene im Vordergrund. Bei allgemeinen Erwägungen zu genetischen Grundlagen der Stammesgeschichte wurde Reinerbigkeit große Bedeutung zuer kannt. Grassé (1973) wies darauf hin, daß Lotsy (1916) Reinerbigkeit als Kriterium für Arten heranzog. Die Mutationsforschung hat dann nachgewiesen, daß Arten hochgradig heterozygot sind (Berry 1983), so daß sie in der modernen Zoologie als Gendurchmischungseinheiten betrachtet werden. Aus dem Gesamtbestand einer Art beziehen die Individuen ihre Gene, sie besitzen aber nicht alle Gene der Art. Die Individuen stimmen in vielen Teilen ihres Genbestandes nicht überein. Auch zwischen verschiedenen Populationen gleicher Art ist die Häufigkeit einzelner Gene verschieden. Die hohe genetische Variabilität innerhalb von Arten begünstigt ihre Anpassungsfähigkeit (Howard 1965, Dobzhansky 1965). In wechselnden Umwelten oder zu verschiedenen Jahreszeiten können unterschiedliche Genotypen von der Auslese begünstigt werden. Diese Feststellungen berechtigen zu der Annahme, daß die natürliche Heterozygotie von Wildarten auch eine gute Voraussetzung für die Entwicklung von Domestikationsbesonderheiten ist. Die Populationsgenetik hat sich um die Erforschung von Genfrequenzen und ihren Verschiebungen bemüht und auch ihre Auswirkungen klären helfen (Sperlich 1988).

In Populationen von Tieren, die sich zufallsmäßig paaren, in denen sich keine Mutationen ereignen und keine Selektion stattfindet, die einzelne Genkonstellationen bevorzugt oder benachteiligt, bleiben die Genfrequenzen erhalten, ein Gleichgewicht stellt sich ein. Dies ist mathematisch gesichert und wird als Hardy-Weinberg-Gesetz bezeichnet.

Trifft eine der Voraussetzungen nicht zu, ändern sich die Genhäufigkeiten in den Populationen; sie werden in verschiedenem Ausmaß verschoben, im Extremfall können einige Gene verschwinden, andere stark überwiegen. Solche Veränderungen wirken sich in der Merkmalsbildung aus, weil Verschiebungen von Genfrequenzen in polygenen Systemen höchst bemerkenswerte Eingriffe in entwicklungsphysiologische Vorgänge zur Folge haben können.

Kleine Teilpopulationen einer Art, die in einem neuen Verbreitungsgebiet isoliert wurden, sind verschiedentlich Ausgang neuer Arten geworden. Wright (1940) hat daher die Frage vertieft, welche populationsgenetischen Veränderungen zu erwarten sind, wenn sich eine kleine isolierte Teilpopulation rasch vermehrt. Er konnte modellmäßig nachweisen, daß sich der Genbestand dieser Teilpopulation gegenüber dem Genbestand der Gesamtpopulation rasch verändert. Nach ungefähr 50 Generationen ist die ursprüngliche Genhäufigkeit auf die Hälfte herabgesetzt (Nigon-Lueken 1976, Powell 1978). Durch Gendrift werden isolierte Populationen zu Gründerpopulationen von Unterarten und Arten.

Als bemerkenswertes Beispiel für die Erfolge von Gründerpopulationen können die Gruppen von Tierarten genannt werden, die sich auf den Inseln des Galapagos-Archipels entwickelten. Ihr Studium hat die Anschauungen von Darwin nachhaltig beeinflußt. In neuerer Zeit haben Thornton (1971) und Grant (1986) die erstaunliche Mannigfaltigkeit, die von kleinen Gründerpopulationen ausging, anschaulich geschildert und die theoretischen Grundlagen für die Abläufe der Artbildung auf den Galapagosinseln dargelegt.

Die kleinen Gründerpopulationen vermehrten sich in der neuen Umwelt stark, es kam zu explosiven Merkmalsveränderungen, denen natürliche Auslese dann verschiedene Richtungen gab. In den groß gewordenen Populationen bildeten sich schließlich Gleichgewichte, die zu längerer Stabilität führten.

Auch in der heutigen Zeit lassen sich ähnliche Entwicklungen von Gründerpopulationen beobachten. Niethammer (1969) berichtete von einer Gründerpopulation europäischer Igel, *Erinaceus europaeus* Linnaeus, 1758 auf Neuseeland. Nach 70 Jahren waren signifikant kleinere Igel aus ihr hervorgegangen, die sich durch eine erhöhte Variabilität der Zahnzahl auszeichneten. Eine kleine Gründerpopulation der nordamerikanischen Bisamratte, *Ondatra zibethicus* Linnaeus, 1758 wurde 1905 in der Nähe von Prag ausgesetzt. Ihre Nachfahren haben sich in Europa stark ausgebreitet, wobei sich isolierte Teilpopulationen bildeten. Pietsch (1970) hat die Schädel solcher Populationen mit denen nordamerikanischer Unterarten verglichen und dabei ermittelt, daß sich bei europäischen Populationen eigene Besonderheiten einstellten, welche die Unterscheidung europäischer Unterarten rechtfertigen könnten. Murbach (1979) studierte Nachfahren von Gründerpopulationen der Waldmaus *Apodemus sylvaticus* Linnaeus, 1758, die erst nach 1240 u.Z. auf nordfriesischen Inseln isoliert worden sind. Er stellte signifikante Veränderungen in der Größe und Proportionierung der Schädel im Vergleich zu Festlandpopulationen fest.

Am Beginn der Domestikation von Vertretern einer Wildart können nur kleine Teilpopulationen in die Obhut von Menschen und unter neue Lebensbedingungen geraten sein. Mit solchen kleinen Ausgangspopulationen gelangte nur ein Teil des gesamten Genbestandes der Wildart in den Hausstand. Am Beginn der Domestikation stand in populationsgenetischer Sicht, im Vergleich zur Wildart, eine Verringerung des Genmaterials. Doch bei der starken Vermehrung kamen individuelle Genkombinationen zustande, die für die Wildart ungewöhnlich sind und die zu einer Erhöhung der individuellen Mannigfaltigkeit führten. Diese Überlegungen stehen mit den populationsgenetischen Vorstellungen von Wright über Gründerpopulationen im Einklang. Röhrs (1961) griff daher, unabhängig von Spurway (1955), diese Gedankengänge auf und kam zu der Überzeugung, daß mit ihnen die Vorgänge, die zu Domestikationsveränderungen führten, verständlich gemacht werden können. Dies besagt: Bei der starken Vermehrung von kleinen Ausgangspopulationen unter den ökologischen Bedingungen des Hausstandes stellte sich eine Fülle von Rekombinationen ein, was dann die strukturelle Mannigfaltigkeit mit sich brachte. Hinzu trat Gendrift. Die Auslesebedingungen des Hausstandes und die von Menschen gelenkte Zucht führte dann zu Stabilisierungen, welche auch in Rassebildungen Ausdruck fanden.

Die Entwicklungen, welche von Gründerpopulationen ausgehen, haben Dobzhansky (1965) und Mayr (1965) als ein Ausbrechen aus der Zwangsjacke der genetischen und entwicklungsphysiologischen Homoeostase der Stammart bezeichnet. Durch solche Vorgänge erlangen Teilpopulationen von Arten Fähigkeiten, neue Umwelten zu kolonisieren. Für weitere Entwicklungen werden dann Auslesekräfte einflußreich. Damit wird unsere Auffassung, daß die Entwicklung von Haustieren, zoologisch gesehen, primär der Kolonisation eines neuen Lebensraumes entspricht, untermauert.

Destabilisierungen alter genetischer Systeme sind auch nach Vorstellungen von Belyaev (1979, 1980) ein wichtiger Ausgangspunkt für neue Entwicklungen. Er erachtet veränderte Selektionen als einen entscheidenden Faktor für die Destabilisierung alter genetischer Systeme und führt die Domestikationsveränderungen vor allem darauf zurück.

Durch diese Gedankengänge gewinnen Aussagen über Triebkräfte der Evolution und auch der Formenbildung bei Haustieren eine entscheidende Ergänzung. Bresch (1969) faßte zusammen: «Genetische Rekombination ist, neben Mutation und Selektion, eine der wesentlichsten Faktoren der Evolution. Die Neuzusammenstellung von Erbgut ist ein biologisches Grundphänomen, an dessen Aufklärung seit der Wiederentdeckung der Mendelschen Regeln gearbeitet wird.» Nachtsheim (1949) erachtete Mutation und Selektion als Grundlagen der Rassebildung bei Haustieren und stellte ebenfalls Kombination als wichtigen Faktor dazu. Doch um zu einem weiteren Verständnis von Domestikationsveränderungen zu gelangen, muß der Blick auf die entwicklungsphysiologischen Probleme gelenkt werden, die mit den Wandlungen im Erbanlagenbestand verknüpft sind (Silvers 1979). Auf die Wirkung der Rekombinationen von Genen auf das genotypischen Milieu und damit auf entwicklungsphysiologische Vorgänge bei der Merkmalsgestaltung haben wir bereits bei der Erörterung von Besonderheiten der Körperdecke bei Haustieren hingewiesen (S. 251).

Aufschlußreich für weitere Betrachtungen in dieser Hinsicht sind Feststellungen von Wilkens (1980) und von N. und G. Peters (1968). Von ihnen wurden regressive Merkmale bei Fischen untersucht, für deren Entwicklung polygene Systeme zuständig sind. Dies trifft auch für viele Merkmale von Haustieren zu, die als regressive Entwicklungen bezeichnet werden können. In natürlichen Populationen der Fische fällt ein recht unterschiedlicher Ausbildungsgrad der regressiven Merkmale auf. Sehr unterschiedliche Expressivität zeigt sich auch nach Kreuzungen, also in genetisch nicht balancierten Systemen. Wilkens ermittelte, daß bei Polygenen geringer Expressivität die umweltbedingte Modifikabilität die genetischen Einflüsse oft übertrifft. Phasen geringer Expressivität können durch Veränderungen im Genbestand zu solchen mit hoher Expressivität werden, und erst in Phasen hoher Expressivität treten die Anlagen kryptomerer Strukturen phänotypisch in Erscheinung. Solche Beobachtungen weisen auf die vielfältigen Ursachen hin, die mit Merkmalsbildungen verbunden sind.

Ähnliche Sachverhalte lassen sich auch bei Haustieren beobachten. Dazu nur wenige Hinweise, die v. Lehmann (1951, 1982, 1984) gab. Bei Hauspferden wird die Glasäugigkeit, bei Hauseseln und Hausziegen die Scheckung durch polygene Systeme gesteuert. Bei Heterozygotie dieser Systeme wechselt die Expressivität dieser Merkmale zwischen 0 bis 100.

Über die Beeinflussung entwicklungsphysiologischer Vorgänge, die mit Umkombinationen von Genen verknüpft sind, berichten auch Belyaev, Ruvinski, Trut (1981). Silberfüchse wurden gezüchtet. In mehreren Stämmen trat, unabhängig voneinander, ein sternförmiges Abzeichen («star») auf. Dies Merkmal wird von einem autosomalen, subdominanten Gen gesteuert. Bei einigen Silberfuchsstämmen mit diesem Abzeichen wurde eine scharfe Zuchtauslese auf Zahmheit betrieben. In Stämmen, die sich schließlich durch einen hohen Grad an Zahmheit auszeichneten, war die Penetranz des Star-Gens signifikant höher als in Stämmen, die aggressiv blieben. Im Verbund mit der Zahmheit stellten sich auch Veränderungen im Hormonspiegel ein, denen Beachtung geschenkt wurde. Nach eingehenden Studien ließ sich die Auffassung vertreten, daß durch veränderte Hormonwirkungen Gene aus heterochromatischen, also sonst nicht transkribierenden Chromosomenabschnitten, zur Entfaltung kamen. Durch destabilisierende Selektion sollen «schlafende Gene» geweckt werden können und auch dadurch die Merkmalsvielfalt bei Haustieren erhöht werden.

Über Struktur und Aktivitätsphasen heterochromatischer Chromosomenabschnitte legte Traut (1984) neue Erkenntnisse vor. Traut erachtete die Heterochromatisierung als eine Grobregelung der genetischen Aktivität und vermutet, daß eine Steuerung der Genaktivität von außen durch das Cytoplasma oder über dessen Vermittlung erfolgt. Die Vorstellungen von Belyaev und Mitarbeitern lassen sich mit dieser Meinung in Einklang bringen.

In diesem Zusammenhang ist auch auf Erkenntnisse über Pseudogene hinzuweisen, die erst 1980 entdeckt wurden. Patterson (1987) hat in einer Übersicht deren Bedeutung herausgestellt. Pseudogene, die sehr weit verbreitet zu sein scheinen, sind «schweigende» DNS-Abschnitte, sie transkribieren nicht, solange Abschnitte im Genom fehlen, welche ihre Fähigkeiten auslösen können. Damit sind sie zunächst der natürlichen Selektion entzogen. Eingehender befaßte sich mit Problemen der Pseudogene und anderer «schweigenden» DNS-Abschnitte vor allem die Neutralitätstheorie molekularer Evolution, die von Kimura (1987) entwickelt wurde (Ohta und Aoki 1985). Doch wir wollen unsere Überlegungen zu Domestikationsveränderungen nicht durch weitere spekulative Erörterungen ausweiten.

Insgesamt ist gesichert, daß richtungslose Mutationen, genetische Rekombinationen sowie natürliche und zielgerichtete menschliche Auslese Grundlagen für die Vielfalt der Haustiere darstellen. Mit dieser Erkenntnis ist noch kein vollständiger Einblick in das Zustandekommen der Fülle der Merkmale gewonnen, weil durch unterschiedliches Zusammenwirken von Genen untereinander und mit der Umwelt die Merkmalsbildung vielseitig beeinflußt wird. Die Kenntnis über die entwicklungsbiologischen Abläufe ist noch gering. A. Kühn schrieb 1967: «Gar nichts wissen wir darüber, wie genabhängig Prozesse zu morphologischen Differenzierungen führen!» Auch heute sind diese Sachverhalte nur wenig durchschaubar und so bleiben Antworten auf zoologisch wichtige Fragen, die sich aus der vergleichenden Betrachtung von Haustieren ergeben, noch offen.

## 5 Parallelbildungen

Zu den noch offenen Problemen, die durch die Betrachtung von Haustierarten deutlich werden, gehören Parallelbildungen, auf die wir bei der vergleichenden Darstellung bereits mehrfach hingewiesen haben. Den Parallelbildungen ordnen wir auch verschiedene als Konvergenzen deutbare Erscheinungen zu. Auf begriffliche Grundlagen gehen wir später ein.

Parallelbildungen kommen bei Wildarten und Haustierarten vor. Die Befunde sagen aus, daß auch bei verwandtschaftlich weit entfernt voneinander stehenden Arten gleiche morphologische und physiologische Besonderheiten auftreten, die bis in die Einzelheiten des Feinbaus und auch in den entscheidenden Entwicklungsschritten übereinstimmen. Derartige Ähnlichkeiten erfordern besondere Aufmerksamkeit, wenn die Tiere keinen oder einen nur sehr weit zurückliegenden gemeinsamen Ursprung haben (Grassé 1973).

Bei Haustieren treten trotz sehr unterschiedlichen Genbestandes, welcher für die Nachfahren von Pferden, Eseln, Rinderarten, Guanako, Kamel, Schaf, Ziege, Rentier, Schwein, Wolf, Fuchs, Nerz, Kaninchen, Meerschweinchen, Taube, Enten, Gänsen, Huhn, Kanarienvogel, Wellensittich, Karpfen, Karausche usw. angenommen werden muß, sehr viele übereinstimmende Merkmale auf (Abb. 111–113).

Im intraspezifischen Bereich können gleiche Merkmale mehrfach neu auftreten, wenn unabhängig voneinander gleiche dominante Mutationen auftreten oder wenn gleiche rezessive Gene mehrfach zusammentreffen, so daß gleiche Mutate zustande kommen. So erwähnt Epstein (1971), daß gedrehthörnige Hausschafe und auch die Hämoglobintypen bei Hausrindern mehrfach entstanden seien. Solche Merkmale bieten für die Aufklärung der Rassengeschichte wenig brauchbare Anhaltspunkte. Belyaev (1981) berichtet über das unabhängige Auftreten des Merkmals «star» in verschiedenen Zuchtstämmen des Silberfuchses; weitere Beispiele ließen sich anführen. Diese innerartlichen Erscheinungen werden von uns nicht immer unter die Parallelbildungen eingeordnet. Sie werden hier vor allem deshalb erwähnt, weil übereinstimmende Merkmale auch von verschiedenen Erbfaktoren gesteuert werden können. So konnte v. Lehmann (1984) zeigen, daß bei verschiedenen Haustierarten ein dominantes und ein rezessives Weiß auseinandergehalten werden müssen. Ähnliche Angaben über Färbungsbesonderheiten gibt es bereits bei Klemola (1930), Searle (1968), Berge (1974), King (1975) und Silver (1979). Es ist also nicht möglich, aus gleichen Merkmalen ohne genaue Analyse auf gleiche Erbfaktoren zu schließen. Dies ist bei weiteren Darlegungen über Parallelbildungen zu beachten.

Die allgemeine Evolutionsforschung hat sich häufig mit Problemen der Parallelerscheinungen auseinanderzusetzen. Nach Untersuchungen zur Systematik der Rodentia stellte Wood (1935) fest: «The most important point to be emphazised is that: parallelism, parallelism, more parallelism is the evolutionary motto of the rodent in general. This extends to all parts of the body.» Simpson (1961) stimmt mit dieser Aussage überein: «Parallelism is a widespread phenomenon.» Groves (1989) faßt zusammen: «Parallelism, of course, is by no means absent elsewhere».

**Abb. 111:** Parallelerscheinungen bei Haustieren: Pony und Hausrind mit schwarz-weißer Scheckung (Foto M. Röhrs)

Stammesgeschichtlich bemerkenswerte Parallelbildungen beschrieb Starck (1969). Radinsky (1969) hob hervor, daß in der Stammesgeschichte der Perissodactyla eine Fülle von Parallelbildungen und Konvergenzen in Zahneigenarten, in der Ausbildung der Extremitäten sowie in der Evolution des Gehirns das Geschehen bestimmen. Aus botanischer Sicht hat sich Wendt (1971) mit Problemen paralleler Evolution beschäftigt. Er gelangte zu der Meinung, daß Vorstellungen vom Wirken der Selektion allein nicht ausreichen, die Phänomene zu erklären. Die meisten Befunde, welche Erörterungen über Parallelerscheinungen zugrunde liegen, beruhen auf morphologischen und physiologischen Untersuchungen. Doch auch aus dem Bereich der Biochemie und Molekularbiologie sind parallele Veränderungen bekannt geworden (Bisby, Vaughan, Wright 1980). Dieses allgemeine Auftreten von Parallelbildungen wirft für eine phylogenetische Systematik wichtige Fragen auf.

Die phylogenetische Systematik geht von der Vorstellung aus, daß gleiche oder ähnliche Strukturen im Laufe der Stammesgeschichte zunehmend unähnlich geworden sind. Um im unähnlich Gewordenen das Ähnliche zu entdecken und zu sichern, sind Homologiekriterien (Remane 1952, 1961) entwickelt worden. Hennig (1950, 1982) hat weitere Gesichtspunkte vorgetragen, die Grundlagen phylogenetischer Systematik erweitern und festigen sollen, Schwierigkeiten bei der Ermittlung von Homologien im molekularen Bereich hat Patterson (1987) herausgestellt.

Parallelbildungen zeigen, daß sich im Laufe der Stammesgeschichte auch Ähnliches aus Unähnlichem entwickeln kann; dieser Vorgang ist nicht selten (Herre 1968). Weitgehend übereinstimmende Merkmale treten bei Arten unterschiedlicher systematischer Stellung unabhängig voneinander auf. Plate (1928) kennzeichnete einen Teil solcher Erscheinungen durch folgende Definition: «Als Homoiologie wird eine Form der Homologie geschildert, bei der die betreffenden Merkmale von Verwandten unabhängig erworben werden.» Da inzwischen nachgewiesen ist, daß Merkmalsübereinstimmungen

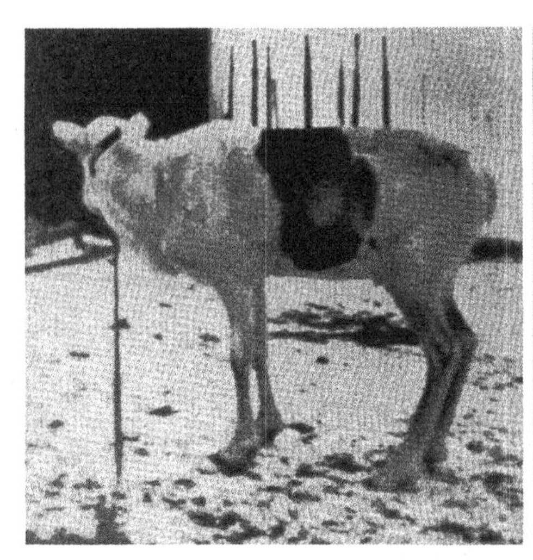

**Abb. 112:** Parallelerscheinungen bei Haustieren: Links Rentier mit Gürtelscheckung (Foto W. Herre Lapplandfahrt 1941/42), rechts Lama mit Gürtelscheckung (Zoo Frankfurt, Bildarchiv E. Mohr im Institut für Haustierkunde Kiel)

sich bei nicht oder kaum verwandten Arten unabhängig einstellen, werfen Parallelbildungen weitreichende Probleme für die Evolutionsforschung auf.

Mit Parallelbildungen eng verbunden ist die Frage nach den Abgrenzungsmöglichkeiten von Homologien als von gemeinsamen Vorfahren ererbten Entsprechungen und Analogien als unabhängig voneinander zustande gekommenen Ähnlichkeiten mit Anpassungswert. Parallelbildungen engen die Aussagekraft von Homologiekriterien ein (Hartmann 1963); Hennig (1982) stellt fest, daß ihre klare Einordnung oft nicht möglich ist. Daher führten Phänomene von Parallelbildungen zu vielseitigen Erörterungen. Aus der Fülle des Schrifttums seien nur einige, für unsere Betrachtungen wichtige Arbeiten genannt: Haecker (1914, 1925), Klatt (1927), Starck (1950), Heberer (1953), Haas und Simpson (1946), Herre (1961, 1962, 1964, 1968, 1980), Osche (1965), W. Möller (1968), H. Moeller (1968), Schliemann (1971). In diesen Arbeiten werden morphologische Probleme von Parallelbildungen erörtert.

Zur Deutung von Parallelbildungen sind in Verbindung mit Gedanken über Grundlagen von Homologien genetische Gesichtspunkte herangezogen worden, die vielseitige Zustimmung fanden. Die moderne Evolutionsforschung geht von monophyletischen Vorstellungen aus. Dies bedeutet, daß von einem gemeinsamen Ahn ein Grundbestand an Erbanlagen übernommen wurde, der sich bei Arten, die von ihm abstammen, teilweise erhalten hat, zum anderen Teil abwandelte. Da sich aus der Frühzeit der Genetik verschiedentlich die Meinung erhalten hat, das gleiche Merkmale auf gleichen Genen beruhen, galten parallele Merkmalsübereinstimmungen als Ausdruck homologer Gene.

Zur Stützung von Vorstellungen einer solchen Genhomologie wurden Beobachtungen über Dominanz-Rezessivitätsverhältnisse paralleler Merkmale nach Rassekreuzungen innerhalb verschiedener Arten herangezogen. Schon Fischer (1936, 1939, 1940) stellte den auffälligen Befund heraus, daß einige bei verschiedenen Arten übereinstimmend auftretende Strukturen sich in den Erbgängen gleichen. Dies bestätigen Zusammenstellungen von Haldane (1927), Searle (1968), Pape (1984) und Befunde anderer Forscher für viele weitere Arten. Doch es zeigte sich immer deutlicher, daß in den meisten Fällen die gleichen Merkmale durch polygene Systeme

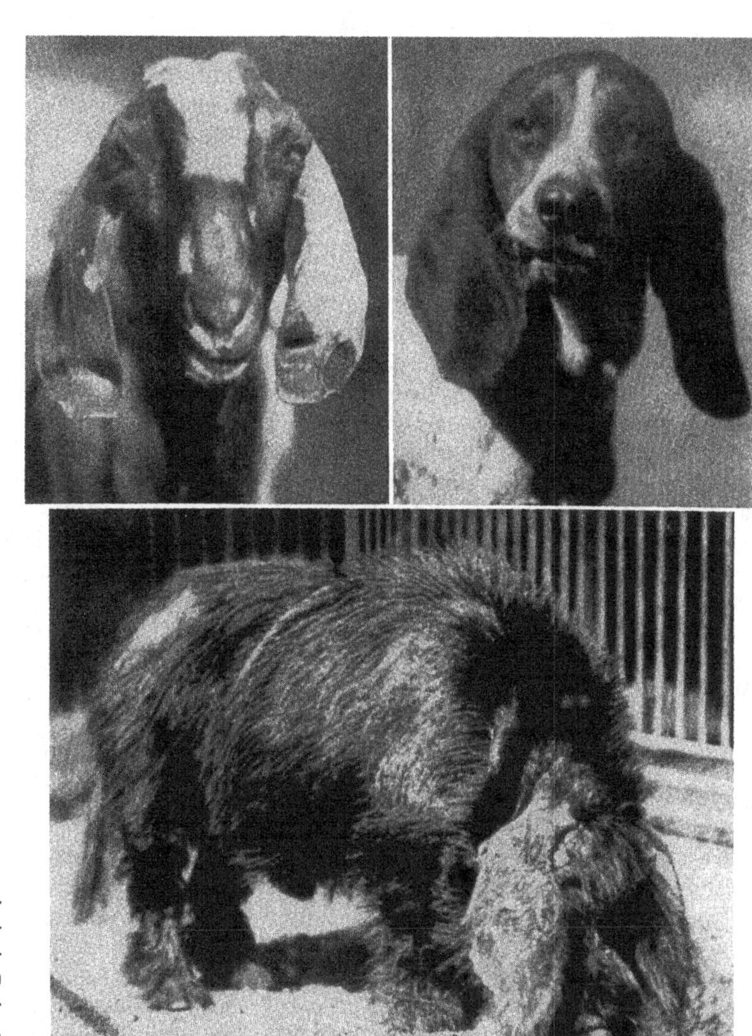

**Abb. 113:** Parallelerscheinungen bei Haustieren: Hängeohren bei ägyptischer Hängeohrziege (oben links), Tiroler Bracke (oben rechts) und chinesischem Maskenschwein (unten) (aus H. Nachtsheim und H. Stengel 1970)

gesteuert werden und in verschlungenen entwicklungsphysiologischen Prozessen zustande kommen (Requate 1959, Peters und Peters 1968, v. Lehmann 1984). Zweifel an Genhomologien kamen auf, auch wenn gleiche Symbole eine Kennzeichnung von Erbgängen ermöglichen.

Auf Vorstellungen von Genhomologien beruht auch die Grundvorstellung des Vavilov-Gesetzes, nach der bei allen verwandten Arten Mutationen mit gleichen Wirkungen vorkommen sollen (Roemer 1936) und daß hinreichendes Suchen zum Auffinden von Parallelbildungen führe. Doch schon v. Nathusius (1912) wies darauf hin, daß Fettsteißigkeit und Fettschwänzigkeit, die bei Hausschafen weit verbreitet sind, bei Hausziegen nicht auftreten. Darwin, Klatt und v. Mikulicz-Radecki machten darauf aufmerksam, daß die bei Haushühnern verbreitete Sperberung des Federkleides bei Haustauben fehlt. Es gibt also artlich bedingte Unterschiede.

Was ist eigentlich Genhomologie? stellt sich als entscheidende Frage. Anerkannte ältere Genetiker wie Timofeeff-Ressovsky (1939), P. Hertwig (1940) oder Steiniger (1949) erachteten als Hauptkriterium einer Genhomologie die gleiche Lage der Gene im Genom. Sichere Aussagen darüber lassen sich nicht immer gewinnen. Arten sind im allgemeinen nicht kreuzbar; dies erschwert sichere Aussagen über Genhomologien. Doch Kosswig (1961) berichtet, daß sich für die Laborratte mit 42 Chromosomen und die Labormaus mit 46 Chromosomen die Aussage rechtfertigen läßt, daß bestimmte Farbgene im gleichen Chromosom liegen, beim Hausmeerschweinchen mit 54 Chromosomen ist eine solche Angabe nicht möglich. Auch Fusionen und Fisionen erschweren Entscheidungen über Genhomologien nach einem Lagekriterium. Daher ist nach anderen Möglichkeiten zur Klärung Ausschau zu halten.

Haecker (1918) bemühte sich schon frühzeitig um grundsätzliche Möglichkeiten, Genhomologien zu erkennen. Er ging von Genwirkungen aus und legte die Vorstellung zugrunde, daß durch ein Zurückverfolgen der Entwicklungsschritte vom fertigen Merkmal bis zu seinem Entwicklungsbeginn Anhaltspunkte über steuernde Gene oder über Verschiedenheiten der genetischen Anlagen gewonnen werden könnten. Er bezeichnete diesen Forschungsbereich als Phänogenetik. Aus homodynamen Prozessen sollten damit weiterführende Schlüsse über Gene möglich sein. Fischer, Klatt und Stokkard haben nachdrücklich den Ausbau phänogenetischer Forschungen gefordert; unser eigener Arbeitskreis setzte sich für phänogenetische Untersuchungen ein, um das Verständnis von Parallelbildungen zu fördern.

Phänogenetische Studien lehrten zunächst, daß eine Reihe von Erscheinungen, die als Parallelbildungen eingestuft waren, falsch bewertet wurden. So ist die Gleichsetzung der Steatopygie beim Mensch mit dem Fettsteiß beim Hausschaf sowie mit dem Fettbuckel der Zebu ebensowenig gerechtfertigt (Slijper 1951) wie die des Zebufettbuckels mit dem Höcker der Kamele (Wilson 1984); auch die Lockenbildung von Haussäugetieren und Hausgeflügel sowie deren Scheckungstypen können nicht gleichgesetzt werden (Kuhn 1936).

Sicher jedoch ist die Übereinstimmung der Entwicklungsabläufe verschiedener Merkmale bei Arten der Haussäugetiere. So ermittelte Shakelford (1949), daß bei Silberfuchs und Farmnerz parallel auftretende Färbungseigenarten bis in den Feinbau übereinstimmen, obgleich sich die Chromosomenzahlen beider Arten bemerkenswert unterscheiden. Bei weiteren Haustierarten ließ sich ein solcher Sachverhalt ebenfalls sichern. So verläuft die Entwicklung der Locken so verschiedener Haussäugetiere wie Hausschaf und Haushund in gleicher Weise (Herre und Wigger 1939, Miessner 1964). Dies gilt auch für die Federhauben verschiedener Arten des Hausgeflügels (Requate 1959) oder die Blauschaligkeit von Vogeleiern (Reuter 1966). Angesichts der Fülle derartiger Sachverhalte stimmten viele Genetiker der Auffassung von Haldane (1927) zu, daß die steuernden Gene als homolog zu bezeichnen seien.

Es wurden jedoch wichtige Einwände gegen die Vorstellung der Genhomologie vorgebracht. Huxley (1948) meinte, daß Parallelbildungen nicht durch homologe Gene ausgelöst würden, sondern daß durch verschiedene Gene homodyname Prozesse gelenkt werden könnten. Da parallel auftretende Strukturen meist durch polygene Systeme zustande kommen, verdient dieser Hinweis nachhaltige Beachtung. Bei der Deutung von Phänokopien lagen ähnliche Schwierigkeiten vor (Goldschmidt 1958, Landauer 1959).

Einen grundsätzlichen Einwand gegen den Gedanken der Genhomologie erhob Portmann (1969): «Die Versuche, den Begriff der Homologie auszudehnen auf das Gebiet der Erbanlagen (also z.B. «homologe» Erbfaktoren [Gene] zu suchen) führt zu folgenschweren Irrtümern. Ein solcher Versuch erhebt Erbfaktoren in den Chromosomen des Zellkerns zum Rang von Anlagen, während sie in Wirklichkeit nur ein Glied im System einer Organanlage sind.»

Parallelbildungen sind bei Wildarten und Haustieren eine so auffällige Erscheinung, daß eine weitere Beschäftigung mit der Problematik bei unterschiedlichen Tiergruppen angebracht ist.

Lueken (1971) befaßte sich mit der Rotfärbung verschiedener Isopoden. Vier verschiedene Gene, die im genetischen Gesamtgefüge unterschiedliche Positionen haben, können diese Färbung bedingen. Lueken erachtet diese Rotgene nicht als homolog. Wichtig für alle Erwägungen über homologe Gene ist auch die Feststellung, daß es Substitutionsgene gibt; Kosswig (1947, 1959) hat solche Erscheinungen mit Beispielen von Fischarten belegt. Damit wird nachgewiesen, daß gleiche chemische Vorgänge durch verschiedene Gene gesteuert werden können. Parallelbildungen bei unterschiedlichen Arten müssen daher nicht auf identischen Genen beruhen. All diese genetischen Erkenntnisse bestätigen, daß Isophänie nicht «genetische Homologie» bedeutet (Heberer 1953). Faktorenanalysen, die durch Symbole anschaulich werden und damit Erbgänge verständlich machen, lassen also über die tatsächlichen Auslöser von Wirkketten noch keine sicheren Aussagen zu.

Parallelbildungen, die bei Haustieren höchst auffällig und in der Stammesgeschichte häufig sind, führten zu Erörterungen über ihre begriffliche Einordnung. Parallelbildungen sind sicher keine Analogien, da kein Anpassungswert zu erkennen ist. Sie werden meist unter die Homoiologien eingeordnet (Herre 1968). Doch auch über diesen Begriff sind Evolutionsforscher verschiedener Meinung. Nowikoff (1936) verstand darunter, im Sinne von Plate (1927), Ähnlichkeiten, die unabhängig voneinander an homologen Organen verwandter Arten entstanden. Ähnlichkeiten, die voneinander unabhängig sich an nicht homologen Organen einstellten und keinen Anpassungswert haben, bezeichnete er als Homomorphien (= Homoplasien nach Haas und Simpson 1946). Remane (1952) ordnete entsprechend Nowikoff zu Homoiologien jene Ähnlichkeiten, die an homologen Strukturen unabhängig voneinander auftreten, er nannte solche an nicht homologen Strukturen Euanalogien. Bei der phylogenetischen Gliederung von Strukturen durch Haas und Simpson (1946) wird der Begriff Parallelismen auf Strukturen bezogen, die in mehr oder weniger verwandten Gruppen, bei denen noch ein gemeinsamer Bestand an Erbanlagen angenommen werden kann, auftreten. Damit ist die Vorstellung verbunden, daß Erbanlagen eines gemeinsamen Vorfahren erst nach einer Zeit selbständiger Entwicklung der Nachfahren eine Wirksamkeit entfalten, die zu ähnlichen Strukturen führt. Unter dem Begriff Konvergenz reihen Haas und Simpson strukturelle Ähnlichkeiten ein, die sich allmählich in weit voneinander entfernten Gruppen, die kaum noch als verwandt bezeichnet werden können, einstellen. Remane (1961) kennzeichnet Parallelbildungen als evolutive Abläufe, die von einem ähnlichen Ausgangszustand her zu gleichsinnigen Umformungen führen, als Konvergenzen bezeichnet er Veränderungen, die von einem unähnlichen Ausgangszustand zu zunehmend ähnlich werdenden Erscheinungen führen. Remane weist jedoch darauf hin, daß eine Suche nach scharfen Grenzlinien wenig fruchtbar ist. Dies wird auch bei Haustieren, deren Stammarten in sehr unterschiedlichen Beziehungen zueinander stehen, anschaulich.

Simpson hat 1961 die begrifflichen Grundlagen dieses Bereiches erweitert. Für unsere Erörterungen sind die Definitionen der Parallelismen, Konvergenzen und Zufallsähnlichkeiten von Interesse. Die Bezeichnung Parallelismen begrenzte Simpson auf unabhängige Entwicklungen ähnlicher Merkmale in zwei oder mehr Stammeslinien gemeinsamen Ursprungs auf der Grundlage von oder kanalisiert durch Merkmale der Ahnform. Konvergenzen sind nach der Definition von Simpson unabhängige Entwicklungen von Ähnlichkeiten in zwei oder mehr Stammeslinien ohne gemeinsamen Ursprung als Anpassung an gleiche ökologische Verhältnisse. Unter der Bezeichnung Zufallsähnlichkeit faßt Simpson Merkmalsübereinstimmungen zusammen, die sich unabhängig voneinander aus verschiedensten Ursachen bildeten und denen eine biologische Bedeutung nicht zuerkannt werden kann.

Die Einordnung der von uns in Übereinstimmung mit anderen Forschern als Parallelbildungen bezeichneten Ähnlichkeiten, die unabhängig voneinander bei verschiedenen Haustierarten auftreten, ist schwierig. Die Beurteilung gemeinsamen Ursprungs gestattet zwar einen weiten Ermessensspielsraum, aber für alle Haustierarten läge der gemeinsame Ursprung zu weit zurück, um eine brauchbare Grundlage für Erörterungen zu bilden. Die Parallelbildungen der Haustiere stellen keine Anpassung an gleiche ökologische Bedingungen dar, sind damit nicht unter Konvergenzen einzureihen. Die Bezeichnung Zufallsähnlichkeiten erscheint uns unangebracht, weil die Parallelbildungen bei den Haustierarten so häufig sind, daß die Annahme eines in ihnen zugrunde liegenden Ordnungsprinzips nicht abwegig erscheint. Damit sollen keine besonderen Evolutionsfaktoren in Betracht gezogen, sondern die Aufmerksamkeit auf entwicklungsphysiologische Vorgänge bei Gestaltungen gelenkt werden. Dobzhansky, Boesiger und Sperlich (1980) ist zuzustimmen, wenn sie hervorheben, daß die Phaenomene der Konvergenz und der evolutiven Parallelismen zwar sehr häufig beobachtet werden können, aber keine allgemeine Regel oder Notwendigkeit darstellen. Trotzdem verdienen diese Sachverhalte zum Verständnis evolutiver Vorgänge bemerkenswertes Interesse.

Verschiedentlich ist die Frage gestellt worden, ob Parallelbildungen nicht letztendlich als homologe Erscheinungen aufgefaßt werden könnten, da es sich um Ähnlichkeiten bei homologen Organen handelt. Dann könnten auch homologe Gene als Auslöser in Betracht gezogen werden. Unsere Darlegungen haben gezeigt, daß es sich hinsichtlich der Auslöser um nicht homologe Bildungen im Sinne der Strukturforschung handeln wird. Vom Merkmal her beurteilt, zeigt sich, daß bei Parallelbildungen das Homologiekriterium der Stetigkeit (nach Remane) nicht zutrifft und nur nach dem Kriterium der spezifischen Qualität eine Einstufung unter Homologien möglich wäre (Osche 1965). Die Parallelbildungen bei Haustieren und wohl auch verschiedenen Wildarten sind biologische Phänomene eigener Prägung.

Bei dieser Sachlage sollte zur Vertiefung des Verständnisses der Parallelbildungen der vor mehr als einem halben Jahrhundert von Haecker vorgeschlagene Begriff Pluripotenz in die Betrachtungen einbezogen und mit modernem Inhalt erfüllt werden.

Unter dem Begriff Pluripotenz faßte Haecker (1925) Sachverhalte von Parallelerscheinungen als Ausdruck virtueller Fähigkeiten der Organismen zusammen, unter besonderen Bedingungen eine nur begrenzte Anzahl vom Typus abweichende Entwicklungsrichtungen einzuschlagen. Er sah darin eine vielen Arten gemeinsame Fähigkeit. Seine Umschreibung ist zwar unbestimmt, kann aber den Weg weisen, Ursachen von Parallelbildungen auf die Spur zu kommen.

Fest steht, daß Parallelbildungen erblich sind; sie werden also von Genen oder Gensystemen gesteuert. Von diesen Genen gehen Substanzen aus, deren Zusammenwirken die Gestaltung von Parallelbildungen bewirkt. Die moderne Genetik hat erkannt, daß unterschiedliche Genkombinationen die Wirkung der einzelnen Gene beeinflussen und auch Teile des sonst kryptomeren Genbestandes gestaltende Wirkung gewinnen können. Gene heterochromatischer Abschnitte der Chromosomen können unter bestimmten Bedingungen zur Transkription veranlaßt werden. Unsicher ist noch, wie sich solche Vorgänge auf die einzelnen Schritte bei der Entwicklung zu Merkmalen widerspiegeln. Es wird damit deutlich, daß in der Erweiterung entwicklungsphysiologischer, phänogenetischer Kenntnisse ein Schlüssel zum Verständnis von Parallelbildungen liegt. Haustiere können ein wesentliches Material für solche Studien beisteuern.

Das Problem der Regulation von Genwirkungen ist nicht nur für die Haustierkunde, sondern für die allgemeine Biologie von Interesse. Nagl (1980) hebt in einer Zusammenfassung der Kenntnisse über Chromosomen hervor, daß es keinen Unterschied im Aufbau und den Produkten der Gene zwischen Menschenaffen und Menschen gibt. Er fährt fort: «Dennoch unterscheidet sich der Mensch in vielen Merkmalen, die seine Organisation betreffen, nicht seine molekulare, d.h. seine Gene. Der Unterschied kommt von Änderungen in der Regulation der Entwicklung.» In diesem Sinne auch ein Hinweis von Knussmann (1988) zu werten, der hervorhebt, daß sich der Mensch und die afrikanischen Menschenaffen nur in weniger als 1% in ihrer Erbsubstanz unterscheiden.

## 6 Domestikation und Stammesgeschichte

Domestikationen und Domestikationsveränderungen werden häufig als Modelle für stammesgeschichtliche Vorgänge angesehen (Bock 1975). Dagegen ist angeführt worden, daß Evolution im allgemeinen ein konstruktiver Vorgang sei, der Hausstand hingegen zur «Degeneration» führe. Dieser Meinung müssen wichtige Tatbestände entgegengehalten werden.

Die Veränderungen von Wildtieren im Hausstand sind primär Anpassungen an eine neue Umwelt. Wildarten sind nicht unter Bedingungen des Hausstandes oder der Gefangenschaft entstanden, daher sind sie für diese Verhältnisse zunächst als ungeeignet anzusehen. Selektion unter den Angehörigen der gleichen Wildart, Mutationen, Rekombinationen und Veränderungen der Genfrequenzen führt zu angepaßten Haustierpopulationen, zur Kolonisation neuer Lebensräume durch Teile von Wildarten.

Die Änderungen von Populationen bestimmter Wildarten in der Domestikation sind in vielen Erscheinungen und Vorgängen regressiven Evolutionen gleichzusetzen. Schemmel (1984) hat deutlich gemacht, daß in der Evolution Regressionen und Progressionen als Glieder des Gesamtphänomens Phylogenese zu gelten haben. Reduktionen sind Bestandteile von Adaptationsvorgängen; sie machen den Weg für neue Entwicklungen frei. Dies zeigt sich auch bei Haustieren. Sie kolonisierten einen besonderen Lebensraum. Dabei können Merkmale begünstigt werden, die sich in der Umwelt der Stammarten nachteilig auswirken. Als Menschen gelernt hatten, Haustiere züchterisch zu gestalten und die Lebensbedingungen ihrer Haustiere zu verbessern, entstanden auch Haustiere mit Besonderheiten, die als «konstruktive» Entwicklungen zu bezeichnen sind.

Daß durch menschliche Manipulationen, die als wahrhaft «künstliche» Auslese gelten können, auch «entformte», «degenerierte» Haustiere entstehen, die nur bei besonderer Betreuung durch Menschen lebensfähig sind, ist eine nicht zu bestreitende, aber nicht zu verallgemeinernde Tatsache. Die Zucht solcher Formen als Hobbyrassen ist, ethisch-tierschützerisch betrachtet, ein sehr fragwürdiges Unterfangen. Solche Tiere bedürfen meist zur Erhaltung ihres Lebens besonderer Umweltgestaltung und großen tierärztlichen Könnens. Sie verlieren viel von ihrer typischen Eigenart als Tier und werden zu «Sklaven» von Menschen. Dem Zoologen beweisen solche Erscheinungen, daß die Spanne der Ausformungsmöglichkeiten einer Tierart bis an die Grenzen der Lebensfähigkeit gehen kann, sie bieten ihm aber keine wissenschaftlichen bemerkenswerten Sachverhalte, so daß er an solchen Züchtungen nicht Anteil nimmt, da er der jeweils eigenständigen «Würde» tierlicher Besonderheiten zu hohe Achtung zollt.

Nach dem Durchbruch des Evolutionsgedankens galten Arten lange Zeit als etwas Fließendes in Raum und Zeit. Sobald zwischen Populationen ein gewisser Grad an Unähnlichkeit in Merkmalen festzustellen war, blieb es dem subjektiven Ermessen zoologischer Systematiker überlassen, eine neue Art zu beschreiben und damit einen evolutiv wesentlichen Vorgang zu postulieren. Nach der Anerkennung des biologischen Artbegriffes wird die Artbildung als ein Ereignis besonderen Charakters gewertet (Simpson 1945, 1961; Mayr 1963, 1984; Herre 1964, 1968 u.a.). Artbildung bedeutet einen Bruch in einer bestehenden Fortpflanzungsgemeinschaft, eine neue Grenze zwischen Populationen. Trotz der ungewöhnlichen Ausweitung der Variabilität im Hausstand ist der Fortpflanzungszusammenhang mit den Stammarten erhalten geblieben, wie wir mehrfach deutlich betont haben. Der «konkrete Schritt», der «erforderlich ist, um von einer Art zur nächsten zu gelangen» (Mayr 1984), blieb aus.

In der Domestikation ist es bisher nicht zur Artbildung gekommen. Die Domestikationen geben zoologischen Systematikern, die sich um ein natürliches System bemühen, die wichtige Mahnung, bei der Bewertung von Merkmalsverschiedenheiten Vorsicht walten zu lassen. Grassé (1973) hat nach den Ergebnissen der Domestikationsforschung gefolgert, daß wegen der biologischen Einheit der Stammarten mit ihren Haustierformen einem rein morphologischen Artbegriff die Grundlage entzogen ist.

Vorstellungen über stammesgeschichtliche Zusammenhänge werden im allgemeinen in sich einfach verzweigenden Denkschemata, als «Stammbäume», zum Ausdruck gebracht. Solche Schemata setzen monophyletische Evolutionsabläufe (Remane 1952), einfache Aufspaltungen (Hennig 1984) voraus. Innerartliche Beziehungen erfüllen schon bei Wildarten diese Anforderungen nicht (Kosswig 1961).

Da die Variabilität bei Haustieren sich als ein innerartlicher Vorgang darstellt, gleiche Merkmale innerhalb einer Art mehrfach auftreten und im Gefolge von Völkerbewegungen und Handelsbeziehungen sowie durch bewußte Rassekreuzungen vielfach Durchmischungen vor sich gingen, kam es zu netzartigen Durchmischungen verschiedener Populationen und Rassen einer Haustierart. «Stammbäume» innerhalb von Haustierarten geben die verwandtschaftlichen Beziehungen im Sinne phylogenetischer Forschung nicht treffend wieder. Die Domestikationsforschung zeigt hier Probleme auf, die eine Herausforderung an die theoretische Biologie darstellen. Es gilt nämlich, auch im Blick auf die Problematik der Darstellung innerartlicher Vielgestaltigkeit in Stammbaumschemata, zu prüfen, ob die innerartlichen Ausformungen bei Haustieren, deren unterschiedliche Arten so viele Parallelbildungen zeigen, bereits als so bedeutsame phylogenetische Schritte zu bewerten sind, wie Bock (1975) meint, wenn er feststellt: «The only phylogenies that are avaiable are those from plant and animal breeding.» Wir bevorzugen, wie viele andere Forscher, die Meinung, daß Artbildungen als die entscheidenderen Ereignisse im stammesgeschichtlichen Geschehen zu gelten haben. Wir erachten die Domestikationsfolgen, trotz ihres Ausmaßes und ihrer Vielgestaltigkeit, nur als Vorstufen phylogenetischer Entwicklungen, da die Einheit der Arten biologisch erhalten bleibt.

# XXI. Mensch – Haustier – Umwelt

Menschen sind nach ihrer Anatomie und Physiologie Allesverzehrer. Frühmenschen sammelten von Pflanzen jene Arten, die sie als Nahrung verwerten konnten, und sie jagten Tiere mit dem für sie hochwertigen Eiweiß. Diese Eingriffe in die Umwelt waren zunächst unbedeutend. Schon die Erfindung von Jagdwaffen, die Entwicklung differenzierter Jagdmethoden, machte später den Nahrungserwerb ziemlich leicht. Die Populationsdichte der Menschen nahm zu, und sie besiedelten nach und nach von Afrika aus nahezu die ganze Erde. Dabei vernichteten sie in vielen Gebieten die Großwildbestände (Remmert 1986). Auswege, dem dadurch entstehenden Mangel zu entgehen, boten in vielen Gebieten die Domestikationen. Als Folge dieses Übergangs zur Produktionswirtschaft verstärkten sich die Eingriffe in die Natur. Menschen begannen, biologische Systeme zu gestalten, in denen Kulturpflanzen und Haustiere prägend wurden. Alte biologische Gefüge wurden durch Kulturlandschaften verdrängt.

Eine der Folgen gesicherter Nahrungsgrundlagen war eine weitere Zunahme der Bevölkerungszahlen. Diese hält immer noch an; im letzten Jahrhundert erfuhr sie eine besondere Steigerung in allen Teilen der Welt. Menschen haben gelernt, Kulturpflanzen und vor allem Haustiere nicht nur als Nahrung, sondern auch als weitere Energiequellen zu nutzen (Ward et al. 1980). Haustiere gewannen als Arbeitskräfte große Bedeutung und sie wurden entscheidende Rohstofflieferanten für Textilien und andere Zwekke, sie gewannen Einfluß als Zahlungsmittel bei Brautkäufen und als Symbole gesellschaftlicher Stellung. Die ständige Zunahme von Haustieren erforderte Weidegebiete, die im Verein mit immer stärkerer Ausweitung der Ackerflächen tiefgreifende Umweltveränderungen mit sich brachten.

Bereits in aneignenden Wirtschaftsformen erlangten Pflanzenarten mit nutzbarem Samen besonderen Wert. Sämereien lassen sich für Zeiten der Nahrungsverknappung ohne aufwendige Konservierung aufbewahren. Die ältesten wichtig gewordenen Kulturpflanzen entstammen Wildarten mit gut verwertbarem Samenreichtum. Mit dem Übergang zur Produktionswirtschaft erfolgte vor allem der Anbau solcher Pflanzen in einheitlichen Beständen. Im Landschaftsbild traten an die Stelle vielartiger Pflanzenbestände zunehmend Ackerflächen mit Kulturpflanzen. Haustiere wirkten sich zunächst viel weniger auffällig aus; sie mußten ihr Futter meist in natürlichen Pflanzenbeständen suchen.

Die ältesten für die Menschheit wichtig gewordenen Haustiere sind Pflanzenfresser, welche eine große Zahl von Pflanzenarten aufnehmen, die Menschen nicht zu verwerten vermögen. Diese Haustiere erschließen Menschen einen zusätzlichen Pflanzenbestand, indem sie ihn in tierisches Eiweiß umsetzen, welches Menschen in den meisten Bereichen der Erde benötigen, weil es an hinreichend eiweißhaltigen Pflanzen mangelt. (Spedding 1975, Reed 1980). Doch auch die Haustiere fressen nicht alle Pflanzenarten, sie sind wählerisch wie ihre Stammarten. Durch selektierende Futtersuche können Pflanzen in ihrer Verbreitung begrenzt oder an Stellen intensiver Nutzung durch Haustiere ausgerottet werden. Andere, von Tieren weniger geschätzte Pflanzen nehmen ihre Stelle ein. Solche Beeinflussungen der Umwelt erscheinen zunächst gering, bringen aber im Laufe der Zeit doch weitgehende Wandlungen mit sich (Ellenberg 1988).

Allgemeiner bekannt geworden sind Umweltveränderungen, bei denen vor allem Hausziegen Anteil hatten. Hausziegen sind ursprünglich vorwiegend Blattäser, sie schätzen junge Blätter und Triebe. Dies beeinträchtigt den Aufwuchs. Um siedlungsnahe Ackerflächen zu gewinnen, brachten Menschen im Mittelmeerraum Hausziegen in höher gelegene, siedlungsfernere Bereiche und rodeten dort Dornbuschbestände, um bessere Weidemöglichkeiten für ihre Hausziegen zu schaffen. Die Freßgewohnheiten der Hausziegen beeinträchtigten das Gedeihen des verbleibenden Pflanzenbestandes. Die Tiere mußten sich weiträumig bewegen, um ausreichend Nahrung zu finden. Dadurch wurde das Wurzelwerk geschädigt und allmählich waren kahle Flächen die Folge dieser extensiven Weidehaltung (Hornsmann 1951). Folgen ähnlicher Art traten auch bei Überweidungen durch andere Haustiere auf, zumal wenn diese in großen Herden gehalten werden.

Im Unterschied zu geernteten pflanzlichen Produkten ist die Aufbewahrung von Nahrungsmitteln tierischer Herkunft schwierig. Fleisch oder Milch verderben schnell. Konservierungsverfahren sind erst recht spät in der Haustiergeschichte vervollkommnet worden. Um auch in Zeiten der Nahrungsverknappung tierisches Eiweiß zur Verfügung zu haben, wurde der Haustierbestand für Schlachtzwecke auch in den Wintermonaten erhalten. Da bis zum Ende des Mittelalters Futtervorsorge für Haustiere kaum üblich war, suchten sich die Haustiere auch in der Ruheperiode der Vegetation ihr Futter selbst. Dabei kam es zu bemerkenswerten Schädigungen der Pflanzendecke. Wenn dann im Frühjahr der erste nährstoffhaltige Neuwuchs erschien, wurde er rasch verbraucht und perennierende Pflanzen verloren oft schnell ihre Reservestoffe. Kurze Gräser und weniger begehrte Pflanzen gewannen Vorrang. Intensive Nahrungssuche von Haustierherden führte auch zu Wasserverlusten und brachte Austrocknungen. Bis heute sind in vielen Teilen der Erde tiefgreifende Umweltveränderungen Folgen von Überweidungen (Spedding 1975).

Auch wildlebende Pflanzenfresser können sehr bemerkenswerte Veränderungen der Umwelt bewirken, wenn ihre Zahl im Verhältnis zur Pflanzendecke zu groß ist. Dies wird besonders auffällig, wenn menschliche «Fürsorge» Hegemaßnahmen einleitet, wie dies verschiedentlich in Nationalparks der Fall ist (Davison 1967, Owen-Smith 1983). Wir beobachteten im Wankie-Nationalpark, daß nach der Anlage zusätzlicher Wasserstellen die Zahl der Elefanten so stark gestiegen war, daß für andere Pflanzenfresser eine Nahrungsverknappung eintrat. Im weiten Umkreis von Wasserstellen wurde die Landschaft durch Überweidung wüstenartig.

Mit der Zunahme der Bevölkerungszahlen in moderner Zeit haben sich auch die Haustierbestände stark vermehrt. Ihre Steigerung ist allmählich vor sich gegangen. In Mitteleuropa nahm in den letzten 10 000 Jahren das jagdbare Wild recht stark ab. Damit wurden Hausrinder, Hausschafe, Hausziegen, Hausschweine für Menschen eine notwendige Fleischquelle. Schon im letzten vorchristlichen Jahrtausend erfolgte die Versorgung der mitteleuropäischen Bevölkerung mit tierischem Eiweiß fast ausschließlich durch Haustiere (Reichstein 1984).

Um Weidemöglichkeiten zu erhalten, haben bereits frühe Haustierhalter verschiedene Maßnahmen eingeleitet. Dazu gehören Herdenwanderungen, die mit einem Nomadenleben verbunden sind. Rotationsverfahren entwickelten sich; gleiche Weidegründe wurden nur in größeren Zeitabständen aufgesucht. Trotzdem stellten sich in manchen Gebieten wesentliche Beeinträchtigung der Pflanzendecke ein (Spedding 1971, 1975).

Nur ergänzend sei vermerkt, daß Menschen in einigen Fällen die auslesende Nahrungswahl von Haustieren ausnutzen. In Indien werden Hausziegen eingesetzt, um frisch gerodete Flächen vor unerwünschtem Aufwuchs zu schützen. In Mitteleuropa tun dies Hausschafe, um beispielsweise in der Lüneburger Heide den Charakter als Kulturlandschaft zu erhalten.

Die bis zum Ende des Mittelalters in weiten Bereichen Europas übliche freie Weidewirtschaft führte innerhalb der Haustierarten zu einer natürlichen Auslese von Tieren, die in der Lage waren, Notzeiten zu überstehen. Dies zeigt sich im Vorherrschen kleiner Landrassen. Reichstein (1984) gibt für Hausrinder mitteleuropäischer Fundstellen dieser Zeit als durchschnittliche Widerristhöhe 108 cm an. Gegenüber der Stammart, dem Auerochsen, ist dies eine beträchtliche Verringerung der Körpergröße, die sich auch im wirtschaftlichen Ertrag auswirkte.

Erst später setzte sich in der Haustierzucht Europas allgemein die Einsicht durch, daß regelmäßige, ausreichende Ernährung nicht nur die Grundlage für eine Erhöhung des Fleischertrages beim Einzeltier, sondern auch für dessen Arbeitsleistung ist. Eine Zunahme der Körpergröße der Haustiere steht damit in einem Zusammenhang. Eine geregelte Weidebetreuung und ein Futterpflanzenanbau begann, der die Stallhaltung verstärkte. Dieser Wandel war mit einem Aufblühen der Zucht von Kulturrassen verbunden. Die Haustiere fanden zunehmend individuelle Aufmerksamkeit. Landwirtschaftliche Ausstellungen mit der Prämiierung von Einzeltieren nach Formen und Leistungen förderten die Zucht und die Fürsorge. Bewertungsgrundsätze und Kontrollverfahren wurden festgelegt. Tierärztliche Betreuung von Haustierindividuen erfuhr eine Vervollkommnung. All diese Fortschritte erforderten auch einen erhöhten Einsatz von Menschen. Doch als Ergebnis dieser Bemühungen um Haustiere stellten sich in den Industrieländern unerwartete züchterische Erfolge ein, so in der Höhe des Milchertrages bei Hausrindern oder in der Steigerung der Wachstumsraten bei verschiedenen Haustierarten; wir haben dafür bereits Beispiele genannt.

Die hochleistungsfähigen Milchkühe, die zum Verzehr bestimmten Haushühner, die Truthühner mit großem Fleischanteil oder die enorm produktiven Legehennen benötigen zur Entfaltung ihrer genetischen Anlagen sehr energiereiche Nahrung mit hohem Proteingehalt. Daher müssen sie zu einem beträchtlichen Anteil mit Getreide oder dessen Produkten gefüttert werden. Diese Haustiere setzen nicht mehr in erster Linie Pflanzenwuchs, der Menschen nicht als Nahrung dienen kann, in tierisches Eiweiß um, sondern sie werden zu Nahrungskonkurrenten von Menschen in vielen Gebieten der Erde. v. Engelhardt (1981) hat herausgestellt, daß in den Industrieländern 62% der erzeugten Getreidemenge als Viehfutter dient. Dabei ist zu beachten, daß der Verlust an Energie beim Umsatz von Rohprotein in der Nahrung in tierisches Eiweiß groß ist. Pimentel et al. (1980) geben an, daß zur Erzeugung von einem Kilogramm tierischen Eiweiß hoher Qualität von Haustieren 7 Kilogramm pflanzliches Protein verzehrt werden müssen. v. Engelhardt et al. (1985) nennen als Ertrag der Energieumwandlung bei Eiern, Milch und Geflügelfleisch 20–25%, bei der Rind- und Hammelfleischerzeugung lediglich 4%. Solche Tatsachen führen zu der Frage, ob angesichts des steigenden Bedarfs an Eiweiß einer rasch wachsenden Bevölkerung eine Umorientierung in den Zielen der Haustierzucht und in den Verfahren der Haustierhaltung in Erwägung zu ziehen ist, ob nicht Haustieren der Vorrang zu geben ist, die mit einer Nahrung geringer Qualität auskommen.

Auch die Verknappung an nutzbarem Land spricht für solche Überlegungen. Von den Landgebieten der Welt sind 23% als Dauerweiden oder -wiesen zu bewerten, aber nur 11% als Ackerland. 32% der Landfläche sind mit Wald und Buschwerk besetzt und 34% gelten als ungenutztes Land; es sind Wüsten, Halbwüsten und Tundragebiete. Man kann prüfen, ob diese kaum genutzten Gebiete zur Erzeugung von tierischem Eiweiß für den menschlichen Bedarf herangezogen werden können. Doch die in diesen Zonen wachsenden Pflanzen sind als spärliches, zellulosereiches Rauhfutter zu bezeichnen, dessen Verwertung nicht allen Tieren möglich ist. Außerdem handelt es sich bei diesen Gebieten um ökologisch empfindliche Bereiche; Fragen des Umweltschutzes dürfen daher nicht außer acht gelassen werden, wenn die Nutzung ins Auge gefaßt werden sollte.

Eine Umstellung der Haustierhaltung auf eiweißärmere zellulosereichere Nahrung hängt von der Fähigkeit ab, Zellulose zu verdauen; diese ist bei Omnivoren und Herbivoren sehr verschieden ausgeprägt. Der Vorrang kommt Pflanzenfressern mit Vormägen zu, weil Vormägen als Orte der Fermentation eine entscheidende Rolle spielen. In deren Größe und in physiologischen Besonderheiten lassen sich nicht nur Artverschiedenheiten, sondern auch Rasseunterschiede beobachten, die in der Haustierzucht eine wesentlichere Rolle spielen könnten als dies bisher der Fall war.

Bei der Erörterung der Haustierrassen haben wir bereits darauf hingewiesen, daß sich Landrassen von Wiederkäuern oft durch eine besondere Genügsamkeit auszeichnen und Notzeiten gut überstehen können. v. Engelhardt et al. (1982, 1984, 1985) haben bestätigt, daß beispielsweise Landrassen der Hausschafe physiologisch eine sehr viel bessere Eignung zur Nutzung von Rauhfutter geringer Qualität haben als Hochleistungshausschafe. Sie verdienen daher nachhaltig Beachtung, denn zukünftige, weltweit ausgerichtete Tierzucht wird sicher die Aufgabe zu lösen haben, den Eiweißbedarf der sich stark vermehrenden menschlichen Bevölkerung durch Nutzung zellulosereichen Pflanzenmaterials optimal zu decken. Darauf ausgerichtete Zuchtziele werden sich auf Haustiere in anderer Weise auswirken, als die jetzt im Vordergrund stehenden Zuchtvorhaben. Der Zwang, Energieverluste möglichst gering zu halten, kann Veränderungen bewirken.

Pimentel et al. (1980) sind für die USA der Frage nachgegangen, wie sich eine Begrenzung des Energieverlustes bei der Umsetzung pflanzlichen in tierisches Eiweiß auswirken würde. Bei einer Umstellung der Fütterung der Haustiere mit Getreiden und Gras ausschließlich auf Gräser würde die Menge des jetzt für menschliche Ernährung zur Verfügung stehenden tierlichen Eiweißes auf etwa die Hälfte zurückgehen, weil Hausgeflügel und Hausschweine dann weitgehend ausfallen und sich die Erträge an Fleisch und Milch bei Hauswiederkäuern vermindern. Die Milchmenge wäre um 28% geringer als jetzt, allerdings der Energiegewinn um 38% günstiger. Die Ernährung der Haustiere ausschließlich mit Gräsern würde nicht nur andere Typen und Arten bei Haustieren fördern, sondern sich auch auf die Ernährungsgewohnheiten der nordamerikanischen Bevölkerung auswirken. Ein stärkerer Verbrauch pflanzlicher Nahrungsmittel, vor allem eiweißreicher Hülsenfrüchte, wäre notwendig. Pimentel und seine Mitarbeiter geben der Meinung Ausdruck, daß unter dem Zwang von Energieeinsparung in den kommenden Jahrzehnten pflanzliche Kost bei der Ernährung der Menschheit in den Vordergrund rücken wird, ohne daß alle Menschen Vegetarier werden müssen.

Seit dem Übergang von der Sammelwirtschaft zur Produktionswirtschaft haben menschliche Bedürfnisse und Wünsche die Einstellung von Menschen zu Haustieren bestimmt. Treffend sagte Darwin, daß Haustiere nicht zum eigenen Nutzen, sondern zu dem von Menschen vermehrt werden. Die klassischen Haustiere waren in erster Linie Nutztiere, später spielten auch Heimhaustiere eine zunehmende Rolle. Um Wünsche von Menschen immer besser erfüllen zu können, wurden Maßnahmen in steigendem Ausmaß von Bedeutung, welche die Genfrequenzen von Haustieren immer stärker von den normalen Genfrequenzen der Stammarten entfernten. Mit der Ausweitung des Einsatzes moderner biotechnischer Verfahren (künstliche Besamung, Embryotransfer) in der Tierzucht, vor allem bei den in der westlichen Welt zur Zeit als hochwertig erachteten Populationen und Rassen, wird dieser Vorgang im Sinne einer Vereinheitlichung im Genbestand dieser Haustiere in besonderer Weise fortschreiten und die bisherige Mannigfaltigkeit beeinflussen. Wirtschaftliche Gesichtspunkte haben auch zu Neudomestikationen geführt, besonders bei den Pelztieren. Auch bei der Neudomestikation von Hobbyhaustieren spielten wirtschaftliche Interessen eine nicht geringe Rolle.

Trotz der großen Bedeutung wirtschaftlicher Gesichtspunkte bei der Entwicklung von Haustieren zeigt sich, daß im Laufe der Haustierzeit die Beziehungen zwischen Menschen und Haustieren vielschichtiger geworden sind als jene zu Kulturpflanzen, weil sich der wirtschaftliche Wert von Haustieren in sehr verschiedene Bereiche ausweitete und Menschen zu tierlichen Wesen im allgemeinen andere Bindungen als zu pflanzlichen Lebensformen empfinden. Daher erscheinen einige Hinweise auf diesen Fragenkreis wichtig.

Die Nutzhaustiere sind für alle Menschen von lebenswichtiger Bedeutung. Sie liefern Fleisch, Milch und deren Nebenprodukte, Wolle und weitere Rohstoffe. Außerdem wird in der Landwirtschaft der Welt 85% der erforderlichen Zugkraft durch Haustiere gestellt. In Ländern wie Indien und Pakistan erfolgt der Transport von Waren zu Märkten zu 40–60% durch Hauskamele, Hausesel, Hausbüffel und Ochsen. Bei Hirtenvölkern in Afrika dient regelmäßig Hausrindern entnommenes Blut als Nahrung. Eine wichtige Rolle spielen Haustiere auch als Symbole von Wohlstand und gesellschaftlicher Stellung sowie als Zahlungsmittel beim Brautkauf oder Erbauseinandersetzungen. In Indien, aber auch bei südamerikanischen Hochlandindianern, ist der Dung von Haustieren ein Feuerungsmittel von besonderem Wert.

Diese Verwendungen haben sowohl mit Umweltbedingungen als auch mit kulturellen Entwicklungen einen Zusammenhang und dazu geführt, daß unterschiedliche geistige Einstellungen zu Haustieren zustande kamen. Die Vielfalt der Beziehungen zwischen Menschen und Haustieren ist nicht immer mit dem notwendigen Verständnis beachtet worden. Vor allem mitteleuropäische Heimhaustierhalter neigen dazu, ihre eigene Einstellung zu Haustieren als eine für alle Menschen und alle Heimtiere gültige, selbstverständliche Norm zu werten. Dabei werden wichtige Sachverhalte übersehen. Mit Recht hat Bergler (1986) vermerkt: «Selbstverständlichkeiten sind letztlich Ausdruck kultureller, religiöser, sozialer und gesellschaftlicher Regeln und Verhaltensweisen, die durch Tradition und Erziehung gleichsam automatisch... weitergegeben... und schließlich angenommen und bejaht werden.» «Jedermann kann beobachten, daß zwischen verschiedenen Völkern deutliche Unterschiede in der Art und Weise bestehen, ...welche Tiere man in welchem Umfang und wie hält.»

Kulturell gewachsene, traditionell gefestigte Auffassungen über das Verhältnis zwischen Menschen und Haustieren haben sich in vielen Ländern langfristig unverändert erhalten. In manchen westlichen Ländern jedoch ist ein rascher Wandel in den Einstellungen häufig. Nicht selten gewinnen schnell und tiefgreifend veränderte Einstellungen in öffentlichen Erörterungen einen bemerkenswerten Stellenwert, weil Verfechter bestimmter Einstellungen zu Haustieren beträchtliche Einflußmöglichkeiten durch moderne Medien gewinnen. Scheuch (1986) hat einen solchen schnellen Meinungswandel über die Beziehungen zwischen Menschen und Haustieren in den Medien der Bundesrepublik Deutschland eindrucksvoll beleuchtet. Noch in der Mitte der siebziger Jahre des 20. Jahrhunderts waren in diesen Medien Heimhaustiere ein wichtiges Thema, um Belästigungen einer Mehrheit durch eine Minderheit von Haustierhaltern zu geißeln. Bereits Anfang der achtziger Jahre traten jedoch Meinungen in den Vordergrund, die Tiere, besonders Haustiere, als «unterdrückte Mitmenschen» verstanden wissen wollen, Tierhaltung als «Tierhöllen» bezeichnen und in der Ernährung mit Fleisch «den Verzehr von Leichenteilen ermordeter Tiere» sehen. Solche Betrachtungsweisen, die einer sehr breiten Öffentlichkeit vorgetragen werden, weiten die voll berechtigte Anerkennung einer Mitgeschöpflichkeit eigener Form von Pflanzen und Tieren in Vermenschlichungen aus. Wesentliche biologische Tatsachen und entscheidende kulturelle Entwicklungen werden bei dieser Auffassung außer acht gelassen. Hart (1985) hat ihnen gegenüber betont, daß Menschen aus Zwang Haustiere zu ihrem Nutzen schufen, daß Menschen von Haustieren abhängig wurden. Ein Verzicht auf Haustiere müßte zur Rückkehr zu einem Räuber-Beute-Verhältnis führen und würde eine Umkehr kultureller Entwicklungen bedeuten. Eine solche Rückkehr ist aber nicht möglich, es gibt zu viele Menschen; Haustiere sind andererseits von Menschen abhängig geworden, und sie sind so stark verändert, daß sie nicht zu dem Status ihrer Stammarten zurückkehren können.

Über traditionell gefestigte Unterschiede in der wirtschaftlichen Nutzung von Haustieren hat Morris (1980) anschauliche Beispiele zusammengestellt, wir haben die Hinweise ein wenig erweitert.

Für Hausrinder ermöglicht bereits eine tabellarische Übersicht über die Produktivität in verschiedenen Gebieten (Tab. 3) wertvolle Einsichten. Nicht nur die Leistungen sind uneinheitlich, auch verschiedene Verwertungsformen spiegeln sich wider. Bemerkenswerte Besonderheiten zeigt vor allem Indien, weil Buddhisten und einigen Gruppen der Hindu der Genuß von Fleisch verboten ist. Der Hinduismus verbietet vorrangig den Verzehr von Rindfleisch und ganz allgemein das Schlachten von Rindern. Daher verbindet sich mit den Hausrindern des indischen Subkontinentes der Mythos «heiliger Kühe». Harris (1965) ist ihrer Problematik nachgegangen. Er stellte fest, daß in Indien im wesentlichen niederen Kasten, Christen und Moslems der Verbrauch von Hausrindfleisch verboten ist. Die vielen Hausrinder Indiens haben eine besondere Bedeutung. Sie stellen die enscheidende Zugkraft vor dem Pflug von Kleinbauern, und ihr Dung ist ein notwendiges Brennmaterial zur Nahrungszubereitung. Dieser Dung kommt einer Menge von 35 Millionen Tonnen Kohle oder 68 Millionen Tonnen Holz gleich. Da die Hausrinder Indiens bei spärlichem Futter Monate überstehen können und dabei Dung liefern, wurden die Bewohner Indiens von Hausrindern in einer Weise abhängig, die eine Sonderstellung mit sich brachte und in dem Mythos der «heiligen Rinder» letztlich Ausdruck fand.

Das Fleisch von Hausschweinen wird vor allem im Mittleren Osten nicht verzehrt. Die dort lebenden Moslems, orthodoxen Juden und äthiopischen Christen lehnen dies Nahrungsmittel ab. Hygienische Gründe, Sorge vor einer Übertragung von Parasiten, dürften wesentliche Veranlassung zu religiösen Verboten gewesen sein.

Hauspferdfleisch ist bei Mongolenstämmen, meist hervorragende Reiter, eine bevorzugte Nahrung. Im ehemaligen Verbreitungsgebiet der Stammart, von der Mongolei bis nach Osteuropa, wird Hauspferdfleisch allgemein verzehrt. Als Hauspferde in Bereichen südlich des Kaukasus, in denen die Wildart nie vorkam, von den Hethitern vor Kampfwagen eingesetzt und damit eine staatserhaltende Kraft wurden, ihre Zahl aber zunächst gering war, erfolgte ein Verbot des Verzehrs von Pferdefleisch. In Mittel- und Westeuropa wurde ursprünglich Hauspferdfleisch gegessen. Erst um 730 u.Z. verbot die christliche Kirche dies Nahrungsmittel. Das Verbot hat sich nur in begrenztem Umfang durchsetzen können.

Das Fleisch von Haushunden wird in vielen Teilen Asiens, Afrikas und von manchen Stämmen Südamerikas hoch geschätzt. Viele Haushunde werden dort ausschließlich zu Schlachtzwecken gehalten. In vielen anderen Teilen der Welt leben Haushunde als Ausgestoßene, als Paria, die in der Nähe menschlicher Siedlungen nur geduldet werden. Im modernen Europa und Amerika nehmen Haushunde eine Sonderstellung als Gefährten von Menschen ein. In einigen Ländern ist das Schlachten von Haushunden gesetzlich verboten.

Das Fleisch und Eier von Haushühnern sind in weiten Teilen der Erde als Nahrungsmittel hoch geschätzt. In einigen Ländern Asiens und Afrikas ist ihr Genuß im Zusammenhang mit Fruchtbarkeitsriten verboten. In anderen Ländern steht das Interesse an Hahnenkämpfen im Vordergrund der Haushuhnhaltung. Weitere Beispiele könnten gebracht werden, doch eine ausführlichere Erörterung dieses interessanten kulturgeschichtlichen Bereichs würde den Rahmen unserer Darstellungen weit überschreiten. Bemerkenswert ist, daß bei der Verwendung von Pflanzen als Nahrung für den Menschen deren Lebenserscheinungen kaum überdacht werden.

Kulturelle Entwicklungen führten zu einem Bewußtwerden und einem verstärkten Gefühl der Verantwortung gegenüber abhängig gewordenen Tieren. Hiermit hat die moderne Tierschutzbewegung besonders in westlichen Ländern einen Zusammenhang. Tierschutz hat neben dem Naturschutz, dessen Bemühungen auf die Erhaltung des Gesamtgefüges der Natur gerichtet sind, allgemeine Anerkennung gefunden. Tierschutz bedeutet die Sorge um das individuelle Wohl von Tieren. Im öffentlichen Interesse stehen dabei Vögel und Säugetiere im Vordergrund, besonders wenn sie als Heimhaustiere gehalten werden. Menschen haben zu ihnen die stärksten persönlichen Beziehungen gewonnen. Vögel und Säugetiere stehen dem Menschen evolutionsbiologisch zwar am nächsten, aber schon bei den Sinnesleistungen gibt es große Unterschiede, es sei nur an die verschiedenen Geruchswelten und die Unterschiede bei der Schallwahrnehmung sowie im Farbensehen erinnert. Über die subjektiven Empfindungen der Tiere lassen sich kaum Aussagen machen.

Im Naturschutz und im Tierschutz haben sich Menschen der Neuzeit wichtige Aufgaben gestellt. Sachgerechte Lösungen werden durch emotionelle Bewertungen nicht selten erschwert. Bei Haustieren können die alten wirtschaftlichen Interessen der Menschheit nicht aus dem Auge verloren werden. Einzelprobleme, deren Lösung objektive Schwierigkeiten bereitet, nehmen bei manchen Erörterungen oft einen so breiten Raum ein, daß entscheidende Grundfragen des Tierschutzes übersehen werden. Wir müssen uns auf einige Hinweise begrenzen, deren Berücksichtigung förderlich erscheint.

Haustiere unterscheiden sich von ihren Stammarten vielfältig. Dies haben wir durch eine Fülle anatomischer, funktionell-anatomischer und physiologischer Daten, durch Ergebnisse genetischer Studien und Hinweise auf eingehende Verhaltensbeobachtungen objektiv belegt. Haustiere sind von Menschen physisch und verschiedentlich auch psychisch abhängig geworden. Die meisten Populationen der aus verschiedenen Stammarten hervorgegangenen Haustiere sind nicht mehr in der Lage, sich unter den Bedingungen freier Wildbahn langfristig zu erhalten. Anschaulich wird dies durch die geringe Zahl geglückter Verwilderungen belegt. Bemerkenswert ist auch, daß aus jahrhundertelang unter geringer Betreuung «halbwild» gehaltenen Haustierbeständen keine langfristig selbständigen Gruppen wildlebender Tiere hervorgegangen sind. Alle Beobachtungen weisen darauf hin, daß es nicht gerechtfertigt ist, die Lebensansprüche der Wildart als verpflichtende Grundlage von Haustierhaltungen zu werten.

Der Hausstand bietet eine eigene ökologische Nische, sie ist unstabil. Haustiere haben sich räumlich und zeitlich wechselnden Bedingungen anzupassen. Zu dieser natürlichen Auslese tritt menschliche Zuchtwahl. Um die möglichen Verschiedenheiten der Auswirkungen anzudeuten, genügt es, auf die kleinen mittelalterlichen Hausrinder hinzuweisen. Die Lebensansprüche der Haustierformen sind sehr unterschiedlich. Damit wird deutlich, daß es nicht genügt, den Schutz von Haustieren allgemein zu erörtern. Sehr differenzierte Betrachtungen sind erforderlich, wenn ein sachgerechter Tierschutz angestrebt wird. Dazu ist vielseitig Grundlagenforschung zu leisten.

Im Vergleich zu den Stammarten erscheinen manche Eigenarten von Haustieren, die Menschen nützlich sind, als unnatürlich. Für die Wildart schädlich ist eine Rückbildung der natürlichen Scheu; diese ist oft lebenserhaltend. Als Folge solcher Scheu lassen sich Wildpferde kaum reiten. Da Hauspferde die natürliche Scheu weitgehend verloren haben, konnten sie zu Reittieren werden, zu wichtigen Kameraden von Menschen. Wildtiere haben meist ein ausgeprägtes Bewegungsbedürfnis; Beweglichkeit ist eine wichtige Voraussetzung für Nahrungsbeschaffung und Flucht. Bei Haustieren ist das Bewegungsbedürfnis meist sehr viel geringer, wie wir auch beim Vergleich von Wölfen mit Pudeln beobachteten. Das geringere Bewegungsbedürfnis gibt die Möglichkeit, Haustiere als Schoßtiere oder im Stall und im Käfig zu halten. Doch das Bewegungsbedürfnis der einzelnen Rassen ist unterschiedlich. Einem sachgerechten Tierschutz widerspricht die Haltung antriebsstarker Formen auf engem Raum, weil dies die Entfaltung ihrer Anlagen und ihr Wohlbefinden beeinträchtigt. Bei allen Haustierarten gibt es auch sehr antriebsarme Rassen und Individuen.

Aussagen über das Wohlbefinden von Haustieren zu machen, ist nicht immer leicht. Bei Wildtieren spiegelt sich ein allgemeines Wohlbefinden auch im geregelten sexuellen Rhythmus wider. Ungünstige Lebensbedingungen führen bei Wildtieren oft zu einem Ausbleiben der Fortpflanzungserscheinungen. Bei Haustieren sind die Abhängigkeiten der Sexualerscheinungen von Umweltbedingungen sehr viel unklarer geworden. Wir haben dafür Beispiele genannt. Manche Haustiere können auch unter sehr ungünstigen Lebensbedingungen hohe Fortpflanzungsleistungen aufweisen. Dies ist bei manchen Hausschweinen und Haushühnern der Fall. Weitgespannte Studien sind notwendig, um Aussagen über das Wohlbefinden von Haustieren auf eine sichere Grundlage zu stellen (Hart 1985).

Auseinandersetzungen über sachgerechten Tierschutz sind bei landwirtschaftlichen Nutztieren besonders lebhaft geworden, weil ein grundsätzlicher Zwiespalt zwischen Nutzung und Fürsorge zu bestehen scheint. Im Streben, Nutzen zu steigern, haben Menschen Nutzhaustiere immer weitgehender «manipuliert». Dabei ist manchmal übersehen worden, daß es sich um tierliche Wesen handelt. Auch in der Heimhaustierzucht wurden die gebotenen Grenzen oft überschritten. Aufgabe des modernen Tierschutzes ist, den Lebensbedürfnissen aller Haustiere die jeweils notwendige Anerkennung zu verschaffen. Dabei kommt der Erarbeitung von Richtlinien für Haltungsformen, die den Bedürfnissen der verschiedenen Rassen gerecht werden, eine wesentliche Bedeutung zu. Es ist keine leichte Aufgabe, die jeweils sachgerechten Maßstäbe zu finden.

Doch auch kritische Begrenzung züchterischer Maßnahmen sollte zu den Aufgaben des Tierschutzes gehören. In der Nutztierhaltung ist die Zucht extremer Formen, deren Lebensfähigkeit beeinträchtigt ist, seltener, weil wirtschaftliche Gesichtspunkte zu Begrenzungen führen, wie am Beispiel der Hausschweinerassen gezeigt wurde. In der Heimhaustierzucht spielen solche Gesichtspunkte eine geringere Rolle. Viele Extremformen finden Liebhaber. Die Zucht unharmonischer Goldfischformen, deren Lebensfähigkeit in einem Grenzbereich liegt, ebenso von Haushundrassen (Seiferle 1983), von Hauskatzen, so den schwanzlosen (Schwangart und Grau 1931) und ähnlichen Formen bei anderen Haustierarten, sollte mit einem Makel behaftet werden. Der Zoologe meint ganz allgemein, daß auch Haustiere im Sinne von R. Hesse (1935) entharmonisch sein sollten, also im Zusammenwirken ihrer Organe wohl abgestimmt und epharmonisch zu leben hätten, ihnen also eine angemessene Umwelt zu schaffen sei. Daß dieses Ziel erreicht werden kann, stellen die langlebigen Hochleistungstiere unter Beweis (Herre 1950).

Heimhaustiere sind für viele Menschen von Wert. Auch bei Nutzhaustierarten haben sich in neuerer Zeit Hobbyformen eingestellt. So gewannen in modernen Industrieländern viele Hauspferdrassen einen entscheidenden Rang als Sportkameraden. Haushunde werden oft intime Hausgenossen und Mittel in Prophylaxe und Therapie bei psychischen Störungen von Menschen (Bergler 1986). Hauskaninchen, Hausmeerschweinchen, Schoßhaushunde und Kulturrassen der Hauskatze dienen als «Kuscheltiere» oder «Schmusetiere». Ob eine solche Betreuung eine wirkliche tierschutzgerechte Haltungsform darstellt, ist sehr zu bezweifeln. Die Rassen des Ziergeflügels führen durch Farbe, Gestalt und Verhaltensbesonderheiten zu besinnlichem Vergnügen. Solche Heimhaustiere haben vor allem in Großstädten Verbreitung gefunden; Herre (1967) und Scheuch (1986) sind den Zusammenhängen nachgegangen.

Heimhaustiere erfreuen sich im allgemeinen einer sehr intensiven menschlichen, oft vermenschlichten Betreuung. Im Sinne des Tierschutzes wird diese oft als besonders vorbildliche Haustierhaltung angesehen. Doch dabei geht die berechtigte Forderung nach Anerkennung einer Mitgeschöpflichkeit verschiedentlich in Vorstellungen einer Mitmenschlichkeit über. Die Eigenarten von Tieren werden bei Bewertungen durch solche Tierhalter mißverstanden und kaum beachtet. Ein anschauliches Beispiel für Haushunde ist Feddersen-Petersen (1987) zu danken. Bei «Vermenschlichungen» von Heimhaustieren wird selten hinreichend darüber nachgedacht, daß Liebesbezeugungen der Menschen von Tieren als lästig empfunden, ja sogar streßauslösend wirken können. Baumann und Fink (1976) haben viele, lehrreiche Beispiele solch nicht tierschutzgerechter Mißbräuche zusammengestellt.

Menschliches Fehlverhalten gegenüber Bedürfnissen von Tieren bedarf ernster Abwägungen, weil viele Menschen tierliche Gesellschafter benötigen. Koenig (1985) hat gezeigt, daß für verschiedene Menschengruppen Heimhaustiere entscheidende Sozialkumpane darstellen oder einen wesentlichen Sozialersatz bilden. Die derzeitige Zivilisationsgesellschaft begünstigt Vereinsamungen; Heimhaustiere schaffen Ersatz. Belehrungen über wirklich tierschutzgerechte Haltung und Aufklärung über die geeigneten Tierarten und Haustierrassen sind dringend erforderlich. Koenig ist daher der wichtigen Frage nachgegangen, welche Heimhaustiere für die verschiedenen Altersgruppen zu empfehlen und welche Gesichtspunkte bei Tierhaltungen in Schulen, Jugendgruppen und Altersheimen zu beachten sind, um ein echt partnerschaftliches Zusammenleben zu gestalten.

Zur Erreichung der Ziele eines sachgerechten Tierschutzes ist noch viel nüchterne, intensive Arbeit zu leisten, bei der die zoologische Domestikationsforschung einen wichtigen Anteil zu übernehmen hat.

# Literaturverzeichnis


Abel, W. (1961/62): Rinderhaltung in Gründlandgebieten im Mittelalter. Z. Tierzüchtung Züchtungsbiologie **76**, 88–100

Abel, W. (1978): Deutsche Agrargeschichte II. Geschichte der Landwirtschaft vom frühen Mittelalter bis zum 19. Jahrhundert. Stuttgart

Adametz, L. (1923): Untersuchungen über die brachycephalen Alpenrinder (Tux-Zillertaler, Pustertaler und Eringer) und über die Brachycephalie und Mopsschnäuzigkeit als Domestikationsmerkmal im allgemeinen. Arbeiten Lehrkanzel Tierzucht Wien 2

Adametz, L. (1925): Kraniologische Untersuchungen der Wildrinder von Pamiatkowo. Arbeiten Lehrkanzel Tierzucht Wien

Adametz, L. (1926): Lehrbuch der allgemeinen Tierzucht. J. Springer, Wien

Adametz, L. (1926): Abstammung der Haustiere. In: Stang und Wirth: Tierheilkunde und Tierzucht, S. 1–40. Urban und Schwarzenberg Verlag, Berlin–Wien

Adametz, L. (1931): Rassebildende Domestikationsmutationen bei Abkömmlingen von *Ovis vignei* Blyth. Z. Tierzüchtung Züchtungsbiologie **20**, 1–23

Adametz, L. (1932): Über die Stellung der Ziege von Girgenti im zootechnischen System und ihre angebliche Herkunft von *Capra falconeri*. Z. Tierzüchtung Züchtungsbiologie **25**, 231–236

Adametz, L. (1934): Haustierrassen und Kulturpflanzen des alpinen Menschentypus als Weiser für dessen Herkunft. Z. Tierzüchtung Züchtungsbiologie **31**, 147–180

Adametz, L. (1939): Über die Eignung verschiedener Landschafrassen zur Kreuzung mit Karakuls und zur Lammfellproduktion. Z. Tierzüchtung Züchtungsbiologie **45**, 71–97

Adametz, L. und R. Schulze (1931): Untersuchungen über die wichtigsten Rassemerkmale, den Habitus und den Konstitutionstypus der Tux-Zillertaler Rinder unter besonderer Berücksichtigung ihrer Beziehungen zu wirtschaftlichen Leistungen. Z. Tierzüchtung Züchtungsbiologie **23**, 123–181

Allchin, F. R. (1969): Early domestic animals in India and Pakistan: In: Ucko, P. J. and G. W. Dimbleby (Eds.): The domestication and exploitation of plants and animals, pp. 317–322. Duckworth, London

American Kennel Club (1978): The complete Dog-book. Howell Book House, New York

Amschler, W. (1929): Gengeographische Studien am Hissarschaf. Züchtungskunde **4**, 336–341

Amschler, W. (1930): Über *Capra aegagrus* und *Capra falconeri* als Hausziegen im Kaukasus, eine Vorarbeit zur genetischen Bearbeitung der Hausziegen. Wiss. Arch. Landwirt. B, Tierernährung und Tierzucht **3**, 307–338

Amschler, W. (1940): Tierreste der Ausgrabungen von dem «Großen Königshügel» Sha tepe in Nordiran. Reports from the scientific expedition to the nordwestern provinces of China under the leadership of Dr. Sven Hedin. Publication **9**

Andrzejewski, R. (1974): Spotty mutation of wild boar *Sus scrofa* Linnaeus, 1758. Acta Theriologica **19**, 159–163

Andrzejewski, R. and W. Jezierski (1978): Management of a wild boar population and its effects on commercial land. Acta Theriologica **23**, 309–339

Angler Rinderzucht (1985): Heft **1**

Angress, S. and Ch. A. Reed (1962): An annotated bibliography on the origin and descent of domestic animals 1900–1955. Fieldiana: Anthropology **54**, No 1, Chicago

Antonius, O. (1918): Die Abstammung des Hauspferdes und Hausesels. Die Naturwissenschaften **6**, 13–18; 32–34

Antonius, O. (1922): Grundzüge einer Stammesgeschichte der Haustiere. Gustav Fischer Verlag, Jena

Aparicio, G. (1961): Eselrassen und Eselkreuzungen. In: Hammond, Johansson und Haring (Hrsg.): Handbuch der Tierzüchtung 3/1, S. 199–206. Verlag Paul Parey, Hamburg–Berlin

Arnold, G. W. and M. L. Dudzinski (1978): Ethology of free ranging domestic animals. Developments in animal and veterinary sciences 2. Elsevier, Amsterdam–New York

Asmundson, V. S. (1961): Die wichtigsten Putenschläge der Neuen Welt. In: Hammond, Johansson und Haring (Hrsg.): Handbuch der Tierzüchtung 3/2, S. 392–407. Verlag Paul Parey, Hamburg–Berlin

Atkins, D. L. and L. S. Dillon (1971): Evolution of the Cerebellum in the genus *Canis*. J. Mammalogy **52**, 96–107

Baber, D. W. and B. C. Coblentz (1986): Density, Home range, habitat use and reproduction in feral pigs on Santa Catarina Islands. J. Mammalogy **67**, 512–525

Bachmann, R. (1954): Die Nebenniere, Handbuch mikroskop. Anatomie des Menschen VI/5, S. 1–952. Springer-Verlag, Berlin–Göttingen–Heidelberg

Bährens, D. (1960): Über den Formenwandel des Mustelidenschädels. Allometrische Untersuchungen an Schädeln von *Mu-*

*stela vison, Mustela lutreola, Mustela nivalis* und *Martes martes.* Morphologisches Jb. **101**, 179–369

Baier, W. (1951): Über die Grenzen der Domestikation in tierärztlicher Sicht. Z. Tierzüchtung Züchtungsbiologie **59**, 471–479

Baker, C. M. H. and C. Manwell (1981): ‹Fiercely feral›: on the survival of domesticates without care of man. Z. Tierzüchtung Züchtungsbiologie **98**, 241–257

Baker, A. and C. Manwell (1983): Man and elephant. The ‹dare theory› of domestication and the origin of the breeds. Z. Tierzüchtung Züchtungsbiologie **100**, 55–75

Balarin, I. B. (1984): *Tilapia.* In: Mason, I. L. (Ed.): Evolution of domesticated animals. pp. 391–397. Longmann, London – New York

Balevska, R. K. und A. Petrov (1972): Das Zackelschaf in Bulgarien und in Südosteuropa. Bulg. Akad. Wissensch.

Balon, E. K. (1974): Domestication of the carp, *Cyprinus carpio.* Royal Ontario Museum, Life Science, Miscellaneous Publ.

Bamberg, F. B. (1985): Untersuchungen von gefangenschaftsbedingten Verhaltensänderungen beim Damwild (*Cervus dama* Linné, 1958). Beiträge zur Wildbiologie, Heft 5, Landesjagdverband Schleswig-Holstein, Meldorf

Bannikow, A. G. (1967): Der Bestand des Przewalskipferdes in der freien Natur. Equus (Berlin) **1**, 243–245

Bantje, O. (1958): Über Domestikationsveränderungen am Bewegungsapparat des Kaninchens. Zool. Jb. Abt. Allg. Zool. **58**, 203–260

Bargmann, W. und A. Knoop (1959): Über die Morphologie der Milchsekretion. Z. Zellforschung **49**, 344–388

Bartels, H. (1980): Aspekte des Gastransports bei Säugetieren mit hoher Stoffwechselrate, S. 178–201. Verh. Dtsch. Zool. Ges. in Berlin

Bartels, H. (1982): Welche Eigenschaften begünstigen die Tylopoden für das Leben in großen Höhen, S. 185–194. Verh. Dtsch. Zool. Ges. Hannover

Batt, B. D. J. and J. H. Prince (1978): Some reproduction parameters of mallards in relation to age, captivity and geographic origin. J. Wildlife Management **42**, 834–842

Baumann, D. (1984): Nordische Hunde. Verlag Eugen Ulmer, Stuttgart

Baumann, P. und O. Fink (1976): Zuviel Herz für Tiere. Verlag Hoffmann und Campe

Barnett, S. A. (1975): The Rat: A Study in Behavior. University Press, Chicago

Bayern, A. v. und J. v. (1977): Über Rehe in einem steirischen Gebirgsrevier. BLV Verlagsgesellschaft, München – Bern – Wien

Beck, A. M. (1975): The ecology of ‹feral› and free-roving dogs in Baltimore. In: Fox, M. W. (Ed.): The wild canids. Their systematics, behavioral ecology and evolution, pp. 380–390. Van Norstrand Rainhold Company, New York

Becker, Ç. (1980): Untersuchungen an Skelettresten von Hausschweinen und Wildschweinen aus Haithabu. In: Schietzel, K. (Hrsg.): Berichte über die Ausgrabungen in Haithabu 15. Wachholtz Verlag, Neumünster

Becker, K. (1978): *Rattus norvegicus* (Berkenhout, 1769) Wanderratte. In: Niethammer, J. und F. Krapp (Hrsg.): Handbuch der Säugetiere Europas Bd. 1, S. 401–420. Aula-Verlag, Wiesbaden

Beer, G. R. de (1958): Embryos and ancestors. Clarendon Press

Bekoff, M. (1978): Cojotes. Biology, Behavior and Management. Academic Press, New York

Belyaev, D. K. (1969): Domestication in animals. Science Journal 47–52

Belyaev, D. K. (1974): Domestication, plant and animals. Encyclopaedia Britannica 15. Ed., pp. 936–942

Belyaev, D. K. (1979): Destabilizing selection as a factor in domestication. J. Heredity **70**, 301–308

Belyaev, D. K. (1980): Destabilisierende Selektion als Evolutionsfaktor. Archiv Tierzucht (Berlin) **23**, 54–63

Belyaev, D. K. (1984): Foxes. In: Mason, I. L. (Ed.): Evolution of domesticated animals, pp. 211–214. Longman, London – New York

Belyaev, D. K. and L. N. Trut (1975): Some genetic and endocrine effects for domestication of silver foxes. In: Fox, M. W. (Ed.): The wild canids. Their systematics, behavioral ecology and evolution, pp. 416–426. Von Norstrand Rainhold Company, New York

Belyaev, D. K., A. O. Ruvinsky and L. N. Trut (1979): Significance of inherited gene activation-inactivation in the domestication of animals. Akad. Wissensch. der UdSSR. Genetik **15**, 2033–2050

Belyaev, D. K., A. O. Ruvinsky and L. N. Trut (1981): Inherited activation of the star-gene in foxes. Its bearing on the problem of domestication. J. Heredity **72**, 267–274

Bemmel, A. C. V. van (1963): Niederländische Heideschafe, Z. f. Säugetierkunde **28**, 248–255

Benirschke, K. and N. Malouf (1961): Chromosome studies in Equidae. Equus (Berlin) **1**, 253–284

Benirschke, K., N. Malouf, R. J. Low and H. Heck (1965): Chromosome complement: Differences between *Equus caballus* and *Equus przewalskii* Poliakoff. Science **148**, 382–383

Benoff, H., P. B. Siegel and H. P. van Krey (1978): Hypothalamic uptake of [$^3$ H]-Testosterone in chickens differing in mating frequency. Physiology and Behavior **20**, 803–805

Berge, S. (1974): Sheep colour genetics. Z. Tierzüchtung Züchtungsbiologie **90**, 297–321

Berger, J. (1986): Wild horses of the Great Basin: Social competition and population size. Univ. Chicago Press

Bergler, R. (1986): Mensch und Hund. Psychologie einer Beziehung. edition agrippa GmbH, Köln

Berndt, R. und W. Meise (1962): Naturgeschichte der Vögel. Bd. 2, Spezielle Vogelkunde. Frankh'sche Verlagshandlung, Stuttgart

Berry, R. J. (1969): The genetical implications of domestication in animals. In: Ucko, P. J. and W. Dimbleby (Eds.): The domestication and exploitation of plants and animals, pp. 207–217. Duckworth, London

Berry, R. J. (1983): Genetics and conservation. In: Warren, A. and F. B. Goldsmith (Eds.): Conservation in Perspective, pp. 141–156. Wiley, Chichester

Berry, R. J. (1984): House mouse. In: Mason, I. L. (Ed.): Evolution of domesticated animals, pp. 273–284. Longman, London–New York

Bertalanffy, L. v. (1942): Theoretische Biologie. Bornträger, Berlin

Bertalanffy, L. v. (1957): Wachstum. In: Helmcke, Lengerken und Starck (Hrsg.): Handbuch der Zoologie. Bd. 8/4, S. 1–68. Walter de Gruyter, Berlin

Bethke, H. (1919): Vergleichende Untersuchungen an Frettchen und Iltissen. Zool. Jb. Abt. Allg. Zool. **36**, 589–620

Bibikowa, V. J. (1975): Formen der Viehzucht bei den äneolithischen Stämmen Südosteuropas. In: Moderne Probleme der Archäologie, S. 237–245, Berlin

Bieber, H. (1968): Das Haarfarbenmuster wildfarbener Hauskaninchen und sein Einfluß auf die Fellfarbe. Z. wiss. Zool. **179**, 300–332

Bielfeld, H. (1983): Kanarien, Gesangskanarien, Farbenkanarien, Positurkanarien, Mischlinge. 3. Aufl. Verlag Eugen Ulmer, Stuttgart

Bilz, R. (1971): Paläoanthropologie. Der neue Mensch in der Sicht einer Verhaltensforschung. 1. Bd., Frankfurt/M.

Birch, L. C. (1965): Evolutionary opportunity for insects and mammals in Australia. In: Baker, H. G. and G. L. Stebbins (Eds.): The genetics of colonizing species, pp. 197–211. Academic Press, London–New York

Bisby, F. A., J. G. Vaughan and C. A. Wright (Eds.) (1980): Chemosystematics: principles and practics. The Systematics Association, Special Volume 16. Academic Press, London

Bleyer, B. (1930): Zusammensetzung und Eigenschaften der Milch. Milchbestandteile. In: Grimmer, W., H. Weigmann und W. Winkler (Hrsg.): Handbuch der Milchwirtschaft I/1, Wien

Blohm, G. (1955): Die Naturgebundenheit der landwirtschaftlichen Produktion. Veröffentl. Schlesw.-Holst. Universitätsgesellschaft N. F. **13**, 3–22

Blumenberg, B. (1982): On the probable genotype of domestic cats in Ancient Egypt. J. Archaeological Science **9**, 377–379

Bock, W. (1975): The synthetic explanation of macroevelutionary change – a reductionistic approach. Bull. Carnegie Museum Natural History **13**, p. 20–69

Böckler, E., S. Flad, E. Müller and H. v. Faber (1986): Comparative determination of beta-adrenergic receptors in muscle, heart and back-fat of Piétrain and Large White pigs. Animals Production **43**, 335–366

Böhnert, E, C. Lascano and J. H. Weniger (1985): Botanical and chemical composition of the diet selected by fistulated steers under grazing on improved gras-legume pastures in the tropical savannas of Columbia I. Z. Tierzüchtung Züchtungsbiologie **102**, 385–394

Bökönyi, S. (1969): Archaeological problems and methods of recognizing animal domestication. In: Ucko, P. J. and W. Dimbleby (Eds.): The domestication and exploitation of plants and animals, pp. 219–230. Duckworth, London

Bökönyi, S. (1970): Animal remains from Lepinski Vir. Science **167**, 1702–1704

Bökönyi, S. (1973): Some problems of animal domestication in the Middle East. In: Matolcsi, J. (Hrsg.): Domestikationsforschung und Geschichte der Haustiere, S. 69–75. Akadémiai Kiadó, Budapest

Bökönyi, S. (1974): History of domestic mammals in central and eastern Europe. Akadémiai Kiadó, Budapest

Bökönyi, S. (1975): Vlasac: an early site of dog domestication. In: Clason, A. T. (Ed.): Archaeological studies, pp. 167–178. North-Holland Publishing Company, Amsterdam – Oxford

Bökönyi, S. (1977): The animal remains from four sites in the Kermanshah valley Iran–Ariab, Sarab, Dehsavarand Siahbid: the faunal evolution, environmental changes and development of animal husbandry VIII–III millenium B. C. British Archaeological reports, Supplementary series **34**, Oxford

Bökönyi, S. (1978): The introduction of sheep breeding to Europe. Ethnozootechnie **21**, 65–70

Bökönyi, S. (1984): Horse. In: Mason, I. L. (Ed.): Evolution of domesticated animals, pp. 162–173. Duckworth, London

Bökönyi, S. (1984): Animal husbandry and hunting in Tác-Garsium. The vertebrate Faune of a Roman town in Pannonia. Studia Archaeologica VIII, Akadémiai Kiadó, Budapest

Bökönyi, S. (1984): Die Herkunft bzw. Herausbildung der Haustierfauna Südosteuropas und ihre Verbindung zu Südwestasien. In: Nobis, G. (Hrsg.): Der Beginn der Haustierhaltung in der Alten Welt, S. 24–43. Böhlau Verlag, Köln–Wien

Bökönyi, S., K. Kállin, J. Matolcsi und R. Tayan (1965): Vergleichende Untersuchungen am Metacarpus des Urs und der Hausrinder. Z. Tierzüchtung Züchtungsbiologie **81**, 330–347

Börger, H. (1961): Ziegenrassen in verschiedenen Ländern der Welt. In: Hammond, Johansson und Haring (Hrsg.): Handbuch der Tierzüchtung 3/2, S. 304–323. Verlag Paul Parey, Hamburg – Berlin

Boessneck, J. (1953): Die Haustiere in Altägypten. Veröffentl. Bayr. Staatssammlung München **3**, 1–50

Boessneck, J. (1955): Angeborene Oligodontie bei vor- und frühgeschichtlichen Haustieren sowie ein Beitrag zur Frage der Oligodontie bei Haustieren und ihren Wildverwandten. Tierärztliche Umschau **10**, 1–26

Boessneck, J. (1958): Zur Entwicklung vor- und frühgeschichtlicher Haus- und Wildtiere Bayerns im Rahmen der gleichzeitigen Tierwelt. Verlag Tieranatomisches Institut, München

Boessneck, J. (1960): Zu den Tierknochenfunden aus der präkeramischen Schicht von Argissa-Magula. Germanica **38**, 336–340

Boessneck, J. (1960): Zur Gänsehaltung im alten Ägypten. Wiener tierärztliche Wochenschrift, Festschrift Schreiber, S. 192–206

Boessneck, J. (1961): Die Domestikation der Graugans im alten Ägypten. Z. Tierzüchtung Züchtungsbiologie **76**, 356–357

Boessneck, J. (1962): Die Tierreste aus der Argissa-Magula in Thessalien. Vol. I, S. 27–99. Verlag R. Habelt, Bonn

Boessneck, J. (1964): Die Tierknochenfunde aus den Grabungen 1954–57 auf dem Lorenzberg bei Epfach. In: Werner, J. (Hrsg.): Studien zur Abodiacum Epfach, S. 213–261, München

Boessneck, J. (1985): Die Domestikation und ihre Folgen. Tierärztliche Praxis **13**, 479–497

Boessneck, J., H.-H. Müller und M. Teichert (1964): Osteologische Unterscheidungsmerkmale zwischen Schaf (*Ovis aries* Linné) und Ziege (*Capra hircus* Linné). Kühn-Archiv **78**, 1–129

Boessneck, J., A. v. d. Driesch, U. Meyer-Lempenau und E. Wechsler von Ohlen (1971): Die Tierknochenfunde aus dem Oppidum von Manching. In: Die Ausgrabungen in Manching 6, S. 71–78. Steiner Verlag, Wiesbaden

Boessneck, J. and A. v. d. Driesch (1978): The significance of measuring animal bones from archaeological sites. In: Meadow, R. H. and M. A. Zeder (Eds.): Approaches to annual analysis in the Middle East. Peabody Mus., Harvard University, Cambridge Mass.

Boessneck, J. and A. v. d. Driesch (1978): Preliminary analysis of the animal bones from Tell Hesbom. Andrews University Seminary Studies **16**, 259–287

Boessneck, J. und A. v. d. Driesch (1979): Die Tierknochenfunde aus der neolithischen Siedlung Fikirtepe bei Kadiköy am Marmara-Meer, S. 1–81, München

Boessneck, J. und A. V. d. Driesch (1979): Die Tierknochenfunde mit Ausnahme der Fischknochen. In: Eketorp. Befestigung und Siedlung auf Öland/Schweden, S. 24–421. Almquist u. Wiksell International, Stockholm/Schweden

Boetticher, H. v. (1953): Lassen sich die Gehörnformen voneinander ableiten und ist dabei eine Entwicklungsrichtung zu erkennen? Z. f. Säugetierkunde **18**, 135

Boetticher, H. v. (1954): Die Perlhühner. Die Neue Brehm Bücherei 130. Ziemsen Verlag, Wittenberg
Bogart, R. (1975): The Horse, *Equus caballus,* and the donkey, *Equus asinus*. In: R. E. King (Ed.): Handbook of genetic. Vol. 4, pp. 337–350. Plenum Press New York–London
Bogoljubski, S. N. (1940): On the parallelism in the characters of domestic animals. A la mémoire de A. N. Servertzoff II/1
Bogoljubskij, B. L. (1959): nach Bibikowa (1975) und Bökönyi (1974)
Bohlken, H. (1960): Remarks on the stomach and the systematic position of the Tylopoda. Proc. Zool. Soc. London 134, Part **2**, 207–215
Bohlken, H. (1961): Haustiere und zoologische Systematik. Z. Tierzüchtung Züchtungsbiologie **76**, 107–113
Bohlken, H. (1962): Probleme der Merkmalsbewertung am Säugetierschädel, dargestellt am Beispiel des *Bos primigenius* Bojanus, 1827. Morph. Jb. **103**, 509–661
Bohlken, H. (1964): Vergleichende Untersuchungen an den Schädeln wilder und domestizierter Rinder. Z. wiss. Zool. **170**, 323–418
Bohlken, H. (1966): Methoden und Ergebnisse der zoologischen Domestikationsforschung. Naturwissenschaft im Überblick. Gerdes Verlag, Preetz
Boie, H. (1956): Vergleichende Untersuchungen über die arterielle Gefäßversorgung des Uterus von Wild- und Hausschweinen. Z. Tierzüchtung Züchtungsbiologie **67**, 259–296
Bolk, L. (1926): Das Problem der Menschwerdung. Gustav Fischer Verlag, Jena
Bonsma, A. A. (1976): Chromosomal polymorphism and G-banding patterns in the wild boar (*Sus scrofa* L.) from the Netherlands. Genetica **46**, 391–399
Bonnemaire, J. (1984): Yak. In: Mason, I. L. (Ed.): Evolution of domesticated animals, pp. 39–45. Longman, London–New York
Borkenhagen, P. (1976): Vergleichende Untersuchungen am Verdauungssystem europäischer Entenvögel (Anatidae). Beiträge zur Vogelkunde, Leipzig **22**, 301–360
Bouman, J. (1980): Eine Analyse der Stammbaumdaten und einige Konklusionen hinsichtlich der zukünftigen Züchtung des Przewalskipferdes in Gefangenschaft. Equus (Berlin) **2**, 21–41
Bouman, J. (1984): The development of the inbreeding in the period 1976–1980 and plans for its reduction. Equus (Berlin) **2**, 191–198
Boyd, J. L. (1986): Effects of daylength on the breeding season of male rabbits. Mammals Review **16**, 115–130
Braestrup, F. W. (1980): Kouprey-Oksen, opdaget 1933–1937, er det en slags urokse. Naturens verden, 27–44
Braidwood, L. S., R. J. Braidwood, B. Howe, Ch. A. Reed and P. J. Watson (Eds.) (1983): Prehistoric Archaeology along the Zagros Flanks. the University of Chicago Oriental. Institute Publications Vol. **105**, Chicago
Brambell, R. (1948): Prenatal mortality in mammals. Biol. Rev. **28**
Brandt A. v. (1975): Das große Buch vom Fischfang. Zur Geschichte der fischereilichen Technik. Pinguin-Verlag Innsbruck–Tirol
Bree, P. J. H. v. (1955): Domesticatieverschijselen by Katten. Felicat **3**, 5
Brentjes, B (1960): Das Kamel im alten Orient. Klio (Beiträge zur alten Geschichte) **38**, 23–52
Brentjes, B. (1962): Gazellen und Antilopen als Vorläufer der Haustiere im alten Orient. Wissenschaftl. Zeitschr. der Martin-Luther-Universität Halle–Wittenberg, Gesellschafts- und Sprachwissenschaftliche Reihe **11**, 538–548
Brentjes, B. (1962): Mensch und Katze im alten Orient. Wissenschaftl. Zeitschr. der Martin-Luther-Universität Halle–Wittenberg, Gesellschafts- und Sprachwissenschaftliche Reihe **11**, 595–634
Brentjes, B. (1962): Das Schwein als Haustier im alten Orient. Ethnographisch-archäologische Zeitschrift **3**, 125–138
Brentjes, B. (1963): Die Schafzucht im alten Orient. Ethnographisch-archäologische Zeitschrift **4**, 1–22
Brentjes, B. (1964): Ein archäologischer Beitrag zur Entwicklungsgeschichte der Haustiere. Biologische Rundschau **1**, 213–227
Brentjes, B. (1965): Die Haustierwerdung im Orient. Die Neue Brehmbücherei. Kosmos, Stuttgart
Brentjes, B. (1971): Onager und Esel im alten Orient. Beiträge zur Geschichte, Kultur und Religion des alten Orient, S. 131–145. Verlag Valentin Kroener, Baden-Baden
Brentjes, B. (1971): Zur Stellung von Wolf und Hund im alten Orient. Das Pelzgewerbe N. F. **21**, 12–32
Brentjes, B. (1972): Das Pferd im alten Orient. Säugetierkundliche Mitteilungen **20**, 325–353
Brentjes, B. (1972): Zur ökonomischen Funktion des Rindes in den Kulturen des alten Orient. I. Klio. Beiträge zur alten Geschichte **54**, 9–4, II. **55**, 43–78
Brentjes, B. (1974): Die Rassen des taurinen Hausrindes und ihre Haltung im alten Orient. Säugetierkundliche Mitteilungen **22**, 65–83
Bresch, C. und R Hausmann (1972): Klassische und molekulare Genetik. 3. Auflage, Springer Verlag, Berlin – Heidelberg
Bronson, B. (1977): The earliest farming: Demography as cause and consequence. In: Reed, Ch. (Ed.): Origins of agriculture, pp. 23–48. Mouton, The Hague–Paris
Bronson, R. T. (1979): Brain weight – body weigth scaling in breeds of dogs and cats. Brain Behav. Evol. **16**, 227–236
Brückner, S. und G. Osche (1969): Eine Atlasassimilation beim Meerschweinchen (*Cavia porcellus*) und ihre morphologischen Folgeerscheinungen im Bereich der Cervical- und Thoracalregion der Wirbelsäule. Bonner Zool. Beiträge **20**, 11–21
Brunsch, A. (1956): Vergleichende Untersuchungen am Haarkleid von Wildcaniden und Haushunden. Z. Tierzüchtung Züchtungsbiologie **67**, 205–240
Bubenik, G. A. and A. B. Bubenik (1967): Adrenal glands in the roe-deer (*Capreolus capreolus* L.). Proc. Intern. Union of Game Biol. Congress Belgrad (Jugosl.) **7**, 93–97
Bückmann, D. (1970): Die hormonale Entwicklungssteuerung bei den Arthropoden, S. 215–239. Verh. Dtsch. Zool. Ges. Würzburg 1969
Bückner, H.-J. (1971): Allometrische Untersuchungen an den Vorderextremitäten adulter Caniden. Zool. Anz. **186**, 11–46
Büngeler, W. (1950): Über Wandlungen des Geschwulstbegriffes. Forsch. und Fortschr. **26**, 231–237
Bunch, Th. D., W. C. Foote and A. Macilius (1985): Chromosome banding pattern homologies and NORs for the Bactrian camel, guanaco and llama. J. Heredity **76**, 115–118
Bund Deutscher Rassegeflügelzüchter (1984): Deutscher Rassegeflügel-Standard. Verlag Jürgens, Gemering
Buss, K. D. (1972): Ein Vergleich des Nestbauverhaltens beim Wildschwein und Hausschwein. Diss. Tierärztl. Hochschule Hannover
Butzer, K. W. (1971): Environment and archeology. An ecological approach to prehistory. Methuen Co., London

Cabon, K. (1958): Untersuchungen über die Schädelvariabilität des Wildschweines *Sus scrofa* L. aus Nordostpolen. Acta Theriologica **2**, 107–140

Cain, A. J. (1959): Die Tierarten und ihre Entwicklung. Gustav Fischer Verlag, Jena

Calder, W. A. (1984): Size, Function and Life History. Harvard University Press, Cambridge Mass. – London

Caldwell, J. R. (1977): Cultural evolution in the old world and the new leading to the beginnings and spread of agriculture. In: Reed, Ch. (Ed.): Origins of agriculture, pp. 77–88. Mouton, The Hague – Paris

Cambel, H. and Braidwood (1980): Comprehensive view: the work to date 1963–1972. In: Cambel, H. (Ed.): The joint Istanbul – Chicago Universities prehistoric research in southwestern Anatolia Vol. **I**, 1–64, Istanbul

Cardozo, A. (1975): Biblografia de los Camelidos sudamerikanos. Editó Universidad Nacional de Jujuy

Carstens, P. (1934): Rassevergleichende Untersuchungen am Hundeskelett. Habil.-Schrift Hohenheim, Plieningen, Stuttgart

Carter, G. F. (1971): A case for precolumbian chickens in America. Anthropol. J. of Canada **9**, 2–5

Carter, G. F. (1977): A hypothesis suggesting a single origin of agriculture. In: Reed, Ch. (Ed.): Origins of agriculture, pp. 89–134. Mouton, The Hague – Paris

Carter, H. B. (1959): Wolleistung, Woll- und Pelzqualität. In: Hammond, Johansson und Haring (Hrsg.): Handbuch der Tierzüchtung 2, S. 312–330. Verlag Paul Parey, Hamburg – Berlin

Carter, H. B. und P. Charlet (1961): Merinowollschafrassen. In: Hammond, Johansson und Haring (Hrsg.): Handbuch der Tierzüchtung 3/2, S. 206–228. Verlag Paul Parey, Hamburg – Berlin

Castle, W. (1951): Dominant and recessive Black in mammals. J. Heredity **42**, 48–49

Catel, W. (1970): Gefügekundliche Untersuchungen über Struktur und Funktion des coxalen Femurendes des Menschen. Ergebn. Anat. Entw.-Gesch. **43**, 1–102

Charnot, Y. (1953): De l'évolution des Camélides, apparation du dromedaires au Maroc. Bull. Soc. Sci. phys. Maroc **33**, 207–230

Childe, V. G. (1958): The Prehistory of European Society. London

Christensen, K. and H. Pedersen (1982): Variation in chromosome number in the blue fox (*Alopex lagopus*) and its effect on fertility. Hereditas **97**, 211–215

Clason, A. T. (1971): Die Jagd- und Haustiere der mitteldeutschen Schnurkeramik. Jhschr. mitteldeutsche Vorgesch., 55, 105–106

Clason, A. T. (1977): Pre- and Protohistoric sheep in the Netherlands. Les debuts de l'elevage du mouton. Colloque d'Ethnozootechnie, Alfort

Clason, A. T. (1984): Animal-man relationship in southern Asia during Holocene. In: South Asian Archaeology 1981, pp. 341–343. University of Cambridge, Faculty of oriental studies

Clason, A. T. (1984): Die früheste Viehzucht und der frühe Haustierbestand in Belgien und den Niederlanden bis zur frühen Bronzezeit. In: Nobis, G. (Hrsg.): Der Beginn der Haustierhaltung in der Alten Welt, S. 106–117. Böhlau Verlag Köln – Wien

Clausen, H. (1970): Vom Wildschwein zum modernen Hausschwein, S. 19–34. Stiftung F. V. S. zu Hamburg, Justus-von-Liebig-Preis 1970

Clayton, G. A. (1972): Effects of selection on reproduction in avian species. J. Reprod. Fert. Suppl. **15**, 1–21

Clayton, G. A. (1984): Common duck. In: Mason, I. L. (Ed.): Evolution of domesticated animals, pp. 334–339. Longman, London – New York

Cleffmann, G. (1953): Untersuchungen über die Fellzeichnung des Wildkaninchens. Z. ind. Abstammungs- u. Vererbungslehre **85**, 137–162

Clutton-Brock, J. (1969): Carnivore remains from the excavation of the Jericho Tell. In: Ucko, P. J. and W. Dimbleby (Eds.): The domestication und exploitation of plants and animals, pp. 337–346. Duckworth, London

Clutton-Brock, J. (1971): The primary food animals of the Jericho Tell from the proto-neolithic to the Byzantine period. Levant **III**, 41–55

Clutton-Brock, J. (1974): The Buhen horse. J. Archaeol. Science **1**, 89–100

Clutton-Brock, J. (1976): The historical background to the domestication of animals. Int. Zoo Yb. **16**, 240–244

Clutton-Brock, J. (1979): The mammalian remains from Jericho Tell. Proc. Prehistoric Soc. **45**, 135–147

Clutton-Brock, J. (1981): Domesticated animals from early times. Heinemann, British Museum (Nat. Hist.)

Clutton-Brock, J. (1984): Dog. In: Mason, I. L. (Ed.): Evolution of domesticated animals, pp. 198–210. Longman, London – New York

Clutton-Brock, J. and H. P. Uerpmann (1974): The sheep of early Jericho. J. archaeol. Science **1**, 261–274

Clutton-Brock, T. H. (Ed.) (1988): Reproductive Success. Studies of individual variation in contrasting breeding systems. The University of Chicago Press. Chicago – London

Cockrill, W. R. (1977): Animal regulation studies – Presenting a new scientific journal. Animal regulation studies 1, pp. 1–4. Elsevier, Amsterdam

Cockrill, W. R. (1984): Water buffalo. In: Mason, I. L. (Ed.): Evolution of domesticated animals, pp. 52–62. Longman, London – New York

Comberg, G. (Hrsg.) (1980): Tierzüchtungslehre. Verlag Eugen Ulmer, Stuttgart

Coon, C. S. (1951): Cave exploration in Iran 1949. Museum monographs. Philadelphia University Museum

Corbet, G. B. and J. Clutton-Brock (1984): Taxonomy and nomenclature. In: Mason, I. L. (Ed.): Evolution of domesticated animals, pp. 434–438. Longman, London – New York

Cornuet, J. M. (1986): Population genetics. In: Rinderer, Th. E. (Ed.): Bee genetics and breeding, pp. 235–254. Academic Press, Orlando, Florida

Coy, J. P. (1973): Bronze Age domestic animals from Keos, Greece. In: Matolcsi, J. (Ed.): Domestikationsforschung und Frühgeschichte der Haustiere, S. 239–244. Akadémiai Kiadó, Budapest

Crane, E. (1984): Honeybees. In: Mason, I. L. (Ed.): Evolution of domesticated animals, pp. 403–415. Longman, London – New York

Crawford, R. D. (1984): Domestic fowl. In: Mason, I. L. (Ed.): Evolution of domesticated animals, pp. 298–311. Longman, London – New York

Crawford, R. D. (1984): Goose. In: Mason, I. L. (Ed.): Evolution of domesticated animals, pp. 345–350. Longman, London – New York

Crew, F. A. E. (1923): The significance of an Achondroplasialike condition meet within cattle. Proc. Roy. Soc. **95**, 228–255

Crisler, L. (1960): Wir heulten mit den Wölfen. Brockhaus, Wiesbaden
Crips, D. J. (Ed.) (1964): Grazing in terrestrial and marine environments. The British Ecological Symposium Vol. 4. Blackwell, Oxford
Curven. E. C. and G. Hatt (1953): Plough and Pasture. The early History of farming. New York
Daly, P., D. Perkins and I. Drew (1973): The effect of domestication on the structure of animal bone. In: Matolsci, J. (Ed.): Domestikationsforschung und Frühgeschichte der Haustiere, S. 157–161. Akadémiai Kiadó, Budapest
Danneel, R. (1939): Die Wirkungsweise einiger Gene für Fellfärbung beim Kaninchen, S. 237–244. Verh. Dtsch. Zool. Ges.
Danneel, R. (1947): Phänogenetische Untersuchungen über die Haar- und Fellzeichnung des Wildkaninchens. I. Morphologische Beobachtungen. Biol. Zentralblatt **66**, 330–343
Danneel, R. (1953): Über die Wirkungsweisen der Erbfaktoren. Arbeitsgem. f. Forschung Nordrhein/Westf. **24**, 7–9
Danneel, R. (1968): Die Entstehung des Farbmusters bei Säugetieren. Naturwissenschaftliche Rundschau **21**, 420–424
Danneel, R. (1969): Die Scheckung der Schwarzbunten Niederungsrinder, S. 209–210. Umschau, Frankfurt
Danneel, R., U. Lindemann und St. Lorenz (1959): Die Scheckung der schwarzbunten und rotbunten Niederungsrinder I. Morphologischer Befund. Forschungsber. Nordrhein/Westfalen **296**
Danneel, R. und H. Schumann (1963): Die Entstehung des Farbmusters beim Lakenfelder Huhn. Arch. Entwickl. Mech. **154**, 405–416
Darwin, Ch. (1868): Das Variieren der Tiere und Pflanzen im Zustande der Domestikation. Übersetzung von V. Carus, Stuttgart 1906. E. Schweizerbart'sche Verlagsbuchhandlung
Dathe, H. (1970): Über Afterzehen bei Caniden. Zool. Abh. Staatl. Museum Tierkunde Dresden **31**, 55–61
Dathe, H. (1984): Zur Akzeleration bei Zootieren. Zool. Garten N. F. **54**, 369–376
Davis, S. J. M. and F. R. Valla (1978): Evidence for domestication of the dog 12 000 years ago in the Natufium of Israel. Nature **276**, 608–610
Davison, T. (1967): Wankie. The story of a great Game Reserve. Books of Africa
Dechambre, E. (1949): La théorie de la foetalisation des races chiens et des porcs. Mammalia **13**, 129–137
Degerbøl, M. (1962): Der Hund, das älteste Haustier Dänemarks. Z. Tierzüchtung Züchtungsbiologie **72**, 334–341
Degerbøl, M. (1963): Prehistoric cattle in Denmark and adjacent areas. Occasional Papers No. 18 of the Royal Anthropological Institute, pp. 69–78
Degerbøl, M. (1967): Dogs from the Iron Age (c. A.D. 950–1000) in Zambia, with remarks on the dogs from primitive cultures. In: Fagan, B. M. (Ed.): Iron Age cultures in Zambia, pp. 190–207. Chatto and Windus, London
Degerbøl, M. (1970): The Urus (*Bos primigenius* Bojanus) and neolithic domesticated cattle (*Bos taurus domesticus* Linné) in Denmark with a revision of Bos-remains from kitchen-middens. Det Kongelige Danske Videnskabernes Selskab Skrifter **17**, 1–117
Delacour, J. (1954): The waterfowl of the world. Vol. I. Country Life, London
Delacour, J. (1964): The waterfowl of the world. Vol. 4. Country Life, London
Denis, B. (1969): Contribution à l'étude du ronronnement chez le chat domestique (*Felis catus* L.) et chez le chat sauvage (*Felis silvestris* S.). Aspects morphofonctionnels, acoustiques et éthologiques, Alfort pp. 91
Dennler de la Tour, G. (1968): Zur Frage der Haustiernomenklatur. Säugetierkundliche Mitteilungen **16**, 1–20
Derenne, Th. (1972): Données craniometriques sur le chat haret (*Felis catus*) de l'archipel de Kerguelen. Mammalia **36**, 459–481
Dietz, A. (1986): Evolution. p. 3–21. In: Rinderer, Th. E. (Ed.): Bee genetics and breeding. Academic Press, Orlando, Florida, pp. 426
Dixon, A. (1986): Captive management and conservation of birds. Int. Zoo Yb. **24/25**, 45–49
Dobberstein, I. (1954): Die Domestikationskrankheiten unserer Haustiere. Deutsche Akademie der Landwirtschaftswissenschaften zu Berlin. Sitzungsbericht III, **10**, 1–28
Dobkowitz, L. (1962): Vom Wandel der Karausche zum Goldfisch. Z. Tierzüchtung Züchtungsbiologie **77**, 234–237
Dobroruka, L. J. (1961): Eine Verhaltensstudie des Przewalskipferdes *Equus przewalskii* Poljakow, 1881 in dem Zoologischen Garten Prag. Equus (Berlin) **1**, 89–104
Dobzhansky, Th. (1939): Die genetischen Grundlagen der Artbildung. Gustav Fischer Verlag, Jena
Dobzhansky, Th. (1957): Evolution, genetics and man. New York
Dobzhansky, Th. (1965): ‹Wild› and ‹domestic› species in *Drosophila*. In: Baker, H. G. and G. L. Stebbins (Eds.): The genetics of colonizing species. Proceedings of the first International Union of Biological Sciences Symposion in general Biology, pp. 533–546, New York–London
Dobzhansky, Th., E. Boesiger und D. Sperlich (1980): Beiträge zur Evolutionstheorie. Genetik, Grundlagen, Ergebnisse und Probleme in Einzeldarstellungen. Beitrag 10. Gustav Fischer Verlag, Jena, S. 154
Doehner, H. (1958): Wolle und Wollqualität. In: Hammond, Johansson und Haring (Hrsg.): Handbuch der Tierzüchtung 1, S. 305–362. Verlag Paul Parey, Hamburg–Berlin
Doehner, H. (1961): Merinoschafrassen in Deutschland. In: Hammond, Johansson und Haring (Hrsg.): Handbuch der Tierzüchtung 3/2, S. 229–246. Verlag Paul Parey, Hamburg–Berlin
Döhrmann, E. (1929): Untersuchungen über die Beziehungen zwischen Körperform und Arbeitsleistung bei Rind und Pferd. Wissensch. Archiv Landwirtschaft Abt. B Tierzucht und Tierhaltung **1**, 601–651
Dostal, W. (1967): Die Beduinen in Südarabien. Eine ethnologische Studie zur Entwicklung der Kamelhirtenkultur in Arabien. Wiener Beiträge zur Kulturgeschichte und Lingustik **16**
Downs, J. F. (1960): Domestication: an examination of the changing social relationships between man and animals. Kroeber Anthropological Society Papers **22**, 18–67
Doyle, R. W. (1983): An approach to the quantitative analysis of domestication selection in aquaculture. In: Wilkins, N. P. and E. M. Gosling (Eds.): Genetics in Aquaculture, pp. 167–185. Elsevier, Amsterdam
Drescher, H. E. (1975): Der Einfluß der Domestikation auf die Körper- und Organproportionierung des Nerzes. Z. Tierzüchtung Züchtungsbiologie **92**, 272–281
Drescher, H. E. (1977): Allometrische Untersuchungen an Organgewichten von Musteliden. Z. zool. Syst. Evolut.-forsch. **15**, 35–77
Drew, J. M., D. Perkins and P. Daly (1971): Prehistoric domestication of animals. Effects on bone structure. Science **171**, 280–282

Drower, M. S. (1969): The domestication of the horse. In: Ucko, P. J. and W. G. Dimbleby (Eds.): The domestication and exploitation of plants and animals, pp. 471–478. Duckworth, London

Ducos, P. (1969): Methodology and results of the study of the earliest domesticated animals in the Near East (Palestine). In: Ucko, P. J. and G. W. Dimbleby (Eds.): The domestication and exploitation of plants and animals, pp. 265–275. Duckworth, London

Ducos, P. (1970): Les restes d'Equides. The Oriental Institute Excavations at Mureybit, Syria. Preliminary report on the 1965 campaign Part 4. J., Near East Studies **29**, 273–289

Ducos, P. (1973): Sur quelques problemes poses par l'etude des premiers elevages en Asie du Sudouest. In: Matolcsi, J. (Hrsg.): Domestikationsforschung und die Frühgeschichte der Haustiere, S. 77–85. Akadémiai Kiadó, Budapest

Ducos, P. (1975): A new find of an equid metatarsal bone from Tell Mureybit in Syria and its relevance to the identification of equids from the early holocene of the Levant. J. Archaeological Science **2**, 71–73

Ducos, P. (1978): Domestication defined and methodological approaches to its recognition in faunal assemblages. Peabody Mus. Bull. **2**, 53–56

Ducos, P. (1986): The equid of Tell Mureybit, Syria. In: Meadow, R. H. and H. P. Uerpmann: Equids in the ancient world. Beihefte zum Tübinger Atlas des Vorderen Orient. Reihe A (Nat. Wiss.) **19/1**, 237–245

Duerst, U. (1904): Über die ältesten der bis jetzt bekannten Haustiere und ihre Beziehungen zu prähistorischen und frühgeschichtlichen Hausschlägen. Flugschrift Dtsch. Ges. Züchtungskunde **4**

Duerst, U. (1931): Grundlagen der Rinderzucht. Springer-Verlag, Berlin, S. 750

Duffy, D. C. (1981): Ferals that failed. Noticias de Galapagos **33**, 21–22

Duha, J. (1970): Veränderungen in der Nestbiologie der Art *Anser anser* L. durch den Einfluß der Domestikation, S. 101–109. Sarus: Vorträge auf dem internationalen zoologischen Symposium Bratislava

Dzięciolowski, R. (1986): Elchwild im östlichen Europa. In: Rülker, J. und F. Stålfelt: Das Elchwild, S. 267–277. Verlag Paul Parey, Hamburg–Berlin

Dzwillo, M. (1959): Genetische Untersuchungen an domestizierten Stämmen von *Lebistes reticulatus* (Peters). Mitt. Hamburger Zool. Inst. Mus. **57**, 113–186

Dzwillo, M. (1962): Domestikation bei Fischen. Z. Tierzüchtung Züchtungsbiologie 77, 172–185

Dzwillo, M. (1968): Speciation als Problem der Genetik. Zool. Anz. **181**, 39–59

Eaton, R. L. (1969): Cooperation hunting by cheetahs and jackals and a theory of domestication of the dog. Mammalia **33**, 87–92

Ebinger, P. (1972): Vergleichend-quantitative Untersuchungen an Wild- und Laborratten. Z. Tierzüchtung Züchtungsbiologie **89**, 34–57

Ebinger, P. (1974): A Cytoarchitectonic Volumetric Comparison of Brains in Wild and Domestic Sheep. Z. Anat. Entwickl.-gesch. **144**, 267–302

Ebinger, P. (1975): Quantitative Investigations of Visual Brain Structures in Wild and Domestic Sheep. Anat. Embryol. **146**, 313–323

Ebinger, P. (1975): A Cytoarchitectonic Volumetric Comparison of the Area Gigantopyramidalis in Wild- and Domestic Sheep. Anat. Embryol. **147**, 167–175

Ebinger, P. (1980): Zur Hirn-Körpergewichtsbeziehung bei Wölfen und Haushunden sowie Haushundrassen. Z. f. Säugetierkunde **45**, 148–153

Ebinger, P. und R. Löhmer (1979): Vergleichend-allometrische Untersuchungen an Organen von Haus- und Stadttauben (*Columba livia* f. domestica). Zool. Anz. **202**, 51–70

Ebinger, P. and R. Löhmer (1984): Comparative quantitative investigations on brains of rock doves, domestic and urban pigeons (*Columba l. livia*). Z. zool. Syst. Evolut.-forsch. **22**, 136–145

Ebinger, P., H. de Macedo und M. Röhrs (1984): Hirngrößenänderung vom Wild- zum Hausmeerschweinchen. Z. zool. Syst. Evolut.-forsch. **22**, 77–80

Ebinger, P. und R. Löhmer (1985): Zur Hirn-Körpergewichtsbeziehung bei Stock- und Hausenten. Zool. Anz. **214**, 285–290

Ebinger, P. and R. Löhmer (1987): A volumetric comparison of brains between greylag geese (*Anser anser* L.) and domestic geese. J. Hirnforsch. **28**, 291–299

Eisenmann, V. (1982): Le cheval et ses proches parents. Evolution et phylogénie. C. E. R. 5. O. P. A. Inra, Paris 9–25

Eisenmann, V. (1982): Le cheval: passé, présent et avenir. Bull. Inform. Mus. Nat. Hist. Nat. Paris **30**, 29–34

Eisenmann, V. et A. Karchoud (1982): Analyse multidimensionelle des métapodes d'*Equus* sensu lato (Mammalia, Perissodactyla). Bull. Mus. Nat. Hist. Nat. Paris, section C, 4[e] sér., **4**, 75–103

Ekman, J. (1973): Early medieval Lund – the fauna and the landscape. Archaeologica Lundensia V, 1–110

Elhakem, O. H. (1971): Comparative morphological and histochemical studies on the hypophysis of some south-american rodents (Caviomorpha Wood, 1955). Z. wiss. Zool. **181**, 131–183

Ellermann, J. R. and T. C. S. Morrison-Scott (1951): Checklist of Palaeartic and Indian Mammals. London

Ellenberg, H. jun. 1988: Eutrophierung – Veränderungen der Waldvegetation – Folgen für den Reh-Wildverbiß und dessen Rückwirkung auf die Vegetation. Schweiz. Z. Forstwes. **139**, 261–282

Ellis, M. (1984): Canary, bengalese and zebra finch. In: Mason, I. L. (Ed.): Evolution of domesticated animals, pp. 357–360. Longman, London–New York

Engeler, W. (1961): Rinderrasen in den Alpenländern. In: Hammond, Johansson und Haring (Hrsg.): Handbuch der Tierzüchtung 3/1, S. 363–383. Verlag Paul Parey, Hamburg–Berlin

Engelhardt, W. v. (1981): Some physiological aspects on the digestion of poor quality, fibrous diets in ruminants. Agriculture and environment **6**, 145–152

Engelhardt, W. v. and H. Höller (1982): Salivary and gastric physiology in camelids, S. 195–204. Verh. Dtsch. Zool. Ges. Hannover

Engelhardt, W. v. and R. Heller (1985): Structure and function of the forestomach in camelids. A comparative approach. Acta Physiol. Scand. **124**, Suppl. **542**, 85

Engelhardt, W. v., D. W. Dellow and H. Hoeller (1985): The potential of ruminants for the utilisation of fibrous low-quality diets. Proc. Nutrition Society **44**, 37–43

Engelmann, C. (1973): Die Taube. Rassetauben. VEB Deutscher Landwirtschaftsverlag, Berlin

Ensminger, M. E. und W. Uppenborn (1961): Traberpferde. In:

Hammond, Johansson und Haring (Hrsg.): Handbuch der Tierzüchtung 3/1, S. 100–124. Verlag Paul Parey, Hamburg–Berlin
Epstein, H. (1956): The origin of the africander cattle, with comments on the classification and evolution of Zebu cattle in general. Z. Tierzüchtung Züchtungsbiologie **66**, 97–148
Epstein, H. (1961): The development and body composition of docked and undocked fat-tailed Awasi-lambs. Emp. J. Exp. Agricul. **29**, 110–119
Epstein, H. (1965): Regionalisation and stratification in Livestock Breeding. Animal Breeding Abstracts **33**, 169–181
Epstein, H. (1969): Domestic animals of China. Commonwealth Agricultural Bureaus. Bucks, England
Epstein, H. (1970): Fettschwanz- und Fettsteißschafe. Die Neue Brehmbücherei 417. Ziemsen-Verlag, Wittenberg
Epstein, H. (1974): The origin of the domestic animals of Africa. 2 Vol. Edition, Leipzig
Epstein, H. (1972): The Chandell horse of Khajuraho with comments on the origin of early horse. Z. Tierzüchtung Züchtungsbiologie **89**, 144–172
Epstein, H. (1984): Ass, mule and onager. In: Mason, I. L. (Ed.): Evolution of domesticated animals, pp. 174–184. Longman, London–New York
Epstein, H. and M. Bichard (1984): Pig. In: Mason, I. L. (Ed.): Evolution of domesticated animals, pp. 162. Longman, London–New York
Epstein, H. and J. L. Mason (1984): Cattle. In: Mason, I. L. (Ed.): Evolution of domesticated animals, pp. 9–27. Longman, London–New York
Ertelt, W. (1955): Untersuchungen über Körpergröße und Knochenstruktur bei Säugetieren. Zool. Jb. Abt. Anat. u. Ontog. **74**, 588–638
Erz, W. (1966): Gesichtspunkte zur Wildnutzung auf landwirtschaftlicher Basis in Afrika. Z. Tierzüchtung Züchtungsbiologie **82**, 348–360
Espenkötter, E. (1982): Vergleichende quantitative Untersuchungen an Iltissen und Frettchen. Diss. Tierärztl. Hochschule Hannover
Faber, F. v., E. Rogdakis und E. Müller (1983): Die Rolle von Hormonen bei der Entstehung von PSE-Fleisch. – Eine Übersicht. Züchtungskunde **55**, 337–347
Faber, H. v. und E. Müller (1985): Warum schrumpft das Fleisch im Topf? Glykogenabbau im Muskel beim Schwein. Mitteilungen der DFG **3/4**, 35–36
Fallet, M. (1961): Vergleichende Untersuchungen zur Wollbildung südamerikanischer Tylopoden. Z. Tierzüchtung Züchtungsbiologie **75**, 34–56
Feddersen, D. (1978): Ausdruckverhalten und soziale Organisation bei Goldschakalen, Zwergpudeln und deren Gefangenschaftsbastarden. Diss. Tierärztl. Hochschule Hannover
Feddersen, D. et al. (1984): Mein Freund, der Hund. Verlag Das Beste, Stuttgart–Zürich–Wien
Feddersen-Pedersen, D. (1986): Hundepsychologie. Wesen und Sozialverhalten. Kosmos, Frankh'sche Verlagsbuchhandlung, Stuttgart
Feddersen-Pedersen, D. (1987): Haben Hunde ein Gewissen? Hunde, **13**, 689–691
Feist, J. D. and D. R. McCullough (1976): Behavior patterns and communication in feral horses. Z. Tierpsychologie **41**, 337–371
Ferguson, W. R. and H. Heller (1965): Distribution of neurohypophysial hormones in Mammals. Journal Physiology **180**, 846–863
Ferguson, W. W., J. Porath and S. Paley (1985): Late Bronze period yields first osteological evidence of *Dama dama* (Artiodactyla: Cervidae) from Israel and Arabia. Mammalia **49**, 209–214
Ferreira, E. P. (1982): Nomenclatura y nueva classification de los camelidos sudamericanos. Revista do Museu Paulista Universidad de Sao Paulo. N. Ser. Vol. **28**, 203–219
Festing, M. F. W. and D. P. Lovell (1981): Domestication and development of the mouse as a laboratory animal. Symp. Zool. Soc. London **47**, 43–62
Field, C. R. (1984): Potential domesticants. In: Mason, I. L. (Ed.): Evolution of domesticated animals, pp. 102–105. Longman, London–New York
Fischer, C. J. (1973): Vergleichende quantitative Untersuchungen an Wildkaninchen und Hauskaninchen. Diss. Tierärztl. Hochschule Hannover
Fischer, E. (1914): Die Rassemerkmale des Menschen als Domestikationserscheinungen. Z. Morph. u. Anthropol. **18**, 479–524
Fischer, E. (1936): Die gesunden körperlichen Erbanlagen des Menschen. In: Bauer, Fischer und Lenz (Hrsg.): Menschliche Erblehre **I**, 95–320, München
Fischer, E. (1939): Versuch einer Phaenogenetik der normalen körperlichen Eigenarten des Menschen. Z. induktive Abstammungs- und Vererbungslehre **76**, 47–115
Fischer, E. (1952): Vom Wesen der anatomischen Varietäten. Z. menschl. Vererbungs- und Konstitutionslehre **31**, 217–242
Fischer, H. (1969): Die Chromosomensätze des Balirindes (*Bibos banteng*) und des Gayal (*Bibos frontalis*). Z. Tierzüchtung Züchtungsbiologie **86**, 52–57
Fischer, H. und F. Ulbrich (1968): Chromosomes of the Murrha-Buffalo and its crossbreeds with the asiatic swamp Buffalo (*Bubalus bubalis*). Z. Tierzüchtung Züchtungsbiologie **84**, 110–114
Fitsch, W. M. and W. R. Atchley (1987): Divergence in inbreed strains of mice: a comparison of three different types of data. In: Patterson, C. (Ed.): Molecules and morphology in evolution – conflict or compromise? pp. 203–216. Cambridge University Press
Fleischer, G. (1967): Beitrag zur Kenntnis der innerartlichen Ausformung und der zwischenartlichen Unterschiede im Gebiß und Zähnen der Gattung *Canis*. Z. f. Säugetierkunde **32**, 150–159
Fleischer, G. (1970): Studien am Skelett des Gehörganges der Säugetiere. Diss. Univ. Kiel
Fleischer, G. (1973): Studien am Skelett des Gehörganges der Säugetiere. Säugetierkundliche Mitteilungen **21**, 131–239
Fletscher, T. I. (1984): Other deer. In: Mason, I. L. (Ed.): Evolution of domesticated animals, pp. 138–145. Longham, London–New York
Flesness, N. R. (1977): Genepool conservation and computer analysis. Int. Zoo Yb. **17**, 77–81
Flor, F. (1930): Haustiere und Hirtenkulturen. Wiener Beiträge zur Kulturgeschichte und Linguistik **1**
Förster, M. und G. Stranzinger (1975): Boviden als zusammengehörige Transformationsstämme. Z. Tierzüchtung Züchtungsbiologie **92**, 267–271
Forni, G. (1962): Domestikation, Tierzucht und Religion. Z. Tierzüchtung Züchtungsbiologie **76**, 49–55
Fox, M. W. (1971): Behavior of Wolves, Dogs and related canids. Jonathan Cape, London
Fox, M. W. (1975): Vom Wolf zum Haushund. BLV-Verlag, München

Fox, M. W. (1978): The dog. Its domestication and behavior. Garland STPM Press, New York–London

Fox, R. R. (1975): The rabbit, *Oryctolagus cuniculus*. In: King, R. C. (Ed.): Handbook of genetic. Vol 4, pp. 309–328. Plenum Press, New York–London

Frahm, H. D. (1973): Metrische Untersuchungen an den Organen von Hamstern der Gattung *Phodopus, Mesocricetus* und *Cricetus*. Zool. Jb. Abt. Anat. u. Ontogen. **90**, 55–158

Frahm, H. D., H. Stephan und M. Stephan (1982): Comparison of brain structure volumes in Insectivora and Primates. I Neocortex. J. Hirnforsch. **23**, 375–389

Frahm, K. (1982): Rinderrassen in den Ländern der europäischen Gemeinschaft. Ferdinand Encke Verlag, Stuttgart

Frank, F. und K. Zimmermann (1957): Färbungs-Mutationen der Feldmaus. Z. f. Säugetierkunde **22**, 87–100

Frank, I., U. Hadeler und W. Harder (1951): Zur Ernährungsphysiologie der Nagetiere. Pflügers Archiv **243**, 173–180

Franklin, W. L. J. (1982): Biology, ecology, and relationship to man of the south-american Camelids. In: Mares, Genoways (Eds.): Mammalian Biology in South-America. The Pymatuning Symposia in Ecology. Vol **6**, 457–489, Pittsburgh

Franklin, W. L. J. (1983): Contrasting socioecologies of South America's wild camelids: The vicuna and the guanaco. In: Eisenberg, F. and D. G. Kleiman: Advances in the study of mammalian behavior. Special publication No 7, pp. 573–629. The American Society of Mammalogists

Fraser, I. E. B. (1964): Studies on the follicle bulb of fibres. I. Mitotic and cellular segmentation in the wool follicle with reference to ortho- and parasegmentation. Aust. J. biol. Sci. **17**, 521–531

Frechkop, S. (1961): Doigts sinnuméraires dans les extrémités antérieures d'un sanglier et d'un porc. Bull. Inst. royal Sciences naturelles Belgique 37, No 42, 1–16

Frey, M. (1933): Morphologische und histologische Untersuchungen der Schilddrüse verschiedener Hunderassen. Inaug.-Diss. Bern

Frick, H. (1956): Morphologie des Herzens. In: Helmke, Lengerken, Starck (Hrsg.): Handbuch der Zoologie 8, S. 1–48. Walter de Gruyter, Berlin

Frick, H. (1960): Das Herz der Primaten. In: Handbuch der Primatenkunde 3, S. 163–272. Karger, Basel–New York

Frick, H. (1969): Quantitative Anatomie – ein alter und neuer Zweig der Morphologie. Münchener Mediz. Wochenschrift **111**, 1449–1458

Frick, H. und H. G. Nord (1963): Domestikation und Hirngewicht. Anat. Anz. **113**, 307–316

Frisch, K. v. (1965): Tanzsprache und Orientierung bei Bienen. Springer Verlag, Berlin–Heidelberg–New York

Fritz, J. (1976): Vergleichende quantitative Untersuchungen an kulturfolgenden Stockenten und Hausenten. Diss. Tierärztl. Hochschule Hannover

Frölich, G. (1930): Experimentelle Untersuchungen über die Fettvererbung beim Rind. Züchtungskunde **5**, 54–64

Frölich, G. (1938): 75 Jahre Gedanken und Arbeiten über die Rassen der Haustiere und ihre Fütterung. Kühn-Archiv **50**, 139–192

Frölich, G., W. Spöttel und E. Taenzer (1929): Wollkunde. Technologie der Textilfasern VIII. Springer Verlag, Berlin

Frölich, G., W. Spöttel und E. Taenzer (1933): Haare und Borsten der Haussäugetiere. In: Arndt, W. und W. Pax (Hrsg.): Die Rohstoffe des Tierreiches. I, S. 995–1221

Frölich, G. und H. Hornitschek (1942): Das Karakulschaf. F. C. Mayer Verlag, München, S. 232

Gade, D. W. (1967): The Guinea Pig in Andean Folk Culture. Geogr. Review **57**, 213–224

Gandert, O. F. (1953): Zur Abstammungs- und Kulturgeschichte des Hausgeflügels, insbesondere des Haushuhns, S. 107–116. Beiträge zur Frühgeschichte der Landwirtschaft I Berlin

Gandert, O. F. (1956): Besprechung von Herre, W.: Das Ren als Haustier. Z. f. Säugetierkunde **21**, 107–109

Gandert, O. F. (1973): Das früheste Auftreten der Haustaube nördlich der Alpen. In: Matolcsi, J. (Hrsg.): Domestikationsforschung und Frühgeschichte der Haustiere, S. 119–123. Akadémiaí Kiadó, Budapest

Gans, H. (1915): Banteng, Zebu und ihr gegenseitiges Verhältnis. Kühn-Archiv **6**, 93–152

Garstang, W. (1929): The morphology of the tunicata and its bearing on the phylogeny of the chordata. J. microsc. science. n. s. **72**, 51

Garutt, E. W., J. J. Sokolov und P. W. Salesskaja (1966): Erforschung und Zucht des Przewalskipferdes (*Equus przewalskii* Poljakoff) in der Sowjetunion. Z. Tierzüchtung Züchtungsbiologie **22**, 377–426

Gaudlitz, O. W. (1971): Vergleichende quantitative Untersuchungen an unterschiedlich gehaltenen Legehühnern. Ein Beitrag zum Domestikationsgeschehen. Diss. Tierärztl. Hochschule Hannover

Gauthier-Pilters, H. and A. I. Dagg (1981): The camel. Its distribution, ecology, behavior and relationship to man. The University of Chicago Press, Chicago–London

Gejvall, N. G. (1969): Lerna: a preclassical site in the Argolid. Results of excavations conducted by the American School of Classical studies at Athens. Vol I. The fauna. Princeton N. J.

Georgi, W. (1938): Rassen- und funktionelle Merkmale am Unterkiefer des Hundes. Z. f. Hundeforschung, N. F. **10**, 1–55

Goerttler, V. (1966): Neufundländer. Die Neue Brehmbücherei 371. Ziemsen Verlag, Wittenberg

Goessler, E. (1938): Untersuchungen über das Entstehen von Gefiederaberrationen. Arch. Julius-Klaus-Stiftung **13**, 495–660

Goetze, O. (1939): Die geographischen Rassen der Honigbiene und die Zuchtbestrebungen der Reichsfachgruppe Imker. VII. Internationaler Kongreß Entomologie Berlin Bd. 3, 1792–1801

Goldschmidt, R. (1958): Theoretical Genetics. Berkeley and Los Angeles

Golf, A. (1929): Schafzucht. In: Aereboe, F., J. Hansen und Th. Roemer: Handbuch der Landwirtschaft 5, S. 265–335

Gorgas, K. (1966): Vergleichende Studien zur Morphologie, mikroskopischen Anatomie und Histochemie der Nebennieren von Chinchilloidea und Cavioidea (Caviomorpha Wood 1955). Z. wiss. Zool. **175**, 54–235

Gorgas, K. (1968): Über Fibrillenstrukturen im Nebennierenmark von Haus- und Wildmeerschweinchen (*Cavia aperea* f. porcellus und *Cavia aperea tschudii*). Z. Zellforschung **87**, 377–388

Gorgas, M. (1966): Betrachtungen zur Hirnschädelkapazität zentralasiatischer Wildsäugetiere und ihrer Hausformen. Zool. Anz. **176**, 227–235

Gorgas, M. (1967): Vergleichend-anatomische Untersuchungen am Magen-Darm-Kanal der Sciuromorpha, Hystricomorpha und Caviomorpha (Rodentia). Z. wiss. Zool. **175**, 237–404

Gorman, Ch. (1977): A priori models and Thai prehistory; A reconsideration of the beginnings of Agriculture in South-Eastern Asia. In: Reed, Ch. (Ed.): Origins of agriculture, pp. 321–356. Mouton, The Hague–Paris

Gosling, L. M. and J. R. Skinner (1984): Coypu. In: Mason, I. L. (Ed.): Evolution of domesticated animals, pp. 246–251. Longman, London–New York

Graf, M., B. Grundbacher, J. Geschwendtner und P. Lüps (1976): Größen- und Lagevariation des zweiten Praemolaren bei der Hauskatze *Felis silvestris* f. catus. Rev. Suisse de Zoologie **83**, 952–956

Grant, P. R. (1986): Ecology and Evolution of Darwin's Finches. Princeton University Press

Grassé, P. P. (1973): Allgemeine Biologie. Bd. 5. Evolution. Gustav Fischer Verlag, Stuttgart

Grau, J. (1984): Chinchilla. In: Mason, I. L. (Ed.): Evolution of domesticated animals, pp. 280–283. Longman, London – New York

Grawert, H. O. (1980): Grundlagen der Zuchtwertschätzung. In: Comberg, G. (Hrsg.): Tierzüchtungslehre, S. 157–173. Eugen Ulmer Verlag, Stuttgart

Gray, A. P. (1954, 1971): Mammalian hybrids. A checklist with Bibliography. Technical Communication No 10, Commonwealth Bureau of Animal Breeding and Genetics Edinburgh

Gray, A. P. (1958): Bird Hybrids. A checklist with bibliography. Commonwealth Agricultural Bureau, Bucks, England

Green, M. G. (1975): The laboratory mouse, *Mus musculus*. In: King, R. C. (Ed.): Handbook of genetics. Vol 4, pp. 203–241. Plenum Press, New York–London

Green, M. G. (Ed.) (1981): Genetic variants and strains of the laboratory mouse. Gustav Fischer Verlag, Stuttgart

Grigson, C. (1978): The craniology and relationships of four species of *Bos*. 4. The relationship between *Bos primigenius* Boj., *Bos taurus* L. and its implications for the phylogeny of the domestic breed. J. Archaeological Science **5**, 123–152

Grigson, C. (1984): The domestic animals of the earlier neolithic in Britain. In: Nobis, H. (Hrsg.): Der Beginn der Haustierhaltung in der ‹Alten› Welt, S. 205–220. Böhlau Verlag, Köln – Wien

Groenmann-van Waateringe, W. (1979): Are we too loud? The Council for British Archaeology. I. O. P. Publication **246**

Gropp, A., D. Giers und U. Tettenborn (1969): Das Chromosomenkomplement des Wildschweines (*Sus scrofa*). Experimentia **25**, 778

Gropp, A., J. Marshall, G. Flatz, M. Olbricht, K. Manyanondha und A. Santadusit (1970): Chromosomenpolymorphismus durch überzählige Autosomen. Beobachtungen an der Hausratte (*Rattus rattus*). Z. f. Säugetierkunde **35**, 363–371

Grote, J. (1965): Die Sauerstoffaffinität des Hämoglobins und das Säure-Basen-Gleichgewicht im Blut von Caniden. Z. wiss. Zool. **172**, 180–227

Groves, C. P. (1974): Horses, Asses and Zebras in the wild. David and Charles, London

Groves, C. P. (1986): The taxonomy, distribution and adaptations of recent equids. In: Meadow, R. H. and H. P. Uerpmann (Eds.): Equids in the ancient world. Beihefte zum Tübinger Atlas des Vorderen Orients. Reihe A (Nat. Wiss.) **19/1**, 11–65

Groves, C. P. (1989): A theory of primate and human evolution. Clarendon Press Oxford

G. T. Z. (1978): Nutzung der Vikunjas in Peru. Deutsche Gesellschaft für technische Zusammenarbeit. Eschborn

Günther, B. (1971): Stoffwechsel und Körpergröße: Dimensionsanalyse und Similaritätstheorien. In: Gauer, O. H., K. Kramer und R. Jung (Hrsg.): Physiologie des Menschen. Bd. 2. Energiehaushalt und Temperaturregulation. Verlag Urban und Schwarzenberg, München

Günther, B. and E. Morgado (1982): Theory of biological similarity revisited. J. Theor. Biol. **96**, 543–559

Güntherschulze, J. (1979): Studien zur Kenntnis der Regio olfactoria von Wild- und Hausschwein (*Sus scrofa* L., 1758 und *Sus scrofa* f. domestica). Zool Anz. **202**, 256–279

Gunda, B. (1968): The beginning of plant-cultivation among the North American Indians. Müveltsag es Hagyomany **10**, 34–36

Gunda, B. (1975): Domestication trends among Indians. Küönlengomat ez Ethnographia Evi 1, Számából, 66–67

Gunda, B. (1980): Die Domestikation des *Cavia porcellus*, Ethnographia (Budapest) S. 502–503.

Gustavsson, J. (1964): The chromosomes of the dog. Hereditas (Lund) **51**, 187–189

Gustavsson, J. (1966): Chromosome abnormalities in cattle. Nature **211**, 865–866

Gustavsson, J. (1969): Cytogenetics, distribution and phaenotypic effects of translocation in the swedish cattle. Hereditas (Lund) **63**, 68–169

Gustavsson, J. (1980): Chromosome aberrations and their influence on the reproductive performance of domestic animals – a review. Z. Tierzüchtung Züchtungsbiologie **97**, 176–195

Gustavsson, I. (1988): Standard karyotyp of domestic pig. Hereditas 109, 151–157

Gustavsson, J. and C. O. Sundt (1969): Chromosome complex of the family Canidae. Hereditas (Lund) **64**, 249–254

Guthrie, R. D. (1970): Bison evolution and zoogeography in North-America during the pleistocene. The Quarterly Review of Biology **45**, 1–15

Guthrie, R. D. and R. G. Petocz (1970): Weapon automimicry among mammals. The American Naturalist **104**, 585–588

Haag, D. (1984): Ein Beitrag zur Ökologie der Stadttaube (*Columba livia livia* Gmelin, 1789). Inaug.-Diss. Phil.-Naturw. Fak. Univ. Basel

Haag, D. (1987): Regulationsmechanismen bei der Straßentaube *Columba livia* forma domestica (Gmelin, 1789). Verhandl. Naturf. Ges. Basel **97**, 31–42

Haas, O. and G. G. Simpson (1946): Analysis of some phylogenetic terms with attempts at redefinition. Proc. Amer. Phil. Soc. **90**, 319–347

Haase, E. (1967): Vergleichend-makroskopische, mikroskopisch-anatomische sowie histochemische Untersuchungen an Hypophysen verschiedener Arten der Familie Canidae Gray, 1821. Z. wiss. Zool. **176**, 1–121

Haase, E. (1973): Zur Kontrolle von Fortpflanzungscyklen bei Vögeln. J. comp. Physiol. **84**, 375–431

Haase, E. (1975): Zur Wirkung jahreszeitlicher und sozialer Faktoren auf Hoden und Hormonspiegel von Haustauben, S. 137. Verh. Dtsch. Zool. Ges. Karlsruhe

Haase, E. (1975): The effects of testosterone proprionate on secondary sexual characters and testes of house sparrows, *Passer domesticus*. General and comparative endocrinology **26**, 248–252

Haase, E. (1980): Physiologische Aspekte der Domestikation. Zool. Anz. **204**, 263–281

Haase, E. (1980): Hormones and domestication. In: Avian endocrinology, pp. 549–565. Academic Press, London–New York

Haase, E. (1980): Plasma concentrations of triiodothyronine, thyronine and testosterone during the annual cycle of wild mallard drakes and the effect of thyroidectomy. Zool. Anz. **204**, 102–110

Haase, E. (1985): Domestikation und Biorhythmik. Implikatio-

nen für den Tierartenschutz. Natur und Landschaft **66**, 297–302
Haase, E. (1987): Züchtung, Genbank und Biotopschutz – die genetische Begründung des Naturschutzes. Schriftenreihe des Deutschen Bundes für Vogelschutz Heft 6, 27–44.
Haase, E. und D.S. Farner (1969): Acetylcholinesterase in der Pars distalis von *Zonotrichia leucophrys gambeli* (Aves). Z. Zellforschung **93**, 356–368
Haase, E. and D.S. Farner (1972): The behavior of the acetylcholinesterase cells of the anterior pituitary gland of artificially photostimulated female white-crowned sparrows. J. exp. Zool. **181**, 63–68
Haase, E., P.J. Sharp and E. Paulke (1975): Annual cycle of plasma luteinizing hormone concentrations in wild mallard drakes. J. exp. Zool. **194**, 553–558
Haase, E., P.J. Sharp and E. Paulke (1975): Seasonal changes in plasma LH-levels in domestic ducks. J. Reprod. Fert. **44**, 591–594
Haase, E. and R.S. Donham (1980): Hormones and domestication. In: Epple, A. (Ed.): Avian Endocrinology, pp. 549–560. Academic Press
Habermehl, K.H. (1950): Untersuchungen über das Vorkommen eines Schnurbartes beim Pferd. Tierärztl. Rundschau 50
Haeckel, E. (1870): Natürliche Schöpfungsgeschichte. 2. Aufl. Berlin
Haecker, V. (1914): Über Gedächtnis, Vererbung und Pluripotenz. Gustav Fischer Verlag, Jena
Haecker, V. (1918): Entwicklungsgeschichtliche Eigenschaftsanalyse (Phaenogenetik). Gustav Fischer Verlag, Jena
Haecker, V. (1925): Pluripotenzerscheinungen. Gustav Fischer Verlag, Jena
Häuser, C.L. (1987): The debate about the biological species concept. Z. zool. Syst. Evolut.-forsch. **25**, 244–257
Hafez, E.S.E. (Ed.) (1962): The Behavior of Domestic Animals. Baillière, Tindall and Cox, London
Hagemann, R. (1984): Allgemeine Genetik. Gustav Fischer Verlag, Jena
Hahn, E. (1896): Die Haustiere und ihre Beziehungen zur Wirtschaft des Menschen. Leipzig
Hahn, E. (1926): Gans: Reallexikon der Vorgeschichte **4**, 549, Berlin
Haldane, H.R.S. (1927): The comparative genetics of color in rodents and carnivora. Biological Review **2**
Hale, E.B. (1969): Domestication and the evolution of behaviour. In: Hafez, E.S.E. (Ed.): The Behaviour of domestic animals, pp. 22–42. Baillière, Tindall & Cassel, London
Hall, R.S. and H.S. Sharp (1978): Wolf and man. Evolution in parallel. Academic Press, New York
Hall, E.R. and K.R. Kelson (1959): The mammals of North-America. 2. Vol. Ronald Press Comp., New York
Haltenorth, Th. (1953): Die Wildkatzen der alten Welt. Akademische Verlagsgesellschaft, Leipzig
Haltenorth, Th. (1958): Rassehunde – Wildhunde. Heidelberg
Haltenorth, Th. (1963): Klassifikation der Säugetiere. Artiodactyla. In: Handbuch der Zoologie 8. Lief. 32. Walter de Gruyter Verlag, Berlin
Hammond, J. (1932): Growth and development of mutton qualities in the sheep. Edinburgh
Hammond, J. (1947): Animal breeding in relation to nutrition and environment. Biological Review **22**
Hammond, J. (1958): Zuwachs und Fleischproduktion. In: Hammond, Johansson und Haring (Hrsg.): Handbuch der Tierzüchtung I, S. 197–247. Verlag Paul Parey, Hamburg – Berlin
Hammond, J. (1960): Farm animals. Their growth, breeding and inheritance. Arnold, London; pp. 322; deutsch: (1962): Landwirtschaftliche Nutztiere, Wachstum, Zucht und Vererbung. Verlag Paul Parey, Hamburg – Berlin
Hammond, J. (1961): Die Verbreitung der Tierarten in der Welt. In: Hammond, Johansson und Haring (Hrsg.): Handbuch der Tierzüchtung 3/1, S. 54–66. Verlag Paul Parey, Hamburg – Berlin
Hammond, J., I. Johansson und F. Haring (Hrsg.): 1958–1961: Handbuch der Tierzüchtung. Bd. I: Biologische Grundlagen der tierischen Leistung (1958). Bd. II: Haustiergenetik (1959). Bd. III, 1,2: Rassekunde (1961). Verlag Paul Parey, Hamburg – Berlin
Hančar, F. (1955): Das Pferd in prähistorischer und früher historischer Zeit. Wiener Beiträge zu Kulturgeschichte und Linguistik **11**, 650, Wien – München
Harcourt, R.A. (1974): The dog in prehistoric and early historic Britain. J. Archaeological Science **1**, 151–175
Harder, W. (1950): Zur Morphologie und Physiologie des Blinddarms der Nagetiere, S. 96–109. Verh. Dtsch. Zool. Ges. Mainz
Harder, W. (1951): Studien am Darm von Wild- und Haustieren. Z. Anat. u. Entwickl.-gesch. **116**, 27–51
Haring, F. (1955): Vererbung wichtiger Milchbestandteile. Züchtungskunde **27**, 270–289
Haring, F. (1959): Körperform, Mastleistung und Schlachtqualität der Haussäugetiere. In: Hammond, Johansson und Haring (Hrsg.): Handbuch der Tierzüchtung 2, S. 272–311. Verlag Paul Parey, Hamburg – Berlin
Haring, F. (1961): Schweinerassen nach Erzeugungsziel und Nutzungsrichtung. In: Hammond, Johansson, Haring (Hrsg.): Handbuch der Tierzüchtung 3/2, S. 1–15. Verlag Paul Parey, Hamburg – Berlin
Haring, F. und H. Messerschmidt (1961): Rinderrassen in den USA, Kanada und Südamerika. In: Hammond, Johansson und Haring (Hrsg.): Handbuch der Tierzüchtung 3/1, S. 422–434. Verlag Paul Parey, Hamburg – Berlin
Harlan, J.R. (1977): The origin of cereal agriculture in the old World. In: Reed, Ch. (Ed.): Origins of agriculture, pp. 357–412. Mouton, The Hague – Paris
Harringston, J.H. and P.C. Paquet (Eds.) (1982): Wolves of the World. Perspectives of behavior, ecology and conservation. Noyes Publications, New Jersey
Harris, M. (1965): The Myth of the sacred cow. In: Leeds, A. and A.P. Vayda (Eds.): Man, culture and animal. American association for the advancement of science 78, pp. 217–228, Washington
Harris, D.R. (1977): Alternative Pathways towards agriculture. In: Reed, Ch. (Ed.): Origins of Agriculture, pp. 179–244. Mouton, The Hague – Paris
Hart, B.L. (1985): The behavior of domestic animals. W.H. Freeman and Comp., New York
Hartl, G.B. (1985): Auffällige Unterschiede in der genetischen Variabilität freilebender Großsäuger und ihre möglichen Ursachen. Z. Jagdwiss. **31**, 193–203
Hartl, G.B. (1987): Biochemical differentiation between the wild rabbit (*Oryctolagus cuniculus* L.), the domestic rabbit and the brown hare (*Lepus europaeus* Pallas). Z. zool. Syste. Evolut.-forsch. **25**, 309–316
Hartl, G.B. and H. Höger (1986): Biochemical variation in purebreed and crossbreed strains of domestic rabbits. Genet. Res. Camb. **48**, 27–34
Hartl, G.B., A. Schleger and M. Slowak (1986): Genetic variabili-

ty in the fallow deer, *Dama dama* L. Animal Genetics **17**, 335–341
Hartl, G. B. and F. Csaikl (1987): Genetic variability and differentiation in wild boars (*Sus scrofa ferus* L.). Comparison of isolated populations. J. Mammalogy **68**, 119–125
Hartmann, G. (1963): Zum Problem polyphyletischer Merkmalsentstehung. Zool. Anz. **171**, 148–164
Hartmann, G. (1985): ‹Haustier› und Tierhaltung bei Indianergruppen des oberen Xingu, Zentral-Brasilien. Bongo (Berlin) **9**, 23–32
Hassler, R. (1964): Zur funktionellen Anatomie des limbischen Systems. Nervenarzt **35**, 386–396
Hauchecorne, F. (1927): Ökologisch-biologische Studien über die wirtschaftliche Bedeutung des Maulwurfs (*Talpa europaea*). Z. Morph. u. Ökologie **9**, 439–571
Hauck, E. (1940): Betrachtungen über die Haustierwerdung und die sogenannten Domestikationserscheinungen. Münch. tierärztl. Wochenschrift
Haussen, A. v. (1930): Untersuchungen über den Knochenaufbau des Metacarpus verschiedener Schafrassen nebst kritischen Betrachtungen über den Knochenaufbau des Röhrbeins bei Lauf- und Schrittpferden. Z. mikrosk.-anat. Forsch. **10**, 373–511
Havermann, H. (1961): Wirtschaftshühnerrassen nach Nutzungszwecken. In: Hammond, Johannsson und Haring (Hrsg.): Handbuch der Tierzüchtung 3/2, S. 324–352. Verlag Paul Parey, Hamburg – Berlin
Hawes, R. O. (1984): Pigeons. In: Mason, I. L. (Ed.): Evolution of domesticated animals, pp. 351–356. Longman, London – New York
Heberer, G. (1953): Begriff und Bedeutung der parallelen Evolution, S. 435–442. Verh. Dtsch. Zool. Ges. Freiburg
Heck, H. (1967): Die Merkmale des Przewalskipferdes. Equus (Berlin) **1**, 295–301
Heck, H. (1980): Die Erhaltung des Przewalskipferdes. Equus (Berlin) **2**, 8–13
Heck, H. (1980): Der neue Auerochse. In: International Studbook of the Auerox-like domestic cattle, pp. 7–14, Berlin
Hecker, H. M. (1975): The faunal analysis of the primary food animals from pre-pottery Neolithic Beidha (Jordan). Ph. D. Diss. Columbia University
Hediger, H. (1942): Wildtiere in Gefangenschaft. Schwab Verlag, Basel
Hediger, H. (1965): Tiergartenbiologie. Zürich–Stuttgart–Basel
Heilbronn, A. und C. Kosswig (1966): Principia genetica. Verlag Paul Parey, Hamburg – Berlin
Heine, H., F. Tschirkow und D. Manz (1973): Über die Beziehungen zwischen Herzmorphologie, Coronargefäßtyp und Herzanfälligkeit bei Säugetieren. Klin. Wochenschrift **51**, 191–197
Heinrich, D. (1972): Vergleichende Untersuchungen an Nebennieren einiger Arten der Familie Canidae Gray, 1821. Z. wiss. Zool. **185**, 122–192
Heinrich, D. (1975): Zur Frage der Rassebildung bei prähistorischen Haushunden. In: Clason, A. T. (Ed.): Archaeozoological studies, pp. 352–357, Oxford–New York
Heinrich, D. (1976): Bemerkungen zum mittelalterlichen Vorkommen der Wanderratte (*Rattus norvegicus* Berkenhout, 1769) in Schleswig-Holstein. Zool. Anz. **196**, 273–278
Heinrich, D. (1981): Beiträge zur Geschichte der Fischfauna in Schleswig-Holstein. Allerödzeitliche Fischreste von Klein-Nordende (Kreis Plön). Zool. Anz. **207**, 181–200
Heinrich, D. (1985): Scharstorff. Eine slawische Burg in Ostholstein. Haustierhaltung und Jagd. Offa-Bücher 59. Wachholtz Verlag, Neumünster
Heinrich, D. (1987): Untersuchungen an mittelalterlichen Fischresten aus Schleswig. In: Ausgrabungen in Schleswig. Berichte und Studien Heft 6. Wachholtz Verlag, Neumünster
Heller, H. (1966): Biochemie und Phylogenese der Hypophysenhinterlappenhormone. Mitt. Naturforsch. Ges. Bern N. F. **23**, 63–81
Heller, R., H. Weyreter, V. Cercasov, M. Lechner, H. J. Schwartz und W. v. Engelhardt (1985): Adaptation der Vormägen von Wüstenschafen, Wüstenziegen und Kamelen an zellulosereiches Futter schlechter Qualität. Z. Tierphysiol. Tierernährg. Futtermittelkde. **54**, 60–61
Hennig, W. (1950): Theorie der Grundlagen einer phylogenetischen Systematik. Dtsch. Entomolog. Inst., Berlin
Hennig, W. (1982): Phylogenetische Systematik. Pareys Studientexte 34. Verlag Paul Parey, Berlin–Hamburg
Hennig, W. (1984): Aufgaben und Probleme stammesgeschichtlicher Forschung. Pareys Studientexte 35. Verlag Paul Parey, Berlin–Hamburg
Henseler, H. (1913): Untersuchungen über den Einfluß der Ernährung. Kühn-Archiv **4**
Heptner, V. G. und N. P. Naumow (Hrsg.) (1966): Die Säugetiere der Sowjetunion. Bd. 1. Heptner, V. G., A. A. Nasimovic und A. G. Bannikow: Paarhufer und Unpaarhufer. VEB Gustav Fischer Verlag, Jena
Hermanns, M. (1949): Die Nomaden von Tibet. Herold, Wien
Herre, W. (1935): Ein Schnurbart bei einem Pferd. Zool. Anz. **109**, 39–44
Herre, W. (1935): Hypophysenimplantationen in Marmormolchlarven, S. 65–75. Verh. Dtsch. Zool. Ges.
Herre, W. (1936): Untersuchungen an Gehirnen von Wild- und Hausschweinen, S. 200–211. Verh. Dtsch. Zool. Ges.
Herre, W. (1937): Artkreuzungen bei Säugetieren. Biologia generalis **12**, 526–545
Herre, W. (1938): Zum Wandel des Rassebildes der Haustiere. Studien am Schädel des Berkshireschweines. Kühn-Archiv **50**, 203–228
Herre, W. (1939): Beiträge zur Kenntnis der Wildpferde. Z. Tierzüchtung Züchtungsbiologie **44**, 342–363
Herre, W. (1943): Über vergleichende Untersuchungen an Hypophysen. Zool. Anz. **141**, 33–34
Herre, W. (1943): Beiträge zur Kenntnis der Zwergziegen. Zool. Garten N. F. **15**, 26–45
Herre, W. (1943): Zur Frage der Kausalität von Domestikationserscheinungen. Zool. Anz. **141**, 196–214
Herre, W. (1949): Zur Abstammung und Entwicklung der Haustiere. I. Über das bisher älteste primigene Hausrind Nordeuropas, S. 312–324. Verh. Dtsch. Zool. Ges. Kiel
Herre, W. (1949): Zur Abstammung und Entwicklung der Haustiere. II. Betrachtungen über vorgeschichtliche Wildschweine Mitteleuropas, S. 324–333. Verh. Dtsch. Zool. Ges. Kiel
Herre, W. (1950): Ziele und Grenzen in der Beurteilung landwirtschaftlicher Nutztiere. Schriften Landw. Fak. Kiel **3**, 102–126
Herre, W. (1950): Haustiere im mittelalterlichen Hamburg. Hammaburg **4**, 7–20
Herre, W. (1951): Kritische Bemerkungen zum Gigantenproblem der Summoprimaten auf Grund vergleichender Domestikationsstudien. Anat. Anz. **98**, 49–65
Herre, W. (1951): Über Veränderungen der Kopfform nach Implantation zusätzlicher Hypophysen in Larven verschiedener Molcharten. Zool. Anz. **146**, 260–275

Herre, W. (1952): Studien über die wilden und domestizierten Tylopoden Südamerikas. Zool. Garten N. F. **19**, 70–98

Herre, W. (1953): Studien am Skelett des Mittelohres wilder und domestizierter Formen der Gattung *Lama*. Acta Anat. **19**, 271–289

Herre, W. (1955): Das Ren als Haustier. Eine zoologische Monographie. Akademische Verlagsgesellschaft, Leipzig

Herre, W. (1956): Fragen und Ergebnisse der Domestikationsforschung nach Studien am Hirn, S. 143–214. Verh. Dtsch. Zool. Ges. Erlangen 1955

Herre, W. (1958): Züchtungsbiologische Betrachtungen an primitiven Tierzuchten (Tylopoda). Z. Tierzüchtung Züchtungsbiologie **71**, 252–272

Herre, W. (1958): Abstammung und Domestikation der Haustiere. In: Hammond, Johansson und Haring (Hrsg.): Handbuch der Tierzüchtung I, S. 1–58. Verlag Paul Parey, Hamburg–Berlin

Herre, W. (1961): Der Art- und Rassebegriff. In: Hammond, Johansson und Haring (Hrsg.): Handbuch der Tierzüchtung 3/1, S. 1–24. Verlag Paul Parey, Hamburg–Berlin

Herre, W. (1961): Grundsätzliches zur Systematik des Pferdes. Z. Tierzüchtung Züchtungsbiologie **75**, 110–127

Herre, W. (1961): Zur Problematik der Parallelbildung bei Tieren. Zool. Anz. **166**, 309–333

Herre, W. (1962): Ist *Sus (Porcula) salvanius* Hodgson, 1847 eine Stammart von Hausschweinen? Z. Tierzüchtung Züchtungsbiologie **76**, 265–281

Herre, W. (1964): Demonstration im Tiergarten des Instituts für Haustierkunde der Universität Kiel, insbesondere von Wildcaniden und Canidenkreuzungen (Schakal/Coyoten $F_1$ und $F_2$ Bastarden sowie Pudel/Wolf Kreuzungen), S. 622–635. Verh. Dtsch. Zool. Ges. Kiel

Herre, W. (1964): Zur Problematik der innerartlichen Ausformung bei Tieren. Zool. Anz. **172**, 403–425

Herre, W. (1964): Zum Abstammungsproblem von Amphibien und Tylopoden sowie Parallelbildungen und zur Polyphyliefrage. Zool. Anz. **173**, 66–91

Herre, W. (1966): Zoologische Betrachtungen zu Aussagen über den Domestikationsbeginn. Palaeohistoria **12**, 238–285

Herre, W. (1967): Das Tier als Gefährte des Großstadtmenschen, S. 37–48. Hochschultage 1967 in Lübeck, Kulturverwaltung der Hansestadt Lübeck

Herre, W. (1967): Gedanken zur Erhaltung des Wildpferdes *Equus przewalskii* Poljakow, 1881. Equus (Berlin) **1**, 304–325

Herre, W. (1968): Zur Geschichte der vorkolumbianischen Haustiere Amerikas. In: Das Mexikoprojekt der Deutschen Forschungsgemeinschaft, S. 90–97. Steiner Verlag, Wiesbaden

Herre, W. (1969): The science and history of domestic animals. In: Brothwell, D. R. and E. S. Higgs (Eds.): Science in Archaeology 2nd ed., pp. 257–272. Thames and Hudson, London

Herre, W. (1971): El problema de la Vicuna. Un analysis de la situation actual y proporciones para su manejo futuro, pp. 1–18. Conferencia intern. sobre conservacion y manejo nacional de la vicuna, Lima

Herre, W. (1971): Über Schakale, Pudel und Puschas. Kleintierpraxis **16**, 3–8

Herre, W. (1972): Zur haustierkundlichen Problematik der Analyse von Tierknochenfunden aus frühgeschichtlichen bis mittelalterlichen Siedlungen Mitteleuropas. Die Kunde N. F. **23**, 184–195

Herre, W. (1973): Zur Fortpflanzungsbiologie der Pudel. Unser Pudel, Mitteilungsblatt des Deutschen Pudel-Klub, **17**, 281–284

Herre, W. (1976): Umweltveränderung und Tierwelt. Schriftenreihe des Agrarwiss. Fachbereiches Universität Kiel 53, S. 96–110. Verlag Paul Parey, Hamburg–Berlin

Herre, W. (1978): Die Zähmung des Wildtieres. Tutzinger Studien, S. 51–64, München

Herre, W. (1979): Bemerkungen zur Evolution von ‹Sprachen› bei Säugetieren. Zur Variabilität innerartlicher Kommunikation bei Caniden. Z. zool. Syst. Evolut.-forsch. 17, 151–179

Herre, W. (1980): Grundfragen zoologischer Domestikationsforschung. Nova Acta Leopoldina N. F. 52, Nr. **241**

Herre, W. (1981): Wandlungen innerartlicher Verständigung bei Tieren in der Domestikation. Nova Acta Leopoldina N. F. 54, Nr. **245**, 779–789

Herre, W. (1981): Wildbiologie und Domestikation. Wildbiologische Informationen für den Jäger **4**, S. 83–94, Gießen

Herre, W. (1981): Domestikation. Ein experimenteller Beitrag zur Stammesgeschichte. Naturwiss. Rundschau **34**, 456–463

Herre, W. (1982): Zur Stammesgeschichte der Tylopoden, S. 159–171. Verh. Dtsch. Zool. Ges. Hannover

Herre, W. (1985): *Rangifer tarandus* Linnaeus, 1758. In: Niethammer, J. und F. Krapp (Hrsg.): Handbuch der Säugetiere Europas 2/II, S. 198–216. AULA-Verlag, Wiesbaden

Herre, W. (1985): *Sus scrofa* Linnaeus, 1758 – Wildschwein. In: Niethammer, J. und F. Krapp (Hrsg.): Handbuch der Säugetiere Europas 2/II, S. 36–66. AULA Verlag, Wiesbaden

Herre, W. (1986): Einige Bemerkungen über Gefangenschaftswölfe (*Canis lupus* Linnaeus, 1758). Zool. Garten N. F. **56**, 337–344

Herre, W. und J. Langlet (1936): Untersuchungen über Haut, Haar und Lockenbildung der Karakulschafe. Z. Tierzüchtung Züchtungsbiologie **35**, 401–412

Herre, W. und I. Rabes (1937): Studien an der Haut der Karakulschafe. Z. mikrosk.-anat. Forsch. **42**, 525–554

Herre, W. und F. Rawiel (1939): Implantationen zusätzlicher Hypophysen in Larven verschiedener Molcharten. I. Die Wirkung auf die Geschlechtsorgane. Arch. Entwicklungsmechanik **139**, 86–109

Herre, W. und H. Wigger (1939): Die Lockenbildung der Säugetiere. Kühn-Archiv **52**, 233–254

Herre, W. und R. Behrendt (1940): Vergleichende Untersuchungen an Hypophysen von Wild- und Hausschweinen. I. Morphologische Studien. Z. wiss. Zool. **153**, 1–38

Herre, W. und H. Stephan (1955): Zur postnatalen Morphogenese des Hirnes verschiedener Haushundrassen. Morph. Jb. **96**, 210–264

Herre, W. und M. Röhrs (1955): Über die Formenfaltigkeit des Gehörns der Caprini Simpson. Zool. Garten N. F. **22**, 85–110

Herre, W. und M. Röhrs (1958): Die Tierreste aus den Hethitergräbern von Osmankayasi. In: Bittel, K. et al.: Die hethitischen Grabfunde von Osmankayasi. Wissenschaftliche Veröffentlichungen der Deutschen Orient Gesellschaft **71**, 60–80

Herre, W., H. Frick und M. Röhrs (1962): Über Ziele, Begriffe und Methoden der Haustierkunde. Z. Tierzüchtung Züchtungsbiologie **76**, 114–124

Herre, W. und U. Thiede (1965): Studien an Gehirnen südamerikanischer Tylopoden. Zool. Jb. Abt. Anat. und Ontog. **82**, 155–176

Herre, W. und M. Röhrs (1970): Experimentelle Beiträge zur Stammesgeschichte der Vögel. Ergebnisse zoologischer Domestikationsforschung. J. Ornithologie **111**, 1–18

Herre, W. und M. Röhrs (1971): Zur Problematik der Verwilderung. MILU (Berlin) 3, 131–160
Herre, W. und M. Röhrs (1973): Haustiere – zoologisch gesehen. Gustav Fischer Verlag, Stuttgart
Herre, W. und M. Röhrs (1977): Zoological considerations on the origin of farming and domestication. In: Reed, Ch. (Ed.): Origins of agriculture, pp. 245–279. Mouton, The Hague – Paris
Herre, W. und M. Röhrs (1983): Abstammung und Entwicklung des Hausgeflügels. In: Mehner, A. und W. Hartfiel (Hrsg.): Handbuch der Geflügelphysiologie I, S. 19–53. VEB Gustav Fischer Verlag, Jena
Hertwig, P. (1940): Mutationen bei Säugetieren und die Frage ihrer Entstehung durch kurzwellige Strahlen und Keimgifte. In: Handbuch Erbbiol. des Menschen I, S. 245–287
Herzog, A. (1984): Die Chromosomen von Wild- und Hausschwein. 2. Schwarzwildsymposion Gießen. Ferdinand Enke Verlag, Stuttgart
Hess, W. R. (1962): Psychologie in biologischer Sicht. Georg Thieme Verlag, Stuttgart
Hess, W. M., J. F. Flinders, C. L. Pritchett und J. V. Allen (1985): Characterisation of hair morphology in families Tayassuidae, and Suidae with scanning electron microscopy. J. Mammalogy **66**, 75–84
Hesse, B. (1982): Animal domestication and oscillating climates. J. Ethnobiology **2**, 1–15
Hesse, B. (1982): Archaeological evidence for Camelid exploitation in the Chilean Andes. Säugetierkundliche Mitteilungen **30**, 201–211
Hesse, R. (1935): Tierbau und Tierleben I. Gustav Fischer Verlag, Jena
Heyden, K. (1963): Zahnanomalie bei einer Zwergantilope. Zool. Anz. **170**, 197–204
Heuschmann, O. (1957): Die Weißfische (Cyprinidae). Karpfen und Karausche. In: Demoll, R. und H. N. Meyer (Hrsg.): Handbuch der Binnenfischerei Mitteleuropas. Lief. 8, 53–76, Schweizerbarth'sche Verlagsbuchhandlung, Stuttgart
Higgs, E. S. (1962): The biological data: fauna. In: Rodden, R. R. (Ed.): Excavations at the early Neolithic site at Nea Nikomedeia, Greek Macedonia (1961 season). Proc. Prehistoric Soc. **28**, 267–288
Higgs, E. S. and M. R. Jarman (1969): The origin of agriculture: a reconsideration. Antiquity **43**, 31–41
Higgs, E. S. and C. Vita-Finzi (1972): Prehistoric economies: a territorial approach. In: Higgs, E. S. (Ed.): Papers in economic prehistory: studies by members and associates of the British Academy Major Research Project in the early history of agriculture I, pp. 27–36, Cambridge
Higgs, E. S. and M. R. Jarman (1972): The origins of animal and plant husbandry. In: Higgs, E. S. (Ed.): Papers in economic prehistory: studies by members and associates of the British Academy Research Project in the early history of agriculture I, pp. 3–13, Cambridge
Higgs, E. S. and M. J. Jarman (1975): Palaeoeconomy. In: Higgs, E. S. (Ed.): Papers in economic prehistory: Studies by members and associates of the British Academy Major Research Project in the early history of agriculture II, pp. 1–7, Cambridge
Higham, Ch. F. W. (1968): Size trends in prehistoric European domestic fauna and the problem of local domestication. Acta Zoologica fennica **120**, 3–21
Higham, Ch. F. W. (1969): Towards an economic prehistory of Europe. Current Anthropology, 139–150
Higham, Ch. F. W. (1977): Economic change in prehistoric Thailand. In: Reed, Ch. (Ed.): Origins of agriculture, pp. 385–412. Mouton, The Hague–Paris
Hinske, G. (1974): Untersuchungen an Schädeln von Cojoten und fraglichen Bastardpopulationen. Zool. Anz. **192**, 98–137
Hilzheimer, M. (1909): Was ist *Equus equiferus* Pallas? Naturwiss. Wochenschrift
Hilzheimer, M. (1911): Die Geschichte unserer Haustiere. Leipzig
Hilzheimer, M. (1913): Beiträge zur Kenntnis der Formbildung bei unseren Haustieren. Arch. Rassen- u. Gesellschaftsbiologie, **10**
Hilzheimer, M. (1926): Natürliche Rassengeschichte der Haussäugetiere. Walter de Gruyter, Berlin
Hilzheimer, M. (1927): Historisches und Kritisches zu Bolks Problem der Menschwerdung. Anat. Anz. **62**, 110–121
Ho, P. T. (1977): The indigenous origin of Chinese agriculture. In: Reed, Ch. (Ed.): Origins of agriculture, pp. 413–484. Mouton, The Hague–Paris
Hochstrasser, G. (1969): Ein überzähliger Prämolar beim Hauskaninchen und das Problem der Polydontie bei Lagomorpha. Zool. Beiträge N. F. **15**, 33–39
Hochstrasser, G. (1971): Die Zahnzahl des Rotfuchses *Canis vulpes* Linné, 1758 im Vergleich zu anderen Caniden. Säugetierkundliche Mitteilungen **19**, 194–198
Hoerschelmann, H. (1966): Allometrische Untersuchungen am Rumpf und Flügel von Schnepfenvögeln (Charadridae und Scolopacidae). Z. zool. Syst. Evolut.-forsch. **4**, 209–313
Hoerschelmann, H. und H. G. Schulz (1984): Beobachtungen an einer städtischen Stockenten-Population, *Anas platyrhynchos* L. (Aves). Zool. Anz. **213**, 339–354
Hörnecke, H. (1970): Tagesperiodische Schwankungen in Energieumsatz und körperlicher Aktivität bei Haus- und Wildschweinen. Vortrag, Tagung über Verhaltensforschung beim Schwein in Freiburg 27. 9. 69
Hoffmann, R. (1983): Social organisation patterns of several feral horse and feral ass populations in Central Australia. Z. f. Säugetierkunde **48**, 124–127
Hole, F., K. V. Flannery and J. A. Neely (1969): Prehistoric and human ecology of the Deh Luran plains: an early village sequence from Khuzistan, Iran. Memoirs of the Museum of Anthropology, University of Michigan 1, Ann Arbor
Hollister, A. (1917): Some effects of environment and habit on captive Lions. Proc. U. S. Nat. Mus. **53**
Holm, J. P. (1964): Untersuchungen der Feinstruktur von Katzenfellhaaren zur Möglichkeit einer Rassendifferenzierung. Vet. med. Diss., Universität München
Holtkamp-Endemann, G. (1974): Vergleichende quantitative Untersuchungen an Nebennieren bei Wild- und Laborratten. Ein Beitrag zum Domestikationsgeschehen. Diss. Tierärztl. Hochschule Hannover
Holmgren, H. (1944): Beitrag zur Kenntnis des Verhaltens des Magen-Darm-Kanals und verschiedener Organe unter dem Einfluß verschiedenartiger Nahrung. Acta Zool. **25**, 169–191
Horckheimer, H. (1960): Nahrung und Nahrungsgewinnung im vorspanischen Peru. Bibl. Ibero-Amer. Colloquium, Berlin
Hornitscheck, H. (1938): Bau und Entwicklung der Locke des Karakulschafes. Kühn-Archiv **47**, 81–147
Hornsman, E. (1951): ... Sonst Untergang. Verlagsanstalt Rheinhausen
Horst, H. J. and E. Paulke (1977): Comparative study of androgen uptake and metabolism in domestic and wild mallard drakes (*Anas platyrhynchos* L.). Gen. Comp. Endocrinol. **32**, 138–145

Howard, W.E. (1965): Interaction of behavior, ecology, and genetics of introduced mammals. In: Baker, H.G. and G.L.Stebbins (Eds.): The genetics of colonizing species, pp. 461–480. New York–London

Hsu, T.C. and K.Benirschke (1967): An atlas of mammalian chromosomes. Fol. 38, 39. Springer Verlag, Berlin–Heidelberg–New York

Huber, W. (1974): Biometrische Analyse der Brachycephalie beim Haushund. Ann. Biol. **13**, 137–141

Huber, W. (1983): Über die Variabilität von Hunderassen. In: 100 Jahre Schweizerische Kynologische Gesellschaft Bern, S. 92–96

Huber, W. und P.Lüps (1968): Biometrische und entwicklungsmechanische Kennzeichen der Brachycephalie beim Haushund. Arch. Julius-Klaus-Stiftung **43**, 57–65

Huczko, St. (1986): Die Tierknochenfunde vom Domplatz in Osnabrück (12.–17. Jahrhundert). Schriften der Archäologisch-Zoologischen Arbeitsgruppe Schleswig–Kiel, Heft 10, Kiel

Hübner, K. D., R. Saur und H. Reichstein (1988): Die Säugetierknochen der neolithischen Moorsiedlung Hüde I im Dümmer, Kreis Grafschaft Diepholz, Niedersachsen. Göttinger Schriften zur Vor- und Frühgeschichte **23**, 75–142

Hückinghaus, F. (1961): Zur Nomenklatur und Abstammung des Hausmeerschweinchens. Z. f. Säugetierkunde **26**, 108–111

Hückinghaus, F. (1962): Vergleichende Untersuchungen über die Formenmannigfaltigkeit der Unterfamilie Caviinae Murray, 1886. Z. wiss. Zool. **166**, 1–98

Hückinghaus, F. (1965): Craniometrische Untersuchungen an verwilderten Hauskaninchen von den Kerguelen. Z. wiss. Zool. **171**, 183–196

Hückinghaus, F. (1965): Präbasiale und prämaxillare Kyphose bei Wild- und Hauskaninchen. Z. wiss. Zool. **171**, 169–182

Hünermann, K. A. (1969: *Sus scrofa persicus* Goldfuß im Pleistozän von Süßenborn bei Weimar. Palaeontologische Abhandlungen A. **3**, 611–616

Hüster, H. (1986): Untersuchungen an Skelettresten von Pferden aus Haithabu. Ausgrabung 1966–1969. Berichte über die Ausgrabungen in Haitabu 23, Wachholtz Verlag, Neumünster

Hupperts, J. (1961): Untersuchungen über die Anfänge der Haustierzucht unter besonderer Berücksichtigung der Pferdezucht. Anthropos **56**, 14–30

Hupperts, J. (1962): Die frühe Pferdezucht in Ostasien. Z. Tierzüchtung Züchtungsbiologie **76**, 190–208

Hutt, F. B. (1949): Genetics of the fowl. New York – Toronto – London

Huxley, J. (1948): Evolution, the modern synthesis. London

Iljin, N. A. (1941): Wolf-dog genetics. J. of genetics **42**, 319–414

Immelmann, K. (1962): Vergleichende Beobachtungen über das Verhalten domestizierter Zebrafinken in Europa und ihren wilden Stammformen in Australien. Z. Tierzüchtung Züchtungsbiologie 77, 198–216

Ingold, T. (1974): On reindeer and man. Man N. S. **9**, 523–538

Isaak, E. (1962): On the domestication of cattle. Science **137**, 195–204

Isaak, E. (1970): Geography of domestication. Prentice-Hall Inc., Englewood Cliffs, N. J.

Jacobi, A. (1931): Das Rentier. Eine zoologische Monographie der Gattung *Rangifer*. Akademische Verlagsanstalt, Leipzig

Jaeschke, L. und G. Vauk (1951): Studien am Blut verschiedener Haustiere und ihrer Stammarten. Zool. Anz. **147**, 121–129

Jarman, M. R. (1969): The prehistory of upper pleistocene and recent cattle. Part I. East Mediterranean with reference to North-West Europe. Proc. Prehist. Soc. **35**, 235–266

Jarman, M. R. and H. N. Jarman (1968): The fauna and economy of the early neolithic Knossos. The annual of the british school of archaeology at Athens **63**, 239–267

Jarman, M. R. and P. F. Wilkinson (1972): Criteria of animal domestication. In: Higgs, E. S. (Ed.): Papers in economic Prehistory, pp. 83–96, Cambridge

Jarman, M. R., G. N. Bailey and H. N. Jarman (1982): Early european agriculture. Its foundation and development. Cambridge University Press

Jennes, R. und St. Pattow (1967): Grundzüge der Milchchemie. München–Basel–Wien

Jennes, R. and R. Eslorn (1970): The composition of milks of various species: a review. Dairy Sci. Abstr. **32**, 99–612

Jettmar, K. (1952): Zu den Anfängen der Rentierzucht. Anthropos **47**, 737–766

Jettmar, K. (1953): Zu den Anfängen der Rentierzucht, Anthropos **48**, 290–291

Jettmar, K. (1953): Beiträge zur Entwicklungsgeschichte der Viehzucht. Wiener völkerkdl. Mitt. **1**, 1–14

Jewell, P. (1962): The wild sheep of St. Kilda. New scientist **11**, 268–271

Jewell, P. A. (1968): Climate versus man and his animal. Nature **218**, 993–994

Jewell, P. (1969): Wild animals and their potential for new domestication. In: Ucko, P. J. and G. W. Dimbleby (Eds.): The domestication and exploitation of plants and animals, pp. 101–112. Duckworth, London

Jewell, P. and P. J. Fulligar (1965): Fertility among races of the field mouse (*Apodemus sylvaticus*) and their failure to form hybrids with the yellownecked mouse (*Apodemus flavicollis*). Evolution **19**, 175–181

Jezierski, W. (1977): Longevity and mortality rate in a population of wild boar. Acta Theriologica **22**, 337–348

Joechle, W. (1958): Ähnlichkeiten frühchinesischer und antiker Darstellungen domestizierter Schweine. Z. Tierzüchtung Züchtungsbiologie **71**, 247–251

Joger, U. (1982): Azerhafin – die gescheckten Kamele der Tuareg. Z. Kölner Zoo **25**, 123–127

Johansson, F. (1982): Untersuchungen an Skelettresten von Rindern aus Haithabu. In: Schietzel, K. (Hrsg.): Berichte über die Ausgrabungen von Haithabu 17, Wachholtz Verlag, Neumünster

Johansson, F. und H. Hüster (1987): Untersuchungen an Skelettresten von Katzen aus Haithabu. In: Schietzel, K. (Hrsg.): Berichte über die Ausgrabungen von Haithabu. 1–86, Wachholtz Verlag, Neumünster

Jolicoeur, P. (1959): Multivariate geographical variation in the wolf *Canis lupus* L. Evolution **13**, 283–299

Jolicoeur, P. (1975): Sexual dimorphism and geographical distance as factors of skull variation in the wolf *Canis lupus*. In: Fox, M. W. (Ed.): The wild canids. Their Systematics, Behaviour, Ecology and Evolution, pp. 54–61. van Nostrand Reinhold Comp., New York

Jones, H. (1928): Color variation in wild mammals. J. Mammalogy **4**

Jones, R. (1970): Tasmanian aborigines and dogs. Mankind 7, 256–271

Joubert, D. M. und F. N. Bonsma (1961): Schweinerassen in Afrika. In: Hammond, Johansson und Haring (Hrsg.): Handbuch der Tierzüchtung 3/2, S. 155–163. Verlag Paul Parey, Hamburg–Berlin

Jürgens, K. D., M. Pietschmann, K. Yamaguchi and T. Kleinschmidt (1988): Oxygen binding properties, capillary density and heart weights in high altitude camelids. J. Comp. Physiol. B. **158**, 469–477

Jungius, H. (1971): The Vicuna in Bolivia: The status of an endagered species, and recommendation for its conservation. Z. f. Säugetierkunde **36**, 129–146

Kagelmann, G. (1950): Studien über Farbfelderung, Zeichnung und Färbung der Wild- und Hausenten. Zool. Jb. Abt. Allg. Zool. **62**, 513–630

Kaiser, G. (1971): Die Reproduktionsleistung der Haushunde in ihrer Beziehung zur Körpergröße und zum Gewicht der Rassen. Z. Tierzüchtung Züchtungsbiologie **88**, 118–168, 241–253, 316–340

Kaiser, G. (1977): Physiologische und evolutive Aspekte der Säugetierontogenese in Zusammenhang mit den körpergrößenabhängigen Fortpflanzungserscheinungen bei Haushunden. Z. zool Syst. Evolut.-forsch. **15**, 278–310

Kaminski, M. (1979): The biochemical evolution of the horse. Comp. Biochem. Physiol. **63 B**, 175–178

Kasparek, M. U. (1958): Stand der Forschung über den Hufbeschlag des Pferdes. Z. Agrargeschichte und Agrarsoziologie **6**, 38–43

Kear, J. (1986): Captive breeding programmes for waterfowl and flamingos. Int. Zoo Yb. **24/25**, 21–25

Keeler, C., S. Ridgeway, L. Lipscomb and E. Fromm (1968): The genetics of adrenal size and tameness in foxes. J. Heridity **59**, 82–84

Keller, K. (1902): Die Abstammung der ältesten Haushunde. Bürkli, Zürich

Keller, K. (1905): Naturgeschichte der Haustiere. Verlag Paul Parey, Berlin

Keller, O. (1909): Die Antike Tierwelt. Bd. I, Säugetiere. Verlag Wilhelm Engelmann, Leipzig

Keller, O. (1913): Die Antike Tierwelt. Bd. II, Vögel usw. Verlag Wilhelm Engelmann, Leipzig

Kelm, H. (1938): Die postembryonale Schädelentwicklung des Wild- und Berkshireschweines. Z. Anat. Entwickl.-gesch. **108**, 499–539

Kelm, H. (1939): Zur Systematik der Wildschweine. Z. Tierzüchtung Züchtungsbiologie **43**, 362–369

Kesper, K. D. (1954): Phylogenetische und entwicklungsgeschichtliche Studien an den Gattungen *Capra* und *Ovis*. Diss. Math.-Nat. Fak. Kiel

Kim, B. (1933): Rasseunterschiede an embryonalen Schweineschädeln und ihre Entwicklung. Z. Morphol. Anthropol. **32**, 486–523

Kimura, M. (1987): Die Neutralitätstheorie der molekularen Evolution. Aus dem Englischen übertragen von M. und D. Sperlich, Verlag Paul Parey, Berlin–Hamburg

King, R. C. (Ed.) (1975): Handbook of genetics. Vol. 4, Vertebrates of genetic interest. Plenum Press, New York–London

Kirsch, W. (1961): Standortverhältnisse und Zuchtziele der Höhenviehrassen. In: Hammond, Johansson und Haring (Hrsg.): Handbuch der Tierzüchtung 3/1, S. 245–260. Verlag Paul Parey, Hamburg–Berlin

Kitchen, H. and C. W. Easley (1969): Structural comparison of the hemoglobins of the genus *Equus* with those of ruminants. J. Biol. Chem. **244** (23), 6533–6542

Klatt, B. (1910): Zur Anatomie der Haubenhühner. Zool. Anz. **36**, 282–288

Klatt, B. (1911): Zur Frage der Hydrocephalie bei den Haubenhühnern. Sitzber. Ges. Naturf. Freunde Berlin

Klatt, B. (1912): Über die Veränderungen der Schädelkapazität in der Domestikation. Ges. Naturf. Freunde Berlin **19**, No 3

Klatt, B. (1913): Über den Einfluß der Gesamtgröße auf das Schädelbild nebst Bemerkungen über die Vorgeschichte der Haustiere. Arch. Entwicklungsmechanik **36**, 387–471

Klatt, B. (1921): Mendelismus, Domestikation und Kraniologie. Archiv Anthropol. N. F. **18**, 225–250

Klatt, B. (1921): Studien zum Domestikationsproblem I. Bibl. Genetica **2**, Berlin

Klatt, B. (1927): Entstehung der Haustiere. In: Baur, E. (Hrsg.): Handbuch der Vererbungswissenschaft 3, S. 1–107, Berlin

Klatt, B. (1932): Gefangenschaftsveränderungen bei Füchsen. Jen. Z. Med. Naturwiss. **67**, 452–468

Klatt, B. (1934): Fragen und Ergebnisse der Domestikationsforschung. Der Biologe **3**

Klatt, B. (1939): Erbliche Mißbildungen der Wirbelsäule beim Hund. Zool. Anz. **128**, 225–235

Klatt, B. (1941–1944): Kreuzungen extremer Rassetypen des Hundes. Z. menschl. Vererb.- u. Konstitutionslehre **25**, 28–93; **26**, 320–356; **27**, 283–345; **28**, 113–158

Klatt, B. (1948): Haustier und Mensch. Hamburg

Klatt, B. (1948): Vom Prinzip der Ordnung in der Biologie. Universitas **2**, 943–948

Klatt, B. (1949): Die theoretische Biologie und die Problematik der Schädelform. Biologia generalis **19**, 51–89

Klatt, B. (1950): Craniologisch-Physiognomische Studien an Hunden. Mitt. Hamb. Zool. Inst. Mus. **50**, 9–129

Klatt, B. (1954): Gedanken zur Zoologie als einer theoretischen Wissenschaft. Studium generale **7**, 1–13

Klatt, B. (1956): Konstitution und Vererbung beim Haustier in metrisch-anatomischer Betrachtung. Z. Tierzüchtung Züchtungsbiologie **66**, 323–332

Klatt, B. (1960): Darwin und die Haustierforschung. In: Heberer, G. und H. Schwanitz (Hrsg.): 100 Jahre Evolutionsforschung, S. 141–168. Gustav Fischer Verlag, Stuttgart

Klatt, B. und H. Vorsteher (1923): Studien zum Domestikationsproblem II. Bibl. Genetica **6**, Berlin

Klatt, B. und H. Oboussier (1952): Zur Frage des Hirngewichts beim Fuchs. Zool. Anz. **149**

Klein, R. D. (1970): Food selection by northamerican deer and their response to overutilisation of preferred plant species. In: Watson, A. (Ed.): Animal populations in relation to their food resources. British Ecological Society Symp. **10**, 25–46, Oxford – Edinburgh

Klein, R. D. (1972): Problems in conservation of mammals in the north. Biological Conservation **4**, 93–101

Klein, R. D. and H. Strandgaard (1972): Factors effecting growth and body size of roe-deer. J. Wildlife Management **36**, 64–79

Kleinschmidt, T., J. März, K. D. Jürgens and G. Braunitzer (1986): The Primary Structure of two Tylopoda Hemoglobins with High Oxygen Affinity: Vicuna and Alpaka. Biol. Chem. Hoppe-Seyler **367**, 153–160

Klemola, X. (1930): Dominante und rezessive Scheckung. Z. Tierzüchtung Züchtungsbiologie **28**, 24–78

Kliesch, J. (1932): Untersuchungen an Fleisch- und Speckproben von Edelschweinen und veredelten Landschweinen unter besonderer Berücksichtigung der Fetteigenschaften. Berlin

Klingel, H. (1980): Die soziale Organisation freilebender Equiden. Equus (Berlin) **2**, 128–131

Klinghammer, E. (Ed.) (1979): The behavior and ecology of wolves. Garland Press, New York – London

Knese, K. H. und S. Titschak (1962): Untersuchungen mit Hilfe des Lochkartenverfahrens über die Osteonstruktur von Haus- und Wildschweinknochen sowie Bemerkungen zur Baugeschichte des Knochengewebes. Morph. Jb. **102**, 337–458

Knief, W. (1978): Untersuchungen zum Feinbau einiger Röhrenknochen von Wild- und Hausschweinen (*Sus scrofa* L.). Zool Jb. Abt. Anat. **99**, 381–420

Knussmann, R (1988): Der heutige Mensch in seiner körperlichen Eigenart und Vielfalt. In: Grzimeks Enzyklopädie Säugetiere Bd. 2, S. 520–538. Kindler Verlag, München

Koch, W. (1951): Das erste Anzeichen von Mutationen bei neu domestizierten Tieren. Züchtungskunde **23**, 1–5

Koch, W. (1951): Kurzköpfigkeit als Domestikationsmerkmal beim Fuchs. Berl. u. Münch. tierärztl. Wochenschrift **23**, 29

Koch, W. (1951): Scheckung als erstes Domestikationsmerkmal beim Goldhamster. Berl. u. Münch. tierärztl. Wochenschrift **23**, 114

Köhler, H. und G. Dirksen (1954): Über Zellveränderungen in den Herzganglien des Haus- und Wildschweines und deren Bedeutung. Dtsch. tierärztl. Wochenschrift **61**, 174–178

Köhler, I. (1981): Zur Domestikation des Kamels. Diss. Tierärztl. Hochschule Hannover

Koenig, O. (1985): Heimtierpflege im Dienst von Erziehung und Bildung. Verein für Ökologie und Umweltforschung 1, Wien

Köpp, H. (1965): Zur Ökologie des Wildkaninchens unter besonderer Berücksichtigung seiner forstwirtschaftlichen Bedeutung in Europa. Diss. Univ. Göttingen

Koetter, U. (1963): Untersuchungen über die Beziehungen zwischen Wolleistung und Wollqualität beim Angorakaninchen. Diss. vet. med. Fak. Univ. Gießen

Kohts, A. E. (1947): Analogical variations of domestic fowl and grouse. A contribution to the problem of the interrelation of darwinism and genetics. Proc. Zool. Soc. London **117**, 742–747

Kohts, A. E. (1947): The variation of colour in the common wolf and its hybrids with domestic dogs. Proc. Zool. Soc. London **117**, 784–790

Kolenowsky, G. D. (1971): Hybridisation between wolf and cojote. J. Mammalogy **52**, 446–449

Konnerup-Madsen, H. und M. Hansen (1980): Bläraeven. Dansk Pelsdyrravlerforening. Søborg

Kornhuber, H. H. (1973): Kleinhirn, Stammganglien und Großhirnrinde in der motorischen Organisation von Primaten, S. 151–167. Verh. Dtsch. Zool. Ges. Mainz (1972)

Kornhuber, H. H. (1974): The vestibular system and the general motor system. In: Kornhuber, H. H. (Ed.): Handbook of sensory physiology. Vol. VI/2. Vestibular system, pp. 581–620. Springer Verlag, Berlin–Heidelberg–New York

Kornhuber, H. H. (1974): Cerebral cortex, cerebellum and basis ganglia: An introduction to their motor functions. In: Schmitt, F. O. and F. G. Warden (Eds.): The Neurosciences Third Study Program, pp. 267–280. MIT Press, Cambridge–London

Kosswig, C. (1925): Die Vererbung von Farbe und Zeichnung bei Nagetieren. Z. Tierzüchtung Züchtungsbiologie **5**, 100–129

Kosswig, C. (1926): Vererbung von Farbe und Zeichnung beim Kaninchen. Z. ind. Abst. u. Vererbungsl. **42**, 227–236

Kosswig, C. (1927): Über die Vererbung und Bildung von Pigment bei Kaninchenrassen. Z. ind. Abst. u. Vererbungsl. **45**, 368–401

Kosswig, C. (1947): Über Substitutionsgene und den Transfer der Genfunktionen. Experientia **3**, 404–410

Kosswig, C. (1948): Homologe und analoge Gene, parallele Evolution und Konvergenz. Communications de la Faculté des Sciences de l'Université d'Ankara **I**, 126–177

Kosswig, C. (1959): Genetische Analyse stammesgeschichtlicher Einheiten, S. 42–73. Verh. Dtsch. Zool. Ges. München

Kosswig, C. (1961): Über sogenannte homologe Gene. Zool. Anz. **166**, 333–356

Koulischer, L. and S. Frechkop (1966): Chromosome complement: A fertile hybrid between *Equus przewalskii* and *Equus caballus*, Science **151**, 93–95

Kramer, G. (1961): Beobachtungen an einem von uns aufgezogenen Wolf. Z. Tierpsychologie **18**, 91–109

Kratochvil, J. (1966): Die wissenschaftlichen Namen der Haustiere. Acta universitatis agriculturae Brno. Spis č 544 Čislo **3**, 417–429

Kratochvil, J. und Z. Kratochvil (1970): Die Unterscheidung von Individuen der Population *Felis s. silvestris* aus den Waldkarpaten von *Felis s.* f. catus. Zoolické Listy **19**, 293–302

Kratochvil, Z. (1971): Oligodonty and polydonty in the domestic cat (*Felis silvestris* f. catus) and the wild cat (*Felis silvestris silvestris* Schreber). Acta vet. Brno **40**, 33–40

Kratochvil, Z. (1973): Schädelkriterien der Wild- und Hauskatze (*Felis silvestris silvestris* Schreber, 1777). Acta scient. nat. Acad. Scient. Bohemoslovacae N. S. VII, **10**, 1–50

Kratochvil, Z. (1975): Oligodontia and Polydontia in the domestic cat *Felis lybica* f. catus L. Acta vet. Brno **44**, 291–296

Kratochvil, Z. (1977): Die Unterscheidung postkranialer Merkmalspaare bei *Felis s. silvestris* und *Felis s.* f. catus (Mammalia). Folia zoologica **26**, 115–128

Krause, A. (1974): Untersuchungen an Entenknochen aus der Wikinger-Siedlung Haithabu. Staatsexamensarbeit Univ. Kiel

Kretzschmer, E. (1955): Körperbau und Charakter. Springer Verlag, Berlin

Krieg, H. (1924): Studien über Verwilderung bei Tieren und Menschen in Südamerika. Arch. Rassen- u. Gesellschaftsbiologie **16**, 241–267

Krieg, H. (1948): Zwischen Anden und Atlantik. Karl Hauser Verlag, München

Kronacher, C. (1917, 1919, 1922): Allgemeine Tierzucht. Bd. I, II, III. Verlag Paul Parey, Berlin

Krüger, L. (1961): Geschichtliche Entwicklung der Rassen in der europäischen Tierzucht. In: Hammond, Johansson und Haring (Hrsg.): Handbuch der Tierzüchtung 3/1, S. 25–53. Verlag Paul Parey, Hamburg–Berlin

Kruska, D. (1970): Über die Evolution des Gehirns in der Ordnung Artiodactyla Owen, 1848, insbesondere der Teilordnung Suinae Gray, 1868. Z. f. Säugetierkunde **35**, 214–238

Kruska, D. (1972): Volumenvergleich optischer Hirnzentren bei Wild- und Hausschweinen. Z. Anat. Entwickl.-gesch. **138**, 265–282

Kruska, D. (1975): Über die postnatale Hirnentwicklung bei *Procyon cancrivorus cancrivorus* (Procyonidae; Mammalia). Z. f. Säugetierkunde **40**, 243–255

Kruska, D. (1980): Domestikationsbedingte Hirngrößenveränderungen bei Säugetieren (insbesondere Tylopoden). Z. zool. Syst. Evolut.-forsch. **18**, 161–195

Kruska, D. (1982): Über das Gehirn des Zwergwildschweins *Sus (Porcula) salvanius* Hodgson, 1847. Z. zool. Syst. Evolut.-forsch. **20**, 1–12

Kruska, D. (1982): Hirngrößenänderungen bei Tylopoden während der Stammesgeschichte und in der Domestikation, S. 173–183. Verh. Dtsch. Zool. Ges. Hannover

Kruska, D. and M. Röhrs (1974): Comparative-quantitative investigations on brains of feral pigs from the Galapagos Islands and of european domestic pigs. Z. Anat. Entwickl.-gesch. **144**, 61–73

Kühn, A. (1967): Grundriß der allgemeinen Zoologie. 16. Aufl. Georg Thieme Verlag, Stuttgart

Kuhn, O. (1936): Die Scheckung der Haustaube und ihrer Kulturformen. Z. Züchtungskunde **1**, 413–422

Kuhn-Schnyder, E. (1947): Paläontologie und Prähistorie. Festschrift Buch, Aarau

Kulinčevic, J. M. (1986): Breeding accomplishments with honey bees. Honey and polination. In: Rinderer, Th. E. (Ed.): Bee genetics and breeding, pp. 391–413. Academic Press, Orlando –Florida

Kummer, B. (1959): Bauprinzipien des Säugetierskelettes. Georg Thieme Verlag, Stuttgart

Kummer, B. (1985): Die funktionelle Anpassung des Bewegungsapparates in der Phylogenese der Wirbeltiere, S. 23–44. Verh. Dtsch. Zool. Ges. Wien

Kurten, B. (1968): Pleistocene Mammals in Europe. Aldine, Chicago

Kühn, A. und D. Hess (1984): Grundriß der Vererbungslehre. Verlag Quelle und Meyer, Heidelberg

Kvam, P. (1985): Supernumerary teeth in the european lynx, *Lynx lynx lynx* and their evolutionary significance. J. Zoology (London) (A) **206**, 17–22

La Baume, W. (1947): Hat es ein wildlebendes Kurzhornrind (*Bos brachyceros*) gegeben? Eclogae geol. Helv. **40**

La Baume, W. (1950): Zur Abstammung des Hausrindes. Forschungen und Fortschritte **26**, 43–45

Lagoni-Hansen, A. (1981): Der Waschbär. Hoffmann Verlag, Mainz

Lahage, J. und E. Cordiez (1962): Die belgische Riesentaube. Hamburg, La Paloma

Lakosa, I. J. (1938): Kamelzucht in den UdSSR (russisch). Moskau

Lamarck, J. B. (1802): Recherches sur l'organisation des corps vivants. Paris

Lambertin, W. (1939): Entwicklung und Variabilität der Schädel des Deutschen Edelschweines und veredelten Landschweines. Z. Anat. Entwickl.-gesch. **109**, 693–789

Landauer, W. (1947): Insulin induced rumplessness. J. experim. Zool. **105**, 145–172

Landauer, W. (1959): The phaenocopy concept: illusion or reality. Experientia **15**, 409–412

Landauer, W. and T. K. Chang (1949): The Ancon or ottersheep. J. Heredity **40**

Lang, W. (1955): Der Hund als Haustier der Polynesier. In: Lang, W., W. Nippold und G. Spannaus (Hrsg.): Von fremden Völkern und Kulturen, S. 227–236. Droste Verlag, Düsseldorf

Lang, W. (1975): Probleme der völkerkundlichen Haustierforschung. Göttinger völkerkundliche Studien **2**, 17–25

Lang, E. M. und E. v. Lehmann (1972): Wildesel in Vergangenheit und Gegenwart. Zool. Garten N. F. **41**, 157–167

Lange, J. (1970): Studien an Gazellenschädeln. Diss. Univ. Kiel

Lange, J. (1984): Korallenfische im Heim. Bongo (Berlin) **8**, 57–64

Langer, P. (1973): Vergleichend-anatomische Untersuchungen am Magen der Artiodactyla (Owen, 1848). I. Untersuchungen am Magen der Tylopoda und Ruminantia. Morph. Jb. **119**, 633–695

Langer, P. (1974): Stomach evolution in the Artiodactyla. Mammalia (Paris) **38**, 295–314

Langer, P. (1988): Tha mammalian herbivore stomach. Comparative anatomy, function and evolution. Gustav Fischer Verlag, Stuttgart–New York

Langlet, J. F. (1937): Die Vererbung der Körper- und Wolleigenschaften in den bedeutendsten männlichen Blutlinien der mitteldeutschen Merinofleischschafzucht. Kühn-Archiv **43**, 49–308

Langlet, J. F. (1961): Pelzschafrassen. In: Hammond, Johansson, Haring (Hrsg.): Handbuch der Tierzüchtung 3/2, S. 279–303. Verlag Paul Parey, Hamburg–Berlin

Lasota-Moskalewska, A. and St. Moskalewski (1982): Microscopic comparison of bones from medieval domestic and wild pig. Ossa **7**, 173–178

Latocha, H. (1982): Die Rolle des Hundes bei südamerikanischen Indianern. Münchener Beiträge zur Amerikanistik **8**

Laufer, B. (1917): The reindeer and its domestication. Memoirs of the American Anthropological Association IV, 2

Lawrence, B. (1967): Early domestic dogs. Z. f. Säugetierkunde **32**, 44–62

Lawrence, B. and W. H. Bossert (1969): The cranial evidence for hybridisation in New England *canis*. Breviora No **330**, 1–13

Lawrence, B. and Ch. Reed (1983): The dog of Jarmo. In: Braidwood, L. (Ed.): Prehistoric Archeology along the Zagros Flanks. O. I. P. Vol. 105, pp. 485–489

Leeds, A. (1965): Reindeerherding and Chukchi social institutions. In: Leeds, A. and A. P. Vayda (Eds.): Man, culture and animals, pp. 87–128. Am. Ass. for the advancement of Science, Washington, 78 Publ.

Legge, A. J. (1972): Prehistoric exploitation of the Gazelle in Palestine. In: Higgs, E. S. (Ed.): Papers in economic Preshistory, pp. 119–124, Cambridge

Lehmann, E. v. (1951): Die Iris und Rumpfscheckung beim Pferd. Z. Tierzüchtung Züchtungsbiologie **59**, 175–228

Lehmann, E. v. (1981): Zur Genetik eines abgestuften Farbmerkmals (Tigerung) beim Pferd (*Equus caballus* L.) und Hauskaninchen (*Oryctolagus cuniculus* L.). Bonner Zool. Beiträge **32**, 47–66

Lehmann, E. v. (1982): Einige Bemerkungen zur Streifung, Scheckung und Tigerung des Hausesels (*Equus [Asinus] asinus* L.). Bonner Zool Beiträge **33**, 2–4; 237–247

Lehmann, E. v. (1983): Etwas über die Scheckung der Tylopoden. Zool. Garten N. F. **53**, 32–40

Lehmann, E. v. (1984): Zur Zeichnung und Scheckung der Hausziege (*Capra aegagrus hircus* L., 1758). Z. Tierzüchtung Züchtungsbiologie **101**, 161–172

Leisewitz, W. (1925): Über die rudimentäre Metacarpalia bei rezenten Cerviden und Boviden. Ges. Morph. u. Physiol. München **36**, 72–77

Leithner, O. (1927): Der Ur. Bericht internat. Ges. Erh. Wisent **2**, 1–140

Lemmert, Ch. (1971): Einiges über Nackthunde. Zool. Garten N. F. **40**, 72–79

Lengerken, H. v. (1953): Der Ur und seine Beziehungen zum Menschen. Neue Brehmbücherei 105. Akademische Verlagsgesellschaft, Leipzig

Lengerken, H. v. (1955): Ur, Hausrind, Mensch. Deutsche Akademie der Wiss. Abh. 14, Berlin

Lengerken, H. v. (1957): Unbeständigkeit der Lendenwirbelzahl beim Przewalskipferd, Hauspferd und Hausschwein. Säugetierkundliche Mitteilungen **5**, 157–160

Leopold, S. (1944): The nature of heritable wildness in turkeys. The Condor **46**, 134–196

Lepiksaar, J. (1973): Die vorgeschichtlichen Haustiere Schwedens. In: Matolcsi, J. (Ed.): Domestikationsforschung und Frühgeschichte der Haustiere, S. 223–228. Akadémiai Kiadó, Budapest

Lepiksaar, J. (1982). Djurrester från den tidigatlantiska boplatsen vid Segebro nära Malmö in Skane (Sydsverige). Malmöfgrid **4**, 105–128. Malmö Museum.

Lepiksaar, J. (1984): Die frühesten Haustiere der Skandinavischen Halbinsel, insbesondere in Schweden. In: Nobis, G. (Hrsg.): Der Beginn der Haustierhaltung in der ‹Alten Welt›, S. 221–266. Böhlau Verlag, Köln–Wien

Lernau, H. (1988): Mammalian remains. In: Rothenberg, B. (Ed.): The Egyptian Mining Temple at Timna. Institute for Archaeo-Metallurgical Studies. Institute of Archaelology, University College Londen, pp. 246–252

Lesbouryies, G. (1949): Reproduction des mammifères domestiques: Sexualité. Vigot, Paris

Lever, Ch. (1984): Budgerigar. In: Mason, I. L. (Ed.): Evolution of domesticated animals, pp. 361–364. Longman, London – New York

Lever, Ch. (1985): Naturalized mammals of the world. Longman, London–New York

Levy, A. M., P. Charlet und K. Linnenkohl (1961): Fleischschafrassen. In: Hammond, Johansson, Haring (Hrsg.): Handbuch der Tierzüchtung 3/2, S. 247–278. Verlag, Paul Parey, Hamburg–Berlin

Leyhausen, P. (1962): Domestikationsbedingte Verhaltenseigentümlichkeiten der Hauskatze. Z. Tierzüchtung Züchtungsbiologie 77, 191–197

Libby, W. F. (1968): Altersbestimmung mit der $C^{14}$-Methode. Hochschultaschenbücher 403/403 a, Mannheim–Zürich

Lindauer, M. (1974): Die Bienensprache. In: Immelmann, K. (Hrsg.): Grzimeks Tierleben, Bd. Verhaltensforschung, S. 495–505. Kindler Verlag, Zürich

Lindner, H. (1979): Zur Frühgeschichte des Haushuhns im Vorderen Orient. Diss. med. vet. Fak. Univ. München

Linnaeus, Ch. (1758): Systema naturae per regna tria naturae 10. Aufl.

Lönnberg, E. (1916): A remarkable occurence of the first hind toe in the Common Fox (*Vulpes vulpes*). Archiv för Zoologie **10**, 1–5

Löwe, H. (1961): Kaltblutpferde in den verschiedenen Ländern der Welt. In: Hammond, Johansson, Haring (Hrsg.): Handbuch der Tierzüchtung 3/1, S. 153–179. Verlag Paul Parey, Hamburg–Berlin

Löwe, H. und H. Saenger (1961): Ponies in verschiedenen Ländern der Welt. In: Hammond, Johansson, Haring (Hrsg.): Handbuch der Tierzüchtung 3/1, S. 180–198. Verlag Paul Parey, Hamburg–Berlin

Lofts, B. and R. K. Murton (1968): Photoperiodic physiological adaptations regulating avian breeding cycles and their ecological significance. J. Zool. (London) **155**, 327–394

Lorenz, K. (1943): Die angeborenen Formen möglicher Erfahrung. Z. Tierpsychol. **5**, 235–409

Lorenz, K. (1950): So kam der Mensch auf den Hund. DTV München

Lorenz, K. (1959): Psychologie und Stammesgeschichte. In: Heberer, G. (Hrsg.): Die Evolution der Organismen, S. 131–172, 2. Aufl. Gustav Fischer Verlag, Stuttgart

Lorenz, K. (1968): Vom Weltbild des Verhaltensforschers. DTV, München

Lotsy, J. P. (1917): Evolution by means of hybridisation. Den Haag

Lott, D. F. and J. C. Galland (1985): Individual variation in fecundity in an American bison population. Mammalia **49**, 300–301

Lubnow, E. (1957): Die Pigmentierung des japanischen Seidenhuhns. Biol. Zentralblatt **76**, 316–342

Lubnow, E. (1963): Die Haarfarben der Säugetiere II. Untersuchungen über die schwarzen und gelben Melanine. Biol. Zentralblatt **82**, 465–476

Lucas, A. M. und P. R. Stettenheim (1972): Avian anatomy. Integument. Part I and II. Agriculture Handbook, 362, U. S. Dep. of Agriculture; U. S. Gov. Print. Office, Washington D. C.

Lüdike-Spannenkrebs, R. (1955): Studien über die Anzahl der Eizellen von Wildkaninchen und verschiedenen Hauskaninchenrassen. Z. mikrosk.-anat. Forschung **61**, 454–486

Lueken, W. (1971): Vergleichende Untersuchungen an Pigmentierungsmutanten und -modifikationen bei terrestrischen Isopoden. Z. wiss. Zool. **182**, 1–61

Lühmann, M. (1949): Das Locktrampeln der Gänse im biologischen Vergleich, S. 131–136. Verhandl. der deutsch. Zoologen in Kiel (1948)

Lühmann, M. (1949): Über Domestikationsveränderungen bei Gänsen, S. 270–283. Verhandl. der deutsch. Zoologen in Kiel (1948)

Lühmann, M. (1983): Haut und Hautderivate. In: Mehner, A. und A. Hartfiel (Hrsg.): Handbuch der Geflügelphysiologie I, S. 54–100, VEB Gustav Fischer Verlag, Jena

Lüps, P. (1970): Rassewandel beim Haushund. In: 100 Jahre kynologische Forschung in der Schweiz, S. 57–62. Albert-Heim-Stiftung, Bern

Lüps, P. (1974): Dreiwurzelige Prämolaren bei Rotfüchsen. Z. Jagdwissenschaft **20**, 163–165

Lüps, P. (1974): Biometrische Untersuchungen an der Schädelbasis des Haushundes. Zool. Anz. **192**, 383–413

Lüps, P. (1977): Gebiß- und Zahnvarianten an einer Serie von 257 Hauskatzen (*Felis silvestris* f. catus L., 1758). Zool. Abh. Staatliches Museum Tierkunde Dresden **34**, 155–165

Lüps, P. (1980): Vergleichende Untersuchungen am zweiten oberen Vorbackenzahn $P^2$ der Hauskatze *Felis silvestris* f. catus. Z. f. Säugetierkunde **45**, 245–249

Lüps, P. (1980): Schädelgrößen und Körpergewichte bei einer freilaufenden Hauskatzenpopulation. Zool. Anz. **205**, 391–400

Lüps, P. und W. Huber (1969): Metrische Beziehungen zwischen Kopf- und Rumpflänge beim Haushund. Rev. Suisse de Zoologie **76**, 673–680

Lüps, P. und W. Huber (1969): Versuch einer differenzierten biometrischen Charakterisierung der Schädelbasis beim Wolf und beim Haushund. Mitt. Naturforsch. Ges. Bern N. F. **26**, 21–29

Lüps, P. und W. Huber (1971): Haushunde mit geringer Hirnschädelkapazität. Mitt. Naturforsch. Ges. Bern N. F. **28**, 16–22

Lüps, P., A. Neuenschwander, A. Wandeler (1972): Gebißentwicklung und Gebißanomalien bei Füchsen (*Vulpes vulpes*) aus dem schweizer Mittelland. Rev. Suisse de Zoologie **79**, 1090–1103

Lumer, A. (1940): Evolutionary allometry in the skeleton of the domesticated dog. Am. Naturalist **74**, 439–467

Lund, A. (1961): Pelztierrassen der verschiedenen Gattungen. In: Hammond, Johansson, Haring (Hrsg.): Handbuch der Tierzüchtung 3/2, S. 408–425. Verlag Paul Parey, Hamburg–Berlin

Lydtin, A. und H. Werner (1899): Das Deutsche Rind. Beschreibung der in Deutschland heimischen Rinderschläge. Arb. Dtsch. Landwirtsch. Ges. **41**, Berlin

Mace, G. M. (1986): Genetic management of small populations. Int. Zoo Yb. **24/25**, 167–174

Macedo, H. de (1982): Note on Vicuna X Alpacahybrids. Z. f. Säugetierkunde **47**, 117–118

Macintosh, N. W. G. (1975): The origin of the Dingo: an enigma. In: Fox, M. W. (Ed.): The wild canids, pp. 87–106. van Nostrand Reinhold Comp., New York–Toronto–London–Melbourne

Mackler, S. F. and J. M. Dolan (1980): Social structure and herd behavior of *Equus przewalskii* Poliakow, 1881 at the San Diego Wild animal Park. Equus (Berlin) **2**, 55–69

Maehle, H. (1988): Vergleichende Untersuchungen über das Verhalten von Wild- und Hauskatzen. Diss. Univ. Hannover

Mäkinen, A. and I. Gustavsson (1982): A comparative chromosome banding study in the silver fox, the blue fox, and their hybrids. Hereditas **97**, 289–297

Mäkinen, A. and O. Lohi (1987): The litter size in chromosomally polymorphic blue fox. Hereditas **107**, 115–119

Maitland, P. S. and D. Evans (1986): The role of captive breeding in the conservation of fish species. Int. Zoo Yb. **24/25**, 66–74

Mangold, E. (1953): Über Veränderungen des Magen-Darmkanals unter dem Einfluß verschiedener Ernährung. Sitz. Ber. Ges. Naturforsch. Freunde Berlin, 595–599

Manwell, C. and C. M. A. Baker (1977): Genetic distance between australian Merino and the Poll Dorset sheep. Genetic Research, Cam. **29**, 239–253

Manwell, C. and C. M. A. Baker (1984): Domestication of the dog: hunter, food, bed-warmer, or emotional object. Z. Tierzüchtung Züchtungsbiologie **101**, 241–256

Martin, J. T. (1973): The role of the hypothalamic-pituitary-adrenal system in the development of imprinting and fear behavior in wild and domesticated ducks. Diss. Univ. München

Martin, R. D. (1982): Allometric Approaches to the Evolution of the Primate Nervous System. In: Armstrong, E., Falk, D. (Ed.): Primate Brain Evolution. Methods and Concepts, pp. 39–56. Plenum Press, New York–London

Masing, R. (1933): On the origin of domestic birds. Transactions conference on the origin of domesticated animals, pp. 253–258, Leningrad

Mason, I. L. (Ed.) (1984): Evolution of domesticated animals. Longman, London–New York

Mason, I. L. (1984): Camels. In: Mason, I. L. (Ed.): Evolution of domesticated animals, pp. 85–99. Longman, London–New York

Matolcsi, J. (1970): Historische Erforschung der Körpergröße des Rindes auf Grund von ungarischem Knochenmaterial. Z. Tierzüchtung Züchtungsbiologie **87**, 89–137

Matschie, P. (1903): Gibt es in Mittelasien mehrere Arten von echten Wildpferden? Naturwissensch. Wochenschrift N. F. **2**

Matsui, G. (1971): Goldfish. Hoikusha's Color Books Serie 23. Hoikusha Publishing Company, Osaka

Matthey, R. (1964): Evolution chromosomique chez les Mus du genre *Leggada* Gray, 1837. Experientia **20**, 1–9

Maule, J. P. (1961): Europäische Rinderrassen in den Tropen und Subtropen. In: Hammond, Johansson, Haring (Hrsg.): Handbuch der Tierzüchtung 3/1, S. 435–451. Verlag Paul Parey, Hamburg–Berlin

Maymone, B., F. Haring und K. Linnenkohl (1961): Landschafrassen. In: Hammond, Johansson, Haring (Hrsg.): Handbuch der Tierzüchtung 3/2, S. 181–205. Verlag Paul Parey, Hamburg–Berlin

Mayr, E. (1947): Ecological factors in speciation. Evolution **1**, 263–288

Mayr, E. (1963): Animal species and evolution. Cambridge (Mass.) Deutsch (1967): Artbegriff und Evolution. Verlag Paul Parey, Hamburg–Berlin

Mayr, E. (1965): Summary. In: Baker, H. G. and G. L. Stebbins (Eds.): The genetics of colonizing species, pp. 553–562. Proc. First intern. Union of Biological Sciences on General Biology

Mayr, E. (1984): Die Entwicklung der biologischen Gedankenwelt. Springer Verlag, Berlin–Heidelberg–New York–Tokyo

Mayr, E., G. Linsley and R. Usinger (1953): Methods and principles of Systematic Zoology. New York–Toronto–London

Mazák, V. (1961): Die Hautpflege bei dem Przewalskipferd (*Equus przewalskii przewalskii* Poliakow, 1881). Equus (Berlin) **1**, 105–121

McFee, A. E., M. W. Banner and J. M. Rary (1966): Variation in chromosome number among European wild pigs. Cytogenetics **5**, 75–81

McMahon, T. A. and J. T. Bonner (1983): On Size and Life. Scientific American Library, New York

Meadow, R. H. and H. P. Uerpmann (Eds.) (1986): Equids in the ancient world. Beihefte zum Tübinger Atlas des Vorderen Orient. Reihe A (Nat.-Wiss.) 19/1 Dr. L. Reichert Verlag, Wiesbaden

Meggitt, M. J. (1965): The association between Australian aborigines and dingos. In: Leeds, A. and A. P. Vayda (Eds.): Man, culture and animals, pp. 7–26. Am. Ass. for the advancement of Science, Washington, 78 Publ.

Mehner, A. (1961): Gänserassen in verschiedenen Ländern der Welt. In: Hammond, Johansson, Haring (Hrsg.): Handbuch der Tierzüchtung 3/2, S. 374–381. Verlag Paul Parey, Hamburg–Berlin

Mehner, A. (1961): Entenrassen in verschiedenen Ländern der Welt. In: Hammond, Johansson, Haring (Hrsg.): Handbuch der Tierzüchtung 3/2, S. 382–391. Paul Parey, Hamburg

Mehner, A. und W. Hartfiel (Hrsg.) (1983): Handbuch der Geflügelphysiologie. Teil 1 und 2. VEB Gustav Fischer Verlag, Jena

Maijer, W. C. P. (1962): Das Balirind. Neue Brehm-Bücherei 303. Ziemsen Verlag, Wittenberg

Mell, R. (1951): Der Seidenspinner. Die Neue Brehm-Bücherei 34. Ziemsen Verlag, Wittenberg

Mendelssohn, H. (1982): Wolves in Israel. In: Harrington, R. H. and P. C. Paquet (Eds.): Wolves of the world, pp. 173–195. Noyes Publications, New Jersey

Mengel, R. M. (1971): A study of dog-cojote hybrids and implications concerning hybridisation in *Canis*. J. Mammalogy **52**, 316–336

Menghin, O. (1962): Vorkolumbische Haushühner in Südamerika. Z. Tierzüchtung Züchtungsbiologie **76**, 349–355

Menzel, R. und R. Menzel (1960): Pariahunde. Die Neue Brehm-Bücherei 267. Ziemsen Verlag, Wittenberg

Mergler, H. (1941): Untersuchungen über die Musterbildung im Vlies von Karakulschafen. Kühn-Archiv **57**, 1–55

Mertens, R. (1947): Die Typostrophenlehre im Lichte des Darwinismus. Senckenberg, Frankfurt

Mertens, R. (1954): Über asymmetrische Zeichnungen bei wildlebenden Säugetieren. Säugetierkundliche Mitteilungen **2**, 32–33

Metzdorf, H. (1940): Untersuchungen an Hoden von Wild- und Hausschweinen. Z. Anat. Entwickl.-gesch. **110**, 489–532

Meunier, K. (1959): Die Größenabhängigkeit der Körperform bei Vögeln. Z. wiss. Zool. **162**, 328–355

Meunier, K. (1959): Die Allometrie des Vogelflügels. Z. wiss. Zool. **162**, 444–482

Meunier, K. (1962): Zur Diskussion über die Typologie des Hauspferdes und deren zoologisch-systematische Bedeutung. Z. Tierzüchtung Züchtungsbiologie **76**, 225–237

Meunier, K. (1963): Bemerkungen zur innerartlichen Systematik des Pferdes. Z. Tierzüchtung Züchtungsbiologie **79**, 42–73

Meyer, H. (1975): Mensch und Pferd. Zur Kultursoziologie einer Tier-Mensch-Assoziation. Olms Presse, Hildesheim

Meyer, W. (1986): Die Haut des Schweines. Vergleichende histologische und histochemische Untersuchungen an der Haut von Wildschweinen, Hausschweinen und Kleinschweinen. Schlütersche Verlagsanstalt, Hannover

Meyer, W., K. Neurand (1987): A comparative scanning electron microscopic view of the integument of domestic mammals. Scanning Microscopy **1**, 169–180

Meyer, W., K. Neurand und R. Schwarz (1980a): Der Haarwechsel der Haussäugetiere. II. Topographischer Ablauf, Vergleich Haustier – Wildtier und Steuerungsmechanismen. Dtsch. tierärztl. Wochenschr. **87**, 96–102

Meyer, W., K. Neurand und R. Schwarz (1980b): Der Haarwechsel der Haussäugetiere. III. Der Haarwechsel bei Schaf und Ziege. Dtsch. tierärztl. Wochenschr. **87**, 346–353

Meyer, W., R. Schwarz und K. Neurand (1978): The skin of domestic mammals as a model for the human skin, with special reference to the domestic pig. Curr. Probl. Dermatol. **7**, 39–52

Meyer, W., A. Boos, A. Kelany und R. Schwarz (1987): Beobachtungen zum pränatalen Haarfollikelwachstum der Ziege. Dtsch. tierärztl. Wochenschr. **94**, 568–572

Meyer, W., G. Uhr, R. Schwarz und B. Radke (1982): Untersuchungen an der Haut der Europäischen Wildkatze (*Felis silvestris* Schreber). II. Haarkleid. Zool. Jb. Anat. **107**, 205–234

Michaelis, H. (1966): Der weibliche Genitalcyclus der Rötelmaus *Clethrionomys glareolus* (Schreber 1780) und Zusammenhänge mit der vorgeburtlichen Sterblichkeit. Z. wiss. Zool. **174**, 290–376

Miessner, K. (1964): Ist die Lockenbildung der Pudelhunde eine Pluripotenzerscheinung? Zool. Anz. **172**, 448–477

Mihailov, A. P. und V. M. Djurovich (1971): Die Elentierdomestikation in der Kostromaer Landwirtschaftlichen Versuchsanstalt. IIième Congrès International des Musées d'Agriculture. Magyar Mezigazdasàgi Mùzeum, Budapest

Mikesell, M. W. (1956): Notes on the dispersal of the Dromedary Bull. Inst. franc. Nord **18** ser. A. 895–916

Mikulicz-Radecki, M. v. (1950): Betrachtungen zur Stammesgeschichte der Wildtauben. S. 55–64. Verh. Dtsch. Zool. Ges. Mainz 1949

Mikulicz-Radecki, M. v. (1950): Studien über Musterung und Färbung von Wild- und Haustauben. Zool. Jb. Abt. Allg. Zool. **62**, 211–354

Mikulicz-Radecki, M. v. (1950): Vergleichende Musterstudien an Wildleporiden und Hauskaninchen. Neue Ergebnisse und Probleme der Zoologie. (Klatt-Festschrift) Suppl.-Bd. Zool. Anz. **145**, 588–601. Akademische Verlagsgesellschaft, Leipzig

Militzer, K. (1982): Haut- und Hautanhangsorgane kleiner Laboratoriumstiere. Teil I: Vergleichende Morphologie der Haut und der Haare von Maus, Ratte, Hamster, Meerschweinchen und Kaninchen (Schriftenreihe Versuchstierkunde, H. 9). Paul Parey Verlag, Hamburg – Berlin

Miller, G. S. und R. Kellog (1955): List of the north-american recent Mammals. U. S. Nat. Mus. Bull. **205**, Washington

Miller, C. und W. Uppenborn (1961): Vollblutpferde. In: Hammond, Johansson, Haring (Hrsg.): Handbuch der Tierzüchtung 3/1, S. 79–99. Verlag Paul Parey, Hamburg – Berlin

Möbes, W. (1945): Bibliographie der Taube. Akademischer Verlag, Halle

Moeller, H. (1968): Zur Frage der Parallelerscheinungen bei Metatheria und Eutheria. Vergleichende Untersuchungen an Beutelwolf und Wolf. Z. wiss. Zool. **177**, 283–392

Moeller, W. (1968): Allometrische Analyse der Gürteltierschädel. Ein Beitrag zur Phylogenie der Dasypodidae Bonaparte, 1838. Zool. Jb. Anat. **85**, 411–528

Möller, W. (1968): Vergleichend-morphologische Untersuchungen an Schädeln höckertragender Anatiden mit einem Beitrag zur Mechanik des Anatidenschädels. Morph. Jb. **113**, 32–69, 161–200, 321–345

Mohr, E. (1935): Dreifarbige Rinder im Bezirk Krakau. Zool. Anz. **109**, 266–268

Mohr, E. (1956): Ungarische Hirtenhunde. Die Neue Brehm-Bücherei 176. Ziemsen Verlag, Wittenberg

Mohr, E. (1959): Das Urwildpferd *Equus przewalskii* Poliakow, 1881. Die Neue Brehm Bücherei 249. Ziemsen Verlag, Wittenberg

Mohr, E. (1960): Wilde Schweine. Die Neue Brehm Bücherei 247. Ziemsen Verlag, Wittenberg

Mohr, E. (1967): Bemerkungen zum Erscheinungsbild von *Equus przewalskii* Poliakow, 1881. Equus (Berlin) **1**, 350–396

Monagan, D. (1982): Horse of a different culture. Science, 46–58

Mongin, P. and M. Plouzeau (1984): Guinea-fowl. In: Mason, I. L. (Ed.): Evolution of domesticated animals, pp. 322–325. Longman, London – New York

Moore, A. and F. (1982): Dog days on Isabella. Noticias de Galapagos **35**, 20–21

Morgan, R. (1982): Treering studies on urban waterlegges woods: problems and possibilities. In: Hall, A. R., H. K. Kenward (Eds.): Environmental Archaeology in the Urban context. CBA-Research Report **43**, 31–39

Morris, D. (1965): The Mammals. Hodder and Stoughton, London

Morris, J. G. (1980): Plant and animal products for human food. In: Cole, H. H., W. N. Garrett (Eds.): Animal agriculture. The biology, husbandry and use of domestic animals. 2nd edition, pp. 21–45. Freeman and Co. San Francisco

Mosier, H. D. (1957): Comparative histological study of the adrenal cortex of the wild and domesticated Norway rat. Endocrinol. **60**, 460–469

Mosier, H. D. and C. P. Richter (1967): Histologic and physiologic comparisons of the thyroid glands of wild and domesticated Norway rats. The Anatomical Record **158**, 263–274

Mourant, A. E. and F. E. Zeuner (1963): Man and cattle. Roy. Anthrop. Inst. Occ. Papers No **18**

Müller, A. v. und W. Nagel (1968): Ausbreitung des Bauern- und Städtertums sowie Anfänge von Haustierzucht und Getreideanbau im Orient und Europa. Berliner Jb. f. Vor- und Frühgeschichte **8**, 1–43

Müller, E. (1919): Vergleichende Untersuchungen an Haus- und Wildkaninchen. Zool. Jb. Allg. Zool. **36**, 503–588

Müller, H. J. (1962): Neuere Befunde zur Anatomie der Tylopoden und ihre Bedeutung für die Systematik. Zool. Anz. **168**, 124–129

Müller, H. J. (1962): Form und Funktion der Scapula. Vergleichend-analytische Studien bei Carnivoren und Ungulaten. Z. Anat. Entwickl.-gesch. **126**, 205–263

Müller-Haye, E. (1984): Guinea pig or cuy. In: Mason, I. L. (Ed.): Evolution of domesticated animals, pp. 252–257. Longman, London–New York

Munk, R. (1965): Untersuchungen über den Feinbau des excretorischen Teils des Pankreas von Wild- und Hausschweinen. Z. wiss. Zool. **171**, 97–168

Murbach, H. (1979): Zur Kenntnis von Inselpopulationen der Waldmaus *Apodemus sylvaticus* Linnaeus, 1758. Z. zool. Syst. Evolut.-forsch. **17**, 116–139

Murie, A. (1944): The wolves of Mount Mc Kinley. Fauna of the National parks of USA. Ser. No **5**

Murra, F. V. (1965): Herds and Herders in the Inca State. In: Leeds, A., A. P. Vayda (Eds.): Man, culture and animals, pp. 185–215. Amer. Ass. for the advancement of Science, Washington, Publ. 78

Musil, R. (1968): Neue Funde von Schafen in Mähren. Časopsis Moravského Musca **53**, 163–178

Musil, R. (1970): Domestication of the dog already in the Magdalenien? Anthropologie **8**, 87–88

Muzzolini, A. (1983): La préhistoire du bœuf dans le nord de l'Afrique. Ethnozootechnie **32**, 16–195

Muzzolini, A. (1983): Une ‹relecture› de la littérature archéologique relative au *Bos ibericus*. Bull. de la société méridionale de spéléologie et de préhistoire **22**, 11–29

Muzzolini, A. (1984): Les premiers ovicaprinés. Natba Play, les figurations d'Quenat et les «Steinplätze». Actes du 2ieme Colloque Euro-africain «Le passé du Sahara et des zones limitrophes de l'époque des Garamantes au Moyen-Age». L'Universa LXIV, **5**, 150–157. Sett–Ott

Muzzolini, A. (1984): Reconsidération du problème du *Bos ibericus* au Maghreb. In: Waldren, W. H., R. Chapman, J. Lewthwaite, R.-C. Kennard (Eds.): Early settlement in the western Mediterranean Islands and the peripheral areas. BAR International series **229**, 211–237

Muzzolini, A. (1984): Zur Chronologie der Felsbilddarstellungen in der Sahara. In: Göttler, G. (Hrsg.): Die Sahara. Mensch und Natur in der größten Wüste der Erde, S. 307–311. Du Mont Verlag, Köln

Naaktgeboren, C. und E. J. Slijper (1970): Biologie der Geburt. Verlag Paul Parey, Hamburg–Berlin

Naaktgeboren, C. et al. (1971): Die Geburt beim Texelschaf und beim Heideschaf, ein Beitrag zur Kenntnis der Domestikationseinflüsse auf den Geburtsverlauf. Z. Tierzüchtung Züchtungsbiologie **88**, 169–182

Nachtigall, H. (1964): Woher stammt das Nomadentum? Kulturgeschichtliche Probleme des indianischen Viehzüchtertums. Umschau **64**, 47–50

Nachtigall, H. (1965): Probleme des indianischen Großviehzüchtertums. Anthropos. **60**, 177–197

Nachtsheim, H. (1928): Die Entstehung der Kaninchenrassen im Lichte ihrer Genetik. Z. Tierzüchtung Züchtungsbiologie **14**, 53–109

Nachtsheim, H. (1936): Erbliche Zahnanomalien beim Kaninchen. Züchtungskunde **11**, 273–287

Nachtsheim, H. (1939): Von der Verwilderung des Hauskaninchens. Der Kaninchenzüchter vom 25. 1. 1939, Leipzig

Nachtsheim, H. (1940): Allgemeine Grundlagen der Rassebildung. Hb. Erbbiol. des Menschen I

Nachtsheim, H. (1941): Das Porto-Santo-Kaninchen. Ein Beitrag zum Rasse- und Artproblem. Die Umschau

Nachtsheim, H. (1943): Ergebnisse und Probleme der Genetik. Naturwissenschaften **35**

Nachtsheim, H. (1949): Vom Wildtier zum Haustier. 2. Auflage. Verlag Paul Parey, Hamburg–Berlin

Nachtsheim, H. (1959): Probleme vergleichender Genetik bei Säugern. Naturwissenschaften **47**, 565–573

Nachtsheim, H. und H. Stengel (1977): Vom Wildtier zum Haustier. 3. Auflage. Verlag Paul Parey, Hamburg–Berlin

Nadler, C. F., K. V. Korobitsina, R. S. Hoffmann and N. N. Vorontsow (1973): Cytogenetic differentiation, geographic distribution and domestication in Palearctic sheep (*Ovis*). Z. f. Säugetierkunde **38**, 109–125

Nagel, W. (1959): Frühe Tierwelt in Südwestasien. Berliner Beiträge zur Vor- und Frühgeschichte **2**, 106–118

Nagl, W. (1980): Chromosomen, Funktion und Evolution des Chromatins. Pareys Studientexte 23. Verlag Paul Parey, Hamburg–Berlin

Narr, K. J. (1959): Anfänge von Bodenbau und Viehzucht. Paideuma Mitteilungen zur Kulturkunde **VII**, 83–98

Narr, K. J. (1962): Kulturgeschichtliche Erwägungen zu frühen Haustiervorkommen. Z. Tierzüchtung Züchtungsbiologie 76, 43–48

Narr, K.J. (1962): Diskussionsbemerkung zum Vortrag von M. Degerbøl. Z. Tierzüchtung Züchtungsbiologie **76**, 342

Narr, K.J. (1970): Kulturleistungen des frühen Menschen. In: Altner, H. (Hrsg.): Kreatur Mensch. Moderne Wissenschaft auf der Suche nach dem Humanen, S. 35–55, München

Narr, K.J. (1980): Grobe Steinartefakte: Steinzeitfragen Südostasiens. Allgemeine und vergleichende Archäologie, Beiträge Bd. 2, 29–65, München

Nathusius, S. v. (1912): Der Haustiergarten der Universität Halle. Verlag Schaper, Hannover

National Geographic Society (1958): Book of dogs.

Neef, E. (1937): Sieben Fälle von Hyperdactylie beim Rind. Diss. Univ. Zürich

Nehring, A. (1888): Über den Einfluß der Domestikation auf die Größe der Tiere. Sitzungsber. Ges. naturforsch. Freunde Berlin

Nehring, A. (1889): Über Riesen und Zwerge des *Bos primigenius*. Sitzungsber. Ges. naturforsch. Freunde Berlin

Nehring, A. (1921): Die Geschichte der Schweinerassen. In: Rhode: Schweinezucht. Berlin

Nehls, J. (1958): Morphologische Studien an Nebennieren von Pferden verschiedener Altersklassen. Z. mikrosk.-anat. Forsch. **64**, 489–547

Neimann-Sørensen, A., J. Pedersen and L. G. Christensen (1987): Milk protein as breeding object in Danish Cattle breeding. Z. Tierzüchtung Züchtungsbiologie **104**, 74–81

Nellen, W. (1983): Fischzucht im Meer und in Flüssen. Umschau **83**, 91–95

Nesbitt, W. H. (1975): Ecology of a feral dog pack on a wildlife refuge. In: Fox, M. W. (Ed.): The wild canids. Their systematics, behavior, ecology and evolution, pp. 391–396. van Nostrand Reinhold Company, New York

Neteler, B. (1963): Studien an der Hirnrinde südamerikanischer Wildcaniden. Größenverhältnisse cytoarchitektonischer Einheiten bei verschieden großen Arten. Diss. Univ. Kiel

Neuhaus, A. Z. (1961): Die Milchleistung der Sau und die Zusammensetzung und Eigenschaften der Sauenmilch. Z. Tierzüchtung Züchtungsbiologie **75**, 160–191

Neurand, K., W. Meyer und R. Schwarz (1980): Der Haarwechsel der Haussäugetiere. I. Allgemeine Problematik und zeitlicher Ablauf. Dtsch. tierärztl. Wochenschr. **87**, 27–31

Nicolai, J.: nach Eibl-Eibesfeld, J. (1966): Ethologie. Akad. Verlagsges. Athenaion, Frankfurt a. M.
Nigon, V. und W. Lueken (1976): Vererbung. In: Grassé, P. P. (Hrsg.): Allgemeine Biologie, Bd. 4, Fischer Verlag, Stuttgart
Niethammer, J. (1969): Zur Frage der Introgression bei den Waldmäusen *Apodemus sylvaticus* und *A. flavicollis* (Mammalia, Rodentia). Z. zool. Syst. Evolut.-forsch. 7, 77–127
Niethammer, J. (1969): Die Igel Neuseelands. Zool. Anz. **183**, 151–155
Nobis, G. (1949): Vergleichende und experimentelle Untersuchungen an heimischen Schwanzlurchen. Ein Beitrag zum Artbildungsproblem. Zool. Jb. Allg. Zool. **70**, 333–395
Nobis, G. (1954): Zur Kenntnis der ur- und frühgeschichtlichen Rinder Nord- und Mitteldeutschlands. Z. Tierzüchtung Züchtungsbiologie **64**, 155–194
Nobis, G. (1955): Beiträge zur Abstammung und Entwicklung des Hauspferdes. Z. Tierzüchtung Züchtungsbiologie **64**, 201–246
Nobis, G. (1957): Werden und Frühentwicklung der Haustierwelt Nordwest- und Mitteldeutschlands. Wiss. Abh. Berlin **24**, 38–47
Nobis, G. (1962): Zur Frühgeschichte der Pferdezucht. Z. Tierzüchtung Züchtungsbiologie **76**, 125–185
Nobis, G. (1970): Vom Wildpferd zum Hauspferd. Fundamenta 3/6, Köln
Nobis, G. (1973): Zur Frage römerzeitlicher Hauspferde in Zentraleuropa. Z. f. Säugetierkunde **38**, 224–252
Nobis, G. (1974): Abstammung, Domestikation und Frühgeschichte der Hauspferde. Veterninär-Medizinische Nachrichten, 199–213
Nobis, G. (1984): Die Haustiere im Neolithikum Zentraleuropas. In: Nobis, G. (Hrsg.): Der Beginn der Haustierhaltung in der ‹Alten› Welt, S. 73–105. Böhlau Verlag, Köln–Wien
Nobis, G. (1986): Die Wildsäugetiere in der Umwelt des Menschen von Oberkassel bei Bonn und das Domestikationsproblem von Wölfen im Jungpaläolithikum. Bonner Jahrbücher **196**, 367–376
Nobis, G. (1986): Zur Fauna der frühneolithischen Siedlung Ovčarovo gorata, Bez. Târgovište (No-Bulgarien). Bonner Zool. Beiträge 37, 1–22
Nobis, G. und H. Schwabedissen (1984): Archäozoologie und die Erforschung früher Haustierhaltung in der ‹Alten Welt›. In: Nobis, G. (Hrsg.): Der Beginn der Haustierhaltung in der ‹Alten Welt›. IX–XIII. Böhlau Verlag, Köln–Wien
Noble, D. (1969): The Mesopotamien onager as a drought animal. In: Ucko, P. J., G. W. Dimbleby (Eds.): The domestication and exploitation of plants and animals, pp. 485–488. Duckworth, London
Noodle, D. (1981): Notes on the history of domestic pigs. The Ark, 390–395
Nord, H. J. (1963): Quantitative Untersuchungen an *Mus musculus domesticus* Rutty, 1772. Zool. Anz. **170**, 311–335
Norton-Griffiths and Torres-Santibanes (1980): Evaluation of ground and aerial census on Vicuna in Pampa Galeras, Peru, IUCN-WWF Gland
Novoa, C. and J. C. Wheeler (1984): Lama and alpaca. In: Mason, I. L. (Ed.): Evolution of domesticated animals, pp. 116–128. Longman, London–New York
Novotny, J. und J. Najman (1981): Der Kosmos-Hundeführer. Frankh'sche Verlagshandlung, Stuttgart
Nowikoff, M. (1936): L'hommomorphie comme la base méthodologique d'une morphologie comparée. Bull. Assoc. russe. Prague
Nussbaumer, M. (1978): Biometrischer Vergleich der Typogenesemuster an der Schädelbasis kleiner und mittelgroßer Hunde. Z. Tierzüchtung Züchtungsbiologie **95**, 1–14
Nussbaumer, W. (1985): Größen- und geschlechtsabhängige Proportionen zwischen Hirn- und Gesichtsschädel beim Boxer und Sennenhund. Z. Tierzüchtung Züchtungsbiologie **102**, 65–72
Oboussier, H. (1940): Über den Einfluß der Domestikation auf die Hypophyse. Zool. Anz. **132**, 197–222
Oboussier, H. (1943): Zur Frage des Einflusses der Domestikation auf die Hypophyse des Schweins. Zool. Anz. **141**, 1–27
Oboussier, H. (1948): Über die Größenbeziehungen der Hypophyse und ihrer Teile bei Säugetieren und Vögeln. Z. Anat. Entwickl.-gesch. **143**, 182–274
Oboussier, H. (1951): Kretinismus bei Silberfüchsen. Zool. Anz. **146**, 1–20
Odening, K. (1979): Zur Taxonomie und Benennung der Haustiere. Zool. Garten N. F. **49**, 89–103
Ohta, T. und K. Aoki (1985): Population genetics and molecular evolution. Springer Verlag, Berlin – Heidelberg – New York – Tokyo
Oken, L. (1838): Allgemeine Naturgeschichte für alle Stände. Säugetiere 2. Stuttgart, Hoffmann'sche Verlagsbuchhandlung, Schluß des Thierreichs, S. 1433–1872
Olivier, R. C. D. (1984): Asian Elephant. In: Mason, I. L. (Ed.): Evolution of domesticated animals, pp. 185–192. Longman, London – New York
Olsen, St. J. and J. W. Olsen (1977): The chinese wolf, Ancestor of New world dog. The earliest domestic dogs in the western Hemisphere suggest a possible earlier ancestry in Asia. Science **197**, 533–535
Opladen, H. (1937): Tierzähmung und Tierzüchtung. Math.-Nat.-Techn. Bücherei **31**
Osche, G. (1958): Die Bursa- und Schwanzstrukturen und ihre Aberration bei den Strongylina (Nematoda). Morphologische Studien zum Problem der Pluri- und Paripotenzerscheinungen. Z. Morph. Ökologie der Tiere **46**, 571–635
Osche, G. (1965): Über latente Potenzen und ihre Rolle im Evolutionsgeschehen. Ein Beitrag zur Theorie des Pluripotenzphänomens. Zool. Anz. **174**, 411–440
Ottow, B. (1949): Individuelle Variationen und übliche Mutationstypen in der Färbung der Vogeleischalen und kritische Bemerkungen zur Entstehung der Schalenfärbung. Arch. Zoologie (Stockholm) **I**, 59–79
Owen, C. (1969): The domestication of the ferret. In: Ucko, P. J., G. W. Dimbleby (Eds.): The domestication and exploitation of plants and animals, pp. 489–494. Duckworth, London
Owen, C. (1984): Ferret. In: Mason, I. L. (Ed.): Evolution of domesticated animals, pp. 225–228. Longman, London – New York
Owen-Smith, R. N. (1983): Management of large mammals in African conservation areas. Haum Educational Publ., Pretoria
Paaver, K. (1973): Variability of osteonic organisation in mammals. Results obtained by a dynamic approach to the morphological structure. Acad. Sci. Estonian SSR «Valgus», Tallin
Palm, J. E. (1975): The Laboratory rat, *Rattus norvegicus*. In: King, R. C. (Ed.): Handbook of genetic. Vol. 4, pp. 243–254. Plenum Press, New York – London
Pape, H. (1983): Revision des Erbfaktorenmechanismus für die aus Loh und Schwarz zusammengesetzte Grundfärbung bei Hunden sowie Aufdeckung paralleler Verhältnisse bei Kaninchen. Z. Tierzüchtung Züchtungsbiologie **100**, 252–265

Parau, D. (1957): Studien zur Kulturgeschichte des Milchentzugs. Volkswirtschaftlicher Verlag, Kempten

Patterson, C. (1987): Introduction. In: Patterson, C. (Ed.): Molecules and morphology in evolution – conflict or compromise? pp. 1–22. Cambridge University Press

Paulke, E. and E. Haase (1978): A comparison of seasonal changes in the concentrations of androgens in the peripheral blood of wild and domestic ducks. General and comparative Endocrinology **34**, 381–390

Payne, S. (1968): The origin of domestic sheep and goats: a reconsideration in the light of fossil evidence. Proc. prehist. Soc. **34**, 368–384

Payne, S. (1969): A metrical distinction between sheep and goat metacarpals. In: Ucko, P.J. and G.W. Dimbleby (Eds.): The domestication and exploitation of plants and animals, pp. 295–306. Duckworth, London

Payne, S. (1985): Zoo-Archaeology in Greece: A Readers guide. In: Wilkie, N. C. and W. D. E. Coulsen (Eds.): Contributions to Aegean Archaeology: Studies in Honor of William McDonald, pp. 211–244. Center for Ancient studies, University of Minnesota, Publication in Ancient studies

Pedersen, O. K. (1961): Schweinerassen in den nordeuropäischen Ländern. In: Hammond, Johansson, Haring (Hrsg.): Handbuch der Tierzüchtung 3/2, S. 30–45. Paul Parey, Hamburg

Pelz, G. R. (1987): Der Giebel: *Carassius auratus gibelio* oder *Carassius auratus auratus*? Natur und Museum **117**, 118–129

Pénzes, B. und I. Tölg (1983): Goldfische und Zierkarpfen. Verlag Eugen Ulmer, Stuttgart

Perkins, D. (1964): Prehistoric fauna from Shanidar, Iraq. Science **144**, 1565–1566

Perkins, C. (1969): Fauna of Çatal Hüyük; evidence for early cattle domestication in Anatolia. Science **164**, 177–179

Peters, N. und G. Peters (1968): Zur genetischen Interpretation morphologischer Gesetzmäßigkeiten der degenerativen Evolution. Z. Morph. Tiere **62**, 211–244

Peters, N. und G. Peters (1984): Zur Ontogenese von Rudimenten. Fortschr. zool. Syst. Evolut.-forsch. **3**, 36–54

Petzsch, H. (1933): Ein weißer Tiger. Z. f. Säugetierkunde **8**, 280

Petzsch, H. (1936): Bemerkungen zu Melanismus und der Farbspielfrage beim Hamster. Z. f. Säugetierkunde **11**, 343–344

Petzsch, H. (1939): Gedanken über freilebende Wildfarbspiele und deren Beziehung zur Haustierwerdung. Zool. Garten N. F. **11**

Petzsch, H. (1943): Vererbungsuntersuchungen an Farbspielen des Hamsters. Z. Tierzüchtung Züchtungsbiologie **54**, 260–261

Petzsch, H. (1949): Über abnormale Weißscheckung bei der Hausmaus *(Mus musculus)* und beim Hamster *(Cricetus cricetus)*. Mitt. Mus. Naturkd. u. Vorgesch. Magdeburg **1**, 1–8

Petzsch, H. (1950): Zur Frage des Vorkommens ungefleckter Giraffen. Zool. Garten N. F. **17**, 44–47

Petzsch, H. (1971): Die Katzen. Urania-Verlag, Leipzig – Jena – Berlin

Petzsch, H. (1972): Barschan-Wüstenwildkatze und ‹Perser›-Langhaarhauskatze. Das Pelzgewerbe N. F. **21**, 7–15

Petzsch, H. (1973): Zur Problematik der Primärdomestikation der Hauskatze *(Felis silvestris ‹familiaris›)*. In: Matolcsi, J. (Ed.): Domestikationsforschung und Frühgeschichte der Haustiere, S. 109–113. Akadémiai Kiadó, Budapest

Pfeffer, P. (1967): Le mouflon de Corse (*Ovis musimon* Schreber, 1782); position systématique, écologie et éthologie comparées. Mammalia (Paris) **31**, Suppl.

Pflugfelder, O. (1952): Schwanzmißbildungen bei indischen Laufenten als entwicklungsphysiologische Parallele der Schwanzmißbildungen beim Menschen. Arch. Entwickl.-Mech. **2**, 145

Pflugfelder, O. (1954): Überzählige Zehen beim Schwein und die Atavismushypothese. Aus der Heimat Öhringen **62**, 235–239

Phillips, R. E. and van Tienhoven (1960): Endocrine factors involved in the failure of pintail ducks, *Anas acuta*, to reproduce in captivity. J. Endocrinol. **21**, 253–261

Phillips, R. W. (1961): Tierökologie. In: Hammond, Johansson, Haring (Hrsg.): Handbuch der Tierzüchtung 3/1, S. 427–447. Verlag Paul Parey, Hamburg–Berlin

Philiptschenko, J. (1927): Variabilität und Variation. Berlin

Piekarski, G. (1965): Symbiose und Parasitismus. In: Handbuch der allgemeinen Pathologie 11/2, S. 1–53. Springer Verlag, Berlin – Heidelberg – New York

Pietsch, M. (1970): Vergleichende Untersuchungen an Schädeln nordamerikanischer und europäischer Bisamratten (*Ondatra zibethicus* L. 1766). Z. f. Säugetierkunde **35**, 257–288

Piggott, S. ((1969): Conclusions. In: Ucko, P. J. and W. G. Dimbleby (Eds.): The domestication and exploitation of plants and animals, pp. 555–560. Duckworth, London

Pilgrim, G. E. (1947): The evolution of the buffalos, oxen, sheep and goats. J. Linn. Soc. London **41**

Piltz, H. (1951): Die postembryonale Entwicklung zweier extremer Rassetypen des Hundes (französische Bulldogge und Whippet). Z. Morph. Anthropol. **43**, 21–60

Pimentel, D., P. A. Oltenacu, M. C. Nesheim, J. Krummel, M. S. Allen und S. Chick (1980): The potential for grass-fed livestock: Resource constraint. Science **207**, 848–884

Plate, L. (1928): Über Vervollkommnung, Anpassung und Unterscheidung von niederen und höheren Tieren. Zool. Jb. Physiol. **45**, 745–748

Pohle, C. (1969): Ein Fall von Mopsköpfigkeit und einige Zahnanomalien beim Farmnerz *Mustela vison* (Schreber, 1778). Säugetierkundliche Mitteilungen **17**, 129–131

Pohle, C. (1970): Biometrische Untersuchungen am Schädel des Farmnerzes *(Mustela vison)*. Z. wiss. Zool. **181**, 179–218

Pohlenz-Kleffner, W. (1969): Vergleichende Untersuchungen zur Evolution der Gehirne von Edentaten. II. Form und Furchen. Z. zool. Syst. Evolut.-forsch. **7**, 180–208

Pollok, K. (1876): Untersuchungen an Schädeln von Schafen und Ziegen aus der frühmittelalterlichen Siedlung Haithabu. Schriften Archäologisch-Zoologische Arbeitsgruppe Schleswig-Holstein Kiel 1

Portmann, A. (1969): Einführung in die Vergleichende Anatomie der Wirbeltiere. 4. Auflage, Schwabe u. Co., Basel–Stuttgart

Porzig, E. (1969): Das Verhalten landwirtschaftlicher Nutztiere. VEB Deutscher Landwirtschaftsverlag, Berlin

Poulain, Th. (1984): La domestication des animaux en France a l'époque néolithique. In: Nobis, G. (Hrsg.): Die Anfänge der Haustierhaltung in der ‹Alten Welt›, S. 117–204. Böhlau Verlag, Köln – Wien

Powell, J. R. (1978): The founder-flush speciation theory: an experimental approach. Evolution **32**, 445–474

Protsch, R. (1986): Radiocarbon dating of bones. In: Zimmerman, M. R. and J. L. Angel (Eds.): Dating and age determination of biological materials, pp. 3–38. Croom Helm, London–Sydney – Dover – New Hampshire

Protsch, R. and R. Berger (1973): Earliest radiocarbon dates for domesticated animals from Europe and the near East. Science **179**, 235–239

Prummel, W. and H.-J. Frisch (1986): A guide for the distinction of species, sex and body side in bones of sheep and goat. J. Archaeol. Science 13, 567–577

Radinsky, L. B. (1969): The early evolution of perissodactyla. Evolution 23, 308–328

Radulesco, C. et P. Samson (1962): Sur un centre de domestication du mouton dans le Mésolithique de la grotte ‹La Adam› en Dobrogea. Z. Tierzüchtung Züchtungsbiologie 76, 283–320

Räber, H. (1971): Die Schweizer Hunderassen. Herkunft und Entwicklung, Wesen und Verwendung, Müller-Rüschlikon, Stuttgart–Wien

Raedeke, K. J. and J. A. Simonetti (1988): Food habits of *Lama guanacoë* in the Atacama desert of northern Chile. J. Mammalogy 69, 198–200

Ratcliffe, F. N. (1959): The Rabbit in Australia. In: Keast, Crokker and Christian (Eds.): Biogeography and ecology in Australia, pp. 545–564. Den Haag

Rawiel, F. (1939): Untersuchungen an Hirnen von Wild- und Hausschweinen. Z. Anat. Entwickl.-gesch. 110, 344–370

Redman, Ch. L. (1977): Man, domestication, and culture in Southwestern Asia. In: Reed, Ch. (Ed.): Origins of agriculture, pp. 523–542. Mouton, The Hague – Paris

Reed, Ch. (1959): Animal domestication in the prehistoric Near East. Science 130, 1629–1639

Reed, Ch. (1960): A review of the archaeological evidence on animal domestication in the prehistoric Near East. S. A. O. C, 31, 119–145

Reed, Ch. (1961): Osteological evidence for prehistoric domestication in south-western Asia. Z. Tierzüchtung Züchtungsbiologie 78, 31–38

Reed, Ch. (1969): The pattern of animal domestication in the prehistoric Near East. In: Ucko, P. J. and G. W. Dimbleby (Eds.): The domestication and exploitation of plant and animals, pp. 361–380, Duckworth, London

Reed, Ch. (1970): Extinction of mammalian Megafauna in the old world. Bioscience, 284–288

Reed, Ch. (1977): A model for the origin of agriculture in the Near East. In: Reed, Ch. (Ed.): Origins of agriculture, pp. 543–567. Mouton, The Hague – Paris

Reed, Ch. (1977): Origins of agriculture: Discussion and some conclusions. In: Reed, Ch. (Ed.): Origins of agriculture, pp. 879–953. Mouton, The Hague – Paris

Reed, Ch. (1977): The origins of agriculture: Prologue. In: Reed, Ch. (Ed.): Origins of agriculture, pp. 9–22. Mouton, The Hague – Paris

Reed, Ch. (1980): The beginning of animal domestication. In: Cole, H. H. and W. N. Garrett (Eds.): Animal agriculture. 2nd edition, pp. 3–20. San Francisco

Reed, Ch. (1983): Archeozoological studies in the Near East. A short history. In: Braidwood, L. S. et al. (Eds.): Prehistoric Archeology along the Zagros flanks. O. I. P. 105, 511–536, Oriental Institute, The University of Chicago

Reed, Ch. (1984): The beginnings of animal domestication. In: Mason, I. L. (Ed.): Evolution of domesticated animals, pp. 1–6. Longman, London – New York

Reed, Ch. and D. Perkins jr. (1984): Prehistoric domestication of animals in south-western Asia. In: Nobis, G. (Ed.): Der Beginn der Haustierhaltung in der ‹Alten Welt›, S. 3–23. Böhlau Verlag, Köln – Wien

Reichstein, H. (1973): Untersuchungen zur Variabilität frühgeschichtlicher Rinder Mitteleuropas. In: Matolcsi, J. (Hrsg.): Domestikationsforschung und Frühgeschichte der Haustiere, S. 325–340. Akadémiai Kiadó, Budapest

Reichstein, H. (1978): *Mus musculus* Linnaeus, 1758, Hausmaus. In: Niethammer, J. und F. Krapp (Hrsg.): Handbuch der Säugetiere Europas. Bd. I, 421–451. Aula Verlag, Wiesbaden

Reichstein, H. (1982): Erste Ergebnisse von Untersuchungen an Tierknochen aus bronzezeitlichen Siedlungsschichten im nördlichen Griechenland (Ausgrabung Kastanas). Jb. römisch-germanischen Zentralmuseums Mainz 26 (1979), 167–271

Reichstein, H. (1984): Haustiere. In: Kossack, G., K.-H. Behre und P. Schmid (Hrsg.): Archäologische und naturwissenschaftliche Untersuchungen an Siedlungen im Deutschen Küstengebiet. Bd. 1: Ländliche Siedlungen, S. 277–284. Acta humaniora, Weinheim

Reichstein, H. (1985): Haben ‹Primitivhunde› eine geringere Hirnschädelkapazität als heutige Rassehunde? Z. f. Säugetierkunde 50, 249–320

Reichstein, H. (1985): Die Tierknochen vom mittelneolithischen Fundplatz Neukirchen-Bostholm, Kreis Schleswig-Flensburg. Offa 42, S. 331–345. Wachholtz Verlag, Neumünster

Reichstein, H. (1986): Einige Anmerkungen zu Katzenknochen und weiteren Haustierresten aus einer Kloake an der Holenbergstraße in Höxter (Westfalen). Neue Ausgrabungen und Forschungen in Niedersachsen 17, 311–318

Reichstein, H. (1987): Tierknochenfunde: Eine Quelle zur qualitativen und quantitativen Erfassung des Nahrungskonsums? S. 127–141, Acta humaniora, Weinheim

Reichstein, H., Ch. Taege und H. P. Vogel mit einem Beitrag von D. Heinrich (1980): Untersuchungen an Tierknochen von der frühslawischen Wehranlage Bischofswerder am Großen Plöner See. In: Hinz, H. (Hrsg.): Bosau. Untersuchungen einer Siedlungskammer in Ostholstein IV, S. 9–75. Wachholtz Verlag, Neumünster

Reichstein, H. und H. Pieper (1986): Untersuchungen an Skelettresten von Vögeln aus Haithabu. In: Schietzel, K. (Hrsg.): Berichte über die Ausgrabungen in Haithabu 22, 1–214

Reinke, A. (1980): Abstammung und Rassebildung des Hausschafes. Diss. Tierärztl. Hochschule Hannover

Reinken, G. (1980): Damtierhaltung auf Grün- und Brachland. Verlag Eugen Ulmer, Stuttgart

Reitsma, G. G. (1932): Zoologisch onderzoek der nederlandsche Terpen. I Het Schap, Wageningen

Reitsma, G. G. (1935): Zoologisch onderzoek der nederlandsche Terpen. II Het Varken, Wageningen

Remane, A. (1922): Rasse und Art. Verh. Ges. phys. Anthropol. 2, 2–23

Remane, A. (1952): Die Grundlagen des natürlichen Systems der vergleichenden Anatomie und der Phylogenetik. Akademische Verlagsgesellschaft, Leipzig

Remane, A. (1960): Das soziale Leben der Tiere. Rohwolts deutsche Enzyklopädie Bd. 97, 2. Auflage (1971): Sozialleben der Tiere. Gustav Fischer Verlag, Stuttgart

Remane, A. (1961): Gedanken zum Problem: Homologie und Analogie, Präadaptation und Parallelität. Zool. Anz. 116, 447–465

Remmert, H. (1986): Der vorindustrielle Mensch in den Ökosystemen der Erde. Studium generale Tierärztl. Hochschule Hannover, Vorträge zum Thema: Mensch und Tier, Bd. III/IV, S. 54–63

Rempe, U. (1965): Lassen sich bei Säugetieren Introgressionen mit multivariaten Verfahren nachweisen? Z. zool. Syst. Evolut.-forsch. 3, 388–412

Rempe, U. (1970): Morphometrische Untersuchungen von Iltisschädeln zur Klärung der Verwandtschaft von Steppeniltis,

Waldiltis und Frettchen. Analyse eines ‹Grenzfalles› zwischen Unterart und Art. Z. wiss. Zool. **180**, 185–366
Rendel, J. (1959): Farbe und Zeichnung. In: Hammond, Johansson, Haring (Hrsg.): Handbuch der Tierzüchtung 2, S. 106–141, Verlag Paul Parey, Hamburg – Berlin
Rensch, B. (1934): Kurze Anleitung für zoologisch-systematische Studien. Akademische Verlagsgesellschaft, Leipzig
Rensch, B. (1954): Neuere Probleme der Abstammungslehre. Ferdinand Enke Verlag, Stuttgart
Requate, H. (1956): Die Jagdtiere in den Nahrungsresten einiger frühgeschichtlicher Siedlungen in Schleswig-Holstein. Ein Beitrag zur Faunengeschichte des Landes. Schriften des Naturwissenschaftlichen Vereins für Schleswig-Holstein **27**, 21–41
Requate, H. (1956): Zur Geschichte der Haustiere Schleswig-Holsteins. Z. Agrargeschichte **4**, 2–19
Requate, H. (1957): Zur Naturgeschichte des Ures (*Bos primigenius* Bojanus, 1827) nach Schädel- und Skelettfunden in Schleswig-Holstein. Z. Tierzüchtung Züchtungsbiologie **70**, 297–320
Requate, H. (1959): Federhauben bei Vögeln. Eine genetische und entwicklungsphysiologische Studie zum Problem der Parallelbildungen. Z. wiss. Zool. **162**, 191–313
Requate, H. (1960): Das Hausgeflügel. In: Herre, W. (Hrsg.): Die Haustiere von Haithabu. Die Ausgrabungen von Haithabu. 3, S. 136–146. Wachholtz Verlag, Neumünster
Reuter, W. (1966): Studien an blauen Vogeleiern. Z. wiss. Zool. **173**, 245–338
Richet, C. (1889): La chaleur animale, Paris
Richter, C. P. (1954): The Effects of Domestication and Selection on the Behavior of the Norway Rat. J. of the Nation. Cancer Inst. Vol. **15**, No 3
Rinderer, Th. E. (Ed.) 1986): Bee genetics and breeding. Esp. Selection pp. 305–321. Academic Press, Orlando, Florida
Robinson, R. (1975): The american mink, *Mustela vison*. In: King, R. C. (Ed.): Handbook of genetic. Vol. 4, pp. 367–398. Plenum Press, New York – London
Robinson, R. (1975): The chinchilla, *Chinchilla laniger*. In: King, R. c. (Ed.): Handbook of genetic. Vol. 4, pp. 329–335. Plenum Press, New York – London
Robinson, R. (1975): The domestic cat, *Felis catus*. In: King, R. C. (Ed.): Handbook of genetic. Vol. 4, pp. 351–365. Plenum Press, New York – London
Robinson, R. (1975): The golden hamster, *Mesocricetus auratus*. In: King, R. C. (Ed.): Handbook of genetic. Vol. 4, pp. 261–274. Plenum Press, New York – London
Robinson, R. (1975): The guinea pig, *Cavia porcellus*. In: King, R. C. (Ed.): Handbook of genetic. Vol. 4, pp. 275–307. Plenum Press, New York – London
Robinson, R. (1975): The red fox, *Vulpes vulpes*. In: King, R. C. (Ed.): Handbook of genetic. Vol. 4, pp. 399–419. Plenum Press, New York – London
Robinson, R. (1984): Cat. In: Mason, I. L. (Ed.): Evolution of domesticated animals, pp. 217–225. Longman, London – New York
Robinson, R. (1984): Norway rat. In: Mason, I. L, (Ed.): Evolution of domesticated animals, pp. 284–290. Longman, London – New York
Robinson, R. (1984): Rabbit. In: Mason, I. L. (Ed.): Evolution of domesticated animals, pp. 239–246. Longman, London
Robinson, R. (1984): Syrian hamster. In: Mason, I. L. (Ed.): Evolution of domesticated animals, pp. 263–266. Longman, London – New York
Robinson, R. (1985): Chinese crested dog. J. Heredity **76**, 217–218
Robson, G. G. and D. W. Richards (1936): The variation of animals in nature. London
Röhrs, M. (1955): Zur Kenntnis von *Ovis ammon anatolica* (Valenciennes, 1856). Zool. Anz. **154**, 8–16
Röhrs, M. (1955): Vergleichende Untersuchungen an Wild- und Hauskatzen. Zool. Anz. **155**, 53–69
Röhrs, M. (1958): Ökologische Beobachtungen an wildlebenden Tylopoden Südamerikas, S. 538–554. Verh. Dtsch. Zool. Ges. Graz
Röhrs, M. (1959): Neue Ergebnisse und Probleme der Allometrieforschung. Z. wiss. Zool. **162**, 1–95
Röhrs, M. (1961): Allometrieforschung und biologische Formanalyse. Z. Morph. Anthropol. **51**, 281–321
Röhrs, M. (1961): Biologische Anschauungen über Begriff und Wesen der Domestikation. Z. Tierzüchtung Züchtungsbiologie **76**, 1–23
Röhrs, M. (1968): Bemerkungen zur Bedeutung der Bergmann'schen Regel. In: Kurth, G. (Hrsg.): Evolution und Hominisation. 2. Auflage, S. 58–74. Gustav Fischer Verlag, Stuttgart
Röhrs, M. (1984): Höherentwicklung in der Stammesgeschichte. Abh. Braunschweigische Wiss. Ges. **36**, 129–134
Röhrs, M. (1985): Cephalization, neocorticalization and the effects of domestication on brains of mammals. Fortschr. Zoologie **30**, 545–547
Röhrs, M. (1986): ‹Allometrische Betrachtungen› zur Schädelgröße und Gesichtsschädelgröße in der Evolution und Domestikation. Nova acta Leopoldina N. F. 58, Nr. **262**, 319–333
Röhrs, M. (1986): Domestikationsbedingte Hirnänderungen bei Musteliden. Z. zool. Syst. Evolut.-forsch. **24**, 231–239
Röhrs, M. (1988): Vom Wildtier zum Haustier – über die Anpassungsfähigkeit unserer Nutztiere. In: Massengesellschaft ohne intensive Tierhaltung, S. 7–17. Eugen Ulmer Verlag, Stuttgart
Röhrs, M. und W. Herre (1961): Zur Frühentwicklung der Haustiere: Die Tierreste der neolithischen Siedlung Fikirtepe am kleinasiatischen Gestade des Bosporus. Z. Tierzüchtung Züchtungsbiologie **75**, 110–125
Röhrs, M. und P. Ebinger (1978): Die Beurteilung von Hirngrößenunterschieden zwischen Wild- und Haustieren. Z. zool. Syst. Evolut.-forsch. **16**, 1–14
Röhrs, M. und P. Ebinger (1980): Wolfsunterarten mit verschiedenen Cephalisationsstufen? Z. zool. Syst. Evolut.-forsch. **18**, 152–156
Röhrs, M. und P. Ebinger (1983): Noch einmal: Wölfe mit verschiedenen Cephalisationsstufen? Z. zool. Syst. Evolut.-forsch. **21**, 314–318
Roemer, Th. (1936): Die Bedeutung des Gesetzes der Parallelvariationen für die Pflanzenzüchtung. Nova Acta Leopoldina **4**
Rohn, F. (1971): Untersuchungen an Haus- und Labormäusen. Staatsexamensarbeit Inst. f. Zool. Tierärztl. Hochschule Hannover
Rompaev, J. van and R. Verhagen (1986): Hairless Field mice *(Apodemus sylvaticus)* caught in the wild. Z. f. Säugetierkunde **51**, 153–158
Rollinson, D. H. L. (1984): Bali Cattle. In: Mason, I. L. (Ed.): Evolution of domesticated animals, pp. 28–34. Longman, London – New York
Rønne, M., V. Stefanova, D. di Berardino and B. S. Poulsen (1987): The R-banded karyotype of the domestic pig (*Sus scrofa domestica* L.). Hereditas **106**, 219–231
Rose, M. (1935): Anatomie des Großhirnes. Cytoarchitektonik

und Myeloarchitektonik der Großhirnrinde. In: Bumke-Förster (Hrsg.): Handbuch der Neurologie. Bd. 1

Roth, H. H. et al. (1870/71): Studies on the agriculture utilization of semidomesticated eland *(Taurotragus oryx)* in Rhodesia I Introduction. Rhod. j. agric. Res. **8**, 67–70, Part. V., Z. Tierzüchtung Züchtungsbiologie **89**, 69–83

Rubli, H. (1958): Die Myologie des Wildschweines. Arch. Julius-Klaus-Stiftung **5**

Rubner, M. (1883): Über den Einfluß der Körpergröße auf Stoff- und Kraftwechsel. Z. Biol. **19**, 535–562

Rudolph, W. und T. Kalinowski (1982): Das Hauskaninchen. Die Neue Brehm Bücherei 555. Ziemsen Verlag, Wittenberg

Rükler, J. und F. Stålfelt (1986): Das Elchwild. Verlag Paul Parey, Hamburg–Berlin

Rütimeyer, L. (1862): Die Fauna der Pfahlbauten der Schweiz. Neue Denkschrift der allg. schweiz. Ges. Naturwiss. **19**

Rütimeyer, L. (1867): Versuch einer natürlichen Geschichte des Rindes in seinen Beziehungen zu den Wiederkäuern im allgemeinen. Neue Denkschrift der allg. schweiz. Ges. Naturwiss. **22**, Teil I, 1–102, Teil II, 1–175

Runge, F. C. and D. W. Bromley (1979): Property rights and the first economic revolution: The origins of agriculture reconsidered. Working Paper No 13. Center for resource policy studies. College of Agriculture and Life Sciences. University of Wisconsin, Madison

Rust, A. (1958): Die Jungpaläolithischen Zeltanlagen von Ahrensburg. Offa-Bücher 15. Wachholtz Verlag, Neumünster

Rutgers, M. (1979): Wellensittich, pfleglich behandelt und kundig gezüchtet. 3. Auflage. Verlag Eugen Ulmer, Stuttgart

Ruttner, F. (1986): Geographical variability and classification. In: Rinderer, Th. E. (Ed.): Bee genetics and breeding, pp. 23–56. Academic Press, Orlando, Florida

Ruttner, F. (1988): Biogeography and Taxonomy of Honeybees. Springer Verlag, Berlin–Heidelberg–New York–London

Ryden, H. (1971): On the track of the West's wild horse. Nat. Geogr. Mag. **139**, 94–109

Ryden, H. (1972): Wilde Pferde. Bücher Verlag, Luzern–Frankfurt

Ryder, H. (1986): Genetic investigations: Tools for supporting breeding programme goals. Int. Zool. Yb. **24/25**, 157–163

Ryder, H. (1962/63): Sheep and wool in history. J. Bradford Textile Soc., 29–42

Ryder, M. L. (1969): Changes in the fleece of sheep following domestication (with a note on the coat of cattle). In: Ucko, P. J., G. W. Dimbleby (Eds.): The domestication and exploitation of plants and animals, pp. 495–521. Duckworth, London

Ryder, M. L. (1984): Sheep. In: Mason, J. L. (Ed.): Evolution of domesticated animals, pp. 63–84. Longman, London – New York

Ryder, M. L. (1984): Sheep and Man. Duckworth, London

Ryder, O. A., A. T. Kumanoto, J. Patterson and K. Benirschke (1980): The chromosomal complement of *Equus przewalskii* Poliakow. Equus (Berlin) **2**, 13–51

Ryder, O. A. and E. A. Wedemeyer (1984): A cooperative breeding program for the wild horse *Equus przewalskii* in the United States. Equus (Berlin) **2**, 233–245

Ryder, O. A., A. T. Bowling, P. C. Brisbin, P. M. Carrolli, I. K. Gadi, S. K. Hansen and E. A. Wedemeyer (1984): Genetics of *Equus przewalskii* Poliakow, 1881. Analysis of genetic variability in breeding lines, comparison of Equid DNAs, and a brief description of a cooperative breeding program in North-America. Equus (Berlin) **2**, 207–227

Sachsse, W. (1981): Gesichtspunkte aus der Genetik zur Gefangenschaftsnachzucht und der Wiederansiedlung gefährdeter Tierarten, S. 32–47. Tagungsbericht 12/81 der Bundesanstalt für Naturschutz und Landschaftsökologie

Sadleir, R. M. F. S. (1969): The ecology of reproduction in wild and domestic mammals. London

Saller, K. (1957, 1959): Lehrbuch der Anthropologie I, II. Stuttgart

Salonen, A. (1955): Hippologica accadica. Eine lexikalische und kulturhistorische Untersuchung über Zug-, Trag- und Reittiere bei den alten Mesopotamiern. Ann. Acad. Scient. fennicae. Ser. B. Tom 100, Helsinki

Sambraus, H. H. (1978): Nutztierethologie. Das Verhalten landwirtschaftlicher Nutztiere – Eine angewandte Verhaltenskunde für die Praxis. Verlag Paul Parey, Hamburg–Berlin

Sauer, C. O. (1952): Agricultural origins and dispersals: The domestication of animals and foodstuffs. The Am. Geogr. Soc., New York

Sauer, F. (1966): Zwischenartliches Verhalten und das Problem der Domestikation. J. S. W. A. Wiss. Ges. 20, 5–22

Schachtzabel, E. (1928): Illustriertes Prachtwerk sämtlicher Taubenrassen. Stütz Verlag, Würzburg

Schäfer, H. (1961): Nutzungsrichtungen der Schafrassen unter Einfluß des Standortes. In: Hammond, Johansson, Haring (Hrsg.): Handbuch der Tierzüchtung 3/2, S. 164–180. Verlag Paul Parey, Hamburg – Berlin

Schäme, R. (1922): Die Grundformen des Haushundschädels. Jb. Jagdkunde **6**, 209–265

Schaffer, W. M. and Ch. A. Reed (1972): The co-evolution of social behavior and cranial morphology in sheep and goats (Bovidae, Caprini). Fieldiana **61**, 1–62

Schauenberg, P. (1969): L'identification du chat forestier d'Europe *Felis s. silvestris* Schreber 1777 par une méthode ostéometrique. Rev. Suisse de Zoologie **76**, 433–441

Scheelje, R. (1982): Sumpfbiber. 3. Aufl., Animal-Verlag, Burgdorf

Schemmel, Ch. (1984): Reduktion, Kompensation und Neuerwerb in Evolutionsprozessen. Fortschr. zool. Syst. Evolut.-forsch. **3**, 9–25

Schenkel, R. (1947): Ausdrucksstudien an Wölfen. Behaviour **1**, 81–129

Scherer, S. und C. Sontag (1986): Zur molekularen Taxonomie und Evolution der Anatidae. Z. zool. Syst. Evolut.-forsch. **24**, 1–19

Scheuch, E. K. (1986): Das Tier als Partner des Menschen in der Industriegesellschaft. Studium generale. Tierärztl. Hochschule Hannover. Vorträge zum Thema: Mensch und Tier. Bd. III/IV, 25–53

Schilling, E. (1951): Metrische Untersuchungen an den Nieren von Wild- und Haustieren. Z. Anat. Entwickl.-gesch. **116**, 67–95

Schilling, E. (1952): Studien zur Kausalität der vorgeburtlichen Sterblichkeit. Z. Tierzüchtung Züchtungsbiologie **60**, 263–281

Schindewolf, O. H. (1928): Das Problem der Menschwerdung. Ein paläontologischer Lösungsversuch. Jb. preuß. geol. Landesanstalt **49**, 216–266

Schindewolf, O. H. (1936): Paläontologie, Entwicklungslehre und Genetik. Kritik und Synthese. Berlin

Schindewolf, O. H. (1950): Grundfragen der Paläontologie. Schweizerbart, Stuttgart

Schindewolf, O. H. (1962): Neue Systematik. Paläont. Z. **36**, 59–78

Schlaginhaufen, O. (1959): Menschentypen und Rinderrassen in ihrer geographischen Verteilung in der Schweiz. Vierteljahrschrift Naturforsch. Ges. Zürich **104**, 274–283

Schlee, P. (1967): Der Yak und seine Kreuzungen mit dem Rind in der Sowjetunion. Gießener Abhandl. zur Agrar- und Wirtschaftsforschung des europäischen Ostens **44**, 130 S.

Schleifenbaum, Ch. (1973): Untersuchungen zur postnatalen Ontogenese des Gehirns von Großpudeln und Wölfen. Z. Anat. Entwickl.-gesch. **141**, 179–205

Schleifenbaum, Ch. (1976): Färbung und Zeichnung bei Wölfen und den Kieler Pudel/Wolf-Bastarden. Z. f. Säugetierkunde **41**, 147–158

Schleifenbaum, L. (1972): Vergleichende Untersuchungen an der Leber von Wild- und Hausschweinen. Z. Tierzüchtung Züchtungsbiologie **89**, 141–158

Schleifenbaum, L. (1988): Vergleichende Untersuchungen an der Retina und am Nervus opticus von Wild- und Hauscaniden. Unveröffentlichtes Vortragsmanuskript

Schlie, A. (1975): Der Hanoveraner. BLV, Bern–München

Schliemann, H. (1971): Die Haftorgane an Thyroptera und Myzopoda. Gedanken zu ihrer Entstehung als Parallelbildungen. Z. zool. Syst. Evolut.-forsch. **9**, 61–80

Schliemann, H. (1983): Haftorgane – Beispiele für gleichsinnige Anpassungen in der Evolution der Tiere. Funkt. Biol. Med. **2**, 169–177

Schmedemann, R. und E. Haase (1984): Zur Wirkung von Sexualhormonen auf das Verhalten kastrierter Stockerpel (*Anas platyrhynchos* L.) (Anseriformes; Anatidae). I. Putz- und Komfortbewegungen. Zool. Anz. **213**, 196–214. II. Kampf- und Fluchtverhalten. Zool. Anz. **213**, 355–373. III. Sozial- und Sexualbalz. Zool. Anz. **214**, 164–176

Schmid, A. (1942): Rassekunde des Rindes. I. Rassebeschreibungen. II. Rassebilder, Bern

Schmid, E. (1973): Die Knochenfunde aus den beiden Spülküchen-Gruben 1972. Basler Z. Gesch. Altertumskunde **73**, 240–246

Schmidt, B. (1957): Zur Sozialpsychologie des Haushundes. Z. Psychologie **161**, 255–281

Schmidt, J., C. v. Patow und J. Kliesch (1945/46): Züchtung, Ernährung und Haltung der landwirtschaftlichen Nutztiere. I. II. 4. Aufl. Verlag Paul Parey, Hamburg – Berlin

Schmitten, F. (1980): Die Haustiere – Nutzungsrichtungen und Rassegruppen. In: Comberg, G. (Hrsg.): Tierzüchtungslehre, S. 40–56. Verlag Eugen Ulmer, Stuttgart

Schmitz, O. J. und G. B. Kolenowsky (1985): Hybridisation between wolf and cojote in captivity. J. Mammalogy **66**, 402–405

Schnecke, Ch. (1941): Zwergwuchs beim Kaninchen und seine Vererbung. Z. menschl. Vererb. u. Konstitutionslehre **25**, 425–451

Schneider, F. (1958): Die Rinder des Latène-Oppidums Manching. Studien an vor- und frühgeschichtlichen Tierresten Bayerns. Diss. med.-vet. Fak. Univ. München

Schneider, K. M. (1950): Zur gewichtsmäßigen Jugendentwicklung einiger gefangengehaltener Wildcaniden nebst einigen zeitlichen Bestimmungen über die Fortpflanzung. I. Der Wolf. Zool. Anz. Suppl.-Bd. zu **145**, 867–910

Schneider, R. (1966): Zur Kenntnis der innerartlichen Ausformung des Schmelzmusters bei Equidenzähnen. Zool. Anz. **176**, 71–97

Schneider-Leyer, E. (1960): Die Hunde der Welt. Müller Verlag, Rüschlikon Zürich

Schneider-Leyer, E. (1971): Pudel. Verlag Eugen Ulmer, Stuttgart

Schönmuth, G. (1985): Methodische Entwicklung der Tierzüchtung. Leopoldina Mitt. Dtsch. Akad. Naturforscher, Reihe 3, Jahrg. **28**, 241–248

Scholtyssek, S. und P. Doll (Hrsg.) (1978): Nutz- und Ziergeflügel. Verlag Eugen Ulmer, Stuttgart

Schröder, W. (1929): Über das Variieren des Darmtraktes beim Schwein. Z. Tierzüchtung Züchtungsbiologie **16**, 291–324

Schudnagis, R. (1975): Vergleichend quantitative Untersuchungen an Organen, insbesondere am Gehirn, von Wild- und Hausform der Graugans (*Anser anser* Linnaeus, 1758). Z. Tierzüchtung Züchtungsbiologie **92**, 73–105

Schürmann, M. (1984): Vergleichend quantitative Untersuchungen an Wild- und Hausschweinen. Diss. Tierärztl. Hochschule Hannover

Schultz, W. (1969): Zur Kenntnis des Hallstromhundes *Canis hallstromi* Troughton, 1957. Zool. Anz. **183**, 42–72

Schultz, W. (1976): Der Magen-Darm-Kanal der Monotremen und Marsupialia. In: Kükenthal, W. (Hrsg.): Handbuch der Zoologie. Bd. 8, 53. Lief. Walter de Gruyter, Berlin

Schulze-Grotthoff, G. (1984): Vergleichend-metrische Untersuchungen an Schädeln von Enten und Gänsen. Diss. Tierärztl. Hochschule Hannover

Schulze-Scholz, J. (1963): Über den Einfluß verschiedener Verhaltensweisen auf die Lernfähigkeit von Haushühnern. Z. wiss. Zool. **168**, 209–280

Schumacher, U. (1963): Quantitative Untersuchungen an Gehirnen mitteleuropäischer Musteliden. J. Hirnforsch. **6**, 137–163

Schwangart, F. (1932): Zur Rassebildung und Rassezüchtung der Hauskatze. Z. f. Säugetierkunde **7**, 73–155

Schwangart, F. und H. Grau (1931): Über Entformungen, besonders der vererbbaren Schwanzmißbildungen bei der Hauskatze. Z. Tierzüchtung Züchtungsbiologie **22**, 203–249

Schwantes, G. (1957): Die Urgeschichte Schleswig-Holsteins. Wachholtz Verlag, Neumünster

Schwerk, L. (1957): Über die Gehörnvariabilität einer primitiven Hausziegenrasse. Albrecht Thaer Archiv **2**, 1–12

Scott, J. P. (1954): The effects of selection and domestication upon the behavior of the dog. J. of the Nation, Cancer Inst., Vol. **13**, Nr. 3

Scott, J. P. (1967): The evolution of social behavior in dogs and wolves. American Zoologist **7**, 373–381

Scott, J. P. (1968): Evolution and domestication of the dog. Evolutionary Biology **2**, 234–275

Searle, A. G. (1968): Comparative genetics of coat colour in mammals. Academic Press, New York – London

Sedgwick, S. D. (1984): Salmonids. In: Mason, I. L. (Ed.): Evolution of domesticated animals, pp. 386–390. Longham, London – New York

Seeliger, H. (1960): Quantitative Untersuchungen an Albinomäusen (Erbreiner Stamm ‹Agnes Bluhm›). Anat. Anz. **109**

Seiferle, E. (1938): Wesen, Verbreitung und Vererbung hyperdactyler Hinterpfoten beim Haushund. Schweiz. Arch. Tierheilkunde 70, 1–50

Seiferle, E. (1983): Irrwege der modernen Rassehundzucht. In: 100 Jahre Schweizerische Kynologische Gesellschaft, S. 80–91, Bern

Seitz, A. (1965): Fruchtbare Kreuzungen Goldschakal ♂ x Cojote ♀ und reziprok Cojote ♂ x Goldschakal ♀, erste fruchtbare Rückkreuzung. Zool. Garten N. F. **31**, 174–183

Senglaub, K. (1978): Wildhunde – Haushunde. Urania-Verlag, Leipzig

Severtzoff, A. N. (1899): Die Entwicklung des Selachierschädels. Festschrift C. v. Kupffer, Jena

Severtzoff, A. N. (1931): Morphologische Gesetzmäßigkeiten der Evolution. Gustav Fischer Verlag, Jena

Severy, M. (Ed.) (1958): Book of Dogs. Nat. Geograph. Soc. Washington

Shakelford, R. M. (1947): Chromosomes of the mink. Proc. Nat. Acad. Sci. New York **33**, 44–46

Shakelford, R. M. (1949): Mutations affecting coat color in ranch breed mink and foxes. Congr. Genetics Stockholm, Hereditas (Lund)

Shakelford, R. M. (1984): American mink. In: Mason, I. L. (Ed.): Evolution of domesticated animals, pp. 229–234. Longman, London – New York

Shakelford, R. M. and L. Wipf (1942): Chromosomes of the red fox. Proc. Nat. Acad. Sci. New York **28**, 265–268

Shimizu, H. (1971): Das Leben wilder Pferde. Akane Verlag, Tokyo

Siegfried, W. R. (1984): Ostrich. In: Mason, I. L. (Ed.): Evolution of domesticated animals, pp. 364–368. Longman, London

Sierts-Roth, U. (1953): Geburts- und Aufzuchtgewichte von Rassehunden. Z. Hundeforsch. N. F. **20**, 1–122, Frankfurt

Siewing, G. (1960): Die Hausrinder. In: Herre, W. (Hrsg.): Die Haustiere von Haithabu, S. 81–114. Wachholtz Verlag, Neumünster

Siewing, R. (1980): Lehrbuch der Zoologie. Allgemeine Zoologie. Gustav Fischer Verlag, Stuttgart – New York

Silver, R. H. and W. T. Silver (1969): Growth and behaviour of the cojotelike canid of Northern New England with observations on canid hybrids. Wildlife Monografs No **17**

Silvers, W. K. (1979): The coat colors of mice. A model for mammalian Gene action – interaction. Springer Verlag, New York – Heidelberg – Berlin

Simonson, V. (1976): Electrophoretic studies on the blood proteins of domestic dogs and other canidae. Hereditas **82**, 7–18

Simoons, F. J. and E. S. Simoons (1968): A ceremonial Ox of India. The Mithan in Nature, Culture, and History. With notes on the domestication of common cattle. Univ. of Wisconsin Press

Simoons, F. J. (1974): Contemporary research themes in the cultural geography of domesticated animals. Geogr. Rev. **64**, 557–576

Simoons, F. J. (1984): Gayal or mithan. In: Mason, I. L. (Ed.): Evolution of domesticated animals, pp. 34–38. Longman, London – New York

Simpson, G. G. (1945): The principles of classification and a classification of mammals. Bull. Amer. Mus. Nat. Hist. **85**

Simpson, G. G. (1961): Principles of animal Taxonomy. Columbia Univ. Press, New York

Simpson, G. G. (1977): Pferde. Die Geschichte der Pferdefamilie in der heutigen Zeit und in 60 Millionen Jahren ihrer Entwicklung. Verlag Paul Parey, Hamburg – Berlin

Siracusa, L. D., L. B. Russell, E. M. Eicher, D. J. Corrow, N. G. Copeland and N. A. Jenkins (1987): Genetic organisation of agouti-region of mouse. Genetics **117**, 93–100

Skjenneberg, S. (1984): Reindeer. In: Mason, I. L. (Ed.): Evolution of domesticated animals, pp. 129–138. Longman, New York

Skunke, F. (1969): Reindeer ecology and management in Sweden. Biological Papers Univ. Alaska **8**

Slijper, E. J. (1951): On the hump of the Zebu and zebucrosses. Hemara Zoa **63**, 6–47

Slijper, E. J. (1967): Riesen und Zwerge im Tierreich. Verlag Paul Parey, Hamburg – Berlin

Smalcelj, I. (1961): Rinderrassen in Osteuropa, auf der Balkanhalbinsel und in Asien. In: Hammond, Johansson, Haring (Hrsg.): Handbuch der Tierzüchtung 3/1, S. 400–421. Verlag Paul Parey, Hamburg – Berlin

Smith, W. M., M. H. Smith and I. L. Brisbin (1980): Genetic variability and domestication in Swine. J. Mammalogy **61**, 39–45

Snyder, L. M. (1954): The effect of selection and domestication on man. J. Nat. Cancer Inst. **15**, No 3

Soldatovic, B., M. Tolksdorff und H. Reichstein (1970): Der Chromosomensatz bei verschiedenen Arten der Gattung *Canis*. Zool. Anz. **184**, 155–167

Sommer, O. (1931): Untersuchungen über Wachstumsvorgänge am Hundeskelett. Archiv Tierernährung **6**, 439–469

Sorbe, D. und D. Kruska (1975): Vergleichend allometrische Untersuchungen an Schädeln von Wander- und Laborratte. Zool. Anz. **194**, 124–144

Sossinka, R. (1970): Domestikationserscheinungen beim Zebrafinken *Taeniopygia guttata castanotis*. Zool. Jb. Syst. **97**, 445–521

Sossinka, R. (1982): Domestication in birds. In: Farner, R. D. S., J. E. King and K. C. Parker (Eds.): Avian Biology, Vol. VI, pp. 373–402. Academic Press

Spahn, N. (1978): Untersuchungen an den großen Röhrenknochen von Schafen und Ziegen aus der frühmittelalterlichen Siedlung Haithabu. Schriften Archäologisch-Zoologischen Arbeitsgruppe Schleswig – Kiel, Heft 3

Spahn, N. (1986): Untersuchungen an Skelettresten von Hunden und Katzen der frühstädtischen Siedlung Schleswig. Ausgrabung Schild 1971–1975. Ausgrabungen in Schleswig. Berichte und Studien **5**

Spedding, C. R. W. (1971): Grassland Ecology. Clarendon Press, Oxford

Spedding, C. R. W. (1975): The biology of agricultural systems. Academic Press, London – New York – San Francisco

Sperlich, D. (1988): Populationsgenetik. Grundlagen und experimentelle Ergebnisse. 2. Aufl. Gustav Fischer Verlag, Stuttgart

Spöttel, W. (1926): *Equus przewalskii* Pol. Kühn-Archiv **11**, 84–137

Spöttel, W. (1928): Über die Schwanzbildung beim Karakulschaf. Kühn-Archiv **18**

Spöttel, W. (1929): Die Abhängigkeit der Schilddrüsenausbildung von Rasse, Alter, Geschlecht und Jahreszeit bei verschiedenen Schafrassen. Z. Anat. Entwickl.-gesch. **89**, 606–671

Spöttel, W. und E. Taenzer (1923): Rassenanalytische Untersuchungen an Schafen. Arch. Naturgeschichte **89**

Spurway, H. (1955): The causes of domestication: An attempt to intergrade some ideas of Konrad Lorenz with evolution. J. genetics **53**, 325–362

Stadie, C. (1969): Vergleichende Betrachtungen über die Verhaltensweisen verschiedener Wildhuhnarten der Gattung *Gallus*. Zool. Anz. **183**, 13–30

Stahnke, A. (1987): Verhaltensunterschiede zwischen Wild- und Hausmeerschweinchen. Z. f. Säugetierkunde **52**, 294–307

Stampfli, H. K. (1976): Die prähistorischen Hunde der Schweiz – ein geschichtlicher Überblick. In: 100 Jahre kynologischer Forschung in der Schweiz, S. 23–27, Bern

Stampfli, H. R. (1983): The fauna of Jarmo with notes on animal bones from Matarrah, the Amiry and Karim Shahir. In: Braidwood, L. S. et al. (Eds.): Prehistoric Archeology along the Zagros flanks. O. I. P. Vol. **105**, 431–483, University of Chicago

Starck, D. (1950): Wandlungen des Homologiebegriffes. Zool. Anz., Suppl. Bd. zu **145**, 957–969

Starck, D. (1953): Morphologische Untersuchungen am Kopf der Säugetiere, besonders der Prosimier; ein Beitrag zum Problem des Formenwandels des Säugetierschädels. Z. wiss. Zool. **157**, 169–219

Starck, D. (1954): Die äußere Morphologie des Großhirns zwergwüchsiger und kurzköpfiger Haushunde, ein Beispiel zur Entstehung des Furchungstypus. Gaz. med. port. 7, 210–224

Starck, D. (1962): Tritt in der Domestikation eine Fötalisation ein? Z. Tierzüchtung Züchtungsbiologie 77, 129–155

Starck, D. (1963): Der heutige Stand der Fetalisationshypothese. Verlag Paul Parey, Hamburg – Berlin

Starck, D. (1969): Die circumanalen Drüsenorgane von *Callithrix (Cebuella) pygmea* (Spix, 1823). Über Parallelbildungen bei Primaten – ein Beitrag zur Polyphyliefrage. Zool. Garten N.F. **36**, 312–326

Steffen, W. (1958): Der Karpfen. Die Neue Brehm Bücherei 203. Ziemsen Verlag, Wittenberg

Steiner, E. (1945): Über Syndactylie beim Rind. Diss. Univ. Zürich

Steiner, H. (1939): Der gegenwärtige Stand der Domestikation des Wellensittichs und seine züchterische Bedeutung. Züchter **11**, 184–192

Steiner, H. (1950): Die Mutation ‹Opal› beim Wellensittich *Melopsittacus undulatus* (Shaw): Ein mußmaßlicher Fall iterativer oder paralleler Entwicklung innerhalb des Formenkreises der Plattschweifsittiche (Platycercidae). Arch. Julius-Klaus-Stiftung, 488–496

Steiniger, F. (1939): Die Genetik und Phylogenese der Wirbelsäulenvarietäten und der Schwanzreduktion. Z. menschl. Vererbungs- u. Konstitutionslehre **22**

Steiniger, F. (1949): Farbvarietäten der freilebenden Hausratte (*Mus rattus*). Biol. Zentralblatt **68**, 106–113

Steller, G. W. (1774): Beschreibung von dem Lande Kamtschatka. Unveränderter Neudruck, herausgegeben von H. Beck. F. A. Brockhaus Verlag, Abt. Antiquarium, Stuttgart, 1974

Stengel, H. (1958): Gibt es eine getrennte Vererbung von Zahn und Kiefer bei der Kreuzung extrem großer Kaninchenrassen? Ein experimenteller Beitrag zum sogenannten ‹Disharmonieproblem›. Z. Tierzüchtung Züchtungsbiologie **72**, 255–285

Stengel, H. (1962): Fortpflanzungsbiologische Probleme der extremen Rassekreuzung. Z. Tierzüchtung Züchtungsbiologie **77**

Stephan, H. (1951): Vergleichende Untersuchungen über den Feinbau des Hirnes von Wild- und Haustieren (nach Studien am Schwein und Schaf). Zool. Jb. Anat. **71**, 487–586

Stephan, H. (1954): Vergleichend anatomische Untersuchungen an Hirnen von Wild- und Haustieren. III. Die Oberflächen des Allocortex bei Wild- und Gefangenschaftsfüchsen. Biol. Zentralblatt **73**, 95–115

Stephan, H. (1964): Die kortikalen Anteile des limbischen Systems. Nervenarzt **35**, 396–401

Stephan, H. (1975): Allocortex. In: Bargmann, W. (Hrsg.): Handbuch der mikroskopischen Anatomie des Menschen. Bd. IV/9. Springer Verlag, Berlin – Heidelberg – New York

Stephanitz, R. v. (1921): Der deutsche Schäferhund in Wort und Bild. Jena

Stewart, A. D. (1968): Genetic variation in the neurohypophysal hormones in the mouse *(Mus musculus)*. J. Endocrinology **41**

Stewart, J. M. and J. P. Scott (1975): The dog, *Canis familiaris*. In: King, R. C. (Ed.): Handbook of genetic. Vol. 4, pp. 421–445. Plenum Press, New York – London

Stockard, Ch. R. (1932): Die körperlichen Grundlagen der Persönlichkeit. Gustav Fischer Verlag, Jena

Stockard, Ch. R. (1941): The genetic and endocrine basis for the differences in form and behavior. The Am. Mem. Philadelphia **19**

Stockhaus, K. (1962): Die Formenmannigfaltigkeit von Haushundschädeln. Z. Tierzüchtung Züchtungsbiologie **77**, 223–228

Stockhaus, K. (1962): Metrische Untersuchungen an Schädeln von Wölfen und Hunden. Z. zool. Syst. Evolut.-forsch. **3**, 157–258

Stohl, G. (1973): Die Schilddrüse wildlebender und domestizierter südamerikanischer Tylopoden. In: Matolcsi, J. (Hrsg.): Domestikationsforschung und Frühgeschichte der Haustiere, S. 141–149. Akadémiai Kiadó, Budapest

Stolte, H. A. (1950): Über die Entwicklung und Vererbung des Temperaments wilder und domestizierter Kaninchen. Zool. Anz. Suppl.-Bd. zu **145**, 980–999

Storer, T. J. and P. W. Gregory (1934): Color aberration in the pocketgopher. J. Mammalogy **15**

Stork, H. J. (1968): Morphologische Untersuchungen an Drosseln. Z. wiss. Zool. **178**, 72–185

Stranzinger, G. and B. Elmiger (1987): Cytogenetic studies in different cattle breeds in Australia. Z. Tierzüchtung Züchtungsbiologie (Journal of animal breeding and genetics) **104**, 231–234

Stresemann, E. (1960): Über ‹vorkolumbische Truthähne› und über das Perlhuhn in der Kulturgeschichte. Zool. Jb. Syst. **88**, 31–56

Stubbe, M. (1982): *Myocastor coypus* (Molina, 1782) – Nutria. In: Niethammer, J. und F. Krapp (Hrsg.): Handbuch der Säugetiere Europas. Bd. 2, S. 607–630. Aula Verlag, Wiesbaden

Studer, Th. (1901): Die prähistorischen Hunde in ihren Beziehungen zu den gegenwärtigen Hunderassen. Abh. schweiz. palaeontolog. Ges. Zürich **28**, 1–137

Sweet, L. E. (1965): Camel pastoralism in northern Arabia and the minimal camping unit. In: Leeds and Vayda (Eds.): Man culture, and animals, pp. 129–152. Amer. Ass. for the advancement of Science, Washington, Publ. 78

Sycholt, A. (1986): Die wilden Pferde Afrikas. Das Tier, Heft **6**, 6–9

Syed, M., N. Nes and K. Rønnigen (1987): The significance of chromosome studies in animal breeding in Norway. Z. Tierzüchtung Züchtungsbiologie (Journal of animal breeding and genetics) **104**, 113–120

Szabadfalvi, J. (1970): Extensive Viehzucht in Ungarn. Müveltségés Hagyonány. Studia ethnologica hungariae et centralis ac orientalis europae XII Korsuth Lajes Tudományegyetem, Debrecen

Tacke, H. G. (1936): Zum Problem der schwanzlosen Katzen. Z. Anat. Entwickl.-gesch. **106**, 343–369

Taenzer, E. (1928): Haut und Haar beim Karakul im rasseanalytischen Vergleich. Kühn-Archiv **18**

Taibel, A. M. and R. Grilletto (1966/67): Atavistic polydactyla in the forelimb of a Lama (*Lama glama*) (Artiodactyla, Tylopoda). Zool. Garten N.F. **33**, 174–181

Talbot, L. M., W. J. H. Payne, H. P. Ledger, L. D. Verdvourt and M. H. Talbot (1965): The meat-production potential of wild animals in Africa. B. A. C. Bucks (England)

Tanabe, Y. (1980): Evolutionary significance of domestication of animals with special reference to reproductive traits. In: Ishu et al. (Eds.): Hormones, Adaptation and Evolution, pp. 192–201. Springer Verlag, Tokyo – Berlin

Taylor, R. E. et al. (1983): Middle holocene age of the Sunnyvale human skeleton. Science **220**, 1271–1273

Tazima, Y. (1984): Silkworm moths. In: Mason, I. L. (Ed.): Evolution of domesticated animals, pp. 416–424. Longman, London – New York

Teichert, M. (1969): Osteometrische Untersuchungen zur Berechnung der Widerristhöhe bei vor- und frühgeschichtlichen Schweinen. Kühn-Archiv **83**, 237–292

Teichert, M. (1970): Abstammung und Morphogenese vor- und frühgeschichtlicher Hausschweine. Archiv Tierzucht (Berlin) **13**, 507–523

Teichert, M. (1970): Größenveränderungen der Schweine vom Neolithikum zum Mittelalter. Archiv Tierzucht (Berlin) **13**, 229–240

Telleria, J. L. et C. Saez-Roquela (1985): L'évolution démographique du sanglier *(Sus scrofa)* en Espagne. Mammalia **49**, 195–205

Termer, F. (1957): Der Hund bei den Kulturvölkern Altamerikas. Z. Ethnologie **82**, 1

Thenius, E. (1966): Die Vorgeschichte der Einhufer. Z. f. Säugetierkunde **31**, 150–161

Thenius, E. (1969): Stammesgeschichte der Säugetiere. Handbuch der Zoologie. Bd. 8, Teil 2. Walter de Gruyter, Berlin

Thenius, E. (1970): Zur Evolution und Verbreitungsgeschichte der Suidae (Artiodactyla, Mammalia). Z. f. Säugetierkunde **35**, 321–342

Thenius, E. (1970): Zum Problem der Airorhynchie des Säugetierschädels. Zool. Anz. **185**, 150–172

Thenius, E., H. Hofer und R. Preisinger (1962): *Capra prisca* Sickenberg und die Bedeutung für die Abstammung der Hausziegen. Z. Tierzüchtung Züchtungsbiologie **76**, 321–325

Thesing, R. (1977): Die Größenentwicklung des Haushuhnes in vor- und frühgeschichtlicher Zeit. Diss. vet. med. Fak. München

Thiessen, H. (1976): Untersuchungen an den Nieren von Wild- und Hausschweinen. Z. Tierzüchtung Züchtungsbiologie **93**, 178–216

Thomas, W. D., R. Barnes, M. Crotty and M. Jones (1986): An historical overview of selected rare ruminants in captivity. Int. Zoo Yb. **24/25**, 77–99

Thompson, D. W. (1936): On growth and form. Cambridge

Thornton, J. (1971): Darwin's Islands. A natural history of the Galapagos. Amer. Mus. Nat. Hist., New York

Tiessen, M. (1970): Die Tierknochenfunde von Haithabu und Elisenhof. Ein Vergleich zweier frühmittelalterlichen Siedlungen in Schleswig-Holstein. Diss. Univ. Kiel

Timofeeff-Ressovsky, N. W. (1939): Genetik und Evolution. Ber. 13. Jahresversammlung Dtsch. Ges. Vererbungsforsch.

Timofeeff-Ressovsky, N. W., N. N. Voroncow and A. N. Jablokov (1975): Kurzer Grundriß der Evolutionstheorie. VEB Gustav Fischer Verlag, Jena

Tobias, Ph. V. (1985): Single characters and the total morphological pattern redefined: The sorting effected by a selection of morphological features of the early hominids. In: Delson, E. (Ed.): Ancestors: The hard evidence, 94–101. Alan R. Liss Inc., New York

Todd, N. B. (1970): Karyotypic fissioning and Canid Phylogeny. J. theor. Biol. **26**, 445–480

Todd, N. B. (1977): Cats and commerce. Scientific American **237**, 100–107

Todd, N. B. (1978): An ecological, behavioral genetic model for the domestication of the cat. Carnivore **1**, 52–60

Todd, N. B. and R. M. Fagen (1975): Gene frequency in Islandic cats. Heredity **35**, 172–183

Toynbee, J. M. B. (1983): Tierwelt der Antike. Kulturgeschichten der Antiken Welt 17. Zabern Verlag, Mainz

Traut, W. (1984): Struktur und Aktivitätsphasen hetrochromatischer Chromosomen. Mitt. Hamburger Zool. Inst. Mus., Ergbd. **80**, 67–78

Trench, Ch. Ch. (1970): Zur Geschichte der Reitkunst. Nymphenburger

Tringham, R. (1969): Animal domestication in the neolithic cultures of the south-western part of European USSR. In: Ucko, P. J. and W. G. Dimbleby (Eds.): The domestication and exploitation of plants and animals, pp. 381–392. Duckworth, London

Trommershausen-Smith, A., Y. Suzuki, C. Stormont, K. Benirschke and O. A. Ryder (1980): Blood type markers in five Przewalski Horse. Equus (Berlin) **2**, 52–54

Troughton, E. (1957): A new native dog from the papuan highlands. Proc. Royal. Zool. Soc. NSW. 1955/56, 93–94

Trossen, J. (1961): Ausstellungsrassen der Hühner nach Form und Farbe. In: Hammond, Johansson, Haring (Hrsg.): Handbuch der Tierzüchtung 3/2, S. 362–373. Verlag Paul Parey, Hamburg – Berlin

Tucker, K. W. (1986): Visible mutants. In: Rinderer, Th. E. (Ed.): Bee genetics and breeding, pp. 57–90. Academic Press, Orlando, Florida

Turnbull, P. and Ch. Reed (1974): The fauna from the terminal Pleistocene of Palegawra Cave, a Zarsian occupation site in the north eastern Iraq. Fieldiana, Anthropology 63, Chicago

Ueck, M. (1961): Abstammung und Rassebildung der vorkolumbischen Haushunde in Südamerika. Z. f. Säugetierkunde **26**, 157–176

Ueck, M. (1987): Der Manicotto glandulare (‹Drüsenmagen›) der Anurenlarve in Bau, Funktion und Beziehung zur Gesamtlänge des Darmes. Z. wiss. Zool. **176**, 173–270

Uerpmann, H. P. (1979): Probleme der Neolithisierung des Mittelmeerraumes. Beihefte zum Tübinger Atlas des Vorderen Orient. Reihe B, **28**, Wiesbaden

Uerpmann, H. P. (1986): Halafian equid remains from Shams ed-Din Tannira in nothern Syria. In: Meadow, R. H. and H. P. Uerpmann (Eds.): Equids in the ancient world. Beihefte zum Tübinger Atlas des Vorderen Orient. Reihe A (Nat. Wiss.) **19/1**, 246–265

Uhr, G. (1984): Vergleichende Untersuchungen an Haut und Haarkleid von *Mus musculus domesticus* Rutty, 1772 und *Rattus norvegicus* Berkenhout, 1769. Diss. Univ. Hannover

Ulbrich, F. and H. Fischer (1967): The chromosomes of the asiatic Buffalo *(Bubalus bubalis)* and the african Buffalo *(Syncerus caffer)*. Z. Tierzüchtung Züchtungsbiologie **83**, 219–223

Ulbrich, F. und H. Fischer (1968): Die Chromosomensätze des türkischen und südeuropäischen Wasserbüffels. Z. Tierzüchtung Züchtungsbiologie **85**, 119–122

Uppenborn, W. (1961): Warmblutpferde in verschiedenen Ländern. In: Hammond, Johansson, Haring (Hrsg.): Handbuch der Tierzüchtung 3/1, S. 125–152. Verlag Paul Parey, Hamburg–Berlin

Urban, M. (1961): Die Haustiere der Polynesier. Volkskundliche Beiträge zur Ozeanistik **2**

Valla, T. R. (1977): La sépulture H. 104 de Mahalla (Eynan) et le problème de la domestication du chien en Palestine. Paléorient **3**, 287–292

Valtonen, M. H. (1984): Raccoon dog. In: Mason, I. L, (Ed.):

Evolution of domesticated animals, pp. 215–217. Longman, London–New York
Vau, E. (1936): Die Wanderung des knöchernen äußeren Gehörganges als Rassemerkmal (Untersuchungen an Schaf, Ziege und Schwein). Kühn-Archiv **40**, 163–178
Vau, E. (1938): Die Wanderung des knöchernen äußeren Gehörganges als Rassemerkmal. Z. Anat. Entwickl.-gesch. **109**, 161–181
Vauk, G. (1951): Über den Einfluß der Domestikation auf die Körpertemperatur und deren Beziehung zur Jodzahl des Fettes. Zool. Anz. **147**, 71–79
Vauk, G. (1952): Die Abwandlung der Beutefanghandlung des Hundes im Zuge der Domestikation, S. 180–183. Verh. Dtsch. Zool. Ges. Freiburg
Vaurie, L. (1965): The birds of the Palaearctic Fauna. Witherby, London
Vavilov, W. J. (1922): The law of homologous series in variation. J. Genet. **12**
Vavilov, W. J. (1949/50): The law of homologous series in the inheritance of variability. Chronica botanica **13**, 56–94
Veit, O. (1911): Beitrag zur Kenntnis des Kopfes der Wirbeltiere I. Anat. Hefte **44**
Verluys, J. (1939): Hirngröße und hormonales Geschehen bei der Menschwerdung. Mit Beiträgen von O. Pötzl, K. Lorenz, Wien
Vigal, C. R. and A. Machordom (1987): Dental and skull anomalies in the spanish wild goat *Capra pyrenaica* Schinz, 1838. Z. f. Säugetierkunde **52**, 38–50
Vita-Finzi, C. and E. S. Higgs (1970): Prehistoric economy in the Mount Carmel area of Palestine: Site catchment analysis. Proc. Prehist. Soc. **36**, 1–37
Vogel, K. (1980): Die Taube, Biologie, Haltung und Fütterung. VEB Dtsch. Landwirtschaftsverlag, Berlin
Volf, J. (1967): Bericht des Verwalters des Zuchtbuches der Przewalski Pferde. Equus (Berlin) **1**, 398–400
Volf, J. (1967): Der Einfluß der Domestikation auf die Formentwicklung des Unterkiefers beim Pferd. Equus (Berlin) **1**, 401–404
Volf, J. (1984): Report of the studbook keeper of Przewalski Horses. Equus (Berlin) **2**, 175–178
Volf, J. (1984): Spricht die Hängemähne bei Przewalskipferden (*Equus przewalskii* Pol., 1881) gegen Reinblütigkeit? Zool. Garten N. F. **54**, 339–348
Volkmer, D. (1956): Cytoarchitektonische Studien an Hirnen verschieden großer Hunde (Königspudel und Zwergpudel). Z. mikr.-anat. Forsch. **62**, 267–315
Voss, G. (1950): Messend-zoologische Untersuchungen am Ovar verschiedener Schafrassen. Zool. Anz. Suppl.-Bd. zu **145**, 1028–1056
Voss, G. (1952): Rassenanalytische Untersuchungen an Eierstöcken von Schafen. Zool. Jb. Allg. Zool. **72**, 438–467
Wakasugi, N. (1984): Japanese quail. In: Mason, I. L. (Ed.): Evolution of the domesticated animals, pp. 319–321. Longman, London – New York
Walz, R. (1951): Zum Problem des Zeitpunktes der Domestikation der altweltlichen Cameliden. Z. dtsch. Morgenländische Ges. **101** (N. F. 26), 29–51
Walz, R. (1954): Neue Untersuchungen zum Domestikationsproblem der altweltlichen Cameliden. Beiträge zur Geschichte des Zweihöckrigen Kamels. Z. dtsch. Morgenländische Ges. **104**, 45–87
Walz, R. (1956): Beiträge zur ältesten Geschichte der altweltlichen Cameliden unter besonderer Berücksichtigung des Problems des Domestikationszeitpunktes, S. 190–204. Acta IV. Congr. int. Sci. anthropol. et etnogr., Vienne
Walz, R. (1964): Besprechung von Dostal, 1967. Tribus **18**, 152–161
Wandrey, R. (1975): Contribution to the study of the social behaviour of captive golden Jackals (*Canis aureus* L.). Z. Tierpsychol. **39**, 365–402
Ward, G. M., T. M. Sutherland and J. M. Sutherland (1980): Animals as an energy source in Third World agriculture. Science **208**, 570–574
Wasmund, U. (1967): Vergleichende Untersuchungen an Blutproteinen einiger Arten der Familie Canidae Gray, 1821. Z. wiss. Zool. **176**, 332–378
Wassmuth, R. (1980): Farbe und Zeichnung. In: Comberg, G. (Ed.): Tierzüchtungslehre, S. 246–254. Verlag Eugen Ulmer, Stuttgart
Watson, J. P. N. (1975): Domestication and bone structure in sheep and goats. J. Archaeological Science **2**, 375–383
Watson, W. (1969): Early animal domestication in China. In: Ucko, P. J. and W. J. Dimbleby (Eds.): Domestication and exploitation of plants and animals, pp. 393–398. Duckworth, London
Wehrung, M. (1985): Abstammung und Rassebildung des Hausschweines. Diss. Tierärztl. Hochschule Hannover
Weidemann, W. (1970): Die Beziehungen zwischen Hirngewicht und Körpergewicht bei Wölfen und Pudeln sowie deren Kreuzungsgenerationen $N_1$ und $N_2$. Z. f. Säugetierkunde **35**, 238–247
Weigel, I. (1961): Die Fellmuster der wildlebenden Katzenarten und der Hauskatze in vergleichender und stammesgeschichtlicher Hinsicht. Säugetierkundliche Mitteilungen, **9**. Sonderheft, 1–120
Weise, G. (1966): Über das Wachstum verschiedener Haushundrassen. Z. f. Säugetierkunde **31**, 257–282
Weise, W. (Hrsg.) (1987): Molosser. Kynos-Verlag Mürlenbach, 325 S.
Weller, M. W. (1964): The reproductive cycle. In: Delacour, J. (Ed.): The waterfowl of the world. IV., Country Life, London
Wendt, F. W. (1971): Parallel evolution. Taxon **20**, 197–226
Wendt-Wagner, G. (1961): Untersuchungen über die Ausbreitung der Melanoblasten bei einfarbig schwarzen und bei Haubenratten. Z. Vererbgs.-lehre. **92**, 63–92
Wenzel, U. (1984): Edelpelztiere. Neumann Verlag, Neudamm
Werner, U. (1975): Vergleiche von Hirngewicht und Körpergewicht bei Fasanen aus Volierenzuchten und aus freier Wildbahn. Diss. Tierärztl. Hochschule Hannover
Werth, E. (1940): Zur Verbreitung und Geschichte der Transporttiere, S. 181–204. Z. Ges. Erdkunde, Berlin
Werth, E. (1954): Grabstock, Hacke und Pflug. Ludwigshafen
Weyreter, H. and W. v. Engelhardt (1984): Adaptation of Heidschnucken, Merino and Blackheadsheep to fibrous roughage diet of poor quality. Can. J. Animal Science **64**, 152–153
Wheeler-Pires-Ferreira, J., E. Pires-Ferreira and P. Kaulicke (1976): Preceramic animal utilisation in the Central Peruvian Andes. Science **194**, 483–490
Whitley, G. R. (1973): The Muscovy Duck in Mexiko. Anthropol. J. of Canada **11**, 2–8
Whitney, R. R. (1961): The *Bairdiella icistius* (Jordan and Gilbert). Calif. Dept. Fish and Game Bull. **113**, 105–151
Wiarda, H. (1954): Über Wuchsformen bei Haustieren. Eine Studie an Schweineskeletten. Z. Tierzüchtung Züchtungsbiologie **64**, 335–380

Wibben, E. (1976): Schecken – Außenseiter im Revier. Pirsch **28**, 219–222

Wicklund, K.A. (1938): Untersuchungen über die älteste Geschichte der Lappen und die Entstehung der Rentierzucht. Folk Liv, Stockholm

Wigger, H. (1939): Vergleichende Untersuchungen am Auge von Wild- und Hausschweinen. Z. Morph. Ökol. Tiere **36**, 1–20

Wilke, G. (1984): Die Besten trafen sich in Frankfurt. Die osnabrücker Schwarzbuntzucht **58/3**, 6–7

Wilkens, H. (1980): Prinzipien der Manifestation polygener Systeme. Z. zool. Syst. Evolut.-forsch. **18**, 103–111

Wilkens, H. (1984): Zur Evolution von Polygensystemen, untersucht an oberirdischen Populationen des *Astyanax mexicanus* (Characidae, Pisces). Fortschr. zool. Syst. Evolut.-forsch. **3**, 55–71

Wilkens, H., N. Peters und Ch. Schemmel (1979): Gesetzmäßigkeiten der regressiven Evolution, S. 129–140. Verh. Dtsch. Zool. Ges. Regensburg

Wilkens, M. (1870): Die Rinderrassen Mitteleuropas. Grundzüge einer Naturgeschichte des Hausrindes. Wien

Wilkins, N.P. and E.M. Gosling (Eds.) (1983): Genetics in Aquaculture. Elsevier, Amsterdam

Wilkinson, P.F. (1971): The domestication of the muskox. The Polar record **15**, 683–690

Wilkinson, P.F. (1971): Neolithic Postcript. Antiquity **45**, 193–196

Wilkinson, P.F. (1972): Oomingmak: A model for man/animal relationship in prehistory. Current Antropology **13**, 23–44

Will, M. (1961): Nutzungsrichtungen der Rinderrassen. In: Hammond, Johansson, Haring (Hrsg.): Handbuch der Tierzüchtung 3/1, S. 207–244. Verlag Paul Parey, Hamburg–Berlin

Will, U. (1973): Untersuchungen zur taxonomischen Bedeutung des Kleinhirns der Gattung *Canis*. Z. zool. Syst. Evolut.-forsch. **11**, 61–73

Willmann, R. (1985): Die Art in Raum und Zeit. Das Artkonzept in der Biologie und Paläontologie. Verlag Paul Parey, Hamburg–Berlin

Wilson, R.T. (1984): The Camel. Longman, London–New York

Wing, A.S. (1977): Animal domestication in the Andes. In: Reed, Ch. (Ed.): Origins of agriculture, pp. 837–860. Mouton, The Hague – Paris

Wing, E.S. (1978): Use of dogs for food.: Adaptation to the coastal environment. In: Stark, Voorhies (Eds.): Prehistoric coastal adaptations, pp. 29–41. Academic Press

Winnigstedt, R., H. Messerschmidt, F. Haring und K. Sieblitz (1971): Rinderrassen in den einzelnen Ländern und Erdteilen. In: Hammond, Johansson, Haring (Hrsg.): Handbuch der Tierzüchtung 3/1, S. 261–338. Verlag Paul Parey, Hamburg – Berlin

Witt, M. (1961): Nutzungsrichtungen der Rinderrassen. In: Hammond, Johansson, Haring (Hrsg.): Handbuch der Tierzüchtung 3/1, S. 207–243. Verlag Paul Parey, Hamburg – Berlin

Wodzicki, K.H. (1950): Introduced mammals of New Zealand. Dept. Scient. and Ind. Research Bull. **98**, Wellington

Wohlfarth, G.W. (1984): Common carp. In: Mason, I.L. (Ed.): Evolution of domesticated animals, pp. 375–380. Longman, London – New York

Wolff, R. (1978): Katzen. Verhalten, Pflege, Rassen. Verlag Eugen Ulmer, Stuttgart

Wolfgramm, A. (1894): Die Einwirkung der Gefangenschaft auf die Gestaltung des Wolfsschädels. Zool. J. VII

Wood, A.E. (1935): Evolution and relationship of the heteromyid rodents. Ann. Carnegie Mus. **24**, 72–262

Wood-Jones, F. (1923): The mammals of South Australia. Adelaide

Wortmann, W. (1971): Metrische Untersuchungen an Schädeln von Cojoten, Wölfen und Hunden. Zool. Anz. **186**, 435–464

Wright, S. (1931): Evolution in Mendelian populations. Genetics **16**, 97–159

Wright, J. (1940): The statistical consequences of Mendelian heredity in relation to specification. In: Huxley, J. (Ed.): The new systematics, pp. 161–183, London

Wright, H.E. (1977): Environmental change and the origin of agriculture in the Old and New Worlds. In: Reed, Ch. (Ed.): Origins of agriculture, pp. 281–318. Mouton, The Hague – Paris

Wyngaarden-Bakker, L.H.v. (1975): Horses in the Dutch Neolithic. In: Clason, A.T. (Ed.): Archaeozoological studies, pp. 341–344. North-Holland Publication Company, Amsterdam

Wyngaarden-Bakker, L.H.v. und G.F.I. Jzereef (1977): Mittelalterliche Hunde in den Niederlanden. Z. f. Säugetierkunde **42**, 13–36

Yazen, Y. and Y. Knorre (1964): Domesticating elk in a Russian national park. Oryx **7**, 301–304

Zalkin, V.J. (1964): Economy of East European tribes in the early iron age. VII. Intern. Congress of Anthropol. and Ethnol. Sciences Moscow, pp. 1–12. ‹Nauka› Publishing House, Moscow

Zalkin, V.J. (1970): The most ancient domestic animals of Middle Asia. I. Bjull. Mosk. obsc. isp. prirod. N.S. Otd. biol., T. **75**, 145–159

Zalkin, V.J. (1971): The most ancient domestic animals of eastern Europe. III. Bjull. Mosk. obsc. isp. prirod. N.S. Otd. biol., T. **76**, 152–155

Zalkin, V.J. (1972): The most ancient domestic animals of Middle Asia. II. Bjull. Mosk. obsc. isp. prirod. N.S. Otd. biol., T. 77, 120–136

Zalkin, V.J. (1972): The domestic animals of eastern Europe during the late Bronze age 1–4. Bjull. Mosk. obsc. isp. prirod. N.S. Otd. biol., T. 77, 46–73

Zeder, M.A. (1986): The equid remains from Tal-e Malyan, southern Iran. In: Meadow, R.H. and H.P. Uerpmann (Eds.): Equids in the ancient world. Beihefte zum Tübinger Atlas des Vorderen Orient. Reihe A (Nat. Wiss.) **19/1**, 366–412

Zehner, J. (1967): Über den Einfluß veränderter Umwelt (Freigehege) auf das Herzgewicht der Albinomaus. Zool. Anz. **178**, 1–18

Zeuner, F.E. (1955): The goats of early Jericho. Palestine Exploration Quarterly **87**, 70–86

Zeuner, F.E. (1956): Domestication of animals. In: Sinder, Ch., E.J. Holmyard and H.O. Hall (Eds.): A history of technology

Zeuner, F.E. (1958): Dog and cat in the Neolithic of Jericho. Palestine Exploration Quarterly **90**, 52–55

Zeuner, F.E. (1963): A history of domesticated animals. Hutchinson, London

Zhong-Ge, Z. (1984): Goldfish. In: Mason, I.L. (Ed.): Evolution of domesticated animals, pp. 381–385. Longman, London – New York

Zimen, E. (1971): Wölfe und Königspudel. Piper und Co. Verlag, München

Zimen, E. (1978): Der Wolf. Mythos und Verhalten. Meyster Verlag, München

Zimmermann, W. (1959): Untersuchungen am Femur des Hausschweines *(Sus scrofa domesticus)*. Z. wiss. Zool. **162**, 96–127

Zimmermann, W. (1962): Zur Domestikation des Chinchillas. Z. Tierzüchtung Züchtungsbiologie **76**, 343–355

Zirkovic, S., V. Jovanovic und S. Milosevic (1971): Der Chromosomensatz des europäischen Wildschweins. Experientia **27**, 224–226

Ziswiler, V. (1963): Erbgang und Manifestationsmuster des Faktors ‹Haube› eines Subvitalfaktors des Wellensittichs *Melopsittacus undulatus*. Arch. Julius-Klaus-Stiftung **38**, 145–165

Zollitsch, H. (1969): Metrische Untersuchungen an Schädeln adulter Wildwölfe und Goldschakale. Zool. Anz. **182**, 153–182

Zorn, W. (Hrsg.) (1958): Tierzüchtungslehre. Verlag Eugen Ulmer, Stuttgart

Zvelebil, M. (1986): Postglacial foraging in the forests of Europe. Scientific American **254**, 86–93

# Sachregister